U0276479

中國植物保護百科全書

中国植物保护百科全书

综合卷

中国林業出版社

图书在版编目（CIP）数据

中国植物保护百科全书. 综合卷 / 中国植物保护百科全书总编纂委员会综合卷编纂委员会编. — 北京：中国林业出版社, 2022.6

ISBN 978-7-5219-1260-9

Ⅰ. ①中… Ⅱ. ①中… Ⅲ. ①植物保护—中国—百科全书 Ⅳ. ①S4-61

中国版本图书馆CIP数据核字（2021）第134479号

zhōngguó zhíwùbǎohù bǎikēquánshū

中国植物保护百科全书

综合卷

zōnghéjuàn

责任编辑： 袁理

出版发行： 中国林业出版社
电　　话： 010-83143629
地　　址： 北京市西城区刘海胡同7号　　**邮　　编：** 100009
印　　刷： 北京雅昌艺术印刷有限公司
版　　次： 2022年6月第1版
印　　次： 2022年6月第1次
开　　本： 889mm × 1194mm　1/16
印　　张： 24.25
字　　数： 1038千字
定　　价： 350.00元

《中国植物保护百科全书》

总编纂委员会

《中国植物保护百科全书·综合卷》
编纂委员会

目录

前　言

《中国植物保护百科全书》是一部紧跟中国植物保护最新政策及发展动态，全面介绍植物保护学科体系的著作。《中国植物保护百科全书》以植物保护学科的知识体系为基础设卷，共设8卷，分别为《综合卷》《植物病理卷》《昆虫卷》《农药卷》《杂草卷》《鼠害卷》《生物防治卷》《生物安全卷》。《综合卷》编纂工作从2015年3月启动以来，历经7年的时间，汇集了来自全国百余家科研、教学、管理和出版单位的500多位专家。为了保证编纂工作顺利进行和出版质量，我们邀请了植物保护领域的32位知名专家组成的编委会，以保证编写内容的科学性、准确性、严谨性和权威性。

《综合卷》共收496个条目，条目按条目标题第一个字的汉语拼音字母顺序排列，绝大多数条目标题后附有对应的英文。内容包括植物保护学科的定义和范围、中国植物保护学科的发展史、中国植物保护的科研机构和科研平台、中国植物保护相关的重大成果、中国植物保护领域的重要科学家、植物保护研究技术和植物保护条例等。植物保护学通论由叶恭银、方琦撰写；中国植物保护学科发展史由冯浩和黄丽丽撰写；人物65条，由马忠华任分支负责人；著作151条，由李毅和陈功友任分支负责人；期刊、机构和学会分别为65条、33条、24条，由张杰、耿丽丽任分支负责人；条约公约法律法规19条，由张礼生、周雪平任分支负责人；技术86条，由谭新球任分支负责人；数据库6条，由杨青任分支负责人；成果45条，由周雪平、杨秀玲任分支负责人。

《综合卷》在编纂过程中，全体编委、分支负责人、撰稿人、审稿人、责任编辑不厌其烦，工作认真细致，付出了巨大的努力。编委会秘书杨秀玲承担了编委会大量日常事务以及与分支负责人、撰稿人、审稿人、中国林业出版社的联系、协调等工作，在《综合卷》编辑出版中发挥了重要作用。国家林业和草原局、中国林业出版社、全书总编纂委员会以及编撰、审校专家所在单位也给予我们大力支持。在此一并致谢！

经过7年时间的共同努力，《中国植物保护百科全书·综合卷》这部巨著即将付印出版了。此时此刻，我们代表编委会，谨向参与这项工作的所有同行和同事表示热烈的祝贺，也向帮助和支持我们完成这项工作的单位和领导表示由衷的感谢！

我们衷心希望这部著作的出版，能让植物保护领域的科研人员、农林大中专院校师生和基层农技人员从中学习植物保护相关的知识，为科研、教学和植物保护提供参考。我们更期待这套书成为大家科研、教学和学习道路上不可或缺的好伙伴！

由于《综合卷》覆盖内容多、要求高，同时受作者水平所限，疏漏和不足在所难免，请读者不吝指正。

方荣祥　周雪平

2022 年 2 月

凡 例

一、 本卷以植物保护学科知识体系分类出版。卷由条目组成。

二、 条目是全书的主体，一般由条目标题、释文和相应的插图、表格、参考文献等组成。

三、 条目按条目标题的汉语拼音字母顺序并辅以汉字笔画、起笔笔形顺序排列。第一字同音时按声调顺序排列；同音同调时按汉字笔画由少到多的顺序排列；笔画数相同时按起笔笔形横（一）、竖（丨）、撇（丿）、点（丶）、折（乛，包括𠃍、乚、𡿨等）的顺序排列。第一字相同时，按第二字，余类推。以拉丁字母、希腊字母和阿拉伯数字开头的条目标题，依次排在全部汉字条目标题之后。

四、 正文前设本卷条目的分类目录，以便读者了解本学科的全貌。分类目录还反映出条目的层次关系。

五、 一个条目的内容涉及其他条目，需由其他条目释文补充的，采用“参见”的方式。所参见的条目标题在本释文中出现的，用楷体字表示。

六、 条目标题一般由汉语标题和与汉语标题相对应的外文两部分组成。

七、 释文力求使用规范化的现代汉语。条目释文开始一般不重复条目标题。释文一般依次由定义或定义叙述、简史、基本原理、主要内容、插图、表格、参考文献等构成，具体视条目性质和知识内容的实际状况有所增减或调整。

八、 条目释文较长时，设置层次标题，并用不同字体和排式表示不同的层次标题。

九、 条目释文中的插图、表格都配有图题、表题等说明文字，并且注明来源和出处。条目只配一幅图且图题与条目标题一致时，不附图题。

十、 条目正文后附有学科大事年表。表中内容设为“参见”的，以楷体字表示。

十一、正文书眉标明双码页第一个条目及单码页最后一个条目的第一个字的汉语拼音和汉字。

十二、本卷附有条目标题汉字笔画索引和条目标题外文索引。

条目分类目录

说 明

1. 本目录供分类查检条目之用。
2. 目录中凡加【××】(××)的名称，仅为分类集合的提示词，并非条目名称。
例如，【著作】(植物病理学著作)。

【总论】

【人物】

【著作】

（植物病理学著作）

（昆虫学著作）

（农药学著作）

（杂草学著作）

（鼠害著作）

（其他植保著作）

【期刊】

（植物病理学期刊）

（昆虫学期刊）

（农药学期刊）

（杂草学期刊）

（其他植保期刊）

【机构平台】

【学会协会】

【条约公约法律法规】

（生物防治技术）

（植物检疫检验技术）

（植保综合技术）

【数据库】

【成果】

《澳大利亚植物病理学》 *Australasian Plant Pathology*

由澳大利亚植物病理学会主办，并与联邦科学与工业研究组织（CSIRO）合作出版发行的植物病理学领域内的国际性专业期刊，1972年创刊于澳大利亚，时名《澳大利亚植物病理学通讯》（*Australasian Plant Pathology Newsletter*），1978年更名为*Australasian Plant Pathology*（*APP*），1984年正式采用*Australasian Plant Pathology*（见图）。每年6期，ISSN：0815-3191，出版语言英语。2016—2020年JCR影响因子为1.708。

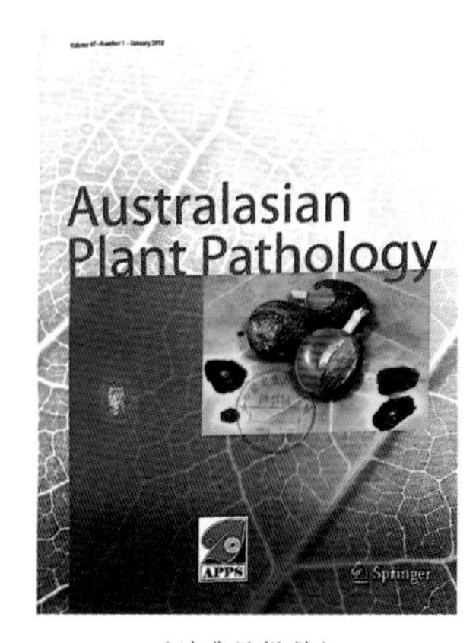

（陈华民提供）

该刊论文必须经过严格的同行评议，其内容主要是发表澳大利亚地区关于植物病理学相关的原创性研究和重要综述。该刊面向全球的读者，全球发行，但主要强调其在澳大利亚地区内主体出版物的作用，关注澳大利亚地区内的研究。此处“澳大利亚”，不仅包括澳大利亚、新西兰和巴布亚新几内亚，而且包括印度洋、太平洋和亚洲部分地区。

该刊适用于植物学、植物病理学、园艺学、农艺学、生理学、线虫学、细菌学、生物化学、细胞生物学、微生物学、分子生物学、真菌学家，种子病理学和病毒学研究者以及广大基层植物病理相关科技人员。

（撰稿：陈华民；审稿：彭德良）

B

B

巴斯德研究所生物资源保存中心 Biological Resource Center of Institut Pasteur, CRBIP

总部位于法国巴黎，是法国巴斯德研究所旗下的负责收藏生物资源及处理其所携带生物信息的盈利性机构，对外出售其保存的生物资源。中心由三大组织构成：菌种保藏中心（Collection of the Institute Pasteur， CIP）、蓝细菌保藏中心（Cyanobacteria Collection， PCC）和生物资源研究与诊断服务中心（Investigational Clinical Service and Access to Research Bio-resources， ICAReB）。所有生物资源信息都以数据库的形式进行了分类处理，可直接使用软件（BRC LIMS software）或访问网页检索其所藏的生物资源。

在确保可追溯性最大化的基础上，CRBIP根据健康和环境方面的安全标准，结合各国法律法规，面向全球客户、研究者分发其生物资源，并保证这些生物资源在后续的研究中具有可用性。此外，CRBIP还对其生物资源进行永久性的持续更新，以保证现有资源的多样性。

为了持续改进和提升客户满意度，CRBIP也加入了质量管理体系。1998年，CIP首次获得ISO 9002认证，随后，CRBIP成立之后，其他机构也获得了认证（ISO 9001， NF S96-900）。从2009年开始，中心成为了法国NF S96-900标准的特定参照。CRBIP的管理质量体系涵盖了人体生物样品、细菌、病毒和蓝细菌的获取、繁殖、控制、保存和分布等一系列行为。

在科学和开放性创新领域，CRBIP参与了如下项目：

2010年起参加了BIOBANQUES项目；

2009年起加入了微生物资源研究机构（Microbial Resource Research Infrastructure，MIRRI）指导委员会；

为法国标准化协会旗下的生物资源中心（Biological Resources Center，BRCs）开发了ISO标准；

推进了《遗传资源获取以及利用遗传资源所产生惠益公平公正分享问题名古屋议定书》；

协作开发了BRC管理软件——BRC-LIMS；

创立了一站式服务公司BIOASTER。

（撰稿：张礼生、王娟；审稿：张杰）

《孢囊线虫系统分类树》 *Systematics of Cyst Nematodes (Nematoda: Heteroderinae)*

全面系统介绍孢囊线虫的系统分类，包括形态学、生物学、生化与分子诊断方法等的专著。由美国加州大学河滨分校Sergei A. Subbotin，Manuel Mundo-Ocampo， James G. Baldwin三位教授共同主编，于2010年由博睿（Brill）学术出版社出版。

该书是“线虫学专著与远景”（*Nematology Monographs and Perpectives*）系列丛书的第8卷（见图），包括A和B两册。A册系统专注于形态学、分类学、生物学、进化与系统学等领域，重点描述孢囊线虫重要的诊断特征、生活史、危害症状、致病型、操作电子显微镜的方法、生化与分子诊断方法；基于DNA的诊断部分主要包括核RNA和线粒体DNA基因、限制性片段长度多态性（RFLP）、特异性引物和实时定量PCR技术；重点介绍了农业上危害严重的异皮科孢囊线虫，包括鉴别到属的简便实用的关键要诀以及关于种分类的探讨；系统介绍了球异皮线虫属、刻点孢囊属、棘皮孢囊属、仙人掌孢囊属、长形孢囊属等系统学，基于形态特征、分子特性等描述种的关键特征。从雌虫、孢囊、雄虫和二龄幼虫以及鉴别寄主和其他寄主植物等方面详细描述了各种孢囊线虫的地理分布、生物学、致病性和生化与分子特征等；同时，A册还提供了从土壤中分离孢囊线虫的实用方法、阴门锥的制备方法以及甄别马铃薯白线虫与马铃薯金线虫的关键技术方法。B册全面描述了异皮线虫属的80多个种，主要包括

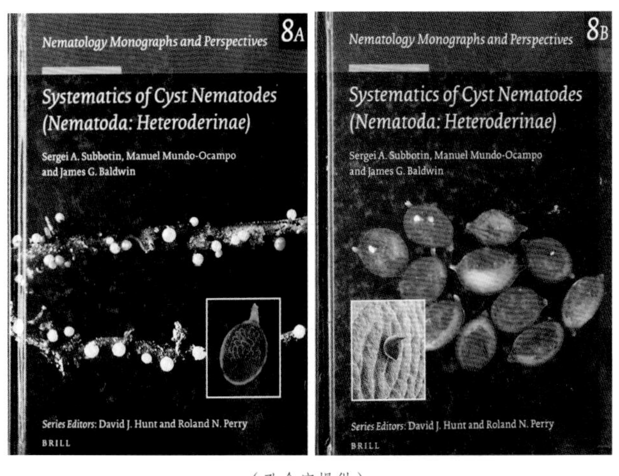

（孔令安提供）

甜菜孢囊线虫、禾谷类孢囊线虫、鹰嘴豆孢囊线虫、十字花科类植物孢囊线虫、大豆孢囊线虫、豆科植物孢囊线虫、水稻孢囊线虫、玉米孢囊线虫等线虫的形态和分子特征、地理分布、寄主范围、致病性、生物与分子特征等。

该书适用于作为植物病理学线虫专业研究生、植物线虫研究工作者的参考书。

（撰稿：孔令安；审稿：彭德良）

孢子（细胞）计数技术　spore (cell) counting

测定病原菌孢子（细胞）数量或浓度的一种技术。主要用于表示病原菌孢子 / 细胞悬浮液的浓度或病原菌菌株产生孢子的多少，分别用单位体积（ml）孢子（细胞）悬浮液中孢子（细胞）的个数或单位面积（mm^2）上孢子的个数表示。

测定病原菌孢子（细胞）的多少，传统上常用血球计数板在显微镜下进行手工计数。

主要内容

血球计数板的构造　血球计数板是一块特制的载玻片（图 1），上面有 4 个槽构成 3 个平台，中间较宽的平台又被一短槽隔成两半。每一边平台各刻有一个方格，每个方格分为 9 个大方格，中间的大方格即为计数室。计数室的刻度有两种：一种是大方格分为 16 个中方格，每个中方格又分成 25 个小方格；另一种是一个大方格分成 25 个中方格，每个中方格又分成 16 个小方格（图 2）。无论哪一种，每个大方格都是 400 个小方格。每个大方格边长 1mm，面积 $1mm^2$，盖上盖玻片后，盖玻片与载玻片之间的高度 0.1mm，所以计数室的容积 $0.1mm^3$。

计数方法　计数前，先将固体培养基上培养的孢子用水洗，滤去菌丝，配制成孢子悬浮液并适当稀释（一般以每小格中有 5～6 个孢子为宜）。将盖玻片放在计数板上的计数室上，用细口滴管吸取孢子悬浮液，从盖玻片的一侧轻轻滴加，让孢子悬浮液沿缝隙自行进入计数室，使计数室刚好被充满。将血球计数板置于显微镜下，计数左上、右上、左下、右下和中央共 5 个中格，即 80 个小格内的孢子数。计数重复 5～10 次，取其平均数，按以下公式进行计算。

$$孢子数/ml=\frac{80小格内孢子数}{80}\times 400\times 10^4\times 稀释倍数$$

如果将整个培养皿中固体培养基上的孢子水洗，制备孢子悬浮液，计数孢子的数目，再除以培养皿的面积，就是单位面积的孢子数。

血球计数板也可用于酵母菌的细胞计数。

细胞计数已经由光学显微镜的人工检测和细胞计数，发展出用自动细胞计数仪、流式细胞计数仪等进行细胞计数和细胞活力的测定，具有快速、准确、自动化程度高的特点。

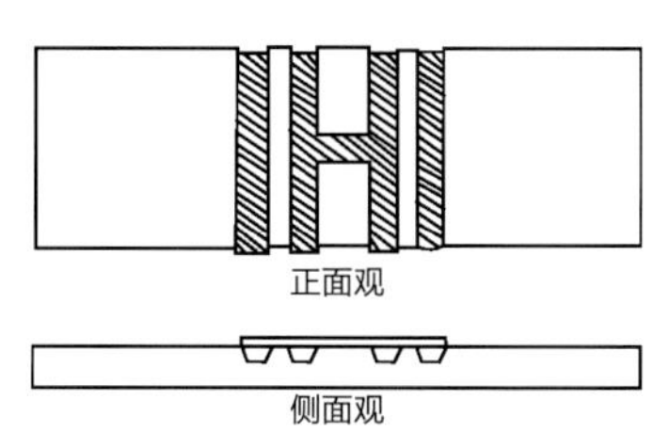

图 1 血球计数板的构造
（张国珍提供）

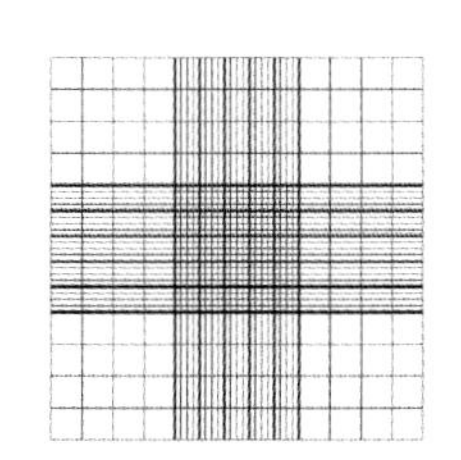
图 2 血球计数室（25×16）
（张国珍提供）

参考文献

方中达，1998. 植病研究方法 [M]. 2 版 . 北京：中国农业出版社 .
张国珍，2016. 植物病原微生物学 [M]. 北京：中国农业大学出版社 .

（撰稿：张国珍；审稿：张力群）

《保护生物学》　*Conservation Biology*

由国际保护生物学学会（The Society for Conservation Biology）主办，约翰·威利父子（John Wiley & Sons）出版公司出版发行（见图）。创刊于 1987 年，双月刊，每年 1 卷，每卷 6 期，年载论文数逾 160 篇，ISSN：0888-8892，2021 年 CiteScore 值 9.8。

（鞠瑞亭提供）

创刊宗旨是为了推动国际保护生物学领域科技前沿发展，帮助人类理解生物多样性保护的科学基础，帮助相关政策的制定以及相关应用技术的发展，从而有效应对全球面临的物种和栖息地丧失危机。经过逾 30 年的发展，该期刊已成为保护生物学领域影响力最大、引用频次最高的学术期刊，被包括（Science Citation Index，SCI）在内的 74 个数据库收录。

主要发表以生物多样性保护为主题的科学理论、实践知识和政策，尤其青睐在物种和栖息地保护研究中有突破性进展的论文。论文涉及地球生态系统或特定地理区域内与生物多样性有密切关系的任何议题，以及分析和解决相关问题的不同方法和途径；与主题相关，但研究系统涉及多个生态系统、多个物种或环境的成果将优先发表。栏目涉及：原创论文、研究简报、主题综述、综合辩论、保护实践与政策、保护方法、评论、多样性短评、通讯、书评 10 个版块。

（撰稿：鞠瑞亭；审稿：周忠实）

《北美植物保护组织协议》　*Agreements for North-American Plant Protection Organization*

植物保护的区域性多边协议。是北美植物保护组织

（North-American Plant Protection Organization，NAPPO）成立与运行的法律基础。由加拿大食品检验署、美国农业部和墨西哥农业部三方签署，包括1976年10月13日签订的《北美植物保护协定》、2004年10月17日签订的《北美植物保护协定的补充合作协定》，以及2004年10月17日签订、2016年10月16日修订的《北美植物保护组织宪章与附属法律》。

《北美植物保护协定》共6条，其宗旨是强化北美地区植物检疫与植物保护政府间合作，防止植物有害生物和杂草传入与扩散，推动北美植物资源保护。缔约三方应定期审查植物有害生物新记录和暴发情况，监测共同关心的植物有害生物的传播和扩散，审议缔约方政府采取的植物检疫措施并建议对现有措施进行修订和制订新措施，研究植物检疫和相关领域问题，通报共同关心的植保植检事宜，强化植保植检技术人员培训，交流植物有害生物及其防控的研究信息，采用相互兼容的植物检疫证书式样，共同实施与植保植检有关的项目研究和方法开发。缔约三方每年举行一次研讨会，交流有关协定实施的信息，并提供研究问题的论坛。

《北美植物保护协定的补充合作协定》共6条，将宗旨拓宽为鼓励成员国共同努力，防止检疫性有害生物传入、定殖和扩散，限制限定非检疫性有害生物的经济影响，同时促进植物、植物产品和其他限定物的安全国际贸易。规定每个缔约方每年应至少提供12万美元的资金、设施设备或服务由执行理事按年度预算开支，协定产生的项目成果和信息经所有缔约方批准后才能发布，缔约方可邀请政府机构、科研或贸易团体参加合作活动。

《北美植物保护组织宪章与附属法律》由“宪章”和“附属法律”两部分组成。“宪章”规定北美植保组织是根据《国际植保公约》成立的区域植保组织，按照《北美植物保护协定》和《北美植物保护协定的补充合作协定》运行。“附属法律”共13条，重申了北美植保组织的宗旨，从区域、西半球和全球3个层面规定了北美植保组织开展的活动，比如在区域层面制订和通过区域植物检疫标准，在西半球层面通过积极参与泛美植物保护协调小组的活动推动在西半球采取协调一致的植物检疫措施，在全球层面协助《国际植保公约》和植物检疫措施委员会开展国际植检措施标准制定和实施。成员包括加拿大、美国和墨西哥官方植保组织，各缔约国一个或多个产业界代表组成的产业咨询小组，个人或实体代表构成的持续关联成员。设立执行委员会、秘书处、咨询与管理委员会和专家组等机构，并规定了各机构及其成员的职责。通过协商一致的原则做出决定，并通常于每年10月在各缔约国轮流召开年会，执行委员会和咨询与管理委员会一般每年召开3次会议。

（撰稿：吴立峰；审稿：周雪平）

变量喷雾技术 variable spray technique

通过获取作物的病、虫、草害外形和密度等喷雾对象信息，以及喷雾机位置、速度和喷雾压力等机器状态信息，对喷雾对象按需施药，是实施精准施药的一种重要技术方式。

基本原理 变量喷雾装置的原理主要通过控制和调节流速来实现变量的效果。可通过不同的方式进行变量调流：①通过改变压力来调节流量是变量喷雾器最早的调流技术之一。②应用变量喷头来进行调流。③脉冲宽度调制（pulse width modulation，PWM）是一种通用技术，主要通过以脉冲方式快速开和关转换设备来控制电子执行元件实现流速的调节。

适用范围 农药的过量使用造成了土壤、水体等农业环境的污染，同时也导致了农产品中农药残留的超标。这不仅对人民的生命安全造成威胁，还直接影响到了农产品的出口创汇。为了改变这些状况，不仅需要农业化学家的努力，更需要农药精确喷施机械的研制和开发。对农作物实施精确喷雾有两种方法：一是对靶喷雾，可以在一定程度上减少农药的过量使用；二是根据农作物所受病虫害的程度进行变量喷雾，可以最大程度上减少农药的过量使用。

主要技术 对农作物实施变量喷雾作业涉及的主要问题包括病虫害的监控、数据采集及定位、数据分析及处理、喷雾时喷量的监控和喷雾实施的速度及位置的监控等。解决这些问题需要全球卫星定位、遥感技术和作物生产管理决策支持系统等一系列技术的支持。

定位技术 在变量喷雾作业的实施过程中涉及两次定位。第一次定位是获得喷雾处方图的各个信息。对于病虫草害而言，主要是获得与位置信息相关的病虫草害空间分布信息，然后利用专家系统得出在什么地点喷药和喷施多少药液的作业要求。第二次是在实施机器喷雾阶段时的定位。利用测量装备的位置，根据处方图提取出喷雾作业区域的信息，读取喷雾指令，并发送到变量控制系统，实现农田的变量喷雾作业。

数据的采集、处理和决策 数据的采集是指病虫害信息的采集。可以采用定点采样和实验室分析相结合的方法，利用背负或机载装备进行人工数据采集。一般需要农业技术人员对病虫害的信息进行实时粗略分析，并及时输入计算机内，以待更进一步的信息处理。其中，遥感技术对农田实时监控效果较好，它是利用遭受病虫害的农作物光谱反射的不同对农田进行监控，是“精确农业”重要数据的主要来源之一。

喷雾装备前进速度的测量 常用的测速方法是机载雷达测速。机载测速雷达的原理是利用电磁波的多普勒效应。只要声源与接收物体之间存在着相对运动，接受的频率就不同于发射的频率，两者之间的距离缩短时（相对运动），接收频率高于发射频率；两者之间的距离增大时（反向运动），接收频率低于发射频率。通过比较接收信号中高频频率之间存在的差异得出所需信息，而且当雷达诸参数确定以后，这种频率上的差异（即多普勒频率）只与雷达载机相对于地面的运动速度有关。

喷量的控制 整个系统的流量使用流量计测定，测得量作为反馈信息发送到控制台完成系统的闭环控制。根据农药喷洒要求，一般使用WL-型涡轮传感器的流量计，其价格较低，测量精度可以达到中国农业的要求。工作原理是：当液体流过涡轮流量计时，液体会冲击涡轮，从而使涡轮转动，引起壳体外部磁电感应系统的磁阻值改变，产生电脉冲信号，在一定的流量范围内产生的脉冲信号的数量与流量成正比。

注意事项及影响因素

定位精度的提高　变量喷雾设备实施变量作业的过程中会有两次定位，由于变量喷雾装备是利用定位而制定的喷雾处方图实施变量作业，利用确定属性地理位置时的误差会在实施变量喷雾时形成二次误差，从而影响喷雾精度。可以通过使用标杆校正定位来提高现有设备的静态定位精度，即在某一个或某几个确定的点上安插标杆，并利用测得标杆位置，其余的位置测定与标杆位置测定进行比较，消除其公共误差，提高精度；也可以利用软件，如使用某种算法，如在直线、曲线中加入控制点，以及利用曲线多项式拟合来提高定位精度。

精度匹配喷雾　时间滞后现象也会严重影响变量喷雾装备实施精确喷雾的精度。滞后时间包括测速传感器的测速时间、计算机控制台处理数据的时间和伺服阀开启到设定角度的时间，滞后时间可以通过实验的方法测量。软件处理时除了要考虑滞后时间外，还应该考虑速度的方向，尽量减小时间滞后给精确喷雾带来的影响。

信息的采集和处理　能否快速、有效的采集是实施变量喷雾作业的另一问题所在。如果采用定点采样和实验室分析相结合的方法，不仅耗资费时，还难以描述作物生长环境的时间差异，因此，需要对定位系统和传感器技术以及遥感技术的应用和结合进行更深层次的研究。

参考文献

邱白晶，闫润，马靖，等，2015. 变量喷雾技术研究进展分析 [J]. 农业机械学报，46(3): 59-72.

（撰稿：张继；审稿：向文胜）

秉志　Bing Zhi

秉志（1886—1965），字农山，原姓翟佳氏，曾用名翟秉志、翟际潜，满族。动物学家、教育家，中国近现代生物学的主要奠基人。

生平介绍　1886 年生于河南开封，自幼随父读四书五经、文史诗词。1902 年考入河南大学堂（后改称河南高等学堂），学习英文、经学、数学、历史和地理等，同时仍努力攻读古文。入学前已是秀才，1903 年考中举人。1904 年由河南省政府选送入京师大学堂，读书期间立下“科学救国”的志向。1908 年毕业，1909 年考取第一届官费留学生，赴美国留学。

在北平读书期间，秉志追求进步潮流，积极参加学生爱国运动，反对帝国主义压迫，立下“科学救国”的志向。他博览群书，特别对进化论等理论、著作感兴趣。他认为达尔文的学说打破宗教迷信，有利于富国强民。因此，他决定赴美攻读生物学。

1913—1918 年，秉志进入美国康奈尔大学农学院，在昆虫学家 J. G. 倪达姆（J. G. Needham）指导下学习和研究昆虫学。1913 年获学士学位，1918 年获哲学博士学位，是第一位获得美国农林学博士学位的中国学者。在美国康奈尔大学攻读博士学位时，发表论文 3 篇，开启了中国近代昆虫学研究的先河。为了创建祖国的科学事业，1914 年秉志在美国与留美同学共同发起组织中国科学社，这是中国最早的群众性自然科学学术团体。1915 年 10 月 25 日在美国正式成立，秉志被选为五董事之一，并集资刊行中国最早的学术期刊《科学》。

1918—1920 年，秉志在美国韦斯特解剖学和生物学研究所，跟神经学家 H. H. 唐纳森（H. H. Donaldso）从事脊椎动物神经学研究两年半，对小鼠及野生黑鼠上颈交感神经节大型神经细胞的生长进行了详细研究，主要包括大型神经细胞的来源、生长方式、生长过程和形态变化等，特别着重于大型神经细胞生长与年龄（性成熟）和性别的关系，是很有创见的研究。

1920 年回国后，秉志积极从事生物科学的教学、科研和组织领导工作。1921 年，他在南京高等师范学校（1922 年改为东南大学，后改为中央大学）创建了中国第一个生物系，并根据国情编写了教材。抗战胜利后，秉志在南京中央大学和上海复旦大学任教，同时在上海中国科学社做研究工作（南京的生物研究所已被日寇烧毁）。他曾任中央研究院评议员，1948 年当选为中央研究院院士。中华人民共和国成立后，秉志继任复旦大学教授至 1952 年。中国科学院成立后，他先后在水生生物研究所和动物研究所任室主任和研究员，1955 年当选中国科学院学部委员（院士）。

成果贡献　1922 年，秉志在从事教学工作的同时，在南京创办了中国第一个生物学研究机构——中国科学社生物研究所。当时国家贫穷，经费不足，在极为困难的条件下，秉志以高度的责任感和艰苦奋斗的精神，为开创和发展中国生物科学的研究作出了历史性的贡献。

1922—1937 年，生物研究所取得了出色的成绩。除了主要开展形态学和生理学的研究外，还对中国动植物资源进行了大量调查研究，收集了大批标本，积累了宝贵的资料。20 世纪 20 年代至 30 年代初期，秉志对中国沿海和长江流域的动物区系进行了大量调查及分类与分布的研究，收集了大批标本。仅浙江沿海采集的标本就包括 8 门 22 纲，大小共 6000 件，积累了宝贵的资料，为开发中国沿海和长江流域的动物资源奠定了重要基础。

1928 年，秉志又创办了北平静生生物调查所，以研究动植物分类为主，重点是腹足类。腹足类软体动物在腹部有扁平肉质的足，背部有螺旋形的壳，如蜗牛、田螺等。他在中国沿海、华北、东北、西北和香港等地区广泛采集了大量软体动物标本，鉴定了许多新种。例如，1932 年发表的《新疆腹足类软体动物》，记述了代表 3 科 4 属陆生腹足类的 10 种，其中半数为新种。

在 50 年代中期，秉志制订了长期的研究计划，要对鲤鱼的形态学、胚胎学、生理生化、实验生物学等进行研究。鲤鱼作为一种模式的硬骨鱼，是科研和教学的重要材料，在鱼类生物学的基础研究和脊椎动物发生和进化等研究中均有重要意义。然而，过去在国内外均无较全面研究的描述。可惜在他有生之年仅完成了形态学的研究，出版了《鲤鱼解剖》专著，完成了《鲤鱼组织》专著的手稿。《鲤鱼解剖》一书对鲤鱼的外部形态及内部各系统、各器官的结构进行了系统

B

和精确的描述，全部是直接观察的结果。对每一构造进行观察，都是解剖了很多标本，反复审核后定稿的。全书以骨骼系统和神经系统两章最为详尽，最后一章专门讨论了鲤鱼形体演化的问题，使读者不仅可熟悉鲤鱼身体内外各部的构造，并可理解鲤鱼在自然环境中所居的地位，其形体各部分如何演化到今日的构造以及将来发展的趋势。此外，他还发表了近 10 篇学术论文。这些论著充实和提高了鱼类生物学的理论基础，是科研和教学的重要参考文献。

秉志在几十年里为中国生物学界培育了大批人才，其中成长为专家的数十人，直接或间接受过训练的学生逾千，可谓桃李满天下。中国动物学界许多的老专家，都是秉志的学生。由于秉志学识渊博，研究范围广泛，所以培养出许多专业不同的学生。以他们从事研究的对象来分，有脊椎动物中的兽类、鸟类、爬行类、两栖类、鱼类，无脊椎动物中的昆虫、甲壳动物、环形动物、线虫、扁虫、原生动物等。以学科而论，有分类学、形态学、生理学、生物化学和生态学等。他的许多学生都秉承了勤奋刻苦、持之以恒的学风，成为中国教育界和科技界的一支重要骨干力量。

所获奖誉 美国 Sigma Xi 科学荣誉学会会员，1948 年当选为中央研究院院士，1955 年当选中国科学院学部委员（院士）。

性情爱好 他作为一位动物学家，涉猎极为广泛，学识极为广博。他在形态学、生理学、分类学、昆虫学、古动物学等领域均有重要成就，尤其精于解剖学与神经学。他熟读古文诗词、博古通今。同时，秉志热爱教学，其教学方式别开生面，吸引许多学生从事生物学研究。在教课和研究之余，秉志积极从事科普工作，写文章，做演讲，将生物学知识传播普及到社会上。

参考文献

郭建荣, 2002. 一代宗师秉志先生 [J]. 文史精华 (2): 22.

科学家传记大辞典编辑组, 1991. 中国现代科学家传记[M]. 北京: 科学出版社.

李辉芳, 张培富, 2006. 中国近代科学救国思想的先行者 : 秉志 [J]. 山西高等学校社会科学学报, 18(6): 167-169.

伍献文, 1986. 秉志教授传略 [J]. 中国科技史杂志 (1): 3.

翟启慧, 2006. 秉志传略 [J]. 动物学报 (6): 5-8.

翟启慧, 2006. 秉志院士业绩永存纪念 : 秉志先生诞辰 120 周年 [J]. 生物学通报, 41(10): 1-2.

（撰稿：陈晓良；审稿：马忠华）

病虫害田间诊断技术 field diagnosis of plant diseases and insect pests

在田间条件下快速确定引起植物病虫害原因的行为。病虫害的准确诊断是病虫害科学管理的前提。田间快速诊断可以为及时采取防治行动争取宝贵的时间，也是室内进一步诊断的基础。如果诊断不当或延误，就会贻误最佳防治时机，造成经济损失。传统的田间诊断主要是对作物受害症状有无、症状的特征以及周围的环境状况等（包括自然环境和农事操作活动）进行田间观察分析，也包括一些针对植物病部、病原和害虫的简易解剖检查。随着计算机、生物技术等的发展，越来越多的现代技术也逐渐应用于田间病虫害的快速诊断。田间诊断已经从完全凭借专家的经验和知识去调查和判断，逐渐过渡到借助一些科学仪器和决策辅助工具来帮助作出病虫害的科学诊断。

基本原理 植物常受到多种病虫害的危害，加上非侵染性的生理性病害和各种伤害，其表象在田间千变万化、极易混淆造成误诊。准确的田间诊断有赖于仔细观察和全面分析，应按以下步骤进行。

第一，对田间发生病虫害植株的分布进行仔细观察，分析其在田间的扩展过程，并了解受害田块种植的品种、施肥、灌溉和用药等情况及其周围的环境信息，为推断是否因为水肥和用药引起的生理性病害搜集证据。

第二，对发生病虫害的植物内外症状进行仔细的检查：比如检查病变叶部和地上部有无真菌性病害的典型病症，包括霉状物、粉状物、点状物、锈状物，绵丝状、绒毛状的菌丝和菌核等病症（图 1），线虫造成的根结或虫瘿等，或者害虫留下的蜜露、咬痕等，再如针对萎蔫和枯死植株应该仔细检查其茎部和根部，观察是否有害虫及其危害留下的虫蛀孔洞（图 2），纵切面是否有典型微管束病害的变色，横切后放于清水中观察是否有细菌性病害的溢菌现象等诊断线索。

第三，针对无法确诊的病虫害，在第一和第二步的基础上，挑选典型的受害植物进行采样，样本可以是植物病部组织、病原物、害虫，也可能包括受害植物根围土壤，借助田间快速诊断设备对样本进行检测分析。对那些无法在田间确诊的病虫害，应该采集样本带回实验室进行进一步的分析。

第四，在充分掌握各项证据的前提下，全面分析、审慎做出诊断结论。有必要时咨询相关专家。现在紧密的网络连接让田间诊断的技术人员可以越来越多地征询专家的意见，并有将专家们通过网络连接在一起从而作出更快更好诊断的趋势。

主要内容

植物病害血清学诊断技术 是基于抗原（通常为病原物

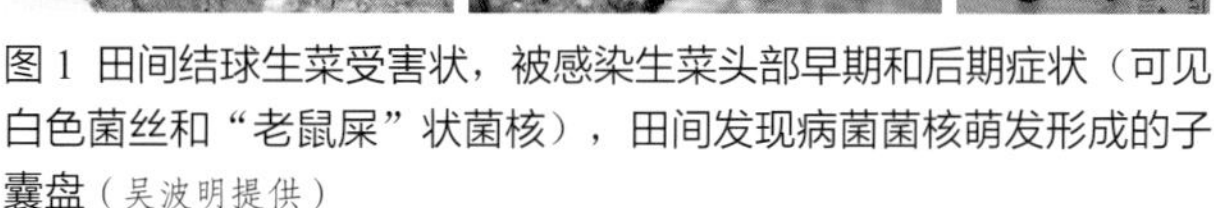

图 1 田间结球生菜受害状，被感染生菜头部早期和后期症状（可见白色菌丝和“老鼠屎”状菌核），田间发现病菌菌核萌发形成的子囊盘（吴波明提供）

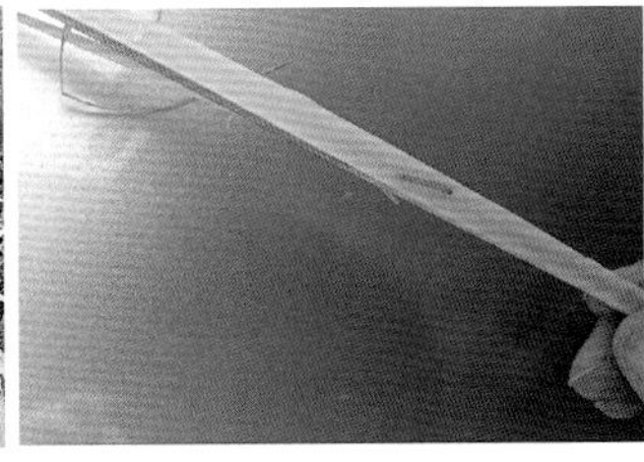

图 2 田间水稻成丛枯死的受害状和剥开受害植株基部发现的水稻二化螟幼虫（吴波明提供）

相关蛋白质）与抗体的特异性反应原理的一种利用抗体制剂特异检测样本中有无抗原（植物病原物）的诊断技术。其中 ELISA（酶联免疫吸附）等技术，因其迅速、可靠、特异性强、灵敏度高且应用方便，早已广泛应用于病毒病的诊断中，在植物病原细菌和真菌的检测中发展也很快。

基于多聚酶链式反应（polymerase chain reaction，PCR）的诊断技术　是通过设计特异性引物利用多聚酶催化的链式反应扩增病原物或者害虫的遗传物质 DNA，并通过电泳及溴化乙啶或 SYBR GREEN 染色在紫外光下检测其扩增产物，来实现植物病虫害的诊断。与此相似，针对病虫害的 RNA 也发展了特异性的反转录 PCR 诊断技术。这一类技术的特异性和灵敏度均与血清学技术相当或更好，可同时检测多种有害生物，发展异常迅猛，已广泛用于各种植物病虫害的诊断。但是其在田间的应用因为设备要求较高，受到较大限制。

环介导恒温扩增（loop-mediated isothermal amplification，LAMP）技术　是基于链置换型 DNA 聚合酶在恒温条件下催化核酸的扩增反应原理的一项诊断技术。与常规 PCR 相比，这一技术的核酸扩增不需要温度循环变化、电泳及紫外观察等过程。该技术在灵敏度、特异性和检测范围上能媲美 PCR 技术，且不依赖任何专门的仪器从而更便于携带和田间使用。

横向流动微芯片（lateral flow microarray，LFM）技术　该技术是结合了严格碱基互补配对原则的核酸杂交技术，抗原抗体反应的高特异性和聚合酶链式反应的高灵敏性，并融合了免疫层析技术的一种新技术。该技术通过检测植物受到病虫害危害时的特异性反应的 RNA 变化来诊断病虫害。横向流动微芯片灵敏度高，检测下限可到 5pg RNA，且不需要复杂的实验室设备，操作简便。现在已经用在诸如柑橘黄龙病的快速诊断中。

光谱技术和图像分析　可通过光谱技术分析植物体的透射和反射光信息，进而诊断植物的生理状态健康和受害，以及被哪种有害生物为害。图像分析技术是通过分析田间植株或者局部症状的图像，来识别植物所受到的危害。这些技术还主要处于试验研究阶段。其应用受到很多限制，① 适用的病虫害不多，主要适用于危害植物叶部的病虫和一些对植株光学特性影响大的病虫害。② 特异性差。③ 受天气、品种等环境条件影响。其优点是可诊断大规模田间病虫害，快速确定有严重病虫害的区域，为及时防治提供技术支持。

主要设备　常用诊断设备包括用于检查样本的小铲、刀、剪、挑针、镊子、放大镜、载玻片、盖玻片、解剖镜和显微镜；用于定位的 GPS 仪、海拔仪和指南针等；用于采样和记录的照相机、纸袋、塑料袋、标签、记录本、笔等；常用诊断手册、资料或者带有诊断辅助程序的手机、电脑等；用于快速田间诊断的其他设备和试剂，包括 ELISA（酶联免疫吸附）等用于田间检测试剂盒，LAMP（环介导等温扩增）仪，便携式 PCR（链式反应）仪、LFD（横向流动装置）等；

注意事项　诊断时应尽可能全面地掌握与受害植物有关的信息，以免误诊；比如相邻田块施用除草剂可能随风飘移到受害田块，造成药害（图 3）。

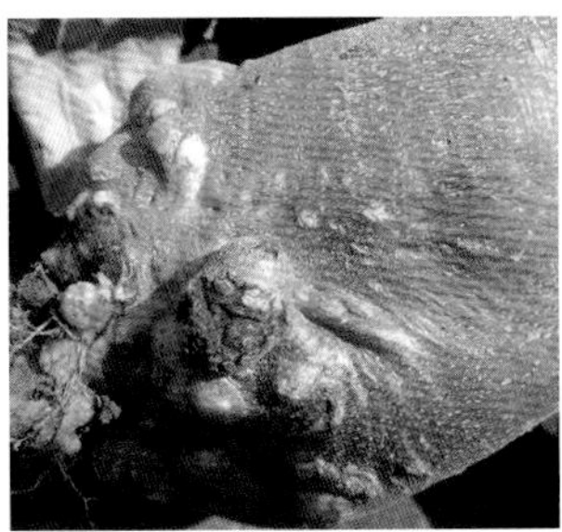

图 3 除草剂药害（郑建秋提供）

要抓住主要矛盾，有时可能同一田块存在多种病虫害危害，诊断应该针对大多数植株而不是个别植株；应注意区别受害的主要因子和次生副产品。有时一种病虫危害植物之后，使得其更易滋生另一种有害生物。比如受软腐病危害的大白菜病部常常长有大量灰霉病菌；传统的诊断是前提，只有把怀疑的目标缩小到很小的范围了，才能进行下一步的各项检测；在借助田间快速检测技术时应该设阳性和阴性对照，同时要了解假阳性和假阴性存在的可能性，结论应该留有余地。

对不能建立完整证据链条而确诊的病虫害，要避免草率下结论，主观造成误诊。

参考文献

靳学慧，2015. 农业植物病理学 [M]. 北京：中国农业出版社.

陆家云，1997. 植物病害诊断 [M]. 2 版. 北京：中国农业出版社.

MARTINELLI F, SCALENGHE R, DAVINO S, et al, 2015. Advanced methods of plant disease detection [J]. Agronomy for sustainable development, 35(1): 1-25.

RILEY M B, WILLIAMSON M R, MALOY O, 2002. Plant disease diagnosis [J]. The plant health instructor(20): 7-20.

（撰稿：吴波明；审稿：谭新球）

病虫害显微诊断技术　microscopic diagnosis of plant diseases and insect pests

借助于显微镜或体视镜，对造成植物病害的病原物和造成虫害的小型害虫的显微特征进行观察，并依据病原物和害虫的显微形态特征，对植物病害和虫害进行准确诊断的技术。

主要内容

植物病害的显微诊断　病原物的个体一般微小，难以用肉眼观察。但不同类型病原物在植物上有时会产生特有的病征。如菌物性病害常在病部产生霉状物、锈状物、粉状物、颗粒状物等；细菌性病害常有菌脓和菌溢；线虫病害在根部有时会出现孢囊、根结等。这些病征用肉眼易于识别，有助于判别病害的大致类型。而对于病原物本身的形态特征，则需要通过显微镜观察才能确认。部分病原物可根据其有性或无性阶段的特征性结构鉴定种类。病毒病害和植原体病害没有可肉眼识别的病征，一般缺乏有效的显微诊断方法，只能借助电子显微镜观察病组织中这类病原物的超微形态特征。

菌物性病害的显微诊断　在发病植物的病征处，挑取少许病原菌物的孢子（包括无性孢子和有性孢子）及其产孢结构，制备临时玻片，在显微镜下观察其形态特征，明确其分类地位，并鉴定种类。如果病部尚未有病征，可以对病部进行保湿，促使产孢后再进行观察和鉴定。

细菌性病害的显微诊断　一般观察有无菌溢现象。切取具有典型症状（如萎蔫、水渍状病斑）的茎秆、叶柄、小块叶片，置于载玻片上的水滴中，静置一段时间后，在显微镜下观察切口处是否有白色絮状扩散物——菌溢。或将切取的发病茎段插入盛有清水的玻璃试管中，静置一段时间后，直接观察是否有菌溢自切面溢出。如果有菌溢现象，可以确认病害是由病原细菌引起，而不是真菌或其他原因。

植物线虫病的显微诊断　取孢囊、根结或植物病组织直接挑取线虫进行显微观察；植株根部发病的可取根围土壤经分离富集后显微观察。首先根据口针的有无确定是否是植物线虫，并进一步根据线虫的形态特征鉴定种类。

植物虫害的显微诊断　引起植物虫害的害虫个体一般比较大，肉眼易于识别和鉴定。但对于一些个体或卵都很微小的害虫，如红蜘蛛、蓟马、叶蝉、小的蚊蝇和蜂类等，其特征难以用肉眼观察清楚。可将受害植株的可疑部位或器官进行解剖，用体视镜或显微镜观察内部有无害虫，以及其细微特征，鉴定其种类。

参考文献

陆家云，1997. 植物病害诊断[M]. 2版. 北京：中国农业出版社.

（撰稿：张国珍；审稿：张力群）

病毒反向遗传学技术　virus reverse genetics approach

利用重组DNA技术对病毒核酸分子进行体外遗传操作，是分子病毒学研究最基本的技术手段。其技术核心是构建具有侵染活性的病毒分子克隆，在此基础上体外对病毒基因组进行定点的突变、置换、插入等，通过分析重组病毒的表型和特性变化，研究病毒基因组结构、病毒基因及其产物的功能、病毒与宿主的相互作用以及改造和利用病毒载体等。

作用原理　病毒为结构简单的分子寄生物，在体外无法独立复制增殖，常用的遗传学方法难以对其基因组进行操作。病毒反向遗传学技术体系的建立依赖于病毒侵染性克隆的构建，其工作原理为：将病毒的基因组克隆于合适的质粒载体并导入寄主细胞，表达产生病毒复制相关蛋白，并以导入的病毒序列为模版复制产生后代病毒基因组拷贝，进而包装成具有侵染活性的重组病毒颗粒。该技术的实质是利用克隆的病毒基因组人为起始病毒侵染的过程，其技术关键在于获得具有完整生物活性的病毒侵染性DNA（DNA病毒）或cDNA（RNA病毒）克隆，在此基础上利用重组DNA技术可实现对病毒基因组的遗传操作。

适用范围　反向遗传学技术已运用于植物单链DNA病毒、双链DNA病毒（副逆转录病毒）、正链RNA病毒以及负链RNA病毒，但尚未有针对植物双链RNA病毒的相关报道。

主要内容　根据病毒（DNA或RNA）的核酸类型和复制特征的区别，不同类型的病毒其反向遗传学技术策略也不相同，主要包括以下几种类型。

DNA病毒反向遗传学技术　该类病毒包括双生病毒科、矮缩病毒科和花椰菜花叶病毒科等，其病毒基因组均为环形结构。构建该类病毒侵染性克隆时需将病毒基因组进行串联重复，并包含两个拷贝的病毒复制相关序列。以单链环状DNA的双生病毒为例，病毒复制相关元件位于基因组的基因间隔区内，包括茎环结构复制起始位点和上游一些复制必需的调控元件。其侵染性克隆构建操作步骤包括：①获得病毒全长基因组克隆。②将另一个含有病毒基因间隔区的基因组拷贝，与全长克隆串联重复。③克隆的病毒DNA通过摩擦接种、农杆菌T-DNA转化或基因枪轰击法等导入植物细胞。病毒本身的真核启动子驱动转录表达病毒编码的蛋白，包括与复制相关的Rep蛋白，该蛋白在第一个复制起始原点切割起始滚环复制，并到下一个复制起始原点时形成一个完整的单链环形的后代基因组拷贝，并产生重组病毒。

正链RNA病毒反向遗传学技术　该类病毒基因组RNA与mRNA极性相同，当导入细胞后可直接作为翻译模版用于表达病毒蛋白。由于基因工程操作技术主要针对DNA，因而需要将RNA病毒的基因组经反转录生成cDNA，构建全长cDNA克隆，并在病毒序列上游加上合适的启动子序列，用于转录合成病毒基因组RNA。常用的构建策略包括：①体外转录法。利用来源于细菌噬菌体的T7、T3或SP6启动子等，体外转录合成病毒RNA，通过摩擦接种或基因枪轰击法等导入植物细胞，启动病毒蛋白的翻译和基因组复制侵染。②体内转录法。利用来源于植物DNA病毒的真核RNA聚合酶Ⅱ型启动子，如花椰菜花叶病毒35S启动子等，将含有病毒cDNA序列的质粒通过基因枪轰击法或农杆菌T-DNA转化法导入植物细胞，病毒cDNA经体内转录生成RNA，启动病毒的复制侵染过程。

负链RNA病毒反向遗传学技术　该类病毒基因组RNA与mRNA极性相反，导入细胞后不能用于翻译病毒蛋白，因而没有侵染性。这类病毒的最小侵染单元为核衣壳，包括病毒基因组RNA，核衣壳蛋白、依赖RNA的RNA聚合酶及其辅助蛋白。该类病毒的反向遗传学体系的技术关键为体内重构有活性的病毒核衣壳，操作步骤如下：①构建病毒基因组全长 cDNA 转录载体，该载体用于转录产生病毒基因组 RNA，作为复制的模板。②构建核心蛋白表达载体，该载体用于表达病毒核心蛋白，如核衣壳蛋白、依赖 RNA 的 RNA 聚合酶及其辅助蛋白等。③上述载体以合适的方法和比例导入植物细胞，经转录表达后装配形成有活性的核衣壳，启动病毒复制侵染过程。根据病毒序列转录方法的不同，负链 RNA 病毒反向遗传学技术体系可分为 T7 RNA 聚合酶转录系统、RNA 聚合酶Ⅰ转录系统和 RNA 聚合酶Ⅱ转录系统等。

应用前景　病毒反向遗传学技术是伴随重组 DNA 技术而产生的现代病毒学技术，是病毒分子生物学研究中最基本、最重要的技术手段之一。该技术广泛应用于病毒学基础研究，包括病毒编码的基因产物结构与功能的关系、病毒基因组顺式作用元件的功能、病毒的致病传播机理以及病毒与宿主的相互作用等。此外，该技术可用于改造病毒载体，如病毒诱导的基因沉默载体、外源蛋白表达载体以及抗原和疫苗展示载体等，进行多种生物技术应用。

注意事项及影响因素

克隆序列的突变　病毒序列克隆过程中反转录酶和 DNA 聚合酶可发生错配的情况，可能导致得到的病毒 DNA 克隆存在一些有害的突变，影响其侵染性，因而使用高保真 DNA 聚合酶，并通过测序验证克隆序列的正确性是十分必要的。

病毒克隆的稳定性　一些病毒 DNA 克隆在细菌中扩繁时不稳定，这种不稳定发生的源可能是来自病毒的序列中存在一些潜在的原核启动子功能序列，从而转录翻译出对细菌生长不利的毒性蛋白。该问题可通过一些策略加以改善或避免，比如选用不同株系的大肠杆菌、降低培养温度、选用低拷贝质粒载体、插入真核内含子序列等。

病毒末端序列的忠实性　侵染性 cDNA 克隆的转录产物末端需忠实于病毒的末端序列，额外的非病毒来源碱基的存在可显著影响克隆侵染效率，通常可利用核酶自剪切加工、启动子位点的合适选择加以解决。

参考文献

JACKSON A O, LI Z H, 2016. Developments in plant negative-strand RNA virus reverse genetics [M]. Annual review of phytopathology, 54: 469-498.

（撰稿：李正和；审稿：周雪平）

病毒分离技术　isolation of virus

从标本分离病毒毒株的技术。因为病毒的形态极为简单，不足以成为识别不同病毒的唯一标志；除了不同病毒在活寄主上诱致不同反应外，不能像对待细菌那样用一系列生理生化的方法在培养基上来测定它们的生理特性。病毒分离技术是研究病毒的一项基本工作。

作用原理　根据病毒间性质上的差异进行设计，如利用病毒间寄主植物感染性的差异；利用病毒间传染方式上的差异；利用病毒间抗性的差异；利用病毒物理性质的差异等。

主要内容

一般分离方法　病毒是专性寄生的，分离培养都是在植物上进行的。采到的病毒病标本，一般是使用汁液摩擦的方法，接种到原来的寄主（或其他适当的植物）上繁殖得到病毒的毒株。标本中如果只有一种病毒，而且这种病毒是机械接种可以传染的，这是很适宜的方法。但是也要估计其他可能性，如标本中的病毒不是机械传染的，其中可能有两种或两种以上病毒，而且这两种病毒还可能是由不同方式传染的。为了避免在工作过程中，分离不到病毒或者丧失其中某一种病毒，有时要进行嫁接传染，先将病毒保存下来，然后使用虫媒或其他方法分离。

混合感染病毒的分离　自然界发生的病毒病害有时是由病毒混合侵染引起的，如果存在两种或两种以上的不同病状类型，或存在两种或两种以上的内含体，说明可能是病毒混合侵染引起的。从被病毒混合侵染的植株中分离出单一病毒的常用方法如下：

利用过滤植物分离病毒。在混合感染中，如果一种病毒能感染某一植物，而另一病毒不能感染，可利用这种植物把混合感染中一种病毒滤掉，所以称过滤植物。例如把 X 病毒和 Y 病毒混合感染的马铃薯叶汁接种到曼陀罗，由于曼陀罗对 Y 病毒是免疫的，可得到单独的 X 病毒。X 病毒和 S 病毒混合感染时，可用对 X 病毒免疫的马铃薯品种 S41956 将其过滤，分离到 S 病毒。

利用传染方式的不同分离病毒。例如，烟草花叶病毒和芜菁花叶病毒的混合感染，可用桃蚜传染的方法把芜菁花叶病毒分离出来，因为桃蚜不能传染烟草花叶病毒。又如，芜青花叶病毒和芜菁黄化花叶病毒混合感染时，可利用跳蝍把芜菁黄化花叶病毒分离出来。菟丝子也可用于混合病毒的分离，白三叶草花病是由豌豆斑驳病毒和豌豆萎蔫病毒混合侵染引起的，前一个病毒可通过菟丝子传染，而后者不能。

利用抗性的不同分离病毒。利用病毒之间钝化温度（TIP）的区别，稀释终点（DEP）的区别以及体外存活力（特别是抽液的活力）的区别，用各种处理来分离出必要的病毒。利用 TIP 可以较容易除去 TIP 较低的病毒，利用 DEP 可以除掉 DEP 较小的病毒，利用体外存活期可以除去存活期较短的病毒。

抗血清分离病毒。在两种病毒的混合感染中，如果用其中一种病毒的抗血清进行沉淀反应，把沉淀离心除去。反复进行直至不产生沉淀为止，便能把另一种病毒分离出来。

利用病毒物理性质的差异分离病毒。通过不同孔径的微孔滤膜过滤、密度梯度离心或电泳方法可把病毒分开，但其分离效果远不及生物学方法可靠。

病毒株系的鉴别　病毒可以自然发生突变或经过诱发产生与原来性状有一定差别的变株，差别比较稳定而且容易鉴别的变株称为株系。病毒的繁殖量很大，在烟草花叶病毒的一个局部病斑中，就可以有 1011 个病毒粒体，因此自发突变是经常发生的。一种病毒的不同株系，往往发生在某些

B

植物或品种上，或者发生在某些地区。由于株系的存在，因此在研究一种病毒时要避免分离到的毒株混杂不同的株系；不能局限于一个样本的研究；不要将病毒的不同株系看作是一种新的病毒。许多方法可用于病毒株系的分离，常用的方法有以下几种：

天然隔离存在的株系的分离。在任何对病毒病感病的植物群体中，都可能存在具有极不同症状的个别植株。在烟田中可根据表现明显不同症状的植株，而获得烟草花叶病毒的新株系。从比较特殊的感病植物上，有时可得到特殊的株系。如从长叶车前上得到的TMV的车前株，从中国十字花科植物上分离的TMV的十字花科株系，以及从豆科植物上获得的TMV的豆科株系。

从异常的斑点分离株系。在表现花叶症状的叶片上，出现亮黄色斑。在黄化症状植株上观察到绿色区域。在系统感染的植株上出现局部坏死斑。如果病毒可以机械方式传染，可用针在具有特殊症状的斑块处扎刺然后在健康植株的叶片上扎刺。如果病毒是昆虫传染的，可把介体昆虫局限在斑块处获毒取食，再移到健康植株作接种取食。

通过不同寄主的转接分离株系。株系之间虽有共同寄主范围，但有的株系适用于在某一寄主上繁殖，而不适用于另一寄主。如果一个株系接种到一种它不能很好繁殖的寄主上，一个新株系将获得优势。经过一次、常常是几次的转接可使新株系立足。新株系可能来源于接种物中已存在的株系，也可能是由原来株系突变后产生的。

用高温处理方法分离株系。株系之间的热稳定性是相似的，但并不完全相同。特别是在温度升高的环境下，不同株系繁殖很不相同。将感病植物组织或带毒的昆虫在高于正常温度下处理，可获得不同的株系。高温可能选择已经存在的株系，也可能有利于突变的产生。

由局部斑点分离株系。一个局部斑点来源于一个侵染单位。因此可由单斑分离获得单一的株系。将适当稀释的接种物，接种到局部斑点寄主上去。选取互相离开的斑点，在小型玻璃匀浆中匀浆，加入1～2滴缓冲液，接种到一株或几株寄主植物上去。有时须经几次单斑分离，才能获得纯净的株系。

如遇部分情况下上述方法不适用，那就需要依靠电泳或色层分析的方法，甚至用提纯方法，把不同病毒之间的粒子分开，然后以划取少量的纯病毒来接种可以大量繁殖的寄主植物。

利用高通量测序技术分离鉴定病毒　2005年以后逐渐发展起来的第二代测序技术（next-generation sequencing technology）使DNA测序进入高通量、低成本的时代，该技术使得核酸测序的单碱基成本与第一代测序技术相比急剧下降，给分离大量样品中的未知病毒种类提供了极其便利的新平台，再加上商业测序服务的便利性，该方法分离和鉴定了大量先前未知的病毒。

注意事项　所分离的病毒必须进行回接实验，才能确定其致病性。如果所引起的病状不完全相同，可能是在分离病毒过程中丢失了病毒或病毒株系。有时需用混合的病毒，或混合的病毒株系才能诱发出原来的病状。汁液传播的病毒回接极易进行。介体传播的病毒可通过取食发病植物传病。在精确的实验中，可将提取的病毒人工注射昆虫或薄膜饲毒后，做回接实验。利用高通量测序技术分离鉴定病毒时，需要在二代测序完成后，利用PCR等技术再次获得特定全长病毒进行验证。

参考文献

方中达，1979. 植病研究方法[M]. 北京：农业出版社：261-262.

裘维蕃，1984. 植物病毒学[M]. 北京：农业出版社：147-148.

田波，裴美云，1987. 植物病毒研究方法[M]. 北京：科学出版社.

WU Q F, DING S W, ZHANG Y J, et al, 2015. Identification of viruses and viroids by next-generation sequencing and homology-dependent and homology-independent algorithms [J]. Annual review of phytopathol, 53(1): 425.

（撰稿：叶健；审稿：谭新球）

病害分子诊断技术　molecular diagnosis

利用分子生物技术鉴定植物病害及病因的一种快速精准技术。其理论依据是特定病原物存在特定的基因组（DNA或者RNA）和蛋白组。

人们对于植物病害的认识通常源自于对病害症状的直观观察，而对于病害的确诊还需要借助其他的技术手段，包括病原物的分离、培养和鉴定等。广义上，分子诊断技术包括核酸诊断技术和血清学诊断技术，狭义的分子诊断技术即指检测病原物独特的核酸的技术。本条目仅叙述狭义的病害分子诊断技术。分子诊断技术在区分病原物种以下的分类单元（如亚种、致病型和专化型）等方面具有显著的优势；分子诊断技术因为灵敏性高、特异性强，也是植物病害早期诊断的重要技术。

主要内容

基于核酸分子杂交的诊断技术　核酸分子杂交是具有一定同源性的两条核酸单链在一定的条件下按碱基互补原则退火形成双链的过程，用于检测的已知核酸片段称为探针，为了便于示踪，探针常用同位素或生物素等进行标记。因具有高度特异性和灵敏性，杂交技术在病害诊断中被广泛使用。杂交技术主要包括膜印记杂交和核酸原位杂交。膜印记杂交技术是指将核酸从细胞中分离纯化后结合到一定的固相支持物上，在体外与探针进行杂交的过程；核酸原位杂交是指将标记的探针与细胞或组织切片中病原物的核酸进行杂交的方法，可以示踪病原物在植物组织细胞内所处的具体位置。

基于PCR扩增的诊断技术　PCR即多聚酶链式反应，是1985年Mullis等创建的一种体外扩增特异DNA片段的技术。此方法灵敏、准确、方便，可在短时间内扩增出数百万目标DNA拷贝，因此被广泛应用于植物病原物的快速检测和鉴定，尤其是对于常规方法研究有困难的植物病害，如病毒、类病毒和植原体等引起的病害。PCR检测和诊断技术中核心的步骤在于对特异核酸片段的选择，并在特异核酸部位设计引物，对样品的DNA或RNA进行扩增。常用的PCR方法有以下几种：①常规PCR，采用一对引物经过约30次的循环，达到目的片段的扩增。②反转录PCR，若待检测核酸为RNA，则需要首先将RNA反转录为cDNA，再进行PCR扩增，此方法适用于RNA病毒引起的病害的诊断和对mRNA的检测。③多重PCR，在同一反应体系中加入多对引物同时实现多个DNA片段扩增的技术。④定量PCR，上述各种PCR技术均只能达到定性检测的目的，定量PCR指能确定初始反应中待测核酸浓度的PCR。⑤实时PCR，即荧光定量PCR，是指在PCR反应体系中加入特异性荧光探针，通过检测荧光信号，实现对PCR产物的实时跟踪和监控，可以灵敏地计算待测样品中核酸的初始浓度。

环介导恒温扩增技术（loop-mediated isothermal amplification，LAMP） 也已广泛用于植物病害的诊断。该技术针对病原物靶标基因的6个特定区域设计4条引物，利用具有链置换活性的Bst DNA聚合酶在恒温条件下（60～65℃）扩增30～60分钟。通过扩增产物的显色直接判断检测结果；该技术对DNA质量和仪器设备要求不高，反应速度快，灵敏性好，敏感性高，价格也很便宜，在田间即可完成实时诊断。

在生产中常常会遇到一些新的病害或不熟悉的病害，在诊断的时候需要对病原物进行分子鉴定。通常的情况下，需要从植物发病部位分离并进行柯赫氏法则确定病原物，之后根据所获的病原物类型进行分子鉴定。针对植物病原真菌和卵菌的鉴定，可以利用通用引物扩增病原物的ITS区域，即内源转录间隔区（internally transcribed spacer），ITSDNA位于真菌18S、5.8S和28S rRNA基因之间，分别为ITS 1和ITS2。在真菌和卵菌中，5.8S、18S和28S rRNA基因具有较高的保守性，而ITS由于承受较小的自然选择压力，在进化过程中能够容忍更多的变异，在绝大多数真核生物中表现出极为广泛的序列多态性。同时，ITS的保守型表现为种内相对一致，种间差异较明显，能够反映出种属间的差异。ITS序列片段较小（ITS1和ITS2长度分别为350bp和400bp），易于分析。由于很多相近的种的病原物（如葡萄孢菌和链格孢菌等）具有高度相似或完全一致的ITS DNA，因此仅凭ITS序列并不能准确诊断和鉴定病原物的种类，这时需要引进更多的基因进行比较，通常这些基因包括TEF-1α（翻译延长因子）、CAL（钙调蛋白）、GPDH（3-磷酸甘油脱氢酶）、ACT（肌动蛋白）、CHS（几丁质酶）、和GS（谷氨酰胺合成酶）等基因。针对病原细菌，通常对细菌的16S rDNA进行扩增和测序分析。细菌rRNA（核糖体RNA）按沉降系数分为3种，分别为5S、16S和23S rRNA。16S rDNA是细菌染色体上编码rRNA相对应的DNA序列，16S rDNA分子大小适中，约1.5kb，在结构与功能上高度保守，既能体现不同属之间的差异，又能利用测序技术较容易地得到其序列，故被广泛应用于细菌的种属鉴定。通过分析16S～23S rDNA间隔区的数目、长度和序列，可以对相近种或同一种内的不同菌株之间进行鉴别和分区分。线虫是一类低等动物。无脊椎动物线粒体DNA中细胞色素氧化酶Ⅱ（COⅡ）基因、线粒体DNA中编码核糖体RNA基因大亚基（LrRNA）片段、18S rDNA和28S rDNA之间区域（包括ITS区及5.8S rDNA基因）等在不同种之间长度不同，有的种虽然片段长度相同，但通过限制性内切酶（Hinf I及Dra I）酶切后的片段存在差异，可以明显地鉴定不同的种，已常被用来进行线虫的分类和鉴定。

有时植物病毒病所表现出的症状与生理性病变类似，当从罹病作物上分离病毒粒子及其核酸出现困难时，需要考虑采用高通量测序的方法对罹病组织进行诊断。病毒因为有最基本的特性，即复制，需要有编码复制酶或复制相关蛋白的基因，因此在病组织的RNA样品中会存在病毒的复制酶基因或复制蛋白基因的转录本，采用对病组织的RNA样品进行序列分析（RNA_Seq），可以获得病毒的基因组信息。另外，寄主植物可以通过RNAi机制抵抗病毒，降解病毒的核酸，使之成为小RNA，对植物病组织中的小RNA进行测序分析，也可以通过拼接病毒的小RNA，获得病毒的全长或部分的基因组序列。之后，根据获得的病毒的基因组序列可以进一步确定病毒与植物病变的关系。

由于真菌或卵菌的ITS以及编码翻译延长因子、钙调蛋白、3-磷酸甘油脱氢酶、肌动蛋白、几丁质酶和谷氨酰胺合成酶等基因及其组合只能区分种以上级别的真菌或卵菌，而16S rRNA基因也只能区分种以上的细菌，如果生产上需要鉴定和诊断特定病原物的优势致病型、生理小种、转化型和亚种等，还需要建立相对复杂的技术，比如单核苷酸多态性技术（single nucleotide polymorphism, SNP）、DNA限制性长度多态性（restriction fragment length polymorphism, RLFP）技术、DNA扩增片段长度多态性技术（amplified fragment length polymorphism, ALFP）、随机扩增多态性DNA技术（random amplification polymorphic DNA, RAPD）、微卫星技术（simple sequence repeats, SSR）或短串联重复序列技术（short tandem repeats, STRs）和特定序列扩增技术（sequence characterized amplified regions, SCAR）等。这些诊断技术操作比较复杂，需要有特定的技术人员。由于细菌的基因组较小，对那些利用16S rRNA基因不能够区分的特异性菌株（株系），全基因组序列分析是非常适合的选择。

病原物在植物体内存在由少到多的积累过程，在侵染阶段和潜伏阶段植物所表现的症状并不明显，针对已知的、特定的病害，对植物未显症阶段进行科学诊断，建立病害流行和预警模式将为病害防控提供宝贵时间。分子诊断技术特异性强，不需要从植物病组织中分离出病原物，其灵敏性也高，在痕量样品中也可以检测到病菌的存在，这些优点赋予了分子检测可以用于植物病害的早期甚至超早期诊断以及植物病害相关的检验检疫。

参考文献

谢联辉, 2013. 普通植物病理学[M]. 北京: 科学出版社.

（撰稿：姜道宏；审稿：谭新球）

病害研究的相关网络资源 online resources for plant disease research

中国网站

中国植保技术信息网 全国植物保护最新技术信息大

数据库，也是经国家互联网信息网络管理中心批准的植保行业最大的门户网站。首页包含果树、棉花、蔬菜、农作物及其他作物 5 个专区。http://www.zgzbao.com

植物病理学报　中国植物病理学会（CSPP）主办的全国性学术期刊，中国科技核心期刊。主要刊登植物病理学各分支未经发表的专题评述、研究论文和研究简报等，以反映中国植物病理学的研究水平和发展方向，推动学术交流，促进研究成果的推广和应用。http://zwblxb.magtech.com.cn

国外网站

蛋白互作数据库　包含蛋白互作网络、蛋白序列、蛋白高级结构及同源搜索等数据的生物信息网站。http://string-db.org

分子植物病理学期刊　收录植物病理学最新研究进展的学术期刊。包括由真菌、卵菌、病毒。线虫、细菌、昆虫、寄生植物和其他生物引起的病害研究。特别是病原菌，及影响寄主应答植物病原菌或两者相互作用的关键因子的分子机制研究。https://bsppjournals.onlinelibrary.wiley.com/journal/13643703

分子植物与微生物互作期刊　收录植物病理学病原菌与寄主互作最新研究进展的学术期刊。包括遗传学、基因组学、分子生物学、生物化学、病理生物物理学、共生及微生物、昆虫、线虫或寄生植物与植物相互作用的基础或先进的应用研究。http://apsjournals.apsnet.org/loi/mpmi

国际农业和生物研究中心　运用专业科学知识和信息解决农业和环境问题，改善全球人类生活质量的国际性非营利组织。包括运用气候智能农业和良好的农业操作提高粮食安全，帮助农民种植优质的作物及防治病虫害，保护生物多样性等措施。http://www.cabi.org

美国国立卫生院数据库　美国国家生物技术信息中心（NCBI），其目标是发展新的信息学技术来帮助对那些控制健康和疾病的基本分子和遗传过程的理解。包含由各科研院所提供的 GenBank 核酸序列数据库和帮助分析这些数据的检索系统和计算工具，以及其他可利用的生物信息数据。网址：http://www.ncbi.nlm.nih.gov/

美国能源部联合基因组研究所　整合 DNA 测序、信息科学和前沿技术的数据库，包括真菌基因组学、宏基因组学、细菌基因组学和植物基因组学等数据库及相关分析工具。http://genome.jgi.doe.gov/

生物信息与系统　生物学分析包括真菌和微生物在内的基因组数据库。通过分析生物学数据捕获人类疾病病因和进展信息。研究重点是定性和定量建模，代谢谱和遗传变异的关系，高通量数据的系统解释和小分子的系统生物学。http://www.helmholtz-muenchen.de/ibis/

真核病原菌数据库　由美国国立卫生院资助的 4 个生物信息学资源中心之一。该数据库包括任何被认为是新兴或重新出现的真核病原体及其相关生物的基因组序列，基因芯片数据，基于探针的杂交和测序数据（如芯片和 RNA-seq），蛋白质组学数据库，菌株数据，表型信息和代谢组学数据。https://veupathdb.org/veupathdb/app

植物病理学综述年刊　收录覆盖植物病理学领域的重大进展，包括植物病害诊断、病原菌、寄主与病原菌互作、流行病学和生态学、抗病育种和植物病害防治及新概念发展的综述性期刊。https://www.annualreviews.org/journal/phyto

植物健康发展　收录促进农业与园艺作物健康、管理和产量的相关进展。为研究人员、顾问、种植者、农药使用者及其他专业人士提供应用的、多学科的网上资源。http://www.planthealthprogress.org/

（撰稿：张海峰、张正光；审稿：周雪平）

病原物染色技术　pathogen staining technique

利用染料对病原物进行染色，使其在显微背景下清晰可见，以便于病原物结构、形状等特征的观察和研究的技术。同时染色结果也是病原微生物分类、鉴定的重要依据之一。典型的染色方法有单染、复染和三重染。植物组织中细菌和真菌的染色方法包括苯酚品红染色法、苏木精曙红 Y 染色法、硫堇蓝橙 G 染色法和结晶紫染色法；植物组织内线虫的染色方法分为碘液染色法、棉蓝乳甘合剂染色法、猩红 R 染色法和溴酚蓝或溴百里酚蓝染色法。典型的细菌染色法包括简单染色法、负染法、多重染（区分染）色法和结构染色法。多重染色法包括革兰氏染色法和酸速染法，而结构染色法包括芽孢染色法、Dorner 染色法、荚膜染色法和鞭毛染色法。

基本原理　结合物理作用和化学作用。物理作用如细胞及细胞物质对染料的毛细、渗透、吸附作用等。化学作用则是根据细胞物质和染料的不同性质而发生的各种化学反应。酸性物质易吸附碱性染料，且吸附作用稳固；而碱性物质较易吸附酸性染料。若要使酸性物质染上酸性材料，则必须改变其物理形式（如改变pH），才利于吸附。相反，碱性物质通常仅能染上酸性染料，若把它们变为适宜的物理形式，也同样能吸附碱性染料。病原物染色的影响因素还包括菌体细胞构造和其外膜的通透性、培养基的组成、菌龄、染色液中电介质含量和pH、温度、药物的作用等，均能影响病原物的染色。

染料的种类　按电离后染料离子所带电荷性质，染料分为酸性染料、碱性染料和中性（复合）染料三大类。

① 酸性染料：电离后染料离子带负电，如伊红、刚果红、藻红、苦味酸和酸性复红等，可与碱性物质结合成盐。② 碱性染料：电离后染料离子带正电，可与酸性物质结合成盐。一般常用的碱性染料有美兰、甲基紫、结晶紫、碱性复红、中性红、孔雀绿和番红等，一般情况下，细菌易被碱性染料染色。③ 中性（复合）染料：酸性染料与碱性染料的结合物，如瑞脱氏（Wright）染料和基姆萨氏（Gimsa）染料等，后者常用于细胞核的染色。

参考文献

方中达，1998. 植病研究方法 [M]. 2 版 . 北京：中国农业出版社 .

（撰稿：崔福浩；审稿：谭新球）

B

《捕食线虫真菌》 *Nematode-Trapping Fungi*

是K. D. Hyde编辑的“真菌多样性研究”丛书的第23集，由Zhang K. Q. 和K. D. Hyde共同编辑，于2014年由斯普林格（Springer）出版集团出版（见图）。

（刘世名提供）

捕食线虫真菌是一类非常重要的、能抑制植物寄生性线虫的土壤微生物，能产生大量的天然产物，是一类潜在的动植物线虫病害的生物防治剂，并且是一类研究基因功能的模式生物。该书概述了有关捕食线虫真菌所取得的研究进展，并在此基础上提出了未来的研究方向。该书分8章，共392页。

第1章总体介绍了捕食线虫真菌，由K. D. Hyde，A. Swe和Zhang K. Q. 撰写。第2章介绍了捕食线虫真菌研究方法学，由Li J.，K. D. Hyde和Zhang K. Q. 撰写。第3章主要介绍了捕食线虫真菌Orbiliaceae的历史与分类学，由Yu Z. F.， Mo M. H.， Zhang Y. 和Zhang K. Q. 撰写。第4章介绍了自然环境条件下捕食线虫真菌的生态学，由Zhang Y.， Zhang K. Q. 和K. D. Hyde撰写。第5章讨论了捕食线虫真菌再生物防治植物寄生性线虫上的应用，由Yang J. K. 和Zhang K. Q. 撰写。第6章描述了捕食线虫真菌侵染线虫的分子机制，由Yang J. K.， Liang L. M.， Zou C. G. 和Zhang K. Q. 撰写。第7章总结了超过200多种潜在的、具有杀线虫的代谢产物，由Li G. H. 和Zhang K. Q. 撰写。最后，第8章提出了未来捕食线虫研究的方向，由Liang L. M.，Zou C. G. 和Zhang K. Q. 撰写。

该书适用于从事捕食线虫真菌、植物线虫、植物线虫抗性及生物防治等方面研究的科研人员参考。

（撰稿：刘世名；审稿：彭德良）

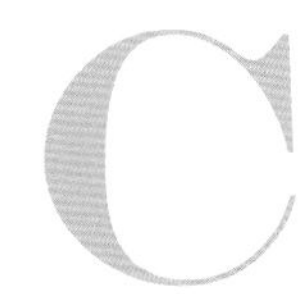

C

蔡邦华 Cai Banghua

蔡邦华（1902—1983），昆虫学家、农业教育家，中国昆虫生态学的奠基人之一。

生平介绍 1902年10月出生于江苏溧阳。1920年东渡日本留学，考入鹿儿岛国立高等农林学校动植物科。1924年，受国立北京农业大学校长章士钊邀请，任国立北京农业大学教授。1927年，再赴日本留学，在东京帝国大学农学部研究蝗虫分类。1928年回国，在浙江大学农学院任教。1929年，开始从事螟虫生态学的研究。1930年，被浙江大学派往德国进修，以米象发育与温湿度关系为题开展了实验生态学的研究。1932年8月，参加在法国巴黎召开的第五届国际昆虫学大会。1936年后，历任浙江大学农学院教授，南京中央农业实验所技正，浙江省昆虫局局长，浙江大学农学院院长、校务委员会临时主席（代行校长职权）等职。1937年回到杭州，任浙江省昆虫局局长。1938年后，蔡邦华重返浙江大学任教。1940年开始他担任浙江大学农学院院长，长达13年。抗日战争时期，出版《病虫知识》期刊。1945年秋，抗日战争胜利，浙江大学从贵州湄潭返回杭州。蔡邦华受当局派遣，赴台湾参加接受台湾大学的工作。不久又回到浙江大学从事教学工作。1947年浙江大学广大师生参加反饥饿、反内战、反迫害的民主救亡运动，受到军警围攻。蔡邦华不顾个人安危，于1948年1月亲赴南京，向国民政府教育部长朱家骅陈述学校被军警包围，歹徒破坏，搞得无法生活，无法教学，代竺可桢校长前来辞职，并向教育部请示善后。为了避免事态扩大，当局派出要员前往杭州督处，使学校暂解危急。他这种伸张正义，敢于面对逆境，赴汤蹈火的高尚情操，深受后人敬仰。

1949年，他作为中国人民政治协商会议第一届全国委员会委员，光荣参加了开国大典。1951年加入民盟。1953年后，他先后出任中国科学院昆虫研究所研究员、副所长和中国科学院动物研究所研究员、副所长等职。1955年，他当选为中国科学院首批院士（学部委员）。1962年动物研究所与昆虫研究所合并，蔡邦华任研究员、副所长。此外，他还担任其他多种学术职务。1977年起被选为北京市人大代表。1981年，他加入中国共产党。曾任杭州市人民政府委员，第一、四、五、六届全国政协委员，第二、三届全国人大代表，国家科学委员会林业组成员，国务院科学技术规划委员会农业组组员，中华人民共和国科学技术委员会植保农药药械组成员，农业部科学技术委员会委员，中国昆虫学会（ESC）副理事长，中国植物保护学会（CSPP）副理事长等职。

蔡邦华除了教学之外，在昆虫学多方面的研究都作出了巨大成绩。主要学术论文和著作已经发表逾100篇。他在工作和学术上处理不同意见时，发扬民主精神。他主张在学术上，无论老少亲疏，人人都有发言权。他能采纳不同的观点，允许别人有自己的看法，并且一旦发现别人的意见是正确的，他绝不会由于自己是师长而拒绝接受他人观点。例如，关于松干蚧学名的争论一直很激烈，蔡邦华认为中国沿海的松干蚧雌性成虫触角为9节，与日本桑名伊之吉鉴定的不同。但他的学生杨平澜却认为两国松干蚧是同一种。1980年蔡邦华亲自从日本带回原产地松干蚧的标本，重新进行检查，发现桑氏记载确有错误，其学生鉴定结果是正确的。由此，1981年初，蔡邦华在云南昆明召开的森林昆虫学术讨论会上，公开修正自己的观点，并且宣布杨平澜先生的论点是正确的。这一行动给了在座的许多同志很深的印象。

蔡邦华对祖国统一怀有强烈的愿望，热切希望台湾早日回归祖国，早日实现祖国的统一。1983年他病重住院，当听到中央领导同志提出愿与国民党再次合作，以实现统一祖国大业时，心情十分激动，命家人寻找在台湾亲友的地址，并亲自写信呼吁台湾亲友返回大陆，以表老一辈科学家的爱国情怀。

成果贡献 蔡邦华是中国最早从事昆虫分类学研究的学者之一。在直翅目、鳞翅目、鞘翅目、同翅目、等翅目5个目的研究上，都有突出贡献。他为中国昆虫分类增添了新属、新亚属、新种团、新种和新亚种共150个以上，并撰写了中国第一部《昆虫分类学》（上、中、下）专著。他早年对螟虫、蝗虫分类上做了许多工作，发表了《螟蛾类概说》《中国蝗科新种报导》等论文。在抗日战争时期，对同翅目中五倍子蚜进行了深入研究。他经过几年的调查，不仅查明了不同五倍子和不同倍蚜的关系，并且进一步研究了各种倍蚜的形态特征及其中间宿主，为人工培养五倍子探索了一条途径。这项工作曾由英国李约瑟博士推荐发表于伦敦《昆虫学报》上。蔡邦华于20世纪50年代对鳞翅目中松毛虫做了大量工作，查明中国松毛虫类共有78个种和亚种，其中隶属于7个属，发现了20多个新种、新亚种，其中为害严重的有6种，即马尾松毛虫、赤松毛虫、落叶松毛虫、油松毛虫、思茅松毛虫和云南松毛虫等。

60年代后蔡邦华集中了很长一段时间对白蚁进行了研

究。曾先后发表了《中国南部的白蚁新种》（1963）、《中国白蚁分类和区系问题》（1964）、《黑翅土白蚁的蚁巢结构及其发展》（1965）、《西藏察隅地区白蚁一新种》（1975）、《中国的散白蚁调查及新种描述》（1977）、《广西木鼻白蚁属四新种》（1978）等数十篇论文，编写了《中国白蚁》和主编《白蚁志》。在中国已知的百余种白蚁中，近半数以上是蔡邦华等定的新种。除此之外，小蠹分类的研究也是他工作的重点，在中国已知的500多种小蠹中，有100种是蔡邦华等定的新种。

蔡邦华在分类学研究上，强调要密切结合生产实际，主张各个目科要有各个目科的典型代表，特别是列出与经济有关的种类或中国特有的种类，所以他编著的《昆虫分类学》颇受人们称赞。关于物种问题，蔡邦华认为应该要用新的观点来分析：由于生物界不同类群有不同的特点，人们认识物种不仅要从形态学上找出区别，而且还要从生态地理、生活习性方面来了解它的实际意义，进而用近代分子生物学的方法来探索物种的界线以及它们之间的关系。

参考文献

蔡恒胜，2011. 蔡邦华与浙江大学的不解之缘 [M]// 蔡恒胜，柳怀祖．中关村回忆．上海：上海交通大学出版社．

蔡壬侯，张宗旺，2012. 蔡邦华教授：我国早期昆虫生态学的奠基人 [M]// 贵州省遵义地区地方志编纂委员会．浙江大学在遵义．杭州：浙江大学出版社．

郭予元，2012. 为振兴中华而奋斗：植保学界前辈蔡邦华先生 [M]// 程家安．蔡邦华院士诞生 110 周年纪念文集．杭州：浙江大学出版社．

李兆麟，2012. 忆蔡老 [M]// 程家安．蔡邦华院士诞辰 110 周年纪念文集．杭州：浙江大学出版社．

王祖望，黄复生，2012. “学以致用”的成果实践 [M]// 程家安．蔡邦华院士诞生 110 周年纪念文集．杭州：浙江大学出版社．

严静君，黄孝运，徐崇华，1981. 蔡老是林虫界的老前辈、开拓者 [N]. 人民日报，3: 27.

（撰稿：徐海君；审稿：马忠华）

残留微生物降解技术的研究与应用 microbial degradation of pesticide residues and its application

获奖年份及奖项 2005年获国家科技进步二等奖

完成人 李顺鹏、崔中利、沈标、刘智、何健、杨兴明、王新华、张瑞福、蒋建东、洪青

完成单位 南京农业大学、江宁区农业局、大丰市农业局

项目简介 中国年农药使用量在30万吨（原药）以上，然而农药的利用率只有20%～30%，其余残留进入生态环境，导致农田土壤和农产品中农药残留普遍超标。农药残留微生物降解技术是一种新型原位生物修复技术，能够有效降解土壤、作物和农产品中的农药残留，保证农产品食用安全。

该成果从全国逾3000份样品中筛选到高效降解有机磷、

图1 农药残留微生物降解菌剂生产车间（蒋建东提供）

图2 农药残留微生物降解技术在水稻上的应用（蒋建东提供）

有机氯、有机氮、菊酯和氨基甲酸酯类等农药的菌株200余株，其中30余株降解能力国际领先，建立了国内最大的农药残留微生物降解菌种资源库；系统研究了降解菌株的生物学特性和微生物降解农药的代谢途径；阐明了农药微生物降解的分子机制；克隆到新的甲基对硫磷水解酶基因 *mpd* 等18个农药降解关键酶基因，发现了 *mpd* 基因的保守性和水平转移的证据；系统地研究了MPH等降解酶的酶学特性并实现了在 Bacillus subtilis 168 等菌株中的高效表达；构建了6株遗传稳定的多功能农药降解基因工程菌株并完成环境释放安全评价研究；开发了系列农药残留微生物降解菌剂产品（国家级重点新产品）（图1），每毫升菌数10亿～100亿，可低温保存3个月以上；建立了降解菌剂的田间应用体系（图2），在江苏、山东、河北、浙江等地建立了20余个试验示范基地，推广应用300万亩次，土壤和农作物中农药残留降解率在80%以上，获得了6个无公害、绿色农产品品牌，创造经济效益逾5亿元，社会和生态效益显著。该技术成果在 *Applied and Environmental Microbiology* 等期刊上发表论文80余篇，出版著作5部，申请发明专利15项（4项授权），并获国家优秀专利1项，处于国际先进国内领先水平。

（撰稿：蒋建东；审稿：李顺鹏）

超低容量喷雾技术 ultra-low volume spraying technology

药剂不需要特殊加工处理，只需在原药（原油）中加入极少量的溶剂，利用特殊设备喷洒使药液的雾点直径达到80～120μm或更细，使药物以极细的雾滴、极低的用量喷出的药物施用技术。它具有防治效果好、费用低、工效高、省药、不用水（或只用少量水）等优点。

基本原理 采用气压输液装置，发动机带动风扇叶轮旋转，产生高速气流，一小部分气流用以冷却发动机，另一小部分气流经弯头增压管进入药液箱使药液增压，大部分气流经弯头、喷管到喷口促使转笼高速转动，药液箱药液经药液开关、节液阀流入高速旋转的转笼内，并在转笼转动所产生的离心力作用下被甩出，再由高速气流将雾滴吹送出喷口，喷洒在防治对象上。超低量喷雾机喷出的雾滴非常细小，在气流的作用下能随意飘移，在叶子的正面、背面、外层叶和内堂叶能均匀沾药，无孔不入。超低量喷雾用水少，药物的浓度高，不管是虫体还是病菌只要沾到雾滴就有高浓度的药

物起作用，具有很好的杀虫杀菌效果。

适用范围 超低容量喷雾技术不仅可以用于防治作物病虫害，也可以用于消灭杂草，尤其是在使用灭生性除草剂的场合更为适用，例如垦殖前荒地、公路铁路两侧和茶园、果园行间的除草等。

主要技术

超低容量喷雾器 这是可旋转超低容量喷雾器，其喷嘴由密封的无碳刷发动机控制，保证速度均衡及使用寿命；该喷雾器经电镀和油漆处理，并采用不锈钢材料，保证其使用寿命；有一块电池与车载电池连接的接线，实现车载充电。

超低容量喷雾剂 喷到靶标作物上的药液，以极细的雾滴，极低的用量喷出，是供超低容量喷雾设施使用的一种专用剂型。

超低容量喷雾技术适用条件 ① 稀释药液对水的质量要求高。水的硬度、碱度和混浊度对药效有很大的影响。② 毒性低药剂，致死量一般要小于 100mg/kg，毒性大的药剂在使用时容易发生中毒危险。③ 溶解度大，挥发性强，沸点低，要使用对作物安全无害的溶剂。④ 高温天气不宜施用，高温会增加药剂的挥发，降低药效期，影响防治效果。⑤ 对蜜蜂及一些天敌的毒性低。⑥ 内吸作用较强的药剂。由于喷雾速度快，用药量少，作物体表上不会每个部位都能沾到药剂，而作物体上可能在每个部位都有害虫存在，如果药剂没有较强的内吸作用，则喷到药的部位杀虫效果好，而未喷到药的部位杀虫效果差。

局限性 ① 超低量喷雾药液浓度高，可以用原液作为喷雾，所以如果使用不好极易产生药害。② 超低量喷雾需要使用超低容量剂，对硫磷等剧毒农药则不宜使用。③ 超低量喷雾雾粒很小，每毫升药液可分散成 1000 万个以上直径很小的仅为 15～75μm 的雾粒，喷雾时易受气象条件的影响。

超低容量喷雾技术意义 ① 原药一般能直接使用，不需加工，有利于节省溶剂、乳化剂、填充剂、包装材料和运输量等，可在很大程度上节约使用成本。② 减轻对环境污染。喷药时药剂因雾点细小，黏附在作物上的比例相应较大，因而流失量减少，极大地减轻了对大气、河流等的污染。③ 用药量少。一般用几十毫升至几百毫升药液，即可均匀喷到 1 亩（约 666.67m^2）作物上。④ 浓度高，药效长。药剂有效成分 80% 以上，因此残效期相应延长，防治适期也相应延长。⑤ 工效高。人行喷雾速度每秒钟 0.5～1m，有利于防治暴发性的病虫害。⑥ 提高防效。作物附着的药液浓度接近原药，其挥发性浓度高，熏杀作用大，药剂接触到害虫与病菌时，能很快地向害虫、病原体内侵入或渗透，可显著提高防治效果。⑦ 减少用药量。常规喷雾法的雾点粗而不匀，最大雾点体积是最小雾点的 8000 倍。而超低容量喷雾法雾点细匀，不易流失，可以大幅度增加雾点的覆盖面积。

影响因素 影响超低量喷雾机液体雾化效果的因素有蒸发、静电、重力、气候及设备条件。

蒸发 药液从喷嘴呈小雾滴喷出时，随着雾滴直径的减小，与空气接触的表面积会大大增加，雾滴表面上任何挥发性的液体都会挥发飞散。

静电 静电力一般对大的雾滴没有多大作用，它并不能影响从喷施设备到目标物间的基本轨道。电荷能增加雾滴沉附的机会，这很有利于细小雾滴的沉附。

重力 当雾滴处于静止的空气中时，在重力的作用下会加速下降，直到重力与空气阻力达到平衡为止，这时雾滴再以恒定的末速度下降。

气候条件 影响雾滴运动的气象因素主要有相对湿度、气温、风向和风速等。气温和相对湿度对雾滴运动的影响主要表现在对小雾滴的蒸发上，气温和相对湿度还对雾滴在植物表面上的附着有影响。在高温、低湿度的天气下，植物的叶面对雾滴的容纳性比较差，由于叶面上茸毛湿润不够，雾滴难以与叶面完全贴合，使许多雾滴难以停留在植物上，而从叶子中间落下了，湿度太大时，过多的液体会滴漏到下层叶面上，再流到土壤中。

喷雾系统 喷嘴直径对雾滴均匀性的影响最大，其次是流量，而喷管内风速对喷雾均匀性的影响最小。改变喷嘴直径、喷管内风速和喷嘴的流量都会引起雾滴均匀性的变化，通过试验找到喷嘴直径、喷管内风速以及药液流量成最佳组合，以达到最好的雾滴均匀性。

喷幅 主要因素有风筒结构、风压、气流流量、喷嘴的雾化性能等。当风机和风筒结构一定时，喷嘴的直径和结构是影响喷幅的首要因素，其次是喷管内风速，而流量的变化对喷幅的影响最小。喷嘴本身的结构和雾化性能直接导致了喷雾机的喷幅变化。

通过分析超低量喷雾机液体雾化效果各项影响因素，可以提高农药的有效利用率。

注意事项 ① 不可盲目喷洒，使用前需要预先做药害试验、喷药量的测定及喷雾有效射程的测定。② 一般晴天 9：00 以前和 16：00 以后可进行，阴天则可全天作业。有较大的上升气流不能进行大田喷雾。③ 喷射方向与风向夹角需大于 45°，否则操作困难且喷洒出的雾粒分散不开，造成防治效果差。④ 操作人员不配戴口罩、草帽、手套和长衣裤也不宜喷，剧毒农药不能喷，人烟密集的地方不能喷。⑤ 风力需小于 3 级，因为风大至使雾粒飘失严重。

参考文献

曹涤环，2008. 超低容量喷雾器使用技术 [J]. 科学种养 (6): 2.

曹涤环，谭刚，2010. 低容量及超低容量喷雾技术 [J]. 农药市场信息 (17): 4-5.

戴奋奋，袁会珠，2002. 植保机械与施药技术规范化 [M]. 北京：中国农业科学技术出版社.

杜智平，2012. 影响超低量喷雾机液体雾化效果的因素分析 [J]. 农村牧区机械化 (6): 46-48.

彭军，2006. 风送式超低量喷雾装置内流场数值模拟研究 [D]. 武汉：武汉理工大学.

王佳建，马铁，2014. 超低容量喷雾技术在林业病虫害防治中的应用 [J]. 防护林科技 (5): 77-78.

曾爱军，2005. 减少农药雾滴漂移的技术研究 [D]. 北京：中国农业大学.

（撰稿：张继；审稿：向文胜）

陈鸿逵 Chen Hongkui

陈鸿逵（1900—2008），植物病理学家，农业教育家，是中国植物病害检疫工作的奠基人之一。浙江大学教授。

生平介绍 1900年6月26日出生于上海，祖籍广东新会。1908—1913年进上海养正学塾，1913—1916年进英华书院，1916—1920年就读于上海青年会中学，1921—1922年就读南京金陵大学附属中学。

在青少年时代耳闻目睹风雨飘摇、列强欺凌的旧中国，工农业生产落后，各种水灾、旱灾、虫灾等天灾人祸频发，他萌发了学习农科，科学救国的远大理想。1922—1926年在金陵大学生物系学习，受到美籍植物病理学教授博德（Porter）的指导，毕业留校任教后，又得到中国植物病理学奠基人戴芳澜的器重和培养，1931年考取中华文化基金公费留学，赴美国艾奥瓦农工学院（现为Iowa State University）研究生院深造，1934年获哲学博士学位。

1935年回国后，应浙江大学之聘，在该校农业植物系植病组任副教授。并在此期间负责筹建中国海关第一个植病检疫实验室，他是中国植物检疫事业奠基人和开拓者之一。抗日战争爆发后，浙江大学西迁，经浙江建德、江西泰和、广西宜山辗转至贵州。1937年9月起，任病虫害系主任，继任教授，他是浙江大学植物病虫害系的创始人之一，是浙江大学植物病理学科的奠基人。中华人民共和国成立后，他全身心地投入社会主义教育和科研工作。1956年定为国家一级教授。1963年出席全国科学规划会议，受到毛主席和周总理的亲切接见。1978年参加了全国科学大会，精神更加振奋，70多岁时还心系镰刀菌的科研课题，在助手和学生的帮助下，历时十多年，鉴定了2000多份标本，在1990年和助手共同完成了《浙江省镰刀菌志》的撰写工作，当时他已是90高龄。

曾任中国植物病理学会（CSPP）常务理事，历任浙江大学农学院植物病虫害系主任，浙江农学院及浙江农业大学学术委员会副主任委员，植物保护系主任，浙江省农业科学院植物保护研究所所长，中国植物保护学会（CSPP）副理事长，浙江昆虫植病学会理事长，浙江省科委常委等职。浙江省第一、二、三届人大代表，第五届浙江省政协委员，民盟浙江省副主委。1979年陈鸿逵加入了中国共产党。

2008年10月12日病逝，享年108岁。

成果贡献

对中国粮食作物病害的研究成就 20世纪20年代，他对小麦秆黑粉病、大麦坚黑穗病、裸燕麦坚黑穗病、大麦条纹病及粟粒黑穗病等，开展了种子消毒试验及抗病性品种筛选方面的工作。1925—1929年，他与美籍植物病理学家博德（Porter）、俞大绂等从事以种子消毒对粟粒黑穗病和产量影响的研究，并筛选到9个抗病力极强的品种。这些在防治病害和抗病育种方面的工作成为中国最早开展类似工作的先驱。同时，陈鸿逵还开展了高粱炭疽病的研究，1934年写成博士论文*Anthracnose of Grain Sorghum Caused by Colletotrichum Lineola Corda*。迄今为止，这篇论文仍然是国内外有关高粱炭疽病的重要文献之一。

对麻类和油菜病害的研究成果 1950年杭州引种的南方型洋麻（红麻）流行洋麻炭疽病，陈鸿逵和葛起新等随即开展调查、鉴定，进行防治研究，1951年在浙江《农林通讯》上发表的《洋麻炭疽病及其防治》一文，是中国对洋麻炭疽病及其防治较系统的首次报道。1961年他们撰写了《浙江省黄麻的主要病害》一文，报道了发生在黄麻上的十余种病害，明确了黄麻病害的侵染途径和环境因素，提出防治方法，这是介绍中国黄麻病害方面的一篇较全面的文献。他对麻类病害研究的成果，为浙江省麻类生产作出了贡献。此外，他还指导研究生对浙江油菜病毒病的病原种类及栽培措施与该病发生流行的关系进行了基础研究和理论探讨。

在水稻病毒病研究上的贡献 1960年初，上海、浙江一带水稻矮缩病突然暴发，陈鸿逵应华东区科委的要求，与朱凤美、王鸣岐一起深入病区现场调查，并成立防治协作组，确定了这种病是水稻黑条矮缩病，并肯定传播媒介为灰稻虱。协作组后来又证实，尚有“普通矮缩”“黄矮（即暂黄）”“黄萎”和“条纹叶枯”4种病毒病，症状明显不同，前3种介体均为黑尾叶蝉，而“条纹叶枯”的介体则为灰稻虱。由此，搞清了这类病害的虫媒及其传播规律，为全国水稻病毒病的研究和防治作出了重要贡献，奠定了中国水稻病毒病研究的基础。

镰刀菌研究和著作独具中国特色 镰刀菌是一类重要的植物病原菌，分布广、种类多，形态性状不稳定，变异大，分类工作难度大，一直少有人问津。陈鸿逵却对这项研究十几年执着追求，坚持不懈地进行试验研究。1979年以来，他和助手们连续发表了多篇镰刀菌论文，在浙江各地均匀采集了2000多份标本，对每一标本作出鉴定报告确定了镰刀菌种类，1990年完成了《浙江镰刀菌志》的撰写工作。1982年他还受农牧渔业部委托，在浙江农业大学为全国各地学员举办过镰刀菌属鉴定技术培训班。

开发昆虫寄生真菌资源 陈鸿逵晚年认为，中国有许多有益的昆虫寄生真菌资源有待开发研究，在保护环境和天敌等方面，利用昆虫寄生菌是一条很值得探索的道路。为此，他指导研究生深入研究了寄生于稻二化螟、粉虱、红蜡蚧和日本蜡蚧上的寄生真菌分类地位、寄主范围、生物学特性、侵入机理等，还评估了这些真菌在自然界中的作用。这些研究不仅开拓了昆虫病原真菌的资源，而且提出生物防治的意见，具有开拓创新性，在理论和实践方面都具有重要的参考价值。

对植物病害检疫工作的贡献 中国植物病害检疫工作从1921年日本侵占台湾后建立，大陆的检疫工作则从1931年在上海商品检验局开始，仅限于害虫方面。后来上海商品检验局商请浙江大学农学院承担该局的植物病害检疫工作，学校委派陈鸿逵和陆大京负责。他们除帮助该局开展植物病害的检疫工作外，还筹建了中国港口第一个植病检疫实验室，为中国植物病害检疫工作奠定了基础。

所获奖誉 1956年被评为国家一级教授。

性情爱好 一生淡泊名利，平易近人，与其夫人感情甚笃。陈鸿逵夫人90高龄时仙逝，先生哀而不伤。陈鸿逵从不为生老病死而忧愁，偶尔患病，总会积极就医。陈鸿逵说：“长寿的因素，分主观与客观，生活要积极乐观，也要以生老病死的自然规律正视生命。”他一身从事植物病理学研究，喜欢接近大自然，常常为采集标本或研究植物病例，走进茫茫深山林海，一生一世都喜欢绿色花卉草木，晚年时常缓步葱绿的桑园，从容慈祥地享受阳光沐浴。先生在饮食上很有规律，喜欢喝牛奶麦片杂粮，每餐吃一小碗米饭，但食量不会太大。幽默、乐观的心境以及和睦的家庭，是大多数高寿者都所拥有的，而活到老、学到老，精神不老，则是陈鸿逵老先生长寿的奥秘。

参考文献

中国科学技术协会，1992. 中国科学技术专家传略：农学编植物保护卷 1[M]. 北京：中国科学技术出版社.

（撰稿：葛起新、陈健宽；审稿：马忠华）

陈剑平　Chen Jianping

陈剑平（1963—），植物病理学家，宁波大学教授，中国工程院院士，发展中国家科学院院士。

个人简介　1963 年 4 月出生于浙江宁波，1981 年 9 月考入浙江农业大学植物保护专业学习。1985 年毕业分配到浙江省农业科学院开展植物病毒学与作物病害防控研究。1989—1990 年到英国洛桑试验站开展合作研究，1992—1995 年在英国邓迪大学攻读并取得博士学位，2007 年被乌克兰国家农业大学授予荣誉博士。

1993 年任浙江省农业科学院研究员，1996 年任副院长，2002—2017 年任院长，2017 年担任宁波大学植物病毒研究所所长。先后兼任中国植物保护学会（CSPP）理事长、副理事长、名誉副理事长，中国植物病理学会（CSPP）副理事长，浙江大学、复旦大学、南京农业大学、西北农林科技大学、沈阳农业大学、福建农林大学、湖南农业大学、云南农业大学等高校兼职教授、博士生导师，农业农村部植物保护生物技术重点实验室主任，国家小麦产业体系病毒病防控岗位科学家，《植物保护学报》《植物病理学报》《病毒学报》《中国病毒学》等期刊编委。

一直从事植物病毒学与作物病害防控研究，曾承担完成国家杰出青年科学基金、农业农村部转基因专项、“973”计划、“863”计划和欧盟等课题（项目）40 余项，发表论文 260 余篇，其中 SCI 论文 140 余篇，授权专利 30 余件，出版著作 5 部，培养博士 20 余名，硕士 60 余名。

研究成果获国家科技进步奖一等奖 1 项（1995）、二等奖 4 项（2001、2004、2005、2014），省部级科技进步奖一等奖 10 项，在国际会议作特邀报告 12 次、担任主持人 5 次。

成果贡献　禾谷多黏菌传播的麦类病毒病是一类研究难度大、危害重的世界性病害。有关禾谷多黏菌与这类病毒的内在关系国内外 30 年研究没有取得突破，因而这类病毒的传播机制长期未能获得进展。他于 20 世纪 80 年代末通过改进菌体包埋和切片技术，对上万个菌体超薄切片进行电镜观察，首次在该菌体内发现大麦和性花叶病毒和大麦黄花叶病毒，从而提供了真菌传播植物病毒的直接证据，揭示了真菌与其传播病毒的内在关系，为真菌传植物病毒研究和防治奠定了基础。成果被评为“1992 年度全国十大科技成就”之一，获 1995 年国家科技进步奖一等奖。

他研究获得了由禾谷多黏菌传播的土传小麦花叶病毒等 4 种麦类病毒自发缺失突变体，详细阐述了自发缺失突变的环境因子和缺失突变过程，提出由复制酶工作错误导致的缺失突变机理，揭示病毒因缺失突变而丧失禾谷多黏菌传播的特性，为开辟真菌传植物病毒防治新体系提供了研究思路。探明了世界范围内由禾谷多黏菌传播的麦类病毒共有 9 种，其中 2 种新种由他发现并鉴定，阐明这些病毒的分布和发病规律，建立的大麦黄花叶病和小麦黄花叶病综合防治技术在全国病区推广应用累计 7542 万亩，取得显著效益，对控制病害流行危害起到了积极作用。以上述研究资料为依据撰写中国首部《真菌传播的植物病毒》专著 2005 年 4 月由科学出版社出版，对真菌传植物病毒研究具有重要的理论和实践意义。形成的 2 个成果分别获 2001 年和 2005 年国家科技进步奖二等奖。

针对严重危害中国水稻和玉米生产的水稻黑条矮缩病和玉米粗缩病，他在国际上首次测定了这些病毒基因组全序列，探明两病均由水稻黑条矮缩病毒引起，澄清了两病病原的长期混淆，并与有关单位合作研究阐明病害发生规律，建立病害防治技术，在全国病区推广应用，对遏制病害流行危害，挽回粮食损失起到了积极作用。成果获 2004 年国家科技进步奖二等奖。

他与课题组成员一起在国际上首次建立起马铃薯 Y 病毒属等 8 个重要植物病毒属的属特异性通用检测技术，为占全球约 35% 已知植物病毒检测和鉴定，防止外来植物病毒传入提供了关键技术。在中国 47 种粮食和经济作物上鉴定了 63 种病毒，其中 13 种为新种，12 种为中国新记录，更正了 6 种重要病毒的鉴定结果。测定了这 63 种病毒基因组序列，其中 37 种为全序列，29 种为国际上首次报道；18 种被美国国家生物技术信息中心（NCBI）确定为相关病毒标准序列，占同期被确定的标准序列 36%；有关结果撰写的论文 34 篇于国际病毒分类委员会核心期刊 *Archives of Virology* 上发表，发现的新种均被第八次国际病毒分类委员会报告确认，为植物病毒种类鉴定研究作出了重要贡献。以上述研究撰著中国首部《植物病毒种类分子鉴定》，于 2003 年 4 月由科学出版社出版，它对中国植物病毒种类鉴定、基因组学、病理学和防治研究具有重要的理论意义和应用价值。成果获 2014 年度国家科技进步奖二等奖。

脱毒植物组培苗种植是防治病毒病的有效途径，但当时中国脱毒组培产业技术相对落后，难以满足市场需求。他主持研制了符合国际市场要求的组培技术规程、组培苗质量标准和管理规范，开发了甘蔗、贝母、人参果、水仙、马铃薯、草莓、贡菊等经济作物脱病毒组培产业化技术，授权发明专利 17 项（其中美国发明专利 1 项），生产的 1000 余万株优质组培苗全部出口欧美市场，取得良好经济效益。经农业部推荐，有关研究结果作为“948”计划重要进展分别于 2010 年 5 月 14 日和 5 月 16 日在中央电视台《朝闻天下》和《新闻联播》报道。

水稻白叶枯病是中国水稻重大病害之一，种植水稻抗病品种是预防该病发生最经济有效的途径。疣粒野生稻（*Oryza Meyeriana*）对白叶枯病近乎免疫，但由于疣粒野生稻（GG 型染色体组）与栽培稻（AA 型染色体组）无法杂交，如何利用疣粒野生稻抗病基因需要技术突破和创新。他领导的科研团队经过近20年的努力创建了疣粒野生稻原生质体体细胞杂交等技术，利用疣粒野生稻创制了广谱抗病新种质，建立了抗病新种质QTLs定位和连锁分子标记筛选，进而选育了抗病新品种（系）；揭示了疣粒野生稻及其体细胞杂交后代的抗白叶枯病机理。同时还解析浙江水稻白叶枯病的发生动态，探明病害流行的主要原因；探明了新的耕作制度下白叶枯病与产量损失的关系，集成创建了病害绿色防控技术。这项技术应用后，既能保证高产稳产，又能减少施药面积三分之一以上，实现节本增效和生态环境保护。

他还在中国工程院支持下开展宏观农业发展战略研究。针对国家粮食安全问题，他在刘旭院士指导下，开展中国东部沿海国际化绿色化背景下食物安全可持续发展战略研究，根据大食物观、整产业链、全绿色化的理念，提出农业结构变迁、技术路径变迁、生产规模变迁、组织模式变迁、比较优势变迁和政策制度变迁的思想。针对农民增收、农产品质量安全、生态环境友好、农产品市场竞争力提升等问题，他创新提出了现代农业综合体——区域现代农业发展创新载体的概念、内涵、路径和模式。针对农业特色小镇建设，他提出理想的农业特色小镇应该是发达、美丽、微笑、安心的地方，小镇建设应该做到以人为本、全球视野、历史关切、特色显明，提出发展什么样的产业，建设什么样的房子，享受什么样的生活的概念、内涵、路径和模式。

所获奖誉 1993年获全国总工会五一劳动奖章，1994年获第四届中国青年科技奖，1995年被评为人事部优秀留学回国人员，1996年获第三届中国青年科学家奖，同年获“国家级有突出贡献中青年专家”称号，并入选首批“百千万人才工程”，1997年被评为全国优秀留学回国人员，2001被评为全国农业科技先进工作者，2003年获留学回国人员成就奖，2004年获第五届光华工程科技奖青年奖，2005年获首届中华农业英才奖，2007年获何梁何利基金科学与技术创新奖，2008年浙江省科技进步重大贡献奖，2010年被评为全国劳动模范和先进工作者，2011年当选中国工程院院士，2012年当选发展中国家科学院院士。

性情爱好 工作之余喜欢看谍战片，偶尔做做木工，常在其夫人主演的戏曲电视剧中饰演群众演员。

（撰稿：燕飞；审稿：马忠华）

陈世骧 Chen Shixiang

陈世骧（1905—1988），中国生物学家、昆虫学家。

生平介绍 1905年11月5日出生于浙江嘉兴，1928年毕业于上海复旦大学生物学系。同年赴法国留学，1934年获法国巴黎大学博士学位，其博士论文是《中国和越南北部的叶甲亚科研究》，获法国昆虫学会1935年巴赛奖金（Prix Passet），1934年8月回国后，先后任中央研究院动物研究所研究员，中国科学院昆虫研究所所长，动物研究所所长、名誉所长。兼任第二、三届全国政协委员，第三、四、五、六届全国人大代表；中国科学技术协会全国委员会常委、荣誉委员；中国昆虫学会（ESC）理事长、中国农学会副理事长；《中国动物志》编委会主任，《中国大百科全书：生物学卷》编委会副主任，以及《中国科学》编委，《昆虫学报》《动物分类学报》等期刊的主编等职。1955年被选聘为中国科学院学部委员（院士）。

成果贡献 毕生从事叶甲系统分类和分类学理论研究。50多年中，共发表论文和专著170余篇，主要为昆虫分类、进化论和分类学原理的论著，其他涉及昆虫行为、古昆虫、生物的界级分类等问题，发表700多个新种，60多个新属，包括果树、森林、大田作物等多种重要害虫，以及重要检疫害虫橘大实蝇。1955年发表的《昆虫纲的历史发展》，对昆虫的3个起源问题，即昆虫体型的起源、有翅昆虫的起源和全变态昆虫的起源，三者之间的历史继承作了科学分析。1985年在联邦德国汉堡举行的第一届国际叶甲学术讨论会上，宣读了他的《叶甲总科的系统分类》论文，把沿用百余年的三科分类改组为六科系统，得到国内外同行的赞同和高度评价。1985年，他主持编写了《中国动物志：昆虫纲鞘翅目铁甲科》。

从20世纪50年代中期开始，他对物种问题，结合进化规律和分类原理进行了一系列深入研究。1975年总结了“又变又不变”的物种概念，指出物种有变的一面，又有不变的一面，进化在物种又变又不变的矛盾统一中进行。他以新的物种概念为核心原理，把分类特征区分为新征与祖征，新征是变的产物，祖征是从祖先保留下来的固有特征。分类是分与合的对立统一，新征体现间断，是分的根据；祖征体现连续，是合的依据。变与不变，新征与祖征，间断与连续，分与合4对矛盾相互依存，相互转化，综合为系统分类的辩证原理。《进化论与分类学》一书，是他一生研究生物分类学理论的总结，他全面而辩证地论述了物种概念、进化原理和特征分析，综合为进化分类学的一个理论体系。

他对达尔文的自然选择学说提出三点补充，丰富了达尔文的自然选择学说。① 大量生殖不仅是生存斗争与自然选择的原因，同时又是其结果，本身亦是一种适应现象。② 取食斗争是生存斗争的核心，决定植物、菌类和动物三条进化路线的大方向。③ 每一物种主要呈现两种适应：小适应与大适应，前者是对生境的具体适应，后者是对进化路线的方向适应。

（撰稿：马忠华；审稿：周雪平）

陈宗懋 Chen Zongmao

陈宗懋（1933—），农药残留和植物保护专家。中国农业科学院茶叶研究所研究员，中国工程院院士，博士生导师（见图）。

个人简介 1933年生于上海，1950年考入复旦大学农艺系。1952年院系调整至沈阳农学院植物保护系。1954年毕业后在黑龙江呼兰特产试验场（今中国农业科学院甜菜研究所）工作，1960年调到中国农业科学院茶叶研究所，1984—1994年任中国农业科学院茶叶研究所所长。

成果贡献 50多年来，主要从事茶树植保和茶叶中农药残留的研究。研究提出了根据农药的物化参数和生态环境参数进行茶叶中农药残留预测的技术。首次明确了中国茶叶

（罗宗秀提供）

C

中滴滴涕和六六六污染源不是来自土壤或水，而是空气飘移，对解决中国茶叶中农药残留问题起到积极推动作用。20世纪90年代开创了茶树害虫化学生态学的新研究领域。从茶树—害虫—天敌三重营养关系间的化学通讯机制着手，探明了害虫定位茶树和天敌寻觅害虫的化学生态学机制，为寻求害虫防治新途径提供了理论依据。除了上述两个学科领域外，还对中国茶产业的转型升级和可持续发展开展了研究。20世纪90年代起关注茶叶深加工以及饮茶与健康对茶产业的促进作用，在国内各产区进行宣讲，对中国茶产业的可持续发展起着指导作用，特别是对饮茶与健康的宣传对茶产业的发展具引领作用。在中国工程院《茶叶保健功能评估和茶市场发展战略》咨询研究项目的支持下，2014年组织国内外的科学家出版了一本农业重大科学研究成果专著《茶叶的保健功能》。

1984—1993年任第五、六届全国人大代表。他还兼任国家农药风险评估专业委员会副主任、卫生部第六届食品卫生标准专业委员会和食品安全风险评估委员会副主任委员、中国国际茶文化研究会名誉会长、中国茶叶学会名誉理事长，曾任第五届、六届中国茶叶学会理事长。主编出版《中国茶经》和《中国茶叶大辞典》，撰写专著6部。在国内外学术期刊和国际会议论文集上发表论文200余篇，译文100万字以上。获授权发明专利5项。

1954年工作以来，主要从事农药残留、昆虫化学生态和茶产业宏观研究。在茶叶农药残留方面主要成就如下：

构建茶园农药安全分级评价和安全使用标准体系。研究了50多种农药在茶叶种植—加工—浸泡过程中的降解和转移规律，构建以残留半衰期、农药蒸气压、水溶解度、ADI值和大鼠急性LD_{50} 5个参数的茶园农药选用安全分级评价标准。根据农药在田间的原始沉积量和光解速率、挥发速率、雨水淋失率和生长稀释预测在茶园中的降解，以及根据农药的蒸气压和水溶解度预测加工过程的损失率和饮茶摄入率。制定了中国茶叶18项农残MRL标准和8项农药合理使用准则，保证了中国茶叶的质量安全。

建立茶叶有害物污染源研究和高风险农药预警，有效控制茶叶农药残留。通过水、大气、土壤的立体生态污染研究模式厘清茶园有害物质的污染源。查明稻田施药时六六六吸附在尘埃上的空气飘移是茶园禁用后再污染的主要途径；查明茶叶滴滴涕污染的直接原因是喷施含滴滴涕杂质的三氯杀螨醇；查明茶叶中八氯二丙醚污染主要来自蚊香。找到降低茶叶中六六六、滴滴涕和八氯二丙醚残留的关键控制点，提出高风险农药三氯杀螨醇、氰戊菊酯在茶叶上禁限用建议，为茶产业挽回大量经济损失。首次提出将农药的水溶解度作为茶园选用农药的重要指标。对两种高检出率的新烟碱类农药吡虫啉、啶虫脒提出风险预警和茚虫威、虫螨腈为替代农药的建议，对降低中国茶叶中农药残留水平发挥重要作用。

首次提出以茶汤中农残水平制订茶叶中农药最高残留限量（MRL）标准的原则，制、修订6项国际MRL标准，社会、经济效益显著。重点研究了23种农药的水浸出率，首次提出以茶汤中农残水平作为安全评价和制订茶叶中MRL标准，修正了50多年来国际上制定茶叶MRL标准中的不科学部分。完成6项茶叶中农药国际MRL标准的制、修订，包括国际食品法典（CAC）标准3项、欧盟标准1项和美国国家环境保护局（EPA）标准2项，使相应MRL在原基础上放宽100～1500倍，极大有利中国茶叶出口，提高了国际上的话语权，经济效益。据农业农村部农药检定所统计，每年可挽回损失18亿元以上。2007—2010年由农业部推举为联合国粮农组织食品法典（CAS）农药残留委员会（CCPR）主席。

研究提高茶叶中农药残留分析检测水平。1960年用薄层层析技术对有机磷农药的检测开始，发展到UPLC/MS/MS，GC/MS/MS；从单个农药分析发展到多残留检测。2008年陈宗懋和庞国芳提出茶叶中514种农药的GC/MS多检测法（GB/T 23204—2008）以及庞国芳、陈宗懋提出茶叶中448种农药的HPLC/MS/MS多检测法（GB/T 23205—2008）两项国家标准。实验室通过盲样考核被欧盟授予“中国向欧盟出口茶叶检测农药唯一有资格的实验室”。

在害虫化学生态学研究中，主要成就如下：从植物—害虫—天敌间的互作和化学通讯机理研究，探明茶树害虫远程识别和定位寄主以及天敌识别和寻觅害虫的化学生态学机理。探明茶树释放的挥发物种类、功能、形成机理。研究挥发物在茶园生态系中的时空变化和应用挥发物作为茶园害虫的调控，开发出对叶蝉、茶尺蠖有诱集作用的诱芯和新型缓释载体。应用小分子化合物诱导茶树产生特异挥发物引诱天敌的间接防御作用。

2010年以来，陈宗懋团队又在茶树害虫的性信息素研究方面取得可喜成果，研发出灰茶尺蠖、茶尺蠖、茶银尺蠖、茶毛虫、茶小卷叶蛾、茶细蛾和斜纹夜蛾等茶树害虫的性信息素诱芯。性信息素防治技术已经在中国茶区大面积推广使用，在茶树害虫的绿色防控中发挥重要作用。

在茶产业上结合需求方面，主要贡献如下：

从宏观策略和技术层面贯彻宣讲“茶为国饮”。20世纪八九十年代宣传饮茶保健和深加工，对促进国内消费和利用有重要作用，人均年消费量从80年代的0.49kg上升到2015年的1.40kg。根据全国人大2002年颁布的《清洁化生产法》，贯彻“茶产业清洁化生产”，对茶的质量安全和环境卫生有明显作用。

所获奖誉 1997年中国科学技术协会授予全国优秀科技工作者，1998年获中华农业科教贡献奖。1977年和2001年两次获“浙江省农业科技先进个人”称号，2003年当选为中国工程院院士。2008年获中华农业英才奖。2009年被农业部授予“新中国建国60周年三农模范人物”。2013年世界茶人大会上获世界杰出茶人贡献奖。2015年获中国茶叶学会终身成就奖。2016年获中国工程院光华奖。

陈宗懋院士荣获国家科技进步二等奖1项，三等奖4项；省部级科技进步一等奖1项、二等奖3项，三等奖1项；享受国务院政府特殊津贴。

性情爱好 50多年在茶学领域辛勤耕耘，陈宗懋院士与茶结下不解之缘，平时工作生活中喜欢品味各种茶叶。他学生时代酷爱乒乓球，曾被作为专业运动员进行培养。晚年热爱书法和收藏。精通英语、日语、俄语，耄耋之年仍然坚持阅读大量文献，掌握前沿学术进展。晚年喜欢散步健身，只要不下雨的午后，在单位的茶园小道上，总能发现陈院士的身影。

参考文献

茶叶科学编辑部，2004. 中国工程院院士：陈宗懋 [J]. 茶叶科学 (1): 3.

佚名，2015. 硕果累累，茶界楷模：记中国工程院院士陈宗懋 [J]. 中国农村科技 (1): 44-47.

刘祖生，2004. 全国茶学界的光荣：在陈宗懋教授当选中国工程院院士庆祝大会上的发言 [J]. 茶叶，30(1): 3-4.

（撰稿：罗宗秀；审稿：马忠华）

虫害研究的相关网络资源 online resources for insect pest research

国外网站

澳大利亚国家昆虫数据库 收录了澳大利亚国家范围内的昆虫物种信息及相关物种的网站，包含了澳大利亚地区及其邻近区域44 000多个采集点的46万多个物种，网站提供物种的查询和浏览。http://anic.ento.csiro.au/database/index.aspx

草地贪夜蛾EST数据库 该网站收录了10个不同文库的草地贪夜蛾254 639条EST序列，网站提供EST序列的查询和比对等功能。http://bioweb.ensam.inra.fr/Spodobase

赤拟谷盗RNAi干扰表型数据库 该网站通过大量的文献检索和数据挖掘，建立了赤拟谷盗的RNAi干扰后表型的数据库。用户可以非常方便地检索赤拟谷盗基因在干扰后出现的表型情况，数据库会提供非常详细的文字描述、图片还有相应的文献资料。http://ibeetle-base.uni-goettingen.de/

帝王蝶数据库 该网站收录了帝王蝶基因组测序的数据，数据包含基因组序列、16 866条基因的序列和蛋白序列，以及基因家族分析数据、直系同源基因分析、miRNA等数据，网站提供这些序列的比对、查询、下载等服务。http://monarchbase.umassmed.edu

果蝇数据库 该网站是1992年美国国立卫生研究院国家人类基因组研究中心建立的，用于收集和发布果蝇整合的基因和基因组。Flybase主要数据类型包括：序列水平的基因模型、基因产物功能的分子分类、突变表型、突变损伤和染色体畸变、基因表达模式、转基因插入及解剖图形等数据。可以使用基因的名称、DNA或蛋白质的序列、基因的功能、表型等进行搜索。该网站也包含其他12种果蝇的基因组、基因、CDS区、内含子等数据。http://flybase.org

蝴蝶基因组数据库 该网站主要收录蝴蝶类昆虫的基因组，数据库仅收录了5种蝶类，分别为诗神袖蝶（*Heliconius melpomene*）、帝王蝶（*Danaus plexippus*）、斜眼褐蝶（*Bicyclus anynana*）、*Heliconius erato lativitta*、*Heliconius erato demophoon*。数据库提供序列的比对、查询、基因组数据库可视化、数据下载等功能。http://butterflygenome.org

i5k计划组学数据库 该网站是在国际i5k计划发起下建立的组学数据库，数据库共收集了53个节肢动物门下的物种的基因组及转录组数据信息。网站提供这些基因组数据库的序列比对、基因查询、基因组可视化、数据下载等服务，还有提供一些常用的生物信息学分析工具在线版服务。http://i5k.nal.usda.gov

家蚕基因组数据库 该网站是由日本科学家建立的家蚕基因组数据库，整合了家蚕的基因组数据，提供了基因组数据的在线序列比对、序列查询、基因可视化、数据下载以及3种在线数据挖掘工具等功能。http://sgp.dna.affrc.go.jp/KAIKObase

介壳虫类昆虫网站 该网站是介壳虫类知识的综合网站，提供介壳虫昆虫识别、介壳虫类害虫管理防治等科学知识。从23 477篇文献中确立了8194个有效物种，建立了介壳虫类昆虫分类、鉴定的有效管理数据库。http://scalenet.info

金小蜂基因组数据库 该网站是继Nasonia Base之后的又一个金小蜂的基因组数据库，该数据重新整合了各种金小蜂的数据，对金小蜂进行了重新的基因组注释和分析，然后建立的一个数据库，功能更加完善。http://waspatlas.com

昆虫微卫星数据库 该网站共收录了家蚕111 006条、果蝇63 637条、冈比亚按蚊150 936条、意大利蜜蜂236 480条、赤拟谷盗24 246条共5种昆虫的微卫星序列。网站提供序列查询和下载功能，还展示了对物种昆虫微卫星的分析流程和结果以及微卫星方面的科学知识。http://cdfd.org.in/INSATDB/insect.php

膜翅目昆虫的基因组数据库 该网站由3个子数据组成，分别是意大利蜜蜂BEEBASE数据库、蚂蚁基因组数据库Ant Genome Portal、E金小蜂数据库Nasoniabase，其中蚂蚁数据库共收录了7种蚂蚁的基因组数据库，这些数据库都支持基因组数据库的序列比对、基因查询、基因组可视化、数据下载等功能。http://hymenopteragenome.org

农业害虫数据库 该网站包含了赤拟谷盗、烟草天蛾、小麦瘿蚊3个基因组数据，提供这些基因组数据的序列比对、基因查询、基因组可视化、数据下载等服务。http://agripestbase.org

人类病原无脊椎载体数据库 该网站是一个关于人类病原无脊椎载体的数据库。它是一系列人类病原载体基因组的数据库门户网站，由美国国家过敏和传染病研究所的生物信息资源中心建立。包含许多蚊子及其疾病载体的序列、图片、抗药性等数据库。提供Blast、Clustalw、HMMER和词汇搜索等分析工具，并接受相关数据的提交。具体网址：https://www.VectorBase.org

小菜蛾基因组数据库 该网站是继福建农林大学DBM-DB数据库后的日本版小菜蛾基因组数据库，提供了另一个版本的基因组数据库，包含基因组和转录组数据，数据库提供序列比对、基因查询、基因组可视化、数据下载等功能。http://dbm.dna.affrc.go.jp/px

蚜虫数据库　该网站主要收录了豌豆芽的基因组数据，数据库提供基因组数据常见的序列比对、基因查询、基因组可视化、数据下载等功能。http://www.aphidbase.com

国内网站

二化螟基因组数据库　该网站是世界上首个水稻害虫的基因组数据库，数据库收录了二化螟的基因组数据，包含 80 479 条基因组 scaffold 序列，基因组 CDS 和蛋白序列 10 221 条，非编码 RNA miRNA 262 个和 8 万多条 piRNA，以及二化螟中肠和混样两个转录数据。数据库提供基因的序列比对、查询、可视化及下载服务。网址：http://ento.njau.edu.cn/ChiloDB

蝗虫EST数据库　该网站是蝗虫研究中重要的数据库，共收录了 45 474 条 EST 序列，提供序列的在线查询、比对、下载等服务。网址：http://locustdb.big.ac.cn

家蚕非编码 RNA 数据库　该网站从家蚕基因组中共鉴定出 6281 个 lncRNA 以及 1986 个 microRNA，数据库提供对家蚕非编码 RNA 的浏览查看、序列检索、序列比对等功能，还在线提供一个 lncRNA 靶标预测软件 LncTar 和两个 miRNA 靶标预测软件 miRnada、PITA 在线服务。http://gene.cqu.edu.cn/BmncRNAdb/index.php

家蚕基因组数据库　该网站由西南大学蚕学与系统生物学研究所维护，提供包括家蚕基因的功能注释、基因产物、ESTs 以及表达芯片数据等信息。同时该网站还提供 BLAST、SilkMap、Wego、BmArray、Clustalw、SMS 等数据分析工具。http://www.silkdb.org/silkdb

家蚕转座子数据库　该网站通过生物信息学分析，获得了 1308 条家蚕的转座子序列，网站提供序列的浏览、检索，还提供了序列比对、功能域鉴定以及序列开放阅读框预测等在线工具。http://gene.cqu.edu.cn/BmTEdb

昆虫基因组与转录组数据库　该网站共收集了 16 个目 155 种的昆虫基因组（其中 61 个基因组具有基因注释信息），116 个转录组数据，237 个物种的 EST 序列，69 个物种的 7544 条 miRNA 序列，2 个物种的 83 262 条 piRNA 序列，构建了 78 个物种的 22 536 个信号通路，116 个昆虫的 UTR 序列和 CDS 序列，总数据量已超过 120 Gb。针对 61 个有 OGS 注释的昆虫，开展了数据挖掘。对研究较多的 36 个基因家族开展了系统分析，运用 OrthoMCL 直系同源算法发现了 7 个物种中的直系同源基因，共找到 1 ∶ 1 ∶ 1 直系同源基因 973 个。功能上提供序列查询、序列比对、基因组可视化、信号通路和注释、进化分析和进化树构建，所有基因数据均可下载。从 PubMed 中下载了 94 758 昆虫研究相关文献，通过数据挖掘，建立了昆虫学领域的关系网络平台 iFacebook。http://www.insect-genome.com

昆虫信号通路资源数据库　该网站构建了昆虫信号通路数据库 iPathDB（http://ento.njau.edu.cn/ipath/），数据库共包含了 6 个目的 52 种昆虫，12 074 个不同的昆虫信号通路，98 813 个基因的注释，414 895 条序列。同时，通过文献检索，从头构建了昆虫翅发育的信号通路。提供不同物种信号通路检索和下载以及在线注释等服务。http://ento.njau.edu.cn/ipath

昆虫转录组资源数据库　该网站构建了 1Kite（http://db.cngb.org/1kite/home），数据库收录了 103 个昆虫的样品、测序信息、基因注释等数据，为昆虫转录组数据分析提供了重要的数据平台。http://db.cngb.org/1kite/home

水稻害虫转录组数据库　该网站收录了 8 种重要的水稻害虫褐飞虱、白背飞虱、灰飞虱、黑尾叶蝉、稻纵卷叶螟、二化螟、三化螟、大螟的转录组数据，提供序列的检索、比对等功能。http://rptdb.hzau.edu.cn/index.php

小菜蛾基因组数据库　该网站是重要的蔬菜害虫数据库，数据库收录了小菜蛾的基因组数据，包含 1819 条基因组 scaffold 序列，基因组 CDS 和蛋白序列 18 071 条，数据库提供基因的序列比对、查询、可视化及下载服务。http://www.iae.fafu.edu.cn/DBM

中国主要外来入侵昆虫 DNA 条形码识别系统　该网站收录了重要的农业害虫蓟马类 43 个、实蝇类 30 个、介壳虫类 29 个、粉虱类 39 个合计 141 个昆虫的 COI 基因序列共计 6726 条。网站提供在线的 COI 条形码识别、序列查询、序列提交等功能。http://www.chinaias.cn/lxxPart/DNAcode.aspx

（撰稿：李飞、尹传林；审稿：杨青）

抽制样技术　sampling and preparation technology

在检验检疫工作中，为了确定监管货物质量安全的合规性，需要按照有关法律法规和标准抽取一定比例样品，并

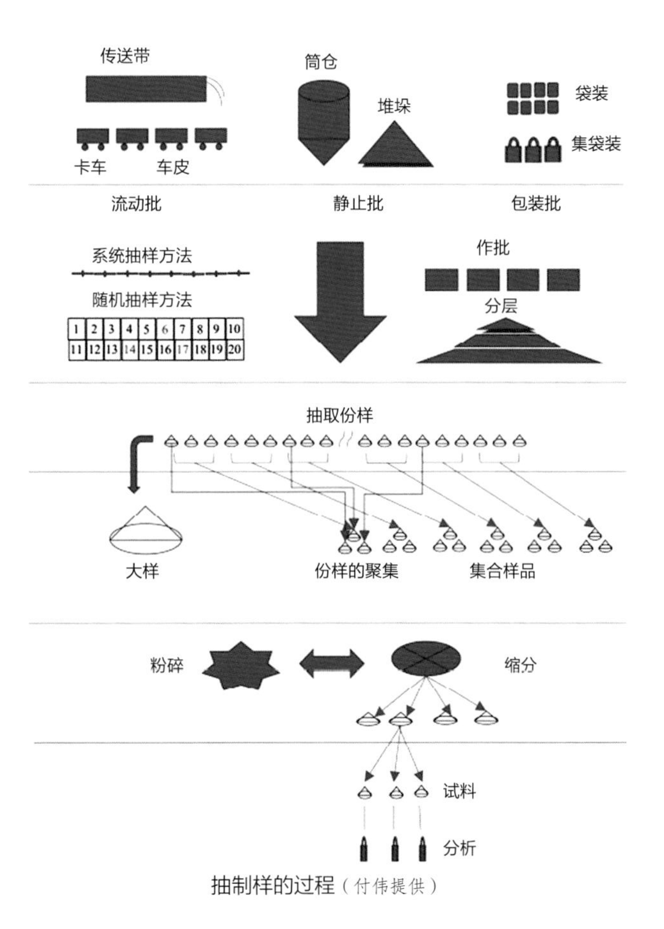

抽制样的过程（付伟提供）

按照有关标准对样品进一步加工处理以满足分析测试技术要求。抽制样是检验检疫工作中起始和最重要环节，关键是样品需要测试的特性对货物要有代表性。

基本原理 根据监管货物数量大小、需要监管货物质量安全特性分布规律和重要性以及样品需要具备的代表性，利用统计学原理，来决定抽制样方法，计算出应抽样批次、样品数量、分样量、留样量和制样量等。由于监管的货物数量大小变化很大，测管质量安全特性允许阀值量的变化也很大，对样品代表性要求通常情况为90%～100%，为了保障抽制样科学性和代表性，抽制样过程一般都有标准规定。

适用范围 根据《中华人民共和国进出境动植物检疫法》《中华人民共和国商品检验法》《中华人民共和国卫生检疫法》《农业转基因生物安全管理条例》等相关法律法规规定，应进行质量安全监管的进出境人、携带物、运载工具和货物等。

主要内容

样品 根据抽样的不同阶段和不同用途，由抽样获得的样品可能被称为份样、原始样品、实验室样品、平均样品、留存样品、分析样品、试样等，详见GB/T 19495.7—2004等标准。

取样方法主要有全部取样、随机取样、选择性取样三大类方法。对携带高风险检疫性有害生物种子、苗木等，世界通告做法是全部进出口材料都要进行为期至少2年以上检疫检测、监测等监管措施；对货物产品性能等质量特征，不合格商品性能一般采用随机取样方法，随机取样又有多点、分层、对角等多种方法；对在监管过程中发现某些质量安全隐患如疫病症状，一般采用选择性取样。

取样量 样品量大小，决定于货物大小、监管质量安全特性、发生几率和分布方式和样品的代表性精度要求。如要保证一个1%转基因含量、随机分布的大豆最终测试样品的95%代表性，至少要有300粒大豆；而如果是0.1%转基因含量、或者非随机分布，同样要达到95%代表性，则样品量要达到3000粒。

样品的代表性 样品的分析结果与总体的一致性。对于随机概率抽样，通常使用抽样方差与抽样偏倚平方之和（简称均方误）表示抽样的代表性。正确抽样可使抽样偏倚降低到可忽略的程度，甚至降为0，因此，正确抽样的代表性可用抽样方差近似地评估。如果从总体中采取每个单元的概率大于零并相等，则称为等概率抽样。等概率抽样可有效降低抽样方差。

制样过程 分为质量缩减过程和非质量缩减过程。质量缩减过程以缩分为主，有时还包括筛分、烘干、提取等过程；非质量缩减过程包括组合、混匀、研磨、破碎、转化等过程（见图）。

制样方法 常用的缩分方法包括二分器法、锥堆四分法、网格缩分法、旋转分样器法等，分别可将样品等分至$1/n$，通常n=2～20；研磨和破碎可降低固体样品的粒度，通常分为手工法和机械法；适当的组合和充分混匀可降低制得的样品属性发生偏离的风险；有时，按照规定的标准或协议，可能仅需要部分粒度区间的样品，或为研磨、破碎方便而适当烘干样品，或提取样品中带有遗传功能的部分以供分析，或经过适当培养、复制等方法将样品转化成其他形式或状态。

注意事项 抽制样，一定要严格按照有关标准进行才能保证样品的代表性，要防止抽制样过程中样品污染、破坏，并按规定留样和保存以供测试结果比对、仲裁等用。

参考文献

朱水芳，2012. 现代检验检疫技术[M]. 北京：科学出版社.

（撰稿：付伟；审稿：朱水芳）

D

D

大麦和性花叶病毒在禾谷多黏菌介体内发现和增殖的证明 barley mild mosaic virus inside its fungal vector, polymyxa graminis

获奖年份及奖项 1995年获国家科技进步奖一等奖

完成人 陈剑平、M. J. Adams、A. G. Swaby、阮义理

完成单位 浙江省农业科学院、英国洛桑试验站

项目简介 20世纪20年代在美国发生一种传播蔓延与土壤有关的小麦病害，40年代发现其病原是一种杆状病毒，于是命名为土传小麦花叶病。到20世纪70年代，在大麦、小麦、燕麦和高粱等禾本科植物发生的这类土传病毒病增加到10余种，大麦和性花叶病毒就是其中的一种。由于土传特性，这类病毒一旦传入，病害就长期存在，并不断蔓延扩散，给北美洲、欧洲和亚洲禾谷类作物生产造成严重损失。由于揭示这类病毒传播介体和侵染循环是建立病害防治体系的基础，从而传播介体的鉴定一直是世界植物病理学界研究的一个热点。1958年，美国加州大学戴维斯分校的B. Cambell和澳大利亚昆士兰大学的D. Teakle通过排除法分别发现这类病害的传播与土壤中广泛分布的专性活物寄生菌——禾谷多黏菌（图1、图3）有关，但是，在随后的30年中，国内外先后有十余实验室进行了持续研究，试图找到禾谷多黏菌传播这类病毒的直接证据，但一直没有成功。

该研究通过中英合作，在认真分析30余年来国内外同类研究失败的基础上，通过从采自病田、感染大麦和性花叶病的大麦根部分离单个禾谷多黏菌休眠孢子堆（图2），接种大麦幼苗，建立禾谷多黏菌砂培养体系，解决了大量高质量禾谷多黏菌研究材料来源的难题。通过选用L. R. White树脂，加入1%硅离子，并在紫外线下低温聚合，解决了禾谷多黏菌休眠孢子堆因为很厚的细胞壁，普通包埋剂难以均匀渗透而影响超薄切片制备的难题。在这两项研究方法创新的基础上，通过上万个处于不同发育阶段的禾谷多黏菌超薄切片的电子显微镜观察，并以相同数量来自健康大麦根部的禾谷多黏菌超薄切片为阴性对照，进而以大麦和性花叶病毒抗血清标记的胶体金免疫电子显微镜观察作验证，在来自感病大麦根部的禾谷多黏菌体内发现大麦和性花叶病毒（图1），找到了禾谷多黏菌传播病毒的直接证据。研究表明菌体带毒率很低，仅1%～2%，但每个带毒菌体中病毒含量很高，达3000～7000个病毒；带毒游动孢子囊中的游动孢子（图3）大部分带毒，菌体外表不传带病毒。同时还首次发现菌体内存在风轮状内含体和板状集结体，以及菌体内病毒数量随着菌体发育而增加，从而证实病毒在菌体内增殖。

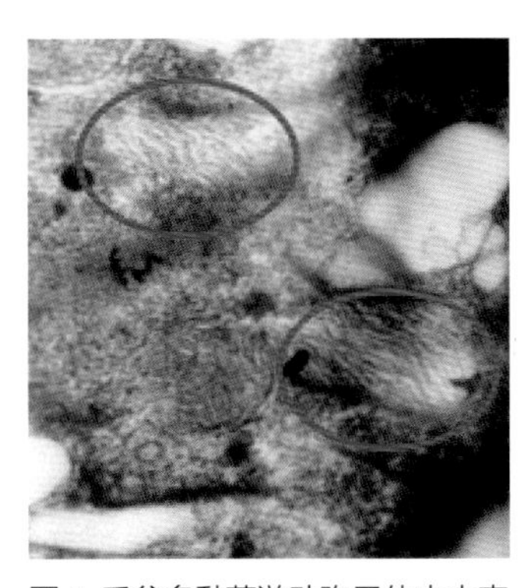
图1 禾谷多黏菌游动孢子体内大麦和性花叶病毒（陈剑平提供）

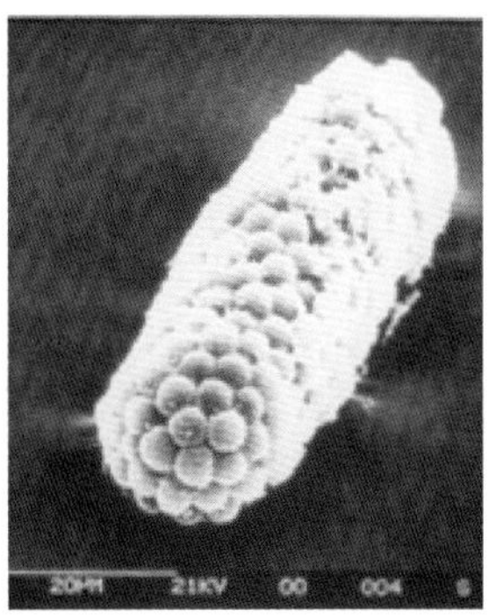

图2 禾谷多黏菌休眠孢子堆（陈剑平提供）

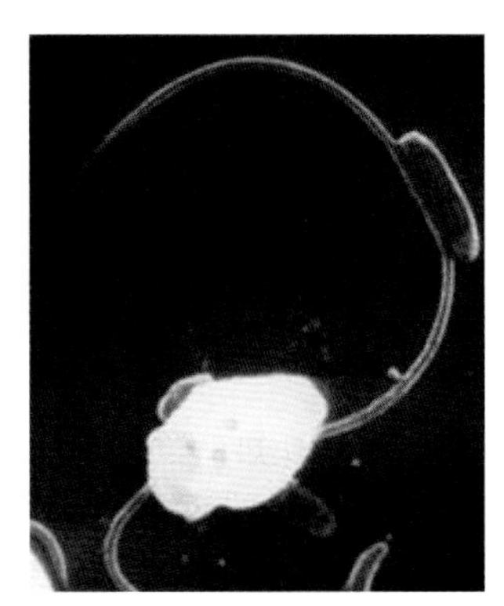
图3 禾谷多黏菌游动孢子（陈剑平提供）

上述发现不仅为研究真菌传播病毒的机理，寻求切断传毒途径，建立新的病害防治体系提供了坚实基础和必要技术，而且对真菌传植物病毒潜在危险性评价和今后研究方向的确定奠定了基础，也为真菌传植物病毒的重新分类提出了新的建议，为推动真菌传植物病毒学这门新建分支学科的发展作出了重要贡献。有关研究结果发表于*Annals of Applied Biology*后，得到美国、英国、加拿大等8国12位权威专家和国内植病界一致公认，研究处于国际领先水平。

（撰稿：陈剑平；审稿：杨秀玲）

《大鼠和小鼠：生物学和控制》 *Rats and Mice: Their Biology and Control*

A. P. Meehan编著，The Rentokil Library 1984年出版（见图）。

全书共13章，第1章为前言，简要介绍了几种家栖鼠类的分布。第2章介绍了鼠类的活动范围和方式、生殖和对

（宋英提供）

周围环境的认知。第3章介绍了鼠类的消化系统和食性。第4章介绍了家栖鼠类携带的疾病特征及传播方式。第5章介绍了鼠害对农作物及基础设施的危害和导致的经济损失。第6～9章介绍了抗凝血类灭鼠剂的发展历史，作用机理，对环境的二次污染以及鼠类对抗凝血类灭鼠剂的抗性情况。第10章介绍了非抗凝血类化学灭鼠剂的种类、特性及使用效果。第11章介绍了防治鼠类中使用的熏蒸剂以及对人的毒性。第12章介绍了其他防治害鼠的方法，包括超声波、电磁设备、化学驱避剂等。第13章描述了鼠害控制实际应用中使用的调查和控制方法。该书主要针对家栖鼠类的生物学特点、危害和防控方法进行系统描述，适合任何对鼠类和鼠害防控方法感兴趣的读者阅读。

（撰稿：宋英；审稿：刘晓辉）

戴芳澜 Dai Fanglan

戴芳澜（1893—1973），字观亭，真菌学家、植物病理学家，中国科学院生物学部委员（院士），中国科学院微生物研究所研究员、所长。

生平介绍 1893年5月3日出生于湖北江陵一个家道中落的书礼世家，1907年戴芳澜在伯父资助下考入上海震旦中学，1910年毕业，1911年考取游美肄业馆，1913年毕业于清华学校，1914年赴美国威斯康星大学农学院学习，两年后转入康奈尔大学农学院专攻植物病理学，1918年获学士学位，同年到哥伦比亚大学研究院读硕士学位。一年后，他由于家境困难辍学回国，任教于南京江苏省立第一农业专科学校，1920年偕妻子邓淑媛到广东省农业专门学校讲授植物学和植物病理学，同时从事植物病害调研。1923年，他到东南大学任农科病虫害系教授，在校授课之外，他从事植物病害与植物病原真菌的研究。1927年聘为金陵大学农林科教授兼植物病理学组主任，在金陵大学期间从事研究与培养学生工作。1934年，聘为清华大学农业研究所教授兼植物病害组主任，同年偕夫人到美国纽约植物园和康奈尔大学研究院从事研究工作，同时通过通信安排国内工作，1935年回到清华，领导开展多项植物病害与真菌分类研究，1937年，随学校迁移到昆明，在极端困难的条件下，开展以西南地区真菌与植物病害为主的多方面工作。1945年，抗日战争胜利，戴芳澜任清华大学农学院植物病理学系主任。中华人民共和国成立后，戴芳澜任北京农业大学植物病理学系教授和校务委员。1953年戴芳澜应中国科学院之邀筹建中国科学院植物研究所真菌植物病理研究室并任室主任，1956年该研究室扩建为应用真菌学研究所，由他任所长，1958年，该所和北京微生物研究室合并成为中国科学院微生物研究所，他仍为所长，直到逝世。

1936年，戴芳澜当选为中国植物学会第四届会长，1940年被选为中央研究院评议员，1948年4月当选中央研究院院士，1953年当选中国植物病理学会（CSPP）后的第一届理事长，1955年当选中国科学院学部委员（院士），1955年他被授予德意志民主共和国农业科学院通讯院士，1962年当选中国植物保护学会（CSPP）名誉理事长和《植物病理学报》主编，中国科学院微生物研究所所长。

戴芳澜于1956年加入中国共产党，他是中华人民共和国全国人民代表大会第一、二、三届代表。

成果贡献 戴芳澜是中国真菌学的创始人和中国植物病理学的奠基人之一。

戴芳澜1923年发表的《芋疫病》，是中国人对疫霉属真菌的第一篇研究报告，在东南大学教学之余，他研究植物病害和病原真菌，研究过江苏、浙江的水稻病害及防治，并于1927年发表了《江苏麦类病害》《中国植物病害问题》等论文。1927年，他在金陵大学的几年中不仅培养了一批植物病理学界的人才，还发表了《江苏真菌名录》等20篇论文。此时他开始将主要精力放在中国真菌分类的研究上，1930年，他发表了《三角枫上白粉菌之一新种》，这是首次由中国人报道的寄生于植物上的真菌新种，这篇论文成为中国真菌学创立的标志。戴芳澜在1931年发表的《竹鞘寄生菌之研究》一文，报道了他对竹多腔菌子囊双壁结构的形成方式和过程所进行的详细观察，表明他在真菌分类研究中不仅注意形态，还注意细胞学、发育过程以及遗传学等所有的生物学性状。直到1994年出版的国际公认的权威性教材《真菌概论》（第4版）中还引用了戴芳澜的这项工作。1934—1935年，他在纽约植物园与O. Dodge合作研究脉孢菌的遗传，发表了《脉孢霉的两个新种》和《脉孢霉的性反应连锁》两篇论文，成为真菌细胞遗传学的经典文献。

戴芳澜早在留学美国期间即开始收集有关中国真菌资料和观察中国真菌标本，为编写《中国真菌名录》做准备，在金陵大学和清华大学工作期间，相继发表了9篇《中国真菌杂录》和一本多达478页的《中国真菌名录》，分别记载了锈菌、白粉菌、霜霉菌、尾孢菌等，还包括了炭角菌科的一个新属拟炭角菌属（*Xylariopsis*）。抗日战争期间，发表了《云南的鸟巢菌》《云南地舌菌的研究》《中国西部锈菌的研究》《中国的尾孢菌》等重要研究论文。在《中国的尾孢菌》中报道了69种尾孢菌，其中包括14个新种和许多在中国未报道过的新记录。他详细描述云南地舌菌29种，4个变种，其中有12个新种和3个新变种。该论文是世界地舌科菌分类中的重要文献。在调查云南水稻病害时，戴芳澜发现了中国水稻的一柱香病。1958年，他和他的学生以《中国真菌名录》中有关中国经济植物病害真菌的资料为基础，补充加入细菌和病毒病原，编写成《中国经济植物病原目录》，为植物病理学和植物保护工作者提供了重要的参考书。1987年科学出版社出版了他的遗著《真菌的形态和分类》，由“戴芳澜同志遗著整理小组”整理了他的讲稿，并由他的学生作了必要的补充后完成的。

从1960年开始，戴芳澜即着手整理几十年来收集的有关中国真菌的所有资料，开始编写《中国真菌总汇》。不幸这部著作在他生前未能完稿，后由他的学生完成，于1979年由科学出版社出版。这部中国真菌分类学巨著中第一次发表了32个真菌学名新组合，一共参考了768篇文献资料，包括英语、法语、德语、俄语、意大利语、日语、西班牙语、拉丁语等外语语种，最早的发表于1775年。这部真菌分类大型参考书的出版，对中国真菌学的发展、真菌资源的开发和利用，都具有很大的促进作用，也得到国外真菌学界的高度评价。

中国真菌学和植物病理学界的一代宗师　戴芳澜一生从未放松培养人才的使命，他是造诣高深的科学家，也是桃李满天下的教育家。他培育出一代又一代令世人瞩目的真菌学和植物病理学界的优秀人才，在中国老一辈中，由他亲自授课或在他领导下从事过科研工作的，达数十人，其中后来成为学部委员或院士的就有十多位。这些科学家为中国真菌学和植物病理学事业作出了卓越贡献，成为高等学校、科研单位的中坚力量。

戴芳澜十分注重教学、科研和生产的结合和相互的促进。领导真菌植物病理研究室后，他把中国农业大学的教师们都吸引来研究室兼职，对多种农作物重要病害开展研究工作并取得了丰硕的成果。他认为不能墨守成规或者满足于对事物现有水平的认识，而必须要随着相关科学技术的进步去不断发展、深入和创新。他在分类研究工作中，力求将生物的分类建立在对所研究对象所有生物学性状的全面深入认识基础上。因此，他十分关注整个生物学范围内的，以至于与之密切相关的各学科的新进展。因此戴芳澜的学术贡献并不仅仅局限于真菌学或真菌分类学，在生命科学其他学科的理论和应用方面也有不朽的业绩和贡献，例如在遗传学和细胞学方面。他的学生们在遗传学、病毒学、细菌学、植物免疫学等许多学科都有建树，成为这些领域的带头人。

戴芳澜把培养学生品德和传授知识视为同等重要，除了培养学生的专业知识和技能外，还十分重视对学生世界观、人生观、价值观等德育层面上的引导和培养。他极少说教，他为人处事的身教便足以生效。戴芳澜的课堂教学以启迪为主，布置很多参考资料让学生自己钻研，讲课突出重点，他亲自研究过的课题则更是介绍得引人入胜。他常常亲自指导实验课，早年还手把手教学生基本技能，引导学生进入研究境界。他有时会带领学生到果园中去喷药防病，到野外采集标本，这样既增加了学生对真菌生态环境的认识，又学到了许多采集与识别标本的窍门。

戴芳澜平时沉默寡言，对青年要求严格。审阅学生的作业或论文，不多提具体意见，而是在关键之处加以点拨，启发学生开动脑筋，培养他们独立工作的能力。

杰出的学术组织者　中华人民共和国成立以后，为了加快中国真菌学和植物病理学的发展，他接受组织的安排，承担起科研机构的组建与领导工作。中国科学院微生物研究所从真菌植物病理研究室孕育，历时五载。他从全局出发努力团结全所人员，多方听取意见，搞好规划，确定了以扩大微生物的利用和研究有害微生物的防治为主要业务范围，带动微生物的生态、生理和遗传变异等学科，逐步发展形成一个多学科的综合性研究所。

戴芳澜是一位科学活动家，热心学术组织的活动。他是1915年中国科学社首批会员，是1929年成立的中国植物病理学会（CSPP）发起人之一，又是学会工作的实际承担者。中华人民共和国成立后，他主持恢复了植物病理学会活动，出版了《植物病理学报》，积极发展会员，推动了中国的植物病理学事业，戴芳澜功不可没。在“文化大革命”期间，他积极保护这些档案资料，使中国植物病理学会至今有档可查。

所获奖誉　1948年当选为中央研究院院士；1953年，当选中国植物病理学会第一届理事长；《中国真菌总汇》于1987年获中国科学院科技进步奖特等奖。1955年授予德意志民主共和国农业科学院通讯院士。

性情爱好　戴芳澜一生正直纯朴、光明磊落、实事求是、明辨是非。特别是在做人上，融现代科学精神与传统民族文化于一身，正气凛然、刚正不阿、不畏权贵、坚持原则。他严肃而热情、严格而宽容，对上对下一视同仁。凡是他没有亲自参加工作的研究论文，他从来不署名。戴芳澜在南京的家里有条幅上写“学到老”的红图章；在北京罗道庄的家里，有副“户枢不蠹，流水不腐”的对联。他是这么做的，而且终生不渝。回顾戴芳澜的一生，他的业绩和道德风范堪称中国科学家的楷模，为后人所怀念与学习。

参考文献

钱伟长, 2012. 20世纪中国知名科学家学术成就 : 农学篇　第二分册 [M]. 北京 : 科学出版社.

谈家桢, 1986. 中国现代生物学家传 [M]. 长沙 : 湖南科学技术出版社.

（撰稿：程光胜；审稿：马忠华）

《蛋白质生物农药》 *Protein Biopesticide*

蛋白质生物农药是指来源于自然界生物，对农作物病、虫、草害具有抑制或防控功能并达到农药登记标准各项指标的生物蛋白质制剂。在生物技术快速发展、生物农药备受关注的形势下，中国农业科学院植物保护研究所邱德文分析总结了国内外蛋白质生物农药进展及研制经验编著成该书，并由科学出版社于2010年5月出版（见图）。

该书共分14章，分别介绍了①蛋白质生物农药的概

（郭立华提供）

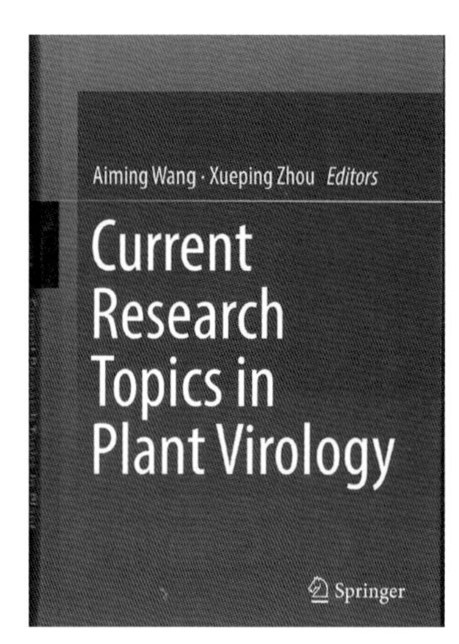

（杨秀玲提供）

念及类型。②Bt杀虫晶体蛋白的生物杀虫作用及应用。③细菌源蛋白质生物农药。④真菌源蛋白质生物农药。⑤蛋白质生物农药对植物的免疫增产功能。⑥蛋白质生物农药的作用机制。⑦农药的毒理学评价。⑧蛋白质生物农药的筛选和评价模型。⑨蛋白质生物农药的发酵、制备和检测。⑩蛋白质生物农药的制剂技术和应用。⑪蛋白质药物的分子生物学研究技术。⑫蛋白质药物的结构解析与分子设计。⑬蛋白激发子转基因植物研究。⑭蛋白质生物农药的发展前景。

该书适合农林院校的植物生产类、植物保护专业及综合性院校的生命科学相关专业的教师、研究生使用，也可供相关研究领域的科研人员参考。

（撰稿：郭立华；审稿：邱德文）

《当代植物病毒学研究主题》 *Current Research Topics in Plant Virology*

综述植物病毒学中主要领域研究进展的一本重要图书。由加拿大农业与农业食品部伦敦研究与发展中心的Aiming Wang和中国农业科学院植物保护研究所的周雪平担任主编，斯普林格（Springer）出版集团于2016年全英文发行（见图）。

全书内容包括前言、主编简介、参与编写的学者名单以及正文几个部分，其中正文邀请了十几个国际权威机构的植物病毒学专家参与撰写。该书的主题涵盖了当代植物病毒学研究的重要方面，包括RNA沉默与抑制病毒侵染（第1章）、病毒的复制机制（第2章）、细胞膜结合与病毒的复制和运动（第3章）、植物遗传抗性（第4章）、病毒的细胞间运动和长距离运动（第5章和第6章）、病毒诱导的内质网胁迫（第7章）、病毒的多样性与进化（第8章）、病毒与介体互作（第9章）、交叉保护（第10章）、双生病毒（第11章）、负链RNA病毒（第12章）和类病毒（第13章）等方面的研究进展。由于新一代测序彻底改变了植物病毒病的诊断技术，该书的最后一章还专门综述了高通量和宏基因组技术在植物病毒病诊断中的应用。

病毒是一类超微的、可以侵染所有活体生物的细胞内专性寄生物，需要完全依赖寄主细胞进行生存和增殖。自19世纪90年代首次发现烟草花叶病毒以来，已超过5000种病毒被详细记载。在过去的几十年中，各个领域的突破迅速推进了该学科的发展。该书系统综述了植物病毒学各个领域的突破性研究进展，共335页，包含大量精美的图片，可供植物病理学、植物病毒学相关专业、生命科学相关专业以及农林相关专业的科研人员和师生参考使用。

（撰稿：杨秀玲；审稿：周雪平）

邓叔群 Deng Shuqun

邓叔群（1902—1970），字子牧，真菌学家、中国森林学和森林病理学的开拓者与奠基人之一，中国科学院生物学部委员（院士），中国科学院微生物研究所研究员。

生平介绍 1902年12月12日出生于福建闽县（现福建福州东部）。他的父亲邓宜中是中学国文教员，家庭清贫。邓叔群出生后即由粗通文墨的外祖母严氏收养为孙，取名严农荪，接受了启蒙教育和勤劳生活的锻炼，7岁时外祖母过世后回到父母身边，改名邓叔群。他在闽侯小学毕业后，因家贫只能在福建省一中免费旁听。1915年邓叔群在福州考取清华学校留美预备生，苦读8年后，于1923年入美国康奈尔大学农学院林学系的二年级，1925年获农学学士学位，1926年获森林学硕士学位，1928年基本完成了博士学位论文《半边莲的丝核菌病》（*Rhizotonosis of Lobelia*）并被推荐为PHI-KAPPA-PHI和Sigma Xi成员。

1928年邓叔群在未取得正式博士学位前即应聘回国，任岭南大学植物病理学教授，在1933年担任中央研究院动植物研究所研究员之前的4年间，他曾先后任金陵大学造林学教授、中央大学植物病理学教授、南京中央农业实验所筹备处技正、中国科学社自然历史博物馆研究员。1933年起邓叔群任职中央研究院直到1939年，1940年到农林部中央林业实验所工作，1941年被甘肃借调，任甘肃水利林牧公司森林部经理、甘肃水利林牧公司第一林区管理处主任、洮河林场经理等职。1946年他回到中央研究院植物研究所，创建并主持森林生态学研究室和真菌研究室。1948年当选为中央研究院院士。

中华人民共和国成立之初，邓叔群主动到东北支援建设，被任命为沈阳农学院教育长、副院长兼森林系主任，松江省人民政府委员，1955年被任命为中国科学院植物所一级研究员、真菌植病室副主任，同年当选为中国科学院生物学部委员，先后担任中国科学院应用真菌研究所副所长、微生物研究所副所长，并兼任国务院科学规划委员会委员、国家科委林业组长、中国林业科学院顾问；他曾任中国植物病理学会（CSPP）执行委员会主席、全国植物病理工作委员会副主任委员，中国植物学会和中国林学会常务理事，中国植物保护学会（CSPP）理事。邓叔群于1950年加入中国民主同盟，曾任沈阳市委委员兼宣传部长、中央委员；1956年加入中国共产党；曾当选为全国政协第三、四届委员。

成果贡献 邓叔群的学术贡献是多方面的，主要在植物病理学、真菌学和林学领域。他同时还是杰出的农学林学教育家。

中国水稻和棉花病害防治研究的先驱 邓叔群在美国攻读博士学位时，即主修植病病理学。回国后，他从事水稻和棉花等重要农作物的病害防治研究。他的研究既注意致病菌和寄主作物的生物学，又有针对性地提出了防治方法。1931年他发表了《稻之黑穗病菌孢子发芽之观察》和《棉病之初步研究》。随后发表了《棉作主要病害及其防治法》《中国棉作重要病害防治之研究》《棉之缩叶病》《棉作病菌之生长与环境之关系》等有关棉花病害的研究报告。这是中国学者系统研究棉花病害的最早期文献。在这一时期他培养的学生欧世璜和沈其益后来分别成了水稻和棉花病害专家。后来邓叔群还发表过有关柑橘储存的研究报告。

中国真菌学的奠基人之一 邓叔群在回国后不久即开始采集中国的真菌标本，并进行了鉴定和分类研究。1932年开始，分别编写了黏菌类、子囊菌群的纵裂菌目、赤壳菌目、黑壳菌目、盘果菌目、担子菌纲的胶菌目、多孔菌目以及革菌、壶菌、胶菌等多类真菌的"志略"，发表研究报告34篇，分属于400个属的1400种，多数是首次研究。在此基础上，他于1939年用英文写出了《中国高等真菌》（*A Contribution to Our Knowledge of the Higher Fungi of China*）专著。1955年，邓叔群回到真菌学研究岗位，组织领导了中国各地真菌标本的采集与保藏，主持制订了真菌专志的编写计划，到1960年底，在云南、贵州、陕西、甘肃、青海、四川、湖南、湖北、海南、广西、新疆、河南、福建、吉林、浙江和江西等地的19个采集点采集了19 400余号标本，并随时进行整理和入藏。他亲自负责的有黏菌、多孔菌科、鹿角菌科、腹菌类、革菌科、纵裂菌目、齿菌科和肉座菌目等类标本的鉴定工作。1963年，他在原有的英文版《中国高等真菌》基础上作了大量的修订和补充，出版了中文版《中国的真菌》，描述了包括各型真菌类群在内约2400种，隶属于600个属，还增加了400余幅插图。这是中国真菌学迄今为止最重要的专著。在该著作出版后到他被迫停止研究工作的短短几年中，邓叔群又发现了1000余种在国内未曾报道过的新种。在他一生中，经他亲手采集和鉴定的真菌标本数以万计，达3400余种。在戴芳澜编著的《中国真菌总汇》中记载的中国已知7000种真菌中，45%以上由邓叔群描述和定名。

1996年，由他的女儿、真菌学家邓庄艰苦联系，争取到美国康奈尔大学植物病理学系真菌学资深教授R. P. 考夫（R. P. Korf）帮助，根据邓叔群的部分未发表的遗稿，精心编辑《中国的真菌》在美国以英文重新出版。新版中包括各类真菌计3936种和变种，隶属于389属102科。被国外学者评价为中国最重要的真菌分类学总结性的顶峰巨著。

20世纪60年代中期，为了调查和研究中国亚热带地区的真菌资源，中国科学院根据他的建议，在广州建立了中南真菌研究室，他被任命为主任。同时，他着手撰写《真菌的系统发育》《真菌的群体生态》《虫生真菌学及其在生物防治上的应用》等著作。

邓叔群在从事真菌学基础研究的同时，也密切关注国民经济中真菌的作用。他指导过枕木防腐研究，进行过食用菌和药用真菌的栽培试验，试验过利用真菌于造纸工业和应用虫生真菌防治农林害虫。

森林生态学和森林病理学的奠基人，科学经营林业的先驱 1940年代，邓叔群便开始倡导生态林业，并建立了林牧结合的基地，他是科学经营林业的先驱。抗日战争胜利后，他在上海中央研究院植物研究室创立了森林生态研究室，将林学、植物病理学和真菌学结合起来。中国大民共和国成立后，他开始从事全国主要林区真菌区系的调查研究，其目的是了解森林中危害植物的真菌分布及其危害程度，同时了解森林中的食用菌、药用菌和森林菌根真菌，同时研究各林区真菌群落的类型特性演变过程及其与环境因子的相互关系。他在全国选择了15个森林据点进行全年的深入的真菌标本采集。同时组织各单位的真菌专家对标本进行鉴定。他着手开展了菌根真菌及其在育苗造林上的应用基础研究。

抗日战争期间，他曾率队考察了西南地区原始林森林，在西北原始林区工作数年，从事林区的科学管理和森林生态研究。1939年，他在云南丽江以北、四川木里等林区，调查了7个树种的蓄积量、生长量和病虫害情况，又根据调查结果提出经营方针、更新方式和保护的技术措施和策略。随后又在九龙江流域的洪坝林区估测了林区面积和森林蓄积量，测制了中国第一批原木材积表，在中国首次对主要林木生长量进行了研究。1941年秋，为实现兰州黄河两岸荒山绿化，他提出在山坡开挖水平沟，聚积雨水解决水分不足问题，并选择抗旱树种造林。几十年的实践已经证明，他的主张正确，在甘肃同类地区普遍推广应用，成效显著。他又在甘肃卓尼创建甘肃水利林牧公司洮河林场，绘制了详细的林型图，按照永续作业的原则建立了一套严格的森林管理制度。他的重要著作《中国森林地理纲要》，把全国划分为18个森林区，把全国森林归属为17个群系，把森林分区与森林类型妥善地结合起来，成为中国森林分区方面的重要文献。直到今天，洮河原始森林依旧郁郁葱葱，成为全国森林保护和经营以及水土保持的一个典范。

此外，邓叔群在中国高等农业教育和林业科技人才的培养方面，也作出了重要贡献。1950年初，他应东北人民政府之请，承担创建沈阳农学院的任务，亲自编写了一套综合国际上真菌学和林学最新进展的教材，多方聘请优秀教师，精心设计各科系和专业课程，并设立了农业机械化系和森林工程专业。他兼任林学系主任，亲自授课。1960年，为应对当时森林病理学人才奇缺的状况，邓叔群应林业部的委托，在中国林业科学院举办森林病理进修班。亲自指导学员结合各地区的林业病害进行现场与实验室结合的实习，并完成适当的科研项目。通过两年的学习，学员们后来在全国各地生产、研究、教学单位发挥了骨干作用。

所获奖誉　1991年，被美国康奈尔大学遴选为120年来对真菌学有突出贡献的41位真菌学家之一。2002年，中国科学院微生物研究所隆重举行邓叔群百年诞辰纪念会。2004年邓叔群塑像矗立在他亲手创建的广东省微生物研究所。2015年甘肃洮河林场为邓叔群竖立纪念碑。

性情爱好　由于童年生活孤苦，邓叔群从小养成了严肃寡言、生活简朴、吃苦耐劳的孤僻性格，不善于处理人际关系。他以“富贵不能淫，贫贱不能移，威武不能屈”为自己的座右铭，敢于仗义执言，不畏强权，不计个人得失。

邓叔群年轻时喜好棒球、手球、划船和游泳，是经过美国红十字会考核认可的（游泳）救生员；他有较高的音乐素养，可作曲及写诗。

参考文献

卢嘉锡, 1992. 中国现代科学家传记：第三集[M]. 北京：科学出版社.

钱伟长, 2012. 20世纪中国知名科学家学术成就概览：农学卷第二分册[M]. 北京：科学出版社.

沈其益, 吴中伦, 欧世璜, 等, 2002. 中国真菌学先驱：邓叔群院士[M]. 北京：中国环境科学出版社.

（撰稿：程光胜；审稿：马忠华）

《地中海植物病理学报》 *Phytopathologia Mediterranea*

由地中海植物病理学联盟主办的国际性植物病理学专业期刊，1967年创刊于意大利，每年3期，ISSN：0031-9465，出版语言英语。主要发表植物病理学各方面的原创性研究和综述，特别关注地中海地区的植物病理学问题，同时也关注发生于全球其他地区的地中海作物的植物病理学问题。2012—2016年JCR影响因子为1.69（见图）。

该刊的任务是促进地中海作物、气候和区域的植物健康，粮食的安全生产，以及新知识在植物病害及可持续管理上的转化。其内容涵盖植物病理学的各个方面，包括病原学、流行学、病害防治、生化和生理方面、分子技术应用等。涉及的植物病原物包括真菌、卵菌、线虫、原生生物、细菌、植原体、病毒和类病毒。此外，该刊也特别关注于毒素，植物病害的生物防治和综合治理，天然物质在病害和杂草防治中的使用等。

（陈华民提供）

该刊论文类型包括综述，原创性研究论文和研究简报。此外，该刊也新增了新病害报道、新闻和展望、评论、话题、新闻和观点、致编辑的信等几种新形式。这种扩展更好地体现了该刊作为植物病理学，特别是地中海植物相关的植物病理学方面积极交流和讨论平台的目的。此外，也接收地中海地区植物病理学家感兴趣的书评。

该刊适合于植物病理学、作物学、遗传学、病理学、流行学、生物化学、生理学、分子技术、植物病害防治、真菌病害、细菌病害、病毒病害及植物害虫等方面相关研究人员阅读。

（撰稿：陈华民；审稿：彭德良）

《垫刃目之植物和昆虫寄生虫》（第2版） *Tylenchida Parasites of Plants and Insects (Second Edition)*

系统介绍寄生植物和昆虫上的垫刃目线虫的形态特征、分子诊断、起源和进化等的专著。由Mohammad Rafiq Siddiqi主编，由英联邦农业科技情报研究所（Commonwelth Agricultural Bureaux, CAB）组织，由国际农业和生物科学中心（CABI）出版部于1988年出版。

该书重点从寄生在植物和昆虫上的垫刃目线虫的生活史、起源和进化进行详细描述；对过去和当今线虫学家的贡献和照片进行了历史回顾；对寄生在植物和昆虫上的垫刃目线虫的分离提取、杀死、固定等过程进行了系统全面的阐述；详细描述了寄生在植物和昆虫上的垫刃目线虫的形态学特征、系谱学方法和测量公式以及扫描电镜拍照等分类；阐述了寄生在植物和昆虫上的垫刃目线虫的起源和进化，依据作者观点，在分类学上，寄生在植物和昆虫上的垫刃目线虫被分为4个亚类，作者详细区分了常见的分类概念，明确了该书中进行分类的依据，详细明确了每种线虫的分类地位并进行了讨论。

该书适用于作为植物病理学、动物学研究生、植物线虫研究工作者的参考书。

（撰稿：孔令安；审稿：彭德良）

《动物学杂志》 *Journal of Zoology*

由中国科学院动物研究所和中国动物学会共同主办的自然科学期刊，创刊于1957年，现为中国核心期刊之一，是入围中国期刊方阵的双效期刊。双月刊，ISSN：0250-3263，截至2021年主编为宋延龄。并同时被中国各大数据库及英国《动物学记录》（ZR）、美国《化学文摘》（CA）、俄罗斯《文摘杂志》（AJ）等收录。2021年影响因子0.50。

《动物学杂志》的办刊宗旨是普及与提高相结合、基础性和应用性并重，报道范围广泛，既涉及动物科学领域的最新成果、宏观生态学调查研究，又包含微观实验的实用技术和新方法，为国内动物学、生态学科研工作者和技术人员提供了交流和分享学术新思想和成果的便利平台。主要栏目：研究报告、珍稀濒危动物、技术与方法、自然保护区、基础资料、研究简报和快讯、综述与进展、专题知识讲座、科技动态、新书评介等。

创刊以来，不断刊登发表了大量啮齿动物生态、行为和鼠害发生与控制等方面的相关文章，为中国鼠类的研究和农田、草原、林地害鼠的控制提供了大量宝贵的资料，尽力满足动物学者和植物保护科技人员了解学科现状和工作应用的需要，是植物保护领域的重要期刊之一。

（撰稿：宛新荣；审稿：刘晓辉）

《多样性与分布》 *Diversity and Distributions*

保护生物地理学期刊，系列期刊包括《生物地理学》（*Journal of Biogeography*）和《全球生态学与生物地理学杂志》（*Global Ecology and Biogeography*）。该期刊于1998出版，每年出版12期月刊，ISSN：1366-9516，2021年CiteScore值为6.7，办刊地在英国（见图）。

（皇甫超河提供）

该期刊刊载关于生物多样性主题的评论和研究论文，涉及生物地理学的原理、理论及其应用（侧重物种类群及其组合分布动态），以及生物多样性的保护。投稿论文需从多样性保护的角度，阐明该领域广泛关注的关键议题，假设或理论，包括不同时空尺度生物多样性的决定因素、物种共存生态、物种分布动态；生物多样性和生态系统功能各要素之间联系及物种形成和灭绝速率决定因子等。

该刊接受所有类型的稿件，栏目涉及研究论文、综述、2000字以内的短文、生物多样性观点，还刊载公众感兴趣的生物多样性通讯。研究对象可从细菌到植物和动物，以及所有类型的生态系统，但纯描述性的论文一般不予接收。由于生物入侵为人们深入探讨生物的多样性和其分布的决定因素和影响带来了令人兴奋的契机，《多样性与分布》亦成为日益重要学科领域——入侵生态学（介于生态学与生物地理的一个新领域）的重要期刊。

（撰稿：皇甫超河；审稿：周忠实）

《泛非植物检疫理事会协议》 *Interafrican Phytosanitary Council Convention*

植物保护的区域性多边国际协议。最早于1954年，由撒哈拉以南非洲国家根据《国际植物保护公约》在伦敦签署。1961年进行修订。1967年，由于前非洲技术合作委员会并入非洲统一组织（Organization of African Unity，OAU），成员国在刚果民主共和国金沙萨重新签署《非洲植物检疫协议》，适用范围涵盖了整个非洲大陆。

《泛非植物检疫理事会协议》由序言、11条正文和1个附件组成。序言中介绍了协议制定的背景，明确了协议宗旨是为了防止将病虫害及天敌引入非洲的任何区域，或尽量将其消除或控制在已发生区域，且防止其蔓延至该地区的其他领土。正文主要内容包括：① 规定了各成员国可对于进口至非洲被OAU认为可能产生农业威胁的活体组织、植物、植物材料、种子、土壤、肥料或包装物料（包括集装箱）及任何其他进口货品等采取检疫、认证或其他必要措施。② 规定了应设立由专家组成的在植物病理学、昆虫学、生态学等相关学科的科学顾问小组，并为OAU提供各种与植物健康和保护有关的建议，并规定了专家组成员的组成。③ 规定了在经OAU其他委员会或者成员国申请，由OAU的一半会员批准后，可召开会员国的植物检疫问题会议，处理植物检疫事务。④ 规定了OAU秘书处的职能以及矛盾争端的调解与仲裁，协议修订等程序。

（撰稿：卢广；审稿：周雪平）

方荣祥 Fang Rongxiang

（陈晓英提供）

方荣祥（1946—），植物病毒学家，中国科学院院士，中国科学院微生物研究所研究员、博士生导师（见图）。

个人简介 1946年1月出生于上海，1962考入复旦大学化学系学习并于1967年毕业。大学毕业后进入中国科学院微生物研究所任实习研究员。1979年，前往比利时Gent大学分子生物学实验室进修，两年后回到中国科学院微生物所，成为中国最早开展分子生物学研究的科研工作者之一。1985年，作为访问学者到美国洛克菲勒大学植物分子生物学实验室工作3年，后获得洛氏基金会生物技术奖学金的支持，多次往返中美之间进行学术交流。

1990年受聘为中国科学院微生物研究所研究员，先后担任中国科学院微生物研究所副所长、所长，植物基因组学国家重点实验室主任，英国Leeds大学访问教授，浙江大学农业与生物技术学院院长，中国人民政治协商会议第十一届和第十二届全国委员会委员，第五届国家重点基础研究发展计划（“973”计划）专家顾问组成员。2003年当选为中国科学院院士，2007年当选为第三世界科学院（TWAS，现发展中国家科学院）院士。曾担任《中国科学（C辑生命科学）》副主编，《生物工程学报》副主编，《病毒学报》副主编，《农业生物技术学报》编委的工作。

成果贡献 在比利时Gent大学进修期间，方荣祥参与了流感病毒抗原变异方面的工作，受到较全面的分子生物学和相关技术的培训。回国后，他开展了口蹄疫病毒基因工程疫苗的相关工作，并完成了中国花椰菜花叶病毒（新疆株）全基因组序列测定。这是中国最早期的分子病毒学的科研工作，为了进行相关试验，他克服了许多难以想象的困难，比如自己合成同位素磷32标记的核糖核苷酸等试验试剂。1985年，他再次出国进修，在美国洛克菲勒大学植物分子生物学实验室工作了3年。他参与了花椰菜花叶病毒35S启动子的分析和改造工作，转黄瓜花叶病毒外壳蛋白和马铃薯X病毒外壳蛋白的转基因植物的构建。回国后，他开始了对国内水稻黄矮病毒（RYSV）的研究，并构建了中国第一个大规模种植的抗黄瓜花叶病毒和烟草花叶病毒双抗转基因烟草，开启了国内植物抗病毒基因工程的基础和应用的研究。1990年，他参与组建了中国科学院植物生物技术开放实验室，2003年升级为植物基因组学国家重点实验室。他领导的团队对RYSV进行了系统的分子生物学研究，在完成了对RYSV基因组结构分析的基础上，通过缺陷互补试验证明RYSV P3蛋白是其运动蛋白，而可被体外磷酸化的RYSV P6蛋白被证明是一个基因沉默抑制子，它通过与植物RDR6蛋白结合抑制寄主对病毒的基因沉默。与此同时，他还开始了对虫传植物病毒的病毒—介体—寄主植物三者互作机制的探索，并在介体昆虫卵传植物病毒的机制上取得突破性成果。方荣祥在植物生物技术和植物病毒分子生物学领域孜孜不倦工作40多年，是中国分子生物学的奠基人之一，引领了中国病毒分子生物学研究领域的发展。他依然活跃在科学研究的第一线，并不断开启新的研究领域，例如病原细菌与植物宿主的跨界通讯、植物表观遗传调控的抗病毒机制等。

所获奖誉 1987年以来获中国科学院科技进步一等奖2项，中国科学院科技进步二等奖3项，河南省科学进步二等奖1项；1994年获国家“有突出贡献的中青年专家”称号；2005年获何梁何利科学与技术进步奖；2016年获中国植物病理学会（CSPP）终身成就奖。在国内外学术期刊上发表论文110余篇。

（撰稿：陈晓英；审稿：张莉莉）

方中达 Fang Zhongda

方中达（1916—1999），植物病理学家，农业教育家。南京农业大学植物保护学院教授。方中达是植病科学家、农业教育家、中国现代植病科学的奠基人之一，在国内外享有盛誉。

生平介绍 1916年5月22日出生于上海，原江苏武进（现江苏常州）人。1936年被保送至金陵大学农林生物系，1940年大学毕业，经俞大绂、魏景超推荐到清华大学农业研究所任研究助理，1945年考取清华大学第六期留美公费生，进入威斯康星大学植物病理系，获博士学位后，被吸收为美国细菌学会、美国植物病理学会会员。

1948年12月回国，受聘为金陵大学农学院教授，1952年中央大学和金陵大学的农学院合并为南京农学院，方中达即一直在南京农学院任教。他曾担任南京农学院植物病理教研组主任、植物病原生物研究室主任，植保系学位委员会主任和南京农学院学术委员会副主任，江苏省植物病理学会理事长，中国植物学会华东分会理事长、中国植物学会副理事长、国际植物学会中国理事、国际水稻白叶枯病研究组理事，江苏省第五、六届人大代表；并曾担任联合国粮农组织国际水稻研究所的特约研究员。

成果贡献 方中达长期从事植物细菌病害研究，在水稻白叶枯病的研究上成就卓著，为国内外学术界所敬仰。他在水稻品种抗病性鉴定及其抗病机理等方面亦有深入的研究，并与其他单位合作，在抗病育种方面做出成绩。

方中达从教50余载，为人正直，严于律己，兢兢业业，实事求是，用自己的一言一行感染身边的人。他爱才好士，非常注重中青年教师人才的培养和研究生的教育工作。从1980年起，他推荐大批优秀的中青年教师前往国外进修和学习，并鼓励他们回国后投身祖国教育与科研的一线前沿岗位。方中达非常重视国际间学术交流，1985年邀请新西兰森林研究所周启昆来宁举办森林病害训练班；1986年5月他邀请美国威斯康星大学A. H.爱伦堡来校讲授《寄主—寄生物关系的分子遗传学》。经过多年努力，其教研组和研究室与美国、英国、日本三国的多所院校和研究单位建立了联系。

方中达是中国植物病理学的奠基人，用毕生的精力推动中国植物病理学研究的前进。他从20世纪50年代起就指导和支持中青年教师向学科的不同方向发展。经过30多年的不懈努力，南京农业大学植物病理教研组，初步建成了真菌及真菌病害、细菌及细菌病害、病毒及病毒病害、植物菌原体及其病害、线虫及线虫病害，以及植物病害生态、植物病理生理和分子植物病理等比较完整的学科体系。由方中达亲自领导的植物病原生物研究室成为全国第一流的教学和研究中心，人才结构也已形成了一个强有力的学术梯队，承担着国家攻关及重点课题。指导助手们向分子生物学和基因工程的领域探索，由宏观防治向微观调控延伸。

从美国留学归来之后，方中达一直专注于全国的水稻白叶枯病的研究与防治工作，相关论文多达80余篇，并出版专著一本。他提出并证实稻白叶枯病种子可作为侵染来源，水孔是白叶枯病菌侵入的主要途径。他根据研究成果，在生产上倡导选用无病种子和种子消毒等措施，收到良好效果，为中国的稻白叶枯病防治工作作出了杰出的贡献。方中达一生在稻白叶枯病的研究上不断探索，其范围涉及病菌生理学、菌系分化、水稻品种抗病性鉴定及其抗病机理等，在国际上亦影响深远，1993年他的事迹被英国收入《世界名人录》。

除稻白叶枯病外，方中达在其他植物细菌性病害上的研究亦取得了显著的成果。方中达孜孜不倦，和助手们深入调查中国众多作物的细菌病害，鉴定的细菌病害多达70多种，命名了水稻细菌性条斑病、李氏禾条斑病、甘薯叶斑病、生姜叶枯病等植物病原细菌新种，并撰写了《植物细菌名录》《植物细菌名录补志》等多篇论著，为后人学习研究植物细菌病害提供了宝贵的资料。方中达与华南农业大学范怀忠共同研究鉴定的水稻细菌性条斑病取得了国际植病细菌命名委员会的认可，结束了国际上关于此病长期混乱的局面，是里程碑式的进步。

方中达穷其一生精力于植物病理学事业，20世纪80年代初，他在江苏对棉花黄萎病的发生和防治研究工作中积极组织攻关，取得初步成果。其中“大丽轮枝菌生物学研究及其在抗病育种上的应用”获得农业部科技进步三等奖；“棉花黄萎病综合防治研究”获江苏省科技进步二等奖。

方中达更是一位学识渊博、言传身教的教育家，深受学生们的爱戴。除发表研究论文200多篇外，更编写多本教材与专著，主要有《植病研究方法》《水稻白叶枯病》等，其中《植病研究方法》填补了中国当时几乎无植保专业参考书的空白。

所获荣誉 1978年获全国科学大会奖；1979年获江苏省科技奖；1989年获农业部科技进步奖，同年被国务院授予“全国先进工作者”称号；1991年获国家科技进步奖；1993年他的事迹被英国收入《世界名人录》。

性情爱好 方中达先生平易近人，谦谦有礼，博学多闻，治学严谨。他不仅学术上精益求精，建树颇高，艺术与体育亦涉猎广泛。热爱骑马和排球等运动，他常谈及20世纪40年代在云南与裘维蕃等一起骑马打球的情景；他钟爱音乐，尤为青睐古典音乐，如《蝴蝶夫人》、贝多芬交响乐等。他常常感叹：优美的音乐可以愉悦心情、陶冶情操。

参考文献

董汉松，2016. 蜡梅还在门口[M]. 南京：江苏凤凰文艺出版社.

南京农业大学发展史编委会，2012. 南京农业大学发展史：人物卷 [M]. 北京：中国农业出版社 .

宋健，杨坚，2015. 方中达与建国初期水稻白叶枯病的研究 [J]. 黑龙江史志 (3): 1-2.

（撰稿：顾沁；审稿：董汉松）

《防控植物病原细菌的可持续策略》 *Sustainable Approaches to Controlling Plant Pathogenic Bacteria*

由 Velu Rajesh Kannan 和 Kubilay Kurtulus Bastas 主编，来自印度、土耳其、葡萄牙、南非等国家的科学家共同参与编写的植物病原细菌各方面研究进展的专著。此书由泰勒—弗朗西斯（Taylor & Francis）出版集团出版社于 2016 年出版（见图）。

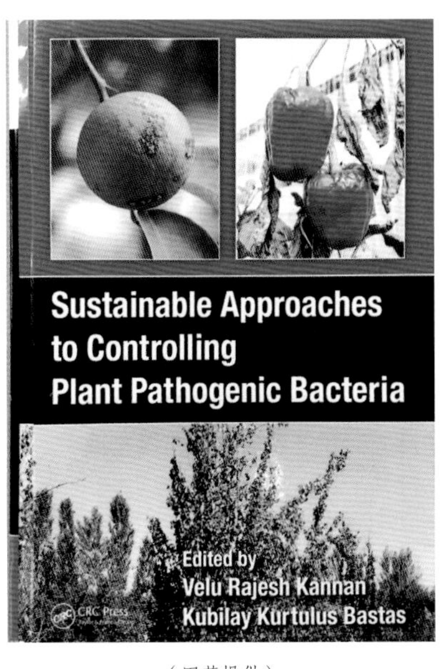

（田芳提供）

21世纪以来，生物科学研究已经取得了举世瞩目的进展，相关研究人员在不断地探索复杂的生物系统。然而，仍然有一些生物学活动的机制是不为人所知的。诸多生物和非生物的因素都导致了植物病害，其中尤其是像病毒、细菌、真菌、线虫、昆虫等生物因素已经导致了全球农作物产量的重大损失。这些病害不仅造成了作物减产，而且降低了人们的生活质量和农产品的营养价值。而植物病原细菌造成的植物病害更加不容忽视。为此，全球范围内的植物病理学家们担当起了寻求解决途径的重任。该书旨在介绍在植物病原细菌各个方面的研究进展。

全书共分 20 章，重点介绍了植物病原细菌的发病机制、流行与预测系统、防控策略（包括诊断、隔离、消除）、农业传统方法的实施效果、多肽类抗菌素的作用、营养添加剂的作用、其他生物来源代谢产物的作用、铁离子螯合剂的作用机制、寄主抗性、群体感应效应和猝灭、种子和叶际施用效果，以及植物病原菌在科学和经济层面的影响。这些章节围绕该书的主题，循序渐进地、有机地联系在一起。

该书不仅适用于学生、教师和科研人员，同时也适用于希望更多了解和加强农业微生物、植物保护、安全生产等方面知识的读者。

（撰稿：田芳；审稿：陈华民）

防治农作物病毒病及媒介昆虫新农药研制与应用 development and application of new pesticides for controlling crop virus diseases and vector insects

获奖年份及奖项 2014 年获国家科技进步奖二等奖

完成人 宋宝安、郭荣、季玉祥、李卫国、金林红、陈卓、王凯学、吕建平、金星、郑和斌

完成单位 贵州大学、全国农业技术推广服务中心、江苏安邦电化有限公司、广西田园生化股份公司、广西壮族自治区植物保护总站、云南省植保植检站、贵州省植物保护植检站、湖南省植保植检站

项目简介 植物病毒病素有“植物癌症”之称，80% 的植物病毒病主要依赖于媒介昆虫传播，由于病毒的侵染、复制、增殖等致病机制极为复杂，是农业生产面临的一项世界性难题，给农业生产造成极为严重的损失。经过 10 多年的“产、学、研、推”协同攻关，创制了具有全新结构的仿生型抗植物病毒新农药毒氟磷，创新了吡蚜酮的清洁生产工艺，创新研发了抗植物病毒全程免疫防控技术体系，并进行大面积推广应用。主要创新成果如下：

创制了具有全新结构的仿生型抗植物病毒新农药毒氟磷。采用免疫诱导激活分子靶标和全新的化学生物学筛选方法，以绵羊体天然氨基膦酸为先导，通过引入氟原子及苯并噻唑杂环基团，提高了分子成药性和活性，攻克了 α- 氨基膦酸酯类化合物抗植物病毒活性，创制出对植物病毒高活性的仿生型新农药毒氟磷。经测试，毒氟磷是低毒、低残留、对非靶标生物安全、环境友好的绿色农药。发现了毒氟磷通过激发水杨酸信号通路而发挥抗病毒效应。成功开发了无溶剂催化法合成毒氟磷原粉新工艺，自主设计建成 200 吨毒氟磷原粉和制剂工业生产装置，实现了毒氟磷的工业化清洁生产（图 1），成为中国第一个具有完全自主知识产权的抗植物病毒病新农药品种。

创新了吡蚜酮的清洁生产工艺。研发了乙酰肼光气水相法合成噁二唑酮中间体专利技术，创新了乙酰氨基噁唑酮与烟醛闭环合成吡蚜酮原药生产工艺，总收率超过 75%，原药纯度稳定至 96%，生产成本比国内外技术降低了 30%，获得国家重点新产品，实现了清洁生产和节能减排，建成国内最大规模原粉生产装置。

创新研发了抗植物病毒全程免疫防控技术体系。开发了以毒氟磷、吡蚜酮为主导的水稻、蔬菜等作物病毒病防治应用技术，并集成完善了综合防控配套技术体系。通过实施抗病毒药剂与媒介昆虫防治药剂全程免疫、病虫兼治控害新策略和配套技术，基本解决了水稻南方黑条矮缩病、水稻齿叶矮缩病及蔬菜花叶病等病毒病防控的重大难题（图 2），为确保中国粮食生产安全做出重大贡献。

抗植物病毒全程免疫防控技术体系成熟。该技术体系在全国累计推广应用 4755 万亩次，挽回粮食损失 9.78 亿 kg，蔬菜 24.01 亿 kg，直接经济效益 48.45 亿元。带动了相关企业实现销售收入 4.25 亿元，新增利税 1.26 亿元，经济、社会和生态效益显著。通过产学研合作创新，使田园公司发展

图 1　毒氟磷产品生产线（李向阳提供）

图 2　防治南方水稻黑条矮缩病毒田间效果（李向阳提供）

成为中国农药行业制剂第三名。提升了中国农药骨干企业自主创新能力。相关成果在斯普林格（Springer）出版集团等出版专著 3 部，在 *Journal of Agricultural and Food Chemistry* 等农业化学领域的国际权威期刊发表 SCI 论文 47 篇，被 SCI 他引 494 次。应邀在国内外学术会议上作特邀学术报告和大会报告 26 次。培养"长江学者奖励计划"特聘教授 2 名、"教育部新世纪优秀人才支持计划"和"贵州省优秀青年科技人才" 4 名及博士、硕士 74 名。项目的实施对贵州学科建设和人才培养发挥示范引领作用，实现了贵州首个国家重点学科、首个教育部"长江学者和创新团队发展计划"入选团队和"首个国家创新人才推进计划"——重点领域创新团队等零的突破。

（撰稿：李向阳；审稿：吴剑）

防治农作物土传病害系列药剂的研究与应用
research and application on a series of pesticides for prevention control of soil-borne diseases

获奖年份及奖项　2007 年获国家科技进步奖二等奖

完成人　宋宝安、王士奎、郭荣、杨松、相士晋、胡德禹、王俊、曾松、陈书勤、杨阳

完成单位　贵州大学、全国农业技术推广服务中心、北海国发海洋生物产业股份有限公司、河南省植物保护植物检疫站、云南省植物保护植物检疫站、四川省农业厅植物保护站

项目简介　防治土传病害传统药剂的抗药性上升、防效下降、农药残留等问题，严重制约了作物生产的持续发展。项目组围绕"作物安全"这一国家重大需求，针对防治水稻和棉花、蔬菜、水果、烟草等作物主要土传病害防控难度大、可用药剂少等突出问题，依托国家和省级科研项目，利用各协作单位原有的工作基础、优势和条件，经过系统研究和联合攻关，自主研究开发了防治水稻和棉花、蔬菜、水果、烟草等作物主要土传病害新型环保系列杀菌剂，并进行大面积推广应用。主要创新成果如下：

创制了土传病害新型环保杀菌剂。自主研究开发创制出防治水稻和棉花、蔬菜、水果、烟草等作物主要土传病害新型环保系列杀菌剂 3% 广枯灵制剂（图 1）、20% 甲基立枯磷乳油和 0.5% 净土灵制剂。

示范推广应用了新型环保杀菌剂。广枯灵制剂、甲基立枯磷产品和净土灵制剂在河南、四川、云南等 28 个地区大规模应用推广，已成为中国水稻、蔬菜、瓜类、烟草、棉花、

图 1　广枯灵产品生产线（李向阳提供）

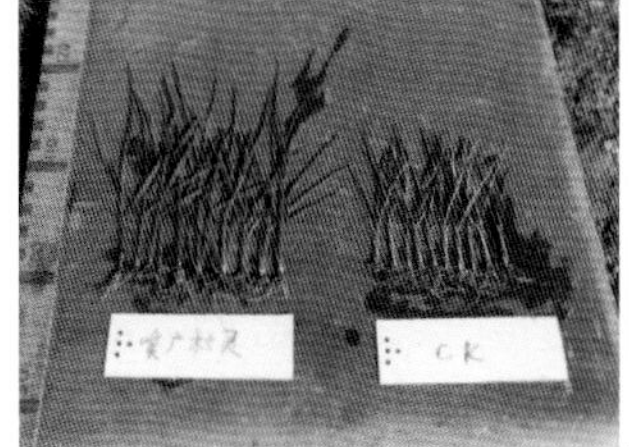

图 2　广枯灵制剂防治水稻病害田间效果（李向阳提供）

小麦等作物立枯病、猝倒病、炭疽病、根腐病、恶苗病等土传病害防治主导药剂，占国内同类产品约 80%。

该项成果技术成熟。自主研究开发出了甲基立枯磷两种新型催化剂，提高了收率和纯度。省去了老工艺的分离、中和、萃取 3 个工序。国内独家获得 95% 高纯度原粉农业部农药正式登记。实现了国内首家工业化生产，填补了该产品国内空白。在技术应用方面，在全国 28 个地区植保站开展了广枯灵、甲基立枯磷、净土灵等制剂防治水稻、蔬菜、瓜类、烟草、棉花、小麦等作物立枯病、猝倒病、炭疽病、根腐病、恶苗病小区试验和大面积试验示范，实施区域平均防效在 85% 以上（图 2）。

成果在全国累计推广了 11 021 万亩，为农业生产创经济效益 46.87 亿元。在北海国发海洋生物产业股份有限公司等企业累计实现销售收入 4.02 亿元，累计创利税 8144.5 万元；甲基立枯磷高纯度原粉出口日本、美国、德国、澳大利亚、马来西亚等国家创汇 908.5 万美元；成果的研发和应用成功替代了在中国沿用 30 年之久的传统制剂敌克松，经贵州省科技厅组织鉴定，项目生产线的工业装置运行良好、产品质量稳定，产品已发展成为中国防治土传病害的主要药剂。项目完成的技术成果有效地解决了中国农业生产中土传病害防治难题，产生了显著的经济效益和社会效益，整体水平达到了国际先进水平。使中国在土传病害防治方面居国际先进水平。该成果获贵州省科技进步一等奖，创建了贵州大学农药学教学科研团队，创立了贵州第一个一级学科博士后流动工作站和国家重点学科，为中国植物保护学科进步、农药行业发展及农产品安全保障作出了贡献。

（撰稿：李向阳；审稿：吴剑）

《分子植物病理学》 *Molecular Plant Pathology*

分子植物病理学是在分子水平上研究并解释植物病理现

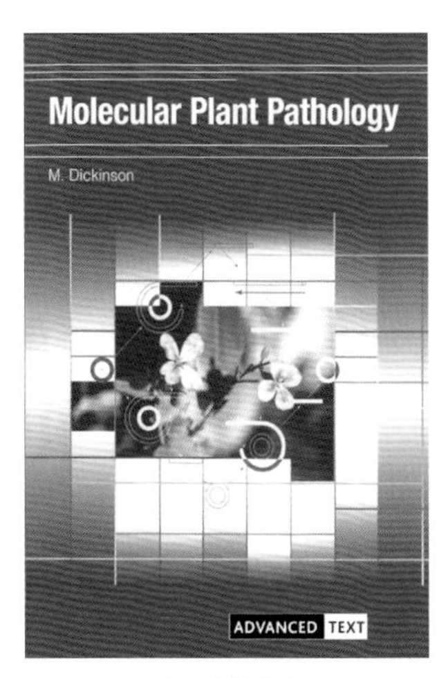

（王莉提供）

象，讨论和解决植物病害发生、防治机制及其途径的科学。M. Dickinson 主编的 2003 年版《分子植物病理学》，由泰勒—弗朗西斯（Taylor & Francis）出版集团出版发行。该书在描述植物病害发生、发展的基础上，主要介绍病原物与植物相互作用的生理生化与遗传基础、病原物致病过程中的重要致病因子、病原物与植物相互作用过程中的信号传递；植物抗性基因的分离和鉴定，诱导型抗病性和系统获得性抗性的机制；植物病原物的分子鉴定方法和病害的防控策略（见图）。

该书包括 14 个章节，主要内容有：① 绪论：植物病理学的概念、植物病害的防控等基础知识和研究方法。② 真菌和卵菌病害——感染的建立。③ 真菌和卵菌病害——病程的发展。④ 真菌和卵菌遗传学。⑤ 细菌病害——感染的建立。⑥ 细菌病害中宿主特异性的决定因素。⑦ 植物病毒——结构与复制。⑧ 植物病毒——运动性和与植物的相互作用。⑨ 植物抗性机制。⑩ 植物抗性基因。⑪ 植物抗病反应中的信号识别与转导。⑫ 分子诊断学。⑬ 植物病害防控的分子生物学策略。⑭ 转基因技术在农业防护中的应用。

该书是遗传学、微生物学、分子生物学、分子植物病理及其相关领域研究人员的必备参考书目，同时书中提及的一些研究热点还能为生物技术研究者提供新思路。

（撰稿：王莉；审稿：高利）

《分子植物病理学》 *Molecular Plant Pathology*

由英国植物病理学会主办，约翰·威利父子（John Wiley & Sons）出版公司出版发行的国际性植物病理学专业期刊，在国际植物科学领域排名前列。

该刊创刊于 2000 年，每年 9 期，ISSN：1464-6722，所有论文都经过同行严格评议的学术性期刊。按照 2015 年的期刊引用报告，该刊在植物科学领域排名 19/209。2012—2016 年 JCR 影响因子 5.27（见图）。

（耿丽丽提供）

该刊涵盖了植物病理学的整个领域，包括由真菌、卵菌、病毒、线虫、细菌、昆虫、寄生植物与其他生物体引起的病害，尤其是侧重于病原物的分子分析，宿主对病原物反应的决定因素，或者植物—病原物之间的分子互作方面。

除全篇幅和短的研究论文外，该刊还发表技术进展，特别感兴趣和重要领域的综述，以及社论。该刊致力于以极大限度地缩短从提交到出版的时间，并且为分子植物病理学的原创研究提供一个高质量的研讨平台。该刊无版面费，从提交至第一次处理意见平均 26 天。

该刊适用于分子植物病理学、植物学、分子生物学、病理学、真菌病理学、卵菌、植物病毒、线虫、细菌、昆虫、寄生植物、植物抗性基因、植物—微生物互作等相关领域的研究人员阅读。

（撰稿：陈华民；审稿：彭德良）

《分子植物免疫》 *Molecular Plant Immunity*

系统地介绍植物免疫系统的基本知识、分子基础和植物抗病性领域新概念的专著。由以色列的圭多·塞萨组织一批植物免疫研究领域国际领先的专家共同撰写完成，于 2012 年由约翰·威利父子（John Wiley & Sons）出版公司出版。

植物在生长与发育过程中时刻面临着病原微生物侵染的威胁。在与病原微生物漫长的相互作用过程中，植物与微生物相互识别并共同进化，逐渐形成了层次丰富的免疫识别系统。植物通过多种免疫受体识别病原微生物来源的信号分子，起始植物细胞内的分子间相互作用和免疫信号传递，从而激活多层次的防御反应来限制病原菌的入侵。而致病菌在进化过程中获得了多种多样的克服植物免疫反应的策略。植物与病原微生物的相互作用就是一场不断往复的分子水平上的“军备竞赛”。

全书共计 12 章，囊括了植物与细菌、真菌、卵菌、病毒等多种病原微生物间免疫互作的分子机制。第 1 章介绍了植物通过细胞膜上的免疫受体（以水稻 Xa21 为例）识别病原菌表面分子模式而激活的第一层次免疫反应（即模式受体激活的免疫反应）的分子机制。第 2、3 章概述了植物通过细胞内免疫受体识别病原菌分泌蛋白而激活的第二层次免疫反应（即效应蛋白激活的免疫反应）的分子机制。第 4 章介绍了植物激素（水杨酸和茉莉酮酸）在免疫信号传导和植物抗病性调控中的重要作用。第 5 章概述了病原细菌效应蛋白通过多种多样的策略抑制植物免疫反应的分子机理。第 6 章详细阐述了 TAL（transcription activator like）效应蛋白的功能、致病机理以及被植物识别的分子机制。第 7 章概述了病原真菌和卵菌分泌蛋白操控植物免疫反应的分子机理。第 8 章概述了植物与病毒间的防御与反防御分子互作。第 9～11 章分别介绍了植物—细菌、真菌—病毒等不同病原微生物相互作用的模式系统。第 12 章展望了植物抗病性遗传改良的策略和前景。

该书适合从事于植物与微生物分子互作、植物病理学、林业科学及环境保护科学等方向科研和教学工作者以及学生学习参考。

（撰稿：张杰；审稿：刘文德）

《分子植物—微生物互作》 *Molecular Plant-Microbe Interactions*

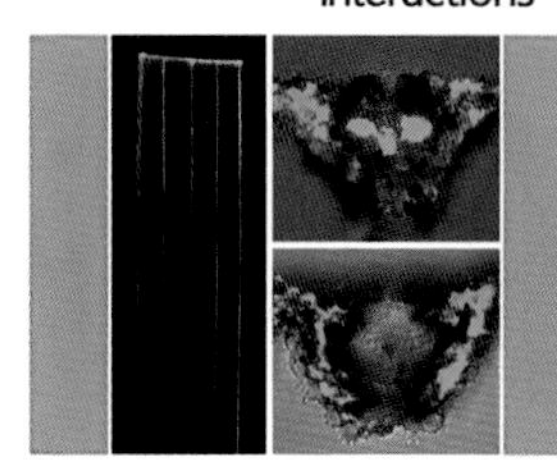

（陈华民提供）

由美国植物病理学会和国际分子植物—微生物互作协会合作发行的植物病理学专业性期刊之一，在植物病理学领域内名列前茅。该刊创刊于1988年，出版语言英语，现为月刊，ISSN：0894-0282。2012—2016年JCR影响因子为4.60（见图）。

该刊倾向于发表微生物、昆虫、线虫或寄生植物与植物之间的病理学的、共生学的及相关互作所涉及的遗传学、基因组学、分子生物学、生物化学和生物物理等方面的基础研究和高级应用研究。该刊要求所有的论文都须经过严格的同行评阅，所有论文都要基于理解植物与其他微生物互作的分子机制而不是简单的互作表型描述，文中结果都应该是未发表过的而不是其他系统的简单重复。该刊倾向于接收以下方面的文章：①微生物或植物相关因素的分子分析，或者影响或调控植物—微生物互作的相关组分的分子分析。②对读者理解微生物—植物互作的机制具有显著帮助的遗传学或其他非分子研究成果。③植物与其他生物体间互作的分子进化和分子生态研究。④报道植物—微生物互作研究技术方面新的重要进展的方法和技术。该刊发表包括：原创性研究论文、技术进展、热点、重点、实时评论、致编辑的信等。该刊所述的微生物包括病毒、原核生物、真菌、线虫和类病毒，分子生物学包括生物化学的或生物物理学的机制研究。

该刊非常适用于农艺学、细菌学、生物化学、生物学、植物学、细胞生物学、化学、生态学、昆虫学、遗传学、园艺学、微生物学、分子生物学、真菌学、线虫学、植物病理学、植物生理学、种子病理学、土壤科学、病毒学、杂草科学等及相关领域的研究人员和研究生阅读和学习追踪。

（撰稿：陈华民；审稿：彭德良）

风险评估技术 pest risk analysis technology

评估检疫性有害生物传入和扩散的可能性及潜在的经济、环境和社会影响程度。对限定的非检疫性有害生物的风险评估：仅针对种植用植物所携带的有害生物，评估这些有害生物对植物的原定用途产生经济上不可接受的影响的可能性。有害生物风险评估的方法可分为定性方法和定量方法。风险评估是检验检疫工作基础。

基本原理 通过审查关于有害生物的各个方面，特别是关于其地理分布、生物学和经济重要性的实际资料，确定该有害生物是否符合检疫性有害生物的标准。然后评价有害生物传入、定殖、扩散的可能性及其潜在的经济、环境、社会及政治等各方面影响。

适用范围 《国际植物保护公约》（*Lnternational Plant Protection Convention*, IPPC）、《卫生与植物卫生协议》（*Sanitary and Phytosanitary Standards*, SPS）及《中华人民共和国进出境动植物检疫法》等法律规定，无论是有害生物、商品、旅客携带物、运载工具等进出境活动，只要对进口国人、动植物健康带来风险，进口国都可以采取检疫措施，但任何检疫措施都需要基于科学的风险评估，尽量减少对贸易造成影响。风险评估涉及检疫性有害生物名录制订，进出境产品检疫要求、生产、运输、口岸检验检疫、入境后监管等全过程。

主要内容

合并矩阵法 先把事件分为多个环节，如进入、定殖和扩散可能性、后果评估等，之后将各步骤发生的可能性按描述性分类进行定性评价，如低、中、高等级别，再按照二二矩阵列表的“合并规则”，来计算整个环节发生的可能性；然后将上一步的分析结果整合形成风险评估矩阵表，得出进入、定殖和扩散可能性、后果评估综合评价结果，最终确定各有害生物的风险级别。

多指标综合评估法 应用生态理论、系统科学和专家决策系统的基本理论与方法，通过分析研究影响有害生物危险性的各项因子和这些相关因子在决策目标中的地位、作用以及相互之间的关系，建立对有害生物进行多层次、多方面管理的综合性预测体系。

生物气候相似性法 将某一地点的m种农业气候要素（如光、温、水等）作为m维空间，计算世界上任意2个地点间多维空间的相似距离d_{ij}，定量地表示不同地点间的气候相似程度，采用多元分析中聚类分析方法，预测有害生物潜在的适生区分布。

地理信息系统 地理信息系统（GIS）是利用已有记录的有害生物物种资料及受灾地区的地区地理环境相关资料，并根据有害生物物种的发生发展规律，通过比较需要进行有害生物风险分析的地区与已发生地区的生态环境因子的关系，将有害生物植物分布类型，气候植被等因子存在一起，得出有害生物的时空变化规律，确定影响和制约有害生物变化的各项因素及引起各项变化的主导因素，利用生物学数据建立相应的风险评估模型，通过GIS分析处理，可得出有害生物在该地区可能发生的区划图。

生态气候评价模型法 通过建立生物在特定条件下的适生模型，模拟生物在已知分布地的生长情况，确定生物种群生长模型参数，利用该参数分析其在未知分布地点的生长情况，由此预测生物种群潜在适生地分布。此类方法很大程度上依赖于风险分析软件，主要用于适生性分析的软件有CLIMEX、Maxent、GRAP、DIVA-GIS等。

专家评估法 对难以采用技术方法定量分析的因素进行合理估算，经过对专家意见的多轮征询、反馈和调整，对风险程度进行分析。一般而言，最简单的方法就是将影响有害生物风险的各因素进行打分，根据分值高低确定风险高低。

影响因素 在风险评估的指标体系中包含许多不确定因素，如生物在不同品种间和变种间、不同年份之间、不同经济密集度的地域之间存在许多差异，这为准确进行风险评估带来一定困难和不确定因素。

风险评估所应用的软件和模型是以数据为基础，许多数据存在受主观因素影响、模糊、难以准确量化等现象，难以实现绝对定量评估。

注意事项 利用风险评估技术进行有害生物风险分析必须符合检疫法规和相关文件的有关规定，参照《中华人民共和国进出境动植物检疫法》《植物检疫条例》《中华人民共和国进境植物检疫禁止进境物名录》《中华人民共和国进境植物检疫性有害生物名录》《进出境植物和植物产品有害生物风险分析技术要求》（GB/T 20879—2007）、《进出境植物和植物产品有害生物风险分析工作指南》（GB/T 21658—2008）。

参考文献

李尉民，2003. 有害生物风险分析 [M]. 北京：中国农业出版社.
吕飞，杜予州，周奕景，等，2016. 有害生物风险分析研究概述 [J]. 植物检疫，30(2): 7-12.

（撰稿：姜帆、黄英；审稿：朱水芳）

风险预警技术 risk early warning technology

在有害生物入侵扩散之前，综合该有害生物生物学特征、发生态势和传播成灾规律等信息进行风险分析和情景模拟，从而提出有针对性的防控管理方案，对潜在危害采取预防性安全保障措施。

基本原理 根据有害生物发生特点和入侵扩散规律，通过构建数学模型和计算机模拟，明确有害生物潜在地理分布、成灾特征、防控关键控制点，预测不同情景设置下的疫情发生范围及严重程度，从而有针对性地采取防控措施。

适用范围 为保障农业林业发展、保护生态环境，促进中国进出口贸易的健康发展，根据《中华人民共和国进出境动植物检疫法》《植物检疫条例》等相关法律法规，对目标有害生物在其入侵扩散之前开展风险预警工作。

主要内容

信息收集 采用有害生物数据库直接提取、互联网自动获取、国内外相关机构咨询以及文献专著数据库查询等方式全面收集目标有害生物分类学、生物学、生态学、遗传学、发生地气候地理环境、寄主范围及生长状况、口岸截获、经济损失、综合防控等详细图文资料。委派专人对收集的信息进行筛选、核查和反馈，最后录入信息管理平台。

风险分析 参照《国际植物检疫措施标准》（ISPMS）第2号、《有害生物风险分析准则》《进出境植物和植物产品有害生物风险分析指南》（GB/T 21658—2008）和《进出境植物和植物产品有害生物风险分析技术要求》（GB/T 20879—2007）中规定的风险分析程序，基于上述收集信息，明确重点预防传入的检疫性有害生物和外来入侵生物种类及其入侵扩散途径，评价目标有害生物传入定殖的可能性及其潜在社会经济影响。

情景模拟 根据有害生物发生特点和入侵扩散规律，构建数学模型和计算机模拟，利用其历史发生数据进行校验，明确有害生物适生区、成灾特征和防控关键控制参数。依据国内外疫情发生情况，合理假定有害生物入侵扩散初始条件，根据风险预警需求设定不同气候、传入及防控等情景，模拟有害生物定殖成灾演化过程，从而预测疫情可能发生范围及严重程度。选择调整模型参数，根据疫情发生变化，确定有利于有害生物防控的预警应急方案。

预警措施 基于上述风险分析和情景模拟结果，由各级植物保护组织提出植物检疫预警报告，决定启动、变更和结束应急响应。在有害生物入侵扩散重要控制点和潜在发生区，适时开展专项监测调查，掌握疫情分布格局和扩散速度等最新动态。疫情确定后，立即组织采取封锁、消灭等防治措施，防止疫情进一步扩散蔓延。同时将疫情发生和防控信息反馈再次应用风险分析和情景模拟，获得针对性预警应急方案。

影响因素 应用风险预警技术需要全面的物种发生信息和有效的数据挖掘方法。有害生物疫情发生不明和入侵扩散规律不清已严重制约了中国风险预警技术的建立和发展。

注意事项 风险预警需贯彻《中华人民共和国进出境动植物检疫法》《植物检疫条例》《出入境检验检疫风险预警及快速反应管理规定》和《农业重大有害生物及外来生物入侵突发事件应急预案》的要求。

参考文献

许志刚，2008. 植物检疫学 [M]. 3 版. 北京：高等教育出版社.

（撰稿：潘绪斌；审稿：朱水芳）

G

柑橘良种无病毒三级繁育体系构建与应用
construction and application of three-level virus-free propagation system for citrus nursery trees

获奖年份及奖项 2012 年获国家科技进步奖二等奖

完成人 周常勇、熊伟、白先进、唐科志、吴正亮、李莉、赵小龙、李太盛、张才建、杨方云

完成单位 中国农业科学院柑橘研究所（西南大学柑橘研究所）、重庆市农业技术推广总站、广西壮族自治区柑橘研究所、全国农业技术推广服务中心

项目简介 柑橘是世界第一大水果。中国作为第一大生产国，长期受困于种苗带毒率高、疫病监控和配套方法滞后等问题。为突破无毒化进程慢、育苗水平低、配套方法和预警滞后等技术瓶颈，该项目展开系统研究，构建国际先进，适应大发展的柑橘良种无病毒三级繁育技术体系，实现疫病快速监测与预警，通过创新良种推广模式，推动中国柑橘产业结构优化，取得十分显著的社会、经济和生态效益。

突破良繁技术瓶颈，构建适应大发展的良繁体系，保障用种安全。针对无毒种源供应滞后、良繁技术落后等瓶颈，建立柑橘茎尖嫁接脱毒技术，国际首创茎尖脱毒效果早期评价技术，使无毒化进程由 3 年缩短为 1 年，创建世界最大的无病毒原种库；在脱除病毒和消毒防土传病害等无毒化基础上，集成单系化、配方化、设施化等技术，创新容器苗繁育技术，在圃时间由 3 年缩短至 1 年半，投产和丰产期提早 2～3 年（图 1），被农业部确定为主推技术；针对黄龙病等虫传危险性病害，研究应用简易网室起垄育苗技术，防疫防涝，弥补疫区种苗缺口；建成国家柑橘苗木脱毒中心，以原种库为基础，构建国家级母本园和采穗圃、省级采穗圃、地方繁育场为主体的柑橘良种无病毒三级繁育体系（图 2），制定行业和地方标准规范 6 项，在强化检疫前提下，推动实施定期鉴定制度、订单育苗制度和苗木财政补贴政策。在检测效率、育苗质量、保障机制、推广模式等方面，较以往良繁体系有革新性进步，繁推速度具有三级放大效应，在全国快速形成 1.14 亿株的无病苗年繁育能力，保障大发展安全用苗需求（图 3、图 4）。

构建快速监测技术体系，支撑中国首个柑橘非疫区建设，指导疫病防控。针对检测时效性差、疫苗研制滞后技术瓶颈，国际率先建立微量快速柑橘病原核酸模版制备技术，国内首次系统建立全套 15 种中国柑橘病毒类和国内外检疫类病害的分子检测技术体系，研发 8 种检测试剂盒、芯片和疫苗，申请专利 6 项，大规模应用于无病毒母树的筛选和定期再鉴定，检测效率大幅提升，累计检测 12.6 万样次；明确中国柑橘病毒类病害的种类和分布，探明重要病原的起源、流行规律、致病机理和时空分布模型；创立黄龙病联防联控和村规民约防控模式，突破高通量实时快速监测瓶颈，建立溃疡病预警系统，支撑中国首个柑橘非疫区建设和指导大规模疫病防控，保障产业安全。

结合良种推广，创新配套栽培技术，优化柑橘产业结构。促成国家在水果行业率先实施柑橘种苗财政补贴；推动传统密植栽培向现代稀植栽培模式变革；配套创新季节性干旱区非充分灌溉、冬季控水保果等关键技术，节本提质增效显著。通过良繁体系推广，补贴政策引导，填补中国晚熟柑橘规模化生产空白，产业结构得到优化。

图 1 无病毒容器苗：提早 2 年结果（杨方云提供）

①苗圃；②柑橘苗 3 年生；③果园；④柑橘苗 5 年生

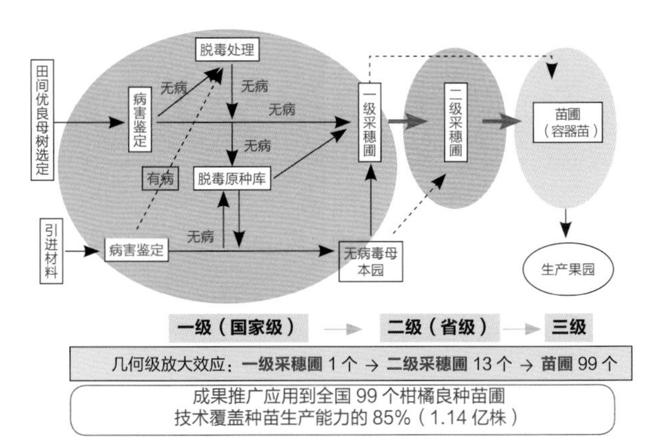

图 2 创建中国柑橘良种无病毒三级繁育体系（杨方云提供）

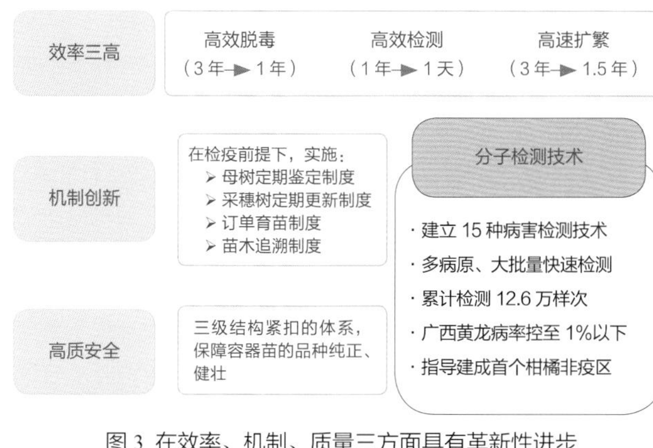

图3 在效率、机制、质量三方面具有革新性进步

图4 通过良繁体系，调整品种结构，实现品种熟期周年覆盖

（杨方云提供）

获省部级科技进步一等奖1项，二等奖4项；农业部“全国农牧渔业丰收奖”一、二等奖各1项。发表论文95篇。成果全国覆盖率85%，累计新增产值77.8亿元。该成果促成国家柑橘工程技术研究中心建立和国际柑橘苗木大会在重庆召开，对柑橘产业结构优化和水果行业科技水平整体提升产生了重要推动和示范带动作用。

（撰稿：杨方云；审稿：周常勇）

《根结线虫高级专著》 *An Advaced Treatise on Meloidogyne*

美国北卡罗来纳州立大学联合北荷兰（North-Holland）出版社于1985年出版的一套有关根结线虫的专著，分2卷，第1卷书名为《根结线虫的生物学与防治》，由J. N. Sasser和C. C. Carter共同编辑，分6部分，36章；第2卷书名为《根结线虫研究的方法学》，由K. R. Barker、C. C. Carter及J. N. Sasser共同编辑，分5部分，16章（见图）。第1卷主要讲述了①根结线虫的重要性，包括对农业与食品生产的影响。②分类方法，包括根结线虫各发育阶段的详细形态学，4种主要根结线虫的诊断特征，根结线虫的细胞遗传学、细胞分类学及进化史研究，以及生物化学与酶学在根结线虫鉴定上的应用等。③与寄主的关系，包括寄生后的生理变化、巨细胞的形成及寄主的抗性机制等。④生态学，包括影响根结线虫发生的环境因子、与真菌的相互作用及线虫种群间的相互作用。⑤防治措施，包括寄主抗线虫的本质，抗根结线虫的土豆品种选育，线虫学家在选育抗性品种中的作用，以及杀线虫剂的作用模式、评估及其在防治根结线虫中的地位等。⑥发展中国家的线虫学研究状况。第2卷主要讲述了根结线虫的采集与生物学鉴定；根结线虫的染色与培养；根结线虫的形态学与寄主范围鉴定，包括扫描电镜技术、细胞生物学与酶学方法在根结线虫鉴定上的应用介绍；经济影响的评估；根结线虫的统计学与模型研究。

（刘世名提供）

该书适合于从事植物寄生线虫学、植物病理学、动物学、农学、园艺学、土壤学以及其他有关农业专业的学生及科研工作者阅读与参考。

（撰稿：刘世名；审稿：彭德良）

谷子锈菌优势小种监测及谷子品种抗性基因研究 study on physiological specialization of uromyces setariae-italicae and rust-resistance of setaria italica

获奖年份及奖项　2000年获国家科技进步奖二等奖

完成人　董志平、崔光先、甘跃进、高立起、谢剑峰、郑桂春、李青松、赵兰波、籍贵苏、刁现民

完成单位　河北省农林科学院谷子研究所

项目简介　谷子抗旱耐瘠，是中国北方发展节水农业的理想作物，在农业产业结构调整中具有较强的优势。但由于谷锈病严重发生，曾限制了中国谷子生产。防治谷子锈病最经济有效的措施是利用抗锈品种，但国内外对此研究极少。本课题的核心就是解决品种培育过程中的抗锈问题，为育种单位提供抗源及其利用方法。经十几年的努力，取得如下创新成果。

在理论上，首次选出6个鉴别寄主，将中国谷锈菌区分为7群32个生理小种（见表），其中强毒性小种是A77、A73、A57、B37，优势小种是E3、D7；并将中国谷锈病常发区划分为华北夏谷锈病流行区和东北春谷锈病流行区。建立了用强毒性小种鉴定抗源、用本区系的优势小种鉴定同一区系新品种的谷子抗锈鉴定体系；先后共鉴定出89份抗源，被10省31个育种单位应用后育出21个抗锈新品种，成为当时生产上的主推品种（图1）。其中用抗源‘鲁谷2号’已育出11个抗锈新品种，成为华北夏谷区的骨干抗源；用抗源‘铁谷1号’已育出4个抗锈

谷子锈菌生理小种（白辉提供）

鉴别品种 小种名称	安矮15 A_{40}	朝平谷 B_{20}	豫谷3 C_{10}	青丰谷 D_4	洛872 E_2	优质1 F_1	出现 次数	出现 频率	地区分布 河北	河南	山东	辽宁	吉林	黑龙江	内蒙	山西	陕西	甘肃
A77	S	S	S	S	S	S	7	0.9	3	3	1							
A73	S	S	S		S	S	1	0.1		1								
A70	S	S	S				3	0.4	3									
A61	S	S				S	2	0.3	1		1							
A57	S		S	S	S	S	17	2.3	9	5	3							
A53	S		S		S	S	4	0.5	1	2	1							
A50	S		S				4	0.5	3	1								
A47	S			S	S	S	13	1.7	9	3	1							
A45	S			S		S	7	0.9	6		1							
A43	S				S	S	17	2.3	14	2	1							
A42	S				S		4	0.5	3	1								
A41	S					S	3	0.4	2	1								
A40	S						2	0.3	2									
B37		S	S	S	S	S	27	3.6	16	6	3	1			1			
B36		S	S	S	S		6	0.8	5			1						
B33		S	S		S	S	15	2.0	5	3	2	3		1	1			
B31		S	S			S	8	1.1	6	1	1							
B27		S		S	S	S	37	5.0	24	4	1	3	1	2	2			
B25		S		S		S	5	0.7	3				1	1				
B23		S			S	S	43	5.8	24	7	2	5	2	1	2			
B21		S				S	11	1.5	8	1		1	1					
B20		S					7	0.9	4				1		2			
C17			S	S	S	S	49	6.6	32	8	5	1	2					1
C16			S	S	S		6	0.8	1			1			1		2	1
C13			S		S	S	37	5.0	21	6	4	2	1	1		1	1	
C11			S			S	13	1.7	6	1	2			1	1		2	
D7				S	S	S	122	17	73	21	9	3	2	5	3	1	4	1
D5				S		S	18	2.4	12	4						1	1	
E3					S	S	153	21	93	14	13	6	4	7	5	5	6	
E2					S		19	2.6	9	2	1		1	1		1	2	2
F1						S	38	5.1	20	3	2	2	1		2	5	3	
G0							47	6.3	25	3	2	1		3		3	8	2

图 1 谷子抗锈品种田间防控效果（白辉提供）

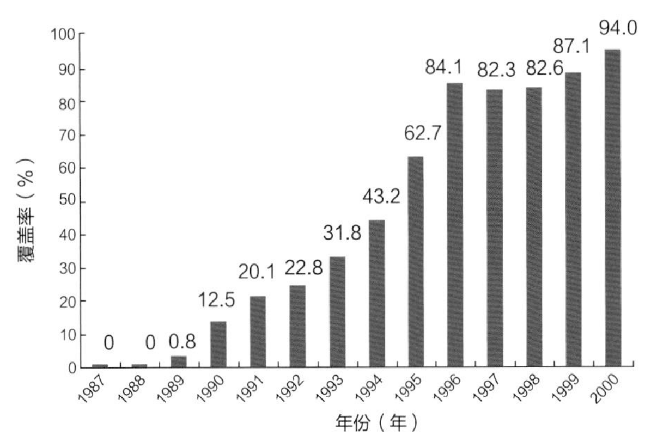

图 2 河北省抗锈品种覆盖率（白辉提供）

新品种，成为东北春谷区的骨干抗源。首次依据加权毒性原理提出并建议河北从河南、山东引进了 5 个抗锈品种，累计推广 712 万亩，为河北省谷锈病防治发挥了重要作用。另外，首次澄清了品种抗锈性与可溶性糖含量呈负相关，与 4 种氨基酸含量呈正相关的抗性机理；明确了 11 份抗源的遗传规律、黄谷的抗锈基因分子标记 UBC504634，38 份抗源的亲缘关系，72 份抗源与谷锈菌优势小种、强毒性小种之间的抗锈异质性关系，并推导出 9 个异质抗锈基因；同时还对抗源的兼抗、优质性进行了鉴定，对 7 份抗锈突出的抗源进行改良，选育出 16 个农艺性状好、兼抗多种病害的创新品系。为谷子抗病育种奠定了雄厚的物质基础。

在应用方面，本课题组受国家谷子育种攻关专家组委托，陆续将鉴定出的 89 份抗原以及抗原的抗锈机理等研究结果提供给全国各谷子育种单位应用，并对抗源后代进行跟踪鉴定筛选，先后培育和鉴定出 41 个抗锈新品种，在河北、河南、山东、辽宁、陕西、内蒙古等地累计推广 9395 万亩，2000 年河北省抗锈品种覆盖率已达 94%（图 2），减少了农业污染和防治投资，使长期困扰中国谷子生产的谷锈病得到有效控制，取得了明显的社会经济效益和生态效益。

该项目在理论上为谷锈菌毒性监测、抗锈基因等深入研究奠定了基础，在应用上已鉴定出的抗源和抗锈新品种还将在今后抗锈育种和谷锈病防治上发挥骨干作用。该项目在国内外发表论文 32 篇，1995 年论文“河北省粟锈菌生理分化及粟抗锈性研究”入选中国科学技术协会第二届青年学术年会。相关研究获得河北省科技进步一等奖 1 项，河北省省长特别奖 1 项。该研究已成为谷子病理的优势学科，对谷子抗锈育种学科的建立与发展起到了关键作用，是当时谷子研究领域影响较大，应用范围最广的项目。经曾士迈院士等专家鉴定其整体研究处于国内领先水平。

（撰稿：白辉；审稿：董志平）

灌木林虫灾发生机制与生态调控技术 insect infestation mechanism and ecological contral technology in shrubbery

获奖年份及奖项 2018 年获国家科技进步奖二等奖

完成人 骆有庆、宗世祥、张金桐、盛茂领、曹川健、温俊宝、张连生、孙淑萍、陶静

完成单位 北京林业大学、山西农业大学、国家林业局（现国家林业与草原局）森林病虫害防治总站、宁夏回族自治区森林病虫防治检疫总站、辽宁建平县森林病虫害防治检疫站

项目简介 灌木林是生态脆弱区重要的植物群落，具有特殊的生态防护功能，尤其在西北荒漠地区，但灌木林虫灾发生非常严重并且研究基础十分薄弱（图 1）。针对灌木林植物群落结构的特点和生态功能为主的效益取向，在虫灾防控策略与技术上力求易行、高效、覆盖面广。本成果由北京林业大学主持，联合 8 个单位，在 14 个重要科研项目资助下历经 13 年完成。

以沙棘、沙蒿和柠条等灌木林中大面积成灾的主要害虫为研究对象开展系统研究。主要创新体现在：

首次系统明确了 6 种主要害虫的生物生态学特性。如沙棘木蠹蛾、沙蒿木蠹蛾、沙蒿大粒象和柠条绿虎天牛等，为准确把握监测与防控的关键环节与技术，有效防控虫灾奠定

了坚实的理论基础。

多层次多角度揭示了灌木林重大害虫的成灾机制。如沙棘木蠹蛾、沙蒿钻蛀性害虫和柠条绿虎天牛的成灾机制，为提高灌木林稳定性的林分经营技术提供了理论指导。以沙棘木蠹蛾为例（图 2），明确大面积单一感虫树种（中国沙棘）的人工林是灾害发生的关键与人为因素；其次，中国沙棘最利于木蠹蛾的产卵和幼虫发育，是其感虫的主要机制；同时，从分子生物学和群落生态学角度，明确了灾害发生的内在因素和外在因素。

图 1 沙棘木蠹蛾造成沙棘林大面积枯死（宗世祥提供）

图 3 木蠹蛾性诱剂效果（宗世祥提供）

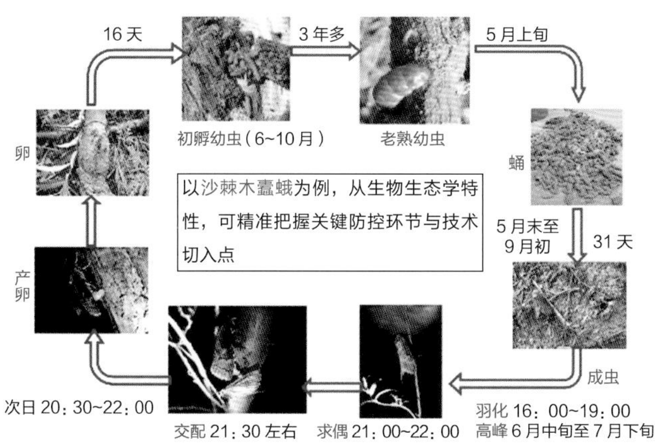

图 2 沙棘木蠹蛾世代发育（宗世祥提供）

开发成功 6 种害虫引诱剂及应用技术参数集。如沙棘木蠹蛾、沙蒿木蠹蛾、沙柳木蠹蛾和榆木蠹蛾性诱剂（图 3），以及柠条绿虎天牛和沙蒿大粒象植物源诱剂等，明确了诱剂组分及配比，建立了高效的人工合成路径与技术，构建了成熟的林间监测和诱杀技术参数集，专一性强，监测准确率与诱集率高。

系统挖掘天敌资源与开发利用优势天敌。明确了沙棘、沙蒿、柠条等灌木林主要害虫的天敌种类及优势种的自控效果。共发现寄生蜂、寄生蝇等天敌 214 种，包括新属 3 个，新种 33 种，中国新记录属 9 个，中国新记录种 34 种；首次发现沙蒿主要钻蛀性害虫的重要寄生天敌麦蒲螨，具有自然寄生率高、寄主谱广、寄生虫种和虫态多等特点，非常符合灌木林害虫生态调控的要求，并构建了高效的人工扩繁和应用技术体系。

研发了灌木林虫灾的遥感监测技术。明确了不同受害程度沙棘的特征光谱值，沙棘木蠹蛾灾害与沙棘树势、年降水量及立地因子的关系，揭示了辽宁建平沙棘木蠹蛾灾害的多年演变规律（图 4）。同理，以宁夏灵武为例，通过耦合遥感影像上的树势判定与实地虫口调查，生成了沙蒿林的不同虫灾等级发生区图，指导虫灾管理。

总之，以致灾主体和成灾主因研究为基础，集成了以昆虫信息素和遥感技术为主要监测手段，以天敌利用、化学生态调控、高效灯诱、植物群落调控为主的灌木林虫灾防控技术体系及模式（图 5）。

图 4 辽宁建平沙棘木蠹蛾灾害动态演变，TM 影像（宗世祥提供）

① 1991 年；②③ 1993 年；④ 2001 年；⑤⑥ 2004 年

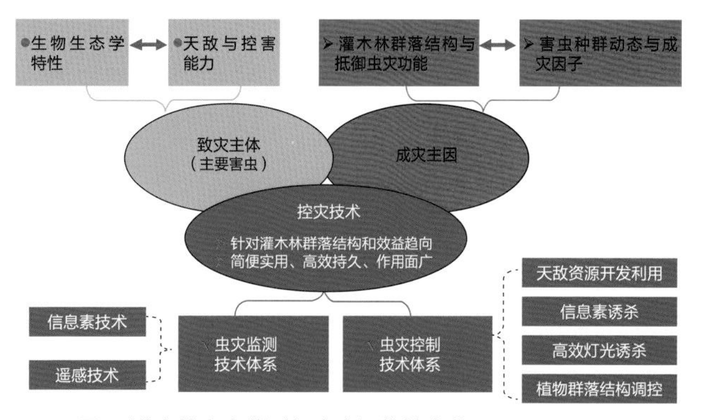

图 5 灌木林虫灾监测与生态调控技术体系（宗世祥提供）

本成果共开发新产品 12 项，获授权专利 21 项，其中发明专利 12 项；发表论文 142 篇，其中 SCI/EI 源 36 篇；出版专著 2 本；已获省部级科学技术一等奖 1 项，二等奖 5 项。举办推广培训班 6 期，在 6 省区进行了大面积示范与推广，取得了显著的防灾成效及生态效益。

该成果有效地解决了中国西部灌木林重大虫灾防控中的关键技术问题，极大提高了防控技术水平。经与国内外同类研究的比较，本成果在灌木林的虫灾发生机制、害虫引诱剂开发与应用、遥感监测及虫灾调控等方面，处于国际领先水平。

（撰稿：宗世祥；审稿：骆有庆）

郭予元　Guo Yuyuan

（梁革梅提供）

郭予元（1933—2017），农业昆虫学家，中国工程院院士。中国农业科学院植物保护研究所研究员、博士生导师（见图）。

生平介绍　1933 年 1 月出生于上海，1949 年 9 月考入北京农业大学植物保护系。1953 年毕业后，主动报名去了祖国建设最需要的宁夏。在宁夏近 30 年，他当过农业技术推广员、技术员，农校、农学院教师，植物保护所所长。他关注几乎所有宁夏农林作物的重要病虫害，教过中专植保范畴所有的专业课并自己编写教材。他在宁夏的科研工作硕果累累，获得过 3 次宁夏科技奖，因为对宁夏农业昆虫调查和有关研究作出了重要贡献，他和合作者获得了 1978 年全国科学大会奖和宁夏回族自治区科技进步二等奖。

1982 年 11 月，因工作需要，他被调到中国农业科学院植物保护研究所。曾任中国农业科学院植物保护研究所所长、农业部科学技术委员会常务委员、植物病虫害生物学国家重点实验室学术委员会主任、中国农业科学院植物保护研究所学术委员会主任、科技部“攀登计划”植保项目首席科学家、“973”计划专家顾问组成员，全国政协第八届、第九届委员，中国植物保护学会（CSPP）第十届副理事长等职。在长期主持和承担的国家重大植保或农业昆虫学研究项目中，他组织多学科协作，取得重大突破性进展，在国内外同行中享有盛誉。曾应邀赴德国、英国、美国、日本等国考察与合作研究。2001 年当选为中国工程院院士。

出于对国家科学事业发展强烈的责任感和使命感，他自觉地肩负起承前启后的责任，关心引导帮助年轻人努力结合国情掌握世界发达国家的研究动态和先进技术，从思想上、业务上帮助年轻人树立好的学风，健康成长。他坚持学以致用，言传身教，先后指导了 50 多名博士、硕士研究生、博士后，他们大多已成为相关领域的知名学者和学术带头人。他的学生吴孔明，2011 年评为中国工程院院士。

成果贡献　他曾先后主持和承担国家科技攻关、“攀登计划”、自然科学基金和省部级重点研究项目 30 余项。在从事农作物病虫害综合防治科技攻关研究时，他通过长期深入基层进行系统调查研究，结合国外 IPM 研究和发展情况，创造性地提出了中国农作物病虫草鼠害综合防治技术研究需分 3 个阶段发展的思想，即从以单种病虫为对象转变为以一种作物的多病虫为对象，再进一步发展为以生态区多作物的复合病虫为对象，使制定的防控对策愈来愈符合客观的需要。创建了有中国特色的、分不同生态区以不同粮棉作物为对象的多病虫复合群体综合防治技术体系。研究成果“中国主要粮棉作物病虫害综合防治技术体系的创建和成效”获 1999 年农业部科技进步一等奖，“小麦主要病虫害综合防治技术体系”获 1991 年农业部科技进步奖二等奖，他个人获国家两委一部颁发的“八五”国家科技攻关有突出贡献荣誉证书。

20 世纪 70 年代以来，棉铃虫成为中国棉花的最重要害虫，威胁棉花的正常生产，1992—1994 年棉铃虫大暴发，全国除新疆以外的所有棉田都因此虫为害而严重减产，特别是 1992 年由于防治不及时，使全国棉花减产 30% 以上，经济损失逾 100 亿元。为解决棉铃虫灾的危害，他领导着中国农业科学院植物保护研究所棉虫组的研究人员，制定了“一代监测、二代保顶、三代保蕾、四代保铃”的防治策略，并制定了一系列新防治对策和技术，曾是大灾之年大面积控制该虫害的突出样板。这套技术体系 1993 年后在全国棉铃虫防治中得到成功的推广应用，获 1996 年国家科技进步奖三等奖，并被两委一部列为国家“八五”科技攻关重大成果。

小麦吸浆虫是黄淮海麦区和西北麦区的重要害虫，20 世纪 50 年代中期它的危害在国内曾经得到控制，20 世纪 80 年代初以来它的发生面积和危害程度再次上升，并向周围蔓延形成许多新发生区，使小麦成片严重减产，有的田块甚至绝收。虽然各地进行大面积土壤施药压低土内虫口，仍不能控制它的危害和蔓延。他经过深入观察研究，改进了土内虫口密度的抽样调查小麦吸浆虫方法，组建了准确的发生程度中期预测模型，将已往以消灭吸浆虫为目标的传统策略改变为以保护麦穗免遭侵害为目标的新策略。加上合作者对品种抗虫性机制、吸浆虫天敌种类调查及保护利用等研究，以及大面积推广种植抗虫品种的成效，该项成果获 1998 年国家科技进步奖三等奖。

他首次在中国系统研究了世界性麦类毁灭性害虫麦种蝇的发生规律和防治关键技术。此前，文献记载此虫为麦种蝇，生活史不详，无任何防治措施报道。他和合作者针对麦种蝇的特殊生活习性，制定了相应的防治对策，该项技术使麦种蝇危害得到有效控制，六盘山区冬麦死苗严重问题得以解决，为甘肃、宁夏两地阴湿—半阴湿地区提高冬小麦产量起到重要作用。此项成果获 1986 年宁夏科技进步二等奖。

此外，他在研究棉铃虫迁飞及地理区划、棉花—棉铃虫—侧沟茧蜂三营养级间的通讯机制、转基因棉花生物安全和靶标害虫抗性机制等方面也都取得突破性进展。由他主编于 1998 年出版了《棉铃虫的研究》60 万字的专著，该书获 1999 年第四届国家图书奖提名奖。2007 年、2010 年获得两项国家科技进步二等奖。

所获奖誉　他是中国植物保护数理统计学应用自成体

系的倡导者之一，开展完成了“正交多项式配线求杀虫剂的致死中量”和“多元回归分析的因子相关选择法”等创新性研究。两项成果获1983年宁夏技术改进奖二等奖和宁夏优秀科技成果奖三等奖。这些成果提高了试验设计的科学性，分析数据的精确性，为中国植保数理统计学的建立奠定了基础。

先后获国家科技成果奖4项、省部级科技成果奖9项、全国优秀图书奖提名奖1项，共发表科研论文300余篇，出版科技专著22部、译著2部。鉴于他对中国IPM理论与实践发展以及在科学研究与领导、设计方面的业绩，1990年获农业部“有突出贡献中青年专家”称号，1991年获国务院“政府特殊津贴”，1996年获国家“八五”科技攻关有突出贡献个人荣誉证书。1996—1998年被任命为国家“八五”“攀登计划”粮棉作物五大病虫害灾变规律及控制技术基础研究项目首席科学家。2001年被中国科学技术协会评为全国优秀科技工作者。2002年荣获中央组织部等国家四部委联合授予的“全国杰出专业技术人才”称号。2011年获得国际植物保护科学协会颁发的“国际植物保护杰出贡献奖”。

参考文献

郭予元, 2008. 中国工程院院士自述 [M]. 北京 : 高等教育出版社 : 485-488.

钱伟长, 2013. 20世纪中国知名科学家学术成就概览 : 农学卷 第三分册 [M]. 北京 : 科学出版社 : 228-236.

（撰稿：梁革梅；审稿：张永军）

国际分子—植物—微生物相互作用学会 International Society for Molecular Plant-Microbe Interactions, IS-MPMI

1990年9月7日正式成立。学会致力于推动影响全球植物生长及作物产量的微生物（细菌，病毒和真菌）、寄生被子植物、线虫以及害虫与植物的分子互作的多学科的发展。学会由30多个成员国组成，学会成员背景多样化，研究领域涉及多个学科，包括微生物学、线虫学、植物病理学、植物育种学等。学会研究人员拥有共同的研究兴趣，即将包括分子生物学、细胞生物学、发育生物学、遗传学、基因组学、蛋白质组学和分子生态学在内的前沿技术应用于分子—植物—微生物互作的科学研究。

IS-MPMI的主要任务集中在以下几个方面：① 支持涉及分子—植物—微生物互作的详细进展的研究性论文和综述论文的发表。② 定期组织召开分子—植物—微生物互作相关的某一热门领域的国际会议。③ 开发可供科学家共享交流的分子数据库，促进和协助分子—植物—微生物互作相关研究工作的开展。④ 组织召开关于分子—植物—微生物互作的研讨会。⑤ 奖励学会中有杰出成就的年轻、知名的科学家。⑥ 鼓励国家和地区的组织机构与学会进行交流。⑦ 为学会成员定期提供涉及分子—植物—微生物互作的信息和报道。⑧ 支持任何其他能够促进分子—植物—微生物互作的科学发展、与学会作为一个非营利性机构的目标一致且在国内税收法税则501（c）(3）中免税的活动。

学会成立的想法起始于1982年Alf Puhler在德国比勒菲尔德举办的一次学术会议。当时，他将有志于利用分子遗传学解决植物与微生物互作科学问题的科学家们组织在一起，召开了一次学术会议，结果发现参与讨论会的成员越来越多，显示了这一科学领域的迅速发展。为了进一步促进科学发展，主办方特地召开了一次非正式的讨论会讨论学会的成立。

1988年，在墨西哥阿卡普尔科召开的座谈会中由参会人员投票产生了一个临时委员会，负责学会创立相关事宜的推进工作。学会规章制度主要由Desh Pal Verma负责磋商和起草。

1990年，在因特拉肯召开的会议中，临时委员会通过了拟定的学会章程，同年9月7日学会正式成立，Desh Pal Verma成为首任学会会长。会长每2年一届，历任会长（1990—2016）分别由Michael J. Daniels（1992—1994）、Eugene W. Nester（1994—1996）、Barry G. Rolfe（1996—1999）、Jan E. Leach（1999—2001）、Egbertus Lugtenberg（2001—2003）、Jonathan D. Walton（2003—2005）、Pierre J. de Wit（2005—2007）、Federico Sanchez（2007—2009）、Felice Cervone（2009—2012）、Sophien Kamoun（2012—2014）和Sheng Yang He（2014—2016）担任，现任会长由德国马克斯普朗克研究所陆地微生物学研究员Regine Kahmann担任。

学会主办知名国际学术期刊*Molecular Plant-Microbe Interactions*（MPMI），支持发表植物与微生物互作的重要基础研究性论文和综述性论文。

（撰稿：吴建国；审稿：刘文德）

《国际害虫治理杂志》 *International Journal of Pest Management*

1955年创刊（前身是*Pest Articles and News Summaries*），1993年更名为*International Journal of Pest Management*，出版周期为季刊，ISSN：0967-0874，2021年CiteScore为1.9。现任主编为Juan Corley。

《国际害虫治理杂志》是一本关于农业、园艺、林业、储藏期间涉及有害生物治理的国际专业期刊，主要涉及对无脊椎动物、脊椎动物、杂草、植物病原、真菌的治理，包括农业防治、生物防治、化学防治等。另外，入侵物种的治理也是期刊重要的研究领域，以及气候变化对可持续农业的直接和间接的生态影响。

期刊发表论文涵盖的主题包括：有害生物的种群动态与管理策略、害虫杂草及病原菌的为害及评估研究、有害生物对作物的产量损失评估研究、有害生物的调查抽样和监测方法研究、病虫害管理系统研究（包括决策支持和风险分析）、农民对有害生物管理限制技术的分析、野外和农场有害生物管理效力及经济效益分析、涉及有害生物治理的农场及农村发展的政策分析、农作物收获前和收获后的害虫综合治理、有害生物治理的新方法新技术研究、非靶标效应的农药使用及生

G

物防治研究、有害生物的生命表及进化生物学研究、有害生物的植物诱导抗性机制研究、气候变化下有害生物的综合治理研究。另外，《国际害虫治理杂志》还发表与本领域相关研究的综述论文（review），以及部分旨在促进读者和作者之间关于虫害管理中重要问题的研究论坛（forum section）。

《国际害虫治理杂志》是JCR期刊分区昆虫学和农学分类下的重要期刊，是国际上害虫管理和植物保护最悠久和具有影响力的期刊，期刊发表有害生物的调查方法、管理策略及其生态影响，对有害生物的管理策略和综合治理的发展起到重要的促进作用。

（撰稿：吴刚；审稿：周忠实）

国际昆虫学会　International Congress of Entomology

由国际昆虫学会理事会（前身为国际昆虫学会常务理事会）主办，为期4年一次的昆虫学国际会议。

国际昆虫学会理事会每次选一个主办国，组成组织委员会，负责下届国际昆虫学会的筹备工作。截至2016年，国际昆虫学会已经在包括中国、美国、德国、澳大利亚、日本、加拿大、意大利、巴西等国家中举办过25次会议，是综合性大型国际昆虫学专科学讨论会，是世界昆虫学研究者相互交流、探讨的重要平台。

国际昆虫学会未设立会员制。举办国际昆虫学会大会时，个人只要报名并缴纳注册费，即可参加学术讨论及相关活动，一般参加会议的人数3000人以上。大会包括学术报告、分组学术讨论会等内容，每次大会均出版论文集。

（撰稿：王桂荣；审稿：张杰）

国际农业和生物科学中心　Centre for Agriculture and Biosciences International, CABI

具有条约关系的政府间组织。1929年于伦敦成立，称为帝国农业局（IAB）。1948年改名为英联邦农业局（CAB），1985年被授予国际组织的地位，更名为国际农业和生物科学中心（Centre for Agriculture and Biosciences, CABI），成员国向非英联邦国家开放，现在已有47个成员国。国际农业和生物科学中心是一个非营利的国际农业组织，主要职责是通过信息产品、信息服务以及利用其在生物多样性方面的特长，验证和传递应用生命科学的知识，促进农业、贸易和环境的发展。

国际农业和生物科学中心总部设在英国，项目分布在巴西、中国、加纳、印度、肯尼亚、马来西亚、巴基斯坦、新西兰、美国等70多个国家，有400多名员工，分布在世界20多个地点。国际农业和生物科学中心是一个资金自给的组织，只有3%的收入来自于核心资助，其财政收入主要来源于出版、科技信息服务（包括培训）、成员国的捐助以及主要针对发展中国家突出问题的资助研究经费。

国际农业和生物科学中心分为出版部、生物科学部和信息部，每个部门承担不同的科学研究项目。国际农业和生物科学中心的出版部是国际一流的应用生命科学出版社。出版和发行大量纸质版和电子版的信息产品，涉及农业、林业、自然资源管理、社会经济学、兽医学以及包括人类健康在内的其他相关学科。国际农业和生物科学中心出版部编辑和维护农业和自然资源数据库（CAB Abstracts）以及人类健康和营养数据库（CAB Health）。这两个数据库衍生出包括图书、期刊（包括纸质版和电子版）、创新的交互式光盘、主题网络社区以及磁带和磁盘等多种产品。

生物科学部是一个在全球范围提供研究、培训、咨询和其他专业化服务的多学科科学机构，致力于解决一些全球性的重要问题，包括在可持续系统中提高农业生产力，农业生物多样性的分类、保存和利用，环境变化的管理，保持环境免受人类活动的破坏及人员素质建设。国际农业和生物科学中心生物科学部是系统学家、微生物学家、生态学家、病理学家、线虫学家及生物控制学家的综合队伍，主要活动领域包括作物害虫管理、生物系统与分子生物学、生态学应用（生物多样性的分类、生态学及保护）和环境与工业微生物，通过由亚洲、非洲、欧洲和加勒比海的中心组成的网络进行工作，并由独特的文献和标本收藏支持。其服务包括作物害虫、病原物及寄生线虫的鉴定与分类，作物健康诊断及治疗（害虫综合防治，农业、林业和自然生态系统中害虫和杂草的生物防治，开发生物杀虫剂），生物降解与生物侵蚀的管理和应用，生物多样性保存，外来入侵害虫的防治，土地使用及气候变化影响的评估，并提供在所有这些领域内的培训、咨询和建议。

国际农业和生物科学中心信息部的主要职责是协助发展中国家对科学信息的获取与管理，与其他组织合作，支持可持续图书库与信息系统的设计与规划，通过信息和生物科学方面的培训，提高发展中国家能力。作为向新传媒（如国际互联网）过渡的促进者，以一种如大百科全书似的创新方式传播信息满足发展中国家的需要。

国际农业和生物科学中心承担了世界各地有关农业和环境问题的多个项目，研究重点为经济作物、入侵物种和科学传播。植物智慧（Plantwise）是一个全球项目，主要目的是通过收集和传播有关植物健康的信息，提高食品安全性，降低作物损失。国际农业和生物科学中心承担了大量有关物种入侵的项目，其中包括日本紫菀、大猪草和喜马拉雅凤仙花。国际农业和生物科学中心在总部英国设立了全球农业与营养开放数据（Global Open Data for Agriculture and Nutrition，GODAN）秘书处，该秘书处队伍迅速扩大，有超过350个政府、非政府组织参与，帮助传播有关农业和营养方面的知识，以提高全球的食品安全性。

（撰稿：张礼生、潘明真；审稿：张杰）

国际农业研究磋商组织　Consultative Group for International Agricultural Research, CGIAR

一个由国家、国际及区域组织，私人基金会组成的战略联合体。创立于1971年，由64个成员组成，其中包括47个国家（25个工业化国家和22个发展中国家）、13个国际及区域组织和4个私人基金会。现有8000多名科学家和工作人员，其工作遍及全球100多个国家。

CGIAR通过与各国农业研究系统、民间机构、私人部门合作，在农业、畜牧业、林业、渔业、政策及自然资源管理等领域开展科学研究以及与研究相关的活动，推广改良农作物品种以及相关技术，帮助发展中国家实现可持续粮食保障，稳定世界粮食和饲料价格，改善人类营养和健康，提高收入，加强自然资源管理和减少贫困人口。据统计，CGIAR研究每投入1美元，发展中国家即增加价值9美元的粮食产量。

资助的研究中心包括国际干旱地区农业研究中心（The International Center for Agricultural Research in the Dry Areas, ICARDA）、国际半干旱地区热带作物研究中心（International Crop Research Institute for the Semi-Arid Tropics, ICRISAT）、国际食物政策研究所（International Food Policy Research Institute, IFPRI）、国际家畜研究所（International Livetock Research Institute, ILRI）、国际水稻研究所（International Rice Research Institute, IRRI）、世界混农林业中心（World Agroforestry Centre, ICRAF）、非洲水稻中心（Africa Rice Center, ARC）等15个研究中心，其中13个位于发展中国家。

（撰稿：张礼生、王娟；审稿：张杰）

国际生物多样性中心 Biodiversity International, BI

隶属于国际农业研究磋商组织（CGIAR）的非营利的国际学术机构，创建于1974年，主要进行农业生物多样性的保护和利用研究，总部设在意大利罗马，在美洲的中南部、非洲的中西部和东南部、亚洲的中南部及东南部都设有区域性办公中心。国际生物多样性中心原名国际基因资源理事会，1991年更名为国际基因资源研究所，2006年与国际香蕉改良网合并为国际生物多样性中心，是国际农业磋商组织支持的一个自治性非营利的、世界上最大的、单一从事农业多样性保存与应用的国际性研究组织。国际生物多样性中心的任务是植物基因资源的保管和使用，其使命是鼓励、支持和承担提高全世界基因资源管理的活动，以帮助消除贫困、提高食品安全和保护环境。国际生物多样性中心特别关注发展中国家重要植物基因资源的保存和利用，对某些特别农作物有明确的委托。

由理事会管理，理事会由2位董事组成，主成员国意大利提名1位董事，联合国粮食及农业组织（FAO）提名1位董事。此外，理事会还任命负责管理各项计划运作的总干事。

此中心是国际农业研究磋商组织中最早与中国开展农业科技交流与合作的研究机构之一。30多年来，双方在种质资源保护和利用、人才培养、信息交换等方面开展了一系列富有成效的合作，为中国种质资源保护和研究作出了重要献。

中国是国际生物多样性中心创立协议的签字国之一。基于国际生物多样性中心将持续地为公共资金所资助的原则，国际生物多样性中心将其所资助或开发的任何信息、发明、生产工序、生物材料或其他研究成果作为国际公共物品。中国农业科研机构应重视加强与国际生物多样性中心的合作，充分利用国际生物多样性中心保存的种质资源、最新研究成果，加快中国农业科研的发展。

（撰稿：张礼生；审稿：张杰）

国际生物防治组织 International Organization for Biological Control of Noxious Animals and Plants, IOBC

世界性生物防治领域的学术组织，成立于1956年。国际生物防治组织主要目标是联合世界上所有从事生物防治的科技工作者，促进全球生物防治及害虫综合治理技术（Integrated Pest Manapement, IPM）的研究与开发、科研成果的转化与推广；针对国际上的植物保护工作中的重大问题、热点与焦点，组织全球性的生物防治工作组；组织国际生物防治会议与培训班，广泛交流生物防治及IPM的新理念、新方法与新技术，讨论21世纪生物防治的发展趋势与发展方向，培训生防专家；结合全球生物多样性保护、环境保护、可持续发展、食品安全性、人类与自然的和谐等重大问题，加大力度联合开展生物防治研究，传播生物防治理念。

自成立以来，国际生物防治组织队伍不断壮大，共有来自不同国家和地区的会员约2000名。国际生物防治组织根据不同的地理位置、生态环境条件及所在不同区域内的植物保护工作重点，组建了东南亚地区分部（SEARS）、东古北区地区分部（EPRS）、西古北区地区分部（WPRS）、热带非洲地区分部（ATRS）、新北区地区分部（NRS）、新热带地区分部（NTRS）共6个区域性组织。各组织所开展的研究具有很强的针对性，学术交流非常活跃。例如，西古北地区分部（WPRS）至1996年已出版了19卷专题论文集，仅1996年就出版了《温室病虫害的综合防治》（*Integrated Control in Glasshouse*）、《土壤有害生物的综合防治》（*Integrated Control of Soil Pests*）、《谷物类作物有害生物的综合防治》（*Integrated Control in Cereals*）、《抗昆螨育种》（*Breeding for Resistance to Insectsand Mites*）、《无土栽培中根部病害的生物防治及综合防治》（*Biological and Integrated Control of Root Diseases in Soilless Cultures*）、《昆虫病原菌和昆虫寄生性线虫》（*Insect Pathogens and Insect Parasitic Nematodes*）、《大田蔬菜作物有害生物的综合防治》（*Integrated Control in Field Vegetable Crops*）、《生物防治技术推广：从研究到实践》（*Technology Transfer in Biological Control: from Research to Practice*）等专集。

国际生物防治组织出版*Entomophaga*和*International Organization for Biological Control of Noxious Animals and Plants Newsletter Newsletter*两种期刊。*Entomophaga* 1965年创刊，至1997年已出版了42卷，现更名为*BIO Control*，主要发表脊椎动物、无脊椎动物、杂草与植物病害生物防治基础

与应用研究的论文。*International Organization for Biological Control of Noxious Animals and Plants Newsletter* 已出版了 64 期，该期刊主要报道各地区性组织的活动、各工作团的活动、生物防治研究的前沿信息、国际生物防治学术会议与培训的信息，介绍生物防治的新书及其他新出版物，也报道该组织以外的其他生物防治活动。国际生物防治组织所属的各区域性组织也出版研究通讯和出版物，介绍本区的研究与工作。

国际生物防治组织还设有 8 个全球性工作组（global working group），包括节肢动物大量饲养的质量控制、小菜蛾（*Plutella*）的生物防治、果蝇的经济重要性、食蚜昆虫（*Aphidophaga*）的生态学、飞机草（*Chromolaena odorata*）、卵寄生蜂、玉米螟（*Ostrinia*）和其他玉米害虫以及水葫芦（*Eichhornia crassipes*）工作组。中国生物防治专家多年来积极参与其中的工作，在赤眼蜂工作组非常活跃，至今已参加了若干个全球工作组。水葫芦工作组是 1997 年新成立的一个工作组，其主要任务是推动以昆虫天敌和微生物除草剂控制水葫芦的研究，发展综合治理方法。

国际生物防治组织为世界各国的生物防治工作者架起了新的桥梁，为开展合作研究提供了新的途径，特别是通过 SEARS 与亚洲地区间的合作与联系提供了便利条件。通过联合发展生物防治的国际合作项目、共同制定生物防治研究指南、加强生物防治在农业生产中的应用等，改变世界各地生物防治的现状。

（撰稿：张礼生；审稿：张杰）

国际线虫学会联盟 International Federation of Nematology Societies, IFNS

欧洲、美洲、亚洲、非洲等全世界各地线虫学研究的科技工作者组成的国际联盟，成立于 1984 年，是全球线虫学者交流线虫学研究技术与理论的论坛。

全世界 14 个线虫学会包括亚非线虫学会、澳大利亚线虫协会、巴西线虫学会、中国植物线虫专业委员会、埃及农业线虫学会、欧洲线虫学会（ESN）、意大利线虫学会、热带美洲线虫学组织、巴基斯坦线虫学会、俄罗斯线虫学会、美国线虫学会（SON）、委内瑞拉线虫学会是国际线虫学会联盟的会员单位，会员约 2500 人。中国植物线虫专业委员于 2006 年加入国际线虫学会联盟。IFNS 第一、第二、第三、和第四任理事长分别为美国北卡罗来纳大学 Ken Barker（1984—2002）、加拿大温哥华 Thierry Vrain（2002—2003），美国农业部线虫实验室 David Chitwood（2003—2008）和比利时根特大学 Wilfrida Decraemer（2009—2014），2015—2020 年任理事长为美国佛罗里达大学 Larry Duncan，副主席为 Ernesto San-Blas，秘书长为加利福尼亚大学河边分校 Andreas Westphal。IFNS 设有理事长、副理事长、秘书长和 19 位执委，IFNS 每 6 年召开一次国际线虫会议，在前一次会议结束后 2 年内由 19 位执委投票决定下一次会议召开地点。

国际线虫学会联盟主要致力于通过国家和地区间的线虫协会促进世界范围内线虫学家的交流，增强公众对线虫及线虫学科的认知，为世界各地线虫协会的信息交流、教育资源共享、科研及相关工作等提供服务。

（撰稿：黄文坤；审稿：彭德良）

国际杂草学会 International Weed Science Society, IWSS

1975 年由来自欧洲、北美、南美和亚太地区的杂草科学家联合成立的一个关于杂草科学研究的国际性组织，旨在解决全球杂草科学问题。国际杂草学会成立以来已经成功举办了 7 次国际杂草防控大会，分别在澳大利亚（1992）、丹麦（1996）、巴西（2000）、南非（2004）、加拿大（2008）、中国（2012）和捷克（2016）。

1975 年，国际杂草学会由 Les J. Matthews（新西兰）、Marvin M. Schreiber（美国）、Larry Burrill（美国）、John Fryer（英国）、Jerry Doll（美国）等成员创立。现任理事会成员有 Samunder Singh（印度）、Kim Do-Soon（韩国）、Luis Avila（巴西）和 Te-Ming Paul Tseng（美国），分别担任主席、副主席、秘书和财务主管。秘书 Luis Avila 为国际杂草学会（IWSS）的联系负责人。

国际杂草学会是一个世界性的科学组织，向全球所有对杂草及其防控感兴趣的人开放。国际杂草学会的形成是由现有的 6 个区域杂草科学学会积极推动的，国际杂草学会的目的是起到补充的重要作用。国际杂草学会每年出版 1 份通讯发给成员，并每 4 年举行一次国际杂草防控大会。学会的主要任务包括：鼓励、促进和协助全球杂草科学和杂草防控技术的发展；促进和协助个人和组织之间的国际交流；促进和协助发展关于国际关注的专题的讨论会；鼓励和协助杂草科学和技术的教育和培训；与相关国家和国际组织保持联系；鼓励研究、推广和管理项目，以解决不断变化的杂草问题；鼓励和协助杂草科学协会的发展。该学会通过组织大会、合作组织会议和课程以及出版时事通讯、会议记录和专著的方式提供一个处理全球杂草问题的国际论坛。

（撰稿：黄红娟；审稿：张杰）

《国际植物保护公约》 *International Plant Protection Convention*, IPPC

植物保护领域的多边国际协议，是保护全球农业安全，有效防止有害生物随同植物及植物产品在国际上传播和扩散的公约。由联合国粮食及农业组织（FAO）于 1951 年通过并于 1952 年生效，其管理机构是植物检疫措施委员会，植物检疫措施委员会主席团由 7 位成员组成植物检疫措施委员会的执行机构，负责向公约秘书处和植物检疫措施委员会提供战略发展方向、开展合作、财务和运作管理的意见。秘书处负责工作协调，设于联合国粮食及农业组织，办公地点在意大利的罗马，中国的官方联络点设在农业农村部。针对国际贸易发展的新特点，联合国粮食农业组织在1979年、1997年和1999年对该公约进行了3次修改。截至2021年3月，已有184个缔约国家或地区。2005年10月20日，中国递交了加入《国际植保护公约》的协议书，成为第141个缔约方。

《国际植保护公约》分为序言、正文、附件共三部分，正文包括宗旨和责任、术语使用、与其他国际协定的关系、与有关国家或组织规定的关系、植物检疫证明、限定有害生物、对输入的要求、国际合作、区域植物保护组织、标准、植物检疫措施委员会、秘书处、争端的解决、代替以前的协定、适用的领土范围、补充协定、批准和加入、非缔约方、语言、技术援助、修正、生效和退出等。《国际植保护公约》宗旨是维持和促进对农业病虫害防治的国际合作，防止病虫害跨国界的引入和传播，保护各国的农业生产和粮食安全，维护全球生物多样性和生态安全。主要内容包括：① 严格管制植物及其产品的进出口，必要时应采取禁止、检疫处理和销毁货物的办法，要求各缔约国设立官方的植物保护组织，检验检疫本国、本地区的植物病虫害，核发有关植物与植物产品的植物检疫证书，开展植物保护方面的科研工作。② 针对在国际贸易、科学研究、资源交流、粮食援助、人道救灾等行动中的跨国运输的植物及其产品，与之相关的运输载体或容器、包装材料、车辆、船舶和机械等也在协议规定之内。③ 阐明了宗旨和责任、术语使用、与其他国家国际协定的关系、与国家植物保护组织安排有关的一般性条款。④ 明确了植物检疫证明、限定有害生物、对输入的要求等关键的技术要求。⑤ 强调了国际合作、区域植物保护组织、标准、植物检疫措施委员会及秘书处的作用与职能。⑥ 规定了争端的解决、替代的过往协定、适用的领土范围及补充协定。⑦ 明确了批准、加入、非缔约方、退出等程序，并就语言、技术援助、修正、生效等做了具体说明。

2009年7月1日起，中国正式执行该公约的相关协议。加入该公约后，中国作为缔约国参加了《国际植保护公约》框架下的国际合作与交流，共享其他缔约方提供的有害生物信息，参与《国际植物检疫措施标准》及相关规则的制定，参与检疫争端的合理解决，在审议通过国际标准规则、措施和相关方案时行使表决权，维护国家利益。

（撰稿：周雪平；审稿：杨秀玲）

国际植物保护科学协会　International Association for the Plant Protection Sciences, IAPPS

1946年第一届国际植物保护大会在比利时召开，其后每4年召开一次，规模2000～3000人，在全球范围内提供论坛、讲座适应经济、环境、社会协调发展的植物保护概念、技术和政策。在研究人员、专家、种植者、政策制定者和管理者之间推动植物保护信息的发展和交流；组织地区会议；计划并推动合作研究和扩展项目。为全球植物保护团体提供指导方针。开创并推动地区及全球植物保护科学研究及扩展的完整性，管理网站宣传植物保护信息。筹备建立8地区网络中心，开展交流活动。几十年来，历届国际植物保护大会为科学家提供了互相交流植物保护问题和报道新发现的世界论坛，该组织为增进植物保护科技国际间的交流发挥了极其重要的作用。到第14届大会为止，有一个由代表24个国家的各1名成员组成的该国际植保组织常务委员会。其组织机构：国际植物保护科学协会理事会（Governing Board，GB），国际植物保护科学协会8个地区的网络中心（RNCs），全体会员大会，国际植物保护科学协会的个人、分会、协会和社团会员。主办作物保护期刊，主要出版物为大会论文集（或论文摘要集），主要语言为英语。

1999年7月2～30日于以色列举行的第14届国际植物保护大会（The 14th International Plant Protection Congress）期间，大会主席团宣布在原来国际植物保护大会（英文名International Plant Protection Congresses，IPPCs）的基础上进行重大改组，成立国际植物保护科学协会（International Association for the Plant Protection Sciences，IAPPS），新组建的国际植物保护科学协会旨在为21世纪的国际植物保护科学作出重大贡献。

国际植物保护科学协会正式宣告成立后，向全体会员提出号召：为了适合全人类的生存环境，有利于人们的健康，经济地生产各种无公害作物，并致力于促进植物保护信息在研究者、推广专家、种植者、政策制定者、管理人员、植物保护顾问以及环境和其他有兴趣的组织之间的传播和交流；以鉴定、评价、综合和提高在经济、环境和社会方面均可被接受的植物保护概念、技术和政策为目的，提供一个全球性论坛。

国际植物保护科学协会改革后，各成员参加国际组织活动和区域网络中心的建设等，都需经常务理事会商定后执行。该组织1999年调整和重组后，2001年2月21日经科技部国科外发字〔2001〕48号批准，中国植物保护学会（CSPP）以联系会员（affiliation member）名义参加该组织。该组织一直同中国保持非常友好的关系，在该组织秘书长Apple博士的大力支持下，1999年在第14届IPPC大会上全体常委一致通过第15届IPPC在中国北京召开。国际植物保护科学协会章程（草案）规定，常务理事会由16名常务理事组成，其中下届大会承办国的代表作为当然理事占一名额。为此，中国植物保护学会理事长周大荣于1999年7月被选入第一届常务理事会并委任为第15届大会组委会主席。

由国际植物保护科学协会（IAPPS）主办，中国植物保护学会（CSPP）承办的第15届国际植物保护大会，于2004年5月11日至16日在北京胜利召开。参加会议的代表来自80个国家和地区，共200多人，论文达到2412篇，其规模超过历届国际植物保护大会，是国际植物保护学界21世纪的首次盛会。由国际植物保护科学协会主办的“第18届国际植物保护大会”于2015年8月24～27日在德国柏林自由大学举行，会议的主题为“Mission possible：food for all through appropriate plant protection”。会议包括4场大会报告、40场专题讨论会、17场专题研讨会和3期墙报论文展示，内容涉及气候变化中的植物保护、植物有害生物分子生物学、植物保护生物技术、信息技术在植物保护中的应用、病虫害生物防治、内生真菌与植物健康、外来入侵生物控制、环境友好型农药、农作物及产品的产前产后病虫害管理、高质量的大田试验数据采集等。第 19 届国际植物保护大会已于 2019 年 11 月在印度泰伦迦纳邦海得拉巴（Hyderabad, Telangana）召开。

参考文献

文丽萍 , 周大荣 , 2000. 国际植物保护科学协会简介 [J]. 植物保护 , 26(1): 40-41.

郑庆伟 , 2015. 第 18 届国际植物保护大会在德国举行 [J]. 植保资讯 (25): 61.

（撰稿：吴建国；审稿：刘文德）

国际植物病理学会 International Society for Plant Pathology, ISPP

成立于 1968 年，是国际生物科学联合会（IUBS）的成员之一，与联合国粮食及农业组织（FAO）紧密联系。国际植物病理学会由设立在世界各国及地区的与植物病理学有关的学会、联合组织及赞同本会宗旨的个人（非成员国）、名誉会员和赞助会员组成。

在 1964 年英国召开的国际植物学会上，与会代表要求成立国际植物病理学会，并在该会上设立了筹备委员会，由 S. D. Garrett 任理事长，R. K. S. Wood 任秘书长，B. E. J. Wheeler 任会计。1968 年 7 月 26 日在伦敦举行了首届国际植物病理学会全体会议，由 18 个国家的 26 名候补评议员讨论通过成立国际植物病理学会（ISPP）的决议，选出了会员和负责人。第一届理事会由 R. K. S. Wood 担任主席，Dr. Bryan 担任财务主管。至 2016 年，学会历经 10 届理事会，第一至第十届理事会先后由 R. K. S. Wood（第一届）、Arthur Kelman（第二届）、Friedrich Grossmann（第三届）、Johan Dekker（第四届）、R. James Cook（第五届）、Richard Hamilton（第六届）、Peter R. Scott（第七届）、Richard Falloon（第八届）、Maria Lodovica Gullino（第九届）等植物病理科学家担任主席。第十届理事会（2013—2018），由 Greg Johnson 担任主席，Brenda Wingfield 担任秘书长，Zamir Punja 担任财务主管。

国际植物病理学会（ISPP）的目的是促进植物病理学的全球发展，以及有关植物疫病和植物卫生管理知识的传播。国际植物病理学会定期赞助与植物病理学紧密相关的国际会议。协会成立委员会，审议在植物病理学领域的问题。

学会组织结构分为：国际会议，理事会，执行委员会，秘书处，委员会。日常办事机构为执行委员会，负责学会各项活动的组织实施和事务管理。国际植物病理学会赞助的植物病理学国际会议每 5 年举行一次。在理事会中，执行委员会和相关机构提名的议员（或者没有植物病理学会的国家机构）按照其成员的规模成正比。执行委员会职务分为主席、前任主席、2 位副主席、秘书和财政主管。秘书处分为业务管理、通讯编辑、食品安全主编。

分支机构包括美国植物病理学会、英国植物病理学会、加拿大植物病理学会、中国植物病理学会（CSPP）、丹麦植物病理学会、法国植物病理学会、国际水稻研究所、澳大利亚植物病理学会、拉丁美洲人协会、阿拉伯植物保护学会、日本植物病理学会、地中海植物病理学联盟、国际热带农业研究所、南非植物病理学会、葡萄牙植物病理学会、巴基斯坦植物病理学会、瑞士植物学会、欧洲植物病理学基金会、波兰植物病理学会、智利植物病理学会、巴西植物病理学会、斯里兰卡真菌和植物病理学协会。

国际植物病理学会主办了《粮食安全》。为了应对全球粮食安全的挑战，该期刊旨在解决物理、生物和社会经济等制约因素，这些因素不仅限制了粮食生产，而且限制了人们获得健康饮食的能力。该期刊包含原始参考论文，食品生产，农业发展，社会学和经济学，以及评论文章，案例研究和给编辑的信件。该期刊涵盖了粮食安全本身的原则和实践，概述了这一主题，从组成部分的多门学科的广泛角度对其进行分析。该期刊不试图重复那些组成部分学科的出版物的报道。例如，《粮食安全》提及植物病理，包括植物病害，但远远超出植物，甚至远远超出农业，并没有特别关注植物病理学。同时，为鼓励植物病理学研究和发展的过程，于 1973 年在荷兰瓦赫宁根国际会议成立雅各布 · 埃里克森奖。

（撰稿：吴建国；审稿：刘文德）

国际植物病原细菌学委员会 International Committee on Plant Pathogenic Bacteria, ICPPB

由全世界植物病原细菌学领域的科技工作者和单位自愿结成，一个全世界、非营利性的学术组织，于 1964 年成立。1968 年被国际植物病理学会（ISPP）接纳为学会下的分支学会，所在地为美国明尼苏达州。

ICPPB 至今已举办了 13 届国际性的学术交流会议，第一届会议于 1964 年在英国哈彭登举行，第 13 届会议于 2014 年在中国上海举办。学会没有建立固定的个人会员管理制度，主要由当年参加学术会议的全体成员选举产生下届委员会和下届学术会议举办地，当届委员会主席是下届委员会的当然委员，指导下届委员会工作和协调下届学术会议的召开，并向国际植物病理学会（ISPP）报告当届国际植物病原细菌学委员会学术活动和下届委员会组成人员。上海交通大学陈功友曾担任第 13 届国际植物病原细菌学委员会（2010—2014）主席。

国际植物病原细菌学委员的目的是促进植物病原细菌学在全球的发展，探索和交流植物细菌病害发生和防控的新理论、新概念、新策略和新技术。

学会主要任务：负责学术会议主题、主旨报告、举办地、学术委员会组成、学术论文集出版等组织管理工作。国际植物病原细菌学委员会每 4 年召开一次植物病原细菌学国际会议。

（撰稿：邹丽芳；审稿：陈功友）

《国际植物检疫措施标准》 *International Standards for Phytosanitary Measures*, ISPMS

全球植物检疫政策和技术标准。由联合国粮食及农业组织（FAO）下的《国际植物保护公约》（*International Plant Protection Convention*，IPPC）秘书处编纂，其目的是协调统一各国检疫措施，使之符合世界贸易组织（WTO）和《实施卫生和植物卫生措施协定》（*Agreement on the Application of Sanitary and Phytosanitary Measures*，SPS）的要求，避免由于使用不合理的检疫措施而造成对贸易的影响和阻碍。

截至2016年底，已公布37个国际植物检疫措施标准，具体内容如下：

① 关于植物保护在国际贸易中应用植物检疫措施的植物检疫原则。于1993年批准，于2006年修订，共8条。其目的是为了促进国际植物检疫标准的制定，从而减少或消除使用构成贸易壁垒的不合理的检疫措施。该原则是联合国粮食及农业组织（FAO）制定的新的国际植物检疫措施标准的参考标准。

② 有害生物危险性分析框架。于1995年批准，2007年修订，介绍了有害生物危险性分析的3个阶段，包括有害生物危险性起始、评估和管理，讨论了关于信息收集、文件记录、危险性信息交流、不确定性和一致性等一般性问题。

③《生物防治物和其他有益生物的输出、运输、输入和释放准则》。于1995年批准，列出了国际植保公约各缔约方、国家植保机构或其他负责部门、输入者和输出者的有关责任，讨论了能够自我复制的生物防治物（包括拟寄生物、掠食物、寄生物、线虫、草食性生物和病原体，真菌、细菌和病毒）以及不育昆虫和其他有益生物（如菌根和授粉物）。

④ 有害生物监督建立非疫区的要求。于1995年批准，介绍了建立和利用非疫区的要求。

⑤ 植物检疫术语表。于1995年批准，列出了对全世界植物检疫系统有特定含义的术语和定义。

⑥ 监测准则。于1997年批准，介绍了有害生物调查和监测规则，有害生物风险分析所用信息的提供，非疫区的建立以及有关有害生物清单的编制。

⑦ 出口验证制度。于1997年批准，2011年修订，介绍了国家植物检疫证书颁发制度。

⑧ 地区有害生物状况的确定。于1997年批准，阐述了有害生物记录的内容以及利用有害生物记录和其他信息确定某一地区的有害生物状况，有害生物状况类别以及对良好报告方法的建议。

⑨ 有害生物根除计划准则。于1997年批准，是为制订一项有害生物根除计划和审查现有的根除计划提供相应的指导。

⑩ 关于建立非疫区产地和非疫生产点的要求。于1997年批准，介绍了建立和利用非疫区产地和非疫生产点的要求。

⑪ 检疫性有害生物风险分析。于1997年批准，系统而全面介绍了对列为检疫性的有害生物所进行的风险分析，包括风险分析的起点，有害生物的归类，有害生物的传入、定殖和适生能力以及一旦进入所应采取的防范措施等。

⑫ 植物检疫证书准则。于2001年批准，并于2011年修订，描述了准备和签发植物检疫证书及进口植物检疫证书的指南和原则。

⑬ 违规和紧急措施通知准则。于2001年批准，说明了国家应采取行动的情况。

⑭ 利用系统综合措施进行有害生物风险治理。该标准在进口植物、植物产品和其他应检物时，为符合“有害生物风险分析国际标准”规定的植物检疫要求，为有害生物风险管理体系中综合防治措施的实施和评价提供指南。

⑮ 国际贸易中木质包装材料的管理。于2002年批准，介绍了经核准的、全球通用的能够有效降低有害生物传播风险的措施，主要是热处理和熏蒸。对已经用核准的措施处理的木质包装材料，提倡国家植保组织接受并不再进一步处理。

⑯ 限定非检疫性有害生物的概念及应用。于2002年批准，介绍了限定非检疫性有害生物概念，查明了它们的特征并介绍了这一概念在实践中的应用及限定制度的有关成分。

⑰ 有害生物报告。于2002年批准，介绍了各缔约方在报告其负责地区有害生物发生、突发和扩散的责任和要求，提供了有关报告成功根除有害生物和建立非疫区的指导。

⑱ 辐射用作植物检疫措施的准则。于2003年批准，为应用电离辐射对限定有害生物或物品进行植物检疫处理的具体程序提供技术准则。

⑲ 限定有害生物清单准则。于2003年批准，介绍了制定、保持及提供限定有害生物清单的程序。

⑳ 输入植物检疫管理系统准则。于2004年批准，简述了植物检疫输入管理系统的结构和运作以及在制定、修订和实施这一标准时应考虑的权利义务和责任。

㉑ 非检疫性限定有害生物的风险分析。于2004年批准，为进行非检疫性限定有害生物的有害生物风险分析（PRA）提供准则，并描述了为达到有害生物容许程度而用于风险评估和风险管理方案选择的综合程序。

㉒ 关于建立有害生物低发生率地区的要求。于2005年批准，规定了为某一地区限定性有害生物以及便于出口而仅为某一国限定有害生物建立有害生物低发生率地区的要求和程序。

㉓ 检验准则。于2005年批准，说明了输出和输入的植物、植物产品和其他限定物的检验程序，着重说明了在直观检查、检查文件、验明货物、检查完整性的基础上，确定植物检疫要求的遵照情况。

㉔ 植物检疫措施等同性的确定和认可准则。于2009年批准，说明了适用于植物检疫措施等同性的确定和认可原则和要求，以及国际贸易中的等同性确定程序。

㉕ 过境货物检疫措施。于2009年批准，说明了对不输入一个国家但经过该国的限定物货物所带来的植物检疫危险性进行确定、评估和管理的程序，在过境国采用的任何植物检疫措施具有技术理由并且是防止有害生物传入该国和(或)在该国扩散所必需的。

㉖ 建立果蝇（实蝇科）非疫区。于2006年批准，为建

立具有重大经济价值的果蝇非疫区及保持其非疫区状况提供准则。

㉗ 限定有害生物诊断规程。于2009年批准，限定了有害生物诊断规程的结构和内容提供指导，说明了对与国际贸易相关的限定有害生物进行官方诊断的程序和方法。

㉘ 限定有害生物的植物检疫处理。于2007年批准，旨在控制国际贸易运输中限定的有害生物，所提出并通过的处理手段明确要求按照说明的效率控制限定有害生物所必需的最低要求。

㉙ 非疫区和有害生物认可。于2007年批准，建立了非疫区产地，并制定了规范的工作程序和技术流程，旨在监管检测并保护部分有重大价值的低弱害性生物资源。

㉚ 建立果蝇低度流行区。于2008年批准，为国家植保机构（National Plant Protection Orgnization，NPPOs）建立和保持果蝇低度流行区提供指导。

㉛ 货物抽样方法。于2008年批准，用于指导国家植保机构（NPPOs）选择检验或检测货物的适宜的抽样方法，以确定符合植物检疫要求；本标准不用于指导田间抽样（如调查所要求者）。

㉜ 基于有害生物风险的商品分类。于2009年批准，为进口植物保护机构提供了指导意见，指导他们在考虑进口要求时，如何根据商品有害生物风险对其进行分类。

㉝ 国际贸易中的脱毒马铃薯（茄属）微繁材料和微型薯。于2010年批准，旨在为国际贸易中的脱毒马铃薯（*Solanum tuberosum* 及相关的块茎形成物种）微繁材料和微型薯的生产、保存及植物检疫认证提供指南，不适用于田间种植的马铃薯繁殖材料或用于消费或加工的马铃薯。

㉞ 入境后植物检疫站的设计和操作。于2010年批准，描述了入境后检疫站（下称检疫站）的设计和操作的一般准则。

㉟ 果蝇（实蝇科）有害生物风险管理的系统方法。于2012年批准，为确立、采用和验证作为具有经济重要性的果蝇有害生物风险管理备选方式的系统防治方法中综合措施提供准则。

㊱ 植物种植综合措施。于2012年批准，简要阐述了国际贸易中种植用植物（不包括种子）在产地生产时所确定和采用的综合措施的主要标准，旨在提供指导意见，帮助确定和管理通过种植由植物途径传播的有害生物风险。

㊲ 确定水果对实蝇（实蝇科）的寄主地位。于2016年批准，为确定水果的实蝇（*Tephritidae*）寄主地位提供准则，并描述了水果作为实蝇寄主地位的三种类别。

（撰稿：吴立峰；审稿：周雪平）

国际自然保护联盟 International Union for Conservation of Nature, IUCN

全球性非营利环境保护机构，是自然环境保护与可持续发展领域唯一作为联合国大会永久观察员的国际组织。1948年在法国枫丹白露（Fontainebleau）成立，总部位于瑞士格朗，又称作世界自然保护联盟、国际自然与自然资源保护联盟。

国际自然保护联盟为世界性联盟，政府和非政府机构均能参加，会员组织分为主权国家和非营利机构；各专家委员会接受个人作为志愿成员加入。有来自160多个国家的200多个国家和政府机构会员、1400多个非政府机构会员；超过17 000名学者个人会员加入专家委员会。国际自然保护联盟现在全球近50个国家设有办公室，有1000多名雇员。现任主席为章新胜先生，总干事为布鲁诺·奥伯勒（Bruno Oberle）。国际自然保护联盟从1980年代起在中国开展工作，1996年中华人民共和国外交部代表中国政府加入国际自然保护联盟，中国成为国家会员。2003年成立中国联络处，2012年正式设立国际自然保护联盟中国代表处。

联盟的最高决策机构为世界自然保护大会（World Conservation Congress），由国际自然保护联盟全体成员参加，是全球最大的环境和自然保护会议。世界自然保护大会（1996年以前简称“全会”，General Assembly）每4年召开一次，制定联盟的政策，通过联盟工作计划并选举联盟主席及理事会成员。理事会由选举出的联盟主席、司库、地区理事、6个专家委员会主席等组成。理事会指导秘书处贯彻落实世界自然保护大会通过的各项政策和规划，并且在大会休会期间，代表联盟全体成员每年举行2次理事会会议。国际自然保护联盟的6个专家委员会由技术专家、科学家、政策专家组成工作网，包括物种存续委员会（Species Survival Commission，SSC）、世界保护地委员会（World Commission on Protected Areas，WCPA）、环境法委员会（Commission on Environmental Law，CEL）、教育及传播委员会（Commission on Education and Communication，CEC）、环境、经济和社会政策委员会（Commission on Environmental，Economic and Social Policy，CEESP）和生态系统管理委员会（Commission on Ecosystem Management，CEM）。专家委员会主席由该联盟全体成员在世界自然保护大会上选出，并在理事会中担任理事。联盟成员的国家委员会和地区委员会，发挥确定项目优先顺序、协调规划和成员关系、执行规划的作用，由政府成员和非政府机构成员在某个国家或地区成立。国际自然保护联盟秘书处为联盟全体成员服务，并负责贯彻落实联盟的各项政策和项目；总部设在瑞士格朗，并在45个国家设有派出机构、代表处。

国际自然保护联盟致力于帮助全世界关注最紧迫的环境和发展问题，并为其寻找行之有效的以自然为本的解决方案。其主要使命是影响、鼓励和帮助全世界的科学家和社团保护自然资源的完整性和多样性，包括拯救濒危的植物和动物物种，建立国家公园和自然保护地，评估物种和生态系统的保护现状等，并且确保任何自然资源的使用都是平衡的、在生态学意义上可持续的。国际自然保护联盟的工作重心是保护生物多样性以及保障生物资源利用的可持续性，为森林、湿地、海岸及海洋资源的保护与管理制定出各种策略及方案。

《世界自然保护联盟濒危物种红色名录》（*IUCN Red List of Threatened Species*，简称《IUCN红色名录》）于1963年开始编制，是全球动植物物种保护现状最全面的名录，也被认为是生物多样性状况最具权威的指标。《IUCN红色名录》是根据严格准则去评估数以千计物种及亚种的绝种风险所编制而成的。准则是根据物种及地区厘定，旨在向公众及决策者反映保育工作的迫切性，并协助国际社会避免物种灭绝。具体根据个体数量下降速度、物种总数、地理分布、群族分散程度等准则将物种划分为9等级，分别是：绝灭（EX）、野外绝灭（EW）、极危（CR）、濒危（EN）、易危（VU）、近危（NT）、无危（LC）、数据缺乏（DD）、未评估（NE）。2020年更新的目录，一共评估了128 918个物种，其中超过35 000种濒危。

（撰稿：刘万学；审稿：张杰）

国家农业生物安全科学中心 National Center for Agricultural Bio-safety Sceinces

国家级专业从事农业生物安全科学研究的机构。2008年10月国家发展和改革委员会正式批准立项，2009年9月获投资批准，2010年10月开工建设，2013年完成建设投入试运行，建筑面积16 897m²，新增大型仪器设备79台（套）。依托单位为中国农业科学院植物保护研究所。现任中心主任为周雪平，学术委员会主任为吴孔明院士。现有科技人员410余人，包括固定人员近140人、流动人员30余人、研究生240余人，含研究员50余人、副研究员60人（见图）。

该科学中心建设目标为：建成国际一流、设施可靠、功能齐全的现代化农林生物安全预防和控制科学技术研究基地，面向全国开放与服务的农林生物安全信息中心；吸引、聚集和培养高水平的科研人员，打造一支具有较强国际竞争力的农林生物安全领域国家创新人才队伍；攻克一批监测、预警、扑灭和控制主要高危农业有害生物的核心与关键技术，为防御有害生物对中国经济、社会和公共安全的威胁提供技术保障。

将采用系统生物学、分子生态学、生态遗传学、生物信息学等多学科交叉的理论和方法，深入开展高危农业致灾生物的预防预警、检测监测和安全控制的新理论、新方法和新技术研究，重点突破农业生物安全的三大科学问题：危险性高致变农业有害生物致害与灾变的内在机制与灾变规律，危险性外来有害生物入侵的早期预警与生态适应，农业转基因生物安全性的分子机制与环境效应。重点开展突发性、毁灭性、高致变性有害生物的风险生成与风险评估的理论、技术与方法研究，建立早期预警与精确预测的模式体系，开展重大有害生物灾害形成的生物学、生态学、遗传学以及环境诱发的机制与机理研究，发掘有害生物的种群发育生物学特征与逆境协变的内在联系，研究作物—有害生物—天敌间的相互作用的关系以及协同进化的机制，发展重大有害生物灾害可持续控制的理论与生态调控方法。建立4类应用关键技术体系：风险评估与早期预警技术，快速诊断与动态监测技术，应急防控与根除技术，生物防治、综合治理与生态修复的可持续控制技术。形成保障国家农业生物安全四大防控技术的支撑体系：基础研究体系，技术研发体系，技术规范与标准体系，生物安全信息管理体系。

（张杰提供）

（撰稿：张杰；审稿：张礼生）

国家微生物资源平台 National Infrastructure of Microbial Resources

一个在国家科技条件平台总体框架下，从实现国家科技跨越式发展的高度，满足生命科学和生物技术快速、持续发展而建立的综合性基础条件平台；是实施微生物资源全面整理整合与高效共享，为从事微生物工作的企、事业单位或个人提供服务的开放性、非营利性平台。平台于2011年11月由科技部、财政部认定通过，其依托部门为农业农村部，依托单位为中国农业科学院农业资源与农业区划研究所，是首批认定的23个国家科技基础条件平台之一。

国家微生物资源平台工作人员达211人，其中运行管理人员21人，技术支撑人员105人，共享服务人员52人，其他33人。截至2015年年底，平台对外提供服务项目包括平台服务用户单位达7291个，每年提供微生物菌种服务达15万份，占全社会共享的90%以上，为企业产生了直接的经济效益，同时为各类相关科研领域的研究提供了坚实的保障和基础。

中国微生物资源平台是保证国家微生物资源库藏安全的重要载体，根据社会科技或行业发展的要求，收集、保藏各类微生物资源，持续扩充平台共享实物资源量，对全国微生物资源信息进行规范整理、安全保藏，通过数据化和网络化手段进行高效共享，促进微生物资源科学技术的普及和推广，促进科技人才的成长和提高，积极服务于国家生物安全和生物技术产业创新和社会发展。

平台依托中国农业科学院农业资源与农业区划研究所，联合中国食品药品检定研究院、中国医学科学院医药生物技术研究所、中国食品发酵工业研究院、中国兽医药品监察所、中国科学院微生物研究所、中国林业科学研究院森林生态环境与保护研究所、武汉大学、国家海洋局第三海洋研究所等9家单位共同开展微生物资源的整合与共享服务。平台以中国农业微生物菌种保藏管理中心、中国医学细菌保藏管理中心、中国药学微生物菌种保藏管理中心、中国工业微生物菌种保藏管理中心、中国兽医微生物菌种保藏管理中心、中国普通微生物菌种保藏管理中心、中国林业微生物菌种保藏管理中心、中国海洋微生物菌种保藏管理中心、中国典型培养物保藏管理中心共9个国家级微生物资源保藏机构为核心，在不同领域内组织103家资源优势单位进行资源的标准化整理，整合了中国农业、林业、医学、药学、工业、兽医、海洋、基础研究、教学实验九大领域的微生物资源。截至 2015 年年底，平台库藏资源达到 206 795 株，已整合微生物资源约占国内资源总数的 41.4 %，占全世界微生物资源保存总量的 8.13 %，且长期安全保存。平台制定了微生物菌种资源的共性描述规范，制定了 60 个菌种资源描述规范和 38 套操作技术规程，在全国范围内统一描述微生物资源，纠正了过去描述混乱的局面；将共享资源标注安全等级，规范了相关人员在制备操作和运输菌种过程中的行为，以达到促进中国兽医事业发展的社会效益、经济效益的目的。平台更是注重特殊生态环境（如盐碱地、沙漠、高寒、高海拔、深海、极地等）来源微生物资源的整合、模式菌株的引进以及功能菌株、专利菌株的保存，极大地丰富了库藏资源的多样性，为科学研究与行业创新储备了大量优质资源。

（撰稿：张礼生、李玉艳；审稿：张杰）

G

果实采后绿色防病保鲜关键技术的创制及应用　creation of key technologies of disease control and storage in postharvest fruits and the application

获奖年份及奖项　2013 年获国家技术发明奖二等奖

完成人　田世平、蒋跃明、秦国政、郜海燕、孟祥红、郑小林

完成单位　中国科学院植物研究所、中国科学院华南植物园、浙江省农业科学科院食品研究所

项目简介　该项目主要针对中国果实采后存在腐烂损失严重、病害防治困难、品质劣变快和保鲜期短等关键科学问题，以及长期单一使用化学农药防病带来的环境污染和农残超标引起的食品安全等社会关注问题。在国家科技部、国家自然科学基金委员会、中国科学院、广东省和浙江省政府 20 个项目支持下，在系统研究果实采后病原真菌致病机理、果实采后生理病理学特性及抗性应答机制的理论基础上，创制了果实采后绿色防病保鲜的关键技术，提高了病害防控的环保性和安全性，拓展了病害防控的新思路，开创了病害防控的新途径。主要技术发明成果如下：

创制了生物源绿色防病技术。利用生物之间的拮抗作用，筛选获得多种有独立知识产权对果实灰霉、青霉、褐腐等病害有抑制作用的酵母拮抗菌，研发出不同的剂型及产业化培养技术体系；创制以生物源（酵母菌、壳聚糖）和天然源（硼、硅）抑菌物质配合使用的绿色防病技术，在樱桃、葡萄、枣等果实上使用，通过协同增效，杀菌剂用量减少 50% 以上，拓展了果实采后病害防控的新途径。

研制了果实抗性诱导技术。基于潜伏浸染病害采后防治效率不高的难题，发掘并证明水杨酸、草酸等信号分子具有延缓果实衰老和诱导抗性的潜力，利用外源物质来诱导果实抗性，有效抵御病原菌侵染并确立其最佳使用浓度和处理技术。为生产上正确使用外源物质来防控果实病害提供了技术指导，使果实采后病害的发生率减少 30%～40%，提高了果实采后病害防控的有效性。

研发了柑橘复合保鲜剂。自主研发出了一种多功能复合柑橘保鲜剂，该保鲜剂兼备了果蜡和抑菌剂的功能，通过调控果实表面的水分和气体交换的微环境，抑制果实呼吸、延缓果实衰老、减少水分损失和增加果实表面光泽；同时，对柑橘果实采后主要病原菌有抑制作用。用该复合保鲜剂处理砂糖橘，果实储藏保鲜 100 天后的商品率达到 95%，比普通对照提高了 30%。

集成了果实采后精准储藏保鲜的关键技术。针对樱桃、杧果、葡萄、枇杷、桃、梨、砂糖橘和杨梅果实采后存在的突出问题，在系统研究不同果实采后生理病理学理论和品质变化规律的基础上，兼顾采前采后处理与储藏环境因子的协同作用，集成了适合于不同果实采后绿色防病和精准储藏保鲜的关键技术，使果实采后病害控制率提高了 30%～60%，储藏保鲜时间延长了 30～90 天，果实的商品率 95% 以上，增强了果实市场销售价值。

具有广阔应用前景和显著经济效益。该研究成果已在中国主要水果产区示范应用，2013—2016 年，新增产值 12.23 亿元，新增利润为 4.51 亿元，出口创汇 3430 万美元，促进了相关产业的发展，经济效益和社会效益十分显著。

本成果得到国内外同行高度评价和系列引用：本成果获得国家授权的发明专利 16 项，发表文章 160 篇（SCI 期刊论文 128 篇），被 SCI 期刊他人引用 1870 次；出版相关专著 6 本（英文专著 4 本），应邀参加国际学术大会做专题报告 5 次，在国际国内本领域产生了十分重要的影响。该成果 2014 年入选中国科学技术协会举办的首届夏季科学成就展（共 18 项参展），代表该研究领域的最新成果。

（撰稿：田世平；审稿：蒋跃明）

果树病理学　Fruit Pathology

果树病理学是植物病理学的分支学科，也是果树科学的重要组成部分，专门研究果树病害病原、发生发展规律及其防治原理和方法的一门学科。主要内容包括果树病害的发生历史和分布、症状、病原、病害发生发展规律、流行及预测测报、防治技术等方面。

在果树专业教学方面，1959 年高等教育出版社出版的由裘维蕃编著的《北方果树病理学三联教程》以及王清和和范怀忠编写的《果树病害》是中国较早发行的系统介绍果树病害及其研究方法的专业教材。全国农业院校试用教材《果树病理学》（果树专业用）由浙江农业大学（现浙江农业大学）、四川农学院、河北农业大学、山东农学院主编，由上海科学技术出版社于 1979 年 11 月出版发行，1986 年 6 月修订第 2 版发行。以曹若彬为主编的《果树病理学》（第 3 版）编委会把专业理论知识按条目修改，由全国高等农业院校教材指导委员会审定，中国农业出版社于 1997 年出版。教材共分 11 章，1～6 章为总论部分，即植物病理学基本原理和基础理论，7～14 章为果树病害，分别介绍了苹果病害、梨病害、柑橘病害、桃李杏病害、葡萄病害、柿枣栗核桃和山楂病害、香蕉番木瓜荔枝龙眼和枇杷病害、果蔬营养缺乏症。

针对植物保护专业教学和科研，北京农业大学裘维蕃主编、农业出版社（现中国农业出版社）于1979年出版的全国高等农业院校试用教材《农业植物病理学》（植物保护专业用）中，果树病害作为其中一章进行了介绍。浙江农业大学编著、上海科学技术出版社于1980年出版的《农业植物病理学》（下册），适用于植物保护专业，该教材对果树病害分5章进行了介绍。此后，果树病理学教学在植物保护专业、果树专业、园艺专业等教学中成为一个重要的分支学科。

随着中国国民经济的飞速发展，果树的栽培面积、果树种类和品种、产销均达到一个历史最高水平，因此，果树病理学方面的科学研究也快速发展。从仅有少量柑橘、苹果、梨病害的研究报道到各类果树的病害研究；从真菌病害到细菌和原核生物、病毒、线虫病害的研究报道；从研究论文、病害名录到病害专著，涉及病害发生分布及危害的记载、病原菌的鉴定、形态特征描述和基因分子特征、侵染过程和特征、周年循环和发生发展规律、流行与预测预报、防治技术和防控原理，全面为果树生产的发展服务。

（撰稿：黄丽丽；审稿：李世访）

H

《海洋生态系统生物入侵》 *Aquatic Invasions*

由国际湖沼学会（International Society of Limnology，SIL）入侵水生物种工作组（Working Group on Aquatic Invasive Species，WGAIS）创办、欧亚区生物入侵中心（Regional Euro-Asian Biological Invasions Centre，位于芬兰赫尔辛基）出版的学术期刊。创刊于2006年。期刊名缩写为*Aquat Incasions*。主要刊登水生生态系统（海洋与淡水）的生物入侵研究。该刊为季刊，为SCI期刊，ISSN：1798-6540。现任主编为弗雷德·威尔斯（Fred Wells）。

该刊被科学引文索引数据库（Web of Science），Scopus索引，自然资源数据库（CAB Abstracts）和ASFA等文献索引数据库收录。2019年影响因子为1.856，2014—2019年平均影响因子为2.493。在中国科学院SCI期刊分区中，该刊属于环境科学与生态学4区，所属小类学科中，属于生态学4区、海洋与淡水生物学3区。

该刊接收水生外来物种研究相关文章，关注于海洋与淡水生态系统，涵盖的版块包括：水生外来物种的扩散方式，包括全球变化下的分布扩张；水生外来物种新传入和种群建立的趋势；水生外来物种的种群动态；水生外来物种的生态学和进化影响；入侵生态系统中外来种与本地种的行为；入侵预测；水生外来物种鉴定与分类进展。

（撰稿：刘万学；审稿：周忠实）

《害虫生物防治》（第4版） *Biological Pest Control (Fourth Edition)*

第4版由福建农林大学林乃铨主编，科学出版社2010年出版。

该书共包含五篇：总论；害虫的寄生性、捕食性天敌；害虫生物防治的应用技术与效能评价；昆虫病原微生物；以保护利用天敌为主、持续控制害虫的实践与展望。分为17章。与第3版相比，本次修订增加了从农田生态系统整体对害虫进行生态调控的理论基础；根据外来入侵害虫不断增多和天敌人工大量繁殖技术的迅速发展，第8章增加了丽蚜小蜂、橘小实蝇茧蜂、周氏啮小蜂、肿腿蜂、小黑瓢虫和捕食螨大量繁殖与释放的内容；增设了第14章、第15章介绍昆虫病原线虫、昆虫微孢子虫的研究和应用情况；最后，第17章介绍了保护利用天敌持续控制害虫的实践，并对害虫生物防治的新技术、新方法提出展望。为了方便学生自主学习，各章之后提供了相关文献和思考题。

该书遵循以高等农林院校“本科生为主、兼顾研究生教学”的原则，坚持理论与实践、经典与现代相结合，在继承传统生物防治原理和方法的基础上，充分吸收了有关新理论、新技术、新方法以及害虫生物防治的新成果，使内容有了较大的扩充和拓展，更具基础性、研究性和前沿性。该书可作为高等农林院校植物保护和昆虫系等专业本科生及研究生教材，也可供农林科研生产部门的科技人员参考使用。

（撰稿：王兴民；审稿：周忠实）

《害虫生物防治的原理与方法》 *Principles and Methods of the Biological Control of Pests*

为了适应农、林、卫生业发展和相关高校关于害虫生物防治教学的需要，蒲蛰龙院士搜集了广大人民群众在实践中积累的生物防治经验、国内外相关科研资料及自身的研究成果，于1972年编成并出版了《害虫生物防治》试用教材。1972年以后，中国害虫生物防治有了更多的研究和发展，应全国各地群众和科技人员的要求，蒲蛰龙院士将《害虫生物防治》教材编写成生物防治的专著《害虫生物防治的原理和方法》，由科学出版社于1978年出版发行，1984年修订发行第2版。

该书主要总结中国害虫生物防治的经验，包括劳动人民在生产和科学实践中积累的经验和科研、教学单位的研究成果，并选用了部分国外的相关资料。全书共分四篇18章。第一篇是利用天敌昆虫防治害虫，分为两部分，第一部分为增加害虫天敌的个体数量，包括增加天敌昆虫的原理与方法、赤眼蜂的繁殖和利用、繁殖利用平腹小蜂防治荔枝蝽、繁殖利用金小蜂防治棉花红铃虫、繁殖利用蚂蚁防治害虫、繁殖利用捕食螨及保护蜘蛛防治叶螨和害虫、繁殖利用草蛉防治棉花害虫和果树害虫、利用啮小蜂防治水稻三化螟共8章；第二部分为改变本地昆虫的种群结构，包括从国外引进天敌和国内害虫天敌的移殖及助迁共两章。第二篇是利用病原微生物防治害虫，包括病原真菌的利用、病原细菌的利用和昆虫的病毒共3章。第三篇是利用脊椎动物防治害虫，包括利用益鸟防治害虫、利用两栖动物防治害虫、鱼类治虫和养鸭除虫共四章。第四篇是害虫综合防治，介绍了山东济宁地区东亚飞蝗、广东四会大沙公社水稻害虫和江苏东台棉花害虫的综合防治经验。

该书深刻地体现了蒲蛰龙院士的生物防治理念，可供农林业和卫生行业的科技人员以及相关的院校师生参考。

（撰稿：张丹丹；审稿：陈振耀）

害虫诱捕技术 pest trapping technique

是基于昆虫趋光性和趋化性而研发的害虫综合治理措施。诱虫灯、色板等趋光性诱捕技术和植物源挥发物、昆虫信息素等趋化性诱捕技术在害虫防治中广泛应用。

主要内容

害虫趋光性诱捕技术 害虫趋光性是指害虫通过其视觉器官中的感光细胞对特定范围光谱产生感应而表现出定向活动的现象，最常用的方法就是诱虫灯和色板。

图 1 灯光诱杀（郑建秋提供）

①太阳能杀虫灯诱杀；②④灯光诱杀韭菜蛆成虫；③灯光诱杀效果

图 2 色板诱杀（郑建秋提供）

①挂设黄板；②挂设蓝板和黄板；③蓝板诱杀棕榈蓟马；④标准大小蓝板

图 3 性诱剂诱杀（郑建秋提供）

①②③性诱剂诱杀；④⑤⑥性诱剂诱杀效果

灯光诱杀（图 1）是一种高效环保的害虫防治方法，应用极为普遍。诱虫灯种类繁多，普遍使用的类型有黑光灯、单波灯、双波灯、频射灯和高压汞灯等。随着电子技术、太阳能技术等新技术的应用，推动着诱虫灯的多元化发展，一些新型诱虫灯也不断开发和改进，更加符合农产品安全生产技术要求，可诱杀危害水稻、小麦、棉花、玉米、大豆、甘蔗、蔬菜、果树、茶叶、烟叶、花卉、中药材、烟草等作物上的 13 个目、67 个科的 150 多种害虫。

诱虫板（图 2）是害虫趋光性的另一种有效的载体，具有成本低廉、操作简便和省时省力等优点。黄板应用最广，对多种害虫都有引诱作用，包括粉虱、蚜虫、果蝇等。

昆虫趋化性诱捕技术 昆虫趋化性是昆虫通过嗅觉器官对化学物质的刺激所产生的反应，是物种在长期进化过程中自然选择的结果。昆虫释放的各种信息素及植物挥发物是昆虫最重要的信息化学物质，包括性信息素、聚集信息素、示踪信息素、报警信息素、标记信息素和疏散信息素等，在害虫防治中得到大量应用的主要是昆虫性信息素和聚集信息素。

昆虫性信息素是昆虫在性成熟后向体外释放以引诱同种异性个体去交配的具有特殊气味的化学物质。性信息素主要用于害虫种群的预测预报和干扰害虫交配而进行有效地防治（图 3）。已经利用性信息素对小菜蛾、棉铃虫等多种农业害虫进行防治。

聚集信息素是一类由昆虫产生能同时引起同种雌雄两性昆虫聚集行为的化学物质。其作为昆虫聚集危害的重要媒介，对诱杀害虫具有特殊作用，在西花蓟马、棉露尾甲等害虫防治中进行了大量的应用。同时，可与一些杀虫剂混合使用或联合使用，使其效果更显著。

植物挥发物是植物—害虫二级营养关系建立过程中的重要信息化合物，在害虫与寄主植物长期协同进化的过程中，害虫的行为会受到植物挥发物的影响。因此，种植强烈吸引目标害虫的作物，阻止害虫到达主栽作物，或对其集中诱杀，从而达到害虫防治的目的，此外，植物源挥发物也可以与昆虫信息素起协同增效作用。

（撰稿：刘晨曦；审稿：张礼生）

《害虫治理学》 *Pest Management Science*

《害虫治理学》于1970年在英国创刊，创刊名为*Pesticide Science*，2000年刊名改为*Pest Management Science*，由约翰·威利父子（John Wiley & Sons）出版公司出版和管理。期刊名缩写为*Pest Manag Sci*。月刊，ISSN：1526-498X，被Science Citation Index（SCI）、Science Citation Index Expanded（SCIE）、Current Contents（Agriculture，Biology & Environmental Sciences）、英国《动物学记录》（ZR）、美国《生物学文献》数据库（BIOSIS Previews）等文献索引数据库收录。

该刊属于农林科学和昆虫学领域的优秀期刊。该期刊为月刊。2018年影响因子为3.255。在中国科学院SCI期刊分区中，该刊属于农林科学1区，其所属小分类中，属于农艺学2区，昆虫学1区。

自创刊以来，发表了大量害虫治理产品和策略的研发、应用及环境影响的论文。涵盖的主题包括：生物技术和分子生物学在害虫防治中的应用，生物防治、生物农药与害虫综合治理，害虫对害虫防治产品的抗性，杀虫剂、除草剂、杀菌剂和其他农药的合成、发现、筛选、活性检测和作用机理，害虫防治新产品和策略的特性和应用，病虫害防治产品的配方及应用方法，害虫防治产品的代谢、降解、田间表现、环境研究和安全性，天然害虫防治材料，害虫防治产品和方法的遗传和生态学意义，害虫防治产品和方法的毒理学、风险评估和管理，害虫防治产品和方法的经济影响。

（撰稿：刘杨；审稿：王桂荣）

《害虫种群系统的控制》 *Control of Pest Population System*

害虫种群系统是指把害虫种群当做一个系统，以作用于种群的各种因子为该系统的空间边界，研究害虫种群的数量动态和控制问题。由华南农业大学庞雄飞、梁广文所著，1995年由广东科技出版社出版（见图），并被列为国家当代科技重要著作农业领域和广东省优秀科技专著。书中作者引入了近代系统科学的思想和方法，总结了种群生态学有关成果以及作者及合作者1976—1992年完成的害虫生态学相关研究工作，提出了害虫种群系统控制的设想和方法。其改进和创新主要体现在种群生态学定量化研究方法和种群数量动态模拟及其控制两个方面。

（陆永跃提供）

在种群生态学定量研究方法方面，基于等期年龄组组配的生命表和以虫期组配的生命表，提出了以作用因子为组分组建生命表，为分析各类（种）因子对种群动态的作用奠定了基础；建立了评价生态因子作用的排除分析法、添加分析法、干扰分析法和以控制指数作为“算子”定量化评价各种因子作用的方法，基于此改进了重要因子分析法和关键因子分析法。在种群数量动态模拟及其控制方面，扩展昆虫生命表的虫期状态为等期状态，变各状态数量为状态变量，建立了状态向量；以生命表中的存活率、生殖力数据为元素建立相应的系统矩阵，以各种因子的控制指数为控制信号，建立控制矩阵；基于以上状态向量、矩阵，构建了适合种群动态、种群控制的状态方程。作为研究种群数量动态及其控制的基本模型，该状态方程既保留了种群矩阵模型在种群动态预测中应用的特点，又吸收了现代控制论的状态空间方程在研究系统控制上的优越性。在章节编排上，该书分为2篇12章48节。第一篇种群系统的概念和研究方法，为理论和方法篇，包括种群、环境与种群系统、系统科学与种群系统的控制、昆虫生命表方法、种群控制指数与排除分析法、添加分析法和干扰分析法、重要因子分析和关键因子分析、网络模型与矩阵方程、昆虫种群系统的状态空间表达式、控制因子的信息处理、多种群共存系统的信息处理等9章。第二篇害虫种群系统研究实例，以例子进一步说明种群系统控制的实际应用，包括稻纵卷叶螟种群系统的控制、褐飞虱种群系统的控制、早稻三化螟的数量预测及其控制3章。

（撰稿：陆永跃；审稿：梁广文）

旱区作物逆境生物学国家重点实验室 State Key Lab of Crop Stress Biology for Arid Areas

从事旱区作物逆境生物学研究的国家重点实验室（见图）。前身是2001年6月建立的陕西省农业分子生物学重点实验室，2005年进入科技部省部共建国家重点实验室培育基地建设序列，2006年通过基地建设验收。2011年10月科技部批复依托西北农林科技大学建设旱区作物逆境生物学国家重点实验室，2013年11月通过科技部组织的建设验收。实验室主任由中国工程院院士康振生担任，学术委员会主任由中国科学院院士武维华担任。

实验室针对中国旱区作物抗逆这一重大科学和技术问题，突出“旱区逆境”这一区域特色，根据粮食安全与生态安全的国家战略需求，围绕发掘资源、揭示机理、服务生产的目标，以旱区作物与逆境胁迫为主题，开展基础与应用基础研究，从旱区特有资源入手，发掘作物抗逆种质与基因资源；利用现代生物学技术，深入研究作物非生物胁迫的应答机理，以及作物与病虫互作机理；通过作物抗逆种质创新与品种设计，培育抗逆广适、高产优质的作物新品种，为旱区农业生产的高效可持续发展提供理论基础和技术支撑。

实验室成立以来，围绕旱区农业生产中的逆境因子这一前沿科学问题，重点开展旱区作物适应与抵御逆境的生物学基础及其改良与防控的开拓性研究，主持国家“973”

（张朝阳提供）

计划项目 1 项，“863”计划项目 1 项，国家“十二五”转基因科技重大专项 2 项，国家自然科学基金重点项目 2 项、杰出青年科学基金项目 2 项、优秀青年科学基金项目 1 项、面上及青年基金项目 73 项；获国家科技进步奖一等奖 1 项、二等奖 3 项，获陕西省科学技术一等奖 6 项、二等奖 3 项；在国内外学术期刊上发表论文 1157 篇，其中 *Nature Communications*、*Biotechnology Advance*、*PLos Pathogens*、*Plant Physiology*、*New Phytologist* 等 SCI 收录的源刊上发表 715 篇；编著论著 10 部；创制小麦、玉米、油菜、小杂粮、苹果、葡萄等作物新种质 268 份，40 个新品系正在参加国家或省区域试验，15 个品种通过审定，培育作物新品种 48 个；获批国家授权发明专利 40 件，获批植物新品种保护权 3 个。

实验室重视与国际著名大学和科研机构的合作与交流，与美国普度大学联合建立了“西农—普度联合研究中心”，与澳大利亚默多克大学联合建立了“中澳生物与非生物逆境治理联合研究中心”，与加拿大阿尔伯塔大学联合建立了“中加农业与食品联合研究中心”“NWAFU-ICARDA 旱区农业联合研究中心”4 个国际合作研究机构。承办了“第三届植物—生物互作国际会议”“2013 年第十届国际植物病理学大会”等国际、国内学术会议 13 次。实验室邀请了美国科学院院士 Steven E. Lindow、澳大利亚悉尼大学植物育种研究所院士 Robert McIntosh、美国俄勒冈州立大学 Brett Tyler 等 86 位国内外科学家来重点实验室进行讲学、合作研究和学术交流。176 人出国参加国际学术会议、合作研究，大大提升了国际知名度和影响力，有力推动了实验室科学研究工作。

实验室成立以来，在科技部等上级主管部门和学校的支持下，不断加强平台和基础条件建设。实验室新购置 100 余件（台）实验仪器设备，组建了显微可视、基因组学、蛋白组学、测试分析、生物信息等 5 个专业技术平台和 1 个公共服务平台。全部对校内外开放，大型精密仪器设备加入学校大型仪器设备共享系统，并配备专业操作技术人员，安排全年每一天及晚间技术服务值班，为学校生命科学领域的发展与提升提供实验室技术支撑和保障。

实验室将围绕旱区作物逆境生物学的核心科学问题，深入开展旱区作物抗逆种质和基因资源发掘、作物非生物胁迫应答机理、作物与病虫互作机理、作物抗逆种质创新与品种设计等研究，通过凝练方向、完善科研条件、建设人才队伍、开放合作和创新运行管理模式，使实验室尽快成为特色鲜明、国内一流、国际知名的旱区作物逆境生物学研究中心，成为中国旱区农业高层次创新人才的培养基地和高水平成果的研发基地。

（撰稿：张杰；审稿：张礼生）

禾谷多黏菌及其传播的小麦病毒种类、遗传变异、发生规律、抗病育种以及综合防治技术应用 polymyxa graminis and its transmitted wheat viruses, genetic variations, epidemiology, resistant breeding and sustainable disease control

获奖年份及奖项 2005 年获国家科技进步奖二等奖

完成人 陈剑平、周益军、陈炯、程兆榜、程晔、侯庆树、郑滔、范永坚、刁春友、张国彦

完成单位 浙江省农业科学院、江苏省农业科学院、江苏省植物保护站、河南省植物保护站、安徽省植物保护站

项目简介 禾谷多黏菌传小麦病毒是一类世界性小麦的重要病害，对中国小麦生产也造成严重危害（图 1）。由于这类病毒由土壤中的禾谷多黏菌传播，从而研究难度很大，国际上有关这类病害的研究进展比较缓慢。项目组针对这类具有重要经济意义和学术价值的真菌介体 / 小麦病毒进行了十余年的联合攻关，通过不断改进研究方法和实验技术，从病原基础研究到病害防控技术取得了一系列重要进展，形成如下创新成果。

禾谷多黏菌与小麦病毒内在关系研究。搞清了禾谷多黏菌生态学、传毒特性、侵染潜力和各发育阶段超微结构特征，在休眠孢子体内首次发现小麦病毒粒子，完善了该菌与其传播的植物病毒内在关系。首次系统研究了土传小麦花叶病毒（*Soil-borne wheat mosaic virus*, SBWMV）和中国小麦花叶病毒（*Chinese wheat mosaic virus*, CWMV）自发缺失突变过程、环境因子和突变机理，发现病毒缺失突变体不由多黏菌传播这一重要生物学现象，并提出控制此传播特性的相关基因产物（图 2）。

图 1 河南省驻马店小麦黄花叶病发病情况

（陈剑平提供）

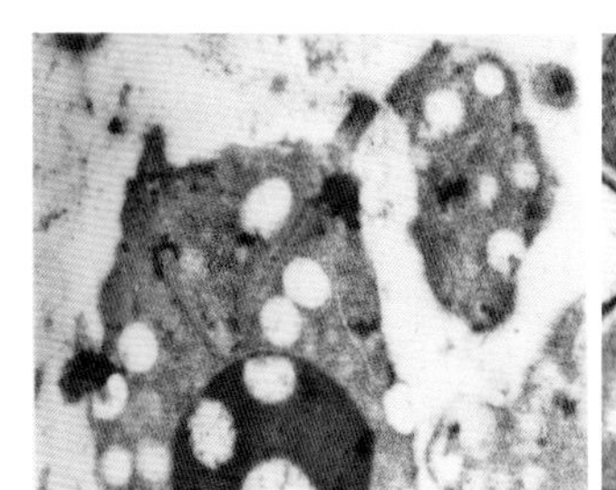
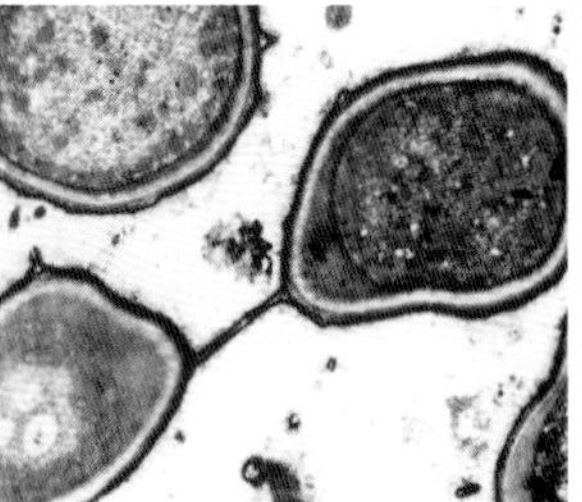
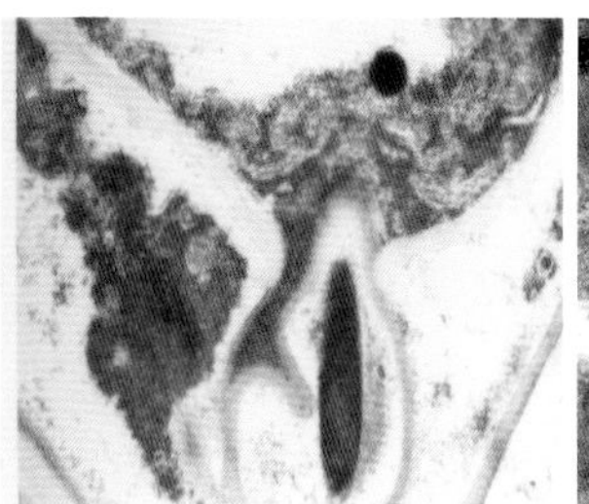
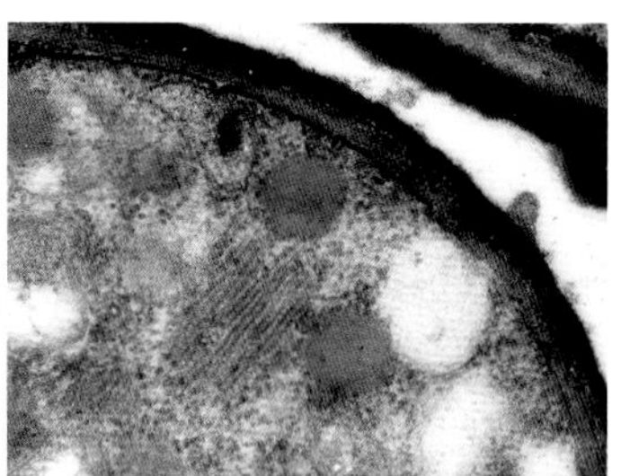

图 2 禾谷多黏菌超微结构（陈剑平提供）

图 3 小麦品种田间抗小麦黄花叶病鉴定（陈剑平提供）

图 4 《真菌传播的植物病毒》封面（陈剑平提供）

禾谷多黏菌传播的小麦病毒种类鉴定及其传毒特性研究。探明世界范围内由禾谷多黏菌传播的小麦病毒有小麦黄花叶病毒（*Wheat yellow mosaic virus*，WYMV）、小麦梭条斑花叶病毒（*Wheat spindle streak mosaic virus*，WSSMV）、SBWMV、CWMV 和土传禾谷类花叶病毒（*Soil-borne cereal mosaic virus*，SBCMV）5 种，其中 CWMV 和 SBCMV 为该研究鉴定的新种。揭示了这 5 种病毒基因组全序列、血清学特性、抗原决定簇差异、亲缘和分类关系，建立了病毒快速检测技术体系。明确中国大面积发生的是 WYMV 和 CWMV，及其发病规律和病毒互作关系，鉴定了这 2 种病毒不同株系。

抗源鉴定和抗病品种选育。筛选出首批 9 个高抗多黏菌的球茎大麦、166 个抗 WYMV 和 4 个抗 CWMV 的小麦新抗源，可供抗病育种利用。研究了小麦对 WYMV 和多黏菌介体的抗性类型和抗性遗传，培育了抗 WYMV 新品种'仪宁小麦'，鉴定了'宁丰小麦''宁麦 9 号''郑麦 9023'等 10 多个小麦品种的抗病性（图 3）。

建立了病害综合防治技术，并在生产上推广应用。提出以抗病品种为主，结合轮作换茬，辅以适当迟播和增施返青速效氮肥的无公害综合防治技术，累计在江苏、河南和安徽应用 6538 万亩次，挽回小麦损失 13.11 亿元，1992 年以来累计应用 1.65 亿亩次，挽回小麦损失 37.7 亿元。

出版《真菌传播的植物病毒》（图 4）专著 1 部，发表论文 78 篇，其中 SCI 收录 22 篇。测定的病毒序列占国际上已登录的同类病毒序列总数的 56.3%。有关成果已获部省科技进步一等奖 3 项、二等奖 2 项，推动了植物病毒研究和防治的发展，得到国外 17 位同行专家高度评价，总体处于同类研究国际领先水平。

（撰稿：陈剑平；审稿：杨秀玲）

胡经甫 Hu Jingfu

胡经甫（1896—1972），中国昆虫分类学家。

生平介绍 1896 年 11 月 21 日出生于上海。1917 年毕业于苏州东吴大学生物系。1919 年毕业于东吴大学研究院，获理学硕士学位。1922 年毕业于美国康奈尔大学研究院昆虫学系，获哲学博士学位。1922—1949 年历任东南大学、苏州东吴大学、北平燕京大学教授、系主任，美国康奈尔大学和明尼苏达大学生物系客座教授。1941 年冬赴美途中因太平洋战争爆发受阻于马尼拉，乃改入菲律宾大学医学院进修，1946 年回国后在湘雅医学院获医学博士学位。1949 年以前曾兼任中华教育文化基金会委员、中央研究院第一届评议会评议员、中国海产动物学会会长、中国动物学会会长、北京博物学会会长和《北平博物杂志》总编辑等职。中华人民共和国成立后，任中国人民解放军军事医学科学院研究员，兼任中国科学院专门委员和生物学地学部委员、总后勤部医学科学技术委员会常委。1955 年当选为中国科学院生物学部委员。

成果贡献 1916—1949 年发表水生生物学、无脊椎动物学和昆虫学等论文 86 篇。1923 年发表的博士论文题为《襀翅目（叉襀属）之形态解剖及生活史研究》，1936—1938

年发表的《中国襀翅目昆虫志》一书，描述本目昆虫139种，共5科4亚科32属和3亚属，为中国石蝇研究的总结性著作。1935—1941年先后出版的《中国昆虫名录》共6卷，含中国昆虫25目392科4968属，共20 069种。他曾利用出国讲学的机会，到欧美7国考察核对有关中国昆虫的模式标本和原始文献。全书几经修订，历时12年完成，为20世纪20～40年代中国昆虫研究的一部集大成巨著。此外，还编著《中国水生昆虫》《无脊椎动物学》，为当时国内优秀的大学教材。1949年以后致力于医学昆虫的调查研究和人才培训，先后在大学和医学科研单位工作，编写中国第一部《中国重要医学动物鉴定手册》，为中国生物学界和医学界培养了大批人才。抗美援朝战争中，参加反细菌战调查，受到表彰。

（撰稿：马忠华；审稿：周雪平）

图1 自走式喷杆喷雾机（赵延存摄）

图2 自走风送式弥雾机（赵延存摄）

图3 农用喷雾无人机（赵延存提供）

化学防治 chemical control

利用化学农药控制植物害虫、害螨、线虫、病原菌、杂草、鼠类等有害生物的方法。化学防治具有高效、速效、稳定、使用简便、经济效益显著等优点，是植物有害生物综合防治的主要措施，是实现作物高产、稳产及世界粮食安全的重要保障。但是，如果不合理使用农药，化学防治也会导致人畜中毒、有害生物抗药性增强、污染环境、破坏生态平衡等不良后果。

作用原理 利用安全、高效化学药剂处理植物及其生长环境，改变或阻断有害生物的代谢过程或生存环境，从而减少、清除或消灭有害生物，将有害生物的危害控制在经济阈值之下。

主要内容 针对有害生物的种类和特性，选用安全、高效的农药，采用配套的施药方式及器械，在适宜发挥农药活性的时间及环境条件下进行防治，作用机制不同的化学农药交替使用。

农药种类 按照防治对象进行分类，主要包括：杀虫剂、杀螨剂、杀线虫剂、杀菌剂、除草剂、灭鼠剂、植物生长调节剂等。

施药方法 根据药剂、作物、有害生物特性及其发生危害规律，选择适宜的施药方法及器械，充分发挥药效、避免药害，尽量减少对环境的不良影响，化学农药的施药方法主要包括以下几种：

喷雾法 利用喷雾器械将药液雾化后均匀喷洒在植物和有害生物表面。按照药液的雾化原理，分为3种。①压力雾化法：药液在压力下通过喷孔雾化，雾滴粒径100～400μm，雾滴的细度取决于喷雾器内的压力和喷孔直径，使用器械包括传统的背负式喷雾器、自走式喷杆喷雾机（图1）、担架式电动喷雾机等，一般药液喷施量为200～900L/hm^2。②弥雾法：药液在压力下通过喷孔喷出粒径较粗的初始雾滴，随后被高速气流二次雾化成粒径50～100μm的弥雾，喷出的雾滴的细度取决于喷雾器内的压力、喷孔直径和气流强度，使用器械包括传统背负式弥雾机、自走式风送喷雾机等（图2），一般药液喷施量为50～200L/hm^2。③旋转离心雾化法：在喷头上安全边缘带有半角锥齿的圆盘转碟，通过圆盘转碟的高速旋转，将药液雾化，雾滴粒径15～75μm，喷雾的雾滴大小主要取决于圆盘转碟的转速和边缘锥齿特征，使用器械包括飞防无人机（图3）、装有低容量或超低容量雾化喷头的弥雾机等，一般药液喷施量为5～50L/hm^2。

喷粉法 利用喷粉器械产生的气流将农药粉剂吹散到作物生长空间，然后自然沉积到作物表面的施药方法

图 4 喷粉法（郑建秋提供）

①粉尘法棚外施药；②粉尘法棚内施药

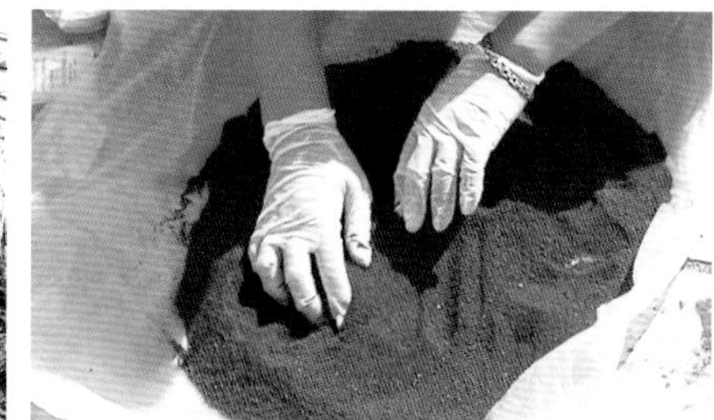

图 5 拌药土（郑建秋提供）

图 6 土壤施药法（郑建秋提供）

①撒施药土；②撒施药土；③穴施药土；④穴施药液；⑤沟施药液

图 7 拌种法（郑建秋提供）

①干热消毒机；②药剂拌种

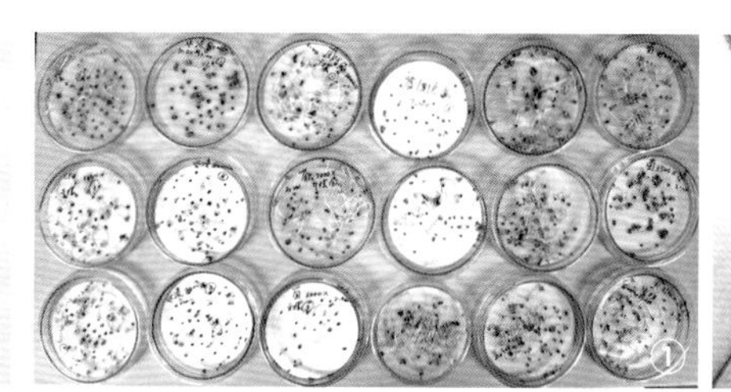

图 8 种、苗浸渍（郑建秋提供）

①药剂浸种；②温汤浸种

图 9 熏蒸法（郑建秋提供）

①敌敌畏烟雾剂棚室熏蒸；②辣根素常温烟雾施药熏蒸大棚；③辣根素超低量喷雾熏蒸温室；④辣根素常温烟雾施药熏蒸温室

（图4）。药剂颗粒大小、沉降速度、施药器械性能、风力等环境因素、作物表面特征等均影响喷粉的质量和防治效果。

撒施法及泼浇法　将药剂与沙土拌匀撒施（图5），或用水稀释后浇灌土壤或作物根部，主要用于防治土壤和作物基部有害生物。

土壤施药法　通过浇灌、穴施、沟施、混翻等方法将药剂施入土壤（图6），如为强挥发性药剂，施药后需要覆膜，从而杀死有害生物。

种苗处理法　是防治种传和地下有害生物的有效施药方法。具体包括4种方法。①拌种法：以一定量的药剂与干燥种子或预处理好种子均匀混拌，直接播种，也可晾干保存较长时间（图7）。②种、苗浸渍法：按规定的药剂浓度、浸泡时间和温度条件浸泡处理种子（图8），浸种后一般直接催芽播种或移栽。③种子包衣技术：利用糊状包衣剂与种子拌匀包衣，或用粉状包衣剂与预处理的潮湿种子混匀，晾干后分装储藏，适宜时机进行播种。

毒饵法　将化学农药与害虫、老鼠等有害生物喜食的食物混匀，撒在有害生物经常活动的场所，进行诱杀。

熏蒸法　在相对封闭的田间环境或设施内，利用烟剂或雾剂，熏蒸杀灭有害生物的方法（图9）。熏蒸温度和时间要严格按照药剂说明书操作。

其他施药方法　包括利用刮除涂抹法防治枝干病害，清洗法防治果实储藏期有害生物，注射法防治树木枝干病虫等。

注意事项　农药的选用应符合《农药合理使用准则》GB/T 8321（所有部分）。慎重选用或禁止使用“国家禁用和限用农药名录”中的农药。

参考文献

陈利锋，徐敬友，2001. 农业植物病理学：南方本[M]. 北京：中国农业出版社.

许志刚，2009. 普通植物病理学[M]. 3版. 北京：中国农业出版社.

赵善欢，2006. 植物化学保护[M]. 3版. 北京：中国农业出版社.

（撰稿：赵延存；审稿：刘凤权）

黄瑞纶　Huang Ruilun

黄瑞纶（1903—1975），农业化学家，中国农药事业的奠基人之一，中国农业大学一级教授。

生平介绍　1903年出生于河北任丘。1928年毕业于金陵大学化学系，因品学兼优，荣获Phidaphi“金钥匙奖”，并留校任教。1930年入美国康奈尔大学化学系攻读农业化学和有机分析化学，1933年获哲学博士学位。因高水平的学位论文《作物中微量有机汞测定的研究》，被选为美国Sigma Xi会员。

1933年8月，年方30岁的黄瑞纶怀着满腔爱国热忱，学成回国，受聘为浙江大学副教授；翌年，兼任该校农学院农业植物学系主任。1936年升任教授，兼农艺学系主任。他先后主讲有机化学、农业化学、农业分析化学和农业化学专题讨论等课程。农业化学课程的内容几乎涉及当时农业科学领域中所有化学问题，他凭借深厚的学术功底，讲课时旁征博引，内容新颖丰富，深受学生欢迎。

1937年冬，他应广西农事试验场之聘，举家辗转到柳州，就任该场技正兼农业化学系主任。在极其艰苦困难的条件下，他因陋就简地创建了农业化学和土壤微生物实验室，坚持农业化学和农药的研究，发表20多篇论文，内容涉及土壤养分、植物品质及有毒物质等，特别是在植物性杀虫药剂方面的研究成果引人注目。1944年，他随广西农事试验场迁到贵州南山区的榕江。同年12月，应聘任广西大学教授，兼化学系主任。

抗战胜利后，他应北京大学农学院俞大绂院长之聘，任教授兼农业化学系主任。1949年北京农业大学成立之际，他受聘为该校教授，兼任农业化学系主任、后任土壤农化系主任等职。1956年被评为一级教授。曾任中国化学会常务理事、中国植物保护学会（CSPP）常务理事，中国农业科学院学术委员会委员，《植物保护学报》副主编等社会职务。1956年，他与陈善明先生首次代表中国出席在伦敦举行的国际植物保护会议。1953年加入民盟，曾多年被选为北京市人大代表，是一名有社会担当的科学家。1975年1月13日，因病在北京逝世。

成果贡献　从1933—1975年的40余年中，他对中国农业教育和农药教学与科研、生产与应用等作出了卓越贡献，可以概括为以下3个方面：

中国植物性杀虫剂化学研究的奠基人　黄瑞纶在中国首次开展植物农药活性与化学结构的结合研究，是中国植物性杀虫剂化学研究的奠基人。他研究过雷公藤、毛鱼藤、豆薯等植物农药。

1936年，他首次从浙江的雷公藤（*Tripterygium wiefordii*）中分离到一种具有杀虫性能的白色晶体（生物碱），并将其定名为“雷公藤碱”（tripterygine）。1939年秋，他从越南引进毛鱼藤，在广西栽培，其鱼藤酮含量高达6.5%，品质高于当时各国对藤根进出口规定的标准，该植物至今仍在两广种植。1941—1945年，他还研究了产于湖南、贵州、广西及福建的豆薯（*Pachyrhizns erosus*），从种子中首次发现杀虫有效成分是鱼藤酮类化合物，并分离出了纯晶体，证明为鱼藤酮和拟鱼藤酮。

中国现代农药科学事业的先驱　黄瑞纶通过其多项开拓性的工作，引领中国农药事业进入现代农药科学的新时代。

他十分关心中国合成农药的研究，20世纪50年代初，他积极组织和指导师生在实验室内实现了六六六的合成，并随后投入生产，标志着中国有机合成农药工业（化）的开端。随后又组织力量对“乐果”“敌稗”对硫磷进行研制，几乎和发达国家同期投产，为建立中国的合成农药工业作出了重要贡献。

他还十分重视解决实际问题，在农药加工、应用、抗药性等方面取得多项研究成果。中华人民共和国建立之初，华北地区棉蚜危害严重，他创导用鸡蛋棉油乳剂［俗称123乳剂，即一个鸡蛋、二两棉油、30斤（15kg）水］，这种因地制宜、就地取材配制的药剂，及时挽回了当时华北棉区的损失；在农药加工方面，他首次使用浓缩亚硫酸纸浆废液加工六六六可湿性粉剂，还建议以茶籽饼作为制造滴滴涕可湿性粉剂的分散剂和湿润剂，这两种制剂被农药加工厂广泛生产和使用了多年。他提出以双甘油椰子油酸酯作为配套乳化剂，对中国第一个有机磷农药对硫磷的研制及生产起了促进作用。针对六六六产量不足的困境以及螟虫对六六六的抗药性问题，他首先提出有机磷与六六六混配的理念，并与人合作开发出甲（乙）基对硫磷和六六六的混合粉剂，获全国科学大会奖。鉴于对硫磷、内吸磷等剧毒农药引起的急性毒性，他积极建议农业部颁布剧毒农药安全使用准则，同时着手低毒内吸杀虫剂的研究。60年代初，辽宁省柞蚕业因饰腹寄生蝇的危害而濒临毁灭，他主持防治柞蚕药剂的研究，所研制的“灭蚕蝇1号”“灭蚕蝇3号”使当时的辽宁柞蚕业得以复苏，这也是利用内吸药剂将寄生蝇幼虫杀死于柞蚕体内的首例。“灭蚕蝇1号”和“灭蚕蝇3号”获得了国家发明二等奖，学界认为黄瑞纶应是这个奖项的首席专家且贡献最大。

他在中国最早注意到了有机农药在作物中的残留及其对环境的影响问题，率先在国内开展农药残留分析研究，研究了几个剧毒有机磷农药对硫磷、内吸磷在苹果、茶叶、烟草和蔬菜上以及六六六在粮食中的残留量测定方法。并培养了中国第一批从事农药残留研究的人员。

中国农药专业的创建者和农药教育事业的奠基者　为国家培养农药专业人才是黄瑞纶先生最大的心愿。早在1933年回国到浙江大学任教期间，他就为学生讲授杀虫剂。在北京大学任教时开始培养农药学人才。1952年，中国高校进行改革，全面学习苏联，按专业招生。而当时适逢有机农药蓬勃发展，对农业的贡献令世界瞩目。有鉴于此，由他倡导把农用药剂学作为一门独立的学科，并经教育部批准在北京农业大学设置了中国第一个农药学专业，招收本科生和研究生，专门培养农药学人才。

在他的领导下，北京农业大学率先在国内开设了生物试验法、农药分析、农药合成及植物化学保护等专业课程，并迅速构建了农药合成、加工、分析、生测与应用的教学科研体系。他身先士卒，亲临教学第一线，将科研与教学紧密结合，在专业成立后的短短几年时间里，先后编著了5本专著：《几种常用的杀虫剂》《杀虫药剂学》《农药》《农业害虫的化学防治》《植物化学保护》，这5本著作形成了现代农药学教学体系的基础。其中的《杀虫药剂学》是中国第一部有影响的农药科学专著，《植物化学保护》则是中国第一部植物化学保护方面具有权威性的教材，是全国通用教材。

1951年他招收第一位攻读农药方向的研究生，到1964年，他共培养了10位农药学研究生，这些学生之后都成为农药行业的栋梁，在中国农药事业发展中发挥了重要作用。

所获奖誉　黄瑞纶毕生为中国的高等农业教育和农药科学、生产与应用作出了巨大贡献。1956年被评为一级教授。1978年获两项全国科学大会奖，1980年获农业部技术改进一等奖，1981年获国家发明二等奖。

性情爱好　黄瑞纶为人耿直公正，治学严谨，对工作认真负责；同时他十分乐于助人，扶持后学，受到同事和学生的爱戴和敬佩。黄先生爱好戏剧和书法，毛笔字写得很好，学校开大会时经常请他写会场的横幅。

参考文献

中国农业百科全书总编辑委员会农药卷编辑委员会, 中国农业百科全书编辑部, 1993. 中国农业百科全书 : 农药卷 [M]. 北京 : 中国农业出版社 .

钱传范, 2002. 纪念黄瑞纶先生百年诞辰 [J]. 农药学学报, 4(4): 1-2.

佚名, 1983. 怀念黄瑞纶教授 [J]. 植物保护学报, 10(3): 145-146.

（撰稿：杨新玲；审稿：陈万义、钱传范）

J

基因沉默技术 gene silencing technique

基于RNA沉默原理建立的真核生物遗传操作技术，通过小分子RNA（sRNA）以序列特异性方式降解靶标mRNA或抑制其翻译，从而在转录后水平调控基因表达，在植物功能基因组研究和遗传改良等方面具有广阔的应用前景。

基本原理 RNA沉默是真核生物调控内源基因表达和防御外源核酸入侵的重要机制。在植物细胞中，完全配对的双链RNA或分子内不完全配对的发夹RNA被双链RNA特异性的Dicer酶切割加工，形成21-24碱基的小干扰型RNA（siRNA）或微小RNA（miRNA），这些sRNA被整合到RNA沉默复合体中，通过碱基配对的机制特异性地识别互补mRNA的靶序列，并对靶标mRNA进行切割或翻译抑制。基于这一作用原理，基因沉默技术通过在植物导入可产生sRNA的转录本，引导内源RNA沉默机器对靶标mRNA进行特异性降解，从而实现对靶基因表达的调控。

适用范围 基因沉默技术广泛适用于具有RNA沉默通路的任何真核生物，其不仅可高效调控植物内源基因的表达，还可靶向侵染或取食植物的有害生物（病毒、真菌、寄生植物、线虫和昆虫等）体内的mRNA，用于改良作物的农艺性状及对有害生物的抗性。

主要内容 自20世纪90年代基因沉默现象发现以来，多种植物基因沉默技术相继建立，根据诱导沉默的RNA结构的差异，以及涉及的RNA沉默通路的不同，主要包含以下几种技术。

反义RNA技术 通过向体内导入与靶标mRNA互补的RNA分子（反义RNA），从而降解或抑制靶标mRNA翻译的一种转录后基因表达调控技术。该技术在RNA沉默机理未明确之前被广泛使用，推测的作用机理是反义RNA与靶mRNA互补配对，通过空间位阻效应抑制mRNA的翻译。后续的研究认为，反义RNA（也包括正义RNA）抑制基因表达的机理可能是通过形成双链RNA诱导了RNA沉默反应。反义RNA分子通常可由化学合成、体外转录或体内生物合成，在植物基因工程应用中通常通过转基因体内转录反义RNA分子。该技术操作简单，但沉默效率和稳定性不高，现已多被其他基因沉默技术取代。

双链RNA技术 又称RNA干扰技术、RNA干涉技术或RNAi技术，是一种由双链RNA诱导的，由siRNA介导的序列特异性的转录后水平基因沉默技术。通常通过转基因方法在植物细胞内表达双链RNA，如利用两个启动子同时转录正义和反义链RNA，或转录含反向重复结构的RNA，更为有效的构建方法是用一个短的内含子连接两个反向互补的片段，转录后内含子环被迅速剪切从而产生双链RNA，经Dicer酶加工生成siRNA后下调靶标mRNA的表达。一个双链RNA分子可产生多个siRNA，同时作用于靶标mRNA产生高效沉默效应；少数siRNA或可结合非预期靶标mRNA，造成意外的“脱靶”现象。

人工miRNA技术 该技术基于天然miRNA的作用原理，利用内源miRNA前体骨架，通过将其中miRNA序列替换为与靶标mRNA互补的序列，同时维持前体miRNA的二级结构不变，产生具有新功能的人工miRNA，介导对靶标基因的表达下调。由于一个miRNA前体只生成一个人工miRNA，因而具有比双链RNA更好的特异性。当需要同时沉默多个基因时，可通过串联构建多个人工miRNA前体，产生不同的人工miRNA分子。人工miRNA技术具有高效、精确、可控等优点，但其构建过程较双链RNA技术更为复杂。

人工ta-siRNA技术 植物反式作用小干扰RNA（ta-siRNA）是由TAS基因转录产物经特定miRNA剪切后，经植物RDR6和SGS3等蛋白的作用下合成双链RNA，双链RNA被DCL4从miRNA剪切位点开始依次加工产生数个21碱基的siRNA，后者被整合到沉默复合体中调控靶标基因的表达。人工ta-siRNA技术基于这一原理，通过构建人工TAS前体序列，保留miRNA的配对序列，而将其下游序列替换为可以产生人工ta-siRNA的序列，从而特异性地降解靶标mRNA。拟南芥中存在四个TAS基因，即TAS_1、TAS_2、TAS_3和TAS_4，其中TAS_3被miRNA390识别并产生ta-siRNA的过程在其他陆生植物中保守，可被广泛利用于人工ta-siRNA的构建。人工ta-siRNA技术具有与人工miRNA技术相似的高特异性优点，同时沉默多个靶标时操作上更加方便，但其沉默效率尚未在不同植物系统中得到验证。

病毒诱导的基因沉默技术 简称VIGS技术，利用植物中天然存在的抗病毒RNA沉默机制，病毒在植物细胞内进行基因组复制形成的双链RNA复制中间型或可折叠形成的部分双链RNA的二级结构可被DCL蛋白降解产生siRNA，从而降解病毒RNA。如在病毒载体中插入植物功能基因cDNA片段，则其产生的siRNA可有效沉默植物内源基因而表现突变表型，进而可以研究该目的基因的功能。与其他基因沉默技术相比，VIGS技术具有免于遗传转化、操作简便、快速和高通量等优点，已成为快速鉴定植物基因功能的一种重要研究工具。

应用前景

基因沉默技术　是植物功能基因组研究中重要的反向遗传学手段，此外，该技术也广泛应用于植物的农艺性状改良，如改变作物株型、提高产量、增加营养成分、延长货架期以及耐盐碱等非生物胁迫响应等。在植物保护领域，基因沉默技术在植物病害和虫害抗性培育方面展示出了广阔的应用前景。

病毒病害抗性改良　早在20世纪90年代，病毒学者发现植物转基因表达一段病毒序列可获得针对该病毒的抗性，即病原物来源的抗性（pathogen-derived resistance），并利用该技术培育了高抗番木瓜环斑病毒的转基因番木瓜。此后，随着更为高效的双链RNA技术、人工miRNA技术和人工ta-siRNA技术的发展，已培育出针对一种或多种植物病毒表现高抗或免疫的不同作物种质。

真菌、线虫和寄生植物抗性改良　活体寄生的病原菌和寄主细胞存在广泛的物质和信息的交换。研究发现，在植物细胞内表达针对病菌必需基因的双链RNA，产生的RNA沉默效应分子可以跨越细胞膜屏障进入病菌细胞内沉默靶标基因表达，并抑制病菌生长或侵染。该技术被称为寄主诱导的基因沉默（host induced gene silencing），可用于培育多种病菌抗性，如真菌（镰刀菌和白粉菌等）、卵菌（霜霉菌和疫霉菌等）、线虫（根结线虫和胞囊线虫）和寄生植物等。

昆虫抗性改良　植物细胞内表达的双链RNA可沉默取食昆虫体内的靶标mRNA，并抑制昆虫的生长和发育，利用该策略已获得了抗鳞翅目、鞘翅目和半翅目等多种昆虫抗性的转基因植物。另外，合成的双链RNA剂型经叶面喷施后可毒杀或抑制昆虫取食，有望成为新一代高选择性生物农药。

注意事项及影响因素

沉默效率　基因沉默技术往往难以完全沉默靶标基因的表达，其沉默效率受靶标RNA序列、RNA结构和效应RNA表达水平的影响。

脱靶效应　基于基因沉默的表达调控技术常产生难以预测的对非预期靶标的沉默，这一问题在双链RNA技术中更为普遍。相比之下，人工miRNA技术和人工ta-siRNA技术的非靶标效应可以通过生物信息学预测和体内试验方法进行规避。

参考文献

陈华民，何晨阳，2011. RNAi基因沉默技术及其在植物抗病性改良中应用的策略[J]. 植物保护，37: 55-58.

张晓辉，邹哲，张余洋，等，2009. 从反义RNA到人工miRNA的植物基因沉默技术革新[J]. 自然科学进展，19(10): 1029-1037.

AUER C, FREDERICK R, 2009. Crop improvement using small RNAs: applications and predictive ecological risk assessments [J]. Trends in biotechnology, 27(11): 644-651.

KOCH A, KOGEL K H. 2014. New wind in the sails: improving the agronomic value of crop plants through RNAi-mediated gene silencing [J]. Plant biotechnology journal, 12: 821-831.

KAMTHAN A, CHAUDHURI A, KAMTHAN M, et al, 2015. Small RNAs in plants: recent development and application for crop improvement [J]. Frontiers in plant science, 6: 208-224.

（撰稿：李正和；审稿：李大伟）

基因组定点编辑技术　targeted genome editing technology

是在生物体内基因组特定位点人为地对遗传物质进行改造的基因打靶技术。它通常在靶位点造成核苷酸缺失、定向替换或DNA片段插入，引起的遗传信息改变在世代间能够进行稳定传递和功能呈现。已开发成功、具有实用价值的基因组定点编辑技术包括锌指核酸酶技术（zinc-finger nucleases，ZFN）、转录激活样效应因子核酸酶技术（transcription activator-like effector nucleases，TALEN）和规律成簇的间隔短回文重复技术（clustered regularly interspaced short palindromic repeats，CRISPR）。

基本原理　在于利用人工核酸酶在生物基因组靶位点处进行切割，产生DSB，由此激活细胞的DSB修复机制而达到目的。生物体内存在着两种不同的主要修复机制：非同源末端连接修复和同源重组修复。通常，非同源末端连接修复机制保真度较低，它会在切割位点产生数个核苷酸的缺失、插入，由此导致了所在靶位点基因的阅读框架移位，基因功能丧失，非同源末端连接修复机制在有外源DNA大片段存在时，也可造成DNA大片段的插入；另一方面，当有DNA模版存在时，高保真的同源重组修复机制启动，其利用模版与DSB两侧序列之间的同源性发生DNA片段的交换，由此导致了基因靶位点的定点修饰或外源DNA片段的精确插入。

适用范围　基因组定点编辑技术已广泛应用于植物学研究领域，如基因突变、多位点突变、碱基定向置换、染色体大片段缺失与倒位、基因定点插入、基因转录调节、大规模基因功能筛选等。在植物保护领域，基因组定点编辑技术也颇有建树。如利用TALEN技术对水稻隐性抗病基因Os11N3启动子区域进行定点突变，此位点不再被白叶枯病原菌小种所分泌的Ⅲ型效应蛋白AvrXa7和PthoXo3所识别，由此赋予了基因编辑植物对白叶枯病原菌的小种抗性。同样，Os12N3的PthoXo2识别位点被CRISPR技术成功进行定点突变，导致其不再被效应蛋白所识别；MLO是大麦的隐性抗病基因，利用此原理，研究人员借助CRISPR技术成功地定点突变了小麦中的3个复等位基因：MLO-A1，MLO-B1，MLO-D1，基因编辑植株对白粉病菌产生了高效持久的广谱抗性；利用Cas9的切割活性，直接设计针对于双生病毒——甜菜曲顶病毒BSCTV的sgRNA，转基因植物能够有效抑制BSCTV在寄主植物中的积累；最新发展的基因组单碱基定向替换技术，可以实现对稻瘟病抗性基因Pi-ta，Pi-d2的隐性等位基因进行人工修复，恢复植物抗性。这些人工创造农作物抗性种质的方法给农业生产提供了全新的思路和极大的便利。

主要内容　基因组定点编辑的技术核心在于人工核酸酶这把分子剪刀的使用。真正具有应用价值的第一代人工核酸酶是ZFN，它由能特异识别DNA双链的锌指结构域与具有序列非特异性切割活性的FokI结构域两部分组成。现已公布的锌指模块可以高度特异识别所有的GNN、ANN、部分CNN和TNN三联体，多个锌指模块串联组成锌指结构域，可识别一段特异的碱基序列，人工改变锌指模块的组成便可实现ZFN对特定DNA序列的切割。但是，结构域中各个锌指模块因位置和次序不同而相互影响，从而影响其基因打靶的特异性，导致较严重的脱靶现象及伴随产生的对植物细胞的毒性。

来自于黄单胞菌所分泌的Ⅲ型效应蛋白TALE所携带的数个DNA结合模块被成功解码后，促使了人工核酸酶的进一步升级，其DNA结合结构域采用了TALE的重复模块，由此第二代人工核酸酶TALEN技术应时而生并得以飞速发展。不同于ZFN，TALEN中的DNA结合模块与4个DNA碱基具有较严谨的对应关系，所以TALEN的设计、组装和打靶的严谨性较ZFN好。但是，类似于ZFN，TALEN中的FokI结构域需要二聚体化才能行使内切酶功能，由此导致打靶载体过大，遗传操作复杂，限制了其在植物上的广泛应用。

最新一代基因组定点编辑技术来源于细菌和古细菌的新型核酸酶——CRISPR/Cas9系统，单个Cas9蛋白便能行使对DNA切割的功能，利用RNA引导序列与靶位点DNA序列以Watson-Crick碱基配对而定位。整个过程涉及成熟的crRNA与tracrRNA（trans-activating RNA）配对形成的RNA二聚体，以及RNase Ⅲ的作用。进一步将crRNA的3'末端与tracrRNA的5'末端融合，组成的sgRNA保留了它们引导Cas9对靶位点DNA进行切割的属性。由此，在借助各生物体细胞内源RNase Ⅲ的条件下，人工改造的CRISPR系统仅携带有Cas9核酸酶和sgRNA两个组分，研究人员只需要简单改变sgRNA中5'端的-20bp引导序列便能完成对不同DNA靶位点的切割，这种简单的靶向和切割属性引起了研究人员的空前关注。总的来说，CRISPR/Cas9技术操作简单、具有高效的编辑效率以及功能多样化。

参考文献

LUNDGREN M, CHARPENTIER E, FINERAN P C, 2015. CRISPR: methods and protocols: methods in molecular biology [M]. CRISPR: Methods and Protocols.

YAMAMOTO T, 2015. Targeted genome editing using site-specific nucleases [M]. Tokyo: Springer Press, Japan.

（撰稿：周焕斌；审稿：周雪平）

《加拿大植物病害调查》 *Canadian Plant Disease Survey*

由加拿大农业部于1921年创办的国际性季刊，ISSN：0008476X。该期刊创刊的目的是报道加拿大植物病害的发生以及严重性，测定病害造成的损失。该期刊接收英语和法语投稿，主要接收农业、生物学、植物科学、免疫和微生物学、应用微生物技术等方面的文章。

（撰稿：刘永锋；审稿：刘文德）

《加拿大植物病理学杂志》 *Canadian Journal of Plant Pathology*

由加拿大植物病理学会于1929年创办的植物病理学国际性季刊，ISSN：0706-0661，由泰勒—弗朗西斯（Taylor & Francis）出版集团出版。2016年影响因子为1.252。

该期刊以综述，研究论文、通知、报告等形式发表科学研究以及其他关于植物病理方面的规则制度。论文可以通过英语以及法语的形式投稿。发表研究内容包括如诊断、评估、预防以及控制病害的植物病理方面的科学以及实践的原创性研究；综述包括小型综述、描述新技术的综述以及读者感兴趣的专题综述。

（撰稿：刘永锋；审稿：刘文德）

家蚕基因组的功能研究 functional studies on the genome of Bombyx mori

获奖年份及奖项 2015年获国家自然科学奖二等奖

完成人 夏庆友、周泽扬、鲁成、王俊、向仲怀

完成单位 西南大学、深圳华大基因研究院

项目简介 项目属畜牧学领域，是针对中国蚕学重大科学问题，并在激烈的国际竞争形势下取得的原创性研究成果。主要成果包括：

完成中国家蚕基因组计划。①2002年构建了家蚕11个不同发育时期重要组织器官的cDNA文库，分析了10万条EST，2004年完成了6X家蚕全基因组框架图，获得家蚕基因组大小为430Mb、18 510个预测基因，分析了基因组结构、进化及家蚕生长发育相关的基因家族等，在*Science*发表。②2008年通过中日合作，绘制了家蚕基因组9X精细图谱，将87%的基因组片段和94%的基因定位到染色体上，国际昆虫学期刊*Insect Biochemistry and Molecular Biology*为此出版《家蚕基因组》特刊（图1）。③2009年完成40个蚕品系的基因组重测序和高精度遗传变异图谱绘制，发现1600万个SNP位点、31万个Indel和3.5万个SV，发现家蚕由中国野桑蚕而来的驯化为单一事件，研究论文在*Science*发表（图2）。

家蚕基因组的功能注释。建立家蚕遗传及基因组数据库SilkDB，50个国家和地区的机构为日常用户，是家蚕和昆虫最权威的数据库。设计制作了覆盖家蚕全基因组的oligo基因芯片和microRNA芯片，完成大规模功能基因筛查及表

图1 《蚕的基因组》
（夏庆友提供）

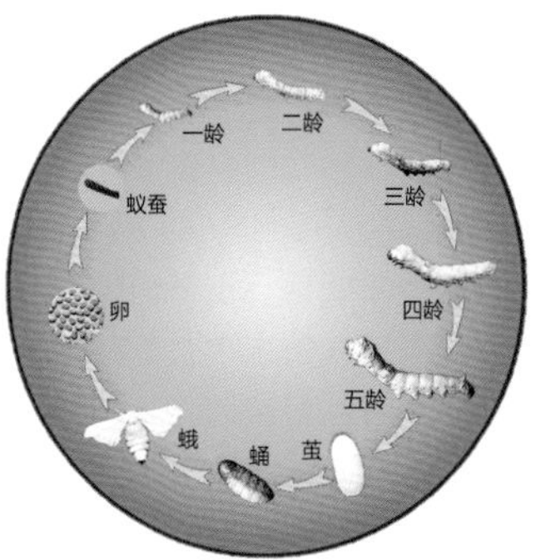

图2 家蚕基因组：家蚕的生命周期
（夏庆友提供）

国家自然科学奖

证 书

图 3 国家自然科学奖获奖证书

（夏庆友提供）

特許証

图 4 国际专利授权证书

（夏庆友提供）

达谱分析，建立家蚕基因表达谱数据库；利用蛋白质组学、RNAi、转基因和定向敲除等方法，分析了各发育时期、组织器官的基因转录、翻译和调控，对家蚕基因组进行了功能注释。相关研究发表于 *Proceedings of the National Academy of the Sciences of the United States of America*、*Genome Biology*、*Nucleic Acids Research* 和 *Journal of Biological Chemistry* 等期刊。

家蚕重要经济性状的形成机理研究。构建了家蚕性别决定信号通路，研究了 BmDsx 基因在性别决定中的作用；系统鉴定了家蚕抗菌肽家族及各成员在体液免疫中的作用，研究建立了家蚕体液免疫信号通路。建立了高效实用的转基因及基因组编辑系统，获得 20 余个转基因素材和 1 个转基因新型实用蚕品种。申请基因专利 50 余项，获授权专利 19 项，在 *Nature biotechnology*、*PLos ONE*、*Genomics*、*BMC Developmental Biology*、*Developmental and Comparative Immunology* 等期刊发表论文 200 余篇，多篇论文被评为期刊的高访问率论文；出版专著《蚕丝生物学》等 4 部。8 篇代表作 SCI 他引 668 次，总他引 1178 次。

Nature（2004）以 *The Silkworm Show* 为题，称是“中国科学家做出的难得的杰出成果”，*Nature News*（2004）发表了 *Silkworm Genome Gets Solid Coverage* 的评论，称“家蚕基因组的完成将对蚕丝产业、害虫防治等多个领域产生重大影响”。*Science News*（2009）对家蚕重测序结果刊载评价：“揭开了家蚕驯化的科学奥秘，将促进家蚕遗传改良提高蚕丝产量和生物工厂等应用”；*Science* 审稿人称：“这是多细胞真核生物大规模重测序研究的首次报道，其数据代表了鳞翅目昆虫最多最完整的基因组序列……对家蚕生物学提供了新见解，是基因组资源扩展的一个里程碑”。完成项目的团队在国际蚕学和昆虫学界建立了良好的学术声誉，相关研究为其他鳞翅目害虫基因组的研究提供了良好借鉴。

成果已获重庆市自然科学一等奖、中国高校十大科技进展、日本蚕丝科学进步特别奖、香港桑麻纺织科技大奖等奖励，并入选《科技日报》社“科技中国 55 个新第一”“2006 中国十大科技新闻”等。项目带动了中国蚕学的快速进步，并对中国蚕丝产业的发展产生了积极影响（图 3、图 4）。

（撰稿：夏庆友；审稿：周雪平）

检疫处理技术 quarantine treatment technology

主要针对进出境货物及其装载容器、包装物、运输工具传带或可能传带的疫病疫情，采取熏蒸处理、冷处理、热处理、辐照处理、消毒处理等官方认可的技术手段达到杀灭或阻断疫病疫情传入传出的目的。

基本原理

化学熏蒸处理　主要作用原理是通过和有害生物体内靶标分子发生反应，破坏正常的分子和细胞结构，使核酸突变、蛋白质变性、窒息死亡或严重抑制其生长、繁殖等，从而达到杀虫、灭菌、除草等检疫处理目的。化学消毒剂处理作用原理主要是破坏微生物外部结构的完整性，从而改变结构功能，导致细胞溶解，干扰主动运输和新陈代谢。冷热处理作用原理主要是随着温度的升高或降低，昆虫的生长发育停滞，进入昏迷状态，酶活性受到抑制，正常的生理活动不能进行。辐照处理作用原理是辐照过程中射线把能量或电荷传递给货物及其携带的有害生物，引起一系列的辐照效应，主要有物理学效应、化学效应、生理学和生物学效应。各种效应会造成它们体内的酶钝化，各种损伤会迅速影响其整个生命过程，导致代谢、生长异常，损伤扩大直至生命死亡。

适用范围　检疫处理技术已广泛地应用于木材、粮食、水果、加工食品、药材、种苗、花卉、毛皮、皮棉、土壤、矿石等大宗进出口货物，及集装箱、飞机、船舶等运载工具，是保证贸易正常往来，生物安全和生态安全的重要保障。

主要内容

检疫处理技术的种类　主要检疫处理技术：熏蒸处理、热处理、冷处理、辐照处理和消毒处理等，其中尤以熏蒸处理最为常用。每种检疫处理方法都有其优点与局限性，应用的范围也有所不同。在具体实施的检疫处理中，需要根据目标有害生物和载体商品不同，科学地选用不同的处理方法。

熏蒸处理技术　是检疫处理中应用最广泛、使用最普遍的处理方法，熏蒸剂气体能够穿透货物内部或建筑物等的缝隙中将有害生物杀灭（见图），这一特性是其他很多处理方法所不具备的。熏蒸处理具有很多突出的优点，如杀虫灭菌彻底、操作简单、不需要很多特殊的设备、能在大多数场所实施而且基本上不对被熏蒸物品造成损伤、处理费用较低等。熏蒸处理被广泛应用于木材、粮食、水果、蔬菜、种子、苗木、花卉、药材、文物、资料、标本等，主要杀灭各类害虫和螨类。

冷热处理技术　主要有热处理和冷处理两种。冷处理根据所使用的温度，可分为速冻处理和冷藏处理，主要应用于荔枝、龙眼、沙田柚、芦柑、橙、葡萄等水果中有害昆虫灭活。热处理技术主要包括热水处理、热蒸汽处理、强制热空气处理、微波、高频介质等，已经广泛地应用于木质包装以及鲜活货物携带昆虫、线虫、真菌处理。

辐照处理技术　辐照处理具有安全、快捷、不污染环境等优点，辐照处理技术主要应用在食品和水果携带的病原物和昆虫等处理。

熏蒸处理技术（郑建秋提供）

检疫处理实施

科学性原则　为确保植物检疫处理质量和相关人员的安全，要在检疫处理风险分析的基础上，根据不同检疫处理方法的技术原理和适用范围，科学地选择合理的方法、技术标准并使用专用的检疫处理设施设备来实施。

有效性原则　植物检疫处理的目的是为了防止检疫性有害生物的传播、扩散和定殖。因此，严格按照规定的操作程序和技术标准的要求来实施检疫处理，是有效开展检疫处理的关键。国际上普遍接受的有效性判断标准是死亡几率值 9 标准和有效性等同标准。死亡几率值 9 则相当于 99.9968% 的死亡率，即 100 000 个体的有害生物群体，经过检疫处理，只能允许可能的存活个体不超过 3 个。

安全性原则　实施检疫处理时，应严格控制与检疫处理相关的各种环境条件并遵循相关指南，适时检查各种专用仪器设备的有效性，才能保证检疫处理作业人员的安全和被处理货物的安全。

环保性原则　实施检疫处理过程中，不得随意排放、遗弃可能对环境造成负面影响的废弃物，注意节约能源，以利环保。

注意事项　检疫处理操作应严格按照国家法律法规和技术标准操作，应确保人员安全的前提下，全部杀灭有害生物，同时减少环境影响。

参考文献

黄庆林，2008. 动植物检疫处理原理与应用技术 [M]. 天津：天津科学技术出版社．

徐国淦，2005. 病虫鼠害熏蒸及其他处理实用技术 [M]. 北京：中国农业出版社．

许志刚，2008. 植物检疫学 [M]. 3 版．北京：高等教育出版社．

薛广波，2002. 现代消毒学 [M]. 北京：人民军医出版社．

张元忠，齐秀丽，吕乙婷，等，2011. 熏蒸技术研究现状 [C]// 肖军华，盛华长．公共安全中的化学问题研究进展：第二卷．北京：中国人民大学出版社．

（撰稿：张瑞峰；审稿：朱水芳）

检疫性有害生物检测监测技术　the detection and monitor technology of quarantine pest

将分子生物学、基因组学、化学生态学等方法理论应用到检疫性有害生物检测鉴定和种群动态监测研究中的一项新技术。其核心是利用生物的遗传信息和行为学特征开展精准检测试剂和高效灵敏引诱或趋避物质研发方面的研究。

基本原理　检疫性有害生物中的病原生物检测和监测技术原理基本一致，通过调查收集各类病原微生物，基于其基因组或遗传信息，分析或筛选检疫有害生物的特异位点，以此设计引物和探针，利用有害生物及其近缘种开展分子生物学实验明确引物和探针的有效性和灵敏性，最后进行样品验证并推广应用。检疫性有害生物中的昆虫检测鉴定除了传统的形态学方法之外，分子鉴定技术原理类似病原微生物，利用种特异位点设计引物和探针以区分种和近缘种。昆虫监测的原理是利用昆虫能高效灵敏地识别环境中与行为相关的信息化合物，通过昆虫嗅觉分子机制，利用嗅觉蛋白和嗅觉神经元的生理生化特征研究筛选可能的信息化合物，通过电生理和行为测试确定化合物对昆虫行为的影响，并将具有引诱或趋避作用的化合物用于实地监测以确定其有效性。

适用范围　中国口岸进出口货物中可能携带的检疫性有害生物的检测鉴定和种群动态监测，为贸易谈判提供技术支持，促进国际贸易。

主要内容

生物传感技术　分析检疫性有害生物特异位点，研究基于蛋白和核酸吸附的光电传感化学信号的变化，从而对检疫性有害生物进行定性检测的方法。

核酸检测技术　基于对检疫性有害生物的基因序列和结构进行直接测定，通过分析特异位点设计引物和探针，PCR 技术进行检测，利用碱基配对的原理进行核酸杂交，筛选最适杂交用缓冲液，优化条件，实现检疫性有害生物的检测鉴定。通过大量病原物调查、收集和验证以明确检测技术的灵敏性。

DAN 条形码技术　该技术是利用生物体 DNA 中一段保守片段对物种进行快速准确鉴定的技术。首先通过形态学鉴定，查询数据库中是否包含所要鉴定的物种序列信息，如果是不包含序列信息，要进行 DNA 提取，用该物种类群的通用引物进行扩增，同时也要进行物种及近缘种的扩增，测序后将序列补充到数据库中用于该物种的鉴定。如果是已经包含了，同样是进行 DNA 提取，对该物种及其近缘种进行 PCR 扩增，测序验证已有序列的可靠性或补充新的序列到数据库中用于物种鉴定。

分子对接技术　首先明确检疫性有害生物嗅觉蛋白的种类以及三维结构，利用天然或商业的化合物库与蛋白三维结构进行分子对接，以发现结构稳定能量较低的蛋白与化合物复合物，明确先导化合物，通过荧光光谱仪测定蛋白与化合物的相互作用，利用电生理和行为测试明确化合物对有害生物的行为影响。

检测监测技术的实施 调查收集检疫性有害生物的物种及其近缘种，利用特异引物探针等进行 PCR 扩增，测序鉴定其种类；依据受体蛋白筛选设计得到或利用昆虫的性腺分离提取到的化合物用于野外监测，选择适合每种有害生物的诱捕设备，将化合物制作成诱芯，悬挂于诱捕设备上，并将诱捕装置放置在距离地面 1.5～2m 的位置，两个诱捕装置之间间隔 50m，依据诱芯中化合物的释放速率和含量，确定更换诱芯的时间，定期更换定期检查诱捕效果，并及时改进监测效率。

影响因素 虽然检疫性有害生物检测监测技术发展迅速，但是随着经济贸易的全球化，检疫性有害生物种类繁杂，有时一种有害生物还存在不同的株系、变种或隐存种，很难研发各类检测监测技术或方法用于及时应对随时出现的入侵生物，因此检测监测技术应不断创新，加强技术储备，提升防控检疫性有害生物危害的能力。另外，现有检疫性有害生物检测监测技术的稳定性受到不同温度、浓度、pH、目标分子浓度条件、天气条件等因素的影响。

注意事项 检疫性有害生物种类繁多，针对每一种有害生物应有一套对应的检测监测技术，因此在研发检测监测技术时要充分研究每一种检疫性有害生物的生物学特性，利用已有的数据库信息资源加快检测监测技术或方法的创新。另外，由于该项技术适用于全国口岸一线工作人员，因此要求该技术研发的各类检测试剂和监测物质能够简便快捷地满足工作人员的需求。

参考文献

朱水芳，2012. 现代检验检疫技术 [M]. 北京：科学出版社.

（撰稿：于艳雪；审稿：朱水芳）

静电喷雾技术 electrostatic spray technology

跟随超低容量喷雾技术发展起来的一种施药技术，药液雾滴经静电喷头时，在电场力作用下，表现出尖端效应和包抄效应，使命中率提高，覆盖均匀，雾滴沉降速度快，在作物上附着量大，减少了雾滴飘移损失和农药对环境的污染，可以用较低的施药量达到防治病虫草害的目的。

基本原理 静电喷雾技术是应用高压静电在喷头与喷雾目标间建立一静电场，经喷嘴喷出雾滴或粉粒，通过不同的充电方法被充上电荷，形成群体荷电雾滴，利用静电场所产生的电力线的穿透特性，雾滴作定向运动而吸附在目标的各个部位，达到沉积效率高、雾滴飘移散失少、改善生态环境等良好的性能。静电场作用下的液体雾化机理比较复杂，通常认为：静电作用可以降低液体表面张力，减小雾化阻力；同时，同性电荷间的排斥作用产生与表面张力相反的附加内外压力差，从而提高雾化程度。

适用范围 手工业静电喷雾技术经过不断研究改进和提高，被广泛用于手工业上，例如喷漆和印刷。

静电产业发明了电子吸尘器、静电涂抹器等。

农药喷洒农业上使用静电喷雾器械已较为普遍，温室及大田中应用尤其广泛，并有取代常规喷药器械的趋势，未来将在农业、林业甚至卫生防疫等方面得到普遍应用。

主要技术 静电喷雾技术是跟随超低量喷雾技术发展起来的一项新技术，利用不同的充电方式使农药雾滴带电，从而实现均匀、细化雾滴及提高雾滴在目标物的沉积量、均匀性、吸附性等方面的效果。

静电喷雾研究将主要集中在以下几个方面：① 研制中小型静电喷雾器械，这将有利于静电喷雾技术在田间的普及推广，此外，针对性地研究静电喷雾技术应用于价格较高的广谱性农药和缓释性农药，研究高射程静电喷雾技术用于高大树木的病虫害防治等也是静电喷雾仪器发展的方向。② 研制耐高压（约 50kV）绝缘材料。用于静电雾化喷头，提高其安全性和使用寿命。③ 应用激光多普勒测速仪等，研究静电雾化、充电理论，建立精确的数学模型。④ 应用计算机模拟技术，改进电场和流场的模拟方法，提高模拟度。

静电喷雾技术的优点：① 雾滴均匀，有效地降低雾滴尺寸，提高雾滴谱均匀性。② 电荷相同，静电喷雾形成的雾滴带有相同的电荷，在空间运动中相互排斥，不发生凝聚，对目标作物覆盖均匀。且相同尺寸的雾滴，带电雾滴与叶面有较大的接触面积，作物更容易吸收。③ 异性电荷，带电雾滴的感应使作物的外部产生异性电荷，在电场力的作用下，雾滴快速吸附到作物的正反面，提高了农药在作物上的沉积量，改善了农药沉积的均匀性。从而提高药剂利用率，减少农药的使用量，降低施药成本。电场力的吸附作用减少了农药的飘移，降低了农药对环境的污染。④ 药效快而持久，由于带电雾滴在作物上吸附能力强，且全面均匀，施药率高，因此农药在叶子上黏附牢靠，耐雨淋，有较长的持效期，灭虫效果有较大幅度提高。此外，静电喷雾技术还具有省人工、节能源、使用安全、环境效益高、适应性广等优点。

影响因素 静电喷雾的充电效果和雾化质量的影响因素主要：① 充电电压。充电电压增大时，雾谱宽度减小，可以改善雾化性能，但幅度不大。② 气体压力和流量。气体压力对雾滴直径的影响极其显著（尾概率为 0.005），气体压力增大，能显著减小雾滴直径，这是由喷头的雾化原理决定的。气体压力增大，气流的速度和动能也增大，增大了气液速度比，使液滴在高速气流的作用下被雾化成更小的雾滴。③ 液体压力和流量。液体压力对雾滴直径的影响不显著，在试验范围内，雾滴直径随液体压力增大而增大，主要原因是液体压力增大使液体流量也增大，一些液滴在气流的作用下来不及细化就离开喷头，从而加大了雾滴直径。④ 喷孔直径。小直径雾滴数量增多，大直径雾滴数量有所减少；直径大多处于 25～50μm 内。⑤ 液体的电导率。电导率极小的液体，在液滴形成过程中，电荷跟不上表面的移动，电荷面密度达不到导致液滴分裂的必要值，因而不会发生雾化现象。

注意事项 ① 检查各连接部位是否有漏药现象，防止药液泄漏伤害人体或给作物造成药害。② 当处于静电喷雾状态时，要保持桶身外壁干燥，严禁触摸喷头和药液，接地线保持接地，关机后将喷头和地面接触一下以消除残余静电。③ 喷洒人员一定要进行自身的清洗，避免药液对自身的伤害或者由于饮食将有害物带入体内。

参考文献

黄贵,王顺喜,王继承,2008. 静电喷雾技术研究与应用进展[J]. 中国植保导刊,28(1): 19-21.

沈从举,贾首星,汤智辉,等,2010. 农药静电喷雾研究现状与应用前景[J]. 农机化研究(4): 10-13.

王新春,尚振国,2011. 植保机械设计制造技术研究现状及发展趋势[J]. 现代农业科技(2): 282, 288.

余泳昌,王保华,2004. 静电喷雾技术综述[J]. 农业与技术,24(4): 190-193, 195.

苑立强,贾首星,沈从举,等,2010. 静电喷雾技术的基础研究[J]. 农机化研究(3): 28-30.

(撰稿:张继;审稿:向文胜)

菌物分离技术 isolation of fungal pathogens

将目标菌物从植物病组织、土壤等材料中分离出来,与其他非目标菌分开,提供适当的培养条件,使其生长繁殖,得到纯培养物。

主要内容

分离材料的选择 原则是选取新近发病、症状典型、病健交界处的组织作为分离材料。从与土壤接触的根、块茎、肉质根和蔬果的病组织中分离病原真菌,往往会受到许多腐生微生物的干扰,可用流水反复、彻底冲洗病组织,清除附带的土壤和残存的腐烂组织。如材料已腐败且沾染大量腐生菌,可采用先接种再分离的方法,即将沾染有腐生菌的病组织作为接种材料,直接接种到健康的植物,等发病后再从病株进行分离。

病组织的表面消毒 在分离真菌之前,需要用表面消毒剂进行病组织的表面消毒,以杀死病组织表面的腐生菌。常用的表面消毒剂有75%乙醇、0.1%升汞溶液、3%~5%次氯酸钠溶液。由于升汞为重金属,使用已受到限制,使用最多的是次氯酸钠溶液。表面消毒的程序一般是先将病组织在75%乙醇中浸数秒,除去病组织表面的气泡,然后将病组织置于表面消毒剂中处理30秒至数分钟不等,消毒时间的长短因植物材料而异。对于较嫩较薄的组织,消毒时间可短一些,一般1~3分钟,较老较厚的组织消毒时间可稍长一些。表面消毒后需用灭菌水漂洗3~5次,以除去残余的表面消毒剂,最后用灭菌吸水纸蘸干表面的水分。

一般分离方法 从不同的植物材料分离真菌或菌物,需根据分离材料的不同选择合适的分离方法。

组织分离:从植物病组织材料如叶片、茎、果实、根、种子分离真菌或菌物一般都可用组织分离法。即在病组织的病健交界处剪取约为0.5cm^{2}见方的组织块,经表面消毒后,摆放在培养基上,放入培养箱中培养。分离所用的培养基一般为马铃薯葡萄糖琼脂培养基(potato dextrose agar, PDA)或1%~2%水琼脂培养基(water agar, WA)。

直接挑取孢子分离:如果新鲜病斑表面有孢子产生,可轻微振落到培养基平板上,也可用灭菌的接种针挑取少量孢子至培养基上。尚无孢子产生的病叶组织也可进行保湿培养,待长出孢子或子实体后,将其挑至培养基上。几天后可以长出肉眼可见的菌落。

直接切取内部的病组织:从茎、果实和侵染较深的肉质组织中分离真菌,可将样品从健康处向发病部位撕开,用灭菌刀片从新暴露出的病组织边缘切取小块组织,直接放置在培养基上培养。

稀释法分离:适用于从土壤中分离真菌。取少许土壤加入灭菌水配成土壤悬浮液,经系列稀释液(一般稀释1000倍)后涂布在培养基平板上进行培养,待长出单菌落后转移到新的培养基上。由于土壤中的微生物类群很多,要分离土壤中特定的植物病原菌物,通常要用选择性培养基,尽量排除其他微生物的干扰。

分离菌株的纯化 无论采用何种分离方法,待培养基上长出菌落和产孢后,需要通过单孢分离,获得单个孢子的纯培养物。对于不产孢的菌物,可通过切取单根菌丝尖端的方法获得纯培养物。

从植物组织中分离真菌或菌物有时会被细菌污染,在培养基中加入适当浓度的抗生素(如链霉素、青霉素等)可以抑制细菌的生长,达到纯化的目的。也可在培养基中加入一定量的乳酸来抑制细菌的生长。

特殊类型菌物的分离 对于一些需要特殊营养和培养条件的菌物,可利用其对营养和培养条件的选择进行分离。如分离能够利用纤维素的菌物,可用纤维素代替培养基中的碳源;分离嗜热菌,可选择40℃以上的培养条件。

参考文献

方中达,1998. 植病研究方法[M]. 2版. 北京:中国农业出版社.

(撰稿:张国珍;审稿:张力群)

《菌物学》 *Mycology*

由中国教育部组织编写的普通高等教育“十二五”规划教材之一。由李玉、刘淑艳共同编写完成,由科学出版社于2015年出版(见图)。

菌物是自然界中多样性十分丰富的一类生物,在医药、食品等行业发挥巨大作用。随着全球经济发展,生物多样性正面临严重挑战,因此,更好地利用和发挥菌物资源已成为可持续发展的重要策略。该书不仅对菌物学相关概念和理论进行了详细的阐述,还在介绍菌物的重要属或种时,尽量配以适当的手绘图或显微图,意在帮助初学者对这一重要类

(刘永锋提供)

群产生感性认识。全书共分 14 章，分别介绍了：① 绪论。② 菌物学基本知识。③ 菌物分类学与系统学。④ 菌物的营养与生态。⑤ 菌物遗传与分子生物学。⑥ 菌物代谢及其代谢产物。⑦ 非真菌界菌物。⑧ 真菌界：壶菌门。⑨ 真菌界：芽枝霉菌门。⑩ 真菌界：新丽鞭毛菌门。⑪ 真菌界：接合菌门。⑫ 真菌界：子囊菌门。⑬ 真菌界：担子菌门。⑭ 无性型真菌。

该书可作为综合大学、农林院校和师范院校的生物学、微生物学、药学、食品科学、植物（森林）保护、农学、环境科学、林学等专业，特别是学习菌物学、菌类作物学的材料，也可作为硕士、博士研究生的参考材料，同时还可为从事工、农、医方面的科研工作者或技术人员提供参考。

（撰稿：刘永锋；审稿：刘文德）

《菌物学报》 *Mycosystema*

由中国科学院微生物研究所和中国菌物学会（MSC）所属期刊。创办于 1982 年，原名《真菌学报》（*Acta Mycologica Sinica*）；后于 1997 年更名为《菌物系统》（*Mycosystema*）；2004 年更名为《菌物学报》（*Mycosystema*）。是中国菌物学（真菌、黏菌、卵菌）领域的专门学术期刊，中国自然科学核心期刊。自 2016 年起为由双月刊改为月刊，ISSN：1672-6472，2021 年影响因子：1.28。截至 2021 年主编为戴玉成（见图）。

本期刊已被国际国内重要数据库和检索期刊收录，主要包括 Index Copernicus、美国《化学文摘》（CA）、美国《菌物学文摘》（*Abstracts of Mycology*）、英国《菌物索引》（*Index of Fungi*）、英国《植物病理学文摘》（*Review of Plant Pathology*）、英国《系统菌物学文献目录》（*Bibliography of Systematic Mycology*）、德国《植物保护文献目录》（*Bibliographie der Pflanzenschutzliteratur*）、中国科技信息研究所数据库（CJCR）、中国科学院文献情报中心《中国科学引文数据库》（CSCI）、《中国学术期刊文摘》《中国农业文摘》《中国生物学文摘》北京大学图书馆《中文核心期刊要目总览》。

（刘永锋提供）

主要刊登菌物系统分类学、菌物分子与细胞生物学、菌物区系地理学、菌物多样性及资源开发利用、动植物病原菌物学、医学真菌学、食用和药用真菌学等方面的研究论文。主要读者对象是菌物学工作者及农、林、医、轻工等科研、教学和技术人员。

（撰稿：刘永锋；审稿：刘文德）

《菌物学大全》 *Extensive Mycology*

一部由中国学者编著的介绍菌物学知识和发展情况的著作。

由中国科学院院士裘维蕃任主编，科学出版社 1998 年出版。该书由中国多年从事菌物学研究和教学的十余位专家撰写，是一部内容全面、论述有深度的菌物学基础理论著作（见图）。

自从国际上将菌物划分为不同于植物和动物而独立成界以来，中国生物学界已经认识到菌物界的独立性。过去数十年，中国学术界也曾将菌物归隶于植物界，但菌物的独特性显示了与植物的不同，菌物不仅包含了常见的真菌，还包括了不属于真菌的裸菌、地衣和菌根菌等。菌物学阐述的不仅是狭义的真菌，还有假菌和类菌原生动物界。该书及时出版，传播了菌物学的知识及其发展情况。全书共分 10 篇，每篇又分为若干章，主要包括菌物学概论、菌物的形态结构和分类、菌物生理和遗传、菌物的生态地理学、裸菌（黏菌）、地衣、菌物病毒、菌毒学、寄生于昆虫的菌物以及菌物学的发展史。

该书的重要性体现在不仅阐述了传统的菌物形态知识，而且还可以作为科研人员的工具书。第一篇中，作者对菌物的形态结构、成员等给予了一般性的描述，并进行了分类。列出了菌（纲）目的分科检索表，图文并茂，可以很方便地对未知菌物进行检索分类；在菌物毒素部分，列出了常见真菌的毒素；在真菌病毒部分，包括了对常见真菌的 dsRNA 病毒的命名及分类等。特别值得提出的是对以往关注不多的虫生菌的分类、侵染机制、防治以及产孢的工业化发酵等也进行了详细的描述。在第六篇的地衣部分，不仅总结了地衣

图 1 《菌物学大全》封面、护封（刘俊提供）

的形态、分类和生理生态等，还花很大篇幅总结了地衣中的次生代谢物组成和结构，介绍了地衣化学成分的鉴定和分析方法及地衣资源的利用等。

该书首次系统地对菌物的生态地理学、物候学以及菌物在生态系统中的地位物进行了描述。读者可以根据菌物对环境适应的特点，对真菌和地衣等的分布有个初步的了解。特别是中国菌物的地理学划分和分类对野外科考有重要的指导意义。

此外，该书还有一个亮点是专门设立一篇关于菌物的生理和遗传的概述（第三篇）。任何生物都存在生长和繁殖的问题，同样菌物也有生理和遗传。作者不仅描述了菌物的营养组成和重要营养元素的代谢，还总结了菌丝生长和孢子萌发过程中的一些重要的影响因素。同时，在第七篇菌物病毒部分，详细总结了菌物病毒的侵染、转录和复制过程以及研究方法等最新的研究成果。因此，读者能够对菌物生长的整个过程和影响因素有着全面的了解。

该书在最后一篇总结了菌物学的发展史，概括了古代菌物的认识和利用、现代的欧洲和北美菌物学以及亚洲的中国和日本菌物学的发展，介绍了各发展时期的菌物研究的重要人物和发现。在中国菌物学发展史中，着重介绍了中国菌物学的兴起以及近代菌物学发展过程中的重要人物，是一篇中国菌物学发展的史诗载体。

此书逾 155 万字，图文并茂，是教师和科研人员不可或缺的菌物学工具书，同时也是菌物学研究的重要参考书。

（撰稿：刘俊；审稿：刘文德）

《菌物学概论》（第4版） *Introductory Mycology (Fourth Edition)*

由美国 C. J. 阿历索保罗等人编著的现代菌物研究奠基之作。该书英文版是《菌物学概论》的第 4 版，由 C. J. 阿历索保罗的学生以《菌物学概论》第 1 版为基础，结合菌物学科的发展，于 1995 年重新编写完成。姚一建和李玉联合多个国家和地区的专家学者，历时 1 年对第 4 版《菌物学概论》进行翻译，并于 2001 年由中国农业出版社出版（见图）。

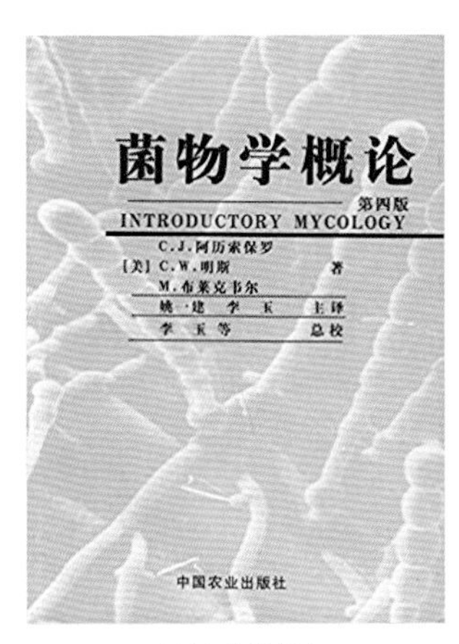

（刘永锋提供）

生命科学相关学科飞速发展，现代研究技术的应用，生物医学、农业与工业的需要，以及对各种生态和系统发育问题的进一步研究，促使了菌物研究的发展，给菌物概念和分类体系带来了巨大的变化。该书介绍了菌物学的基本概念、特征及其分类标准，并依据传统的系统分类标准，对被认为是菌物的所有有机体都给予相当全面的叙述。全书内容共分 29 章，分别介绍了：① 菌物概论及菌物界的特征（第 1～2 章）。② 菌物系统学（第 3 章）。③ 壶菌门（第 4 章）。④ 接合菌门（第 5～6 章）。⑤ 子囊菌门（第 7～15 章）。⑥ 担子菌门（第 16～22 章）。⑦ 卵菌门（第 23 章）。⑧ 丝壶菌门（第 24 章）。⑨ 网黏菌门（第 25 章）。⑩ 根肿菌门（第 26 章）。⑪ 网柄菌门（第 27 章）。⑫ 集胞菌门（第 28 章）和 ⑬ 黏菌门（第 29 章）。其中接合菌门、子囊菌门和担子菌门的内容相当详细，有助于读者对这些类群进行深入研究。

该书条理明晰的论述、简繁得当的体例、流畅通顺的语言以及精美的图片，不仅适用于学生、教师和科研人员，同时也适用于希望更多了解和加强农业微生物、植物病理和植物保护、环境管理、作物科学和农学等方面知识的读者。

（撰稿：刘永锋；审稿：刘文德）

菌种保存技术　culture preservation technology

指运用物理、生物等手段抑制菌种的代谢作用，使其生命活动接近或处于休眠状态，长时间储存后仍保持菌种原有生物特性和活力，并少有突变产生的菌种储存技术。

主要内容

定期移植法　是微生物相关实验室经常使用的短期保藏菌种方法又称传代培养法。根据微生物生长繁殖所需条件，将需要保藏的菌种接种至适宜的斜面或者液体培养基中，生长充分后，于 4～6℃保存，每 5～15 天或 1～4 个月重新移植一次。此法的优点是适用范围广，操作简单，是微生物研究的基础操作。缺点是工作强度大，无法长时间保存，需要多次传代移植，且移植过程中易造成污染和菌种退化。凡能人工培养的微生物均可用此法保存。

矿物油保藏法　矿物油保藏法也称液状石蜡保藏法，是定期移植法的辅助方法。通常将液状石蜡灭菌后封盖培养物表面，既能防止培养基水分蒸发而干燥，也能隔绝空气，降低微生物代谢活性，使其处于休眠状态，以延长菌种寿命，保持其优良种性。在保藏中要定期检查，确保液面始终高于培养基。此方法的优点是操作简单，使用方便；缺点是操作强度大，成本高。使用此方法的保存时间 2～10 年。是一种中长期的菌种保藏方法。

甘油保藏法　甘油法是利用无菌生理盐水将菌种制备成菌悬液，再将其与 40%～50% 的无菌甘油等体积混合至甘油终浓度为 10%～30%，于 −70℃下保存，不破坏菌种的原生质层和细胞膜，可保藏 3～5 年。

真空冷冻干燥保藏法　真空冷冻干燥保藏法是指将需保藏的菌种细胞或孢子悬浮于保护剂中，经预冻后在真空条件下使水分升华，再经真空封存后进行保藏的方法。微生物在低温、干燥和缺氧条件下，菌种的代谢活动相对静止。该方法结合了多种菌种保藏方法的特点，营造出不宜菌种生长却又能长期保藏的环境，适用于病毒、衣原体、支原体、细菌、放线菌、酵母菌、丝状真菌等微生物的长期保存，是专业机构使用最多的菌种保藏方法。

干燥保藏法　也称载体保藏法，保藏期限 2～5 年。根据载体不同，可分为沙土管保藏法、滤纸保藏法、明胶片保藏法、硅胶保藏法、麸皮保藏法等。其中沙土管保藏法、滤纸保藏法、明胶片保藏法使用最多。对于产孢子或有芽孢的霉菌和放线菌均可用此法保藏。

液氮超低温保藏法　也称液氮超低温保藏法，指将悬浮于保护剂中的菌种经程控降温后，移至 -196℃的液氮或 -150℃的液氮气相中保存的方法。液氮超低温保藏法的特点是将微生物代谢降低到完全停止的状态，不需定期移植。常用的保护剂有甘油、血清蛋白、糊精等。该法是保藏菌种较理想的方法，变异和退化的可能性较低，保存时间 5～8 年。

参考文献

方中达, 1979. 植病研究方法 [M]. 北京 : 农业出版社 .

郭玲玲, 2019. 微生物菌种保藏方法及关键技术 [J]. 微生物学杂志, 39(3): 4.

孙葳, 2021. 浅谈微生物菌种保藏方法 [J]. 轻工标准与质量 (1): 2.

（撰稿：崔福浩；审稿：谭新球）

K

康乐　Kang Le

康乐（1959—），中国生态学家和昆虫学家、国际生态基因组学领衔科学家、中国科学院特聘研究员、中国科学院动物研究所一级研究员、博士生导师，河北大学校长。他先后当选中国科学院院士、美国国家科学院外籍院士、欧洲科学院外籍院士、发展中国家科学院院士、国际欧亚科学院院士等（见图）。

个人简介　1959年4月出生于内蒙古呼和浩特，籍贯河北保定唐县。1978年3月考入内蒙古农业大学植物保护系，学习植物保护，1981年12月获学士学位。因学习成绩优异毕业后留校任教，讲授普通昆虫学课程和实验课。留校期间对昆虫进化与生态学问题产生浓厚兴趣，但深感自身知识不足，遂决定报考研究生。1984年7月考取中国科学院动物研究所硕士研究生，因导师家庭成员突发变故，于同年9月调剂进入中国农业大学昆虫系攻读硕士学位，开展螽斯分类与系统进化研究。1987年6月获硕士学位后，随即于1987年9月考入中国科学院动物研究所攻读生态学博士学位，主要研究过度放牧对蝗虫群落的影响。1990年9月获生态学博士学位后，留在动物研究所从事科研工作，历任助理研究员（1990）、副研究员（1991）、研究员（1995）。期间于1992年8月至1993年12月，赴美国堪萨斯州立大学和美国内布拉斯加大学做访问学者和博士后研究人员，主攻昆虫化学生态学这一新兴方向。当他在美国的研究工作渐入佳境之时，恰逢动物研究所正式成立农业虫害鼠害综合治理研究国家重点实验室，研究所领导希望他能尽快回国参与实验室建设。他接到通知后没有任何犹豫，仅用了一个月的时间，

（王宪辉提供）

就结束了美国的研究工作，办完相关手续，启程返回祖国。他的博士后导师对他说，“我觉得你与其他许多留学生不太一样。你的行为告诉我你必将会回到中国的。你在这里工作每周都有传真和信件与原单位联系，美国留不住你”。有些朋友在他回国前问他为什么回国，他说“回国不需要理由”。

自1995年起，康乐院士历任中国科学院动物研究所昆虫生态研究室主任、所长助理，农业虫害鼠害综合治理研究国家重点实验室副主任、主任，中国科学院生命科学与生物技术局副局长、局长，中国科学院北京生命科学研究院院长，中国科学院动物研究所所长，河北大学校长等领导职务，为推动和促进中国生命科学领域的快速发展作出了重要贡献。但他本人并没有因为繁重的行政工作而放弃科学研究，反而不断突破和拓展自己的研究领域，从地理生态、群落生态、化学生态，到分子生态和生态基因组学研究，走出了一条全新的道路。他自己曾说：“做科研是我终生的选择，行政任务再繁重，也要坚持在科学前沿拼搏。”他一直强调：“要有责任感，要有服务国家的意识；在为国家服务的过程中，实现自己的人生价值。”

康乐院士积极参与国内外学术事务，截至2021年9月起担任中国昆虫学会（ESC）理事长，2013年起担任中国植物保护学会（CSPP）副理事长，2019年起担任国际生物科学联合会（IUBS）副主席和中国IUBS委员会主席，担任中国科学技术协会生命科学学会联合轮值主席；2010年起担任中国科学院昆虫发育与进化生物学重点实验室学术委员会主任；2012年起担任农业虫害鼠害综合治理研究国家重点实验室学术委员会主任，2019年起担任中国科学院生物互作卓越创新中心主任，2020年起任教育部资源与环境学部学部委员；曾任中国科学院大学学位委员会副主任，生命科学群学位委员会主任，中国科学院实验海洋生物学重点实验室学术委员会主任等学术职务。

成果贡献　康乐院士参与和领导了多个学术期刊的建设。2003年至今担任*Zoological Research*副主编，2005年至今担任*Insect Science*主编，2010年至今担任*Protein & Cell*副主编；2006年至今担任*Journal of Insect Physiology*编委，2014年至今担任*Frontiers in Ecology and Evolution*编委，2014年至今担任*Current Opinion on Insect Science*编委，2016年至今担任*Insect Molecular Biology*编委。

康乐院士还积极参与重大科研项目和奖项评审工作，长期担任中国科学院学术委员会委员，中国科学院各类科研和人才项目评审专家，陈嘉庚科学奖生命科学委员会副主任，国家自然科学奖和科技进步奖评审专家，中国青年科技奖生

命科学组和农学组评审专家，何梁何利科技奖生命科学和农业科学组评审专家，教育部长江学者评审组成员，国家基金重大项目、重点项目、国际合作项目、杰出青年基金项目评审专家等。

康乐院士以蝗虫、斑潜蝇等重要昆虫种类为研究对象，在两型转变、生态适应和三级营养水平相互作用等方面取得过突出成绩。他将生态学问题与基因组学研究手段有机结合起来，以飞蝗为研究模式系统，系统研究昆虫对环境的适应性及表型可塑性，在飞蝗群居型和散居型两型转变的分子机理等方面取得了系统性和突破性的创新成果。在相关领域发表SCI论文200余篇，是爱思唯尔（Elsevier）基因2014—2020年中国生物学/农业高被引科学家。重要论文发表在包括*Nature*，*Science*，*Nature Communications*，*Science Advances*，*Proceedings of the National Academy of Sciences of the United States of America* (PNAS)，*Genome Biology*，*Molecular Biology and Evolution*，*eLife*等国际期刊，在国际上产生了重要影响。是国际生态基因组学领域公认的领衔科学家。取得的主要成就介绍如下。

K

引领国际生态基因组研究　在国际上率先使用基因组学的方法研究飞蝗两型的遗传学差异，为研究飞蝗型变的分子机理奠定了坚实的基础。文章在*Proceedings of the National Academy of Sciences of the United States of America*（2004）发表之后被*Science*（2004）专门评述，认为有希望开发出阻止蝗虫群居的药物。该文是生态基因组研究领域被引数最高的文献，被国际同行认为是蝗虫学领域最令人鼓舞的突破性研究。发现飞蝗群散两型在small RNA的表达谱存在着巨大的差异，暗示了small RNA在飞蝗型变中可能起到巨大的作用。发现群居型飞蝗比散居型飞蝗更抗病，天然免疫系统中可溶性模式识别蛋白（PGRP-SA和GNBPs）等基因在群居飞蝗中高表达，群居飞蝗的预防性免疫采用容忍策率。

揭示飞蝗成灾和群聚背后的化学生态学机制　基于群居型和散居型蝗虫挥发性气味谱比较，鉴定到2种群居型特异挥发物4-乙烯基苯甲醚（4VA）和苯乙腈（PAN）。经过化学分析、行为验证、神经电生理记录、嗅觉受体鉴定、基因敲除、野外验证等多个层面证明4VA是飞蝗群聚信息素。证明另一个群居型特异气味分子PAN能够作为鸟类天敌警告信息素，同时又是毒物氰氢酸的前体。通过释放两类信息素，群居型蝗虫既能维系个体间的聚集，又能降低因聚集导致的被捕食风险，从而为蝗虫大规模聚群提供了巧妙高效的保障。有关蝗虫4VA的成果，《自然》（*Nature*）期刊配发编者按和专门评述文章，认为该研究不仅是蝗虫学领域的里程碑式成果，还是整个昆虫学和化学生态学领域的重大突破，对世界蝗灾的控制和预测具有重要意义。获评2020年度“中国生命科学十大进展”，中国科学院2020年度“科技创新亮点成果”。

阐释飞蝗两型转变的分子机制　从转录组、代谢组、microRNA、非编码RNA、表观遗传调控等方面，系统地阐明了飞蝗型变启动和维持的机制。发现嗅觉基因*CSP*和*takeout*，调节飞蝗的吸引和排斥行为，证明多巴胺和多巴胺代谢途径调控飞蝗两型转变，确认脂类代谢途径和乙酰肉碱在型的行为改变和系统生理改变中发挥重要的作用。揭示了两个近似神经肽F，NPF1a及NPF2，通过“双刹车”模式，协同抑制一氧化氮信号通路（NO signaling），来调控飞蝗型变过程中的运动能力可塑性。发现飞蝗有些型变特征可以通过亲代传递给后代，microRNA276可以上调brm出核，从而导致卵的一致性孵化。证明β胡萝卜素结合蛋白（βCBP）的差异表达，巧妙利用物理三原色原理，以一种“调色板效应”实现从散居型隐蔽色到群居型警戒色的转变。

破解飞蝗基因组，重新划分飞蝗世界亚种　成功破译了飞蝗全基因组序列图谱，在基因组水平揭示了飞蝗巨大基因组、远距离迁飞、喜食禾本科植物以及两型转变之谜。测定了全世界53个飞蝗地理种群共65个线粒体基因组，首次证明世界范围内的飞蝗起源于非洲，通过南北两条路径扩散到世界其他地方。种群的遗传分化分为两大分支：北方种群（飞蝗）和南方种群（非洲飞蝗），矫正了以往对飞蝗9～11个亚种的划分，确认了飞蝗只存在两个亚种，并被国际直翅类物种名录接受和承认。这是世界上第一次在分子水平上阐明飞蝗的分子地理学和种群分化以及对亚种地位的总结。

揭示飞蝗逆境适应机制　揭示了飞蝗、草原蝗虫和斑潜蝇等昆虫抗寒性对策和机理。发现飞蝗卵不同地理种群之间低温适应性的差异和分子机制，发现转座子Lm1在飞蝗自然种群中的分布频率是造成飞蝗南北种群胚胎发育和温度相应变异的原因。发现飞蝗西藏高原种群通过增大细胞色素c氧化酶活性和三羧酸循环的关键酶维持低氧下有氧呼吸的能力，以及胰岛素信号通路在飞蝗不同海拔种群低氧适应的调控机理。

草原蝗虫生态环境变化响应机制　发现内蒙古草原蝗虫对气候变暖的响应随种的不同发生分化，增温对早期种的发生期没有影响，而对晚期种的发生物候有重要影响。发现重度放牧导致植物含氮量降低、碳水化合物升高，有利于蝗虫的生长和发育，解释了内蒙古草原退化与蝗虫成灾的关系。这一发现首次将长期过度放牧、草地退化、植物N营养缺乏和蝗虫发生联系在一起，改变了人们普遍接受的“植食性动物趋向于选择高N营养食物”这一传统认识。

斑潜蝇三级营养互作机制　揭示了植物—斑潜蝇—寄生蜂3个营养级的化学信息联系，找到了关键化合物顺三己烯醇作为广谱信息化合物吸引天地昆虫定位寄主昆虫。发现植物直接防御与间接防御之间的平衡关系。从植物叶片介导的近距离通讯、植物气味调控的远距离通讯和植物营养控制的两性合作3个层面阐明了斑潜蝇的交配行为对寄主植物的适应。

康乐院士注重人才培养，褒扬创新精神，鼓励青年人耐得住寂寞，做原创性重大成果。自1995年起开始担任研究生课程讲授和研究生指导工作，已具有25年研究生教学工作经验。在国内率先开设进化生态学和生态基因组学两门课程。给国科大本科生开设公开课程发现生命奥秘。1995年以来，康乐院士已经培养了80多名博士和硕士研究生，16名博士后，他们中许多人已经成为学术带头人，如国家千人计划、科学院百人计划入选者、研究员、教授、国家青年科技奖和国家优秀青年基金获得者等。

所获奖誉　1997年获中国科学院自然科学奖一等奖，1999年获国家自然科学奖三等奖，2009年被授予美国内布拉斯加大学荣誉科学博士，2011年获何梁何利生命科学与技术进步奖，2013 年获美国昆虫学会（ESA）国际杰出科学家奖，2013 年被国际直翅目学会授予伦茨奖（Rentz's Award），2015 年获谈家桢生命科学成就奖，2017 年获国家自然科学二等奖和中国科学院杰出科技成就奖，2019 年被中国生态学会授予马世骏生态科学成就奖，2019 获河北省教学成果奖一等奖，2021 年获国际化学生态学会西弗斯坦—西蒙尼奖（ISCE Silverstein-Simeone Award）。

性情爱好 康乐院士思维敏捷，逻辑性严密，记忆力超群，语言表达能力强；注重国际交流，爱惜人才；尤喜读书，涉猎广泛，博古通今；擅摄影，能绘画，有音乐天赋，且文笔极佳。平时惜时如金，工作效率高，除了行政工作，几乎把大部分时间都用在科研事业上。

参考文献

陈应松，2019. 飞蝗物语 [M]. 杭州：浙江教育出版社：419-440.

康乐，2018. “科学的春天”成就了我的科学梦 [J]. 中国科学院院刊，33(4): 3.

（撰稿：王宪辉；审稿：杨秀玲）

抗性育种 resistance breeding

通过引种、选种、杂交育种及分子育种等手段，选育出高产高抗性的新品种。利用抗性品种防治病虫害是最为经济有效和环境安全的技术措施之一。现代农业科学中，随着对遗传学研究深入以及农业生物技术的开放与应用，抗病育种具有广阔的发展前景。然而，并非所有的病虫害都能通过抗性育种得到良好的防控效果。因此，许多病虫害的防治还需借助化学、物理、生物等其他防治技术进行综合防控。

主要内容

选育途径 抗性品种选育途径，分为传统抗性育种和分子抗性育种。传统抗性育种包括：抗性引种、抗性系统选育、抗性杂交育种及诱变等。分子抗性育种包括：分子标记辅助育种和遗传修饰育种（转基因植物）。

抗性引种 从外地或国外引入本地区没有的抗性材料（抗源）或抗病良种，用以控制当地某种植物病害的流行。这种从外地、外国引入抗病良种的人工抗性迁移过程叫“抗性引种”。抗性引种首先要评估品种本身的遗传特性和对新环境的适应性。坚持先试验后推广原则，按照选择性引种、初选试验、区域性试验、生产性试验及推广程序来进行。例如，云南武定引种‘滇禾优 615’在狮山试种成功。在试种过程中，‘滇禾优 615’对白叶枯病、稻瘟病和稻曲病的综合抗性表现突出，具有较高的推广价值。

系统选育 利用自然现有的变异，经定性系统选择培育而成新品种的方法。系统选育是利用自然界中已有的变异为基础，选择抗病的单株、单铃、单穗、单个块根或块茎、单个芽变后的枝、茎、蔓等，并在田间多年种植进行抗病性鉴定，最后通过定性选择和培育出抗病的群体。例如，西藏从德国成功引种紫花遗传变异群体并通过系统选育法培育出‘藏豌 2 号’。在区域试验中，‘藏豌 2 号’对白粉病具有较强的抗性，增产潜力大，综合表现优异，在机械化作业模式中具有良好的推广价值。‘云抗 47 号’是从南糯大叶茶经系统选育而来，该品种对茶小绿叶蝉和茶饼病具有较好的抗性，适合云南茶区及环境类似的茶区推广种植。

杂交育种 通过杂交技术，使基因重组，创造抗病新品种的方法。选择抗病亲本进行杂交，其子代容易选出抗病性强的株系。杂交育种按性质可分为有性杂交和无性杂交，根据亲缘关系远近又分为种间杂交和远缘杂交。杂交育种亲本选配要评估父本和母本的优良性状有较强的遗传能力，加性效应的匹配度高，花期基本一致，有良好的环境适应性。例如，‘汕优 63’是以‘珍汕 97A’为母本和‘以明恢 63’为父本通过杂交育种获得的籼型水稻。‘汕优 63’对稻瘟病、白叶枯病和稻飞虱具有较强的抗性，分蘖力较强，结实率在 80% 以上，是中国推广面积最大的杂交稻之一。

人工诱变 用物理诱变因素（如 X 射线、γ 射线、中子、紫外线、激光、超声波）和化学诱变剂（如秋水仙素、芥子气、环氧乙烷），单独或综合处理植物种子、花粉、合子营养体的分生组织等材料，引起染色体断裂、基因点突变或染色体重组等，诱发新的抗病基因、打破抗病基因与不良性状基因的连锁、或改良抗病材料的不良性状等。例如，‘东蕉 1 号’是对巴西蕉种植群体经人工诱变和田间芽变选育出的香蕉新品种，长势旺盛，对香蕉枯萎病和软腐病具有较强的抗性，并在中试示范推广中取得了较好的经济效应和社会效益。

体细胞克隆 选择单倍体细胞，或由植株叶片等组织诱导的愈伤组织的单个体细胞；小的细胞团，或经酶处理获得的原生质体，培养成愈伤组织，经化学或致病毒素诱变处理，产生抗病突变体，成为抗病体细胞（或原生质体）无性繁殖系，最后育成抗病品种。例如，桃树‘红日’是对‘日高’感病桃品种体细胞经毒素蛋白筛选获得的抗病新品种，对细菌性穿孔病具有很好的抗性。

体细胞杂交 用叶肉组织，经纤维素酶和果胶酶处理分离出原生质体；用硝酸钠、高 pH、高 Ca^{2+} 聚乙二醇（PEG）或通电等刺激，诱发异核体。不同质的异核体引起膜融合，或局部产生细胞质桥，引起细胞质结合，形成细胞质杂种细胞，并分裂成愈伤组织团，最后选择抗病的杂种，再生成植株。例如，水稻‘Y73’是疣粒野生稻与大粒香栽培稻经体细胞不对称杂交获得的水稻新品种，高抗水稻白叶枯病，在防控水稻白叶枯病方面具有较好的应用价值。

分子标记辅助选择育种 利用分子标记与决定目标性状基因紧密连锁的特点，通过分子检测对目标性状进行选择的方法。分子标记技术，按技术特点分为三类：一类是以分子杂交为基础的 DNA 标记技术；一类是以聚合酶链式反应为基础的各种 DNA 指纹技术；第三类是一些新型分子标记，如单核苷酸多态性等。应用于分子标记辅助育种的标记主要有 RFLP、RAPD、SSR、AFLP 及 STS 等。例如，‘南粳 46’是以‘关东 194’作为父本和以‘武香粳 14’作为母本配制杂交组合，利用分子育种辅助技术将‘关东 194’的暗胚乳突变基因 Wx-mq 和‘武香粳 14’的高产基因聚合在一起培育出的新品种，稻米品种优质，被誉为江苏“最好的稻米”。

转基因育种 利用分子生物学技术将抗性基因整合到基因组上，从而使作物获得特定抗性的育种方法。转基因育种的目标是通过改变基因组成来产生具有改良特征的生物，具体通过添加一个或多个新基因来实现这一目标。例如，抗虫棉33B是利用转基因技术将苏云金杆菌杀虫蛋白基因导入到棉花植株内后培育出的棉花新品种，对综合防治棉铃虫、保护生态环境和发展棉花生产起到了促进的作用。

抗病性鉴定　通过不同途径选育出的材料，须经过抗病性鉴定。鉴定程序：选择致病菌的代表性菌株培养成接种体，接种寄主，诱发病害，按照抗病性等级标准，确定抗病性程度。其鉴定方法有直接鉴定法和间接鉴定法。

直接鉴定法　病原物接种寄主，直接从寄主的发病程度确定抗病性。植物的成株期和苗期是抗病性鉴定的主要时期。大多数成株期发病的植物，在成株期鉴定；仅苗期发病或以苗期受害为主的病害，在苗期鉴定；发生在成株期的病害，其成株期与苗期的抗病性相关性显著的，可以在苗期鉴定。有时可采用离体鉴定，即剪取植物的部分枝、叶、分蘖等组织，离体培养，人工接种，保持光照和温湿度条件，根据离体组织的病情，确定抗病性。离体鉴定用于局部组织细胞反应及潜育期短的病害，离体组织的抗病性和田间鉴定的抗病性，要求高拟合率。直接鉴定通常有田间鉴定和温室鉴定等。

田间鉴定。设立田间病圃，分为天然病圃和人工病圃。天然病圃选择在该病的常发区、老病区或流行基地，不做人工接种及提供诱发条件，依靠自然条件发病。人工病圃选择地势、土质、气候条件等利于该种病害发生的场所，进行人工接种、喷水保湿及提供隔离措施等。设置对照和重复。田间鉴定的抗病性表现全面和真实，多年多点田间鉴定，能反映抗病性的变化规律。但田间鉴定由于受自然环境影响较大，难以进行单因子分析，各次鉴定结果差异较大。

温室鉴定。温室不受季节限制，可以加速鉴定进程，便于控制，可用于多个小种或危险性病原物鉴定。但温室光照、温湿度等与自然界有差异，影响抗病表现，鉴定规模较小。

气候室、生长箱鉴定。人工气候室、植物生长箱鉴定抗病性，其光照、温度、湿度及气流速度等可按需要调控，能模拟自然的周期变化和阶段变化。但人工气候室、植物生长箱的容积小，只适宜于少量材料鉴定。

间接鉴定法　通过对与抗病性相关物质或反应的测定，间接证明植物的抗病性。产生致病毒素的病害，利用植物对毒素的抗性与对分泌毒素的病原物抗性的显著相关性，间接证明品种的抗病性，如根据玉米品种对T毒素的敏感性，确定玉米品种对T小种的抗病性。马铃薯叶片或块茎内的多元酚氧化酶的活性与马铃薯对晚疫病的抗性呈正相关，测定马铃薯叶片或块茎内的多元酚氧化酶活性，可间接证明马铃薯抗晚疫病的能力。另外，用血清学及其他相关特性，也可以间接证明寄主的抗病性。间接鉴定结果与田间实际的抗病性结果一致性不高，一般间接鉴定只是田间鉴定的辅助手段，确切的抗病性结论，必须通过田间直接鉴定。

参考文献

中国农业百科全书总编辑委员会昆虫卷编辑委员会，中国农业百科全书编辑部，1990. 中国农业百科全书：昆虫卷[M]. 北京：农业出版社.

中国农业百科全书总编辑委员会植物病理学卷编辑委员会，中国农业百科全书编辑部，1996. 中国农业百科全书：植物病理学卷[M]. 北京：中国农业出版社.

（撰稿：陈贤；审稿：刘凤权）

柯赫氏法则　Koch's postulate

用于确定侵染性病害病原物的操作程序，也称为证病律。最早是德国细菌学家罗伯特·柯赫（Robert Koch）在19世纪提出的一套验证细菌与病害关系的科学验证方法，该法则被移植并成为植物病理学研究中的一项经典法则。

主要内容

柯赫氏法则的4条标准　①在每个被检查的罹病生物（如植物）上存在疑似病原物。②这种疑似病原物能从寄主（植物）上分离并能够在培养基上纯培养。③当把纯培养的疑似病原物接种到健康的寄主（植物）上，寄主再现特定病害。④在接种并发病的寄主上能重新得到相同的病原物，即重新得到的病原物必须具有第二步中生物相同的特征。

如果完成了上述4个步骤（见图），并得到证实，即可确认该生物为该病害的病原物。

适用范围　柯赫氏法则常用于侵染性病害特别是新病害的诊断和病原物的鉴定。对于一些活体寄生物如病毒、植原体、霜霉、白粉菌和锈菌等，由于还不能在人工培养基上培养，以往被认为不适合应用柯赫氏法则。现在已证明柯赫氏法则同样适用于这些生物所致的病害，只是尚不能实现病原物的纯培养。人工接种时，直接从病株组织上取病原物的孢子，或采用带病毒或植原体的汁液、枝条、昆虫等进行接种。接种植株发病后，再从病株上取孢子，或采用带病毒或植原体的汁液、枝条、昆虫等，用同样方法再进行接种，当

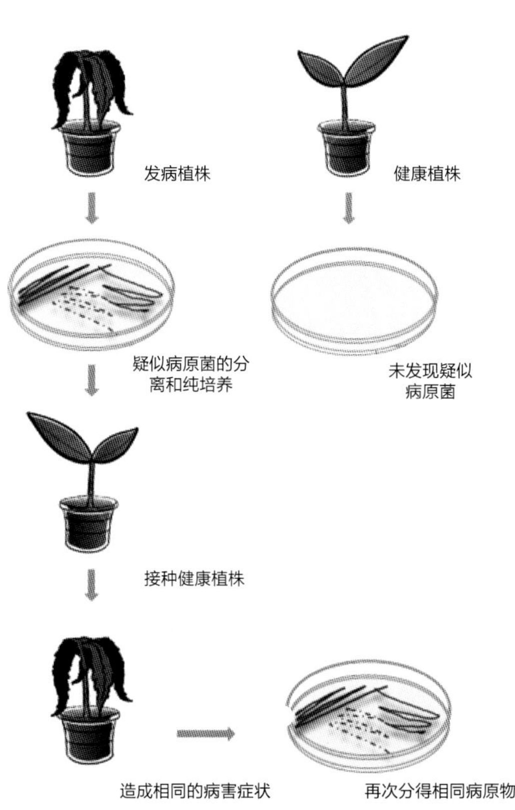

柯赫氏法则示意图（张国珍提供）

得到同样结果后即可证实该病害的病原物种类。对于非侵染性病害的诊断，则以某种疑似因素来代替病原物的作用。例如，当怀疑是缺乏某种元素引起病害时，可以适当补施该种元素，如果处理后植株症状得到缓解或消除，即可确认病害因缺乏该元素所致。

参考文献

方中达, 1998. 植病研究方法 [M]. 2 版 . 北京 : 中国农业出版社 .

张国珍, 2016. 植物病原微生物学 [M]. 北京 : 中国农业大学出版社 .

（撰稿：张国珍；审稿：张力群）

《昆虫保护与多样性》 *Insect Conservation and Diversity*

2008 年创刊，期刊名缩写为 *Insect Conserv Diver*。由约翰 · 威利父子（John Wiley & Sons）出版公司出版和管理，该期刊为双月刊。ISSN：1752-458X，被 Science Citation Index Expanded（SCIE）、Current Contents（Agriculture，Biology & Environmental Sciences）、美国《生物学文献》数据库（BIOSIS Previews）、Biological Science Database 等文献索引数据库收录。

接受昆虫（和其他节肢动物）保护和多样性相关领域内的稿件，涵盖从生态学理论到实践管理的各类相关主题。该刊 2018 年的影响因子为 2.313，2014—2018 年内的平均影响因子为 2.595，在中国科学院 SCI 期刊分区中属于农林科学 2 区，其所属小分类中属于昆虫学 2 区。

该期刊明确地将昆虫多样性和昆虫保护这两个概念联系起来，以利于对无脊椎动物的保护。该期刊还特别重视野生节肢动物以及节肢动物保护与多样性之间的特殊关系。该期刊涵盖的主要主题包括生物地理学、气候变化（及其对昆虫分布和范围的影响）、保护遗传学、全球生物多样性、综合保护科学和政策，以及长期规划和实施。

（撰稿：刘杨；审稿：王桂荣）

《昆虫保护杂志》 *Journal of Insect Conservation*

1997 年创刊，期刊名缩写为 *J Insect Conserv*。由斯普林格（Springer）出版集团出版和管理。季刊，ISSN：1366-638X，被 Science Citation Index Expanded（SCIE）、Current Contents（Agriculture，Biology & Environmental Sciences）、英国《动物学记录》（ZR）、美国《生物学文献》数据库（BIOSIS Previews）等文献索引数据库收录。

该刊为致力于保护昆虫和相关无脊椎动物的国际期刊。该期刊为季刊，2018 年的影响因素 1.33，2014—2018 年内的平均影响因子为 1.768。在中国科学院 SCI 期刊分区中，该刊属于农林科学 3 区，其所属小分类中，属于昆虫学 3 区。

该刊收录的论文涉及昆虫和诸如蛛形纲和多足纲等密切相关群体的保护和生物多样性的所有领域，包括具有保护意义的生态学工作。研究论文从群落、种群和物种层面上对昆虫保护相关内容进行论述，可以涵盖行为、分类或遗传学的各个方面，既可以是理论性文章也可以是实践性文章。也接收文献综述，同时也接受可能会引发辩论的观点性文章，还不时就研究的重点领域的特定主题发表专刊。该期刊的一个特别目标是弥合科学研究和保护实践之间的差距。为此，该刊将发表昆虫保护相关的实践性论文，解决昆虫保护中遇到的实际问题并提出实用的保护策略。

（撰稿：刘杨；审稿：王桂荣）

昆虫标本制作技术 insect specimen preparation

昆虫调查研究的基本环节。昆虫类型多样，标本制作方法也不尽相同，主要有针插标本、液浸标本、包埋标本和昆虫生活史标本等。

主要内容

针插标本　用昆虫针穿刺昆虫以固定虫体位置，然后进行展翅、整姿制成各项标本，是昆虫标本制作中最常用的方法，一般大、中型昆虫的成虫均可用此法。针插标本应保持虫体各部完整，尽量保存原有色彩和形象，并要做到外表美观。

制作工具主要有昆虫针、针台、整姿台、展翅板、泡沫板、黏虫纸卡、三级台、解剖针、黏虫胶、还软器和干燥器。变硬发脆的标本移入三角纸包后放入还软器，待标本回软后即可针插。插昆虫针时需垂直方向刺穿虫体，随昆虫种类不同，针插位置也有差异。半翅目从中胸小盾片偏右方插进，在胸部腹面中后足之间穿出；鞘翅目从右鞘翅前方插入；膜翅目、鳞翅目插在中胸中央；直翅目插在前胸背板右侧方；双翅目由中胸偏右插入。已针插的标本，可将针头插入三级台第一级孔中，使虫体背面与针头距离保持 8mm。针插后标本应整姿，调整成像活虫静止时的自然状态，虫姿固定可用大头针交叉支撑。蛾蝶类等昆虫制作时需展翅，可将已插针昆虫置入展翅板，拉翅高度依昆虫类别不同。微小昆虫可用三角小纸卡粘贴，三角纸卡的尖端要由昆虫腹部中后足之间伸入，卡的尖端指向左方，虫头部向前。二重针插是先把一块小软木片插到 2 号或 3 号针上，再将微针的尖端从微小昆虫的胸部插入，然后把微针插在软木片上。昆虫标本干燥后即可下板，并插上标签。标签有两层，通常上层为较小的采集签，记录采集地点、日期、采集人及编号，如果已知昆虫寄主，可在采集签下插上寄主签；最下层为较大的学名签。将插好标签的标本插入临时标本盒，分门别类后插入标本盒长久保存。

液浸标本　大部分无翅亚纲昆虫，蜻蜓目、蜉蝣目等的水生稚虫，以及完全变态类昆虫的卵、幼虫和蛹均可用药液浸渍保存。浸渍液有一般浸渍和保色浸渍两种，具有防腐和对虫体有固定作用。保色浸渍液对具有色彩的幼虫较好，保色浸渍一般要先经过固定液处理后再移入保色浸渍液。虫浸渍前需饿透，有些幼虫和蛹杀死前需用水煮或热浴，如果虫体较大或水分太多，需要多次换液才可长期保存。

干制标本　一般用于蛾蝶类成虫翅粘贴标本、蛾蝶蛹和直翅目昆虫的干制标本、幼虫吹胀标本。

昆虫生活史标本　将一种昆虫的各个虫态按其发育顺序，连同植物被害状、天敌等，及有关防治材料等分别做成标本，一起装入特制标本盒中，各不同虫态标本做法可根据情况制成针插、干制或液浸标本。

包埋标本　将昆虫包埋在有机玻璃（聚甲基丙烯酸甲酯）、脲醛树脂（尿素甲醛树脂）等所制成的包埋剂内，制成类似人工琥珀的一种昆虫标本。具有透明度好、不怕磕碰、不怕发霉、不怕虫蛀的优点。

参考文献

林荫珍, 1992. 昆虫标本制作 [M]. 上海 : 上海科学技术出版社 .

（撰稿：吴琼；审稿：徐海君）

昆虫不育技术　sterile insect technique

一种通过辐射或杂交等手段使害虫丧失繁育能力而自行绝灭的防治害虫的新方法。它以防治效果好、专一性强、不污染环境与农副产品等突出优点而受到重视。

作用原理　通过辐射或昆虫遗传操作手段可使基因产生条件致死性突变，染色体缺失以及异位等异常，最终引起昆虫的不育。

适用范围　全世界约有 1/3 国家已开展应用昆虫不育技术防治害虫的研究，涉及的目标昆虫有双翅目、鳞翅目和鞘翅目等 100 多种，其中螺旋蝇、地中海实蝇、瓜实蝇、刺舌蝇、柑橘大实蝇、苹果蠹蛾、舞毒蛾和棉铃象甲等 30 多种害虫的辐射不育已进入实际应用或中间试验阶段。

主要内容　辐射不育的机制在于通过辐照处理造成基因组不稳定，导致高频率的基因突变、染色体断裂、易位等产生不育个体。利用辐射不育技术在害虫防治方面已获得诸多的成效。昆虫遗传操作手段产生的不育技术，需要用到转基因技术。昆虫转基因较多的是利用转座子携带外源基因整合至基因组来进行的。用于昆虫转基因研究的转座子有 P 因子、*Hermes*、*hobo*、*minos*、*mariner* 和 *piggyBac* 等。其中，来源于粉纹夜蛾（cabbage looper）的 *piggyBac* 转座子，由于其可携带外源基因的大小范围受限制小、能特异识别 TTAA 位点、具有准确切除与插入外源基因且无物种限制等特性，已广泛应用于双翅目、鳞翅目、鞘翅目和膜翅目等多种昆虫。

注意事项　虽然辐射不育的昆虫种群遗传调控是一种环境友好的害虫防治方法，但是，这种方法在使用中存在着难以克服的困难。第一，竞争力问题，辐射之后的个体在野外环境中的竞争力要弱于野生种群，故而交配成功率较低，影响了调控害虫种群的效果；第二，大量饲养问题，为有效调控野外害虫种群密度，通常要释放 10～20 倍于野生种群数量的辐射处理害虫来进行竞争性交配，这样就需要大规模饲养害虫，饲养成本通常较高。基于遗传操作技术的昆虫种群遗传调控可以有效地避免由于辐射不育带来的不稳定性，并且能够实现对个体的精细调控。但是依然有许多的问题需要解决，如泄漏问题和物种特异性问题等。

参考文献

夏大荣, 扬荣新, 顾伟平, 等, 1992. 应用昆虫不育技术防治害虫的进展及趋势 [J]. 浙江农业学报 (A9): 62-64.

曾保胜, 许军, 陈树清, 等, 2013. 昆虫种群的遗传调控 [J]. 中国科学, 43(12): 7.

（撰稿：黄健华；审稿：徐海君）

《昆虫的结构和功能》　*The Insects: Structure and Function*

全世界享有盛誉的昆虫学经典教材，作者 Reginald F. Chapman（1930—2003）不仅是一名杰出的昆虫生理学家，还是亚利桑那大学的神经生物学教授。自 1969 年第 1 版问世以来，到 2012 年已经是第 5 版。第 5 版是 2003 年 Reginald F. Chapman 去世后的第一次再版，由 Stephen J. Simpson 和 Angela E. Douglas 担任主编，剑桥大学（Cambridge University）出版社出版发行（见图）。

第 5 版包括 23 名参与编写的学者。正文按照昆虫主要的结构区域分成“头部、食物的消化、利用和分配”“胸部和运动”“腹部、生殖和发育”“体壁、气体交换和平衡“以及“信息通讯”5 个大章节。在“头部、食物的消化、利用和分配”这一章节中涉及内容有头部、颈部和触角的结构特征，口器和取食行为的调控，消化道的消化和吸收，营养代谢及调控、循环系统和免疫系统、脂肪体的结构、发育和功能。在“胸部和运动”这一章节中涉及内容有胸部的结构特征，昆虫的腿和运动的关系，翅和飞行的关系，肌肉的结构和运动调控。在“腹部、生殖和发育”这一章节中涉及内容有腹部的分节、附肢和外长物的结构和特征，雄性生殖系统的组成、精子的发育及向雌性个体的输送、对交配行为的影响，雌性生殖系统的组成、卵子的发育、排卵和受精、产卵，胚胎发育及营养获取策略、性别决定机制和孤雌生殖调控，卵孵化、幼虫发育、变态发育、滞育等一系列胚后发育现象和调控。在“体壁、气体交换和平衡”这一章节中涉及内容有体壁的结构、功能和蜕皮的关系，昆虫通过体壁进行气体交换的具体部位和方式，盐和水分的排泄与调节，昆虫体温、温度对牛命活动的影响、体温的调解机制。在“信息通讯”这一章节主要分成 3 个部分，一是昆虫内部生理协调互作，包括神

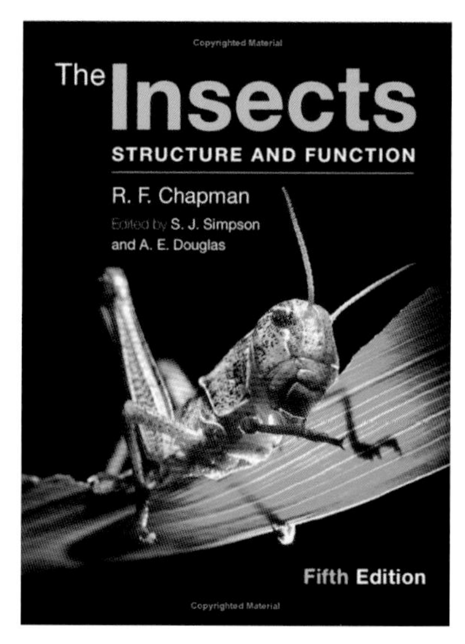

（时敏提供）

经系统的组成和基本功能，内分泌系统的组成和激素产生、运输、作用方式和相关调控；二是昆虫对外界环境的感受，包括视觉器官和视觉感受调控、机械讯息感应及相关受体、化感信号感应组成和行为调控；三是昆虫与其他生物的交流，包括色彩和光学视觉信号的产生、种类及对行为的影响、声响和振动等机械信号的产生、传递和调控、信息素和它感物质的种类、产生、释放和作用方式（种间、种内）。

该书自出版以来就概念框架的方式解释了昆虫的生命活动的方方面面，不仅适用于正在从事昆虫学学习的学生，也适用于从事昆虫学、生理学和动物学的研究工作人员，由此影响了一代又一代的学生、教师和研究人员。第5版仍旧沿袭前4版的排版风格和结构组成，但是由于编写者们中有一批当代杰出的昆虫生理学家，所以赋予了昆虫的结构和功能这一看似最基础的昆虫学知识以当代分子生物学的内涵。

（撰稿：时敏；审稿：徐海君）

昆虫电生理技术 insect electrophysiological techniques

以多种形式的能量（电、声等）刺激生物体，测量、记录和分析生物体发生的电现象（生物电）和生物体的电特性技术。主要包括昆虫电测量技术和电学特性测量技术。是昆虫电生理学研究的主要技术。

作用原理 生物体的电信号是生物体内信息传递的主要方式之一。1791年，Galvani发现了动物的肌肉电位，其发展的刺激技术（感应圈）和记录技术是电生理技术的先导。1849年，Dubois-Reymond改进了刺激技术和记录技术，发现生物电的两种基本形式——静息电位和动作电位，使电生理学逐渐成为一门独立的学科。电子管的发明使从不同组织引导出来的微弱的生物电讯号得以放大以便于观测。昆虫组织的电学特性可以通过测量生物体的电阻、电容和电感等参数进行分析，使一定量的电流流过细胞膜，测量它在细胞膜上产生的电位差。根据欧姆定律即可算出细胞膜的电阻，以及生物体的电感、电容等参数。电压钳技术就是通过对跨膜电位进行动态的精确控制，测量流过细胞膜的电流变化，检测细胞膜的电学特性。昆虫电测量技术是当昆虫产生活动时会引起生物体或组织生物电的微弱变化，人们可通过电极将微弱的生物电引出，因细胞发生的生物电能量很低，生物电必须用放大器放大，才能由示波器或电脑等进行显示和记录。

适用范围 昆虫电生理技术应用于活体昆虫或组织，已经广泛用于昆虫生理学、昆虫神经学、昆虫行为学、昆虫毒理学以及昆虫化学生态学等方面，主要是感觉器官和神经系统的电活动，如触觉、听觉、视觉和化学感觉等，中枢神经系统的自发性电活动，化学药剂对突触传导的影响。例如，应用昆虫电生理研究昆虫寄主的选择和趋避，了解昆虫的趋光特性，以及信息素和寄主引诱物的鉴定；也用于分类工作中难以鉴定的某些近缘种；分析昆虫鼓膜感受声频和各种鸣声的频率；筛选和鉴定昆虫的寄主和食物的重要活性成分；解析杀虫剂对昆虫的毒理机制，了解昆虫对杀虫剂抗药性形成机理。

主要内容

刺吸电位技术（electropenetration graph, EPG） 国际上有两种记录刺吸式昆虫取食行为的电生理仪器，分别称为直流刺吸电位仪（DC-EPG）和交流刺吸电位仪（AC-EPG）。EPG主要用于刺吸式口器昆虫在植物上的取食行为、植物对刺吸式口器昆虫抗性机制和植物诱导防御反应机理、刺吸式口器昆虫传播植物病毒机理等方面的研究。用导电银胶和金属丝将昆虫与放大器相连，与放大器连接的电极插在植物生长的土壤中，当昆虫口针刺入植物组织，整个回路接通，回路电流经放大器放大输出，构成一系列电流波谱。

由电阻变化引起的电势波动成为电阻（R）成分，由生物电生理变化引起的电势波动称为电动势（emf）成分。调剂放大器的输入电压可区分这两种成分：极性及幅度随输入电压而变化的是R成分，否则是emf成分。AC-EPG其R成分和emf成分的变换都可引起输出电压的变化。DC-EPG的R成分固定，输出电压的变化仅为emf成分，应用较多。昆虫在植物中刺探过程，经过不同的组织会有特征的波形，如蚜虫取食植物叶片的G波表明口针的位置在木质部，而E1和E2则表明蚜虫在韧皮部吸食。

触角电位技术（electroantennography, EAG） 1957年由Schneider发明，最初用于记录家蚕蛾的触角反应。触角的每个嗅觉细胞可看做一个电阻和一个电源的结合体。整根触角形成系列电源和电阻组成的串联电路。当活性化合物吹向触角时，就可以记录到触角端部和基部间电位的变化。EAG装置由电极、高阻抗的放大器、记录装置等组成。通用的是德国SYNTECH公司生产的EAG装置。

气相色谱—触角电位联用技术（gas chromatography-electroantennographic detection, GC-EAD） EAG和气相色谱联用的技术，化学混合物从气相色谱进样，经色谱仪毛细管柱分离，在柱末端气体被三通阀分离器分成一定比例的两股气流，一股进入气相色谱检测仪（通常使用氢离子火焰离子化检测器），另一股经加热到适当温度后吹向昆虫触角。气相色谱的波谱与触角EAG活性波峰相对应，筛选出化学混合物种对昆虫有活性的物质。

单细胞记录技术（single-cell recordings, SCR） 昆虫的化学感受器（化感器）是高度特化的，一个化感器往往对特定成分起反应，单细胞记录技术区分特定感受器细胞（嗅觉细胞和味觉细胞）的反应。将一根电极与感觉器内部的神经元细胞接触，给予一定的刺激，记录电极记录下神经元电位变化，信号经放大、过滤，再存储到计算机中。

膜片钳技术（path clamp recording technique） 是一种以记录通过离子通道的离子电流来反映细胞膜单一的或多个的离子通道分子活动的技术。1976年由德国马普生物物理所Neher和Sakmann创建。膜片钳技术被称为研究离子通道的"金标准"，是研究离子通道的最重要的技术。膜片钳技术已从常规膜片钳技术发展到全自动膜片钳技术。用微玻管电极（膜片电极或膜片吸管）接触细胞膜，以千兆欧姆以上的阻抗使之封接，使与电极尖开口处相接的细胞膜的小区域（膜片）与其周围在电学上分隔，在此基础上固定点位，对此膜片上的离子通道的离子电流（pA 级）进行监测记录的方法。离子作跨膜移动时形成了跨膜离子电流（I），离子通过膜的难易程度即通透性由膜电导（G）表征，膜电导（G）数值上为膜电阻（R）的倒数。因此，膜对某种离子通透性增大时，实际上膜电阻变小，即膜对该离子的电导加大。根据欧姆定律 $U=IR$，即 $I=U/R=UG$，所以，只要固定膜两侧电位差（U）时，测出的跨膜电流（I）的变化，就可作为膜电导变化的度量，即可了解膜通透性的改变情况。

参考文献

狄旭东，刘艳青，张守刚，等，2005. 昆虫中枢 DUM 神经元受体和离子通道电生理学研究进展 [J]. 昆虫知识，42(6): 616-622.

胡想顺，刘小凤，赵惠燕，2006. 刺探电位图谱 (EPG) 技术的原理与发展 [J]. 植物保护，32(3): 1-4.

万新龙，钱凯，杜永均，2015. 多通道记录 (MR) 及其与气相色谱联用技术 (GC-MR) 在昆虫嗅觉生理上的应用 [J]. 应用昆虫学报，52(6): 1496-1506.

薛超彬，罗万春，2003. 膜片钳技术在昆虫毒理学研究中的应用 [J]. 昆虫知识，40(6): 496-499.

闫凤鸣，汤清波，周琳，2011. 化学生态学 [M]. 2 版 . 北京：科学出版社：358-385.

严福顺，1995. 鳞翅目昆虫的味觉感受器及其电生理研究方法 [J]. 昆虫知识，32(3): 169-172.

（撰稿：周国鑫；审稿：徐海君）

《昆虫动态与气象》 *Insect Dynamics and Meterology*

由中国科学院昆虫研究所的马世骏（1915—1991）主编，科学出版社 1957 年出版，属于中国科学院昆虫研究所丛书的第 2 本。

全书分为前言和正文的六节内容，系统讨论了昆虫生态学问题中气候相关内容。“前言”包括该书撰写的背景及意义、资料选择的原由。正文内容分为 6 节，第一节为概论部分，介绍了作为生态因素的气候的一般特征和昆虫气象环境的意义，给出大体概念；第 2～6 节分别讨论了气候资料的整理分析和运用到研究昆虫生态上的方法；光、热、水、气流和风等气候因素对昆虫生长、发育、活动、取食、生殖等所起的作用，以及昆虫积温在实用上的局限性；昆虫周期性活动（日周期、季节周期、潮汐周期、多年周期）与气候的关系；害虫大发生与气候的关系，干旱、降水、冬雪与寒潮、气旋变化等对害虫大发生的作用；利用气候变化对害虫发生、数量消长、扩散与蔓延的预测原理，以及国内外进行害虫发生预测的常用方法。

《昆虫动态与气象》深入剖析了 20 世纪 50 年代之前的国内外昆虫生态问题的研究成果，以气候相关基础理论及昆虫动态理论相结合，加以案例分析，配以气候与昆虫动态指标计算公式、不同图表的说明，探讨了昆虫生态学的关键科学问题和研究方法，阐明气象因素相对的在昆虫生态学上具有较大的意义，清晰简明地向读者展示了昆虫动态与气象的关系。

该书可供有关高等院校、科研机构以及植物保护机关等工作者参考学习，帮助其深入了解昆虫生态学核心科学问题，引发其思考，对昆虫与气候关系的理论学习、预测害虫发生尤其是害虫防治工作会有极大帮助。同时，全球变化正属热点问题，该书对中国未来气候变化对昆虫的影响、昆虫生态学、害虫防治等研究工作亦具有重要的指导意义以及极大的参考价值。

（撰稿：欧阳芳；审稿：周忠实）

《昆虫分类学》 *Insect Taxonomy*

由昆虫学家和教育家蔡邦华院士编著的中国昆虫分类学专著。该书最初于 1956 年、1973 年和 1983 年分为上、中、下 3 册先后出版发行，之后由蔡晓明、黄复生对其进行修订，将 3 册合并成 1 册，于 2017 年出版《昆虫分类学》（修订版）。该书是“十二五”国家重点图书，由化学工业出版社出版。

该书全面阐述了昆虫分类学的理论、原则和方法，比较和梳理了昆虫进化和发展之间的亲缘关系，构建出了一套较为完整的昆虫分类系统。全书内容大致分为两部分：第一部分主要介绍了昆虫分类学的理论、分类原则和方法等基础知识研究，让人们更加深入了解和深刻体会到昆虫分类这一学科的重要性；第二部分主要按照昆虫的进化和发展，对昆虫纲进行了系统性的分类汇总，并按亲缘关系等线索详细介绍了各目中昆虫的种类、地理分布、生物学、生态学、外部形态特征、内部解剖特征及其生活史等内容。全书共 1150 页，包含大量的图表和中英文索引，信息量大，并生动地向读者讲述了有关昆虫分类学的基础知识，尤其对初学者极具参考价值。该书可供昆虫研究相关专业研究人员及生命科学、环境保护、医学和农林相关专业的师生参考使用。

《昆虫分类学》（修订版）在原著的基础上，又增添了许多创新性的内容。它既传承了最初的昆虫分类学理论、原则和方法等，又顺应了昆虫分类学在分类单元、分类方法和技术更新等方面的变化和发展，对原著中一些论述进行了必要的增补和修订。主要体现在以下几方面：一是增加了螳䗛目（Mantophasmatodea）。此类昆虫外部形态特征既像螳螂，又像竹节虫，故而得名，是昆虫纲中新发现的类群。二是对原著出版后在中国发现的 3 个目内容进行了补充，在各目下增设新的科、属和检索表等。三是对各目、各科和一些经济昆虫的主要特征、生物学、研究史等进行了必要的补充说明，并增添了翅、脉序、外生殖器、内部器官系统构造等特征图，使得内容更加详尽丰富。四是增添了中国特有的重要物种资料，包括倍蚜、松毛虫、小蠹、白蚁等重大害虫和天敌昆虫等。五是订正了原著中的昆虫学名和名词等内容，增加了世界和中国已知的物种数量，增补了主要参考文献 1300 余篇。

《昆虫分类学》彰显了中国两年来在昆虫分类学领域的发展和进步。它将一个庞大而复杂的昆虫纲梳理构建成了一个较为清楚的分类系统，同时修订版的发行加深了人们对农林害虫、医学昆虫、资源昆虫、天敌昆虫、濒危和入侵物种等的认知和利用，对中国农业、林业、医学和环保等生产、科研和教育部门等具有重要理论和生产实践意义，对昆虫分类学的发展与创新发挥着重要作用。

（撰稿：刘杨；审稿：李虎）

《昆虫分类学报》 *Entomotaxonomia*

（王桂荣提供）

创刊于1979年，是中国教育部主管，中国新闻出版总署批准出版、发行的国际性学术期刊，由西北农林科技大学和中国昆虫学会（ESC）主办。该刊为季刊，ISSN：1000-7482，是国内昆虫分类学专业唯一的专门期刊，截至2021年主编为张雅林（见图）。

文章以英文为主，附汉、英、法、德、意、拉丁或世界语摘要。不仅刊登国内专家的中文稿件，而且原文刊登外文稿件，接受国外专家投稿。2015 年复合影响因子：0.208，综合影响因子：0.168。1992—2004 年被《中文核心期刊要目总览》评为昆虫学类、生物科学类核心期刊；2001 年进入中国“期刊方阵”双效期刊。被中国科学引文数据库、中国科技论文统计源、中国核心期刊数据库、美国《生物学文摘》（BA）、英国《动物学记录》（ZR）、《国际英联邦农业局文摘》、《昆虫学文摘》（EA）等多家权威文摘期刊和数据库转载收录。

专门刊登具有较高学术水平的昆虫分类学论文，每年利用学报从 70 多个国家和地区固定交换回 200 余种学术期刊和研究专著，迄今已交换回 300 多种 3 万多册昆虫学期刊和研究专著，其中 170 种为国内独家收藏的外国期刊。包括分类理论、系统演化、分类方法和技术的新进展；中国及东亚地区昆虫区系，特别是农、林、卫生昆虫种、属及其他分类单元的新记载及订正；以及与分类和进化有关的各种理论问题，并刊登一定数量的螨类论文。

（撰稿：王桂荣；审稿：王冰）

《昆虫分子生物学》 *Insect Molecular Biology*

由英国皇家昆虫学会于 1992 年创办，缩写为 *Insect Mol Biol*。该期刊由约翰·威利父子（John Wiley & Sons）出版公司出版和管理，ISSN：0962-1075，被 Science Citation Index（SCI）、Science Citation Index Expanded（SCIE）、Current Contents（Agriculture，Biology & Environmental Sciences；Life Sciences），英国《动物学记录》（ZR）、美国《生物学文献》数据库（BIOSIS Previews）等文献索引数据库收录。

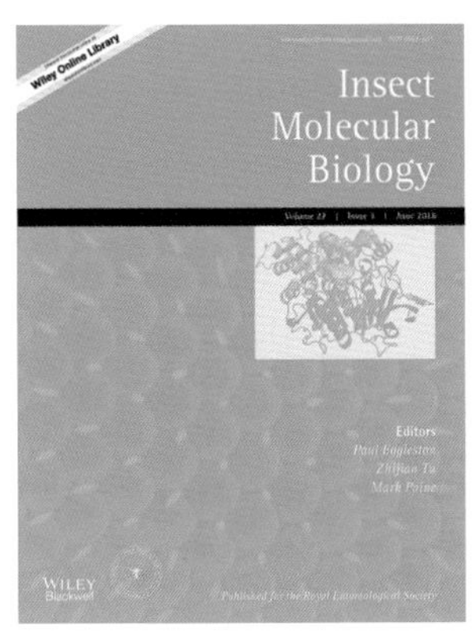

（王桂荣提供）

该刊属于昆虫学子行业的顶级期刊（见图）。该期刊为双月刊，每年出版约 80 篇论文。期刊 2021 年影响因子为 3.549，2015—2020 年内平均影响因子为 3.215。在中国科学院 SCI 期刊分区中，该期刊属于生物 3 区大类别，所属小类别为生化与分子生物学 4 区、昆虫学 1 区。期刊的审稿平均周期为 40 天。2015 年期刊在昆虫学领域排名 6/94，生物化学和分子生物领域排名 130/289。

该刊主要刊载与昆虫分子生物学相关的原创论文，倾向于文章里列出比较特别的问题或者是一些假定，涉及的研究方向主要是针对具有医学价值、经济价值和社会重要价值等的昆虫，研究昆虫基因、遗传学、基因组学以及蛋白质组学等。具体研究内容有昆虫基因结构、基因表达控制、蛋白功能和活性、突变体对基因或蛋白功能的影响等。

（撰稿：王桂荣；审稿：刘杨）

《昆虫分子遗传学》 *Insect Molecular Genetics*

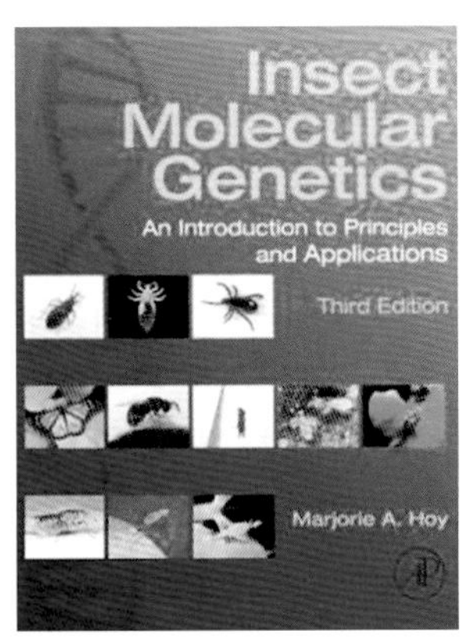

（王桂荣提供）

最早由美国的分子遗传学专家 Marjorie A. Hoy 主编，1994 年在美国学术（Academic）出版社发行，之后随着基因组学、转录组学、蛋白质组学的发展以及新技术的应用，Marjorie A. Hoy 在 2003 年对其进行修订出版第 2 版，并于 2013 年出版第 3 版（见图）。

全书共 14 章，主要分为 3 个板块，第一个板块主要为真核生物重要的分子生物学基础以及其基因和基因组。各章内容包括，DNA，基因的结构以及 DNA 的复制；真核生物 DNA 的转录、翻译和调控；昆虫细胞核 DNA 和核外 DNA；昆虫胚胎发育过程中的遗传系统，基因组进化和遗传控制。第二个板块主要为昆虫分子遗传学技术。一些如 DNA 剪切、粘贴、复制、测定、克隆等基本的技术；其他分子生物学家的一些附加技术；DNA 测序和各个组学的进化；分子生物学使通过聚合酶链式反应进行 DNA 扩增成为可能；通过转座子载体和其他方法遗传学角度改变果蝇和其他昆虫。第 3 版块主要为：昆虫学的应用。各章内容包括，昆虫的性别决定；昆虫行为的分子遗传学；昆虫的分子系统学与进化；昆虫的群体生态学与分子遗传学；害虫的基因改造以及有效的害虫综合治理方法。

将昆虫学与分子遗传学两个不同的学科进行总结分析的一本书。系统性地介绍了真核细胞的基因与基因组组织结构、分子遗传学的技术以及在昆虫学方面的应用。是一本入门级的昆虫分子遗传学课程的教材，可供生物学、农林院校植保专业的教师、研究人员及高年级学生和研究生参考。

（撰稿：王桂荣；审稿：杨斌）

昆虫行为测定技术　technique of insect behavior

研究昆虫的活动方式、功能及其机制的一系列检测方法。

昆虫种类众多，行为和习性非常复杂，昆虫行为测定技术应用于昆虫取食、定向与移动、趋性与学习、通讯与繁殖、攻击与防卫及昼夜节律等方面。对昆虫行为的研究主要有行为观察、昆虫轨迹分析、雷达观测、风洞行为检测、“Y”形嗅觉仪检测、太阳偏转角测定、昆虫刺吸电位等测定技术。

主要内容

行为观察　用肉眼、夜视仪、红外观察仪等观察、记录昆虫的飞行活动等，可以提供昆虫的起飞时间、取食、产卵、近距离活动和低空飞行等信息。

昆虫轨迹分析　轨迹分析是气象学上一种计算空气质点在空间运行路径的方法。轨迹分析时结合昆虫飞行行为参数，主要包括飞行速度、起飞时间、飞行高度、飞行持续时间、持续低温阈值等，可推断出迁飞性昆虫的虫源区、迁飞路径和迁入区。

雷达观测　雷达是利用电磁波进行空中目标探测的一个系统，可以远距离大范围对空中目标种群进行快速观测，获得回波数量、迁移方向、迁移高度、迁移速度等重要参数，揭示空中迁飞昆虫的起飞、成层、定向等行为特征及其与大气结构之间的关系。在迁飞性昆虫研究中，雷达被誉为最卓越的探测手段。

风洞行为检测　风洞技术是用于观察飞行昆虫对信息素或植物挥发物等活性成分及其诱芯在应用于田间之前进行模拟测试的一种有效方法。首先将待测样品放置于风洞的上风口，待气流稳定后，将试虫放在下风口，让昆虫自由运动，观察、记录昆虫的反应（如飞行路径）。该装置一般包括 3 个部分：鼓气装置、观察昆虫行为的工作区以及排气装置。设计风洞试验时，需考虑虫龄，空气是否有污染等因素。

“Y”形嗅觉仪检测　嗅觉仪可以检测挥发性化学物质对昆虫的引诱或驱避活性。该装置形似“Y”形，两臂端部分别连接装有气味源的容器、流量计、活性炭的空气发生器。通过昆虫对气味源的选择，筛选出对昆虫有活性的最优化合物。该装置适合研究小型昆虫的行为，而且可以测试成虫或幼虫，爬行或飞行的昆虫均可进行试验。

昆虫刺吸电位技术　昆虫刺吸电位技术主要应用于植食性刺吸式昆虫的取食行为、昆虫与植物的关系、昆虫传毒机理以及植物抗虫机理等方面。用导电银胶和金属丝将昆虫与放大器连接，植物电极插入植物生长的土壤中，当昆虫口针刺入植物组织时，回路接通，回路电流经放大器放大输出，构成一系列的电流波普。

参考文献

胡想顺，刘小凤，赵惠燕，2006. 刺探电位图谱 (EPG) 技术的原理与发展 [J]. 植物保护，32(3): 1-4.

李静静，潘建斌，吴莉莉，等，2019. 我国刺吸电位技术三十年应用及创新 [J]. 应用昆虫学报，56(6): 1224-1234.

芦芳，翟保平，胡高. 2013. 昆虫迁飞研究中的轨迹分析方法 [J]. 应用昆虫学报，50(3): 853-862.

秦玉川，2009. 昆虫行为学导论 [M]. 北京：科学出版社.

闫凤鸣，汤清波，周琳，2011. 化学生态学 [M]. 2 版. 北京：科学出版社：358-385.

（撰稿：周国鑫；审稿：徐海君）

昆虫行为调控技术　technique of insect behavioral manipulation

利用天然植物及其挥发物、昆虫信息素和物理模拟材料等所有可能对昆虫正常行为产生趋避、诱集等定向移动行为，从而对昆虫的种群数量进行定向调节和控制，以达到害虫无公害防控目的的技术范畴。常见的昆虫行为调控技术常以“常见的昆虫行为调控技策略”即“推拉策略”为指导，目的是通过各种物理、化学以及生物学手段，通过引诱或者驱避等方法等使昆虫产生定向移动等行为，在生产上常用于农作物害虫的无公害防控。

作用原理　昆虫行为调控原理主要基于昆虫的嗅觉和视觉等生理行为。其中嗅觉感受主要包括昆虫对植物挥发物以及信息素的感受。植物挥发物包括偏好性和趋避性；信息素主要包括雌虫释放的引诱雄虫交配行为的性信息素（如鳞翅目）以及告诫同伴逃离危险的报警信息素（如半翅目），利用这些昆虫间的化学信息物可以对昆虫的行为进行调节。视觉感受主要是由于昆虫普遍具有趋光性，因此利用害虫对于特殊波长的光波的视觉偏向性也可以使其产生定向的行为移动。

适用范围　本技术旨在通过高效安全的物理和化学技术来达到对害虫行为的调控和生物防治目的，一般适用于无公害、绿色、有机蔬菜和经济农作物栽培为标准化的设施农业蔬菜和经济农作物生产基地。

主要内容

物理模拟材料　利用物理模拟材料对昆虫行为进行调控。① 诱集色与诱虫灯（图 1），即基于昆虫对于个别颜色

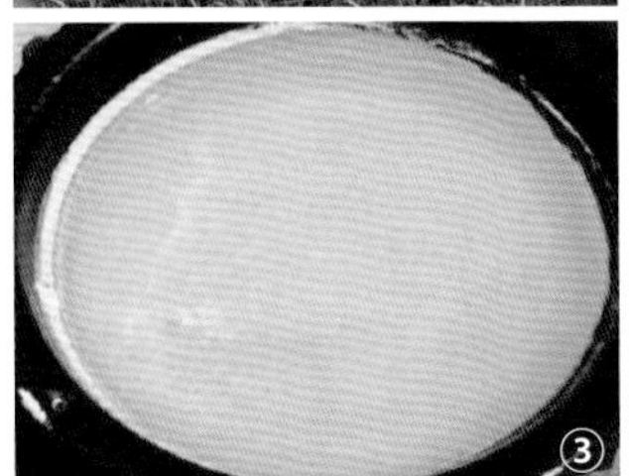

图 1 诱集色与诱虫灯（郑建秋提供）

①蓝板诱杀；②自制黄板；③自制诱虫黄盆；④灯光诱杀

图 2 银灰膜避蚜诱集（郑建秋提供）

图 3 驱避植物（郑建秋提供）

①种植驱避植物；②驱避植物；③驱避植物艾蒿；④驱避植物万寿菊

图 4 菜苗诱集（郑建秋提供）

图 5 性诱剂诱杀（郑建秋提供）

①性诱剂使用；②性诱剂诱杀效果

或波长的偏好性而开发的黏性色板或频振式诱虫灯等诱杀技术，如烟粉虱对于黄色具有很强的趋性，生产上用黄色黏板进行诱杀。② 趋避色，即一些特定的颜色对某些昆虫具着明显的驱避效应，这一特征在害虫行为调控中也有应用，如利用银色铝箔来驱避蚜虫（图 2）。③ 诱集形状，某些昆虫对于特定形状具有偏好性，如生产上根据苹绕实蝇对于果实状的圆形物质具有较强的偏好性而设计出圆形诱集器。

天然植物资源　利用天然植物资源对昆虫行为进行调控。① 驱避植物（图 3），即利用非寄主植物能释放出一些特殊的气味，能对某些害虫产生明显的驱避作用。② 诱集植物（图 4）和枝把（离体植物），即一些害虫对个别植物具有明显的嗜好性，合理种植这些（离体）植物可以吸引害虫来保护主栽作物免受危害。

人工合成物质　① 昆虫信息素，如性信息素（图 5）和报警信息素，前者为雌性昆虫释放，雄性昆虫接受并引起求偶行为；后者为靠近危险地的昆虫向同种昆虫之间释放，引起其逃散的行为。② 寄主植物挥发物，主要是指昆虫偏好取食的寄主鉴定得到的挥发物，如丁醇己酸酯可对苹绕实蝇产生较强的引诱作用。③ 驱避挥发物，指可以使昆虫产生负趋向运动或驱避行为的挥发物，如印楝素对许多昆虫的产卵行为进行抑制。

注意事项　昆虫行为调控技术在生产实际应用过程中取得了丰富的成果，但也存在一些问题，如在利用昆虫性信息素诱杀雄虫和诱虫灯（色板）等引诱时，诱杀雄虫并不能从根本上减少雌虫的虫口数量和产卵能力，诱虫灯（色板）的专一性不强，以及可能对益虫也会产生吸引等不利因素。

另外对于植食性昆虫寄主选择行为上，可采用寄主植物挥发物来引诱以及趋避剂等来对行为进行调控。但由于其过程复杂，涉及的机理众多，且昆虫存在学习行为和适应能力，因此迄今昆虫寄主选择行为研究成果在害虫行为调控技术开发上的成功实例还相对有限。

参考文献

杜家纬，2001. 植物 - 昆虫间的化学通讯及其行为控制 [J]. 植物生理与分子生物学学报 (3): 193-200.

陆宴辉，张永军，吴孔明，2008. 植食性昆虫的寄主选择机理及行为调控策略 [J]. 生态学报 (28): 5113-5122.

（撰稿：李红亮；审稿：徐海君）

昆虫抗药性测定技术　pesticide resistance detection in insects

通过各种方法测定某药剂对同种昆虫的敏感种群和待测种群之间的相对毒力，根据待测种群 LD_{50} 与敏感品种 LD_{50} 之间的比值（Resistant index，RI），定性和定量判别所测种群的抗药性。

作用原理　昆虫抗药性指昆虫具有的耐受杀死正常种群大多数个体的药量的能力在其群体中发展起来的现象，是相对于敏感群体而言的一种群体现象，由基因控制在种群中遗传。1974 年唐振华和张泰平根据中国害虫种类和实际情况提出了中国主要农业害虫抗药性测定方案。

对农业昆虫而言，$RI<3$，敏感；$10>RI\geqslant 5$，低水平抗性；$40>RI\geqslant 10$，中等抗性；$160>RI\geqslant 40$，高抗；$RI>160$，极抗。同时，由于昆虫产生抗药性的本质是种群中带抗性基因的个体比率的增加，也可以通过测定待测种群和敏感种群中抗性个体的出现比例、生理生化等指标差异，间接反映待测种群的抗药性。

适用范围　当某种杀虫剂在某地区使用防治效果下降或研究某种昆虫对杀虫剂敏感性变化情况时，可进行抗药性测定。

主要内容

生物测定法（毒力测定法）　从未用或较少用药剂防治的地区采集自然种群，在室内选育出相对敏感品系，根据药剂特性、作用特点及昆虫种类建立标准抗性检测方法，再从测试地区采集同种害虫种群，采用与敏感种群相同的测定条件、方法，得出待测种群的 LD_{50} 值，以待测种群与敏感种品系的 LD_{50} 值之间的比值（RI）来表示抗性水平。

诊断剂量法（区分剂量法）　诊断剂量法是联合国粮农组织建议用于害虫抗性早期田间检测的方法，利用一个或者多个能区分抗性与敏感个体的农药剂量或者浓度来监测害虫的抗药性。以杀死敏感种群 99.9% 的药量处理待测种群，如果死亡率在 99.9% 以上则认为是敏感种群，死亡率小于 50% 则视为抗性种群，介于二者之间则为低抗种群。

生化测定法　通过检测与昆虫抗药性相关酶的表达情况，如对酯酶、多功能氧化酶、乙酰胆碱酯酶和谷胱甘肽 -S- 转移酶等酶进行检测，从而确定昆虫的抗农药水平。主要检测方法有滤纸斑点法、硝酸纤维素膜斑点法和微量滴度酶标板法。

神经电生理检测法　通过电压钳技术和细胞膜片钳技术检测敏感与抗性昆虫的神经靶标敏感性差异以及药剂的联合作用。

分子检测法　利用分子生物学技术检测杀虫剂作用靶标的抗性位点或解毒代谢酶基因的增强表达情况，常用的基因突变检测技术有 PCR 限制性内切酶法、微阵列、等位基因特异性 PCR 和单链构型多态性分析等方法。

注意事项　生物测定法方法繁琐、工作量大，所获结果滞后于抗性的发展速度，不适合早期抗性检测；诊断剂量法需要建立可靠的敏感种群，多数昆虫缺乏敏感基线，使用受限；神经电生理检测法必须与室内测定和田间测定结果结合分析，以提高其可靠性；分子检测法难以对昆虫抗药性做出整体评估。

参考文献

王晨，颜忠诚，2009. 昆虫的抗药性 [J]. 生物学通报，44(8): 10-12.

文礼章，2010. 昆虫学研究方法与技术导论 [M]. 北京：科学出版社：396-410.

（撰稿：唐旭东；审稿：徐海君）

《昆虫科学》　*Insect Science*

创刊于 1994 年，由中国昆虫学会（ESC）和中国科学院动物研究所共同主办。中国科学院动物研究所与出版商约翰·威利父子（John Wiley & Sons）出版公司合作出版，双月刊，ISSN：1672-9609。现任主编为康乐院士。该刊是中国唯一的 SCI 期刊源昆虫学全英文学术期刊，2017 年影响因子为 2.091（见图）。

该刊已被国内外 30 多个文献检索数据库收录，如 Science Citation Index（SCI）、美国国立医学图书馆综合性医学生物学信息数目数据库（MEDLINE / PubMed，NLM）、摘要期刊数据库（Abstract Journal）、国际农业与生物科学中心文摘数据库（CAB database）、中国科学引文

（方琦提供）

数据库（Chinese Science Citation Database，CSCD）、英国《动物学记录》（ZR）等。该刊于 2016 年入选中国科技期刊国际影响力提升计划，并进入国际昆虫学领域学术期刊排名前 15%。该刊连续多年获中国科学院科学出版基金择优支持项目。获中国科学技术协会优秀国际科技期刊奖三等奖。被评为“中国最具国际影响力学术期刊”（排名前 5%）。2008 年荣获中国科学技术协会精品科技期刊工程项目资助。该刊亦曾荣获第四届中国科学技术协会期刊优秀学术论文奖。

该刊主要登载与昆虫及陆生节肢动物研究密切相关的多领域原创性学术论文，所涉研究领域包括：生态学、行为学、生物地理学、生理学、生物化学、社会生物学、系统发育学、有害生物治理及入侵生物学。该刊以发表从微观分子至宏观生态系统水平研究昆虫适应性及进化生物学的原创性研究论文为重点，该刊其他登载形式包括：综述、小综述、给编者信、书评及学会学术活动信息等。办刊宗旨为，力争将该刊创办成为一个向世界展示中国昆虫学研究的重要窗口，以及中国昆虫学者与国际昆虫学者互相交流的平台。对促进中国昆虫学、农学及植物保护学科相关领域的基础研究发展起到了重要作用。

（撰稿：方琦；审稿：赵云鲜）

昆虫流式细胞术　insect flow cytometry

一种可对昆虫单细胞进行快速定性、定量分析的新技术。利用流式细胞仪（Flow Cytometer），能实现对昆虫细胞进行定量分析与分选，能在分子水平上对昆虫细胞内外因子进行快速的定性和定量研究，分析速度快、检测群体大，且可同时检测一个样本中的多个被测因子，具有多参数测量的特点，是生命科学研究领域重要的研究手段。

作用原理　流式细胞仪是一种多学科先进技术相结合的高科技生物仪器设备，包括现代免疫荧光技术、流体力学、激光学、应用电子学以及计算机设备等。流式细胞仪的结构一般可分为 5 个大部分，即流动室以及液流系统、激光光源和光束成形系统、光学系统、信号检测与存储显示分析系统、细胞分选系统。

流式细胞仪的工作原理是将待测标本制成单细胞悬液，经特异性荧光染料染色后放入样品管中，在气体的压力下进入充满流动的鞘液；当鞘液压力和样品压力的压力差达到一定程度时，在鞘液的约束下细胞排列成单列由流动室的喷嘴喷出，形成细胞柱经过激光聚焦区，与入射的激光束垂直相交，经特异性荧光染料染色的细胞被激光激发产生特定波长的荧光；仪器中一系列光学系统，如透镜、光阑、滤片和检测器等，收集荧光、光散射、光吸收或细胞电阻抗等信号；计算机系统进行收集、储存、显示并分析被测定的各种信号，对各种指标做出统计分析。

适用范围　流式细胞术以其分辨率高、分辨细胞数量大、参数多、准确性高、速度快等优点而广泛应用于如细胞生物学、遗传学、生物化学、免疫学、肿瘤学、血液学等基础研究和临床实践各个方面。在昆虫学方面，流式细胞术主要应用于昆虫基因组学、昆虫免疫学、昆虫生理学研究等各个方面。

昆虫样品可以经过酶解消化成单细胞，悬浮后经适当的荧光染料染色等处理步骤后进行流式细胞仪的检测。此外，常见昆虫细胞系（如 Tn5B1-4、Sf9、S2 等）在经过相关实验处理后，可应用于细胞凋亡、细胞分裂周期等检测。

主要内容

昆虫基因组大小预测　在测定昆虫基因组序列之前，首先必须对待测物种的基因组大小进行估计，以便合理地设计测序计划与方案，估算测序所需花费的人力、时间及经济成本。因此，昆虫基因组大小的预测是昆虫基因组测序工作的重要前期准备环节之一。利用流式细胞术可以较为准确地预测昆虫基因组大小。通过提取昆虫细胞中的细胞核，采用染料对其中的 DNA 进行染色，而后对细胞核进行分析，即可测出细胞核中的 DNA 及异染色质含量等信息。随着流式细胞仪及相关试剂已大规模商品化生产与应用，流式细胞技术已成为当今预测昆虫基因组大小的最为常用、有效和便捷的方法。在预测昆虫基因组大小时，通常采用黑腹果蝇（*Drosophila melanogaster*）细胞的 DNA 作为测定的参照物，并选取待测昆虫的脑、血细胞或精子等作为测定的组织样品。

昆虫细胞凋亡检测　细胞凋亡是多细胞有机体的一种有秩序、受控制并按预定程序发展的生理性自然死亡过程。同哺乳动物一样，昆虫细胞凋亡系统是否存在相似的线粒体和内质网信号转导途径，故可以经过相应染料处理后，利用流式细胞术检测昆虫细胞凋亡。通常来说，凋亡细胞的线粒体跨模电位改变，通常应用 Rh123 荧光探针测定，Rh123 是一种离子亲脂性荧光染料，能选择性地为线粒体所吸收，对线粒体跨膜电位非常敏感，其吸收值随线粒体跨膜电位的变化而改变，细胞的荧光强度可映射线粒体跨膜电位的变化。凋亡昆虫细胞中通常伴随着 Ca^{2+} 的变化，通过流式细胞术，利用 Ca^{2+} 敏感的荧光探针 Fluo-3/AM 检测细胞内 $[Ca^{2+}]i$ 可反映内质网钙库的变化情况；通过流式细胞仪检测，利用死亡细胞 DNA 染料碘化丙啶（Propidium Iodide，PI）和荧光标记的膜联蛋白 V（Annexin V）可区分昆虫细胞早期凋亡、坏死情况。

昆虫的倍性鉴定　采用流式细胞分析，通过激发光源照射可激发经荧光染色分子促发荧光，测定荧光强度，荧光信号强度与 DNA 含量成正比。昆虫细胞在经胰蛋白酶消化获得单细胞悬液后，再经过 PI 染料染色后即可上机检测。随着染色体数目的成倍增加，细胞核 DNA 含量也必然成倍增加，因此可用 DNA 含量来估计细胞染色体的倍性。进而经与仪器连接的计算机分析软件可对荧光强度自动统计分析，最后绘制出 DNA 含量（倍性）的分布直方图。直方图的纵坐标为细胞核数（表示细胞的相对数），横坐标为道数（表示荧光强度）。相关研究已成功运用在蚂蚁（*Tapinoma erraticum*）、中华蜜蜂（*Apis cerana cerana*）等昆虫上。

影响因素　不同的固定剂、固定温度和时间以及昆虫细胞在悬浮缓冲液悬浮的时间对流式细胞仪检测的结果均有影响，实际试验中应结合实验条件进行适当优化。

注意事项　流式细胞仪并非是完全自动化的仪器，准确的实验结果还需要准确的人工技术配合，所以标本制备需要规范，仪器本身亦需要质量控制；在流式细胞术中所测得的量都是相对值，不是绝对值。如需知道绝对值时必须设置对照组样品，对照组样品包括有阴性对照和阳性对照。由于缺少特定的连接有荧光素的昆虫抗体，建议采用非结合染料或分子探针对昆虫细胞进行标记并通过流式细胞术进行检测。

参考文献

甘海燕，李淑云，曾志将，等，2014. 中华蜜蜂二倍体雄蜂人工培育及形态测定 [J]. 中国农业科学，47: 4533-4539.

李靖，李成斌，顿文涛，等，2008. 流式细胞术 (FCM) 在生物学研究中的应用 [J]. 中国农学通报，24(6): 107-111.

修梅红，彭建新，洪华珠，2009. 杆状病毒诱导凋亡昆虫细胞中的线粒体反应和 Ca^{2+} 的变化 [J]. 科学通报，50: 1213-1219.

薛建，程家安，张传溪，2009. 昆虫基因组及其大小 [J]. 昆虫学报，52(8): 901-906.

（撰稿：王凯；审稿：徐海君）

K

昆虫生理测定技术 technology for insect physiological testing

利用物理学、化学、分子生物学等学科的技术手段对昆虫生理指标进行定性和定量测定的技术应用。主要包括昆虫保幼激素测定、蜕皮激素测定、体壁几丁质测定、中肠消化酶测定、昆虫取食量和利用率测定，乙酰胆碱酯酶活力测定，脂类测定和信息素测定等。

主要内容

昆虫保幼激素测定　保幼激素是由昆虫咽侧体分泌的一种高萜类化合物，在昆虫的变态发育中起着重要作用。早期对保幼激素的测定主要利用生物测定法来进行，Wigglesworth 在 1958 年最早提出了用黄粉虫测定保幼激素的方法，1967 年 Roller 用质谱技术确定了保幼激素的分子结构，随后逐步建立了保幼激素的色谱分析法、放射化学法、放射免疫法等技术。气相色谱—质谱联用技术是使用较广泛的保幼激素种类鉴定和含量检测技术，具有较高的检测灵敏度和精确度。

昆虫蜕皮激素测定　昆虫蜕皮激素又称 20- 羟基蜕皮酮，是一种能促进昆虫蜕皮的激素，调控昆虫的变态发育。蜕皮激素的测定主要有薄层层析法、高效毛细管电泳法、高效液相色谱法、液相色谱串联质谱法、放射免疫测定和电子捕获型气相层析法等。各种检测方法原理不同，检测限不同，以电子捕获型气相层析法检测灵敏度最高。高效毛细管电泳法和薄层层析法的灵敏度低，使用较少；放射免疫测定法可以达到更低的定量限，但因受到放射性污染等实验条件的限制也较少使用；高效液相色谱法的定量分析效果较好，但是检出限高，主要用于分析植物样品或者蜕皮激素含量较高的动物样品。昆虫蜕皮激素使用高效液相色谱串联质谱法可获得较高的检测灵敏度和精确度。

体壁几丁质的分析　根据几丁质在高温（160℃）和碱的作用下分解成几丁糖，几丁糖经碘和稀酸作用呈现紫色，通过颜色对比对昆虫表皮几丁质进行定性和定量分析。

刺探电位图谱技术　利用黏附在刺吸式昆虫前胸的金属丝和土壤中的植物电极构成回路电路，通过观察、记录电流的变化检测昆虫口器在植物组织中的位置和行为，用于植物抗虫机制、昆虫对宿主的选择以及协同进化等研究。

昆虫的取食量和利用率的测定　咀嚼式口器昆虫取食量测定根据食物初始量和食物剩余量确定；刺吸式口器昆虫取食量通过测定昆虫的排泄物（蜜露）间接确定其取食量，以单位时间排泄的蜜露质量或面积为指标。

乙酰胆碱酯酶活力的测定　以碘化硫代乙酰胆碱为底物，与待测酶液反应，用紫外分光光度计检测 412nm 处的吸光度，根据吸光度大小确定待测酶液中乙酰胆碱酯酶的活力。

注意事项　昆虫生理指标多种多样，测定技术和方法选择性较大，研究者需根据研究目的选择适宜的检测技术和方法。

参考文献

嵇保中，刘曙雯，田铃，等，2007. 保幼激素分析方法研究进展 [J]. 分析科学学报，23(1): 105-110.

李英梅，仵均祥，成卫宁，等，2006. 麦红吸浆虫保幼激素含量测定 [J]. 西北农业学报，15(4): 73-75.

唐博志，李龙，武国华，2015. 高效液相色谱—串联质谱法测定家蚕血液中 β- 蜕皮激素 [J]. 质谱学报，36(1): 52-58.

杨发忠，杨德强，杨斌，等，2015. 白粉菌侵染中国月季对甜菜夜蛾幼虫乙酰胆碱酯酶活性的影响 [J]. 河南农业科学，44(12) : 75-78.

（撰稿：唐旭东；审稿：徐海君）

《昆虫生理学》 *Insect Physiology*

是世界昆虫学领域的经典专著之一，由英国昆虫学家 V. B. Wigglesworth（1899—1994）主编，查普曼—霍尔（Chapman & Hall）出版社 1984 年出版。

Wigglesworth（1899—1994）毕业于英国剑桥大学，先后就职于伦敦大学和剑桥大学，曾任英国应用生物协会主席，在世界昆虫学领域享有盛名。Wigglesworth 一直从事昆虫变态发育领域的研究，于 20 世纪 30 年代首次发现了保幼激素（juvenile hormone），并进一步证实了南美猎蝽的生长发育受到促前胸腺激素（prothoracotropic hormone）、蜕皮激素（moulting hormone）和保幼激素 3 种激素的影响，其发现对于昆虫发育理论的完善具有重要意义。

全书分为 11 个章节，分别从昆虫的体壁、呼吸系统、循环系统、消化与排泄、营养与代谢、生长、生殖、肌肉与运动、神经系统、感觉与行为、激素调控等方面系统介绍了昆虫各种器官和组织结构、生理机能以及激素和神经调节机制等。

（撰稿：吕静；审稿：徐海君）

《昆虫生理学研究进展》 *Advances in Insect Physiology*

（徐海君提供）

该丛书是由美国学术（Academic）出版社出版的系列昆虫学专著，于1963年1月开始出版发行，至2016年已出版了51卷（见图）。

该系列丛书的主编先后由国际上享有盛名的昆虫学家担任，包括英国昆虫学家J. W. L. Beament、J. E. Treherne、V. B. Wigglesworth、M. J. Berridge、P. D. Evans，澳大利亚昆虫学家S. J. Simpson，法国昆虫学家J. Casas，美国昆虫学家R. Jurenka。

该书的内容覆盖了昆虫生理学研究的诸多重要方面，侧重于专题出版形式，比如昆虫机械学与控制专题（第34卷）、虫媒害虫的生理学专题（第37卷）、昆虫表皮与颜色专题（第38卷）、蜘蛛的生理与行为专题（第40与41卷）、小分子RNA的发现、功能以及应用专题（第42卷）、昆虫发育干扰因子专题（第43卷）、杀虫剂靶标专题（第44与46卷）、根蛀害虫的行为与生理专题（第45卷）、昆虫中肠与杀虫蛋白专题（第47卷）、社会性昆虫的基因组学、生理学和行为学专题（第48卷）、蚊子的研究进展专题（第51卷）。

该丛书既全面又有深度地回顾了昆虫生理学研究的各方面，是无脊椎动物生理学、神经生理学、昆虫学、动物学以及昆虫生化学等研究者必备的工具书。

（撰稿：徐海君；审稿：王桂荣）

《昆虫生理学原理》 *The Principles of Insect Physiology*

全球公认的昆虫生理学专业领域的经典教材之一。该书于1939年开始出版，由英国剑桥大学昆虫学家Vincent Brian Wigglesworth（1899—1994）所著。1972年出版的第7版是在第6版（1965）的基础上，增述7年来昆虫生理学的较新成就，涉及内容约占全书的10%，同时新增6幅插图和千余篇参考文献。为节约印刷成本，新增内容的页面出处以方括号形式标注在相应段落的末尾。所有新增条目被列于适当标题下，集中排印在各章结尾的附录当中（见图）。

Wigglesworth曾就读于剑桥大学和伦敦圣托马斯医院。1926年在伦敦卫生和热带医学学校以南美锥虫病（查格斯氏病）的传播媒介长红猎蝽（*Rhodnius prolixus*）为研究对

THE PRINCIPLES OF
INSECT PHYSIOLOGY
by
V. B. WIGGLESWORTH
Seventh Edition
With 412 illustrations
LONDON
CHAPMAN AND HALL

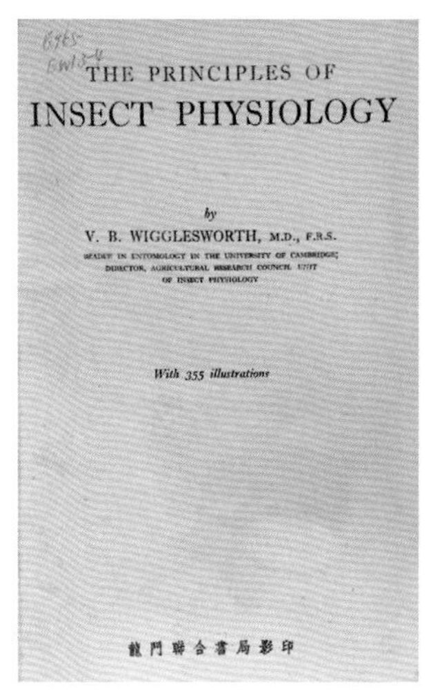

（姚洪渭提供）

象，开始其昆虫生理学的研究生涯。长红猎蝽亦因此被称作“Wigglesworth's bug”。1945年受聘于剑桥大学后，一直从事昆虫学研究，并在昆虫形态学、昆虫生理学和内分泌学等领域颇有建树，不仅阐明了咽侧体和保幼激素在昆虫生长、发育和繁殖中的作用，而且提出了昆虫可替代鼠类等实验动物而用于动物生理学和功能等基础研究。作为英国最伟大的昆虫学家和现代昆虫生理学的奠基人，被伊丽莎白女王授予爵士头衔。

该书共分15章，包括卵的发育、体壁、生长发育、肌肉系统与运动、神经与内分泌系统、感觉器官、行为、呼吸、循环系统、消化与营养、排泄、代谢作用、水分与温度和生殖系统等。每章皆总结了当时昆虫生理学研究成果，并附详细文献。该书具有叙述明了、编排系统和材料丰富等优点，其中各章撰述循序渐进、深入浅出，一般由昆虫形态及解剖切入，进而论述各部分器官机能，易为读者理解和掌握。书中有关农医害虫的研究结果，尽皆罗收列举，特别是其研究所涉及领域如变态和呼吸等，描述更为详尽、独特。对于其较少接触的领域如神经生理等，撰写则相对较为简略。该书通篇未介绍昆虫生理学的研究方法，可算作该书的特色之一。亦有学者对书中将水分与温度单独列为一章持不同观点。

该书作为昆虫学者的经典教材和参考书，极大地促进了当代昆虫生理学的学科发展。

（撰稿：姚洪渭；审稿：徐海君）

《昆虫生态学》 *Insect Ecology*

研究昆虫与周围环境相互关系的专著。昆虫生态学产生早，发展历史长。1950年代前，基于较为丰富的研究，昆虫生态学作为一门学科已经渐趋成熟，所提出的诸多理论成为了生态学的重要内容，并为害虫治理奠定了基础。为了培养中国昆虫生态学专门人才，促进和提升相关领域的研究，1957年7月至1959年1月苏联昆虫学家B. B. 雅洪托夫（B.

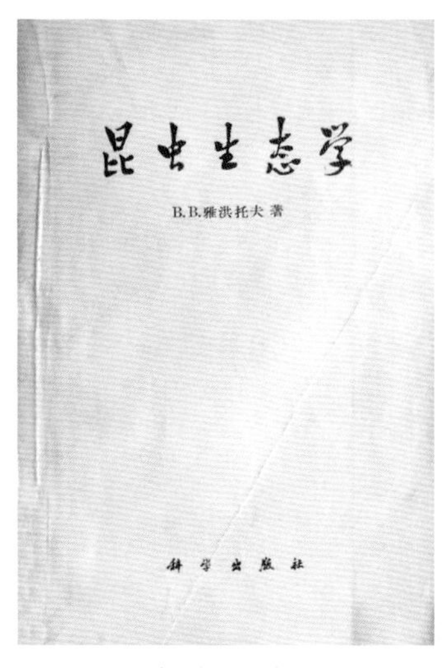

（陆永跃提供）

В. Кристоф）应邀来中国讲学，并举办了昆虫生态学及预测预报讲习班。随后，王荫玲、胡弢成、严毓骅等将雅洪托夫来华交流所用的讲义手稿和所作的有关讲座内容整理、翻译成《昆虫生态学》著作，1960年由科学出版社出版（见图）。

该书是中华人民共和国成立后中国第一本较为系统的昆虫生态学著作和教材。其内容分为3个部分：第一部分总论，共5章，主要阐述了昆虫生态学的内容、任务、方法以及生态学与其他生物学科的关系，昆虫个体生态学、昆虫群落生态学概念及内容，种及种的集团按生活型的划分、生态类型，昆虫的地理分布及迁移的特点、生物学种等方面的理论。第二部分各论，共7章，从多个方面较深入系统地阐述了生物和非生物环境因素包括温度、湿度、降水、植物（食物）、其他生物包括昆虫、土壤、人为活动等对昆虫生长发育、生存、发展的影响。第三部分附录，有2个，简述了害虫出现时期的预测方法和昆虫数量的预测方法。

该书的出版对中国普及系统的昆虫生态学知识，开展昆虫生态学和害虫防治研究起到了重要作用。

（撰稿：陆永跃；审稿：梁广文）

《昆虫生态学原理与方法》 *Principle and Methods of Insect Ecology*

中国科学院动物研究所戈峰于2001年就开始组织编写，2008年完成编写，由高等教育出版社出版。

该书包括绪论、理论篇、方法篇和展望篇共21章。在简明扼要地介绍昆虫生态学的基本原理基础上，重点介绍了现代昆虫生态学研究的基本方法，展望了未来昆虫生态学发展的趋势。主要内容包括昆虫的多样性、昆虫的环境、昆虫分子适应、昆虫生理生态、昆虫行为、种群动态、群落结构和生态功能等基本理论，涉及昆虫生态调查、昆虫数据分析、昆虫分子生态学、昆虫生理生态学、昆虫种群空间生态学、天敌作用的评价、行为生态学、群落结构、作物—害虫—天敌食物链分析和昆虫大尺度监测与预警等方法，探讨了昆虫对全球气候变化的响应、外来昆虫入侵的原理与方法、稳定性同位素和3S技术在昆虫生态学中的应用等。

这本高等教材的出版，将对丰富研究生教育资源、提高研究生教育质量、培养更多高素质的科技人才起到积极的推动作用。

（撰稿：周忠实；审稿：吴刚）

《昆虫生物化学》 *Biochemistry of Insects*

介绍昆虫体内化学物质的组成、分子结构、代谢和反应等化学变化方面的科学知识，即研究生命活动化学本质知识的专著。由迈阿密大学医学院生物学和生物物理学系的Mcorris Rokstein主编。哈考特（Harcout）出版公司1978年出版。

该书综述了昆虫生物化学方面的相关知识：先从碳水化合物在调节和维持昆虫生命过程中的功能开始；后分章节介绍了昆虫的脂质和蛋白质的功能，以及昆虫蛋白质的合成；再介绍了昆虫表皮、结构、分布和昆虫色素的化学组成及性质，以及昆虫行为的化学调控；此外，还讨论了昆虫在防御性环境中使用天然产物的生化问题，以及昆虫的解毒机制和自然种群的遗传变异等内容。该书的出版是作为一本基本的教材，同样也可以作为昆虫生物学最相关的课程辅助教材，尤其是昆虫生理学、昆虫生态学、害虫控制、经济昆虫学。该书也可以作为高级学员的重要参考材料，也是科学家和专业的昆虫学家寻找相关领域权威细节的重要参考材料。

（撰稿：杨斌；审稿：王桂荣）

《昆虫生物化学和分子生物学》 *Insect Biochemistry and Molecular Biology*

于1971年在英国创办，原刊名*Insect Biochemistry*（《昆虫生物化学》），1992年更改为现刊名，缩写为*Insect Biochem Molec*。该期刊由爱思唯尔（Elsevier）出版集团出版和管理，ISSN：0965-1748，被Science Citation Index（SCI）、Science Citation Index Expanded（SCIE）、Current Contents（Agriculture，Biology & Environmental Sciences；Life Sciences）、英国《动物学记录》（ZR）、美国《生物学文献》数据库（BIOSIS Previews）等文献索引数据库收录（见图）。

该期刊属于生物行业、昆虫学子行业的顶级期刊。该期刊为月刊，每年出版约135篇论文。期刊2021年的影响因子为4.667，2015—2020年内的平均影响因子为4.953。在中国科学院SCI期刊分区中，该期刊属于生物大类别3区，在其所属小分类中，属于生化与分子生物学3区、昆虫学1区。期刊的审稿平均速度为2～3个月，投稿命中率约为46%（2015）。

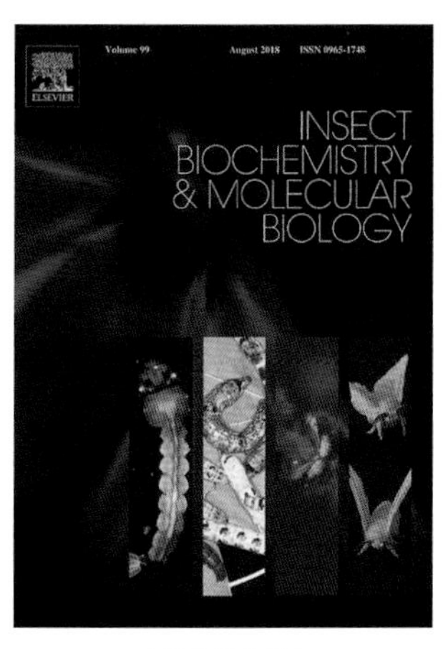

（王桂荣提供）

该期刊主要刊载昆虫生物化学方面和分子生物学方面的原创论文和简短的综述性论文，研究内容涉及神经、激素和生化信息素、酶和代谢、激素作用和基因调节、基因表征和结构、药理学、免疫学以及细胞和组织培养等领域。该期刊也会出版一些读者感兴趣的节肢动物其他族群的生物化学和分子生物学相关的文章以及一些期刊编辑和编辑部认为在昆虫生物化学和分子生物领域内先进技术的文章。

（撰稿：王桂荣；审稿：刘杨）

《昆虫生物化学与生理学档案》 *Archives of Insect Biochemistry and Physiology*

创刊于1983年，由约翰·威利父子（John Wiley & Sons）出版公司出版，月刊，ISSN：0739-4462，SCI影响因子1.357（2015），现任执行主编为David Stanley。

该期刊被SAGE期刊、英国《国际农业与生物技术文摘》（CABI）、美国农业文献索引（AGRICOLA）、美国《生物学文献》数据库（BIOSIS Previews）、ProQuest数据库平台、美国国立医学图书馆综合性医学生物学信息数目数据库（MEDLINE / PubMed，NLM）、科学引文索引数据库（Web of Science）、英国《动物学记录》（ZR）、俄罗斯全俄科学技术信息研究所数据库（VINITI）等数据库收录。期刊引证报告排名（2015）：35/94（昆虫学）、72/83（生理学）、243/289（生物化学和分子生物学）。

本期刊是专注于昆虫生物化学和生理学的国际期刊。涉及相关的学科领域有：内分泌、发育、神经生物学、行为学、药理学、营养、碳水化合物、脂类、酶、蛋白质、肽、核酸、分子生物学、毒理学。期刊仅发布原创文章。

（撰稿：吴琼；审稿：徐海君）

《昆虫生物钟》 *Insect Clocks*

为读者描述了在更为广泛的研究背景下的昆虫生物节律的最新进展。书中没有长篇赘述昼夜节律的遗传和分子生物学原理，取而代之的是引领读者直接进入生物节律的知识殿堂。该书第3版由英国爱丁堡大学动物学系D. S. Saunders主编，C. G. H. Steel，X. Vafopoulou和R. D. Lewis参编，爱思唯尔（Elsevier）出版集团于2002年11月出版发行。

（鲍艳原提供）

该书指出：昆虫生物钟的研究已经取得了突飞猛进的发展，人们已经认识到昼夜节律基本上是一种细胞现象，包括昆虫在内的复杂得多细胞生物是由相互作用的“节律振荡器”集合形成了一个整体协调的生物钟。随着研究的持续深入，对更加复杂的光感信号输入路径、行为节律中枢的驱动部位以及与节律行为有关的神经和激素调节机制的研究也相继取得了突破。然而，由于生物节律系统的错综复杂性，该书作者认为对于最重要的生物节律之一——季节性节律，如昆虫的生长发育、迁飞和生殖等方面的研究尚有更大的探索空间（见图）。

该书内容涵盖了生物钟的研究历程。前半部分着重介绍了昼夜节律，包括昆虫个体的昼夜节律、昆虫群体的昼夜节律、昼夜节律的基因调控和反馈环路、多振荡的昼夜节律系统、昼夜节律中的光感受器和生物钟定位。后半部分介绍了更长的生物节律（如昆虫的越冬滞育、季节性形态变化以及耐寒力等），其中涉及光周期现象和季节性周期、光周期响应、光周期现象中的昼夜节律、光周期计数器、光周期的测时机制、光周期的光感受器和生物钟定位、其他类型的昆虫生物钟、生物钟的复杂性等内容。此外，第3版还邀请约克大学的C. G. H. Steel和X. Vafopoulou编写了昼夜节律生理学（第5章），奥克兰大学的R. D. Lewis编写了昆虫生物钟的数学模型（第7章）。这3位专家参与编撰极大提升了该书的权威性。

《昆虫生物钟》第3版的出版不仅为从事时间生物学的研究者提供了直接的帮助，而且对其他生命科学领域的研究人员也大有裨益，该书还可以作为教材引领年轻学子跨入时间生物学的研究领域。

（撰稿：鲍艳原；审稿：徐海君）

《昆虫数学生态学》 *Mathematical Ecology of Insects*

由中国科学院动物研究所丁岩钦主编，科学出版社1994年出版。

该书应用数学的理论与方法对昆虫生态学中的一系列问题进行了数值分析和模拟。全书分4篇共11章，由五部分内容组成。

主要内容：①数学生态学的范畴及其对现代生态学的影响，提出昆虫数学生态学的学术思想、结构体系与研究范畴的设想。②在《昆虫种群数学生态学原理与应用》基础上，结合作者的研究与国内外研究成果，重新整理而成。③该书将群落与生态系统合并，不仅对群落系统赋予更符合生态学的定义，而且对群落系统的营养结构、组分结构、资源分配对策以及群落演替等分别给出了特征描述与数学模型，并对群落系统内的物流与能流的获得、转移与分配进行了模型的组建与分析。④对害虫管理的经济—生态学原则、害虫管理系统工程的概念与特征以及工程的设计与组装，进行了较为详细的阐述；对组建害虫管理系统给出了原理、方法与具体实例，并对害虫管理系统模型进行组装与优化。⑤根据昆虫种群空间分布型的特征、种群行为特性，结合抽样理论，提出了适用于昆虫的各类抽样技术模型，以使获得的昆虫决策信息更经济、准确、可靠。

该书的另一特点是用数学理论与方法对昆虫生态学的种群系统、群落系统各个组织水平及其中作用因素之间的关系，分别进行了分析、描述与模拟，完全保持了生态学结构的完整性、层次的系统性与整体的一致性。该书可作为从事生态学、数学生态学、植物保护、环境保护、有害生物控制与生物资源管理研究的科研人员及有关院校师生的教材和参考书。

（撰稿：张逸飞；审稿：陈法军）

昆虫信息素缓释技术 controlled release technology of insect pheromone

在一个特定的体系内，通过某些措施减缓活性物质的释放速度，并维持活性物质在特定时间内的有效浓度。

适用范围 该技术在药品工业中应用最广，并于20世纪70年代用于化肥和化学农药的缓释，以及各种昆虫信息素化合物的缓释。缓释可以分为：①扩散缓释系统（diffusion controlled systems），包括储蓄释放（reservoir devices）和基质释放（matrix devices）。②溶解缓释系统（dissolution controlled systems），包括基质溶解释放和微胶囊技术等。

主要内容 昆虫信息素缓释技术利用可以储载、保护和缓慢释放性信息素化合物的惰性载体，实现有机合成并配制的信息素以接近自然释放性信息素的方式稳定、均匀、持续释放，并保护信息素化合物免受空气、紫外线、湿度等不良环境因素的氧化、聚合和降解。

影响因素 昆虫信息素缓释载体材料的选择因昆虫种类、外部环境、化学物质结构、使用方法的差异而有不同的要求。理想的信息素释放载体应该满足几个条件：①不会与信息素化合物发生化学反应或聚合。②需要缓慢、均一释放，最理想的是零顺序释放。③单位时间的释放量满足目标昆虫最佳的行为反应所需要的最佳剂量。④材料容易得到，并且方便加工。⑤从环境角度考虑，最理想的是所选基质材料在田间可以被生物降解。天然橡胶是常见的信息素化合物载体。在中国，长期采用天然橡胶作为性信息素化合物的载体，其释放特点是一级顺序释放，即载体中所剩余浓度的剂量越大，释放越快。对于一些化合物分子量和结构接近的性信息素组成，采用天然橡胶作为载体可以保持各个化合物之间的浓度比例在田间使用很长时间内基本一致，因此是十分理想的选择。但天然橡胶在硫化成型的过程中需要加硫，含硫的天然橡胶在高温高湿环境下，容易被酸化，从而快速破坏性信息素的化学结构，对于一些含共轭双键或醛类化合物破坏作用更大，所以，许多昆虫性信息素天然橡胶诱芯的持效期比较短。

可降解的微晶体纤维材料（micro-crystalline cellulose）及微胶囊（microencapsulated pheromone formulation）等是昆虫信息素技术中缓释材料的重要选择方向。随着生物防治的发展，在林区和种植面积较大的区域，昆虫信息素的微胶囊缓释技术将会有更大的应用前景。

（撰稿：杜永均；审稿：张礼生）

《昆虫性信息素生物化学和分子生物学》 *Insect Pheromone Biochemistry and Molecular Biology*

Gary Blomquist 和 Richard Vogt 编写的系列丛书之一。该书由来自美国、德国、瑞典、法国和加拿大等国家的32位科学家共同编写完成，德国斯普林格（Springer）出版集团2003年出版（见图）。

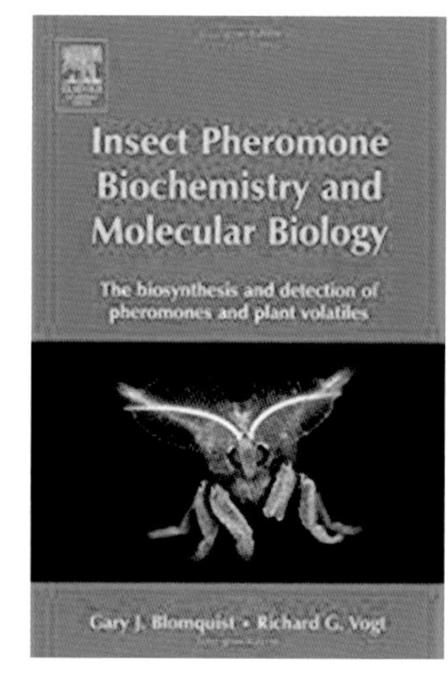

（王桂荣提供）

该书的研究目标为昆虫性信息素的生物合成与识别，对农业害虫管理或是医学方面具有重要的意义。深入了解昆虫性信息素分子的产生与识别机制，这将对未来生物农药的发展具有很大的帮助。昆虫性信息素的成分在其结构式和进化方面具有严格的标准，以便性信息素信号能够更容易被识别，昆虫通过生物合成途径产生性信息素，在新陈代谢过程中，会存在轻微的修饰，从而产生高度特异的化学信号。而在昆虫嗅觉系统中，气味分子是如何特异性地被结合，产生刺激行为的信号后再被气味降解酶降解，这个系统是多样和复杂的，还处于研究的初期。

该书给读者们提供一个对于性信息素的产生与识别机制的认识，并且希望该书未来在性信息素研究方面起重要的作用。全书分为两个部分，第一部分主要是研究生物合成和性信息素产生的内分泌调节。主要是在鳞翅目昆虫中来完成的，同时也涉及甲壳虫、苍蝇、蟑螂和社会性昆虫。第二部分主要是研究气味受体，主要集中在那些蛋白是如何在触角中特异表达以及在处理性信息素和其他气味信号中可能起到的作用。在这些研究背景之下，深入研究昆虫的触角是如何去识别气味分子及其产生的一系列生理反应。

（撰稿：王桂荣；审稿：杨斌）

《昆虫学报》 *Acta Entomologica Sinica*

中国核心期刊，中国科学院动物研究所和中国昆虫学会（ESC）于1950年共同创办，为月刊，每期约110页。ISSN：0454-6296，截至2021年主编为黄大卫。被《生物学文摘》（BA）、《昆虫学文摘》（EA）、《化学文摘》（CA）、俄罗斯《文摘杂志》（AJ）及英国CAB文摘数据库和德国的“ISPI Pest Directory Database”等国际重要文献检索期刊和数据库收录（见图）。

该刊2000年获得中国科学院优秀期刊二等奖，2001年被评为“中国期刊方阵双百期刊”，2008年、2011年先后被

（王桂荣提供）

评为中国精品科技期刊，2012年入选“2012中国最具国际影响力学术期刊”（TOP 5%），2016年入选“2015年度中国百种杰出学术期刊”。根据2016年版《中国科技期刊引证报告》（核心版）有关数据，在总被引频次、核心影响因子和综合评价总分等期刊评价主要指标上该期刊均在昆虫学、动物学类期刊中排名第一，在全部1985种中国科技核心期刊中的综合评价总分排名为第57名，2021年影响因子为0.98。

该刊主要登载有关昆虫系统发育学、昆虫病理学、形态学、生理学、生态学、药剂毒理学、昆虫分子生物学的原始研究论文、简报和综述等中英文论文。每期设4个固定栏目：生理与生化，毒理与抗性，生态与害虫管理，进化与系统学，并根据实际情况增加病理和医学昆虫等不固定栏目。

（撰稿：王桂荣；审稿：王冰）

《昆虫学概论》 *The Insects: an Outline of Entomology*

由美国加利福尼亚大学戴维斯分校昆虫学系的Penny Gullan与Peter S. Cranston编写，中国农业大学彩万志、西北农林科技大学花保祯、中国农业大学宋敦伦、华南农业大学梁广文及中国农业大学沈佐锐翻译，由布莱克威尔（Blackwell）出版公司出版，Oxford授权中国农业大学出版社出版，2009年发行第3版（见图）。

在该版中，作者保持了前几版清晰、简要的风格。全书分17章，分别从昆虫的重要性、多样性及其保护，外部形态，内部解剖与生理学，感觉系统与行为，生殖，昆虫的发育与生活史，昆虫系统发育与分类，昆虫生物地理学与进化，土栖昆虫，水生昆虫，昆虫与植物，昆虫社会，昆虫捕食与寄生，昆虫防卫，医学与兽医昆虫学，害虫治理及昆虫学研究方法17个方面进行深入详细的阐述。为增加该书的可读性及科普性，作者在很多章节中都插入多个阅读框，如第1章插入3个阅读框，分别是“采集会导致灭绝吗？”“舶来蚂蚁与生物多样性”及“铁木黄大蚕蛾幼虫的持续利用”。在第3章中插入4个阅读框，分别是“分子遗传技术及其在神经肽研究中的应用”“黄粉甲用气门膨大来适应低浓度的氧气”“半翅目滤室”及“隐肾系统”。在第5章中插入5个阅读框，分别是“长翅目昆虫的求偶与交配”“婚礼与其他彩礼”“精子的优先性”“一种丽蝇交配与产卵的控制”及“护卵父亲——大负蝽”。

（刘晨曦提供）

该书内容丰富，形式上打破了传统教材的格局，是一本优秀的教学参考书，中国农业大学、西北农林科技大学、华南农业大学等院校曾把该书作为本科生普通昆虫学教学的主要参考书或双语教材。该书也可为广大农、林业病虫害防治与研究工作者提供参考，对中国昆虫学研究与教学起到了推动作用，并为昆虫学发展及害虫治理提供理论和技术指导。

参考文献

GULLAN P J, CRANSTON P S, 2010. 昆虫学概论 [M]. 3版. 彩万志，花保祯，宋敦伦，等译. 北京：中国农业大学出版社.

（撰稿：刘晨曦；审稿：张礼生）

《昆虫学年评》 *Annual Review of Entomology*

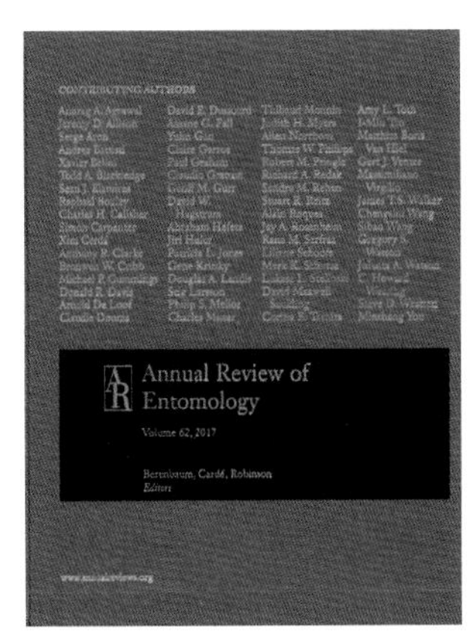

（王桂荣提供）

1956年开始出版，缩写为*Annu Rev Entomol*，是国际昆虫学领域影响力较大的权威期刊之一。该刊由Annual Reviews出版和管理，ISSN：0066-4170，被Science Citation Index（SCI）、Science Citation Index Expanded（SCIE）、英国《动物学记录》（ZR）、美国《生物学文献》数据库（BIOSIS Previews）、BIOSIS Reviews Reports And Meetings等文献索引数据库收录（见图）。

在国际昆虫学领域，《昆虫学年评》是公认的顶尖综述期刊，每年仅出版1期，刊登约30篇特邀综述性文章，至今已连续出版62卷。编委邀请各个研究方向的国际顶级专家撰写综述论文，每篇论文不仅要精辟地反映某一研究方向的研究历史和主要研究成就，而且要凝练出能引领今后若干年研究的精辟论点。期刊2021年影响因子为19.489，2015—2020年内的平均影响因子为20.265。在中国科学院SCI期刊分区中，该期刊属于生物大类别1区，在其所属小分类中，属于昆虫学1区。

该刊旨在综述昆虫学研究领域的研究进展和成果，包括生物化学和生理学、形态和发展、行为和神经科学、生态学、农业昆虫与害虫管理、生物防治、森林昆虫、螨类等节肢动物、医学和兽医昆虫学、病理学、植物病害、遗传学、基因组学的向量和分类学、进化与生物地理学。

（撰稿：王桂荣；审稿：王冰）

K

《昆虫学研究：进展与展望》 *Entomological Research Progress and Prospect*

（王孟卿提供）

西北农林大学昆虫学系刘同先和中国科学院康乐共同参与主编，由24名在美国、加拿大、澳大利亚、日本、荷兰的大学和政府研究部门工作、学习的华人昆虫学家共同参与编写。由科学出版社2005年出版。介绍了昆虫分子生物学和生物技术、昆虫生理和生态学、昆虫毒理和农药抗性治理、害虫综合治理等内容。该书内容广泛、新颖，宏观微观兼容并蓄，整体上反映了国际昆虫学最新研究进展和发展趋势（见图）。

该书共有22章，分为四大部分。第一部分有4章，介绍了昆虫分子生物学和生物技术相关内容，包括昆虫转座子与基因组的研究进展，协同进化过程中植物防御和昆虫反防御，昆虫多分DNA病毒和囊病毒分子生物学的研究和应用进展。第二部分有5章，主要涉及昆虫胚后发育的激素控制，昆虫生长发育的激素调控及信号传递，昆虫抗寒性的地理和季节变异，昆虫远距离迁飞与近距离扩散的研究进展和昆虫翅多型性的研究。第三部分有4章，包括昆虫毒理学和害虫农药抗性治理的内容，其中有昆虫毒理学的发展历程及前景，害虫与转基因抗虫作物间互作关系的模式系统研究与应用，乙酰胆碱酯酶在昆虫抗杀虫剂中的作用及其分子生物学原理，以及害虫Bt抗性机制研究的新进展。第四部分是该书最大的部分，共有9章，包括美国过去甘薯白粉虱（烟粉虱）综合治理的研究成果和分析，转基因Bt植物对非靶标物种的影响，生物农药和印楝提取物防治棉铃虫，昆虫寄生蜂人工饲养技术的研究、发展及其展望，遥感技术、全球定位系统以及地理信息系统在农业害虫探测上的应用，蟑螂和蚂蚁的化学防治，美国城市市区土栖白蚁防治技术以及加拿大的农药管理概况。

该书作为高等农林院校、研究单位专业教材，可为广大农、林业病虫害防治与研究工作者提供参考，对中国昆虫学研究与教学起到了推动作用，并为害虫防治提供理论和技术指导。

参考文献

刘同先，康乐，2005. 昆虫学研究：进展与展望[M]. 北京：科学出版社.

（撰稿：王孟卿；审稿：张礼生）

昆虫遗传操作技术 insect genetic regulation technique

通过一种转基因的手段使昆虫的基因产生突变或者过表达的一种技术。为研究昆虫基因的功能和害虫防治以及益虫的利用提供了技术手段。

作用原理 通过显微注射，将外源DNA序列整合到昆虫基因组上。

适用范围 广泛应用于双翅目、鳞翅目、鞘翅目和膜翅目等多种昆虫。

主要内容 昆虫转基因较多的是利用转座子携带外源基因整合至基因组来进行的。用于昆虫转基因研究的转座子有P因子，*Hermes*，*hobo*，*minos*，*mariner* 和 *piggyBac* 等。其中，来源于粉纹夜蛾（*Cabbage looper*）的 *piggyBac* 转座子，由于其可携带外源基因的大小范围受限制小、能特异识别TTAA位点、具有准确切除与插入外源基因且无物种限制等特性，已广泛应用于双翅目、鳞翅目、鞘翅目和膜翅目等多种昆虫。

注意事项 虽然昆虫转基因技术已经在很多昆虫内成功实现，但是不同种的昆虫可能需要不同的策略。另外，转基因的生物安全性也是一个需要考虑的因素。

参考文献

曾保胜，许军，陈树清，等，2013. 昆虫种群的遗传调控[J]. 中国科学，4(12): 1098-1104.

（撰稿：黄健华；审稿：徐海君）

《昆虫与植物的关系》 *Insect-Plant Relationship*

中国科学院动物研究所钦俊德主编，科学出版社1987年出版。

该书共分11章，绪论部分介绍了昆虫与植物关系问题的由来、全书的内容和结构、昆虫与植物关系的研究方法。地球上昆虫与植物的关系有着极长的历史渊源，第2章论述了昆虫和植物种间关系的类型和模式，然后讨论了这些关系在理化性质和机能方面的内容和演化过程。第3、4章论述了植物对昆虫取食的应对，通过化学因素（植物次生物质）和形态结构避免和降低植食性昆虫对植物的危害。进而，第5～8章论述了昆虫对植物的趋势和利用，在二者长期的相互作用的过程中从对植物的依赖、对植物的行为反应、对植物营养物质的利用、和对植物次生物质的代谢不同层次，阐明了昆虫对寄主植物的适应。进而，在理解昆虫与植物关系的基础上，第9章提出了利用植物的抗虫性减少害虫所造成的经济损失及理论和方案。第10章提出了利用益虫提高生产，讨论了昆虫与花的关系，深刻反映了自然选择和协调进化所形成的另种适应现象。最后，第11章分析了昆虫多样性形成的原因和适应意义，讨论了植物对昆虫种下分化和新种形成影响。

《昆虫与植物的关系》叙述了昆虫与植物形形色色的关系，阐明了它们相互作用的理化基础和演化途径。该书既包括了作者从20世纪50年代开始从事昆虫与植物关系研究的成果，又综述了国内外有关昆虫与植物关系的研究进展，故事性很强，是一本经典的著作，适合于广大科技工作者参考和研读。

（撰稿：刘柱东；审稿：周忠实）

昆虫预测预报技术　insect forecasting

根据昆虫发育规律和作物的物候以及气象因子等因素，对昆虫未来的发生期、发生量、危害程度以及扩散趋势等做出预测，最终为农业生产提供虫情信息和咨询服务的一种应用技术。

作用原理　以昆虫学、生物学、生态学理论结合害虫防治策略为理论依据，利用生物学、生态学和生物数学等的研究方法，综合分析虫源、气候、天敌和作物等与害虫预测预报调查相关的因素，研究害虫种群数量变化规律，预测昆虫危害的时期、范围和造成的经济损失。根据预测预报内容可以将昆虫预测预报分为：发生期预测、发生量预测、分布区域及迁徙性预测和虫害损失程度预测。

适用范围　农业害虫的预测预报。

实验观察、收集数据　根据需要预测预报的害虫种类，采用收集资料、实验饲养、田间调查等方法了解害虫生活史和生长特性，查明田间害虫发生期和发生量及与环境因子的关系。虫情数据收集方法有实验生物学、野外调查、GIS，GPS、遥感测控等，同时需要收集各级植保机构保存的虫害发生历史资料、气候资料和各种文献资料。

构建预测预报模型　应用数理统计方法构建预测预报模型，包括作物生长模型、害虫种群模型、天敌种群模型、气候模型等，预测方法在传统数理统计学（线性）的基础上结合非线性算法如人工神经网络、相空间重构和小波变换等建立更准确的预测预报方式。用历史数据对所建模型进行检验和修正，改进预测方法。将实际数据输入预测模型，提出预测预报结果。

注意事项　害虫发生是一个复杂系统，受多种因素的影响，具有不均匀性、差异性、突发性和随机性，对害虫发生的长期准确预测要求采用综合分析的方法，结合各学科知识，研究害虫发生的时空分布规律、成灾机制，借助非线性动力学的统计方法建立虫害预测预报的综合集成体系。

参考文献

文礼章，2010. 昆虫学研究方法与技术导论 [M]. 北京：科学出版社：396-410.

张永生，2009. 害虫预测预报方法的研究进展 [J]. 湖南农业科学 (7): 77-79.

（撰稿：唐旭东；审稿：徐海君）

《昆虫种群生态学：基础与前沿》 *Population Ecology of Insect: Fundamentals and Frontiers*

系统总结昆虫种群生态学概况和发展的著作，由徐汝梅、成新跃撰写，2005年由科学出版社作为“现代生命科学基础”丛书之一出版（见图）。

（陆永跃提供）

该书系统介绍了昆虫种群数量时、空动态规律及调节机制和研究方法等昆虫种群生态学核心内容，突出了空间生态学在昆虫种群生态学研究中的应用，阐释了种群变动的遗传机制、昆虫与植物的协同进化等研究热点，结合重大生态学问题论述了虫害暴发的一般理论、昆虫濒危与生物多样性保育、种群扩散与生物入侵、全球变化与昆虫种群动态等。该书内容分为3部分14章。具体为：第一部分共1个章节，内容为种群的空间格局。第二部分，种群的数量变动，包括第2章种群密度及其估值、第3章种群参数与生活史进化、第4章种群数量变动的表达及形式、第5章濒危昆虫与生物多样性保育、第6章种群数量激增与害虫爆发、第7章种群扩散与生物入侵、第8章全球变化与昆虫种群动态、第9章种群动态的数学模型和模拟、第10章密度制约作用及种群调节理论、第11章昆虫的种群遗传与进化。第三部分，种间关系，包括第12章昆虫与植物的相互关系及其协同进化、第13章两个相互竞争的物种、第14章捕食者（广义）与猎物种群的相互关系。

该书适合植物保护专业本科生、昆虫学或者森林保护专业研究生、农林业部门及大专院校有关科研、教学及管理人员参考。

（撰稿：陆永跃；审稿：梁广文）

L

李光博 Li Guangbo

（江幸福提供）

李光博（1922—1996），中国工程院院士，农业昆虫学家，中国昆虫迁飞研究创始人之一。中国农业科学院植物保护研究所研究员（见图）。

生平介绍 1922年6月生于河北武清，1943年考入北平大学农学院昆虫系，1947年在中央农业实验所北平农事试验场病虫害系任技佐。中华人民共和国成立后，北平农事试验场改为华北农业科学研究所，他在该所病虫害系任技术员、助理研究员，从事蔬菜害虫、粟灰螟和蝗虫等防治研究。

1957年中国农业科学院成立，他先后在植物保护研究所任助理研究员、副研究员和研究员，并任病虫动态测报研究室、农业害虫研究室副主任、迁飞害虫研究室主任和所学术委员会主任。先后兼任农业部第一届科学技术委员会委员，第二、三届中国农业科学院学术委员会委员，中国农业科学院研究生院学位评审委员会委员，中国昆虫学会（ESC）第二、三、四、五届理事及农业昆虫专业委员会主任，中国植物保护学会（CSPP）第三、四、五、六届常务理事，《植物保护学报》《自然科学进展》等期刊编委，《植物保护》副主编、主编以及民盟中国农业科学院委员会委员和二支部主任委员等职。

成果贡献 他曾组织多部门多学科协作研究，对中国黏虫的迁飞路线开展了大规模标记、释放和回收试验，突破了长期未能解决的黏虫越冬、迁飞规律与各地主要危害世代的虫源问题，并创造性地设计出基于越冬迁飞规律的黏虫“异地”测报办法。1978—1985年，他先后主持农林部重点科技项目“褐稻虱、稻纵卷叶螟、黏虫的迁飞规律及根治途径的探索研究”和“黏虫迁飞机制及综合防治研究”。1986—1990年，主持“七五”国家科技攻关专题“小麦主要病虫害综合防治技术研究”。1990年10月，受农业部委派作为中国迁飞昆虫代表团团长，应邀率团前往美国考察访问，并作学术交流，他的学术报告受到国外同行专家的高度评价。1991年后，李光博先后任“八五”国家科技攻关项目“农作物病虫害综合防治技术研究”技术总负责人、国家自然科学基金重点项目“黏虫、褐稻虱迁飞行为机制研究”主持人、国家攀登计划，“粮棉作物五大病虫害灾变规律及控制技术的基础研究”项目专家委员会首席科学家和项目主持人。1995年，李光博当选为中国工程院院士。

1950—1957年，为根除蝗灾努力不懈，他长期在山东渤海蝗区沾化县驻点，协助山东惠民专区建立了千人蝗情侦查网。研究提高了蝗情侦查技术，提出飞蝗与各种土蝗各虫态的识别方法和查卵、查蝻和查成虫的“三查”测报技术，并在全国推广。后来又研究提出了青草毒饵治蝗技术，用青鲜杂草取代麦麸。此项技术在1954年由农业部通报全国各蝗区采用。1973年，他在总结“改治并举”治蝗经验的基础上，建议农林部召开了第一次全国治蝗座谈会，并将治蝗方针修订为“依靠群众，勤俭治蝗，改治并举，根治蝗害”。这一建议对推动中国治蝗工作作出了贡献。

1957年，他开始主持黏虫发生规律和防治方法研究，负责组织全国黏虫协作网，提出加强对黏虫越冬与迁飞习性的研究。通过连续深入东部地区20个省（自治区、直辖市）的黏虫越冬调查和耐寒力试验，结合各地冬季气象资料和种群动态分析，他首次提出了黏虫在中国东半部地区的越冬北界为1月0℃等温线（大致相当于北纬33°线）及其以南地区黏虫越冬生境与越冬种群的分布规律，阐明了中国黏虫的初始虫源。1962年，他提出了“黏虫季节性南北往返迁飞为害假说与迁飞路线理想图”，把中国东半部地区划分为5个发生区，阐述了各区黏虫发生为害规律及其迁飞路线与虫源关系。为了证实这个假说，他主持了全国黏虫标记—释放—回收试验。1961—1963年分别在9省13个地点进行13次试验，共标记成虫202.5万多头，结果在5省11个地点收到标记成虫12头，标记与回收地点的直线距离600～1400km。证实了黏虫远距离迁飞为害的规律与路线，阐明了各发生区主要为害世代的虫源性质，明确了黏虫在中国东半部地区，每年有4次大范围迁飞活动。根据黏虫越冬迁飞规律和虫源性质，他又创造性地设计了黏虫“异地”测报办法，完善了黏虫测报体系。经过16年（1963—1979）50多期的预测预报实践检验，准确率85%以上，黏虫“异地”测报办法被列入全国统一测报办法推广应用。

在研究明确中国东半部地区黏虫越冬迁飞规律的基础上，1978年，他又主持了中国西部地区黏虫越冬迁飞规律和预测预报技术协作研究，明确了中国西北、西南大部地区属二代黏虫常发区，其虫源性质主要来自江淮流域一代黏虫常发区；黏虫越冬北界与东部地区基本一致。综合上述研究，他又提出了加强南方越冬代、江淮地区一代黏虫的防治工作，对控制全国黏虫发生为害具有战略意义的防治策略，并经实践得到证实。20 世纪 80 年代，他在黏虫迁飞机制研究，如应用昆虫吊飞微机采集分析系统研究黏虫迁飞生物学特性、组建黏虫测报专家系统、加强黏虫与褐稻虱迁飞行为机制研究、研究对黏虫高效而对天敌和人畜较安全的灭幼脲防治黏虫配套技术等方面，又取得新的成果，把黏虫研究推向新的领域。

他在解决迁飞性害虫发生规律的一套思路与方法上作出了中国独具的特色，引起了国内外同行高度重视，给国内稻飞虱、稻纵卷叶螟和小地老虎等迁飞性害虫的研究工作提供了经验，并对中国昆虫生态学的发展作出了新的贡献。英国、日本、澳大利亚、美国等专家也认为这些研究处于世界领先地位。

1986 年，他在国家“七五”科技攻关专题“小麦主要病虫害综合防治技术研究”总体设计中采取系统科学的原理与方法，分别在东北、西北、黄淮海、长江中下游四大麦区设立研究示范基点，选定 6 种重大病虫作为主攻对象，兼治其他病虫。将攻关研究内容分解为：病虫种群动态、为害损失与防治指标、监测预报、关键防治技术、应用基础、综防示范等部分进行研究，通过示范应用协调组装成技术体系，取得了突破性进展。大大强化了小麦群体的整体抗逆机能，农药使用量下降，天敌数量增长，农田环境得到改善，三大效益非常显著，投资与新增产值比超过 1 ∶ 5（～10）。1991 年，他又任“八五”国家科技攻关“农作物病虫害综合防治技术研究”项目技术负责人与“八五”国家科技攻关专题“小麦主要病虫综合防治技术研究”顾问，为进一步完善综合防治技术体系，提高中国病虫害综合防治技术水平，发展综合防治理论与技术，作出了优异成绩。

所获奖誉 先后获得全国科学大会奖、国家自然科学奖、国家科技进步奖、农业部技术改进与科技进步奖等 12 项成果奖。1990 年被授予“全国农业劳动模范”称号；1991 年被评为“七五”国家科技攻关有突出贡献的科学家，受到国家计委、国家科委和财政部的表彰；1996 年分别被农业部和国家机关工委评为优秀共产党员；曾任第七、八届全国政协委员；1995 年当选为中国工程院院士。

参考文献

林菲，1996. 生命在事业中闪光：记优秀共产党员、全国劳动模范李光博 [N]. 农民日报 (2): 3-5.

中国科学技术协会，1998. 中国科学技术专家传略：农学编　植物保护卷 2[M]. 北京：中国农业出版社.

周尝棕，1985. “迁飞”的沉思 [N]. 社会生活报 (3): 2-6.

（撰稿：江幸福；审稿：马忠华）

李扬汉　Li Yanghan

李扬汉（1913—2004），字洪都，杂草学家，南京农业大学生命科学院终身教授、博士生导师（见图）。

生平介绍 1913 年 12 月（农历）出生于江西九江，江西南昌人。1935 年以优异成绩考入金陵大学农学院学习，主修农艺系，辅修园艺系，并取得奖学金。因受中学老师的影响，喜爱生物学，一年后转入植物学系（主系），辅修植物病理学系。这一选择，奠定了李扬汉一生的事业。1937 年李扬汉随学校西迁成都。三年级时，由系主任聘为见习助教，承担普通植物学和植物生理学的实习课。1939 年毕业后留校任教，1943 年任讲师。1945 年参加农林部选考，赴美国耶鲁大学林学研究院进修特别班学习，学成回国后在金陵大学农学院任副教授、教授。1952 年院系调整后，在南京农学院（现南京农业大学）任教授。1956 年加入中国民主同盟，1959 年加入中国共产党。

（强胜提供）

曾任南京农学院农学系副主任、主任，设立南京农业大学杂草研究室主任。兼任中国杂草研究会和江苏省杂草研究会首任理事长，中国植物保护学会（CSPP）副理事长，中国植物学会理事，江苏省植物学会副理事长，联合国粮农组织改进杂草管理专家组成员，亚太地区杂草管理指导委员会委员，国际杂草科学学会终身会员，美国杂草科学学会荣誉会员。《杂草科学》等期刊主编。是享誉国内外的科学家和卓越的农业教育家。

他为中国农业高等教育事业辛勤工作了近 70 年，20 世纪 60 年代初就招收硕士生，1988 年又成为植物学博士生导师。他是最早在中国培养杂草科学方面硕士和博士研究生等高层次人才的教授，还先后招收两届研究生班，快速培养了一批国家急需的植物学和杂草学方面的高层次人才，共计培养了 32 名硕士和 15 名博士研究生，他们大多已经成为国内外各行各业的中坚力量。李扬汉教授著作等身，成果丰硕，桃李满天下。他一生心系教育事业，为南京农业大学农学院本科生、研究生设立“李扬汉教授奖助学基金”，他教学生专业知识，亦教为人之道。

成果贡献 李扬汉灵活地将植物学基础理论应用到农业科学，在中国率先开辟杂草科学研究事业，开展杂草及其防除、检疫、利用和研究，成为中国杂草科学事业的开拓者和奠基人。早在 1953 年，李扬汉就开始对中国大型国有农场农田杂草进行调查研究。20 世纪 60 年代，组织开展了一系列杂草普查。1980 年参加中央农垦部新疆垦区科学考察组对新疆的 14 个团场和 9 个科研单位进行了考察，从 1982 年起，在国家自然科学基金重点项目的资助下，历时 9 年，对全国杂草进行了实地调查、采集和鉴定，并进行深入研究，全面揭示了全国杂草分布危害的规律。这些成果集中反映在自 1982 年启动的《中国杂草志》中，他领导的编委会数年辛劳，四易其稿，于 1998 年正式由中国农业出版社出版发行，这是一部全面反映中国（包括台湾）田园杂草种类、分布、生境、形态特征、生物学特性以及化除指南的逾 200 万字的专业巨著。

1965 年，组建了首个农业部杂草检疫试验站，1979 年复校后改名为南京农业大学杂草研究室至今，主要以中国田园杂草为研究对象，研究中国农田杂草区系、生态分布以及主要害草的生物生态学特性，揭示杂草的发生危害特点和生物生态学的基本规律，探索杂草综合治理的措施，为生产实践服务。现在已经发展为国内领先，有国际影响力的杂草科学专门研究机构。现还成为江苏省杂草防治工程技术中心的省级专业科研平台。

1984—1985 年，建立了中国第一个中国杂草标本室。现已成为收藏各地田园杂草标本 5 万多份，隶属于 132 科 594 属 2000 多种，成为中国数量最多、覆盖全国的杂草标本室，受到来室访问的国际杂草界同行的高度评价。相关信息已经纳入中国杂草信息服务系统，网络访问超过 120 万次，成为了解中国杂草信息的最主要窗口。

1959—1985 年，开展了对检疫杂草毒麦的研究。首次明确了中国毒麦种类并进行了命名，提出检验、防除以及处理和利用建议，开创了中国对外来检疫性杂草的检验、鉴定及利用和防治的先河。他多次到大连、秦皇岛、塘沽、宁波、厦门、广州和深圳等各口岸检疫局（所），调查、收集并鉴定他们截获的杂草籽实。他还将检疫杂草菟丝子的综合防治方法做了全过程录像并亲自配以中外文解说，以供教学和培训之用，并传播到美国、澳大利亚及非洲一些国家，受到好评。受国家有关部门委托，举办了多期口岸杂草检疫讲习班，亲自授课，为中国培养了大量杂草检疫方面人才。

为适应农业生产需要，精心编著了《禾本科作物形态与解剖》和《蔬菜解剖与解剖技术》，阐述植物形态解剖学在农业生产上的应用和发展。

率先在农业院校农学和植保专业开设杂草科学课程，他于 1981 年编写出版了《田园杂草和草害——识别、防除与检疫》一书，是最早的杂草学课程教材，为中国杂草科学的教育普及作出了开创性的贡献。

他还是中国农业植物学教育事业的开拓者和奠基人。自 1938 年起一直从事植物学的教学和科研，他的教学既围绕教学大纲，又不拘泥其中，授课幽默风趣，广征博引，恰到好处地处理课堂严肃与活泼的关系，使听课者在不知不觉中获得知识，教学效果有口皆碑。在他的影响下，南京农业大学植物学课程成为引领教学模式信息化改革的一面旗子。

金陵大学过去植物学课程由美籍教授讲授，采用原版英文的《普通植物学》作教本。他留校任教后，在抗战条件异常艰苦的情况下，历时 2 年将该书译成中文，采用石印制版，延请精工木刻，将图插入文中，后得以正式付梓，列为金陵大学农学院丛书，满足了当时国内高等院校教学的需要。留学回国后，他参考了国内外大量文献，结合中国实际，重编《普通植物学》（上下册）。该书经教育部审定，列为大学丛书，1948 年，由商务印书馆出版。1949 年以后，该书在中国台湾地区继续出版至 1972 年，发行 7 版。1956 年，他受农林部委托，主编和修订了历届全国统编植物学教材，至今已发行累计超过 30 万册，影响广泛。他编写的《植物学》（上、中、下册）是一部内容全面系统的教学参考书，1958 年由高等教育出版社出版，1990 年重新修订再版。他十分重视科学知识普及，亲自组织编写《植物学浅说》《大众植物学》，为充实中学生文库，还合编《奇妙的植物适应》，他为《科学种田》（现更名为《当代农业》）编写了《植物学入门》，分期连载。

所获奖誉 由于李扬汉对中国高等教育事业做出突出贡献，受到国务院的表彰，荣获首批政府特殊津贴及证书，国家人事部特批为国家暂缓离退休高级专家（终身教授）。国家新闻出版署因他在编纂工作中做出的重要贡献，授予他荣誉证书。国际杂草科学学会、美国杂草科学学会和韩国杂草科学学会因他在杂草科学研究及教育方面做出的杰出贡献，特授予他金属表彰状，美国杂草科学学会授予他荣誉会员。他还入选了《中国科学技术专家传略》。

性情爱好 李扬汉为人师表，注重对学生全面能力的培养，用自己良好的工作态度和生活习惯言传身教，影响学生。生活很有规律，每天早晨坚持体育锻炼，同时，十分关心研究生的身体健康，每天清晨亲自带领大家坚持打太极拳和八段锦，在锻炼了身体的同时，也锤炼了意志。

参考文献

李扬汉 , 1998. 中国杂草志 [M]. 北京 : 中国农业出版社 .

南京农业大学发展史编委会 , 2012. 南京农业大学发展史 : 人物卷 [M]. 北京 : 中国农业出版社 .

（撰稿：强胜；审稿：马忠华）

李玉 Li Yu

李玉（1944— ），菌物学家和植物病理学家，中国工程院院士、俄罗斯科学院外籍院士、吉林农业大学教授，全国脱贫攻坚楷模。

个人简介 1944 年 1 月出生于山东济南。1962 年 9 月，考入山东农业大学植保系植物保护专业。

1966 年 7 月，由山东农业大学毕业。1967 年春，本已确定留在家乡的他，选择支援边疆，来到吉林省农业科学院报到，被分配到吉林最西部的白城农科所。

20 世纪 70 年代初，吉林重新修订《病虫害防治手册》，他担任了全书彩图的绘制工作。此外还承担了重庆科技情报研究所委托的英文版《植物病理学文摘》的部分编译工作，长达十年。“文化大革命”期间，利用业余时间，完成了《大豆：改良生产和利用》一书部分篇章的英译汉翻译工作。

1978 年秋，他考取吉林农业大学微生物专业的硕士研究生，师从中国真菌学家周宗璜。他多次放弃出国留学机会，心无旁骛地走上菌物研究拓荒之旅。《人民日报》以“孤独的拓荒者”为题，对他的事迹做了报道。

1981 年获中国科学院理学硕士学位后，留校任教，从事植物病理和菌物学的教学研究工作。1992 年被聘为教授、博士生导师。受日本学术振兴会和英国皇家学会资助，在日本国立科学博物馆、英国皇家植物园做高级访问学者，在日本筑波大学获得农学博士学位。先后任农学系副主任，教务长、副校长、校长。期间还任国务院学位委员会第四届、第五届学科评议组成员，吉林省人大代表等职务，兼任中国菌物学会（MSC）理事长、中国食用菌协会副会长等学术职务。至今依然受聘担任国际药用菌学会理事长、中国菌物学会名誉理事长、中国食用菌协会名誉会长等学术职务。

2005 年，被遴选为俄罗斯农业科学院外籍院士，成为第五位获此荣誉的中国人。

2009 年，当选中国工程院院士，成为吉林省省属单位中走出的第一位院士，也是当时中国食用菌领域唯一的一位院士。

成果贡献 1978 年以来，始终坚守教学科研第一线，创立菌物学、菌类作物二级学科，率先在全国建立应用生物科学（菌物方向）本科专业，构建起全国唯一的从本科至硕士、博士完整的菌物人才培养体系。累计培养硕士研究生超过 100 余名，博士研究生 40 余名，博士后 20 余名。

20 世纪 70 年代以来，系统开展菌类资源收集、保存、评价和利用等科学研究。对多个类群开展调查研究，发现菌物新纪录菌种 245 个，建成国内首个菌类种质资源库，标本及菌种保藏量居国内前列，为中国生命科学研究、生物学教学、经济与社会发展提供了不可或缺的基础资料。出版《中国真菌志：香菇卷》；主持吉林省“三志”（动物志、植物志、菌物志）的编研；主持国家出版基金项目，国家“十二五”重点规划图书《中国大型菌物资源图鉴》的编著，记载中国大型食用、药用、有毒等菌物 509 属 1819 种，是中国涵盖类群较广、种类较丰富的菌物资源类工具书。

对中国重要黏菌类群系统分类及生物学作了深入研究。特别对黏菌纲目中所有的重要科、属、种进行了超微结构、个体发育、化学成分及分子生物学进行了系统研究，报道了 400 余种，占世界已知种的 2/3，发现并命名 46 个黏菌新种，成为中国为黏菌新种命名的第一人；出版了《中国真菌志》（黏菌卷一、卷二）两部黏菌学专著。是中国第一个对黏菌属、科、目级进行分类的学者，在基因水平方面研究了黏菌分类单元的亲缘关系，揭示了黏菌和其他菌群的系统发育关系，奠定了真黏菌为异源多系类群的全新系统理论基础。2014 年，作为大会主席在亚洲、在中国首次主持召开黏菌领域的国际会议，即第八届国际黏菌系统学及生态学会议，进一步确立中国黏菌研究的国际领先地位。

较早将菌物纳入生物多样性研究，创造性提出了“一区一馆五库”菌物资源保育体系，并在中俄、中朝边境，西藏、四川等地建立珍稀菌物资源保育区，丰富和拓展了国家自然保护区的内涵，这些基础研究不仅保护了种质资源，更为进一步评价、利用、开发中国菌物野生资源奠定了基础。

作为植物保护学科带头人，提出了菌类作物、菌物药、黏菌学、菌物反应器等学术新名词；率先提出并引领了“食用菌全株高值化利用”“食用菌主食化”“木腐菌草腐化”“南菇北移”“北耳南扩”等食用菌产业战略发展方向。创办《菌物研究》学术期刊，出版著作及教材 23 部，获国家已授权发明专利 57 项，在学术期刊上发表论文 510 余篇。

采用营养缺陷标记，构建出金顶侧耳基因连锁图谱，揭示高温型菌株的遗传规律，选育出高温型金顶侧耳新品种；采用细胞融合技术选育出平菇与金顶侧耳融合子‘农大 4 号’优良菌株。开展的食用菌原生质体制备和遗传转化技术研究，为食用菌新菌株培育开辟了新途径。驯化选育了适宜东北地区气候的玉珊瑚、玉木耳、白阿魏菇、榆耳、姬松茸等珍稀品种 45 个，6 个通过国审。

重视食药用菌工程产业化，完整发展了“生态菌业”理论体系，创新改进了全日光栽培黑木耳等 8 项关键技术，创新集成了无公害黑木耳、香菇、灵芝等栽培上的 6 个标准技术体系，两棚制花菇生产等 3 种生产工艺，米菇间作等 6 项生产模式；建立生产示范基地 26 个，培训技术骨干 8000 多人，推广逾 50 亿袋（菌包），创造直接经济效益近 60 亿元。

1990—2004 年，担任吉林农业大学校长，提出了“把有特色的专业办出水平来，把有水平的专业办出特色来”的办学理念，把“巩固大陆，占领两厢”作为科研方向，鼓励教师“把论文写在吉林大地上”，较早在国内大学实行教学督导制。建立全国第一个家政学本科专业；本着“为职业中学的学生再修一条路，再搭一座桥”的思想，在学校开办了职业技术教育，实行单招、单考、单独录取，为培养农村实用技术人才铺平了道路。这 14 年间是学校建校以来各项事业发展最好的时期之一，为中国农业教育事业作出了杰出贡献。

与俄罗斯农业科学院合作，对俄罗斯远东地区乌苏里江流域菌物多样性做了研究，出版了 *Fungi of Ussuri River Valley*、俄文著作 *ЛЕКАРСТВННЫЕ ГРИЪЬЫ В ТРАДИЦИОННОЙ КИТАЙСКОЙ МЕДИЦИНЕ И СОВРЕМЕННЫХ ЪИОТЕХНОЛОГИЯХ*，建立中俄及中白俄罗斯菌物资源保育中心。

积极响应服务创新驱动发展战略，对接的江南生物科技院士工作站“优质草菇周年高效栽培关键技术及产业化应用”项目获国家科技进步二等奖；对接的福建绿宝集团、东方食品集团于 2015 年分别在香港主板和“新三板”挂牌上市，并获评“2016 年度全国示范院士专家工作站”。2016 年中央电视台《走进科学》栏目，以“创新中国、蘑菇工厂”为题对这两家院士工作站做了报道。指导“浙江庆元香菇文化系统”成功申报为第一个菌物方面的“中国农业文化遗产”，并捐资 480 万元设立“李玉院士奖励基金”，鼓励庆元食用菌产业发展。

承担中国援助赞比亚农业示范区的技术服务工作，将食用菌生产技术传给赞比亚，为中国食用菌产业的国际化以及融入“一带一路”战略提供了经典范例。《人民日报》以“中国院士让赞比亚百姓全年吃上了蘑菇”为题做了专题报道。

所获奖誉 1993 年获“中华人民共和国中青年有突出贡献专家”“全国优秀教育工作者”荣誉称号；2005 年获国家级教学成果奖二等奖；2010 年获“全国优秀科技工作者”荣誉称号；2011 年被评为国家级教学名师；2014 年被评为 2013 年度科学中国人；2002、2008、2015 年获吉林省科学技术进步一等奖；2007 年获国家自然科学奖二等奖；2010 年获何梁何利科学与技术进步奖。2014 年第八届国际黏菌系统学及生态学会议组委会授予黏菌事业杰出贡献奖，2015 年获首届戴芳澜科学技术奖终身成就奖。

性情爱好 李玉除了在事业上颇多建树外，生活中性情豪爽，幽默风趣，儒雅而平和，但保留着山东人的执着；爱好文学、书法、集邮、摄影，在蘑菇烹饪艺术上也深有研究。他博览群书，文理贯通，思维严谨，拥有深厚的文化知识功底，还熟悉英语、日语两门外语，这些都给他的科学事业增添了神奇的隐形翅膀，让生命焕发出瑰丽的色彩。

（撰稿：王琦；审稿：马忠华）

L

李振岐　Li Zhenqi

李振岐（1922—2007），字兴周，中国工程院院士，中国近代植物病理学家和小麦锈病专家（见图）。

（康振生提供）

生平介绍　1922年10月4日出生于河北遵化。青少年时代，家乡蒙受日本帝国主义的侵略和蝗虫危害，使他下决心要投身于革命，一要把日本帝国主义赶出中国；二要学好农业科学，把病虫害消灭掉。1942年中学毕业后，到达陕北宜川山西大学，考入文学院英语系学习。1944年12月，独山失守，民族危难之际，他毅然参加青年远征军赴印度兰加训练基地接受军事训练。1945年6月回国在昆明待命参战，同年8月日本侵略者宣布投降，为了圆少年时期立志为家乡消灭农作物病虫害，使家乡父老能够吃饱饭的梦想，遂退伍转学至西北农学院植物保护系学习，1949年毕业。学习期间，在地下党的教育和培养下，于1949年2月加入中国共产主义青年团，同年5月加入中国共产党。中华人民共和国成立后，根据党组织的安排，留校在植物保护系任教并开始从事小麦条锈病研究。他先后担任西北农学院植物保护系兼职秘书、植物病理教研室主任、系副主任、主任、植物病理研究所所长、名誉所长，西北农业大学研究生部主任等职。1986年晋升为教授，同年被批准为博士生导师，期间兼任国务院学位委员会学科评议组成员、国家教委科技委员会农林牧渔成员等职。他曾于1957—1959年赴苏联季米里亚捷夫农学院进修2年，1982—1983年赴美国蒙大拿大学合作研究1年。他长期从事农业植物病理学和植物免疫学教学及小麦条锈病和植物免疫研究工作。

成果贡献　1950—1956年在他与刘汉文共同主持下，首先揭示了陕西、甘肃、青海小麦条锈病的发生与流行规律，并提出了防治途径。研究中结合实际，创造性地利用太白山不同海拔高度为试验基地，将纵向立体实验研究与横向剖面广泛调查相结合，较快地查明了陕西、甘肃、青海地区小麦条锈病菌的越夏海拔高度界线和条件，明确了病菌的越夏方式、地区和范围，传播途径，越冬方式和条件，以及春季流行规律，并发现陇东等早播冬麦区是秋季菌源基地和传播桥梁地带，为开展中国小麦条锈病流行体系研究奠定了坚实的基础，为制定防治策略提供了重要科学依据。该研究1978年获得首届全国科学大会奖和陕西省科学大会奖。

1986年，李振岐与有关单位协作完成了“中国小麦条锈病流行体系”研究，该成果达到国际先进水平，某些方面处于国际领先地位，1988年获国家自然科学二等奖。

1956年‘碧蚂1号’小麦品种丧失抗条锈性后，给中国小麦生产提出了一个新问题。鉴于这一问题的重要性和迫切性，根据全国协作分工要求，自1956—1990年，结合中国六批小麦品种抗条锈性丧失问题的实际，他主持并系统研究了小麦品种抗条锈性丧失规律，发现陇南为“越夏易变区”，病菌小种毒性变异是引致品种抗病性丧失的主要原因，山区低温为引起病菌变异的重要诱因，半山为变异的关键地带，并提出了控制对策，这一研究结果为解决中国小麦品种抗条锈性丧失问题提供了重要科学依据。该研究成果分别获1987年陕西省科技进步三等奖和2006年陕西省科学技术一等奖。

1983—1990年李振岐主持承担了国家“六五”“七五”攻关课题——“小麦条锈病综合防治技术研究”和“小麦主要病虫害综合防治技术研究”。以陕西关中灌区和甘肃天水地区为基点，开展综合研究与示范，提出了综合治理技术方案，通过示范推广，成效显著。1989年和1990年天水地区小麦条锈病大流行，他提出“打山保川，打点保面”的防治策略，对控制该地区16.7万hm^2小麦条锈病的流行起了重要的指导作用，挽回1.25万吨小麦损失，受到甘肃天水市政府的表彰；1990年和1991年关中地区小麦条锈病流行，他主持及时研究了发生原因，提出了“打滩保原，打点保面”防治策略，并协助培训干部和宣传推广，减轻了病害的流行，减少小麦损失3万吨。该研究成果分别获得1991年获陕西省科技进步二等奖和农业部科技进步集体二等奖。

20世纪80年代以来，李振岐为了进一步扩大研究领域和提高研究水平，结合指导研究生，从细胞、亚细胞和分子水平开展了小麦条锈菌的毒性遗传和变异机制等方面的研究，取得了一系列的重要进展。首次明确突变和异核作用是小麦条锈菌毒性变异的主要途径；发现小麦条锈菌的超微结构明显不同于其他锈菌，受到国内外同行专家的关注；建立了小麦条锈菌小种DNA分子标记技术，为进一步开展小麦条锈菌群体遗传研究奠定了技术基础。此外，还研究了小麦条锈菌的寄主范围和专化型，进一步明确了大麦专化型及其分布，发现了2个新专化型；主持研究了秦岭植物锈菌区系，描述了237种，建立了6个新种，并完成了生态组分分析；开展了杨栅锈菌的生理分化研究，将病菌划分为3个生理小种，这些研究结果为进一步开展深入研究打下了技术基础。

李振岐在研究工作中重视技术改革。为提高研究水平和早出成果,研制出适合条锈病研究工作需要的独特研究设备、条件和方法。他先后成功地研究出一系列试验仪器设备和试验方法。首创了改造防空洞为“地下低温植物生长室”，节省了大量资金和能源，保证了国家攻关和其他课题任务的顺利完成；与西北农业大学农机工厂协作研制成功“锈菌孢子沉降塔”“微型接种器”，并已推广应用，受到国内外专家好评；成功研究出一系列染核方法，对条锈菌异核作用研究发挥了重要作用。他主编了《中国小麦锈病》，使中国对小麦锈病的研究得到系统的总结和交流；并积极通过多种途径创造条件促使陇南小麦条锈病菌“越夏易变区”治理系统工程的实施，为从根本上缓解小麦条锈病对中国北方小麦生产的威胁作出了贡献。

李振岐是一位知识渊博的教育家。他自1959年从苏联进修回国以后，一直从事农业植物病理学和植物免疫学教学工作。他对教学工作一向认真负责，讲授内容深入浅出、简明扼要，深受学生赞赏。为了推动植物病理学的发展，他在20世纪60年代初期就为本科生开设了“植物免疫学”，为国内最早开课者之一。20 世纪 80 年代以来，根据学科进一步发展需要，又为硕士研究生开设了“高级植物免疫学”和“植物免疫学专题”（博士生课）；1982 年主编的《植物免疫学讲义》曾在国内广泛交流，1992 年又主编了《植物免疫学》教材。他十分重视教书育人，坚持教学改革，教学与生产、科研相结合，他主持的综合教学实验和毕业实习改革均受到过表彰。先后培养了植物免疫方向的硕士研究生 21 名，博士研究生 13 名和博士后 2 名。毕业研究生大部分已成为中国植物病理学研究的中坚力量。

为了推动学科的发展，李振岐在培养青年教师和学科梯队建设方面倾注了大量心血。他甘为人梯，为青年教师的成长铺路搭桥，先后培养了 7 名青年教师和 11 名进修教师，使教师和研究人员的业务水平有了很大的提高，从而健全了学术梯队。

李振岐是一位学科发展的好带头人。他主持建立了中国西北第一个植物病理专业学科点和植物病理研究所，并担任第一任所长。植物病理博士点由 1 名博士生导师增补到 17 名，博士研究生的招收方向由 1 个扩充到 4 个。同时，他积极策划、参与申报获批了教育部“农作物病虫害综合治理和系统学开放实验室”“陕西省农业分子生物学重点实验室”，并担任学术委员会主任，为在大西北培养高级植物病理学人才打下了良好基础。此外，他还是一个专业学术活动的积极推动者。自参加工作以来，一直积极参加各项有关学术性社会活动。负责筹建了中国植物病理学会（CSPP）西北分会，组织召开了西北地区学术讨论会、中国植物病理学会抗病育种学术讨论会、海峡两岸植物病理学术讨论会等学术会议，推动中国西北地区植物病理学事业的发展。他历任中国植物病理学会常务理事、副理事长、抗病育种专业委员会主任委员、西北区分会理事长，《植物病理学报》编委，陕西省植物病理学会常务理事、理事长，陕西省农业厅顾问等，在自己的岗位上为中国植物病理学的发展作出了重要的贡献。

李振岐 1997 年成为中国工程院院士以后，更是胸怀大志，放眼未来。他看到了 21 世纪科技曙光，在给“共青团中央农业论坛”，陕西省政府领导以及在山东、甘肃、云南、广东等地授课时指出：“21 世纪是知识经济时代，知识经济的特点是以智力资源为依托，以高科技产业为支柱，以不断创新为灵魂，以教育为本源。知识经济的到来，对中国是一次发展机遇，但也是挑战。”他从中国农业宏观发展的未来着想，大力宣传生态农业的重要性，十分关注半干旱地区沙漠化土地的改造、黄土高原综合治理以及土壤、水体和大气污染控制等问题。他提出“不但要不断加强对现代化生物技术、信息技术和生态农业等新技术的学习和掌握，同时要站在国家和全局的高度，发扬集体主义精神，加强协作配合，才能做出应有的贡献”。他也在用这种精神去教育和培养更多、更好的高层次新型人才，向更高的方向努力。

李振岐胸怀坦荡，善为人师。他深知“一年之计，莫如树谷；十年之计，莫如树木；终身之计，莫如树人”，人才是一切事业成功之根本的道理。他认为，只有无能混乱的管理，没有无用的人才。他经常用金刚石与石墨的元素相同，仅由于结构组合不同，而性质完全不同的道理教育大家，只有团结一致才具有坚强的战斗力。所以，他不仅能团结同自己意见相同的人，更能注意团结一切意见不同的人共同工作。李振岐了解“骏马能历险，耕田不如牛；坚车能载重，渡河不如舟”，人各有才，而才各有长短，关键在于你能否识别以及能否用其所长避其所短的道理。所以，他处理问题的准则是，严于律己，宽以待人，坚持一分为二看事，对自己多看缺点，对别人多看优点，对事物多从积极方面考虑。

李振岐的人生格言是“早立志，勤思考，团结奋斗，勇于进取，持之以恒，不断前进，力争为人类做出更大贡献”，他依照自己的格言做出了显著的业绩。

所获奖誉 李振岐工作认真负责，多次获得奖励。1949 年因积极护校，荣获解放西北纪念章，1965 年他所领导的植病教研组被评为先进集体，曾作为代表出席陕西省群英会。1985 年荣获农业部高等学校优秀教师，1986 年被评为陕西省高教系统优秀教师、先进工作者和西北农业大学优秀党员，1987 年被评为西北农业大学优秀研究生导师，1990 年国家教委授予“从事高等教育 40 年成绩显著荣誉证书”，1991 年被评为陕西省有突出贡献专家，1991 年享受国务院特殊津贴，1998 年获陕西省优秀研究生导师称号，2002 年获全国百篇优秀博士论文指导教师奖。在科学研究方面先后获得国家自然科学二等奖、全国科学大会奖、中华农业科教奖、“亚农杯”农业贡献奖、农业部科技进步二等奖、陕西省科技进步一等奖、陕西省科技进步二等奖，陕西省科技进步三等奖等。此外，他合作主编的《小麦病虫草鼠害综合治理》，1992 年获首届“兴农杯”优秀农村科技图书一等奖；2002 年他荣获“何梁何利基金科学与技术进步奖”；他主编的《中国小麦锈病》，2003 年获全国优秀科技图书一等奖；2007 年他获“国际植物保护学会终身成就奖”。

李振岐是中国小麦条锈病研究的主要奠基人之一，在该领域建树卓著。他先后主持完成了国家攻关研究课题、自然科学基金项目和省部级课题等十多项研究项目。发表论文 120 余篇，出版专著、教材 6 本。

参考文献

康振生，李振岐，1984. 洛夫林 10 常温致病新菌系的发现 [J]. 西北农学院学报 (4): 106.

康振生，李振岐，商鸿生，等，1993. 小麦条锈菌胞间菌丝的超微结构和细胞化学研究 [J]. 真菌学报，12(3): 208-213, 257-260.

康振生，李振岐，商鸿生，等. 1993. 小麦条锈菌夏孢子和芽管细胞核荧光染色技术 [J]. 西北农林科技大学学报，21(1): 11-14.

李振岐，1980. 我国小麦品种抗条锈性丧失原因及其解决途径 [J]. 中国农业科学，13(3): 72-77.

李振岐，刘汉文，1956. 陕、甘、青小麦条锈病发生发展规律之初步研究 [J]. 西北农学院学报 (4): 1-18.

李振岐，商鸿生，1989. 小麦锈病及其防治 [M]. 上海：上海科学技术出版社.

李振岐，商鸿生，阴省林，等，1984. 洛夫林小麦抗条锈性变异的研究 [J]. 中国农业科学，17(1): 68-74.

李振歧，刘汉文，1957. 关于‘碧蚂一号’抗条锈性减退问题的讨论 [J]. 西北农学院学报 (2): 93-102.

商鸿生，杨渡，李振岐，1987. 三唑酮拌种对小麦条锈病菌叶部侵染过程的影响 [J]. 植物病理学报，17(3): 141-145.

（撰稿：康振生；审稿：王保通）

李正名 Li Zhengming

（王宝雷提供）

李正名（1931—2021），有机化学家，农药化学家。中国工程院院士，南开大学化学学院讲席教授、博士生导师（见图）。

生平介绍 1931年1月出生于上海，在上海和苏州先后完成了小学和中学学业。1949年赴美留学，就读于位于南卡罗来纳州的Erskine大学，学习化学专业后毕业，1953年成为中华人民共和国第一批归国留学生，被分配到南开大学，任中国化学界德高望重的杨石先科研助手后攻读其研究生。而后在南开大学工作至今。1980—1982年，曾在美国国家农业研究中心（USDA-BARC）做访问学者。1995年当选为中国工程院院士。他曾先后担任南开大学元素有机化学研究所所长、元素有机化学国家重点实验室主任兼学术委员会主任、农药国家工程研究中心（天津）主任、南开大学化学学院院副院长等职务。

曾担任中国工程院化工冶金材料学部常委，国务院学位委员会第三、第四届评议组成员，国家自然科学基金委有机化学评审组组长，中国农药学会副理事长，中国化学会副秘书长，天津市科学技术协会副主席，南开大学科协主席，国际纯粹与应用化学会 (IUPAC) 中国代表及资深会员，中国农药工业协会（CCPIA）及湖南化工研究院国家农药创制工程技术研究中心高级顾问。曾担任农业农村部农药化学及应用重点开放实验室、华中师范大学农药与化学生物学教育部重点实验室、福建农业大学农药与化学生物学教育部重点实验室、联合国南通农药剂型开发中心等学术（技术）委员会主任，以及中国科学院上海有机化学研究所生命有机化学国家重点实验室、清华大学有机磷化学国家重点实验室、大连理工大学精细化学国家重点实验室、贵州大学农药与化学生物学教育部重点实验室学术委员等学术职务。曾担任 *Pest Management Science* 执行编委，*Tetrahedron / Tetrahedron Letters*、*Journal of Agricultural and Food Chemistry*、*Pesticide Biochemistry and Physiology*、《化学学报》《有机化学》《应用化学》《高等学校化学学报》《农药学学报》《农药》等学术期刊的审稿人，《农药学学报》编委会顾问。

成果贡献 他于20世纪50～60年代在杨石先领导下参加了有机磷元素有机化学研究；80年代开展了天然生物调控物质研究、昆虫信息素化学、杂环化学与有机立体化学研究；后开展农药化学基础研究、新农药创制与开发研究。他曾主持和参加了“六五”到“十二五”期间的国家科技攻关项目，均出色完成了任务。他曾主持参加国家重大研究计划（“863”计划、“973”计划）、国家自然科学基金和重点基金、国家新农药创制与产业化及天津市自然科学基金等项目，取得了一批研究成果。

在60多年的执教生涯中，李正名诲人不倦，辛勤耕耘，先后为国家培养研究生164人（含博士生和博士后66人），他们中有许多已成为相关领域的知名学者和学术带头人。他坚持学以致用，言传身教，深受学生爱戴，被全校评为“良师益友”，先后共发表学术论文625篇，编写《有机立体化学进展》等专业著作2部，申请37项发明专利（获得17项授权），为中国有机化学尤其是农药化学的科研、教育事业作出了卓越贡献。

1962年，杨石先校长创办了南开大学元素有机化学研究所，这是当时全国高校中建立的第一个专业研究所。他作为杨校长的科研助手，成为研究所建所的第一批科技骨干之一。他还先后参与了有机二室、元素有机化学研究所、中苏科技合作、亚非拉研究中心、天大南大联合研究大楼及化学化工国家实验室等的申请和筹备工作。在杨石先校长等领导的指导下，他负责组织其他教授共同承担元素有机化学国家重点实验室和农药国家工程研究中心（天津）的创建工作。此外，他在2002年第188次香山科学会议上，正式提出“绿色农药”这一概念的具体内容。

20世纪70年代初，中国水稻产区发生了严重的白叶枯病，每年减产10%～30%。根据当时国家化工部的急需，他带领课题组探索了不同的合成路线，研制出防治水稻白叶枯病的新杀菌剂——叶枯净的最佳合成工艺及时提交化工部。他参与杨石先领导完成的中苏科技合作项目“磷32、磷47新杀虫剂研究”曾获全国科技大会奖。

80年代，他开展了天然生物调控物质研究，先后对原始小蜂（*Hylaeus albonitens*）上颚腺体、槐尺蠖、茶尺蠖性信息素以及夜丁香中的复杂的超微量活性物质进行了分离、鉴定，还对亚洲玉米螟性外信息素、拟棉蚜警戒素、印度谷螟性信息素等进行了立体有择合成研究。

1983年，鉴于小麦锈病已在中国西北地区暴发并迅速向全国蔓延的严峻形势，国家化工部组织“高效杀菌剂FXN新工艺研究”全国联合攻关，他负责小试工艺攻关组，是全国联合攻关组负责人之一。经过4年多的努力，在上海、南京参加科技攻关单位的密切协作下，攻克了技术难点，获得成功。在农药学基础研究方面，他首次在国际上证明了三唑酮的右旋体和左旋体杀菌生物活性相当，确定了高效杀菌剂三唑醇4个立体异构体的绝对构型，发现其（-）-1S，2R光学体杀菌活性最高，阐明了当时国内外生产实践中一个重要的理论问题。

1990年，他带领课题组开始对超高效新型磺酰脲类化合物及其构效关系进行系统研究，部分修改国际上有关的Levitt构效关系理论，经过多年不屈不挠地坚持和不懈努力，2007年，终于斩获重大科技创新成果，成功创制了具有中国自主知识产权的两个超高效绿色除草剂产品——单嘧磺隆和单嘧磺酯，并开展国际合作阐明了其作用机制，使中国成为继美国等发达国家之后，第7个具有独立创制新除草剂能力的国家。其中单嘧磺隆通过了长达7年国家资质单位对38项毒理、环境、生态等的严格检测，成为中国第一个获得农业农村部正式登记的创制除草剂，其制剂“谷友”对谷田杂草防效好，施药量少，对谷苗安全，提高产量，可大幅减少人工除草劳动强度，填补了国内外谷田长期无除草剂的技术空白。

2015 年，他将自己获得的天津市科技重大成就奖 50 万元奖金全部捐给南开大学“杨石先奖学金”，希望在恩师杨石先的精神感召下，鼓励和支持学生做好学问、搞好科研，为祖国和人民多做贡献。

所获奖誉 1964 年获国家科委新产品二等奖（集体）；1978 年获全国科技大会奖；1987 年获国家自然科学二等奖、国家“六五”科技攻关奖（集体）；1989 年获天津化工学会一等优秀学术论文奖；1990 年获教育部科技进步二等奖、国家计委国家重点实验室重大贡献“金牛奖”；1991 年获化工部科技进步一等奖；1992 年获国家“七五”科技攻关重大成果奖、中国农药学会年会优秀论文奖、贵州省科技进步二等奖；1993 年获国家科技进步一等奖；1995 年获日本农药学会外国科学家荣誉奖；1998 年获天津市科普工作特别奖；1999 年获教育部科技进步二等奖、南开大学自然科学优秀成果奖、南开大学优秀教师一等奖；2004 年获天津市专利金奖；2005 年获天津市科学技术一等奖；2006 年获全国发明创业奖、天津市教委系统优秀共产党员、南开大学科技成果优秀奖；2007 年获国家技术发明二等奖、中国农药工业协会（CCPIA）杰出成就奖、南开大学先进个人奖；2009 年获中国农药工业建国 60 周年突出贡献奖；2014 年获天津市科技重大成就奖、天津市最有价值发明专利奖；2015 年获美国化学会会员奖；2016 年获中国农药学会终身成就奖、《农药市场信息》30 周年特别荣誉奖。还获国家有突出贡献中青年专家、国家重点实验室先进个人、天津市劳动模范、天津市优秀共产党员、天津市教工委优秀共产党员及先进个人、天津市“教工先锋岗”先进个人、南开大学共产党员标兵及“良师益友”优秀导师奖等荣誉称号。

性情爱好 李正名除了在科教事业上的颇多建树外，阅读、摄影以至互联网技术等，他都积极投入。他勤奋执着，善于学习，对生活中出现的新潮流也充满学习的热情，虽年逾九旬，他建议课题组毕业生建立微信群，师生通过此群体加强联系，互助合作交流心得，探讨人生感悟，分享成功经验，已形成一个温暖的“家”，他真正是学生心目中的“良师益友”。

参考文献

李正名，1994. 有机立体化学进展 [M]. 北京：中国轻工业出版社.

李正名，2017. 中国农药科技界著名老专家传略 [M]. 天津：南开大学出版社.

廖仁安，李芳，2011. 从仿制到创制：记李正名院士的农药研究生涯　工程科技的实践 [J]. 农药，50(1): 4.

南开大学化学学院，农药学学报编辑委员会，2010. 庆贺我国著名化学家、中国工程院院士李正名教授八十华诞 [J]. 农药学学报 (4): 2.

齐芳，吕贤如，夏斐，等，2008. 重温“科学的春天”：十位科学家畅议全国科学大会召开三十年 [N]. 光明日报 (1)23: 2.

钱伯章，2008. 我国创制两种超高效除草剂 [J]. 农药研究与应用 (6): 35.

张国，唐婷，2008. 李正名：创新不仅仅是年轻人的专利 [N]. 科技日报 (3)7.

赵晖，江珊，2016. 为中国农药“正名”：记中国工程院院士、南开大学教授李正名 [N]. 今晚报 (8)2: 3.

中国工程院院士文集李正名文集编委会，2014. 李正名文集 [M]. 北京：冶金工业出版社.

周伟娟，2014. 为中国农药“正名”：专访 2013 年度天津市科技重大成就奖获得者李正名院士 [J]. 中国科技奖励 (7): 68-72.

（撰稿：王宝雷；审稿：许寒）

《联合国粮食及农业组织章程》 *Constitution of the Food and Agriculture Organization of the United Nations*

国际社会缔结的促进世界经济发展和保证人类免于饥饿的全球性重要国际章程。1945 年 10 月 16 日由联合国粮食及农业组织（FAO）在加拿大魁北克召开的第一届大会上签署通过，由联合国粮食与农业组织章程及法律事务委员会负责执行和管理，总部设在意大利罗马。签约创始国家共 45 个。由序言、22 条正文、1 个附件组成。其宗旨是提高各国人民的营养水平和生活标准，改进所有粮农产品的生产和分配效率，改善农村和农民经济状况，促进世界经济的发展并保证人类免于饥饿。

主要内容 ① 阐明了联合国粮食与农业组织的主要职能，包括搜集、整理、分析和传播世界粮农生产和贸易信息；向成员国提供技术援助，动员国际社会进行投资，并执行国际开发和金融机构的农业发展项目；向成员国提供粮农政策和计划的咨询服务；讨论国际粮农领域的重大问题，制定有关国际行为准则和法规，谈判制定粮农领域的国际标准和协议，加强成员国之间的磋商和合作。② 明确了成员国和准成员国的资格、大会规则和程序、大会权力和理事会职能，规定联合国粮农组织大会是成员国行使决策权的最高权力机构。大会的主要职责是选举总干事、接纳新成员、批准工作计划和预算、选举理事国、修改章程和规则，并就其他重大问题做出决定，交由秘书处贯彻执行。大会休会期间，由大会选定的成员国组成的理事会，以及理事会下设的负责计划、财政、章法、农业、渔业、林业、商品问题和世界粮食安全等的委员会，在大会赋予的权力范围内处理和决定有关问题。大会每两年举行一次，选取的总干事任期六年（其后不连任），在大会和理事会的一般监督下，有充分的权力和权威指导本组织工作，包括确定本组织的工作人员、设立区域和次区域办公室、指派与有关国家和地区联络的官员等。组织工作人员的职责应是唯一国际性质，对总干事负责。③ 规定了委员会、会议、工作组和磋商会的职权范围和报告程序，以及干事、工作人员的任命程序和条件、职责和权利。④ 明确了组织席位确定、区域与联络办公室设立、成员国和准成员国的报告、组织与联合国、组织与其他组织和人员的合作关系等事项。⑤ 指明了组织公约和协定、组织和成员国之间的协定批准程序和规则，以及组织的法律地位。⑥ 规定了成员国和准成员国退出组织、组织章程修正和章程生效等程序，并对章程的解释和法律问题的解决办法、预算和会费、章程的正式文本、享有创始成员资格的国家等进行了说明。

中国是FAO创始成员国之一，1973年恢复在该组织席位。FAO通过援助项目、利用技术优势等，支持中国农村改革和农业发展。中国按照《联合国粮食及农业组织章程》规定，履行成员国义务，通过设立信托基金、派遣农业专家、提供专门捐款等方式广泛参与和支持FAO活动。

（撰稿：王建强；审稿：周雪平）

林传光　Lin Chuanguang

林传光（1910—1980），植物病理学家，菌物生理学家。中国农业大学植物保护系教授，博士生导师（见图）。

（沈崇尧提供）

生平介绍　福建闽侯（今福建福州）人。生于1910年10月30日，卒于1980年3月31日。

林传光于1929年考入福州私立协和大学生物学系，次年转入南京金陵大学农学院植物病理学系，师承戴芳澜、俞大绂两位教授，1933年毕业，获学士学位。毕业后任福州协和农业职业学校高级部主任、金陵大学植物病理学系助教及讲师。1937年赴美国康奈尔大学研究院深造。1940年毕业，获哲学博士学位。回国后历任成都金陵大学副教授、国民政府农林部专员等职。1944年，他受农林部派遣，再度赴美国进行科学考察。1946年，他被聘为国立北京大学农学院教授兼植物病理学系主任。1949年后历任北京农业大学植物病理学系及植物保护系教授（1956年被评定为一级教授），植物保护系副主任。此外，他还担任中国农业科学院植物保护研究所副所长、中国民主同盟中央文教委员会委员，兼任中国科学院微生物研究所研究员等职。他是第二、三届北京市政协委员，第三届全国人大代表。学校迁往涿县时曾任河北省政协常务委员。1958年，他赴苏联参加国际植物检疫会议。1964年，他赴德意志民主共和国参加国际马铃薯对晚疫病菌和其他块茎腐烂抵抗性的学术讨论会。

成果贡献　林传光毕生从事植物病理学和菌物学的研究工作，其研究领域从真菌至病毒、从寄生病害到生理病害、从真菌生理到杀菌剂。真菌生理是他开始较早并一直感兴趣的研究领域。由早期对孢子萌发生理地了解到后来对卵菌生理的研究，历经30余年，每一研究阶段都有新的发现和突破。他在真菌生理领域中的贡献为国际学术界所公认。在真菌生理方面，他发现短光波是水稻粒黑穗病菌厚垣孢子萌发的有效光线，从而区别感光作用和感温作用，获得了光线起排除萌发抑制物质作用的依据。他证明了在分生孢子萌发过程中，在排除未知物质干扰后，核盘菌对铜离子的敏感性大大提高；在卵菌生理研究中，他发现了有机酸有利于氨基酸的合成，但有增加细胞透性的不利作用，这一矛盾可以通过提高钙浓度来解决。其科研成果“马铃薯晚疫病测报和防治”，由于发现马铃薯晚疫病从中心病株开始的病害流行规律，为马铃薯晚疫病的防治提供了有效方法。

林传光在病毒学研究方面全面阐明马铃薯退化原因。首创用马铃薯基尖培养脱毒的无病毒植株。他坚持真理，坚决认为20世纪50年代学习苏联米邱林、李森科遗传学所带来的观点：马铃薯退化是由于马铃薯在结薯期遇上了不符合马铃薯本性的高温，引起种植在个体发育上的衰老而退化的“高温诱导学说”是不全面的。他设想由于马铃薯用块茎无性繁殖，病毒能一年年传下去，马铃薯病毒在田间又可借接触和蚜虫传播。老品种经多年积累块茎病毒的感染率接近饱和。因此，在不适宜的条件下种植一年就退化的原因不在于单纯感染率的增加，而是不良环境下种出的块茎所形成的植株，大大降低了对病毒病的抵抗力。通过温度对种薯病毒量的影响的一系列试验，用无毒实生苗在防虫的土壤恒温槽的试验和在西藏冷凉地区提高种性，以及改变昼夜土壤温度对提高种性的影响等试验，证实了他的设想。他在《在马铃薯退化问题上耐病性变化观念的形成和验证》一文中提出：“一个合理的假设是马铃薯在适宜的环境条件下，可以受到病毒的侵染而不受害。不良的环境条件使它失去对于早已潜伏体内花叶病毒的免疫性，影响免疫性的环境显然不在地上而在地下。”“花叶病毒传染的环境比马铃薯丧失耐病性的环境更广泛”。要防止退化，既要防止病毒的侵染，也要配合适宜的留种技术和条件，这为制定防治退化的留种体系提供了理论依据。在1960年前后，他就积极倡导用茎尖培养脱毒的再生植株繁殖无病毒种薯，在中国科学院植物所和微生物所积极配合下试验成功，经各地有关部门推广应用，由于他的努力和中国科学院微生物所完成的马铃薯退化中病毒与高温作用的分析，使中国在马铃薯退化原因上取得共识，认识到与地区温度条件相结合的无病毒原种生产是解决退化问题的根本措施，现已在中国近半数的马铃薯栽培面积上应用。

所获奖项　林传光发表学术论文近百篇，著有《普通植物病理学》《植物病原真菌学》《植物免疫学》等，译著有《植物杀菌素》《植物病理学方法》等。

所获荣誉　他领导的马铃薯晚疫病测报和防治获1955年中国科学院科研成果奖集体二等奖；马铃薯退化问题研究成果获1978年全国科学大会奖。

性情爱好　林传光不苟言笑，沉默寡言。学生在刚和他接触时有点拘束，有的学生甚至有点怕他，但和他相处长了便觉得很和蔼可亲。他兴趣广泛，喜好京剧，周末有时和牌友打桥牌娱乐。会跳舞，舞步很稳，但只是在年节喜庆的日子偶尔为之。他的女儿林怡在林传光科学论文集中写有一篇《怀念我的爸爸》纪念文章，提到：“爸爸是个典型的沉默寡言的人，喜欢深思，分析问题精辟，一针见血，耐人寻味，生活小事极为随和，但若遇到原则问题又惊人地固执。他从不吹嘘，从不夸大。我们都记得爸爸不止一次说过，他最欣赏孔子的名言‘知之为知之，不知为不知，是知也’。他曾把这句格言引在他的博士论文前页。他对那种自吹自擂、哗众取宠的人嗤之以鼻；对那种趋炎附势，依靠钻营而猎取名利的人深恶痛绝。他要我们出污泥而不染，在任何环境中不可染上吹吹拍拍，华而不实的恶习。”

参考文献

林传光, 1984. 林传光先生遗著：植物病原真菌学 [M]. 北京：北京农业大学出版社.

林传光先生科学记文集委员会, 1981. 林传光先生科学论文集 [M]. 北京：新土出版社.

刘建平, 2005. 中国农业大学百年校庆丛书：百年人物 [M]. 北京：中国农业大学出版社：182.

沈崇尧, 1996. 林传光 [M]// 中国农业百科全书总编辑委员会植物病理学卷编辑委员会, 中国农业百科全书编辑部. 中国农业百科全书：植物病理学卷. 北京：中国农业出版社：282.

吴汝焯, 王步峥, 许增华, 等. 2010. 忆恩师 [M]. 北京：中国农业大学出版社：129-144.

余永年, 卯晓岚, 2015. 中国菌物学 100 年 [M]. 北京：科学出版社：98.

（撰稿：沈崇尧；审稿：孙文献）

刘崇乐　Liu Chongle

刘崇乐（1901—1969）。中国昆虫分类学家、资源昆虫学家。

生平介绍　福建福州人，1901 年 9 月 20 日出生于上海。1916 年入清华学堂高等科，1924 年毕业后赴美国康奈尔大学农学院，专攻昆虫学，1926 年获博士学位。在此期间，曾在美国农业部舞毒蛾寄生物研究室和伍德海滨生物研究所工作。1926 年 9 月回国，历任清华大学、北京师范大学、北京农业大学教授，清华大学农学院昆虫学系系主任，北京农业大学昆虫学系系主任，中国科学院昆虫研究所研究员。曾兼任中国科学院云南热带生物资源综合考察队队长、云南动物研究所所长、中国科学院云南分院副院长等职。他是中国科学院生物学部委员，第一、二、三届全国人民代表大会代表。兼任中国动物学会理事、中国昆虫学会（ESC）理事、《昆虫学报》主编。在执教的 20 余年中，除讲授昆虫学、昆虫分类学外，还首次开设昆虫文献学。1969 年 9 月 20 日在北京逝世。

成果贡献　长期从事生物学教学、生物防治、资源昆虫学和昆虫文献学研究。在昆虫学的人才培养及图书文献收藏方面都卓有建树。对中国资源昆虫特别是紫胶虫的调查、研究、利用及扩大新产区颇有贡献，曾在云南创建紫胶研究所（现属中国林业科学研究院）。中国利用天敌资源进行害虫生物防治的创始人之一，在中国科学院昆虫研究所创建生物防除研究室。为研究瓢虫分类，他收集了大量国内外的标本，《中国经济昆虫志》瓢虫科分册是他的代表作。他领导的研究室还研究寄生蜂，同时开展微生物天敌资源调查，从国外引进苏云金杆菌和粉纹夜蛾核型多角体病毒，建立昆虫病理学研究组，为中国生物防治及昆虫病理学研究作出了贡献。毕生共发表学术论文 50 余篇。

参考文献

中国农业百科全书总编辑委员会昆虫卷编辑委员会, 中国农业百科全书编辑部, 1996. 中国农业百科全书：昆虫卷 [M]. 北京：中国农业出版社.

（撰稿：马忠华；审稿：周雪平）

《六足动物（昆虫）系统发生的研究》　*Studies on the Phylogeny of Hexapoda (Insect)*

由尹文英、宋大祥、杨星科等编著。于 2008 年 1 月由科学出版社出版，该书共分 11 章，主要以六足动物（原尾纲、弹尾纲、双尾纲和昆虫纲）各纲和目的系统演化关系为主线，同时探讨与甲壳动物、多足动物和螯肢动物等的系统关系（见图）。

（刘星月提供）

书中的内容是作者在完成国家自然科学基金重点项目“现生六足动物高级阶元系统演化与分类地位的研究”（2002—2005）中所得到的研究成果，结合国际上的最新研究动态和资料，对六足动物的起源演化及其他节肢动物主要类群的亲缘关系的系统阐述。该书从多学科的角度，如应用进化形态学、细胞学、分子生物学等的研究数据和结果来阐明观点。同时书中也简明介绍了国际上对节肢动物高级阶元系统发生概念转变和新概念的产生的几个重要阶段。

该书的主要读者对象为生命科学研究院所和大专院校相关专业的科学研究工作者和师生以及相关领域的管理人员。

（撰稿：刘星月；审稿：周忠实）

陆近仁　Lu Jinren

陆近仁（1904—1966），昆虫学家，中国农业大学（原北京农业大学）、清华大学教授。

生平介绍　1904 年 8 月 24 日出生于江苏常熟。1922 年考入苏州东吴大学生物学系，1926 年毕业，并留校任教。此后，在燕京大学和东吴大学研究院攻读硕士研究生；1934 年赴美国康奈尔大学深造，专攻鳞翅目昆虫，1936 年获得哲学博士学位。由于学习努力、成绩优异，他在学习期间曾先后被选入 Beta Beta Phi Tau Phi 和 Sigma Xi 等荣誉学会，荣获 3 枚“金钥匙”奖。

1936 年回国后，任东吴大学生物学系教授；1938—1949 年应聘为昆明清华大学农业研究所和国立清华大学农学院昆虫学系教授；1949—1966年，出任北京农业大学昆虫学系和植物保护学系教授，1956年被评为一级教授；其间，曾历任北京农业大学教务长、大一部主任、校长助理等职，1951—1959年兼任中国科学院昆虫研究所、动物研究所昆虫形态室研究员。曾任中国昆虫学会（ESC）理事、《昆虫学报》编委等职。

他长期致力于昆虫形态学与分类学的教学与研究，在昆虫形态学、幼虫学、夜蛾科昆虫分类、普通昆虫学教材建设等方面作出了卓越贡献。他关于鳞翅目幼虫形态的论文及与合作者对于东亚飞蝗形态研究的系列论文是研习昆虫形态的经典之作；他关于鳞翅目、双翅目害虫生物学的研究结果为这些害虫的治理提供了科学依据。他参与编写出版了《普通昆虫学》等教材，为中国农业教育，尤其是昆虫学教育作出了卓越贡献。

成果贡献 陆近仁是中国昆虫形态学家和鳞翅目昆虫分类专家，是中国少有的研究昆虫骨骼肌肉系统的学者。在20世纪30年代，他就从事鳞翅目昆虫的研究，并取得可喜成果。他是中国第一个系统研究鳞翅目昆虫幼虫分类并在大学开设昆虫幼虫分类学的教授，为开创中国昆虫幼虫分类工作作出了重要贡献。

20世纪40年代，在他的直接影响下，带动了许多教师从事昆虫形态结构和骨骼肌肉研究。《东亚飞蝗骨骼及肌肉系统的研究》是其代表作，所发表的论文均属国际水平；他与虞佩玉合作发表的《东亚飞蝗形态学》系列研究论文至今仍是高校昆虫学专业研究生学习昆虫形态学的经典参考资料，其研究成果和插图为国内许多昆虫学本科生教材与专著所引用，对中国学者研究昆虫形态、仿生学等方面具有重要的参考价值。1943年在清华大学农业研究所发表的《昆虫学组手册》（第1号）中，陆近仁对其西南联合大学时期在昆明数年间关于鳞翅目幼虫的研究成果进行了系统总结；从幼虫体躯分段、头部、胸腹的结构、足的趾钩形态及排列方式、体表刚毛的种类及毛序等方面做了描述，并附有精致的插图，所涉及的形态学名称均有精辟叙述解说，并列有中英文名词对照及被害寄主的学名。鳞翅目昆虫的危害期是在幼虫阶段，在20世纪40年代初人们对幼虫知之甚少，陆近仁的这篇论文，包括危害严重的蛾、蝶类30余科、120余属种，几乎全部资料都是他自野外采集后精心饲养、观察的结果。这是一篇水平很高的研究论文，奠定了中国该类研究方向的基石。20世纪50年代初期，陆近仁又与吴维均、管致和等青年教师合作发表了《鳞翅目分科检索表》《螟蛾科的分属》以及《鳞翅目幼虫头部分区的形态解剖》等诸多论文，至今仍被全国各大院校广泛引用。

在北京农业大学任教期间，他还对螟蛾科、夜蛾科等昆虫进行了分类与形态学的研究。在螟蛾科昆虫方面，他与管致和一起对《中国昆虫名录》中的螟蛾种类做了增订，使当时已知种类比胡经甫《中国昆虫名录》中记载的螟蛾科昆虫种类增加了一倍；在夜蛾科昆虫方面，他在有关专著中提出的鳞翅目昆虫幼虫毛序和发现的黏虫陷毛以及精珠的探讨，都颇有参考价值。

陆近仁长期从事生物学和昆虫学的教学工作，依靠其深厚的功底，为学生开设并讲授寄生动物学、动物制片法、昆虫技术、无脊椎动物学、普通昆虫学、昆虫分类学、昆虫幼虫分类学、昆虫形态学等课程，教学效果及授课艺术得到广大师生的赞许及高度评价。1964年，他讲授的昆虫形态学课程被北京农业大学评为全校理论研究联系生产实践的典范。

陆近仁平易近人，诲人不倦，提携后辈，对学生循循善诱，对青年教师热情帮助，深受学生与同事的爱戴。他为祖国培养了大量专业人才，其中不少成为著名学者，如朱弘复、姜淮章、陆宝麟、钦俊德、虞佩玉、郭予元等。陆近仁一直非常重视教材建设，1955年他与管致和、吴维均出版了当时国内植物保护专业最广用的本科生教材《普通昆虫学》（上册），并为北京农业大学主编的《昆虫学通论》（1980）打下了基础。

为了促进中国昆虫学科的发展，他积极倡导昆虫名称和名词的统一。在西南联大期间，与刘崇乐一起组织翻译Torre-Bueno的《昆虫学术语》（*A Glossary of Entomology*），为《英汉昆虫学词典》的编撰作出了重要贡献。1956年中国科学院编译局编著的《昆虫学名词》，他是主要审订人之一。

所获奖誉 陆近仁具有深厚的理论基础、敏锐的观察能力、严谨的学术风范、精湛的绘图技术，被誉为“中国的Snodgrass”（Snodgrass为20世纪世界昆虫形态学泰斗）。陆近仁还是中国民主同盟盟员，曾先后担任民盟北京市委委员、民盟中央委员会委员。1993年北京农业大学授予他“荣誉农大人奖”。

性情爱好 陆近仁多才多艺。教研之余，他爱看球赛，爱集邮，喜欢音乐，能谱曲、吹小号、拉二胡，还是一个很好的男高音。其参与设计的清华昆虫学会会旗、图章等中西合璧、意义深邃，新颖别致，融科学与艺术为一体，至今令人赞叹。

参考文献

陆宝麟，1981. 纪念二哥陆近仁教授 [J]. 昆虫分类学报，3(2): 3.

杨集昆，2005. 集昆记 [M]. 北京：中国农业大学出版社.

虞佩玉，常玉珍，2010. 陆近仁 [M]// 吴汝焯，王步峥，许增华. 忆恩师. 北京：中国农业大学出版社：179-183.

（撰稿：彩万志；审稿：马忠华）

绿色农药与农业生物工程教育部重点实验室
Key Laboratory of Green Pesticide and Agricultural Bioengineering, Ministry of Education

教育部重点实验室。于2003年经教育部批准，依托贵州大学精细化工研究开发中心、贵州省精细化工重点实验室，联合贵州省农业生物工程重点实验室组建，由国家突出贡献中青年专家、贵州大学副校长、博士生导师宋宝安担任重点实验室主任。实验室拥有农药学国家重点学科、植物保护一级学科博士后流动站、农药学博士点、植物调控化学与生物学博士点、农药学、有机化学和物理化学硕士点，是农业农村部授权的农药残留检测单位。

现有实验室面积逾3100m^2，仪器设备总值逾2000万元。

先后承担了“973”计划项目、“863”计划项目、“十一五”科技支撑计划项目、国家自然科学基金项目、科学技术部国际科技合作项目、国家高技术研究发展计划、教育部新世纪优秀人才资助项目、贵州省重大专项等国家和省部级科研项目60余项，科研经费逾3000万元。现已公开发表学术论文160余篇，其中SCI收录80余篇，获得专利授权5项。获国家和省部级奖励20余项，其中国家科技进步二等奖和三等奖2项，教育部科技进步二等奖3项、三等奖1项，化工部二等奖、三等奖2项，贵州省科技进步一等奖1项、二等奖3项、三等奖5项。在精细农药化工、可再生能源等领域在国内外具有较高影响，是国内本领域的重要学术机构。

实验室瞄准中国科技发展的重大问题和地方经济建设的重大需求，进行多学科集成创新，取得了多项具有知识产权的标志性成果，先后与国内外数十家化工、制药和能源企业建立了长期稳定的产学研合作关系，共转让科技成果20余项，创造了显著的经济效益和社会效益。

（撰稿：张杰；审稿：杨定）

M

马世骏 Ma Shijun

马世骏（1915—1991）。中国生态学家，中国生态学会创始人之一。

生平介绍 1915年12月5日出生于山东兖州。1937年毕业于北平大学农学院生物学系，获学士学位。先后任山东省烟草改良场技佐，湖北省农业改进所技士、技师，重庆九龙坡实验农场技师。后赴美国专攻生态学，1948年在犹他大学获科学硕士学位，1950年获明尼苏达大学哲学博士学位。曾任中国科学院动物研究所研究员、生态环境研究中心名誉主任、中国科学院环境科学委员会主任；兼任人与生物圈国家委员会委员、国务院环境保护委员会顾问、国务院农村发展研究中心特约研究员，《生态学报》主编和《昆虫学报》《动物学报》《系统工程理论与实践》等多种期刊副主编、常务编委及编审顾问等。1980年当选为中国科学院院士（学部委员）。

成果贡献 研究东亚飞蝗生理生态学、黏虫越冬迁飞规律、害虫种群动态及综合防治理论，提出“改治结合、根除蝗害”“种群变境成长”以及系统防治等新观点，制定了预测方法，丰富了昆虫种群生态学、生态地理学及害虫综合防治的理论，并在植保工作中发挥了重要作用。创建了生态系统工程理论，推进了中国生态农业的发展。发表论文约百篇，主要有《论害虫大量发生及其预测》《东亚飞蝗蝗区的结构和转化》《经济生态原则在工农业建设中的作用》《生态工程—生态系统原理的应用》及《社会—经济—自然复合生态系统》等，编写《中国东亚飞蝗蝗区的研究》《昆虫动态与气象》等专著。

1952年前从事烟夜蛾、棉铃虫、二化螟、三化螟、蜜蜂、红松叶蜂的生物学、种群生态学以及腐殖质层小节肢动物群落生态研究。1952年后组织并参加东亚飞蝗种群生态、黏虫迁飞规律及害虫综合防治理论等研究，丰富了昆虫种群生态学及害虫综合防治理论。70年代以后，提出把生态学与经济学结合起来，以经济效益和生态效益作为评价工农业建设的指标，把生态学与系统工程结合，创建了生态系统工程理论，在国际上首次给予明确的科学定义，精辟地概括了生态工程的原理是生态系统的“整体、协调、循环、再生”，推进了中国生态农业的蓬勃发展。

（撰稿：马忠华；审稿：周雪平）

《马修斯植物病毒学》 *Matthews' Plant Virology*

（范在丰提供）

植物病毒学是一门研究植物病毒的生物学特性、复制、侵染循环、植物病毒病的发生与传播机制、爆发与流行规律以及预防与控制方法的科学。新西兰植物病毒学家马修斯（R. E. F. Matthews）撰写的《植物病毒学》（*Plant Virology*）于1970年由学术（Academic）出版社出版，在1981年与1991年分别出了第2版和第3版。罗杰·赫尔（Roger Hull）基于《植物病毒学》（*Plant Virology*）第3版续写了《马修斯植物病毒学》（*Matthews' Plant Virology*）第4版，由爱思唯尔（Elsevier）出版集团下属的学术（Academic）出版社于2002年出版；第4版的中文版（范在丰等译校）由科学出版社在2007年出版。赫尔博士续写的第5版于2013年由学术出版社出版（见图）。

该书是植物病毒学领域的经典著作，系统地介绍了病毒的生物学与分子生物学、病毒与寄主植物以及传播介体的相互作用、病害发生与流行的可能机制以及病毒病控制的各种措施。该书还在多个章节指出了当时病毒研究中存在的尚未解决的问题以及相关方面在未来发展的可能方向。因此该书在植物病毒知识的深度与广度方面堪称植物病毒学科的权威专著。

该书主要包括以下内容：① 病毒学发展史。② 植物病毒的命名与分类。③ 植物病毒病害症状与寄主范围。④ 植物病毒的提纯与组成成分。⑤ 病毒粒体的结构与装配。⑥ 植物病毒的基因组结构。⑦ 病毒基因组的表达。⑧ 植物病毒的复制。⑨ 病害的诱发：病毒在植株内的移动以及对植物代谢的影响。⑩ 病害的诱发：病毒与植物的相互作用。⑪ 植物病毒通过无脊椎动物、线虫以及菌物的传播。⑫ 植物病毒通过机械摩擦、种子与花粉的传播以及病毒病的流行。⑬ 病毒在植物体内的侵染循环。⑭ 类病毒、卫星病毒与卫星RNA。⑮ 植物病毒的检测与鉴定技术。⑯ 植物病毒的控制与利用。⑰ 植物病毒的变异、进化与起源。

该书不仅适用于研究生、教师和科研人员，同时也适用于希望更多了解和加强微生物学、植物病理学和植物保护学等方面知识的其他人士阅读参考。

（撰稿：范在丰；审稿：陶小荣）

美国国家生物技术信息中心 National Center for Biotechnology Information, NCBI

美国国家医学图书馆（The United States National Li-brary of Medicine, NLM）的一个分支，隶属于美国国家卫生研究院（National Institute of Health, NIH），位于美国马里兰州的贝塞斯达，建立于1988年。美国国家生物技术信息中心旨在发展新的信息学技术来帮助对那些控制健康和疾病的基本分子和遗传过程的理解，主要任务是建立自动化系统用以存储和分析分子生物学、生物化学和遗传学等相关知识，促进科研组织和医药机构应用数据库和软件，努力合作以获取世界范围内的生物技术信息，以及开展基于计算机信息处理的先进方法研究以用于分析生物学上重要分子的结构和功能。

为实现其各项任务，美国国家生物技术信息中心的研究方向和内容包括应用数学和计算方法在分子水平上研究基本生物医学问题；保持与美国卫生研究院内部其他研究所、科研院所、企业和政府机构的合作；赞助会议、研讨会和系列演讲等以促进科学交流；通过国家卫生研究院校内研究项目支持计算生物学博士后研究员人员进行基础研究和应用研究培训；通过科学访问学者计划吸引国际科学界成员进行信息学研究和培训；为科研和医疗机构开发、分配、支持和协调访问各种数据库和软件；开发和促进数据库、数据沉积和交换法以及生物命名法的标准化。

美国国家生物技术信息中心已成为世界上生物信息学领域的领导者，可提供一系列生物技术和生物医学相关的数据库、生物信息学工具和服务等。该中心拥有约40个在线文献和分子生物学数据库，包括GenBank、PubMed和PubMed Central（PMC）等，为世界各地数以百万计的客户服务。GenBank由美国国家生物技术信息中心同欧洲分子生物学实验室数据库（The European Molecular Biology Laboratory, EMBL）和日本DNA数据库（DNA Date Bank of Japan, DDBJ）共同合作创建，该数据库包含了所有已知的核苷酸序列和蛋白质序列，以及相关的文献著作和生物学注释。数据主要来源于测序工作者提交的序列、测序中心提交的大量EST序列和其他测序数据。GenBank数据一直以指数形式连续增长，每18个月就翻一倍。截至2013年8月，GenBank已拥有来自1.67亿条序列的1540亿个碱基。PubMed是用于检索美国国立医学图书馆综合性医学生物学信息数目数据库（MEDLINE）、PreMEDLINE和Record Supplied by Publisher数据库的网上检索系统，能够对MEDLINE上超过2600万条的20世纪60年代中期至今的期刊和其他的生命科学期刊进行访问，并可以链接到出版商网络站点的全文文章和其他相关资源。从1997年6月起，PubMed在网上免费向用户开放。它具有收录范围广泛、更新速度快、检索系统完备、链接广泛的特点。PMC是美国国家医学图书馆的生命科学期刊文献的数字化存储数据库，除了部分期刊要求对最新的文章付费。用户可以免费获取往期其他PMC的文章全文。

除了提供GenBank核酸序列数据库以外，美国国家生物技术信息中心还提供对于GenBank中数据的分析检索资源,另外还通过其网站提供一系列有价值的生物数据及信息。美国国家生物技术信息中心数据的检索资源包括Entrez、PubMed、LocusLink以及Taxonomy浏览器。数据分析资源包括BLAST、唯一基因序列数据库（UniGene）、单核苷酸多态性数据库（dbSNP）、垂直同源基因簇数据库（COGs）、基因表达连续分析图谱（SAGE）、基因表达数据库（GEO）、基因组测序数据库（dbGSS）、基因组基因图谱（GMHG）、Entrez基因组、癌症基因组剖析计划（CGAP）、在线人类孟德尔遗传数据库（OMIM）、三维蛋白质结构的分子模型数据库（MMDB）以及保守序列数据库（CDD）等。除提供数据库检索查询外，美国国家生物技术信息中心还提供若干附加软件工具，包括电子PCR、开放阅读框查询器（ORF Finder）和序列提交工具Sequin和BankIt。美国国家生物技术信息中心还有E-mail服务器，提供用文本搜索或序列相似搜索访问数据库的一种可选方法。

（撰稿：张礼生、李玉艳；审稿：张杰）

美国昆虫学会 Entomological Society of America, ESA

美国全国性昆虫学学术研究团体。世界上为昆虫学家及其他相关人员提供专业与科学服务的最大的非营利性的昆虫学专业组织。国际昆虫学大会每4年举办一次。成立于1889年。总部在美国马里兰州的安纳波利斯，由会员委员会管理。

截至2017年10月，拥有超过9000名会员，包括研究人员、教师、推广服务人员、管理者、销售代表、技术人员、行业顾问、学生、害虫防控专业人士和业余爱好者，涉及教育机构、卫生机构、私人企业和政府等机构。美国昆虫学会按照地理位置设立了6个分会，其中5个分会涉及美国及周边国家，包括太平洋分会、东部分会、中北分会、东南分会、西南分会；而国际分会涵盖了除美国、加拿大、墨西哥、美属萨摩亚、密克罗尼西亚联邦、关岛、约翰斯顿环礁、北马里亚纳群岛联邦、中途岛、波多黎各、美属维尔京群岛和威克岛以外的全球所有地区。

学会提供2项昆虫相关的专业认证，即委员会认证昆虫专家和联合认证昆虫专家的认证。委员会认证昆虫专家（Board Certified Entomologist，BCE）主要是针对具有昆虫学或相关专业学位的、经过专业课程培训的昆虫学家。联合认证昆虫专家（Associate Certified Entomologist；ACE）主要针对经过城市室外或建筑物害虫防控培训、具有实际操作经验的人员，不需要专业学位。美国昆虫学会主办多种学术活动，其中最重要的学术活动包括美国昆虫学会年会与国际昆虫学大会（International Congress of Entomology，ICE），美国昆虫学会出版的学术期刊：《美国昆虫学家》《美国昆虫学会年刊》《昆虫科学杂志》《昆虫分类学与多样性》《节肢动物防治试验》《害虫综合防治杂志》《环境昆虫学》《经济昆虫学杂志》《医学昆虫学杂志》等。

（撰稿：束长龙；审稿：张杰）

美国模式培养物集存库 American Type Culture Collection, ATCC

世界上最大、最多样化的生物标准品资源中心，全球性、非营利私营组织，联合国世界卫生组织（WHO）认定的国际细胞培养参照中心（International Reference Center for Cell Culture），成立于1925年，总部位于美国弗吉尼亚州马纳萨斯。美国模式培养物集存库致力于获取、鉴定、生产、保存、开发和分发可靠的活体微生物、细胞系及其他生物标准品，同时，还提供优质的产品、标准和服务，支持科学研究和进步，从而改善全球人类健康。

美国模式培养物集存库为世界各地的科研机构、政府、生物技术、制药、食品、农业和工业领域提供行业标准产品、服务和创新方案，以推动科学进步。其服务主要包括细胞和微生物的培养和鉴定、开发和生产标准品和衍生产品、技术评估和保存生物资源。此外，该组织还承担高质量的联邦政府生物资源项目，主要开展传染病的分析和模型开发，包括筛选药剂、非致病性微生物和其他微生物资源；生产和鉴定生物防御和新型感染生物体及其衍生物；为全球公共卫生实验室提供试剂用于检测病人样品；还为研究和检测流感病毒株如H1N1，H7N9和H5N1等收集和分发RT-PCR试剂盒。

美国模式培养物集存库拥有多种不同的生物资源，包括细胞系、分子基因组学工具、活体微生物和生物产品。该组织可提供研究不同物种、组织或疾病类型及信号通路的3400多个连代细胞系，癌症研究所需的肿瘤细胞系和分子模型，带注释的基因突变体和分子表达谱，取自正常或疾病组织的种族和性别不同的诱导多能干细胞（iPSC）以及成人骨髓间充质干细胞和小鼠胚胎干细胞，供体不同的正常人类原代细胞和hTERT永生细胞，研究传染病、抗生素抗性、食品和环境测试及人口学相关的微生物模型。此外，美国模式培养物集存库还有可用于行业应用、试验开发、质量控制和环境研究的18 000多株细菌，3000多株各种来源的人类和动物病毒，7600多种真菌和酵母株，不同分类的原生生物（寄生原生动物和藻类），1000多个基因组和合成核苷酸以及法定标准品，以及500多个微生物培养物标准参考菌株。

美国模式培养物集存库的生物标准品对确保研究结果的可靠性、试验的可重复性及研究方法的一致性具有重要作用。它还能帮助各个行业的研究者和科学家确保其产品的安全和质量。美国模式培养物集存库的标准品常被作为美国食品药品监督管理局（FDA）、美国农业部（USDA）、国际分析家学会、临床实验室标准化协会、美国药典、欧洲药典、日本药典和WHO等全球监管机构的参考标准。这些标准品也被用于全球人口生活相关的一系列应用中，包括开发治疗和诊断产品，测试食品、水和环境样品的质量，做出准确的医疗诊断和获取可靠的法医信息等。

美国模式培养物集存库除开展独立研究以维持中心运行外，还利用最新技术如数字式PCR、CRISPR和二代测序技术鉴定和开发优质产品，以推动科学创新和标准化。美国模式培养物集存库的细胞生物学发展重点是提供更相关的体外模型和研究工具，例如，鉴定和表征化的原生细胞、干细胞和连代细胞系，有基因组元数据的疾病和细胞特定通路细胞系，待试验的基因组DNA等，以使大多数细胞模型可应用于基础研究、试验开发、药物筛选和毒理学检测。美国模式培养物集存库的微生物学发展目标是客户便利、工作流程和分子工具，包括可用于质量控制和其他应用的现成的天然和合成生物体、定量基因组、合成DNA和RNA等。

（撰稿：张礼生；审稿：张杰）

美国微生物学会 American Society for Microbiology, ASM

全球生命科学领域最大的专业学会之一，旨在推动和促进微生物学科的发展。其前身为1899年成立的美国细菌学家协会（Society of American Bacteriologists，SAB），后更名为美国微生物学会，总部设在美国华盛顿特区。学会会员主要包括研究人员、教育工作者和卫生专业人员，会员人数从1899年的59名发展到现今已经超过了3万名，其中约1/3以上的会员来自美国以外的国家和地区。美国微生物学会（ASM）通过各种会议、出版物、认证以及提供培训机会来推动微生物科学的发展。

美国微生物学会期刊数据库（ASM期刊）是该领域最杰出的出版物，为基础和临床微生物学提供了最新和权威的报道。ASM期刊发表了所有微生物学论文的26%，贡献了所有微生物学引用次数的44%。其中与植物保护学科最相关的期刊包括:《微生物学与分子生物学综述》(*Microbiology and Molecular Biology Reviews*）、《分子与细胞生物学》（*Molecular and Cellular Biology*）、《应用与环境微生物学》（*Applied and Environmental Microbiology*）、《细菌学杂志》（*Journal of Bacteriology*）、《病毒学杂志》（*Journal of Virology*）、*mBio*等。

美国微生物学年会吸引全球8000多人参加，展示了全球范围内最新的微生物科学研究进展，为涵盖从基础科学到应用科学的所有微生物科学领域提供了良好的交流平台。

（撰稿：陈华民；审稿：张杰）

美国线虫学会 The Society of Nematologists, SON

成立于1961年12月，是从事线虫学研究的科技工作者自愿结成的开展线虫学基础与应用研究的非营利性的社会团体。其主要任务是：促进线虫学科技工作者信息交流，主办学术会议，开展学术交流，促进学科发展。美国线虫学会每年举行一次年会，年会期间选举副理事长，次年自动升任理事长，任期一年，2016年理事长为Brigham Young大学的Byron Adams，副理事长Nancy Kokalis-Burelle，秘书Koon-Hui Wang，财务主管Senyu Chen。

美国线虫学会官方网站https://nematologists.org/，主办官方期刊为*Journal of Nematology*和*Nematology Newsletter*，*Journal of Nematology*官方网址为https://nematologists.org/，期刊电子版期刊免费下载，主要发表线虫相关的基础性、应用性、理论性及实践性的研究结果，同时也接受特约的综述、每年年会上的论文摘要等，每年出版4期，按会员发表论文有一定优惠，非美国线虫学会的会员也可以发表论文。*Nematology Newsletter*主要发表线虫学基础研究、应用研究、理论研究、实际应用等方面的简讯，每年也出版4期。

美国线虫学会每年召开一次年会，交流国内外线虫学领域取得的新成果、新技术、新方法等。学会网站上定期发布各大学、科研机构及公司关于线虫学科工作人员及博士后的招聘信息。美国线虫学会长期接受拜耳公司、先正达公司及佐治亚大学等单位的资助，也接受个人的捐赠，同时对会员按规定收取相应的会员费。

（撰稿：黄文坤；审稿：彭德良）

美国杂草学会 Weed Science Society of America, WSSA

一个非营利性的专业学会。美国杂草学会成立于1956年。该学会致力于促进与杂草相关的研究、教育和推广活动，向公众和决策者提供基于科学的杂草学认知，促进关于杂草及其对环境的影响的认知。

美国杂草学会的成立是为了鼓励和促进有关杂草及其对环境影响的知识的发展。其网站https://wssa.net/about-us/内容包括：杂草鉴定、杂草名录、除草剂抗性、生物防治、除草剂、教育、入侵植物等。

美国杂草学会的运行遵从学会章程，由从成员中选出的理事会主持日常工作。理事会每半年召开一次会议。现任理事会由主席William Curran、Anita Dille，副主席Stanley Culpepper，秘书Darrin Dodds，财务主管Phil Banks，出版主任Chris Willenborg以及其他成员组成。委员会全年运作，并在学会年会上作年度报告。年会通常在2月的第一周举行，每年在美国或加拿大不同地点举行。该会议提供了一个交流研究和教育思想以及讨论和学会事务活动的场所。该学会对在该领域做出杰出贡献、取得重大成就的会员包括学生进行奖励，该奖励机制采取提名制，鼓励学会成员推荐他们认为能树立值得效仿的榜样和值得被协会认可的同事。

美国杂草学会出版的3种专业期刊为：*Weed Science*、*Weed Technology*和*Invasive Plant Science and Management*。此外也会出版与杂草研究相关的专著、参考资料和其他研究或教育资料，成为全世界同行交流的重要平台。

（撰稿：黄红娟；审稿：张杰）

美国植物病理学会 American Phytopathological Society, APS

致力于植物病理学研究、旨在促进农林植物病理学和植物健康管理发展的国际科学研究组织，也是国际植物病理学学会的一个成员。学会成员主要由5000多名来自于世界各地植物病理学家和科学家组成，也有来自政府、商界等领域的成员。

学会于1908年12月30日由54名植物病理学专家在巴尔摩县创立，是国际科学研究组织中历史悠久、规模最大的组织。首任学会主席由佛蒙特大学L. R. Jones担任，副主席由俄亥俄州立大学A. D. Selby担任，秘书长为美国农业部C. L. Shear，议员分别为马里兰大学的J. B. S. Norton和康奈尔大学的B. M. Duggar。首届学会学术委员会议于1909年3月26～27日在美国华盛顿举行，会议确定了美国植物病理学会第一个正规年会于12月28～31日在美国波士顿举行，确立了学术委员会由学会会员投票产生，任期为3年，个人任期不得连续超过2届等学会章程。现任学会主席为华盛顿州立大学的T. D. Murray。

学会基本任务为解决农业、食品安全和粮食安全等诸多领域的科学问题，同时倡导参与政府和大型科研团体关于植物病害方面的信息共享与交流，为有关植物健康方面政策法规和措施的制定提供科学性的意见和建议。100多年以来，美国植物病理学会（APS）在科学家团队的驱动下，大大促进了植物病害及其综合防控的研究进展，确保了全球范围内植物病理学科的进步，为科学和社会发展作出了重要贡献。

该学会自1911年起编辑出版*Phytopathology*英文期刊，APS还主办*Plant Disease*、*Phytobiomes*和*Molecular Plant-Microbe Interactions* 3种学术期刊，此外，APS还支持发表300多种主题期刊，基本覆盖了所有的植物病害及其相关的领域，出版教育类视频、电影和植物病害评估软件等网络广播和数据库工具，为读者提供了植物病理学科领域内的最新研究进展。

（撰稿：吴建国；审稿：刘文德）

棉花抗虫基因的研制 development of cotton insect resistance gene

获奖年份及奖项 2002年获国家技术发明奖二等奖

完成人 郭三堆、倪万潮、范云六、贾士荣、崔洪志等

完成单位 中国农业科学院生物技术研究所、江苏省农业科学院经济作物研究所等

项目简介 20世纪80年代末，中国棉纺织品年出口创汇曾高达1600亿美元，占创汇总额的25%以上，成为国家换取外汇的主要渠道。棉花，作为纺织工业最重要的基础原料，在国民经济发展中占据了重要的战略地位。1992年，中国爆发了全国性棉铃虫灾害，导致全国棉花平均减产43%以上，黄河流域有的棉区甚至绝产。为了防治

棉铃虫，棉农不断增加化学农药的药量，致使棉铃虫产生抗药性；同时剧毒农药替代低毒农药，导致棉田被严重污染，人畜中毒事故成千上万，整个棉花产业和纺织业濒临崩溃，棉铃虫成为困扰中国植棉业和纺织业发展的头号难题。1992年，国家高技术发展计划（“863”计划）将“抗虫棉研制”项目提升为国家重大关键技术项目加速执行。为了突破美国的专利保护，同时又获得高效抗虫的基因资源，郭三堆率领的研究团队历经五年的潜心研究，率先研制成功国产转基因抗虫棉，使中国成为全世界第二个拥有抗虫棉自主知识产权的国家。主要创新成果如下：

首次人工设计合成抗虫基因，构建高效植物载体。将苏云金芽孢杆菌（Bt）杀虫活性最强的Cry1Ab蛋白第一结构域与识别和结合效率最高Cry1Ac蛋白第二、三结构域融合，去除与抗虫无关的冗余干扰序列；根据植物基因密码子偏好性进行序列改造和优化，全人工合成双链编码新基因；同时结合多个人工改造的高效表达调控元件，组装成功了具有中国知识产权的GFM *Cry1Ab/Cry1Ac* 融合抗虫基因。设计合成的抗虫融合新基因和高效植物表达载体不仅打破了细菌和植物之间的物种界限，并且可在植物中高效表达。

率先创制转基因抗虫棉（图1），打破美国垄断。国产抗虫棉的研制采用花粉管通道技术和农杆菌介导技术，两种转基因技术确保将GFM *Cry1Ab/Cry1Ac* 抗虫基因导入‘泗棉3号’和‘晋棉7号’受体，获得大批转基因抗虫棉种质资源，生测获得7个抗虫性80%以上抗虫棉材料。单价抗虫棉专一性地破坏鳞翅目害虫消化道并导致其死亡，而对害虫天敌无害；单价抗虫棉1997年通过安全评价并用于生产，中国因此成为世界上第二个研制成功抗虫棉的国家。单价抗虫棉核心技术2001年荣获国家知识产权局和联合国知识产权组织联合颁发的“专利金奖”和“金质奖章”（图2、图3）。

继续发展双价转基因抗虫棉，推动国产抗虫棉再上新台阶。单价抗虫棉虽然抗虫性良好，但在棉花生育后期抗虫性下降是中国和美国抗虫棉的共性问题。为增强后期抗虫性，研究团队将GFM *Cry1Ab/Cry1Ac* 基因与密码子优化的 *Cpti* 基因再次人工融合，构建出双价植物高效表达载体，协同增强抗虫能力。双价抗虫棉生育后期棉铃虫校正死亡率较单价抗虫棉提高35%以上，棉田四代棉铃虫平均百株幼虫数量较单价抗虫棉田减少57.1%，比常规棉减少87.0%。双价抗虫棉同时产生两种不同机理的杀虫蛋白，有效解决了抗虫棉后期抗性下降的难题；两种杀虫蛋白功能互补、协同增

图1 转基因抗虫棉抗虫效果（梁成真提供）

①②对照；③④抗虫棉

图2 转基因抗虫棉获国家知识产权局和联合国知识产权组织联合颁发的“专利金奖”和“金质奖章”（梁成真提供）

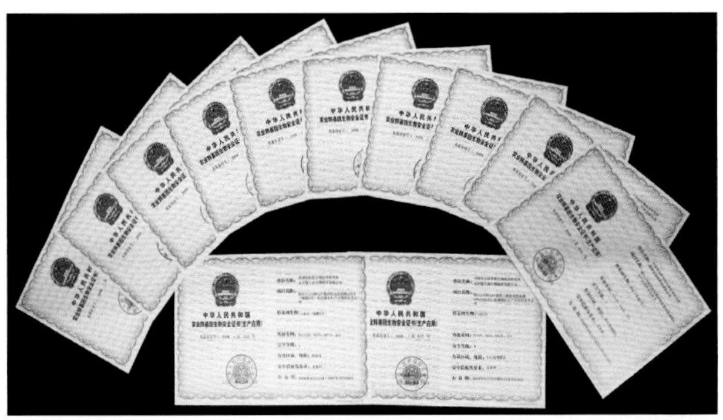

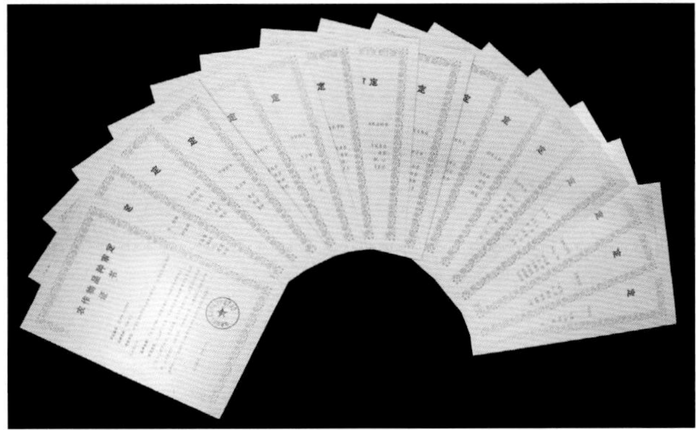

图3 国产转基因抗虫棉部分安全证书和品种证书（梁成真提供）

效，对控制棉铃虫抗性发展起到重要作用；双价转基因抗虫棉的研制成功，为中国后续多基因的研制和应用开拓了新的思路。

培育 100 多个抗虫棉新品种，让“中国棉业”牢牢掌握在自己手里。美国抗虫棉品种 1995 年进入中国，并迅速占据市场主导地位，1997 年美国抗虫棉约占中国抗虫棉市场份额的 84%。中国单价抗虫棉种质 1994 年研制成功后，迅速和中国育种家合作，利用国产抗虫棉种质培育国审和省审品种超过 200 个，充分满足了不同棉区的品种需求。同时，国产抗虫棉产业化迅速崛起，在和美国抗虫棉激烈的市场竞争中连续突破，2002 年占国内抗虫棉市场份额的 43.3%，2003 年超过美国的抗虫棉，占 53.9%，2008 年以后国产抗虫棉占全国抗虫棉面积的 98% 以上，以绝对优势占领了国内抗虫棉市场，美国抗虫棉基本退市。至 2015 年，国产抗虫棉累计推广面积逾 4247 万 hm^2（约 6.3 亿亩），减少农药近 1 亿 kg，人畜中毒死亡事故再没有发生。按每公顷为国家和棉农增收节支 2400 元计算，经济效益累计超过 1000 亿元。

国产抗虫棉研制和产业化的成功，不仅打破了美国抗虫棉对中国植棉市场的垄断，促进了中国棉花及相关产业的发展、改善了生态环境、保护了国家和民族利益；而且抗虫棉研制和产业化成为中国农业科研领域的一面旗帜，其成功模式开创了农业生物技术育种的重要方向。

（撰稿：梁成真、张锐；审稿：郭三堆、梁成真）

棉花抗黄萎病育种基础研究与新品种选育
researches of breeding bases on cotton verticillium wilt resistance and elite cultivar development

获奖年份及奖项　2009 年获国家科技进步奖二等奖

完成人　马峙英、张桂寅、杨保新、刘素娟、宋玉田、吴立强、王省芬、刘景山、刘占国、曲健木

完成单位　河北农业大学、邯郸市农业科学院

项目简介　棉花黄萎病是毁灭性的、对产量影响极大的病害，其防治是继棉铃虫之后又一世界性难题。应用抗病品种是控制黄萎病的最有效措施。由于病菌致病性分化和棉花抗性遗传的复杂性，加之抗性与产量、品质间的负相关，使得选育优良品种难度大。针对这些难题，课题组深入开展了抗黄萎病育种基础和抗病、丰产、优质新品种选育研究，取得显著成效。

系统开展了棉花种质资源搜集、鉴评、筛选和创新。搜集国内外种质资源，田间鉴定、筛选出 565 份不同类型特色种质；人工气候室和田间病圃相结合，系统鉴定、评价了黄萎病抗性等重要性状，进一步筛选出 240 份优异种质，并首次建立了较为系统完整的 AFLP、SSR 分子指纹图谱，构建了优异种质数据库，筛选 70 份核心种质；创造 47 份抗黄萎病育种亲本。为育种提供了可持续利用资源。

创新了黄萎病抗性鉴定和选择技术。创立了“六棱塑料钵定量注菌液”抗病性苗期鉴定技术；发现了抗病性鉴定和选择的 POX-PC1 生化标记，寻找到 2 个与抗病基因连锁的 SSR 分子标记。为抗性鉴定与选择提供了有效技术和方法。

发现了落叶型菌系、品种抗病类型以及棉花新的抗病性遗传方式。首次发现河北棉区落叶型菌系，强、中等致病力菌系是主要病菌类型；棉花品种存在 5 种抗病类型；一些陆地棉品种抗病性由 2 个显性互补主效基因控制，不同海岛棉的抗性均由 1 个显性主效基因控制且等位。为抗病育种亲本选配、后代鉴定选择提供了理论依据。

集成创新了棉花抗病品种选育技术。主要为：高起点选择亲本、复合杂交配组；多菌系鉴定抗病性，生化、分子标记辅助选择；多点、多环境、全生育期动态综合选择、鉴定，同步改良抗病性、产量和纤维品质；多个生态类型区鉴定和筛选高世代材料，增强品种的适应性和稳产性。

育成 5 个棉花新品种，实现了抗病、丰产、优质同步改良和突破。新品种抗病性强，黄萎病抗性均优于抗病对照，病情指数较对照平均减少 13.2%，枯萎病表现高抗或抗（耐）病；丰产性突出，产量均较对照增产显著，‘冀棉 26 号’‘农大 94-7’‘邯 284’‘邯 109’在区试中产量均居第一位，‘农大棉 6 号’居第二位；纤维品质优良，‘冀棉 26 号’‘邯 284’‘邯 109’在区试中主要品质指标均居第一位。

品种示范、推广面积大，经济、社会效益显著。新品种在黄河流域棉区大面积示范、推广，种植 3035.5 万亩，新增效益 56.78 亿元。

种质材料和研究论文被广泛引用。筛选、创新的种质材料被多家单位引用 140 多份次，育成 40 多个新品系；有关研究论文被他引 144 次。

项目得到第三方充分肯定和高度评价。同行专家认为研究系统性强，具有实质性创新，整体达国际先进水平，部分内容达国际领先水平；5 个新品种成为适宜种植区的主推抗病品种，获得省部级科技进步一等奖 2 项、二等奖 2 项。

（撰稿：王省芬；审稿：马峙英）

《棉铃虫的研究》 *Studies on Helicoverpa Armigera*

由农业昆虫学家、中国农业科学院植物保护研究所郭予元院士主编，中国农业出版社 1998 年出版，全书 60 万字。该书由邱世邦院士作序（见图）。

（王桂荣提供）

该书前言列举了棉铃虫发生范围、危害特点；在中国的发生历程、造成的危害和防治工作；书籍主要内容和编写经过等。该书共分 11 章，主要涉及棉铃虫的形态特征与遗传变异，生物学与生态学特性，化学生态学，环境因素对棉铃虫发生的影响，种群动态

的预测预报技术，防治指标和防治策略，棉铃虫自然种群生命表及天敌的控制作用，棉花对棉铃虫的抗性及利用，棉铃虫的抗药性，综合防治的关键技术及棉铃虫研究工作中常用的统计分析方法等。该书从生理、生态、生物化学、遗传学、分子生物学等多个角度，从微观到宏观，基础研究结合生产实践，深入系统地介绍了棉铃虫的生长发育特点、危害规律及防治技术。该书配有墨线图、附表及部分彩色插图。

该书是多个从事棉虫研究工作者辛勤劳动的结晶，并得到国内外不少同行的支持和帮助，许多棉虫专家提供了珍贵资料和宝贵意见。该书是中国第一部全面、深入系统阐述棉铃虫研究的著作，也是迄今为止国内最权威的棉铃虫研究著作。

该书可供从事昆虫学、生态学、动物学和植物保护学的科研、教学及农业技术推广人员使用。

（撰稿：王桂荣；审稿：杨斌）

棉铃虫对Bt棉花抗性风险评估及预防性治理技术的研究与应用 risk assessment and management of the resistance of cotton bollworm to Bt cotton

获奖年份及奖项 2010年获国家科技进步二等奖

完成人 吴孔明、郭予元、吴益东、梁革梅、赵建周、杨亦桦、张永军、陆宴辉、王桂荣、武淑文

完成单位 中国农业科学院植物保护研究所、南京农业大学

项目简介 作为现代生物技术的重大科技创新，转Bt基因抗虫作物为害虫防治开辟了新的途径。制约Bt作物商业化应用的关键因素是害虫能通过遗传变异而迅速产生抗性，使其失去利用价值。因此，建立抗性预防性治理技术体系是保障Bt作物可持续利用的前提。理论上，Bt作物选择压力下存活个体所携带抗性基因的遗传，是引起抗性的主要原因。通过减少Bt作物田存活的害虫和增加普通作物敏感种群的数量，降低抗性基因频率是抗性治理的基本原理。美国等国家普遍采用了种植一定比例的非转基因作物保护敏感种群的抗性治理策略，政府颁布法规要求在Bt-Cry1Ac棉花周围种植高于20%的普通棉花作为庇护所保护棉铃虫敏感种群。中国等发展中国家由小农户为主的小规模生产模式无法实施美国等国家强制性要求种业公司与农场主设置人工庇护所治理害虫抗性的策略，因此需要发展新的适合国情的抗性治理理论与技术。

针对国家Bt棉花生产应用中的这一重大科技需求，通过10多年的攻关研究，①在国际上创造性地提出了利用小农模式下玉米、小麦、大豆和花生等棉铃虫寄主作物（图1）所提供的天然庇护所治理棉铃虫对Bt-Cry1Ac棉花抗性的策略。②首次揭示了棉铃虫钙黏蛋白和氨肽酶N基因突变导致对Bt棉花产生抗性的分子机制。建立了由DNA分子检测、单雌家系检测和生长抑制检测组成的棉铃虫抗性早期预警与监测技术体系，可分别进行抗性基因、抗性个体和抗性种群3个水平的抗性检测和监测（图2）。③通过阐明棉铃虫对Bt棉花抗性的演化规律和风险评估，提出了以严格控制种植生长中后期杀虫蛋白低表达的Bt棉花品种为核心的抗性预防性治理技术体系。

农业部在转基因生物安全评价法规制订、农业转基因生物安全检定及标准体系、检测体系建设过程中，将上述成果用于中国Bt棉花安全性评价、商业化种植的安全性管理和检测体系建设。先后通过发布"农业部公告第410号：转基因抗虫棉安全评价简化程序"和"农业部公告第989号：转基因抗虫棉生产应用安全证书"等，全面实施了以棉铃虫对Bt棉花抗性预防性治理为核心的Bt棉花安全性管理政策。基于抗性治理的需求，建立和认证了转基因抗虫棉花环境安全性评价机构，重点检测Bt棉花生长中后期Bt蛋白的表达量和稳定性。通过该项成果的应用，在大规模商业化种植Bt棉花10余年后，中国各地棉铃虫自然种群对Bt棉花的敏感性和商业化种植之前相比没有明显变化，Bt棉花对棉铃虫的抗性效率没有降低。此外，该成果还为农业部制定中国Bt作物发展战略提供了科技支撑，对推动中国转基因作物的健康发展有重大科学意义。

图1 棉铃虫幼虫为害棉铃（吴孔明提供）

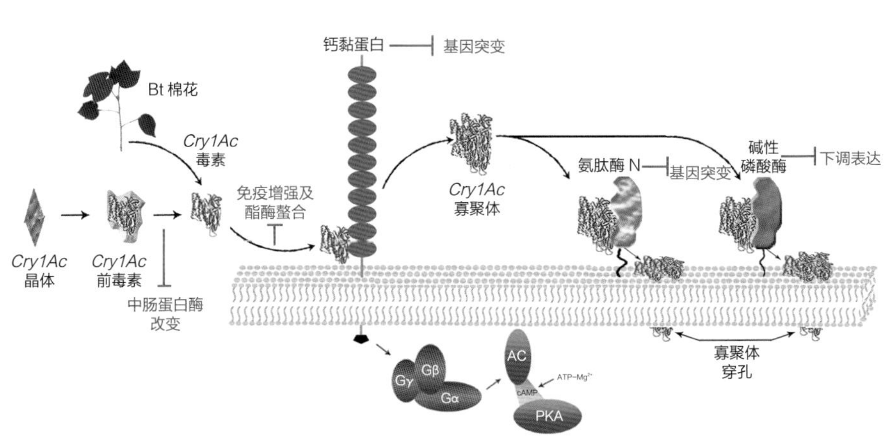

图2 棉铃虫对Bt棉花抗性分子机制（吴孔明提供）

该项研究是中国科学家通过科学理论创新，为农业部制定产业政策引领高技术产业发展提供决策依据的重大原创性成果，处于国际领先水平。共计发表60多篇研究论文，其中SCI源论文30余篇，先后被*Nature*、*Science*和*Proceedings of the National Academy of the Sciences of the United States of America*等期刊他人论文多次引用。对棉铃虫种群演化与Bt棉花关系的研究结果以封面文章发表于*Science*期刊，并被两院院士评为“2008年中国十大科技进展新闻”。

（撰稿：吴孔明；审稿：陆宴辉）

棉铃虫区域性迁飞规律和监测预警技术的研究与应用 regional migration of cotton bollworm and its monitoring and forecasting technology

获奖年份及奖项 2007年获国家科技进步二等奖

完成人 吴孔明、郭予元、戴小枫、屈西峰、程登发、姜玉英、张跃进、柏立新、封红强、梁革梅

完成单位 中国农业科学院植物保护研究所，全国农业技术推广中心，江苏省农业科学院，中国科学院动物研究所，河南省农业科学院植物保护研究所

项目简介 棉铃虫是影响中国棉花和其他作物生产发展的重大致灾生物，灾变预警能力较低是长期制约中国棉铃虫防控水平提高的重要因素。在科技部国家科技攻关计划、攀登计划和国家重点基础研究发展计划（“973”计划）等项目资助下，自1991以来，中国农业科学院植物保护研究所和全国农技推广中心等单位对棉铃虫种群生态适应性和遗传分化、兼性迁飞行为和区域间的迁飞规律、种群监测与预警技术等进行了全面、系统和深入的研究，建立了国家棉铃虫区域性监测预警技术体系。

通过对中国棉铃虫地理种群的遗传变异、滞育特征和抗寒性分化等的系统研究，将中国棉铃虫划分为热带型、亚热带型、温带型和新疆型，其分别对华南地区、长江流域、黄河流域和新疆地区的气候环境具有高度专化适应性。热带型棉铃虫主要分布于中国北纬22°以南地区，亚热带型棉铃虫主要分布于北纬22°至32°以南的长江流域地区，温带型棉铃虫适宜分布的生态区为北纬32°以北至1月平均日最低温度−15℃等温线以南地区，新疆型棉铃虫适宜生态区为新疆中南部的南温带地区。对棉铃虫在中国迁飞转移规律的研究表明，受东亚季风影响，5～7月温带型一代和二代棉铃虫成虫随偏南风向北迁移，可迁入山西北部、河北北部、内蒙古、辽宁和吉林等非越冬区的中温带地区；温带型三代和四代棉铃虫于8月中旬以后，随偏北风向南回迁。成虫种群密度过大和所处的不良环境是引起迁飞的主要原因。采用昆虫雷达等技术（图1、图2）手段研究表明，棉铃虫迁飞的地面高度一般为300～500m，具顺风定向特征。在春季、春末夏初、夏季和秋季夜晚一次迁飞时间分别约为9.5小时、7小时、8.5小时和10小时，迁移距离150～300km，并据此建立了棉铃虫迁飞轨迹和迁飞路径预测的模拟模型。

制定和修订了“棉铃虫测报调查规范”国家标准，规范了全国棉铃虫监测工具、田间调查、数据汇总和传输、预测预报模型、发生程度分级、预报准确率评定等方法和指标，实现了全国棉铃虫预测预报标准化、数据信息传递网络化和预报发布的图视化。构建了国家棉铃虫测报及气象资料数据库管理系统平台，集成了由多种预报方法和预报模型组成的国家棉铃虫区域性灾变预警系统。先后出版著作5部，其中《棉铃虫研究》1999年获国家图书奖提名奖；在《昆虫学年评》等期刊发表研究论文80余篇（SCI论文11篇）。自1997年开始，该项成果处于国际领先水平，在中国14个棉花主产省（自治区）推广应用，长、中、短期预报准确率分别达85%、90%和95%，取得了巨大的社会、经济和生态效益。

（撰稿：梁革梅；审稿：吴孔明）

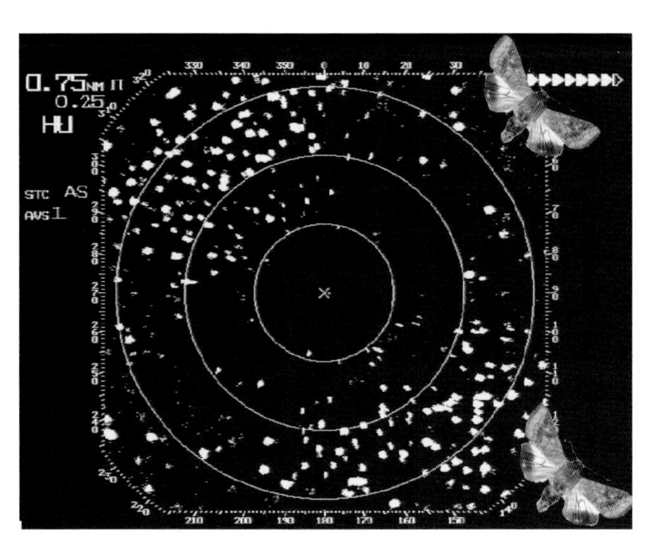

图1 利用雷达观测棉铃虫迁飞（吴孔明提供）

图2 昆虫雷达（吴孔明提供）

M

南志标 Nan Zhibiao

南志标（1951— ），中国草业科学家、草类植物病理学家，中国草业科学学科带头人之一，中国工程院院士。兰州大学草地农业科技学院教授（见图）。

个人简介 1951年10月出生于河北曲阳。1969年2月，由北京下乡到甘肃山丹军马二场草原队，担任拖拉机手，改良退化草原，建立栽培草地。1972年4月由甘肃山丹军马场选送至甘肃农业大学草原系，学习草业科学。1974年12月返回甘肃山丹军马二场草原队，担任技术员，负责改良退化草地、驯化选育优良牧草品种、大规模牧草种子生产等技术工作。1978年10月考入甘肃农业大学草原系，主攻牧草病理学。1986年9月赴新西兰梅西大学（Massey University）和新西兰国家草地农业研究所（The New Zealand Crown Research Institute of Pasture Agriculture），师从国际知名植物病理学家R. A. Skipp和P. G. Long，1989年11月获得牧草病理学博士学位，成为新西兰国家科工部植病所的第一个中国留学生。当时很多留学生找借口不回国，南志标说“作为一个中国公民，我们每个人都有责任和义务把国家建设好，国家送我们出去留学，大家都不回去了，国家谁来建设，这不是个大道理，当时我就这么想”。在祖国的召唤下，即使已获得新西兰方面资助他和夫人攻读博士及博士后学位，他们毅然自费回国，唯一托运回来的是他搜集逾200kg重的资料。

1981年11月，南志标研究生毕业后分配到任继周先生刚刚创建的甘肃省草原生态研究所工作，创建了牧草病理生态研究室，先后任助理研究员、副研究员、研究员，担任科技处副处长、处长，研究所副所长。主攻牧草病理学与牧草种子学、高山草原优良豆科牧草选育、禾草内生真菌及退化草地生态系统恢复与重建的研究，取得了一系列创新性的成果，推动了中国草业学科的发展。1995—1996年，赴埃塞俄比亚担任联合国国际家畜研究所（International Livestock Research Institute）生物多样性项目客座研究员，开展草类植物病理学的科学研究，建立牧草种质资源评价实验室，培训技术人员。

（李春杰提供）

2002年4月甘肃草原生态研究所整体并入兰州大学，南志标创立草地农业科技学院并担任首届院长至2012年，在此期间，学院发展迅猛，获得了一系列标志性的成果；2003年，创建兰州大学草地保护研究所，担任所长；2006年，领衔创建草地农业教育部工程研究中心，担任首任主任和技术委员会主任。2007年，作为首席科学家承担中国首个牧草学“973”计划项目“中国西部牧草、乡土草遗传及选育的基础研究”，2014年获滚动支持第二个“973”计划“牧草、乡土草抗逆、优质、高产的生物学基础”。2011年领衔草地农业“111”引智基地获批，同年创建的草地农业生态系统国家重点实验室获批，担任第一届主任；2018年担任第二届学术委员会主任；2016年领衔的草地农业生态国际联合研究中心获批；2009年当选中国工程院院士，和任继周院士成为全国草业学科领域仅有的两位院士。南志标不止一次地强调“责任”和“团队”，他说：“人首先要负责任，从事科研工作，你就要承担一个科研工作者的责任；我从心底里感谢这个团队，没有团队的支持我是做不出这么多事情的，大家集中起来就可以做大事。”

1996年南志标担任《草业学报》主编；1998—2002年、2007—2011年分别担任国家自然科学基金委员会评审组成员；2000年担任国家科技进步奖养殖业专业评审组成员；2002—2011年担任中国草原学会副理事长；2008—2016年担任国际草地大会连续委员会成员（Continuing Committee，International Grassland Congress）；2009—2012年担任国际放牧家畜与放牧地术语委员会成员（International Committee for Grazing Animal and Grazing Land Terminology）；2012年担任第八届国际禾草内生真菌大会主席；2016年担任国务院第七届草学学科评议组组长。

成果贡献 南志标以草地农业系统的理论为指导，在草原学、饲料学、植物病理学的交叉领域进行中国草类植物病理学开拓性的研究，是中国牧草病理学的开拓者。主持完成的“牧草病害及其防治”项目获国家科技进步三等奖，是迄今为止，中国草类植物病害领域获得的最高科技奖项，极大地推动了中国牧草病理学的发展。主要成绩如下：

明确了中国已知的草类植物病害及病原真菌数。在中国最早系统开展了牧草真菌病害调查，明确了截至2017年中国26个科374属的1541种牧草上发现的5155种病害的病原、寄主与分布；命名真菌新种3个；主编出版了《中国牧草真菌病害名录》，极大地丰富了牧草病原菌的多样性，为中国开展生物多样性保护、牧草病害防治及国家草种进出口检疫提供了重要基础资料。

对主要豆科牧草病害进行了较为系统的研究。深入开展了沙打旺、紫花苜蓿、箭筈豌豆、三叶草和柱花草等豆科牧草根腐病的研究。发现并命名了引致沙打旺根腐病的新病原——埃里砖格孢（*Embellisia astragali*），报道紫花苜蓿烟色织孢霉根腐病（*Microdochium tabacinum*）、苜蓿黄萎病（*Verticillium alfalfa*）、紫花苜蓿细菌性芽腐（*Enterobacter cloacae*）和萎蔫病（*Erwinia persicina*）、箭筈豌豆炭疽病（*Colletotrichum lentis*）等新病害。明确了三叶草、红豆草、紫花苜蓿和沙打旺等根腐病等病原；明确了病原生物学、生理学、病害发生和流行学，提出了以利用抗病品种为核心的牧草根腐病的防治策略，制定了《紫花苜蓿主要病害防治技术规程》行业标准。

率先系统研究了中国南方高尔夫运动场草坪病害。发现并命名危害海滨雀稗的病原真菌新种——雀稗微座孢（*Microdochium paspali*）；发现并报道海滨雀稗红丝病（*Lartisaria fuciformis*）和叶斑病（*Waitea circinata* var. *zeae*）、杂交狗牙根粉斑病（*Limonomyces roseipellis*）和细叶结缕草叶斑病（*Waitea circinata* var. *zeae*）等新病害。提出了草坪病害防治的原则与要点，并已广泛应用于中国的运动场草坪养护与管理中。

领衔中国主要类型天然草地病害的研究。主持中国首个天然草地病害防治公益性行业（农业）科研经费专项项目“草地病害防治技术研究与示范”。初步明确了青藏高原披碱草草地、内蒙古羊草草原和黄土高原半干旱草地主要病害多样性与分布，草地围封和放牧强度等对草地植物病害的影响。

构建了对草地农业生态系统4个生产层进行评价的牧草病害调查与评定技术体系，将草原学的样线法、湿润度（K值）等成功地引入草类病害研究。

提出了牧草病害研究应与家畜生产相联系，以反映草地农学的本质。率先开展：“菌—草—畜”相关研究，发现感染黄矮根腐病的沙打旺可以影响小白鼠的健康，初步明确了沙打旺根腐病菌对小白鼠的致毒机理。

研究提出了中国牧草病害可持续管理的技术体系。在中国率先提出了“从草地农业生态系统特有的结构和稳定性出发，以利用抗病品种为中心，生态防治为基础，生物防治与化学防治为辅助，通过各种措施的综合应用，将病害危害水平调节并保持在经济阈值水平之下，从而达到提高草地农业生态系统整体生产能力和稳定性的目的”的牧草病害可持续管理技术体系。在新疆、陕西、山西、甘肃等地广泛推广应用。出版了《牧草常见病害及防治》和《牧草病害诊断调查与损失评定方法》。

率先在中国进行禾草内生真菌的研究，获得了突破性的进展。在内生真菌多样性、共生体抗逆性、对家畜的毒性及利用内生真菌进行禾草种质创新与新品种选育等方面成果显著。命名禾草内生真菌新种——甘肃内生真菌（*Neotyphodium gansuense*），明确了醉马草致毒机理为内生真菌侵染并产生麦角生物碱所致。明确了中国重要乡土草醉马草、野大麦、披碱草、中华羊茅等对旱、寒、盐、涝、重金属等环境胁迫和病害、虫害等生物胁迫的抗性与机理。其中醉马草—内生真菌的研究，代表了中国在禾草内生真菌研究领域的水平，使中国的醉马草—内生真菌与美国的高羊茅—内生真菌、新西兰的黑麦草—内生真菌成为国际三大研究分支。极大地丰富了国际禾草内生真菌研究的内容，并为内生真菌多层次利用开辟了通路。

南志标在中国率先建立了草业科学本科专业的草地保护学主干课程体系，将原来的牧草病理学、草地昆虫学、草地啮齿类动物学和草地毒害杂草4门课合并为系统讲授一门课，主讲的草地保护学2010年获评为国家级精品课程。他重视教学实践环节及知识的完整性和系统性，根据草地植物有害生物特点，设立本科生大实验，涵盖有害生物的识别、发生、损失评定和防控措施，强调应关注有害生物的互作。率先创建了研究生专业课程草地系统中的真菌，使不同研究方向的学生系统了解病原真菌、禾草内生真菌、菌根菌、土壤真菌等在草地农业生态系统中的作用。要求团队人员和研究生要关注顶天和立地的关系，要沉下去，要到生产一线、到田间，强调读书永远读不出一个一流的科学家。他奖掖后进，授业解惑，培养的博士研究生中李春杰2008年获教育部新世纪优秀人才、李彦忠2009年获中国草业科学的第一篇全国百篇优秀博士论文。

所获奖誉 1997年获农业部科技进步三等奖；1999年获国家科技进步三等奖；2008年获国家科技进步二等奖；2008年获“引进国外智力突出贡献奖”；2009年获中国草业学界唯一的国家级教学成果特等奖；2009年获中国草业科学的第一篇全国优秀博士学位论文；2010年获十佳全国优秀科技工作者提名奖、全国优秀科技工作者；2011年获甘肃省科技进步一等奖；2016年获全国五一劳动奖章。

性情爱好 南志标最大的爱好就是科研和读书，青年时曾梦想当一位作家。他博闻强识，所读书籍涉猎面极广，除了科研文献之外，还对人物传记、哲学、历史、社会、经济、军事和文化等有浓厚的兴趣。

参考文献

南志标, 2015. 教学工作是院长的第一工作 [M]// 黄达人 . 大学的根本 . 上海 : 商务印书馆 .

王兴东, 王建, 2010. 碧草原野赤子情 : 记中国工程院院士南志标 [J]. 中国高校师资研究 (5): 45-51.

（撰稿：李春杰；审稿：马忠华）

农产品黄曲霉毒素靶向抗体创制与高灵敏检测技术 development of target-specific antibody and technology for highly sensitive detection of aflatoxins in agro-products

获奖年份及奖项 2015年获国家技术发明二等奖

N

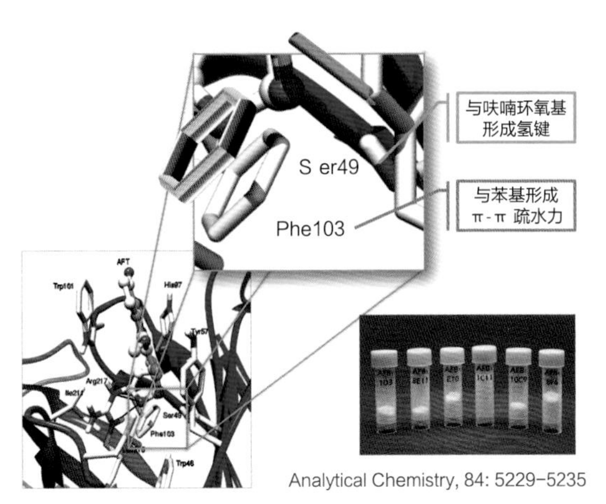

图 1 首次发现黄曲霉毒素高亲和力抗体特异性识别机制与免疫活性位点创制出单克隆抗体、基因重组抗体、纳米抗体等系列高灵敏高特异性抗体（李慧提供）

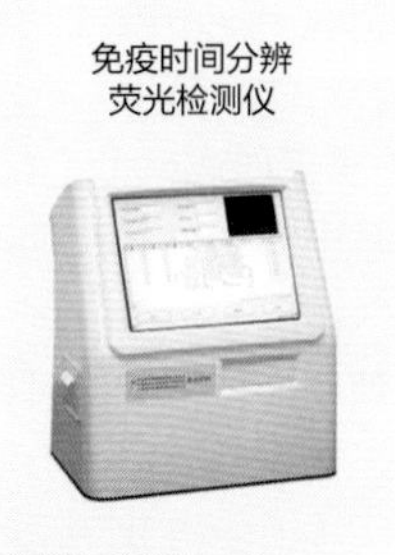
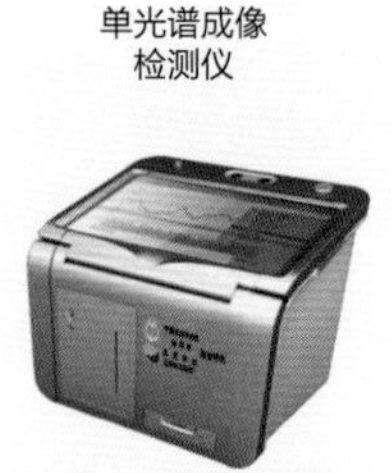
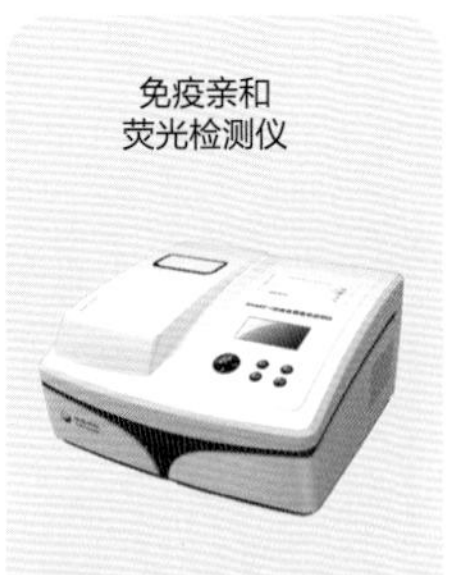

图 2 黄曲霉毒素系列现场快速检测仪（李慧提供）

图 3 在农产品种、收、储、运、加等领域广泛应用（李慧提供）

完成人 李培武、张奇、丁小霞、张文、姜俊、喻理

完成单位 中国农业科学院油料作物研究所

项目简介 黄曲霉毒素是人类迄今发现污染农产品毒性最强的一类真菌毒素，包括 B、G 和 M 族，例如 B 族的 B_1 毒性是氰化钾的 10 倍，为 I 类致癌物。粮、油、奶等农产品易受污染，威胁消费安全，各国限量标准均极为严格。因此，高灵敏现场快速检测技术对保障农产品生产和消费安全具有特别重要意义。20 世纪 70 年代中期，国外发明了单克隆抗体技术成为研究热点，建立了酶联法等，但仍不能满足现场检测需求。由于黄曲霉毒素不同于一般抗原，毒性极强，杂交瘤在筛选中极易衰亡丢失，选育难度很大；免疫活性位点不明，抗体亲和力低的问题一直难以突破；现场检测灵敏度低及假阳性率高成为难以攻克的世界难题。该项目在国家高技术研究发展计划（“863”计划）等支持下，经过十多年系统研究，使中国跃居本领域国际领先水平，主要技术发明如下：

发明了高效筛选杂交瘤的一步式半固体培养—梯度筛选法，探明了黄曲霉毒素分子免疫活性位点及靶向诱导效应，解决了杂交瘤选育难度大的瓶颈难题。创建了外源细胞因子 bFGF、HFCS 调控的一步式半固体培养—梯度筛选法，实现了杂交瘤融合与单克隆化的一步式选育，阳性杂交瘤得率提高了 30 倍；探明了黄曲霉毒素分子免疫活性位点是苯基与呋喃环氧基，揭示了其对 B_1、M_1、G_1 抗体亲和力的靶向诱导效应，抗体亲和力常数提高 3～5 倍；攻克了多次亚克隆过程中阳性杂交瘤衰亡与丢失的难题，为创制高亲和力抗体提供了新方法（图 1）。

发明了黄曲霉毒素总量与分量 B_1、M_1、G_1 单克隆抗体和纳米抗体，为自主创建高灵敏现场检测新技术提供了核心材料。基于上述筛选法，创制出 1C11、2C9、10G4 等黄曲霉毒素总量与分量单克隆抗体 37 株、纳米抗体 2 株，灵敏度（半抑制浓度，IC_{50}）达 0.001μg/L，交叉反应率低至 0，亲和力常数高达 10^9L/mol，超过国际领先的德国、意大利抗体 1 个数量级；纳米抗体可耐 70% 甲醇，抗 60℃高温，解决了抗体亲和力低、特异性差、不耐高温和有机溶剂的难题。

首创了 3 种黄曲霉毒素高灵敏现场检测技术，开发出 17 种试剂盒和 3 种检测仪器，破解了农产品黄曲霉毒素现场检测灵敏度低、假阳性率高的难题。创建了黄曲霉毒素侧向流免疫时间分辨荧光检测技术、纳米金多组分同步检测技术和荧光增强免疫亲和检测技术，并制订出技术标准；开发出 17 种试剂盒和 3 种专用检测仪器，灵敏度高达 0.003～0.1μg/kg，比现有同类技术提高 10～50 倍，假阳性率小于 5%，成本降低 75%，时间缩短 80%，满足了不同种类农产品从农田到餐桌高灵敏现场检测的需求（图 2）。

该项目获中国发明专利 33 件，欧洲、美洲等专利 11 件，发表 SCI 论文 63 篇，其中 IF5.0 以上 16 篇，著作 1 部。项目成果被国际顶级期刊 *Chemical Society Reviews*（IF：40.443）引用并高度评价“Being effective diagnostic tools, rapid tests allow qualitative and quantitative determination, in a matter of minutes. Rapid tests are highly sensitive and accurate（该项目与检测技术作为有效的诊断工具，可在几分钟内快速检测，可以进行定性和定量测定。这种检测技术同时具有高度的灵敏性和精确的可靠性）”。通过国家项目验收和成果鉴定与评价，专家评价达到国际领先水平，获省技术发明一等奖 1 项，中国专利优秀奖 1 项。

成果已广泛应用于农产品生产、流通、加工等领域，在粮、油、奶等农产品食品及饲料企业广泛应用，为黄曲霉毒素污染源头控制把关提供了关键技术，避免了因黄曲霉毒素污染而导致的倒奶、停产事件发生；在粮油仓储中应用，满足了毒素现场动态监测难题，提升了粮油仓储的安全水平；

在国家粮油质量安全普查计划、风险监测计划、风险评估计划等政府监管中应用，为政府监管和企业产品质量控制提供了关键技术支撑。成果应用覆盖了农产品种养、收储、运销、加工等从农田到餐桌全过程。

此外，部分产品还远销美国、印度、巴基斯坦、斯洛文尼亚等国家，抗体材料被北京大学、德国慕尼黑、美国UCDavis等几十家国内外权威科研机构应用于科学研究，不仅打破了国外长期的技术与产品垄断，而且还被国际知名企业品牌产品用作黄曲霉毒素检测产品的核心材料，为提升中国农产品质量安全检测水平与产品竞争力、保障农产品消费安全和产业发展作出了积极贡献。随着中国食品安全战略及标准化战略的实施，成果应用前景将更加广阔（图3）。

（撰稿：李慧；审稿：李培武）

《农田鼠害及其防治》 *Farmland Rodent Pests and Their Control*

由刘乾开编著，中国农业出版社1995年4月出版。

全书分为7章，结合植物保护专业要求以及农田害鼠的特性，重点论述了害鼠的种类鉴别、预测预报及鼠害的防治。第1～3章，概述了鼠类的危害、鼠类的形态特征、生物学特征和生态学特征，简明扼要地介绍了鼠类作为有害生物的为害特性，鉴别依据，以及影响鼠类种群的影响因子等，是全书的基础。第4、5章，以检索和各论的形式，介绍了中国农业害鼠的种类、分布及主要鉴别特征。第6章，从农田害鼠预测预报的依据、农田害鼠调差方法、危害损失评估、治理效果评估、种群繁殖动态、空间分布及抽样、防治指标的依据及制定、预测预报的内容和方法，全面论述了农田鼠害预测预报涉及的理论和方法。第7章，从农业防治、生物防治，物理防治和化学防治四个方面详细介绍了鼠害治理涉及的各种防治技术与特点，并独立论述了城镇鼠害防治的特点和策略。

尽管随着有害生物治理理念、理论和技术的发展，尤其是鼠类作为哺乳动物类有害生物的特殊性，鼠害治理的理论和技术已经发生了重大的变化，然而，该书仍旧不失为认知鼠类为害及其生物学特性的基础教材，并对鼠害治理策略的制定起着重要的指导意义。

（撰稿：刘晓辉；审稿：宋英）

《农田杂草抗药性》 *Herbicide Resistance in Farmland Weed*

由南京农业大学黄建中主编，1995年中国农业出版社出版发行。该书属于农业农村部教育司与中国农业出版社共同出版的“中国博士专著（农业领域）”系列丛书。这批专著首先广泛征集选题，再由全国知名教授、博士生导师组成的编委会审定，最后确定出版目录（见图）。

该书是中国第一部介绍国内外杂草抗药性研究的著作。是杂草抗药性研究的重要参考书。该书阐述了杂草对各类除草剂产生抗性的分子机理，杂草抗药性生物型的测定原理和技术，抗药性杂草综合治理的策略与措施，全面介绍了杂草抗药性研究的新动态和新成果。该书主要是对国内外杂草抗药性研究的总结和编纂。

（崔海兰提供）

该书共有8章内容，包括绪论；国内外抗药性杂草生物型的发现、分布和危害；杂草抗药性生物型与敏感性生物型的生物学特性；杂草抗药性生物型对除草剂的吸收、传导和抗药性代谢机理；杂草抗药性生物型形成机理及分子生物学基础；除草剂抗药性的生物工程与育种；除草剂抗药性杂草的鉴定原理与技术及抗药性杂草的综合管理。

（撰稿：崔海兰；审稿：李香菊）

农田重大害鼠成灾规律及综合防治技术研究 outbreaks of integrated pest management on agricultural rodents

获奖年份及奖项 2002年获国务院国家科技进步奖二等奖

完成人 张知彬、蒋光藻、钟文勤、黄秀清、郭聪、宁振东、冯志勇、叶晓堤、张健旭、宛新荣

完成单位 中国科学院动物研究所、四川省农业科学植物保护研究所、广东省农业科学植物保护研究所、中国科学院长沙农业现代化所、山西省农业科学植物保护研究所。

项目简介 中国是一个鼠害十分严重的发展中国家。鼠害不仅造成巨大的粮食损失，而且还破坏草场和森林、传播疾病，给农业发展、环境保护和人类健康带来严重威胁(见图)。

项目组在国家“九五”科技攻关项目的支持下，以北方旱作区的大仓鼠和黑线仓鼠、内蒙古高原农区的长爪沙鼠、黄土高原的中华鼢鼠、长江中下游流域稻作区的大足鼠和褐家鼠、珠江三角洲稻作区的黄毛鼠为主攻对象，系统研究了害鼠成灾规律、种群预测预报方案、害鼠种群数量恢复及群落演替规律，研制了新型杀鼠剂及其配套使用技术，提出了农田鼠害综合防治对策，并进行了大面积的技术示范与应用推广研究。在深入了解害鼠种群繁殖和数量变动规律的基础之上，有关害鼠数量预测预报研究有重要进展，大仓鼠和黑线仓鼠种群发生的预测预报准确率分别达89%；长爪沙鼠与中华鼢鼠分别为83.3%和75%；大足鼠和褐家鼠分别为81%和85%；黄毛鼠达80.6%。研制和开发成功了2种植物

鼠类对农业的危害（张知彬提供）

源性杀鼠剂，提出了 2 种抗凝血增效和 2 种诱杀增效技术；研究和改进了不育剂配方，室内外灭效达 90%；研制了 2 种新型捕鼠器械并获国家实用新型专利；一项复方灭鼠剂和一项驱避剂申报国家发明专利；研制 1 种化学杀鼠新剂型 0.5% 氯鼠酮母液新剂型；研制的复方灭鼠剂 3 种剂型的产品获得国家有关部门颁发的三证（产品标准证、农药登记证、生产许可证），并已商品化投入市场使用。完成了 2 种剂型：2% 特杀鼠可溶性液剂、10% 特杀鼠可溶性液剂的研制，并通过了湖南省石油化工厅组织的成果鉴定。自 1996 年以来，该项目鼠害综合防治示范区面积共达 201.1 万亩，在示范区内直接灭效均高于 90%，残鼠捕获率大大低于 5%，每亩挽回粮食损失 27kg，投入产出比在 1 ∶ 26，应用推广和技术辐射面积累计 2208.4 万亩，经济效益 7.8 亿多元，生态、经济和社会效益十分明显。

通过该项目的实施，基本掌握了中国典型农业生态区内重要害鼠的成灾规律与主控因子，掌握了大面积灭鼠后种群恢复和群落演替规律，提出了科学合理的灭鼠措施与方案，解决了鼠类对第一代抗凝血杀鼠剂的耐药性和抗药性国际性难题，成功地实现了将测报、化学灭杀、不育控制、农业防治、生态治理的有机整合，形成新的适合中国农业国情的鼠害综合防治体系，显著提高了大规模农业鼠害综合防治工程的实施和协调能力。该项目在测报准确率、灭鼠后种群恢复、抗凝血杀鼠剂增效剂、综合防治策略及大规模鼠防工程建设等方面居国际领先水平。

项目主持单位中国科学院动物研究所是中国历史最长、规模最大、学科最齐全的综合性动物学研究机构。拥有农业虫鼠害综合治理、计划生育生殖生物学、生物膜与膜生物工程 3 个国家重点实验室和亚洲最大的动物标本馆。在农业和检疫性重大害虫害鼠综合治理、动物生殖和人类健康、资源调查与物种保护等方面做出了重要贡献。农业虫鼠害综合治理国家重点实验室主要以农业动植物重大病虫鼠害为目标，集中多学科攻关优势，研究有害动物的繁殖行为、化学通讯、生殖调控、迁飞规律、抗药性及动植物协同进化关系，研究全球气候变化和农业生态系统结构改变下有害动物种群暴发成灾的生态学规律及分子生态学机理，发展无公害的、可持续的生物与生态控制理论与技术。

（撰稿：李宏俊；审稿：张知彬）

《农药残留分析》 *Pesticide Residue Analysis*

由中国知名农药残留学家岳永德主编，2004 年第 1 版由中国农业出版社出版，2014 年修订出版第 2 版，作为全国农业大学植物保护专业或相关专业的专业课教材（见图）。

（花日茂提供）

该书系统介绍了农药残留分析的基础理论、基本知识和基本技能，其中包括农药残留的基本概念，农药残留分析的方法和程序，农药残留分析的样品采集、制备、分析与质量控制的基础理论与技术，农药残留分析的主要测定技术等。全书内容共分 11 章，分别介绍了：① 农药残留的定义、农药残留分析的目的和特点、农药残留分析的方法和程序。② 农药残留样品的采集。③ 样品制备。④ 农药残留分析的质量控制。⑤ 农药残留测定方法。⑥ 农药残留的酶与免疫测定技术。⑦ 农药多残留分析。⑧ 杀虫剂残留量测定。⑨ 杀菌剂残留量分析。⑩ 除草剂残留量测定。⑪ 农药残留法规与管理。为了加强《农药残留分析》的学习与应用，教材中介绍了 10 个有关农药残留分析的基础方法及代表性农药类型的残留量分析技术方法。

该教材不仅适用于高等院校植物保护专业、食品质量安全专业及相关专业本科生或研究生使用，同时也适用于农业、卫生、食品、环境、化工、贸易等行业从事农药残留分析的技术和管理人员参阅。

（撰稿：花日茂；审稿：郑永权）

农药残留分析技术　analytical techniques of pesticide residues

对施用农药后而残存于生物体、农产品和环境中的微量农药原体以及具有毒理学意义的杂质、代谢转化产物和所有衍生物的分析技术。农药残留分析是对复杂混合物中痕量组分的测定，通常包括样品预处理和检测两大部分。

基本原理　农药残留分析需要测定各种样品中 μg/g、ng/g、甚至 pg/g 量级的农药和代谢产物及降解产物。其分析过程一般是利用仪器分析的方法对食品中农药残留的痕量分析，通常包括样品前处理和测试两部分。前处理的作用是将样品中的目标化合物与样品基体及干扰化合物分离；测试则是利用色谱法、酶抑制技术、免疫检测技术对化合物进行定性和定量的分析。

主要内容

前处理　① 固相萃取（SPE）。它是利用固体吸附剂将液体样品中的目标化合物吸附，与样品的基体和干扰化合物分离，然后再用洗脱液洗脱或加热解吸附，达到分离和富集目标化合物的目的。② 固相微萃取（SPME）。它是在固相萃取上发展起来的一种新型、高效的样品预处理技术，集采集、浓缩于一体，简单、方便、无溶剂，不会造成二次污染，是一种有利于环保的很有应用前景的预处理方法。③ 微波萃取。它是利用极性分子可迅速吸收微波能量来加热一些具有极性的溶剂，如乙醇、甲醇、丙酮和水等。④ 加速溶剂萃取（ASE）。ASE 是一种在提高温度和压力的条件下，破坏溶剂与基质之间的作用力（范德华力、氢键等）和提高溶液的沸点，加速有机溶剂萃取的方法。它是一种全新的处理固体和半固体样品的方法，该法是在较高温度（50～200℃）和压力条件（10.3～20.6MPa）下，用有机溶剂萃取。⑤ 凝胶渗透色谱技术（GPC），GPC 是按溶质的分子大小利用渗透能力的差异使聚合物在分离柱上按分子流体力学体积大小被分离开的一种分离色谱。它被用来去除脂肪和其他分子量相对较高的化合物，适用的样品范围极广，回收的农药品种多，回收率也较高，不仅对油脂净化效果好，而且分析的重现性好，柱子可以重复使用，已成为农药多残留分析中的通用净化方法。

检测　常规的检测方法有气相色谱、凝胶色谱及薄层色谱法。① 气相色谱。气相色谱是利用气体（载气）作为移动相，使试样在气体状态下展开，在适当的固定相做成的色谱柱内分离，各组分先后进入检测器，组分浓度或质量转换为电信号放大后被记录仪记录为色谱谱图，从而根据色谱流出曲线上得到的每个峰的保留时间，可以进行定性分析，根据峰面积或峰高的大小，可以进行定量分析的检测手段。② 高效液相色谱。高效液相色谱法与气相色谱法一样都是基于传统的色谱法，其原理与气相色谱法类似，与气相色谱法不同的是高效液相色谱法的流动相为液体。③ 毛细管电色谱法（CEC）。毛细管电泳又称高效毛细管电泳，是一类以毛细管为分离通道、以高压直流电场为驱动力的新型液相分离技术。毛细管电色谱技术整合了高效液相色谱的高选择性和毛细管电泳的高分离效率的优点。

速测方法主要有免疫检测技术和酶抑制率法两种：① 酶抑制技术由于可以避免假阴性，适宜于阳性率较低的大量样品检测，在农药残留检测中应用增多。如依据有机磷和氨基甲酸酯类农药抑制生物体内乙酰胆碱酯酶的活性来检测这两类农药的残留。② 免疫分析法（IA）是一种以抗体作为生物化学检测器对化合物、酶或蛋白质等物质进行定性和定量分析的分析技术，基于抗原的特异性识别和结合反应。

适用范围　农药残留分析技术被广泛应用于各类食品（包括水果、蔬菜、农作物、动物源性食品、药材）、土壤、环境中的农药残留检测分析中，以保障人类健康和环境稳定。

影响因素　仪器只是机械的判读样品的颜色深浅，根据判读的结果，通过一定的计算而得出检测结果。光源稳定、计算功能准确可靠、操作按键正常，即可确认仪器是正常的。无论哪种检测方法，其仪器的好坏直接影响检测结果，因此在进行农药残留检测时要对检测的仪器进行定期的维护和保养，确保仪器测量的灵敏度和准确度。

试剂检测结果是否准确，和检测所用检测试剂有直接关系，检测用的酶试剂是检测的关键和基础，检测用的试剂好坏及是否标准直接影响检测结果的准确性。

操作人员的操作也是尤为重要的环节。主要从样品前处理、提取是否有效，试剂的配置和加入是否规范符合要求，空白样的检测是否达到标准，尤其是人员操作的熟练程度，如操作不熟练，检测结果会有很大差别。

注意事项　《中华人民共和国农产品质量安全法》对农产品质量安全快速检测的作用有明确的规定。

参考文献

柴丽月，常卫民，陈树兵，等，2006. 食品中农药残留分析技术研究 [J]. 食品科学 (7): 260-264.

达晶，王刚力，曹进，等，2014. 农药残留检测标准体系概述及其分析方法进展 [J]. 药物分析，34(5): 760-769.

卢白娥，王艳，2015. 蔬菜农药残留检测的方法及注意事项 [J]. 中国农业信息 (19): 124.

易军，李云春，弓振斌，2002. 食品中农药残留分析的样品前处理技术进展 [J]. 化学进展，14(6): 415-424.

朱开祥，李垚辛，董全，2011. 农药残留分析检测技术研究进展 [J]. 中国食物与营养，17(1): 16-19.

（撰稿：张继；审稿：向文胜）

《农药残留分析原理与方法》 *Principle and Method of Pesticide Residue Analysis*

由中国农药化学家钱传范组织编写的一本农药学专业教材，由化学工业出版社 2011 年出版。

为确保农产品产量和品质，化学农药在农田生产中的合理应用是必不可少的。但由于对农药的不合理使用以及公众对化学农药的风险交流不足，农产品和环境中的农药残留问题备受关注。农药残留分析与检测技术是农药学领域的一个重要研究方向。该书出版后，迅速得到了农产品和食品安全领域同行的认可，也作为国内多所高校研究生和本科生教学的教材。2013 年获得“北京高等教育精品教材”称号。

该书总计 75 万字共 15 章，介绍了农药残留分析的发展过程，常用的样品采集与预处理、样品提取 / 净化 / 浓缩前处理技术、残留检测方法涉及气相色谱法和气质联用、液相色谱法和液质联用、以及薄层色谱法、酶抑制法、农药免疫分析技术和毛细管电泳技术等。该书针对不同种类基质中农药多残留分析方法和特殊基质如茶叶中农药残留检测技术进行了剖析。对农药残留的不确定度评价、实验室质量控制以及农药残留管理法规等内容也进行了介绍。

该书涵盖了农药残留分析的基本理论与国内外研究进展，已作为高等院校农药学、农产品安全、食品科学、环境安全等专业本科生、研究生课程选用教材，也给广大农药残留检测及科研和管理人员提供了参考。

（撰稿：刘丰茂；审稿：潘灿平）

农药超临界流体萃取 supercritical fluid extraction of pesticides

以高压、高密度的超临界流体为萃取剂，从液体或固体中提取高沸点或热敏性的有效成分，以达到分离或纯化目的的一种新型分离提取技术。超临界流体萃取在农药残留分析、植物农药有效成分的提取和分离领域已逐步得到应用，与传统的有机溶剂提取法相比，具有明显的优越性：①溶剂二氧化碳无毒，没有溶剂残留，环境污染小。②样品在低温下提取，可避免了挥发性农药的损失和降解，大大提高了分析方法的可靠性，同时确保样品中有效成分不受影响。③提取效率高，对样品基质复杂、成分微量的农残分析尤为适用。④除母体化合物外，农药的代谢产物、降解物及轭合物分析更加受到重视。⑤联用技术越来越显示出其在农残分析中的巨大优势。

基本原理 超临界流体萃取分离是利用超临界流体的溶解能力与其密度的关系，即利用压力和温度对超临界流体溶解能力的影响而进行的。超临界流体是温度和压力同时高于临界值的流体，亦即压缩到具有接近液体密度的气体。超临界流体的密度和溶剂化能力接近液体，黏度和扩散系数接近气体，在临界点附近流体的物理化学性质随温度和压力的变化极其敏感，在不改变化学组成的条件下，即可通过压力调节流体的性质。当气体处于超临界状态时，其性质介于液体和气体之间的单一相态，具有和液体相近的密度，黏度虽高于气体但明显低于液体，扩散系数为液体的10～100倍；因此对物料有较好的渗透性和较强的溶解能力，能够将物料中某些成分提取出来。超临界流体萃取还可与其他分析技术在线联用，萃取样品无须净化，可减少各种人为的偶然误差，成为常规的农药残留分析监测手段。

适用范围 超临界流体萃取已用于农药残留分析上，如有机氯类农药、有机磷类农药、氨基甲酸酯类农药、拟除虫菊酯类农药。此外，超临界流体萃取技术还应用于如植物农药印楝素、银杏黄酮类化合物和内酯类化合物、烟碱、青蒿素和辣椒素等有效成分的萃取。超临界流体萃取以CO_2为溶剂，适合于极性较小的成分的萃取，不太适合一些极性较大的成分的萃取。若要提取极性大的成分则可以加入适宜的夹带剂（如甲醇、乙醇和水等），以提高对萃取组分的选择性和溶解性。超临界流体萃取装置一次性投入较大，操作相对复杂，若要进行工业化生产，设备能力和操作水平还有待于进一步完善。

主要技术

超临界流体 超临界流体（SCF）是指超过临界温度（TC）和临界压力（PC）的非凝缩性的高密度流体。超临界流体兼有气体和液体两者的特点，密度接近于液体，而黏度和扩散系数却接近于气体，因此不仅具有与液体溶剂相当的溶解能力而且具有优良的传质性能。超临界流体的溶解能力除了与超临界流体和待分离溶质二者性质相似性有关外，还与操作温度和压力等条件有关。操作温度与超临界流体的临界温度越接近，其溶解能力越强；无论操作压力多高，超临界流体都不能液化，但流体的密度随压力的增大而增大，其溶解能力也随之增强。

超临界流体萃取装置 超临界流体萃取过程的主要设备是由高压萃取器、分离器、换热器、高压泵（压缩机）、储罐以及连接这些设备的管道、阀门和接头等构成。另外，因控制和测量的需要，还有数据采集、处理系统和控制系统。超临界流体萃取装置设计的总体要求是：①工作条件下安全可靠，能经受频繁开、关盖（萃取釜），抗疲劳性能好。②一般要求一个人操作，在10分钟内就能完成萃取釜全膛的开启和关闭一个周期，密封性能好。③结构简单，便于制造，能长期连续使用。④设置安全联锁装置。高压泵有多种规格可供选择，三柱塞高压泵能较好地满足超临界CO_2萃取产业化的要求。

超临界流体萃取的基本过程 ①依靠压力变化的萃取分离法（等温法或绝热法），在一定温度下，使超临界流体和溶质减压，经膨胀后分离，溶质由分离器下部取出，气体经压缩机返回萃取器循环使用。②依靠温度变化的萃取分离法（等压法），经加热、升温使气体和溶质分离，从分离器下部取出萃取物，气体经冷却、压缩后返回萃取器循环使用。③用吸附剂进行的萃取分离法（吸附法），在分离器中，经萃取出的溶质被吸附剂吸附，气体经压缩后返回萃取器循环使用。

影响因素 影响超临界流体萃取效率的因素主要有溶质在流体中的溶解度、流体扩散至样品母体内的速度和溶质–母体间相互作用力；此外压力、温度、时间、萃取溶剂流速等参数以及溶剂极性等也影响萃取效率。

萃取压力 超临界流体的溶解能力与密度成正比，在临界点附近，压力稍有变化，其密度将产生相对大的变化。因此，对于许多固体或液体中的欲萃取物而言，若欲萃取物与溶剂不能无限互溶，则超临界流体的溶解能力与压力有明显的相关性，而且，不同萃取物受压力影响的范围不同。

萃取温度 在恒定压力下，超临界流体的溶解性可能随萃取温度变化而增加、不变或降低。这是由于温度升高，缔合机会增加，溶质的挥发性提高和扩散系数增大，但CO_2密度降低、携带物质的能力降低。因此，萃取率的高低取决于此温度下何种状态占优势。压力较高时，CO_2密度很大，压缩性很小，升温引起的分子间距增大和分子间作用力减弱与分子热运动的加速和碰撞结合概率增加的总和对溶解度的影响不大；当压力较低时，升温引起的溶质蒸气压升高，不足以抵偿CO_2流体溶解能力的下降，因而总的效果导致超临界流体中溶质浓度降低。对某种待萃取物存在着一个最佳压力条件下的最适萃取温度。

萃取时间 任何萃取过程都需要足够的停留时间。流量一定时，萃取初始，由于SC-CO_2（超临界流体CO_2）与溶质未达到良好接触，萃取量较少；随萃取时间延长，传质达良好状态，单位时间的萃取量增大，直至达其最大值；在此之后，由于萃取对象中待分离成分含量减少而使萃取率逐渐下降。

CO_2流量 CO_2流量可以明显地影响超临界萃取动力学。虽然在较低的CO_2流速下萃取可以达到平衡，但由于黏度一定时传质系数的限制，故萃取率不高；而当CO_2流量增加时，SC-CO_2 通过料层速度加快，与料液的接触搅拌作用增强，传质系数和接触面积都相应增加，促进了 SC-CO_2 的溶解能力。但 CO_2 流量过大时，SC-CO_2 在釜内的停留时间相对减少，使溶质与溶剂 CO_2 来不及充分作用，导致 CO_2 耗量增加。所以在实际处理过程中，必须综合考虑，通过一系列试验选择合适的 CO_2 流量。

夹带剂又称携带剂（entrainer）或共溶剂等。由于 CO_2 是非极性物质，所以它对脂溶性物质有极大的溶解度，对极性物质溶解甚微。当欲萃取物为极性物质时，可考虑加入极性的夹带剂。它的少量加入往往能明显改变 SCF 体系的相行为，特别是可以增大某些在 SCF 中溶解度很小的物质的溶解度，同时也可降低 SCF 的操作压力或减少超临界流体的用量。

注意事项 在选择夹带剂时应注意以下几点：① 在萃取阶段，夹带剂与溶质的相互作用是首要的，即夹带剂的加入能使溶质的溶解度较大幅度提高。② 在溶质再生（分离）阶段，夹带剂应易于与溶质分离。③ 在分离涉及人体健康的产品时，如药品、食品还需注意夹带剂的毒性问题。

参考文献

万红焱，顾丽莉，刘文婷，等，2013. 超临界流体萃取技术的发展现状 [J]. 化工科技，21(6): 56-59.

王晶晶，孙海娟，冯叙桥，2014. 超临界流体萃取技术在农产品加工业中的应用进展 [J]. 食品安全质量检测学报 (2): 560-566.

赵丹，尹洁，2014. 超临界流体萃取技术及其应用简介 [J]. 安徽农业科学 (15): 4772-4780.

（撰稿：张继；审稿：向文胜）

农药毒理学研究的相关网络资源 online resources for pesticides toxicology

中国网站

化学物质毒性数据库　是药物在线网站旗下的关于化学品毒性数据库，收载约15万个化合物（包括大量化学药物）的毒理方面数据，如急性毒性、长期毒性、遗传毒性、致癌与生殖毒性及刺激性数据等，为药物开发提供大量活性物质的毒理学、化学安全性方面资料。http://www.drugfuture.com/toxic/

农兽药查询数据库　是由烟台富美特信息科技股份有限公司创立，可查询农兽药基本信息、理化性质、毒理学性质和应用情况等，并且可查询某种农药在不同国家不同种类作物中的残留限量值。http://db.foodmate.net/pesticide/more_ncxl.ph

食品中药物残留检测智能方法数据库　是由中国检验检疫科学研究院创立，可根据食品基质、检测药物的种类及使用者实验室的实际配备情况进行智能化推荐检测方法和操作流程。http://db.foodmate.net/sop/index.ph

国外网站

北美农药行动联盟农药数据库　是关于农药毒性和监管信息，由北美农药行动联盟创建、更新和发展的一个一站式网站。该数据库通过多种不同途径搜集了农药的多方面信息，提供约 6400 种农药活性成分与药转化产物、农药产品中所用助剂和溶剂的人体急性慢性毒性、生态毒性和监管信息。http://www.pesticideinfo.org/

超越农药组织（Beyond Pesticides）　前身为反对农药滥用的国家联盟，总部设在华盛顿的非营利性组织。该组织的任务是保护公众健康和环境安全，引领世界向无毒农药世界的过渡。通过识别和解释农药危害及设计安全的病虫害控制方案，给公众提供实践培训服务，给当地政府决策提供支持。https://www.beyondpesticides.org/

佛罗里达大学农业安全信息网站　是由美国佛罗里达大学食品和农业科学研究所创建的关于农业安全信息的网站，内容包括农业事故、农用化学品、农业安全和儿童健康、农业安全教育、联邦及州农业安全法律、农业法规与安全。其中农用化学品包括杀虫剂、除草剂、肥料与养分、助剂、杀线虫剂、熏蒸剂、植物生长调节剂。农药的法规和安全主要包括个人防护装备、农药的鉴定和许可、农药处置、农药信息与教育计划、农药标签、农药与人类健康等主题。http://edis.ifas.ufl.edu/topics/agriculture/safety.html

欧盟农药数据库　是由欧盟创建的一个关于农药信息的数据库。主要提供农药的活性成分、产品、农药残留及最大残留限量信息。http://ec.europa.eu/food/plant/pesticides/eu-pesticides-database

英国赫特福德大学农药性质数据库　是由英国赫特福德大学农业与环境研究中心开发的一个关于农药化学鉴定、理化性质、人体健康和生态毒理的综合性数据库。该数据库主要为不同用户开展农药风险评估和风险管理提供支持。http://sitem.herts.ac.uk/aeru/ppdb/en/index.htm

英国健康安全执行局农药数据库　是由英国健康安全局创建的关于农药登记相关信息的数据库。该数据库提供授权的植保产品信息，包括园林农药产品信息、农药产品的登记信息及农药标签信息。还可查询农药授权期的延长和撤销信息、农药产品所用助剂信息、商品物质信息及基本物质信息。http://www.hse.gov.uk/pesticides/topics/databases.htm

英国农药行动联盟　是英国唯一的致力于处理农药造成的问题和促进安全、可持续的农药替代品使用与推广的慈善组织。主要工作包括争取国内外政策与实践的改变，在发展中国家帮助小型农业区避免农药引起的疾病和贫穷的协调计划，将该联盟丰富的科学技术专业知识共享给予该联盟具有共同目标的其他组织。http://www.pan-uk.org/

政府间组织化学品安全信息网站　该网站是国际化学品安全规划署创办的化学品安全信息网站。该网站可快速搜索经国际同行评议的常用化学品信息，整合了国际政府间组织提供的化学品安全信息。http://www.inchem.org/

（撰稿：蔡喜远；审稿：杨青）

《农药分子设计》 *Pesticide Molecular Design*

由南开大学博士生导师杨华铮在研究生课程“农药分子

（梅向东提供）

设计”多年教学实践的基础上编写而成。该书在编写过程中得到了中国科学院陈茹玉院士和中国工程院李正名院士的鼓励和支持，由中国科学院科学出版基金资助，科学出版社于2003年出版（见图）。

该书围绕新农药创制工作中先导化合物的发现和结构优化，各种化学结构的重要物化参数和定量构效关系，各种分子设计方法的介绍和比较，作了系统和详尽的论述和介绍。为了更好地说明农药分子设计的原理和技巧，还列举了很多新化合物筛选和优化的实例，其中还包含杨华峥研究组的研究成果以及代表性的药物创制实例。全书内容共分11章，分别介绍了①先导化合物的产生。②结构与活性定量关系。③三维定量构效关系（3D-QSAR）。④先导化合物取代基的优化技巧。⑤生物等排取代。⑥生物合理设计。⑦药效团。⑧组合化学。⑨定量构效关系（QSAR）在农药分子设计中的应用。⑩乙酰乳酸合成酶（ALS）抑制剂的生物合理分子设计。⑪光合系统Ⅱ电子传递抑制剂的分子设计。

该书的出版不仅对中国农药科技工作者，而且对药学界、化学界的同行和同学都有很好的参考意义，同时也为中国建立能“持续创制具有自主知识产权的对环境友好的绿色农药”的创新体系提供了重要参考。该书可作为农药学专业的研究生和高年级本科生学习用书，也适合农药研究所、农药公司及高校从事农药基础研究单位的研究人员或师生参考。

（撰稿：梅向东；审稿：董丰收）

农药分子设计技术 the design of pesticidal molecules

将分子生物学、分子药理学、结构生物学等方法理论应用到新农药的创制研究中的一门新兴技术，其核心是将结构生物学、信息和计算机科学及药学渗透与结合其中，进行药物合理设计、组合化学和高通量筛选等一些具有重大潜力的研究。

基本原理 从已知的受体结构出发，结合高通量筛选技术，将受体的三维结构作为提问结构并利用分子对接方法对化合物的三维数据库进行搜索，以发现先导化合物；或者根据受体的三维结构，利用计算机程序计算和分子图形显示直接设计全新药物，即直接药物设计。另一种是间接药物设计，是以农药小分子的构效关系研究为基础，结合分子模拟，建立一系列具有相同药理作用的分子药效基团模型和定量构效关系QSAR（Quantitative Structure-activity Relationship）模型，然后用数据库搜寻或其他农药设计方法设计新的先导化合物，以及合成或购买设计的化合物，进行活性测试，以此发现有潜力的先导化合物进行进一步地优化筛选。

适用范围 以天然毒素、动物生长调节物质、植物生长调节物质、害虫行为控制物质、其他天然活性物质等作为先导化合物，通过分子设计技术进行修饰改造获得新型农药药物。

主要内容 直接药物设计即从已知的受体结构出发，结合高通量筛选技术，将受体的三维结构作为提问结构并利用分子对接方法对化合物的三维数据库进行搜索，以发现先导化合物；或者根据受体的三维结构，利用计算机程序计算和分子图形显示直接设计全新药物。邓洁等用MNDO-PM3方法研究了沙蚕毒素系列化合物中二硫代磺酸盐类杀虫剂的电子结构，认为解毒剂与杀虫剂生成复合物可能是解毒作用的重要原因。Ring等使用三维数据库搜索的方法进行了抗寄生虫药物的研制，最终根据化合物与靶标受体结合部位的吻合程度，选中了52个对CE有希望的化合物和31个对CP有希望的化合物。

间接药物设计即在受体结构未知的情况下，从一组具有类似活性的小分子化合物着手，通过化学和分子生物学方法对药物分子叠加及相似性比较，定量构效关系（QSAR），推测药效团模型，并反推出虚拟受体结构，再进行基于虚拟受体结构的全新药物设计或小分子化合物的三维数据库搜索。自20世纪70年代初以来，Hansch法在研究预测同源化合物的生物活性以及定量药物设计等方面取得了广泛的成功，不仅成功地解释了多种农药的作用机制，指导产生、优化了许多先导化合物，而且有许多成功指导创制新农药的实例。李爱秀等在原卟啉原氧化酶（Protox）三维结构未知的情况下，利用DISCO法将8个具有代表性结构特征的Protox抑制剂与其作用底物（基质）原卟啉原Ⅸ（Protogen Ⅸ）的分子构象进行迭合，建立了可能的药效团模型，并据此确定了Protogen Ⅸ与Protox相互作用时可能采取的活性构象，以设计开发新型的Protox抑制剂。

在实际工作中，药物设计的两种方法往往是结合在一起，从两个角度出发进行药物研究。由此可见，基于生物信息学的计算机辅助药物设计综合利用了计算机快速、全方位的逻辑推理功能和图形显示控制功能，并将量子化学、分子力学、药物化学、生物化学和信息科学结合起来，广泛用于药物分子和生物大分子的三维结构研究，为构象分析和构效关系的研究提供了先进的手段和方法。

应用前景 从计算机辅助药物设计的发展趋势来看，虽然现在发展了许多基于受体生物大分子三维结构的药物设计方法（structurc based drug design，SBDD），如全新药物设计和分子对接等，但定量构效关系分析方法依然在药物设计中起重要作用，特别是在受体生物大分子三维结构未知的情况下，尤为如此。当然，每一种研究结构活性关系的方法都有它的限制，综合应用多种方法更能全面地揭示结构活性间的关系。传统的QSAR方法（2D-QSAR）不能用来设计新的先导化合物，只能用于先导化合物的优化，提高化合物的活性，降低其毒性，提高生物利用度等。3D-QSAR 是基于药物—受体相互作用映射的方法，虽然受体的三维结构不完全清楚，但从 3D-QSAR 模型可以推测药物与受体相互作用的主要性质，可将其力场分布当作假想的受体，据此可用基于受体三维结构的方法设计新的先导化合物。如同 SBDD 一样，3D-QSAR 方法也是仅仅考虑药物与受体的结合，因此根据 3D-QSAR 模型设计的分子只能保证其体外活性，没有考虑与药物的体内活性有关的性质，如溶解度、生物利用度、透过血脑屏障的能量、毒性以及代谢途径等，而 2D-QSAR 模型能包含这些性质的全部或部分。3D-QSAR 与 2D-QSAR 相结合是药物设计的一种很实用的策略。此外，直接和间接两种方法相互配合，相得益彰，能够更高效率地进行农药新药物的设计及筛选。

参考文献

邓洁，史鸿运，张云黔，等，1996. MNDO-PM3 方法研究沙蚕毒系杀虫剂的构效关系 [J]. 农药 (8): 12-14, 11.

郝格非，2011. 农药合理设计的分子基础研究 [D]. 武汉：华中师范大学.

何兴瑞，2013. 螺虫乙酯代谢物及其衍生物的合成和杀虫杀螨活性研究 [D]. 杭州：浙江工业大学.

李爱秀，王瑾玲，缪方明，1999. 距离比较法 (DISCO) 构建原卟啉原氧化酶抑制剂药效团模型 [J]. 化学学报，57(11): 1226-1232.

李颖娇，叶非，2002. 定量构效关系在农药设计合成中的应用进展 [J]. 农药科学与管理，23(6): 20-23.

申建梅，胡黎明，宾淑英，等，2011. 生物信息学在计算机辅助农药分子设计中的应用 [J]. 安徽农业科学，39(4): 2427-2428, 2445.

（撰稿：王相晶；审稿：向文胜）

农药风险评估技术　risk assessment technology of pesticides

系统地以某一农药的生物效应、毒理、残留、应用特点、市场反应等一系列资料和数据为基础进行分析和统计，通过建立数学模型和计算机模拟，定性或定量地描述风险的特征，并提出安全建议。

适用范围　根据保护目标的不同，农药风险评估包括健康风险评估和环境风险评估（或生态风险评估）。健康风险评估主要适用于农药残留膳食摄入、职业健康和居民风险等风险评估；环境风险评估主要包括陆生生物、有益昆虫、非靶标植物、地下水和地表水等风险评估。

主要内容

农药健康风险评估　主要是检测农药对人类健康的直接影响。其中，农药残留膳食摄入风险评估技术和职业健康风险评估技术的建立发展较为成熟，应用也较为广泛。

农药残留膳食摄入风险评估　是通过对农药的毒理学和残留化学试验结果进行分析，结合居民膳食结构，科学地评价由于膳食摄入食物中农药残留而产生风险的可能性和程度。农药残留膳食摄入风险评估的主要内容包括农药毒理学评估、残留化学评估和膳食摄入评估。农药毒理学评估的目的是对农药的危害进行评估，它根据毒代动力学和毒理学评价结果，推导出每日允许摄入量和（或）急性参考剂量，以此作为人体终身和（或）单次允许摄入农药的安全阈值。残留化学评估的目的是对农药及其代谢产物在食品和环境中的残留行为进行评价，它根据动植物代谢试验、田间残留行为、农药加工过程、饲喂实验和环境行为实验等结果，提出规范化残留试验中值和最高残留值，并用于膳食摄入评估。膳食摄入评估是根据居民膳食消费结构，结合残留化学评估推荐的残留试验中值、最高残留值或已制定的最大残留限量，估算长期或短期摄入量，并将其与毒理学评估的每日允许摄入量或急性参考剂量进行比较。只有当长期摄入量和（或）短期摄入量小于急性参考剂量的情况下，才可认为农药残留膳食摄入风险是可以接受的；如果风险是不可接受，则需要对农药田间用药模式和作物对象进行调整，确保农药残留保持在安全水平范围内。

职业风险评估　包括农药处置、施药者和再次进入田间人员的风险评估。评估以农药毒理数据为基础，通过毒理学实验数据（如经皮毒性、吸入毒性等）分析估算与农药接触人员可以承受的农药暴露量。如果可能接触的农药量小于可以承受的农药暴露量，则表明农药的风险较低。评估的结果可以作为农药评审的参考，也可为安全施药提供建议，指导施药者规范操作。

农药环境风险评估　又称生态风险评估，主要评价农药对整个生态系统直接或间接的影响，包括问题描述、生态效应分析、暴露分析和风险表征。问题描述是环境风险评估前的准备阶段，它是在明确具有代表性的环境保护目标（陆生生物、水生生态系统和地下水等）的基础上，估计风险发生的范围和程度，确定可行的评估方法和评估终点，并收集必要的信息和数据，为生态效应分析和暴露分析提供依据和支撑材料。生态效应分析的目的是分析农药及其主要降解产物对不同代表性生物的危害，明确农药对代表性生物的急性毒性、短期毒性、慢性毒性和生殖毒性等不良效应和主要度量终点。暴露风险分析是以农药环境行为数据，气候、土壤、水文数据，农业及农药使用数据为基础，通过暴露模型或检测试验估算环境生物可能接触的农药量。风险表征是根据生态效应分析和暴露行为的结果，用“高、中、低”或“有、无”风险等定性描述农药对环境造成的危害，也可以通过生态效应分析与暴露分析结果相比较来量化风险。

影响因素　农药风险评估技术受种植区划、耕作水平、农业生产水平、地理及气候等因素影响。此外，开展农药风险评估需要大量的基础数据，如基础性的农业、气候、土壤等信息不足已严重制约了中国农药风险评估技术的建立和发展。

注意事项　农药风险评估技术需贯彻《中华人民共和国农产品质量安全法》《中华人民共和国食品安全法》的要求。保障农业生产安全、农产品质量安全和生态环境安全。

参考文献

顾晓军，张志勇，田素芬，2008. 农药风险评估原理与方法 [M]. 北京：中国农业科学技术出版社.

魏启文，陶传江，宋稳成，2010. 农药风险评估及其现状与对策研究 [J]. 农产品质量与安全 (2): 38-42.

（撰稿：张继；审稿：向文胜）

《农药概论》 *Introduction to Pesticides*

系统介绍了农药学科的基本概念和理论，概略介绍国内外重要农药品种的性能，它是植物保护专业的专业基础课和必修课程，为农林种植业和生物学科教学的主要教材，是广大植物保护工作者掌握农药知识的参考用书。

该书早期为“农用药剂学概论”，由黄瑞纶于1947年在北京大学农学院农业化学系首先开设此课程，初名“杀虫药剂学”，并于1956年出版专著《杀虫药剂学》。1962年改课程名为“农药概论”，在授课的同时分段编写讲义。进入20世纪70年代后，农药科学迅速发展，品种更新，科研信息量几倍增长，黄瑞纶几度计划撰写新教材，但因过早辞世，夙愿未能实现。1980年北京农业大学农药专业恢复招生，农药概论又重新开课，1983年由韩熹莱与尚鹤言合编讲义，油印成册，经数年试用，效果很好。后来根据国家教委的决定，“八五”期间在原讲义的基础上由韩熹莱与张文吉再补充修改，编写成教材，1995年由北京农业大学出版社正式出版，并作为全国植物保护专业或相关专业的正式教材。

该书共分9个章节，前5章为总论部分，第1章介绍了有关农药学的基本概念和认识，包括农药的定义、发展史，农药学的研究领域、农药的分类、农药的毒力、毒性和药效、农药对作物的药害和刺激生长作用、农药的选择性；第2章介绍了农药剂型加工和应用，包括农药剂型加工的意义和农药分散度的概念、农药助剂、主要农药剂型及农药的科学使用；第3章介绍了农药的生物活性和作用机理，包括杀虫剂、杀菌剂及除草剂的作用机理；第4章介绍了农药的降解及环境归趋，包括农药在生物体内的代谢、农药代谢过程中的主要反应类型、农药的光分解、农药在土壤中的动态、农药的生物富集；第5章介绍了农药对生态系的影响及抗药性问题，包括农药施用对生物群落的影响、防治目标生物对农药抗性的发展。从第6章开始进入各论部分，作者详细介绍了杀虫剂（杀虫、杀螨剂）、杀菌剂及杀线虫剂、除草剂和植物生长调节剂、熏蒸剂和杀鼠剂中主要品种的化学结构、发展历程及应用特点。该书对植物保护学、环境保护学的发展具有显著促进作用。

（撰稿：王秋霞；审稿：董丰收）

农药高效低风险技术体系创建与应用
establishment and application of high-efficiency and low-risk technology system for pesticides

获奖年份及奖项 2016年获国家科技进步奖二等奖

完成人 郑永权、张宏军、董丰收、高希武、黄啟良、陈昶、刘学、蒋红云、束放、杨代斌

完成单位 中国农业科学院植物保护研究所、农业农村部农药检定所、中国农业大学、全国农业技术推广服务中心、江苏省农业科学院、中国农业科学院蔬菜花卉研究所、广东省农业科学院植物保护研究所

项目简介 农药是保障农产品安全不可或缺的生产资料，但因其特有的生态毒性，不科学使用会带来诸多负面影响。针对中国农药成分隐性风险高、药液流失严重、农药残留超标和生态环境污染等突出问题，自1998年起中国农业科学院植物保护研究所组织相关单位，开展协同攻关，系统分析总结国内外农药发展历程特点，指出“高效、低毒、低残留”农药概念已不能满足现代社会发展需求，率先提出农药高效低风险理念，创建了以有效成分、剂型设计、施用技术及风险管理为核心的农药高效低风险技术体系，将风险控制贯穿农药研发、加工、应用及管理全过程，取得系列创新与突破（图1）。

创建了农药有效成分的风险识别技术。建立了手性色谱和质谱联用分析方法，成功实现了腈菌唑等大宗使用的手性农药对映体分离，检测效率提高12倍，灵敏度0.01mg/kg，提高50～100倍；成功识别了7种以三唑类手性农药为主的对映体隐性风险；明确了4种对映体的差异性代谢规律及影响农产品安全的关键因子，为高效低风险手性农药的研发、应用及风险控制提供了技术指导（图2）。

率先建立“表面张力和接触角”双因子药液对靶润湿识别技术。制定了“表面张力低于30mN/m、接触角大于90°为难润湿作物；表面张力高于40mN/m、接触角小于90°为易润湿作物”量化指标，提高对靶沉积率30%以上；开展了作物叶面电荷与药剂带电量的协同关系研究，研发了啶虫脒等6个定向对靶吸附油剂新产品，对靶沉积率提高到90%以上。通过水基化技术创新、有害溶剂替代、专用剂型设计、功能助剂优化，研发了10个高效低风险农药制剂并进行了产业化，在全国28个省（自治区、直辖市）进行了应用。

研发了“科学选药、合理配药、精准喷药”高效低风险施药技术（图3）。攻克了诊断剂量和时间控制、“货架寿命”及田间适应性等技术难题，发明了瓜蚜等精准选药试剂盒26套，1～3小时即可完成药剂选择，准确率80%以上；建立了可视化液滴形态标准，发明了药液沾着展布比对卡（图4、图5），实时指导田间适宜剂型与桶混助剂的使用，可减少农药用量20%～30%；研究了不同施药条件下药液浓度、雾滴大小、覆盖密度等与防治效果的关系，发明了12套药剂喷雾雾滴密度指导卡，实现了用“雾滴个数”指导农民用药，减少药液喷施量30%～70%。

提出了以“风险监测、风险评估、风险控制”为核心的风险管理方案。系统开展了高风险农药对后茬作物药害、环

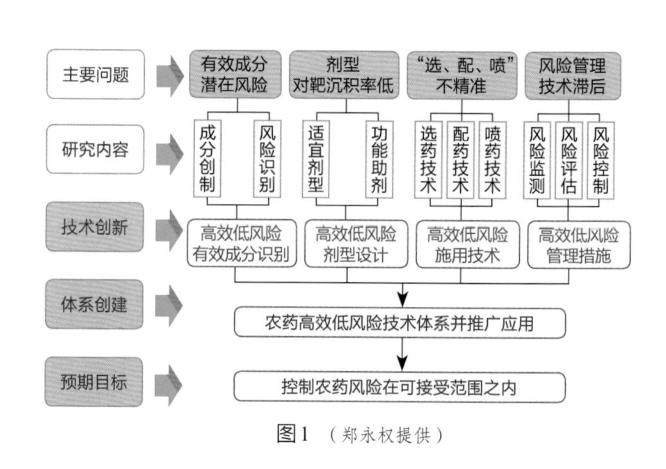

图1 （郑永权提供）

境生物毒性、农产品残留超标等风险控制研究，三唑磷、毒死蜱等 8 种农药风险控制措施被行业主管部门采纳，为农药风险管理提供了科学支撑。

项目获国家授权专利 13 件、农药新产品登记证书 10 个，出版著作 4 部（图 6），发表科技论文 108 篇（SCI 收录 60 篇）。总体水平达国际先进，部分技术国际领先，成果推广应用面积 1.8 亿亩次，新增农业产值 149.9 亿元，新增效益 107.0 亿元，经济、社会和生态效益显著。

（撰稿：郑永权；审稿：董丰收）

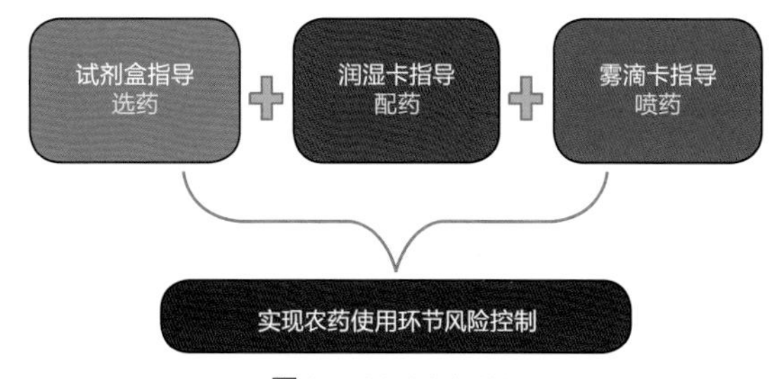

图 3 （郑永权提供）

中文通用名	靶标生物活性（高效性）	非靶标生物毒性（风险性）
苯醚甲环唑	灰霉病等：2R,4S 体 > 2R,4R 体 > 2S,4R 体 > 2S,4S 体	水生生物等：2S,4S 体 > 2R,4R 体 > 2S,4R 体 > 2S,4S 体
三唑醇	白粉病等：SR 体 >>RS,RR,SS 体	水生生物等：RS 体 > SR,RR,SS 体
戊唑醇	白粉病等：S 体 > R 体	水生生物等：S 体 > R 体
腈菌唑	白粉病等：R 体 > S 体	水生生物等：消旋体 > R 体 > S 体
乙唑醇	灰霉病等：R 体 < S 体	水生生物等：R 体 < S 体
三唑酮	白粉病等：R 体 = S 体	水生生物等：R 体 = S 体
呋虫胺	蚜虫：R 体 > S 体	蜜蜂：R 体 > S 体

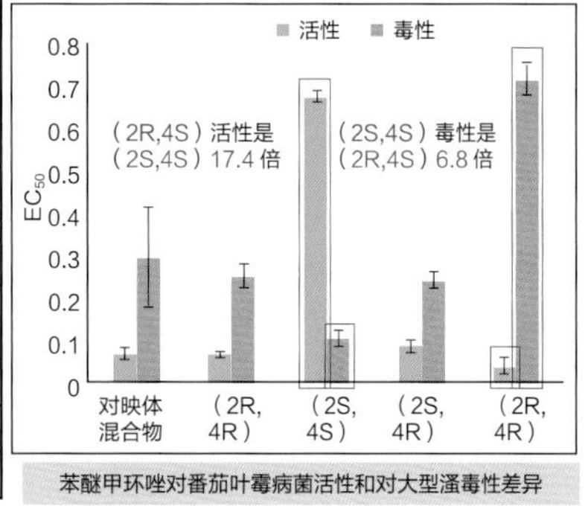

图 2 手性农药对映体活性和毒性差异（表中标红部分为该项目首次明确，郑永权提供）

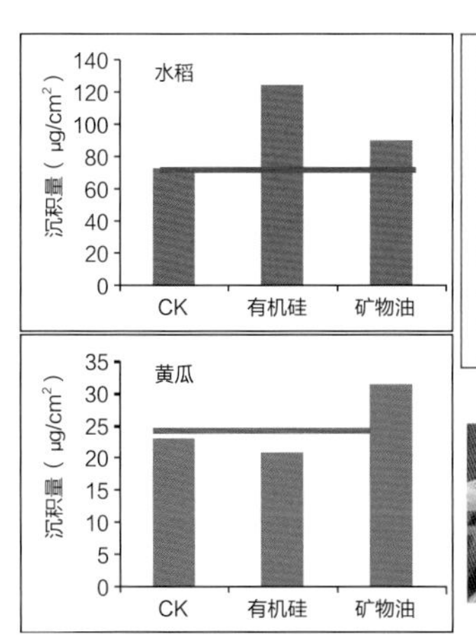

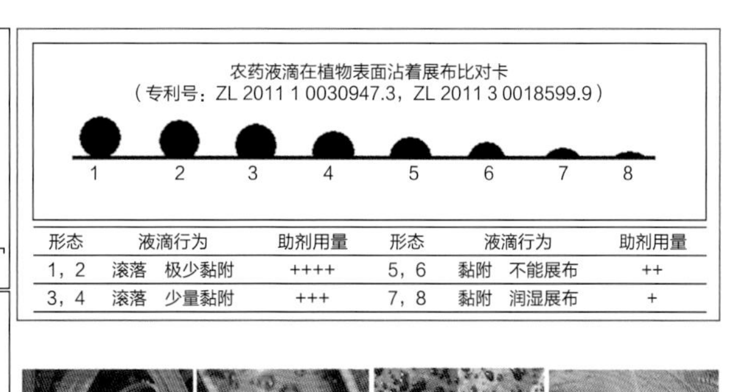

形态	液滴行为	助剂用量	形态	液滴行为	助剂用量
1，2	滚落　极少黏附	++++	5，6	黏附　不能展布	++
3，4	滚落　少量黏附	+++	7，8	黏附　润湿展布	+

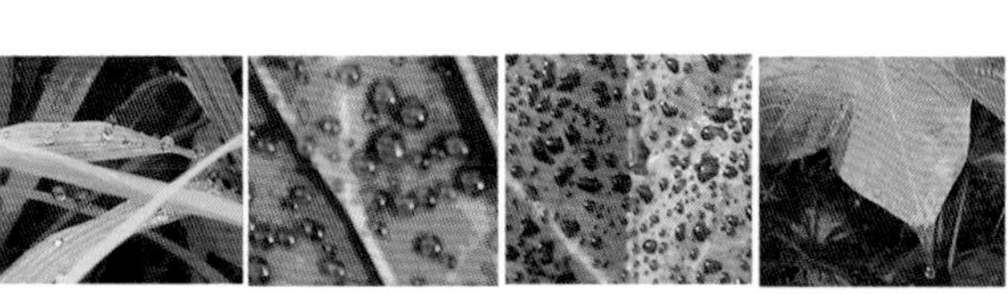

图 4 （郑永权提供）

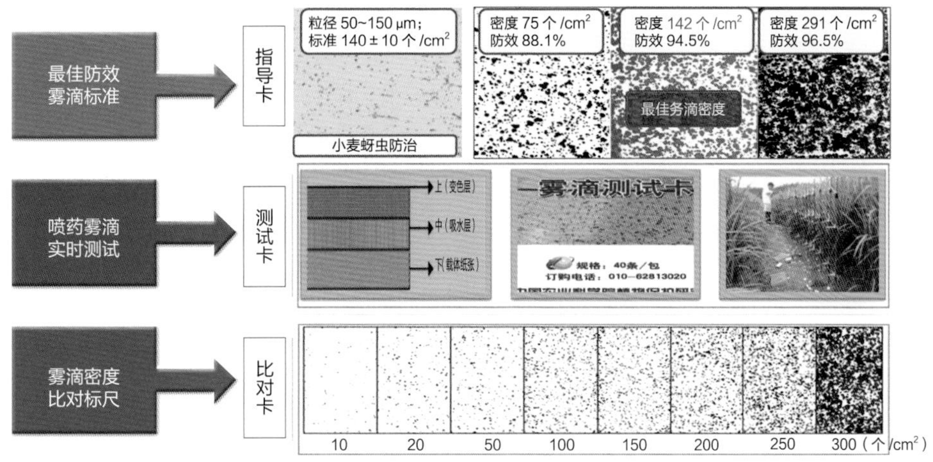

图 5 （郑永权提供）

图 6 “高效低风险施药技术”丛书（郑永权提供）

农药国家工程研究中心（沈阳） National Engineering Research Center of Pesticides (Shenyang)

中国规模较大的农药专业研究机构。经中华人民共和国国家计划委员会批准、由沈阳化工研究院组建的，于 1995 年 12 月开始实施建设，1998 年 9 月 21 日通过了国家发展计划委员会委托国家石油和化学工业局组织的专家验收，实际建设总投资为 5370 万元。2015 年经过优势重组，依托单位变更为沈阳中化农药化工研发有限公司（见图）。

中心主要从事农药领域应用基础研究，包括新化合物设计合成、新化合物的生物活性测定及新农药药效和应用技术研究、创新农药产品生产工艺开发、新剂型的开发等。研究解决农药生产中的关键技术和共性技术，跟踪国际前沿的先进技术，保持在国内农药科研领域的领先地位，通过自主创新技术开发及成果转化和向农药行业提供技术服务，提高中心的经济效益，增强中心实力，实现中心的持续良性发展。其目标是整合行业创新力量。经过 10 多年的建设和运行，已建成了国内最为完善的新农药创制体系，成为在国际上具有一定影响、主导中国农药行业发展的新农药技术研发机构，成为中国新农药自主创新和农药行业关键共性技术开发及产业化的两大技术平台及行业重大关键技术的扩散源。

（撰稿：张杰；审稿：张礼生）

（张杰提供）

农药国家工程研究中心（天津） National Engineering Research Center of Pesticides (Tianjin)

国内规模较大的农药专业研究机构。1995 年 11 月国家发展计划委员会批准南开大学依托元素有机化学研究所筹建农药国家工程研究中心（天津），总投资 3600 万元。2001 年农药国家工程研究中心正式授牌。中心主任为席真。

农药国家工程研究中心（天津）的主要任务和目标是从事新农药的创制，为新农药创制提供化学合成（含设计）、生物测定、放样和中试数据；开展新农药开发研究，以创制的新农药候选品种为对象，进行化学化工试验、工程化技术、药效、安全评价和技术经济等方面的研究；开展新农药工程化研究，完成科研成果向生产力的转化。

农药国家工程研究中心（天津）创建以来一直以具有自主知识产权的创制农药的研发和成果转化为己任，已经完成农药分子设计、农药创制与研发、分析测试、生物测定、工程化和产业化平台建设工作，满足了绿色农药和精细化学品研发、工程化和产业化的要求，并自主建成了新农药创制体系的基础与开发研究、中间试验、药效试验、工程化和产业化等环节组成的从创制到产业化全过程的新农药技术创新平台，取得了创制具有自主知识产权绿色农药和精细化学品的实践经验和成果，并聚集、造就了一支从事创制农药研发、工程化和产业化的富有创新精神的高素质团队。

农药国家工程研究中心（天津）已经完成具有自主知识产权的新型除草剂单嘧磺隆、单嘧磺酯等从研发到产业化的全过程，已先后申请国家发明专利 8 项，包括原药和制剂在内的 6 个品种获得了国家新农药“三证”，获准进入市场并推广到全国 10 多个省份，并被科技部列为国家重点推广项目。在国家“十五”攻关项目鉴定会上专家认为“具有自主知识产权的单嘧磺隆产业化的成功，标志着中国磺酰脲类除草剂已经进入理论指导下的创制，修正了国际上有关新磺酰脲类除草剂创制的理论，该项目达到了国际同类研究的先进水平。”这是中国唯一经过国家批准在谷田实用化的绿色除草剂，并且以其为主要内容的“对环境友好的超高效除草剂的创制和开发研究”获得 2007 年度国家技术发明二等奖。

中心先后承担了国家“973”计划、“863”国家自然科学重点基金、科技部科技推广项目、“十五”国家科技攻关项目、“十一五”国家科技攻关项目、“十二五”国家科技攻关项目等国家重大项目，获得国家技术发明二等奖、全国发明创业奖、教育部科学技术进步二等奖、天津市科技发明一等奖、天津市发明专利金奖、国家技术发明二等奖等多项奖项。

为积极配合国家农药法的贯彻实施和天津市经济和信息化委员会对监控机构公正性和公开性的要求，天津市将天津市技术监督检验站第 56 站挂靠中心。同时中心还是天津市化工学会农药学分会的理事长单位，并发起成立了天津市农药行业协会。

（撰稿：张杰；审稿：张礼生）

《农药化学》 *Pesticide Chemistry*

是在1992年问世的南开大学《农药化学讲义》的基础上，由编著者反复讨论、修改而成，由农药化学专家唐除痴主编，1998年3月南开大学出版社出版。它的出版填补了中国全面介绍农药化学教材的空白。

该书全面介绍各类农药的合成、分析、代谢、作用机制、结构与活性，包括杀虫剂、杀螨剂、杀线虫剂、杀鼠剂、杀软体动物剂、杀菌剂、除草剂、植物生长调节剂以及农药剂型和助剂。全书共分6部分：①总论，从农药的发展历史、农药的重要作用、农药的分类、农药毒理、农药代谢原理、农药残留与环境污染以及农药的未来几个方面对农药作了全面的概述。②杀虫剂及其他动物害物防治剂，介绍了有机氯杀虫剂、有机磷杀虫剂、氨基甲酸酯杀虫剂、除虫菊酯杀虫剂、杀螨剂、杀线虫剂、杀鼠剂、杀软体动物剂等的化学结构与种类、物化性质及化学反应、合成方法、作用机制以及重要品种。③杀菌剂，介绍了无机杀菌剂、金属有机和元素有机杀菌剂、有机杀菌剂、生物来源杀菌剂的化学结构和种类、性能和用途以及合成方法。④除草剂，概括了除草剂的重要作用、发展概况、分类、研究开发过程以及作用原理，并分别介绍了苯氧羧酸类、羧酸及其衍生物、脲类、酰胺及氨基甲酸酯类、均三氮苯类、二硝基苯胺类、硫代氨基甲酸酯类、醚类、磺酰脲类、杂环类、有机磷类、除草剂解毒剂的合成方法及其性质、作用方式、降解和代谢。⑤植物生长调节剂，介绍了天然植物激素的种类、功能和化学结构，以及几种实用植物生长调节剂结构和性质、毒性及用途以及合成途径。⑥农药剂型与助剂，介绍了几种农药剂型和助剂的分类、特点和作用。

该书不仅作为大学农药学专业本科生及研究生教材，也被用作有机化学、应用化学专业的教学参考书，更是广大从事农药研究、生产和应用以及植物保护人员提高和更新专业知识的参考用书。

（撰稿：刘新刚；审稿：郑永权）

《农药环境化学》 *Pesticide Environmental Chemistry*

是系统反映浙江大学刘维屏在农药环境化学和毒理学领域研究成果的著作，受国家自然科学基金研究成果专著出版基金资助，由化学工业出版社于2006年1月出版的“十五”国家重点图书。

该书围绕环境物理化学与生物化学参数、近代分析检测技术、滞留与迁移的过程与机制、水解、光解、生物化学与环境毒理学、手性农药对映体行为差异性、数学模拟、污染控制与修复等诸方面的基础理论、应用、典型事例来编写，共分10章，包括：绪论、农药环境物理化学和生物化学参数、农药环境样品的分析与检测、农药在土壤环境中的滞留与迁移、农药在环境中的水解、农药在环境中的光解、农药环境生物化学与毒理学、手性农药对映体的环境行为选择性、农药在环境中的多介质循环模型以及土壤环境农药污染的修复技术。

该书注重基础理论、学科前沿、研究案例并举，学科体系系统、完整，其主要读者对象为农药学、环境化学、分析化学、环境生物学、农业化学、土壤化学等相关专业人员、教师、研究生及高年级本科生。

（撰稿：虞云龙；审稿：董丰收）

农药环境评价技术 pesticide environmental assessment technology

农药用于防治病虫害及其他有害生物，在提高作物产量和质量方面起到了不可替代的作用。但农药长期大量使用引起的环境、生态问题日趋严重，其负面效应已引起人们的广泛关注。为了减少农药的负面效应和充分发挥农药的作用，保证农业的健康可持续发展，对农药的研究已从注重农药的急性毒性和活性研究扩展到注重农药对环境和人类生活影响的研究。农药环境安全性评价通过评价农药的环境行为和农药对非靶标生物毒性试验研究，为制定科学合理的农药使用标准提供科学依据，防止农药残留量超标给环境和人类带来的危害。

基本原理 农药环境评估是将孤立的环境行为、环境生态、非靶标生物的毒性资料等进行整合，科学评判农药的环境风险，从而更科学、客观地反映农药在使用中对环境影响的实际情况。

农药进入农田生态环境后，其在土壤中的环境行为包括吸附、结合残留等滞留行为，脱附、挥发和淋溶等迁移行为，以及光降解、生物和化学等转化过程。这些残留的农药可在土壤中残留较长的时间，或者飘浮于大气，随空气飘移至很远的地方，或被冲刷进入河流、湖泊、沼泽和大海等水体中，从而污染水源。这些农药残留通过食物链很容易在生态系统中进行生物富集，残留农药被一些生物有机体摄入体内或通过其他方式吸入后累积在体内，再通过食物链转移至更高一级的生物有机体，通过食物链的逐级富集后，造成农药的高浓度储存，并最终导致进入人体的残留农药量增加，严重影响人体健康。通过评价农药的环境行为和农药对非靶标生物毒性试验研究，可以为制定科学合理的农药使用标准提供科学依据。

适用范围 农药环境评价主要适用于各种来源具有一定化学结构的化学农药。

主要内容 农药环境安全性评价的主要内容包括农药的环境行为和农药对环境中非靶标生物的毒性。农药的环境行为包括挥发作用、移动作用、吸附作用、土壤降解作用、水解作用和光解作用；农药对环境生物的毒性包括对鱼类、藻类、鸟类、蜜蜂、家蚕、天敌、蚯蚓、土壤微生物等的毒性。中国现在对环境生物的安全性评价通常仅限于急性毒性研究方面，通过测量农药对各种生物的致死中浓度、致死中量或抑制中浓度来衡量农药对生物的毒性。通常毒性越大，引起生物中毒的可能性就越大，农药对环境生物的毒性大小，在一定程度上反映了农药的环境安全性。

影响因素 农药在环境中的移动特征是评价农药在施药区内的消减速率与是否会对周围大环境导致污染影响的重要指标。农药在环境中的移动与再分配过程受农药的特性与环境条件影响较大。根据农药在气、水相间的分配系数的大小，可将农药的移动方式分为气相移动与水相移动。土壤吸附作用对农药的移动性能影响很大，水溶性弱、分配系数大和带正电荷的离子型农药在土壤中的吸附能力很强。当农药被土壤吸附后，农药的移动性能减弱，其生物活性与降解性能都会相应降低。农药在环境中的再分配过程与农药的蒸气压、水溶性、分配系数、吸附性与移动性之间都有密切关系，它们之间可以通过各种数学模式相互推算。农药在食物链中的传递与富集是农药在生态环境中迁移的另一种形式。环境中的农药可经吸入进入生物体内而被富集，通常用生物体内与环境介质中农药浓度的比值作为生物富集系数。影响农药富集作用的另一个因素是生物种的特性，含脂肪高、对摄入农药代谢能力弱的生物易于富集农药。在整个生态系中，人类处于食物链的最高位，受食物链传递的危害影响最深，因此生物富集系数是农药安全性评价中的一个重要指标。

注意事项 不同的农药品种，由于其施药对象、施药方式、毒性及其危及生物种类的不同，其影响程度也随之而异。环境生物种类很多，在评价时只能选择有代表性的，并具有一定经济价值的生物品种，其中包括陆生生物、水生生物和土壤微生物作为评价指标。

N

参考文献

顾科菲 . 蒋超 . 王海华 . 等 , 2016. 化学农药的安全性评价及风险管理研究 [J]. 资源节约与环保 (6): 203.

吴志凤 , 周艳明 , 周欣欣 , 2015. 农药登记环境风险评估的现状及展望 [J]. 农药科学与管理 , 36(1): 12-15.

（撰稿：张继；审稿：向文胜）

农药缓释技术 slow-release pesticide technology

以天然、可生物降解的高分子化合物作为缓释辅助材料，将一些内吸性杀虫、杀菌剂或生长调节剂进行结合和加工，制备成具有缓释性能的农药亚丸粒或颗粒剂，通过逐步缓慢地释放药物防治作物整个生育期的病虫害。

基本原理 缓释技术是利用物理或化学的手段，将农药混合在辅料中，在使用时农药可被缓慢释放出来，该制剂就称为缓释制剂。按照有效成分的释放特性，农药缓释剂型分为自由释放的常规型和控制释放剂型两大类。自由释放包括匀速释放和非匀速“S”曲线释放，匀速释放是指活性成分释放速率保持不变；非匀速“S”曲线释放是指农药活性成分从缓释材料释放到环境中的速度随着时间的推移递增，到了最大值后又随着时间递减，释放呈“S”型。

适用范围 农药缓释剂选用的是低毒并且高效的农药，且在采收期的前半个月农药活性成分全部释放且尽量低毒。缓释农药能够控制农药缓慢释放速度与时间。在作物整个生长季内仅进行一次操作。它具有使用简单、持续时间长、低毒环保等特征。

主要内容 农药缓释剂的有益效果如下：使农药缓慢释放，延长持效；药剂稳定，很少受到水、空气等环境影响；降低毒性、减轻药害、减少环境污染；减少漂移、便于操作、保护施药人员和害虫的天敌等。

物理型缓释剂 物理型缓释制剂的形式多种多样。其中，微胶囊缓释剂最具代表性，它是一种用成膜材料把固体或液体包覆形成微小粒子的技术。微胶囊粒子大小一般在微米至毫米级范围，包在微胶囊内部的物质称为囊心，成膜材料称为壁材，壁材通常由天然或合成的高分子材料形成。在使用过程中，药物通过溶解、渗透、扩散等过程透过胶囊壁缓慢释放出来，可以使瞬间毒性降低，并延长释放周期。通过改变囊壁的组成、壁厚、孔径等因素，可以控制药物的释放速度。

均一体缓释剂 是指在一定温度下，将原药均匀分散在高分子聚合物中，待其混合均匀后按需加工成型。

包结型缓释剂 是指原药成分通过化学分子间的互相作用，与其他化合物形成具有不同空间结构的新的分子化合物。

吸附型缓释剂 是将原药吸附于无机、有机等吸附性载体中，作为储存体，如凹凸棒土、膨润土、海泡石、硅藻土、沸石、氧化铝、树脂等。

化学型农药缓释剂 是在不破坏农药本身化学结构的条件下，利用农药自身的活性基团，通过自身缩聚或与其他高分子化合物形成共价键和离子键而结合形成的农药剂型。

影响因素 虽然农药缓释技术发展较为迅速，但农药缓释剂的基础理论和应用研究还不十分成熟，缓释剂的种类偏少，且缓释技术还停留在简单定性的缓慢释放，未达到精确定量的控制释放。缓释材料成本较高，使得缓释剂的应用受到很大的限制。

注意事项 一些农药缓释剂的成分是高分子化合物，会受到化学反应的影响，造成成分的改变与流失，有可能会对植物产生严重的负面影响。缓释剂的使用降低了农药的使用量，但缓释剂的残留及在环境中的蓄积有可能对生态环境造成一定的影响。

参考文献

肖艺 , 李明全 , 杨宝东 , 等 , 2006. 农药缓释剂的研究进展 [J]. 农药 , 45(12): 796-798,809.

杨蕾 , 叶非 , 2009. 农药缓释剂的研究进展 [J]. 农药科学与管理 , 30(10): 36-39.

（撰稿：王相晶；审稿：向文胜）

农药剂型加工技术 pesticide formulation processing technology

在农药原药中加入适当辅助剂，赋予其一定使用形态，以提高有效成分分散度，优化生物活性，便于使用。农药剂型加工为农药的商品化生产和大面积推广应用提供了有效途径，是农药工业的关键组成部分，也是农药学研究的重要方向。

基本原理

润湿原理　润湿是固体表面上的气体被水或水溶液所取代，形成覆盖面的过程。在农药加工，固体农药制剂兑水和农药稀释液喷洒到靶标生物的工程中，表面活性剂的润湿作用是一种极为重要和普遍的物理化学现象。其中之一是可湿性粉剂固体微粒表面被水润湿，形成稳定的悬浮剂，二是悬浮剂对昆虫或植物等靶标生物表面的润湿。

乳化原理　乳状液——一种液体以细小液珠的形式分散在另一种与它不相溶的液体中所形成的体系。

增溶作用原理　增溶系指某些物质在表面活性剂的作用下，在溶剂中的溶解度显著增加的现象。表面活性剂的增溶现象不同于一般的溶解作用，其原因有两个方面，前者是形成胶体的溶液，后者是形成的分子溶液。前者不受影响，后者受溶剂的沸点、冰点、渗透压等影响发生较大变化。

分散原理　把一种或几种固体或液体微粒均匀地分散在一种液体中就组成了固液或液液分散体系。被分散成许多微粒的物质叫分散相，而微粒周围液体叫连续相或分散介质表面活性剂类分散剂。

适用范围　农药剂型加工技术正朝着环境友好型、资源节约型、经济适用、加工技术的低能耗方向发展。中国登记生产的农药制剂产品归属50多种剂型，从形态上区分可分为固体剂型和液体剂型。剂型的组成有原药、助剂、溶剂或载体，从液体制剂、固体制剂、发展高浓度制剂以节约资源，选择价廉、质优、性能好的原料，加工技术的低能耗，广泛适用于各类型农药加工。

主要内容　液体制剂有乳油、水剂、悬浮剂、悬乳剂、微乳剂、水乳剂、悬浮种衣剂、水乳种衣剂、油悬浮剂、可溶性液剂（含可溶性浓剂、液剂）、母液（母药）、热雾剂、膏剂（含糊剂）、静电喷雾油剂、油脂缓释剂、涂抹剂（含涂布剂）、展膜油剂、水面扩散剂、水性撒滴剂、油性撒滴剂、悬浮微胶囊剂、注干液剂、超低容量喷雾剂、气雾剂等20多种剂型。所有这些液体剂型的组成中除了原药和适宜的助剂外，就是各种溶剂。除水剂外，悬浮剂、悬乳剂、微乳剂、水乳剂、悬浮种衣剂、水乳种衣剂、水悬浮微胶囊剂等水基性制剂，也或多或少使用有机溶剂，起到助溶或增溶作用。大多数原药易溶于有机溶剂，不溶于或微溶于水，各种作物和病虫草表面都有一层蜡质，药剂不易渗透和均匀展布、润湿和黏着在其体表，影响药效发挥。助剂有益于药剂黏附或渗透，能使农药获得特定的物理性能和质量规格，粉剂的粒度，可湿性粉剂的悬浮率，液剂的润湿展着性等指标，最终表现出理想的防治效果。

固体制剂有粒剂、大粒剂、细粒剂、微粒剂、粉粒剂、水分散粒剂、泡腾粒剂、水面漂浮粒剂、粉剂、母粉、可湿性粉剂、可溶性粉剂、片剂、水分散片剂、泡腾片剂、可溶性片剂等20多种剂型。其中可湿性粉剂的制剂品种和产量最多，位居固体制剂的首位，在农药制剂中仅次于乳油制剂。

影响因素

原药的物理性质和化学性质　这里的物理性质包括形态、熔点、溶解度、挥发度等，化学性质包括水解稳定性、热稳定性等。

防治对象的特性　由于每种有害生物都有一些特性，因此，一种原药虽有多种剂型可用于防治某一特定有害生物，但是其中某种剂型对这种特定的有害生物防治效果最好。

使用技术的要求　使用方式是飞机施药，还是地面喷洒；是喷粉、还是喷雾、还是烟熏；使用的目的，是速效、还是长残效；使用技术要求不同，选择的剂型也不同。

施药时的天气条件　局部的气象条件也是影响选择剂型的重要因素。例如，使用杀虫双防治水稻螟虫等害虫，由于飘逸能使稻田附近的桑树叶上沾上杀虫双，使蚕中毒，若使用杀虫双粒剂则比较安全。

加工成本及市场竞争力　农药是商品，因此，选择剂型必须考虑加工成本及在市场上的竞争力，否则，即使是优良的剂型，推广也会遇到许多困难。

植物的局部生态条件也会影响剂型的选择　如温室大棚内使用烟剂防治效果理想，森林及竹林等一般生长在山坡上，植株高大，且又缺水，通常使用烟剂比使用其他剂型的效果要好。

注意事项　注意选择高质量原药，原药的质量对制剂产品的质量，特别是热储稳定性影响很大；必须选择硬度低、易粉碎、悬浮率高、活性小、台时产量高、低耗能的载体；选用和开发环境友好型、毒性低、易降解、可再生资源衍生的高效、经济型助剂。

参考文献

凌世海，2013. 再论农药剂型加工技术的发展 [J]. 今日农药，38(4): 13-19.

（撰稿：王相晶；审稿：向文胜）

《农药加工与管理》 *Pesticide Processing and Management*

2000年3月，由中国农药学知名专家沈晋良担任主编，由南京农业大学、华南农业大学、浙江大学、安徽农业大学、吉林农业大学、华中农业大学、贵州大学、西北农林科技大学、山东农业大学及福建农林大学的12位教师共同编写了面向21世纪教学课程体系的《农药加工与管理》教材。该教材于2002年6月由中国农业出版社出版（见图）。

本教材介绍了国内外农药加工与管理的发展历史，系

（高职芬提供）

统阐明了农药加工的基本概念与原理、农药助剂、剂型及生产工艺、农药包装、运输、储存与营销、农药商品标准的编写及农药管理等内容。自2002年6月，中国农业院校大多数植物保护专业都采用该教材，植物保护和农药专业的本科生和研究生通过本课程的学习，对开发环境相容性好的水性、粒状、缓释、多功能及省力化新剂型和农药的标准化、规范化管理有深入的了解，也为开展农药剂型加工技术的研究与开发打下坚实的基础，对拓宽学生的专业知识面、提高就业率和促进农药加工和管理的发展有良好的社会、经济效益。

该教材不但可作为植物保护及其相关专业本科生拓宽专业知识面的主要教材，也可作为植物保护专业研究生和农药企业相关工作人员的工具书，同时也适用于希望更多了解农药加工和管理等方面知识的人学习。

（撰稿：高职芬；审稿：周雪平）

《农药科学使用指南》 *Pesticide Safe Application Handbook*

是中国出版工作者协会科技出版工作委员会组织全国各科技出版社共同协作出版“星火计划”丛书之一。该书由屠豫钦先生根据农药新产品的问世和施用技术的更新与提高，同时鉴于农药施用中存在的问题和教训，应广大农民要求，对第3版进行修订而成，于2009年由金盾出版社出版（见图）。

随着农药品种和用途的不断扩大以及人们对环境安全和生态文明要求的日益提高，农药使用技术研究由最初的农药沉积分布效率拓展到农药对非靶标生物以及环境的安全问题，因此必须研究和设计最完善的使用技术，以充分发挥农药的效率和效益并消除其不良副作用。该书介绍了农药的科学使用这个关键问题和科学问题，对农药施用基本原理做了详细阐述，并对农药配制、使用方法、植保机械、农药剂型进行了翔实的介绍。全书内容共分23章，分别介绍了农药科学使用的概念；科学使用农药的基本原理；农药的稀释配制方法；农药的使用方法；农药施药机械的选择和科学使用；农药的剂型选择和科学使用；农药喷洒时的雾滴细度与用水量的选择原则及方法；杀虫药剂科学合理使用的基础；杀虫药剂的作用方式；杀虫剂混合使用的原理与应用；病虫抗药性的发生和预防；常用杀菌剂的科学使用；杀菌剂的使用策略；除草剂的科学使用；植物生长调节剂的科学使用方法；昆虫外激素在害虫防治中的应用及其科学使用方法；杀线虫剂的科学使用；灭鼠剂的科学使用；杀虫药剂种类及其特点；农药的毒性问题；农药的安全使用；施药时的安全防护服及残剩农药的处理；农药科学使用技术中的整体决策系统。

（闫晓静提供）

该书内容全面、系统、充实，具有科学性、先进性和实用性，适合广大农民、植保人员、农药与施药机械生产供应部门有关人员阅读参考，亦可供农业院校有关专业师生阅读参考。

（撰稿：闫晓静；审稿：周雪平）

《农药科学杂志》 *Journal of Pesticide Science*

创刊于2003年，由日本农药学会出版，该刊为季刊，ISSN：1348-589X。编委会主席为Yoshiaki Nakagawa。为SCI收录期刊，属学术性期刊。

该刊已被美国《污染文摘》（POLLUAB）、美国《生物学文献》数据库（BIOSIS Previews）、《生命科学文摘》（LIFESCI）、《海洋科学与渔业文摘》（AQUASCI）、《健康与安全科学文摘》（HEALSAFE）、英国《国际农业与生物技术文摘》（CABI）、法国文献通报（PASCAL）、科学引文索引（SciSearch）数据库等国际主流数据库收录。SCI 2021年影响因子为1.519，2017—2021年影响因子为1.182。

主要报道关于农药化学和生物化学方面，也包括其代谢、毒理学、环境归趋和剂型等方面研究的原创性研究论文、文献综述及研究简报等。主题设置化学、生物学，生命科学与基础医学、农业和食品科学、药物科学等栏目。

（撰稿：董丰收；审稿：郑永权）

农药筛选技术 pesticide screening technology

包括样品制备在内，能够在较短时间内得出样品检测结果的技术（涵盖物理、化学、生物等多学科），具有特异性，过程简便、快捷的特点。农药筛选技术分为传统农药筛选技术和高通量筛选技术，方法主要包括酶抑制检测法、免疫分析法、生物传感器法和现代光谱仪器分析法。

基本原理　传统农药筛选技术主要是依据活体生物对化合物的反应作为评价指标。通常由技术人员以一定方式将样品加到待测生物体上，一定时间观察生物体对药剂的反应，根据反应的程度判断化合物活性大小。

高通量筛选技术主要是在传统筛选技术的基础上，应用生物化学、分子生物学、细胞生物学和计算机自动化控制等高新技术，使筛选样品微量化，样品用量在几微升到几百微升或者微克至毫克级之间，样品加样，活性检测乃至数据处理高度自动化，使筛选具有快速灵敏、特异性高等特点。

适用范围　生物活性筛选是新农药研发的重要环节，筛选研究的水平和能力直接影响新农药开发的成败和以后市场的开拓。生物活性筛选研究越来越得到广泛重视，在筛选策略和方法方面也有不少改进。除草剂筛选相对于杀虫剂、杀菌剂筛选来说，较为简单和直接。杀菌剂的高通量筛选应用很普遍，大部分经济上重要的真菌种类都可以培养在特定的培养基上，并用很少量的药剂测定其杀菌活性。在农药筛选中，杀虫剂筛选是较难、相关性也较差的一类。

主要内容

酶抑制检测法　农药种类繁多，性质不一，酶抑制检测法主要适用于有机磷和氨基甲酸酯类农药的检测。方法原理是基于农产品的提取液中含有的有机磷和氨基甲酸酯类农药对胆碱酯酶活性的抑制作用，有机磷或氨基甲酸酯类农药残留与酶反应实验中颜色或物理化学信号的变化密切相关，从而判断是否存在这类物质。

免疫分析法　具有特异性高、操作简单、成本低、安全、可靠的特点。它使用抗体作为生化探测器，对蛋白质、化合物或酶材料的定性和定量分析，并与建立的微量测定技术和现代测试方法相结合的免疫反应方法。可分为化学发光免疫分析法、酶联免疫吸附测定、荧光免疫分析法等，由于免疫分析法对样品前处理的要求不是太高，因而是应用最广，最成熟的一种农药残留快速筛检技术。

生物传感器法　利用传感器对农药残留物质物理化学信号的捕获从而对待测物进行定性和定量检测的方法。

现代光谱仪器分析法　传统的仪器分析方法是利用大型的精密仪器如气相色谱仪、高效液相色谱仪等色谱仪器进行农药残留的检测分析。仪器设备投入大，样品预处理复杂，且分析时间较长，严重影响农药残留的检测效率，不适合大批量的快速检测，而现代光谱技术如红外光谱法、荧光光谱法，不需要复杂、繁时的样品前处理，直接检测，方便、快捷，达到了时时检测，是今后食品中农药残留检测的发展方向。

注意事项　传统筛选方法由于是将化合物逐一加到目标生物上，需要消耗大量试材和化合物样品，占用较大实验空间，而且试验周期长，劳动强度大，因此不可能同时或者在短期内进行大量化合物的筛选；高通量筛选技术需注意的是，离体筛选只针对某一特定的靶标，脱离活体，与药剂对活体生物的实际效果仍有较大距离，阳性率高和漏筛的情况都易发生。

参考文献

张宗俭，2004. 新农药创制及其生物活性筛选研究进展 [J]. 农药，43(2): 49-52.

（撰稿：王相晶；审稿：向文胜）

农药生物合成　pesticide biosynthesis

以外源性的天然或合成的有机化合物为底物，通过生物技术使其在活性状态下的生物体系或生物来源的酶催化作用下发生结构改变获得农药，或是通过基因工程对活体生物进行基因改造从而用于农药生产的技术。

基本原理　农药生物合成的本质是酶催化反应。其原理是将底物添加至处于活性状态的生物体系或酶体系中，在适宜的条件下进行培养或孵育，使得底物与体系中的酶发生相互作用，从而产生结构改变的农药分子；或者直接利用活体生物体内存在的酶体系所组成代谢途径，通过对活体生物进行培养而获得农药。

适用范围　①杀虫剂，如莫西克汀、米尔贝霉素等。②杀菌剂，井冈霉素、公主岭霉素、春雷霉素、农抗 120、农抗 5102、中生菌素、武夷菌素等，这些品种防治谱较广、效果好，其中井冈霉素对水稻纹枯病防效显著。③除草剂，主要有杂草菌素、细交链孢霉素和茴香素等。④生长调节剂，细胞分裂素、增产菌、赤霉素等对水稻、蔬菜、果树、花生、烟草等农作物的增产效果 10%～25%。

主要内容

生物催化技术　生物催化也称生物转化，具有条件温和、高效及高选择性（化学、区域及立体选择性）等特点，被认为是一种资源节约型、环境友好型技术。主要包括农药分子结构修饰和手性农药去消旋化。①农药分子结构修饰，6- 羟基烟酸是烟酸的衍生物，是杀虫剂合成中一种通用的主要前体物。化学合成烟酸 6- 位取代物由于副产物的形成导致生产成本较高，瑞士 Lonza 公司测得在烟酸中生长的微生物能累积获得 65g/L 的 6- 羟基烟酸，转化时间 12h，转化率超过 90%，化学纯度 >99%。利用 Streptomyces marcescens IFO12 648 菌体休眠细胞，在最佳条件下反应 72h，能将 98.5% 的浓度为 2.2mol/L 烟酸转化成 6- 羟基烟酸，产量达 301g/L。②手性农药去消旋化，手性农药是手性化合物重要的组成部分，手性农药分子的多个对映异构体往往具有不同的生物活性。使用单一高活性异构体或不含无效异构体的手性农药能以低的剂量达到高的药效，减少农药向自然界的投入，在避免药害的同时，节省了一半以上原料。利用酶的高度立体选择性去消旋化，潜手性底物可选择性地转化为光活性化合物，具产物光学纯度高、副反应少、反应条件温和、环境污染小等优点，具有巨大的发展潜力和应用价值。

基因工程技术　抗生素因其安全、高效、低毒、无残留的特点，广泛应用于防治蔬菜、果树、粮棉等病、虫、草害，以及作为植物生长调节剂来使用。至今发现的抗生素约有 2/3 是由放线菌尤其是链霉菌所产生的，然而野生型菌株产生的抗生素只能满足自身需求，难以用于工业化生产，无法满足市场需求，需要通过各种育种手段获得高产菌株，优化工程菌的性状。主要是改造代谢途径、改造抗生素生物合成基因簇、核糖体改造技术和原生质体融合技术。① 改造代谢途径：以基因工程为基础的代谢工程研究了各种抗生素产生菌的代谢途径，为定向改造菌株提供了丰富的理论基础和实践指导，通过定向突变的方法，可下调干扰目的抗生素产量的基因表达，改变菌株代谢情况，使目标抗生素富集增产。② 改造抗生素生物合成基因簇：微生物控制次级代谢产物合成和调节的基因通常成簇存在于染色体上，称为生物合成基因簇；改造抗生素生物合成基因簇具体的手段有改造调控基因、改造自身抗性基因、增加基因簇的拷贝数和异源表达等。③ 核糖体改造工程：链霉素等抗生素的靶点为核糖体组分，当抗生素生物合成基因簇发生突变，会编码某些突变的核糖体蛋白，抗生素无法作用于突变的核糖体蛋白或rRNA，使该菌种能够对外界抗生素等表现抗性，促进抗生素的合成。④ 原生质体融合技术：原生质体融合技术应用于某些罕见的产生菌，使抗生素的产量增加，这些产生菌的遗传因子和基因连接系统尚不明确，没有较好的基因工具进行基因克隆，可以采用原生质体融合技术获得高产的产生菌。

注意事项　由于大多数酶是蛋白质（少数是RNA），容易被高温、强酸、强碱等破坏，酶所催化的化学反应应该在较温和的条件下进行。

参考文献

李华，2012. 农药合成新技术 [J]. 化学工程与装备 (1): 109-110.

李喆宇，崔玉彬，张静霞，等，2013. 大环内酯类抗生素的研究新进展 [J]. 国外医药 (抗生素分册), 34(1): 6-15.

KULLA H G, 1991. Enzymatic hydroxylations in industrial application [J]. Chimia, 45(3): 81-85.

（撰稿：王相晶；审稿：向文胜）

N

《农药生物化学和生理学》 *Pesticide Biochemistry and Physiology*

创刊于1971年，由爱思唯尔（Elsevier）出版集团下的学术（Academic）出版社出版，该刊为月刊，ISSN：0048-3575。为SCI昆虫学核心期刊，属学术性期刊。现任主编为J.M. Clark。

该刊已被美国《生物学文献》数据库（BIOSIS Previews）、生命科学新资料（CC/LS）、英国《动物学记录》（ZR）、Science Citation Index（SCI）、Science Citation Index Expanded（SCIE）等国际主流数据库收录。SCI 2017年影响因子为3.440，2013—2017年影响因子为3.319。

主要报道与植物保护剂如杀虫剂、杀真菌剂、除草剂和类似化合物（包括非致死性害虫防治剂、信息素生物合成、激素和植物抗性剂）的作用方式有关的原创研究论文。包括用于理解对靶标和非靶标生物的比较毒理学或选择性毒性开展的生物化学、生理学或分子研究。特别关注有关害虫控制、毒理学和杀虫剂抗性的分子生物学研究。

（撰稿：董丰收；审稿：郑永权）

农药施药技术　pesticide application

为把适宜剂量的农药有效成分安全、有效地输送到靶标生物（害虫、害鼠、病原菌、杂草等）上或其生存场所中以获得预想中的药效所采用的各项技术措施，统称为农药施药技术。

基本原理　根据每种农药的理化性质和作用方式，选择合适方法和器械将农药以对非靶标生物风险最小的方法把少量高效的农药有效成分分散、传递到生物靶标上，有效地抑制或杀死靶标生物。

适用范围　① 用于预防、消灭或者控制危害农、林、牧、渔业中的种植业的病、虫（包括昆虫、蜱、螨）、草、鼠和软体动物等有害生物（用于养殖业防治动物体内外病、虫的属兽药）。② 调节植物、昆虫生长（为促进植物生长给植物提供常量、微量元素所属肥料）。③ 防治仓储病、虫、鼠及其他有害生物。④ 用于防治人生活环境和农林业中养殖业用于防治动物生活环境中的蚊、蝇、蟑螂（蜚蠊）、虻、蠓、蚋、跳蚤等卫生害虫和害鼠、用于防治细菌、病毒等有害微生物的属消毒剂。⑤ 预防、消灭或者控制危害河流堤坝、铁路、机场、建筑物、高尔夫球场、草场和其他场所的有害生物，主要是指防治杂草、危害堤坝和建筑物的白蚁和蛀虫以及衣物、文物、图书等的蛀虫。

主要技术

喷雾法　用手动、机动、电动喷雾机具将药液分散成细小雾滴，分散到作物或靶标生物上的一种施药方法，是农药使用中最普遍、最重要的施药技术之一，常见的农药剂型都适合喷雾法使用。在中国，喷雾法又通常分为常量喷雾、低容量喷雾、超低容量喷雾3种（图1）。常量喷雾又称高容量喷雾，采用液力雾化进行喷雾，常用压力0.3～0.4MPa，施药液量一般450～1500L/hm^2，雾滴直径150～1200μm。常量喷雾技术具有目标性强、穿透性好、农药覆盖性好、受环境因素影响小等优点，但单位面积上施用药液量多，农药利用率低，药液易流失浪费，污染土壤和环境。低容量喷雾采用高速气流把药液雾化成雾滴进行喷雾，称为弥雾喷雾，雾滴直径100～200μm，施药液量一般在15～150L/hm^2。低容量喷雾特点是节水、省工、省药，工效高，防治效果较好。超低容量喷雾是以极少的喷雾量、极细小的雾滴进行喷雾的方法，雾滴直径约70μm，施药液量一般≤7.5L/hm^2。由于超低容量喷雾是油质小雾滴，不易蒸发，在植株中的穿透性好，防治效果好。

喷粉法　利用鼓风机械产生的气流把农药粉剂吹散后，再沉积到作物和防治对象上的施药方法。喷粉法的主要特点是使用方便，工效高，不占用水资源，在作物上的沉积分布好。喷粉法曾是农药使用的主要方法，但由于喷粉飘移强，容易污染环境，使用量受到限制。

撒施法　利用颗粒剂、毒土、毒肥直接施撒在田间的方法（图2）。撒施适合土壤处理、水田施药及一些作物的心叶施药。撒施除了可用手动、机动喷粉器械、撒粒机械进行作业外，还可在播种或施肥时用播种机或施肥机同时施撒。

拌种法　将一定量的农药按比例与种子混合拌匀后播

图 1 喷雾法（郑建秋提供）

①常量喷雾；②低容量喷雾；③超低量喷雾

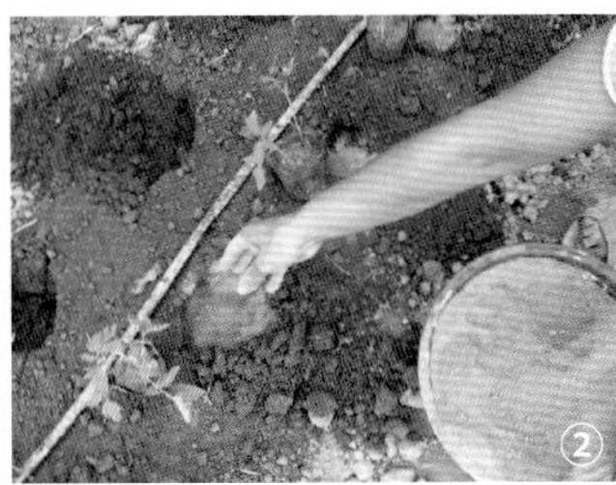

图 2 撒施法（郑建秋提供）

①制作药土；②药剂处理土壤（穴施）；③苗床药剂消毒；④苗床药剂消毒

图 3 拌种法（郑建秋提供）

种（图 3），可以预治附带在种子上的病菌和地下虫害以及苗期病害。

熏蒸与熏烟法 熏蒸法是利用气态农药或常温下容易气化的农药在密闭空间防治病虫害的施药方法（图 4）。熏烟法是利用烟剂农药产生的烟雾来防治有害生物的施药方法（图 5）。熏蒸法与熏烟法一样，施药不需要水，工效高、农药覆盖好，渗透力强，可广泛应用于温室、大棚、仓库、森林及果园等病虫害防治。

直接注入喷雾技术 在喷雾机上设置药箱与水箱，使农药原液从药箱直接注入喷雾管道系统，与来自水箱的清水按预先调整好的比例均匀混合后，输送至喷头喷出。与通常的喷雾机相比，减少了加水、混药操作过程中机、手与农药的接触机会，消除了清洗药液箱的废水对环境的污染。

采用防飘移喷头 防飘移喷头的工作原理：在 300～800kPa 压力下工作，利用射流原理，气体从两侧小孔进入，在混合室内和药液混合，形成液包气的“小气泡”的大雾滴从喷孔中喷出，击中靶标后，“小气泡”与靶标发生碰撞或被靶标上的纤毛刺破后又进行第二次雾化，碎裂成更多更细的雾滴，能提高雾滴的覆盖率。由于防飘移喷头雾流中的小雾滴少，可使飘移污染减少 60% 以上。

风幕喷雾技术 在喷雾机喷杆上增加风机和风筒（图 6），喷雾时，在喷头上方沿喷雾方向强制送风，形成风幕，不仅增大了雾滴的穿透性，而且在有风（≤ 4 级）情况下也能喷雾作业，不会发生雾滴飘移现象。风幕喷雾技术可节省施药液量 40%～70%。

循环（回收）喷雾技术 在喷雾机上加装药液回收装置，将喷雾时未沉积在靶标上的药液收集后抽回药液箱，循环利用，既可提高农药有效利用率，又减少了飘移污染。循环喷雾技术可节省施药液量 90%。

静电喷雾技术 应用高压静电，使雾滴充电，在静电场作用下，带电的雾滴做定向运动而吸附在作物上，能使沉积在作物上的药液增加，覆盖均匀，沉降速度快，特别是增强了作物下部及叶背面的附着能力。静电喷雾技术可节省施药液量 30%～40%。

智能精确喷雾技术 能根据不同的作物对象，随时调整变量喷施农药。这一技术应用可分为两种：一种是基于 GPS 全球定位系统；一种是基于实时传感器技术。主要根据收集到的作物图像、激光、超声波及红外光信号，判断农作物形状、位置，控制喷嘴位置和喷雾电磁阀开启，进行“有靶标时喷雾，无靶标时不喷雾”作业方式，极大减少或基本消除了农药喷到靶标以外的可能性。智能精确喷雾技术可节

图 4 棚室熏蒸（郑建秋提供）

①辣根素棚室熏蒸消毒；②高浓度臭氧循环熏蒸；③自控常温烟雾施药；④常温烟雾施药；⑤硫磺熏蒸器

图 5 熏烟法（郑建秋提供）

图 6 风幕喷雾技术（郑建秋提供）

①常温烟雾施药机作业；②常温烟雾施药机作业；③常温烟施药雾机；④常温烟雾施药机

省施药液量 50%～80%。

影响因素 时间、作用机理、用药剂量、作物种类和生育期、有害生物的生育期、天气条件（雨、温度、风、相对湿度）、器械、水质、喷雾覆盖范围、安全性（施药者、环境）。

注意事项 田间喷洒，注意天气；机械故障，及时检修；田间施药，注意防护；防治病虫，科学用药；适期用药，减少残留；高毒农药，瓜果禁用；保护天敌，减少用药；施药现场，禁烟禁食；农药包装，妥善处理；农药中毒，及时抢救。

参考文献

吴萍, 2007. 简述我国农药剂型与农药施用技术发展 [J]. 现代农药 (6): 52–56.

徐映明, 1999. 农药施用技术问答 [M]. 北京 : 化学工业出版社 .

（撰稿：王相晶；审稿：向文胜）

《农药手册》 *The Pesticide Manual*

全世界公认的权威性农药工具书。该手册具有涵盖农药品种多，基本信息全，数据持续更新的特点。该手册第 1 版于 1968 年发行，历经 54 年，第 19 版于 2021 年 10 月发行，由 J. A. Turner 主编，英国作物保护协会（British Crop Protection Council）编辑出版（见图）。

该手册包括序、编委、前言、绪论、主要条目、补充条目、参考文献和索引等部分。绪论主要包括手册使用指南，立体化学命名法和农药抗性。主要条目涵盖 862 个条目，每个条目下包含以下内容：① 化学结构式，应用范围及分类归属。② 名称，包括通用名、IUPAC 名称、美国《化学文摘》名称、CAS 登记号、EC 编号和试验开发代码。③ 物理化学性质。④ 专利、开发历史及生产商。⑤ 作用靶标、机理及作用谱。⑥ 应用、剂型、产品及混合物。⑦ 毒理学评论信息和欧盟法规 1107/2009 下的状况。⑧ 哺乳动物毒理学概况。⑨ 鸟、鱼和蜜蜂的生态毒理学数据。⑩ 在动物、植物、土壤及环境中的环境归趋信息。补充条目包括：① 不再生产、销售或用于作物保护的已被取代的物质。② 仍在使用且处于发展后期的物质。③ 已达到发展后期但最终没有上市的物质。

第 19 版《农药手册》的内容进行了全面更新，以反映农药科学的变化和发展。主要的修改和变化包括：①新增 34 个农药活性成分，使最新版活性成分达到 839 个，并重新绘制了所有成分的结构式。②名称部分，新增了活性成分的酯和盐的 IUPAC 名称、CAS 名称及 CAS 登记号。③“稳定性”部分，分为水解稳定性、水中光解稳定性和热稳定性。④“分析”部分，将分析方法分为产品（活性成分和剂型）分析和残留分析。⑤为清晰起见，使用率采用通用单位，并修订了使用范围。⑥ AOEL（操作人员允许接触浓度值）包含 ADI（每日允许摄入量）和 RfD（急性和慢性参考剂量）。⑦增加了相应的 CIPAC 代码，EPA 农药代码，EPA 登记状态，更新了产品的 EU 审批状态。⑧生态毒理部分采用统一格式。此外，更新后的公司数据能够反映农药工业的

（杨新玲提供）

变化，“作用靶标位点”更便于相似农药分组的选择和比较等。

《农药手册》（第19版）一共有1400多页，收录的农药包括除草剂、杀菌剂、杀虫剂、杀螨剂、杀线虫剂、植物生长调节剂、除草剂安全剂、驱避剂、增效剂、杀鼠剂及兽药等。每个农药品种的数据信息包括：①基本情况。化学结构，作用靶标位点，使用范围，抗性代码，化学分类。②名称：IUPAC名称，CAS名称及登记号，EPA农药代码，EC编号及开发代码。③理化性质，开发历史，生产商，专利，作用机制及作用谱，应用情况，剂型类别。④新的监管部分，包含生态毒理和法规管制，WHO毒性，IARC分类。⑤欧盟和美国监管现状。⑥生态毒理学数据。涵盖鸟、鱼、水生生物、蚯蚓和蜜蜂。⑦农药在动物、植物、土壤及环境中的归趋信息。

该手册作为权威性农药专业工具书，实用性强、信息量大、内容齐全、重点突出、索引完备，可供广大从事农药研发、生产、销售、贸易、使用、管理等人员使用，也可供环境保护、食品检测、卫生等从业人员及高等院校有关师生参考。

（撰稿：董丰收；审稿：郑永权）

《农药学》 *Pesticide Science*

西北农林科技大学吴文君和山东农业大学罗万春组织相关高校，2008年主编了《农药学》等农药学科系列教材，由中国农业出版社出版发行。

《农药学》是农药学科系列教材之一，在整个教材体系中起着提纲挈领的作用。具有系统性、基础性和新颖性的特点，内容上既与《植物化学保护》《农药概论》具有相似性，又与其存在根本区别。该书全面介绍了农药学的基本概念及研究范畴，并对各类农药进行了高度概述，进而系统阐述了新农药的研究与开发，逐步引导学生进入系统的研究领域，健全学科体系，实现理论与实践的和谐统一。全书内容共分10章，第1章概述了农药的基本概念及农药学的研究范畴，明确了该学科的学习和研究范畴；第2、4、6章采取按化合物的化学结构以及历史发展顺序的编写方法，从农药化学和毒理学的角度，分别高度概述了各类杀虫剂、杀菌剂、除草剂；第3、5、7、8、9章则较为灵活地采取以防治对象分类和以作用方式分类等编写方法分别简要介绍了杀螨剂、杀线虫剂、杀软体动物剂、杀鼠剂和植物生长调节剂；第十章在上述章节的基础上，完善内容体系，系统介绍了新农药研究与开发的过程与方法、农药安全性评价以及农药管理与登记等。

该书不仅可作为植物保护和农药学相关专业学生、教师和科研工作者的优秀教材，同时也可供从事农药经营与管理以及希望更多了解和加强农药学相关知识的人员作为参考用书。

（撰稿：徐晖；审稿：董丰收）

《农药学学报》 *Chinese Journal of Pesticide Science*

中国科技核心期刊、中文核心期刊及中国科学引文数据库（CSCD）来源期刊，属学术性期刊。创刊于1999年，是由中国教育部主管、中国农业大学主办的国内外公开发行的农药学综合性学术期刊。该刊为双月刊，ISSN：1008-7303，2021年影响因子为1.30。截至2021年主编为周志强（见图）。

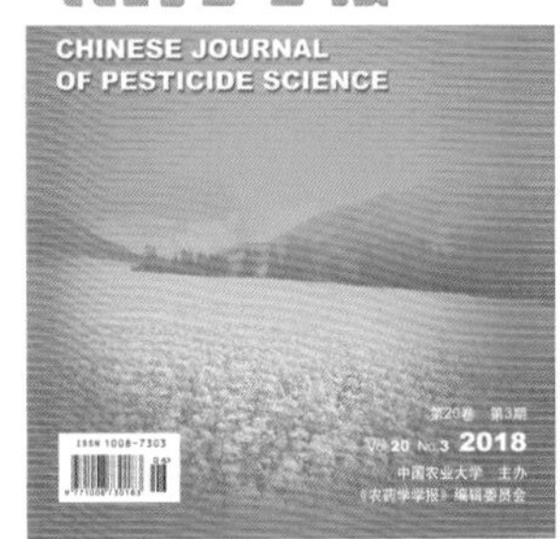

（董丰收提供）

该刊已被美国《化学文摘》（CA）、美国《生物学文献》数据库（BIOSIS Previews）、美国《生物学文摘》（BA）、俄罗斯《文摘杂志》（AJ），英国《动物学记录》（ZR）、英国《国际农业与生物技术文摘》(CABI)、英国《剑桥科学文摘》(CSA)等国际主流数据库收录，同时是《中国科学引文数据库》等多家国内重要数据库的来源期刊。曾多次荣获百种中国杰出学术期刊、中国精品科技期刊奖、中国国际影响力优秀学术期刊、中国高校精品科技期刊、中国科技论文在线优秀期刊等重要奖项。

主要报道农药学各分支学科包括合成与构效关系、分析与残留、环境与毒理、作用机制研究、制剂加工及应用等有创新性的、未公开发表过的最新研究成果与综合评述，为国际、国内农药学学术交流提供平台。

该刊旨在及时、全面报道农药学各分支学科有创造性的最新研究成果与综合评述，促进农药的原始创新、绿色生产及合理使用，是了解中国农药学研究动态的理想园地。

（撰稿：董丰收；审稿：郑永权）

农药研究的相关网络资源 online resources for pesticides research

中国网站

世界农化网　由加拿大和中国共同投资的合资公司——重庆斯坦利信息科技有限公司旗下专注于农化领域的资讯门户网站，以“立足世界，服务中国”为宗旨，为中国农药行业介绍第一手国际农化时讯，同时向世界传递中国声音。内容覆盖农药、化肥、种子、生物技术、非农保护等领域，提供实时的行业资讯、公司产品、研发动态等信息及农化数据库、农化市场报告等专业文献。http://cn.agropages.com

中国农药网　由中国农药工业协会（CCPIA）农药市场信息中心和南通科技信息中心联合制作的农药专业网站，是国内最早建立的农药网站，以传播农药市场信息为特色，为农药和植物保护行业提供专业化整合的信息产品与服务。http://www.pesticide.com.cn

中国农药工业网　是中国农药工业协会门户网站，以传播农药工业信息、服务农药企业为宗旨，以咨询服务和市场资讯为主体，主要介绍农药行业信息（包括农药生产批准证书查询、农药原药产品价格等数据信息、各类产品月度分析报告、农药产品价格即时查询等），并为农药生产、经营及相关行业提供有效的展示和交流平台。http://www.ccpia.com.cn

中国农药信息网　由农业农村部农药检定所主办的一个提供专业农药管理信息及服务的网站。内容涉及农药行业资讯、药情农情、产品信息、政策法规、技术规范等，其中的数据中心部分收集了农药行业最新管理信息和丰富翔实的农药登记技术资料，通过多项查询功能可快速、便捷地查询到农药登记管理信息，也可以进行农药最大残留限量值、认证试验单位、标签数据等查询。http://www.chinapesticide.org.cn

国外网站

Agrow 农化信息网站　是一个全球作物保护行业新闻分析媒体平台，成立于 1985 年，总部位于英国伦敦。主要报道作物保护及全球农用化学品相关的新闻和信息，包括农药原药（制剂）、种子等最新产品信息、贸易信息、行业公司新闻，监管信息及分析，市场分析预测以及生物技术等。https://agra-net.com/agrow/

Alanwood 农药通用名网站　建于 1996 年，是一个专门介绍化学农药 ISO 通用名称的网站。此外，通过该网站还可以查询到农药的 IUPAC 系统命名和 CAS 命名，以及农药的分子式索引、杂原子分子式索引和农药分类等信息。http://www.alanwood.net/pesticides/ index.html

FAO 有害生物与农药管理网站　由联合国粮食及农业组织（FAO）农药管理和植保部门建立的农药管理和 IPM 信息平台，主要介绍 FAO 农药管理动态，发布国际农药管理法规、政策、准则和标准。通过该网站可查询农药管理的技术准则、产品质量和残留国际标准，其农药登记工具箱可以查询具体产品在各国登记状况、技术参数等技术资料；还可以查询 IPM 和农民培训等信息。http://www.fao.org/agriculture/crops/thematic-sitemap/theme/compendium/information-resources/en/

FRAC 杀菌剂抗性网站　FRAC（The Fungicide Resistance Action Committee，杀菌剂抗性行动委员会）起源于 1980 年，隶属于 CropLife 国际公司，主要致力于杀菌剂抗性管理，通过延长易产生抗性杀菌剂的防效，从而防止作物因抗性产生的损失。网站主要介绍杀菌剂抗性发展动态、杀菌剂作用机制及相关出版物等信息。http://www.frac.info/

HRAC 除草剂抗性网站　HRAC（The Global Herbicide Resistance Action Committee，除草剂抗性行动委员会）是一个由来自农药工业界成员创立的国际组织，主要致力于除草剂抗性管理，通过治理对除草剂有抗性的杂草来保护全球作物的产量和质量。网站主要介绍除草剂抗性新闻、抗性杂草、除草剂作用机制及分类等信息。http://www.hracglobal.com/

IRAC 杀虫剂抗性网站　IRAC（The Insecticide Resistance Action Committee，杀虫剂抗性行动委员会）成立于 1984 年，旨在通过专业协作来防止或延缓昆虫和螨类害虫的抗性发展。网站主要介绍杀虫剂抗性新闻、杀虫剂作用机制、杀虫剂抗性数据库、害虫数据库、作物数据库以及抗性检测方法等资源信息。http://www.irac-online.org/

IUPAC 农药门户网站　由国际纯粹与应用化学联合会（International Union of Pure and Applied Chemistry，IUPAC）作物化学保护分会主办，主要介绍农药基本知识、农药管理、农药残留、农药风险评估及相关农药网站链接等信息，其中的 FOOTPRINT 是一个农药性质数据库（PPDB），包含 650 种农药活性成分和 200 种代谢物的基本理化性质、生态毒理学和毒性数据。http://agrochemicals.iupac.org，或 http://pesticides.iupac.org

加拿大卫生部 PMRA 农药管理网站　PMRA（Pest Management Regulatory Agency）成立于 1995 年，主要负责农药法规制定，基于科学评审的农药产品登记和再评审。通过该网站可查询原药和制剂登记标签，各类农药登记信息（新登记、历史登记、现有登记、重新登记、小作物登记等），也可以根据商品名和有效成分名称查询相关产品信息。http://www.hc-sc.gc.ca/ahc-asc/branch-dirgen/pmra-arla/index-eng.php

PAN 世界农药行动网　PAN（Pesticide Action Network）是由来自 90 余个国家的 600 多个非政府组织、机构或个人组成的网络，该网络成立于 1982 年，含有五个相对独立又相互协作的地区中心。其宗旨是用生态友好的替代品取代危险性的农药。http://www.pan-international.org

Phillips McDougall 农药战略咨询网站　Phillips McDougall 成立于 1999 年，旨在提供独立、准确和详情的农药及种子行业数据和分析。其信息产品主要包括 AgriService 全球农药行业报告，Seed Service 全球种业行业报告，AgrAspire 全球农药市场数据库，Agrochemical Patent Database 全球农药创新专利数据库， Agreworld 农药行业新闻和 GM Seed 全球转基因种业数据库等。通过将全球行业分析与基础市场研究相结合，为农药工业、转基因种业及相关领域提供专业咨询服务及行业深度数据报告。https://phillipsmcdougall.agribusinessintelligence.informa.com/

USEPA 美国环保局农药网站　美国环保局（Environmental Protection Agency，EPA）下属的农药官方网站，专门报道美国农药登记、管理、风险评估、安全应用及最新农药政策法规等信息。https://www.epa.gov/pesticides/

（撰稿：杨新玲；审稿：顾宝根、韩书友）

农药与化学生物学教育部重点实验室　Key Laboratory of Pesticide and Chemical Biology, Ministry of Education

隶属于华中师范大学，经教育部批准于 2003 年正式立项建设，2006 年通过验收并正式对外开放，由国家杰出青年基金获得者杨光富担任实验室主任。该实验室建有农药学国家级重点学科和湖北省优势重点学科，拥有化学一级学科和农药学二级学科博士学位授予权。

实验室具有先进的研究条件和研究环境，仪器设备总值逾 6000 万元。先后承担国家“973”计划、国家“863”计划、国家科技攻关计划、国家科技支撑计划、国家“973”计划前期专项以及国家自然科学基金等数十项科研项目的研究工作，年均在研项目总经费超过4000万元。2014—2016年累计发表SCI论文800多篇，申请中国发明专利和国际PCT专利百余项，已经获得授权发明专利78项。

华中师范大学农药学科始终坚持“科学研究与人才培养相结合、理论研究与应用研究相结合”的指导思想，在为国家培养输送一大批高质量农药学研究人才的同时，还先后研制成功了以水胺硫磷、甲基异硫磷、绿酰草膦、苯噻菌酯为代表的10多个农药新品种，创造数十亿元的直接经济效益和巨大的社会效益，先后获得全国科学大会奖1项、国家科技进步二等奖1项、国家发明三等奖1项、国家发明四等奖1项、原国家教委科技进步一等奖2项、教育部自然科学一等奖1项、湖北省科技进步一等奖7项、湖北省技术发明一等奖1项、湖北省自然科学一等奖1项等数十项省部级及以上科技奖励，并被授予“全国农林科技推广先进集体”“全国高等学校科研先进集体”“全国模范职工小家”等荣誉称号。

（撰稿：张礼生；审稿：张杰）

《农药制剂学》 *Pesticide Formulation*

（刘峰提供）

作为全国高等农林院校“十一五”规划教材，由王开运组织全国10所高等农业院校、12位从事该课程教学或科研的教师编写，2009年由中国农业出版社出版。系统介绍与农药制剂学研究相关的农药剂型选择、农药制剂加工基本原理、农药助剂的种类和作用原理，典型剂型的配方组成、加工工艺及质量控制，农药混剂配方筛选、混用原理及产品研发，农药商品包装规格设计、包装材料选择依据、农药标签规范及要求，包装机械等应用理论与使用技术的综合性专业著作（见图）。

内容主要涉及①农药制剂加工意义及剂型选择的依据。②农药制剂加工的基本原理和发展趋势。③农药助剂的性能和作用原理。④常用农药助剂的结构及在农药剂型加工中的作用与性能。⑤乳油、微乳剂、水乳剂、可溶液剂和水剂等液体剂型的特性、组成、加工工艺及质量控制。⑥粉剂、可湿性粉剂、可溶粉剂、粒剂和水分散粒剂等固体剂型的特性、组成、加工工艺及质量控制。⑦悬浮剂、悬乳剂等固液混合剂型的特性、组成、加工工艺及质量控制。⑧种衣剂、烟剂、气雾剂、热雾剂和缓释剂等特殊剂型的特性、组成、加工工艺及质量控制。⑨农药混剂的配方筛选、混用原则、加工技术、开发及管理。⑩农药商品的包装类型及设计原则、包材种类及选择依据、农药标签设计要求和包装法规、包装机械等部分内容。书中列举了部分制剂配方实例、设备图片等，配有常用农药乳化剂、分散剂、润湿剂等农用助剂型号及品种的附录。

该书适用于植物保护、制药工程等相关专业教师和学生、农药制剂企业配方及产品开发人员。

（撰稿：刘峰；审稿：黄啟良）

农药质量分析技术　pesticide quality analysis technology

采用一系列技术方法对农药中的成分（有效成分、杂质、助剂等）和理化性质（悬浮率、细度、分散型等）进行定性和定量测定的技术，以提高农药生产效率、保证农药质量与保障环境安全。

适用范围　农药原药全分析和农药制剂质量分析，目的是获得农药有效成分的准确含量，方法的准确度与精密度应达到要求，但对灵敏度要求不高；农药残留量分析，对方法的准确度与精密度要求不高，但对灵敏度要求高。

准确度是测量值与真实值之比；精密度是同一试样重复测定结果的比较。由于原药和制剂分析中，农药含量较高；农药残留量分析中，样品所含农药量较少，前处理十分复杂，这就要求分析方法准确度与精密度要求不高，但对灵敏度要求高，能检出样品中的微量农药。

主要内容

农药原药全分析　农药原药质量控制的项目及其指标要求主要：有效成分含量，相关杂质含量，其他添加成分名称、含量，酸度、碱度或pH范围，固体不溶物，水分或加热减量。农药原液全组分包括有效成分、0.1%以上含量的任何杂质和0.1%以下的相关杂质。农药原药全分析主要包括定性分析和定量分析，定性分析是对原药中的各种成分性质进行鉴定，主要包括的参数有原药的红外光谱、紫外光谱、核磁共振谱、质谱四大定性谱图，对原药中的不同组分应选取不同谱图及不同的组合进行鉴定与提纯；定量分析是对原药中的各种成分的含量进行测定。

农药制剂质量分析　对农药制剂中有效成分的含量分析又称为农药常量分析，包括对农药中间体、杂质和助剂含量的测定，其中助剂的分析越来越受到农药分析技术人员的重视。常用的方法包括：化学分析法、比色法和光谱法、极谱法、薄层色谱法、气相色谱法、高效液相色谱法，最常用的是色谱法，该方法具有较高的准确度和精密度。质量分析除了含量分析，还包括一系列物理、化学指标的测定。常见的质量控制指标包括：有效成分含量、相关杂质含量、其他限制性组分含量、存储稳定性、其他与剂型相关的控制项目（剂型包括粉剂、可湿性粉剂、乳油、粒剂、水分散粒剂、悬浮剂、悬浮乳剂、微囊悬浮剂、水乳剂、水剂、微乳剂、油剂、超低容量液剂、烟片、烟粉粒剂、可溶性粉剂、可溶性粒剂、可溶片剂、可分散片剂、可溶液剂、悬浮种衣剂、气雾剂、蚊香、电热蚊香片、电热蚊香液、饵剂）。

农药残留分析是一项对复杂混合物中痕量组分的分析技术，它要求精细的微量操作手段，灵敏度高，特异性强。农药施药后的最高残留限量（MRL）是农药残留分析中的重要指标，如果超过该值，将对生物造成毒害，成为农药残毒。应用的农药残留检测方法主要：气相色谱法、高效液相色谱法、气相色谱—质谱联用法、液相色谱—质谱联用法，还有用于快速检测的酶联免疫法和酶抑制法等。

进展 早期应用铜、砷、铅盐无机农药时期（重量法和滴定法）；20世纪50年代有机氯农药时期（银量法和电位滴定法或重量法测总氯），有机磷农药（可见光范围比色法）；60年代后期，随着色谱法的发展，该方法在农药中得到广泛应用，其特点是：混合物通过色谱柱得到有效分离，选择性好，灵敏度高，样品处理比较简单，精密度使用内标物可达到化学法和分光光度法水平。此外还有新方法SFE（超临界液体萃取法）、SPE（固相萃取）、CE（毛细管电泳）分析、免疫分析、放射化学等。中国有的原药有效成分很低，杂质含量高，测定时干扰大，可使用薄层色谱法将农药与有效成分分离后再测定。

农药常量分析对农药生产和应用都有重要作用，生产企业对农药中间体和产品的分析，是控制和改进生产工艺的主要依据，是保证产品质量的主要指标，也是质监部门和农业生产资料部门进行管理质量的重要措施。同时，还是促进农药安全、有效、合理使用，减少环境污染，确保食品安全的重要措施。

注意事项 农药没有国家标准和部标准时，才需制订企业标准。企业标准由企业提出草案，报省、自治区、直辖市化工厅（局）审查、批准。已经发布的标准中的各项指标，企业均无权修改。如果发现问题，可提出修订意见，经原发布和审批机关审查修订。

农药分析工作者应注意：做好安全，预防中毒。如加热蒸发要在通风橱内操作；高毒农药专人保管，登记数量；不用嘴吸，要用吸尔球或水抽气管吸取；辨别气味不应用鼻直接去嗅，而应在20cm远用手扇动气流。

食品法典MRL是根据良好农业规范（GAP）数据和毒理学上可接受的食品农药残留量制定的。食品法典中植物源性农产品、蛋制品或乳制品中的MRL指从多个处理产品中抽取的组合样品的最高残留限量，代表了一批产品的平均残留水平。食品法典中肉类和禽类MRL指处理后畜类或禽类个体组织的最高残留限量。肉类和禽类的MRL适用于源于单个原始样的样品，而植物源性农产品、蛋制品和乳制品的MRL适用于源于1～10个原始样的大样品。

样品的污染和变质会影响分析结果，因此在每个步骤都必须避免样品污染和变质。要做MRL符合性检测的每批次物品必须分别抽样。

对于涉外农药商品，根据联合国粮农组织制定的适用于农药原药和制剂分析的采样方法进行操作。国内分析工作参照GB1605-79和GB1605-2001进行操作。

参考文献

刘丰茂，2011. 农药质量与残留使用检测技术[M]. 北京：化学工业出版社.

张百臻，2005. 农药分析[M]. 北京：化学工业出版社.

张志恒，2009. 农药残留检测与质量控制手册[M]. 北京：化学工业出版社.

（撰稿：张继；审稿：向文胜）

农药质谱鉴定技术 pesticide mass spectrometry

用电场和磁场将运动的离子（带电荷的原子、分子或分子碎片，有分子离子、同位素离子、碎片离子、重排离子、多电荷离子、亚稳离子、负离子和离子—分子相互作用产生的离子）按它们的质荷比分离后，通过测出离子准确质量即可确定离子的化合物组成，进而对农药进行定性和定量的分析方法。

基本原理 将待测的样品分子汽化后，给予样品能量，使样品按照一定规律生成不同荷质比的离子，经加速电场的作用，形成离子束，当带电离子进入质量分析器后，利用电场和磁场使其发生相反的速度色散，离子束中速度较慢的离子通过电场后偏转大，速度快的偏转小，在磁场中离子发生角速度矢量相反的偏转，即速度慢的离子依然偏转大，速度快的偏转小，当两个场的偏转作用彼此补偿时，它们的轨道便相交于一点。与此同时，在磁场中还能发生质量的分离，这样使得具有同一荷质比而速度不同的离子聚焦在同一点上，不同荷质比的离子聚焦在不同的点上，将它们分别聚焦而得到质谱图，通过对所得离子的分析可获得样品的分子量、化学结构、裂解规律和由单分子分解形成的某些离子间存在的某种相互关系等信息，进而对样品进行定性和定量。

适用范围 广泛应用于粮谷、蔬菜、水果、茶叶、饮料、动物源食品以及加工食品等多种基质中的农药残留，所分析目标物的种类包括有机磷类、有机氯类、拟除虫菊酯类、氨基甲酸酯类、酰胺类及唑类等农药。

主要技术

气相色谱—质谱法（GC-MS） GC-MS是最早应用于农药残留分析的色谱—质谱联用技术。由于大部分农药易气化并且热稳定性好，因此GC-MS是农药残留分析的一种常规技术，其中气相色谱—电子轰击电离—质谱（GC-EIMS）的应用最为普遍。GC-MS能对混合物进行直接定性分析，如致癌物的分析、工厂废水分析、农作物中农药残留量的分析、中草药成分分析、害虫性诱剂的分析和香料成分的分析等（图1）。

液相色谱—串联质谱法 质谱联用技术（LC-MS）是一种利用内喷射式和粒子流式接口技术将液相色谱与质谱连接起来的方法。LC-MS的关键技术是高压液相操作的液相与高真空工作的质谱的匹配，即接口技术，主要有电喷雾离子化（ESI）和大气压化学离子化（APCI）技术（图2）。

气相色谱—串联质谱法 将气相色谱与串联质谱技术相结合，可更好地发挥二者的技术优势。采用该方法检测含硫蔬菜（洋葱）、食用菌、茴香等复杂基质以及其他多种蔬菜和水果中残留的农药。研究结果表明，GC-MS/MS不仅可以有效地排除基质干扰，降低方法的LOD值，而且有利于简化前处理过程，提高检测效率。

质谱仪原理与结构

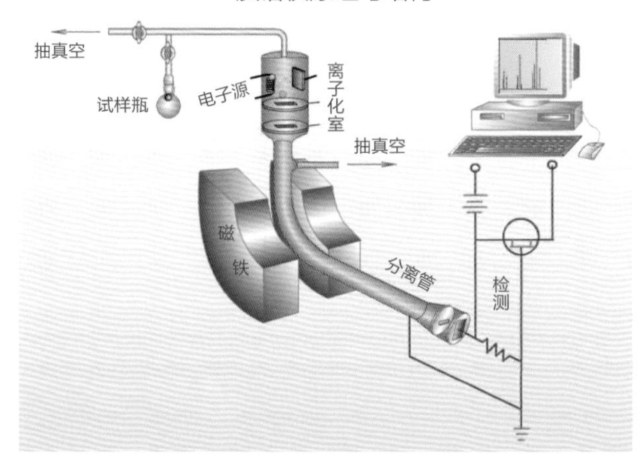

图 1 农药质谱鉴定技术（张继提供）

LC-MS（离子阱）联用仪器结构示意图

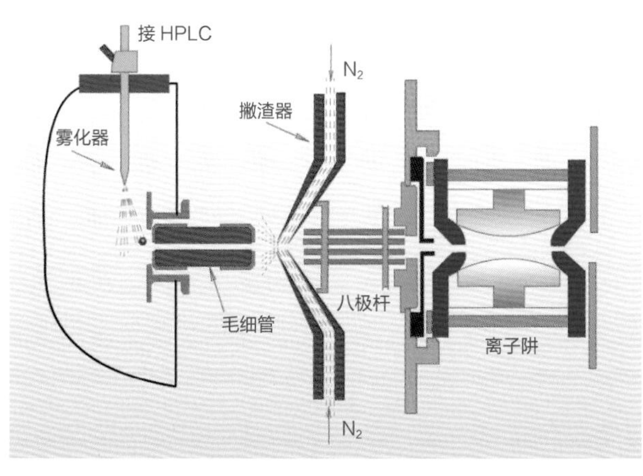

图 2 农药质谱联用鉴定技术（张继提供）

飞行时间质谱法（TOF-MS） TOF-MS 具有极快的扫描速度和较高的灵敏度，能够获得样品的全扫描质谱图和精确质量数，并通过精确质量数对化合物进行定性，对分析对象理论上不存在质量范围限制，将其与色谱仪联用后作为高分辨检测设备，已经在食品安全研究领域开始得到应用。包括液相色谱—飞行时间质谱（LC-TOF-MS）、液相色谱—四极杆—飞行时间质谱（LC-QqTOF-MS）、气相色谱—飞行时间质谱（GCTOF-MS）、全二维气相色谱—飞行时间质谱（GC × GC-TOF-MS）。

影响因素 pH 检测正离子时使用酸化样品，检测负离子时使用碱化样品。

溶液和缓冲剂 ①缓冲液流量：EIS 1～1000μl/min。②溶液的组成，常用的有甲醇、乙腈、异丙醇、丙酮、水，可用的有丙醇、丁醇、二氯甲烷，苯、甲苯、烷烃、环烷烃不可用。③添加剂的组成，常用的是甲酸、乙酸、三氟乙酸、氨水，不挥发的盐（氯化钠）和表面活性剂（洗洁精）不可用。

电压 ①电离电压：一般 3000～6000V，根据样品性质而不同，检测负离子时电压偏低。②聚焦环和锥形孔电压：电压过高会导致源内碎裂，图谱复杂化，电压过低则导致灵敏度低。

气流和温度 ①气流类型：辅助雾化器，干燥气流使溶剂挥发，气帘气防止溶剂进入质谱，Turb 气会加速溶剂挥发。②气流和温度，一般根据样品类型确定适应的气体流量和温度，气体流量过大使源内压过高，促使样品在源内碎裂；Turb 气温度过高会使热不稳定化合物分解；一般在不影响灵敏度的情况下，雾化气尽量小，气帘气尽量大。

样品的结构和性质 包括样品极性、挥发性、稳定性、结构。①样品分子量范围，被测样品的 m/z 需在仪器测定范围内。②挥发性，LC-MS 适用难挥发样品，GC-MS/APCI 适用于易挥发样品。③极性，化合物的极性基团不同，可能只能检测正离子，只能检测负离子，同时检测到正离子和负离子。④稳定性，低温、避光、不能反复冻融。⑤结构。

样品浓度 浓度过低可能检测不出来，浓度过高容易污染管道（特别是表面活性剂）、产生簇离子或者多聚体、产生空间电荷效应。

注意事项 实验中，切勿用肥皂泡检查气路，气路在检查时也一定要与质谱接口断开。一般情况下，质谱要保持正常运行状态，除非 15 天以上不用时才可关闭仪器。因为质谱需要一定时间稳定（24 小时以上），频繁开关质谱也会加速真空污染。在预知停电的情况下，请提前关掉质谱。

泵油的更换：要经常观察泵油颜色，当颜色变成黄褐色时应立即更换。如果仪器使用频繁且气体比较脏，则要求至少半年更换一次，加入泵油量不超过最上层液面。

QIC20 散热过滤网应定期进行清洗（每两个月清洗一次），在夏天没有空调的房间使用时尽量打开上盖，以防影响仪器散热。

毛细管在不与外部仪器连接时，不要直接放置在脏的桌面上，尽量悬空放置；毛细管内部的过滤器要定期清洗，在拆装过程中注意不要丢失部件。

参考文献

储晓刚，雍炜，凌云，等，2007. 高效液相色谱：飞行时间质谱法筛查大豆中残留的多种除草剂和杀虫剂 [J]. 色谱，25(6): 907-916.

李昌春，孙明娜，王梅，等，2005. 板栗中的农药残留分析 [C]// 李增智，花日茂 . 食品安全的理论与实践：安徽食品安全博士论坛论文集：268-271.

郑军红，庞国芳，范春林，等，2009. 液相色谱：串联四极杆质谱法测定牛奶中 128 种农药残留 [J]. 色谱，27(3)：254-263.

（撰稿：张继；审稿：向文胜）

农药组合化学 combinatorial chemistry applicationon pesticide synthesis

利用组合化学技术进行农药合成及其高效率筛选的一门新兴技术。组合化学技术应用到农药合成领域，大大缩短了新农药的开发周期，降低了成本，并取得了突破性的进展。

基本原理 是从传统观念中脱离出来的，选择单个或多个化合物进行合成。其基本原理：①选择有关结构或相关反应性能几乎相同的组成模块。②选择不同构建模块进行反应，这样就可以一次性同步合成几个、几十个甚至上万个化合物，形成化合物库。组合合成的优势就是使用少数反应获得数以万计的化合物分子，然后把化学合成和组合原理以及计算机辅助设计有机地组合起来，这样就会在短时间内出现很多分子多样性群体，并构成化合物库，既而采用有效的手段对库成分做出生物活性的选择，从而获得具有生物活性的目标产物。组合化学结合到农药合成领域中，相比传统的合成方式，极大地缩短了新农药的开发周期，减少了合成成本。

适用范围 以化合物小分子为基础，组合获得化合物库，高效率地进行新化合物筛选以及农药新药物的创制。

主要内容 运用组合化学的方式合成农药时，一般可采用以下3种方法来进行：固相组合合成法、液相组合合成法、带载体的液相组合合成法。

固相组合合成法 这种方法主要是将相关反应物与不溶性固相载体连接、合成的一种形式。它是先选择一定的载体作为发展基础，然后把相关反应物与树脂球的载体连接起来，待完成连接之后再与其他的反应物合成，并在载体上合成相应的合成物。当这些工作都完成后，可以采用过滤和洗涤的方式将合成物与反应液体分离，最后通过断裂反应得到想要的化合物。由此可知，这种固相合成法操作步骤简单，不需要采用复杂的提纯方法，非常容易实现自动化。

液相组合合成法 这种合成方法主要是在液相中进行的，它不需要使用额外的载体连接，比固相组合合成更容易实现。虽然采用这种方法能够减少与载体连接、解离的步骤，但是，产物纯化过程比较难。一般的小分子有机物容易在液相里反应，因此，液相组合合成方法使用范围非常广。李斌等人在液相条件下，采用组合化学中索引的方式，用苯异氰酸酯与胺反应，设计并合成出一个包含杀虫剂的化学物合成库。至此，选择里面有异氰酸酯基团和胺基团的树脂在相关产物中提纯，然后使用NMR和LC-MS初步分析各子库。在实际工作中，可以将组合化学方式运用于研究物质的合成工艺和优化组合方面。同时，在液相条件下，工作人员使用组合化学的方式分析了甲苯磺酸乳酸乙酯的合成工艺。他们能够选择平行的组合方式完成其中的15个反应，然后选择气相色谱法跟踪和分析相关反应，使用跟踪和分析方法考察溶剂、碱和反应时间对甲苯磺酸乳酸乙酯合成效率的影响。由相关分析可知，极性溶剂对反应效果有较大的影响。

带载体的液相组合合成法 这种方法主要是在液相反应中引入相关载体提高化合物的纯化效率。国外有关研究报道了这项技术的使用情况，而Parlow等人就是采用这一技术合成了除草活性物质，用它能够代替杂环酰胺类的先导化合物。

应用前景 组合化学作为化学科学技术的一个新领域，从一诞生起便显示出强大的生命力。世界各大农药公司，如捷利康农化公司、安万特作物保护农化公司、道农业科学公司、拜耳公司等都建立了自己的组合化学实验室，国内南开大学元素有机化学研究所、沈阳化工研究院、中国科学院上海有机化学研究所、湖南化工研究院等单位也开展了这方面的研究。组合化学技术的应用是一种研究观念上的重大突破，它打破了传统的逐一合成、逐一纯化、逐一筛选的模式，是一种非常快速、经济的研究策略。随着系统检测手段的不断完善、电脑技术和自动化水平的提高，组合化学技术将成为农药合成领域的重要技术。

参考文献

黄明智，黄可龙，任叶果，等，2005. 组合化学及其在新农药开发中的应用 [J]. 化工进展 (1): 10-13.

李斌，耿丽文，王良清，等，2000. 组合化学方法研究对甲苯磺酸乳酸乙酯的合成工艺 [J]. 农药 (6): 14-15.

李斌，满瀛，张宗俭，1999. 具有除草活性的脲类化合物库的液相合成 [J]. 农药，38(5): 16-18.

孙太凡，叶非，2002. 组合化学在农药合成中的应用进展 [J]. 现代农药 (4): 1-3.

王春华，2016. 组合化学在农药合成中的应用 [J]. 今日农药 (6): 50-51.

喻爱明，杨华铮，刘华银，等，1998. 基于D1蛋白结构的光合作用抑制剂化合物库的组合合成 [J]. 中国科学，B辑 (4): 337-341.

张志刚，2016. 组合化学在农药合成中的应用进展 [J]. 科技与创新 (6): 46.

HANESSIAN S, YANG R Y, 1996. Solution and solid phase synthesis of 5-alkoxyhydantoin libraries with a three-fold functional diversity [J]. Tetrahedron letters, 37(33): 5835-5838.

（撰稿：王相晶；审稿：向文胜）

农业虫害鼠害综合治理研究国家重点实验室
State Key Laboratory of Integrated Pest Management

从事农业虫害、鼠害综合治理研究的国家重点实验室，依托中国科学院动物研究所。实验室利用世界银行贷款建立，1989年6月批准立项，1991年10月全面开始建设，1995年10月通过验收。2001年参加生命学科的国家重点实验室评估，评为良好类实验室。现任实验室主任为戈峰，学术委员会主任为康乐院士（见图）。

实验室有院士1人，国家杰出青年基金获得者7人，中国科学院"百人计划"引进人才5人，在国际学术组织任

（买国庆提供）

职和担任国际期刊的主编或编委35人。2006年以来，实验室承担各类各级科研课题304项，其中包括“973”计划3项、国家基金委创新群体项目1项，重点基金7项；在国内外重要期刊上发表学术论文667篇，其中发表在*Science*，*Proceedings of the National Academy of the Sciences of the United States of America*（PNAS），*PLos Genetics*，*Annual Review of Entomology*（*Annu Rev Entoml*）等SCI源期刊上论文416篇；获国家授权专利22项，新农药证书8项；被中共中央办公厅和国务院办公厅采纳的科技建议书18份；培养硕士、博士研究生和博士后131名，有64人先后获得中国科学院优秀博士学位论文提名奖、院长优秀奖及其他冠名奖等奖项。

实验室的研究方向和主要内容：以重大害虫、害鼠为研究对象，宏观和微观结合，发挥生态学、生理学、生物化学、分子生物学、信息科学等多学科综合交叉优势，重点研究害虫、害鼠的种群动态和暴发机制，繁殖行为与生殖调控，化学通讯与动植物协同进化，害虫抗药性治理与生物防治措施，以及全球变化、生物多样性演变和转基因生物对虫害、鼠害的发生及生物安全的影响等，揭示害虫、害鼠种群变动与成灾机理，建立虫鼠害预警系统，发展害虫、害鼠与植物和天敌的协同进化理论，提出生态调控的新方法，开辟无公害控制的新途径，为实现农业虫害、鼠害的可持续控制提供理论依据和技术支撑。

实验室建设以来，共接待来自美国、澳大利亚、英国、法国、日本、俄罗斯、荷兰、韩国等国家和地区的高级访问学者95人，实验室还利用世界银行贷款项目和其他各种渠道，先后派出76人到美国、澳大利亚、法国、韩国等国家的研究所、大学访问和合作研究，54人参加国际学术会议。通过学术交流，已同国际一些知名机构建立了固定的合作关系，有些研究项目已经完成或正在实施当中。其中，同澳大利亚野生动物与生态所（CSIRO）的合作，在鼠类不育疫苗的研究上取得了实质性的进展。为了加强国际间的学术交流，实验室主办和协办了6次国际会议。先后批准开放课题71项，这些课题促进实验室前沿基础研究的开展，为进一步争取国家项目奠定了坚实的前期工作基础。

（撰稿：张杰；审稿：张礼生）

农业防治　agricultural management

又称栽培防治（cultural control），其目的是在全面分析寄主植物、有害生物和环境因子相互关系的基础上，通过改进耕作栽培技术以及管理措施，创造有利于植物生长发育而不利于病虫害发生的生态环境条件。农业防治是一项传统、有效、安全的防治技术，对一些采用其他防治措施难以防治的病虫害，用农业防治措施能够得到有效控制。

主要内容

选用无病繁殖材料　生产和使用无病种子、苗木、种薯以及其他繁殖材料，可以有效防止病害传播和压低初侵染源的数量。建立无病种子繁育制度和无病母本树制度以确保无病种苗生产。

商品种子应实行种子健康检验，将带病种子进行处理，确保流通向市场的种子健康。通常采用机械筛选、盐水漂洗等方法汰除种子中混杂的菌核、菌瘿、虫瘿、病植物残体等。对于表面和内部带菌或虫的种子需进行热力消毒或杀菌剂、杀虫剂处理。

切断病原生活史链　去除或不种植越冬（夏）寄主、转株寄主、中间寄主，切断病菌的生活史链。如梨锈菌完成生活史需要转株寄主松柏，梨产区周围不种植或砍除松柏，梨锈病则可以得到控制。

建立合理的种植制度　合理的种植制度有多方面的防病防虫作用，它既可以调节农田生态环境、改善土壤肥力，又可减少病原物、阻断病虫害循环。

轮作（图1）是一项传统的农业防治措施。长期连作，土壤中积累大量病菌和害虫，土传病虫害发生严重。实行合理轮作制度，能够使病原物因缺乏寄主而消亡，对专性寄生性病害效果尤为显著。如水稻与小麦水旱轮作3年，小麦全蚀病显著减轻；大豆与禾谷类作物轮作能防治大豆食心虫；麦稻轮作能基本控制小麦吸浆虫等；稻棉轮作可减轻小地老虎、棉铃虫、棉红蜘蛛的危害。但不合理的轮作也会助长某些害虫的发生，如水稻与玉米轮作加重大螟危害；大豆与高粱轮作加重小黑棕金龟甲危害。对于腐生性较强的病原菌或能生成抗逆性强的休眠体的病原菌，则可能在缺乏寄主时长期存活，需要长期轮作才能表现出防治效果。

各地作物种类和自然条件不同，种植形式和耕作方式也十分复杂，间种、套种、耕地方式等具体措施对病虫害影响也不一致。如北方地区小麦、玉米、棉花等间套作，有利于传毒介体灰飞虱的繁衍，导致小麦丛矮病发生严重，改为纯作小麦后，病害即被控制；南方地区高矮秆作物搭配，通风透光条件较好，可抑制喜湿或郁闭条件下的黏虫、玉米螟等；陇南小麦条锈病越夏地区，提倡深耕，否则由遗落的麦粒长出的自生麦苗会成为条锈菌的越夏寄主。各地须结合当地实际生产条件，兼顾丰产和防病虫的需要，建立合理种植制度。

加强栽培管理　改进栽培技术、合理调节环境因子、改善环境条件、调整播期、优化水肥管理、适度深耕等都是重要的农业防治措施。

合理调节环境因子，改善环境条件，如温度、湿度、光照等，创造不利于病原物生长的环境，对温室、大棚内的病虫害防治有重要意义。例如针对喜高温高湿的病害，可以通过栽培前期低温管理、后期加强通风等措施，抑制病害的发生发展；适当灌溉，增加田间湿度，对传毒蚜虫不利，能够减少病毒对油菜幼苗的感染，减轻大田成株期病毒病；在小麦抽穗扬花期，麦田开沟排水，降低田间湿度，可以减轻小麦赤霉病发生等。

合理调整播种期、播种深度和密度，对病虫害防控十分重要。如江苏冬小麦早播，土壤温度高，有利于小麦纹枯病菌的侵染和在秋苗上发展蔓延，导致发病重，而适当迟播，发病轻；在小麦秆黑粉病和腥黑穗病流行地区，冬小麦播种过晚或过深，会造成出苗时间长，病菌侵染增多；田间过度密植，导致通风差、透光差，有利于叶和茎基部病害的发生。为减轻病

图 1 轮作防病（郑建秋提供）

图 2 残体焚烧（郑建秋提供）

N

害发生，提倡合理调节播种时间和播种深度，合理密植。

水肥管理对控制病虫害发生有重要意义。肥料的种类、数量、使用方法和时期都需要严格控制。如棉花田增施钾肥，可以减轻红叶茎枯病发生；水稻四叶期、分蘖盛末期及抽穗后期，控制氮肥使用，增加碳、氮比值，可以控制稻瘟病和白叶枯病的发生发展。需要注意的是，氮磷钾肥应平衡施用，氮肥过多会加重稻瘟病、白叶枯病的发生，氮肥过少则有利于稻胡麻斑病发生。合理灌溉对病虫害防治同等重要。地下水位高、排水不良、灌水不当的田块，田间湿度高、结露时间长，有利于病原菌的繁殖。水肥管理需结合进行。

另外，适时的翻土可防治生活史与土壤有关的害虫，同时调节土壤小气候，提高土壤保水保肥能力，促进作物生长，增强抗害力。如适时秋翻能大量减少蛴螬、金针虫、草地螟翌年的发生量。

保持田园卫生　田园卫生措施包括生长期铲除发病中心，收获后清除遗留田间的病株残体，清洗消毒农机具、工具、仓库等。这些措施对减少植株上、田间以及仓库内存在的病菌数量有重要作用，可以减轻病害。如水稻田插秧前捞去浪渣，减少菌核量，减轻水稻纹枯病发生；果树落叶后及时清除残枝落叶并带出果园，能减少病原菌与虫源；病虫害严重发生的多年生牧场草场，可以采取焚烧的办法消灭地面害虫及病植株残体（图 2）。

加强收获后管理　粮食储藏，保持干燥通风，防止霉变；瓜果等保持在一定温度下冷藏，控制二氧化碳与氧气比例，保持储藏产品的新鲜度；适期收获，如适当提前收获大豆，随收随干燥脱粒，可减少大豆食心虫或豆荚螟脱荚入土的幼虫数量，压低翌年虫源。

参考文献

许志刚, 2009. 普通植物病理学 [M]. 3 版 . 北京 : 高等教育出版社 .

中国农业百科全书总编辑委员会昆虫卷编辑委员会 , 中国农业百科全书编辑部 , 1990. 中国农业百科全书 : 昆虫卷 [M]. 北京 : 农业出版社 .

中国农业百科全书总编辑委员会植物病理学卷卷编辑委员会 , 中国农业百科全书编辑部 , 1996. 中国农业百科全书 : 植物病理学卷 [M]. 北京 : 中国农业出版社 .

（撰稿：徐高歌；审稿：刘凤权）

《农业昆虫学》 *Agricultural Entomology*

最早由南京农业大学丁锦华主编，1991 年由江苏科学技术出版社出版。其后，丁锦华和苏建亚又重新组织人员在原教材基础上进行增删修订，由中国农业出版社于 2002 年出版，为面向 21 世纪课程教材。该教材在原有内容上增加反映了农业昆虫学科研究的新成果及农业害虫发生的新动向，2006 年获得“江苏省精品教材”荣誉称号。然而，随着国内农业院校课程体系的不断改革，原教材在通用性、地域性等方面存在局限性，编写一本适用于植物保护专业的全国通用教材变得尤为迫切。2006 年，为了国家精品课程和规划教材的需要，洪晓月和丁锦华组织国内各高校的农业昆虫研究者对《农业昆虫学》进行了修订，教材第 2 版于 2007 年由中国农业出版社出版。

《农业昆虫学》全书共分 12 章，详细介绍了害虫调查与预测预报、害虫综合治理，并且按照作物种类分章介绍了地下害虫、水稻害虫、小麦害虫、杂粮害虫、大豆害虫、棉花害虫、蔬菜害虫、果树害虫、甘蔗害虫和储物害虫，每类作物的害虫选择了重要种类，分别介绍其形态特征、发生规律、预测预报和防治方法等内容。为了让学生真正了解生产上农业害虫发生的实际情况，打好学科基础并掌握实践技能，洪晓月于 2011 年主编出版了《农业昆虫学实验与实习指导》教材，作为《农业昆虫学》（第 2 版）教材的配套材料，供各高等农林院校在农业昆虫学实践教学环节使用。

该书详细介绍了农业害虫的形态特征、发生规律、预测预报和防治方法的植物保护专业主干课，也是农学类各专业的专业课程，具有很强的理论性和实践性。它不仅作为高等农业院校植物保护专业教学的优秀教材，更是广大植物保护工作者提高和更新专业知识的参考用书。

（撰稿：王小平；审稿：周忠实）

《农业昆虫学》 *Agricultural Entomology*

高等农业院校非植物保护专业用教材《农业昆虫学》的第 1 版，1979 年由全国 16 所农业院校部分教师参加编写作为全国试用教材，原西北农学院吕锡祥任主编，1981 年由中国农业出版社出版，使用 5 年。1986 年应农业部通知要求由原主编单位邀请 5 位专家对教材进行修订，第 2 版 1990 年由中国农业出版社出版，使用 10 年，印刷 9 次。2000 年中国农业出版社再次提出对第 2 版进行修编，但原主篇吕锡祥此时已故世，由西北农林科技大学袁锋任主编，入选“面向 21 世纪课程教材”，2001 年由中国农业出版社出版第 3 版，2004 年被评为中国农业出版社最畅销教材，2005 年获“陕西省普通高等学校优秀教材”一等奖和全国高等农业院校优秀教材奖。在此基础上，为了全国高等农林院校“十二五”规划教材的需要，袁锋再次组织相关学者，对《农业昆虫学》（第 3 版）进行了修编，教材第 4 版于 2011 年由中国农业出版社出版。

教材分为两篇，共 17 章。第一篇为总论，系统介绍昆虫体躯的构造与功能、昆虫的发育和行为、六足部纲的分类、昆虫与环境的关系及预测预报、农业害虫防治原理和方法等昆虫学基础知识。第二篇为农作物害虫，根据农学专业要求，按照作物种类分章分别讲授地下害虫、多食性害虫、水稻害虫、小麦害虫、禾谷类杂粮害虫、薯类害虫、棉花害虫、油料作物害虫、烟草害虫、储物害虫和药用植物害虫的形态特征、生活史与习性、发生与环境的关系、防治技术等。该教材在修编过程中，不断根据科技技术和高等农业教育事业的发展，剔旧换新、重点突出，教材则结构合理、内容精练、图文并茂，具有科学性和实用性的特点。

《农业昆虫学》是系统介绍昆虫学基础知识，以及与农业有关昆虫的发生规律、危害控制原理和方法的一门科学性和实用性均较强的专业主干课程，是高等农业院校农学专业的专业课程。它不仅作为农林种植业非植物保护专业的优秀教材，更是广大植物保护工作者提高和更新专业知识的参考用书。

（撰稿：王小平；审稿：周忠实）

农业农村部农药检定所 Institute for the Control of Agrochemicals of the Ministry of Agriculture and Rural Affairs

中华人民共和国农业农村部所属农药管理机构。始建于 1963 年，1969 年 3 月撤销，1978 年 11 月恢复。承担农业农村部赋予的全国农药登记和管理的具体工作。主要职责是：负责农药登记管理、农药质量检测、农药生物测定、农药残留监测、农药市场监督、农药信息交流及对外合作与服务等工作。

为了满足农业生产、农产品供给和人畜健康的需要，1978 年，由国务院发文，农药检定所顺应当时的形势重新建立并确定了其农药检验领域的核心地位。随着农药管理制度的不断延伸，农药登记制度随之建立。农药检定所马上着手实施的专家业务审查及专家委员会评审制度也成为农药登记制度的具体实施细则中的重要部分。20 世纪 80～90 年代，农药检定所建立了一套基本符合国情的农药登记管理制度，同时科学、客观地初步建立了农药登记评审程序和登记评价标准。而在硬件设施建设上，农药质量分析检测室则也在这一时期成为了国家质量技术监督局批准全国第一个国家农药质量检验测试监督中心。随着 1997 年《农药管理条例》的出台，中国农药登记管理制度逐步发展完善，并逐渐形成了农药品种齐全、结构比较合理的农药工业体系，农药生产能力和产量均跨入世界前列。在这个阶段，随着药检管理的进一步规范，也使得中国农药登记的品种和产品数量已经接近或达到发达国家水平，与此同时，中国更加重视农药环境安全性管理，为此，农药检定所专门成立了农药生物技术和环境毒理管理部门，在农药登记评审过程中引入了农药危害性评估和风险评估方法，对一些高毒、高残留、高危害、高风险的农药分别进行了限制使用和停止生产使用等措施来保障农业生产安全和农产品质量安全。21 世纪以来，随着农药管理事业突飞猛进的发展，农药检定所的队伍也在不断加强，人才结构不断加强和完善。建成了国家农药质量监督检测中心、国家农药残留检测中心、国家农药生物检测中心。实验室面积达 4000m^2，拥有能满足各种农药检测试验的先进仪器设备。

在职人员近百人，其中，大专以上学历的人员占 90%，具有副高级以上技术职务人员占30%，农药检定所下设11处2室：药政管理处、质量审评处、药效审评处、残留审评处、毒理审评处、环境审评处、再评价登记处、监督管理处、国际交流与服务处、药情信息处、计划财务处，以及办公室、食品法典农药残留标准委员会（CCPR）秘书处办公室（CCPR秘书处办公室）。其中，药政管理处：负责起草农药登记管理配套规章、技术规范并组织实施；组织开展农药登记审评、农药风险与效益评估；负责农药登记试验审评，指导农药登记试验备案；负责农药登记标签核准；负责农药登记资料管理；组织指导农药登记初审，组织开展农药登记咨询培训；承担农药登记评审委员会具体工作，农药登记证印制和发放的具体工作等。质量审评处：拟订农药登记产品化学试验技术标准和规程；负责农药登记产品化学资料的审评，承担农药登记产品质量标准的审核，组织农药登记试验样品检测、封样，管理农药标准品；负责组织开展农药相同产品登记认定；开展农药登记产品化学验证试验；承担农药产品质量监督检测、仲裁检验、药害样品检测；开展农药质量标准、检测技术培训；负责国家农药质量监督检验中心的日常工作等。药效审评处：拟订农药登记药效试验技术标准和规程；拟订小宗作物用药登记规范并组织实施；拟订生物农药登记管理规范并组织实施；负责农药登记药效资料的审评；组织开展农药登记药效验证试验；参与农作物药害（见图）事故技术鉴定；组织开展农药登记药效试验技术培训等。残留审评处：拟订农药登记残留试验技术标准和规程；负责农药登记残留资料的审评；组织拟订农药残留限量标准、检测方法和检验规程，拟订农药合理使用准则；组织开展农药登记残留验证试验；协助开展农副产品中农药残留监测；承担农副产品中农药残留样品检测和仲裁检验；组织开展农药残留标准、检测技术培训；承担国家农药残留标准审评委员会秘书处工作等。毒理审评处：拟订农药登记毒理学试验技术标准和规程；拟订卫生用农药登记管理规范并组织实施；负责农药登记毒理学资料的审评；负责农药对接触人群健康影响的评价；组织开展农药登记毒理学验证试验；参与农药人畜中毒事故调查；组织开展农药毒理学试验技术培训等。环境审评处：拟订农药登记环境试验技术标准和规程；负责农药登记环境资料的审评；组织开展农药登记环境验证试验；参与农药使用环境事故技术鉴定；组织开展农药使用环境影响监测与评价；

黄瓜药害（郑建秋提供）

组织开展农药环境试验及检测技术培训等。

农药检定所自1978年恢复以来，对中国农药管理工作起到了很大的推动作用。积极推动实施农药登记制度，在一定程度上防止了农药未经登记就生产和销售的混乱状态和国外农药盲目流入中国市场的现象；通过商品农药质量抽样检验，并将检验结果上报或通报有关单位，对商品农药的质量提高起了积极的作用；协助多地建立农药检定机构，并为这些机构培养技术人员、进行技术指导；参加了一些重要的国际农药管理的会议，并于1987年起成为亚太地区农药协调网和联合国粮食及农业组织（FAO）实施农药销售与使用国际行为准则两个项目的国家协调单位，逐步扩大了中国与国际组织的联络渠道；起草并促进了中国第一部农药管理法规《农药管理条例》的颁布实施；逐步完善了符合中国国情并与世界接轨的农药登记管理制度；建立了中国农药管理及试验检测体系；培养了一大批农药试验和管理人才；拟订或参与制定了一批适应工作需要的农药国家标准和行业标准；进行了农药检测方法、检测技术的研究；引进和筛选了一大批中国需要的农药新产品；开展了全国农产品农药残留监测工作；加强了农药技术和管理方面的国际合作与交流，为提高中国农药管理水平、规范农药市场秩序、促进安全农产品生产、保证农业丰收和保护生态环境作出了积极贡献。参与出版了季刊《农药科学与管理》及《新编农药手册》等书籍。

（撰稿：张杰；审稿：张礼生）

N

农业农村部外来入侵生物预防与控制研究中心 Center for Management of Invasive Alien Species Ministry of Agriculture and Rural Affairs

2003年成立。依托于中国农业科学院齐全的学科体系，整合了从事生物入侵研究的人力与科研资源，并联合其他科研院所与大学的研究力量，形成了一支具有良好素质的、专门从事生物入侵研究的科研队伍。该中心实行机构开放、人员流动、动态调整、激励创新的管理体系，配置了满足从事生物入侵研究的仪器与设备，构建了具有先进水平的研究平台。该中心致力于预防与控制外来入侵物种对农业生产的威胁，遏制外来入侵物种在农田、森林、草地、湿地、淡水及自然保护区等生态系统中的扩散、传播与危害，确保生物多样性、生态安全和经济安全，旨在建设成为外来生物入侵预防与控制研究、人才和技术培训的国家基地；成为制定外来入侵生物风险评估与快速检测的国家标准与技术指标体系的支撑基地；成为制定外来生物入侵的预警与预防、检测与监测、控制与危机管理的国家决策咨询基地。

针对国家生物入侵科学防控的国家重大需求，中心紧紧围绕外来入侵物种的预防、控制与管理三大核心任务，重点开展以下5个领域的研究：① 建立外来入侵物种数据库与信息共享平台，构建生物入侵早期预警与风险预测体系。② 发展快速分子生物检测与监测技术，建立入侵生物灾害应急控制与公共危机处理技术及程序。③ 研究潜在入侵物种传播扩散途径与机制，建立阻断与扑灭技术体系。④ 构建生物入侵的生态与经济影响评估模式与方法。⑤ 拓宽与创新外来入侵物种生物防治、生态调控与生态修复的技术与方法，建立入侵生物可持续治理的综合防御与控制体系。

国家与相关部门给予了高度重视，科学技术部、农业部、国家自然科学基金委员会等部门极大地加强了生物入侵科学研发的投资力度。在这样的大好背景下，该中心从生物入侵的理论基础、防控技术的应用创新、基础调查的数据汇集到生物生态的安全评估等各方面，开展了全面、系统和深入的研究，取得了前所未有的进展与可喜可贺的成果。在这些成果的基础上，构建了中国入侵生物学学科，形成了具有中国特色的入侵生物学研究模式与体系。

（撰稿：周忠实；审稿：万方浩）

农业农村部作物有害生物综合治理重点实验室 Key Laboratory of Integrated Pest Management in Crop, Ministry of Agriculture and Rural Affairs

“作物有害生物综合治理学科群”的综合性重点实验室。2011年7月由农业部批准建立（农科教发【2011】8号），依托单位为中国农业科学院植物保护研究所。负责指导“作物有害生物综合治理学科群”的15个专业性（区域性）重点实验室和29个农业科学观测实验站建设和运行工作，研讨重大科学问题，制订中长期科研目标、工作规则和工作计划，组织开展科技创新、科研合作与交流活动，联合承担国家任务，有计划地组织人才培养和国际交流活动，推进科技资源的共用共享和成果信息的有序流动。

实验室主任为陈万权，常务副主任为郑永权、副主任万方浩。实验室学术委员会由25名植物保护学科相关领域的科学家组成，其中院士5名。学术委员会主任由方荣祥院士担任，副主任由李玉和彭于发担任。

实验室主要研究方向：开展农作物重要有害生物的生物学、成灾规律、监测预警和综合防治技术研究，包括有害生物发生与环境的关系、有害生物—寄主—天敌协同进化机制、作物对有害生物抗性机制与利用、有害生物对农药抗性机理与治理，以及有害生物综合治理策略、技术与方法等。

（撰稿：张杰；审稿：张礼生）

农业生物多样性与病害控制教育部重点实验室 Key Laboratory of Agricultural Biodiversity and Pest Control, Ministry of Education

从事农业生物多样性与病害控制研究的教育部重点实验室。隶属于云南农业大学，于2002年由教育部批准建设，并在当年7月投入运行。实验室紧扣生物多样性促进农业可持续发展一条主线，立足中国农业生物多样性资源和生产方式多样性独特的条件，围绕生物多样性促进粮食安全，聚焦农业生物多样性利用和保护的重大科学问题，系统开展农业生物多样性控制病虫害、促进种质资源保护的基础和应用基础研究，形成独具特色的研发平台，为农业的可持续发展出成果、出人才、出效益。在此基础上形成了两个主要研究方向，一是农业生物多样性与病虫害控制；二是农业生物多样性利用与保护（见图）。

（张杰提供）

实验室具有一支修德博学、敬业创新、团结协作的创新团队。现任主任王云月，现有教授32人，副教授25人，讲师21人。其中，博士生导师17人，硕士生导师27人。具有博士学位的45人，具有硕士学位的16人。队伍中有教育部学部委员1人、“973”计划首席科学家2人、全国杰出专业技术人才1人、全国教学名师1人、云南省教学名师3人、国家新世纪百千万人才2人、国家特殊津贴专家4人、何梁何利科技进步奖1人、霍英东教育基金会青年教师奖获得者1人、中国农学会青年科技奖获得者1人、中国植物保护学会（CSPP）青年科技奖获得者2人、云南省特聘教授1人、云南省学术技术带头人7人、兴滇人才奖获得者2人、云南省突出贡献专家3人、云南省特殊津贴专家4人。拥有农业生物多样性利用与保护国家级创新团队、云南省农业生物多样性创新团队、云南省农业昆虫与害虫防治创新团队、云南省农业入侵生物可持续控制研究创新团队、云南高校植物检疫学科技创新团队、云南高校经济作物重要病原物致病机理与防控科技创新团队。

在人才培养方面，拥有博士后流动站1个，植物保护一级学科博士学位授权点1个，下设植物病理学、农业昆虫与害虫防治、农药学、入侵生物学、植物营养与病害控制5个二级学科博士学位授权点；植物保护一级学科硕士学位授权点1个，下设植物病理学、农业昆虫与害虫防治硕士点、农药学和入侵生物学4个二级学科硕士学位授权点，以及植物保护全日制专业硕士学位点1个。累计毕业博士研究生69人，硕士研究生241人。在读博士研究生有71人，在读硕士研究生有190人。

实验室拥有11 691万元的固定资产。科研楼29 740m^2，资源库104m^2，玻璃温室1028m^2，仪器设备1247台套。承担了包括“973”计划、全球环境基金（GEF）项目等国际、国内许多重大项目的研究工作，共承担科研项目440项，其中，国家级项目103项、省部级项目191项、地厅级项目44项、横向项目205项、科研项目批准经费28 258.32万元，取得了一批在国内外具有影响力的成果与奖励。

（撰稿：张杰；审稿：张礼生）

《农业生物细菌：病害管理》 *Bacteria in Agrobiology: Disease Management*

（陈华民提供）

由 Dinesh K. Maheshwari 组织编写的“农业生物细菌”系列丛书之一，由来自印度、美国、中国、西班牙、韩国、摩洛哥、孟加拉国、日本、爱尔兰等国的62位相关领域科学家共同编写完成，由德国斯普林格（Springer）出版集团于2013年出版（见图）。

面对急剧增加的人口，可耕地和自然资源的削减，未来的农业生产必然依赖于生态环保和成本节约的可持续发展策略，因此，利用生物资源有效地、安全地防治植物病害，来提高作物产量就成为了世界农业的发展重点。该书介绍了细菌在生物防治和农业作物病害控制中的各个研究方面，不仅介绍了细菌尤其是植物根际促生细菌在控制农业植物细菌、真菌、线虫等病害中的生防作用和促生作用，而且介绍了细菌发挥作用的各种途径和方式。

全书内容共分 18 章，分别介绍了：① 植物根际促生细菌（plant growth promoting rhizobacteria，PGPR）在植物病害生物防治中的研究进展。② 促生和防病根际细菌的定殖和拮抗机制研究。③ 多年生作物上细菌内生菌的植物病害防治作用。④ 荧光假单胞菌在病害生防和植物生长刺激上的潜能。⑤ 主要作物病害管理——细菌学方法。⑥ 有益细菌对谷物真菌病害的生防控制。⑦ 细菌拮抗剂对霜霉菌病原物的生物防治。⑧ 假单胞菌剂在植物病害管理中的应用。⑨ 枯草芽孢杆菌生防制剂刺激的植物生长和植物健康。⑩ 植物根际促生细菌控制土传病害效率的影响因素评估。⑪ 植物—植物根际促生细菌互作在可持续发展农业中的抗病虫害作用。⑫ 根茎类植物产前和产后病害的生物控制。⑬ 细菌在植物寄生线虫病害管理中的作用。⑭ 根际细菌在植物线虫病害管理中的作用。⑮ 植物病害管理中植物根际促生细菌诱导的系统抗性机制。⑯ 利用微生物菌群对农作物的生物胁迫管理。⑰ 产铁载体植物根际促生细菌对作物营养和植物病原物的抑制作用。⑱ 细菌源的抗真菌物质和植物病害管理。

该书不仅适用于学生、教师和科研人员，同时也适用于希望更多了解和加强农业微生物、植物保护、环境管理、作物科学和农学等方面知识的读者和从业者。

（撰稿：陈华民；审稿：刘文德）

《农业生物细菌：植物生长响应》 *Bacteria in Agrobiology: Plant growth responses*

由 Dinesh K. Maheshwari 组织编写的“农业生物细菌”丛书之一。该书收集了来自巴西、美国、德国、印度、阿根廷、俄罗斯、韩国、日本、加拿大、孟加拉国等国的35位专家学者撰写的15篇专题论述，由德国斯普林格出版社（Springer）出版集团于2011年出版。

作为农业、工业和药用的重要资源库，微生物及其生物多样性远未得到开发。细菌是其中最重要的一个类群，广泛存在于各种生境。微生物通过与植物建立完善的生物系统，进而促进植物生长的现象已越来越引起人们的关注，为此，人们筛选了不同的微生物，并对能持续促进植物生长的微生物类群在农业生产中的应用进行了研究。该书介绍了共生菌、独立生存菌、根际微生物、内生菌、甲基营养细菌、固氮菌以及与兰科植物和针叶树相关联的丝状细菌及其近缘属等微生物在促植物生长和防治植物病害方面的应用。

全书内容共分 15 章，分别介绍了 ① 促植物生长芽孢杆菌的遗传和表型多样性。② 莫海威芽孢杆菌的内生特性、表面活性素及其在植物应对轮状镰刀菌侵染反应中的作用。③ 植物伴生芽孢杆菌作为生物肥料和生防制剂在农业中的应用。④ 荧光假单胞菌生物防治作物病害和促生作用的机制。⑤ 橘黄假单胞菌在促作物生长中的作用。⑥ 植物生长固氮螺菌在农业生产中的应用目标。⑦ 固氮螺菌属中植物伴生细菌的质粒可塑性。⑧ 肠杆菌在促植物生长中的作用。⑨ 内生固氮细菌对植物的促生作用。⑩ 内生放线菌：生防制剂和植物促生因子。⑪ 兰花根部伴生菌的多样性、特异性和功能活性。⑫ 甲基杆菌的生物多样性及其与植物的有益互作。⑬ 放线细菌与植物互作：农业生产的福音。⑭ 昆虫肠道细菌的重要功能及其在寄主昆虫生长发育和作物生产中作用。⑮ 溶杆菌对植物病害的生防潜力，以菌株 SB-K88 为例。

该书不仅适用于植物保护专业的学生、教师和科研人员，同时也适用于微生物学、微生物资源与利用、作物学等相关领域的学者以及微生物农药、微生物肥料等行业的技术研发和推广人员参考使用。

（撰稿：文才艺；审稿：陈华民）

《农业生物细菌：植物养分管理》 *Bacteria in Agrobiology: Plant nutrient management*

（陈华民提供）

由 Dinesh K. Maheshwari 组织编写的“农业生物细菌”系列丛书之一，由来自印度、阿根廷、美国、西班牙、韩国、意大利、加拿大、哥伦比亚、以色列、瑞典等国的43位相关领域杰出科学家共同编写完成，由德国斯普林格（Springer）出版集团于2011年出版（见图）。

许多农业生产带来的环境问题主要是由于化肥的大量应用造成的矿质营养不平衡，未来农业的可持续发展应该从单纯的植物种植转变为植物—微生物共同体的协作培养，从而达到以最小的能量和化学投资、最小的环境压力换取作物的高产量。植物—微生物共同体协作培养的关键在于具有促生作用微生物以及利于植物吸收各种养分的相关细菌的实用技术。

该书主要介绍了促进植物生长发育的植物根际促生细菌（plant growth promoting rhizobacteria，PGPR）、利于植物养分吸收的细菌及微生物代谢物在植物营养管理方面的理论基础、作用机制和应用技术。全书共分 14 章，分别介绍了：①PGPR 在油料作物营养综合管理中的作用。② 促进植物生长细菌的作用机制。③ 微生物解锌作用及对植物的影响。④ 解磷微生物在提高植物的磷吸收和植物生长上的效力。⑤ 硫氧化细菌：一种提高硫营养和作物产量的新生物接种体。⑥ 铁载体在作物改良中的作用。⑦ 微生物产生植物激素的基础和技术。植物根际促生细菌的经典模式——Azospirillum。⑧ 含 ACC 脱氨酶的植物根际促生细菌在农业上的潜在利用。⑨PGPR 有益特性调控子——群体感应信号。⑩ 微生物代谢物对植物病害的生物防治。⑪ 产 2,4-D 和 PCA 的假单胞菌属在自然保护大麦免受土传病菌侵害中的作用。⑫ 植物根际生物膜——天然活性产物开采远景展望。⑬ 抑制植物病原物的细菌源、真菌源和植物源挥发性化合物。⑭ 土壤中反硝化活性对可持续农业的作用。

该书不仅适用于学生、教师和科研人员，同时也适用于希望更多了解和加强农业微生物、植物营养、植物保护、农业生态等方面知识的读者和从业者。

（撰稿：陈华民；审稿：刘文德）

《农业植物病理学》 *Agricultural Plant Pathology*

南京农业大学陈利锋和扬州大学农学院徐敬友组织 7 所高等农业院校长期从事植物病理学教学和科研工作的专家编写，由中国农业出版社于 2001 年 5 月出版发行。

中国幅员辽阔，地理生态条件差异很大，作物及其病害种类和发生规律在不同地区也各不相同。该书的取材具有一定的区域特色，主要侧重于南方地区，特别是长江中下游地区的重要病害。全书系统介绍了植物病理学的基础理论以及重要的农作物病害。除绪论外，全书分上、下两篇共 14 章。上篇为“植物病理学基础”，包括植物病害的基本概念、植物病原物、病原物的侵染过程和病害循环、病原物的致病性和植物的抗病性、植物病害的流行和预测、植物病害的防治。下篇为“农作物病害”，包括水稻病害、麦类作物病害、杂粮病害、棉麻病害、油料作物病害、烟草病害、果树病害和蔬菜病害。下篇共详细介绍了 85 种生产上的重要病害，每种病害分别介绍了其症状、病原物、病害循环、发病因素、预测预报和防治等方面的内容。重要病原物和病害均有插图，每种病害后附英文名称，有当时出版时的最新学名和分类地位。除了介绍每一作物的重要病害外，下篇每一章节末列表附上相应作物的其他病害以供了解。为避免混乱，书中所涉及的农药一般仅列有效单剂，使用其通用名。另外，书后附有多篇选读文献，可供学生和读者进一步学习。

该书内容重点突出，篇幅少而精，反映了植物病理学科的科学性、先进性及实用性，是一本适用于植物保护、农学、园艺等专业使用的 21 世纪高等农业院校教材，也是广大农业科技人员和基层农业技术推广人员的重要参考书。

（撰稿：杨秀玲；审稿：高利）

《农业植物病理学：华南本》（第2版） *Agricultural Plant Pathology the Version of Southern China (Second Edition)*

1957 年北京农业大学裘维蕃先生主编了“农业植物病理学”丛书，分为禾谷类作物病害、薯类作物病害、棉麻作物病害、糖料作物病害、油料作物病害、烟草病害、牧草及绿肥作物病害、蔬菜病害、果树病害和护田树林病害等，共 10 册，由高等教育出版社出版。该丛书是中华人民共和国成立以来正式出版的有关农业植物病理学的最早教材。随后，北京农业大学和浙江农业大学相继参与出版了《农业植物病理学》（1961 年，农业出版社；1964 年，上海科学技术出版社）并使用于各农业高等院校。但是，由于农业生产的地域性造成的作物病害多样性、复杂性的现象客观存在并且十分突出，尤其随着农业产业结构调整力度不继加大，经济作物种植的品种不断增加，集约化生产不断发展，生产上相应的作物病害问题突出，因此，急需有针对性或具有地域特色的农业植物病理学的教学用书（见图）。

（肖顺提供）

2003 年广西大学农学院赖传雅主编了《农业植物病理学》（华南本，科学出版社）有效地解决了东南沿海、沿边地区没有适用的《农业植物病理学》教材的问题，该书出版并经有关农业高等院校广大师生、农业科技工作者使用后，被认为“切合生产实际，易学、易懂和易用”，获得了广泛好评。2008 年，编者根据植物病理学科的新成就及反馈的信息，对第 1 版进行了调整、充实和改进，便于读者更能完整系统地学习、理解、比对和掌握，达到触类旁通、扩大知识面和提升适用性的目的。新版统合和裁并了部分章节，增加生产上较为突出的病害，删减了一些日渐式微的病害；增加了插图和原色症状图，更新了清晰度不高的病原图和原色症状图；增加了两个索引，罗列了主要参考文献；病原物的名称采用了较为主流的分类系统。

全书共 19 章，其中，糖、油、蔗、烟、麻病害 5 章；热带、亚热带果树病害 9 章；蔬菜病害 4 章；草本蔬果类蔬菜灾害性病害 1 章。为了方便读者查阅，每章节后面以表的形式列出了地方性局部分布的病害或次要的、偶发性的病害。全书详细论述了南方农作物病害共 156 种，配有重要病原插图 111 幅，彩色病害症状图 192 帧。书末还附有“汉英拉植物病害及其病原名称索引”和“植物病毒名称及其归属索引”，可供读者查对和检索。

该书极具地方特色，切中急需，内容丰富，编排合理，重点突出，具系统性、实用性、可读性和前瞻性。它不仅可作为华南地区高等院校农林植物生产类专业的教材，更是广大农业科技人员和管理人员的实用参考用书。

（撰稿：肖顺；审稿：高利）

《农业植物病理学实验实习指导》 *Guide to Experiment and Practice of Agricultural Plant Pathology*

由华中农业大学侯明生、蔡丽主编，全国 23 所农业院校具有丰富的教学、科研及实践经验的一线教师联合编写，是《农业植物病理学》配套实验教材，它既是普通高等教育“十二五”规划教材，又是国家精品课程配套教材，该书于 2015 年 12 月由科学出版社出版。

该教材涵盖面广泛，注重实验技能的培养训练，吸纳现代分子病理学方法，注重新病害的诊断鉴定。该教材分上篇实验教学和下篇实习教学两部分。上篇实验教学针对包括水稻病害、麦类作物病害、杂粮作物（玉米、高粱、谷子）病害、薯类作物病害、棉花麻类作物病害、油料作物病害、糖料和烟草作物病害、果树病害和蔬菜病害共九大类作物病害共设计了 21 个实验，主要是配合理论教学，重点是相关作物病害症状识别与病原显微结构观察，每个实验指导包括导言、实验目的、实验材料、实验内容、实验报告和思考题 6 个方面。该书作为理论教学的配套材料，对于理论知识只做一般概述，对实验中的重要病害症状识别和病原微形态观察等知识要点均以提问的方式列出，有利于启迪学生思考，旨在进一步提高教学质量和效果。下篇实习教学部分主要是配合课程实习、毕业论文设计及相关实践教学环节，其内容侧重于实验研究技术与某些拓展专业技能训练，旨在培养学生的科研兴趣，提高动手能力、提高分析问题和解决问题能力，让学生对理论知识有更进一步的认识和理解。内容包括：农作物病害田间调查、植物对不同类别病害的抗性鉴定、病原物的致病力测定与生理小种鉴定、植物病毒鉴定技术和杀菌剂田间药效试验与效果评价 5 个方面。全书紧扣农业植物病理学课程教学内容，从实验与实习两方面入手，室内结合田间、理论联系实践，传统与现代研究方法兼顾。书后附有参考文献，方便有兴趣者进一步查询。另外，还有实验室操作基本规则、实验室常用仪器设备及药品和农作物主要病害病情严重度分级标准 3 个附录，使得本教材结构完整。

本教材内容涵盖丰富、知识结构完整，图文并茂，既能作为高等农林院校农业植物病理专业实验、实习的指导教材，又能作为农业科学院植物保护研究所、地方植物保护部门的专业工具书。

（撰稿：詹刚明；审稿：高利）

《农业重要害鼠的生态学及控制对策》 *Ecology and Management of Rodent Pests in Agriculture*

由张知彬和王祖望编著，海洋出版社 1998 年出版（见图）。

（王大伟提供）

该书针对在农业中造成严重为害的一些鼠类，对其生态学特点进行解析，并根据这些特点制定针对性的防治措施。分为 7 章，主要介绍了华北平原旱作区、黄土高原旱作区、长江流域稻作区、珠江三角洲稻作区、内蒙古典型草原、青海高寒草甸 6 种生境中的 15 种重要农牧业害鼠的生态学及控制对策，以及华北平原及黄土高原农业鼠害类型及区划。鼠种包括：大仓鼠、黑线仓鼠、中华鼢鼠、棕色田鼠、达乌尔黄鼠、褐家鼠、东方田鼠、黑线姬鼠、大足鼠、黄毛鼠、板齿鼠、布氏田鼠、长爪沙鼠、高原鼠兔、高原鼢鼠。该书的成书背景是 20 世纪 80 年代初中国主要农牧区鼠害大范围暴发后，全国十几家单位上百位科研人员参与国家“七五”“八五”“九五”国家科技攻关计划研究后的成果。该书汇集了各种生境中长期定位站所积累十几年的研究资料，对各地害鼠地理分布、种群动态、生活习性、生态参数、社群关系、生长发育、繁殖特点进行长期监测后的规律总结，各类害鼠的中短期测报模式至今在鼠害预测预报中起着重要的指导作用。该书同时论述了鼠害防治的新技术、新途径的研发，鼠害综合治理示范区的建设，区域性综合治理对策的制定，技术推广和服务工作的开展等。

该书是 20 世纪中国鼠害研究的集大成之作，整体推进了鼠害综合治理的研究水平，而且在保障中国农牧业稳定发展上起到了重要作用。该书是中国较为全面的农牧业害鼠研究的资料集成，为各种生境和多种害鼠的进一步深入研究和防控提供了有力的基础资料和参考依据。

（撰稿：王大伟；审稿：刘晓辉）

农用抗生素高效发现新技术及系列新产品产业化 new technology with high effificience to discover agricultural antibiotics and their industrialization

获奖年份及奖项 2015 年获国家技术发明奖二等奖

完成人 向文胜、王相晶、王继栋、陈正杰、白骅、张继

完成单位 东北农业大学、浙江海正药业股份有限公司

项目简介 为解决粮食安全生产、食品安全、环境生态、抗药性的问题以及中国农药品种老化、新产品少的现况，社会迫切需要高效、低毒、环境友好的新农药。但创制一个新抗生素极其困难，至少需要发酵1000万个菌株，筛选10万个以上的化合物，且成功率低于百万分之一。针对创制抗生素超低筛选效率和成功率的难点及关键科学与技术问题，在国家自然基金等20余个项目资助下，经过多年研究，在新农用抗生素的理论、技术方面取得突破，实现了5个新产品产业化。

研究发现并揭示侵染植物的病虫害，根招募防御性特异微生物，建立了有害生物—植物—微生物互作新理论，并创建农用抗生素菌株技术体系，且系统获得杀虫、抗作物真菌、细菌性病害多个抗生素。发现对难防治螨有高效的产米尔贝霉素和13个新化合物的冰城链霉菌（图1）；代谢9个新化合物和可半合成杀虫剂赛拉菌素化合物的NEAU1069新菌株（图2）；代谢4个新化合物和可半合成杀虫剂莫西克汀化合物（图3）的neau3新菌株；以及多个具有产业化前景的微生物农药新产品；评为“热点研究”的“东北农大霉素”和230余个新骨架、新活性化合物；53个微生物新种、新属。显著提高了发现农用微生物药物的效率，解决了多个农用微生物药物创制及产业化最基础、最核心技术菌种问题。

在传统选育高产菌株基础上，研究揭示冰城链霉菌、NEAU1069、neau3生物合成及调控机理，构建了代谢杂质少、单位产量比原始菌株分别提高145倍、233倍、315倍的高产优良工程菌，并进一步构建代谢新化合物的3个工程菌能将半合成产品米尔贝肟的合成步骤由2步减少到1步，乐平霉素由4步减少到2步，莫西克汀由4步减少到1步。解决了3个原始菌株发酵单位产量低、产品极难纯化，和4个半合成产品低收益率的产业化技术难题。

突破产业化瓶颈，研发了高产优良、代谢新化合物的6个工程菌以及小试、中式、70T罐的发酵、提取纯化及4个半合成产品生产工艺；制定米尔贝霉素、米尔贝肟、乐平霉素、赛拉菌素、莫西克汀原料药出口欧美质量标准。研发了5个保证产品安全、环保，高质量、高产率地发酵及半合成的工业化生产工艺。

申请中国新药证书7项，已获得4项，另2项进入审批后期；米尔贝肟、莫西克汀2个原料药通过美国FDA认证。核心技术产业化新菌株等申请国际、国内发明专利20项，授权15项。发表论文182篇，其中SCI论文116篇。总体研究水平达国际先进，部分关键技术国际领先，获黑龙江省科技发明一等奖2项，

2010—2014年上市公司对外公开年度报告，2011年海关出口监测数据等显示，产业化新产品米尔贝肟、莫西克汀等已由浙江海正药业股份有限公司大量出口欧美。发现的多个新菌株及产品产业化，推动了企业“产业升级”，行业产生巨大影响，获得了显著的经济和社会效益。

（撰稿：向文胜；审稿：王相晶）

R = methylethyl

Milbemycin

图1 冰城链霉菌及米尔贝霉素（向文胜提供）

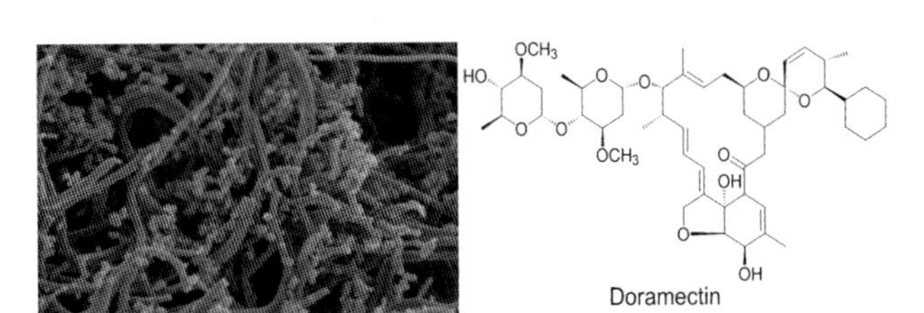

图2 *avermitilis* NEAU1069及多拉菌素（向文胜提供）

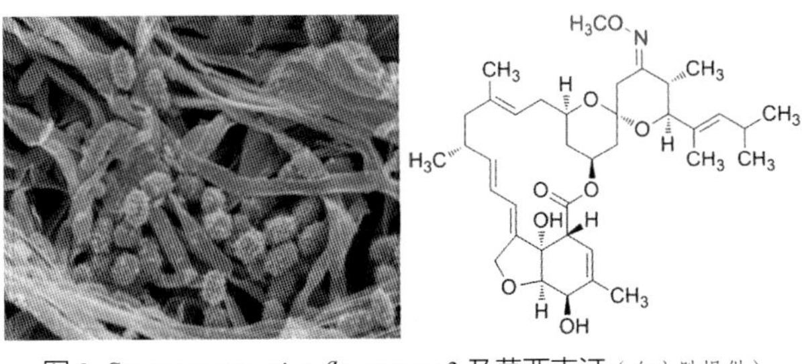

图3 *Streptomyces microflavus* neau3及莫西克汀（向文胜提供）

农作物重要病虫鉴别与治理原创科普系列彩版图书 the original popular science series color edition books of the identification and management of important diseases and pests in crops

获奖年份及奖项 2011年获国家科技进步奖二等奖

完成人 郑永利、童英富、吴降星、吴华新、姚士桐、许渭根、朱金星、章云斐、吕先真、章建林

完成单位 浙江省植物保护检疫局

项目简介 农产品质量是全社会关注的焦点问题和农业生产中的薄弱环节。而农作物主要病虫识别和农药减量控害增效技术则是有效保障农产品质量安全的关键所在，也是广大农民迫切需要掌握的关键技术。针对这一新形势，浙江省一批长期工作在农业生产第一线的植物保护科研和技术推广人员，自筹经费110万元，以公共植保和绿色植保理念为指导，系统筛选总结适用新技术、新经验、新成果，从优化作物生态系统出发，以重要病虫为研究对象，大力推广病虫绿色防控技术，积极倡导安全高效生产，历经10年系统研究和6年多精心创作而成。农作物重要病虫鉴别与治理原创科普系列彩版图书共包括“无公害蔬菜病虫鉴别与治理”丛书（10分册）“无公害果树病虫鉴别与治理”丛书（10分册）以及《水稻病虫识别与防治图谱》《“浙八味”中药材病虫原色图谱》等22种，累计版面字数292万（图1、图2）。

图 1 “无公害蔬菜病虫鉴别与治理”丛书（郑永利提供）

图 3 作者们与农民朋友亲切交流讨论技术难题（郑永利提供）

图 2 浙江省政协副主席孙景淼（时任浙江省农业厅厅长）在“五送下乡”活动中向农民赠送图书（郑永利提供）

图 4 作者们在田间开展病虫调查及采样（郑永利提供）

主要创新成果如下：

选题源自生产，面向基层。图书创作始终以面向农民、贴近生产、力求创新、注重实用、普及科学为原则。创作前期以召开座谈会、问卷调查等方式调查了 800 多户农民和近 300 名乡镇农技人员，广泛调研生产中出现的新问题、新难题，与他们共同探讨并确定农作物种类、技术内容、写作手法、表现形式、图书定价、装帧设计等（图 3）。

内容新颖丰富，贴近生产。针对种植业结构调整，立足农业优势产业，围绕农产品质量安全，图书系统介绍 58 种农作物 700 余种病虫害的识别技巧、科学防治等技术要点，基本涵盖了长江中下游地区的重要农作物及其主要病虫害。其中，“浙八味”中药材、草莓等多个分册为国内首次出版的植物保护科普图书。

技术源于实践，先进实用。作者利用十多年来在基层农业生产中所积累的丰富经验（图 4），广泛开展大量调查研究和试验示范，采集病虫样本 5200 多个，重新鉴定明确疑难病虫 40 余种，纠正了以往的错误，并新发现黑点球象等病虫害 18 种，其中白毛球象等为国内首次鉴定明确，推荐使用的防治关键技术均源自最新的科研成果和先进适用的新技术、新方法。其中性信息素诱捕技术获多项国家发明专利授权。每版图书修订时根据病虫发生的新情况、新特点和最新科研成果等对相关章节进行仔细修改，确保技术先进性。

创作手法新颖，通俗易懂。按照农民的阅读理解能力和思维方式，以实地拍摄的大量数码图片为素材，以一病（虫）多图、配以浅显易懂的通俗语言为表现手法，将专业的植保术语和深奥的科学技术简单化和通俗化，以期农民朋友一看就懂、一学就会。并编写了“综合防治月历提示”“周年防治历”“常用农药索引表”“常用农药合理使用准则”等实用资料，便于农民结合农时季节学习和掌握。图书选用的 5000 多幅图片，均为作者实地拍摄的 20 余万张图片中遴选而来。

自 2005 年出版以来，图书深受广大农民的欢迎和好评，连年入选全国“农家书屋”工程书目，在全国范围内得到了广泛发行，至今已累计发行 110 余万册。图书得到了中国工程院陈宗懋院士、澳大利亚昆士兰初级产业部昆虫学家 Bronwyn Walsh 等权威专家的肯定，《中国植保导刊》等期刊作了专题推荐，并被《中国图书年鉴》等收录。入选国家新闻出版总署首届全国“三个一百”原创图书工程（2007），先后荣获农业部中华农业科技奖科普奖（2009）、华东地区优秀科技图书一等奖（2006）等奖励，并被中国科学技术协会评为全国优秀科普作品（2013）。

（撰稿：郑永利；审稿：周雪平）

《欧洲和地中海区域植物保护委员会协议》*Convention of the European and Mediterranean Plant Protection Committee*

植物保护的区域性多边国际协议。由欧洲和地中海区域植物保护组织（European and Mediterranean Plant Protection Organization， EPPO）根据《国际植物保护公约》制定，于1951年通过，1952年正式生效。1955年、1962年、1968年、1973年、1982年、1988年和1999年对该协议进行了共7次修改。截至2016年，已有51个缔约国家或地区，由设在EPPO的秘书处负责执行和管理，办公地点在法国巴黎。

该协议由正文23条和2个附表组成。主要内容包括：① 明确了EPPO的宗旨，即为了防止国际贸易过程中引入和传播有害生物（包括外来入侵植物），对本国自然和农业生态系统造成危害，加强成员国政府之间的国际合作，优化农业病虫害防治方法，确保人类和动植物生态环境健康；通过成员国政府之间的合作，保护植物和植物产品免受有害生物危害，并防止在国际间传播，特别是将其引入到濒危地区，组织制定国际统一的植物检疫和其他官方性植物保护措施，并酌情制定标准；另规定EPPO可以向联合国粮农组织、世贸组织以及其他区域性植物保护组织和任何其他有相关责任的机构寻求帮助和建议。② 阐明了EPPO职能，包括制定防止危险性有害生物传播的国际战略和安全有效的控制方法，鼓励统一协调的植物保护法规和在植物保护领域采取的其他政府行政措施，积极推广应用现代、安全、有效的病虫害防治方法等。③ 明确了“植物检疫措施”“濒危地区”等专业术语的定义。④ 规定了EPPO的结构组成，即由理事会、执行委员会以及承担该组织技术工作的专家工作组等组成，并在总部设立秘书处，同时规定了各部门成员组成和相应职能。⑤ 规定了会员资格，明确了批准、加入、非缔约方、退出等程序，明确了会员国的义务以及与其他组织的关系。⑥ 规定了每个会员国政府的年度会费额分摊比例，以及EPPO经费支出、审计等要求。⑦ 该协议还就语言、内容修正、生效等做了明确说明。

（撰稿：卢广；审稿：周雪平）

欧洲线虫学会 European Society of Nematologist, ESN

欧洲地区线虫学科技工作者自发组织的、开展线虫学相关基础与应用研究学术交流的非营利性社会团体。学会成立于1956年，所在地荷兰。主要目标是：推动线虫学科发展，通过学术交流特别是通过通讯、研讨会和其他会议促进线虫学者间的合作；向其他领域的人员、组织机构以及政府部门展现线虫同行的观点。至2018年已历经33届。欧洲线虫学会现任理事长为德国的罗尔夫伍埃·勒斯（Ralf-Udo Ehlers），秘书长为法国的埃瑞克·葛诺尼尔（Eric Grenier），前任理事长为比利时的莫里斯·孟斯（Maurice Moens）。欧洲线虫学会设理事长1名，秘书长1名，司库1名，董事会其他成员4人，成员包括欧洲、美洲、亚洲等50多个国家和地区。欧洲线虫学会建有官方网站（https://www.esn-online.org），主办的官方期刊为《线虫学》（*Nematology*），同时编写有《线虫学新闻》（*Nematology News*）。欧洲线虫学会每2年召开一次国际线虫学术研讨会，交流线虫学科研工作者取得的新进展、新成就、新发现；欧洲线虫学会设立有杰出荣誉会员奖励，由理事会理事每2年推选，已有22人获杰出荣誉会员称号。

（撰稿：彭德良；审稿：张杰）

欧洲杂草研究学会 European Weed Research Society, EWRS

促进和协调杂草科学各个方面科学研究的国际组织。面向任何对杂草和相关主题研究感兴趣的人员开放。吸引来自世界各地的会员。

学会的会员遍布六大洲54个国家。促进了不同国家的科学家之间的知识交流，也推动了杂草科学的发展。

研究学会中的科学委员会由会长、副会长和科研助理领导，任期4年，可以连任一次。现在的科学委员会成员有董事长兼副会长J. Soukup，会长J. Salonen，科研助理H. Mennan，董事会成员包括会长J. Salonen，副会长Josef Soukup，秘书L. Bastiaans，财务主管B. J. Post，科研助理H. Mennan.

从1958年至今，欧洲杂草研究学会（EWRS）的历史可分为4个阶段。1958年5月，在比利时根特召开的一次杂草科学家会议上，成立了一个国际工作组，以加速解决杂草引起的问题。第一个成果是在斯图加特—霍恩海姆（Stuttgart-Hohenheim）召开的会议上组织了关于蕨类植物、野生燕麦和除草剂评估方法的项目小组。1960 年，欧洲杂草理事会（European Weed Research Counei1, EWRC）在牛津召开的第二次会议上正式成立，会议决定每个国家都可以提名一名安理会正式代表。到 1975 年，安理会已经有 24 名代表，外加来自以色列和黎巴嫩的增选成员。此外，还有一个由农用化学品制造商的 4 名科学家组成的顾问小组，以反映除草剂日益增长的重要性。同时，学会与工业的密切互动不断持续（欧洲杂草研究学会的主席由工业和非工业成员轮流担任）。1960 年的会议决定创办 *Weed Research* 期刊。

1975 年 12 月 3 日，新学会正式成立，从此欧洲杂草理事会（EWRC）发展成为欧洲杂草研究学会（EWRS），并在巴黎与 COLUMA 联合举办的关于草的情况、生物学和控制的研讨会上举行了第一次大会。该协会的法律所在地是荷兰，但秘书处最初设在英国，之后又在法国、德国一段时间，现在分布在 3 个国家。协会的目标是为了整个共同体的利益，在欧洲促进和鼓励杂草研究和控制技术。协会章程一直保持了 10 年不变，理事机构是理事会，由提名的全国代表、选举产生的成员、协会干事和增选成员组成。由于理事机构超过 40 余人，这一设置并不够灵活，于是 1984—1986 年章程修订时，将理事会解散，执行委员会被赋予对协会事务的全部责任。国家代表得到保留，但经选举产生，并被赋予不同的职责。科学委员会负责本学会的科学计划。此时，工作组的活动包括讲习班、环测试、合作实验、调查和方法评价等。

1985—2000 年，科学委员会经过了进一步的调整。1985 年协会修改了章程，而且调整了科学委员会的运作。杂草研究被划分为逻辑相连的部分，称为主要课题领域，包括现有的和新的工作组。执委会为每一个科学委员会的课题领域指定一个主席。专题讨论会将以一个或多个课题领域为基础。而 *Weed Research* 期刊则成为了 EWRC 的一个交流、联络传播信息的平台，它对于科学传播发挥着极大的作用。1985 年章程修改和科学委员会调整后，逐渐发展起来，开始加入报告了工作组计划，完成的活动，培训班和其他会议的摘要。

21 世纪的欧洲杂草研究学会追求更高的发展，欧洲杂草研究学会一直为实现社会的现代化而努力工作。协会意识到，吸引更多年轻的杂草科学家，向世界各地的杂草科学家开放，是协会发展也是时代发展的需要，因此这也成为协会新增加的目标。此外，积极参与国际网络也成为协会的目标之一。*Weed Research* 期刊也获得了重要地位，并在 2002 年成为世界上排名最高的杂草科学期刊。

（撰稿：黄红娟；审稿：张杰）

《欧洲植物病理学杂志》 *European Journal of Plant Pathology*

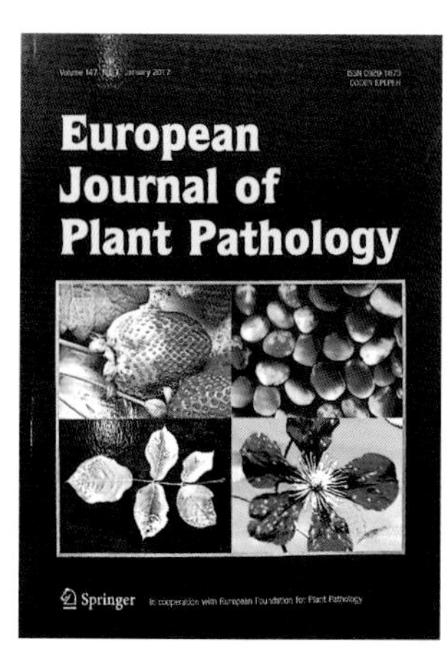

（陈华民提供）

具有悠久历史的国际性的植物病理学领域专业性期刊。其前身为《荷兰植物病理学报》，创刊于 1895 年，由荷兰皇家社会植物病理学会（KNPV）主办，并与欧洲植物病理基金会合作，现有互联网和纸刊两种方式，纸刊由荷兰斯普林格（Springer）出版集团发行，月刊，ISSN：0929-1873。现任主编为帝国理工学院（Imperial College London）Silwood Park 校区的 Mike Jeger（见图）。

该刊被收录于 Science Citation Index（SCI）、Science Citation Index Expanded（SCIE）、Journal Citation Reports/Science Edition、Scopus 索引、Chemical Abstracts Service（CAS）、Google Scholar 等多种数据库和搜索引擎。2012—2016 年 JCR 影响因子 1.66。

该刊主要报道植物病理学领域的基础和应用研究，论文类型包括独创性的研究论文，研究简报和综述等，其内容涵盖细菌学、真菌学和病毒学相关主题外，通常还包括昆虫学、线虫学和植物保护研究方面的相关内容。

该刊适合于植物病理学相关专业的科技人员阅读，同时也可以给有兴趣了解农业、生态、生命科学、植物科学等领域的专业人士提供参考。

（撰稿：陈华民；审稿：彭德良）

P

庞雄飞　Pang Xiongfei

（陆永跃提供）

庞雄飞（1929—2004），中国科学院院士，昆虫学家、生态学家、高等农业教育家。华南农业大学农业昆虫与害虫防治学科教授、博士生导师（见图）。

生平介绍　1929年9月出生于广东佛山。1949年考入中山大学蚕桑系，后转到病虫系，师从张巨伯、赵善欢、蒲蛰龙等教授学习病虫害。1953年在华南农学院本科毕业后留校任教并在赵善欢教授指导下在职攻读硕士研究生。1954年加入中国共产党，同年赴北京参加留学苏联培训。1955年被国家选派到苏联莫斯科季米里亚捷夫农学院攻读研究生，主要研究瑞典麦秆蝇、玉米螟等害虫发生危害规律及防治技术，并对天敌昆虫尤其是瓢虫科分类利用和害虫生物防治产生了浓厚兴趣。1959年研究生毕业并获得苏联副博士学位后回国，在中国农业科学院原子能研究所工作。数月后，由时任中国农业科学院院长和华南农学院院长的丁颖安排回到华南农学院任教。

在华南农学院的45年里，在从事昆虫学教学工作的同时系统研究害虫防治的生态学基础问题和天敌昆虫分类利用问题。1961年他任讲师，1965—1966年奉派到古巴支援该国教育和经济建设。1977年，凭借在教学和科研方面优异成绩，被破格晋升为教授。1982年作为高级访问学者赴美国农业部昆虫分类与引进研究所开展合作研究。1984年被国务院学位委员会批准为博士生导师，1997年11月当选为中国科学院院士。历任华南农学院昆虫学教研室主任、植物保护系副主任、昆虫生态研究室主任、华南农业大学副校长、农业部昆虫生态毒理重点开放实验室主任和学术委员会主任、农药与化学生物学教育部重点实验室学术委员会主任、《华南农业大学学报》主编等职务，被聘为国务院学位委员会第二、三届学科评议组成员、广东省第一届学位委员会委员、中国昆虫学会（ESC）和中国生态学会理事和常务理事、广东省科学技术协会第四届委员会副主席、生物防治国家重点实验室学术委员会主任、植物病虫害生物学国家重点实验室第三届学术委员会委员、农业虫害鼠害综合治理研究国家重点实验室第三届学术委员会委员、广东省林业科学技术委员会第一届委员会委员、广东省自然保护区评审委员会副主任、《昆虫天敌》主编、《昆虫学报》编委、《生态学报》编委、《动物分类学报》编委、《应用生态学报》编委和华南师范大学、扬州大学、沈阳师范大学、河北大学等多所大学的客座教授、兼职教授。

成果贡献　“科学研究是一项目的性非常明确的工作，这个目的既不是为了满足自己的好奇心，也不是为了单纯发表论文或谋取什么个人利益，而是为了人类认识世界和改造世界，为了科学的发展和祖国的繁荣富强。”这是庞雄飞常说的一句话。他也用自己的一生树立了榜样。他长期从事昆虫学和种群生态学研究，在害虫种群系统控制理论与技术、昆虫物种多样性研究与保育利用、植物保护剂与植物免害工程等多个领域作出了开拓性贡献，累计发表论文220余篇，出版著作和教材18部。他的科技成果和学术思想对中国昆虫学和生态学的发展具有十分重要的意义。

在昆虫生态学与害虫控制方面，他提出了昆虫呼吸恒定温区新概念，在总结前人成就的基础上提出了害虫种群系统控制理论，并发展出一套相应研究方法，包括明确定义了“种群系统”概念，提出了研究目标和范围；提出了适应于昆虫种群系统研究应用的种群状态方程建立原理和方法；解决了同时具有种群动态预测功能和研究种群最优控制功能的害虫种群系统模型的建立问题；改进和发展了种群生命表技术，提出了评价各类因子对种群控制作用的方法和多种群共存系统的信息处理方法。1990年与曾士迈合著出版《系统科学在植物保护研究中的应用》，参编出版了《害虫防治：策略与方法》，1995年与梁广文合著出版《害虫种群系统的控制》。2001年“害虫种群系统控制”成果获得广东省科学技术奖（自然科学类）二等奖。围绕各种重要农业生态系统节肢动物群落的组成、结构、多样性、稳定性和相似性等问题展开了系统深入研究，1995年“南方水稻田节肢动物群落研究”成果获得福建省科技进步三等奖，1996年与尤民生共同编写出版《昆虫群落生态学》。在系统开展作物生态系统结构与控害功能关系研究基础上，根据害虫生态控制目标，形成了比较完整的害虫生态控制研究方法，2002年出版了《害虫种群生态控制：种群生灭过程控制研究方法》。

在天敌昆虫分类利用与生物防治方面，他首先整理了中国食螨瓢虫、小毛瓢虫等类群的分类系统，使中国瓢虫分类水平跃居国际前列。发表瓢虫分类论文34篇，发现瓢虫新种125个。1979年与毛金龙合著出版《中国经济昆虫志》鞘翅目瓢虫科（二）分册，1991年副主编出版《全国瓢虫学术讨论会论文集》，2004年与庞虹等合著出版《中国瓢虫物种多样性及其利用》；发表了赤眼蜂属和缨小蜂属新种12个，1987年与廖定熹等合著出版《中国经济昆虫志》膜翅目小蜂总科（一）分册。其次，系统开展了水稻、蔬菜、果树、林木等多种害虫生物防治研究和示范工作。1980年参编出版《天敌昆虫图册》，1986年与何俊华等合著出版《水稻害虫天敌图说》，1981年、1991年、1999年参编出版《害虫生物防治》（第1版、第2版、第3版），1991年参编出版《中国水稻病虫综合防治策略与技术》。其主持或者参加完成的科技成果"利用赤眼蜂防治稻纵卷叶螟"1978年获得广东省科学奖，"瓢虫科分类研究"1979年获农业部技术改进一等奖、1980年获广东省科技奖三等奖，"以生防为主的水稻害虫综合防治研究"1985年获国家科技进步三等奖，《水稻害虫天敌图说》1989年获国家教委科技进步二等奖，"瓢虫科小毛瓢虫亚科分类及其利用"1996年获农业部科技进步三等奖，"重要小蜂类群的分类学和系统发育研究"1998年获中国科学院自然科学二等奖，《中国经济昆虫志》2001获国家自然科学二等奖。

在生物多样性研究与自然保护区建设方面，从1988年开始开展自然保护区昆虫多样性研究，提出了"南岭和岭南是生物多样性的特丰产地"的科学论断，大力促成南岭国家级自然保护区的建立，并为多个省级自然保护区建立和建设作出了贡献，2003年主编出版《广东南岭国家级自然保护区生物多样性研究》。

在作物免害工程和植物保护剂研究方面，他根据昆虫与植物协同进化的原理，1999年提出了作物免害工程和植物保护剂新概念，即利用基因工程改变作物次生化合物组成，以达到驱避害虫的目的和利用异源植物次生化合物驱避害虫的新思路，并建立了植物保护剂的研究方法，开拓了植物保护研究的一个新领域。

在学科建设和人才培养方面，他十分注重年轻师资培养和学科规划与建设。1984年华南农业大学昆虫学科被国务院学位委员会批准为博士学位授予点，1989年在首次全国重点学科评审中被评为国家重点学科，在接下来的多轮重点学科评审中继续被评为国家重点学科。作为一名教师，他为人师表、呕心沥血为国育人，共培养了29名博士生和35名硕士生。

所获荣誉 1984年被国家科学技术委员会授予"国家级有突出贡献的中青年专家"称号，1985年被评为农业部优秀教师，1990年被国家教育委员会和科学技术委员会授予"全国高等学校先进科技工作者"称号，1999年获"南粤杰出教师"称号，2001年获"全国模范教师"称号，并被评为广东省农业科技先进工作者。

性情爱好 除了在科研和教育事业上成绩卓著外，他还是一个有深情厚谊和广泛爱好的人。他热爱艺术和大自然，喜欢收集动植物化石，喜欢游泳、烹饪，闲时弹琴，并且写得一手好字。他毕其一生，为后人树立了光辉的榜样。

参考文献

梁广文，王琪，2009. 名师一代承先德，知行两范启后人 [N]. 光明日报，10: 23.

（撰稿：陆永跃、梁广文；审稿：曾玲）

P

蒲蛰龙 Pu Zhelong

（张文庆提供）

蒲蛰龙（1912—1997），昆虫学家，中国科学院院士。中山大学生命科学学院教授、博士生导师（见图）。

生平介绍 1912年出生于云南昆明，广西钦州人。1925年，全家迁居广州，分别在私立执信中学和国立中山大学附属中学完成了初中、高中和预科的课程。1931年以优异的成绩获得免试直升国立中山大学的资格，在国立中山大学农学院农学系学习。

1935年本科毕业于中山大学农学院，同年入燕京大学研究院生物学部做研究生，师从胡经甫等教授。1937年7月，完成毕业论文，但尚未答辩，因"七七事变"发生，蒲蛰龙被迫离开燕京大学回到中山大学农学院任教，被聘为农学系讲师，讲授昆虫解剖学课程。1938—1945年，开始了他第一次用微生物细菌防治蔬菜害虫菜青虫的试验，并取得了不错的成绩。同时，他还担任了农学院畜牧兽医学系主任和兼任农学院办公室主任，为农学院开展教学、科研工作做出贡献。1945年晋升为农学院教授。

1946年，获美国国务院奖学金，由中山大学派送至美国明尼苏达大学留学，在昆虫及应用动物学系攻读博士学位，师从美国昆虫学家C. E. Mickel。1947年，其夫人利翠英也考取了留美奖学金，在美国明尼苏达大学攻读硕士学位。在美期间，他一边读书一边搞专业研究，还自学了法、意、日等7国外语，为日后科研需要打下了良好的基础。1949年回国在中山大学农学院任教授。先后任中山大学农学院、华南农学院、中山大学的教授，中国科学院广州分院中南昆虫研究所所长，第五届至第八届全国人大代表，中山大学昆虫学研究所所长，中山大学副校长，中国科学院学部委员（院士），第二、第三届广东省科学技术协会主席，第四届广东省科学技术协会名誉主席。

成果贡献 1951—1995年，蒲蛰龙专注于发展昆虫学与害虫生物防治事业，积极邀请国外专家到中山大学讲学，传播和交流新的实验技术。并先后创建了中山大学昆虫生态研究室、领导建立中南昆虫研究所、创建中山大学昆虫学研究所和生物防治国家重点实验室。在他的努力下，昆虫学科发展成为中国首批国家重点学科，也成为中山大学"五星级"单位（国家重点学科、博士点、博士后流动站、国内访问学者接受单位、国家重点实验室）之一。

自20世纪50年代以来，蒲蛰龙长期坚持在教育第一线，满腔热血地把知识和爱心奉献给教育事业，共培养硕士生28名，博士生19名，博士后1名。

蒲蛰龙是中国牙甲总科（Hydrophiliodea）、长须甲科（Hydraenidae）昆虫的分类专家，在20世纪40～60年代曾多次到云南、海南、贵州、广西、黑龙江、山西、福建、广东等地进行水生甲虫的野外采集，积累了大量标本。蒲蛰龙曾参加50年代中苏云南联合生物资源考察，并撰写了《云南牙甲（总）科科学考察报告》。20世纪50年代至60年代初，研究了中国科学院动物研究所、中山大学昆虫学研究所收藏的牙甲总科和长须甲科的标本，发表论文10篇、新种30多个。80年代后，先后承担了《西藏昆虫》等多部地方性生物资源考察专著中水生甲虫的鉴定和编写任务，长期担任《中国动物志》编委，并指导研究生开展水生甲虫的分类、习性等研究，为中国开展水生甲虫分类学研究奠定了坚实的基础。

蒲蛰龙是中国生物防治的先驱者之一。中华人民共和国成立以来，蒲蛰龙先生利用赤眼蜂防治甘蔗螟虫，利用平腹小蜂治荔枝椿象，引进澳大利亚瓢虫防治吹绵蚧，引进孟氏隐唇瓢虫防治粉蚧，总结和继承中国古代的生物防治——黄琼蚁防治柑橘害虫等，在"以虫治虫"方面作出了卓越的贡献。蒲蛰龙在"以菌治虫"方面的研究也卓有成效：发现和利用松毛虫质型多角体病毒，对斜纹夜蛾核型多角体病毒进行了大量研究，并开展中试生产和田间应用。在昆虫病理学和昆虫病原微生物分子生物学方面，蒲蛰龙亲力亲为，并指导年轻教师开展深入研究，取得了一批具有领先水平的成果。以生物防治为主的大面积水稻害虫综合防治，成为国内最早的综合防治示范点，荣获国家科技进步奖。美国《有害生物综合防治实践者》期刊誉称蒲蛰龙为"南中国生物防治之父"。

所获奖誉 1963年当选为广州市先进生产者；1980年当选为中国科学院学部委员（院士），获美国明尼苏达大学优秀成就奖；1989年3月被国家教育委员会授予老有所为精英奖，12月被评为全国优秀归侨；1990年被国家科学技术委员会、国家教育委员会授予全国高等学校先进科技工作者；1992年被中共广东省委、广东省人民政府授予"广东省杰出贡献科学家"称号，并被评为南粤杰出教师。

性情爱好 蒲蛰龙的业余爱好广泛，喜欢拉小提琴、弹钢琴、打太极拳、练气功。周日坚持散步、登白云山，步行到越秀山，这些都是生活中的"必修课"。

他在广州上中学时就爱上了拉小提琴，曾一度与马思聪求学于同一位老师，亦想继续深造，以此为专业，但是受到家庭和时局的影响，还是选学科学，进了中山大学农学院。在百花齐放的1962年，羊城音乐会在广州中山纪念堂举办，先生应邀表演小提琴独奏，悠扬的琴声，精彩的表演，引来观众热烈的掌声。

参考文献

陈汝筑，易汉文，2004. 巍巍中山：中山大学校史图集[M]. 广州：中山大学出版社.

东莞市政协，2006. 邓植仪文选[M]. 广州：广东高等教育出版社.

冯双，2007. 中山大学生命科学学院（生物学系）编年史1924-2007[M]. 广州：中山大学出版社.

古德祥，冯双，2012. 南中国生物防治之父：蒲蛰龙院士[M]. 广州：中山大学出版社.

华南农业大学百年校庆丛书编委会，2009. 华南农业大学百年图史[M]. 广州：广东人民出版社.

林浪，2002. 雏鹰展翅趋鲲鹏：1924年至1949年在国立中山大学附属中学[M]. 广州：中山大学出版社.

吴定宇，2006. 中山大学校史1924-2004[M]. 广州：中山大学出版社.

中山大学，广东省科学技术协会，1992. 蒲蛰龙选集[M]. 广州：中山大学出版社.

（撰稿：张文庆；审稿：古德祥）

《普通昆虫学》 *General Entomology*

植物保护专业本科生昆虫学入门教学用书，也是该专业最重要的教材之一，中国农业大学出版社2011年出版。第2版由中国农业大学昆虫系彩万志、华南农业大学庞雄飞、西北农林科技大学花保祯、华南农业大学梁广文、中国农业大学宋敦伦根据现代昆虫学发展趋势与教学的需求，在借鉴过去近百年国内外昆虫学教学经验的基础上编写而成，为普通高等教育"十五"国家级规划教材和"面向21世纪课程教材"（见图）。

该书共分为6篇，主要内容包括绪论、昆虫外部形态、昆虫内部解剖和生理、昆虫的生殖及行为学、昆虫分类学及生态学等基础知识。绪论部分，重点介绍了昆虫多样性、昆虫与人类的关系、昆虫学简史及内容与范围。昆虫内部解剖和生理部分，详细介绍了昆虫的消化、循环、排泄、呼吸、肌肉、神经、生殖系统及感觉器官和激素调节机制。昆虫生物学部分，介绍了昆虫的生殖方法、发育过程、昆虫生活史及习性与行为。昆虫分类学部分，重点介绍了昆虫分类的基本原理和昆虫纲各目的特征。昆虫生态学部分，重点介绍了昆虫与环境的关系、昆虫种群系统及昆虫生命表与种群动态数学模型。

该书在每篇后面都附有国内外重要的参考文献40～170篇，以便于读者延伸阅读，此外，该书配有彩色图页，描绘了昆虫学的历史文化和对建筑、艺术的影响，昆虫生活史、昆虫多样性及昆虫仿真模型等，图片生动形象，展现了昆虫在人类生活中的重要性，能激发读者的阅读兴趣。

该书内容丰富，形式上打破了传统教材的格局，是一本优秀的教学参考书，可作为高等农林院校植物保护和森林保护专业本科生的教材，也可作为植物生产类其他专业、综合性大学生物学科类、草地科学类的教材或教学参考书，对中

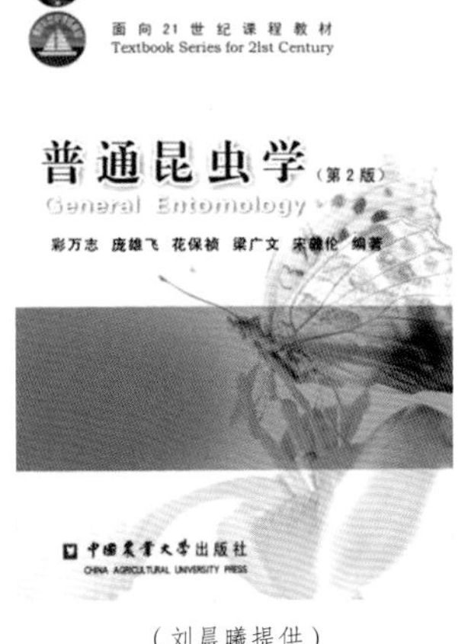

（刘晨曦提供）

国昆虫学研究与教学起到了推动作用，并为昆虫学发展及害虫治理提供理论和技术指导。

参考文献

彩万志，庞雄飞，花保祯，等，2011. 普通昆虫学[M]. 北京：中国农业大学出版社.

（撰稿：刘晨曦；审稿：张礼生）

《普通昆虫学实验指导》 *Experimental Guidance of General Entomology*

第2版是由华中农业大学雷朝亮、荣秀兰主编，联合其他11所高等院校专家编写出版的《普通昆虫学》（彩万志等编著）配套实验教材（见图），于2011年由中国农业出版社出版。

第2版内容更为丰富，共计包括27个实验，包括：昆虫解剖镜的构造和使用，昆虫体躯、头壳的构造及其附肢，昆虫口器的基本构造，昆虫口器的变异类型及其特点，昆虫颈部与胸部的基本构造，昆虫胸足和翅的基本构造及类型，昆虫腹部的基本构造及其附肢，昆虫外生殖器的基本构造，昆虫生物学，昆虫的体壁及其生理，昆虫的内部器官及其位置，昆虫的消化系统及排泄器官，昆虫的循环系统及血细胞，昆虫的呼吸系统及呼吸生理，昆虫的神经系统及感觉器官，昆虫的内分泌腺及生殖系统的观察，六足总纲的分类鉴定，直翅类昆虫的鉴定，半翅目昆虫的鉴定，缨翅目、等翅目、食毛目、虱目、广翅目、脉翅目等鉴定，昆虫发育起点温度与有效积温的测定，昆虫标本采集与制作等实验内容。

该书作为《普通昆虫学》教材的配套材料，在理论体系和知识模块方面保持一致，但内容方面侧重技术与方法，为读者准确地掌握有关普通昆虫学的基础知识和实验技术提供指导和帮助。在考虑教材原有体系的同时，该书注重突出昆虫学科的最新研究成果，既考虑知识的涵盖面，又按照实际教学学时数控制好篇幅；既考虑了理论教学的需要，也为实践教学提供便利。该书可作为高等农林院校植物保护专业本科生教材，也可作为其他植物生产类、草业科学类和综合性大学生物科学类昆虫学课程的实验教材。

（刘晨曦提供）

参考文献

雷朝亮，荣秀兰，2011. 普通昆虫学实验指导[M]. 2版. 北京：中国农业出版社.

（撰稿：刘晨曦；审稿：张礼生）

《普通真菌学》 *Introduction to Mycology*

对真菌的基本理论和基本概念进行全面阐述的教材，第1版由南开大学的邢来君和李明春编著，1999年由高等教育出版社出版，为"面向21世纪课程教材"。此后邢来君、李明春和魏东盛对第1版进行了修订，于2010年由高等教育出版社出版发行第2版，为教育部"普通高等教育'十一五'国家级规划教材"（见图）。

图书封面（程家森提供）

①第1版；②第2版

真菌在地球上广泛存在、种类丰富且与人类生活息息相关，如有些真菌为对人类有益的食用菌和生防菌等，也有很多真菌是人类、动物或植物的病原菌。全书内容共分两篇22章，第一篇介绍了真菌学的发展史、真菌与人类的关系及中国真菌学的发展概况；系统阐述了真菌学的基础理论和基本概念，其中包括真菌的营养体及其细胞结构与功能；真菌的营养、生长、生殖及代谢调控；真菌的遗传；真菌孢子的释放、传播、休眠和萌发；分别介绍了腐生真菌、动物寄生真菌、植物寄生真菌、捕食真菌和共生真菌；真菌毒素及其危害；真菌病毒及其对寄主真菌的影响；最后阐述了真菌的系统进化和真菌基因组学。第二篇主要内容为真菌的分类学，概述了真菌的基本类群及其分类概况，分章节讲述了壶菌门、接合菌门、子囊菌门、担子菌门、半知菌类，并重点介绍了卵菌和根肿菌。

该教材有助于我们全面系统了解真菌及其种类和功能，不仅可作为综合大学、农林院校和师范院校相关专业本科生和硕士生的参考教材，也可为农业和医学等相关专业的科研工作者提供参考。

（撰稿：程家森；审稿：刘文德）

《普通植物病理学》 *General Plant Pathology*

系统介绍植物病害发生的原因、病原物和寄主之间的互相关系、病原—寄主—环境三者相互作用与病害发生发展以及如何控制植物病害发生的一门理论性较强的专业主干课程，是植物保护专业的专业基础课，也是植物保护专业本科生必修课程。相应教材不仅作为农林种植业和生物专业教学的优秀教材，更是广大植物保护和植物检疫工作者提高和更新专业知识的参考用书。

该教材最早由中国植物病理学家方中达主编，1960年由江苏人民出版社出版发行，1964年修订发行第2版。1980年，方中达主编《普通植物病理学》，由农业出版社于1980年和1984年分别出版发行上册和下册，并作为全国植物保护专业或相关专业的正式教材。方中达逝世后，南京农业大学许志刚根据植物病理学的新进展和全国本科植物保护专业教学需要，主编《普通植物病理学》（第2版），1997年由中国农业出版社出版发行；2006年由中国农业出版社出版发行第3版；此后，许志刚组织全国植物病理学相关大学的学者，对《普通植物病理学》（第3版）进行了修订，《普通植物病理学》（第4版）于2009年由高等教育出版社出版发行。

随着中国植物保护学科的发展壮大和植物病理学新理论、新概念、新方法和新技术等的出现，福建农林大学谢联辉院士组织相关高校，主编了《普通植物病理学》（第1版），由科学出版社于2006年出版发行，2013年出版发行（第2版）。

《普通植物病理学》系统介绍了植物病理学的基础理论、基本知识和基本技能，其中包括植物病害的基本概念、症状类型和发病原因；植物病原真菌、细菌、病毒、线虫以及寄生性种子植物等主要病原物的基本概念、形态和分类系统等植物病原学基础；病原物侵染过程和植物病害循环；植物抗病性与病原物致病性；病原—寄主—环境三者相互作用与病害发生发展；病害流行预测技术以及植物病害诊断和防治原理等基本知识。为了提升《普通植物病理学》的教学质量，2008年《普通植物病理学实验实习指导》被列为高等农林院校普通植物病理学课程的配套教材。植物病理学的研究领域很广，包括若干个分支学科，主要有植物病原真菌学、植物病原细菌学、植物病毒学、植物线虫学、植物病理生理学、分子植物病理学、植物免疫学、种子病理学、作物产后病理学、植物病害流行学、植物抗病基因工程和植物病害生物防治学等。

（撰稿：陈功友；审稿：李毅）

《普通植物病理学实验指导》 *Guide to Experiment and Practice of General Plant Pathology*

许文耀主编，科学出版社2006年出版的全国高等农林院校规划教材，共编入28个实验，包含植物病害的症状类型观察，各类病原物的形态观察，病原物的分离、培养、接种、致病过程的观察，病原物致病性分化和寄主抗病性鉴定，病原物的生理生化特性，植物病害的调查、诊断与鉴定，植物病害标本的采集与制作，植物病害的流行和防治等植物病理学的实验内容（见图）。

（赵廷昌提供）

具体实验包括：植物病原类型及病害症状观察、根肿菌、卵菌与接合菌门菌物形态特征观察、子囊菌形态特征观察、担子菌形态特征观察、半知菌形态特征观察（一）、半知菌形态特征观察（二）、植物病原细菌及其所致病害症状观察、植物病原线虫的形态观察、非侵染性病害症状观察、消毒与灭菌技术、培养基的制作技术、病原物的分离和培养、病原物的越冬（夏）形态与菌物孢子的萌发、种子带菌检验和种子处理、植物病毒的提纯、植物病毒的接种与传染、植物病原物的接种、植物病毒的电镜观察、植物病原物的PCR检测、植物病原物血清学检测、植物病原细菌的生理生化特性测定、植物病原检索鉴别的计算机辅助系统、植物病害调查、植物病害标本采集与制作、植物病原物的计测与显微描绘、植物病害的诊断与病原物的鉴定（综合性实验）、病原物的致病性分化鉴定（设计性实验）和寄主植物的抗病性鉴定（设计性实验）28个实验及植物病理学常用培养基、植物病理学常用溶液和试剂、植物病理学实验室守则3个附录。

该书着重训练学生的基本操作技能。同时，加入了现代植物病理学的实验技术手段，如血清学技术、电镜技术、PCR技术、植物病原检索鉴别、计算机辅助系统的应用等相关内容，使学生能适应现代植物病理学发展的要求。在实验内容安排上，将观察性实验课时的比重降低，提高了操作技能训练实验课时的比重，加入了“植物病害的诊断与病原物的鉴定”“病原物的致病性分化鉴定”和“寄主植物的抗病性鉴定”3个综合性、设计性实验。

该书既可作为《普通植物病理学》的配套实验教材，又可作为独立开设普通植物病理学实验课的教材，还可作为其他学科相关实验课的教学参考书和植物病理学研究工作者的读物。

（撰稿：赵廷昌；审稿：高利）

《普通植物病理学杂志》 *Journal of General Plant Pathology*

由日本植物病理学会主办，日本斯普林格（Springer）出版集团发行的植物病理学领域的国际专业期刊，创刊于2000年，出版语言英语，现为季刊ISSN：1345-2630。2012—2016年JCR影响因子为1.19（见图）。

（陈华民提供）

该刊发表植物病害和植物病害控制相关的文章，包括病原物的特征、病原物的鉴定、病害生理学和生物化学、分子生物学、形态学和超微结构、遗传学、病害传播、生态学和流行病学、化学防治和生物防治、病害评估，以及与植物病理紊乱相关的其他主题。

该刊论文类型包括全长研究性论文、短的交流论文、病害简报、技术、致编辑的信和综述等。全长研究性论文和短的交流论文都要求是原创性的研究报道且未提交给其他地方。病害简报主要是描写病害症状、寄主、病害发生的时间和地点以及病原物的鉴定（致病力的证据），同时说明该病害的重要性。技术性文章要求所述技术具有独特性并且在植物病理学领域非常有用。致编辑的信通常是对已公开发表研究论文的评论，并不局限于该刊发表论文。综述通常需要提前与编辑讨论沟通。论文篇幅上全长研究论文和综述通常不超过6页和8页，技术文章不超过4页，其他类型文章不超过3页，超过以上限制部分将收取页面费。

该刊适合于植物病理学、作物学、遗传学、病理学、植物病害防治、真菌病害、细菌病害、病毒病害及植物害虫等方面相关研究人员阅读。

（撰稿：陈华民；审稿：彭德良）

钱旭红 Qian Xuhong

钱旭红（1962—），农药学家、有机化工专家，中国工程院院士、英国皇家化学会会士、英国女王大学名誉博士、英国巴斯大学名誉教授、华东理工大学药学院教授。华东理工大学原校长、华东师范大学现任校长。

个人简介 1962年2月19日出生于江苏宝应，1978—1982年，华东化工学院（现华东理工大学）石油化工系学习，获学士学位；1982—1985年，华东化工学院（现华东理工大学）精细化工系学习，方向是纺织用荧光分散染料化学，获硕士学位；1988年7月，华东化工学院精细化工研究所学习，方向是光电荧光染料化学，获工学博士学位；1989—1990年，美国德克萨斯州拉玛大学进行博士后研究，从事昆虫生长调节剂合成研究；1990—1991年，德国巴伐利亚州维尔兹堡大学洪堡基金（AvH）博士后，从事染料DNA嵌入剂的研究；1992年后被聘为华东理工大学讲师、副教授，1994年8月，被聘为华东理工大学教授；1986—1987年，华东理工大学精细化工系党总支副书记；1992—1995年，先后任华东理工大学精细化工学科主任、药物化工研究所所长；1995—1995年，国家高级教育行政学院学员；1995—1996年，华东理工大学校长助理；1996—2000年，华东理工大学副校长；2000—2004年，大连理工大学教育部长江学者奖励计划特聘教授；2004—2015年任华东理工大学校长；2007—2008年，任亚太地区化工联盟主席；2011年当选中国工程院院士，2014年兼任中国工程院化工、冶金与材料工程学部常委；2018年任华东师范大学校长、党委副书记。

曾兼任国家南方农药创制中心（上海）主任（2012）、中国化工学会副理事长（2007）、德国洪堡基金会中国学术大师（2008）等。

成果贡献 钱旭红主要从事绿色农药及功能染料研究及应用开发。钱旭红院士长期活跃在绿色农药创制领域，作为首席科学家，承担了农药领域两期国家重点基础研究发展计划（973计划）——“绿色化学农药的先导结构及作用靶标的发现与研究（2003—2008）”和“分子靶标导向的绿色化学农药创新研究（2010—2014）”，通过两期“973”计划的实施，中国组建了一支绿色农药创制队伍，初步建立了分子靶标导向的绿色化学农药创新研究体系和理论，初步建立了生物合理性和化学多样性的绿色农药分子设计方法、基于比较化学生物学的新靶标和机制发现和成药性验证方法，为解决中国的病虫草害，提供了新农药—试验农药—候选农药为代表的众多品种，发现了新靶标—试验靶标—候选靶标为代表的分子靶标，建立了基于自主知识产权新品种和新作用机制的植保应用新技术。

钱旭红及其团队，创制了机制新颖、性能独特的顺硝烯杂环类烟碱杀虫剂和多氟烷氧类植物健康激活剂等绿色农药，他和合作者们共同创制出3个农药品种——哌虫啶、环氧虫啶和氟唑活化酯。哌虫啶已经于2017年8月获得农业部正式登记，与江苏克胜集团合作开发推广，该产品具有很好的内吸传导性能，具有杀虫速度快、防治效果高、持效期长、杀虫谱广等特点，可高效防治稻飞虱、木虱、蚜虫、烟粉虱、黑尾叶蝉、蓟马等各种刺吸式口器、锉吸式口器害虫。开发出沙星类药物核心中间体多氟芳酸等的绿色高效制备关键技术；创制分子识别传感和检测分离一体化的萘酰亚胺等芳杂环类荧光染料；提出并实施化学生物技术与工程的概念和方法。作为第一、第二发明人获中国发明专利授权20余项，获欧洲、美洲等外国专利授权15项；发表论文350余篇，他引8000余次，10篇代表论文他引2500余次。

所获奖誉 1992年入选霍英东基金会高校优秀青年教师奖（科研类）；1995年入选全国优秀教师；1996年获得国务院政府特殊津贴；1997年入选国家百千万人才工程（第一、二层次）；1998年获得中国青年科技奖；1999年获得第六届上海十大科技精英；1994年获得国家教委科技进步一等奖（第二完成人）；1998年获得上海市科技进步三等奖（第一完成人）；1998年获得国家教育部科技进步一等奖（第一完成人）；2000年国家杰出青年科学基金获得者；2001年担任中国化工学会农药委员会副主任委员。2002获得国家教育部科技进步一等奖（第一完成人）；2003获得国家教育部自然科学一等奖（第一完成人）；2003担任国家重点基础研究发展规划（“973”计划）项目首席科学家；2003入选国务院学位委员会学科评议组成员；2004入选国家自然科学基金委员会第十届有机化学评议组成员，第十一届化工评议组成员；2007担任年亚太地区化工联盟主席。担任*Chinese Chemical Letters*主编，*Journal of Agricultural and Food Chemistry*，*Pesticide Biochemistry and physiology*，*Journal of Pesticide Science*等国际期刊顾问编委，曾任中国工程院院刊*Engineering*执行主编、《中国工程科学》执行主编。

性情爱好 钱旭红喜欢人文的历史和艺术，对书画情有独钟，几十年来一直酷爱看动画片，他认为：“动画片把人的想象力无限放大，突破了凡世的种种禁锢束缚，而且看的时候心情愉快，可以提升人的幸福感。”

钱旭红爱好哲学思考、特别是科技哲学，喜欢写作，在研究教学和领导管理工作之余，在《文汇报》等上发表了许多文章，其讲话和致辞的某些原创语句和论点为人们所引用。出版了《改变思维》一书，同时兼任上海科普作家协会理事长，也是上海作家协会会员。

（撰稿：邵旭升；审稿：钱旭红）

钦俊德 Qin Junde

（王琛柱提供）

钦俊德（1916—2008），昆虫生理学家，中国科学院院士，中国科学院动物研究所研究员、博士生导师（见图）。

生平介绍 1916年4月12日出生于浙江安吉。在嘉兴秀州中学高中毕业后，留校任教一年，教初中的动物学和植物学。1936年考入浙江大学生物系，后因获得梁士诒奖学金转学到苏州东吴大学。1940年东吴大学生物系毕业，并获理学学士学位。同年，考入北平燕京大学研究院攻读生物学。1942—1947年，先后在上海浸礼会联合中学、安徽屯溪苏江临时中学、成都燕京大学生物系、昆明清华大学农科所、北平清华大学农学院执教。1947—1951年，在荷兰阿姆斯特丹大学研究院学习，并获理科博士学位；而后转入美国明尼苏达大学任荣誉研究员。1951年3月，钦俊德回国，被聘为中国科学院昆虫研究所（后与动物研究所合并）昆虫生理研究室负责人，创办中国第一个昆虫生理学研究室。1953—1956年，曾先后在北京农业大学（现中国农业大学）、北京师范大学和北京大学任教，讲授昆虫生理学课程，这是国内最早开设的昆虫生理学课程。之后，他历任中国科学院上海实验生物研究所、昆虫研究所、动物研究所副研究员、研究员，研究室主任。1991年当选为中国科学院学部委员（院士）。曾担任中国昆虫学会（ESC）理事长、名誉理事长，《昆虫学报》主编，*Entomologia Sinica*（现改名为*Insect Science*）创刊主编，美国*Annual Review of Entomology*国际通讯员。

成果贡献 钦俊德从事昆虫学研究工作数十年，有渊博的学识与丰富的经验。他是中国昆虫生理学开拓与发展的主要奠基者，专长于昆虫食性与营养生理研究。

1947年钦俊德到荷兰留学，进入阿姆斯特丹大学研究院。他先跟随实验胚胎学家Trampusch博士研究水螅体的生理梯度，后来在荷兰教授J. Ten Cate的指导下攻读博士学位。Ten Cate早年受业于俄国生理学家巴甫洛夫，对动物神经生理学有很深的造诣，他开始建议钦俊德研究昆虫的胆碱酯酶，后在助教de Wilde博士的建议下改为研究马铃薯甲虫与茄科植物的生理关系。钦俊德的博士学位论文为*Studies on the Physiological Relations Between the Larvae of Leptinotarsa Decemlineate Say and Some Solanaceous Plants*（《马铃薯甲虫在幼虫期与某些茄科植物的生理关系》），1950年在荷兰的期刊*Tijdschrift Over Plantenziekten*上发表。该论文阐述了昆虫选择寄主植物的过程，首先从感觉识别开始，经取食、消化、营养和有毒成分（次生物质）的适应等步骤，最后在某种植物上建立种群，每一步骤均有正反两种因素的作用，这些步骤衔接犹如链环。这一见解使他成为当时国际上流行的有关植食性昆虫对寄生植物链反应理论（catenary theory）的最早提出者之一，被国际上昆虫学教材引用。在美国明尼苏达大学进修期间，与昆虫生理学家A. G. Richards一起，研究欧洲玉米螟与抗虫甜玉米的生理关系，以及美洲蠊肌肉ATP酶的温度系数。

20世纪50年代初期，钦俊德创办了中国第一个昆虫生理研究室，并主持该室科研工作达30年之久，对昆虫生理学的诸多方面，包括东亚飞蝗、棉铃虫、黏虫、七星瓢虫等昆虫的食性和营养等进行了较系统的研究。在对东亚飞蝗卵期发育和食性的研究过程中，他查明了蝗卵在不同发育期中浆膜表皮的消长及其功能的变化，揭示其适应环境和抗逆能力的内在规律，从生理学上解释了东亚飞蝗发生基地遇旱热天气，湖泊水位下降是造成蝗害猖獗的重要因素，为预测蝗害的发生及改造蝗区根治蝗灾提供了科学理论依据。后来，着重研究植食性昆虫与植物的关系、植物次生性物质对昆虫的作用。他阐明了昆虫选择食料植物的生理基础及其演变，认为植食性昆虫先以嗅觉和味觉辨识植物所含有的刺激感觉器的特异成分，然后通过营养与解毒代谢以适应植物的化学组分而建立和维持种群。由此解释了以前昆虫学界流行的昆虫存在“植物学本能”的假说。1987年出版的专著《昆虫与植物的关系》论述了昆虫与植物形形色色的种间关系及其相互作用的理化基础，突出了昆虫与植物协同进化的观点，理论水平很高，充分反映了钦俊德在该学术领域中的独特见解和高深造诣。

在害虫生物防治的研究方面，钦俊德和他的同事通过对天敌昆虫的营养和人工饲料的研究，解决了七星瓢虫、赤眼蜂两种天敌昆虫的人工饲料的配制，为人工大量繁殖天敌昆虫创造了条件，并初步阐明瓢虫营养与生殖滞育的关系，对害虫的生物防治作出了贡献。他还接受军事医学科学院的任务，研究了印鼠客蚤幼虫的营养需要和适宜的饲料配制，以及人工蚊虫种群的快速侦检法，为国防科技作出了贡献。

钦俊德为中国昆虫生理学的发展作出了卓越的贡献，培养出一批从事昆虫生理学各重要领域（如食性、营养、生殖、激素、神经和感觉等）的教学和科研骨干力量。他发表学术论文80余篇，研究成果分别荣获国家、中国科学院自然科学奖或科技进步奖二等奖3项以及国家奖四等奖1项。1992年在北京召开第十九届国际昆虫学大会，他作为顾问委员会成员，对筹备这次大会的分组专题讨论及拟定大会主题等起了重要作用，编写了*Entomology in China*，在大会上做了题为“昆虫在中国文化生活中的地位”的大会报告。在大会期内，中国昆虫学会召开全国代表大会，他被推为理事会理事长，随后决定创办中国昆虫学英文期刊*Entomologia Sinica*。钦俊德除精通英语外，还能阅读俄、德、法、荷等多种外文。他曾将库兹涅佐夫的《昆虫生理学》由俄文译成中文，主持翻译了国际上第一本《昆虫生物化学》以及数集《昆虫生理学研究进展》等。除了专著《昆虫与植物的关系》，他还参与编著《英汉昆虫学辞典》（1962，1989），将陈世骧原著《进化论与分类学》译为英文。他同样重视科普工作，编写了《昆虫世界》（1957）、《昆虫的鸣声》（1964）、《动物的运动》（2000）等科普著作。

参考文献

路甬祥，2005. 科学的道路：上卷 [M]. 上海：上海教育出版社 .

钦俊德，1987. 昆虫与植物的关系：论昆虫与植物的相互作用及其演化 [M]. 北京：科学出版社 .

钦俊德文选编辑组，2006. 钦俊德文选 [M]. 北京：中国农业出版社 .

宋大祥，1995. 我国昆虫生理学研究先驱：钦俊德院士 [J]. 生物学通报，30(2): 45-46.

王琛柱，2016. 怀念恩师钦俊德先生 [J]. 今日科苑 (7): 71-74.

中国农业百科全书总编辑委员会昆虫卷编辑委员会，中国农业百科全书编辑部，1990. 中国农业百科全书：昆虫卷 [M]. 北京：农业出版社 .

CHIN C T, 1950. Studies on the physiological relations between the larvae of *Leptinotarsa decemlineate* say and some solanaceous plants [J]. Tijdschrift over plantenziekten, Jaargang (56): 1-88.

（撰稿：王琛柱；审稿：戈峰）

青藏高原青稞与牧草害虫绿色防控技术研发及应用　research and development and application of green prevention and control technology of barley and pasture pests in Qinghai-tibet Plateau

获奖年份及奖项　2014 年获国家科技进步奖二等奖

完成人　王保海、王文峰、张礼生、巩爱岐、陈红印、覃荣、王翠玲、李新苗、李晓忠、扎罗

完成单位　西藏自治区农牧科学院、西藏自治区农牧科学院农业研究所、中国农业科学院植物保护研究所、青海省农牧厅，青海省农业技术推广总站

项目简介　围绕建设中国青藏高原生态屏障和国家高原特色农产品基地的重大战略需求，针对 20 世纪 80 年代青稞与牧草害虫猖獗为害、粮食产量连续十年徘徊不前、农药不当使用等严峻形势，21 年来，以危害青稞和牧草的主要害虫为治理对象（图 1），查清了昆虫的种类、分布、分化与适应特点，探明了主要害虫成灾机理，创建了青稞与牧草害虫绿色防控技术体系，并进行大面积推广应用。实现了青藏高原 21 年农产品的稳定增产，进一步保护了祖国江河源、水塔源的环境，提升了藏民族的科技水平，促进了藏区的和谐发展。

在理论上解决了 3 个重要的科学问题：

依据青藏高原昆虫组成的特殊性，提出了昆虫区系的新理论。针对青藏高原昆虫家底不清的状况，进行了全面考察与研究，鉴定出昆虫与蜘蛛 10 133 种，发现新种 119 种、青藏高原新记录 3864 种。首次划分了青藏高原青稞与牧草昆虫水平分布的三大区域、垂直分布的三大地带，提出了三大分化类群和三大分化趋势，丰富了青藏高原昆虫区系及生物地理学理论。

揭示了主要害虫的成灾机理。从种群、群落、系统 3 个结构层次和植物、害虫、天敌三者相互作用，解析了 5 种重要害虫的灾变规律，发现了扩大冬播面积及不当早播是引发虫灾的主要原因，证实了不当化学防治是导致害虫再增猖獗的首要因素，发展了高原害虫监测预警有关理论。

创建了不同生态区域的治理措施。研发了生态调控、生物防治及保护天敌等绿色防控技术体系，适合青藏高原独特的人文地理环境及农业生产需求。

在技术上开创了青藏高原害虫绿色防控的新领域：

创造并实施了青藏高原害虫分区治理模式。针对青藏高原独特的农牧业环境与生产特点，将农牧区划分为生态稳定区、半脆弱区和脆弱区三大区域，各区采用不同的害虫防控方法。

集成并实施了“两改两用”的高原害虫防控对策（图 2）。即改种植模式、改防治方法、用生态调控、用生物防治，研发出 5 项天敌扩繁与保护技术，优选应用 3 种高效生防制剂，凝练了 8 项轻简化实用措施。

构建了“简单、环保、高效”的青藏高原害虫绿色防控技术体系。其地域特征鲜明，实用效果好，既有效地遏制了害虫的危害，又尊重藏民不杀生的宗教习俗，易于推广应用。

在应用上扭转了青藏高原荒漠化地域害虫防治的负效益，取得了显著的经济、生态和社会效益（图 3）。

自 1992 年以来累计推广应用 6.6 亿亩，挽回青稞与牧草产量损失 54.7 亿 kg，直接经济效益 105.7 亿元，少用化学农药 7302.6t，天敌数量增长 44%～56%，突破了粮食产

图 1　牧草、青稞主要害虫——西藏飞蝗（王保海提供）

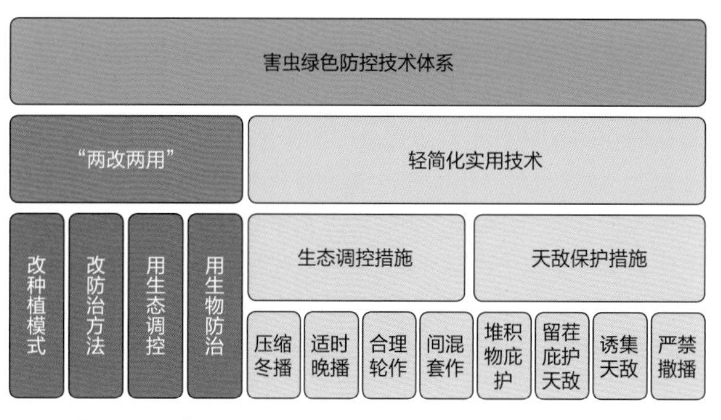

图 2　“两改两用”和 8 项轻简化实用技术（王保海提供）

图 3　进行农牧民培训（王保海提供）

图 4　该成果相关著作（王保海提供）

量的十年徘徊，实现了连续 21 年粮食增产的历史性进步，在解决温饱及粮食自给问题上做了突出贡献。累计推广应用 2.6 亿亩，挽回青稞与牧草产量损失 24.6 亿 kg，直接经济效益 57.2 亿元。

出版专著 8 部（图 4），其中 1 部获优秀图书一等奖；发表论文 75 篇；举办培训班 33 期、340 多场，培训农牧民 1.6 万余人，提高了农牧民对害虫防治的认识与水平。获得省部级科技奖励 6 项，其中一等奖 3 项、二等奖 1 项、三等奖 2 项，总体水平达国际先进，部分国际领先。

（撰稿：王保海；审稿：翟卿）

邱式邦　Qiu Shibang

邱式邦（1911—2010），浙江吴兴（今浙江湖州）人，农业昆虫学家、植物保护学家、中国科学院院士，中国农业科学院植物保护研究所研究员、博士生导师，中国害虫综合防治、生物防治的开拓者，中国植物保护学会（CSPP）首位植物保护终身成就奖获得者。从事植物保护科学工作 70 余年，发表学术论文 105 篇。曾担任中国植物保护学会第二、第三届常务理事，中国昆虫学会（ESC）理事，曾长期担任《生物防治通报》（后更名《中国生物防治》）主编，及《植物保护学报》《昆虫学报》《植物保护》《昆虫天敌》等学术期刊编委。

生平介绍　1911 年 10 月 1 日，出生于浙江吴兴。7 岁入私塾就读。9 岁随父亲工作举家迁往上海读书。15 岁就读沪江大学（今上海理工大学）附属中学。20 岁考取沪江大学生物学系，受刘廷蔚、郑章成的影响，对昆虫学产生浓厚兴趣，奠定了毕生的科学志向。

1936 年邱式邦大学毕业，进入中央农业实验所病虫害系，担任技佐。1937 年淞沪抗战爆发后，随单位从南京撤出，到广西工作站从事松毛虫、玉米螟、大豆食心虫、飞蝗等害虫的生物学、发生规律、防治方法及天敌资源等方面的研究，初有建树。

抗战胜利后，邱式邦与段醒男在重庆北碚完婚。1946 年随中央农业实验所迁回南京。主持飞蝗防治研究，引进六六六制剂，发明毒饵治蝗新技术，为中国治蝗工作开辟了新的途径。同时承担松毛虫防治，设计出滴滴涕配剂涂树干防治松毛虫的实用技术，在中山陵地区取得显著成效，获得同业高度评价。

1948 年，邱式邦考取英国文化委员会留学奖学金。翌年入剑桥大学动物系昆虫专业学习，在 V. B. Wriggleswoth 指导下研究蝗虫生理，学习国际治蝗经验。1951 年，他在《人民日报》上看到新中国采用飞机喷洒六六六粉剂灭蝗成功的消息，振奋不已，毅然决定终止继续深造，回国投身社会主义新中国的伟大建设事业。

1951 年底受聘于华北农业科学研究所植物保护系，负责治蝗科学研究。因工作成就卓著，1956 年出席全国先进生产者代表大会，受到毛泽东、周恩来、邓小平等党和国家领导人的接见合影。控制千年蝗害，曾被列为中华人民共和国成立十周年农业科学领域的两大成就之一。

1957 年中国农业科学院成立，邱式邦担任中国农业科学院植物保护研究所研究员兼虫害研究室主任。1959 年转为玉米螟防治研究，为保障国家困难时期的粮食安全生产，再立殊功，1964 年当选全国人大代表。

1966 年“文化大革命”期间，参加农林部组织的全国农作物病虫害调查指导防治工作，并代表中国农业科学家多次出访或出席国际会议。

1974 年，邱式邦结合多年科学研究与生产实践的体会，在全国农作物主要病虫害综合防治讨论会上，作了题为“学习综合防治的一些体会”学术报告，阐述发展综合防治的重要意义，提出了“预防为主，综合防治”是植物保护工作的根本方向。

1978 年邱式邦筹划组建生物防治学科，受农业部委托，与 26 个国家建立起有益天敌资源引种交换业务，促进推动了全国生物防治研究与应用工作。1980 年中国农业科学院生物防治研究室成立，担任研究室主任，1980 年 2 月，华国锋主席一行到中国农业科学院视察慰问，邱式邦应邀出席座谈会并合影。5 年后，国内第一个国外天敌引种检疫隔离实验室建成投入使用。

1985 年《生物防治通报》创刊，邱式邦担任主编，二十多年如一日，倾注了自己晚年的全部身心热情，严把质量，使之成为国内外植物保护科学工作者开展生物防治学术交流的重要窗口和纽带。

2006 年，年逾 95 高龄的邱式邦从期刊主编退了下来，颐养天年。同年，中国农业科学院生物防治学科并入中国农业科学院生物防治研究室。

2007年，他出席了中国农业科学院植物保护研究所举办的建所50周年暨邱式邦院士从业70周年学术研讨会。

2009年初，年近百岁的邱式邦入住北京老年医院，开始医养生活。

2010年，中国农业科学院出版《邱式邦院士百岁寿辰纪念册》，举办"邱式邦院士学术思想研讨暨百岁寿辰庆祝会"，农业部长韩长赋受国务院副总理委托，到北京老年医院看望邱式邦，祝贺百岁寿辰。

2010年12月29日，邱式邦在北京老年医院逝世。时任党和国家领导人来电、来函，敬送花圈，分别转达哀悼及对家属的慰问。2011年1月4日，农业部、中国科学院、中国农业科学院、国内众多植物保护学会、植物病理学会、昆虫学会等专业学术团体、单位及个人出席在北京八宝山革命公墓举行的邱式邦告别悼念活动。邱式邦的骨灰安葬在北京温泉墓园，长眠于毕生科学奋斗服务的祖国大地。

成果贡献 蝗虫灾害是中国农业生产的头号大敌。20世纪50年代，邱式邦带领助手深入到黄淮海蝗灾严重地区，开展科学研究。首创侦察蝗情的"三查"技术，解决了一系列飞蝗预测预报难题，推广毒饵治蝗，提出消灭飞蝗孳生地等一系列的科学技术措施，将全国每年四五千万亩飞蝗灾害，控制在四五百万亩以下，为国家粮食安全作出了卓越的贡献。

20世纪60年代，全国玉米螟暴发成灾。他调整研究目标，深入山西、河北、山东、河南玉米产区蹲点，根据玉米螟野外生物学特性，找到了解决提高防虫效果的关键技术。研制成功5%滴滴涕和1%林丹、六六六颗粒剂，具有效力高、持效期长、用工少、施药简便等特点。仅在山西、河北、江苏推广应用，就占到当年三省玉米种植面积的50%，为解决国家困难时期的农业保产增产，立下了汗马功劳。

20世纪60年代，邱式邦总结提出了"预防为主，综合防治"科学技术思想，1975年被农业部定为中国植物保护科学技术工作的指导方针。

20世纪80～90年代，邱式邦创建中国农业科学院生物防治学科（1980年成立研究室，1990成立研究所），创办生物防治专业期刊（1985年《生物防治通报》，1995年更名《中国生物防治》，2010年更名《中国生物防治学报》），独树一帜，多次被评为影响因子名列全国前十名的农林学术期刊。

所获奖誉 1953年获全国农业水利先进生产者称号；1956年获农业部爱国丰产奖、全国首届劳动模范称号；1964年当选第三届全国人大代表；1978年任联合国粮农组织害虫综合防治专家委员会委员；1978年获全国科学大会先进个人奖；1979年被国务院授予全国劳动模范称号；1980年当选中国科学院学部委员（院士）；1985年获法国农业部授予的农业功勋骑士勋章；同年，因从事科学工作50年并做出重要贡献受到中国科学院表彰；1988年因长期在开发黄淮海平原农业生产工作中做出突出成绩受到国务院表彰；2009年荣获农业部颁发的中华人民共和国成立60周年"三农"模范人物荣誉表彰；2010年中国植物保护学会（CSPP）授予"植物保护终身成就奖"。

性情爱好 邱式邦将毕生的时光、智慧和精力贡献给中国的植物保护科学事业。他性格稳重、正直、平和、幽默，对人不唯上、不压下，淡泊名利。对待事业不辞辛劳、身先士卒、深入生产实际、理论联系实际，知行合一。个人生活守时、守信、节俭、朴素。闲暇时候，喜欢读书、集邮、种花。

参考文献

钱伟长, 2012. 20世纪中国知名科学家学术成就概览：农学卷 第二分册 [M]. 北京：科学出版社.

邱式邦, 1974. 植保工作必须坚持预防为主综合防治的方针 [J]. 中国农业科学 (1): 41-47.

邱式邦, 李光博, 1956. 飞蝗及其预测预报 [M]. 北京：农业出版社.

邱式邦, 马世骏, 1956. 消灭飞蝗为害 [M]. 北京：中国财经出版社.

邱式邦文选编委会, 1995. 邱式邦文选 [M]. 北京：中国农业出版社.

邱式邦院士纪念册编委会, 2007. 邱式邦院士从业七十周年纪念册 [M]. 北京：中国农业出版社.

中国农业科学院, 2010. 邱式邦院士百岁寿辰纪念册 [M]. 北京：中国农业科学技术出版社.

（撰稿：陈建峰；审稿：马忠华）

裘维蕃 Qiu Weifan

裘维蕃（1912—2000），中国植物病理学家、中国农业大学教授、中国科学院院士，曾任全国人民代表大会常委、中国科学技术协会副主席。

生平介绍 生于1912年5月，江苏无锡人。是植物病理学、植物病毒学、菌物学家和农业教育家。他幼年喜好文学和绘画。1931年入南京中央大学旁听数理化课程，1932考入金陵大学植物病理系，先后从师戴芳澜和俞大绂。1935年获金陵大学学士学位并留校任助教、讲师。1944年获美国威斯康星大学奖学金赴美留学，1948年获威斯康星大学哲学博士学位。1948年回国，应聘于清华大学农学院任副教授。后入北京农业大学（现中国农业大学），先后任副教授、教授。裘维蕃先生是第三届中国人民政治协商会议北京市委员会常委，第三、第五届全国人民代表大会代表和第六届全国人民代表大会常委兼教科文卫委员会委员。

科学研究上求实创新 裘维蕃先生在科学研究上坚持求实创新，从不墨守成规，并力求使研究课题密切联系生产实际。早在1937年，他先后深入安徽屯溪、汤口和大巴山等山区调查食用菌栽培情况，采集标本，用随身携带的旅行显微镜鉴定标本并绘图，在国内首创了用锯末栽培平菇和金针菇的方法，写出了中国第一本食用菌专著《中国食用菌及其栽培》。在美国留学期间，他首次详细地研究了瓜类黑腐病菌，并报道了真菌菌丝细胞的异核现象，成为较早阐明异核现象是细胞突变根源之一的科学家。1946 年被选为美国 Gamma Alpha 优秀研究生荣誉学会会员。1947 年被选为美国 Sigma Xi 科学学会会员。他比英国学者早两年建立了植物病情指数的演算公式，量化了植物病情的程度，提高了病害调查的水平，为病害防治提供了科学依据，对生产实践发挥着广泛的影响。在 20 世纪 50 年代初，新中国百业待兴，急需解决农业生产中的病害问题，他即转向研究一些重要病害。为了证明白菜孤丁病是植物病毒引起的传染病害，而不是干旱造成的所谓“旱孤丁”，他反复试验，积极写文章、作报告，并邀请新华社和《北京日报》报社记者参观试验，协助开展科普宣传，而且提出了针对传毒介体蚜虫的综合防治措施，获得了 1965 年中国科学院科技进步二等奖。1964 年他又着手研究在山东出现的一种毁灭性病害——小麦丛矮病，他深入农村考察，初步证明这是由灰飞虱传播的病毒病。20 世纪 70 年代初，河北石家庄地区推行间套作制度，同棉花、玉米间套种的小麦又严重发生了上述的小麦丛矮病，他领导一个小组通过调查和试验，进一步找到了该病的发生发展规律和行之有效的防控措施，使病区小麦增产 5%～15%；1978 年小麦丛矮病的研究获得农牧渔业部科技进步二等奖和 1987 年国家科学技术委员会科技进步三等奖。在他进入古稀之年后，仍孜孜不倦地对植物病毒病的防治进行探索，他借鉴中国中医调理治病的原理，提出“通过外用物质改变植物的生理状态，诱导植物产生多种能够减轻病毒致病性的反应，达到防治病害的目的。”这是着眼于提高植物抗病性的一种新颖的防控病毒病的观念。在他领导下的课题组经过数年研究，成功地研制出几种适用于生产应用的耐病毒诱导剂，获得了 1990 年国家教育委员会科技进步一等奖和 1991 年国家自然科学三等奖。他还结合生产实践，积极收集生产反馈的信息进行深入研究，经过努力，83 增抗剂已经工业化生产，并在全国大面积应用，平均防病增产 10% 以上，被列为国家科技成果重点推广项目。1987—1990 年在他的领导下，继续进行了高效促产的新型化学诱导物质的研究，研制出 5 种新的诱导物质乳液，其中 88-D 和 88-H 已具有成熟的工艺流程，并经过数年的多点小区重复及大田示范试验，证明其无毒高效，经济效益和社会效益明显。裘维蕃先生在少年时代曾患伤寒而致失聪，这给他的学习带来很大困难。但他刻苦努力，学业优异，除专业书籍外，他还涉猎其他自然科学以及历史、文学与社会科学。他把外语视为重要的学习工具，在熟识英语以后，又花了很多时间选读德语和日语，并刻苦自学了法文、拉丁文和俄语。他勤于动手，在有条件购买仪器设备时，亲自了解仪器的使用原理和正确操作技术。在困难时期，先后自己动手制作了酸度（pH）计、科技照相移动架和缩微胶卷阅读器；在彩色胶卷尚属于稀缺品的时代，他掌握了冲扩黑白照片和着色的技术，制作了很多精美的彩色植物病害照片，便于师生识别病害。

心系农业教育和植物病理学发展　他毫无保留地将学识奉献给农业教育事业，先后为大学生开设了农业植物病理学、病毒学、细菌学、植物病理学技术和真菌学等课程，主编过多套上述分支专业的教材，为建立这些学科的教学体系作出了突出贡献。在现今中国农业大学的校史馆中，还陈列着他搜集的大量资料、教案和示范用的精美绘图。1982 年由他主编的《农业植物病理学》被评为优秀教材。他在 1964 年编著的中国第一部《植物病毒学》，经 1984 年修订再版后，被选为“中国优秀科技图书”（1990）。师从他的 50 多位助手和研究生在国内外教学和研究上作出了令人瞩目的贡献。他在古稀之年，还亲自指导了近 50 位硕士和博士研究生，研究课题内容涉及高等和低等真菌、病毒、线虫、细菌和病生理学与分子生物学等，作物对象包括粮食作物、蔬菜、油料、果树、林木和花卉、中草药等。这些研究不仅为植物病理学增色生辉，而且为农业生产解决了实际问题。20 世纪 60～70 年代，他先后在 10 个省（自治区、直辖市）作学术报告 40 余次，培训科技干部 2 万余人。

1948 年初当他获得博士学位后，辞谢了导师劝他暂留美国工作的邀请，冒着战乱的危险辗转返回北平，迎接了中华人民共和国的诞生。在 1950 年抗美援朝战争时，他积极投入反细菌战工作，并于 1952—1953 年被派赴苏联、东欧各国及奥地利参加反细菌战专家组，宣传细菌战的事实及危害，强有力地揭露了细菌战的罪行，赢得了国际舆论的支持。1972 年在和美国就进口小麦携带矮腥黑穗病菌的谈判中，他作为中国的首席代表，以严密的科学资料和试验作依据，迫使美方退麦致歉，避免了这种危险性病害的传入，保证了中国小麦生产的安全，维护了中国植物检疫的声誉。

他为中国植物病理学的发展作出了突出贡献。在他担任中国植物病理学会（CSPP）秘书长、理事长时，学会经费困难，他就自筹经费，并捐助数千元稿费。他曾担任《中国农业百科全书》总编委会委员、《中国科学技术专家传略》总编委会副主任委员、《中国大百科全书：植保卷》编委、《中国科学》编委、《植物保护学报》副主编、《植物病理学报》主编、中国食品工业协会食用菌专业协会名誉会长，中国菌物学会（MSC）理事长、名誉理事长、中国科学技术协会三届副主席等职。他积极推动中国植物病理学会加入国际学会组织，与国际植物病理学界有着广泛的联系。由于他对世界植物病理学的贡献，在 1998 年国际植物病理学大会（ICPP）上被授予终身会员的最高荣誉。一生著有《食用菌栽培法》《植物病毒学》《菌物学大全》等十几部著作，在国内外发表学术论文 160 余篇。

（撰稿：孙文献；审稿：马忠华）

全俄罗斯农业科学院植物保护研究所　All Russian Research Institute of Plant Protection

隶属于俄罗斯农业科学院（Russian Academy of Agricultural Sciences，RAAS），其前身是全苏联植物保护研究所（All-Union Institute of Plant Protection），建立于 1929 年，是俄罗斯农业科学的领导中心，也是植物保护领域的重要科研机构。

机构下设 11 个研究室，分别为植物病害诊断和预测研究室、真菌学和植物病理学研究室、农业昆虫学研究室、植物抗病性研究室、害虫生物防治研究室、微生物防治研究室、综合植物保护研究室、信息及科技合作研究室、农药使用生物监管中心、植物毒理学研究室、农业生态毒理学研究室。此外，还有图书馆、试验场和昆虫饲养所。

全俄罗斯植物保护研究所自建立至今已有 90 多年历史。在这 90 多年中，其科学家为俄罗斯植物保护科学与实践的发展作出了巨大贡献。在该所科技人员的直接参与和有效监督下，消除了害虫的大面积发生，控制了特别重大的病虫害。他们研究提出了适用于作物栽培条件下的农业生态系统植物健康合理化的新概念；研究出了能对重要有害对象进行自动监测的电子应用系统；对害虫（马铃薯金针虫、玉米螟）、马铃薯及禾本科作物病害病原菌（叶锈病、赤霉病等）的遗传结构的形成及动态学进行研究，建立了对病虫害具有小组抗性及综合抗性的农作物原则；以各种天然的食虫病原微生物为基础，创造了 10 余种独一无二的生态安全的生物制剂及其生产工艺；研制出了对生态危害性小的植保制剂，其中包括生物活性物质及能够提高选择性而不破坏农业生态自我调节机制的自然来源的制剂；研究总结出了可预防病虫害种群对化学药剂产生抗性的方法，并阐明了鉴定抗药性的遗传及生化的本质；研发出了可提高生态指标的机器类型，包括低容量喷雾器、田间拉杆式喷雾器、带有离析小雾滴的超低容量喷雾器等。

全俄罗斯植物保护研究所的主要任务是通过发展和实现基于害虫综合治理（Integrated Pest Management, IPM）系统的革新，确保俄罗斯粮食安全生产和农业生产的可持续发展。其主要研究方向和任务包括四个方面：一是在俄罗斯联邦境内发展有害生物植物检疫监测的先进方法。即研究基于 DNA 技术的方法以快速诊断病原菌和害虫，开发数字化技术用于陆生生物和农业生态系统遥感技术，预测俄联邦境内危险性和外来有害生物的定殖和扩散，为农产品生产者设计实时监控工具包括区域性在线决策支持系统。二是减少农药对环境的危害。在农业生物群落内选用最新分类的低毒植保产品，基于纳米技术开发生态友好型植物保护化学产品和有效制备成分，管理害虫、病原菌和杂草对农药的抗性，在杂草、害虫和病害分布具有空间异质性的精准农业生态系统中施用农药时使用模式识别系统和 GPS 导航。三是研究植保病虫害生物防治的环保技术。基于物种组成、种间关系和适应策略分析结果利用以昆虫为食的节肢动物资源、昆虫病原微生物和微生物拮抗剂，并研究和管理这些活体生物制剂，在天敌昆虫、昆虫病原微生物、微生物拮抗剂和植物代谢物的基础上研究新的植物保护措施，为温室栽培、工业污染水平提高地区、度假和水资源保护区以及生产婴儿和减肥食品的地区创建生物植物保护系统。四是提高植物对有害生物和非生物因素的抗性。揭示植物—病原菌或植物—害虫互作的生理生态学机制和分子遗传学机制，应用植物遗传资源研发抗性品种和农作物抗性基因的分子定位，应用基因工程技术开发农作物新品种等。

在国家和院级之间科技合作计划的框架下，全俄罗斯植物保护研究所与外国研究单位开展了广泛的联系和合作，与国际农业化学公司在研究新的植保制剂方面建立了双边合作和协作关系，推动了俄罗斯植物保护和农业科学的发展，为俄罗斯的农业可持续发展作出了重要贡献。

（撰稿：范在丰；审稿：孙文献）

Q

R

《热带植物病理学》 *Tropical Plant Pathology*

由巴西植物病理学会于2008年创办的国际性双月刊，电子版ISSN：1983-2052，期刊号码：40858，CiteScore植为1.07。由德国斯普林格（Springer）出版集团出版，主要刊登植物病理学基础研究和应用研究工作。2016年该主编Francisco Murilo Zerbini，是巴西维索萨联邦大学教授。该期刊收录包括真菌学、细菌学、病毒学、线虫学、流行病学、寄主—病原物互作、植物病原物遗传学、生理和分子病理学、储藏和非感染性疾病、植物保护策略有关的主题领域的研究论文。

（撰稿：刘永锋；审稿：刘文德）

人工种植龙胆等药用植物斑枯病的无公害防治技术 the pollution-free control technology of artificial planting Gentian and other medicinal plants spot blight

获奖年份及奖项 2009年获国家技术发明奖二等奖

完成人 王喜军、曹洪欣、孙海峰、孙晖、马伟

完成单位 黑龙江中医药大学

项目简介 药用植物病害是制约中药材规范化大面积生产的主要因素。建立无公害防治技术既能解决这一关键问题，又是保证与提高中药材质量的有效途径。本发明以常用且短缺的大宗药材龙胆等基源药用植物的人工规范化种植为示范，解决制约中药材大面积生产的关键技术问题——病害无公害防治技术。斑枯病是药用植物发生普遍、危害严重的病害，本技术发明以龙胆斑枯病为对象将药用植物病害发生机制、防治技术与药材质量（有效成分含量）及产量提升有机地结合，有效地解决药材资源可持续利用的关键科学问题，并为药用植物病害防治提供了示范性模式。该项目在国家科技支撑计划项目支持下，经过对龙胆斑枯病10年的研究，取得如下成果：

通过不同产区病情调查及田间参数优化种植试验，阐明斑枯病发病规律及发病机制，创建防治斑枯病的优化栽培因子组合，研究了斑枯病的综合防治技术；通过使用不同品种、不同浓度药物进行种子处理，通过室内抑菌及对种子发芽影响实验，以及田间防治试验，对处理和非处理种子防病情况进行对比研究，发明了种子处理技术及防病种子制备技术。前者实现了病害的源头控制，后者实现了该源头控制技术的可推广价值。

以不同产区龙胆病叶为样本，分离并培养得到44个菌株，在形态学研究、真菌全细胞脂肪酸GC-MS分析、DNA分子标记的基础上，通过聚类分析等方法，发现了2个新变种。从而深化了对病害的认识，提高了防治水平。

利用分离的病原为对象，基于“人得病吃中药，植物得病也应用中药治疗”研究理念，通过实验室抗菌实验及田间试验，针对性地从植物药中筛选发明了对斑枯病病原具有抑制及杀灭作用的植物源性抑制剂4个。为斑枯病无公害防治提供了新技术和新的生物源制剂。

建立了病害病情随时间进展的数学模型，描述病害季节性流行动态规律；将中药化学及中药品质分析方法与植物病害研究相结合，阐明病害对药材产量和质量影响，建立了斑枯病导致药材产量及质量损失的数学模型及防治指标数学模型。揭示了病情指数与龙胆药材有效成分含量及其损失率的关系，科学地评价了斑枯病的病情对龙胆药材质量的影响度，对提高防治的经济性和有效性，最大限度地降低损失，减少防治费用提供了可数值化的依据，使药用植物病害的防治真正进入了科学化的轨道。

该项目获国家“九五”计划“中药现代化研究及产业化开发专项”资助，2002年通过项目验收；并获黑龙江省政府北药开发重大专项资助，进行推广示范。在5个药材种植基地推广应用，由药材产量增加而带来的经济效益增加逾400万元。获国家发明专利5项，发表研究论文20余篇，论文被直接引用100余次，相关研究获黑龙江省科技进步一等奖1项，教育部高校专利奖二等奖1项。

（撰稿：王喜军；审稿：周雪平）

日本杂草科学学会 Weed Science Society of Japan, WSSJ

在日本工业化发展、农村老龄化进程加快、在杂草轻劳动化需求的背景之下，1962年1月，为建立合理有效的杂草管理技术，各专业领域的科学家合作成立了“日本杂草学会”。1975年4月更名为“日本杂草科学学会”（WSSJ），并同时加入日本农业科学学会（Association of Japan Agricultural Scientific Societies），后又于1977年加入

了国际杂草科学学会。在学会法人授权推动下，日本杂草科学学会于 2019 年 3 月成为一般法人单位，日本杂草科学学会为推动杂草科学在农学领域成为一个原创领域发挥了重要作用，并通过编辑期刊、书籍，组织年会、研讨会等形式，为日本和亚太地区提供了广泛的杂草科学信息交流机会。

现在的日本杂草科学学会理事的会长为内野彰，副会长为小林浩幸和关野景介，监事为伊藤雅仁和村冈哲郎，干事长为小荒井晃，事务理事为保田谦太郎、松尾光弘和好野奈美子。整个理事会包括财务委员会、日文期刊编辑委员会、英文期刊编辑委员会、学会奖评审委员会、国际交流委员会和术语委员会、研讨会委员会、杂草研究人员培养委员会、法人化委员会、研究课题补助事业遴选委员会、创立 60 周年事业执行委员会、代议员、委任委员、外部对应和事务分局等。办会至今已经举办了 59 届杂草大会，共出版了 9 册书籍 *Weed Management in Rice*、*50th Anniversary Celebratory Volume*、《杂草学事典》（CD 版）、《我想了解一下杂草学》《杂草科学实验法》《日本杂草学会小册子：用图和照片分辨 80 种相似的草的方法》《日本杂草学会小册子 2：杂草的逆袭（在除草剂下生存的杂草的故事）》《杂草学术语集（1991）》。

学会通常每年都会召开年会（4 月）和研讨会（秋季），并创办了属于日本杂草科学学会的期刊，包括日文版的《杂草科学与技术》和英文版的 *Weed Biology and Management*，其中，*Weed Biology and Management* 作为国际期刊，每年出版 4 次。该期刊接受杂草科学各方面的原始研究和评论的投稿，尤其欢迎亚太地区杂草科学家的投稿。该期刊主要内容与杂草分类、生态学和生理学、杂草管理和防治方法，除草剂在植物、土壤和环境中的行为，杂草利用等杂草科学等方面有关，所有的投稿都经过严格的质量审核。另外学会设置优秀杂草学者评选程序，鼓励并授予优秀杂草学者研究奖项。

（撰稿：黄红娟；审稿：张杰）

入侵害虫蔬菜花斑虫（马铃薯甲虫）的封锁与控制技术 blockade and control techniques for the invasive pest Colorado potato beetle

获奖年份及奖项 2005 年获国家科技进步奖二等奖

完成人 张润志、王春林、刘晏良、张广学、夏敬源、迪拉娜·艾山、梁红斌、王福祥、任立、赵红山

完成单位 中国科学院动物研究所、全国农业技术推广服务中心、新疆维吾尔自治区植物保护站

项目简介 蔬菜花斑虫（*Leptinotarsa decemlineata*）即：马铃薯甲虫是世界上著名的毁灭性大害虫。1993 年 5 月，发现蔬菜花斑虫传入中国新疆。针对蔬菜花斑虫疫情的突然暴发，在国家应急公关项目支持下，边研究、边示范、边推广，在中国蔬菜花斑虫疫区封锁、阻止扩散蔓延、减少危害等方面发挥实际效能，并进行及时的推广应用。主要创新成果如下：

阐明独立寄主与害虫繁殖量的关系。该项研究证实并提

图 1 蔬菜花斑虫成虫（张润志摄）

图 2 蔬菜花斑虫卵块（张润志摄）

图 3 蔬菜花斑虫幼虫（张润志摄）

R

出仅有马铃薯、茄子、番茄和野生植物天仙子为其独立寄主；马铃薯为蔬菜花斑虫的最适寄主，其次为天仙子，蔬菜花斑虫取食天仙子的繁殖能力为取食马铃薯的1/6；茄子和番茄虽然也可以成为蔬菜花斑虫的独立寄主，但推测其繁殖力仅为取食马铃薯的1/30～1/100。

揭示了害虫发生特性规律。成虫（图1）在土壤中越冬，大多数成虫深入地下7.6～12.7cm。春天从土壤中爬出后，成虫通过爬行和飞行扩散以寻找寄主，随后立即取食。5～10天后，雌成虫开始产卵（图2），将卵产于寄主植物叶片的背面，每块卵20～60粒卵。成虫常反复交配，雌成虫可在滞育前后交配。在合适的条件下，虫口密度往往急剧增长，即使在卵的死亡率为90%的情况下，若不加防治，一对雌雄个体5年之后可产生1.1×10^{12}个体（图3）。

研究了野生寄主植物的诱集作用和农田杂草对成虫产卵的影响。成虫产卵对天仙子趋性强于其他寄主植物的重要习性，首次发现农田杂草可以强烈影响蔬菜花斑虫扩散过程中的产卵能力；明确蔬菜花斑虫在新疆每年发生2～3代，以成虫在11～20cm深的土壤内越冬（90%）。

明确了害虫迁飞扩散特性。蔬菜花斑虫越冬成虫出土后寻找寄主过程中，可以远距离地传播扩散，扩散速度和方向与大风方向和风速密切相关。越冬成虫就近寻找到寄主植物的可能性最大。成虫在以蒿草为主的低山草原地带，第一代成虫3天可以扩散至200m的距离，15天后仍然可以存活，并找到200m以外的寄主植物马铃薯。首次通过标记—释放—回收的办法证实，越冬成虫借助大风，16天时间可随风传播到115km以外的地区，为疫区蔬菜花斑虫的封锁控制提供了重要科学依据。

研发了应急防治技术并进行了大范围应用。创制了对蔬菜花斑虫越冬地实施地膜覆盖技术控制越冬成虫出土技术措施，研制了利用一年生天仙子作为诱集带的成虫消灭技术，筛选并制定了化学药剂封锁控制技术。最大限度地阻止害虫了扩散蔓延，研制、整合、完善并实施了以“捕、诱、毒、饿、治”为方针的《蔬菜花斑虫封锁与控制技术》，10年内控制蔬菜花斑虫于新疆境内，成果的最大效益在于对保护全国8000万亩马铃薯等作物安全生产发挥了重要作用。

（撰稿：任立；审稿：张润志）

《入侵生态学》 *Invasion Ecology*

由3位在生态学、入侵生物学、入侵生态学方面颇有建树的教授，即Julie L. Lockwood、Martha F. Hoopes、Michael P. Marchetti主编，2007年出版第1版，第2版由约翰·威利父子（John Wiley & Sons）出版公司在2013年出版（见图）。

（桂富荣提供）

该书共466页，特别注重入侵各个阶段的相关重要研究结果，概述了从传播途径、成功影响生态的原因、入侵生物管理和入侵后进化的整个入侵过程，新增了预测和预防入侵、管理和根除入侵生物以及在不断变化的气候条件下的入侵动态等新章节。

贸易的全球化和国际旅游使得外来物种的传播扩散异常活跃，已经导致了一些不可预见的、甚至毁灭性的后果。对入侵问题越来越多的关注引发了相关研究的快速增长：主要集中在外来物种入侵动态、入侵对本地生态和人类经济活动的不利影响等方面。该书可供生态学和保护管理学研究生和相关学科本科生参考。这些内容将有助于读者了解入侵生态学的发展脉络和学科特点，理解其核心科学问题。掌握入侵生态学研究的国际形势和发展趋势，同时将进一步促进中国入侵生态学学科的形成与发展，对中国未来入侵生态研究和相关政策制定具有重要的指导意义与参考价值。

（撰稿：桂富荣；审稿：周忠实）

《入侵生物学》 *Invasion Biology*

由中国农业科学院植物保护研究所万方浩、福建农林大学植物保护学院侯有明、浙江大学农业与生物技术学院蒋明星主编，国内15所大学、7所科研和检疫机构的41位人员共同编著，由科学出版社2015年出版。全书配有270多幅彩图，70多个知识框和延伸阅读框，图文并茂。文后建有物种名称索引和主题索引（见图）。

（蒋明星提供）

全书共分 8 章，介绍了：入侵生物学概论；外来种的入侵过程；入侵种的生物学特性；生物入侵中的种间关系；生态系统的可入侵性；生物入侵的预防与控制；生物入侵的管理；重要农林入侵物种。重点介绍了生物入侵领域的基本概念和基础理论知识，预防、控制和管理入侵生物的策略、技术和方法，以及中国 33 种重要农林入侵物种的入侵生物学和防控技术等。

该书是中国入侵生物学领域的首部教材。该书为植物保护、生物安全、生态学等专业的本科生、研究生教材，也是相关专业开设选修课的教材，同时可供植物检疫、农业技术推广等部门的管理和研究人员参考。

（撰稿：蒋明星；审稿：周忠实）

《入侵生物学》 *Invasion Biology*

由中国农业科学院植物保护研究所万方浩主编，科学出版社 2011 年出版。该书系统介绍了入侵生物学的学科构建、理论体系和发展趋势，全书 515 页，该书系统介绍了入侵生物学的学科构建、理论体系和发展趋势，共 76.3 万字。

该书分为上、下两篇。上篇首先介绍入侵生物学的学科形成与发展，然后从个体角度论述入侵物种的入侵特性，从种群角度论述入侵物种的扩张与分布格局，从种间角度论述入侵物种与本地物种的相互作用，从群落角度论述入侵植物的化感作用以及与土壤微生物的相互作用，从生态系统角度论述全球变化对生物入侵的具体影响。下篇主要论述 10 个生物入侵核心假说，详细介绍了不同假说的产生背景、理论基础、研究案例、应用价值以及局限性，并对部分术语和概念进行界定。该书回顾和总结了过去数十年国际上入侵生物的研究成果，在对基础理论和案例进行介绍的同时，着重探讨了入侵生物学中的关键科学问题，即入侵物种的入侵特性和生态系统的可入侵性。根据中国生物入侵的研究模式和进展，提出了具有中国特色的入侵生物学学科体系，同时对入侵生物学的核心理论和方法进行翔实的介绍和探讨。

该书是入侵生物系列专著中最核心的一本。该书涵盖的内容将有助于读者了解入侵生物学的发展脉络和学科特点，理解其核心科学问题，掌握入侵生物学研究的国际形势和发展趋势，同时将进一步加快中国入侵生物学学科的形成与发展，对中国未来生物入侵研究和相关政策制定具有重要的指导意义和参考价值。

（撰稿：周忠实；审稿：杨国庆）

《扫描昆虫雷达与昆虫迁飞监测》 *The Scanning Entomological Radar and Insect Migration Monitoring*

（封洪强提供）

昆虫雷达是在不干扰昆虫飞行行为的前提下对昆虫飞行行为实施全天候监测的一种现代工具。该书由程登发、封洪强、吴孔明编著，2005年由科学出版社出版（见图）。

该书第1章详细介绍了雷达昆虫学的发展历史和昆虫雷达的原理。第2、3、4、5章详细介绍了中国自主开发的扫描昆虫雷达数据采集与分析系统的硬件和软件实现方案，并附有详细的源程序，供感兴趣的读者和技术人员深入研读。第6、7、8三章分别以甜夜蛾、草地螟和棉铃虫的迁飞观测为例，介绍了如何使用扫描昆虫雷达观测害虫的迁飞及获得的新发现，为使用昆虫雷达观测害虫迁飞提供了范例。第9章介绍了华北地区的空中昆虫群落，分析了几种害虫存在远距离迁飞的可能性，指出了尚未解决的问题，供读者思考和进一步研讨。

该书可供植物保护科技工作者、农业大专院校师生和各级推广部门的专业技术人员使用。

（撰稿：封洪强；审稿：翟保平）

《森林昆虫学》 *Forest Entomology*

森林昆虫学是昆虫学的一个分支，是研究森林中有益和有害昆虫（包括害螨）的一门学科。该书由东北林业大学李成德主编，中国林业出版社2004年出版（见图）。

该书包括总论和各论两部分，共12章。前5章总论部分为森林昆虫学基础，介绍了中国森林害虫发生与危害概况、森林昆虫学以及其研究内容和发展历史、森林昆虫学研究的发展现状以及森林昆虫学基础理论知识，包括昆虫的形态与器官系统，昆虫生物学，昆虫分类学，昆虫生态学，害虫管理的策略及技术方法。后7章为各论部分，包括在中国严重为害和普遍发生的虫和螨类共235种，包括苗圃及根部害虫，顶芽及枝梢害虫，食叶害虫，蛀干害虫，球果种实害虫，木材害虫，竹子害虫，包括235种主要害虫的分布、危害、形态特征、生活史以及习性和防治方法等，以及159种害虫的简要介绍。全书共附插图300余幅。

（张永安提供）

该书是多个从事森林昆虫学工作者辛苦劳动的结晶，内容达到了“精”“准”“新”的水平，该书作为高等农林院校林学、森林资源保护与游憩专业教材，可为广大林业、森林保护、森林病虫害防治与研究工作者提供参考用书，对中国森林昆虫学研究与教学起到了推动作用，并为森林害虫防治提供理论和技术指导。

参考文献

李成德, 2004. 森林昆虫学 [M]. 北京：中国林业出版社

（撰稿：张永安；审稿：张礼生）

杀虫活性物质苦皮藤素的发现与应用研究 study on the discovery and application of the active insecticidal substance *Celastrus angulatus*

获奖年份及奖项 2006年获国家科技进步二等奖

完成人 吴文君、胡兆农、刘惠霞、姬志勤、朱靖博、祁志军、周文明、师宝君、刘国强、李富国

完成单位 西北农林科技大学、陕西农大德力邦科技股份有限公司

项目简介 苦皮藤（*Celastrus angulatus*）是卫矛科南蛇藤属的一种杀虫植物，一直未被开发利用（图1）。为了创制中国具有自主知识产权的新型杀虫剂，开发利用这一宝贵的植物资源，在国家自然科学基金和陕西省科技攻关项目资助下，连续12年对杀虫植物苦皮藤进行多学科交叉研究，

主要创新成果如下：

系统研究了杀虫植物苦皮藤的活性成分，分离鉴定出19个杀虫活性化合物，其中15个是首次报道的新化合物，解决了开发苦皮藤这一重要植物资源的关键问题。

提出“昆虫中肠是杀虫剂的作用靶标”的学术新观点，在现有昆虫神经毒剂、昆虫呼吸毒剂、昆虫生长发育抑制剂及昆虫行为干扰剂等杀虫剂类别的基础上，提出一类新的杀虫剂——昆虫消化毒剂的概念、特点及创制昆虫消化毒剂的途径。

图1 自然生长的苦皮藤（吴文君提供）

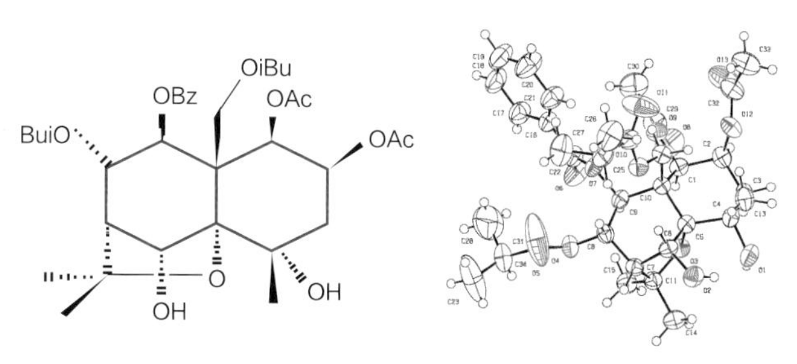

图2 苦皮藤素结构（吴文君提供）

图3 苦皮藤制剂及其防治效果（吴文君提供）

①苦皮藤制剂；②对照（使用前）；③处理（防治效果）

图4 专著封面（吴文君提供）

①《生物农药及其应用》；②《从天然产物到新农药创制——原理·方法》

揭示出新型杀虫活性物质二氢沉香呋喃类化合物苦皮藤素（图2）具有在一定温度范围内杀虫活性随温度而降低的现象，这是继滴滴涕、拟除虫菊酯类杀虫剂之后关于“负温度系数农药”的第三类杀虫活性物质。

进行了植物杀虫剂抗药性风险评价，以实验证明植物杀虫剂同样可以产生抗药性，但与化学农药相比，抗药性发展速度缓慢，纠正了长期以来认为植物杀虫剂不易产生抗药性的学术观点。

研制出“0.2% 苦皮藤素乳油”“0.15% 苦皮藤素微乳剂”及“0.1% 苦皮藤素微粉剂”三种植物源杀虫新制剂（图3）。

项目出版2本学术专著（图4），发表学术论文67篇，其中SCI收录论文6篇，正面引用81次，单篇被引用54次。获得3项国家发明专利授权，其中2项以330万元转让给陕西农大德力邦科技股份有限公司。0.2% 苦皮藤素乳油已获农药“三证”批量生产，2003—2005年产309t，企业新增利税1306.47万元，推广应用278万亩次，获经济效益14.734亿元。项目研究结果极大地带动了中国植物源农药的研究与开发，所创制的产品为无公害农药，可以部分取代中国使用的高毒农药品种，有助于农药产业结构调整。

（撰稿：吴文君；审稿：周雪平）

杀菌剂氰烯菌酯新靶标的发现及其产业化应用 discovery and industrid application of a new target for phenamacril bactericide

获奖年份及奖项 2018年国家科技进步奖二等奖

完成人 周明国、马忠华、侯毅平、王洪雷、陈雨、杨荣明、段亚冰、刁亚梅、郑兆阳、关成宏

完成单位 南京农业大学、浙江大学、江苏省农药研究所股份有限公司、安徽省农业科学院、江苏省植物保护植物检疫站、安徽省植物保护总站、黑龙江省农垦总局植保植检站

项目简介 基于前期原创的氰烯菌酯具有高度选择性和与现有杀菌剂没有交互抗性的突出优点，在杀菌剂史上继酶蛋白和结构蛋白之后研究发现了第三类马达蛋白类杀菌剂新靶标肌球蛋白Ⅰ和丝束蛋白。探明了肌球蛋白Ⅰ第216、217、418、420和375位等氨基酸残基是药敏性关键位点。揭示了氰烯菌酯抑制靶蛋白马达作用的毒理学机制及基于靶蛋白在不同物种中分化的选择性机制，首次指出氰烯菌酯只对与禾谷镰刀菌肌球蛋白Ⅰ具有97%以上同源性的病原真菌具有抑菌活性。国际杀菌剂抗性行动委员会（FRAC）首次将中国发现的肌球蛋白和丝束蛋白认定为药靶蛋白，氰烯菌酯作用方式编码“B6”。

研究发现肌球蛋白Ⅰ至少在12个氨基酸残基可发生总频率为23.9%、18种基因型的药敏性下降遗传变异，揭示了各基因型变异频率及潜在的低、中、高抗药性风险。阐明

了 Myosin-5 内含子Ⅱ和伴侣蛋白、丝束蛋白、肌球蛋白 2B 相关基因，以及氧化还原和活化代谢途径对氰烯菌酯敏感性的调控作用及机制。FRAC 基于该成果制定了全球科学使用肌球蛋白抑制剂的抗性治理策略，单独编码为 47。

发现 DON 毒素是镰刀菌的重要致病因子和肌球蛋白抑制剂能够抑制毒素合成的机制，研发了以氰烯菌酯为核心技术的稻麦镰刀菌病害及毒素可持续控制的协同增效减量用药系列新技术，较多菌灵用药量减少 60%，获农药正式登记证 4 个，授权发明专利 9 件，制定地方标准 2 项。发明了单碱基变异的抗药性 LAMP 简便、高通量检测技术，探明中国抗药性病害流行区域并有针对性地推广肌球蛋白抑制剂系列新产品，3 年防控小麦赤霉病和水稻恶苗病达逾 9000 万亩，减少用药 4650 吨，减损粮食 340 万吨，显著降低了谷物 DON 毒素含量，提升了中国农药创制及重大作物镰刀菌病害防控的科技水平。

（撰稿：周明国；审稿：周雪平）

沈其益　Shen Qiyi

（高利提供）

沈其益（1909—2006），一级教授，博士研究生导师。科学家、教育家和社会活动家，棉花病理学和植物病理生理学的奠基人。原中国科普协会副秘书长、中国农学会副会长、中国植物保护学会（CSPP）理事长，原北京农业大学副校长、中国农业科学院植物保护研究所所长（见图）。

生平介绍　湖南长沙人，生于 1909 年 12 月 17 日。1929 年考入南京国立中央大学农学院，师承邓叔群、曾昭伦等教授，1933 年毕业，获理学学士学位，并留校任教；1934—1937 年，受聘为南京中央棉产改进所技师兼棉病研究室主任；1937 年，赴英国伦敦大学帝国学院的皇家学院深造；1938 年，到英国洛桑斯特实验站从事学习与研究；1939 年，获得哲学博士学位；1940 年回国后，历任中央农业实验所技正、国立中央大学生物系教授、中华自然科学社常务理事兼总干事等职；1949 年后，出任北京农业大学和中国农业大学教授（1956 年被评定为一级教授）、博士研究生导师（1949—1956 年兼教务长）；1956 年，加入中国共产党；1956—1967 年，被任命为北京农业大学副校长；1980—1982 年，被再次任命为北京农业大学副校长，并兼任研究院首任院长；1984 年被国务院学位委员会批准为博士研究生导师。曾任很多社会与学术职务，曾任第一、二、三、五届全国人大代表，第一、六届全国政协委员，中国科学技术普及协会副秘书长，中国科学技术协会书记处书记。曾任中国农业科学院植物保护研究所所长，中国植物保护学会理事长，中国农学会副理事长，国家科委发明奖总评委委员，国家科委农业生物学科组常务副组长，农业部学术委员，农业部专家组委员，中国农业科学院学术委员，世界科学工作者协会理事，《自然科学》期刊主编，《植物保护学报》主编，中国科学院《科学通报》副主编等职。1989 年，被英国剑桥国际传记中心收入《国际名人字典》。

成果贡献　沈其益的科学研究不仅取得丰硕成果，而且始终紧盯农业发展中的重大问题。他发表的《中国棉作病害》和《中国棉病调查报告》对中国棉病的研究和防治工作有重要的指导作用，其中《中国棉作病害》对中国主要棉作病害的种类、分布、病因和防治方法均作了分析和研究，是中国最早出版的有关棉花病害的专著。1992 年他主编的《棉花病害：基础研究与防治》涉及抗病生理、生物化学、遗传学等基础研究，对棉病研究意义重大。另外，他还先后发表《中国黑粉病菌志》《中国棉叶切病的研究》《小麦根腐病的研究》《小麦条锈病流行规律的商榷》《棉花品种抗病性与同功酶相关性的研究》《我国棉花枯萎病和黄萎病研究工作的进展》以及《我国植物保护事业的发展》《世界粮食人口与国际植保的合作》等多篇中、英文学术论文。

他创建了小麦锈病、棉花枯、黄萎病的全国协作研究组，研究和防治工作都取得了显著成效，协作组坚持大力协作，总结经验不断创新，在实践和理论研究方面都获得良好成果，并促进了植物病理学家和育种学家的密切配合，培育出不少抗病、丰产、优质的新品种。他倡议改造黄淮海平原，曾提出“综合治理旱、涝、盐、碱地，把黄淮海变为大粮仓”以及改良内蒙古、河北的广漠草原，大力发展畜牧业的建议，实践证明其治理成效非常显著。

他在教育上提倡教育与生产实践相结合，对北京农业大学的组建和发展作出了巨大贡献。在他的领导下，北京农业大学率先成立了研究院，他多年任该院院长、学位评委主任，培养了一大批高级科技人才。他为北京农业大学创建了动植物生理、生化，微生物，农业气象等专业，建立了农业遥感研究室；组织开展了赤霉素、抗菌素、遗传工程的研究工作。

沈其益积极推进中外文化科学交流，曾多次率中国科学技术协会代表团、中国农学会代表团出访东欧、非洲五国和日本，率中国植物保护学会代表团参加在美国、英国和菲律宾举行的国际植物保护大会，被选为“世界科协”区域理事，先后担任第九、十、十一届国际植物保护大会常务理事、名誉副主席，为中国科学事业在国际地位的提高作出了卓越的贡献。20 世纪 70 年代他还推动了北京农业大学与联邦德国霍恩海姆大学的两校合作，促成了联邦德国政府与中国政府间合作的重大项目，从学者互访讲学、合作研究，发展为科研成果的推广应用，并建立了中德农业发展中心。他为推动国际科学技术交流，提高中国科技水平，培养高科技人才做了大量工作，其功绩为广大科学工作者所称颂。

沈其益毕生致力于科学普及和科学团体活动。他深感教育为立国之本，要提高全民科技文化素质，必须首先普及义务教育，加强中等职业教育，使初高中毕业生有就业能力，对发展多层次的教育事业十分重视。沈其益早年留学英国时就为中华自然科学社成立欧洲、美洲分社，促进了学术交流。中华人民共和国成立后，20 世纪 50 年代他曾 3 次到苏联、东欧各国参加国际植保植检会议，并任该会秘书长，组织在中国召开的会议。积极参加“科普”“科联”和中国科学技术协会的筹建，为建立“科学工作者之家”费尽心血。晚年，担任中国科学技术协会领导下的中国农函大名誉校长，为提高农民素质脱贫致富奔小康献计献策。

所获奖誉　沈其益早年主要从事棉花病害及综合防治的研究工作，“棉花枯萎病综合防治研究”获1978年全国科学大会奖，“中国棉花枯黄萎病菌‘种’及生理型鉴定、抗病性区试及其在抗病品种选育上的作用”获1986年农牧渔业部科技进步二等奖。国家科学技术委员会为表彰他对中国发明奖的审议评选和推动中国发明事业的发展，授予其荣誉奖状。在植物病理生理和植物抗性机理研究方面，学术造诣很深，在国内外享有较高声誉。他与阎隆飞等人对棉花感枯萎病后过氧化物酶同工酶变化的研究，开创了以生化指标测定棉花抗性的先例。他主编的《棉花病害：基础研究与防治》由科学出版社于1992出版，内容广而新，横跨中国棉病防治与研究50年的工作，涉及抗病生理、生物化学、遗传学等基础研究，对棉病研究具有指导意义。在药理学方面，组织领导研究多种种衣剂的配方和应用，在防治作物病虫害和促进增产上成绩显著。“种衣剂4号、13号配方制造工艺及其在花生、玉米上大面积推广”获1990年农业部科技进步二等奖。1994年种衣剂推广项目分别获国家科委集体和个人一等奖。

“科教兴农，一代宗师”，这是2009年12月28日中国农业大学举办的纪念沈其益教授诞辰100周年座谈会上，中国科学院院士周光召对其所做贡献的概括。沈其益始终心系祖国和人民，为国家的教育和科学事业呕心沥血，为祖国的繁荣富强奔忙呼唤。他胸怀坦荡，光明磊落。在70多年的教书育人中治学严谨，关爱后学，无私奉献，推崇理论联系实践，深得广大师生和国内外同行的爱戴和赞许。他把毕生贡献给了他所深爱的祖国和人民，给我们留下许多宝贵的精神财富。

参考文献

金文昌，2010. 沈其益百年纪念：科教兴农　一代宗师[N]. 科技日报(1): 12.

沈其益，1991. 沈其益回忆录：科教耕耘70年[M]. 北京：中国农业大学出版社.

中国农业大学，2010. 我校举行座谈会纪念沈其益诞辰100周年[J]. 中国农业大学校报(1): 2.

（撰稿：高利；审稿：赵廷昌）

沈寅初　Shen Yinchu

沈寅初（1938—），中国生物农药之父及中国生物化工学家，中国工程院院士，浙江工业大学名誉校长，浙江工业大学生物工程学院教授、博士生导师（见图）。

个人简介　1938年7月7日出生于浙江嵊州。1962年毕业于复旦大学生物系，同年入复旦大学遗传研究所攻读研究生课程。1964年后在上海市农药研究所、化工部上海生物化工研究中心工作，任研究室主任、总工程师、所长，并

（陈小龙提供）

担任首届中国化工学会生物化工专业委员会副主任。1997年当选为中国工程院院士。1998年起被聘为浙江工业大学教授，2000年12月起任浙江工业大学校长，2005年5月至今任浙江工业大学名誉校长。长期从事微生物源农药及生物化工研究和技术开发。

1964年，攻读了2年微生物生化遗传专业研究生课程的沈寅初，来到了刚刚成立不久的上海市农药研究所。对饥饿有着深切体会的沈寅初，从此决意为农业的发展做出努力。

水稻是中国主要的粮食作物，产量高低直接影响国民经济的发展。可水稻的重要病害——水稻纹枯病每年发病面积上亿亩，成为中国水稻高产稳产的严重障碍。为了寻找到真正无毒害的防治水稻纹枯病的特效农药，沈寅初和几个同事从此开始了生物农药研究的艰难历程。60年代，化学农药研究方面虽然有了一定的基础，但生物农药研究仍然几乎是一片空白。更何况几十万种微生物菌株存在于全国各地成千上万份土样中，要寻找到那一株有效的微生物，好比大海捞针，让人心力交瘁、望而却步。

然而，决意为中国农业发展做出点成绩的信念，足以支撑沈寅初等人挑战艰难困苦。为了寻找那一株微生物，他们曾经在原始森林迷路，曾经误闯入两派武斗的恐怖场面，然而，这一切都阻断不了他们行进的决心——他们仍然每天身背水壶和几个馒头，在人烟稀少处行程数十里……

在经历了上万次的试验失败后，沈寅初等人终于于1971年在井冈山革命区的土壤中发现了一种微生物，它的代谢产物能非常有效防治水稻纹枯病，并经过大面积大田试验，确定此种微生物的代谢产物对水稻无毒无害，对人畜也非常安全，是一种理想的无公害农药。在那革命的年代，沈寅初和同事们为其取了一个响亮的名字——“井冈霉素”。

然而，井冈霉素的诞生问世，仅仅是它成长的开始。提高生产水平、降低每亩地用药的生产成本，成了研究组新的攻关任务。7年时间，沈寅初为了让他付出多年心血的“孩子”茁壮成长，实现产业化，造福人民，他放弃了出国进修的机会。7年后，井冈霉素生产水平提高上百倍，创造了抗生素行业中单位时间生产量的最高纪录，把每亩地的用药成本降低到0.5元以下，成为当时药效最高、价最廉的农药。

自1980年代开始，沈寅初率领团队还同时研究开发了阿维菌素（7501杀虫素）和丙烯腈生物催化生产丙烯酰胺的工艺。阿维菌素也在全国推广应用，是有效替代高毒农药

的绿色生物农药；丙烯腈生物催化生产丙烯酰胺万吨级生产技术被评为国家重点科技攻关计划重大成果及昊华科技进步一等奖。然而，人们已习惯尊称沈寅初为“井冈霉素之父”。

2013年4月，在沈寅初的带领下，由浙江工业大学牵头建设的“长三角绿色制药协同创新中心”，成功入选国家首批“2011计划”，实现了学校发展的重大跨越，同时也标志着浙江工业大学学科建设、人才培养和科研事业迈上了新的阶段。同年，由浙江工业大学牵头申报“国家化学原料药合成工程技术研究中心”，被列入2013年国家工程技术研究中心组建计划，成为学校首个获批建设的国家工程技术研究中心，实现了历史性突破。这些“国字号”平台的入选，为学校的办学向更高水平冲刺奠定了坚实的基础。同时，浙江工业大学生物工程学科在沈院士的带领下，学科建设成绩斐然，科学研究、人才培养和社会服务水平不断提升。生物化工和生物工程学科先后入选浙江“重中之重”和“一流学科（A类）”建设计划。生物工程学科先后获国家技术发明二等奖2项、国家科技进步二等奖1项、省部级科学技术一等奖6项和中国专利优秀奖1项。发表SCI论文300多篇，授权国家发明专利170余项。根据中国科学院正式发布的《中国工业生物技术白皮书2015》显示，2012—2014年，以浙江工业大学为专利权人在工业生物技术领域公开发明专利184件，授权发明专利126件，在国内所有从事工业生物技术的企事业单位中分别列专利公开数和授权数排名的第二和第五位，充分显示了学校在生物工程领域持续、强劲的技术创新能力。

成果贡献 沈寅初和他的课题组于20世纪70年代初成功开发了中国第一个高效、安全、对人畜无害，不污染环境的无公害农药——井冈霉素，解决了水稻主要多发病——水稻纹枯病的防治难题。井冈霉素是中国第一个大规模工业化生产的生物农药，树立了中国农用抗生素的第一个里程碑。井冈霉素生产技术先后新建生物农药厂30余家，创造了抗生素发酵行业中单位时间、单位设备容量生产水平的最高纪录，中国也因此成为世界井冈霉素研究、开发及生产中心。40余年来，井冈霉素生产、应用经久不衰，年防治面积达2亿多亩，挽回粮食损失50亿kg，为中国水稻的高产稳产作出了重要贡献。

80年代初他主持开发杀虫抗生素阿维菌素（时称“7051杀虫素”），攻克了一系列关键技术难题，开发成功了一整套发酵法生产技术，为中国微生物农药工业填补了杀虫抗生素的空白，为禁用剧毒农药提供了新的替代品种。全国有关生产企业已达百余家，应用范围已推广到蔬菜、果树及水稻虫害的防治。至今，阿维菌素已成为中国主要的微生物杀虫剂，及农药市场中最受欢迎的产品之一。中国已成为全球最大的阿维菌素生产基地，每年生产的阿维菌素可供5亿亩地使用。

80年代中期，沈寅初将研究开发拓展到生物催化领域，开发成功丙烯酰胺微生物催化法生产技术，建立了中国第一套利用生物催化技术生产大宗化工原料的工业化装置，开创了生物催化大规模生产大宗化学品的先河。先后建成5万吨/年微生物法丙烯酰胺装置，其丙烯腈转化率、单耗和工业发酵产酶能力等处于国际领先水平，使中国成为世界上丙烯酰胺生产技术最先进、产量最大的国家。

2005年来不断拓展新的研究领域，将生物技术成功地应用于手性药物的合成，所创建的亚胺培南/西司他丁钠化学—酶法合成新技术，成为手性生物催化与化学合成结合在中国制药工程领域成功应用的范例。研究成果与实际应用紧密结合，经济效益显著。

所获奖誉 先后获国家技术发明二等奖3项、三等奖1项，国家科技进步二等奖3项，浙江省科学技术一等奖、化工部科技进步一等奖、中国石油和化学工业技术发明一等奖等各类奖项20余项。1998年获科技进步奖、上海市“科技功臣”称号，2002年获侯德榜化工科学技术奖，2007年获中国农药工业杰出成就奖，2010年获浙江省科学技术重大贡献奖，2016年获首届农药学科终身成就奖。

（撰稿：陈小龙；审稿：陆跃乐）

生防菌发酵技术 fermentation engineering technology on biocontrol bacterial

利用有益微生物进行发酵，在适宜的条件下，将原料经过特定的代谢途径转化为所需要的代谢产物，且相关代谢产物具有一定的增产、防病及杀虫效果，从而用于农作物增产及病虫害防治的技术。

适用范围 生防菌发酵技术用来生产微生物杀菌剂及杀虫剂，杀虫剂主要包括苏云金芽孢杆菌、白僵菌、绿僵菌、蜡蚧轮枝菌及昆虫病毒等；杀菌剂主要包括链霉菌、木霉菌、芽孢杆菌、假单胞菌、盾壳霉、淡紫拟青霉等。该技术是利用有益微生物在有氧或无氧条件下，制备微生物菌体本身或其代谢产物的过程。其流程包括包括菌种的选育和保藏、菌种的扩大生产、微生物代谢产物的发酵生产和分离纯化。发酵技术工艺控制包括物理参数控制（温度、压力、空气流量等）、化学参数（pH、基质、溶解氧、氧化还原电位、产物浓度、废气中氧气和二氧化氮含量等）、生物参数（菌体浓度、菌丝形态）。优化发酵技术工艺可以充分发挥菌种的潜在生产能力，提高生产效率，降低生产成本。

主要内容 生防菌发酵技术一般可采用液态深层发酵技术、固态发酵技术及固液两相发酵技术等方法。

液体深层发酵技术是将活化的菌种接种到发酵罐，进行深层液体培养，经过滤、浓缩或载体吸附、干燥制得菌剂。液体深层发酵技术易于调整底物浓度、优化配方，可以大幅度提高发酵液效价，是各种不同生防菌较为普遍使用的一种发酵技术。

固态发酵技术是指培养基呈固态，没有或几乎没有自由流动水状态下的一种或多种微生物发酵技术。固态发酵技术特别适合于真菌发酵，产品特性及产率优于液体深层发酵。同时，固态发酵采用廉价易得的农作物废料作为生产原料，生产成本大幅下降，发酵结束后不用进行提取和浓缩等操作，也没有复杂的废水处理过程，进一步降低了生产成本。

固液两相发酵技术是指首先通过液体发酵快速生产大量高活力的菌丝体作为种子，再将其通过密闭管道，由压力

S

泵接种到固体发酵罐中进行固体发酵，使其产生最接近自然接种体形态的孢子。该方法结合了液体发酵周期短、菌量大、固体发酵成本低、菌体活力高、酶系丰富等优点。该工艺更适用于工业化生产，便于生产过程的标准化控制。但该方法存在的问题是从液体到固体，菌体可能因为培养基差异过大导致延滞期过长，容易造成染菌。

生防菌发酵技术在现代生态农业中的应用前景广阔，在生物农药生产应用领域的研究得到了巨大的发展；发酵原料来源广泛，既能实现生物农药的有效发酵，又对一些工农业废弃物实现了资源再利用；发酵条件和影响参数的控制研究逐步深入；工业化可操作性逐步增强；工业生产成本逐渐降低；为生物农药的应用和推广提供技术保障。

参考文献

陈建帮，弓爱君，李红梅，等，2009. 生物农药固态发酵综述 [J]. 天津农业科学 (6): 51-54.

陈欣，李寅，堵国成，等，2004. 应用响应面方法优化 Coniothyrium minitans 固态发酵生产生物农药 [J]. 工业微生物，34(1): 26-29.

王立东，2007. 武夷菌素发酵田间的优化及效价的测定 [D]. 重庆：西南大学硕士学 .

殷华，2002. 蜡蚧轮枝菌液体发酵条件的研究 [D]. 福州：福建农林大学 .

张翠绵，穆燕魁，李洪涛，等，2008. 链霉菌 S506 活菌制剂发酵条件的筛选与优化 [J]. 河北师范大学学报，32(5): 660-664.

张星元，2005. 发酵原理 [M]. 北京：科学出版社 .

赵蕾，1999. 液固两相法制备木霉菌高孢粉 [J]. 中国生物防治，15(3): 144.

VIMALA DEVI P S, RAVINDER T, JAIDEV C. 2005. Cost-effective production of Bacillus thuringiensis by solid-state fermentation [J]. Journal of invertebrate pathology(2): 163-168.

（撰稿：葛蓓孛、张克诚；审稿：张礼生）

生防菌种基因改良技术　gene engineering technology on biocontrol bacterial

将基因工程育种技术应用于生物防治菌株的遗传改良，使得微生物杀菌剂、微生物杀虫剂在防病能力、杀虫效果、抗逆性、定殖能力、产量等方面具有显著提高的技术。

基本原理　在分子水平上，用人工方法将所需的某一供体生物的遗传物质提取出来，在离体条件下用适当的工具酶进行切割后，与载体连接，形成重组 DNA，然后将其引入没有该 DNA 的受体细胞中，使外源物质在其中进行正常复制和表达，生产出符合人类需要的产品或者创造出生物的新性状，使之稳定地遗传给下一代。

适用范围　生防菌种基因改良技术用于微生物杀菌剂及杀虫剂的定向改造。在杀虫剂方面主要体现在增强菌株毒力和菌株抗逆能力。在杀菌剂方面主要体现在提高菌株的产量、有效活性物质及菌株抗逆性等方面。在苏云金芽孢杆菌、白僵菌、绿僵菌、蜡蚧轮枝菌、链霉菌、木霉菌、芽孢杆菌、盾壳霉等均有应用。

主要内容　基因工程杀菌剂菌株改良的目标基因一般包括：① 编码抗菌物质的基因如细菌素，嗜铁素和包括几丁质酶在内的细胞壁降解酶等。② 杀菌剂或重金属抗性基因。③ 可诱导表达的一些分解代谢酶基因。在有些特定的微环境如植物叶面，一般营养比较缺乏，如果生防菌中转入可以特异性分解植物分泌物的酶基因，生防菌将在营养竞争中占很大优势。④ 决定小种非亲和性的有关基因如无毒基因。无毒基因与抗病基因的相互作用就可诱发植物的抗病反应。⑤ 生防菌在作用部位定殖能力的基因和影响生防菌发酵生产时接种和发酵效率的基因。其中，改善抗生素的产量相当程度上取决于限速步骤活力的提高，可以通过增强启动子、高拷贝质粒和激活蛋白的高表达实现。此外，对于核糖体产生型肽类抗生素，可通过替换强启动子、宿主常用密码子将结构克隆至大肠埃希氏菌等细菌表达体系中表达。此外，还可以通过抑制负调控蛋白的合成及对基因的定点突变来选择高活力的限速酶。生防菌中导入基因并不会仅仅满足于单个性状的基因，有可能的话是同时转多个基因，以使转基因生防菌具备多种较好的拮抗机制。

基因工程杀虫剂菌株改良的目标基因一般包括：提高对目标昆虫的毒力和杀虫速度、扩大菌株应用范围以及改变菌株寄主范围。StLeger 等将昆虫病原真菌金龟子绿僵菌的 *Pr1* 蛋白酶基因插入到原有的绿僵菌基因组中，过量表达的 *Pr1* 蛋白酶使菌株毒力大大提高，使染病烟草天蛾的取食量下降 40%，虫体死亡时间缩短 20%，提高杀虫速度。过量表达几丁质酶能增强球孢白僵菌对蚜虫的毒力。将构巢曲霉的抗苯菌灵基因 *benA3* 导入金龟子绿僵菌，转化菌株对苯菌灵的抗性比出发菌株高 10 倍，扩大菌株的应用范围。转基因 *cry1Ac* 与 *p20* 高效重组 Bt 菌对棉铃虫、小菜蛾毒力增强，含基因 *cry1Ac* 和 *cry3A* 的广谱重组 Bt 菌 *Lcj-12* 等对棉铃虫等鳞翅目害虫和马铃薯甲虫等鞘翅目害虫的杀虫效果良好。人工突变型荧光假单胞菌和转 *cry1A* 基因的重组假单胞菌在田间表现出抗小麦全蚀病或抗病杀虫的效果。*egt* 基因缺失重组棉铃虫杆状病毒和转蝎毒基因 *AaIT* 并 *egt* 缺失的双重重组杆状病毒毒力提高，致病速度加快。采用电脉冲穿孔法将 Bt 的杀鳞翅目基因 *cry1Ac* 导入杀鞘翅目的 Bt 菌株 *YM-03* 中，成功构建了广谱 Bt 工程菌，毒力生物测定表明其转化子对棉铃虫和柳蓝叶甲具有高毒力。

应用前景　生防菌种基因改良技术的应用，能够定向改造微生物的遗传物质，且使改造后的遗传物质能稳定遗传，为防治农林病虫害提供了有效的新技术手段。利用这一技术创造出更多有利于植物病虫害防治的微生物新品种，为进一步扩大生物农药的应用提供技术保障。

参考文献

边强，王广君，张泽华，等，2009. 基因工程改良在昆虫病原真菌中的应用 [J]. 中国生物工程杂志，29(3): 94-99.

顾觉奋，1999. 应用基因工程改进抗生素产量的研究进展 [J]. 国外医药抗生素分册，20(5): 193-197.

黄银久，黄荣茂，金林红，等，2007. 基因工程和发酵工程在植物源和微生物农药中的应用 [J]. 安徽农业科学，35(19): 5801-5803.

刘士旺，2003. 生防绿色木霉工程菌的构建及其诱导植物抗病性研究 [D]. 杭州：浙江大学 .

S

ST LEGER R, JOSH I L, BIDOCHKA M J, et al, 1996. Construction of an improved mycoinsecticide overexpressing a toxic protease [J]. Proceedings of the national academy of sciences, 93(13): 6349-6354.

（撰稿：葛蓓孛、张克诚；审稿：张礼生）

生防微生物液固两相发酵技术　liquid-solid two-phase fermentation technique of microorganism for bio-pesticide production

液固两相发酵是微生物发酵的一种方法，在生防制剂的发酵生产中，主要用于酵母状及丝状真菌菌株的发酵生产。该方法首先通过液体发酵快速生产大量高活力的菌丝体作为生产菌种，然后将此生产菌种接种于优化后的固体培养基使其静置发酵产生生防母菌。该方法结合了液体发酵周期短、菌量大，固体发酵成本低、菌体活力高、容易产生耐储运、易分散的分生孢子的优点，被广泛用于植物微生态制剂和昆虫病原真菌分生孢子的生产。

主要内容　第一相，液体发酵：将活化的菌种接种于液体培养基，振荡培养放大，再接种于液体发酵罐，在适当的发酵条件下发酵，使产生大量菌丝体，然后以密闭管路及压力泵接种于优化后的固体培养基。液体发酵的发酵周期通常在2～3天。

第二相，固体发酵：基质多采用谷物或其粉、粒甚至秸秆等，然后添加各种辅助成分。该方法特别适用于以产生分生孢子作为杀虫、抑菌活性成分的生物农药生产。但是由于从液体发酵转入固体培养基发酵，菌株常常需要一定的延滞适应期，使得发酵时间延长，而适当优化的固体培养基可以在一定程度上缩短这种延滞。生物农药的固体发酵时间一般在10～15天，根据发酵菌种而有不同。由于固体培养基能、质传导能力差，并且需要静止发酵，一般固体发酵罐能耗高、装填率低、生产效率极低，因此传统的固体发酵大多采用浅盘或透气塑料袋发酵，无法实现机械化，限制了真菌类生物农药的商品化、规模化生产。这种情况现在有一定突破，中国自主研制的立式封闭固体发酵装置较好地解决了这一难题。该技术在虫生真菌发酵中的应用使得固体发酵基本实现机械化，生产效率提高了数倍。

（撰稿：王中康；审稿：张礼生）

S

生防作用物复壮技术　biocontrol agent rejuvenation technique

具有防治有害生物作用的活体天敌生物，在其继代培养和规模化生产过程中，有可能出现天敌生物种群严重退化从而导致群体性能变差、防治效果下降的现象，通过多种方法保持或恢复天敌生物生产性状和防治效果的措施称为生防作用物复壮技术。

适用范围　生防作用物的复壮主要是对生防微生物和天敌昆虫的复壮，其复壮技术因天敌生物种类的不同而有很大差异。

主要内容

生防微生物的复壮　生防微生物在继代培养过程中因负面变异、老化或污染等原因，某些优良性状发生改变，如生长速率减慢、产孢量降低、致病性衰退等，即菌株退化。生防微生物复壮技术主要有以下两种。

宿主体内复壮。将生防微生物接种到相应的适宜宿主体内，通过这种特殊的“选择性培养基”一至多次选择，就可从典型的病灶部位分离到恢复原始毒力的菌株。宿主感染复壮是最常用且效果最好的复壮方法。例如，球孢白僵菌（*Beauveria bassiana*）是多种害虫的重要生防菌，可通过感染家蚕，经过连续几代筛选后，获得复壮菌株。莲子草假隔链格孢（*Nimbya alternantherae*）是入侵物种空心莲子草的重要生防菌，通过将初始菌株回接莲子草，分离和纯化可获得复壮菌株。苏云金杆菌（*Bacillus thuringiensis*）产生的毒素对鳞翅目、直翅目等多类害虫有较好的防治效果。苏云金杆菌经过长期人工培养会发生毒力减退、杀虫率降低等现象，可用退化的菌株去感染红铃虫的幼虫，再从病死的虫体内重新分离典型菌株，如此反复多次，可获得复壮菌株。

定期分离纯化。将生防微生物接种于最适合的培养基中培养，经过一至多次筛选，把仍保持原有典型优良性状的单细胞分离出来，经扩大培养恢复原菌株的典型优良性状。例如，球孢白僵菌可接种于胶体几丁质培养基中进行复壮，每次复壮的提升率适中且稳定。

天敌昆虫的复壮　天敌昆虫在繁育过程中，由于长期在恒定的环境条件中饲喂同一寄主、猎物或人工饲料，易造成天敌种群出现不同程度的退化，表现为产卵量、活动能力、个体大小、存活率、对目标害虫的捕食或寄生率等指标的降低。天敌昆虫复壮技术主要有以下四种。

定期更换寄主。定期为大量繁育的天敌提供适宜的自然寄主或猎物。例如，甘蓝夜蛾赤眼蜂（*Trichogramma brassicae*）种蜂在扩繁前需要在玉米螟卵上寄生1～2代，以避免其寄生能力退化；周氏啮小蜂（*Chouioia cunea*）可通过寄生野外采集的家蚕蛹、美国白蛾蛹和斜纹夜蛾蛹进行复壮；给蠋蝽（*Arma chinensis*）交替饲喂两种以上猎物。

加入野生亲本。定期从野外采回天敌与室内长期繁育的种群交配，所得后代作为大量繁育天敌的亲本。例如，可每年从野外采回被赤眼蜂寄生的玉米螟卵，待赤眼蜂羽化后，鉴定蜂种，与室内种群杂交，对室内种群起到复壮的作用。对于需要常年进行种群维持的蠋蝽，可以定期采集自然界种群使其与室内种群进行交配，复壮室内种群。

避免近亲繁殖。选择健壮、活动力强的天敌个体为亲本，减少同一亲代的子代之间交尾的几率，即让不同亲代来源的子代天敌之间交尾，以避免近亲繁殖。例如，草蛉可以将不同饲养环境下得到的品系杂交。

改变饲养环境。长期单一的饲养环境，也会导致天敌种群退化。可通过变温改变室内单一的饲养条件，或直接将天敌生物转移到室外自然条件下进行锻炼，来达到种群复壮的目的。如甘蓝夜蛾赤眼蜂（*Trichogramma brassicae*）在保种阶段采用室外自然环境下变温饲养与室内人工条件下变温饲养相结合的方法防止种群退化；对于不需常年进行种群维持的蠋蝽，临近秋季时可将室内自然种群释放到自然界，使其越冬，待翌年春季再将越冬种群采回室内扩繁，通过自然选择复壮种群。

参考文献

陈明华，周祖基，2008. 天牛的饲养及寄生蜂的复壮 [J]. 辽宁林业科技 (5): 40-42.

李会，李杨，王艳华，等，2011. 白蛾周氏啮小蜂的转寄主复壮研究 [J]. 山东林业科技，41(2): 38-39,37.

聂亚锋，刘长河，李庆辉，等，2011. 莲子草假隔链格孢 SF-193 菌株的复壮对其产孢量和致病性的影响 [J]. 生物安全学报，20 (4): 344-348.

唐亮，石美宁，胡文娟，等，2015. 不同方法复壮球孢白僵菌 [J]. 广西蚕业，52 (2): 11-14.

吴继星，陈再佴，1986. 用红铃虫进行虫体复壮对苏云金杆菌毒力的影响 [J]. 湖北农业科学 (10): 22-24.

张礼生，陈红印，李保平，2014. 天敌昆虫扩繁与应用 [M]. 北京：中国农业科学技术出版社.

郑礼，宋凯，郑书宏，2003. 用麦蛾卵大量繁殖甘蓝夜蛾赤眼蜂 *Trichogramma brassicae* [J]. 河北农业科学，7(增刊): 29-32.

（撰稿：郑礼；审稿：张礼生）

《生理与分子植物病理学》 *Physiological and Molecular Plant Pathology*

由德国斯普林格（Springer）出版集团出版的关于生理与分子植物病理学相关的综合性学术期刊，于 1986 年创刊，出版语言为英语，现为双月刊，ISSN：0885-5765，2016 年 SCI 影响因子 1.371，2012—2016 年内影响因子 1.660。

该期刊主要刊登分子生物学、生物化学、生理学、组织细胞学、植物与病原微生物互作的进化遗传学各学科的最新研究论文与综述。论文涵盖的病原微生物包括病毒、原核生物、真菌、线虫以及共生生物如根瘤菌和菌根真菌。研究领域包括植物免疫反应信号识别、植物与病原微生物互作中的细胞生物学、植物分子防御反应（包括转录组、蛋白组、miRNA 表达谱和代谢组学）、抗性机制（包括寄主抗性和非寄主抗性）、植物激素和生长调节剂、植保素和其他次生代谢产物的分子生物学、植物病原菌的效应因子、病原菌侵染机制和寄主防卫反应、病害控制的新方法、免疫诱导生物技术和病原菌分子诊断技术。

（撰稿：刘永锋；审稿：刘文德）

《生态昆虫学》 *Ecological Entomology*

于 1976 年出版，期刊名缩写为 *Ecol Entomol*。该期刊由约翰·威利父子（John Wiley & Sons）出版公司出版或管理，该期刊为双月刊，ISSN：0307-6946。

该刊发表关于昆虫和相关无脊椎动物类群生态学的优质原创研究，致力于促进生态昆虫学学科的创新发展。被 Science Citation Index（SCI）、Science Citation Index Expanded（SCIE）、Current Contents（Agriculture，Biology & Environmental Sciences）、英国《动物学记录》（ZR）、美国《生物学文献》数据库（BIOSIS Previews）等文献索引数据库收录。2018 年影响因子为 2.073，2014—2018 年内的平均影响因子为 2.265。在中国科学院 SCI 期刊分区中，该刊属于农林科学 2 区，其所属小分类中，属于昆虫学 2 区。

该刊的宗旨是发表可以引起广大生态学研究者普遍兴趣的文章，接受原创文章以及文献综述、短评、方法学等各类论文。涵盖的主题包括：陆生和水生昆虫的野外生物学和自然史；昆虫与宿主植物、其他动物和病原体之间的相互关系；昆虫和气候；昆虫迁飞和扩散；昆虫对不利季节和栖息地的生存适应；田间种群的大小和自然调节；物种多样性和空间分布；人群的节律行为；昆虫对行为调控剂的田间反应；害虫种群的环境和综合防控；行为生态学等。

（撰稿：刘杨；审稿：王桂荣）

《生态学基础的害鼠控制》 *Ecologically-Based Rodent Management*

由 Grant Singleton，Lyn Hinds，Herwig Leirs，Zhibin Zhang 编著，国际农业研究澳大利亚中心（ACIAR）1999 年出版（见图）。

该书包括基础研究、管理方法、亚洲和非洲实例 3 个部分。序言部分介绍了该书的产生背景和重要意义及该书的主要内容，正文阐述了鼠害的发生现状，介绍了有害生物生态化管理（EBPM）和有害生物综合治理（IPM）的概念，并提出了行为学和生态学研究在鼠害治理中的重要意义。在第一部分基础研究中主要介绍了鼠类种群动力学的研究范式、褐家鼠的行为与生态学、小家鼠暴发的预测模型、鼠类与生态系统的关系、鼠类在新型人类传染病发生与传播中的作用等几个方面的基础研究进展。第二部分管理方法中主要介绍了热带农区杀鼠剂应用、发展中国家的物理防治、中国内蒙古草原布氏田鼠生态管理、免疫不育剂生物防控、城市鼠害控制等方面的实用方法。第三部分亚洲非洲实例部分主要介绍了中国农业系统和青藏高原草原生态系统、印度尼西亚稻田生态系统、越南湄公河流域、泰国、柬埔寨、老挝、西非、东非、马达加斯加等地鼠害发生及生态治理的实际案例。该书汇集了世界各地害鼠种群发生基础规律、多种防治方法、

（王大伟提供）

各种生境鼠害生态综合治理的一部著作，为鼠害研究与防治提供了很好的借鉴和参考。

（撰稿：王大伟；审稿：刘晓辉）

《生物安全学报》 *Journal of Biosafety*

（高利提供）

中国植物保护学会（CSPP）与福建省昆虫学会共同主办的面向生物安全科学国际前沿的中英文学术期刊。2010年创刊，2011年起正式在国内外出版发行（见图）。

该刊为季刊，ISSN：2095-1787。现任主编为尤民生、万方浩以及Gabor L. Lövei。该刊为国家新闻出版总署收录，维普网、知网、万方数据库收录。2021年影响因子0.88。

该刊宗旨是面向国际，共同应对国际生物安全的挑战，关注自然和人类社会健康发展中的生物安全焦点与热点，引领国际生物安全领域的研究与发展前沿，主导国际生物安全领域的科技潮流，及时刊载生物安全科学研究的新理论、新技术与新方法，全面报道生物安全领域最新的高端研究成果。坚持百花齐放与百家争鸣、科学提升与知识普及相结合的方针，办成具备科学与技术于一体的国际主流学术期刊。该刊面向国内外公开征集中英文稿件，主要登载有关生物入侵、农业转基因生物、农用化学品、新技术等带来的生物安全科学问题的原始性研究论文、文献综述及研究简报等，另外开辟了学术聚焦、科技论坛、政策通讯、科技书评等栏目，致力于涉及生物安全领域的学科发展，聚焦于生物安全领域各学科的前沿性与前瞻性原创性研究论文和综述论文，快速报道生物安全领域的新思想与新发现，鼓励针对学术新观点的辨析与讨论，提倡新思想的及时交流与沟通，发表科技著作的评述，交流生物安全的科技政策与行政管理措施。

（撰稿：高利；审稿：赵廷昌）

《生物保护》 *Biological Conservation*

保护生物学领域国际领先期刊，由保护生物学会（The Society for Conservation Biology，SCB，英国）主办，爱思唯尔（Elsevier）出版集团出版，月刊，ISSN：0006-3207。2021年CiteScore值7.6（见图）。

致力于生物、社会学和经济方面的保护和自然资源管理，主要关注变化中的和日益受人类行为影响的生态圈中的植物和动物和栖息地等自然资源的保护及合理利用，研究对象从淡水、咸水、陆地系统到大气。其办刊宗旨是通过出版高品质的论文，促进科学和实践的保护，或展示自然资源管理和政策的保护最新原则应用。该期刊发表的文章涵盖了多种领域，包括人类活动对陆地、水生、海洋生态系统生物多样性、结构和功能影响的理论与实证研究等。刊载论文涉及生物灭绝风险定量评估、碎片化效应、入侵生物扩散、保护遗传学和保护策略、全球变化对生物多样性的影响、景观或保护地设计和管理、恢复生态学或资源经济学等。

（皇甫超河提供）

刊载栏目涉及研究论文、综述、短讯和读者来信等。读者群体包括从事的保护生态学研究的高校和科研院所的研究人员，其刊登的研究成果兼顾从景观设计到自然保护区管理中的实际应用。

（撰稿：皇甫超河；审稿：周忠实）

《生物多样性与保护》 *Biodiversity and Conservation*

创刊于1992年，由斯普林格（Springer）出版集团出版。期刊名缩写为*Biodivers Conserv*。主要刊登生物多样性相关的研究，包括生物多样性的保护以及持续利用等。该刊为SCI期刊，属学术性期刊，ISSN：0960-3115。每年出版14期。现任主编为David Hawksworth。

该刊被美国农业文献索引（AGRICOLA）、ANVUR、BIOSIS、《美国生物学文摘》（*Biological Abstracts*）、自然资源数据库（CAB Abstracts）、中国期刊全文数据库（CNKI）、EBSCO Agriculture Plus、Elsevier Biobase、JST、ASFA、Scopus索引、Science Citation Index Expanded（SCIE）等文献数据库收录。2021年影响因子为3.549，2015—2020年平均影响因子为3.919。在中国科学院SCI期刊分区中，该刊属于环境科学与生态学3区，所属小类学科中，属于生物多样性保护3区、生态学3区、环境科学3区。

该刊是多学科的综合性期刊，研究对象涉及任何生境中的所有活体生物，鼓励使用原创的或新颖的研究方法，关注生物多样性丰富但鲜有研究的区域和生境。该刊涵盖的主题包括快速评估方法、物种数量和多样性评价（通过传统的、分子的或代理指标等方法）、生境管理、保护政策和规定、威胁、生物多样性丧失、物种灭绝、生物多样性长期变化记载以及迁地保护等。

（撰稿：刘万学；审稿：周忠实）

生物防治 biological control

利用生物或生物代谢产物来控制病虫草害的技术。生物防治技术包括以虫治虫、以拮抗微生物治病、以微生物的代谢产物治虫、治病和用转入杀虫或抗病基因的植物杀虫或防病等技术。生物防治技术具有不污染环境、对人畜无毒、对植物无副作用等优点，可降低蔬菜、水果等农产品的农药残留，但防治效果一般不及化学农药显著。

主要内容

生物农药 生物农药包括植物源农药和微生物源农药。植物源农药是提取于植物的物质，这些物质对环境无污染，并可以起到杀死病原物的作用，成本相对较低，相应降低了农民的种植投入，同时减少农作物上的农药残留。常用的植物源农药有苦参碱、烟碱、木烟碱等，另外还有印楝素、楝素、苦皮藤素、除虫菊素、野燕枯、鱼藤酮和苦豆子等产品。

微生物源农药 是以微生物活体或其代谢产物为主要活性成分而制成的农药制剂，可达到防治病虫草害的作用，主要包括细菌、真菌、放线菌和病毒。在生产上广泛应用的真菌有木霉、白僵菌、绿僵菌、毛壳菌、酵母菌、淡紫拟青霉、厚壁孢子轮枝菌及菌根真菌等。细菌主要有芽胞杆菌、假单胞杆菌等促进植物生长的植物根际促生细菌（PGPR）和巴氏杆菌等。放线菌主要有链霉菌及其变种产生的农用抗生素。病毒杀虫剂如棉铃虫核型多角体病毒、银纹夜蛾核型多角体病毒、斜纹夜蛾核型多角体病毒等。应用较广泛的微生物农药产品有苏云金杆菌（Bt）杀虫剂、井冈霉素、链霉素杀菌剂等，以及脱落酸植物生长调节剂、杀植物线虫的厚孢轮枝菌、控制病毒病的新结构抗生素宁南霉素、防治植物细菌性病害的中生菌素。

植物抗性诱导剂 是一类新型的生物农药，本身并无杀菌活性，但它能激发植物产生系统获得性抗性，激发植物内部的免疫机制，达到抗病、防病的目的。诱导剂诱导抗病性具有用量低、高效的特点；诱导植物抗病谱广、持续时间较长，可以减少化学农药的用量；诱导子与植物识别后调动植物固有的防御机制来抵抗病原菌的侵染，可以针对病原菌的所有小种，因此可以解决由于病原菌小种变异而引起的品种抗病性丧失问题。已报道的诱导剂如植物激活蛋白，该蛋白能诱导植物自身防卫系统，增强抵御病虫害侵袭的能力，促进植物生长，增加产量；另外还有壳寡糖可以诱导大豆、欧芹、番茄及豌豆等植物产生植保素、肼胝质及蛋白酶抑制剂。

天敌昆虫 利用天敌昆虫进行虫害的防治方法在20世纪50年代就已经得到了广泛的应用，该方法主要是通过害虫的天敌来杀死植物上的害虫，其防治效果良好。这种防治方法尤其适合在农业大棚中使用，大棚中的空间比较密闭，害虫无处躲藏，因此可以选择在大棚中放天敌昆虫来进行害虫防治。中国地域辽阔，在不同地区病虫害也不一样，昆虫的种类也不一样，当一个地区的蚜虫比较多的时候，可以在大棚中放瓢虫来治理，如果是在果园中，就可以饲养赤眼蜂来进行虫害的治理。通过运用天敌昆虫的治理方式，可保护生态环境，同时降低了治理虫害的成本。可购买的天敌昆虫商品有胡瓜钝绥螨、松毛虫赤眼蜂、玉米螟赤眼蜂、螟黄赤眼蜂、甘蓝夜蛾赤眼蜂、桨角蚜小蜂、丽蚜小蜂、食蚜瘿蚊、管氏肿腿蜂等。

参考文献

杨怀文, 2005. 我国农业病虫害生物防治进展[M]// 迈入二十一世纪的中国生物防治: 1-5.

中国农业百科全书总编辑委员会昆虫卷编辑委员会, 中国农业百科全书编辑部, 1990. 中国农业百科全书: 昆虫卷[M]. 北京: 农业出版社.

中国农业百科全书总编辑委员会植物病理学卷编辑委员会, 中国农业百科全书编辑部, 1996. 中国农业百科全书: 植物病理学卷[M]. 北京: 中国农业出版社.

（撰稿：赵杨扬；审稿：刘凤权）

《生物防治》 *Biological Control*

（高利提供）

1991年创立，与Heliyon是合作伙伴，是爱思唯尔（Elsevier）出版集团出版发行的覆盖多学科的期刊。月刊，ISSN：1049-9644（见图）。

现任的主要编辑有M. D. Eubanks，J. H. Hoffmann，E. E. Lewis， J. Liu， R. Melnick，J. P. Michaud， P. Ode， J. K. Pell。2020年影响因子为3.65，2015—2020年平均影响因子为3.962。

该刊被美国《生物学文摘》（BA）、美国《生物学文献》数据库（BIOSIS Previews）、Current Contents （Agriculture, Biology & Environmental Sciences）、Science Citation Index（SCI）、Science Citation Index Expanded（SCIE）和英国《动物学记录》（ZR）等期刊收录。国内被多家权威检索系统包括中国学术期刊文摘、中国科学引文数据库、中国期刊全文数据库（CNKI）、万方数据库等收录。曾被《华尔街日报》评选为最有影响力的生物类学报。

主要栏目包括昆虫、植物病原菌、线虫、杂草、分子技术及专门报道利用基因和基因产品在生物防治上应用的论坛等内容。该刊倡导通过自然天敌这种环境友好而有效的防治措施达到减少病虫害的目的，该刊宗旨是通过发表原创研究论文及研究理论方面的综述来促进生物防治学科和技术的发展。该期刊主要从属于生物技术和应用微生物学及昆虫学领域，还涉及化学、农业科学和工程学等。主要涉及生物防治的对象有病毒等微生物，线虫、螨、昆虫、脊椎动物、家养节肢动物和杂草等，它们危害的领域包括农业、林业等方面。以生态，分子，生物科技的手段来理解生物防治方面的内容也是备受欢迎的内容。

（撰稿：高利；审稿：赵廷昌）

《生物防治》 *BioControl*

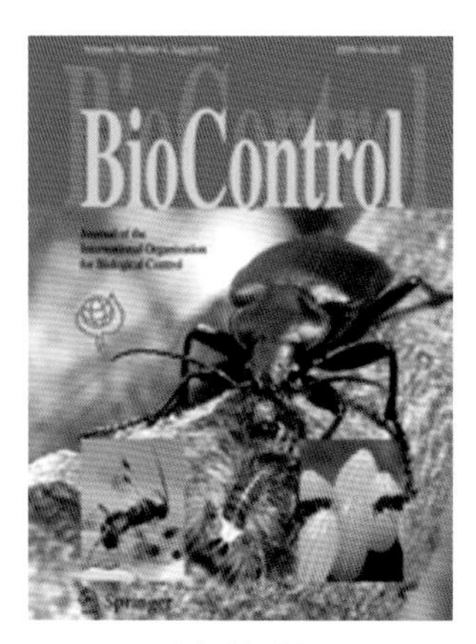

（高利提供）

创立于1956年，是国际生物防治组织（International Organization for Biological Control of Noxious Animals and Plants）的官方期刊。该刊是一个采用多语言交替出版方式发行的双月刊期刊，纸质版ISSN：1386-6141，电子版ISSN：1573-8248。现任总主编为Eric Wajnberg。该刊2020年影响因子为3.535。分属于化学、农业科学和生命科学研究学科，尤其是侧重于昆虫学研究领域。该期刊迄今为止已发表3000多篇文章，在世界范围内有极高的学术影响力和科研代表性（见图）。

该刊已被Science Citation Index（SCI）、Science Citation Index Expanded（SCIE）、Current Contents （Agriculture, Biology & Environmental Sciences）、英国《动物记录》（ZR）、美国《生物学文献》数据库（BIOSIS Previews）、英国《国际农业与生物技术文摘》（CABI）等收录。国内被中国期刊全文数据库（CNKI）、万方数据库等收录和引用。

该刊是以出版在害虫综合管理系统中使用跨学科和全球视角下的生物防治技术以及相关的分子生物学和生物技术的期刊，更加侧重于在生物防治上的无脊椎动物、脊椎动物害虫、杂草和植物疾病上的基础研究和应用实践，发表的研究对象包括寄生物、脊椎动物和无脊椎动物的捕食者、螨、植物和昆虫的致病菌、线虫和杂草等。该刊也有论坛和约稿等栏目，迄今为止已经发表了相当数量的基础研究的文献，并覆盖到生物学和生态学两个方面的害虫控制综合管理措施，如植物抗性、信息素和间作等方面。

（撰稿：高利；审稿：赵廷昌）

《生物防治科学和技术》 *Biocontrol Science and Technology*

由泰勒—弗朗西斯（Taylor & Francis）出版集团出版社出版发行的覆盖多学科的期刊，创立于1997年。月刊，纸质版ISSN：0958-3157，电子版ISSN：1360-0478（见图）。

该刊已被Science Citation Index（SCI）、Science Citation Index Expanded（SCIE）、美国农业文献索引（AGRICOLA）、BIOSIS、美国《生物学文摘》（BA）、Biotechnology Citation Index、自然资源数据库（CAB Abstracts）、Current Contents （Agriculture, Biology & Environmental Sciences）、Ecological Abstracts、Elsevier Biobase、Entomology Abstracts、Essential Biosafety/AGBIOS、GEOBASE、Geographical Abstracts、Human Geography、Human Resources Abstracts、International Development Abstracts、Pest Management Focus、Research Alert 等国际知名和高等文献期刊所收录。2021年影响因子为1.648。现任总编辑为Dr Quirico Migheli。

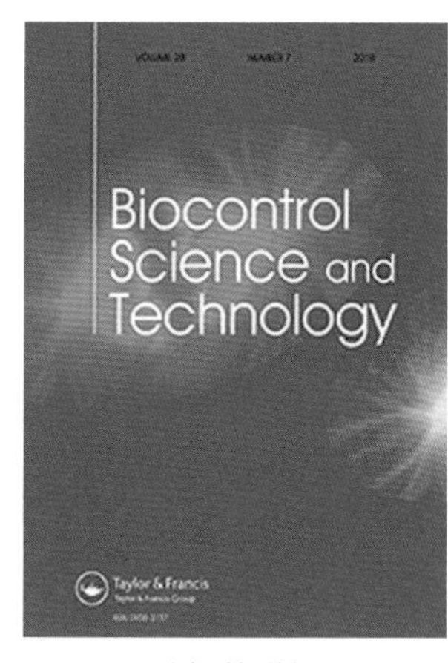

（高利提供）

该刊是一个聚焦于昆虫学、生物技术及应用微生物学等农业科学领域的学术性期刊。涵盖了关于生物防治、病害和杂草等方面和领域的原始研究内容和基础科学技术，主要包括了害虫的天敌生物防治、植物病害的生物防治、杂草防治、“古典”生物防治、有益生物的质量控制、微生物农药、生物防治剂的性质、害虫天敌的行为模式和方法分析、天敌动力学仿真模型、害虫天敌的遗传改良和害虫天敌的生产—配方—分配和释放，生物防治方法在综合防治中的作用、天敌数量的保持和提升、农药对天敌的作用、生物防治立法和政策、登记以及商业化等内容。特别值得一提的是，该刊不发表涉及生物农药的不包含活体生物的文章。

（撰稿：高利；审稿：赵廷昌）

《生物防治物和其他有益生物的输出、运输、输入和释放准则》 International Standard for the Export, Shipment, Import and Release of Biological Control Agents and Other Beneficial Organisms

国际间对生物防治作用物及其他有益生物的输出、运送、输入和释放实施风险管理的通用规范。由联合国粮食及农业组织（FAO）根据《国际植物保护公约》有关条款制定。1997年11月经联合国粮食与农业组织大会第二十八届会议批准通过，以《国际植物检疫措施标准》（ISPMS）第3号的形式发布。2005年4月由植物检疫措施临时委员会第七届会议审查修订。分为引言、背景和正文三部分，正文共7款19条，阐明了准则的适用范围、术语、要求、编制背景及目标。

主要内容 ①明确了责任机构设置及其一般责任，要求缔约方需设立专门的权力机构，负责生物防治材料或其他有益生物的出口证书管理，规定进口和释放要求。②规定了开展有害生物风险分析的参考依据、工作程序等。③明确了进口前缔约方责任，主要包括通报信息、开展管理，评估进口商提供的文件，采取适当的允许释放、许可进口、扑灭等措施。④明确了进口商进口前的文件责任，包括目标有害生物的文件要求、关于生物防治材料或其他有益生物的文件要求、关于潜在危害和紧急行动的文件要求、关于检疫研究用生物材料的文件要求。⑤明确了出口商的责任，包括提供文件、提供符合要求的生防产品或不育生物、安全包装等。⑥明确了进口缔约方或其他负责机构的责任，包括检查、检疫、释放、监测及评估、紧急措施等。

该准则通过为所有公共植保植检机构和私营机构提供统一的国际规范，有利于生物防治作用物和其他有益生物的安全输出、运送、输入和释放，促进各国制定植保法规，解决生物防治作用物和其他有益生物的安全处理、评估和使用问题，为生物防治作用物和其他有益生物的安全输出、运送、输入和释放提出风险管理建议，保障国际间防控农林病虫害的生物防治作用物和其他有益生物安全使用。

（撰稿：张礼生；审稿：周雪平）

生物农药剂型加工技术　Technique of Formulation Processing for Bio-pesticide Production

常用的农药剂型包括乳油、悬浮剂、可湿性粉剂、粉剂、粒剂、水剂、毒饵、母液、母粉等十余种剂型。多数农药剂型在使用前经过配制成为可喷撒状态后使用，或配制成毒饵后使用，但粉剂、拌种剂、超低容量喷雾剂、熏蒸剂等可以不经过配制直接使用。生物农药有效成分大多为活体生物或生物大分子，因此生物农药剂型种类和加工方法都与化学农药有一定差异。

基本原理　生物农药剂型加工技术：生物农药是指以生物活体（主要为微生物）或生物活体与其代谢产物混合体作为生防活性成分的农药。其中细菌、病毒常制成粉剂、可湿性粉剂、颗粒剂、饵剂、水分散剂、悬浮剂、油悬剂、乳悬剂、水剂和微胶囊剂等。真菌制剂则主要有孢子粉剂、颗粒剂、悬浮剂、油悬浮剂、可乳粉剂、微胶囊剂等。

主要内容　活体生物农药由于采用生物活体作为病虫害防治的有效成分，因此制剂加工过程中应注意保持生物活性，在存储过程中尽量保持休眠状态，但在使用时又必须能立即发挥作用。生物农药制剂加工中的关键控制因素包括：

温度控制：对活体生物农药活性影响最大的是温度，不同的生物农药对高温的耐受力较差，一般的微生物农药如细菌、真菌能够耐受短时间40℃左右的高温，大多数病毒对高温更加敏感。具有芽孢的细菌能够耐受60℃以下的高温。因此在制剂生产中不能采用常规的喷雾干燥或制粒方法，而只能采用冻干、风干等低温或常温干燥制粒方法。

含水量控制：大多数微生物农药在适合的湿度下都可能继续其生理代谢，从而可能消耗自身营养，发酵产热、衰老死亡甚至被其他微生物抑制，从而影响农药实际使用时的效果甚至完全失效。因此对于粉剂、可湿性粉剂、可乳粉剂、颗粒剂等固体形态以及油悬浮剂等制剂，控制制剂中的含水量对于保证生物农药产品药效、延长货架期有着重要的影响。一般孢子类的活体生物农药固体制剂的含水量应该保持在8%左右，而菌丝、微菌核类制剂含水量保持在5%以下较为合适。

助剂选择：同化学农药一样，助剂的主要功能是作为填充剂（增加在田间的分散性）、表面活性剂（破坏靶标生物表面屏障结构或有利于农药在靶标生物表面附着）、乳化剂及悬浮剂(使疏水的活性成分能够在极性介质中分散和悬浮，避免沉降结块）、保护剂（防紫外线）、防腐剂以及增效剂（增加对靶标生物的毒性）等。相比化学农药，活体生物农药的助剂选择受到更多的限制，因此生物农药的助剂通常是一些惰性物质（高岭土、硅藻土、滑石粉），生物源助剂如黄原胶、蔗糖酯、食用油、生物柴油等。在对微生物农药制剂配方进行优化时，一些理化因子及助剂之间互作的前期研究非常必要，以使表面活性剂、分散剂和悬浮剂在配方中能够相容协同工作。

（撰稿：王中康；审稿：张礼生）

《生物入侵：管理篇》　*Biological Invasions: Legislation and Management Strategies*

由中国农业科学院植物保护研究所万方浩主编，科学出版社2018年出版（见图）。

（褚栋提供）

该书从国际、国内两个层面系统介绍了生物入侵管理的现状与规划，分为上、下两篇。上篇系统介绍了国际上对生物入侵管理的国际公约、法律法规、发展战略和行动规划，以及国际农业生物的状况；下篇针对中国入侵种（昆虫、植物和植物病害）的研究现状及其挑战，提出了生物入侵预防与控制的发展战略和行动计划方案，介绍了中国在生物入侵管理方面的优先行动及其研究进展。

该书是生物入侵系列专著中的管理篇，书中内容既可供从事生物安全领域有关的科研人员、大专院校师生，以及从事动植物检疫和农林业研究的科研人员、行政官员及管理人员参考，也可为广大公众了解生物入侵管理知识，采取生物入侵预防与控制行动提供指南。

（撰稿：褚栋；审稿：周忠实）

《生物入侵：检测与监测篇》　*Biological Invasions: Detection, Surveillance and Monitoring*

由万方浩、冯洁和徐进主编，2011年由科学出版社出版。为"十一五"国家重点图书出版规划项目的"生物入侵"系列丛书之一。该系列丛书2016年获中国植物保护学会（CSPP）科普奖。

全书分为上下两篇，共42章，分别由30余位相关研究领域的资深专家负责撰写，汇聚了39种重要农林入侵物种检测与监测技术方面的研究进展及技术规程，内容全面，信息量丰富。上篇总论部分的5章内容，全面系统地概述了外来入侵生物检测与监测技术的发展趋势以及国际与地区标准、中国主要进境植物及农产品的检疫对象名录以及外来入侵生物普查与监测方法。下篇各论部分以中国局部入侵危害以及具潜在入侵风险的39种入侵生物为讨论对象，详尽地描述了入侵物种的地理分布、危害症状；根据不同入侵物种的基础生物学、流行生态学与行为学的特征与特性，针对性地介绍不同入侵物种的快速分离、检测与鉴定技术；根据不同入侵物种的扩散与传播途径及方式，重点介绍野外跟踪监测技术；根据不同入侵物种的发生与危害特点，论述不同入侵物种的快速诊断技术平台与跟踪监测体系。这些成果为发展入侵生物的检测技术和野外监测技术提供了强有力的科学依据与技术支撑。

该书既可为从事生物安全、动植物检疫、农业和林业相关领域的专业研究人员、大专院校师生、行政官员及管理人员提供参考，又可为政府部门制定生物入侵防控策略提供指导依据，亦可作为广大公众了解生物入侵知识的科普读物。

（撰稿：徐进；审稿：周忠实）

《生物入侵：生物防治篇》*Biological Invasions: Biological Control Theory and Practice*

由中国农业科学院植物保护研究所万方浩统筹策划，组织国内从事生物入侵的专家学者编著而成，2008年由科学出版社出版。该书系统地综述了国内外外来入侵物种的传统生物防治理论与最新技术成果，分为上、下篇。上篇为理论篇，主要论述外来入侵物种的传统生物防治的理论与最新技术成果，详细介绍生物防治的原理及生物防治作用物的筛选、评价、风险评估、引进、释放和效益评价的方法与技术，为科学、严谨和合理地开展外来入侵物种的传统生物防治提供有价值的研究思路、模式与体系。下篇为应用篇，主要论述了对19种主要入侵杂草和昆虫所开展的生物防治实践成果，包括生物防治作用物的筛选与引进、生物和生态学特性、寄主专一性与生态风险、大规模生产技术与工艺流程、应用技术与方法以及控制效能与控制作用评价等。这些研究成果为外来入侵物种的有效治理提供了可行的技术与方法。

该书是入侵生物系列专著中的生物防治篇，可供从事生物安全领域有关的科研人员、大专院校师生，以及从事动植物检疫和农林业研究的科研人员参考。

（撰稿：周忠实；审稿：郭建英）

《生物入侵：理论与实践》*Biological Invasion: Theory and Practice*

（杨国庆提供）

由北京师范大学徐汝梅和中国科学院华南植物研究所叶万辉主编，科学出版社2003年出版（见图）。

该书从理论和实践两个方面详细、系统地介绍了生物入侵的概念、特征及防治措施。理论方面主要包括以下内容：生物入侵的基本概念、外来入侵对土著种的影响、扩散过程与机制、群落的可侵入性、生物入侵的适应性进化及影响、快速进化与生物入侵，以及转基因生物的研究和生态安全等。实践方面主要介绍了研究较多的几种外来入侵生物的入侵现状与入侵机制、对生态的危害及相应的防治对策，主要涉及斑潜蝇、松材线虫、凤眼莲、喜旱莲子草和薇甘菊等。

该书针对的是对入侵生物学的实例研究和对核心理论问题的探讨。可供科研人员、大专院校师生、从事动植物检疫和农业、林业的科技人员、行政管理人员参考。

（撰稿：杨国庆；审稿：周忠实）

《生物入侵：数据集成、数量分析与预警》*Biological Invasions: Data Integration, Quantitative Analysis and Early Warning*

由北京师范大学徐汝梅主编，科学出版社2003年出版（见图）。

生物入侵改变了大范围的景观，造成了众多物种的绝灭、生物多样性的严重丧失，并带来巨大经济损失。从外来入侵物种管理实践的角度来看，最重要的环节就是控制外来有害生物的传入和定殖。预防比控制其暴发更为可行，也更为经济。该书分为7章，围绕对生物入侵的预警，按照监测、数据集成、数据库的建立、对入侵规律的探索、适生区分析、风险评估、模型预测等环节都进行了深入的讨论，在密切结合中国生物入侵实际的同时，也反映了国际上对生物入侵预警的最新方法和进展。同时，收录了相关的外来入侵物种管理法规及植物检疫对象名录，便于广大读者查询。

（冼晓青提供）

该书可以帮助读者深入探索生物入侵的规律，评估对中国最具有威胁的潜在外来物种以及它们在中国最有可能生存和暴发的区域。它对提高中国对生物入侵的预警能力作出了卓越的贡献，对中国深入开展入侵生态学的研究和落实外来有害生物的有效控制与管理起到积极的推动作用。该书可供科研人员、大专院校师生、从事动植物检疫和农业、林业的科技人员、行政官员、管理人员参考。

（撰稿：冼晓青；审稿：周忠实）

《生物入侵：预警篇》 *Biological Invasions: Risk Analysis and Early Prevention*

（王瑞提供）

由中国农业科学院植物保护研究所万方浩等编著，由科学出版社2010年出版（见图）。

该书系统介绍了国内外入侵物种风险评估与早期预警的理论与技术方法以及相应的技术成果。全书分为上、下篇。上篇为理论篇，围绕风险评估与早期预警的科学问题，主要论述早期预警体系的构建、入侵物种的数据库与信息共享、入侵物种的适生性风险评估技术与方法、外来入侵物种控制预案编写的基本框架。下篇为应用篇，主要论述了64种中国农林重要入侵物种的适生性风险分析，并提出了相应的控制预案，这些研究成果可为控制与管理中国重要农林外来物种入侵提供决策依据。

该书既可供从事生物安全领域的专业研究人员、大专院校师生、从事动植物检疫和农业、林业的科研人员、行政官员及管理人员参考，也可为广大公众了解入侵生物知识，为政府部门制定入侵生物预防与控制行动提供决策依据。

（撰稿：王瑞；审稿：周忠实）

《生物入侵：中国外来入侵植物图鉴》 *Biological Invasions: Color Illustrations of Invasive Alien Plants in China*

由中国农业科学院植物保护研究所万方浩、谢明，北京师范大学刘全儒等编著，科学出版社2012年出版（见图）。

该书是介绍中国外来入侵生物的图册之一，共整理、收录了142种重要入侵植物的种子、幼苗、花、植株及群落的700余幅珍贵的彩色图片资料，并对这些入侵物种包括拉丁学名、分类地位、英文名称、中文异名、形态特征、识别要点、生境及其危害、控制措施、生物学特性、中国分布、其他地区分布、入侵中国的最早记载，以及染色体资料等基本信息进行详细介绍。同时，还对比介绍了其他45种入侵植物以及6种容易与入侵植物混淆的野生植物，以便于物种之间的鉴别。根据入侵植物的危害程度，将其分为三级，用不同颜色标示，危害严重的为红色，较为严重的为橙色，较轻的为黄色。图册中植物的排列科依据本图册各科收载植物的数量由多到少，种数相同的科则大致依据相对危害程度，危害程度较大的科排在前面，科下属种的排列也主要是依据相对危害程度进行排列，并将同一属的植物排列在一起，便于识别时比较。科的概念采用传统的恩格勒系统。属种的拉丁学名尽量与《中国植物志》或现有工具书保持一致，一些最新的名称变化在该书中尚未体现。

（冼晓青提供）

该书是入侵生物系列专著中的中国外来入侵植物图鉴，是一本外来入侵植物识别与防控的重要工具，其图文并茂、内容丰富、资料翔实、体例较为新颖，适用于广大植物学工作者、植保部门工作人员和大专院校相关专业师生学习。

（撰稿：冼晓青；审稿：周忠实）

《生物入侵》 *Biological Invasions*

由斯普林格（Springer）出版集团出版的以生物入侵研究为主的国际专业性期刊。该刊创办于1999年，年出版文章270篇左右，季刊，ISSN：1387-3547。期刊引用报告（JCR）结果显示，该期刊2015—2016年总被引1640次，总出版量537篇，2017年影响因子为3.054。现任主编为美国田纳西大学生态学家Daniel Simberloff；中国科学院生态环境研究中心战爱斌为该期刊编辑委员会成员（见图）。

该期刊主要发表综述、研究论文、科学报告等类型的文章，涉及研究领域包括：陆地、淡水和海洋（包括碱水）生态系统生物入侵的模式和过程，也接收生态保护计划、生物入侵改善或控制方面的管理和政策性文章。生物入侵已经成为全球性的生态学问题之一，受到科研工作者的广泛关注，研究成果迅速增长。该期刊面向国际广大科研工作者，致力于出版原创性科学研究文章，共同应对国际生物

（战爱斌提供）

S

安全的挑战，关注生物安全问题，引领生物入侵领域的研究与发展前沿，及时刊载生物入侵科学研究的新理论、新技术与新方法，全面报道生物入侵领域最新的高端研究成果，已经成为生物入侵领域最具权威性的期刊之一。

该期刊适用于从事生态学、生物入侵等方面研究的科研人员参考，同时也适用于希望更多了解全球生态变化、致力于生态环境保护等方面的相关人员阅读。

（撰稿：战爱斌；审稿：周忠实）

《生物入侵的法律对策研究》 *Study of Legal Strategy to Combat Biological Invasion*

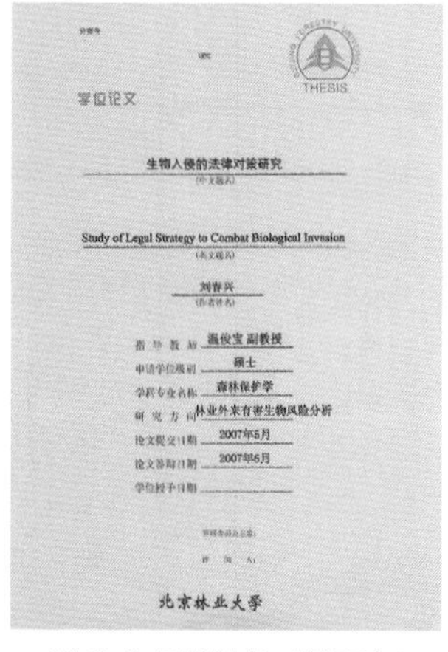
学位论文

生物入侵的法律对策研究

Study of Legal Strategy to Combat Biological Invasion

刘春兴

指导教师 温俊宝 副教授

申请学位级别 硕士

学科专业名称 森林保护学

研究方向 林业外来有害生物风险分析

论文提交日期 2007年5月

论文答辩日期 2007年6月

学位授予日期

北京林业大学

《生物入侵的法律对策研究》原稿封面（石娟提供）

由北京林业大学温俊宝和刘春兴主编，中国林业出版社 2013 年出版，全书 28 万字（见图）。

该书从各大洲分别挑选重要或典型的国家，对其生物入侵的状况及其法律对策进行了介绍和评析。分为 8 章，内容分别为引言；生物入侵的综合分析；生物入侵的综合管理；生物入侵的法律对策；生物入侵的国际法律简介；典型国家的生物入侵法律对策简介；中国的生物入侵法律对策；结论与讨论。

该书以中国的经济社会发展水平和生物入侵现状为前提，借鉴国际上的生物入侵法律对策和几个重要或有代表性国家的生物入侵法律对策，从体系、目标、管理体制、基本原则、基本概念、具体制度和保障机制等方面对中国生物入侵法律对策现状及不足之处进行了分析，并提出了完善的思路。同时，对中国生物入侵基本法的立法提出建议，并提出了部分相关法律的修改建议；讨论了生物入侵法律对策的实现、法律在解决生物入侵问题时的局限性以及生物入侵的复杂性等问题。该书将吸引更多的法学工作者关心生物入侵的法律控制问题研究，会大大加快中国生物入侵相关法律体系的完善过程。

（审稿：石娟；审稿：周忠实）

《生物信息学》 *Bioinformatics*

樊龙江主编，浙江大学出版社于 2017 年出版。

该书分为四部分：生物信息学基础、高通量测序数据分析、生物信息学外延与交叉、生物信息学资源与实践。第一部分包括序列数据产生、分子数据库、序列联配算法、基因预测、系统发生树构建和蛋白质结构预测等章节。第二部分针对第二代和第三代测序技术产生的核苷酸序列数据，介绍基于高通量测序数据的基因组拼接、基因组变异、转录组、非编码 RNA、甲基化和宏基因组等生物信息学分析的原理和技术。第三部分为生物信息学外延与交叉，介绍了与生物信息学紧密相关的 4 个生物学领域：系统生物学、群体遗传学、数量遗传学和合成生物学。第四部分为生物信息学资源与实践，主要罗列了生物信息学主要相关术语、专业词汇、数据库和公开软件等资源，并提供了 8 个生物信息学实验课程内容。

是一本适合生物学、生物信息学专业相关专业本科、研究生、科研人员或者相关从业人员的参考书。该书不仅对中国生物信息学教学、研究意义重大，而且，随着生物学大数据时代的到来，对中国生物相关科研、产业将产生更为深远的影响。

（撰稿：康厚祥；审稿：周雪平）

十字花科蔬菜主要害虫灾变机理及其持续控制关键技术 outbreak mechanism and key technology for sustainable control of major insect pests in cruciferous vegetables

获奖年份及奖项　2011 年获国家科技进步二等奖

完成人　尤民生、侯有明、杨广、翁启勇、蒋杰贤、吕要斌、祝树德、林志平、陈言群、司升云

完成单位　福建农林大学、福建省农业科学院植物保护研究所、漳州市英格尔农业科技有限公司、云南省农业科学院农业环境资源研究所、上海市农业科学院、扬州大学、浙江省农业科学院

项目简介　在中国南方广大菜区，由蔬菜品种和耕作制度的不断变化引起害虫种群结构的演变，长期过度使用化学杀虫剂不仅导致害虫的抗药性增强、天敌减少、危害日益加剧，而且污染环境和影响人们的健康生活，严重制约了蔬菜生产的持续发展。项目组围绕食品安全这一国家重大需求，针对中国南方十字花科蔬菜害虫猖獗危害及农药残留的突出问题，依托国家和省级科研项目，利用各协作单位原有的工作基础、优势和条件，经过近 20 年的系统研究和联合攻关，在阐明主要害虫灾变机理的基础上，研发了害虫持续控制的三项关键技术，集成应用后产生了显著的效益，推进了传统植物保护的改造升级。主要创新成果如下：

阐明了菜田主要害虫种群变动和灾变的规律。在国内外率先从区域农业景观的视角，揭示了栽培制度、寄主植物、化学农药等引起主要害虫猖獗危害的机理；阐释了多样化菜田生态系统和生境管理对主要害虫调控的过程及效能。

研发了害虫生境管理和生物防控新技术。创立了保护和利用天敌控制主要害虫的生境调控技术，控制效能 83%～89%；成功开发了昆虫病原线虫的条带式施用技术，防效达 72%，成本降低 75%；开发了半闭弯尾姬蜂的饲养和应用技术，成为中国首次引进姬蜂类天敌的成功范例，减少农药用量 35%；发明了利用甜菜夜蛾引诱剂诱导成虫携带传播病毒技术，节约病毒用量 85%。

S

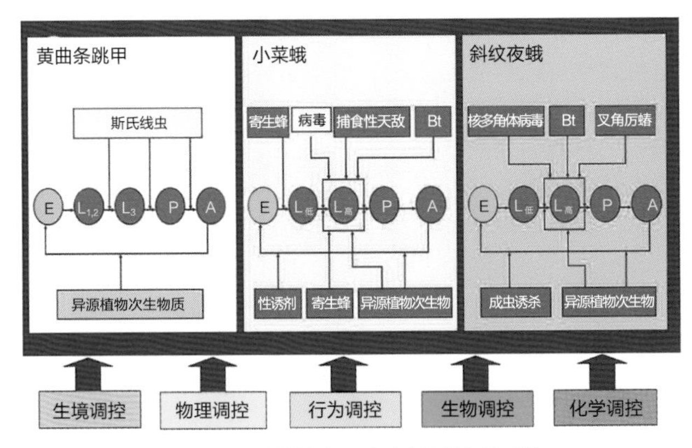

图 1 集成创建的十字花科蔬菜主要害虫持续控制系统（侯有明提供）

图 2 出版著作（侯有明提供）

①《小菜蛾的研究》；②《小菜蛾种群系统控制》

图 3 福建闽侯蔬菜基地土壤无害处理控制主要害虫示范（侯有明提供）

图 4 福建南平蔬菜基地蔬菜多样化种植控制有害生物示范（侯有明提供）

研发了害虫行为调节和迷向防控新技术。成功研制了黄色诱虫卡，对黄曲条跳甲诱杀效果达 64%；研发了 LED 新型诱捕器，对小菜蛾控害效能提高了 38%；项目组拥有国内最全的昆虫信息素原料库（300 多种），发明了小菜蛾新型性诱剂及诱捕器，效能提高了 75%；研制了 3 种“蔬菜保护剂”，保苗和保产效果 80% 以上。

研发了农药减量使用和害虫化学防控新技术。成功研制了 12 种农药新品种或新剂型，其中 3 项获农药登记证；研发了 1 种无害化土壤处理技术，对黄曲条跳甲的控害效果达 80%，减少农药用量 75%。

集成创建了主要害虫持续控制系统（图 1）。在国内外首次集成创建了以生境管理、天敌保护和利用、迷向防控等技术为主的十字花科蔬菜主要害虫持续控制系统，使产品达到了绿色食品质量标准和出口质量标准；研制了蔬菜全程生产和质量监控的计算机管理软件，改变了传统的植物保护技术推广模式。

该项目集“理论研究—技术研发—技术集成与应用”为一体，在理论研究方面出版专著 3 部（图 2），发表论文 139 篇，其中 SCI 论文 12 篇，他引 1642 次；在技术研发方面获国家发明专利 9 项，实用新型和外观设计专利 7 项，新产品 19 项；在技术集成与应用方面制订地方标准 3 项，企业标准 1 项，获计算机软件著作权 2 项，中国绿色食品 A 级证书 3 项等。先后有 17 项成果通过省级成果验收或鉴定，总体水平达国际先进，部分关键技术国际领先，获省科学技术一等奖 1 项和二等奖 7 项。

该项成果技术成熟。2002 年以来，已在福建省 9 个地市建立了 13 个综合防治示范区（图 3、图 4），2003—2010 年，在中国南方 11 个省（自治区、直辖市）的十字花科蔬菜主要产区推广应用，累计 1421.8 万亩次，挽回产量约 16.5 亿 kg，节约农药和人工费用约 2.7 亿元，增收节支总额约 23.7 亿元。其中，超大和利农两大上市企业依托该项技术，仅 2008—2010 年增收节支约 4.0 亿元，生产的蔬菜供应北京奥运会，福建龙海格林公司创建了格林氏牌绿色食品蔬菜品牌，累计创汇逾 3000 万美元；研制的 6 种新型害虫诱杀剂，销售到全国 32 个省（自治区、直辖市）及东南亚 6 国等，获得了显著的经济、生态和社会效益。

（撰稿：侯有明；审稿：尤民生）

S

《实施卫生与植物卫生措施协定》 *Agreement on the Application of Sanitary and Phytosanitary Measures*

世界贸易组织（WTO）在乌拉圭回合谈判中达成的国际多边协议，简称《SPS 协定》。目的是保护成员国人类、动物或植物的生命或健康所必须来取的一些限制措施，但这些措施必须基于科学原理和相关国际标准，且不能在成员国之间构成任意或不合理的歧视与限制。是对《关税与贸易总协定》（*General Agreement on Tariffs and Trade*，GATT）第 20 条第 2 款的具体化。该协定签署于 1994 年 4 月 15 日，于 1995 年 1 月 1 日正式生效，发展中国家成员于 1997 年开始生效，而最不发达国家成员则推迟到2000年生效。WTO成员国通过接受WTO协定而同意接受SPS协定规则的约束。WTO根据此协定成立了专门委员会，组织并协调各成员国之间的信息交流与沟通，每年召开3次常规会议，如有需要，还可能召开联席会议、非正式或特殊会议。其宗旨是规范各成员实施卫生与植物卫生措施的行为，支持各成员实施保护人类、动物、植物的生命或健康所采取的必要措施，严守卫生与植物卫生检疫的国际运行规则，实现贸易利益最大化。

主要内容　该协定由前言、正文（共14条）及3个附件组成：① 正文，涉及动植物、动植物产品和食品的进出口规则，明确了包括食品安全、动物卫生和植物卫生3个领域有关实施卫生与植物卫生检疫措施在内的适用范围及各成员的基本权利和义务，规定了应遵循科学证据原则、国际协调原则以及风险评估与保护适度原则，并就适应地区条件、磋商和争端解决以及对发展中和最不发达国家的特殊或差别待遇进行了明确说明。② 附件A“定义”，阐述了卫生与植物卫生措施、协调、国际标准、指南和建议、风险评估、适当的卫生与植物卫生保护水平、病虫害非疫区和病虫害低度流行区等术语定义。③ 附件B“卫生与植物卫生措施的透明度”，对法规的公布、咨询点、通知程序、一般保留等作出了规定。④ 附件C《控制、检查和批准程序》，规定了检疫机构在实施卫生与植物卫生措施时应遵循的程序和要求。

2001年12月11日，中国正式加入WTO组织，所有WTO法律对中国正式生效。作为该协定的缔约国，中国在援引该协议保护公共健康、促进农业发展、维护国家利益的同时，也在履行着应尽的义务。

（撰稿：吴立峰；审稿：周雪平）

实验室认可　the competence of testing and calibration laboratories

认可是正式表明合格评定机构具备实施特定合格评定工作能力的第三方证明。中国合格评定国家认可委员会（China National Accreditatin Service for Conformity Assessmengt，CNAS）是中国唯一的合格评定国家机构认可机构，负责对认证机构、实验室和检查机构等相关机构的认可工作。对提供检验检疫等具有执法效力数据的实验室，认可是保障实验室科学权威的条件之一。

基本原理　实验室认可是指CNAS按照相关国际标准或国家标准，对从事检测和检验活动的合格评定机构实施评审，证实其满足相关标准要求，进一步证明其具有从事检测和检验活动的技术能力和管理能力，并给实验室颁发认可证书。

适用范围　适用于从事植物检疫领域的相关检测和检验实验室。在2015年发布的CNAS实验室认可领域分类中，植物检疫包括检疫、检验、物种鉴定与检疫处理4个子领域。

主要内容

实验室认可的依据　CNAS依据ISO/IEC、IAF、PAC、ILAC和APLAC等国际组织发布的标准、指南和其他规范性文件，以及CNAS发布的认可规则、准则等文件，实施认可活动。认可规则规定了CNAS实施认可活动的政策和程序；认可准则是CNAS认可的合格评定机构应满足的要求；认可指南是对认可规则、认可准则或认可过程的说明或指导性文件。

国际上植物检疫实验室认可活动所依据的基本准则为《检测和校准实验室能力的通用要求》（ISO/IEC17025）或《合格评定能力验证的通用要求》（ISO/IEC17043），而中国认可的植物检疫实验室依据为基本准则CNAS-CL01：2018《检测和校准实验室能力认可准则》（内容等同采用ISO/IEC 17025：2005）和《检测和校准实验室能力认可准则在植物检疫领域的应用说明》（CNAS-CL23：2015）。

实验室认可的实施　CNAS基于《合格评定认可机构通用要求》（GB/T 27011—2005）的要求，以国家标准《检测和校准实验室能力的通用要求》（GB/T 27025—2019）（等同采用国际标准ISO/IEC 17025）为准则，对植检实验室的管理能力、技术能力、人员能力和运作实施能力进行评审，证实其是否具备开展有害生物检测等相关检测活动的能力。

植检实验室认可的作用在能力评价方面：证实植检实验室具备实施特定合格评定的能力。在政府监管方面：增强政府使用检测和检验合格评定结果的信心，减少做出相关决定的不确定性和行政许可中的技术评价环节，降低行政监管风险和成本。在促进贸易方面：通过与国际组织、区域组织或国外认可机构签署多边或双边互认协议，促进合格评定结果的国际互认，促进对外贸易。在持续改进方面：通过对合格评定机构进行系统、规范的技术评价和持续监督，有助于植检实验室及客户实现自我改进和自我完善。

（撰稿：葛建军；审稿：朱水芳）

《鼠类社会：生态学与进化视角》　*Rodent Societies: an Ecological & Evolutionary Prespective*

由Jerry O. Wolff和Paul W. Sherman主编，芝加哥大学（The University of Chicago）出版社2007年出版（见图）。

该书整合鼠类社会行为学研究知识，为生态学和进化论研究提供了鼠类社会解读。全书包括序言、性行为、生活史与行为、行为发育、社会行为、反捕食行为、比较社会生态学、保护与疾病、结论等共计9个部分。第一部分是鼠类社会的模型系统，简述了鼠类社会的一般特征、实验和假说验证、直接机制和根本原因、多学科整合研究范式、比较行为生态学和保护管理。第二部分是鼠类进化、系统发生学和生物地理学，简述了鼠类多

（王大伟提供）

样性、进化历史、生物地理学假说与系统发生学、鼠类系统发生在真兽亚纲的分类地位、鼠类的种系发生及分类、进化假说验证等方面的研究概况。第二部分，中间7个章节分别从繁殖对策和性选择、生活史的可塑性与应激适应、社会行为及其神经调控机制、特定社会行为的生态学与进化特征、报警通讯与恐惧等反捕食行为、社会结构与社会组织的环境影响和进化特征、鼠类的保护与疾病传播等角度列出最新的研究进展和结果，围绕自然种群中各种鼠类的行为、生理和社会生态学问题，以及对流行的进化理论和各种假说的检测，并且从机理机制、个体发生、适合度和进化史其中的一个或几个角度开展分析。

该书在生态学、心理学、生理学、保护生物学、行为生态学等多学科之间建立其相互沟通的桥梁，为深入揭示鼠类社会行为学的调控机制提供了良好的参考范式。

（撰稿：王大伟；审稿：刘晓辉）

数字化检疫技术　digital quarantine technology

以网络为基础，利用先进的信息化手段和工具，实现检疫过程中环境、资源、活动的数字化，在传统检疫的基础上构建数字空间，以拓展现实检疫的时间和空间维度。

基本原理　数字化是将复杂多变的信息转变为可度量的数字、数据，再以这些数字、数据建立适当的数字化模型，把它们转变为一系列二进制代码引入计算机内部进行统一处理的过程。数字化检疫技术是数字化技术在检疫工作中的应用，是对检疫技术手段的补充和扩展，通过“集成、创新、共享”等方式，充分整合利用现有资源、研发新技术、挖掘新资源，实现专业人员人尽其才、专业实验室覆盖全系统、专业资料全系统共享、植物检疫工作与信息化技术全面结合的局面。

适用范围　数字化检疫技术可应用于植物检疫涉及的环境、资源、活动等全过程，包括信息资源、业务管理、检测鉴定、能力建设等。

主要内容

信息资源　通过标本、资料数字化，建立数字化标本库、鉴定资料库等基础数据库；结合岗位资质认可制度的实施，建立人才资源信息库；建立国际动植物疫情信息、疫情截获信息、标准法规信息等系统，加强疫情疫病的风险预警。

业务管理　有针对性地开发应用数据监控、视频监控、溯源管理、防伪管理等系统；开发面向一线的警示通报、境外疫情、货物和有害生物信息查询等应用软件模块；开展证书核查、境内外企业注册等信息系统，满足一线检验检疫监管工作的需要。

检测鉴定　全面推广有害生物远程鉴定系统和中国检疫性有害生物DNA条形码鉴定系统，研发移动终端远程鉴定系统、有害生物辅助鉴定系统等，实现实验室资源向口岸一线的延伸；开发实验室管理系统，建立流程、标准统一的中心实验室、区域实验室、检疫检测点一体化管理网络；结合产品特点，开发木材材种鉴定、粮谷品质检验等特色系统。

能力建设　以实现远程教育为目标，开发实时交流、远程培训等模块，增加视频培训、专题讲座等，丰富培训形式和内容，打造数字教育培训体系，实现人才培养方式的多元化。

技术特点

科学合理的系统规划　随着植检业务及数字化检疫技术的发展，各系统之间的关联和衔接越来越紧密，信息交互和共享的需求日趋强烈，开发数字化检疫技术需要进行科学合理的系统规划。首先应从全局角度提出需求，分析各业务系统间的内在联系，建立反映数字化客观现状及发展要求的架构，再根据数字化发展方向制定科学的规划。

系统衔接与数据共享　多重项目的研发和应用，需要进行信息交流和资源共享。首先应在项目评估时就确定相互关系，在需求分析过程中明确提出信息内容和关系，并在一定程度上做到超前分析以便满足后续以及未来系统优化升级的需要；其次要统一平台、技术和基础代码，规范基础数据、规范接口，为系统的运行和发展更新奠定基础。

紧密合作的研发模式　数字化检疫技术包括众多应用软件，在结构和层次上均有其个性需求。紧密合作的研发模式可以使研究开发的外部效应内部化，克服个体理性和集体理性之间的矛盾。因此技术人员与检疫业务人员的紧密合作、开发过程中的及时交流与沟通至关重要。

长效稳定的维护机制　数字化建设不仅包括前期的系统开发，还有对系统的管理和维护（包括应用、优化和升级）。对这些系统进行有序、持续地维护是系统有效运行的保障。需要通过一定的组织机构建立维护机制，确保人员与经费，除维持系统的正常运行外，还应有效提高系统的应用效能和使用寿命，推进优化、升级工作。

参考文献

娄少之，吴昊，2009. 论动植物检验检疫信息化建设[J]. 植物检疫（增刊）: 29-30.

穆圆圆，2012. 数字化检验检疫通用建设平台研究与设计[J]. 微计算机信息，28(9): 303-305.

吴新华，杨光，李浩，2013. “数字动植检”在动植物检验检疫中的应用与探讨[J]. 植物检疫(3): 37-39.

（撰稿：张静秋；审稿：朱水芳）

S

双生病毒种类鉴定、分子变异及致病机理研究　identification, molecular variation and pathogenicity of geminiviruses

获奖年份及奖项　2014年获国家自然科学奖二等奖

完成人　周雪平、谢旗、陶小荣、崔晓峰、张钟徽

完成单位　浙江大学、中国科学院遗传与发育生物学研究所

项目简介　双生病毒是一类在多种作物上造成毁灭性危害的植物DNA病毒。双生病毒分布广、种类多、危害重、传播快，病害控制困难。了解双生病毒的种类分布、流行规律、变异进化及致病机理是制定安全、高效的双生病毒防控策略的关键。该项目在国家重点基础研究发展计划

（“973”计划）、国家杰出青年基金、国家自然科学基金重点项目等的资助下，经过15年研究，对中国双生病毒开展了系统研究，主要创新成果如下：

明确了中国双生病毒的种类分布、生物学特性及病害侵染循环特征。建立了双生病毒快速诊断检测技术，提高了病害的预测预警水平；系统调查了双生病毒在中国的发生分布，明确了双生病毒在22个省（自治区、直辖市）发生，分离鉴定41种双生病毒，其中31种为新种，占全球发现的双生病毒总数的13.5%，发现的新双生病毒数量居国际首位；发现17种双生病毒伴随有卫星DNA，测定了250种卫星DNA的全长基因组序列；构建了双生病毒及卫星DNA的侵染性克隆，明确了病毒及卫星DNA在致病中的作用；确定了多种双生病毒的侵染循环特征，即通过烟粉虱在杂草—作物或作物—作物间循环传播，为双生病毒病的控制奠定了基础。

解析了双生病毒的种群遗传结构和变异进化规律。发现双生病毒遗传结构是异质种群，病毒种群具有准种特征，具有与RNA病毒相似的突变率；双生病毒卫星DNA的变异主要集中在C1蛋白邻近C端区以及卫星保守区与A-rich之间的非编码区，卫星DNA与伴随的双生病毒基因组存在共进化关系；发现中国多种双生病毒基因组之间存在重组。双生病毒种群的突变和基因组之间的重组导致了新病毒的产生，这对阐明双生病毒快速变异与进化的机制及合理使用抗病品种控制病毒病害具有指导意义。

阐明了双生病毒及其伴随的卫星DNA的致病机理。首次揭示了双生病毒卫星DNA编码的C1是重要致病因子和RNA沉默抑制子。发现双生病毒编码的C2能够通过与S-腺苷甲硫氨酸脱羧酶（SAMDC1）互作并且抑制26S蛋白酶体介导的SAMDC1蛋白降解来影响植物和病毒基因组DNA的从头甲基化过程，促进病毒DNA在植物中的积累。发现双生病毒的C4能够诱导植物中RING-finger蛋白RKP的表达，从而调控寄主细胞周期，促进寄主植物细胞分裂和病毒的高效复制。在明确C1致病机理的基础上，建立了新型高效的基于卫星DNA的基因沉默载体，为快速研究植物基因功能提供了技术支持。

项目8篇代表性论文发表在*Plant Cell*，*Plant Journal*和*Journal of Virology*等期刊上。累计影响因子47.049，被*Nature Reviews Microbiology*，*Nature Reviews Genetics*等SCI论文正面引用513次，其中被SCI他引356次，单篇最高被SCI引用133次；20篇主要论文正面引用850次，被SCI他引529次。该项目获国家发明专利7项，相关研究工作获全国百篇优秀博士论文奖1篇、提名奖1篇，浙江省科学技术奖一等奖1项，高等学校自然科学技术奖一等奖2项。项目研究结果具有原创性，得到国内外同行的广泛认可。

（撰稿：周雪平；审稿：杨秀玲）

《水稻病毒的分子生物学》 *Molecular Biology of Rice Viruses*

是稻病毒的“生物高技术”丛书之一。由北京大学李毅和陈章良编著，于2001年由科学出版社出版（见图）。

（李毅提供）

水稻作为最重要的粮食作物，长期以来，受到多种病毒侵染，使水稻产量严重下降，品质降低，因而全面系统地了解这些水稻病毒病及其病原非常必要。该书系统介绍了侵染水稻的13种病毒的分子生物学及水稻基因转化。全书共14章，前13章分别介绍了侵染水稻的水稻矮缩病毒、水稻瘿矮病毒、水稻黑条矮缩病毒、水稻锯叶矮化病毒、水稻条纹病毒、水稻白叶病毒、水稻草状矮化病毒、水稻坏死花叶病毒、水稻黄矮病毒、水稻黄斑驳病毒、水稻条纹坏死病毒、水稻东格鲁杆状病毒和水稻东格鲁球状病毒13种病毒，第14章介绍水稻的基因转化。内容主要包括这13种水稻病毒的分类地位、生物学、病毒粒子结构、生物物理和生物化学特征、基因组结构、基因组的转录、复制与调控、基因组的产物与功能、水稻基因转化涉及的方法和技术。附录部分包含有已经克隆和测序的12种病毒的全部或部分基因序列及编码蛋白的氨基酸序列，以备读者查阅和参考。

该书可作为高校和科研院所从事生命科学（如植物基因工程、病毒学、抗病育种等）研究的科研人员、教师、研究生及本科高年级学生的参考书。

（撰稿：李毅；审稿：陶小荣）

《水生生物入侵》 *Aquatic Invasions*

一个开放性、由同行审阅的国际期刊，重点关注世界各地内陆和沿海水域生态系统的生物入侵学术研究。在国际湖泊学会（SIL）水生入侵物种工作组（WGAIS）的倡议下，由欧洲委员会第六研究与技术发展框架计划综合项目ALARM资助，并于2006年创刊，一年4期。纸质版ISSN：1798-6540，电子版ISSN：1818-5487。主编为中国香港大学的Kit Magellan。2021年CiteScore值3.4（见图）。

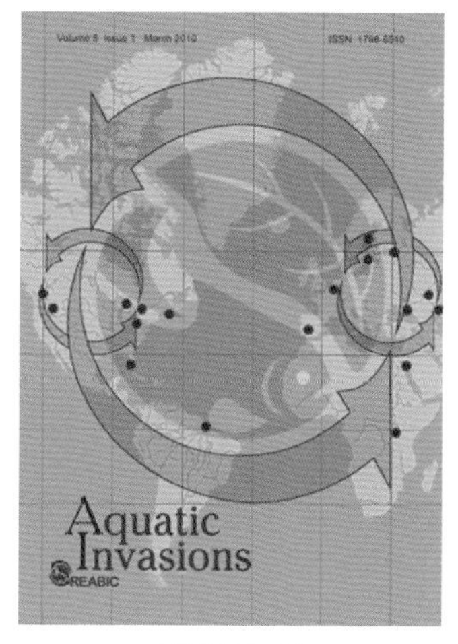

（桂富荣提供）

该期刊为研究外来水生物种的专业人员提供了一个交流的平台，主要包括以下内容：非本地物种分布格局，包括随着全球变化其分布范围的扩展；非本地物种新引进与建群的趋势；非本地物种的种群动态；非本地物种的生态和进化影响；新入侵的预测；非本地物种的鉴定和分类方面的研究进展。期刊发表论文的主题内容主要是生态学领域的研究，发表田间调查研究、分析与建模研究以及综述性文章。同时，也一直促进生物保护的其他相关方面研究，因此也鼓励更多的相关研究成果发表在该期刊，以增长人们对野生动物群体及其对人类价值的认识和理解。该期刊在保护生态学科方面的覆盖面与大学及研究机构有关，其主要强调研究结果的实际应用性，已逐步成为生物入侵领域，尤其是水生入侵领域的重要国际期刊。

（撰稿：桂富荣；审稿：周忠实）

国家重点新产品

证书

项目名称：10%抛秧灵可湿性粉剂　项目编号：99G041D7700070

承担单位：湖南省娄底地区农业科学研究所　发证时间：1999年11月

有效期：三年

批准机关：

图 2 研发的除草剂获国家重点新产品推介（王立峰提供）

图 3 除草剂产品出口马达加斯加等非洲国家（王立峰提供）

水田杂草安全高效防控技术研究与应用
research and application of safe and efficient control technology for weeds in paddy field

获奖年份及奖项　2012 年获国家科技进步奖二等奖

完成人　柏连阳、周小毛、王义成、余柳青、刘承兰、金晨钟、曾爱平、袁哲明、刘祥英、李富根、王朝晖、罗坤、廖晓兰、胡昌弟、邹勇

完成单位　湖南农业大学、湖南人文科技学院、中国水稻研究所、华南农业大学、湖南省农药检定所、湖南振农科技有限公司、湖南农大海特农化有限公司

项目简介　该项目突破了国内外长期认为异丙甲草胺、甲磺隆等高活性除草剂只能用于旱地除草的理论禁锢，攻克了芽前除草剂混用对水稻安全性评价、植物性安全剂研究与应用、微生物除草剂开发和水田杂草“一次性”防除等关键技术，解决了中国南方稻田杂草的安全高效防控问题，具体如下：

在阐明水田杂草发生规律和化学除草剂对水田杂草作用机理的基础上，率先发现了异丙甲草胺、甲磺隆等 5 种除草剂可用于水田杂草防除，其生物活性提高 10 倍以上。

建立了芽前水田除草剂对水稻安全性联合作用的科学评价体系，将水田除草剂混用对水稻安全性的联合作用分为解毒效应、增毒效应和相加效应 3 种类型，率先采用共害系数和健壮率进行量化评价。系统评价了 4 种磺酰脲类和 6 种酰胺类水田除草剂混用对水稻安全性联合作用类型和大小程度。

图 1 湖南长沙春华基地（水田杂草治理田间小区示范）（王立峰提供）

发明了高效除草组合配方，开发出水田杂草“一次性”高效控制技术。发明了以乙草胺、丁草胺、苄嘧磺隆、甲磺隆为活性成分的 3 种组合配方，可一次性防除移栽稻田杂草；建立了三元科学组合配方用于抛秧稻田杂草防除；应用苄嘧磺隆、二氯喹啉酸、丙草胺和安全剂科学组合防除混合发生而又无法人工拔除的直播稻田（秧田）杂草。应用“一次性”控制技术对水田杂草总防效达 97%。首次阐明在尿素存在的条件下，水田杂草吸收除草剂的初始速度大大提高，杂草各营养器官的除草剂积累量明显增加，形成了尿素与除草剂混用的轻简便技术，并开发出具有除草功能的丁农尿素颗粒。

发现了山椒酰胺等 5 个化合物具有解毒活性，并揭示了作用机理。发明了 3 种保护水稻免遭除草剂毒害的方法，可使水稻增产 6.7%～10.3%，较国外生产的安全剂解草啶解毒效果更好，成本更低。

利用微生物控制杂草，开发出高效安全微生物除草剂。从自然感病的稗草上，分离、纯化、筛选获得产孢多、毒力高、具有除草潜力的真菌，并采用原生质体融合技术，使真菌除草毒素产量和产孢量分别提高 53% 和 43%，开发的 1% 克草霉孢子粉剂对水田杂草的防治效果达 80%。

提出了与直播、小苗抛栽、大苗移栽 3 种水稻栽培方式相适应的，以化学除草剂与安全剂为核心内容的安全高效防控技术体系，该技术体系具有使用简便，除草效果显著，增产效应明显，环境友好等显著特点，已在湖南、湖北、广东、广西、江西等水稻产区推广应用 34 408 万亩（图 1），为农民增收 67.95 亿元，为企业新增产值 5.44 亿元，获经济效益 73.39 亿元，取得了显著的社会、生态与经济效益。在项目的实施过程中，相继开发了 18.2%苄″乙″甲可湿性粉剂等 15 个产品，并制定了相应的产品标准，获“一种保护水稻免遭乙草胺伤害的方法”等 9 项国家授权发明专利（图 2、图 3），在国内外学术期刊上发表论文 77 篇（其中 SCI 论文 16 篇），培养研究生 45 人，培训农民 2.5 万人。该项目部分成果获湖南省技术发明一等奖 1 项，中国植物保护学会（CSPP）科学技术奖一等奖 1 项，国家化工部科技进步二等奖 1 项，湖南省科技进步二等奖 3 项。

（撰稿：王立峰；审稿：柏连阳）

《丝状真菌分子细胞生物学与实验技术》
Molecular Cell Biology and Experimental Technique of Filamentous Fungi

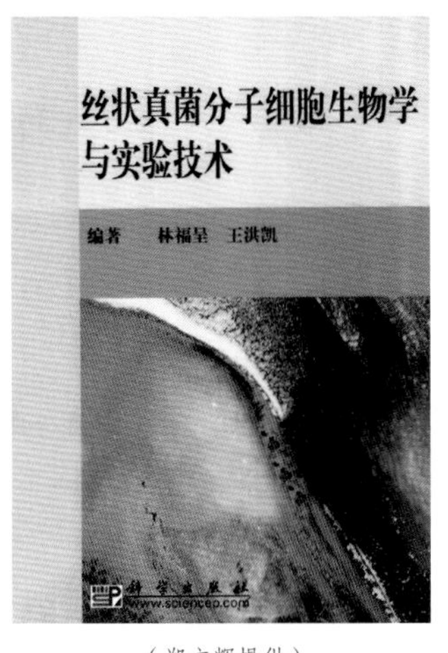

（郑文辉提供）

由浙江大学林福呈和王洪凯编著，于2010年由科学出版社出版（见图）。

真菌在自然界中广泛分布：水域、土壤、空气和有机体内都有存在。真菌是真核生物的重要研究模式，广泛应用于真核细胞生命活动机制的基础研究中；真菌能引起人类和动植物的病害，同时给农业、工业生产带来巨大影响；真菌也是生态系统中的重要组成部分，在自然界的物质循环和能量循环中扮演重要角色；除此之外，真菌还是重要的生物资源，在医药、轻工、环保、食品、农业等领域应用广泛，开发前景广阔。丝状真菌是一个笼统的称呼，常用来指那些不产生大型子实体和酵母形态的真菌。

该书在总结真菌分子细胞生物学最新成果基础上，着重介绍真菌分子细胞生物学研究中的常用技术，有针对性地提出了真菌分子细胞生物学研究的技术原理，并根据不同的研究目的提出了可能的研究方案。全书分为14章，分别介绍了：① 丝状真菌基因型特征的鉴定。② 核酸的提取与分析。③DNA转化。④ 遗传分析。⑤ 基因组分析。⑥ 发育过程的细胞学分析。⑦ 信号传导。⑧ 细胞生物学技术。⑨ 生化研究方法。⑩ 免疫学方法。⑪ 功能基因组分析。⑫ 分子进化与系统发育分析。⑬ 群体遗传分析。⑭ 分子生物信息学常用软件的使用。

该书不仅可以作为高等院校真菌学相关课程的教材，也可以作为高等院校和科研院所真菌研究者的参考书。

（撰稿：郑文辉；审稿：刘文德）

宋宝安 Song Bao'an

宋宝安（1963—），农药学家，贵州大学校长、教授、博士生导师。

个人简介 1963年4月22日出生于广东深圳，1979年考入贵州大学化学系分析化学专业学习，1983年本科毕业。同年9月考入原化工部沈阳化工研究院，师从中国农药化工专家张少铭，学习新农药创制并获硕士学位。2003年于南京农业大学获得农药学博士学位。2015年当选中国工程院院士。

1986年9月研究生毕业后，回贵州大学工作，先后在贵州大学化学系、科研处农药研究室开展科研工作，任助理研究员、副研究员；1995年9月晋升为研究员，1996年1月受命组建贵州大学精细化工研究开发中心，先后任中心副主任（主持工作）、主任；1997年11月任贵州大学校长助理；2000年12月主持申报贵州大学农药学博士点获得国务院学位委员会批准，成为贵州首批博士点“农药学”博士点负责人；2003—2018年任贵州大学副校长，2018年任贵州大学校长；2003年12月，主持申报绿色农药与农业生物工程教育部重点实验室获得批准，成为贵州省第一个教育部重点实验室，宋宝安院士任重点实验室主任；2007年9月，以学科负责人主持申报的农药学国家重点学科获得批准，成为贵州迄今为止唯一的国家重点学科；2010年4月，主持申报绿色农药与农业生物工程国家重点实验室培育基地获得批准，任实验室主任。先后兼任国家核心期刊《农药学学报》副主编、*Molecules*（SCI收录期刊）编委、教育部科学技术委员会委员、农业农村部南方水稻黑条矮缩病联防联控专家组副组长、贵州省科学技术协会副主席、中国植物保护学会（CSPP）常务理事、中国化工学会农药专业委员会副主任委员、中国农药工业协会（CCPIA）高级顾问、国家高效低风险农药科技创新联盟专家委员会主任。

1986—2016年30年来，长期从事农药创制与应用工作，重视农药学教学和本科生、研究生培养。形成“本硕博贯通、化生农一体、农理科分设、多学科融合”的人才培养教育理念，构建了“一体化、开放式”的农药学教育创新体系。以搭建平台引人才、项目纽带聚团队、基础应用同发展、面向产业重转化、示范推广助市场的办学特色和发展理念，注重在针对国家重大需求开展科技攻关的全过程中培养研究生扎实理论知识、熟练实验应用技能和较强创新能力，使学生“会基础、聚前沿、会应用、懂转化、强推广”，许多毕业生成为了所在单位的中青年骨干，部分毕业生已成为了中国农药和植保学界的重要创新力量。2015年成为贵州首个进入全球ESI前1%的学科。

成果贡献 宋宝安长期从事农药创制和农作物重大病虫害防控研究。针对危害严重的农作物病毒病的防控难题，系统构建了从分子（如基因、蛋白）到植株（如水稻、苋色藜）的免疫激活筛选新方法和模型，解决了水稻病毒病防控药剂筛选方法缺乏的难题。基于创新的筛选模型，发展出仿生型农药分子设计新方法与协同催化合成新技术，获得了结构新颖、生物活性高的千余个新化合物，并从中创制出中国第一个自主知识产权的防治病毒病仿生农药“毒氟磷”。研发出无溶剂催化法清洁合成新方法，专利转让到农药骨干企业，实现了毒氟磷的产业化生产，获得正式登记和国家重点新产品，荣获中国植保产品贡献奖与中国农药技术创新奖及中国农民最喜爱品牌。首次在国际上阐明了毒氟磷免疫激活作用机制，发现了毒氟磷显著正向上调水杨酸信号通路相关的半胱氨酸合成酶，提高寄主水杨酸含量，提高寄主PAL、PPO和POD活力，增加寄主PR含量，降低SRBSDV在植物寄主体内的含量，综合协调发挥抗病毒免疫激活能力。研究结果为免疫激活防控农作物病毒病提供了重要的理论依据，也为绿色新农药的创制奠定了重要的科学基础。在明确毒氟磷免疫激活作用机制的基础上，提出了基于免疫激活创制抗植物病毒剂的新思路；研发出以毒氟磷免疫激活防治水稻病毒病为核心、辅以吡蚜酮切断传播媒介的方法，弥补了传统防控方法“只能控虫、无法防病”的不足。并带领科研团队，联合中国农业技术部门和企业，在云南、贵州、湖南、江西、广西、福建等地建立了30余个防控示范基地，构建了播种期基础免疫、秧田期健身免疫、大田分蘖期增强免疫的“控虫防病”技术体系，并经全国水稻南矮病重灾区云南施甸、湖南会同、江西大余、贵州天柱等多点千亩田连片大面积示范应用，防治效果大于70%，与传统防控方法相比，亩均增产100kg以上，减少农药用量20%以上，有效解决了中国水稻南矮病的防控技术难题。

针对水稻、蔬菜土传病害防治难题，宋宝安创新研发出溶剂法合成噁霉灵原粉的新工艺及广枯灵新制剂，在合成方法、工艺条件、分析方法、质量控制、新制剂开发以及防控应用技术上集成创新，建成了年产100吨噁霉灵原粉和1000吨广枯灵制剂生产装置，噁霉灵原粉生产成本仅为国外噁霉灵产品的50%。研发出防治水稻和蔬菜等作物土传病害的广枯灵系列新制剂，获批为国家重点新产品。建立了广枯灵、甲基立枯磷防治土传病害的应用技术，在全国28个省区开展了噁霉灵、广枯灵等杀菌剂防治水稻、蔬菜等作物土传病害的大面积示范推广，将广枯灵、噁霉灵、甲基立枯磷发展为中国农作物土传病害防治的主导药剂，有效地解决了中国农作物土传病害的防治难题。

茶产业是贵州重点发展的“五张名片”之一，2015年底贵州种植面积已达698万亩，居全国第一。宋宝安带领团队，与贵州省农业委员会、贵州省茶叶协会、贵州贵茶有限公司、重点产茶县与基地等开展政产学研合作，在贵州石阡、都匀、湄潭、凤冈等12个重点产茶县建设茶树病虫害综合防控试验示范区，集成生物防控、物理防控以及高工效绿色防控技术体系，研发出“生态为根、农艺为本、化学防控为辅助”技术措施，构建了贵州茶树病虫害综合防控技术，经多点大面积试验示范、应用推广，成效显著。与贵州省农业委员会和贵州省茶叶协会合作制定了“贵州省茶树病虫害绿色防控技术方案”和“贵州茶树病虫害绿色防控推荐产品”，指导全省茶园病虫害绿色防控和茶叶生产。宋宝安先后多次在贵州省茶树病虫害绿色防控现场会、技术培训会等会议上对贵州省茶产业科技工作者、技术人员和管理人员进行了绿色防控技术培训，提升了防控技术的示范力度，有力地保障了贵州茶叶质量安全，为贵州茶产业的健康持续快速发展提供了重要的技术支撑，作出了贡献。

所获奖誉 宋宝安的研究成果为中国高效农药国产化、绿色农药创制和有害生物控制及中国农药工业技术进步和植保事业发展作出了重大贡献。他以第一获奖人获国家科技进步二等奖2项，三等奖1项，省部级科技进步一等奖3项、二等奖7项。在*Nature Communication*，*Angewandte Chemie International Edition*，*Journal of the American Chemical Society*，*Joural of Agricultural and Food Chemistrymi*等国内外知名期刊发表SCI收录论文逾200篇，他人正面引用逾2000次。出版专著6部；获中国发明专利授权逾30项，研发的环境友好型农药新产品在中国十余家企业工业化生产，经济社会效益显著。2005年以来主办了30次国际国内重要学术会议。先后荣获全国师德先进个人、全国优秀科技工作者、何梁何利基金科学与技术创新奖、国家杰出专业人才奖、贵州省最高科技贡献奖、国家有突出贡献中青年专家、中国农药技术创新奖等荣誉称号。并入选首批国家万人计划——科技创新领军人才和首批国家百千万人才工程第一、第二层次人才。领导的创新团队获国家专业技术先进集体。

性情爱好 宋宝安除了在科研及成果转化上取得丰硕成果外，业余时间很喜欢运动，尤其是慢跑锻炼。

（撰稿：杨松；审稿：马忠华）

天敌保育技术 conservation technology of natural enemies

在农林生态系统中，对天敌进行保护使之能够持续繁育、数量扩大的技术。多年来，中国在保育本地天敌昆虫防治农林害虫方面取得了可喜成就，一些发生较为严重的农林害虫得到了控制。

主要内容

田间天敌昆虫基数保障技术 害虫在一个地区长期存在，常伴随一定种类和数量的天敌。由于各种条件的限制，天敌数量往往不足以达到控制害虫危害的程度。若采取适当的措施，避免伤害天敌，并促进天敌繁殖，就可以控制害虫危害的发生。

选择良种天敌 优良天敌必须具备的条件有繁殖力强，寄主搜寻能力强，与寄主的生活史、世代数及寄主数量吻合或紧密配合，与寄主的生态学要求一致，扩散能力强，对环境的适应力强，对寄主的选择性强，易于大量繁殖，等等。

保护本地天敌 考虑物候学因子，对于控制本地害虫而言，本地天敌是最佳选择，最好预留零使用农药区域，保留本地天敌的生态空间，或因地制宜开发其他一些形式的保护措施，以保护天敌昆虫。

引进天敌 在寄主分布区域内，有效的天敌昆虫往往分布不平衡，或完全没有。因此，应该将优良天敌昆虫引进到还没有的地区。从害虫的原产地引进它的天敌来控制害虫危害，是一种传统的害虫生物防治技术，已有的世界各国天敌引进成功实例证明，引进天敌技术是一项环境风险小、投资少、一劳永逸的技术。

人工施放天敌 在室内通过人工繁殖的技术，大量生产天敌，在害虫初发时向田间释放达到防治害虫和建立天敌种群的双重目的。

天敌昆虫田间繁育技术 天敌昆虫往往尾随害虫发生，不但发生时间滞后，数量也远低于害虫。为了达到天敌昆虫的控制作用，创造条件使天敌昆虫能够常态化繁育增加数量，需要人为创造条件调控天敌种群数量。在害虫初发时向田间释放防治害虫。

保护天敌昆虫安全越冬场所 束草诱集，引进室内蛰伏；在必要时填充寄主、增加作物换茬期寄主数量，使其及时寄生繁殖，具有保护及增殖两方面的意义。

增加农田系统的植物多样性 如在农田周边保留多样性的杂草群落，可以为天敌昆虫种群提供临时的庇护场所，强化农田生境内重建和发展的能力。

给天敌补充食料 天敌释放初期放置一些花粉或者蜜露；长期在作物田附近的空闲地种些花期较长的蜜源植物，诱集害虫，有利于某些天敌昆虫的繁殖和种群保持。

合理使用农药 将化学药剂防治与生物防治等协调使用，在必须使用化学农药防治时，应尽量选择对天敌低毒的农药，其他如用药浓度、喷药时期、用药方法等等，均需充分掌握害虫、天敌与作物的生活规律全面考虑，合理执行。

参考文献

CHARLES H P, ROBBERT L B, 1998. Enhancing Biological Control [M]. California: University of California press.

（撰稿：王孟卿；审稿：张礼生）

天敌捕食螨产品及农林害螨生物防治配套技术的研究与应用 study and application of natural predatory mites and bidogical control technology for agricultural and forestry pests

获奖年份及奖项 2008年获国家科技进步二等奖

完成人 张艳璇、林坚贞、李萍、季洁、罗林明、刘巧云、陈宁、罗怀海、姚文辉、杨普云

完成单位 福建省农业科学院植物保护研究所、全国农业技术推广服务中心、四川省农业厅植物保护总站、浙江省植物保护总站、福建省植保植检总站、新疆生产建设兵团农业技术推广总站、湖北省植物保护总站

项目简介 螨类在动物界内种类繁多，是仅次于昆虫的另一类生物类群，已鉴定出的种类有5万多种。农业害螨个体小、繁殖快、适应性强，是典型的r-对策有害生物。它们破坏植物正常的生理机能，引起落叶、落蕾、落果，轻则造成减产、削弱树势，重则引起植物死亡，不少螨类还传播植物的病害。中国记载的害螨种类有500余种，全国性或局部严重危害的逾40种。几乎所有的农作物都遭受到害螨（红蜘蛛、锈壁虱、跗线螨等）的危害。化学防治成为困扰中国农业生产的重要问题。该项目经过近20年的研发，取得以下创新性成果：

研制成功适合中国国情具有自主知识产权的天敌品种——胡瓜钝绥螨人工饲养方法及工艺流程（获1项国家发明专利）；通过较为系统的天敌对猎物生物学、生态学研究及在358个县市大规模应用，在国际上第一个发现并证明了

T

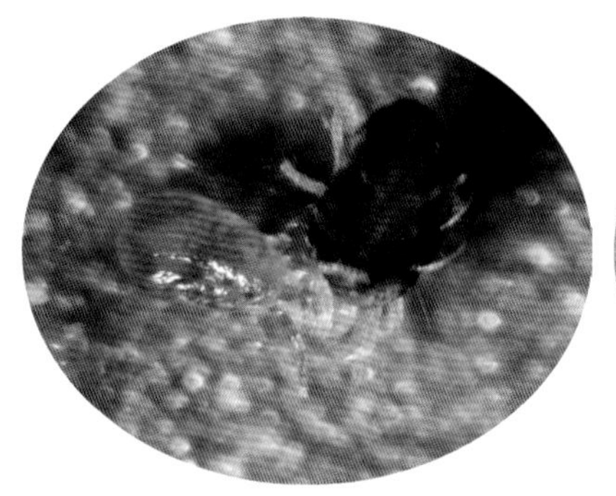

图 1 捕食螨捕食红蜘蛛（张艳璇提供）

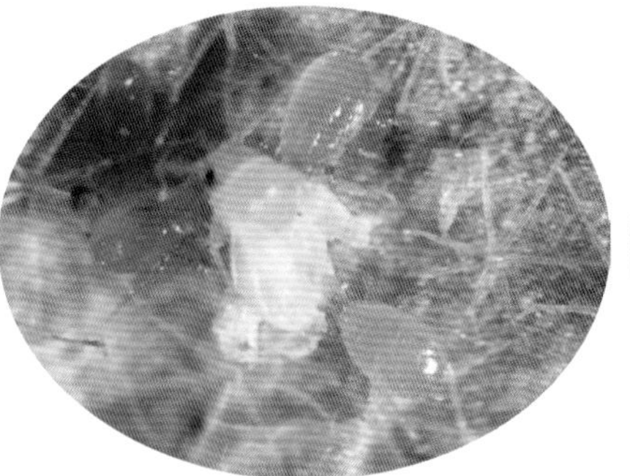

图 2 捕食螨捕食烟粉虱（张艳璇提供）

图 3 捕食螨捕食蓟马（张艳璇提供）

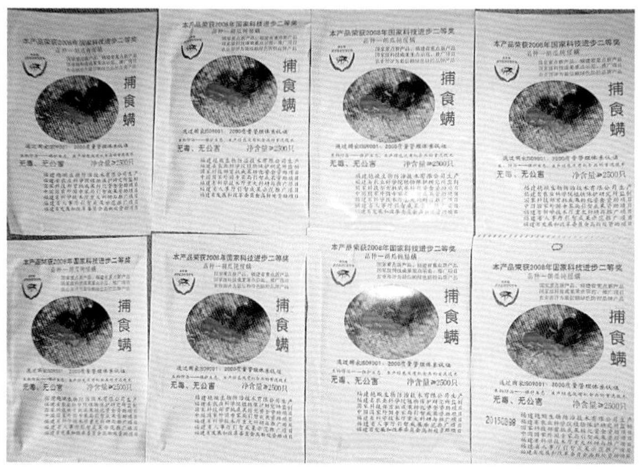

图 4 适合果树应用的捕食螨包装袋（张艳璇提供）

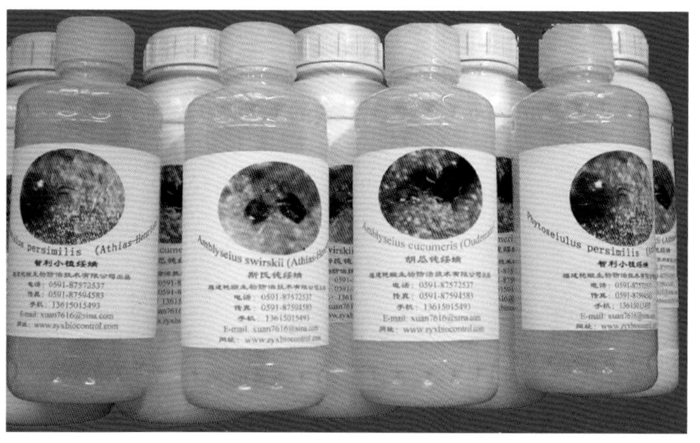

图 5 适合草莓、蔬菜应用捕食螨包装瓶（张艳璇提供）

胡瓜钝绥螨可作为有效天敌控制柑橘、棉花、毛竹等 20 多种作物上害螨危害（获 3 项国家发明专利），为中国害螨综合治理提供一个优良天敌品种和有效途径（图 1～图 3）。

2002—2006 年创建中国第一个年生产能力达 8000 亿只捕食螨商品化生产基地，解决了困扰中国 40 年之久捕食螨工厂化生产—产品包装—产品存储—产品运输—大田应用与环境协调五大难题；研制成功捕食螨田间慢速释放器（获 1 项实用新型专利）提高田间控害效能，实现田间应用天敌费用仅为化防 30%，提高作物产值 5%～15%，年减少农药使用量 60%～80%。

《天敌捕食螨》获国家重点新产品证书。10 年来共在国内外学术期刊上发表学术论文 51 篇，其中 4 篇被 SCI 收录，25 篇被 CAB 收录，在英国大英博物馆出版英文专著 1 本，相关研究获得 2006 年农业部首届中华农业科技二等奖 1 项，福建省科技进步一等奖 1 项，三等奖 4 项；注册 7 个商标。

2005 年主持人自筹资金创办中国第一家经营捕食螨民营企业（已获国家 ISO 质量管理体系认证），3 年创产值逾 800 万元，实现科研成果转化为生产力质的跨越，开创中国商品化新局面，有力推动生物防治工作深入开展。

10 年共在中国 20 个省 358 多个县市的柑橘、棉花、毛竹、茶、苹果等 20 多种作物上应用，建立“以螨治螨”为核心的绿色防控示范区 287.03 万亩，受益农户 87 万户，减少农药用量 3234.75t，节约防治成本 1.769 亿元，增加产值 4.7067 亿元，生产无公害产品 235.95 万吨，价值 49.728 亿元，减少劳动用工 640.75 万个，节约防治用水 100 万 m^3，2004 年被全国农业技术推广中心列入重点示范项目，2006 年被农业部列入全国重点示范推广的绿色防控技术和主推产品（图 4、图 5）。

（撰稿：张艳璇；审稿：周雪平）

天敌定殖提升技术　promoting skills in natural enemies’ colonization

天敌昆虫引入某种新环境后，通过对其自身生理条件和栖息环境的调节，促进其在新环境中永久持续繁殖的技术。该技术的目的是提高天敌昆虫释放后的定殖率和适合度，从而提高其对靶标害虫的防治效果。

主要内容　天敌定殖提升技术主要包括四部分：选择天敌昆虫种类、保证天敌昆虫质量和释放数量、选择天敌昆虫最佳释放态和改善天敌昆虫释放后的栖息环境。

天敌昆虫种类的选择是指引入新的天敌昆虫时，其原产地环境和引入地区环境相似，而且天敌昆虫适应能力强，不能有很强的寄主专化性。保证天敌昆虫质量和释放数量是指天敌昆虫在饲养过程中，通过利用一些技术手段，定期对天敌昆虫进行复壮，确保天敌昆虫没有种群退化现象，从而确保其释放后的存活率；释放天敌昆虫时，要保证足够的数量，使其在释放后具备形成群落的条件。天敌昆虫最佳释放态的选择是通过对天敌最佳释放虫态的筛选以及采用一些释放前预处理方法（饥饿处理、低温处理等），使其释放后的存活能力、捕食能力以及繁殖能力达到最佳状态，从而提高其定殖率。改善天敌释放后的栖息环境是指根据天敌昆虫所需要的资源，有意识地调控包括非作物在内的植物生境，丰富植物的多样性，为天敌昆虫提供食物、越冬和繁殖的场所、逃避农药和耕作干扰的庇护所和适宜生长繁殖的微观环境。研究最多且应用最广的是蜜源植物（nectar resource plant）、栖境植物（habitat plant）、诱集植物（trap plant）、储蓄植物（banker plant）和护卫植物（guardian plant）等。

蜜源植物是指能够为天敌昆虫，特别是寄生性天敌提供花粉、花蜜或花外蜜源的植物种类；栖境植物也称库源植物，特指目标作物之外的其他作物或非作物植物，是昆虫生长繁殖的必需场所；诱集植物能够使害虫趋于集中，有助于吸引田间天敌觅食或便于天敌的集中释放，有利于增强天敌作用效果；储蓄植物也称载体植物，能够为天敌昆虫提供替代寄主或猎物；护卫植物是指集诱集植物、栖境植物和储蓄植物等功能于一体的植物。对这些植物的合理利用，可以有效地提高天敌昆虫的定殖率和适应性，从而提高天敌昆虫的控害潜能。

参考文献

陈学新，刘银泉，任顺祥，等，2014. 害虫天敌的植物支持系统[J]. 应用昆虫学报，51(1): 1-12.

曾凡荣，陈红印，2009. 天敌昆虫饲养系统工程[M]. 北京：中国农业科学技术出版社.

（撰稿：陈红印；审稿：张礼生）

天敌昆虫人工饲料技术　artificial diets for natural enemies

昆虫人工饲料是与天然食料或天然饲料相对的一种通称，凡是经过加工配置的任何饲料都可称为人工饲料。

适用范围　根据饲料的成分及用途，分为3种：① 全纯饲料，又称为化学规定饲料或规定饲料，即所有的组成成分均为化学物质，常用于研究昆虫的营养需求和代谢途径以及用于测定某些特定化合物和寄主植物对昆虫取食和生长发育的影响等。② 半纯饲料，饲料成分多数为纯化合物，另含一种或多种粗制动物或植物蛋白。大多数营养物质来源于已纯化或精制的物质，常用于昆虫种群室内饲养。③ 实用饲料，又称半合成或半人工饲料，主要由粗制植物、动物蛋白组成，这种饲料被假定为含有全部所需要的营养成分，因其可能含有不能被消化利用的杂质，可通过更换营养物质得到改进。这种饲料较为经济，适合于昆虫的大规模饲养。

利用人工饲料饲养天敌昆虫，可以打破寄主、季节限制，降低昆虫饲养成本，有效控制商品虫生长发育整齐度，实现天敌昆虫的生物防治大范围应用。

主要内容

天敌昆虫人工饲料构成　天敌昆虫人工饲料的基础成分主要包括蛋白质、碳水化合物和脂肪。根据蛋白质来源不同，可分为含昆虫成分和不含昆虫成分的人工饲料。含昆虫成分人工饲料配方中包含部分昆虫材料物质如昆虫蛋白粉、昆虫血淋巴提取液以及昆虫细胞培养物等，可有效刺激昆虫取食，对天敌昆虫尤其是捕食性天敌昆虫的饲养起到了积极作用，如部分人工饲料中加入猎物或其加工产物，促进了目标昆虫的生长发育，提高了雌虫产卵能力。昆虫具有世代周期短、繁殖速度快、养殖成本低廉及有机物转化率高等优点，且其体内营养结构合理、蛋白质丰富，因此，昆虫蛋白是高品质的极具开发潜力的动物蛋白源。家蝇（*Musca domestica*）蝇蛆和黄粉虫（*Tenebrio molitor*）是联合国粮食及农业组织（FAO）推荐的标准昆虫蛋白源，被广泛应用于动物人工饲料配方中。不含昆虫成分的人工饲料主要为半合成饲料，主要采用肉类、肝类、啤酒酵母等作为主要成分，并添加一些取食刺激物和其他生长发育所必需的因子配置而成。糖类、脂类等刺激物加入到人工饲料后能诱发捕食性天敌昆虫的取食；人工卵表面喷涂产卵引诱物质（如聚乙烯醇、明胶、琼脂等）可以吸引赤眼蜂产卵寄生。此外，还包括一些应用于昆虫人工饲料的化学规定饲料，主要用于研究天敌昆虫营养需求和代谢途径，并为研究各组分与天敌昆虫的营养关系奠定了基础。

天敌昆虫人工饲料剂型　剂型应在充分考虑昆虫口器及取食方式基础上，结合食品加工学，尽可能做到既保留饲料的营养成分，又有利于昆虫取食，保障目标昆虫的营养供应，且易于存储。剂型主要包括粉状、凝胶状及流体状等。饲料质地，如黏度、细度、均匀度等，也会影响昆虫的取食、消化、生长发育和生殖。捕食性天敌昆虫草蛉幼虫为刺吸式口器，针对其人工饲料剂型有泡沫塑料颗粒吸附液体饲料、人工蜡卵、人工虫（固体饲料）及微胶囊；其成虫为咀嚼式口器，对应的人工饲料涵盖了液体、凝胶及粉状等多种理化性质。琼脂或卡拉胶通常是高含水量人工饲料需要加入的饲料成型剂。

天敌昆虫人工饲料配方优化　人工饲料成分之间的比例协调是营养成分有效利用的主导因素，对决定饲料价值起关键作用。饲料营养成分的均衡遵循“木桶理论”原理。为此，以多种原材料合理搭配从而满足对每种营养成分的需求，是实现营养成分均衡、提高饲料利用率的关键。参照畜牧、家禽、水产等行业已发展的多种成熟的饲料配方优化设计方法，总结得到几种常见设计方法可用于天敌昆虫人工饲料配方设计中，包括正交试验法、二次正交旋转法、均匀设计法、线性规划法、模糊线性规划及目标规划等。二次回归正交旋转组合设计具有规范化和标准化的计算方法，通过主因子效应分析和频次分析，可以得到饲料组分的最佳配比范围。均匀设计只考虑试验点的“均匀分散性”，其与回归分析相结合，可以求出饲料组分的理论最佳配比。线性规划在优化饲料配方时，重在解决在若干线性约束条件下能求出满足所有约束条件的最低成本配方，需要多次调整，具有硬性约束性。模糊线性规划为软约束，能根据各项营养成分的因子价格及相关伸缩量需求调整配方。多目标规划是线性规划的发展，在约束方程中引入离差变量，其相应的约束条件具有一定弹性。以上各种筛选方法均有各自优缺点，在进行人工饲料配方优化设计时应根据试验目的，选择最合适的设计方法，通过数学统计进行科学推算。

天敌昆虫人工饲料的评价方法　主要从宏观和微观两方面评价人工饲料的可利用性。宏观方面，生物学评价指标包括饲养天敌昆虫的幼虫发育历期、蛹历期、成虫寿命、虫体各个发育阶段的个体大小、重量、成虫生殖力、卵孵化率、幼虫存活率、化蛹率、羽化率及成虫雌雄比例等，用来检测表观直接的饲养效果；其他评价指标，如饲养昆虫的种群建立与维持、遗传、行为等方面的表现，如捕食功能反应等，目的是评价获得天敌的应用效能。微观方面，通过测定中肠各主要消化酶的活性可反映出饲料组分配比的适合度。氧化铬比色分析法和稳定性同位素技术常被用于测定天敌昆虫对饲料中主要营养物质的吸收利用率。

展望　营养平衡失调和昆虫取食量减少等是人工饲料中常见问题，常导致昆虫发育滞缓、存活率低、无法化蛹或化蛹率低、蛹重减轻、羽化率低、产卵量下降和雌雄性比失调等现象。人工饲料剂型选择和物理性状如黏度、均匀度及细度等均会影响昆虫的取食和消化。在进行天敌昆虫人工饲料研究时，应将昆虫生物学、昆虫生理学、昆虫营养学、生态学及遗传学相结合，明确蛋白质、碳水化合物和脂肪在人工饲料中的种类、比例及含量，评价天敌昆虫对营养成分的消化吸收效率，针对性地优化人工饲料配方，促进天敌昆虫人工饲料的发展。

参考文献

党国瑞, 2013. 含不同昆虫成分的人工饲料对大草蛉成虫生存和繁殖的影响 [D]. 北京 : 中国农业科学院 .

张礼生, 陈红印, 李保平, 2014. 天敌昆虫扩繁与应用 [M]. 北京 : 中国农业科学出版社 .

邹德玉, 2013. 取食无昆虫成分人工饲料蠋蝽的转录组研究及饲养成本分析 [D]. 北京 : 中国农业科学院 .

（撰稿：张礼生；审稿：郑礼）

天敌昆虫替代寄主技术　substitute host of natural enemies

利用中间寄主或替代寄主（猎物）大规模人工繁殖天敌昆虫用于害虫防治的繁育技术。替代寄主技术具备易饲育、短世代周期、快繁育、高效率、低成本等特点。中国在适用于天敌昆虫规模化繁殖的中间寄主种类研究与应用方面取得了举世瞩目的成就。

主要内容

寄生性天敌昆虫替代寄主技术　20 世纪以来，科学家对某些内寄生蜂尤其是赤眼蜂的离体培养进行了大量研究，成功研制出完整的机械化生产工艺流程。国外普遍利用地中海粉斑螟（*Anagasta kuehniella*）卵和麦蛾（*Sitotroga cerealella*）卵为替代寄主规模化生产赤眼蜂，已实现机械化生产。20 世纪 60 年代初，中国首次利用柞蚕剖腹卵繁殖赤眼蜂获得成功，开创了"大卵繁蜂"的先例，并做了防治玉米螟的田间试验，最终实现柞蚕卵繁殖松毛虫赤眼蜂的产业化。自"六五"计划以来，中国成功研制出利用柞蚕卵（大卵）、米蛾卵（小卵）作为中间寄主繁殖赤眼蜂的技术与工艺流程，并成功建立半机械化生产线。"七五"至"九五"期间，GD-5 型自动控制生产人造卵卡机研制成功，使工厂化生产赤眼蜂有了质和量的保证。人造卵已经在多种赤眼蜂如螟黄赤眼蜂（*Trichogramma chiloni*）、玉米螟赤眼蜂（*Trichogramma ostriniae*）、松毛虫赤眼蜂（*Trichogramma dendrolimi*）和平腹小蜂（*Anastatus* sp.）等的繁殖中广泛应用。此外，利用豌豆彩潜蝇（*Chromatomyia horticola*）替代美洲斑潜蝇（*Liriomyza sativae*），大量繁殖豌豆潜蝇姬小蜂（*Diglyphus isaea*）也获得巨大成功。

捕食性天敌昆虫替代饲料（猎物）技术　大量获得高品质的捕食性天敌昆虫如瓢虫、草蛉等是其成功应用于生物防治的重要条件。用自然猎物饲养瓢虫、草蛉效果良好，但进行大量繁殖，应用于大面积生物防治时，常因受到自然条件的影响而使其受到限制。人工饲料的研发与应用为规模化饲养天敌昆虫开辟了新的通道，打破了寄主限制，实现了发育整齐、生理一致，降低了饲养成本。但人工饲料的营养平衡性及标准化较难控制，对天敌昆虫发育进度及活力影响较大，发展相对缓慢。研究表明米蛾卵、地中海粉螟卵和麦蛾卵及赤眼蜂蛹等作为替代饲料饲养瓢虫、草蛉，工艺简化，饲养成本降低，具有较大的研究与应用价值。自 20 世纪 90 年代起，中国致力于利用人造卵赤眼蜂的幼虫和蛹，饲养多种捕食性天敌的研究，用于饲养大草蛉、中华草蛉、七星瓢虫、异色瓢虫、六月斑瓢虫、双带盘瓢虫和小花蝽等，均获得了巨大成功，同时也为用人造卵规模扩繁多种卵寄生蜂、捕食性天敌昆虫开辟了新途径。

参考文献

张礼生, 陈红印, 李保平, 2014. 天敌昆虫扩繁与应用 [M]. 北京 : 中国农业科学技术出版社 .

曾凡荣, 陈红印, 2009. 天敌昆虫饲养系统工程 [M]. 北京 : 中国农业科学技术出版社 .

（撰稿：张礼生；审稿：郑礼）

田波　Tian Bo

田波（1931—2019），病毒学家。中国科学院微生物所研究员、博士生导师，中国科学院病原微生物与免疫学重点实验室名誉主任，武汉大学生命科学院教授，病毒学国家重点实验室名誉主任，中国科学院院士（见图）。

（孟颂东提供）

生平介绍　1931 年 12 月 25 日出生于山东桓台，1950 年 9 月考入北京农业大学（今中国农业大学），攻读植物病理学。1954 年大学毕业后，分配到中国科学院微生物所的前身——真菌植病研究室工作。在林传光的指导下从事马铃薯病毒研究，后来又虚心向中国科学院原生物化学研究所曹天钦院士和原植物生理所沈善炯院士求教，逐步拓宽到病毒生物化学和分子病毒学研究。田波刻苦钻研植物病毒学，研究领域包括植物病毒、类病毒和病毒卫星 RNA 等亚病毒，成为中国科学院“安、钻、迷”的典型，曾作为特邀代表参加全国青年联合会，受到刘少奇主席的接见。

在 20 世纪 50～80 年代先后担任病毒研究室副主任、主任，1986 年晋升为中国科学院微生物所研究员。

1991 年当选中国科学院院士。他意识到微生物所病毒研究室不应局限于植物病毒，研究领域逐渐过渡到医学病毒基础研究。1995 年他创建“分子病毒学与生物工程开放实验室”所级重点实验室，2008 年中国科学院病原微生物与免疫学重点实验室成立，相继吸引国外一大批病毒学科研人员加入重点实验室，在新发突发传染病、乙肝病毒、细胞免疫学等领域作出了特色。

2001 年受武汉大学时任校长侯杰昌邀请，任职武汉大学病毒学教授。面对国家需求，他提出以医学病毒学作为主要研究方向，提议建立了中国综合性大学唯一的生物安全三级实验室。同时成立了现代病毒学研究中心，2005 年与中国科学院武汉病毒所联合申请并获批病毒学国家重点实验室，使武汉大学病毒学研究进入一个崭新的阶段。

成果贡献 20 世纪 50～60 年代，他系统研究病毒和高温对马铃薯花叶型退化的影响，解决了当时中国关于马铃薯退化原因的争论，并达成了共识，即根据地区温度条件生产无病毒原种是解决退化问题的根本方法。与相关单位制定了具有中国特色的茎尖脱毒生产无毒马铃薯的技术方案，该方案在中国广泛应用，取得了巨大的经济效益和社会效益。

亚病毒是只含核酸或蛋白质侵染因子的一类具有侵染性的简单结构病毒，包括类病毒、拟病毒和朊病毒等。在 20 世纪 70～80 年代，他全面研究类病毒的结构与功能，阐明类病毒的一、二级结构与毒力的关系，研究类病毒的致病机制以及拟病毒与卫星 RNA 的关系，并应用病毒卫星 RNA 防治黄瓜花叶病毒等植物病毒。他的实验室成功研制卫星 RNA 生防制剂，田间试验证明抗病毒效果良好。该成果于 1983 年在国际上首次报道，引起广泛关注，日本也引进了该抗病毒的方法。

1980 年后，又引进基因工程的方法获得抗病毒的转基因烟草和番茄，这也是中国植物基因工程的开拓性工作之一，受邀作为第八届国际病毒学会“遗传工程抗病性”研讨会主席。

1990 年后，开始从事医学病毒学基础研究，发现热休克蛋白 gp96 在乙肝病毒抗原呈递和 T 细胞活化中发挥重要作用，为查明乙肝病毒感染的免疫学机制和免疫治疗提供了依据。以 gp96 为靶点的抗病毒、抗肿瘤药物已经开展临床前研究，有望进入临床试验。

以乙肝病毒研究作为契机，他的研究领域又涉足流感病毒、艾滋病毒、手足口病毒等重要病原的致病机制、免疫应答和抗病毒药物、疫苗研究等，产出多项成果。

所获奖誉 1985 年获中国科学院科技进步二等奖；1986 年获中国科学院科技进步一等奖和农业部科技进步二等奖；1987 年获中国科学院科技进步二等奖；1988 年获中国科学院科技进步一等奖和国家科技进步三等奖；1990 年获中国科学院科技进步二等奖；1997 年获中国科学院自然科学二等奖；1999 年获“何梁何利科学与技术进步奖”；2016 年获中国植物病理学会（CSPP）终身成就奖。

参考文献

田波，2011. 田波病毒学文选 [M]. 北京：科学出版社.

（撰稿：孟颂东；审稿：纪海丽、喻亚静）

同位素示踪技术 isotopic tracer technique

利用放射性核素作为示踪剂对研究对象进行标记的微量分析方法。生物学上经常使用的同位素是组成原生质的主要元素，即 H、N、C、S、P 和 O 等的同位素。此外，也使用 I、Na、K、Fe 和 Ca 等同位素。除用 ^{2}H，^{15}N，^{18}O 等稳定的同位素外，生物学研究中最常用的是那些在衰变时放出射线的不稳定同位素，即放射性同位素。

基本原理 同位素是指原子序数相同，在元素周期表上的位置相同，化学性质相似，而质量不同的元素。其中，能发出各种射线（α 射线、β 射线、γ 射线或电子俘获）的同位素称为放射性同位素；没有放射性的同位素则称为稳定性同位素。放射性同位素及其化合物，与自然界存在的相应普通元素及其化合物之间的化学性质和生物学性质是相同的，只是具有不同的核物理性质。因此，可以用放射性同位素作为一种标记，制成含有放射性同位素的标记化合物（如标记食物、药物和代谢物质等）代替相应的非标记化合物。利用放射性同位素不断放出特征射线的核物理性质，就可以用核探测器追踪其在体内或体外的位置、数量及其转变等。

适用范围 同位素示踪技术在工业、农业、生物医学等众多领域中都有重要的应用价值。

工业中的应用 在工业活动中，示踪原子为使用多种高性能的检测方法和生产过程自动控制方法提供了可能性，克服了传统检测方法难以完成甚至无法完成的难题。如石油工业中采用放射性核素示踪微球等方法测绘注水井吸水剖面，为评价地层，调整注水量的分配，实现石油的增产和稳产作出了贡献。在机械工业中可用氪（^{85}Kr）化技术进行机械磨损研究，测量一些其他方法不能完成的运动部件的最高工作温度和温度分布。此外，这一灵敏度很高的 ^{85}Kr 检漏方法也在机械工业产品、机械零部件和金属真空系统的检漏，以及电子工业半导体器件的检漏中得到应用。在钢铁工业中，可用同位素示踪技术测定高炉炉壁的腐蚀程度。水利工程中可用来探测大坝的渗漏情况等。

农业中的应用 主要应用于研究施肥方法、途径及其肥效；杀虫剂和除莠剂对昆虫和杂草的抑制和杀灭作用；植物激素和生长刺激素对农作物代谢和功能的影响；激素、维生素、微量元素、饲料和药物对家畜生长和发育的影响；昆虫、寄生虫、鱼及动物等的生命周期、迁徙规律、交配和觅食习性等。此外，正是由于放射性同位素 ^{14}C 的应用，导致了自然界中光合作用机理的发现。

生物医学中的应用主要应用于临床论断和医学研究方面。如 ^{2}H 和 ^{10}O 双标记的葡萄糖可用于研究人体能量的摄入和消耗过程；用 ^{51}Cr 标记方法可研究人体的血量；用 ^{131}I 可研究甲状腺功能；用 ^{58}Fe 可研究缺铁性贫血；用放射性同位素或经富集的稀有稀土核素，可研究稀土元素在生物体内的分布、蓄积和代谢规律；用 ^{18}F 标记的葡萄糖可研究脑血流量及其代谢活动等。

环境研究中的应用同位素示踪技术可用于研究环境各介质（水圈、土壤圈、大气圈、生物圈等）中污染物的分布、迁移和富集规律，从静态和动态两方面研究污染物的时空特征。如用长寿命放射性核素 ^{36}Cl 标记有机卤族化合物，研究其在环境中的行为。用经富集的、稳定的 ^{196}Hg 或 ^{202}Hg，研究汞在大气圈、水圈和生物圈中的转移、甲基化过程及其环境效应。

基础科学研究中的应用同位素示踪技术已在物理、化学、生物、地学等基础研究中发挥了重要作用。如用 ^{32}P 放射性同位素示踪揭示了DNA的结构以及RNA的一级结构，再结合放射自显影法，即可阅读核苷酸顺序。此外，在化学反应机理及其动力学过程、天文地质学的一些重大基础问题（恐龙绝灭和铱异常、陨石演化史等）、岩石学和矿物学等研究中，同位素示踪都是一种重要的应用技术。

主要内容 放射性同位素和稳定同位素都可用来示踪，放射性同位素示踪比稳定同位素示踪的检测灵敏度要高得多，而且测量简便；有时可以在体外检测到入射性标记物质的踪迹。而稳定同位素的应用虽然不如放射性同位素使用广泛，但应用中明显优于放射性同位素，具有无可比拟的优越性，其主要内容为：

① 无辐射，营养元素的稳定同位素对动植物体并不造成伤害，就算是有毒重金属元素，危害性也远小于放射性同位素。

② 许多元素没有放射性同位素，还有一些元素虽然有放射性同位素，但半衰期太短而没有实用性。

③ 不像放射性同位素一次只能测定一种同位素，稳定同位素允许对不同质量数进行同时测定，因此可以对同一元素的不同同位素或是不同元素的同位素进行同时测定。

④ 物理性质稳定，信号值不会随时间而衰减；稳定同位素还具有与放射性同位素相同的优点，由于测定的不是浓度（前者测定的是比值，后者测定的是放射性信号值），能在一定程度上克服实验中的个体差异，从而提高了测试的可靠性。

影响因素 放射性同位素示踪技术也受到某些因素的影响，例如个别元素（如氧、氮等）还没有合适的放射性同位素；有时会出现同位素效应和放射效应问题。所谓同位素效应是指同位素与相应的普通元素之间存在着化学性质上的微小差异所引起的个别性质上的明显区别。而辐射效应是指放射性同位素释放的射线虽利于追踪测量，但射线对生物体的作用达到一定剂量时，会改变生物的生理状态。大多数放射性核素由于制备困难，半衰期不合适，放射性不足而不能用作放射性示踪剂。

参考文献

张亮，王晓娟，王强，等，2016. 同位素示踪技术在丛枝菌根真菌生态学研究中的应用 [J]. 生态学报，36: 10.

张婷婷，2014. 同位素示踪法研究禾本科植物细胞壁果胶与木素的连接 [D]. 武汉：湖北工业大学.

赵匡华，1999. 化学通史 [M]. 北京：高等教育出版社：438-439.

（撰稿：张继；审稿：向文胜）

涂鹤龄 Tu Heling

（姚强提供）

涂鹤龄（1938—2004），九三学社社员。麦田杂草治理专家。青海省农林科学院植物保护研究所研究员（见图）。

生平介绍 1938年1月出生于江苏如皋。1956年在青海省农林厅干部培训班学习；1956—1958年，在青海省农林厅植保处工作；1958年考入青海农牧学院农学系，植物保护专业学习；1962年毕业后分配到青海省农林科学院植物保护研究所工作。先后担任青海省农林科学院植物保护研究所杂草研究室主任、植物保护研究所副所长、所长，先后兼任中国植保学会杂草分会副理事长、青海省植保学分会理事长、荣誉理事长、青海省科技专家委员会副主任，国际杂草学会（IWSS）永久会员，青海省第八届人大代表。

成果贡献 涂鹤龄在青海高原农业科研第一线工作40余年，在农田杂草治理技术研究与推广上取得重大成就。先后主持国家"七五""八五""九五"农田杂草治理研究子专题、专题及省（部）级重大课题9项，取得科技成果18项；作为第一贡献人，获国家科技进步二等奖1项、三等奖1项；省（部）级一、二等奖5项，省科学大会奖2项，省（部）级三等奖4项。

20世纪60年代，他最先在中国开展农田恶性杂草野燕麦发生规律和防治技术研究，明确了不同生态区野燕麦发生分布、传播危害及生物学特性，通过大量的药剂防治试验，提出在麦油（豆）轮作区内采用不同除草技术的策略，有效控制了野燕麦的危害，为防治野燕麦开辟了新途径，该技术累计在全国推广6838万亩，增值7.7亿元。

"八五"期间，在中国水稻、小麦、玉米、棉花、大豆五大作物主要不同生态区，首次系统地研究田间杂草群落组成、危害和演替及原因，开发了一次性化除技术与生态调控相结合的治理技术体系，有效地控制了杂草群落危害。主持研发了"麦草光""麦草枯""稻草畏"等10种复配剂，建立了"深埋药、加助剂，狠抓水、促生长"的配套除草技术体系，解决了旱田除草剂使用效果不稳的难题。一次施药实现农田无草害，实现了中国农田除草技术的一大飞跃。该技术体系在全国示范3340万亩，增值11.76亿元。该项目于1997年荣获得青海省科技进步二等奖，1998年荣获国家科技进步二等奖。

出版著作（含合著）12部。发表科技论文102篇，获优秀论文奖9篇。2003出版的《麦田杂草化学防除》汇集了中国麦田杂草的种类、危害和分布区系、麦田杂草群落演替规律，化学除草的最新成果，阐述了麦田除草剂品种的作用特点、使用技术、混用、环境因素对药效、药害的影响及注意事项等，适用性强、参考价值高，被列为国家“十五”重点图书。

在长达40余年的科研生涯中，他始终奉行这样的理念——一切为人民服务，对人民负责。把个人的利益与得失置之度外，秉承勤奋严谨的学风，他把自己的全部精力都放在解决农业生产实际问题上，为消除农田草害给农民造成的损失而殚精竭虑，为中国农业科技事业的发展而不懈努力。

所获奖誉 1992年经国务院批准为享受政府特殊津贴专家；1994年评为青海省劳动模范；1996年被授予“全国五一劳动奖章”；1998年荣获国家科技进步二等奖（第一完成人）；2001年12月被授予青海省农业科技工作突出贡献者。

参考文献

青海省农林科学院植保所, 2004. 涂鹤龄同志生平介绍 [J]. 杂草科学 (4): 58.

青海省农林科学院, 2003. 青海省农林科学院继往开来的十三年 [J]. 今日科苑, 2(6): 107-108.

中国植物保护学会杂草学分会, 1999. 面向21世纪中国农田杂草可持续治理 [M]. 南宁 : 广西民族出版社 : 5-9.

（撰稿：姚强；审稿：郭青云）

涂治 Tu Zhi

（杨渡提供）

涂治（1901—1976），农业科学家、教育家、植物病理学家。中国科学院学部委员。河南大学农学院任教授并兼任院长，国立西北农林专科学校教授兼农艺组（系）主任，新疆农林厅厅长、八一农学院院长、新疆农业科学院院长和新疆维吾尔自治区科学技术协会主席（见图）。

生平介绍 1901年8月20日生于湖北黄陂（现湖北武汉黄陂区）东乡涂家湾，自幼勤奋好学，一生酷爱读书。1915年即以优异成绩考取北平清华学校。1924年大学毕业后考取公费生赴美留学，他在明尼苏达大学农学院和研究院攻读作物育种学和植物病理学，获博士学位。1929年他怀着科学救国的愿望回到祖国，在广州岭南大学任教。1932年受聘河南大学农学院，后任教授并兼任院长。1934年应武汉大学之邀，筹建农学院兼办湖北棉业试验场。1935—1939年任国立西北农林专科学校教授，其间兼任农艺组（后为农艺学系）主任。1939年春来到迪化（即今乌鲁木齐），1940年任新疆高级农校教务长，1941年任新疆学院教务长兼农科主任。1944年5月入狱，腿部因受刑留下残疾。1945年3月，经各方营救，国民党被迫释放了他，出狱后任建设厅技术顾问兼血清厂副厂长。1946年5月又回到新疆学院任副院长。1949年9月，他出席了中国人民第一届政治协商会议。中华人民共和国成立后，历任新疆农林厅厅长，新疆八一农学院教授、院长，新疆农、林、牧科研所所长，中国科学院新疆分院副院长，新疆农业科学院院长等职。1950年加入中国共产党，1955年选聘为中国科学院学部委员。

成果贡献 1916年就学期间，与同学物理学家周培源一起在燕京大学附近的海淀镇成府村作过社会调查，调查报告发表于1924年《清华学报》第1卷第2期。1924年在大学时期与周培源一起参加了清华学校测量班测绘成府村地图的工作。

1929年，他怀着科学救国的理想回到祖国，先后在岭南大学、中山大学、河南大学、武汉大学、西北农学院等高等院校任教授、实验室主任、教务长和院长。他在河南大学任教时，与中共地方党组织成员乐天宇交往甚密，接受到马列主义新思想，开始积极主动为党工作，参加抗日宣传活动。在西北农学院任教务长时，他支持地下党员李道暄的秘密活动，拿出自己的薪水帮助进步学生奔赴革命圣地延安。

1948年参加新疆地下进步组织“战斗社”，并作为领导人之一，因促进新疆和平解放作出贡献。作为特邀代表出席了具有伟大历史意义的中国人民第一届政治协商会议，参加了开国大典。

中华人民共和国成立初期，涂治同志作为农林厅厅长，经常随王震同志到南北疆各地考察，生产兵团的不少垦区就是他们那时共同确定的。部队屯垦需要农业科学技术，涂治同志把农林厅的技术干部组成随军工作队协助部队生产，并为新疆军区农业生产训练班配备教师，亲自指导教学工作。他还翻译了国外有关农业企业经营管理的书籍，送部队参考。为了建立新疆八一农学院，涂治同志不辞辛苦，四处奔走。他随王震同志到北京等地有关部门请来了王桂五、张景华、张学祖、黄大文、郝履端、张翰文、朱懋顺、黄翼、严赓雪、崔文采、王志培等许多专家、教授。

新疆维吾尔自治区人民政府委员会成立，他被任命为省人民委员会委员兼农林厅厅长。从1956年开始，涂治就任新疆维吾尔自治区科学技术普及协会筹委会主任。他后半生职务很多，除上述已提到的以外，他还先后被选为自治区党委委员、全国人民代表大会代表、中国人民政治协商会议委员、中国科学院学部委员、中国科学技术协会委员、中国农业科学院学术委员会委员、新疆生产兵团党委委员；他还担任了自治区科学技术委员会副主任、中国科学院新疆分院副院长、自治区科学技术协会主席、中国人民保卫世界和平委员会新疆分会主席，以及几种全国性学报期刊的编委或顾问等20多个社会职务。

1964年秋，他赴苏联考察，到吉尔吉斯斯坦后他对当地的无籽西瓜产生了兴趣。竟意外获得了一粒瓜籽，他如获至宝似地精心保管，回国后进行培育获得成功，现在曾被称为‘反修三号’的无籽西瓜在新疆得到大面积栽种。

1954年他担任总指挥，在玛纳斯河流域获得2万亩棉花大丰收，创全国植棉高产纪录。推翻了西方学者“北纬45度不能植棉”的论断，这一喜讯传遍了全国，成功地将中国棉区向北推移，震惊国内外。

1973年后进行了黄瓜抗白粉病无性杂交等研究，主持“新疆冬小麦抗锈育种研究”“新疆冬小麦越冬保苗问题研究”等课题，还主持了有多省区参加的“探索适应社会主义大生产农牧结合和高度机械化水平的耕作制度”的国家课题。

他在新疆80余个县建立了农业科技推广站，建立八一农学院、农林牧科学研究所、农业科学院，创办《新疆农业科学》月刊。他毕生从事农业教育和农业科学技术研究工作，主张在新疆推广草田轮作制，搞单倍体育种，进行喷灌试验，推广水稻塑料薄膜育秧等先进技术。撰写《棉花烂根病的防治》《关于实行牧草田轮作制的问题》等10余篇论著。晚年发表《关于自治区打好农业生产仗的几点意见》，提出了发展新疆农业生产的若干战略性措施，这是他在新疆工作近40年，研究新疆农业生产的科学总结。涂治通晓英、法、德、俄4种外文，翻译出版了李森科《植物的阶段发育》、帕格纳依丁《粒肥》等专著和数十万字的农业科技丛书。他第一个把草田轮作制介绍到中国。他为新疆的教育和科学事业的繁荣以及农业生产的发展作出了重大贡献。是开创新疆现代化农业科技的先驱。

所获奖誉 1949年9月，他出席了具有伟大历史意义的中国人民第一届政治协商会议，受到毛泽东和刘少奇、周恩来、朱德等党和国家领导人的亲切接见，参加了开国大典。1949年10月，涂治荣获西北野战军政治部颁发的“毛泽东奖章”和“西北解放纪念章”。1950年1月23日，他光荣地加入了中国共产党。1955年6月被授予中国科学院生物地理学部委员（即现在的中国科学院院士）。曾当选为中国人民政治协商会议第二、三届全国委员会委员，第一、二、三届全国人民代表大会代表。

2009年涂治被农业部选为中华人民共和国成立60周年“三农”模范人物；2011年他的成就被收入《20世纪中国知名科学家学术成就概览》；2012年他荣获自治区科协成立50周年“新疆十大优秀科技人物”称号。

性情爱好 他一生最爱读书，他是书店的常客，每次从书店出来，提包里装的都是书，提包装不下。他的房间除了被挤在一个角落的床和写字台外，满屋全是书架。连桌上床下都堆着书，真是一个书的“王国”。

他是网球健将，球场上常看到他与学生们挥拍激战。他教育学生要积极锻炼，为将来搞科学事业打下基础。他生活简朴，性情温和，乐于助人。他常穿一身深灰色的斜纹布中山服，裤子上还被化学溶剂烧了几个洞，脚上很少穿袜子。他的薪金除付伙食费和买书外，都接济了各族有困难的学生。

涂治通晓英文和俄文，通过刻苦学习，他很快又能阅读德文和法文书刊。苏联教师讲课，他亲自担任翻译。

参考文献

刘江波, 1987. 涂治教授的一生 [J]. 新疆地方志通讯 (3): 33-35.

吕企信, 1996. 丹心难写是精神 : 缅怀新疆科协第一任主席涂治教授 [J]. 金秋科苑 (1): 12-13.

王东明, 1997. 著名农业科学家涂治 [J]. 武汉文史资料 (2): 122-135.

姚艳玲, 焦清亮, 2005. 新疆农业科学院志 [D]. 乌鲁木齐 : 新疆农业科学院 : 175-176.

赵跃坤, 2003. 周培源与涂治参与测绘的北京西郊成府村地图 [J]. 中国科技史料, 24(3): 255-257.

（撰稿：杨渡；审稿：马忠华）

T

王鸣岐 Wang Mingqi

王鸣岐（1906—1995），植物病理和植物病毒学家，生物学教育家。复旦大学教授，博士生导师（见图）。

生平介绍 1906年2月生于河南滑县的一个农民家庭。他15岁到开封，边工作边自学。一年后考入河南省第一中学，1928年考入国立开封中山大学（后改名河南大学）农学院，1932年毕业后留校任教。1934年，他考取公费留学生，赴美国明尼苏达大学学习植物病理学和遗传学。

在美国，他师从植物病理学家E. C. Stakman。据当时留学的同学回忆，“鸣岐忠诚敦厚，具燕赵长者之风，治学最勤，每至废寝忘食”“读得入了迷，夜以继日，除了读本还是读本”。

1937年，正值“七七事变”爆发，国难当头，王鸣岐婉拒导师提供的工作机会，坚持回国服务。他在日后的文章中回忆当时的心情，“我国国难当头，救国万急，我宁愿死在敌人的炮弹下，也不愿离开国土”。回国途中，他遍访美欧各地植病实验室，学习经验，交流学术。

1937年11月底王鸣岐顺利获得哲学博士学位回到祖国，在河南大学先后任教授、农学系主任、农学院院长。当时，河南大学因战火被迫多次迁校，最后迁址陕西宝鸡附近。王鸣岐带领学生，一路迁徙，一路教学科研，沿途进行了植物病害的调查鉴定。在这期间，他受学校指派，负责接待在中国各地调查科学研究状况的英国李约瑟博士。王鸣岐在困难条件下坚持科研的精神得到高度赞赏。

中华人民共和国成立后，王鸣岐任东吴大学和江南大学教授。1951年，王鸣岐接受复旦大学校长陈望道的盛情邀请，出任复旦大学教授，1958年起担任复旦大学生物系主任。

（钟江提供）

作为中华人民共和国第一代农业科学家，王鸣岐高度关注中国的农业和粮食问题。1949年12月，他应邀赴北京参加全国农业生产会议，受到毛泽东主席和朱德总司令的接见。1954年，他受农业部委托，与科学院植物生理研究所等单位合作，研究了粮食安全储藏问题。20世纪50年代后期，他根据对学科发展的把握，开始研究病毒学，认为阐明病毒结构、复制及感染机制将可能提示生命分子的基本特性。当时江苏、浙江、上海的稻、麦、玉米发生矮缩病，逐年加重，使他更加关注植物病毒病害。1960年，他接受上海市政府委托研究蔬菜病毒病，并在复旦大学建立了病毒研究组，1980年，王鸣岐开始病毒分子生物学的探索，病毒研究组后发展成为病毒学研究室和国家第一批病毒学博士点。

作为一名杰出的教育家，王鸣岐一生讲授过微生物学、植物病理学、植物病毒学等10余门基础和专业课程，培养了30多名研究生。他言传身教，深得学生爱戴。“文化大革命”后，王鸣岐又再度担任复旦大学生物系主任，在生物学教学体系和教学队伍建设方面作出了重要的贡献。

1987年，王鸣岐退休。但他仍然孜孜不倦地工作，筹划新的研究课题。虽离开河南大学，他仍心系母校，80岁时，在河南大学设立了王鸣岐奖学金，激励学生。晚年，他曾将自己的一生经验总结为“手脑并用，理实结合，加强基础，服务生产”。

1995年9月17日，王鸣岐于上海逝世。

成果贡献 王鸣岐的博士论文对粟黑粉菌（*Ustilago crameri*）的细胞学和致病性，以及培养、生活史和消毒剂等理论和实际问题进行的深入的研究，发现了其异宗配合现象，并鉴定6个生理小种，首次建立人工培养方法。

20世纪40年代，他带领学生在迁校途中进行植病调查，记录了600多种植物病害。他发现豫西伏牛山一带的黄柏和淫羊霍等野生植物叶片上的锈菌是小麦感染的来源，针对病因采取措施，减轻了当地小麦锈病的危害。他还对枣疯病进行了研究，提出病原假说，提出解决方案。

1947年，河南小麦黑穗病暴发流行，王鸣岐结合自己的粟黑粉病研究成果，提倡推广药粉拌种进行防治，取得了很好的效果，受到联合国善后救济总署中国河南分署的表彰。

1954年，为了解决粮食安全储藏问题，王鸣岐与合作者通过大量调查和实验，他提出了稻谷安全储藏的种子含水量指标为 13.5%，后在全国推广。50 年代后期，他带领协作组深入农村大田，研究病害发生规律，并在国内首次鉴定了水稻黑条矮缩病毒（RSBDV），发现该病毒可感染小麦、玉米、水稻等，传毒媒介为稻飞虱，提出了治虫防病的措施。

1964 年，他接受中共中央华东局科学技术委员会的委托，开展粮食作物、花卉、食用菌的病毒病以及病毒分子生物学协作研究，主持并编写华东地区稻麦病毒病防治技术讨论会论文报告和参考资料汇编，成为国内这方面最早的重要文献之一。他在国内外首次报道了一系列重要植物病害的病原体，包括引起小麦黄化卷叶病的类立克次氏体和大麦黄化花叶病、水稻条纹花叶病，并提出采用生态技术控制植物病毒病的方法，如在甘肃河西走廊地区，改冬麦为春麦，错开糜子、小麦生长期，可以有效地控制小麦黄矮病和糜疯病的流行；在南方稻区改变耕作制度和控制传毒媒介，也可有效地控制水稻病毒病的流行。他还把促进植物生长发育和控制植物病害结合起来，研制新型抗病毒化学助剂，在全国各地应用后取得良好效果。

1980 年，他带领学生分离了长叶车前花叶病毒上海株（HRVsh），对其基因序列和生化特性进行了研究；阐释了三硝基苯磺酸通过抑制病毒脱壳干扰病毒感染的机制，为进一步研究病毒的感染和复制奠定了基础；还阐明了大麦条纹花叶病毒的侵染过程和运转途径。

教学方面，他长期担任复旦大学生物系主任兼微生物学教研室主任。在此期间作为编写组组长，与武汉大学高尚荫教授和山东大学王祖农等共同编写了中国首部《微生物学》统编教材；1987 年，他主持翻译出版了诺贝尔奖获得者 S. E. Luria 的经典教材《普通病毒学》，为中国普通病毒学领域提供了权威教材。

退休后，他还与龚祖埙合作编写了《中国植物病毒研究进展》。

王鸣岐曾担任平原省第一届人民代表大会代表、上海市第三至第六届政治协商会议委员、复旦大学校务委员会委员、教育部高等学校理科生物学教材编审委员会副主任、中国农学会理事、中国微生物学会理事、中国病理生理学会常务理事、上海市植物病理学会理事长、上海植物保护学会理事长等职；曾担任《中国大百科全书：生物学卷》编委，《辞海》生物学分科副主编。

所获荣誉 他的科研成果曾获全国科学大会奖（1978）、国家科技进步二等奖（1985），以及农业部、教育部及上海市等的省部级奖励。1977 年被授予上海市先进科技工作者称号，1990 年获国家教委颁发的金马奖。

参考文献

陈宁宁，2002. 一代学人王鸣岐 [J]. 河南大学学报（社会科学版），42(3): 150-152.

青宁生，教泽广被，2008. 兼顾科研的植物病原微生物学家——王鸣岐 [J]. 微生物学报，48(7): 2-3.

王鸣岐文集编辑委员会，2008. 王鸣岐诞辰 100 周年纪念 [M]. 香港：新香港年鉴出版社.

（撰稿：钟江；审稿：马忠华）

微生物农药国家工程研究中心 National Engineering Research Center of Microbe Pesticides

国家级工程研究中心。经国家发展和改革委员会批准，依托华中农业大学，并联合相关企业于 1998 年组建，位于武汉，是中国开展微生物农药及其他微生物产品等工程技术研究与开发、科技成果转化、高层次创新人才与管理人才培养和聚集、科技合作与交流的国家级研究基地和平台。现任中心主任梁运祥（见图）。

中心以"创新为本、产业为重、引领发展、联合协作"为战略，以"共性、关键、集成技术研究—中试与工程化—技术转移与扩散"为路线，以"依托平台和团队、承接项目、产出成果"为目标，充分利用华中农业大学微生物学科完整的研究能力，构建研发中试基地—产学研合作基地、工程化验证基地、技术转移孵化基地、专业化公司的循环运行机制，截至 2021 年形成了 9 个研发团队、1 个部级质检中心、2 个工程化验证基地、1 个控股公司、2 个专业事业部的组织架构。

中心已投资逾 5000 万元建成研发基地、工程化基地和工程化验证基地，研发基地和工程化基地面积 13 599m^2，配置共计人民币逾 1100 万元的仪器设备，拥有国内完整的微生物农药及相关农业生物制剂中试研究、工程化验证、生产放大和相关配套的平台（基地），以及较完备的科研和检测平台。依托本中心，农业农村部批准成立了农业农村部微生物产品质量监督检验测试中心（武汉）。

中心现有人员共 283 人，其中固定人员 127 人，包括研发人员 54 人、工程化队伍 20 人、产业化队伍 45 人、管理人员 8 人；流动人员（硕、博士研究生）156 人。中心已形成以 16 位学术带头人为首的研发团队，含国家级专家 1 人，国家"千人计划"1 人，国家杰出青年基金获得者 1 人，国务院特殊津贴 1 人，教授 22 人，副教授或高级工程师 24 人，博士生导师 20 人。

根据国家中长期发展战略，结合中国农业资源和环境的重大需求，围绕现代农业与食品安全，以市场为导向，利用现代生物技术和发酵工程技术，以保护环境为主要内容，形成微生物杀虫、微生物杀菌、植物免疫与生物保鲜、发酵工程和微生物遗传与种质资源 5 个研发方向，将科技成果进行了行业及产业关键共性技术的研发和技术扩散与转移。形成了微生物杀虫剂、抗病微生物、植物免疫与抗逆、菌种与发酵工艺、后提取及剂型、装备集成与自动化工厂技术群，总体水平达到国内领先、国际先进。

中心自批准建设以来，共承担或参与科研项目 294 项，

（张杰提供）

其中，“973”计划子题5项，“863”计划2项，“863”计划子题1项，国家科技重大专项课题1项，国家科技重大专项子题4项，国家自然科学基金34项（其中，重点基金3项）；国家科技支撑计划课题1项，国家科技支撑计划专题13项，公益性行业科研专项19项；获部省级一等奖以上奖励13项，其中，国家科技进步二等奖4项、大禹水利科学技术一等奖3项、部省级科技进步一等奖6项；发表论文1112篇，其中，SCI 61篇、EI 238篇；授权专利44件，其中，发明专利17件；获软件著作权29项；参与制定国家与行业标准2项；研发新产品24项、新工艺2项，成果转化17项，成果转化率65.38%。

中心积极开展学术活动和人才培养，组织承办第三、第九届国际生物防治与生物技术研讨会，第一、第三届全国农业微生物研究及产业化研讨会，第九、第十、第十二届全国杀虫微生物学术研讨会、全国首届芽孢杆菌研究与学术研讨会等大型学术会议17次；开展国际合作与交流活动，学校与美国康乃尔大学等19个国家和地区签署43项合作协议；先后60人到美国、英国等国家和地区交流访问，有70多位国外专家学者到中心进行交流合作与学术活动。为社会、行业培养和输送人才1631人。

按照《中华人民共和国公司法》组建的中心运营公司——武汉百穗康生物技术有限公司，以现代企业管理模式，实施技术产品的开发与集成、成果提炼与技术转移。

（撰稿：张杰；审稿：张礼生）

微生物农药助剂技术 microbial pesticide assistant technology

在微生物农药剂型的加工和施用过程中，为了提高药效而添加合适助剂的技术。微生物农药助剂主要包括添加稳定剂、湿润剂、分散剂、渗透剂、消泡剂、助溶剂、乳化剂和防冻剂等。

适用范围 对于微生物农药助剂的技术研究主要从载体、表面活性剂、紫外保护剂、营养助剂和活性保护剂等方面开展。

主要内容 载体是微生物农药的主要辅助成分，其质量百分比甚至超过活性成分，因此载体自身性质对制剂的性质有很大影响，如制剂的润湿性、悬浮性和分散性在很大程度上取决于载体的相关性质。另外，载体会影响活性成分的存活期，也会对活性成分有吸附作用。微生物农药多沿用化学农药载体，常用的包括高岭土、硅藻土、凹凸棒土、滑石粉、膨润土、轻质碳酸钙、海泡石和白炭黑等。

表面活性剂是微生物农药制剂中除载体之外最重要的助剂，可分为喷施用表面活性剂（如有机硅）和加工用表面活性剂（如润湿剂和分散剂），前者的主要作用是增加药液在作物表面的展布或渗透，后者的主要作用是使制剂容易与水混合形成均匀稳定的悬浮液。

紫外保护剂的主要功能是对紫外辐射起反射或吸收作用，减弱其对微生物的损伤，常用的是荧光素钠、抗坏血酸等。还有一些物质，本来是被用作其他助剂或载体，但也发现具有紫外保护功能，例如腐植酸和糊精能够对真菌的孢子以及多黏类芽孢杆菌产生的大量多糖对菌体都具有紫外保护作用。

营养助剂可以促进微生物在田间环境的增殖生长，例如葡萄糖、淀粉等可促进解淀粉芽孢杆菌的田间增殖。

微生物在制备和储存过程中，容易受到干燥、高温、低温和氧化的影响，需要采用活性保护剂来延长微生物的存活期限。常用的活性保护剂包括脱脂乳、甘油、海藻糖、谷氨酸、海藻酸钠及羧甲基纤维素钠等。

微生物农药助剂技术关系到微生物农药有效成分在田间环境的定殖和功效发挥，是微生物农药产业的关键因素之一。关于微生物农药助剂大多是沿用化学农药所用助剂，未来研究应根据微生物特点开发独特的助剂，除了考察储存过程中助剂与微生物相容性，还应关注微生物农药喷施后助剂对活体微生物存活增殖的影响。加强微生物助剂技术的研究，对于推动微生物农药发展具有重要意义。

参考文献

刘振华，邢雪琨，2016, 微生物农药助剂研究进展 [J]. 基因组学与应用生物学，35(8): 2109-2113.

朱昌雄，丁振华，蒋细良，等，2003, 微生物农药剂型研究发展趋势 [J]. 现代化工，23(3): 4-8.

（撰稿：蔺蓓李、张克诚；审稿：张礼生）

魏景超 Wei Jingchao

魏景超（1908—1976），植物病理学家，农业教育家。金陵大学农学院教授、博士生导师（见图）。

（张海峰提供）

生平介绍 1908年12月出生于浙江杭州。1926年毕业于蕙兰中学后，考入金陵大学园艺系。1930年毕业，留校任植物病理系助教，他以优异的学习成绩获“斐陶斐”学会会员和“金钥匙”奖。

1933年，他参加清华大学公费留美研究生考试，名列全国第一。1934年赴山东、江苏、浙江、福建、广东、广西6省主要农区考察农业和植物病害情况，为出国学习做准备。同年秋赴美国威斯康星大学攻读植物病理学。他学习刻苦，成绩突出，于1935年被选为Sigma Xi荣誉会员。

1937年获博士学位回国，就职于金陵大学直至1948年。历任该校农学院教授、农学院科研委员会主席、植物病理组主任、植物病虫害系主任、金陵大学教务长和金陵大学研究院校务委员会主任委员等职。在此期间曾兼过国民政府农业复兴委员会病虫防治专门委员。1947年8月受罗宗洛聘请，于中央研究院植物研究所植物病理研究室，进行大豆与果实作物病害、二氯苯氧乙酸与真菌孢子发芽生长之关系等研究工作。

1948—1949年应英中文化协会之邀，赴英在剑桥大学、罗森斯丹试验站、真菌研究所、皇家学院和苏格兰育种场任客座研究员，从事植物病毒和真菌分类与生理的研究。1949年秋，在美国威斯康星大学从事植物病毒和植物营养与病害发展关系的研究。

1950年回国，仍在金陵大学任教，开设植物病毒课程并开展研究工作。1952年院校调整，金陵大学农学院并入南京农学院，他除授课外，主要精力集中于粮油作物的病害与防治研究。

1954年，魏景超患帕金森氏综合征，危及行动。他和病患长期搏斗，坚持承担教学和科研任务，直到完全丧失思维和工作能力。1976年12月9日他怀着事业未竟的遗憾离开了人世。

成果贡献　魏景超较早阐明了植物对寄生菌抗病力原理。早在1930年，他就在稻病研究上取得了多项成果。1931年发表《江浙稻作病害的调查报告》，记述了稻病15种，讨论了外界环境对分布普遍、危害较重的稻热病和纹枯病产生的影响。1933年发表《江苏稻作病害》，所发现的稻病增至19种，详述了每种病害的别称、危害程度、症状、病原形态与生活史以及水稻品种的抗病性等。1934年，他总结了5年来对稻病的调查研究结果，发表了《稻作病害》，文中所列稻病扩至21种；随后发表了《稻纹枯病》，论述了病原菌的形态、生理、病理、防治措施等，极具参考价值。1930—1936年，他与林传光共同研究在苏南和浙北发生严重的稻胡麻斑病，1936年发表了《稻胡麻斑病之研究》，阐明了这种病的历史、病原菌及传染试验（由魏景超撰写）以及传染与防除（由林传光撰写）。

早在40年代初期，他在成都调查烟草和番茄病害时，已开始注意到茄科植物的病毒病。1941年发表《四川叶烟之主要病害及其防治之商榷》，报道主要病害5种，其中病毒病2种，叙述了病害发生的情况、症状以及防治的方法。

1930—1947年，他研究真菌形态逾200种。1932年发表《中国真菌杂录（二）：白粉菌》，报道了白粉菌26种，其中有2个新种和1个新变种。1933年发表《中国真菌杂录（三）：霜霉菌及其他》，报道采自全国各地的真菌58种，分属33个属。1941年发表《四川甜橙之储藏病害》，报道病害14种。其中新变种1个。同年发表《果蔬腐烂病杂录（一）：核果腐烂病》，发现病害16种，其中新种1个。1942年发表《中国真菌杂录（十）：西川白粉菌》，报道1938—1941年采自川西的白粉菌22种，分属6个属。1944年发表《成都附近番茄病害调查》，陈述了病害26种，其中毒素病6种。文中阐明了每种病害的症状、病原、寄主范围以及防治方法，特别强调培育抗病品种和改进栽培方法。

中华人民共和国成立初期，魏景超响应政府关于增产粮食的号召，重新开始了稻病的研究，写出《江浙皖中晚稻病害调查杂记》，报道了6种稻病，以稻瘟和白叶枯病最为严重。为了提高中国人民的生活水平，支援工业建设，魏景超于50年代中期受中国科学院微生物研究所的委托，着手编写《水稻病原手册》，该书是诊断稻病的工具书，多年来已为国内外同行所采用或引用。

1948年魏景超应邀赴英，在英国真菌研究所期间，取得两项成果。第一是重新鉴定了番茄漆腐病的病原菌，将1942年因在缺乏标本又无文献可查核的情况下，误定此菌为新种 *Discos porrella phaeochlorina*，做了订正。于1948年还其原有的名称，黑黏座孢霉（*Myrothecium roridum*）。第二是1950年发表《棒孢霉小志》，刊载于该所主编的《真菌论文集》。这是针对国内外对豇豆和大豆叶斑病病原菌认识不一、分类混乱而重新给予鉴定的，借助该所收集多个标本和资料，以孢子形成的过程为依据，将它们合并为一新组合种，定名为多主棒孢霉（*Corynespora cassicola*），从而澄清了这个学术问题。

1955年华东地区油菜和十字花科蔬菜花叶病流行，通过调查研究，魏景超发表了《华东地区油菜和十字花科蔬菜花叶病的初步研究》，此文报道了1955—1958年的观察和试验结果，详述了该病的症状、病原、传播途径和侵染循环。1959年出版《油菜花叶病》，陈述了油菜花叶病在中国的分布与为害情况、病原的性质与鉴定、病害发生与发展的规律和研究与防治工作的现状，为今后研究工作的开展提供了重要的参考资料。1961年，魏景超应邀赴四川农业科学院参加编写《中国油菜栽培》。同年他发表了《关于油菜病毒病的几个问题》，是专门针对油菜生产中迫切需要解决的问题而提出的，因此很有指导实践的意义。

1979年《真菌鉴定手册》出版。此书是一本关于真菌鉴定的工具书（不包括黏菌和地衣），以检索表、形态描述和插图向读者提供真菌分类的基本知识，使易于鉴别真菌病原，进而诊断农作物的病害，并挖掘中国的真菌资源，为发展中国的食品工业、医药工业和生物防治事业作出了贡献。这本《真菌鉴定手册》是1958年确定编写的，但当时魏景超已身患重病，只好利用赴北京治病的机会，在中国科学院微生物研究所和北京大学图书馆搜集资料，于1961年回宁波后才正式执笔。然而病情每况愈下，他带病工作，直到1966年才撰写完成。1971年由上海科学技术出版社承接，1975年出版告成，但他已病重不起，不胜遗憾。

主要论著　《水稻病原手册》《油菜花叶病》《中国油菜栽培：病害部分》《真菌鉴定手册》《普通植物病理学》《中国真菌杂录（十）：西川白粉菌》《四川真菌的两个新种》《棒孢霉小志》《三十年来中国的真菌学》《2,4-D对真菌孢子萌芽的影响》《江浙稻作病害调查报告》《江苏稻作病害》《稻纹枯病》《稻作病害》《江苏稻作病害》《稻纹枯病》《稻胡麻斑病之研究（一）：历史、病原菌及传染之试验》《江浙皖中晚稻病害调查记》《江苏省的水稻烂秧问题》《稻瘟》《四川甜橙之储藏病害》《甜橙储藏病害防除试验预报》《苹果轮纹褐腐病》《黄花苹果对轮纹褐腐病抗病的形态基础》《果蔬腐烂病杂录（一）：核果腐烂病》《菜豆锈病抗病性的变化》《番茄漆腐病》《成都附近番茄病害调查》《番茄毒素病研究》《植物营养与病害发展的关系（七）：葫芦瓜类蔫萎病》《华东地区油菜和十字花科蔬菜花叶病的初步研究》《关于油菜病毒病的几个问题》《四川叶烟之主要病害及其防治之商榷》《成都平原叶烟毒素病之调查》、《1908—1958 年植物病理学之问题与发展——关于土壤微生物和根病菌》《新系统学——真菌中的分类问题》。

参考文献

南京农业大学发展史编委会，2012. 南京农业大学发展史：人物卷 [M]. 北京：中国农业出版社.

中国科学技术协会，1992. 中国科学技术专家传略：农学编　植物保护卷 1[M]. 北京：中国科学技术出版社.

（撰稿：张海峰；审稿：马忠华）

我国大麦黄花叶病毒株系鉴定、抗源筛选、抗病品种应用及其分子生物学研究 strain identification and molecular biology of barley yellow mosaic virus, screening of virus resistant barley germplasm, application of resistant barley cultivars in China

获奖年份及奖项　2001 年获国家科技进步二等奖

完成人　陈剑平、陈炯、朱凤台、施农农、程晔、陈键、刁爱坡、郑滔、雷娟利、陈和、黄如鑫、黄水招、陆世阳、张志昌

完成单位　浙江省农业科学院、江苏里下河地区农业科学研究所

项目简介　大麦黄花叶病是欧洲、日本和中国东部沿海地区大麦上的一种重要病毒病。根据国外报道，该病病原有大麦黄花叶病毒（*Barley yellow mosaic virus*，BaYMV）和大麦和性花叶病毒（*Barley mild mosaic virus*，BaMMV）2 种，均由土壤中的禾谷多黏菌传播。由于禾谷多黏菌休眠孢子堆具有很强的可逆性，在土壤中可以长期成活，至今没有一种化学农药被证明可以用于防控该病，最经济有效的病害防控办法是种植大麦抗病品种。项目组针对中国大麦黄花叶病病原、抗源和抗病品种，经过 10 余年研究的联合攻关，取得以下创新成果：

明确中国大麦黄花叶病病原及其分布（图 1）。在中国首次发现了大麦和性花叶病毒（BaMMV），明确了中国大麦黄花叶病以大麦黄花叶病毒（BaYMV）为主，局部病区由 BaYMV 和 BaMMV 复合侵染大麦所致，明确了这两种病毒在中国主要分布在东部沿海大麦种植，BaMMV 仅在江苏大丰检测到。阐明 BaYMV 和 BaMMV 无血清学关系，中国 BaYMV 与日本、欧洲 BaYMV、小麦黄花叶病毒（*Wheat yellow mosaic virus*，WYMV）和小麦梭条斑花叶病毒（*Wheat spindle streak mosaic virus*，WSSMV）血清学相关（图 2）。

首次测定了中国大麦黄花叶病毒基因组全序列，鉴定了病毒株系。首次测定了中国 BaYMV *RNA1* 和 *RNA2* 基因组全序列，明确其 *RNA1* 和 *RNA2* 分别由 7637 个和 3583 个核苷酸组成。首次鉴定了中国特有的 BaYMV 6 个株系，提出一套用于中国 BaYMV 株系鉴定的大麦品种，建立了聚合酶

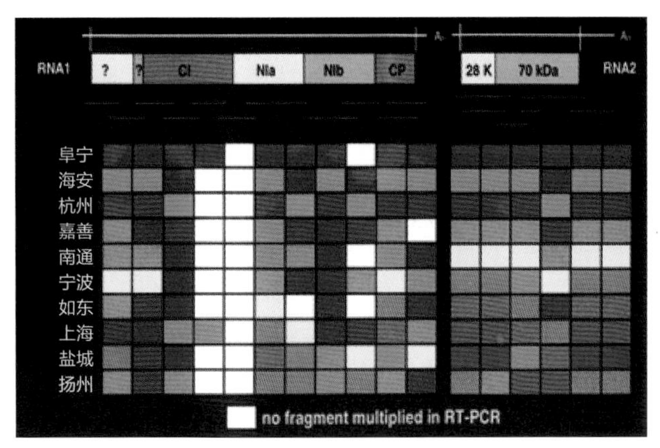

图 1 应用 SSCP 技术区分中国大麦黄花叶病毒株系（程晔提供）

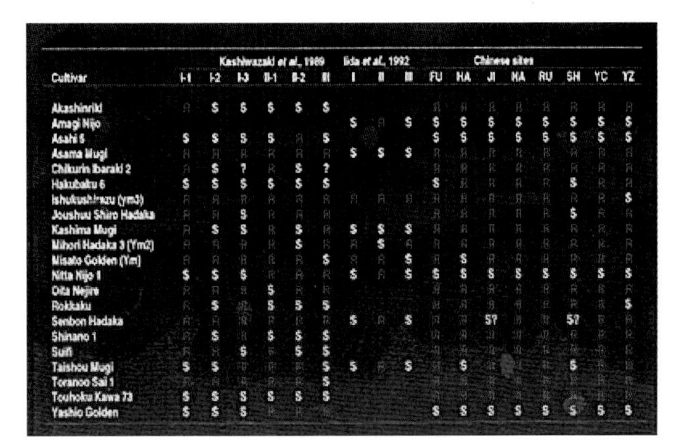

图 2 应用大麦鉴别品种区分日本和中国大麦黄花叶病毒株系（程晔提供）

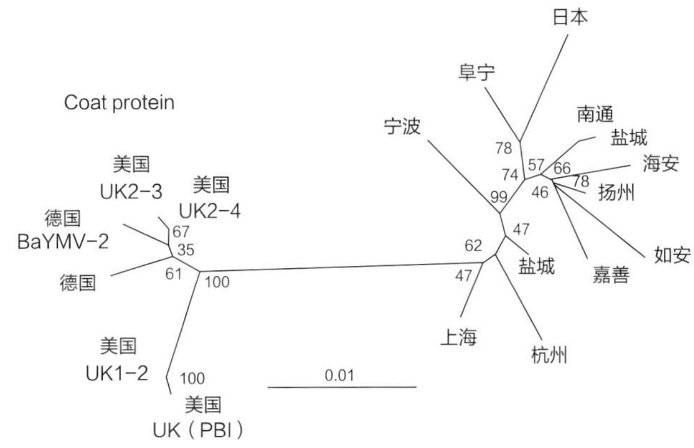

图 3 病毒外壳蛋白基因序列分析表明大麦黄花叶病毒（程晔提供）

图 4 大麦抗病品种（下方和上方）和大麦感病品种（中间）在病田的表现（程晔提供）

链反应—单链构象多态性分析（PCR-SSCP）和限制性内切酶图谱分析等技术用于中国 BaYMV 不同株系的快速检测和诊断。测定了中国和英国 16 个 BaYMV 分离物外壳蛋白基因（RNA1）和 70 kD 基因 5’端区域（RNA2）核苷酸序列，从分子水平揭示了中国 BaYMV 和国外同种病毒之间的差异（图 3）。经与日本和欧洲同种病毒在分子水平进行比较，阐明了中国 BaYMV 并非由国外传入而本来就存在，并提出全球 BaYMV 可以分为欧洲和亚洲两大类群的新学术观点。

中国大麦黄花叶病毒抗源筛和抗病大麦品种推广应用。通过抗源和抗病品种的筛选和应用（图 4），实现了 BaYMV 不同株系的有效防治。从国外引进的大麦品种中，首次筛选出 5 个对中国、日本和欧洲 BaYMV 和 BaMMV 株系均为免疫的新抗源，供全国 9 个育种单位抗病育种作为亲本利用，已配杂交组合 1989 个，形成新品系 17 个。同时应用花药培养技术，选育出 1 个抗病、优质、高产啤麦新品种，定名‘单二大麦’。从国外引进筛选出抗病、优质、高产大麦品种 2 个。3 个大麦品种已累计推广应用 913.54 万亩，创社会经济效益 4.2 亿多元。

该项研究是国际上有关大麦黄花叶病基础和应用研究较为系统深入的一个研究例子。发表论文 23 篇（其中 SCI 论文 10 篇）；测定不同 BaYMV 和 BaMMV 基因（组）序列 29 条，占基因数据库（EMBL/GenBank/DDBJ）登录的 42 条同类病毒序列的 69%。经鉴定委员会专家鉴定和包括国内 4 位院士在内的同行专家综合评价，该成果总体技术水平、技术经济指标处于国际领先水平。

（撰稿：程晔；审稿：陈剑平）

我国水稻黑条矮缩病和玉米粗缩病病原、发生规律及其持续控制技术　pathogen identification, epidemiology and sustainable disease control of rice black streak dwarf and maize rough dwarf diseases in China

获奖年份及奖项　2004 年获国家科技进步奖二等奖

完成人　陈剑平、周益军、陈声祥、范永坚、张恒木、朱叶芹、蒋学辉、程兆榜、孙国昌、勾建军

完成单位　浙江省农业科学院、江苏省农业科学院、浙江省植物保护总站、江苏省植物保护站

项目简介　据国内大量报道，中国水稻黑条矮缩病和玉米粗缩病均由灰飞虱传播，其病原分别为水稻黑条矮缩病毒和玉米粗缩病毒，曾于 20 世纪 60～70 年代分别在中国水稻和玉米上流行危害，80 年代病害在生产上基本消失，90 年代突然又上升流行危害，给水稻和玉米生产造成严重损失。项目组针对中国水稻和玉米发生的水稻黑条矮缩病和玉米粗缩病开展了病原种类、发病规律、成灾原因、病害测报及防治技术等问题进行系统研究，历时10年，取得如下创新成果：

重新鉴定了两种病害的病原。通过测定病毒全基因组序列，明确中国发生的水稻黑条矮缩病（图 1）和玉米粗缩病（图 2）均由水稻黑条矮缩病毒（*Rice black streak dwarf virus*，RBSDV）引起，澄清了中国对两病病原的长期混淆。完成 RBSDV 基因组全序列测定（图 3、图 4），是已知斐济病毒属最大成员，发现各基因组片段两端序列完全保守且相同。

创建了病毒检测与病害测报和预警技术。建立由 5 种技术配套组成的单头灰飞虱带毒虫检测体系，为两病正确测报和预警提供关键技术。建立了病害三元动态因子（介体数量、接种时间和发病率）传毒模型，对病害传毒机制、病害流行学研究具有重要价值。将灰飞虱越冬量和带毒率作为测报病害发生的主要依据，建立了两病模式测报和预警技术，其准确率 80%～95%，能正确指导大田防治。

探明了两病发病规律及其在中国再次流行成灾原因。明确两病主要侵染源和周年传递途径，田间灰飞虱发生量和带毒率与病害发生程度关系密切。明确侵染敏感期（水稻分蘖末期和玉米 6 叶龄之前）与灰飞虱第一代成虫迁飞高峰吻合是两病严重发生的原因，并搞清病毒在玉米细胞内的侵染过程超微结构及其灰飞虱传毒特性。明确毒源的大量积累，介体昆虫数量急剧增加和杂交水稻、感病玉米品种大面积推广是两病再次成灾的原因，从而为两病制订有效的防治措施提供了科学依据（图 5）。

创建了病害持续控制技术体系。建立“玉米以选择避病

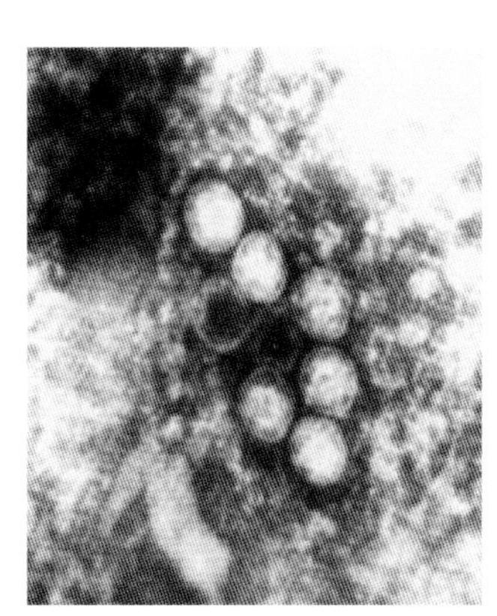

图 1 水稻黑条矮缩病毒

（陈剑平提供）

图 2 玉米粗缩病田间症状

（陈剑平提供）

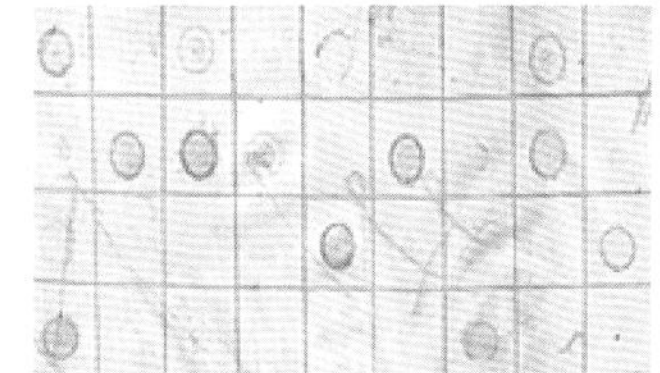

图 3 Dot-blot 检测 RBSDV

（陈剑平提供）

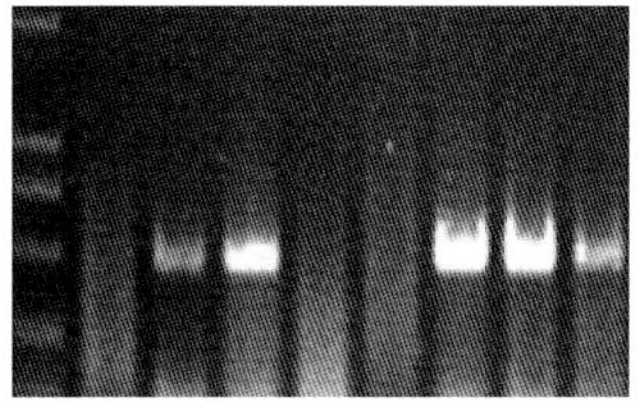

图 4 RT-PCR 检测 RBSDV

（陈剑平提供）

图 5 水稻黑条矮缩病田间症状

（陈剑平提供）

W

的安全播种期、辅以推广种植耐病品种，结合化学防治控制传毒昆虫”和“水稻在毒源寄主和感病生育期控制带毒昆虫为主，病田适期掰蘖补栽为辅”的病害持续控制技术体系，并在浙江、江苏、山东、河北、陕西等地应用，累计推广面积7497万亩次，创社会经济效益23.07亿元，对两病的防治发挥了持续有效的作用。

发表论文60篇，其中SCI收录3篇，测定的基因组全序列被美国国家生物技术信息中心（NCBI）确定为该病毒的标准序列，是国际上有关RBSDV基础和应用研究较系为系统深入的一个研究例子，推动了水稻和玉米病毒研究和防控技术的发展，总体处于同类研究国际先进水平。

（撰稿：陈剑平；审稿：周雪平）

无脊椎动物病理学会 Society for Invertebrate Pathology, SIP

不同学科背景的无脊椎动物病理学研究人员组成的国际学术组织。于1967年由美国加州大学Edward Arthure Steinhaus发起成立，学会办公室设在美国密苏里州。

学会理事会每届2年，第26届理事会任期为2017—2019年，中国科学院病毒研究所胡志红担任学会副理事长。无脊椎动物病理学会分为7个分会，分别为细菌分会、真菌分会、微孢子分会、线虫分会、病毒分会、微生物防治分会以及有益无脊椎动物疾病分会。

无脊椎动物病理学会的宗旨是科学教育，主要任务包括：通过组织讨论、报告等学术活动和编辑出版物的方式推进无脊椎动物等病理学的科学认知；促进相关的科学研究与应用；计划、组织和管理提升无脊椎动物等病理学科学认知的项目；改进无脊椎动物等病理学教育和专业资格评价；促进上述方面的国际合作。自1968年起，学会主办出版《无脊椎动物病理学》期刊。1968年9月，学会在美国俄亥俄州立大学举办了首次无脊椎动物病理学会年会，此后每年举行一次年会。

（撰稿：束长龙；审稿：张杰）

无人机喷洒技术 unmanned aerial vehicle spray technique

利用遥控设备和自备程序控制的无人驾驶飞机进行精准的农药喷洒技术。无人驾驶飞机具有起飞时无需跑道、机动性能好、喷洒效果好、操作灵活、作业效率高等优势。与地面机械田间喷洒相比，远距离操控操作也从根本上避免了作业人员农药暴露的危险，不会在田间留下辙印和损坏农作物。随着生产制备和航空控制技术水平的不断提高，采用无人机进行农药喷洒已成为农业生产的发展趋势之一，在农林业植物保护领域应用日益广泛。

基本原理 无人机喷洒技术是通过在无人驾驶的飞机上挂接喷洒设备施药，同时与农业信息技术紧密结合，通过GPS（全球定位系统）规划出施药作业的航路图，有效避免重喷和漏喷，实现精准喷药。

适用范围 无人机喷洒技术主要应用于农林业的病虫害防治，尤其是对较小田地的病虫害防治或大面积田地局部地块的高效精准喷药以及山地、丘陵等特殊地理条件的病虫害防治方面有独特优势。湿地、滩涂、林地等特殊地形不适合传统的地面装备作业，仅靠地面喷洒装备难以实现植保机械化，必须结合现代化的无人驾驶空中作业技术才能构成完整的机械化植保体系。与人力操作相比，无人机喷洒技术不仅降低劳动时间，减少人力，而且作用效果好，并避免了在喷洒药物时对人体的伤害。此外，无人机喷洒技术还可用于除草、杀菌药物的喷洒或者施肥等，实现合理施肥和农作物的品质管理。

主要技术 无人飞机上配备有精密仪器和设备，如GPS（全球定位系统）、流程控制、实时气象监测系统和精确喷洒设备等。

GPS自动导航技术 典型的GPS系统由驾驶舱仪表板上的移动地图显示装置、键盘以及安装在仪表盘上或驾驶舱外面机头位置的指示灯条组成。在实施作业时，操作人员需要手持GPS测量施药的边界点，并将形成的一系列的边界点加载到飞机的GPS接收器上，形成一个施药区域地图，并在地图上规划出不喷药的水道和池塘等区域。当无人飞机起飞后，GPS可以准确导航，使飞机沿着预定的路线施药，有效避免重喷和漏喷。

喷头雾化的方式 主要有液力式雾化和离心式雾化两种喷头雾化的方式。离心式雾化是无人机最常用的雾化喷头，它是利用无人机上的发电机供电给喷头电机或者通过风力驱动，使农药通过离心力被甩出雾化，雾滴的大小可以通过调节喷头的转速或改变喷头转盘结构进行改变。

影响因素 影响无人机喷洒效果的因素很多，如目标植株、液滴雾化程度、雾滴流场的输送特性等。为了避免或减轻农药对非靶标区域的影响和环境污染，在无人机喷洒之前应考虑喷洒条件（如气象条件、作业时间、作业对象）和飞行参数（飞行高度和飞行速度），根据田块大小、作业条件和喷液量等进行调整。无人机飞行时的气流速度和外界大气流都会影响雾滴的下落，在雾滴运输和沉降运动的整个过程中，复杂的空间流场（风速、风向）和地形地势会使雾滴之间相互碰撞、聚集，引起雾滴的运动具有极大的随机性，从而导致喷洒的区域范围有所改变，并最终影响对病虫害的防治效果。要根据不同的条件，掌握好喷雾地点和时间，以减少农药雾滴飘散、损失及危害，当大气温度达到28℃就一般需要停止操作。

注意事项 无人机喷洒技术的水平已有很大程度的提高，但规范化的操作流程还没有完全形成。在实施作业时，除了要保障无人机的飞行安全外，还需要减少农药喷洒过程中对环境和人畜造成的不必要伤害。为此，可以借鉴联合国粮农组织发布的《飞机施用农药的正确操作准则》制定适合国情的规范化操作准则，保证操作人员的安全并最大程度上发挥无人机喷洒效果。

参考文献

高圆圆，2013. 无人直升机(UAV)低空超低容量喷洒农药雾滴在禾

W

本科作物冠层的沉积分布及防治效果研究 [D]. 哈尔滨 : 东北农业大学 .

吴小伟 , 茹煜 , 周宏平 , 2010. 无人机喷洒技术的研究 [J]. 农机化研究 , 32(7): 224-228.

薛新宇 , 2013. 航空施药技术应用及对水稻品质影响研究 [D]. 南京 : 南京农业大学 .

张云硕 , 史云天 , 董云哲 , 等 , 2015. 农用植保无人机喷洒技术的研究 [J]. 农业与技术 , 35(21): 46-47.

（撰稿：张继；审稿：向文胜）

吴福桢　Wu Fuzhen

吴福桢（1898—1996），中国农业昆虫学家、昆虫分类学家、农业教育家，中国近代农业昆虫学奠基人之一。

生平介绍　1898 年 9 月 3 日出生于江苏武进，1920 年毕业于南京高等师范学校农科专修科，1925 年毕业于东南大学农科，1925—1927 年在美国伊利诺伊大学求学，获科学硕士学位，并获得美国科学荣誉会纪念章。毕业后在美国农业部日本甲虫研究所从事害虫天敌繁殖、释放、定居研究。回国后，历任东南大学、中山大学、金陵大学、江苏教育学院教授，江苏省昆虫局主任技师，浙江省病虫防治所所长，中央农业实验所病虫害系任技正、主任、副所长。中华人民共和国成立后，历任华东农林部病虫防治所所长，中国农业科学院筹备组科技组长，宁夏回族自治区科学技术协会主席，宁夏回族自治区农业科学院副院长兼植物保护系主任，中国农业科学院学术委员会植物保护学组副组长，植物保护研究所研究员，学术委员会主任；中国人民政治协商会议全国委员会第五届、第六届委员。

成果贡献　吴福桢是中国最早的昆虫学术团体六足学会（南京）的发起人之一，1944 年主持筹建了中华昆虫协会，历任第一、二届中华昆虫学会理事长，创办了《中华昆虫学季刊》。1931 年指导试制成功中国第一架防治农业病虫的喷雾器和几种农药。1943 年在重庆创建了中国第一个病虫药械制造实验厂，成批生产近代商品农药、药械。1921 年赴产棉区研究当时棉花主要害虫的生活习性及防治方法。1926 年发表《棉铃害虫金刚钻研究报告》及《地老虎研究》两篇论文。30 年代后期参加指导江苏大规模治蝗运动，组织编写全国蝗患调查，1951 年写成《中国的飞蝗》一书。1957 年主持编写《中国农作物病虫图谱》。在宁夏回族自治区工作期间，编写《宁夏农业昆虫图志》两辑，对宁夏枸杞实蝇进行深入研究，并领导其他害虫防治研究。发表过《宁夏农业昆虫及银川平原农业昆虫区系特点》论文。晚年主编《中国经济昆虫志》蜚蠊和蟋蟀两个分册，已发表论文 10 篇，包括许多新种及中国新记录。1986 年，中国科学院主持的青藏高原隆起对自然环境和人类活动影响的综合研究，获中国科学院科技进步特等奖。吴福桢是《西藏昆虫》作者之一。他还参加《中国大百科全书：生物卷》蜚蠊目的编写工作，担任《中国农业百科全书：昆虫卷》主编，及《近代昆虫学史》的编写工作。在长达 60 多年的工作实践中，为中国昆虫学事业的创建和发展作出了贡献。

参考文献

中国农业百科全书总编辑委员会昆虫卷编辑委员会 , 中国农业百科全书编辑部 , 1996. 中国农业百科全书 : 昆虫卷 [M]. 北京 : 中国农业出版社 .

（撰稿：马忠华；审稿：周雪平）

吴孔明　Wu Kongming

吴孔明（1964— ），农业昆虫学家，中国工程院院士，中国农业科学院院长，中国农业科学院植物保护研究所研究员、博士生导师（见图）。

（陆宴辉提供）

个人简介　1964 年 7 月，出生于河南固始。1980 年考入河南农业大学植物保护系，1984 年考取硕士研究生，1987 年毕业后进入河南农业科学院植物保护研究所工作。在随后几年中，对红蜘蛛发生规律和控制、棉蚜再猖獗机制等重要生产难题开展深入研究，并以抗性棉铃虫作为突破口，对近百种化学农药开展药效试验和复配研究，最终研制出复配农药 40% 灭抗铃乳油，成为当时河南棉花主产区防治棉铃虫的当家农药品种之一。

1992 年，考入中国农业科学院攻读博士学位，师从中国农业昆虫学家郭予元先生，1994 年毕业后，留在中国农业科学院植物保护研究所工作。从这一时期起，利用昆虫雷达监测等技术系统研究棉铃虫迁飞行为，取得了关于中国棉铃虫地理种群区划、棉铃虫迁飞规律及其路线等一系列原创性的成果，为中国棉铃虫异地预测和区域性治理提供了科学理论支撑。自 1997 年起，针对中国商业化种植转 Bt 基因抗虫棉花（下称“Bt 棉花”）这一新的发展形势，带领研究团队建立了棉铃虫对 Bt 棉花抗性的早期预警监测与预防性治理技术体系，开创了小农分散种植模式下靶标害虫 Bt 抗性治理的新方法和新途径。与此同时，探索明确了 Bt 棉花商业化种植对不同害虫种群动态演替的调控机理，创新发展了 Bt 棉花害虫综合治理技术体系，有效控制了 Bt 棉花上盲蝽等非靶标害虫发生危害问题。

自 2003 年起，先后担任中国农业科学院植物保护研究所副所长、所长，中国农业科学院副院长、院长，同时兼任国家农业转基因生物安全委员会主任委员、植物病虫害生物学国家重点实验室主任、中国植物保护学会（CSPP）理事长等职。

成果贡献　在棉花害虫灾变规律、监测预警与可持续控制以及利用转基因抗虫作物治理害虫的理论、方法与技术等方面作出了开创性成果，为中国棉花等农作物害虫的有效控制发挥了重要作用。

在国际上首次阐明了棉铃虫通过地理型分化适应不同

气候环境和利用季风兼性迁飞扩大栖息地的生境适应模式，澄清了中国5个棉花生态区棉铃虫的虫源关系，为棉铃虫异地预测和区域性治理提供了理论依据。该项成果获得了1999年农业部科技进步一等奖。自2000年起利用雷达监测、计算机信息等技术，探明了大气环流与降雨等气象因素对棉铃虫种群起飞、空中迁移、降落过程的影响，研究构建了棉铃虫区域性种群动态预测模型，并以此为基础建立了棉铃虫监测预警技术体系，为准确预测和有效控制棉铃虫的突发危害作出了重要贡献。该项成果获得了2007年国家科技进步二等奖。

系统研究了棉铃虫对Bt棉花抗性形成的生态、行为、生理生化和分子机制，以及中国农业生态系统中棉铃虫对Bt棉花的抗性风险，建立了棉铃虫抗性早期预警与监测技术体系；在国际上首次提出了适合中国小农模式的棉铃虫Bt抗性治理策略，即利用玉米、大豆和花生等寄主作物提供天然庇护所，延缓抗性产生，为保障中国Bt棉花产业健康发展发挥了重要作用。该研究成果获2010年国家科技进步二等奖。

阐明了Bt棉花对靶标害虫棉铃虫区域性种群演化的调控机理，以及对非靶标害虫盲蝽和棉蚜区域性种群动态的生态效应。这项工作是当时国际上对Bt作物害虫种群地位演替机制的最深层次研究，对发展Bt植物有害生物综合治理的方法与技术、指导新一代转基因抗虫作物的研发具有重要理论价值。相关研究成果分别在2008年、2010年和2012年发表于*Science*和*Nature*期刊，并先后入选2008年度"中国十大科技进展新闻"、2012年度"中国科学十大进展"。

所获奖誉　鉴于在上述领域取得的突出成绩，2005年受邀为*Annual Review of Entomology*撰写综述性文章，2010年受邀为*Nature Biotechnology*撰写评述性文章，2012年受邀在第24届国际昆虫学大会上作特邀报告。

1998年获国务院政府特殊津贴，1999年被授予"农业部有突出贡献的中青年专家"称号，2006年获国家杰出青年科学基金资助、第九届中国青年科技奖，2007年入选人事部新世纪百千万人才工程，2010年获中国科学技术协会全国优秀科技工作者，2011年当选为中国工程院院士、获何梁何利基金科技进步奖，2012年获中华农业科技英才奖。领衔的科研团队于2011年被评为中华农业科技奖优秀创新团队、全国农业科研杰出人才及其创新团队，并于2013年入选国家自然科学基金委创新研究群体。

参考文献

中国农业科学院植物保护研究所, 2012. 一位植物保护科学家的追求：记中国工程院院士吴孔明 [M]. 北京：中国农业科学技术出版社：190-197.

（撰稿：陆宴辉；审稿：梁革梅）

物理防治　physical control

利用简易器械和各种物理因素，如温度、湿度、光、射线、声波来防治植物病虫害的技术措施，是综合防治的重要内容。物理防治虽操作较繁、费时费力、效率低，但因其不发生环境污染，对环境友好，具有较高的应用价值。

剪除捕杀　根据病害发生规律及害虫活动习性，利用人工或简单机械进行剪除病枝、病果、病花、病叶或捕杀害虫。及时剪除病枝、病果、病花、病叶，刮除老皮，消灭越冬害虫；对有群集习性的害虫进行围打；对有假死习性的害虫进行振落捕杀；对昼伏夜出的害虫在清晨进行捕杀；根据树干虫孔或刻槽，用铁丝钩杀幼虫。

诱杀利用　害虫趋性或其他生活习性诱集，采用适当的方式或器械进行集中处理。多数夜间活动的昆虫有趋光性，采用黑光灯、白炽灯、高压电网等，诱杀蛾类、金龟子、蝼蛄等有趋光性的昆虫；配制不同类型的食饵和适量杀虫剂进行诱杀，如糖醋酒液诱杀多种夜蛾科害虫等；利用害虫对某些植物的特殊嗜食性，人为种植此种植物，如在苗圃周围种植蓖麻，吸引金龟甲取食，麻醉后进行集中捕杀；人为制造害虫栖息和越冬场所，如将树干束草或包扎麻布片，诱集梨小食心虫等林木果树害虫越冬；利用有些颜色对害虫具有一定引诱力进行诱杀（图1、图2），如利用黄板诱杀蚜虫和白粉虱以及利用银灰色膜带驱避蚜虫。

阻隔分离　根据病害发生规律及害虫活动习性，人为设置障碍（图3），阻止其扩散蔓延。对果实进行套袋处理（图4），阻止蛀果害虫产卵，如食心虫、梨食蝇、桃蛀螟等；树干涂胶或包扎塑料薄膜可阻止具有上、下树迁移习性的害虫上树危害或下树越冬；树干涂白或缠草绳防止天牛成虫产卵；在瓜类蔬菜植株的根际土面撒麦秆、草木灰、锯末等阻止黄守瓜产卵；粮堆表面覆盖草木灰、糠壳、惰性粉等阻止麦蛾等储粮害虫侵入；在地块周围挖上窄下宽的防虫沟阻止幼虫迁移扩散；采用40～60目的纱网覆罩植物，隔绝蚜虫、蓟马、粉虱等害虫。

汰除处理　利用健康种子与病粒、杂草种子等在重量、大小或者形态等方面的差异，清除病粒、杂草种子、病虫卵及菌核等，包括风选、水选和筛选等方式。利用风车或扬场机将重量轻的病粒吹掉，保留较重的健粒；配制不同比重的液体，如20%食盐水或者40%黄泥水等，便于病粒浮于水面上；利用不同孔径的机械，过筛汰除体积小于健康种子的杂物。

图1　黏虫板消灭蚜虫等害虫（徐会永提供）

图 2 色板诱杀（郑建秋提供）

图 3 防虫网覆盖（郑建秋提供）

图 4 果实套袋（徐会永提供）

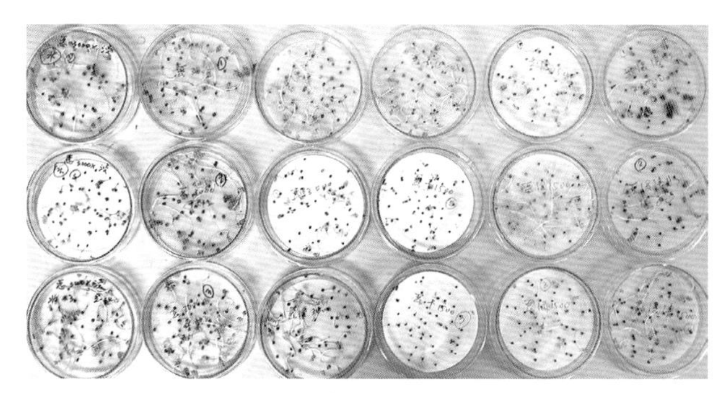

图 5 种子带菌（郑建秋提供）

温湿度处理　通过升降温湿度，使环境超过病原物和害虫的适应范围，从而达到杀死病原物和害虫的目的。夏季晴朗高温天气，将粮食在晒场上摊开暴晒，不断翻动，可有效杀死粮食中的大部分病原物和储粮害虫；利用烘干机将粮食加热，保持 50℃经 30 分钟或者 60℃经 10 分钟，可杀死多种储粮害虫；温水浸没，甘薯在 51～54℃浸 10～12 分钟防治黑斑病，棉籽在 55～60℃浸 30 分钟防治炭疽病；蒸汽具有良好的穿透力，利用蒸汽提高周围空间温度，可杀死土壤中或者储粮害虫的包装和仓库用具中的多种病菌和害虫；沸水烫种，豌豆处理 25 秒，蚕豆 30 秒，处理完毕后立即放入冷水中降温，再晾干，可杀死豆象而不影响豆粒的品质和发芽；冷冻处理可以抑制病原物生长或者杀死多数储粮害虫。

嫌气处理　配制 1% 的石灰水浸种，石灰水表面形成一层碳酸钙白色薄膜，隔绝空气，使病原物窒息而死，可防治多种因种子带菌（图 5）而引起的病害，如麦类黑穗病、水稻稻瘟病等。

新技术的应用　直接杀死病原物和害虫或影响害虫生殖生理引起不育。以钴 60 为辐射源，用 γ- 射线照射玉米种子，14.3 万伦琴剂量可杀死玉米种子中的细菌性枯萎病菌，32.3 万伦琴的剂量可杀死多种害虫，低剂量 64 400～12 880 伦琴，可使害虫生殖力受到破坏；红外线灯照射高储藏物，使其升温至 60℃经 10 分钟，使害虫致死且不影响种子发芽；高频和微波加热可使害虫致死而对果品、粮食或木材无害，如 3.5kW 高频设备处理 1kg 粮食 2 分钟，温度升至 60℃，可防治谷斑皮蠹、四纹豆象，微波炉 70℃处理玉米种子 10 分钟可以杀死玉米枯萎病病原细菌，适用于少量种子和农产品的植物检疫；激光照射可杀死多种害虫，如利用千瓦以内功率较小的红宝石激光器照射，可在数小时内消灭温室白粉虱、红蜘蛛、桃蚜等害虫。

参考文献

许志刚，2009. 普通植物病理学 [M]. 3 版 . 北京：高等教育出版社 .

中国农业百科全书总编辑委员会昆虫卷编辑委员会，中国农业百科全书编辑部，1990. 中国农业百科全书：昆虫卷 [M]. 北京：农业出版社 .

中国农业百科全书总编辑委员会植物病理学卷编辑委员会，中国农业百科全书编辑部，1996. 中国农业百科全书：植物病理学卷 [M]. 北京：中国农业出版社 .

（撰稿：徐会永；审稿：刘凤权）

物种2000 Species 2000

英国注册的非营利组织。由52个全球性的生物多样性数据库组织以联邦的形式联合而成，秘书处设在英国的雷丁大学。职责是与综合分类学信息系统（Integrated Taxonomic Information System, ITIS）合作，编制《全球生物物种名录》（*Catalogue of Life*），包括植物、动物、真菌和细菌。

物种2000的行政管理办公室位于荷兰的自然生物多样性中心（Naturalis Biodiversity Center）；编辑部位于美国的伊利诺伊州自然历史调查中心；数据管理器则由菲律宾群岛的FIN（The FishBase Information and Research Group, Inc.）进行管理。

20世纪90年代初期，物种2000作为国际科技数据委员会（CODATA），国际生物科学联合会（International Union of Biological Seiences, IUBS）和国际微生物学会联合会（International Union of Microbiological Societies, IUMS）的联合项目，1996年，18家分类学数据库组织同意物种2000作为发展全球物种2000项目的合法组织，并参与全球生物多样性信息网络（Global Biodiversity Information Facility, GBIF）的工作，为EC Life Watch提供数据，并且得到联合国环境规划署（United Nations Environment Programme, UNEP）和联合国生物多样性公约（Convention on Biological Diversity, CBD）的认可。

物种2000与综合分类学信息系统（ITIS）合作的全球生物物种名录是世界上较全面、较权威的生物物种索引。它包括一份完整的物种清单和分类阶元。该物种名录涵盖了160万种生物的信息，包括拉丁名、俗名、分类阶元和分布范围等。

物种2000中国节点是国际物种2000项目的一个地区节点，2006年2月7日由国际物种2000秘书处提议成立，于2006年10月20日正式启动。中国科学院生物多样性委员会，与其合作伙伴一起，支持和管理物种2000中国节点的建设。物种2000中国节点的主要任务，是按照物种2000标准数据格式，对在中国分布的所有生物物种的分类学信息进行整理和核对，建立和维护中国生物物种名录，为全世界使用者提供免费服务。

为了形成最终名录，物种2000中国节点物种数据收集的关键步骤：① 评价现有数据库中的物种数据。② 对物种数据重新组织形成符合物种2000标准的初步名录。③ 开发软件来帮助检查和审核名录。④ 将初步名录和软件发放给分类学家审核数据。⑤ 收集审核后的数据，将其合并为正式名录。

物种2000中国节点通过CD光盘和网站数据库的方式为用户提供信息服务。与全球生物物种名录相似，中国生物物种名录年度名录CD光盘每年出版并免费发放。CD和网站同时具有中英文界面。在物种2000中国节点的网站上，还提供全球生物物种名录的镜像数据库，通过中英文界面为用户提供全球的物种名录信息。

（撰稿：张礼生；审稿：张杰）

《系统昆虫学》 *Systematic Entomology*

由伦敦皇家昆虫学会出版的系统昆虫学领域的国际学术期刊。该刊创建于1932年，命名为《伦敦皇家昆虫学会会刊——系列B：分类》；自1971年第40卷出版时更名为《昆虫学杂志——系列B：分类》；自1976年第44卷出版时更名为《系统昆虫学》，并重新编号由第1卷开始出版。季刊，每年出版4期，ISSN：0307-6970。

该期刊主要内容涉及：系统昆虫学、生物地理学、进化生物学、比较形态学以及分类学等。旨在发表拥有更广泛读者的系统昆虫学论文，例如关于系统学理论、分子系统学和生物多样性问题的论文，并倾向于发表系统整合性的研究论文。是昆虫系统分类学领域的顶尖期刊，影响因子位于ISI JCR昆虫学领域前5%，位于ESI植物与动物科学领域前10%。对于从事该领域的学者具有重要的参考价值。2021年CiteScore值为6.5。

（撰稿：刘星月；审稿：周忠实）

细菌农药新资源及产业化新技术新工艺研究
research on new resources of bacterial pesticides and new technologies and processes for their industrialization

获奖年份及奖项 2010年获国家科学技术进步二等奖

完成人 关雄、蔡峻、刘波、许雷、邱思鑫、陈月华、黄天培、张灵玲、翁瑞泉、黄勤清

完成单位 福建农林大学、南开大学、福建浦城绿安生物农药有限公司、福建省农业科学院、武汉天惠生物工程有限公司

项目简介 细菌农药资源收集是研究、开发的基础和推动微生物农药产业发展的保障。开展细菌农药菌种收集、储藏工作，对加速中国微生物农药的产业化进程，提高中国微生物农药产业在国际市场上的竞争力十分必要。在此基础上，进行分离、克隆和鉴定新的基因资源，可以提升国际认可度，并大大提高中国生物农药研究在国际上的地位。此外，传统的生物农药生产主要根据经验，很难达到自动化控制和标准化。项目组围绕细菌农药新资源及产业化新技术新工艺研究，依托国家和省部级科研项目，结合各协作单位的优势，从微生物源农药功能菌种资源库的建库与挖掘利用、杀虫防病微生物的新基因分析、基因工程菌构建及其应用等多方面开展深入系统地研究，不断完善传统生物农药研发与生产技术体系，形成了基因工程生物农药技术研发创新体系，推进了传统产业升级改造。主要创新成果如下：

① 自主多途径分离获取并建立了全国最大、类型最多的细菌农药资源库。高效菌株8010、TS16、Bt27、Bt28等4个菌株30年来一直成为国内企业生产应用和出口的主要菌株。仅福建浦城绿安及武汉天惠两家企业的制剂产量就占全国的1/3以上，出口占1/2以上。从土壤、植物根际、叶际、体内、动物粪便、污水环境、农药厂、超市食品等材料获得国外很难获得的各种类型的活性微生物。获得6787株杀虫微生物、1100株植物病原拮抗细菌，提供给国内外相

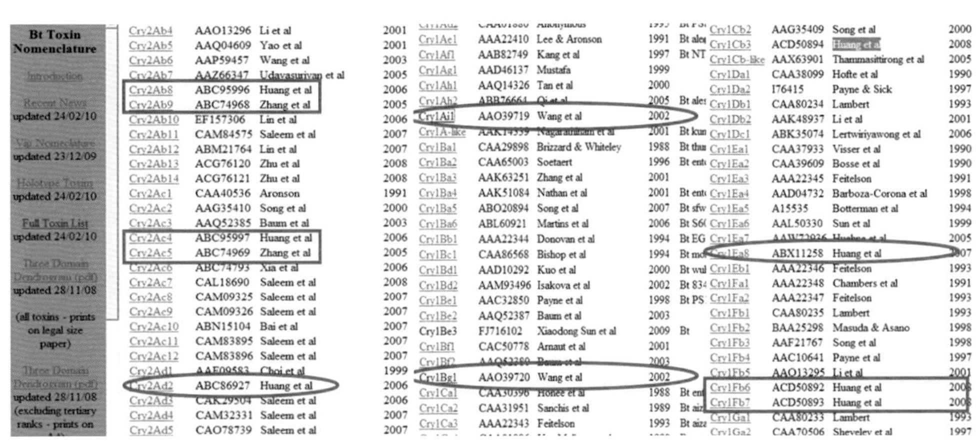

图1 项目组克隆的部分经Bt内毒素国际命名委员会命名的具有自主知识产权的Bt新基因（黄天培提供）

图 2 细菌生物农药新技术新工艺及其创制的部分新型生物农药（黄天培提供）

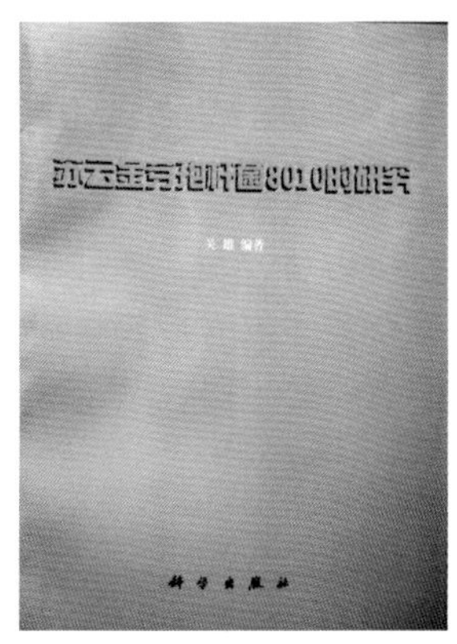

图 3 《苏云金芽孢杆菌 8010 的研究》封面（黄天培提供）

关单位合作研究开发，所分离的高效菌株成为国内企业生产和应用的主要菌株，生产 Bt 原药产量占全国的 50% 以上。

② 成功克隆了 18 个具有自主知识产权的 Bt 新基因。构建了中国第一株实用高效广谱的工程菌 TS16，并投入大量使用。这些具有自主知识产权的新基因（图 1）和蛋白已通过美国 GenBank、欧洲分子生物学组织（European Molecular Biology Organization，EMBO）以及日本 DNA 序列资料库（DNA Dare Bank of Japan，DDBJ）向全球公布，大大提高了中国生物农药研究在国际上的地位。通过细胞工程构建高效广谱的 TS16 工程菌并投入大量使用，使其成为了生产应用的主导菌株。通过基因工程构建了同时具有杀虫、防病、促生及可在植物体内系统定殖的多功能工程菌。

项目组克隆的部分经 Bt 内毒素国际命名委员会命名的具有自主知识产权的 Bt 新基因。

③ 率先建立了以陶瓷膜过滤为基础的高效工业化生产技术体系，产量提高 10%，总能耗下降 20%。发明了 4 种制剂组合及 11 种复合增效助剂。研发了 68 000IU/mg 高效价多功能新型生物农药，推动了生物农药制造业的升级（图 2）。率先实现了计算机定量分析技术在生物农药发酵配方优化上的应用；建立了全程性、综合性的新发酵生产技术系统，率先将纳米级膜过滤提取—喷雾干燥技术应用于生产，大大提高了有效因子的回收率和毒力效价。发明了 Bt 胶悬剂、烟雾剂、BtA、生物药肥等制剂。

细菌生物农药新技术新工艺及其创制的部分新型生物农药。产品出品效价 65 000UI/mg 以上，在东南亚、欧洲、南美市场持续看好，出口产品占全国同类产品 50% 以上，提升了中国生物农药产业在国际上的地位。在福建、新疆、湖北、湖南等 20 多个省、市、自治区（直辖市）推广应用，累计应用 3.8 亿多亩次，增收节资总额达 56.47 亿元。据对 5 省用户统计，3 年增收节资总额为 11.92 亿元。经济效益、社会效益和生态效益十分显著。

该项目已获 8 项国家发明专利、5 项实用新型专利、2 项外观设计专利，通过 7 项国家及省、部级成果验收和鉴定，总体水平达国际先进，部分关键技术国际领先。成果已获福建省科学技术一等奖 1 项和二等奖 3 项，国家教育委员会科技进步奖二等奖 1 项，卫生部二等奖 1 项，中国科学院三等奖 1 项。发表论文 226 篇，其中 SCI 论文 26 篇，专著 3 本（图 3）。

（撰稿：黄天培；审稿：关雄）

细菌遗传转化技术　bacterial genetic transformation technology

将外源 DNA 引入细菌细胞的技术。

作用原理　转化是细菌直接吸收外源 DNA 的过程。自然发生的转化需要细菌基因组上特定基因的表达以形成利于吸收外源 DNA 的感受状态。感受态形成后，外源 DNA 沿着特殊的跨膜孔道进入细菌细胞。已知能够发生自然转化的细菌超过 80 种，自然发生的遗传转化是细菌通过水平基因转移获得新的遗传性状的重要途径，如获得抗生素抗性等，利于细菌适应不断变化的环境条件。但自然转化远远不能满足分子生物学领域的科学研究需要，自 20 世纪 70 年代以来，多种人工转化技术相继出现，人工转化技术是利用物理或化学方法在细菌细胞壁和细胞膜短时间上造成孔洞或裂隙，或使细胞膜的电势变化、透性增加，利于吸收外源 DNA 分子。外源 DNA 分子进入细菌细胞后，细胞膜上的孔洞仍能复原，细胞可恢复正常生长并表达外源 DNA 携带的遗传信息。

适用范围 细菌的遗传转化是分子生物学研究中常用的技术，基因的克隆、扩增、蛋白表达、遗传修饰和改造等都离不开转化。通过转化，可将来源于原核或真核生物的基因在细菌中扩增和表达，与其他技术相结合还可造成基因的缺失或重组，在生命科学研究中具有重要意义。电穿孔、粒子轰击等转化技术不仅可用于 DNA 的转化，也可向细菌细胞引入其他分子，如：离子、染料、放射性同位素、药物、蛋白、RNA 等等，用于细胞生理、病理、药理学研究；而且也不仅限于转化原核细胞，还可转化酵母、丝状真菌、哺乳动物细胞和植物细胞原生质体等，甚至可用于对活体组织的直接转化，研究外源基因在宿主细胞中瞬时表达或进一步构建转基因动植物细胞和个体。

主要内容 常用的细菌遗传转化技术包括化学感受态转化法、电穿孔转化法、粒子轰击转化法。其他一些方法虽然报道不多，但有一定的应用前景，如超声波转化法、纳米介体转化法等。

化学感受态转化法 将细菌细胞悬浮于一定浓度的二价阳离子（如 $CaCl_2$）溶液中，冰浴一段时间后进行短暂热激处理，使带有负电荷的细胞膜去极化，电势降低，透性增加，这时的细菌细胞容易吸收外源 DNA。这种转化方法对感受态的质量有较高要求，不同种类的细菌形成感受态所要求的培养方法、诱导试剂、热激温度和时间等不同。化学感受态转化法通常用于革兰氏阴性细菌，如大肠杆菌的质粒转化，一般转化效率 10^5～10^6 转化子 /g 质粒 DNA。部分革兰氏阳性细菌使用聚乙二醇（PEG）处理去壁的原生质体进行转化。

电穿孔转化法 该法建立于 20 世纪 80 年代，是将细菌短时间置于 10～20 kV/cm 的电场中，外部电场在细菌细胞膜内外形成电势差，超过一定阈值后即在细胞壁和细胞膜上造成小孔，外源 DNA 由此进入细菌细胞。电脉冲时间很短，一般只有几个毫秒，部分穿孔细胞的细胞膜在电脉冲过后可自我修复，恢复生长。不同细菌适合的电穿孔转化条件不同，细胞大小、温度、电脉冲条件、被转化细菌悬液的离子浓度等都会影响转化效率。使用电穿孔设备时需要针对具体细菌材料优化电压和电脉冲时间这两个参数，脉冲时间又由电阻和电容的乘积决定。一般来说，体积越大的细胞最适电压值越低。多数情况下电穿孔转化细菌的效率比化学感受态转化法高出 10～100 倍。

粒子轰击转化法 也被称作“基因枪”转化技术，是指利用高速载体携带 DNA 分子送入受体细胞的转化方法。DNA 载体一般是金或钨颗粒（直径大约 1μm），最初对载体的加速动力来自火药爆炸，一般使用高压惰性气体（如氩气）。与电穿孔转化技术相似，粒子轰击法也是一种物理方法，对被转化的受体细胞几乎没有要求，除了可以转化细菌，对各种真核细胞或组织都可直接转化，甚至可直接对植物或动物个体的部分器官或组织进行转化。

超声穿孔转化法 使用超声波处理影响细胞膜的稳定性，造成一种空化效应，即在细胞壁和细胞膜上产生大量可逆的空泡，使细胞容易吸收外源 DNA。超声穿孔转化法同时适用于对原核和真核细胞的转化，但使用的频率不同。真核细胞的转化使用高频超声波（1～3MHz），而对细菌转化使用的频率较低（40kHz）。这种转化方法与常规转化方法相比有许多优点，如：不需要制备特殊的感受态细胞，也不用像电穿孔转化那样严格要求细胞悬液的离子浓度。因此，超声波穿孔转化法在微生物分子生物学研究中有广泛应用的潜力。

纳米介体（Tribos）转化法 这种转化方法利用了纳米材料作为介体。当混合有细菌细胞和 DNA 的胶体溶液在琼脂平板上涂布时，滑动摩擦力使纳米材料穿透细菌细胞，DNA 则通过纳米材料造成的缝隙进入细胞，完成转化。这种现象被称作吉田效应（Yoshida effect）。这种转化法不需要制备感受态细胞，也不需给转化后的细胞温浴恢复的时间，转化和筛选可以在同一个平板上完成。虽然该转化法的转化效率只能达到接近化学感受态转化法的水平，但使用的纳米材料如海泡石（sepiolite）、纳米碳管、温石棉等廉价、方法简单、省时省力，具有一定的应用前景。

参考文献

GEHL J, 2003. Electroporation, Theory and Methods, Perspectives for Drug Delivery, Gene Therapy and Research [J]. Acta physiologica scandinavica, 177: 437-447.

JOHNSTON C, MARTIN B, FICHANT G, et al, 2014. Bacterial transformation: distribution, shared mechanisms and divergent control [J]. Nature reviews microbiol, 12: 181–196.

PANJA S, SAHA S, JANA B, et al, 2006. Role of membrane potential on artificial transformation of E. coli with plasmid DNA [J]. Journal of biotechnology. 127: 14–20.

SONG Y, HAHN T, THOMPSON IP, et al, 2007. Ultrasound-mediated DNA transfer for bacteria [J]. Nucleic acids research, 35: e129.

YOSHIDA, N, NAKAJIMA-KAMBE T, MATSUKI K, 2007. Novel plasmid transformation method mediated by chrysotile, sliding friction, and elastic body exposure [J]. Analytical chemistry, 2: 9–15.

（撰稿：张力群；审稿：谭新球）

《细菌—植物互作：前沿研究与未来趋势》
Bacteria-Plant Interactions: Advanced Research and Future Trends

（田芳提供）

由 Jesús Murillo、Boris A. Vinatzer、Robert、Down L. Arnold 主编，来自美国、加拿大、美国、西班牙、比利时、以色列等国家的科学家共同参与编写。此书由英国 Caister Academy 出版社于 2015 年出版（见图）。

该书介绍了细菌—植物互作领域的研究进展，内容重点围绕植物病原菌、人类病原菌污染及潜在的防控策略。全书共分8章，分别介绍了①植物细菌Ⅲ型分泌系统效应因子的功能多元化。②丁香假单胞菌Ⅲ型分泌系统效应因子群体的系统生物学。③梨火疫病原菌的毒性机制及其调控。④植物病原的嗜酸菌属种类。⑤革兰氏阳性菌与植物寄主之间的互作。⑥人类病原细菌与植物的分子互作。⑦假单胞菌生防的最新进展。⑧噬菌体在塑造植物—细菌互作中的潜在作用。

该书不仅适用于学生、教师和科研人员，同时也适用于希望更多了解和加强农业微生物、植物病理和植物保护等方面知识的读者。

（撰稿：田芳；审稿：陈华民）

《现代微生物生态学》 *Modern Microbial Ecology*

中国海洋大学池振明主编的“教育部普通高等教育‘十一五’国家级规划教材”。池振明长期从事于微生物、海洋微生物的基础及应用研究工作，积累了丰富的理论和实践经验。微生物生态学是指研究微生物与其周围生物和非生物环境之间相互关系的一门科学，自20世纪60年代开始使用这个术语，是一门比较年轻的科学。该书2005年第1版出版后，受到了广泛关注，此后几年又出现了许多与微生物生态学有关的新内容、新观点、新方法，因此于2010年池振明组织对该书进行再版，在第2版中重点突出了微生物生态学研究的热点问题。

微生物生态学的研究有助于解释生物基因的进化、基因和酶的代谢调控和生物适应环境的机理等问题，有助于发现微生物的多样性和保护微生物资源和基因库，有着重要的理论和现实意义。该书主要介绍了微生物生态学研究中使用的传统和现代分子生物学方法，正常自然环境、海洋环境、极端环境和污染环境中的微生物与其周围生物和非生物环境之间的相互关系，微生物在这些环境中的作用和微生物及其活性产物的应用。全书内容共分12章，包括①绪论。②研究微生物生态学的方法。③自然环境中微生物群落的组成及其变化规律。④海洋环境中的微生物。⑤极端自然环境中的微生物。⑥生物群体的相互作用。⑦微生物在生物地球化学循环中的作用。⑧微生物与化学污染物之间的相互关系。⑨污染物的微生物处理。⑩微生物及其代谢产物对环境的污染。⑪微生物产生的生态友好物质。⑫微生物的生态模型。

该书自出版以来，被多所大学选作本科生和研究生教材，并被多部著作引用，对从事医学、工业、农业、环境保护和社会科学等方面的工作人员均有较大参考价值。

（撰稿：罗来鑫；审稿：陈华民）

线虫分离技术　extraction methods of nematodes

从植物的根、茎、叶、土壤和病残体中分离线虫的幼虫、成虫、卵、孢囊等线虫各个虫态的技术。包括贝曼漏斗分离法、浅盘法、筛淘离心漂浮法、孢囊漂浮法。

贝曼漏斗法（Bearmann funnel techniques）　是利用线虫有向水游动的特性，并受地心引力的影响，向漏斗的下部游动。将漏斗放在漏架上，在漏斗上放一个做成浅盘状的铁丝网，铁丝网上放一层面巾纸，土壤和植物组织放置在面巾纸上，漏斗出水口装一段胶管，夹上止水夹。在放置土壤或植物组织前将漏斗内加满清水。需采集50g土壤和植物组织。土壤和植物组织上最好盖一个盖子。分离植物组织上的线虫，需将植物组织洗净，剪成小块或小段。该方法可以分离土壤和植物组织中活动性较大的线虫（图1）。

浅盘法　是改进的贝曼漏斗法。在塑料托盘上放置一个塑料筐，筐内放一层尼龙网，尼龙网上垫单层面巾纸，取100～200g土样或植物组织放在纸上，铺开成一薄层。从塑料筐下面加水，使刚刚浸湿土壤样品或植物材料为宜，在室温下过夜，拿掉塑料筐，依据线虫的大小，选择用300～500目标准筛收集塑料托盘内的线虫悬浮液中的线虫（图2）。

筛淘离心漂浮法　根据线虫和土壤颗粒及其他物质的大小及比重不同，用不同筛孔大小的筛分离到土壤中的线虫。将500g土壤倒入小塑料桶中，加适量水搅拌使土壤呈糊状，用手将土块等捻散。加水至塑料桶2/3处，因线虫很小又轻，便都漂在土壤悬浮液中，将土壤悬浮液过20目的筛子倒到第二个桶中，土粒留在筒底，杂物及大植物残体便留在20筛目上，依上法重复3～4次，清洗丢弃20筛目和桶的杂物及大土壤团粒。静置土壤悬浮液1分钟，然后过500目筛，从背面将500目筛的物体清洗至小烧杯容器中。将线虫悬浮液加高岭土高速3000rpm离心5～10分钟，先使线虫沉淀

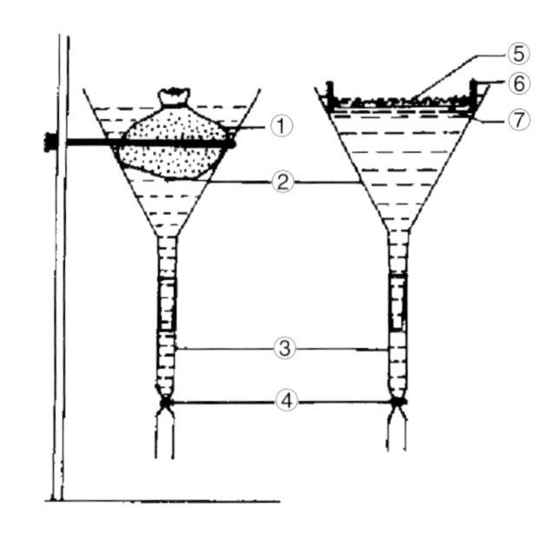

图1　贝曼漏斗法（彭德良提供）

左图为贝曼(Baermann)漏斗法，右图为改进型贝曼漏斗；①用纱布包裹的样品；②漏斗；③乳胶管；④止水夹；⑤样品；⑥筛盘；⑦线虫滤纸或面巾纸

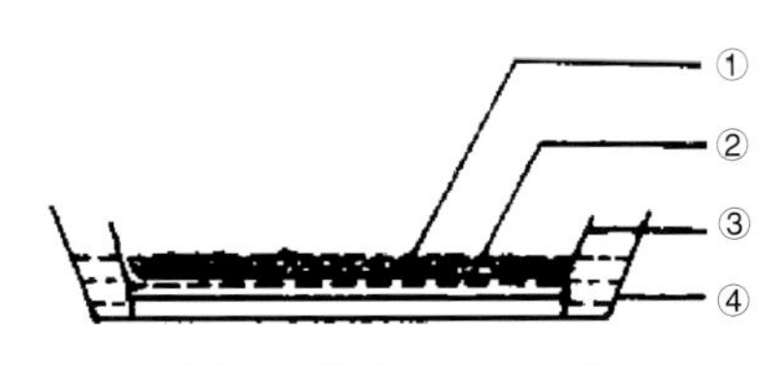

图2　浅盘法（彭德良提供）

①薄层土样；②线虫滤纸；③筛盘；④底盘

下来，然后用蔗糖或比重为 1.8 的硫酸镁溶液低速 1000rpm 离心 1～2 分钟，使线虫漂浮在溶液上，而土壤团粒沉到离心管底部。该方法可以分离土壤中的大多数线虫，无论其活动性大小。

孢囊漂浮法　从土壤中分离孢囊时，必须先把土壤风干。因为干孢囊才能在漂浮时漂在水面上。取 250g 有孢囊的风干土，放到大约容量为 4L 的塑料桶中，然后开足水龙头水冲土壤，同时用棍棒摇动塑料桶，待水快到筒口边缘时停止加水。将上面的漂浮物倒出，同时通过 20 目和 60 目的筛子。用喷头冲洗 20 筛目上的漂浮物，使继续通过 60 筛目的筛子。用小水从背面淋洗收集 60 筛目上的物质，倒入烧杯中，将滤纸叠好放在漏斗上，浸湿，将收集的悬浮液倒在漏斗中。稍待晾干，便可在解剖镜下直接观察孢囊。这系一简便、快速收集土壤中孢囊的方法。

（撰稿：彭德良；审稿：郑经武）

《线虫学》 *Nematology*

由荷兰博睿（Brill）学术出版社出版，以线虫学研究为主的国际专业性学术期刊。该期刊于 1999 年由爱思唯尔（Elsevier）出版集团出版的 *Fundamental and Applied Nematology* 和博睿（Brill）学术出版社出版的 *Nematologica* 两大线虫学期刊合并而来，每年 10 期，年出版文章 90 篇左右，ISSN：1388-5545。2021 年影响因子为 1.428。现任主编为国际应用生物科学中心（CAB International） David Hunt 和英国赫特福德大学 Roland Perry。

该期刊主要刊登研究论文、综述、简报和书评等类型的文章，涉及从线虫分子生物学到田间应用的各类研究领域，包括：昆虫病原线虫、土壤自由生活线虫、植物寄生线虫、线虫与其他微生物互作及淡水湖泊和海洋线虫相关研究的文章，但不接收动物寄生线虫相关的研究论文。线虫学研究越来越受到科研工作者的关注，研究成果迅速增长。该期刊面向国际广大科研工作者，致力于出版原创性科学研究工作，及时刊载线虫研究领域中发现的新种类、新防控技术和新检测方法等研究成果。同时该期刊和欧洲线虫学会（ESN）和法国海外科学与技术研究局（French Orstom Research Institute）合作，致力于成为全球线虫学研究的顶尖期刊。

该期刊适用于从事线虫基础和应用等方面研究的科研人员参考，同时也适用于希望更多了解线虫的危害，致力于线虫病害控制和防控技术开发等方面的相关人员阅读。

（撰稿：彭焕；审稿：彭德良）

《线虫学原理》 *Principle of Nematology*

美国威斯康星大学植物病理学与动物学教授 Gerald Thorne（此前是美国农业部线虫学部资深线虫学家）撰写的一本专著，于 1961 年由麦格劳·希尔（McGraw Hill）出版公司出版。该书共分 17 章，详细介绍了植物寄生性线虫的形态学以及由线虫引起的植物病害症状，包括约 100 种在土壤与植物材料当中最常见的线虫的介绍，并在此基础上阐述了鉴定内外源线虫的方法；讲述了这些线虫的生活史、寄主、分布、在农业上的影响；同时，详细介绍了如何采集土壤及植物材料、分离线虫及制作永久性的显微幻灯片，如何高效利用显微镜技术鉴定线虫，如何根据不同发生地简化线虫品种的记录和索引；并且，在这些获取的实际信息的基础上，提出了这些植物寄生线虫的防治措施，但多数情况未深入阐述具体的轮作、杀线虫剂使用及抗性品种栽培等措施（见图）。

（刘世名提供）

该书适合从事线虫学、植物病理学、动物学、农学、园艺学、土壤学以及其他有关农业专业的学生及科研工作者阅读与参考。

（撰稿：刘世名；审稿：彭德良）

《线虫学杂志》 *Journal of Nematology*

由美国线虫学会（SON）官方出版，以线虫学研究为主的国际专业性学术期刊。1969 年创刊。1987 年学会出版 *Journal of Nematology* 的子刊 *Annals of Applied Nematology*（AAN），2001 年停刊。该期刊为季刊，ISSN：0022-300X。年出版文章 30 篇左右。2021 年影响因子为 1.388。

该期刊主要刊登线虫学各类研究领域包括：线虫基础研究、开发利用、种类描述和实验线虫学的研究论文、简讯和线虫学会年会论文摘要等类型的文章，同时也接受线虫学研究的新理论、新观点等综述性论文，除对线虫学发展具有卓越的贡献外，线虫种类分布的常规调查及种质资源对线虫敏感性的研究一般不接收。该期刊面向国际广大科研工作者，致力于出版原创性科学研究文章。美国线虫学会和该期刊的全体编委希望该期刊能够为线虫学科的发展起到促进作用。

该期刊适用于从事线虫学基础研究和应用等方面研究的科研人员参考，同时也适用于希望了解线虫的危害、发生分布和线虫病害防控技术等方面的相关人员阅读。

（撰稿：彭焕；审稿：彭德良）

线虫研究的相关网络资源 online resources for nematodes

中国网站

中国线虫学网站 是中国植物病理学会（CSPP）植物病原线虫专业委员会的门户网站，主要介绍中国植物线虫的发生状况、从事植物线虫研究的单位、队伍和人员、研究项目、中国线虫种类检索、鉴定和研究成果。http://www.sinonema.cn

国外网站

佛罗里达大学昆虫和线虫系 注重佛罗里达大学昆虫和线虫系研究历史、人员，美国热带线虫研究进展、教学和提供的学习和工作机遇。http://entnemdept.ifas.ufl.edu/

国际线虫学会联盟 主要介绍15个会员国和会员组织，线虫会议信息，线虫学资源包括项目、期刊、书籍、线虫标本收藏、线虫网络资源。网址：http://www.ifns.org/resources/journals.html

美国加州大学DAVIS分校昆虫学和线虫学系 具有特色的高水平线虫研究机构，研究涵盖了从基础到应用以及从分子到生态的全领域。http://entomology.ucdavis.edu/

美国加州大学河边分校线虫系 具有特色的高水平线虫研究机构，主要从事线虫学研究、教学和宣传有关农业、生物学、遗传学、分类学、生态学、进化生物学研究。http://nematology.ucr.edu/

美国农业部线虫实验室 该网站主要介绍美国农业部线虫实验室的工作，包括人员组成、研究方向、项目、研究成果、线虫收藏数据库（The U.S. Department of Agriculture Nematode Collection Database，USDA Database）。主要任务是开发植物寄生线虫环境安全防治对策，因而促进农业可持续发展，保障食物安全，改善水质，与IPM（Integrated Pest Management）系统提供互动。该网站包括提供线虫鉴定、线虫生物防治和阐明作用机理，应用功能基因组和生化方法分离和描绘激素、基因、信息化合物和其他生物调剂以及线虫发育和存活必须化合物，该数据库有19 000个线虫收藏记录，涵盖800寄主植物的555线虫属，1670种，收藏标本来自180国家和地区，3000多位个人，同时也包括180种昆虫寄主。https://www.ars.usda.gov/northeast-area/beltsville-md/beltsville-agricultural-research-center/nematology-laboratory/

美国线虫学会（SON） 一个致力于推进线虫基础研究和应用的国际学术组织。https://nematologists.org/

欧洲线虫学会（ESN） 成立于1956年，系成立较早的国际线虫学学术组织之一。https://www.esn-online.org/

内森·科布基金会（N. A. Cobb Foundation）1999年10月8日在美国堪萨斯州成立，是美国线虫学会下设的基金会。该基金会为在校的学生的学习、差旅和参加年度线虫会议及相关会议提供资助，为鼓励线虫学家的创造性思维和线虫学创新和应用的前期阶段提供资助。https://cobbfoundation.org/

线虫基因资源网站 该网站提供已经完成测序的32种线虫，包括5种植物寄生线虫全基因组序列信息和13种正在测序的植物寄生线虫基因组信息。http://nematode.net/NN3_frontpage.cgi

瓦格宁根大学线虫实验室 注重于介绍线虫与生物（或非生物）因子间相互作用，目的是开发对环境具有最小负面影响的植物寄生线虫持久控制方法和对策。http://www.nem.wur.nl

植物和昆虫寄生线虫 线虫生物学所有方面的信息，特别注重于线虫生态学和线虫鉴定。http://nematode.unl.edu/

（撰稿：彭德良；审稿：郑经武）

线虫致病性鉴定技术 pathogenicity identification method of nematode

指某一种类的病原线虫，在一定条件下，破坏不同种类寄主植物，对其发生病害能力的检测方法和技术。线虫致病性鉴定技术主要有田间病圃鉴定和人工接种两种方法。田间病圃鉴定受环境条件影响较大，年际间差异明显；人工接种鉴定可控因素较多，鉴定结果相对准确。其中人工接种鉴定又分为盆栽接种法、塑料钵柱法和酸性品红染色法，用盆栽接种法进行致病性鉴定，可以人为控制根系周围的线虫数量，并利于线虫的侵染，适合比较不同生理小种间的致病性差异；酸性品红染色法适合对较大群体进行鉴定且准确性较高。

田间病圃鉴定技术 选择田间发病严重且线虫分布较为均匀地块，将寄主植物种植到病圃中，在植物全生产季，持续调查植物组织中线虫的数量、病情指数或发育进程等症状特征，评估某种病原线虫对植物的致病性。

人工接种鉴定技术 主要参考柯赫氏法则，包括病原线虫的培养、定量接种、危害分级和评估等过程。从具有病症的植物中人工挑选少量线虫幼虫和卵、单卵块或单孢囊，在人工控制条件下，接种到感病寄主中扩大培养，分离获得大量纯培养的线虫后，人工定量接种到寄主植物中，培养一定时间后，观察线虫侵染引起的植物生物量变化、线虫繁殖数量和发育进程等症状特征，评估某种病原线虫对植物的致病性。

参考文献

CAB INTERNATIONAL, 2002. Plant resistance to parasitic nematodes. [M]. Wallingford: CABI publishing, UK.

CAB INTERNATIONAL, 2002. Plant nematology [M]. Wallingford: CABI Publishing, UK.

（撰稿：彭焕；审稿：彭德良）

向仲怀 Xiang Zhonghuai

向仲怀（1937—），中国工程院院士，蚕学专家、教育家，家蚕基因组计划的倡导者、组织者（见图）。

个人简介 1937年7月3日出生于重庆武隆。1958年西南农学院毕业，1982年留学日本信州大学纤维学部，后

（刘同宝提供）

获该校工学博士学位。1978年起任西南农业大学教授、蚕桑系主任、蚕桑丝绸学院院长、西南农业大学校长、西南大学蚕学与系统生物学研究所所长等职务，同时兼任农业部蚕学重点开放实验室主任（1992—2011）、国务院学位委员会委员（1999—2013）、教育部蚕学与基因组学重点实验室主任（2006年至今）、家蚕基因组生物学国家重点实验室学术委员会主任（2011年至今）。

成果贡献　完成了家蚕大规模基因表达图谱的构建。以'大造'为材料构建了包括丝腺、中肠、脂肪体、体液、精巢、卵巢、不受精卵、滞育卵、蛹脂肪体、卵等共12个组织器官cDNA文库，获得了8.2万条EST序列，覆盖了日本多年研究积累的3万个EST序列，成为国际上最大的家蚕EST数据库，为家蚕基因组和功能基因组研究提供极为宝贵的资源和基础性成果。

建立了家蚕全基因组遗传和生物信息数据库。以Oracle9i关系数据库为基础，构建了世界第一个家蚕遗传和基因组知识数据库。该数据库包括了世界所有家蚕基因组数据，集中了基因表达、转座子、突变信息、SNPs以及基因注释信息，是家蚕遗传分析和功能基因组研究的强大平台。迄今为止，该数据库被引用和下载次数超过20万，在国际上产生了极大的影响。

建立了以RNAi为基础的家蚕基因功能鉴定体系。开展了家蚕RNA干涉（RNAi）研究，建立了适合于家蚕胚胎期、幼虫期和蛹期的分别以长链和短链RNA为基础的基因功能特异干涉技术，研究成果处于国际领先水平。

建立了家蚕转基因基础体系。建立了家蚕基因枪和微量注射等外源基因导入方法，利用转座子载体（piggyBac）实现家蚕转基因获得成功。基本完成了GAL4/UAS系统在家蚕中的应用研究，基本完成了RNAi系统与转基因系统的整合等，为利用功能基因进行家蚕素材创新奠定了坚实的基础。

开展家蚕功能基因组研究有重要的创新性发现。利用家蚕全基因组和EST数据，完成了家蚕全基因组选择性拼接分析。完成了全基因组单核苷酸多态性（SNPs）分析。完成了家蚕重要代谢酶系细胞色素P450基因群分析，鉴定了86个P450基因，初步将它们归于32个P450家族，并发现了部分基因结构的特殊性。在关键功能基因研究方面取得了一批重要成果，主要如性别决定关键基因、抗菌肽基因和与发育相关的基因等。此外，还详细研究了家蚕卵黄原蛋白及其受体基因、ABC转运蛋白基因、时钟调控基因、血液胰凝乳蛋白酶抑制剂基因群等重要功能基因，获得了这些基因的结构、调控方式、生物学功能等方面的重要数据。

领导完成家蚕、家蚕微孢子虫、桑树基因组计划。1995年策划启动中国家蚕基因组计划，其后在激烈的国际竞争和极为艰辛的条件下，于2003年完成了世界第一张家蚕基因组框架图，研究论文2004年在*Science*上发表。2006年完成了世界首张家蚕全基因组芯片研究，该成果被《科技日报》评为年度“十大科技新闻”之一。通过国际合作，于2008年完成了家蚕全基因组精细图。2009年完成家蚕高精度遗传多样性图谱，研究论文2009年在*Science*上在线发表。为蚕业科学发展作出了重大贡献。2013年完成微孢子、桑树基因组计划，桑基因研究论文在*Nature Communications*发表。

所获奖誉　向仲怀先后主编了《蚕丝生物学》《家蚕遗传育种学》《中国蚕种学》《中国蚕丝技术大全》等专著4部，参编《中国养蚕学》等专著4部。其中《蚕丝生物学》获国家科学技术学术著作出版基金资助出版。《家蚕遗传育种学》被评为农业农村部优秀教材一等奖，并被列为对外交流教材。

师德高而弟子优，他身边工作的年轻人个个思想素质好、吃苦能耐劳、富有协作精神。同时，他为了让年轻人尽快脱颖而出，经常派他们参加学术会议，到国内外交流进修，承担重要研究任务，在研究和学术活动中接受锻炼和考验，提高自身素质和水平。经过不懈努力，培养出了一批优秀青年拔尖人才，形成了一个高素质的学术研究群体。其中，有本学科第一个长江学者、第一个入选国家级百千万人才工程人员以及诸多国家级专家、省部级专家等，一批学识高、能力强、品德优秀的年青学科带头人已成长起来。

参考文献

何宁佳，向仲怀，2015. 桑树基因组[M]. 北京：中国林业出版社.

夏庆友，向仲怀，2013. 蚕的基因组[M]. 北京：科学出版社.

赵爱春，向仲怀，2018. 家蚕转基因技术及应用[M]. 上海：上海科学技术出版社.

（撰稿：刘同宝；审稿：马忠华）

萧采瑜　Xiao Caiyu

（刘娜提供）

萧采瑜（1903—1978），昆虫学家，中国昆虫学研究的先驱之一，南开大学生物系教授兼系主任，历任河北省人大代表、河北省政协委员、天津市一至四届人大代表、天津市自然博物馆馆长、中国昆虫学会（ESC）理事、天津市生物学会理事长（见图）。

生平介绍　1903年7月25日生于山东胶南（现属青岛），小学毕业后，考入公费的山东济南第一师范，于1925年毕业。同年以优异成绩考入北京师范大学预科，后转入英语系。1933年入北京师范大学生物系学习，四年的课程，一年半修完。毕业后，被山东省聘任为济南乡村师范校长。1936年，赴美国俄勒冈州立大学农学院留学，主攻昆虫学，并获得农学硕士学位。1938年进入爱荷华州立大学动物与昆虫学系学习，1941年于美国半翅目昆虫研究中心，以《中国的盲蝽》论文获博士学位。1942年在华盛顿一个研究部门从事科研工作，为美国昆虫学会（ESA）和Sigma Xi与Phi Sigma科学学会会员。

1946 年冬与夫人綦秀惠一起回归祖国，并带回了他多年辑录的一整套半翅目昆虫分类学研究的文献资料。后萧采瑜与夫人綦秀惠均投入了祖国的科学教育事业，他任南开大学生物系主任，夫人任植物学教授。1973 年，主持拟定《中国蝽类昆虫鉴定手册》编纂方案，1977 年完成第一分册《半翅目异翅亚目》。1981 年，由萧采瑜主编的《中国蝽类昆虫鉴定手册》第二分册出版。《中国蝽类昆虫鉴定手册》是中国首次出版、记载种类较广的蝽类昆虫分类学的专业著作，其中有 200 余种在国内外是首次发现和描写，是中国第一部蝽类昆虫分类学的工具书。

1978 年 6 月 27 日于天津病逝，终年 75 岁。临终前，将其关于半翅目昆虫分类学研究的书籍和资料，全部献给了南开大学图书馆。

成果贡献　萧采瑜攻读博士时，选择“中国盲蝽科昆虫分类”作为博士论文课题进行研究。盲蝽科是半翅目昆虫中种类最多、经济上重要、分类难度最大的类群，选择此科为题，说明了他从事此一大类工作的决心和长期打算。他的博士论文主要内容在 1942 年发表。尽管由于当时只能利用美国各大博物馆收藏的零星中国标本作为研究材料，使研究结果带有一定局限性，但他的这篇论文仍为有关该课题的第一篇全面的研究报告，并从此结束了没有中国人研究中国此类昆虫的状态。在此期间，他在研究该科中国种类的同时，还对东南亚和美洲地区的若干盲蝽做了研究，发表论文 10 篇左右，他是中国盲蝽科昆虫分类研究的开拓者。

回国后，从 20 世纪 50 年代中期开始，为了解决中国危害棉花的盲蝽问题，他着重收集和研究了中国各棉区的盲蝽材料，先后写出《中国盲蝽科分属检索表》《我国北部常见苜蓿盲蝽种类记述》和《中国棉田盲蝽记述》（与孟祥玲合作）3 篇论文，为中国棉花盲蝽的防治提供了科学依据。在这一个科的分类研究方面，直到晚年时，他才有机会重新整理经过多年积累获得的大量标本。但正当开始投入正式的研究时，他却一病不起。在这一阶段所完成的最后工作，后来由他的助手整理成文发表。

他在 1946 年离美回国时，共带回文献缩微胶片近 3000 篇，累计 5 万页左右，以及 2000 余篇论文油印本和一大批昆虫分类学专著。回国时行李的重量大部为书籍和资料所占据。这批文献资料后来在他的研究工作中发挥了极大的作用，成为较快取得显著研究成果的重要保证。临终前，他提出将这批文献图书全部无偿地捐赠给南开大学图书馆。

萧采瑜毕生从事昆虫分类学研究，其专长为“半翅目”昆虫的分类。这些昆虫中，包括许多对农林作物有害和捕食其他害虫因而对人类有益的种类，直接与国民经济有关。他强烈感到这种中国的生物资源由外国人来研究的现象是一种耻辱，从而产生回国后填补这些与他的专长有关的科学空白的深切愿望，并从各方面做了大量准备。开始时，他利用中国科学院的标本收藏以及当时中苏生物考察队采自中国西南边疆的大批标本，从经济上重要而且常见的缘蝽科着手研究，陆续发表该科分类学论文 12 篇，建立新属数个，发现一批新物种，并提出若干学术上的新见解，从而了解了此科的中国区系概况。随后，继续开展姬蝽科、红蝽科、大红蝽科、扁蝽科、跷蝽科等类群的工作，尤其是在解决疑难的姬蝽分类等问题上，更是取得了显著成绩。1964 年左右，他开始了猎蝽科的分类研究。猎蝽是一类包括众多害虫天敌的大科，中国的未知问题很多，需要付出很大的精力进行研究。70 年代初，他已 70 岁高龄，仍在当时比较困难的条件下继续坚持研究，终于在健康恶化前完成了该科的全面工作。他是中国半翅目昆虫分类研究的开拓者。

1974 年左右，萧采瑜鉴于多年来他和他所领导的研究组已经积累了丰富的工作成果，南开大学昆虫标本室已经拥有全国范围的大量标本收藏，认为组织编写全面性的中国半翅目昆虫分类专书的条件已经成熟。由此开始，他便和他的学生和助手们一起投入了《中国蝽类昆虫鉴定手册》的编著工作，总结多年的研究结果。该书第 1 册于 1977 年出版，重病在家休养的萧采瑜见到此书的问世，十分欣慰。第 2 册的稿件于 1978 年左右接近完成，他仍坚持参加了部分的审核工作，但已不能见到此册的出版了（第 2 册于 1981 年出版）。这两册共计逾 140 万字的专著记载了半翅目中的 19 个科 1700 余种，覆盖了中国陆生半翅目中大部分的科以及这些科的大部分种类。书中附有数千幅插图和照片，还记载了一大批科学上的新物种和中国首次记录的种类，是中国规模最大、内容范围最广的半翅目昆虫分类专书。此书的出版受到国际同行学者的普遍重视和好评，标志着中国半翅目昆虫研究已经进入了全新的水平。

1986 年获国家教育部科技进步一等奖。

萧采瑜自幼爱好自然科学。

参考文献

陆行素，罗真容，张毓珍，1996. 天津市图书馆志：第八篇　人物　人物传略 [M]. 天津：天津人民出版社.

王文俊，1999. 南开人物志：第二辑 [M]. 天津：南开大学出版社.

佚名，2007. 南开学术名家志：著名昆虫学家　萧采瑜 [J]. 南开学报哲学社会科学版，196(2): 2.

（撰稿：刘娜；审稿：马忠华）

小麦赤霉病致病机理与防控关键技术　pathogenic mechanism and key technology for control of wheat scab

获奖年份及奖项　2010 年获国家科学技术进步二等奖

完成人　康振生、黄丽丽、周明国、马忠华、韩青梅、冯小军、陈长军、杨荣明、张宏昌、赵杰

完成单位　西北农林科技大学、南京农业大学、浙江大学、陕西省植物保护工作总站、江苏省植物保护站

项目简介　由镰刀菌侵染小麦穗部引致的赤霉病，不仅造成小麦严重减产、品质降低，而且受害小麦籽粒含真菌毒素，可引起人畜中毒。国内外对小麦赤霉研究已有 100 多年的历史，但就赤霉病菌在小麦穗部的侵染过程与致病机理仍缺乏全面的了解。中国从 20 世纪 70 年代起一直使用多菌灵防治赤霉病，长期使用单一杀菌剂已导致赤霉病菌产生抗药性，防治效果明显降低。解决小麦赤霉病发生与防治中的瓶颈，对于有效控制赤霉病的危害、确保中国粮食安全与食品

安全具有重要意义。该项目在国家科技攻关计划、国家杰出青年基金等项目的支持下，采用生物学、细胞学与分子生物学技术，围绕小麦赤霉病菌的致病机理和小麦抗病的机制、新型药剂的筛选与创制开展了系统的研究工作，主要创新成果如下：

揭示了小麦赤霉病菌在小麦穗部的初侵染位点、侵染方式和扩展途径。首次完整地提出小麦赤霉病菌在小麦穗部的侵染扩展模式，纠正了百多年来对赤霉病菌侵染过程的错误认识，在国际上得到认可；明确了病菌在侵染过程中产生的毒素与细胞壁降解酶在致病中的作用。

系统揭示了小麦抗赤霉病的细胞学机制。发现抗病小麦品种被侵后可迅速通过乳突、细胞壁沉积物的形成、细胞壁的修饰及水解酶类的增长等形态结构和生化协同防卫反应抵御病菌在体内的扩展。

研发了防治小麦赤霉病的替代新型杀菌剂并揭示其作用机理。通过室内杀菌剂及配方筛选、田间试验，先后开发了对赤霉病防治具有增效作用和兼治白粉病的多福酮杀菌剂和促进小麦健康生长、提高产量、抑制赤霉毒素合成的戊福杀菌剂，解决了中国小麦赤霉病化学防治中长期依赖单一杀菌剂、而无替代杀菌剂的被动局面。揭示了新杀菌剂对小麦赤霉病的作用机理，为新杀菌剂的田间大面积推广使用提供了理论依据。

研发的新型杀菌剂大面积应用推广，效果显著。根据中国小麦种植区域赤霉病发生规律与杀菌剂抗性监测结果，项目组提出中国小麦赤霉病分区治理策略，并在生产中得到应用推广。通过与企业转化与合作，使该项目研发的新型杀菌剂多福酮和戊福实现产业化，已经成为中国防治小麦赤霉病的主要药剂之一。累计推广应用多福酮和戊福杀菌剂 1 亿多亩，为企业带来巨大的经济效益。该项目建立的小麦赤霉病的防治技术体系在江苏、陕西、安徽等地的小麦种植区得到广泛应用，防治面积累计达 1 亿亩次，挽回小麦损失 232 万吨，折合人民币 14 亿元，取得了显著的经济效益、社会效益和生态效益。

该项目获陕西省科学技术一等奖 1 项、国家授权发明专利 1 件；在国内外本领域重要学术期刊上发表论文 71 篇，其中 SCI 收录 29 篇，出版著作与教材 8 部；通过培养研究生，接收进修人员，与科研院所开展合作研究，促进和推动了这一学科领域在中国的发展。该项目总体达到国际先进水平。

（撰稿：赵杰；审稿：康振生）

小麦抗病、优质多样化基因资源的发掘、创新和利用 exploration, innovation and application of diversified wheat disease resistance and quality germplasms

获奖年份及奖项 2015 年获国家科技进步奖二等奖

完成人 孙其信、刘志勇、梁荣奇、尤明山、刘广田、杨作民、李保云、解超杰、倪中福、杜金昆

完成单位 中国农业大学

项目简介 针对中国小麦育种工作中品种抗病性逐渐丧失和加工品质难以满足生产需求的重要问题，该项目开展了小麦多样化抗病优质基因资源发掘、创新和利用研究，取得以下主要成果：

累计收集、引进和鉴定国内外小麦抗病和品质多样化种质资源 10 275 份。经过系统的鉴定、筛选和遗传分析，鉴别出对中国小麦锈病菌和白粉病菌优势小种具有优异抗性的多样化抗病基因资源 163 份，以及具有优良加工品质的基因资源 102 份。

提出了抗病育种“二线抗源”的概念并付诸实践，以解决小麦品种抗源单一化问题，创制出农艺性状改良的抗条锈病、叶锈病和白粉病多样化“二线抗源”中间材料 101 份。提出“滚动式加代回交转育”的抗病基因资源创新和加速利用方法，将多样化抗病基因资源导入华北、黄淮和长江流域 15 个推广品种遗传背景中，育成了农艺性状优良且含有多样化抗病基因 / 抗源的回交转育高代抗病材料和近等基因系，推动了中国小麦多样化抗病基因资源的利用。

首先在国内提出了小麦加工品质遗传改良的重点是利用优质谷蛋白亚基，系统开展了小麦加工品质性状测定和遗传规律研究，建立了微量 SDS- 沉淀值测定方法，研制出 CAU-B 型全麦粉（面粉）沉淀值测定仪，并应用到全国 9 省、市、自治区（直辖市）20 多个小麦品质遗传改良的教学和研单位，引导了中国强筋小麦育种的发展方向。

开展小麦抗病优质新基因发掘、遗传研究和分子标记定位，为中国抗病优质小麦分子育种奠定了技术和材料基础。鉴定出用于小麦品质遗传改良的 HMW-GS、Wx 蛋白亚基、籽粒硬度、PPO 等优质基因 15 个；发掘出 11 个抗白粉病新基因 / 位点，正式定名了 *Pm30*、*Pm41* 和 *Pm42* 三个新的抗白粉病基因；2 个抗条锈病新基因 / 位点，2 个抗叶锈病新基因 / 位点。建立了抗白粉病基因 *Pm21* 的 SCAR 标记及其分子标记辅助选择技术体系，并在国内外广泛应用。创建了小麦品质遗传改良的标记辅助选择体系，被国内多家小麦育种单位采用，培育了 13 个在主产麦区推广的优质小麦新品种。

进行抗病优质多样化基因资源利用、种质创新和新品种选育，项目组育成高产、抗病、优质小麦新品种 20 个，获

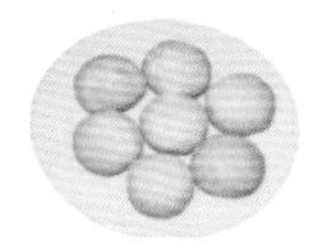

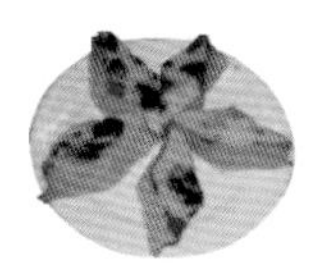

图 1 ‘农大糯麦 1 号’加工的面食品（解超杰提供）

图 2 ‘农大多系 1 号’灌浆期表现（解超杰提供）

图 3 ‘农大 1108’万亩高产示范方（解超杰提供）

X

得1项植物新品种权；国内其他单位利用该项目组提供的多样化基因资源育成小麦新品种22个，累计推广面积6400万亩，取得了显著的经济、生态和社会效益。在国内首次审定抗白粉病多系品种‘农大多系1号’和糯性小麦品种‘农大糯麦1号’，填补了国内糯性小麦研究的空白，并为国内其他小麦育种单位提供了宝贵的糯麦资源（图1~图3）。

该项目在本学科主流期刊上发表SCI论文22篇（SCI他引157次），国内核心期刊发表论文155篇（中国期刊网他引4772次）；出版专著1部；培养国家杰出青年科学、基金获得者3人，入选“教育部新世纪优秀人才支持计划”1人，“教育部长江学者与创新团队发展计划”《主要农作物种质创新与分子育种》创新团队负责人1名。

（撰稿：解超杰；审稿：孙其信）

小麦抗病生物技术育种研究及其应用
biotechnology wheat breeding for disease resistance

获奖年份及奖项 2006年获国家科技进步奖二等奖

完成人 陈佩度、陆维忠、辛志勇、张增艳、程顺和、周淼平、张守忠、王秀娥、林志珊、张旭、陈孝、刘大钧、任丽娟、高德荣、张明义、王浩瀚、马鸿翔、齐莉莉、张伯桥、陈爱大、徐惠君、杜丽璞、姚国才、王苏玲、周波、刘敬阳、刘艳、马有志、姚金保、冯祎高、亓增军

完成单位 南京农业大学、中国农业科学院作物科学研究所、江苏省农业科学院、江苏里下河地区农科所、甘肃省张掖市农科所、山西省农业科学院小麦研究所

项目简介 小麦白粉病、黄矮病和赤霉病是危害中国小麦生产的三种主要病害，对中国小麦稳产、高产构成严重威胁。该项目将现代生物技术与传统的经典育种方法紧密结合，在国际上率先将簇毛麦的抗白粉病基因*Pm21*和中间偃麦草的抗黄矮病基因*Bdv2*通过染色体工程技术转入小麦栽培品种，对易位系进行了精细的细胞遗传学鉴定和分子标记分析，完成了抗病基因的染色体定位，并在此基础上进一步改良易位系的农艺性状，创造出综合农艺性状较好，便于育种家应用的高抗白粉病、黄矮病的新种质。通过花药、组织培养，并采用赤霉病病原菌毒素DON筛选抗赤霉病变异体，创造出抗赤霉病、综合农艺性状优良的体细胞变异系。抗病优异新种质已向国内外50多个单位发放，并已被用作抗病亲本育成了一批新品系和新品种。

该项目开发出与小麦抗病基因紧密连锁或共分离的分子标记。将细胞工程、染色体工程、分子标记辅助选择、滚动回交、轮回选择、聚合育种、人工接种和重病区鉴定及一年多代等方法紧密结合，构建了小麦抗病生物技术育种平台，创造出一批聚合多个抗病基因和优质基因的新种质，成功地用于育种实践。育成15个抗白粉病、抗赤霉病、抗黄矮病的小麦新品种。累计推广面积4319万亩，增产小麦10亿kg以上，增收14多亿元。在国内外发表论文107篇，其中SCI收录论文18篇。出版专著2本。申请发明专利9项，品种权3个。该研究在利用细胞工程、染色体工程技术创造优异抗病新种质、研究、开发分子标记，建拓生物技术育种体系、选育新品种等方面取得重大成果，并产生了显著经济效益和社会效益。在高抗白粉病、赤霉病、黄矮病的优异种质创制和应用分子标记聚合多个抗病基因进行小麦育种的研究及应用方面，均处于国内领先、国际先进水平。

（撰稿：陈佩度；审稿：周雪平）

谢联辉 Xie Lianhui

（何敦春提供）

谢联辉（1935— ），植物病理学家，中国科学院院士（学部委员）。福建农林大学植物保护学院教授、博士生导师（见图）。

个人简介 1935年出生于福建龙岩。1958年毕业于福建农学院。1960年到北京农业大学进修，师从林传光，期间到北方的稻作所开展研究，总结写就《论稻瘟的免疫》，首次提出稻瘟的栽培免疫理论，该文后被收入中国农业大学主编的《植物免疫学》。

参加工作后，谢联辉有4次共8年的农村驻点。1969—1972年曾在有名的稻瘟病重灾区的宁化山区，实践稻瘟的栽培免疫理论，获得成功，使当地1500亩水稻平均亩产从逾100kg跃升到403kg。他经过广泛调查研究，明确病菌的转主寄主对病害流行不起决定作用，主要是夏孢子在起作用，并找到了该病菌的南方过渡寄主，提出耕作改制切断病害循环，从而使该病得以根本控制。

1969年谢联辉草拟了一份水稻病毒病的研究计划。1973年后谢联辉专注于水稻病毒的基础与应用研究，同时对水仙、甘蔗、烟草、番茄、香蕉等植物病毒也做了许多卓有成效的研究和生产服务工作。1979年他带领成立植物病毒研究室（1994年为植物病毒研究所）。

1986年谢联辉受聘福建农学院教授，先后担任福建农学院、福建农业大学、福建农林大学植保系主任、植物保护一级学科带头人、校学术委员会主任、校学位委员会副主任，中国科学院院士（学部委员），第八届中国人民政治协商会议委员，第九、十届全国人民代表大会代表，第三至六届国务院学位委员会学科评议组成员/召集人，第一至五届农业农村部科技委员会委员，全国高等农业院校教学指导委员会委员及植病学科组组长、植保学科组组长，中国农业科学院学术委员会委员，植物病虫害生物学国家重点实验室学术委员会委员、主任、顾问，作物遗传与种质创新国家重点实验室学术委员会委员，《病毒学报》《中国病毒学》《中国农业科技导报》《激光生物学报》《中国农业科学》、*Journal of Integrative Agriculture* 编委或顾问等职。

1960—1990年谢联辉主讲多门植物病理学专业的本科

课程，此后教学重点转到研究生上，培养了一批高层次专业人才，他们大多已成为相关领域的学术带头人。谢联辉倡导学者型教学风格，鼓励求异思维。

谢联辉一直围绕国家战略需求，瞄准重要的科学与生产问题开展应用与基础研究，从早期的稻瘟病、小麦秆锈病，到后来的水稻、烟草、香蕉等植物病毒都是如此。不仅很好地解决了生产问题，而且报道了一批世界、中国新记录，特别是水稻病毒，发现一种新病毒、一种新介体，创建两个新模型，确立一个独特、高效的监控体系并被全面推广，被认为是“对世界病毒的研究作出了新的贡献”，多次应邀在国际重要学术会议上作特邀报告。先后获部、省级科技进步奖一等奖2项、二等奖4项。发表学术论文320余篇，出版学术专著及全国统编教材9部。

1993年谢联辉在大量研究结果和生产实践基础上，从水稻病毒持续防控出发，提出了“抗避除治”四字原则——生态防控的关键策略。该理论此后不断得以丰富和完善，也被证明普遍适用于其他植物病害。和以往不同，他的植物病害生态防控的理论基础是建立在理念上的转变，即“变以针对病原生物为主导的防治策略，转向以针对植物健康为主导的生态防控，核心是以植物为本，弄清人为—植物—病原—介体—环境的互作机制，建立有利植物健康生长、不利病原生物发生、流行的稻田生态系统，确保植物群体健康”。1999年他创立植病经济学，旨在通过综合的经济评估引导和驱动植物病害生态防控，“实现植物病害管理的经济、生态、社会、规模、持续的五大效益”。

成果贡献　谢联辉善于将最新科研成果带进课堂，形成了自己独特、有效的教学方法（体系），提出教育的核心理念，不仅仅是传授知识，更重要的是点燃学生求知的火种——激励学生求知的欲望，启迪学生“质疑”的求异思维；教学的真谛是培育思考，训练思维，培植想象，激发创造。他引导学生做学问、搞科研要想想是否探索有价值的新现象、新规律，是否提出了新命题、新方法；要关注前人在重要理论问题的提法或结论是否正确：切勿盲从。先后获省优秀教学成果一等奖1项、二等奖1项、国家精品课程1门、省优秀课程和精品课程各1门。培养博士75名（全国百优1篇，省优14篇）、出站博士后7名。

谢联辉重视文化的软实力。1980年他提出将党支部建在学科上，并提倡以“献身、创新、求实、协作”为科训，随后他又进一步提出“敬业乐群、达士通人”的“科魂”、“学贵有恒，术在求精；教为不教，学为创新；创须三思，新从四严；为而不求，民在我心”的“科风”、“一个信念、两个瞄准、三个面向、四个严字、五种意识”的“科旨”。在学科文化引领下，1980年以来植物病理学科改变了落后的面貌，实现了学位点和学科建设的历史性的“三个跨越”，1994年建立博士后流动站，2001年被评为国家重点学科，2004年学科党支部被中共中央组织部授予全国先进基层党组织。

所获荣誉　谢联辉先后被评（选）为国家“有突出贡献的中青年专家”（1984）、中国科学院院士（学部委员）（1991）、全国优秀教师（1998）、全国农业科技先进工作者（2001）、全国粮食生产突出贡献农业科技人员（2013）、中国植物保护学会（CSPP）终身成就奖（2014）、中国植物病理学会（CSPP）终身成就奖（2016），获国务院政府特殊津贴（1991）。福建省先进教育工作者（1985）、福建省五一劳动奖章（1985，1992）、福建省优秀专家（1992）、福建省先进工作者（2003）、福建省杰出科技人员荣誉称号（2004），福建省科学技术大会特别奖（2005）、“海西产业人才高地创新团队领军人才”（2012）。

参考文献

何敦春，2009. 执着与追求 [M]// 福建省总工会，福建省党史研究室．海西背课．北京：中共党史出版社：338-341.

林更生，2013. 记谢联辉学长艰苦攀登历程 [M]// 中国人民政治协商会议福建省委员会文史资料编委会编．福建文史资料，31: 132.

谢联辉，1993. 面向生产实际，开展病害研究 [J]. 中国科学院院刊，8(1): 61-62.

谢联辉，2003. 21世纪我国植物保护问题的若干思考 [J]. 中国农业科技导报，5(5): 5-7.

谢联辉，林奇英，徐学荣，2005. 植病经济与病害生态治理 [J]. 中国农业大学学报，10(4): 39-42.

（撰稿：何敦春；审稿：魏太云）

忻介六　Xin Jieliu

忻介六（1909—1994），昆虫学家、蜱螨学家。复旦大学生物系教授，博士生导师。九三学社社员。

生平介绍　1909年11月2日出生于浙江鄞县（现属宁波）。1924年赴日本求学。1929—1931年在京都帝国大学农学部昆虫病害科肄业。1932年因中日战争转赴德国罗斯托克大学学习森林昆虫生态学，1935年获博士学位。同年赴英国伦敦大英博物馆自然科学部研究叶蜂分类。当年回国，任江西农学院昆虫组技师至1938年，后历任四川大学农学院、江南大学教授，并曾担任四川大学农学院植物保护系主任。

中华人民共和国成立后，任复旦大学生物系教授、动物学教研组主任，创建复旦大学生物系动物专业昆虫教研组，为国家培养了一大批昆虫学工作者。兼国家科学技术委员会粮食专业组委员和储藏组组长。曾任中国昆虫学会（ESC）副理事长、上海昆虫学会理事长、粮食部科学研究设计院设计顾问等职。1954年合作翻译了美国斯坦豪斯的《昆虫病理学》，并培养青年教师和研究生从事昆虫病理学研究，已在复旦大学生物系形成昆虫病理学研究组。

成果贡献　忻介六是中国储粮害虫研究的先驱和奠基者之一。他早年在研究储粮昆虫时，就注意到储粮螨类的严重危害，1958年就积极倡导并着手研究储粮螨类。20世纪60年代初，忻介六在复旦大学任教时就开始了培养专门研究储粮螨类的研究生的工作，培养了许多硕士、博士生。

20世纪60年代初开始仓储螨类的研究，1963年主持召开全国第一届蜱螨学学术讨论会，1979年后更致力于发展农业蜱螨学。

忻介六一生著译颇丰，著作内容包括昆虫、蜱螨和蛛蜂等学科，涉及昆虫分类学、昆虫病理学、昆虫生理学、农业螨类和储藏物螨类等领域；组织和领导了《蜱螨名词及名称》

等工具书的修订工作。发表了《粮食储藏之科学管理》《中国粮食害虫》等著作及论文数十篇，并著有《蜱螨学纲要》《农业螨类学》《土壤动物知识》等书目。此外，还主编了《昆虫形态分类学》《英汉蜱螨学词汇》及《英汉昆虫俗名词汇》等书。

参考文献

张国梁, 1995. 纪念忻介六教授逝世一周年 [J]. 粮油仓储科技通讯 (5): 3.

（撰稿：刘尊勇；审稿：马忠华）

《新编农药手册》 *A New Pesticide Manual*

第 2 版由农业农村部农药检定所主持编写，中国农业大学农学与生物技术学院和中国农业科学院植物保护研究所的部分技术人员参与编写，由中国农业出版社于2015年5月出版。

为了及时介绍中国生产和使用的农药新品种，以便于查阅，达到安全合理使用农药的目的，更好地为农业生产服务，农业农村部农药检定所曾在 1989 年、1997 年分别编著出版了《新编农药手册》及《新编农药手册》（续集），受到农业、化工、卫生、环保、商业等广大领域读者的欢迎，并被中国出版工作者协会科技出版委员会选入全国“星火计划”丛书。但随着中国农药工业的快速发展，新型农药不断涌现，品种结构不断优化，对农药的管理要求不断加强，《新编农药手册》（第 2 版）应运而生。

《新编农药手册》（第 2 版）共介绍了 404 个农药品种，575 个制剂产品，包括 1982—2012 年已在中国批准登记的农药产品，涉及农药基本知识、药效与药害、毒性与中毒、农药选购、农药品种的使用方法、施药安全防护、剩余农药与农药废弃物处置等农药安全合理使用知识，以及中国关于高毒农药禁用、限用产品的相关规定，涵盖了技术、管理等多方面内容，方便查询，可使读者全面了解国内外农药发展情况。为方便使用者了解和掌握科学、合理选择使用农药品种的方法，修订本还增加了附录：中国关于高毒农药禁用、限用产品的相关规定，杀虫剂、杀菌剂、除草剂作用机理分类及编码和按音序排列的农药名称索引、农药防治对象索引。

农药品种应用部分在编写上力求详细、完整和实用，具有较强的普及性和实用性，对植保技术推广人员、农药经营人员、农药科研人员以及农业生产专业合作组织等都将有很好的指导作用和参考价值。

（撰稿：宋稳成；审稿：董丰收）

新疆棉蚜生态治理技术　ecological management technology for the cotton aphid in Xinjiang, China

获奖年份及奖项　2007 年获国家科技进步奖二等奖

完成人　张润志、田长彦、朱恩林、赵红山、梁红斌、李晶、李萍、杨栋、王林霞、林荣华

完成单位　中国科学院动物研究所、中国科学院新疆生态与地理研究所、全国农业技术推广服务中心、新疆维吾尔自治区植物保护站

项目简介　20 世纪 80 年代开始，新疆逐渐发展成中国最大的棉花生产区，棉蚜（*Aphis gossypii*）也随之成为危害棉花的最重要害虫（图 1）。在国家科技公关项目和新疆维吾尔自治区相关科研项目的支持下，开展了新疆棉蚜生态治理技术研究。

揭示了新疆棉蚜成灾的原因。根据新疆植棉历史与棉花害虫发生规律的研究，揭示了新疆棉蚜成为主要害虫的原因是冬小麦种植面积大量减少（图 2），从而导致棉田棉蚜的天敌来源减少，充足的食物和不足的自然天敌造成了新疆棉蚜成灾；新疆棉蚜在 70 年代以前没有造成危害是因为有面积更大的冬小麦提供了棉蚜天敌来源保证。80 年代后期新疆棉蚜成为棉花第一大害虫的直接原因，就是冬小麦改种棉花，使得棉蚜自然天敌不足以控制更大面积棉田的棉蚜种群。

阐明了新疆棉蚜及其天敌的生物学规律、相互关系和天敌作用规律。新疆棉蚜 6 月上中旬开始进入棉田危害，中旬至下旬是控制棉蚜危害的关键时期；棉蚜在中部叶片上的自然感虫率高于上部和下部，这与新疆棉花植株矮小有关。

研究了棉蚜的天敌昆虫和主要作用种类。鉴定新疆棉区棉蚜天敌 44 种，其中瓢虫类（图 3）8 种，草蛉（图 4）5 种，食虫蝽 7 种，食蚜蝇 3 种，蜘蛛类 17 种，寄生螨 2 种，隐翅虫和瘿蚊各 1 种，对棉蚜控制能力表现为瓢虫 > 草蛉 > 食蚜蝇 > 食蚜蝽 > 蜘蛛 > 隐翅甲 > 瘿蚊。十一星瓢虫和中华草蛉是新疆控制棉蚜的最重要天敌种类，与棉蚜种群数量均有明显的跟随关系和极为密切的种群数量相关性。

研发棉蚜自然天敌库。经过多年探索和深入研究，发现苜蓿、苦豆子等具有最大的食物昆虫涵养量并且可以作为自然天敌繁殖库，发现这些植物生长期早而造成了其涵养天敌被利用中最关键的时间优势；创造了诱导棉田边缘植物带

图 1　棉蚜（张润志摄）

图 2　棉蚜危害状（张润志摄）

图 3　棉蚜捕食性天敌：瓢虫幼虫（张润志摄）

图 4　棉蚜捕食性天敌：草蛉幼虫孵化（张润志摄）

自然天敌进入棉田控制棉蚜的简便途径，从而达到了人为协助情况下充分利用自然天敌控制棉花蚜虫的高效生态控制目的。

创制棉蚜生态治理技术模式。巧妙地利用了长期以来一直得不到充分利用的农田林网林荫带种植耐阴牧草植物——苜蓿，提高了土地利用率，并且为农村发展畜牧业提供了条件，探索出适合农业产业结构调整的农、林、牧有机结合的害虫生态治理新模式，这种模式的具体做法：在棉田边缘林荫下（通常为10m范围）种植苜蓿带，当棉蚜进入棉田开始危害棉花的时候，割除苜蓿带；将割倒的苜蓿在棉田边缘放置24小时使天敌转移到棉田控制棉蚜。该项技术同时还有以下优点：苜蓿是优质牧草，适合发展农区畜牧业，增加农民收入；农田防护林林荫下农作物生长不良，种植耐阴植物苜蓿可以显著提高土地利用率；苜蓿为豆科植物，利于提高地力，为农、林、牧协调发展提供了新途径。

提出“相生植保”新思路，丰富了害虫生物防治的内涵。创造性地提出了植物应当并且可以作为生物防治因素加以利用的“相生植保”害虫防治新思路。该项成果的主要特点是利用新疆棉花种植区的生态学规律，充分利用了苜蓿带等作为自然天敌繁殖库并成功应用于棉花蚜虫的防治，改变了农业害虫生物防治依赖人工繁殖天敌而费用过高的传统套路，创造了长期以来人们梦寐以求的操作简便、成本最低、效果持久的农业害虫生态控制技术，同时，通过林阴牧草种植，解决了农田林网影响农作物生长的矛盾，做到了农、林、牧协调发展。

（撰稿：梁红斌；审稿：张润志）

新型天然蒽醌化合物农用杀菌剂的创制及其应用 manufacturing of natural anthraquinones as fungicides applied in agriculture

获奖年份及奖项 2014年获国家科技进步奖二等奖

完成人 喻大昭、倪汉文、赵清、顾宝根、梁桂梅、张帅、王少南、杨立军、杨小军、张富荣、徐向荣

完成单位 湖北省农业科学院、中国农业大学、农业部农业技术推广服务中心、农业农村部农药检定所、内蒙古清源保生物科技有限公司

项目简介 植物病害造成农业生产损失巨大，病原菌对化学农药的抗药性常常带来病害防控失效。但是，大量使用化学农药会造成环境污染、有害生物的抗药性和再猖獗，化学农药的残留又会引起农产品安全问题和影响农产品的出口。生物源农药的开发应用是减少化学农药使用量和克服病原菌对化学农药抗药性的有效途径之一。项目在国家相关部委和湖北省委的支持下，利用已有的工作基础和各单位的优势，针对农作物病害防治的生物源农药开展协作攻关，经过15年的研究，筛选和创制出天然蒽醌化合物农用杀菌剂。在生产上大面积推广应用，取得了显著的社会、经济和生态效益。主要创新成果如下：

在国内首次发现了对植物病害具有高活性的蒽醌类化合物。以粮食作物、经济作物和蔬菜作物的白粉病、稻瘟病、灰霉病、烟草花叶病毒病等为靶标，从34科63种植物的次生代谢产物中分离、纯化，并确认了12种天然蒽醌化合物对植物病原菌具有较高活性。该研究丰富了农用杀菌物质库，不仅为生物源农药创制提供了物质基础，还可为新农药创制提供先导化合物。

在国际上首次揭示了天然蒽醌化合物结构与对植物病原菌活性的关系。天然蒽醌生物活性的构效关系研究表明其分子结构中羟基的存在是具有活性的前提，取代基中6位为甲氧基是决定活性的关键（图1）。

明确了天然蒽醌化合物组合方式对植物病原菌活性的协同增效作用。大黄素甲醚和大黄酚的组合物对植物白粉病菌增效明显，在一定范围内，增效水平随着大黄酚在组合物中的比率的增加而升高。

探明了蒽醌化合物对植物病原菌的作用机理。病理组织学实验结果显示，天然蒽醌化合物的作用机理主要为抑制植物病原菌分生孢子的萌发和附着胞的形成，从而不能形成侵染。利用基因芯片研究其作用机理表明，天然蒽醌化合物处理作物后，处理部位的作物体内抗菌硫堇蛋白表达量提高，从而起到作物免疫作用。该研究结果对植物诱导抗病机理的研究和抗病诱导剂的开发提供了一种全新的思路。

评估了植物病原菌对蒽醌化合物抗药性风险。测定了来自中国9个地区的262个黄瓜白粉病菌菌株和6个地区116个霜霉病菌菌株的EC_{50}值，建立了敏感基线，EC_{50}值均呈正态分布。在蒽醌化合物的选择压力下，测定了黄瓜白粉病菌15代敏感性，发现敏感性没有变化。因此，黄瓜白粉病菌和霜霉病菌种群对其敏感性的遗传差异小，不存在潜在的抗性亚种群，表明对其产生抗性风险低（图2）。以蒽醌化合物创制的系列杀菌剂可作为生产上由于病原菌抗药性产生而防治失效的化学杀菌剂的理想替代产品。中国以往农药登记前从未进行抗药性评估，因此，该研究为中国农药创制与国际接轨提供了一个示范。

创新了制剂加工工艺，解决了水剂工艺难题，保障了高活性和环境友好。天然蒽醌化合物水溶极差，难以加工成环境友好的水剂。通过添加配位键盐等创新制剂加工工艺，实

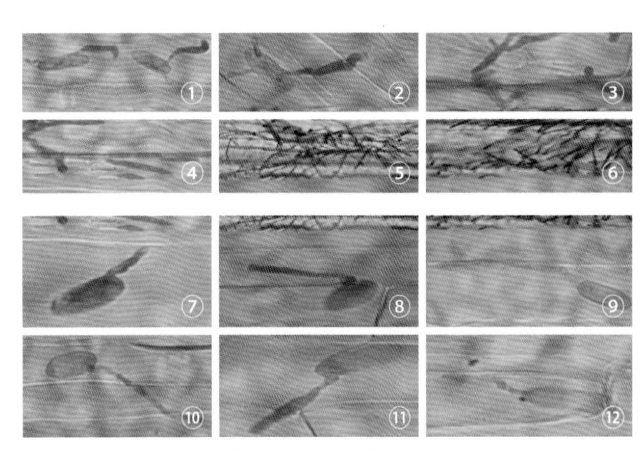

图1 天然蒽醌对小麦白粉病作用机理研究（杨立军提供）

上组①～⑥图为空白对照，下组⑦～⑫图为天然蒽醌40μg/ml处理；⑦～⑫分别为接种后8、24、48、72、96、120小时。

图 2 防治黄瓜白粉病盆栽实验（杨立军提供）

①处理；②对照

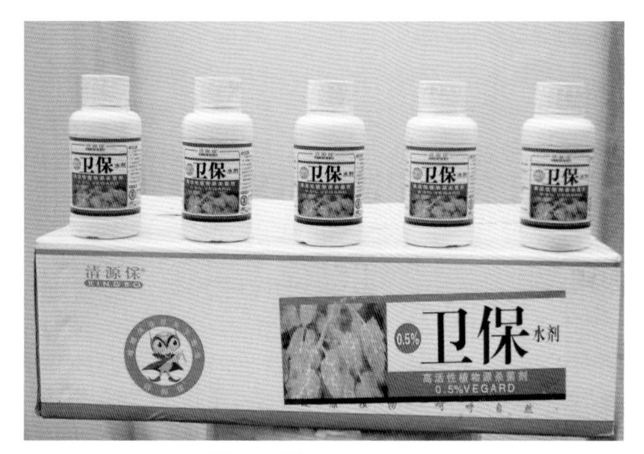

图 3 产品图（杨立军提供）

图 4 天然大黄素甲醚防治瓜类白粉病效果（在武汉黄瓜大棚生产基地）

①施药前；②施药后 14 天；图中左为施药处理，右为对照处理

现了天然蒽醌制剂水剂化，加工成符合国家标准的水剂剂型，既保证活性充分发挥，大幅提高杀菌效果，同时避免了使用有毒有机溶剂，保证了制剂的环境友好和低毒特性。

自主创制了以大黄素甲醚作为标记物的蒽醌化合物系列新型植物源杀菌剂。8.5% 的大黄素甲醚母药和 0.1% 大黄素甲醚水剂、0.5% 大黄素甲醚水剂以及 0.8% 大黄素甲醚悬浮剂获得国家新农药登记（图 3）。

创制的系列杀菌剂具有高效、持效期长、杀菌谱广、低毒、低残留、环境友好、无采收安全间隔期、能用于有机农产品生产等显著优点。

该项目获得国内发明专利 3 项，申请 1 项 PCI 国际发明专利保护，制定企业标准 3 项。发表论文 46 篇，其中 SCI 论文 6 篇。2008 年 4 月通过湖北省科技厅组织的成果鉴定，成果水平达国际先进，并于同年获得湖北省技术发明一等奖。产品于 2008 年在内蒙古清源保生物科技有限公司实现产业化生产，先后被列入“国家星火计划”项目、获 2009 北京自主创新产品证书、被列为 2011 年度微生物制造、绿色农用生物产品高技术产品专项、欧盟有机认证机构 ECOCERT 认证为有机农产品生产使用农药等。2009—2013 年累计生产 1770 吨，在山东、湖北、湖南、云南、天津等地销售 1270 吨，销售额 15 240 万元（图 4）。累计推广 2116.67 万亩，挽回病害损失逾 36 亿元，每年节省用药、用工及农药成本 70 136.67 万元，间接经济效益 43.18 亿元。同时产品还出口 380 吨到意大利、以色列、韩国、印度、菲律宾等国家，创汇 760 万美元。取得了显著的经济、社会和生态效益。

（撰稿：杨立军；审稿：喻大昭）

熏蒸技术　fumigation technology

通过使用分散、雾化、控压熏蒸、控温熏蒸等方法促使熏蒸剂在被熏蒸物内快速均匀分布，提高熏蒸杀虫效率。熏蒸是检疫除害处理中最常用的化学方法之一，可以有效防止外来生物入侵和疫情传播，保护各国农林生产生态环境和人民生命财产安全。

基本原理　在密闭的空间内利用熏蒸剂杀灭有害生物。即在一定的密闭环境中，将熏蒸剂以气态形式扩散与有害生物体接触，使其中毒死亡的一种方法。熏蒸剂是对有害生物体具有毒害作用的化学物质，常见的有磷化氢、硫酰氟、氢氰酸、环氧乙烷、二硫化碳等。其作用原理主要是通过熏蒸剂的毒害作用使生物体内细胞脱水、蛋白变性、窒息死亡或严重抑制其生长、繁殖，从而达到杀死有害生物的作用。

适用范围　在 20 世纪因具有操作简单、适用面广、经济高效等特点，熏蒸技术成为当时最为普遍的化学除害方法。熏蒸技术被广泛应用于木材、粮食、水果、种子、苗木、花卉、药材、土壤、文物、资料、标本上各类害虫、真菌、线虫、螨类及软体动物的除害处理。同时，在仓储害虫、原木上的蛀干害虫，以及文史档案、工艺美术品和土壤中的病虫防治等领域也广泛应用熏蒸技术。

熏蒸技术（郑建秋提供）

主要技术

熏蒸技术的分类 熏蒸技术的分类方法较多，但还没有科学统一的分类方法。一般可按操作条件与方式（温度、压力与堆积、包裹等）、熏蒸剂的种类与气化方式、熏蒸对象（携带有害物的载体、有害物种类等）等分类方法。按操作温度可分为高温熏蒸、常温熏蒸和低温熏蒸；按操作压力可分为加压熏蒸、常压熏蒸和负压熏蒸；按熏蒸剂运动方式，可分为静止熏蒸和流动熏蒸；按熏蒸作用可分为消毒熏蒸和灭菌熏蒸；按熏蒸种类数量分，可分单一熏蒸、复合熏蒸（加助剂配合）等；按熏蒸剂的气化方式，可分为自然气化熏蒸、机械（如超声波）气化熏蒸等。

熏蒸剂的选择、投药方法及用药量 使用熏蒸剂除考虑药剂本身的理化性质外，还要考虑被熏蒸物的类别及含水量、害虫或病害的种类及其发展状态与危害程度、熏蒸时的温湿度与风力、密闭程度以及其他客观条件。下面以帐幕熏蒸中常用的熏蒸剂硫酰氟与已通过 EPA 注册的熏蒸剂 Eco2Fume 为例来阐述投药方法及用药量。

硫酰氟的蒸气密度比空气重，投药管（常用高压氧气管）口应置于垛顶部。一般在苫垛前将辅助投药管放在帐幕内，间隔小于 10m 的距离放置一根投药管，在投药或熏蒸结束后将其取出。在实施硫酰氟熏蒸时，必须尽可能密闭（见图）。根据具体情况确定实际用药量。熏蒸谷物时，以 21～25℃的有效杀虫药量为标准，据谷温的变化增加或降低用药量，一般 10～15℃药量增加 1/2；16～20℃药量增加 1/4；25℃以上用 3/4 的药量。

Eco2Fume 是由 2%PH3 和 98%CO_2 按质量比组成的混合熏蒸剂，以前被称为“Phosfume”，最初由 BOCGases 生产用于谷物类熏蒸，现为美国纽约 Cytec Industries Inc. 公司的产品。该混合熏蒸剂的有效成分是 PH3，CO_2 是 PH3 很好的缓冲剂，2 ∶ 98 的质量比可确保 Eco2Fume 与空气以任何比例混合都不易燃爆。使用 Eco2Fume 熏蒸剂熏蒸货物达到害虫的致死浓度只需要几分钟或几个小时，受温度条件的限制很小，是一种很容易应用的熏蒸剂，可以广泛应用于动物饲料、木材、种子、烟草、切花等的熏蒸。

影响因素 熏蒸效果受药剂的物理性质、熏蒸的环境条件、熏蒸物品与有害生物种类、生理状态等多种因素的影响。

温度 熏蒸的温度对有害生物的活动会造成直接的影响。大多数昆虫正常的生存温度为 7～44℃。当温度达到 10℃以上时，随着温度的升高，药剂的挥发性、昆虫的呼吸量、单位时间进入虫体的熏蒸剂浓度均升高。温度在 10℃以下称之为低温熏蒸。低温熏蒸存在熏蒸剂大量进入货物、熏蒸剂穿透能力低、昆虫呼吸率低、昆虫抗毒能力强等缺点，因此不被提倡。一般在谷物温度 21～25℃使用有效的杀虫剂量，当温度下降时，要适当增加剂量：10～15℃，药量增加到 1.5 倍；16～20℃，药量加到 1.25 倍；25℃以上，用 3/4 的药量。

湿度 空气湿度对某些熏蒸剂有很大的影响。例如，相对湿度大或谷物含水量较高时，可促使磷化铝分解。

密闭程度 熏蒸时密闭的程度对熏蒸结果有着直接影响。当密闭程度不强时，会造成毒气的泄漏，进而降低熏蒸剂的蒸汽浓度和渗透能力，不但降低了熏蒸的效果还可能会引发非目标物中毒。

货物的类别和堆放形式 熏蒸剂蒸汽的穿透能力直接受货物对熏蒸剂吸附量大小和货物间隙大小的影响。例如，在杂货或杂粮的运输中对熏蒸剂穿透的阻力小。由于需要经远洋航行，海运粮船粮食致密、船舱深，需打渗药管，辅助熏蒸剂渗透。

药剂的物理性能 熏蒸剂挥发性和渗透性的强弱，决定着熏蒸剂能否迅速、均匀地扩散，能否使熏蒸物品各部位都接受足够的药量。熏蒸剂的相对分子质量、气体浓度和熏蒸物体的吸收力决定着熏蒸剂扩散和穿透的能力。环氧乙烷和氢氰酸等低沸点的熏蒸剂扩散较快；高沸点的熏蒸剂，在常温下为液体，使用时须经加热和鼓风才能扩散。

昆虫的虫态和营养生理状况 同种昆虫在不同的生长周期中对熏蒸剂的抵抗能力是不同的。大体上为卵强于蛹，蛹强于幼虫，幼虫强于成虫，雄虫强于雌虫。同时，同时期的昆虫饲养条件不好的由于个体的呼吸速率低，对熏蒸剂的抵抗能力较饲养条件好的强。

注意事项 利用熏蒸技术进行除害必须符合检疫法规和相关文件的有关规定，参见《中华人民共和国进出境动植物检疫法》《植物检疫条例》《GB/T 17913—2008 粮油储藏磷化氢环流熏蒸装备》《GB/T 31752—2015 溴甲烷检疫熏蒸库技术规范》等。

参考文献

许志刚, 2008. 植物检疫学 [M]. 3 版 . 北京 : 高等教育出版社 .

（撰稿：王相晶；审稿：向文胜）

Y

芽孢杆菌生物杀菌剂的研制与应用　research and application of biological germicides with bacillus

获奖年份及奖项　2010年获国家科技进步二等奖

完成人　王琦、陈志谊、马平、李社增、刘永锋、梅汝鸿、唐文华、张力群、冯镇泰、林开春

完成单位　中国农业大学、江苏省农业科学院植物保护研究所、河北省农林科学院植物保护研究所、上海农乐生物制品股份有限公司、武汉天惠生物工程有限公司

项目简介　植物病害防控是农业生产中的重要问题之一。由于化学农药的长期、大量和反复使用，带来了环境污染、农副产品中有害物质残留等不良后果。随着公众对农产品质量安全的日益关注，低农残、绿色健康的农产品越来越受到人们的认可，这给生物杀菌剂行业带来了新机遇。施用生物杀菌剂可以提高农产品产量、改善农产品品质、减少化肥用量、降低成本、改良土壤、保护生态环境。因而，开发高效、安全的生物杀菌剂对农作物生产具有重要意义。项目组以开发高效、安全的生物杀菌剂为目的，依托国家和省级科研项目，协同植物保护领域高水平科研单位以原有的工作基础、人才优势和设备条件，经过长期研究和验证，成功研发了芽胞杆菌生物杀菌剂，并在生产应用中取得了显著成效，推动了农用生物制剂产业的发展。

图1　芽孢杆菌生物杀菌剂产品登记证（顾小飞提供）

图2　芽孢杆菌生物杀菌剂产品包装（顾小飞提供）

该项目主要以农业生产上重要病害为靶标，建立了包括防病芽胞杆菌的筛选、发酵生产工艺与制剂加工工艺的构建、应用技术优化、产品登记（图1）、示范推广等内容的产、学、研紧密结合的芽胞杆菌生物杀菌剂创制和开发体系。该项目共研发成功35种芽胞杆菌生物杀菌剂，对靶标病害的防效60%～80%，还具有促生增产和改善农产品品质的作用效果，累计推广应用6.3亿亩。经中国农业科学院农业经济与发展研究所测算，未来5年每年能为社会增加94.58亿元经济效益。该项目申报14项发国家明专利，其中11项授权；国内外学术期刊发表论文137篇，其中SCI论文8篇；培养研究生42名，其中博士6名。

该项目通过从植株体表、体内等微生态系统分离培养芽胞杆菌，进行纯化、转管，保存到-80℃冰箱中长期保藏，建立了中国最大的芽孢杆菌资源库，保藏菌株3万余株，其中具有防病活性的菌株5000余株，获得高效菌株36株。研发成功母药、水剂等5个剂型35个产品并获农业部农药登记证，占中国芽孢杆菌杀菌剂的81%，其中2个母药为中国仅有的2个芽孢杆菌母药正式登记产品（图2）。

图3　防治效果（顾小飞提供）

①防治稻瘟病、纹枯病、稻曲病；②防治棉花枯黄萎病害；③防治小麦纹枯病、赤霉病；④防治蔬菜病害

该项目开发的芽孢杆菌生物杀菌剂在全国31个省、市、自治区（直辖市）、50余种作物上推广应用，建立示范区163个，主要用于防治水稻、小麦、棉花等病害（图3）。17年累计推广面积6.3亿亩，防病效果60%～80%，综合纯收益共计522.9亿元。

芽孢杆菌生物杀菌剂的开发和应用推动了芽胞杆菌农用生物制剂的产业化，芽胞杆菌杀菌剂已经成为生物杀菌剂的主力军，将在减少化学农药、化学肥料使用和农产品安全生产中发挥重要作用。

（撰稿：顾小飞；审稿：王琦）

亚太地区森林入侵物种网络　Asia pacific forest invasive species network, APFISN

由中国科学院及国家林业局（现国家林业和草原局）等有关部门于2003年在中国昆明召开的联合国粮食及农业组织（FAO）、亚太地区林业外来有害生物国际会议上与美国林务局联合倡导共同提出的，并获得了与会各成员国的一致支持。2004年在斐济召开的FAO亚太地区森林工作委员会（The Asia-Pacific Forestry Commission，APFC）会议上，正式通过并启动了该网络。该网络在北京设立办公室并挂靠中国科学院动物研究所。

该网络已拥有中国、澳大利亚、柬埔寨、印度、韩国、马拉维、巴基斯坦、斯里兰卡、美国、孟加拉国、印度尼西亚、老挝、蒙古、巴布亚新几内亚、泰国、瓦努阿图、不丹、斐济、日本、马来西亚、新西兰、菲律宾、东帝汶、越南等24个成员国，并在上述国家拥有节点。该网络旨在组织联络网络成员、促进有关林业生物入侵种的信息交流、发布林业生物入侵动态信息、建设本地区林业外来种信息系统、为入侵种输入国的监测控制等提供信息相关技术交流与国际合作渠道探索等方面，发挥积极作用。该网络未来工作由过去的信息联络转变为具体的，特别是国与国之间的合作项目，以便将各成员国工作落到实处，扩大网络影响，从而达到网络在整个地区的预警、防控与技术支持作用。

（撰稿：鲁敏；审稿：周忠实）

《亚洲和太平洋区域植物保护协定》　*The Plant Protection Agreement for the Asia and Pacific Region*

亚太区域国家植物保护领域的多边区域合作协定。1955年11月由联合国粮食及农业组织（FAO）理事会第二十三届会议批准通过，于1956年7月2日正式生效。由亚洲和太平洋区域植物保护委员会（The Asia and Pacific Plant Protection Commission，APPPC）负责执行和管理，常设秘书处在泰国曼谷。FAO在1967年、1979年、1983年和1999年先后修改了4次。1990年6月6日，经FAO批准，中国正式加入APPPC，并对中国生效，在中国的官方联络点设在农业农村部。至2020年，已有25个APPPC成员国、1个观察员国。

主要内容　《亚洲和太平洋区域植物保护协定》分为序言和正文（共19条）两部分，①阐明了该协定的宗旨和责任、术语使用，明确了区域植物保护委员会、分委会及秘书处的职能和章程、区域和次区域标准，强调了国际合作、供资机制及资金规则。②规定了限定有害生物、防止有害生物在本区域扩散的措施、争端的解决、非国家植物保护公约成员国的缔约国政府的权利和义务及协定修订。③规定了严格管制从区域外任何地区进口的植物，包括其包装材料和容器，以及原植物的任何包装和容器，各缔约国政府应尽其最大努力采用如下办法：禁止进口，开具证明、检查、消毒、防止传染、检疫、毁灭或植保委员会根据《国际植物保护公约》第五、六条的规定条款可能提出的其他办法。④规定了区域内流动的植物以及与这些植物相关的任何包装和容器等的流动办法。

（撰稿：张礼生；审稿：张杰）

亚洲植物病理协会　Asian Association of Societies for Plant Pathology

亚洲地区范围内的洲际性非营利学术性组织。2000年8月，第一届亚洲植物病理学大会在中国北京隆重开幕举行，来自亚洲地区的28个国家和地区的几十个国家性的植物病理学会组织的350多名植物病理学家代表出席并参加了这次大会。这次大会由中国植物病理学会（CSPP）主办、日本和韩国植物病理学会协办，主题是“新世纪新开端——亚洲植物病理学的新起点”。国际植物病理学会主席斯科特以及日本、韩国等10多个亚洲国家的植物病理学会理事长出席会议。专家们分别就真菌病害、病毒病害、细菌病害、植物病害流行和作物损失估计等10个专题进行了深入交流和讨论，取得了圆满成功。

大会闭幕之际，大会委员会宣布亚洲植物病理协会正式成立，中国植物病理学会作为主要创始方和正式会员，中国植物病理学家曾士迈院士当选为第一届亚洲植物病理协会主席，唐文华为执行秘书，2007年中国农业大学的彭友良当选为亚洲植物病理协会代表委员会委员，韩成贵当选亚洲植物病理协会秘书长，韩成贵的任期为2007—2011年。第三届亚洲植物病理协会主席是Susamto Somowiyarjo，新四届亚洲植物病理协会主席是David Guest。2011年，韩成贵参加了亚洲植物病理协会代表委员会会议，就亚洲植物病理协会相关事宜和其他执委会领导进行了商议，该会议选举产生了第四届执行委员会和代表委员会委员，中国农业大学郭泽建当选为第四届亚洲植物病理协会代表委员会委员，韩成贵继任第五届亚洲植病协会秘书长。

亚洲植物病理协会的成立是亚洲植物病理学界的一件大事。作为全亚洲地区的植物病理学领域内的沟通和交流桥梁，亚洲植物病理协会不仅加强了亚洲国家和地区之间植物病理学家的相互交流，增进了相互了解和友谊，也确立了亚洲植物病理学界在国际植物病理学界的重要地位，对于进一步促进亚洲国家植物病理学的振兴和农业可持续发展具有深远而积极的影响。

（撰稿：高利；审稿：彭德良）

亚洲植物根际促生细菌协会　Asian Plant Growth-Promoting Rhizobacteria Society，PGPR

致力于可持续性农业，成立于2009年，是一个非营利性的科学协会，为农业方面不同领域的科学家、研究人员、政府组织和企事业单位就根际促生细菌共同关心的问题提供一个交流促进平台。

2008年，Sarma、Reddy和Kolepper提出了成立亚洲植物根际促生细菌协会，讨论了协会的工作纲领，为了便于亚洲地区的植物根际促生细菌研究者有一个更容易进行交流的会议平台，决定成立亚洲植物根际促生细菌协会。创新生物技术、发展生物商务、培育生物高技术企业、培养生物人才是亚洲植物根际促生细菌协会可持续农业的主题。

亚洲植物根际促生细菌协会完全由志愿者负责运营，在亚洲和其他国家拥有超过300名会员，为植物根际促生细菌各领域的专家，包括与植物健康有关的政府组织、大学和公司的研究生、博士后、研究人员、技术工人、植物病理学家、研究科学家。

亚洲植物根际促生细菌协会的主要目的是鼓励植物根际促生细菌方面的教育和深入研究，传播和普及植物根际促生细菌重要性的相关理论。亚洲植物根际促生细菌协会发起的国际和地区相关会议为植物根际促生细菌研究者探讨和交流他们共同关心的问题提供了一个机会和平台。

亚洲植物根际促生细菌协会由执行委员会管理，执行委员会包括协会主席、理事长、副理事长、秘书长、联合秘书和财务。除此之外，还有一个来自全球的顾问委员会，顾问委员会可以在需要时提供建议。

（撰稿：冯洁；审稿：张杰）

杨集昆　Yang Jikun

杨集昆（1925—2006），昆虫学家，中国农业大学（原北京农业大学）教授。

生平介绍　1925年6月27日出生于湖北宜昌，原籍河北香河。他少年时期就着迷于昆虫，梦想着成为一名昆虫学家。然而因家道中落，他不得不在1944年辅仁大学附属中学高中毕业后便辍学谋生。1946年他成为清华大学昆虫学系练习生，正式开始了其昆虫学生涯。

1949年始，他先后任北京农业大学昆虫学系与植物保护系助教、讲师、副教授、教授，兼任中国农业科学院植物保护研究所研究员、贵州省科学院生物研究所特约研究员、西北林学院名誉教授、中国昆虫学会（ESC）理事、北京昆虫学会常务理事、《昆虫世界》和《北京昆虫学会通讯》主编、《昆虫分类学报》副主编、《动物分类学报》和《动物世界》编委等职。

杨集昆是中国经验最丰富的昆虫标本采集家之一，亲自采集昆虫标本25万余号。杨集昆与合作者所研究的昆虫类群达18目100余科，发表论文700余篇，正式命名昆虫新种2000多个、新属50多个、新科2个，是国内分类学家中涉及类群最广、命名新种数量最多的学者。

杨集昆是中国文化昆虫学的先驱之一，收集文化昆虫标本达4000多件。他十分重视科学普及事业，撰写了许多昆虫科普论著，积极参与少年宫及夏令营活动，指导了大量青少年昆虫学爱好者。

成果贡献　杨集昆终生致力于昆虫分类研究。1956年，他第一个发现了中国的原尾目昆虫，1958年他编著的中国迄今最完善的采集工具书——《昆虫的采集》出版发行。其研究类群多达18目100余科，是国内分类学家中涉及类群最广的昆虫分类学家；曾命名2000多个新种及一些新科、新属，解决了中国黏虫、梨木虱等多种重要农业害虫的鉴定问题；奠定了中国脉翅目、捻翅目、双翅目等类群分类基础，填补了许多国内空白。如杨集昆20世纪40年代开始对脉翅目的分类研究，到1998年使中国脉翅目昆虫由原来的10科250种增加至14科512种，由中国学者命名的种类由空白升至44.3%；彻底改变了中国该类群分类的落后面貌。他共发表论著700余篇，是国内发表文章最多的昆虫分类学家之一；据《光明日报》1990年3月8日报道，杨集昆是全国科技工作者在1988—1990年中发表论文最多的五位学者之一；但这三年对杨集昆来说并不是最丰产的年份，1993年他的论文高达44篇。

杨集昆长期从事昆虫学教学工作，为祖国培养了大批高级农业科技人才，不少已成为昆虫学领军人物和所在单位的业务骨干，如康乐、杨定、杨星科、吴鸿等均为其门生。他讲课时生动活泼、深入浅出、举一反三，使学生在轻松之中牢固地掌握了昆虫学的基本理论、基本知识和基本技能；他注重教材的编写，参与编写出版了《普通昆虫学》等教材，为中国教育尤其是昆虫学教育作出了卓越贡献。由于在教书育人方面成绩突出，1985年杨集昆光荣地被评为农牧渔业部部属高等院校优秀教师。

所获奖誉　他主持和参加的科研项目获省部级以上奖励10次，其中三等奖2次，二等奖5次，一等奖2次，特等奖1次。其中他主持的“农业昆虫分类”于1979年获农业部技术改进一等奖；主持木虱研究分别于1986年和1994年获国家教委科技进步二等奖和农业部科技进步二等奖；主持的“中国眼蕈蚊科昆虫分类研究”和“中国舞虻科区系分类研究”分别于1990年和1991年获农业部科技进步三等奖和国家教委科技进步三等奖。

性情爱好　杨集昆兴趣广泛，多才多艺，绘图与漫画、诗词与对联、谜语与小品等均有奇品；他还喜欢集邮、表演京剧等，被誉为昆虫学界的“怪杰”与“奇才”。他创作的33首昆虫分目的“科普诗”不仅合辙押韵，而且提纲挈领便于联忆，深受大专院校师生及社会的欢迎。他与周尧教授合作以笔名“杨暨周”发表的“中国昆虫分类工作者名录”后附有一联：“鞘鳞膜双同半直，四翅六足均为昆虫纲目，存共求异细分科属种；陈李赵范周萧夏，八方一统俱是炎黄子孙，取长补短团结老中青”。该联简明而具体地概括了昆虫分类的内涵、方法及中国各主要类群的带头人。

参考文献

彩万志，1998. 杨集昆 [M] // 中国科学技术协会．中国科学技术专家传略：农学编　植物保护卷 2. 北京：中国农业出版社：512-520.

丰邨，1988. 胸坦天地纵横：记北京农业大学教授、昆虫分类学专家杨集昆 [J]. 中国高等教育 (1): 34-37.

罗亚萍，1997. 刻意追求的不仅是梦想：记昆虫学家杨集昆 [J]. 大自然 (2): 7-9.

杨定，杨星科，彩万志，1997. 杨集昆教授简介 [J]. 昆虫分类学报，17(S): 3,9-11.

杨集昆，2005. 集昆记 [M]. 北京：中国农业大学出版社．

岳山，2006. 没有念过大学的昆虫学教授杨集昆 [J]. 生命世界 (3): 83-87.

（撰稿：彩万志；审稿：杨定）

杨惟义　Yang Weiyi

（杨志远提供）

杨惟义（1897—1972），字宜之，江西上饶人。昆虫学家、植物保护专家、农业教育家（见图）。

生平介绍　1897 年 4 月 16 日出生于江西上饶县茶亭乡南岩村，1972 年 2 月 21 日病逝于天津。

1921 年毕业于南京东南大学农科。1928—1930 年任江西省昆虫局局长。1931—1935 年在法国、英国、德国、比利时等国博物院（馆）从事半翅目昆虫分类研究。1936—1941 年任北平静生生物调查所技师、秘书、代理所长等职。1942 年以后任国立中正大学、江南大学教授。1950 年以后任中南军政委员会文化教育委员会委员、江西省人民政府委员、江西省政协委员、中国昆虫学会（ESC）理事、中国植物保护学会（CSPP）理事、江西省昆虫学会理事长、江西省植物保护学会理事长、江西农学院院长、中国科学院江西分院副院长等职。是第一、二、三届全国人民代表大会代表。1955 年当选为中国科学院学部委员（院士）。

杨惟义毕生致力于科学研究、教育和农业事业，是中国半翅目昆虫分类奠基人和昆虫学研究开拓者之一，为国家培养了大批农业高级人才，对中国农业生产贡献突出。杨惟义学术造诣精深，科学成就瞩目；爱国爱民、德高性恬、为人师表，在中国农学界享有很高声望，备受国内外科技教育界和学术界的尊重和敬仰。

成果贡献　早在 20 世纪 30 年代，他在留学一年多时间后就发现、发表了昆虫新种、新属，并对于异尾虫的分类方法及对其腹部节数的决定，提出新见解。他提出昆虫地理分布之理念，进行了昆虫分布的研究。撰写了《中国昆虫之分布》，是中国研究昆虫分布的第一篇报告，成为国际上研究昆虫分布的重要文献。1934 年，他在法国召开的第五届世界昆虫学大会上，宣读了研究成果，引起昆虫学界的重视。留学期间，他用英文、法文做了 30 几篇论文，每发表一篇论文，英国的《动物学记录》就会登载，发行各国，令他知名于世。1936 年留学回国后他进行了大量深入研究，在半翅目分类方面享有一定的权威性，许多地方的半翅目昆虫都请他鉴定。连英国大英博物馆半翅目室主任 Dr-WE（戴维）博士亦将自己心爱的珍贵的标本寄到中国，请杨惟义为其进行鉴定命名。

他究了中国、印度及日本等的异尾虫科的形态及分类。同时在此科昆虫中，他发现 1 个新属 12 个新种。研究了东方异尾虫与椿象的分类及形态，并完成中国异尾虫科的全部研究，纠正了此类昆虫旧记录中的许多差误。发现 1 个新属，5 个新种及 2 个变种。他把北平静生生物调查所馆藏的以及各省昆虫研究机关寄来的约 500 种椿象全部鉴定完。中华人民共和国成立前曾查出中国蝽虫有 1000 种左右。完成了中国椿象亚科的分类。该亚科为椿象科中最大的亚科，经他查悉该亚科，中国有 75 属 155 种及 21 变种。

1956—1959 年，年逾花甲的他，参加了中国科学院新疆综合考察队，每年夏秋两季，连续 4 年 4 次赴新疆考察，走遍了新疆南北，他是考察队中年纪最大的队员，身患严重胃病，带领昆虫组人员采集昆虫标本 255 000 多个。1964 年主编出版了《新疆昆虫考察报告》一书，详细记述了新疆的昆虫种类及大规模虫害发生情况和防治方法等。并对于新疆昆虫的地理分布、生存的规律作了科学的叙述。这是中国有史以来最全面的一次对新疆昆虫种类与分布的考察与记录。

1962—1966 年 7 月，每年约有一半时间在北京中国科学院动物研究所（含昆虫研究所）进行半翅目昆虫分类研究工作，对采集的大量昆虫标本进行整理保存和分类鉴定。他鉴定了逾 10 万个中国科学院昆虫研究所昆虫标本馆的半翅目昆虫。整理鉴定出该所蝽虫标本约 700 种。据不完全统计，经杨惟义发现、发表新种：1 个新科、10 多个新属、100 多个新种。1962 年主编出版了《中国经济昆虫志》半翅目蝽科分册。60 年代中期他已写好了另两部专著，《中国经济昆虫志：半翅目豆蝽科》及《中国经济昆虫志：半翅目异尾蝽科》，但未能出版，他就与世长辞了。同时，他撰写发表中、外文学术论文逾 50 篇、著作 10 多本、科普文章 40 多篇，编写害虫防治讲义逾 30 万字。

孜孜不倦教书育人，培养了大量农业高级人才　1945 年他与程兆熊、黄野萝等创办了当时江西东北最高学府——信江农业专科学校。20 世纪 20 年代在湖南长沙甲种农校和修业农校任教师、南京东南大学农化系任助教、中山大学任昆虫学讲师，1947—1951 年在无锡江南大学、国立中正大学及南昌大学任教授。1952 年起，担任江西农学院院长（国家一级教授）。1961 年 5 月至翌年 2 月，受国家派遣赴越南民主共和国，援助越南进行防治农作物病虫害，为越南民主共和国培训了几十名高级植保干部。

致力于害虫防治，为农业生产作出了重大贡献　20世纪20年代，杨惟义参与的在南京灭蚊蝇、在苏北治蝗虫工作都取得了明显效果。他由此撰写了《治蝗方策》一文，该文充分体现了他在害虫综合生态防治方面的独特见解和垦荒治蝗，标本兼治的策略思想。

20世纪30～40年代他进行了防治庐山石穴臭虫(椿象)、苏子油胶做杀虫剂的研究、除虫菊栽培与灭虫试验、利用热力防治害虫、在江西泰和消灭“三害”（苍蝇、蚊虫、臭虫）等工作都取得了甚佳效果。

20世纪50年代初，江西全省水稻螟虫普遍猖獗，造成严重虫灾，粮食严重减产。他首倡“三耕治螟法”对江西螟虫防治起到了显著效果，全省螟害率由1949年前20%多，下降为1954年1%左右，即为全省减少水稻损失约20%。他提出的“三耕治螟”法在江西运用很有成效，各省分别运用，功效亦好。日本昆虫学界闻知，曾于报上发表了评论。同期，为解决江西全省仓储粮食严重虫霉灾害，他协助江西省粮食厅举办了虫霉防治培训班，提出“干晒密藏”防治方法，经推广，迅速有效地抑制了粮食虫霉蔓延，挽救、减少了全省粮食虫霉重大损失。为保障全省粮食供应并支援全国作出了重要贡献。

1956—1959年，在新疆考察期间，致力于帮助和指导当地人民公社、军垦农场防治地老虎、棉蚜、桑尺蠖等农业、蚕桑、果蔬、禽畜及卫生病虫害，取得良好效果。

1961年在援助越南期间，帮助、指导了越南有效地防治了严重猖獗的水稻铁甲虫、稻苞虫、黏虫、眉纹夜蛾、稻蝗、稻瘟病、黄萎病及黑根病等农业病虫害。

杨惟义在病虫害防治方面有其独到的理念和方法。他提出“改变害虫的生活环境是最好的预防办法”的治虫理念，抓住害虫生活史中的薄弱环节，提出治本的办法。他主张以农业防治治本为主，药剂防治治标为辅，反对滥用化学农药和化肥，提倡标本兼治，综合治理。

他治虫的特色理念对生态环境保护，防治病虫灾害，起到了积极的促进作用。这是他在植物保护理论研究与实践指导中做出的重要贡献，这与当今提倡的科学发展观和农业可持续发展极为吻合。

热爱祖国、热爱人民，为三农呕心沥血　1950—1954年，为指导江西农业生产，他撰写了40多篇指导农业生产的科普文章，在《江西日报》等报刊上陆续发表，对当时缺少农药、病虫害猖獗、农业生产技术知识贫乏的江西，在农业生产发展、农作物长期增产和农业病虫害的防治起了重大作用，为江西省科普事业作出了重要贡献。

20世纪50年代，他十分关注江西血吸虫病对人民群众的危害，专门抽出时间深入余江、玉山等血吸虫疫区进行调查研究，撰写了《要赶快扑灭日本住血吸虫病》一文，详细阐述了血吸虫病的由来、严重性、分布、传播途径，省内危害区域、危害对象、危害状，提出了消灭血吸虫的对策，并在全国人民代表大会上提出要赶快消灭血吸虫病的提议案。为推动“三耕治螟”，贯彻省政府治螟部署，确保治螟效果，他不顾年老体病，奔走全省各地视察督促、宣讲。并与某些唱反调，企图破坏“三耕治螟”的行为作斗争，终于取得了“三耕治螟”的预期成效，得到了国家农业部和各兄弟省份的首肯。

所获奖誉　他荣获国家自然科学奖二等奖、中国科学院自然科学奖二等奖各一个。1953年1月，江西省第二届英模大会,江西省人民政府授予他“农业科学技术模范工作者”称号。

1961年，荣获越南政府颁发的奖状和胡志明友谊勋章。

参考文献

胡宗刚，杨志远，2015. 杨惟义年谱[M]. 南昌：江西教育出版社.

李国强，2008. 从放牛娃到院士：昆虫学家杨惟义的故事[M]. 南昌：江西科学技术出版社.

柳志慎，胡启鹏，2015. 杨惟义传[M]. 南昌：江西教育出版社.

伊益寿，柳志慎，1999. 一代宗师垂训千秋：纪念杨惟义院士百年诞辰[M]. 南昌：江西高校出版社.

（撰稿：杨志远；审稿：马忠华）

《药用植物病害原色图鉴》 *Color Illustrations of Medicinal Plant*

由沈阳农业大学周如军、傅俊范主编，2016年由中国农业出版社出版。该图鉴系统介绍了已发现和报道的可栽培药用植物上的143种病害的病害症状、病原种类以及发生发展规律（见图）。

（高利提供）

针对可栽培的72种主要药用植物如人参、细辛和五味子等，该图鉴的内容基于“预防为主，综合防治”的防治方针，全面考虑、趋利避害的原则，立足于植物自身的保健，既要提高药用植物的产量和质量，又要减少环境污染，尤其要防止毒物残留危害药用植物的机体。结合农业防治和综合防治等提出了绿色可行的防治措施，如提高栽培管理水平、合理轮作、深耕细作、调解播种期、合理施肥、选育推广抗病品种（利用和提高植物的抗病能力）等综合运用栽培、管理技术措施来控制和消灭病害的方法。随着中国植物保护学科的发展壮大和植物病害防治的新技术、新方法的发展，该书还介绍了最新的生物防治技术与方法，生物防治具有使用灵活，对人畜和天敌安全、无残毒、不污染环境、效果持久、有预防性等特点，主要是利用以虫治虫、以菌治虫和以菌治病的方法进行。

全书配有药用植物病害症状及其病原物原色照片490幅，可帮助读者快速、准确、便捷地识别药用植物的病害种类和病原特征，进而采取正确的防治方法以高效防治病害。该书是从事药用植物种植者以及相关科技人员和管理人员重要借鉴意义的工具书或参考书，亦可作为相关专业在校学生的教材，也是对药用植物的栽培和管理感兴趣读者的科普书。

（撰稿：高利；审稿：彭德良）

《药用植物病理学》 *Medicinal Plant Pathology*

（高薇薇提供）

由沈阳农业大学傅俊范主编，中国医学科学院、甘肃农业大学、西南大学、吉林农业大学、青岛农业大学、云南农业大学、山西农业大学、辽宁中医药大学等相关专家共同编写，由中国农业出版社于2007年出版，是研究药用植物病害的病原、发生、发展及防治的一本教材（见图）。

在内容上可分为两部分，第1～5章为基础理论部分，主要介绍植物病害的基本概念、病原学、病害发生与流行、病害诊断与防治等植物病理学的基础知识；第6～28章为各论，按照药用植物分类上所属的科进行章节划分，具体介绍了中国39科、95种栽培药用植物的319种病害的症状识别、病原种类、发生规律及防治措施，并附有部分病害症状和病原的线描图；在药材种类的选择上，兼顾东西南北各个产区，以栽培面积大、使用广泛的大宗药材为主，介绍的病害则为发生严重、病原及发生规律清楚，防治措施可以指导生产实践。该书主要是对21世纪之前药用植物病理学研究成果的总结。现代植物病理学已经进入到基因及蛋白组学的时代，分子生物学技术在病原鉴定、病原与寄主互作、抗病育种、病害监测等方面得到广泛应用，药用植物病理学研究也将取得新的长足的进步。

此书的编写出版为药用植物病理学科的发展和人才培养起到了积极推动作用。不仅可以作为全国高等农林院校植物保护专业、药用植物专业以及中医药院校中药学和药学类学科教学的专业教材，也是从事药用植物资源和种植研究的科研人员或生产企业管理人员学习植物病理专业知识的参考用书。

（撰稿：高薇薇；审稿：高利）

尹文英 Yin Wenying

尹文英（1922—），动物学家，中国科学院院士。

个人简介 1922年10月18日出生于河北平乡。1947年毕业于国立中央大学生物系。1963年至今在中国科学院上海昆虫研究所工作。历任中央研究院动物研究所助理研究员，中国科学院水生生物研究所助理研究员，中国科学院上海昆虫研究所副研究员和研究员，中国科学院上海生命科学研究院研究员。1991年当选为中国科学院学部委员（院士）。

成果贡献 中华人民共和国成立初期从事鱼病研究，是中国鱼病学研究的创始人之一。从20世纪60年代初至今，对中国原尾目昆虫的分类、区系、形态、生态、胚后发育和精子超微结构等进行了系统的研究，找出了新证据，提出了原尾目昆虫系统发生新概念，并制定了新的原尾目分类体系。在国内外重要学术期刊上发表论文和专著180余篇，主编专著6本。1998年和2000年分别主编出版了《中国土壤动物检索图鉴》和《中国土壤动物》两部专著，对中国土壤动物学的发展起到了推动作用。1986年获中国科学院科技进步一等奖，1987年获国家自然科学奖二等奖，1994年获中国科学院自然科学奖二等奖及其他国家和院部级奖共9项。1998年度获何梁何利基金科学与技术进步奖。2014年获中国昆虫学会第一届终身成就奖。

（撰稿：马忠华；审稿：周雪平）

《引进天敌和生物防治物管理指南》 *Guidelines for Regulating Exotic Natural Enemies and Biological Control Agents*

中国对天敌及其产品引进应用的指导性规范文件。中华人民共和国出入境检验检疫行业标准。由国家质量监督检验检疫总局于2008年11月颁布，2009年3月起实施。目的是增加控制病虫害的有益类群，避免引进的天敌和生物防治物成为有害的入侵物种，保护中国农林业生产安全和生态环境。共分为12部分，包括适用范围、规范性引文、术语和定义、基本要求、有害生物风险分析、入境植物检疫、包装要求、实验室检疫、隔离检疫、检疫监督、释放、监测和评估。

主要内容 ①规定了国家主管部门及其授权机构对引进天敌和生物防治物实施检疫监督管理。②引进天敌和生物防治物应符合国家有关规定，具有有效的防范控制措施并符合生物安全和生态安全要求，申请人提供的材料应真实有效。③引进的单位或个人须提供风险分析的必要技术资料，如分类地位、寄主范围、分布、引进方式、进境后的防疫措施等。风险分析结果证明其确实安全并有利用价值的，方可引进。引进的单位或个人须依据有关植物检疫法律、行政法规和规章的规定，办理植物检疫手续，取得《中华人民共和国进境动植物检疫许可证》，并在有关协议中说明检疫要求。④引进天敌和生物防治物的包装应是全新的或者安全的，符合检疫要求并能防止其从包装中逃逸。引进天敌和生物防治物必须经过入境检验检疫、实验室检疫、隔离检疫，检疫合格的方可引进或释放。⑤规定了天敌和生物防治物的释放要求，申请释放者应提供相关技术资料。对于天敌和生物防治物的释放或淹没式释放，须符合生态安全要求和考虑生物多样性，释放者要有专业技术人员负责管理，并建立必要的安全管理制度，防止危险性有害生物扩散到环境中。⑥国家主管部门及其授权机构根据需要，对释放或淹没式释放的天敌和生物防治物的使用过程进行定期检疫监管和疫情监测，发现问题应及时采取措施或将情况上报国家主管部门；对引进天敌和生物防治物防治效果进行追踪评价，无防治效果的应终止引进和释放。

（撰稿：张礼生；审稿：周雪平）

印象初 Yin Xiangchu

（王芝慧提供）

印象初（1934— ），昆虫学家，中国科学院院士。河北大学终生教授，山东农业大学特聘教授（见图）。

个人简介 1934年7月20日出生，江苏海门人。1952年中专毕业，学的是植物病虫害防治。以后的两年里，任江苏泗阳县人民政府农林科的实习技术员。在那里，他亲身经历了铺天盖地的东亚飞蝗造成的自然灾害。1954年考入山东农学院植物保护系。1958年毕业后，分入青海农牧学院教书。1962年青海农牧学院撤销，夫妻双双来到中国科学院西北高原生物研究所。野外科学考察队目标是脊椎动物，本来与印象初毫无关系，他甚至没有资格从事这次的研究工作。当时需要统计被捕捉来作为样本的鸟类的食物，研究人员只能统计出鸟类所吃的虫子的数量，他在旁边看着，却能清晰地说出虫子的品种，于是，诧异之余，大家便将相关统计工作交给了这位有心的“保卫干部”。通过统计，印象初另辟蹊径，穷三年之功，写出了学理清晰、资料翔实的论文《鸟类的食性分析》。1974年此文一经发表，马上引起世界昆虫学研究界注意，他也因此走在世界昆虫学研究的前列，走上了学术研究的道路。

此后30多年，他长期在青藏高原从事蝗虫分类研究，奋战在蝗虫分类工作的一线。历任中国科学院西北高原生物研究所动物研究室主任、副研究员、副所长、研究员。中国昆虫学会（ESC）第三届、四届、五届、六届理事会理事，中国第四届全国委员会委员，青海省科学技术协会常委、副主席。

印象初发现，青藏高原的蝗虫，往往由于高原上风大不适用于飞行，而导致翅的退化。翅是蝗虫的发音器官构造之一，翅的退化导致了发音器的退化，发音器的退化和消失又导致听觉器官的退化和消失。在高海拔地区生存的缺翅、缺发音器、缺听器的种类是最进化的种类，也是青藏高原的特有种类。根据这一发现，印象初提出了蝗虫类在高原上的适应性、演化途径和高原缺翅型等直接印证达尔文“进化论”的新见解。1982年建立了被誉为“印氏分类系统”的中国蝗总科新分类系统，这个系统后来被国内外同行称之为“印象初分类系统”。

1987—1992年，印象初成为美国亚利桑那大学和亚利桑那州立大学客座教授。1995年6月被联合国教科文组织和中国科学院选为中国当代科技精英之一。同年10月，印象初当选中国科学院院士。1996年2月被河北大学聘为终身教授，2001年被山东农业大学聘为特聘教授。现任《昆虫学报》编委，《昆虫分类学报》编委，《动物分类学报》编委，《中国农业科技导报》编委。

从1996年被河北大学聘为终身教授后，他除继续进行蝗虫分类研究外，又开始了卤虫分类研究和资源开发工作。他想把更多更好的研究成果留给后人。在他的教学生涯中，印象初一向把认真奉为科研工作者的第一品质。在河南大学生命科学院，印象初所有的学生谈起这位院士先生，说的第一句话都差不多——“印先生真是严！”严到什么程度？院士批改论文，连标点符号都不懈怠。对于印象初而言，认真甚至已经上升为一种生活习惯乃至人格。

成果贡献 印象初院士的履历中只有有限的40多篇论文和屈指可数的五六本专著。在他从事30多年蝗虫分类工作中，发现蝗虫新属37个，新种103个；1975年发表《白边痂蝗在青藏高原上的地理变异》一文，揭示了一个物种由于海拔升高，其形态出现梯度变异为种内（亚种内）变异，提出蝗虫类在高原上的适应性、演化途径和高原缺翅等新见解。1984年出版的《青藏高原的蝗虫》，为青藏高原地区蝗虫的研究和防治提供了重要参考资料。1982年他研究建立了“中国蝗总科新分类系统”，后被誉为“印象初分类系统”。1990年发表了《北美洲镌瓣亚目（蝗亚目）的分类》一文，建立了北美洲蝗亚目新分类系统，揭示了蝗虫的演化规律，得到了国内外同行的称赞和广泛应用。1992年发表了《北美和欧亚大陆蝗虫区系组成对比》一文，研究了两者之间的区系组成和主要危害种类完全不同，提出了必须防止相互传播的建议。

印象初在1996年克服困难，自费出版了英文版《世界蝗虫及其近缘种类分布目录》，这是一本被全世界同行公认集大成的权威著作，也是一本曾令印象初“倾家荡产”的“自费书”。这本用英文写成的巨著，共1800页，200万字，是当代世界上同类专著中最全面系统的，收录了全世界各个地区蝗虫2261属，10 136种。该书从1987年开始写作，于1993年全部完成。印象初说：“五年成书，却是一生收集、一生研究、一生付出。”1997年获第八届全国优秀科技图书一等奖。2001年《世界蝗虫及其近缘种类分布目录》再版，将1991—2001年新发现再加进去，让中国人写的世界性书籍权威性更强，影响更深远。

2003年出版《非典型肺炎（SARS）冠状病毒基因全序列》。该书获得了当年的国家图书特别奖。该书，是从进化论的基础性角度出发的，是在世界上第一个用生物分子分类的方法、将SARS基因全序列进行排序的工具书，对于人们认识SARS病毒以及获知SARS病毒的种类、比较它们在世界各地的变异有多大、产生危害的是哪些种类、各个种发病情况有什么不同、原因是什么等，具有相当重要的科学意义；同时，也为新药研制、更加有针对性地治疗SARS疾病提供了一定的科学依据。

所获荣誉 1989年被评为青海省劳动模范；1990年12月被评为青海省优秀专家；1991年10月被评为国务院有突出贡献的科学家，享受政府特殊津贴；《世界蝗虫及其近缘种类分布目录》获第八届全国优秀科技图书一等奖；《青藏高原的蝗虫》获青海省科技进步一等奖；“中国蝗总科分类系统的研究”和《青藏高原的蝗虫》获中国科学院科技进步二等奖，国家自然科学四等奖；2003年《非典型肺炎（SARS）冠状病毒基因全序列》获国家图书奖特别奖。

性情爱好 勤学是印象初的一贯作风。在美国讲学、研究期间，不仅学会了运用计算机，而且学会了开车；原来学俄语，后来又自学英语；《钢铁是怎样炼成的》对他影响较大，使他选择了正确的人生观、价值观；他看《三国演义》，懂得了诸葛亮的用兵之道，因而在他带队野外考察时，无人员伤亡，而被人称为“常胜将军”；他学毛泽东矛盾论、实践论、自然辩证法，使他在研究学术问题时获益匪浅。为更好地研究蝗虫，印象初以八旬高龄，自学了单反数码摄像，这些用光准确、对焦清晰、色彩饱满的图片完全达到了专业摄影师的水平。并能熟练应用PS软件对图片进行后期加工。作为计算机高手，他甚至能在Windows XP操作系统下自造补字——这对于很多精通计算机的年轻人都是较难完成的工作。半个多世纪来，印象初植根于祖国大地，教书育人，研究昆虫，乐此不疲。

参考文献

李树宝, 1997. 他与蝗虫为伴 : 记著名生物学家印象初院士 [J]. 科学中国人 (5): 20-21.

诺亚, 2013. 他与蝗虫为伴 : 中国科学院院士昆虫学家印象初 [J]. 湖北农业科学, 52(19): 1.

朱艳冰, 王晓东, 徐华, 2006. 印象初 : 一辈子做好一件事 [J]. 河北日报 (5): 3.

（撰稿：王芝慧；审稿：马忠华）

《英拉汉线虫学词汇》 *English-Latin-Chinese Glossary of Nematology*

由中国林业科学研究院杨宝君和中国农业大学孔繁瑶编著，中国农业出版社于1993年印刷出版。

线虫学的发展可以说是晚近的事情。长期以来，它只是作为动物学的一个分支，或作为寄生虫学的一个分支，或作为蠕虫学的一个分支而存在。随着科学的发展，线虫的各种独特的生物学特征，如其种类与数量之多，组织器官之高度分化、适应于多种多样的生境及其高度广泛之寄主范围等许多特征都与时俱增地被揭示出来，因而就自然而然地形成了统一而独立的学科体系。线虫分类较乱，有的种被不同的作者放在了不同的属中；同时线虫学作为一门新发展的学科，有些名词和术语不统一，因此迫切需要一本英汉和拉汉线虫学词汇，使名词和术语规范和统一，有利于线虫学的发展。

该书共分两个部分，第一部分是英汉线虫学名词为英汉对照，按英文字母顺序排列，复合词视为一个整体单词排顺，线虫名称为拉汉对照，按拉丁字母顺序排列；第二部分为拉汉线虫名称，拉丁学名按国际通用的命名法则标排，即属名+种名+命名人，有的还加命名时间，学名的属、种名部分一律用斜体排列，种名后括号中的命名人是原命名人，后面是将其转到该属的命名人，但对有的种名，线虫学家看法较一致，在这种情况下，在同物异名前加个“同”字。

从线虫学作为一个统一、独立的学科这一概念出发，该书既包括植物寄主线虫学的名词，也包括动物寄生线虫学的名词，由于更多地考虑到农林牧业生产的需要，因此没有编入有关无脊椎动物寄生线虫和自由生活线虫方面的名词。

该书不仅适用于学生、教师和科研人员，同时也适用于希望更多了解和加强线虫学、植物病理和植物保护、生物学和农学等方面知识的读者学习参考。

（撰稿：汪来发；审稿：彭德良）

英联邦农业局国际真菌学研究所 International Mycological Institute of Commonwealth Agricultural Bureau

世界上最大的真菌学研究中心之一，原名英联邦真菌学研究所、帝国真菌学研究所，成立于1920年，位于英国皇家植物园（The Royal Botanic Gareles, Kew），主要职责是在英国收集和宣传有关植物致病真菌的信息，并对这些植物致病真菌进行系统研究。1930年，搬迁到英国皇家植物园，同年，该研究所归并到帝国农业局，并改名为帝国真菌研究所（Imperial Mycological Institute）。1948年，改名为英联邦真菌学研究所（Commonwealth Mycological Institute）。1986年，改名为国际真菌学研究所（International Mycological Institute）。

国际真菌学研究所主要部门有菌种鉴定及分类服务部、菌种保藏及工业服务部和信息服务部，提供除酵母和大型担子菌以外的真菌和植物病原细菌方面的鉴定服务。工作人员约70人。

该所保藏有30万号小型真菌的干标本和1.1万株活菌种，订有期刊650种，图书6000册，油印本15万册；备有电子显微镜、化学分类和生化设备以及实验室；数据库和计算机实行联机服务。每年鉴定标本和菌种近万号，发表论文约50篇；开设各种短期培训班，培养学位研究生并接受访问学者；此外还提供咨询、信息、顾问、审评、资料服务等。该所编辑出版了许多有价值的书籍，如《真菌辞典》《袖珍植病学家手册》《腔孢纲》《镰孢属》等，出版的期刊有《植物病理学评论》《植病论文集》《医学及兽医真菌学评论》《真菌索引》《真菌学论文集》等，均具有国际影响。

（撰稿：张礼生、潘明真；审稿：张杰）

《应用昆虫学报》 *Chinese Journal of Applied Entomology*

创刊于1955年，前身是《昆虫知识》，是中国科学院动物研究所和中国昆虫学会（ESC）共同主办的昆虫学学术期刊，现为双月刊，ISN：2095-1353，截至2020年主编为戈峰，国内外公开发行（见图）。

该刊以报道昆虫学研究和推广应用领域最新成果、交流新技术、新方法、普及基础知识、提高基础理论水平、促进学术交流为办刊宗旨。

该刊为全国核心期刊，20世纪90年代至今先后获国家和省部级期刊奖项共7次，分别为“北京市三项优秀学术期

（王桂荣提供）

刊奖”“中国科学院优秀期刊奖”“中国科学院优秀期刊三等奖”“中国科学院优秀期刊二等奖”“中国科学技术协会优秀学术期刊一等奖”“全国优秀期刊二等奖”以及入围中国期刊方阵“双百期刊”。2006年印刷质量被国家新闻出版总署评为一等品。现被美国的《化学文摘》（CA）、《昆虫学文摘》（EA）、俄罗斯《文摘杂志》（AJ）、俄罗斯全俄科学技术信息研究所数据库（VINITI）、《动物学记录》、英国《剑桥科学文摘》（CSA）、《农业科学年评》等检索机构收录。2015年综合影响因子：0.731，复合影响因子：1.138。

读者对象主要是从事昆虫学研究的科研人员、大专院校师生和技术推广和应用基层科技人员，以及昆虫爱好者。面向国内外公开征集中英文稿件，登载昆虫学及其相关应用领域的国内外最新研究进展，重点跟踪报道与农林生产密切相关的昆虫生物学、形态学、生理生化、生态学与综合防治技术，刊登资源、食用、药用、天敌昆虫等益虫的开发利用研究成果。主要栏目包括：研究选萃、科技前沿、综述和进展、研究论文、研究简报、技术与方法、应用基础、争鸣、书评和学术动态。

（撰稿：王桂荣；审稿：王冰）

《应用昆虫学杂志》 *Journal of Applied Entomolgy*

创刊于1914年，每年发行1卷共10期，是由布莱克威尔（Blackwell）出版公司出版的学术期刊，可通过Wiley Online Library在线期刊访问平台查阅电子版全文（电子版ISSN：1439-0418）。在汤森路透（Thomson Reuters）引文索引（ISI Journal Citation Reports）中2015年的影响因子为1.517，在昆虫学领域的94种期刊中排名第30位。为德语期刊*Zeitschrift Für Angewandte Entomologie*，在1986年从第101卷开始更名为*Journal of Applied Entomology*。现主编为德国哥廷根大学（Georg August University Goettingen）的Stefan Vidal（见图）。

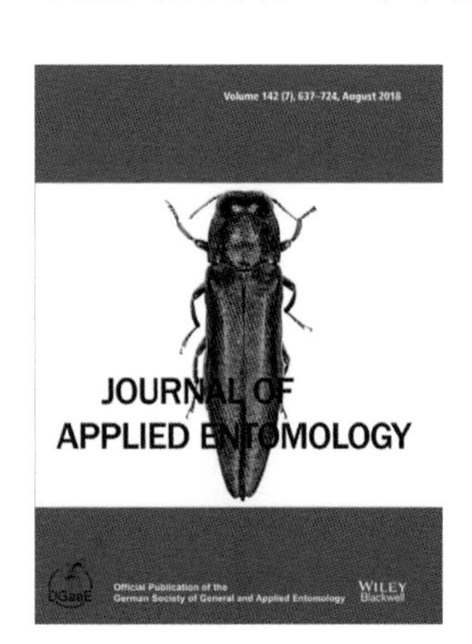

（刘银泉提供）

该刊已被汤森路透科学引文索引（SCI）、ProQuest数据平台、英国《国际农业与生物技术文摘》（CABI）、美国农业文献索引（AGRICOLA）、《生物学文摘》（BA）、英国《动物学记录》（ZR）、《化学文摘》（CAS）等75家国际数据库和检索系统收录。

主要刊登在陆地生态系统中应用昆虫学领域未发表的研究论文，包括农、林、储藏物害虫及螨、蜘蛛和多足类相关的原始论文。

（撰稿：刘银泉；审稿：徐海君）

有害生物高通量检测技术 high-throughput detection for pest

一次可检测多个样品或对同一样品进行多种有害生物检测的技术。此技术具有高通量、自动化、微量化、快速、灵敏、精确等特点，可以实现快速检测有害生物。

基本原理 以免疫学、微生物学、生物化学、分子生物学等学科最新研究成果为基础，借助自动化操作系统执行检测过程，通过快速、灵敏的检测仪器采集实验数据，并用计算机对数据进行分析处理。根据待检测的有害生物的类型，可以分为高通量免疫学检测技术（检测抗原）和高通量分子生物学检测技术（检测核酸）。其中高通量免疫学检测技术主要依赖能够识别有害生物的抗体进行酶联免疫吸附测定（ELISA）；高通量分子生物学检测技术主要基于有害生物核酸序列对有害生物检测，包括多重PCR技术、数字PCR技术、恒温核酸体外扩增技术、微流控微滴技术、亲疏水微孔芯片技术、生物芯片技术、变性高效液色相谱技术等。高通量免疫学检测技术适用于已研制出高质量抗体的有害生物的检测；高通量分子生物学检测技术适用于已知核酸信息的靶标有害生物的检测。

适用范围

酶联免疫吸附测定技术（enzyme-linked immunosoubent assay，ELISA） 1971年Engval和Perlman第一次建立了ELISA检测方法，它把抗原、抗体的免疫反应和酶的高效催化反应有机地结合在一起，使对抗原和抗体的定量检测可以通过简单的颜色反应实现，是植物病毒检测中应用最广泛的方法。常用的ELISA方法有直接法、间接法、双抗体夹心法、三抗体夹心法以及竞争ELISA等。与其他方法相比，该方法具有灵敏度较高（1～20ng）、操作简单、特异性好、安全、同时处理大批量样品、同时检测多种病毒的优势。尽管ELISA作为一种重要的高通量检测方法常常在实际检测过程中被应用，但这种方法也存在一些不足。如只能检测蛋白，一些类病毒或极不稳定的病毒则无法通过该方法进行检测；ELISA检测结果的好坏通常依赖于抗血清的质量，如果血清质量不高，容易出现假阳性或假阴性的结果；由于在国内购买血清的时间比较长，所以ELISA方法无法应对紧急的检测任务。ELISA方法在实际检测过程中可以作为一种很好的初筛选择，尚需其他方法进行验证。

多重PCR技术（multiplex PCR） 多重PCR是在PCR基础上发展起来的一种可以同时检测两个或两个以上

目的基因的PCR方法，主要原理是设计两对或两对以上引物，在同一个PCR反应体系中，同时扩增一份DNA样品中几个不同DNA目的片段。多重PCR具有单个PCR无法比拟的优越性，节省时间和耗材、工作量小，一次反应可以同时检测多个基因，同时还可以提供内部参照，有效防止假阴性或假阳性对结果的干扰。在口岸植物病害检疫方面，大量单个PCR技术已经改为多重PCR扩增来进行植物病害的检疫。但是多重PCR方法本身还存在一些普遍的问题：特异性和灵敏度低；某一特定片段的优先扩增；容易引起引物二聚体；重复性不好。

数字PCR技术（digital PCR） 是通过将微量样品作大倍数稀释和分液，直至每个样品中所含有的待测分子数不超过1个，再将所有样品在相同条件下进行PCR扩增，并对发生了扩增反应的样品逐个进行计数的一种技术。特别适用于依靠实时定量PCR中荧光域值（threshold，Ct）不能很好分辨的应用领域：拷贝数变异、突变检测、基因相对表达研究（如等位基因不平衡表达）、二代测序结果验证、miRNA表达分析、单细胞基因表达分析等。定量PCR是依靠标准曲线或参照基因来测定核酸量，而数字PCR则能够直接计算出DNA分子的个数，是对起始样品的绝对定量。

恒温核酸体外扩增技术（isothermal amplification technology） 在恒定温度下，通过一些特殊的蛋白（酶）使DNA双链解旋，并促使特异性DNA片段扩增，以达到核酸体外扩增的效果。相对于传统的热循环核酸体外扩增技术，恒温技术的应用是一次全面升级。在现有的几种恒温核酸体外扩增方法中，环介导基因恒温扩增技术（loop-mediated isothermal amplification，LAMP）、重组酶聚合酶扩增技术（recombinase polymerase amplification，RPA）和重组酶介导扩增技术（recombinase-aid amplification，RAA）是几种相对比较成熟的新技术。

LAMP扩增方法的核心是使用链置换型DNA聚合酶，当DNA双链在65℃处于动平衡状态时，反应中的引物可通过类似于滚环复制的链替换反应，在同一条链上产生互补序列，周而复始形成大小不一的扩增产物。LAMP方法最大的局限性是：用LAMP方法得到的扩增产物是一些大小不等的片段，无法直接克隆和测序，只能用于判断目的基因的存在。

RPA是以T4噬菌体DNA复制机理系统为蓝本，系统中除了需要一种常温下能工作的DNA聚合酶外，还包含一个噬菌体uvsX重组酶和一个单链DNA结合酶（gp32），以及另外一个辅助uvsX重组酶的uvsY蛋白。该系统的显著优点在于，在常温下就能实现DNA解链并可在15～30分钟内完成目的DNA的快速扩增。不需要使用贵重的核酸扩增仪，也不受样品槽孔多少和空间的限制。

RAA是一种在恒温下可以使核酸快速扩增的方法。与RPA不同的是，RAA扩增法使用的是从细菌或真菌中获得的重组酶，整个反应简单快速，不需要高温循环，特别适合在基层动植物检疫部门的现场检测，可以对大量样品进行非实验室场地检测。

微流控微滴技术（microfluidic droplet） 一种基于微流控芯片的操控微小体积液体的新技术，它以分散的微滴单元作为微反应器，将模板和引物分成两个水相进样，生成大量均匀稳定的微滴，每个微滴中有且最多只能进行单重的PCR过程。可以使模版相为多靶标混合相，而引物进样相则通过一定的装置或微流控芯片设计而成为单一相进样，再与模版相混合被包埋生成微滴。当生成微滴后，可以利用相关技术实现芯片上的实时PCR反应过程，进而收集扩增产物进行检测，或者先收集生成的大量包埋了PCR体系的微滴置于PCR仪中，再进行扩增反应进而后续的检测。微滴技术生成的微滴具有分散性好、体积小、样品间无交叉污染、生成速率及反应条件稳定等优点。基于微滴技术的数字PCR检测技术具有小体积及高通量的特点，微滴技术能够显著地优化传统数字PCR的检测流程。

亲疏水微孔芯片技术（MACRO） 该技术利用微孔芯片表面疏水而微孔内亲水的特性，首先在微孔中点入不同的特异性引物对，再覆盖相同的PCR体系（不含引物），从而实现了多重PCR的人为物理隔离，使得存在于每个微孔中的PCR体系同时进行着单重PCR反应，然后利用富集了高密度的寡核苷酸链的探针芯片对多种扩增产物进行一次性检测。转基因检测高通量方法发展的最大瓶颈就在于当转基因靶标多于10个或更多时，难以在常规PCR体系中平行有效扩增，该方法利用芯片PCR技术有效地解决了这一难题。

生物芯片技术（diochip technology） 生物芯片是指通过微加工技术将大量可寻找的生物识别分子如核酸片段、多肽分子甚至细胞、组织片断等按照预先设置的排列方式固定在厘米见方的芯片片基上，使芯片上每个坐标点代表一个探针分子，利用生物分子之间的特异性亲和反应，实现对基因、配体、抗原等生物活性物质的检测分析。按反应载体可分为固相芯片和液相芯片。固相芯片（solid phase chip）是将大量探针分子固定于支持物上，然后与标记的样品进行杂交，通过检测杂交信号的强弱进而判断样品中靶分子的数量。固相芯片发展较早，可以同时分析多种生物分子，具有高通量、高灵敏度和并行检测的特点，但是其信息质量的稳定性和可重复性比较差，且无法实现定量检测。液相芯片（liquid chip）是将芯片技术和流式细胞仪结合为一体，在直径5.5pm的聚苯乙烯微球标记上编码100多种的荧光染料后成为编码荧光微球，以此为反应载体，以流式细胞仪作为检测平台，在液相中完成对各种抗原的高通量检测，具有快速、灵敏（0.01pg）、重复性好、检测范围宽（0.2pg/ml～32 000pg/ml）、微量（10μl）、高通量、检测成本低、操作简单的优点。

变性高效液相色谱技术（denaturing high performance liquid chromatography，DHPLC）利用通用PCR引物从多种细菌的核糖体16sRNA中扩增含有高度变异序列的片段，将这些来自不同种细菌的扩增产物与参照菌株的扩增产物混合后进行DHPLC检测，产生一个独特的色谱峰图，可作为鉴定细菌种类的分子指纹。DHPLC是一种新的基因高通量分析技术，具有高通量、自动化分析、准确、灵敏、重复性好、检测速度快、检测成本低、操作简便安全等优点。DHPLC是不依赖培养的混合微生物样本分析平台，尤其适用于分析无法培养的微生物及混合微生物样本，能鉴定常见菌、罕见菌、厌氧菌及混合微生物样品的分离鉴定，可用于微生物基因分型和鉴定、定性和定量检测混合菌群中各成分的动态变化、基因突变检测、微生物耐药基因突变检测。

表面等离子共振技术（surface plasmon resonance, SPR） 一种简便、快速和无标记的生物分子检测方法。利用基于 SPR 的生物传感器，结合基因芯片技术，可以高通量地检测不同的病毒 PCR 产物。这种技术首先利用氨基化学将病毒的探针固定在化学修饰的 SPR 芯片表面的特定区域，制备成病毒诊断基因芯片，然后利用 SPR 技术平台直接检测 PCR 产物。

锁式探针技术（padlock probe） 锁式探针技术具有独特的结构，它是一种较长的单链寡核苷酸片段，长约 100 bp 碱基，由 5′ 和 3′ 端两段靶标序列和中间的一段连接序列构成，而中间的连接序列为一段与检测结果无关的异源序列。其原理是：当检测体系中存在靶标 DNA 时，在连接酶的作用下靶标 DNA 就会与探针两端的靶标序列互补结合，线性锁式探针被连接成环型，当反应体系中不存在靶标 DNA 时，线型的锁式探针不被连接酶连接，无法形成环状。锁式探针具有高灵敏性、高特异性、高通量性，具有极为广阔的前景。

流式细胞术多色荧光检测技术（flow cytometry, FCM） 流式细胞术是利用流式细胞仪对细胞或其他微小生物颗粒的多种物理、生物学参数同时进行定量检测，并对特定细胞群体进行分选的分析测量技术，具有快速、灵敏、准确、客观、直接和可同时进行多参数检测的优点。流式细胞术早期主要应用于医学领域中的肿瘤学和血液学研究，拓展到细菌、真菌和病毒的快速检测及微生物群落结构的研究。细菌、真菌的检测多采用直接检测法，而病毒主要根据细胞表面抗原表达与否来间接判断病毒是否存在，但随着新染料的开发和分子生物学方法的引入及 FCM 检测精度的提高，利用 FCM 直接检测病毒已成为可能。

作用与意义 有害生物高通量检测技术的实施，可以同时检测口岸进境种子、种苗上多种有害生物，实现有害生物的高通量检测。不仅可以提高检测的特异性和灵敏度，而且可以缩短有害生物检测的周期，提高通关速度。这对于提高疫情截获率，加快进出口货物的通关放行速度，降低企业成本等都具有重大的意义，对保护国内的农业和生态安全，也具有极大的社会效益。

参考文献

吕蓓，程海荣，严庆丰，等，2010. 用重组酶介导扩增技术快速扩增核酸 [J]. 中国科学：生命科学，40(10): 983-988.

易汪雪，陈舜胜，杨翠云，等，2010. 高通量检测技术在植物病毒检疫中的研究应用及前景 [J]. 湖南农业科学 (17): 105-108,111.

ENVALL E, PCRLMXN P, 1971. Enzyme-linked immunosorhent assay (ELISA). quantitative assay of immunoglohulin G [J]. Immunochemistry, 8(9): 871-874.

HURTLE W, SHOEMAKER D, HENCHAL E, et al, 2002. Denaturing HPLC for identifying bacteria [J]. Biological techniques,33(2): 386-388,390-391.

XIAO W, OEFNER P J, 2001. Denaturing high-performance liquid chromatography: a review [J]. Human mutation,17(6): 439-474.

（撰稿：叶健；审稿：谭新球）

有害生物基因互作研究技术 methods for study on gene interactions of pests and hosts

研究不同生物的基因互作关系或信号转导主要是研究相关生物大分子之间包括蛋白与蛋白，蛋白与核酸之间的相互作用关系。其主要的技术手段简述如下：

研究蛋白与蛋白相互作用的方法

酵母双杂交（yeast two-hybrid, Y2H） 技术原理：酵母双杂交技术主要是利用转录激活因子特点而建立的研究蛋白与蛋白互作的技术。研究表明转录激活因子在结构上是往往由两个或两个以上相互独立的结构域组成，其中有 DNA 结合结构域（binding domain, BD）和转录激活结构域（activation domain, AD），它们是转录激活因子发挥功能所必需的。BD 与 AD 结构域可在其连接区适当部位打开，仍具有各自的功能，当这两个结构域重新组合在一起又可以发挥转录激活作用。因此，把 BD 与 AD 分别与待测 2 个蛋白编码序列融合，如果待测蛋白能够相互作用则把 BD 与 AD 拉到一起形成杂合蛋白，行使转录激活因子作用，激活下游报告基因（通常是显色基因或氨基酸编码基因）的表达，这样阳性互作组合的转化子就能在缺陷型培养基上生长。

适用范围和注意事项：该方法适用于利用已知蛋白为诱饵，筛选多个未知的互作蛋白，也可用于特定蛋白互作关系的确认。

下拉实验（pull-down assay） 技术原理：在生物分子中某些大分子的特定结构、部位能够同其他分子相互识别并结合，比如酶与底物的识别结合、受体与配体的识别结合、抗体与抗原的识别结合，这是一种特异且可逆的结合。这种生物分子间的结合能力称为亲和力（affinity）。下拉实验（pull-down assay）通常是利用异源表达系统在体外表达并分离纯化带标签融合蛋白，然后通过不同组合进行结合反应，通过相应的结合标签抗体的珠子把目的蛋白固定、洗脱，通过 Western Blotting 验证待测蛋白是否能与目的蛋白结合而被拉到复合体中。

适用范围和注意事项：下拉实验通常是在体外，一对一的验证融合蛋白间的相互作用，也可利用纯化蛋白，从细胞裂解液中，通过亲和层析下拉相应的蛋白复合体，获得相关未知蛋白。

免疫共沉淀（co-immunoprecipitation, Co-IP） 技术原理：免疫共沉淀与下拉实验非常相似，它是以抗体和抗原之间的专一性作用以及细菌蛋白 protein A 或 protein G 特异性地结合到免疫球蛋白的 FC 片段为基础的用于研究蛋白质相互作用的经典方法，是确定两种蛋白质在完整细胞内生理性相互作用的有效方法。其基本操作原理是在细胞裂解液中加入抗目的蛋白的抗体，孵育后再加入与抗体特异结合偶联于 Agarose 或磁珠的 protein A 或 G，若细胞裂解液中有与目的蛋白结合的蛋白，就会通过形成一个“互作蛋白（未知或待测蛋白）—目的蛋白（抗原）—目的蛋白抗体—protein A 或 G”复合物，经变性聚丙烯酰胺凝胶电泳，复合物又被分开。然后经 Western Blot 或质谱检测未知互作蛋白。该技术不利于检测低亲和力和瞬间的互作蛋白，被沉淀下来的蛋白应该在一个复合体内，但不一定是与目的蛋白直接结合，也可能有第三者起桥梁作用而存在。

适用范围和注意事项：免疫共沉淀获得的蛋白通常是在体内经翻译后修饰的，处于天然状态的。该技术对抗体的特异性要求较高，最好使用单克隆抗体。

双分子荧光互补实验（bimolecular fluorescence complementation，BiFC） 技术原理：荧光蛋白（如YFP）的编码序列在特定的位点截断，其各自编码的两个肽段都不能单独被激发产生荧光。但是如果两个肽段能够结合到一起，经过一定时间的复性能够形成一个重构的荧光蛋白而激发出荧光。利用这一特性，将两个肽段序列分别与待测的两个蛋白编码序列融合载体，通过农杆菌烟草注射或原生质体转染等瞬时表达，观察是否能产生荧光，确定待测蛋白是否具有相互作用关系。

适用范围和注意事项：BiFC原理简单，操作简便，能够提供蛋白在活体互作的分子证据，还可以反应复合体在细胞内的亚细胞定位信息。但假阳性率较高，需要设计充分的对照实验。

荧光共振能量转移（fluorescence resonance energy transfer，FRET） 技术原理：每一种荧光分子都具有特定的激发光谱和发射光谱。如果一个荧光分子（供体donor）的发射光谱与另一个荧光分子（受体acceptor）的激发光谱有部分重叠，当它们的距离小于10nm的时候，供体和受体间就会发生荧光能量转移现象，即以供体分子的激发波长激发时，可观察到受体分子发射的荧光。因此，当发射光谱与激发光谱相重叠的两个荧光蛋白分别与2个待测蛋白形成融合蛋白，如果待测蛋白能够相互作用，两个荧光蛋白的空间距离就会小于10nm，从而发生FRET。

适用范围和注意事项：基于荧光蛋白的FRET技术，能够在活细胞、生理条件下研究蛋白质间相互作用。

研究蛋白与核酸互作的方法

酵母单杂交（yeast one-hybrid，Y1H） 技术原理：酵母单杂交是在酵母双杂交技术基础上，基于转录因子的特性发展起来的，但它是用来筛选和验证蛋白与DNA互作的技术。用于酵母单杂交系统是酵母一种典型的转录因子GAL4蛋白，它含有可独自发挥作用的DNA结合结构域（BD）和转录激活结构域（AD）。将GAL4的BD结构域置换为酵母单杂交文库蛋白编码基因，只要其表达的蛋白能与目的基因DNA相互作用，就能通过AD结构域激活RNA聚合酶，启动下游报告基因的转录。

适用范围和注意事项：利用Y1H可以验证待测蛋白与特定DNA序列的相互作用，也可以利用特定DNA序列筛选酵母文库获得与之相互作用的未知蛋白。

染色质免疫共沉淀（chromatin immunoprecipitation，ChIP） 技术原理：真核生物基因组DNA和蛋白结合以染色质的形式存在。染色质免疫共沉淀的基本原理是在活细胞状态下固定蛋白质—DNA复合物，并将其随机切断为一定长度范围内的染色质小片段，然后运用对应于一个特定蛋白标记的生物抗体，通过免疫沉淀特定复合体，特异性地富集与目的蛋白结合的DNA片段，通过对目的片断的纯化与检测，获得与蛋白质相互作用的DNA信息。

适用范围和注意事项：该技术是研究体内蛋白质与DNA相互作用的有力工具，可用来分析目标基因的活性、寻找已知蛋白（转录因子）的靶基因位点或研究组蛋白特异性修饰位点。将ChIP与第二代测序技术相结合形成ChIP-Seq技术，能在全基因组范围内高效地检测与组蛋白、转录因子等互作的DNA区段。

凝胶阻滞实验（electrophoretic mobility shift assay，EMSA） 技术原理：核酸DNA/RNA分子携带负电荷，在特定的电场作用下会向正极迁移，迁移的快慢因DNA分子大小不同而有所差异，通常分子量大的迁移速度慢。不含蛋白质的DNA/RNA泳道将出现单一的条带，如果蛋白质能结合DNA/RNA片段，在加入蛋白质以后形成大的复合物，造成迁移率减低，因此在凝胶上迁移的速度慢。

为了展示蛋白与DNA结合的特异性，凝胶阻滞实验通过用非标记DNA片段与标记的DNA探针竞争与蛋白质的结合，随着非标记DNA片段浓度的增加，探针与蛋白结合减少，当添加的非标记DNA的浓度远远大于探针浓度（50～100倍），会使探针与蛋白质的特异结合带完全消失。也可以通过定点突变使DNA片段序列中不含有蛋白质特异结合位点，设计一个阴性对照，即标记点突变DNA片段丧失与目的蛋白质的特异结合能力，展示结合反应的特异性。这种方法常用来研究蛋白质-DNA，蛋白质-RNA的相互作用。但实验中的DNA/RNA探针通常要用^{32}P同位素或荧光标记，实验周期较长。

适用范围和注意事项：该技术操作过程中，核酸与蛋白的结合能力受到电解液阴阳离子的作用会在一定程度上解离，对于弱相互作用检测结果不理想。

基于扩增片段酶切多态性的结合实验（CAPS-based binding assay，CBA） 技术原理：DNA序列中的酶切位点被相互作用蛋白结合保护而免于被相应的限制性内切酶切割。通过利用PCR扩增DNA片段中的固有或人工酶切位点是否被目的蛋白结合保护的原理，快速验证蛋白-DNA的互作关系。CBA法无须使用标签，能够简单、快速、清晰验证特定DNA与蛋白是否具有特异的相互作用，并能够半定量分析多个蛋白与相同DNA或相同蛋白与多个DNA分子间的相互作用强弱，从而大大简化了蛋白与核酸互作关系的验证。

适用范围和注意事项：该技术可半定量验证核酸与蛋白的结合能力强弱，但不适宜通过DNA大规模筛选互作蛋白。

参考文献

CHAI J, DU C, WU J W, et al, 2000. Structural and biochemical basis of apoptotic activation by Smac/DIABLO [J]. Nature, 406: 855-862.

FIELDS S, SONG O, 1989. A novel genetic system to detect protein-protein interactions [J]. Nature, 340(6230): 245-246.

GARNER M M, REVZIN A, 1981. A gel electrophoresis method for quantifying the binding of proteins to specific DNA regions: application to components of the Escherichia coli lactose operon regulatory system [J]. Nucleic acids research, 9(13): 3047-3060.

GROMIHA M M, YUG, HAR K, et al, 2016. Protein-protein interactions: scoring schemes and binding affinity [J]. Cunrent opinion in structural biology, 44: 31-38.

HU C D, CHINENOV Y, KERPPOLA T K, 2002. Visualization of interactions among bZIP and Rel family proteins in living cells using bimolecular fluorescence complementation [J]. Molecular cell, 9(4): 789-798.

ORLANDO V, 2000. Mapping chromosomal proteins in vivo by formaldehyde-crosslinked-chromatin immunoprecipitation [J]. Trends in biochemical science, 25: 99-104.

RANSONE L J, 1995. Detection of protein-protein interactions by coimmunoprecipitation and dimerization [J]. Methods in enzymology, 254: 491-497.

SORKIN A, MC CLURE M, HUANG F, et al, 2000. Interaction of EGF receptor and grb2 in living cells visualized by fluorescence resonance energy transfer (FRET) microscopy [J]. Current biology, 10: 1395-1398.

WANG M M, REED R R, 1993. Molecular cloning of the olfactory neuronal transcription factor Olf-1 by genetic selection in yeast [J]. Nature, 364: 121-126.

XIE Y, LIU Y G, CHEN L, 2016. Assessing protein-DNA interactions: Pros and cons of classic and emerging techniques [J]. Science China life sciences, 59: 425-427.

XIE Y, ZHANG Y, ZHAO X, et al, 2016. A CAPS-based binding assay provides semi-quantitative validation of protein-DNA interactions [J]. Scientific reports, 6: 21030.

（撰稿：陈乐天；审稿：刘文德）

有害生物控制与资源利用国家重点实验室
state key laboratory of biocontrol

从事有害生物控制与资源利用的国家重点实验室。依托单位是中山大学，是在中山大学昆虫学研究所原有基础上发展起来的。该所系由中国科学院院士、昆虫学家蒲蛰龙于1978年创建，多年来在他的领导和全体人员共同努力下，科研硕果累累，在国内外享有盛誉。现任实验室主任徐安龙（中山大学），学术委员会主任张亚平院士。现有固定人员36人，其中教授11人（含博士生导师9人），副教授和高级工程师12人，讲师5人，技术人员8人。此外聘任兼职教授9人、兼职副教授5人，含中国科学院院士1名，外籍教授2名。

实验室原主要研究领域为农、林、卫生害虫的生物防治，1999年开始拓宽。实验室主要研究领域为热带、亚热带有害生物的生物防治，以应用基础研究为主，为中国国民经济尤其是大农业的可持续发展和生态环境保护服务。主要研究方向包括：① 植物病害控制。② 动物病害控制。③ 基因资源和功能与有害生物控制。④ 生物多样性与有害生物控制。

（张杰提供）

在进行基因资源和功能、生物多样性等先导性研究的基础上，重点突破植物病虫害生物防治和动物病害控制中的关键理论和技术，为中国农业可持续发展、食品安全和环境保护服务。在害虫生物防治、水生经济动物病害控制、海洋动物免疫机制、RNA科学与技术以及植物适应性进化等领域形成了自身特色和优势，成为中国有害生物控制研究和技术创新的主要基地之一（见图）。

以第一作者单位发表SCI论文770余篇，影响因子大于10的8篇，5～10的34篇，专著4部，各类科技奖励20余项，其中，国家自然科学二等奖1项，省部级一等奖7项，并获67项专利授权。屈良鹄团队的研究成果"新的snoRNA结构与功能研究"获得国家自然科学奖二等奖（2007）；徐安龙团队的科研项目"脊椎动物免疫系统的起源与进化研究"获得广东省科学技术一等奖（2008）；施苏华与吴仲义研究团队在红树植物物种起源以及人工选择下水稻基因组进化等研究方面获得教育部中国高校自然科学奖一等奖（2008）；李文笙等在石斑鱼生殖生长调控和繁育技术方面获广东省科学技术一等奖和教育部科技进步奖一等奖（2006）；林浩然院士主持的"罗非鱼良种选育与产业化关键技术"获广东省科学技术奖一等奖（2009）；徐安龙主持的"广东省海洋开发战略研究"获国家发改委优秀研究成果一等奖（2009）等。

实验室按照"一流的人才，一流的团队，一流的平台"的发展思路，选拔和培养了一大批优秀人才。队伍中现有中国工程院院士1名、中共中央组织部"千人计划"1人，长江学者讲座教授2名、长江学者特聘教授3名、杰出青年科学基金获得者7名、新世纪"百千万人才"3名、珠江学者特聘教授1名、广东"千百十"国家级培养对象4名、教育部新世纪优秀人才6名。2006以来，实验室共培养硕士研究生304名、博士研究生227多名，在实验室工作过的博士后共48名，已出站22名。

实验室与美国、英国、德国、法国、荷兰、菲律宾、日本、新西兰、泰国、俄罗斯、加拿大等国家以及国内的多个单位在多个生物防治研究领域有合作关系。实验室设有开放研究基金和高访学者研究基金，资助生物防治的基础理论研究和应用基础研究，国内外科学家，尤其是青年学者可来此开展研究和协作。

实验室拥有100多套高精密的仪器设备，包括DNA合成仪、伽玛计数系统、液体闪烁计数器、高级蛋白纯化系统、紫外分光光度计、各种离心机、植物生长箱、DNA自动测序仪、DNA杂交系统、DNA扩增仪、电穿孔仪、自动酶标分析仪、全自动10立升发酵罐和2立升细胞培养罐、超低温冰箱、冷冻干燥器、二氧化碳培养箱、冷冻式培养箱、纯水系统、SDS电泳系统、透射电子显微镜、扫描电子显微镜、万能研究显微镜、实体显微镜、倒置显微镜、相差显微镜、超薄切片机、组织切片机、染色机等。可满足生物组织超微结构研究、模拟生态系统的生态学研究、微生物学研究、组织培养以及分子生物学和基因工程研究的需要。实验用房总面积约2000m^2，另有昆虫饲养室、大型网室等，以及专门供外地来实验室工作的客座人员的住宿用房。

（撰稿：张杰；审稿：张礼生）

有害生物免疫诊断技术 immune diagnostic techniques for harmful organisms

于抗原—抗体免疫反应的原理结合免疫酶技术、免疫荧光技术、胶体金免疫技术等对待测有害微生物进行定性和定量分析的检测技术，是有害生物检测最常用的诊断技术。真菌、细菌、病毒、卵菌和植原体五大类病原微生物均严重危害农作物生产，并造成巨大的产量损失。建立植物病原微生物的有效防控体系是农作物丰产和稳产的保证，而建立植物病原的检测和诊断技术是确立有效防控体系的关键。免疫诊断技术凭借其操作简单、快速和高通量等优点，被广泛应用于所有植物有害病原微生物的检测和诊断。其包括酶联免疫吸附试验（Enzyme-linked immunosorbent assay，ELISA）、免疫胶体金、免疫荧光和免疫电镜等技术，而广泛应用的免疫诊断技术有ELISA技术和免疫胶体金试纸条技术。常用的ELISA有害生物免疫诊断技术主要包括双抗体夹心-ELISA（double-antibody sandwich ELISA，DAS-ELISA）、斑点-ELISA（dot-ELISA）和组织印迹-ELISA（tissue print-ELISA）等。

适用范围 只要获得植物病原微生物的高质量的抗体就可以建立植物病原的免疫诊断技术，且该技术可适用于真菌、细菌、病毒、卵菌和植原体等所有植物有害生物及其编码蛋白的检测和诊断。

基本原理 ELISA是一种把抗原—抗体的特异性免疫结合反应和酶的高效催化反应有机结合起来的在固相载体上进行的免疫学检测技术，其原理是酶标板微孔或硝酸纤维素膜固相载体上固化的植物病原微生物或其编码蛋白—抗体的特异性免疫结合反应通过标记抗体酶与底物的显色或发光来显示，且固相载体上固化的酶量与样品中检测抗原的量呈正比例，从而使底物被酶催化生成的颜色有无和深浅或有无发荧光和发光强弱与样品中受检抗原量成正相关，即可根据底物显色的有无和深浅或发光的有无和强弱进行抗原的定性和定量检测。

植物病原的胶体金免疫试纸条是以示踪物胶体金标记的抗体检测植物病原微生物的最快速、最简单的一种免疫学检测和诊断技术。检测植物病原微生物的胶体金免疫试纸条采用双抗体夹心的原理，即试纸条的样品垫浸入样品的匀浆液中，由于层析作用样品匀浆液会沿着试纸条向上移动至胶体金结合垫处时，样品待测病原与胶体金抗体形成病原—胶体金抗体免疫复合物，该免疫复合物继续前移至检测线时与固定在检测线上的病原抗体发生免疫结合反应而被截留在检测线，产生肉眼可见的紫红色条带。

主要内容 DAS-ELISA是以酶标板（也叫ELISA板）作为固相载体的ELISA检测技术，其先将捕获抗体即检测抗原的特异性抗体包被于酶标板微孔中使抗体固化于微孔表面上，用含牛血清白蛋白或脱脂奶粉的封闭液封闭微孔中未包被捕获抗体的空位点；水稻、玉米、果树等少汁较硬的植物组织称重后用液氮在研钵中研磨成粉末，按1∶10（～20）的比例（重量/体积，g/ml）加入0.01 mol/L PBS后继续研磨3分钟获匀浆液，而多汁的植物组织称重后在研钵中研磨成糊状，按1∶10（～20）比例加入PBS后研磨1分钟获匀浆液；封闭好的酶标板微孔中加入样品匀浆液，最后加入酶标记的抗原特异性抗体即酶标一抗。由于每两步之间均有一步洗涤的过程，可以把未与酶标板微孔表面固化的游离物质洗掉，这样，若样品中没有检测抗原，则酶标一抗不能固化到酶标板微孔表面，加底物后不显色或不发荧光，而若检测样品中含有待测抗原时则在酶标板微孔表面形成捕获抗体—抗原—酶标一抗复合物，加底物后显色或发荧光，随后在酶标仪上读出各孔显色底物最适波长处的光密度OD值或底物发光强度值，光密度OD值或底物发光强度值与检测抗原的含量成正相关，从而进行抗原的定性和定量检测。根据包被的捕获抗体和酶标一抗的组合不同，又可以分为单抗夹心ELISA、多抗单抗混合夹心ELISA和多抗夹心ELISA。DAS-ELISA有以抗体俘获富集抗原的过程，因而其灵敏度和特异性均比及其他ELISA方法好。因而，市场上销售的植物病原检测的ELISA试剂盒大多采用DAS-ELISA原理建立。

dot-ELISA和Tissue print-ELISA是以硝酸纤维素膜（NC膜）作为固相载体的检测植物病原微生物及其编码蛋白的一种ELISA技术。以检测水稻和白背飞虱中的南方水稻黑条矮缩病毒（Southern rice black-streaked dwarf virus，SRBSDV）的dot-ELISA技术为例进行阐述。在250μl离心管中加入50μl PBS和单头白背飞虱后用牙签捣烂虫子即获得虫子的匀浆液，而水稻植物组织的匀浆液制备与上述DAS-ELISA方法相同；单头白背飞虱样品的匀浆液或水稻植物组织的匀浆液离心上清2.5μl点到NC膜上，室温干燥形成固相抗原；用封闭液封闭NC膜上的空位点后加入抗SRBSDV的鼠单抗第一抗体，则单抗与固相抗原（SRBSDV）形成抗原—抗体复合物而固化到NC膜上；再加入辣根过氧化物酶标记的羊抗鼠IgG二抗（用于检测白背飞虱样品），或加入碱性磷酸酶标记的羊抗鼠IgG二抗（检测植物样品），则酶标二抗与上述膜上固化的抗原—抗体复合物结合形成抗原—抗体—酶标二抗复合物而固化到膜上，加入显色底物（辣根过氧化物酶用四甲基联苯胺沉淀型底物，碱性磷酸酶用5-溴-4-氯-3-吲哚基—磷酸盐/四唑硝基蓝底物），复合物上的酶催化底物生成有色沉淀型产物而显色。由于每步之间均有洗涤的步骤，若待测样品中不含SRBSDV，则未与膜结合的游离的酶标二抗被洗掉而点样斑点不显色，呈阴性反应。肉眼观察斑点颜色有无及深浅来进行样品中SRBSDV的定性和半定量检测。植物样品阳性反应呈紫色，虫子样品阳性反应呈蓝色。待阳性对照显色明显，而阴性没有任何显色时将膜在自来水中漂洗一下，洗去底物终止反应，并拍照记录。

Tissue print-ELISA是比较适合多汁的植物组织的免疫学检测，该技术首先是用手术刀片将植物嫩茎或卷紧成筒的叶片横切，并将横切面在NC膜上压印3～5秒，下面的印迹膜干燥、封闭、加第一抗体、酶标二抗和显色步骤与dot-ELISA方法完成一样。由于Tissue print-ELISA不用进行样品研磨、匀浆和离心等样品制备步骤，因而该技术更简单、快速、特异，尤其适合田间样品的大规模检测和诊断，但其不适应少汁植物组织的检测和诊断。

植物病原的胶体金免疫试纸条是以示踪物胶体金标记的抗体检测植物病原微生物的最快速、最简单的一种免疫学

阳性结果　阴性结果

胶体金免疫试纸条检测南方水稻黑条矮缩病毒的结果

（吴建祥提供）

①感染南方水稻黑条矮缩病毒的（阳性）；②健康水稻植物（阴性）

检测和诊断技术。将病原抗体和第二抗体通过疏水力的作用分别固定在硝酸纤维素膜上形成检测线（T线）和对照线（C线），将另一个胶体金标记的对准不同抗原表位的病原特异性抗体点在胶体金结合垫的玻璃纤维膜上，然后将吸水滤纸制成的样品垫、胶体金结合垫、点有T线和C线的硝酸纤维素膜和吸水滤纸制成的吸水垫依次粘贴到PVC胶版上组装成检测试纸条。检测时，把试纸条的样品垫浸入样品的匀浆液中，5～20分钟内肉眼观察结果。由于毛细作用样品匀浆液会沿着试纸条向上移动，当移动至胶体金结合垫处时，如样品含有待测病原，则与胶体金抗体形成病原—胶体金抗体免疫复合物，该免疫复合物继续前移至检测线时与固定在检测线上的病原抗体发生免疫结合反应，形成抗体—病原—胶体金抗体免疫复合物并被截留在检测线而产生肉眼可见的紫红色条带，而多余的游离胶体金抗体越过检测线继续向上移动，到对照线时与固定在对照线上的第二抗体发生免疫反应而截留在对照线上，并产生紫红色的条带，即阳性样品呈现2条紫红色条带（见图）；若检测样品中没有检测病原时，则检测线不显色而仅在对照线上显示一条紫红色条带。若检测线和对照线均未显色，或仅在检测线出现紫红色条带而对照线不出现，则说明试纸条无效。

应用前景　免疫胶体金试纸条是植物病原微生物最快速、最简单的一种免疫学检测和诊断技术，非常适合田间植物病原微生物快速检测和诊断。该技术已应用于植物病原病毒、细菌、真菌、卵菌的田间快速检测，如南方水稻黑条矮缩病毒、烟草花叶病毒、瓜类果斑病菌、玉米细菌性枯萎病菌、疫霉菌等。但大多数重要植物病原微生物的免疫胶体金检测试纸条还未建立，研制不同病原微生物的高质量抗体和建立其胶体金免疫快速检测试纸条是植物病原微生物免疫学诊断技术发展的方向。

参考文献

刘欢，倪跃群，饶黎霞，等，2013. 南方水稻黑条矮缩病毒和水稻黑条矮缩病毒的单抗制备及其检测应用 [J]. 植物病理学报，43(1): 27-34.

吴建祥，李桂新，2014. 分子生物学实验 [M]. 杭州：浙江大学出版社.

（撰稿：吴建祥；审稿：周雪平）

有害生物遥感诊断技术　remote sensing-based pest diagnosis technology

基于多源遥感数据，通过数据融合与同化、图像校正与处理、遥感协同反演，结合有害生物的先验知识，将其分布信息及其周边环境要素等分层可视化到其所在地理位置上的复杂过程综合处理的一种新型技术。针对危害人类生产、生活相关的生物及微生物等的定性与定量评价，随着科学技术的不断进步与发展也有了根本性的改变。尤其在捕捉有害生物空间分布及其动态变化方面遥感诊断技术有着不可比拟的优越性。

基本原理　基于遥感针对远离目标条件下探测目标物，获取其反射、辐射或散射的电磁波信息的机理，通过遥感反演目标信息、结合先验知识判定与分析同谱异物与同物异谱的不同内涵实现遥感诊断（见图）。有害生物种类繁多，遥感诊断技术应用较广泛的是森林有害生物遥感诊断。森林有害生物会影响林木的生长及外部形态，致使林木出现黄叶、落叶、枯死等现象，一旦森林受到病虫害侵袭，会导致其波谱值发生变化。健康而茂密的森林的林冠叶绿素较多，因而在蓝光、红光波段吸收率较高，而在绿光、红外波段的反射率较高，遭受病虫害的森林由于其失去了大量的叶片或叶片枯黄，就使得在蓝光、红光波段的吸收率下降，而在绿光、红外波段的反射率也下降，从而造成病虫害前后的森林光谱发生变化。从遥感数据中提取这些变化的信息，诊断有害生物的发源地、灾情分布和发展状况，可为病虫害防治提供科学依据。

适用范围　遥感诊断技术主要针对有害生物分布、有害生物的寄主环境要素遥感反演、造成危害面积分析及危害生物潜在风险的预测与预警等。适用相对应于不同时空分辨率的遥感数据的国家、区域以及局地尺度的森林、草业、农作物的主要有害生物的定量监测与危害评价等。

主要内容　有害生物遥感诊断主要包括数据融合与同化技术、遥感图像处理技术、遥感协同反演技术及诊断结果可视化技术。随着遥感数据源丰富与硬件技术的发展，遥感诊断技术的集成使有害生物从发现到蔓延等的可视化表达成为了现实。除了遥感技术外，多种数学方法也为有害生物的遥感诊断提供了有力支撑，如统计自相关、图像半方差分析技术、元胞转换模型、人工神经网络和格局识别技术等技术应用，也很大程度提高了有害生物遥感诊断的精度。遥感诊断关键技术具体：① 数据同化技术。同化是在考虑数据时空分布和对模型观测做出误差估计的基础上，在数值模型的动态运行过程中融合新的观测数据的方法，其目的是生成具有时间空间和物理一致性的数据集。遥感数据的引入可以辅助改善环境模型的模拟精度，尤其是在提高模型对参数的空间异质性的模拟方面，数据同化可形成对有害生物及其宿主

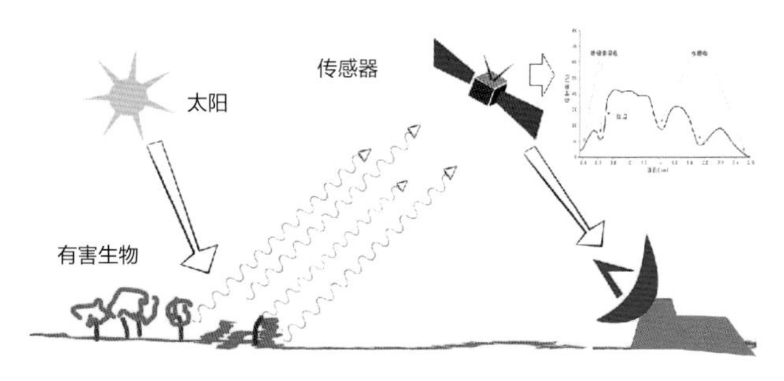

遥感诊断有害生物原理图（曹春香提供）

环境要素的长时间序列监测数据，进而分析有害生物的蔓延趋势。② 遥感反演技术。反演是指在模型知识的基础上，依据可测参数值去反推目标的状态参数；或者根据观测信息和前向物理模型，求解或推算描述地面实况的应用参数。遥感反演过程中尽可能地充分利用一切先验知识，把新观测的信息量有效地用于时空多变要素的估计上，使新观测的信息有效分配给复杂系统中的时空多变参数。利用遥感反演技术提取的归一化植被指数、叶面积指数、植被冠层含水量等参数可以直接诊断有害生物的作用范围及严重程度。③ 遥感数据融合技术。遥感数据融合通过将同一地区不同的遥感图像数据所包含的信息优势或互补性采用一定的算法有机地结合，可最大限度地利用各种数据源提供更丰富、更准确的信息。通过主成分分析法、缨帽变换法等数据融合方法使得病虫害信息在图像上显现，能实现对病虫害发生程度进行分级评估。④ 遥感数据可视化技术。可视化技术是利用计算机图形图像技术和方法，对大量的数据进行处理，并用图形图像的形式形象具体显示。基于快速发展的计算机技术、遥感技术、摄影测量技术、图形图像技术，可以快速获取地表信息并进行可视化建模，产生更逼真的环境模拟。通过可视化技术可以将病毒的宿主环境快速重建，结合空间分析方法对有害生物走势进行预测，并实现对有害生物遥感诊断结果的多维可视化展示。

以上关键技术用于有害生物遥感诊断的应用案例如森林病虫害遥感诊断、草业病虫害遥感诊断、农作物病虫害遥感诊断具体如下：

森林病虫害遥感诊断　主要根据植被反射的光谱特征的变化结合地面调查来鉴别林木、林冠、林隙甚至整个森林生态系统的受灾状况。森林病虫害遥感诊断首先根据病虫害实际状况选择合适的遥感影像，收集森林小斑分布图以及外业调查数据，对遥感图像进行几何校正、辐射校正、拼接和裁剪等预处理，通过多光谱图像分类法、影像差值法、主成分分析法、缨帽变换法、光谱混合分析法等方法使得病虫害信息在图像上得到显现,实现对病虫害发生程度的分级评估。

草业病虫害遥感诊断　草业病虫危害导致叶片细胞结构、色素、水分及外部形状等发生变化，植被信息变化能通过光学遥感影像提取。植被覆盖度是最常用来进行草业病虫害遥感诊断的特征参数，植被覆盖度的遥感诊断方法主要有实测植被覆盖度与遥感数据的波段或植被指数建立回归模型的统计模型法；通过线性和非线性求解各组分在混合像元中的植被覆盖度的混合像元分解法；通过神经网络、决策树、支持向量机等确认训练样本、训练模型估算植被覆盖度的机器学习法。

农作物病虫害遥感诊断　农作物病虫害主要与农作物生长环境和作物品种有关，通常受害作物农学参数变化即可监测农作物生长状态，分析遭受病虫害程度。由于光谱参数能反映植被生长状态，并对植被内在变化和外部环境变化的反应在光谱曲线的变化上，因此基于多源遥感数据反演的光谱参数，能快速客观地分析出农作物病虫害发生程度。结合气候因子、地形因子、土壤因子和人类活动因子等生境因子，可实现病虫害的预测预警。

应用前景　有害生物遥感诊断技术的广泛应用，不仅能助推遥感科学研究成果的快速落地，还能为环境健康遥感诊断交叉学科的不断突破提供更直接的实验验证平台。基于多源遥感数据进行有害生物遥感诊断技术具有传统监测有害生物技术手段无法媲美的优势。尤其针对与人类活动直接相关的大区域森林、草地、农田病虫害受灾面积及严重程度等，结合北斗等导航数据，可宏观、快速、定量地对其分布和扩散范围及有害生物周边环境要素实现阈值化的遥感诊断。

参考文献

曹春香, 2013. 环境健康遥感诊断 [M]. 北京 : 科学出版社 .

曹春香, 陈伟, 黄晓勇, 等, 2017. 环境健康遥感诊断指标体系 [M]. 北京 : 科学出版社 .

曹春香, 倪希亮, 陈伟, 等, 2015. 森林地上生物量遥感诊断 [M]. 北京 : 科学出版社 .

曹春香, 倪希亮, 张煜星, 等, 2017. 环境健康遥感诊断关键技术 [M]. 北京 : 科学出版社 .

陈述彭, 1990. 遥感地学分析 [M]. 北京 : 测绘出版社 .

宫鹏, 2009. 遥感科学与技术中的一些前沿问题 [J]. 遥感学报, 13(1): 13-23.

李新, 黄春林, 2004. 数据同化—一种集成多源地理空间数据的新思路 [J]. 科技导报, (12): 13-17.

梁顺林, 2009. 定量遥感 [M]. 范闻捷, 译 . 北京 : 科学出版社 .

孙家柄, 2009. 遥感原理与应用 [M]. 武汉 : 武汉大学出版社 .

吴艳, 2003. 多传感器数据融合算法研究 [D]. 西安 : 西安电子科技大学 .

赵英时, 2013. 遥感应用分析原理与方法 [M]. 2 版 . 北京 : 科学出版社 .

周丽雅, 2006. 遥感影像融合及质量评价研究 [D]. 郑州 : 解放军信息工程大学 .

朱宝山, 付勇, 2001. 遥感图像可视化技术研究 [J]. 测绘科学技术学报, 18(1): 36-38.

CHEN W, 2014. Detection of forest disturbance and recovery after a serious fire in the Greater Hinggan Mountain area of China based on remote sensing and field survey data [D]. Kyoto: Kyoto university.

GUO X, 2014. Remote sensing techniques in monitoring post-fire effects and patterns of forest recovery in boreal forest regions: a Review [J]. Remote sensing, 6: 470-520.

（撰稿：曹春香、徐敏、倪希亮、陈伟；审稿：曹春香）

《有害鼠类及其控制》 *Rodent Pests and Their Control*

由英国雷丁大学的 Alan P. Buckle 和哈德斯菲尔德大学的 Robert H. Smith 编著，国际农业和生物科学中心（CABI）出版部 2015 年出版（见图）。

啮齿类动物广泛分布于世界各地，全球超过 40% 的哺乳动物种类属于啮齿目，该目包含了约 30 个科，481 个属，2277 种不同的鼠类，其中部分鼠类对农、牧、林业，以及人们的生活和公共健康造成极大的危害，称为有害鼠类。该书共 19 章。第 1 章系统介绍了啮齿动物形态，影响种群

（宋英提供）

动态变化的因素，社会关系和行为特点等。第2、3章分别介绍了家栖鼠类以及分布于农田和森林的鼠类的物种组成、分布和危害。第4章重点介绍了啮齿类动物携带的主要病原及传播方式。第5章描述了啮齿类控制的方法，包括物理方法和非致死的化学方法例如生物防治、使用不育剂等。第6章介绍了化学灭鼠剂包括急性灭鼠剂和抗凝血类灭鼠剂的种类，化学特性和发展历史，第7、8章分别介绍了实验室和野外评估灭鼠剂的方法，第9章介绍了鼠类对抗凝血类灭鼠剂产生抗药性的情况、抗性机制和抗性检测的方法、抗性鼠的治理等。第10～13章介绍了鼠类的危害以及鼠害评估的方法，实际应用中家栖鼠和野生鼠类的控制方法。第14章介绍了在发展中国家进行鼠害控制的社会学方法。第15章介绍了在鼠害控制中应遵守的人道主义精神。第16、17章介绍了灭鼠剂对环境的和其他野生动物的影响。第18章介绍了岛屿上的害鼠入侵及防控方法。最后一章是对该书的总结和展望。

该书总结了鼠害防治领域的重要进展及面临的问题。该书对研究鼠害相关领域、野生动物保护领域以及公共健康领域的科研人员和学者具有重要的参考价值。

（撰稿：宋英；审稿：刘晓辉）

俞大绂 Yu Dafu

俞大绂（1901—1993），字叔佳，原籍浙江绍兴，1901年2月19日出生于南京，1993年5月15日因病逝世于北京，享年92岁。科学家、教育家，中国卓越的植物病理学家、微生物学家。

生平介绍 俞大绂幼时在上海读私塾和小学，后进入复旦中学，又考入复旦大学预科专修数理。1920年考入南京金陵大学农学院，1924年毕业，获学士学位，留校任助教、讲师。1928年赴美国留学，1932年获美国爱荷华州立大学（Iowa State University）博士学位，由于学习成绩优异，获美国大学“金钥匙”奖，并成为美国植物病理学会会员和Sigma Xi科学荣誉学会会员。1932年夏回国任南京金陵大学教授，从事植物病理学的教学和科研工作。由于1937年日本发起全面侵华战争，金陵大学被迫迁校至四川成都办学。他到成都不久（1939）就应戴芳澜邀请到昆明的国立西南联合大学，任清华大学农业研究所教授。1945年抗日战争胜利后，任北京大学农学院院长。1949年中华人民共和国成立后，北京大学农学院、清华大学农学院、华北大学农学院和辅仁大学农艺系合并成为北京农业大学，俞大绂曾先后担任校务委员会副主任、校长和名誉校长，并一直从事植物病理学和微生物学的教学和科学研究工作。

成果贡献 俞大绂是中国植物病理学、植物检疫和微生物学的主要奠基人之一。他除了培养大批学子外，还兼任过中国农业科学院学术委员会副主任，中国科学院微生物所研究员，农业部植物检疫研究所顾问；中国农学会副理事长、中国植物病理学会（CSPP）理事长、中国植物保护学会（CSPP）理事长、中国真菌学会名誉理事长，推动了中国植物病理学和微生物学的学科发展。

所获奖誉 1948年被选为中央研究院院士、评议员；1955年当选为第一届中国科学院生物学部委员（1991年后改称院士）。1956年当选为苏联农业科学院通讯院士。曾任全国政协第二、三届委员，第四、五、六届常务委员。

（撰稿：刘姝言；审稿：孙文献）

《园林植物病理学》 *Garden Plant Pathology*

全面、系统地介绍园林植物病理学的基础知识、基本原理和研究方法，是一部较为完善的有关园林植物病害基本理论、诊断、防治原理、研究方法的教材。是园林、观赏园艺等专业（方向）的必修课和植物生产类其他专业的选修课，也可供农业、林业技术推广及有关部门的管理人员参考。该教科是教育部“面向21世纪农林高校植物生产类专业本科教学内容和课程体系改革计划”的研究成果，同时也是各相关院校本学科教学实践经验之结晶。

该教材由四川农业大学朱天辉主编，近10所农业类院校的14名教授共同参与编写，2003年由中国农业出版社出版发行，2016年修订发行第2版。值得注意的是，在《园林植物病理学》（第1版）出版发行之前，已出现过两本名为《园林植物病理学》的印刷本，分别是中南林学院（现为中南林业科技大学）病理教研室李英模于1989年编写的供园林专业试用的《园林植物病理学》书稿，以及北京农业大学（现今为中国农业大学）园林系于1992年编集的函授教材《园林植物病理学》，遗憾的是它们均未正式出版发行。此外，也要注意与中国农业大学出版社发行的《园艺植物病理学》之间的区分。这两部教材同为教育部“面向21世纪课程教材”。

《园林植物病理学》从介绍园林植物病理学的基本概念和原理着手，在重点阐明各类病原物的形态、生物学特性、致病特点及其主要类群的基础上，详细介绍了园林植物病害的发生发展规律、诊断与治理措施，在此基础上，按照病原物类别分别介绍了乔木、灌木、木本花卉、草本花卉和草坪草等园林植物的真菌病害、细菌病害、病毒病害、植原体病害、线虫病害、其他病原所致病害以及生理性病害。同时，还阐述了园林植物病害研究方法的基本知识。

（撰稿：李世访；审稿：彭德良）

《园艺植物病理学》 *Horticultural Plant Pathology*

“面向21世纪的课程教材”，以满足面向21世纪宽基础、高素质、强能力的本科人才培养之需。该书第1版于2001年8月由中国农业大学出版社出版，李怀方、刘凤权、郭小密主编。2006年该教材被教育部列选为“普通高等教育‘十一五’国家级规划教材”。为适应科技进步特别是病原分类的变化，以满足新时期教学的需要，中国农业大学出版社组织了再版编辑委员会，对第1版教材进行了修订，于2009年8月出版了第2版，李怀方、刘凤权、黄丽丽主编。与第1版教材相比，第2版教材中病原物分类采用了国际分类新系统，按照2007年出版的《拉汉—汉拉植物病原生物名称》统一更新了病原学名及其中译名；增加了部分症状彩图、病原扫描电镜图；增加了花卉病害病例6例、新型杀菌剂及其名称对照表；增加了各章节前部的导言及后部的思考题和参考文献；最后在附录部分编排了按汉语拼音排序的植物病害名称索引（见图）。

图1 《园艺植物病理学》（第2版）封面（赵文生提供）

该教材涵盖了原《果树植物病理学》《蔬菜植物病理学》和《花卉病害及防治》3本教材的主要内容。在编写过程中，博采相关院校和学科的教学改革之长，总结本学科多年教学实践的经验，并在结构和内容上进行了重新构思和编排。在结构方面，将过去的总各论改为通论、各论并重，以拓宽学生的知识面；在内容方面，融汇了20世纪末植物病理学科的最新成果。针对果树、蔬菜和花卉植物种类繁多、病害多样的特点，改变了传统的按植物类别编写的病害体系，以病原类别为系统介绍病害，使通论和各论易于贯通。同时，采取重点病害详细阐述、一般病害列表比较的方法，以便学生在有限的学时内，掌握更多的知识和技能。

全书共分9个部分，前5部分为病理学通论，包括绪论、园艺植物病理学的基本概念、基本原理；各类病原物的生物学特性及其主要类群；园艺植物病害的发生与发展规律、诊断与治理措施。后4部分为病害通论，按照病原物类别分别介绍了果树、蔬菜、花卉等园艺植物的真菌病害、细菌类病害、病毒类病害和线虫病害。在重点介绍主要病害的基础上，列表对比了数百种园艺植物病害的发生特点和防治要点。

该教材可作为园艺学专业必修课和植物生产类其他专业选修课的教材，也可作为园艺技术推广及园艺作物种植和管理者的参考书。

（撰稿：赵文生；审稿：彭德良）

《原核生物进化与系统分类学实验教程》 *Prokaryotic Evolution and Systematics Experimentation*

由隋新华主编，由科学出版社于2015年出版。

该书涉及内容广泛，共分为两大章，其中第1章为细菌表型及生理特征鉴定方法，具体包括：大肠杆菌的分离纯化；枯草芽孢杆菌的分离纯化；细菌细胞氧化酶实验；细菌过氧化氢酶实验；甲基红和乙酰甲基甲醇实验；石蕊牛奶实验；丙二酸盐利用；细菌对色氨酸的利用——吲哚产生实验；葡萄糖和甘露醇发酵实验；葡萄糖酸盐的利用；柠檬酸盐的利用；硝酸盐还原；细菌胞外淀粉酶的测定；细菌的耐盐性检测；细菌的pH生长范围测定；细菌的温度生长范围测定；细菌细胞呼吸醌组分分析；采用96孔板对细菌代谢特性分析；细菌脂肪酸含量的测定。第2章为遗传学特征鉴定方法，具体包括：16SrRNA基因序列测定；细菌持家基因序列测定；基因序列系统发育树的构建；细菌GC含量的测定；细菌DNA同源性测定；DNA限制性片段长度多态性分析；细菌DNA扩增片段长度多态性分析；随机引物PCR扩增基础上的DNA指纹分析。

该书对中国微生物学相关专业研究、教学以及应用具有重要指导意义。该书适合高等院校理、工、农、医专业本科生、研究生使用，也可作为微生物学、微生物生态学、微生物进化和系统发育学及相关领域研究人员的参考书。

（撰稿：康厚祥；审稿：周雪平）

《云南植物病毒》 *Yunnan Plant Viruses*

介绍云南植物病毒主要种类的专著，由云南农业科学院张仲凯和北京大学李毅共同编著完成的，科学出版社2001年出版发行。该书是在充分收集国内外大量植物病毒数据资料的基础上，结合编著者多年的研究成果整理编著而成。全书内容共分12章，导论部分介绍了植物病毒学的研究进展和植物病毒学对相关学科发展的影响；各论部分以简练的文字描述了云南主要植物病毒生物学特征、传播的方式和寄主、血清学、分子生物学以及病毒的传播方式。135个特征明显的病害症状、彩色照片和病毒粒子、电子显微镜照片向读者展示了云南植物病毒的丰富类型和形态结构（见图）。

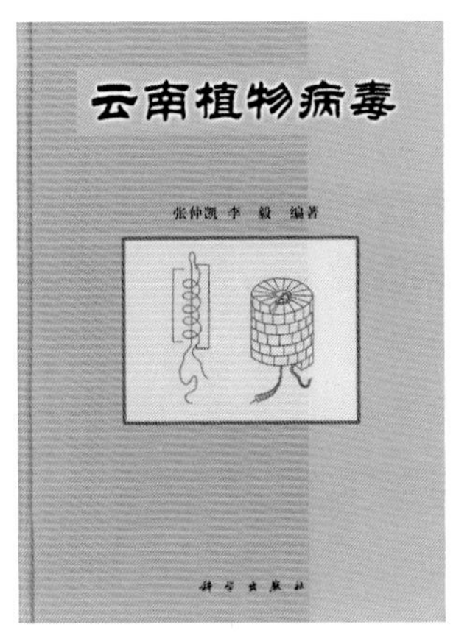

（张仲凯提供）

作为一本信息量大、内容丰富的工具资料专著，可供从事植物病毒学、植物病理学、生物学、分子生物学、植物检疫和电子显微镜的科研教学工作者、高等院校师生和农业生产技术人员参考。书中的图谱可作为生物电子显微镜实验室的标准参考图谱使用。

（撰稿：张仲凯；审稿：陶小荣）

Z

《杂草技术》 *Weed Technology*

（黄红娟提供）

为英文学术性期刊，季刊。创刊于1987年，是由美国杂草学会（WSSA）主管的国际性学术期刊，国际刊号纸质版ISSN：0890-037X、电子版ISSN：1550-2740。现任主编为美国阿肯色大学（University of Arkansas）的Jason K. Norsworthy。该刊被收录于Science Citation Index（SCI）、Science Citation Index Expanded（SCIE）、Current Contents（Agriculture, Biology & Environmental Sciences）、美国《生物学文献》数据库（BIOSIS Previews）。2021年CiteScore值2.3（见图）。

该刊围绕杂草治理，杂草（或入侵植物）防治技术，杂草防治技术应用的研究主题。主要议题包括农田杂草、林地杂草、水生杂草、草坪杂草、环境杂草以及其他杂草的治理技术，杂草控制器械的设计、效果以及影响，杂草综合治理技术，在教育、推广以及资源和方法的拓展领域，技术和产品报告以及相应的监管。

（撰稿：黄红娟；审稿：魏守辉）

《杂草科学》 *Weed Science*

为英文学术期刊，季刊。创刊于1951年10月，原刊名为*Weeds*（1951—1967），于1968年更名为*Weed Science*，是由美国杂草学会（WSSA）主管的学术期刊，纸质版ISSN：0043-1745，电子版ISSN：1550-2759（见图）。

该刊被收录于Science Citation Index（SCI）、Science Citation Index Expanded（SCIE）、Current Contents（Agriculture, Biology & Environmental Sciences）、美国《生物学文献》数据库（BIOSIS Previews）。2021年CiteScore值3.6。

该刊现任主编为美国佐治亚大学农业与环境科学学院的William K. Vencill。该刊重点关注杂草（包括外来入侵植物）的发生原因，并围绕该议题进行的相关领域的研究。主要发表农业生产系统中所有在杂草科学领域中直接相关的原创性基础研究，包括田园、林地、水生、草坪、环境、非耕地等杂草生物学与生态学以及遗传学；用于杂草管理中除草剂（或植物生长调节剂）的除草剂抗药性、化学、生物化学、生理学和分子作用；作物与其他农业系统中相关的杂草管理生态学；杂草控制的生物学与生态学策略，包括生物制剂和抗除草剂作物；杂草治理对于土壤、大气和水资源的影响等。

（黄红娟提供）

（撰稿：黄红娟；审稿：魏守辉）

《杂草科学的研究方法》 *Research Methods in Weed Science*

由美国科学家Bryan Truelove编著，美国南部杂草科学学会（Southern Weed Science Society）出版发行（见图）。该书最早起源于20世纪60年代美国南部杂草科学学会编写的有关杂草科学研究方法的手册，经过不断修订完善，于1977年正式出版第2版，共198页。根据该书第2版的内容，由南开大学元素有机化学研究所、沈阳化工研究院和中国科学院植物研究所等单位的有关专家合作翻译形成了中文版《杂草科学的研究方法》，1981年由科学出版社出版。

（魏守辉提供）

全书共18章，除有两章论述杂草的生物学特性之外，重点介绍了除草剂的筛选及其作用机理的研究方法。该书介绍的除草剂研究方法有生理学方法（光合作用、呼吸作用、吸收、运输等）；生化测定法（离体线粒体的应用、离体叶绿体测定媒介反应、蛋白质和核酸的合成等）；化学分析法（色谱法、分光光度法等）。此外该书还介绍了常用实验材料的培养和研究生态系统的选择等内容。

随着杂草科学的快速发展和杂草学新理论、新方法和新技术的不断出现，美国南部杂草科学学会对该书第 2 版予以进一步修订、扩充，1986 年出版了 486 页的第 3 版，原书中有关杂草科学的基本实验原理和常规研究技术予以继续保留，而一些不适用的老旧研究方法逐步被修订或替代为使用现代仪器设备的新方法或新技术。随着现代基因组、纳米、地理信息和互联网技术的飞速发展，美国杂草学会（WSSA）组织世界上杂草研究领域的科学家合作撰稿，于 2015 年在专业期刊 *Weed Science* 第 63 卷中出版了一期有关杂草科学的研究方法的特刊，进一步更新了不同研究领域的实验设计原则、检测分析手段及数据的统计分析，对《杂草科学的研究方法》一书作了重要的补充。

该书是系统介绍杂草科学相关的实验方案设计、杂草生物学与竞争、除草剂生物测定、除草剂的吸收、转运、降解及检测分析、杂草光合作用、呼吸作用及离体器官组织的测定方法等技术性较强的专业书籍。

该书不仅适用于杂草专业的大专院校学生，也适用于从事除草剂、植物生理、生物化学研究的科研人员，是广大植物保护和杂草研究工作者提高实验技能和拓展专业知识的参考用书。

（撰稿：魏守辉；审稿：李香菊）

《杂草控制的分子生物学》 *Molecular Biology of Weed Control*

作者为以色列杂草科学家和分子生物学家 Jonathan Gressel，2002 年由泰勒—弗朗西斯（Taylor & Francis）出版集团正式出版发行。作者出版该书的宗旨在于保障杂草科学工作者使用最有效的防控手段来满足 21 世纪的最关键挑战——发挥农业的最大生产力（见图）。

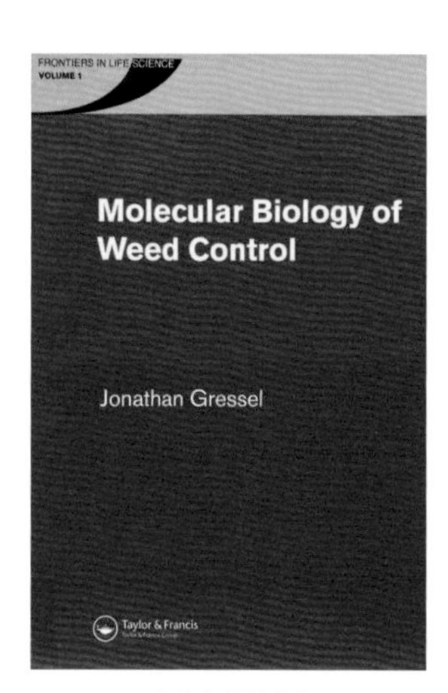

（魏守辉提供）

该书共分为 10 章，内容包括前言、除草剂发掘的分子工具、杂草生物生态学及分类学研究的分子工具、杂草抗药性的演化、田间抗药性演化的分子生化机理、遗传改良的抗除草剂作物、下一代遗传改良的抗除草剂作物、作物到杂草的基因渗入及其调节、杂草防控中的作物和杂草分子修饰、杂草生物防控的分子生物学等。

该书的特色是注重分子生物学技术在控制恶性杂草中的运用，在杂草抗药性和抗除草剂转基因作物抗性演化分子机理方面提供了全新的理念，诠释了杂草防控技术如何推动分子生物学其他领域的发展。在基础生物化学和遗传控草理论的指引下，提倡杂草防控时需综合考虑除草剂的作用机制、抗性演化、杂草生态学及生物防控措施等因素。

该书系统介绍分子生物学技术和理论在除草剂发掘、杂草生物生态学研究、杂草抗药性演化、抗除草剂作物改良及杂草生物防控中的应用。可供从事除草剂、杂草生物生态及分子生物学研究的科研人员使用，是广大农技人员和植物科学家必读的书籍之一，该书也是中国杂草研究人员提高分子生物学理论和实践应用水平的重要参考用书。

（撰稿：魏守辉；审稿：张朝贤）

《杂草生物学与生态学》 *Biology and Ecology of Weeds*

系统介绍杂草生物学与生态学的书籍。由 W. Holzner 和 M. Numata 主编，1982 年由荷兰斯普林格（Springer）出版集团发行。

该书的特点是将杂草基础研究和应用研究有机结合。第一部分 10 章，为介绍性章节，包括杂草的概念、分类、特性，杂草分类出现的常见问题，杂草遗传学及进化，杂草和作物的关系，杂草繁殖策略等。第二部分 12 章，为农田杂草生态学研究，包括作物与杂草竞争的方法研究，杂草种群动态，杂草化感的生态学方法研究，寄生性杂草，指示杂草等。第三部分包含 13 章，为欧洲、亚洲、非洲、美洲等世界不同地区农田杂草植物群及植被的研究。最后部分 7 章，包括茶园、水田及牧场等杂草的研究。

内容侧重农田杂草，并简略涉及了牧场、水生及茶园等非农田杂草，几乎涵盖了杂草科学的所有研究内容描述，是从事植物保护、植物学及生态学领域工作者的重要参考用书。

（撰稿：于惠林；审稿：李香菊）

《杂草生物学与治理》 *Weed Biology and Management*

杂草科学领域的经典书籍。由杂草学家 Inderjit 编著，威科学术（Kluwer Academic）出版社 2004 年正式出版。该书由来自 12 个国家的 50 多名杂草专家合作编写，对杂草科学各个领域的最新进展进行了全面评述和总结，目的在于运用最新的技术手段限制杂草对作物产生的负面影响，以帮助农民获取最大收益，保障人类健康和生态环境安全（见图）。

全书内容共 25 章 553 页，具体内容包括入侵植物、农业生态系统中杂草的入侵生态学、作物伴生杂草、狗尾草的

（魏守辉提供）

进化生物学、水生杂草、杂草的农业生态利益、二氧化碳浓度上升与杂草生态学、寄主与寄生杂草的分子互作、除草剂靶标的改变、除草剂抗性、热带土壤中除草剂的归趋、多样化的杂草治理系统、杂草生态治理中的土壤改良措施、低投入和有机农业系统中的杂草治理、作物化感作用在杂草治理中的应用、热带免耕系统中杂草的治理、土壤的翻晒作用、杂草综合治理的原则、方法和应用、除草剂助剂、景观和草地中杂草的替代治理策略、植物病原菌对根寄生杂草的生物防控、列当的治理途径、甜菜田杂草的防控、花生田问题杂草的除草剂防控和净收益、基于作物的杂草治理系统中水稻品种竞争性的利用等。

该书主要介绍了杂草生物学、生态学、入侵植物治理、杂草进化、杂草—作物竞争的生理生态及化学防控、不同生境的杂草治理策略（包括水生杂草的治理）等内容，每个内容提供了相应的治理案例和深入讨论。该书内容全面具体，涵盖了杂草生理学、生态学及治理方面的最新研究进展，是杂草科学专业的大专院校学生和杂草科研工作者非常有价值的参考用书。

（撰稿：魏守辉；审稿：张朝贤）

《杂草生物学与治理》 *Weed Biology and Management*

为英文学术期刊，季刊。创刊于2001年，是由日本杂草科学学会（WSSJ）主管的国际学术期刊，国际纸质版ISSN：1444-6162，电子版ISSN：1445-6664。该刊被收录于Science Citation Index（SCI），Science Citation Index Expanded（SCIE），Current Contents（Agriculture, Biology & Environmental Sciences），BIOSIS Previews（BP）。2021年CiteScore值1.8（见图）。

（黄红娟提供）

该刊现任编辑为日本农业—食品研究机构的Hiroyuki Kobayashi。该期刊特别欢迎亚太地区致力于杂草科学研究的专家投稿，并鼓励亚太杂草学会中来自不同国家杂草科学家之间的合作。主要刊发杂草科学领域最新研究进展，包括杂草分类学、杂草生态学和生理学、杂草治理与防控技术、除草剂在植物、土壤和环境中的行为以及杂草资源利用等方面的内容。

（撰稿：黄红娟；审稿：魏守辉）

《杂草学》 *Weed Science*

由南京农业大学强胜组织中国农业大学、扬州大学的杂草科学工作者完成编写，并于2001年由中国农业出版社出版。

该教材前身《杂草识别与防除》最早由中国植物学家李扬汉主编，1958年，江苏人民出版社出版。该书介绍了杂草的定义，中国田园主要杂草及防除技术，对杂草学起到了奠基作用。1991年，北京农业大学出版社出版了北京农业大学（现中国农业大学）李孙荣主编的《杂草及其防治》，详细介绍了杂草的定义，杂草生物学与生态学基础，中国主要杂草分类和分布，杂草的化学防治，杂草的综合防治以及杂草科学的研究方法。1993年，中国农业出版社出版了东北农业大学苏少泉主编的《杂草学》，该书除了对杂草分类学、生态学和防治技术基本知识的介绍外，详细概述了主要除草剂品种结构、特性、代谢与分解和生产应用。上述教材，对杂草学学科的人才培养、教学与科研以及杂草治理的实践起到了推动作用。随着国内外杂草生物学、生态学研究的深入以及杂草防治技术的不断进步，杂草学的新理论、新概念、新方法和新技术不断涌现。

该书系统介绍了杂草学的基础理论、基础知识和基本技能，其中包括杂草的定义、重要性及杂草科学发展史，杂草生物学和生态学，杂草的分类及中国主要杂草种类，杂草防治的方法，化学除草剂，主要农作物田间杂草治理，杂草科学研究方法等章节。

该书在注重杂草基础知识的同时，着力反映了当代杂草科学在新除草剂创制、生物除草剂、转基因耐除草剂作物以及杂草综合治理技术的最新发展动态，被列为面向21世纪课程教材。

（撰稿：李香菊；审稿：张朝贤）

《杂草学报》 *Journal of Weed Science*

原刊名《杂草科学》，创刊于1983年，2016年1月更名为《杂草学报》，为中文核心期刊、江苏省科协精品科技期刊，属学术性期刊，是由江苏省农业科学院主管、江苏省杂草研究会和江苏省农业科学院植物保护研究所主办的国内唯一杂草研究领域的专业科技期刊，为中文期刊。国际刊号ISSN：1003-935X，国内刊号CN：32-1217/S。季刊。2021年主编为强胜。该刊已被国内多家权威检索系统《中国核心期刊要目总览》《中国生物学文摘》《中国学术期刊文摘》、中国学术期刊综合评价数据库、中国科学引文数据库、中国期刊全文数据库（CNKI）、万方数据库等收录。该期刊

Z

（黄红娟提供）

曾获江苏省科协优秀期刊奖。2021年影响因子为1.48（见图）。

该刊为杂草科学研究提供了一个展现最新成果的高水准交流平台，并紧密结合农业生产实际，为传播杂草科学知识起到了重要的作用。

该刊以促进杂草防除科学的发展为主导、交流农田杂草防除技术与经验；介绍国内外杂草科学研究成果、应用技术、经验和动态；紧密结合农业生产的实际、传播杂草科学知识。主要刊登杂草科学领域未曾发表过的论坛与综述、杂草生物生态学、杂草生物安全、杂草综合防控、除草剂研发与检测等内容。办刊宗旨：刊载杂草科学领域新进展、新技术、新成果，促进该领域的学术交流，推动该领域科研成果转化，提高中国杂草防控技术水平。

（撰稿：黄红娟；审稿：魏守辉）

《杂草学基础》 *Fundamentals of Weed Science*

由 Robert L. Zimdahl 编著。Robert L. Zimdahl 就职于美国 Colorado State University，在杂草学教学与科研中取得较大成绩并获得多项奖励，曾任美国杂草学会（WSSA）专业期刊 *Weed Science* 主编。《杂草学基础》1993 年由美国学术（Academic）出版社出版发行，1999 年发行第 2 版，2007 年修订发行第 3 版，2013 年修订发行第 4 版。

第 4 版全面概述了杂草的定义、分类、利用，杂草繁殖扩散方式，杂草生物学、生态学与种群多样性，杂草之间及其与作物之间的化感作用。该书对不同杂草防治方法的定义，杂草生物防治，杂草化学防治，除草剂特性及其在植物体内与环境中的归趋，除草剂剂型与药效进行了重点阐述。书中强调，除草剂及杂草化学防治是现代农业的重要组成部分，也是生态系统链条的重要一环；农业发展史是人类与杂草不断斗争的过程，在这个过程中，离开了良好的杂草治理，优质、高效农业将难以为继。该版本增加了新除草剂品种，杂草对除草剂抗性，转基因耐除草剂作物，农药管理的法规及登记政策，有机农业中杂草治理等内容，还对入侵性杂草的定义、范畴和对生态的影响及治理策略进行了论述，丰富了杂草学的理论。在该书的最后，作者展望杂草科学未来，提出了重点研究方向。该书对杂草学基础知识和杂草防除技术的普及具有重要意义。

该书是系统介绍杂草分类、生物学、生态学及防治方法的一部专业书籍，是杂草科学工作者、研究生及相关农业部门的参考用书。

（撰稿：李香菊；审稿：张朝贤）

杂草学研究的相关网络资源 online resources for weed research

国内网站

《中国植物志》在线版　是《中国植物志》的网络版，共记载了中国 301 科 3408 属 31 142 种植物的科学名称、形态特征、生态环境、地理分布、经济用途和物候期等。该网站可提供植物的学名、异名、中文名、拼音等方式查询；通过查询可获得该植物的分类学信息，为准确鉴定杂草提供可靠依据。http://www.iplant.cn/frps

中国杂草信息系统　是由南京农业大学杂草研究室对全国各大区杂草区系进行全面深入的调查和标本采集后制作而成的信息系统，包括杂草鉴定论坛与 2000 多种 40 000 余份杂草数字标本与 700 多种杂草种子标本。该系统能够实现在线对中国杂草标本室中的杂草标本信息进行多重方式检索、统计和管理。可以查询杂草的根、茎、叶、花、果实、种子、幼苗、成株等形态图片以及除草剂实用技术、杂草鉴定及分类信息等。http://weed.njau.edu.cn/

国外网站

国际抗药性杂草调查网站　该网站为抗药性杂草调查的网络资源，由国际抗药性杂草委员会，北美抗药性杂草委员会以及美国杂草学会（WSSA）联合建立，目的在于对世界各国的抗药性杂草进行抗性监测和影响评价。网站共有 2343 个注册用户和 505 个杂草科学家共同致力于新形势下抗除草剂杂草的调查研究。调查结果显示，全球已有 250 种抗药性杂草（单子叶 105 种，双子叶 145 种）。可以根据杂草英文名、学名、除草剂的作用方式、作物种类、抗药性杂草出现的国家或地区等信息进行查询，获得有关杂草的抗性发展情况，危害程度，抗药性产生的机理等信息。http://www.weedscience.com/。

美国农业部植物信息数据库　是由美国农业部自然资源保护局国家植物数据团队（NPDT）、美国农业部自然资源保护局国家信息技术中心（ITC）以及美国农业部国家信息技术中心（NITC）共同维护的植物信息数据库。该植物数据库提供了北美的维管植物、地衣、苔藓类植物的标准化信息及其区域。该网站提供根据植物的学名（Scientific Name）、通用名（Common Name）和代码（Symbol）来进行检索的方式。检索结果包括植物名称、代码、分类信息、分布地、物种简介、物种特点、图片以及网页链接和参考资料等信息。http://plants.usda.gov/

美国杂草学会杂草数据信息查询网站　是美国杂草学会（WSSA）主管的与杂草相关的在线信息查询网站，包括农田杂草、草坪杂草、有毒杂草与水生杂草四个版块，分别与北美相关杂草研究资源相链接，根据各网站提供的检索方式进行检索。http://wssa.net

全球生物多样性物种名录　该网站可以提供杂草种名和分布信息的网络查询，包括全球 23 万余种植物物种名录和分布的基本信息可查询。用户可通过查询学名、英文名等信息进行查询，可获得相关物种的分类学信息及分布地等地理信息。http://www.gbif.org/

西澳大利亚农业部杂草信息中心　是由澳大利亚杂草管理系统合作研究中心在西澳农业部网站中设置的杂草科学网页，该网站提供杂草鉴定服务，预测模拟工具（杂草种子向导），杂草控制、作物杂草、植物生长调节剂与除草剂等的相应的信息。https://www.agric.wa.gov.au/pests-weeds-diseases/weeds

（撰稿：黄红娟；审稿：张朝贤）

《杂草研究》 *Weed Research*

（黄红娟提供）

为英文学术期刊，双月刊（见图）。创刊于1961年，是由欧洲杂草学会主管的国际学术期刊。刊号纸质版，ISSN：0043-1737，电子版ISSN：1365-3180。现任主编为E.J.P. Marshall。该刊被收录于Science Citation Index（SCI），Science Citation Index Expanded（SCIE），Current Contents（Agriculture，Biology & Environmental Sciences），美国《生物学文献》数据库（BIOSIS Previews）。2021年CiteScore值3.2。

主要刊登全球与杂草研究相关的所有领域的创新文章，同时也刊发杂草领域的综述、新方法以及具有前瞻性的论述文章。包括的议题为：杂草生物学与防控、除草剂应用、所有环境中的入侵植物、杂草群落与空间生物学、模型、遗传学、多样性、寄生杂草等。

（撰稿：黄红娟；审稿：魏守辉）

《杂草种群动态》 *Dynamics of Weed Populations*

由杂草科学学家Roger Cousens和Martin Mortimer主编，1995年由英国剑桥大学（Cambridge University）出版社出版发行（见图）。

（崔海兰提供）

该书是系统阐述杂草种群数量时间和空间变动规律的专著。是杂草种群动态研究的重要参考书目。全书共有9章，包括杂草种群动态概论；地理分布动态；杂草种内和种间的扩散；杂草种群密度的调控；种群密度的自然动态；种群密度的外在影响因素；杂草种群的空间分布动态；除草剂抗性的演化及杂草种群动态研究总结与展望等。

该书系统介绍了杂草种群动态的基本定义和基础理论，包括杂草种群密度和空间分布的动态，杂草的扩散、繁殖和死亡及其影响因素，杂草的进化和除草剂抗性治理。该书拓展了杂草种群生态学方面的理论知识，是杂草种群动态研究的重要参考书目。

（撰稿：崔海兰；审稿：魏守辉）

枣疯病控制理论与技术　theory and technology for control of jujube witches' broom

获奖年份及奖项　2006年获国家科技进步二等奖

完成人　刘孟军、周俊义、赵锦、郑来宽、裴冬梅、史同京、王泽河、陈德廷、王秀伶、刘连新

完成单位　河北农业大学、保定市科技局

项目简介　枣树是原产中国的重要果树和五大优势经济林之一。枣疯病由植原体引起，具有高致死、高传染和难防控的特点，在国内外枣区普遍发生，是枣树生产中的重大检疫性病害，严重威胁枣产业的可持续发展。在国家自然科学基金、高校博士点基金、国家科技攻关、中韩科技合作等10多项课题资助下，项目组经10余年多学科联合攻关，通过方法改进、理论突破和技术创新，"治疗"与"康复"相结合，将病树治疗和病区治理统筹考虑，探索出了实用高效的枣疯病控制解决方案。主要创新成果如下：

方法体系创新。攻克了带枣疯病茎段高效再生和枣疯病植原体在离体寄主体内持续保存与增殖的国际难题，创建了高效、可控的枣疯病室内研究平台（图1），并成功应用于防治药剂和抗病资源筛选及病害生理研究；建立了在重病树上高接待鉴定种质的抗性鉴定新方法，与健康树上嫁接病皮的传统方法相比，筛选强度和效率显著提高，利用该方法筛选出一批高抗枣疯病种质；建立了枣疯病植原体荧光显微快速鉴定、PCR精准鉴定及活力鉴定方法体系，研究提出组织、单枝、单株、枣园和枣区5个水平的病情分级指标体系。通过方法创新，显著提高了研究效率。

应用基础创新。从全国20多省、市、自治区（直辖市）

图1　枣疯病室内研究平台（赵锦提供）

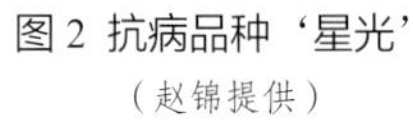
图2 抗病品种‘星光’
（赵锦提供）

图3 《枣疯病》
（赵锦提供）

调查收集建立了国内外首个抗枣疯病种质基因库，并首次发现4个抗病种质；将病原周年检测、冬季水培疯枝和带病组织培养相结合，巧妙确认了植原体可在地上部越冬且无须先运到根部即可繁殖致病，澄清了在这两个问题上的长期争议；揭示出枣疯病植原体的周年消长规律和梯度分布特点；发现枣树感染枣疯病后叶片中细胞分裂素浓度显著增大、分裂素与生长素和赤霉素比值显著上升，病叶中显著缺乏钙、镁、锰三种元素。这些研究为抗病品种选育、药剂研制、用药时期确定、科学去除疯枝及生理调控等提供了关键性理论支撑。

应用技术创新。选育出世界上首个正式审定的高抗枣疯病品种‘星光’（图2），经济性状良好，该品种在重病枣区栽植不染病，而且利用其高接改造病树实现了5年以上未发病并正常结果，开辟了利用高抗品种改造病树控制枣疯病的新途径；提出杀灭病原致病与补充关键微量元素加速康复相耦合新思路，并研制出兼具治疗与康复双重功效的低毒高效复配药物‘祛疯1号’（国家发明专利），实现了从单纯治疗到治疗与康复相结合的技术跨越，创下大面积防治有效率95%以上、输液当年治愈率80%～85%的国内外新记录（常规防治只有30%左右）；配套研制出枣树输液用便携式可调手摇钻和连体式多针头输液器（实用新型专利），实现了高效药物与专用药械的统一；提出了实用高效的因树因园制宜的枣疯病分类治理策略。

本成果被同行专家鉴定为“枣疯病治疗之突破，对其他植原体病害防控有重要借鉴价值”，总体水平达国际领先。基于本成果出版了《枣疯病》专著（图3）；有关技术先后列入国家科技成果重点推广计划、国家农业转化资金项目等，国家林业局（现国家林业与草原局）两次组织全国性专项技术培训，已在河北、北京、山东、河南、山西、陕西、辽宁、广西等重病区示范推广，2001—2006年药物治疗113.2万株，综合治理70.02万亩，新增总产值3.1亿元，产生显著经济、生态和社会效益。该成果实施对有效解除枣农对枣疯病的恐慌、保护枣农积极性发挥了重要作用，进一步推广应用前景广阔。

（撰稿：赵锦；审稿：刘孟军）

曾士迈　Zeng Shimai

曾士迈（1926—2014），植物病理学家，农业教育家，中国工程院院士。中国农业大学植物保护学院教授、博士生导师（见图）。

（马占鸿提供）

生平介绍　1926年4月8日生于北京，祖籍湖南湘潭。两岁时随父母到沈阳，1932年入沈阳市坤光小学，1934年随父母回北平，就读国立北平师大第二附小，1938年毕业，被保送入师大附中，1944年在该校高中毕业后，同年考取北京大学农学院农艺系，1947年春转入植物病理系，1948年毕业留校任助教。1949年9月北京大学农学院与清华大学农学院、华北大学农学院合并重组成为北京农业大学，自此他在该校任教终生，1980年晋升为教授。曾任植物保护系主任、《北京农业大学学报》主编、《植物保护杂志》和《植物病理学报》编委和主编，《中国科学》编委会委员。1995年当选为中国工程院院士。曾士迈曾任中国植物保护学会（CSPP）第四届副理事长、荣誉理事，中国植物病理学会（CSPP）常务理事、理事长，亚洲植物病理学会理事长、国际植物病理学会（ISPP）流行学委员会委员。他是1985—1997年国务院学位委员会学科评议组成员。

1953年加入中国民主同盟，1961年加入中国共产党。1960当选为北京市海淀区人民代表。1959年荣膺全国总工会先进工作者（劳动模范）称号，此后50多年间，先后获得各种奖励数十项。

曾士迈从1948年大学四年级由导师林传光指导，以研究草莓缺铁白化病为题做毕业论文开始，直到生命最后一息的66年间，始终坚持在植物保护科学的教学科研一线，为中国的植物保护事业奉献了一生。

成果贡献　曾士迈从事植物保护工作的早期，曾研究过水稻、烟草等作物病害，有几篇论文发表。1951年他在《农业科学通讯》上发表了《水稻秧苗‘黑根子’的初步研究》报告。从这篇60多年前的研究报告中，已经可以看出曾士迈的研究才能。作为一位刚毕业的助教，他能灵活应用学到的物理化学和微生物学知识，通过周密的试验，证实这种当时危害严重的水稻秧苗根部发黑以致腐烂的病害，是在氧化还原电位较低的水田土壤中，由于厌氧性的硫酸盐还原菌作用，使土壤中积累的硫酸根产生大量硫化氢和硫化物所致。针对这些病因他提出了相应建议。从19世纪50年代初到60年代中期，他每年都用近4个月的时间，带领学生到农村去实习，接触农业生产实际，足迹遍及10多个省80多个县。返校后则整理记录，查阅文献，在不断思考中，逐渐形成了小麦条锈病大区流行和流行区系的概念和理论。1960年后他以小麦条锈病，特别是该病害的流行规律为主要研究对象。1960年，他写成《华北小麦条锈病流行区系划分及防治策略的研究》，这是他以后几十年中逐步形成有关植物保护系统工程，并提出宏观植物病理学这一新分支学科设想的开始。此时他还开始对小麦品种抗病性的消失现象进行思考。1964—1966年，他被派遣到越南支援教学，野外考察时曾遭遇美机轰炸。1974—1975年被派往墨西哥作为期

100天的稻作考察，他亲身体验了地球环境的丰富多彩，认识到植物病害流行的规律复杂多样。为此，他自己曾写道："我受到了农业和病害生态学的实地启蒙，使我此前此后阅读的生态学在我脑中立体化了、逼真化了，反过来又得以用书上的理论和知识去加强我实地考察中这方面的敏感性。由此，在我心中逐渐酝酿着病害流行中多种因素相生相克的网络图解，出现了植物病害流行学和比较流行学的萌芽。""文化大革命"期间，他在陕北劳动之余，依旧不忘读书，当他细读Van der Plank在1963年出版的*Plant Disease*：*Epidemics and Control*一书时，顿然领悟到，在头脑中存在多年的作物品种抗病性丧失的问题，要想得到解决，关键思路是把水平抗病性和流行学与免疫学结合起来。因此在学校从陕北回迁北京后，他便抓紧时间大量吸取当时的新知识，试图根据上述思路去寻找答案。他回顾道："当我看到有关系统科学和系统分析方法的书籍和文章时，仿佛一下子摸到了一把思想钥匙，它能帮我打开病害流行规律这一复杂系统的迷宫。这样，我就开始踏上了系统分析方法与流行规律研究相结合的道路。这些都是多年实践加读书，聚焦而生的火花。"1979年，曾士迈带领他的助手们开始了小麦条锈病抗病性的田间试验研究，他在国内积极介绍国外学者关于植物水平抗病性的概念，创造了小麦条锈病水平抗病性综合鉴定方法。这一方法带动了中国有关科学工作者对其他病害水平抗病性的研究。他在不断研究植物抗病性遗传规律和不同类型抗病性的应用效果的同时，以寄主品种—病原物小种相互作用的群体遗传学为核心，开始从宏观治理的高度探索抗病育种方向、抗病性遗传管理和品种抗病性持久化问题。他在抗病性持久化研究中采用的系统模拟方法受到国内外广泛的重视，对促进植物免疫学与流行学交叉研究起到了推动作用。在此后的30余年中，他领导的小麦条锈病研究发表了数十篇论文，涉及大区流行、水平抗病性与抗病性持久化、病害流行的定量研究和建立研究模型等多个方面。1983年，他著文指出，植物保护研究应该推进到一个新高度，倡导既有分析又有综合，既定性又定量的宏观系统研究，这就须采用系统分析的方法，其目的是对植物病害进行系统治理。这一思想逐步得到广大植保界的认可。曾士迈早在1960年代初期即开始对条锈病流行规律进行数理分析，70年代中期，便开始探索计算机在自己研究中的应用， 1980年在《科学通报》上发表文章，纠正了Schrodter设计的真菌生长温度当量公式。通过与大田调查结果的验证和细致的分析，1981年在中国建立了第一个植物病害流行模拟模型——小麦条锈病春季流行模拟模型TXLX，1983年建立了电算模拟研究条锈病春季流行的简要模型SIMYR，随后他指导学生发表了一系列高水平的论文，完善了模型，并应用于评估该病害对小麦产量的影响和对其他作物病害的研究。1988年他领导的"中国小麦条锈病流行体系"研究成果获得国家自然科学奖二等奖。1990年又创建了小麦条锈病大区流行和品种—小种相互作用计算机模拟模型PANCRIN，并进行了模拟试验。这项试验曾引起国际植物病理学界的重视。他和学生后来还陆续创立了研究稻、麦、蔬菜等作物的多种病害的模拟模型，并逐步从单一病害发展为多种病害乃至病虫害的综合模型，还考虑到时间和空间的动态变化，以至于病害损失的评估、不同作物品种药剂防治效果的预测和防治决策模型。经过国内许多科研院所、团体几代人几十年的共同努力，2012年，由中国农业科学院植物保护研究所陈万权、西北农林科技大学康振生、中国农业大学马占鸿等十几个科研教学推广单位的数十位专家、教授和科研人员连续18年的科技攻关，完成的"中国小麦条锈病菌源基地综合治理技术体系的构建与应用"项目，获得了2012年度国家科技进步一等奖，该成果的完成，使长期影响中国小麦生产和粮食安全的这种毁灭性病害的防控取得重大创新与突破，曾士迈的前驱性和奠基工作，无疑是该成果的重要准备。

所获奖誉 曾士迈从事农业教育60多年，他培养了数十名硕士和博士，中国植物保护界的许多骨干都出自他的门下。1989年他被授予国家级优秀教师称号。1961年他与老师林传光等合编出版了《植物免疫学》，以后他主编或与他人合作编写了《植物保护基础知识》（1976）、《农业植物病理学》（1980）、《植物病害流行学》（1986）、《普通植物病理学》（1989）、《小麦病虫草鼠综合防治》（1990）、《系统科学在植物保护研究中的应用》（1990）、《植保系统工程导论》（1994）、《植物抗病育种的流行学研究》（1998）、《中国小麦锈病》（2002）、《宏观植物病理学》（2004）和《曾士迈文集：病理学研究》（2006）等多部教材和专著。

曾士迈出身于对近代中国历史有影响的家族，自幼受到良好的教育。他天资过人，品学兼优。他的父亲根据他的谱名为他表字守铭，取义于《大学》中"汤之《盘铭》曰：'苟日新，日日新，又日新'"。曾士迈一生不曾忘记那个商汤使用过的青铜器上铭刻的九个字，在科研中始终求新。他与小麦育种学家张树榛相携65年，构筑了幸福美满的家庭，营造了事业发展的环境，他们伉俪共同著书、译书，培养研究生，这更有助于曾士迈不断地增长并更新自己的知识和技能。他在30多岁开始在农学中应用数理分析，40多岁开始学习计算机，用现在看来非常原始的DJSl30计算机，用北大200号的语言，用纸带穿孔输入，为了节约经费，还在半价收费的晚上上机，他可能是中国植保界计算机应用第一人。即使在下放农村劳动的特殊岁月，他也抓紧时间读书，时时观察农作物病害，例如在陕北他就研究过"糜疯麦"（小麦线条花叶病毒病），在他成为中国工程院院士后的20个年头中，他从未停止求新，70岁时他说"只要身体行，今后总还要学点什么吧！"的确，他在80多岁还在《欧洲植物病理学杂志》上发表高水平的论文，更不断发表自己对学科发展及国家植物保护事业的思考和建议。2012年中国植物保护学会（CSPP）为了表彰他的杰出贡献，向他授予终身成就奖。2013年在北京召开的第10届国际植物病理学大会（ICPP）上，他被推选为大会主席，这是一位杰出的植物病理学家得到的最高奖赏。

参考文献

林传光，曾士迈，1961. 植物免疫学 [M]. 北京：农业出版社.

曾士迈，1961. 烟草抗黑胫病选种方法的探讨 [M]// 中国农业科学院植物保护研究所. 中国植物保护科学. 北京：科学出版社：1001-1022.

曾士迈，1962. 小麦条锈病春季流行规律的数理分析 [J]. 植物

Z

保护学报 (1): 35-48.

曾士迈, 1963. 小麦条锈病的大区流行规律和流行区系 [J]. 植物保护, 1(1): 10-13.

曾士迈, 1977. 植物的水平抗病性 [J]. 天津农业科学 (1): 58-67.

曾士迈, 1979. 小麦对条锈病的水平抗病性研究初报 [J]. 植物保护学报 (1): 3-12.

曾士迈, 1987. 从综合防治到植保系统工程 [J]. 植物保护, 13(1): 37-40. 曾士迈, 2003. 小麦对条锈病越夏过程的模拟研究 [J]. 植物病理学报, 33(3): 267-278.

曾士迈, 2004. 小麦对条锈病品种布局防病效果的模拟研究 [J]. 植物病理学报, 34(3): 261-271.

曾士迈, 2005. 宏观植物病理学 [M]. 北京 : 中国农业出版社 .

曾士迈, 张万义, 肖悦岩, 1981. 小麦条锈病的电算模拟研究初报 : 春季流行的一个简要模型 [J]. 北京农业大学学报 (3): 1-12.

曾士迈, 庞雄飞, 1990. 系统科学在植物保护研究中的应用 [M]. 北京 : 农业出版社 .

曾士迈, 杨演, 1986. 植物病害流行学 [M]. 北京 : 农业出版社 .

曾士迈, 张树榛, 1998. 植物抗病育种的流行学研究 [M]. 北京 : 科学出版社 .

曾士迈, 赵美琦, 肖长林, 1994. 植保系统工程导论 [M]. 北京 : 北京农业大学出版社 .

ZENG S M, 1993. Sustainable agriculture and integrated pest management in China [J]//CHADWICK D J, MARSH J, JOHN W, et al. Crop protection and sustainable agriculture. Ciba foundation symposium(177): 228-232.

ZENG S M, Luo Y, 2006. Long distance spread and interregional epidemics of wheat stripe rust in China [J]. Plant disease, 90 (8): 980-988.

ZENG S M, Luo Y, 2008. System analysis of wheat stripe rust in China [J]. European plant pathol, 121 (4): 425-438.

（撰稿：马占鸿；审稿：肖悦岩）

张广学 Zhang Guangxue

（乔格侠提供）

张广学（1921—2010），昆虫学家，中国科学院院士，中国科学院动物研究所研究员。

个人简介 1921年1月31日出生于山东定陶县，回族。1946年毕业于中央大学农学系。1946年在四川遂宁农业改进所遂宁棉厂工作；1947年1月调到北平农业部棉产改进处，从事棉花害虫防治工作；1948年与北平研究院昆虫研究室合作研究棉蚜；1951年调至中国科学院实验生物研究所昆虫研究室，从事蚜虫学系统研究，先后在中国科学院昆虫研究所和动物研究所工作，历任中国科学院实验生物所、昆虫研究所、动物研究所助理研究员，1979年任副研究员、1983年任研究员。

1984年起先后任北京昆虫学会秘书长、中国昆虫学理事、常务理事、《昆虫学报》副主编、《昆虫知识》主编，1985年任中国植物保护学会第四、五届常务理事、第六届副理事长。1985年任国家科委发明评选委员会审查员。1986年国务院授予博士生导师。1991年当选为中国科学院学部委员（院士），同年任中国科学院动物研究所学术自委员会主任。1998年任中国昆虫学会理事长。

成果贡献 是中国蚜虫学家和生物防治专家。从20世纪40年代末，他就开始棉花害虫与蚜虫的系统研究，在系统分类、生物学、系统发生演化理论和害虫综合治理方面取得了重大研究成果，为中国蚜虫学的发展和基于生态理念开展害虫防治做出了重要贡献。

在半个多世纪的坚持与努力下，将中国蚜虫记录从148种推进到1000余种，占世界已知蚜虫总数的1/4；先后发表了9新属224新种，以及一大批中国新记录种，极大地丰富了中国的蚜虫物种多样性。在开展系统分类学的同时，他能及时把握学科前沿，利用新的技术和方法开展蚜虫系统发育研究，率先利用数值分类、细胞分类和胚胎特征进行蚜虫分类；利用系统演化理论和支序分类学方法突破蚜虫11科分类系统，建立了13科系统；基于胚胎和胚胎毛序演化规律，研究世界斑蚜科属间系统演化，创立4亚科分类系统。

根据蚜虫与寄主植物之间密切的相互关系，首次证明植物界的科、属级分别与蚜虫的属、种级平行演化。基于大量的田间繁殖与种间杂交实验，对国际权威 R. A. Mordvilko 的蚜虫生活周期型的演化理论提出了重要修订。同时，根据国家经济建设的实际需求，结合标本采集、物种鉴定、形态分类与生物学的观察记录，于1983年出版了专著《中国经济昆虫志》同翅目蚜虫类（一）分册，这本专著被国际同行推荐为东亚蚜虫鉴定的重要用书。

在开展蚜虫系统学研究的同时，他不忘初心，坚持解决生产一线的实际问题。最早提出以基地非耕种指数、生态自然调控机制和生物多样性作为评选马铃薯无病毒原种基地的首要条件，并提出综合防治蚜传病毒的方法，改进了国际先进技术，使马铃薯产量增加了50%。

首次确定了中药当归“麻口病”的病因，他主持研制的当归种苗包衣剂可防治“麻口病”，效果达98%，创造了筒式栽培法和一整套优质丰产栽培技术，解决了当归人工栽培中的三大难题。

提出俄罗斯麦蚜和冰草麦蚜是由同寄主全周期的杂草演化而来的小麦害虫；结合地球史和生物史提出在演化关系上多食、广布型的棉蚜，应是寡食性分布型的大豆蚜的祖型，在国际上产生深远影响。先后出版《棉蚜及其预测预报》（1956）《中国棉花害虫》（1959）《棉虫图册》（1972）《棉花害虫的综合治理》（1982）等专著，在辽宁朝阳建立万亩棉田自控棉蚜样板。提出植物能够并且应当作为生物防治因素加以利用的“相生植保”新思路，并指导创制新疆棉蚜生态治理技术，获得大面积推广应用。

共发表论文318篇（科普16篇），专著33册（科普9册）。其在理论上和联系生产实际上的成就，引起国内外的关注，受邀为有关农业大学师生授课百余次，听讲者数千人，为中国培养了大批植物保护人才。培养博士生24名、硕士生6名、博士后1名。

不仅学术渊博、成果繁丰，而且提携后学、甘为人梯，将自己的奖金用于建立“广学动物系统学研究生教育奖励基金”，以激励年轻一代奋发努力，开拓创新。

所获奖誉 1978年获科技大会重大科技成果奖；1984、1986、1989年获中国科学院科技进步奖一等奖各一次；1986年获中国科学院科技进步奖特等奖、河北省科技进步奖一等奖；1989年国务院授予全国先进工作者，获第四届全国发明展览会金牌奖、首届北京国际博览会金奖；1995年获中国科学院自然科学一等奖；1996年获香港求是科技基金会杰出科技成就集体奖；2001年获国家自然科学二等奖。

性情爱好 幼年家境贫寒，他一生都生活朴素节俭。他自幼身体不好，常说自己是“等外身体”，因此他非常注意体育锻炼，长期坚持打太极拳。同时他也喜欢音乐，能拉二胡，也喜欢唱京剧，是一位寒门走出来的有追求、有爱好的科学家。

参考文献

潘锋，孙忻，2010. 用一生揭示蚜虫的秘密：追记中国科学院院士张广学 [J]. 科学时报 . 3(1): A1.

张万玉，1994. 张广学与蚜虫学 . [M]// 卢嘉锡 . 中国当代科技精华：生物学卷 . 哈尔滨：黑龙江教育出版社 .

（撰写：乔格侠、马忠华；审稿：彩万志、周雪平）

张巨伯 Zhang Jubo

（骞韵晴提供）

张巨伯（1892—1951），农业昆虫学家，农业教育学家（见图）。

生平介绍 1892年10月10日出生于广东鹤山。1904年日本横滨大同学校学习。1908年美国俄亥俄市立东方中学学习到毕业。1912—1916年美国俄亥俄州立大学农学院学习，初学农业化学，后转经济昆虫学，获农学士学位。1917年攻读研究生一年，获昆虫学硕士学位。1918年初在广州岭南大学研究杀虫药剂。1918年11月至1927年任南京高等师范学堂（后更名东南大学）教授，兼病虫害系主任。1922年兼任江苏省昆虫局技师。1923—1924年在广东公立农业专门学校任教一年。1927—1928年任中山大学农学院教授。1928—1932年任江苏省昆虫局局长、主任技师，兼中央大学、金陵大学农学院教授、昆虫学组主任。1932—1936年任浙江省昆虫局局长、主任技师。兼浙江省治虫人员养成所所长。1936—1951年任中山大学教授、病虫害学组主任。1936—1938年兼广东省农林局技正、昆虫系主任，并兼广州商品检验局技正。1947—1949年任植物检验组组长。1948—1950年兼广东省文理学院教授、生物系代主任。1951年5月2日因患肺癌逝世于北京。

1892年10月生于广东高鹤（今鹤山县）一个佃农家庭，原名钜伯，又名归农。其父辈长年务农，后出国作劳工。1904年，12岁的张巨伯随堂兄到日本上学，1907年又同去墨西哥；1908年随父张业良至美国，读中学。1912年进入美国俄亥俄州立大学农学院，起初学习农业化学专业，后转学经济昆虫学，1916年毕业，获农学士学位；其后又在该校研究生院攻读一年，获得昆虫学硕士学位。

张巨伯自幼身受旧中国农村贫穷落后和天灾人祸之苦，在海外求学时期，就立志要为祖国农业服务，因此，他取别号“归农”，以名言志。在他进入农学院学习昆虫学以后，认识到昆虫与农业生产的关系密切，害虫对农作物的威胁甚重，便决心专攻应用昆虫学，研究害虫防治技术，以报效祖国的农业生产。1917年，他获得俄亥俄州立大学硕士学位后，有一家美国公司曾以高薪聘请他任该公司驻华经理，负责推销杀虫药剂等商品。张巨伯却毫不犹豫婉言谢绝。他后来对人说：“我辛辛苦苦读了几年书，是预备为祖国服务的，想要我当买办，真是侮辱了我。”

张巨伯学成归国，本打算自办一个示范农场，曾两次到广西梧州选择场址，后因局势动荡未成。1918年初，他应聘到岭南大学研究杀虫农药。那时的岭南大学是美国人主办的教会学校，他觉得在那样的环境里难以实现归国的夙愿。11月辞退工作，经友人推荐到南京高等师范学堂执教，开设昆虫学课程，兼病虫害系主任，成为中国大学里最早讲授昆虫学的教授之一。他以此为起点，以教学为己任，以治虫为目标，为国家培养昆虫学骨干人才。1922年江苏昆虫局成立，聘请张巨伯担任技师，他主持研究、推广害虫防治技术的组织和领导工作，为开创中国农业昆虫科学事业奉献力量。1923年张巨伯作为交换教授到广东公立农业专门学校任教一年。以后数年工作有所反复，于1928年回江苏省昆虫局担任局长，并兼中央大学、金陵大学农学院教授、昆虫学组主任。

1932年受浙江省政府之托，主持浙江昆虫局工作。在此期间，他建立了当时中国最大的昆虫标本室，创建了中国第一份植保期刊《昆虫与植病》。但由于工作上遇到了当局不少刁难和种种麻烦，于1936年被迫离开浙江省昆虫局，回广东任中山大学教授。同时，又在广东省农林局兼职。1949年，他喜迎广州解放和中华人民共和国成立。他对社会主义祖国的新气象，对社会主义建设，充满了信心和激情，决心再干几十年。但不幸，1951年5月2日因癌症夺去了他宝贵的生命，终年59岁。他临终前还勉励自己的学生说：“人民政府重视昆虫事业，学昆虫的人，随着新中国成立而翻身了，要为搞好新中国的昆虫事业而奋斗。”表达了他的赤子之心。

成果贡献 张巨伯知识渊博，精通英文，从美国归来后，又钻研过中国语文学，所以他中文也有较深造诣，他的书法刚劲有力，犹如其人。他生活简朴，谦逊谨慎，不唯上，不媚外。他对江苏省昆虫局第一任局长美国人吴伟士敢于提出批评意见。本来他还有再出国的机会，但他无意于此，主动让给别人。他对同事说："中国的昆虫问题，还是要我们自己去解决。应该相信自己。"他对国民政府请美国人洛夫当中国农业总顾问不满，认为有伤民族自尊心；对洛夫推行"农业中国，工业美国"的主张表示愤慨，表现了高尚的民族气节。

昆虫教育　张巨伯是中国最早从事经济昆虫教育的学者之一。他对发展中国昆虫科学事业，怀有远大理想和殷切期望。20 世纪 10 年代，一般留学生大多数骛求政法，其次是财经，而对昆虫学则视为"雕虫小技"，难涉宦海。有人问张巨伯："为什么选择昆虫专业？"他说："昆虫占动物界四分之三，研究它有益于人类。中国地大物博，农林害虫种类繁多，危害损失至重，做好害虫防治，有利于农业生产，是最好的服务。"1917 年他学成归国时，国内昆虫科学事业尚处于萌芽状态，为了培养昆虫学人才，就投身于经济昆虫教育事业。先后在岭南大学、南京高等师范学堂、中山大学、金陵大学等任教，讲授普通昆虫学、经济昆虫学、昆虫分类学等多门课程，他为中国培养了一代高级专业人才，如老一代昆虫学家吴福桢、邹钟琳、尤其伟、杨惟义等。

张巨伯不仅善于讲课，而且对教学要求严格。他的学生徐硕俊回忆说："听张先生讲课，如坐春风，如饮醇醪，有的外系同学听课后，都想转学昆虫学。"在教学上，张巨伯除亲自带领学生野外实习外，还经常查阅批改学生的笔记，连错别字都帮助纠正。对学生生活却体贴入微，经常用自己薪金帮助经济困难的学生，完成学业。他无私地选拔优秀生，推荐到工作岗位或帮助出国深造。昆虫界前辈吴福桢回忆业师张巨伯说："张巨伯先生一生最大功绩就是培养了人才。""我之学习昆虫是受先生之影响，完全是在先生门下打基础的；我的出国学习、研究是得益于先生的鼓励和援助。"

为了扩大专业队伍，张巨伯十分注重在职人员的岗位培训。1928 年任江苏省昆虫局长之际，他招收了一批练习生，利用冬闲及业余时间进行技能培训，然后才充实到各实验站和基层研究所去工作。1932 年在浙江省昆虫局任职期间，利用浙江省治虫人员养成所，招收高中生进行专业培训，其课程除昆虫学基础课外，并开设了一系列农业昆虫学课程，如稻作害虫，棉作害虫、蔬菜害虫、果树害虫等，还增设了植物病理学、真菌学。教师由研究室的技术人员担任，采取课堂讲授与田间实习相结合，强调实践，"手脑并重"，因此，教学效果很好。学员毕业后分配到各县担任基层病虫害防治指导工作，大多数在治虫岗位上发挥了作用。

治虫试验　张巨伯是一位实干家。1919 年江苏浦东、南汇、奉贤等地沿海棉区发生特大虫灾，几万亩棉田受棉大造桥虫（棉尺蠖）危害，几乎绝收。这严重威胁着刚兴起的上海纺织业的原料供应，厂家非常惊慌。华商纱厂联合会会长穆抒斋向东南大学农科求援，自动捐款 1000 银元，迫切要求消灭虫害。当时张巨伯已是大学教授，他毫不迟疑地带领助手吴福桢奔赴棉区进行调查研究，在南汇滨海老港镇，建立起中国第一个治虫田间实验室。1919 年秋，江苏省苏南地区发生了历史上最大水灾，老港镇试验田和实验室全部受淹。但他毫不气馁，第二年又带着助手邹钟琳到浦东继续工作。经过数年努力，张巨伯等已基本掌握棉大造桥虫的形态特征、生活史、生活习性及发生规律，并提出了防治方法，有效地控制了虫灾。其论文刊登于 1923 年《东南大学学报》上，这是中国最早的棉虫专题研究论文之一。

在老港镇工作期间，当地棉农在害虫发生初期，采用煤油、石灰等办法进行防治，不但无效，反而烧坏了棉株。张巨伯经过多次试验、示范，然后推广应用砒酸钙防治食叶害虫，收到了很好的效果，受到棉农的欢迎。这开创了中国使用化学农药大面积防治农作物害虫获得成功的范例。

此后，张巨伯更多地把昆虫学的研究与解决生产上的问题紧密地结合起来。1928 年江苏省飞蝗大发生，铺天盖地，情况万分火急。张巨伯带领学生，助手吴福桢、吴宏吉、陈家祥等深入渺无人烟的蝗虫滋生地，并亲自组织指导治蝗。他采取挖沟、围捕蝗蝻、试用毒饵等方法，终于扑灭了蝗灾。

在他主持江苏省昆虫局工作期间，在虫害发生地区成立了害虫研究所多处，如在灌云县设立蝗虫研究所，在昆山县夏架桥设稻虫研究所，在无锡县设桑树害虫研究所。1932 年江苏省昆虫局因经费不足撤销后，他到了浙江省昆虫局，在他任局长职务期间，扩建了许多基层实验站，如在海宁县七堡设立棉虫研究所，在嘉兴县南堰设立稻虫研究所，在杭州拱宸桥设立桑虫研究所，在黄岩设立果虫研究所。在浙江省昆虫局内成立了植物病理研究室、蚊蝇研究室。他也很重视害虫的天敌作用，因而设立了赤眼蜂保护利用研究室。

昆虫专业机构　张巨伯是中国早期昆虫专业机构的组织领导者之一。1922 年他兼任江苏省昆虫局技师，积极协助邹树文（当时兼任副局长）建立作物虫害防治体系，把昆虫局的工作任务和解决生产中主要害虫问题紧密结合起来。研究重点放在飞蝗、稻螟、棉虫、菜虫、果虫和药械等方面，及时将试验结果和防治技术传授给农民，为农业生产服务。当时业务项目多，而经费来源很少。由于他精明、干练、精打细算，杜绝应酬开支，做到用较少的钱，聘较多的人，办更多的事。

1932 年张巨伯应浙江省政府之邀，任浙江省昆虫局局长兼总技师。他任人唯贤，量才使用，分层负责。为了开展全局工作，他将一部分人员组织起来搞专题研究；一部分人负责宣传推广；还有一部分人负责采集、制作标本、模型等。张巨伯对昆虫标本的收集、制作、保存十分重视。经常派专人到市郊采集，还不定期地组织人员到天目山、雁荡山、黄山等地采捕，积累了大量标本。对某些重要害虫，经过饲养制作成套的生活史标本，建立起相当规模的标本室，供局内外人员研究与参考。该局昆虫标本之多，居当时全国各农业单位之冠。

为了搜集图书资料，张巨伯不遗余力亲自写信与国外联系，索取、交换和订购大量书刊，使很多专业期刊均能配购成套。在前任工作的基础上，建立起切合实用的图书室。为了方便驻点外出人员及时了解新书刊的内容及有关资料，特指派专人按不同文种，把每月新到书刊编译出摘要，及时印发。当年江苏、浙江两省昆虫局收藏的昆虫学图书资料种类之多，占全国农业机关之首。昆虫学家刘崇乐，回国后见到如此丰富的图书室甚为惊喜，对张巨伯卓越的领导才能极为敬佩。

创建六足学会 1924年由张巨伯发起，在南京组织起来“六足学会”。这是中国最早的昆虫学术团体。其成员有江苏省昆虫局的技术人员、中央大学、金陵大学病虫害系的教员与学生，最初约20余人。“六足学会”成立后，每周举行一次例会，或作学术报告或交流经验或谈读书心得，十分活跃，深受同行欢迎。1927年改称“中国昆虫学会”，张巨伯被推选为会长。张巨伯对学会工作十分热心，积极筹划活动经费，他曾将兼职薪水捐作学会基金。他在组织中国养蜂促进社、创办金华蜂场时，建议在社章中规定，给中国昆虫学会若干个干股，按股分红，以充实学会经费。张巨伯还向朋友劝募在南京鼓楼以北，征地两亩多，作为学会建址基地。但这些意图和筹建工作，因抗日战争爆发而未能实现。

1933年张巨伯创建中国第一个植物保护学术期刊《昆虫与植保》，并任主编。每10天出一期（旬刊），内容有研究论文、综合报道、病虫防治情报、通讯、书刊介绍等，蜚声中外。不少文章在英国 *Review of Applied Entomology* 上摘要转载。1937年因故停刊，共发行到4卷6期。

当时，除办定期期刊外，还编印了10余种病虫防治浅说、图册，发行到农村。此外还为中国科学画报社编写了《昆虫纵谈》《植病纵谈》《医学昆虫》等三套丛书。

张巨伯主张教育、科研、推广三者并重，并互相结合。他治学严谨、学识渊博、造诣专深、理论联系实际，是中国昆虫学奠基人之一，农业教育家，昆虫学学术团体的主要创建人。

主要论著。《棉尺蠖研究》《南汇奉贤之棉花造桥虫调查报告书》《昆虫纵谈》《植病纵谈》《医学昆虫》等。

参考文献

华南农业大学百年校庆丛书编委会, 2009. 稻花香：华南农业大学校友业绩特辑 [M]. 广州：广东人民出版社.

莫容, 1988, “六足”学会始末 [J]. 中国科技史料 (1): 59-87.

中国科学技术协会, 1992. 中国科学技术专家传略：农学编 植物保护卷 1[M]. 北京：中国科学技术出版社.

中央大学南京校友会, 中央大学校友文选编纂委员会, 2010. 南雍骊珠：中央大学名师传略再续 [M]. 南京：南京大学出版社.

周尧, 王思明, 夏如兵, 2004. 二十世纪中国的昆虫学[M]. 西安：世界图书出版社：14.

（撰稿：蹇韵晴；审稿：马忠华）

张宗炳 Zhang Zongbing

张宗炳（1914—1988），昆虫学家、昆虫毒理学家、教育家。北京大学生物学系教授、博士生导师。

生平介绍 1914年7月17日出生于上海，浙江杭县（现属杭州）人。其父张东荪，是中国近代哲学家和社会活动家。

张宗炳少时聪明好学，成绩优异，10年读完中小学全部课程，16岁（1930）就考入燕京大学生物系，主修昆虫学。1934年燕京大学毕业，获学士学位，并继续攻读硕士，1936年获硕士学位，同年赴美国留学，入康奈尔大学攻读昆虫生态学。1938年2月获博士学位，2～7月在麻省理工学院短期进修后回国。回国后应邀到上海东吴大学生物系任教，历任讲师、副教授、教授并兼系主任。1941年12月太平洋战争爆发，他随东吴大学南迁到广州曲江。1942年到成都，应聘到成都燕京大学，任教授兼生物系主任。抗战胜利后，1946年燕京大学迁回北平，他转到北平师范大学任教授。1949年转到北京大学，任动物系教授。1952年高校院系调整后一直任北京大学生物系教授，曾兼任中国科学院动物研究所研究员、第一海洋研究所研究员、浙江农业大学植物保护系客座教授。还担任过中国养蜂学会、中国农药学会、中国储藏学会理事和顾问，中国粮油学会储藏专业分会名誉理事长，农业农村部农药检定所学术委员会委员和《海洋学报》编委等职。1977年重新回到北京大学生物系教师队伍。归队后，他很快以极大的热情投入到教学和科研中去。他承担了全校和生物系普通生物学课程、生物系的生物统计学课，并为研究生开设了杀虫药剂的分子毒理学等课。他讲课生动，语言精练，深受学生欢迎。学生说：“听张先生的课是一种难得的享受，内容新颖，清楚明白，干净利落，没有半句赘语。”学生眼中的张先生：“永远衣着讲究，头发妥帖，皮鞋一尘不染，身材高大挺拔，浑身上下都透着教授的‘模样’。”进入80年代，他虽年事已高，但仍精力充沛，效率惊人，他同时指导着3个不同领域的科研项目，还写出了多本著作，到各处作学术报告。就在他的桌面上还摆着许多等着他去做的工作时，1988年1月10日清晨，在家中突发心脏病去世，享年74岁。

成果贡献

中国昆虫毒理学的奠基者和开拓者之一 20世纪40年代，随着DDT等有机杀虫剂的问世，迫切地需要研究其杀虫机理，以便更有效地应用它们，于是昆虫毒理学便逐渐发展起来。

1942年他到成都燕京大学任教后，便将自己的研究方向转向杀虫药剂，进而转到昆虫毒理学的研究上。1946年到北平师范学院任教后，便深入地开展了滴滴涕（DDT）、六六六的毒理学研究，发表了多篇论文，重要的有《DDT毒理的研究》（1948，英文）、《DDT、六六六、Chiorodan及Toxaphen 4种杀虫药剂对榆叶虫毒性比较》（1950）等。1956年在北京大学生物系开设了昆虫毒理学课，随后出版了《昆虫毒理学》（1958年上册，1959年下册）。它是中国第一部昆虫毒理学专著，也是他的代表性著作，1965年再版。这部著作受到广泛重视和引用，对推动和规范中国昆虫毒理学的研究和发展起了重要作用。

1962年他开展了昆虫不育性药剂的研究，希望开启一个防治害虫的新方向，他收集了200余种化合物进行筛选，发现有2～3种对昆虫有不育效果，在家蝇和黏虫的防治实验中也收到一定效果，后由于考虑到这些不育剂可能诱使基因突变，使用会带来风险而终止了进一步的研究。

害虫抗药性是化学防治面临的一个重要问题，引起了广泛注意。学术界开展了多方面的研究，试图搞清抗性机制，并从机制入手彻底解决害虫的抗性。但是当时这一努力并未获得预期结果。20世纪70年代来，曾有人提出抗性问题主要的不是昆虫毒理学问题，而是种群遗传学问题，提出因为抗性的形成是个抗性基因频率，由于选择作用而增加的过程。他认同这一观点，于1978年后期开展了昆虫抗药性治理的研究。他指导其助手在国内率先对不同害虫遗传形式，不同治理策略（顺序轮用、合理混用、棋盘式用药，高杀死策略等），进行了计算机模拟与分析，结果显示几种不同药剂合理混用，能最大限度地延缓甚至阻止害虫抗性的产生和发展。随后他们又与中国科学院和中国农业科学院等单位合作，验证了模拟的结果。这项研究当时在国内属于领先地位。

他毕生精力主要用于昆虫毒理学的研究和写作，发表了近百篇论文和评述。其重要著作除《昆虫毒理学》而外，还有《杀虫药剂的毒力测定》（1959，1988）、《昆虫毒理学的新进展》（1982）、《昆虫神经生理和神经毒剂》（1986）、《杀虫药剂的分子毒理学》（1987）、《杀虫药剂的环境毒理学》（1989）及多部译作。他的这些专著和科研成果使其不愧为中国昆虫毒理学开拓和奠基者之一，也是那个时期中国在这个学科领域的带头人。

聪明睿智、勤于探索、勇于创新　黏虫曾经是东北地区一大害虫，春夏之交常常突然大暴发，大片禾谷被一扫而光，且能成群越过河流山岭到农田危害。而冬季地上地下又找不到它的踪迹，真是来无影去无踪，故又称之为“神虫”。

1958年由北京大学生物系教师和动物研究所科研人员组成黏虫研究协作组，他是主要成员之一，赴东北吉林地区开展研究。他的课题是研究各种诱蛾剂的诱蛾效力。他们在公主岭农业科学研究所的一片空地上安放了20个诱蛾盘，傍晚放入诱蛾剂，次日清晨检查诱到的蛾数。4月开始时诱得数目并不多，每日多则数头，少则无，他每天清晨都要亲自去检查。4月30日夜刮起了10级西南大风，大家都以为当夜诱不到蛾子了。次日清晨他还是顶着大风去检查，结果大出意外，20个盘中竟诱捕600余头，这令他大为惊讶，但并没有引起他太多的联想。5月7日再次刮起7级西南大风，次日又诱捕200余头。两次大风，两次诱蛾高峰令他灵机显现、思路顿开，这些蛾子可能是随着大风从很远的南方迁飞来的。于是，他和协作组的同志们循着这个思路，查阅了1955—1958年该地区的气象资料和诱蛾记录，果然春夏之交，凡是有南或西南大风过后，次日必有蛾的高峰，于是一个假说悄然而生。1959年在黑龙江省农业科学院召开的黏虫越冬问题学术讨论会上，他做了“黏虫随风迁飞假说和越冬问题”的报告，提出了黏虫可能在南方越冬，春季随大风迁移到北方繁殖危害，秋季再返回南方越冬。后经协作组和许多科学家的多方努力，证实和丰富了这个假说，“神虫”之谜就这样被揭开了。这项研究获得了国家科委和教委科技进步二等奖。

20世纪50年代，生物化学、遗传学有了飞跃的发展，已搞清遗传信息的传递是由DNA-RNA，再由RNA-蛋白质。已知RNA有四种核苷酸（A、G、C、U），组成蛋白质的氨基酸有20个。问题是这4个字母如何编码出20个字来呢，于是有了多种理论推导和揣测。1961年很多氨基酸的密码组成陆续有了一些试验证据，使得核酸密码的讨论进一步展开，提出了许多不同方案，概括起来有3类：双因素假说，认为4种核苷酸编码4个类群的氨基酸，编码某个特定氨基酸尚需一种未知因素；二联体密码，认为密码由两个字母组成，4^2有16个组合，另有4个组合是重复的，因其结构差异编码出不同的氨基酸；三联体密码，认为3个字母编码一个氨基酸。但是4^3就有64个组合，而氨基酸只有20个，另44个就必然是无意义的字了，对此这个方案当时还不能很好的给予解释。这个领域虽不是他的本行，但他倾力关注这个热点领域的研究动态，以其深厚的遗传、生化和统计学基础，在1962年发表了“一个单体与双体的混合核酸密码”的文章，参与了这个讨论。他认为2个字母的16个组合，加上4个单字母就有了20个编码子。用他的方案对照当时已测得的19个氨基酸的密码子基本符合（只有1个不符）。1961—1962年他在北京大学和动物研究所多次做报告，讲述世界的研究动态和自己的密码方案。1965年许多科学家的试验证明了三联体密码的正确性，并鉴定出64个密码子。因为密码有兼并性，一个氨基酸可能有几个密码子，由此尘埃落定，结束了争论。虽然最后证明密码子是三联体而不是二联体，但他这种勇于探索、敢于争先的精神还是值得称道的。

他对昆虫生理和生物化学的研究也有着重要贡献。1952年他就敏感地发现昆虫在物理和化学的压力下，体内能产生一种物质，对其神经有着毒害作用。1964初步鉴定这种物质是一种芳香胺类。1980年他指导研究生深入地研究了这一课题，鉴定出这类芳香胺类物质是酪胺，在正常状态下酪胺微量存在，但超量即引起神经兴奋，甚至阻断神经传导。还发现一部分酪胺可被羟化成章鱼胺，它是一种神经递质，也是神经激素和调节因子，超量时也会产生不良副作用。他们还首次证明昆虫体内也含有神经节苷脂，但量很少，只是脊椎动物的1/100～1/1000。这项研究获得了教委科技进步二等奖。

他还指导助手对蜜蜂同工酶进行了多方面研究，发表了多篇文章。此前国内外皆认为蜜蜂属只有4个种，不认为黑色大蜜蜂和黑色小蜜蜂是个独立的种。1984年他们和协作单位深入到西双版纳雨林，采集了4种野生蜜蜂和人工饲养的意大利蜜蜂和中华蜜蜂进行了同工酶测定和比较分析，用分子分类方法，从生化和遗传角度证明黑色大蜜蜂和黑色小蜜蜂也是独立的种，确认蜜蜂属有6个种而不是4个种。此文在国际养蜂权威期刊发表，获得了肯定和好评，认为是昆虫学上的一个重要发现。这项研究获得了北京市科技进步三等奖。

博学多才，勤于耕耘，乐于助人　张宗炳有着深厚的生物学和数理化基础，精通英语，懂德、法及俄语，知识渊博又勤于读书，视野开阔。他性格开朗，兴趣广泛，在书法、油画及诗词等方面均有很高造诣。他终身教书育人，先后开设了14门课，几乎包括了动物学的各个领域。他是位知名学者和教授，和国内外科学家有着广泛的联系，有很多来访者和来信者，所讨论的问题涉及面十分广泛，有昆虫学、毒理学、医学，甚至哲学等方面，他博学多才，思维敏捷，又谦和近人，故常令来访者和学生们满意而去。他的书桌上常堆有厚厚的书稿和来信，处理这些要花去他很多精力和时间，他都乐而为之。他曾说“我从未推辞过别人的请求”，由这句话可看到他助人为乐的高尚精神。

参考资料

杜丽燕, 2006. 张宗炳先生说, “我不知道” [J]. 民主与科学 (4): 54-55.

李绍文, 2005. 忆张宗炳先生二、三事 [M]// 北京大学 . 北京大学生命科学学院生物学系八十周年纪念 . 北京 : 北京大学出版社 .

（撰稿：徐海君；审稿：马忠华）

赵善欢 Zhao Shanhuan

赵善欢（1914—1999）。农业昆虫学家、昆虫毒理学家、农业教育家。

生平介绍 广东高要人，中国共产党党员。1929 年进中山大学农学院农业专门部学习昆虫学，1933 年毕业留校任教，1935 年被选送到美国俄勒冈农业大学深造，获学士学位，1936 年 9 月转学康奈尔大学研究院深造，先后获硕士、博士学位，1939 年回中山大学农学院任副教授、教授。抗战胜利后被北京大学和台湾大学借聘为教授，并被聘任为台湾农业试验所应用动物系主任。1952 年任华南农学院（现华南农业大学）副院长，后任院长至 1983 年。第三届全国人大代表和第五至七届全国政协委员，第四届广东省人民政治协商会议委员会常务委员。1980 年当选为中国科学院院士（学部委员）。

成果贡献 对水稻害虫三化螟及稻瘿蚊的发生规律和防治进行了详细的研究，根据三化螟越冬习性及生理特性以及广东稻作生产实际，阐明了三化螟多发型与水稻栽培制度的关系，提出了稻田三化螟集团分布的论点，为害虫调查取样、田间试验设计等，提供了科学依据。根据广东稻作生产实际，提出早春浸田治螟的技术措施，在广东大面积推广。

对鱼藤、苦楝、川楝、印楝等杀虫植物进行了有效成分生物活性及应用方法的研究，发现产于中国的川楝、苦楝等楝科植物对水稻三化螟、稻瘿蚊、黏虫、斜纹夜蛾、玉米螟等多种农业害虫具有内吸毒杀、忌避、拒食和抑制昆虫生长发育的作用，研究成果已受到许多国内外专家的关注。

深入研究荔枝椿象体内生理变化规律、药剂对虫体的渗透性及作用机制，从而筛选出以敌百虫、敌敌畏等为代表的数种最佳药剂，并针对荔枝椿象自然抗药性的特点，以此虫生理上的薄弱环节为突破口，适时进行化学防治，取得了显著的经济效益和生态效益。提出“杀虫剂田间毒理”的概念，丰富了昆虫毒理学理论，对田间防治害虫起到了重要的指导作用。

（撰稿：马忠华；审稿：周雪平）

赵修复 Zhao Xiufu

赵修复（1917—2001），昆虫学家，害虫生物防治专家。福建农林大学植物保护学院教授，硕士、博士生导师（见图）。

早年求学 1917 年 5 月 17 日生于福建福州。1935 年，他以优异的成绩考取燕京大学生物系。在学期间，他凭借自己的聪颖和勤奋，深得昆虫学大师胡经甫的赏识和厚爱。从大学三年级开始，在导师胡经甫的悉心指导下，开始调查果树害虫，提前一年准备毕业论文。在田间调查和昆虫饲养过程中，他第一次发现了寄生蜂，更加激发他对学习、研究寄生蜂的浓厚兴趣。限于当时研究寄生蜂的参考资料匮乏，胡老师特意赠送一本《中国蜻蜓手册》，引导他研究昆虫和寄生蜂分类。鉴于他四年大学期间的学习成绩优异，在毕业前夕，他被接纳为燕京大学“Beta Beta Beta”荣誉学会会员，并获得了第一把“金钥匙”奖。

胡经甫的谆谆教诲和悉心指导对他后来从事昆虫分类和害虫生物防治研究产生了重要影响。1939 年赵修复从燕京大学毕业后，先应聘到山东齐鲁大学任教。时值济南黏虫大暴发，他就针对黏虫的生活史及其天敌进行调查研究；翌年寒假，当他带着自己的研究论文返回母校找老师请教时，胡老师十分高兴，每天抽出一小时帮助修改论文，八易其稿，手把手地把赵修复引上科学研究的道路，激励他向昆虫界不断探索。

1942 年，赵修复受聘到抗战时期内迁闽北邵武（今属福建南平）的福建协和大学任教，跟随马骏超研究昆虫。他不顾当时的艰苦条件，坚持在昏暗的桐油灯下潜心研究昆虫。那时福建北部鼠疫流行，他为了调查其传播媒介昆虫——跳蚤，冒着被传染的危险采集了大量跳蚤标本，发现了闽江流域的跳蚤 3 新种，写成他的昆虫分类处女作——《闽江流域跳蚤之研究》等 3 篇有价值的学术论文。在邵武工作期间，他还经常深入举世闻名的昆虫模式标本产地——武夷山的挂墩、大竹岚等地探奇览胜，采得大量寄生蜂和蜻蜓标本，为后来的研究积累了丰富的物质材料。

1948 年，赵修复远赴美国马萨诸塞州立大学深造。在短短的 3 年时间里，他以超人的毅力先后完成了《蜻蜓一条被忽视的永存原始节前横脉的发现》《双峰钩尾箭蜓的外部形态》（硕士学位论文）和《中国棍腹蜻蜓分类研究》（博士学位论文）等 3 篇论文。鉴于他在麻省大学 3 年间的优秀成绩，他两次荣获校方颁发的学术荣誉“金钥匙”奖，不仅顺利获得硕士、博士学位，而且他的博士学位论文还被誉为“打开亚洲箭蜓分类的金钥匙”。他通过详细解剖研究蜻蜓的形态结构，应用比较形态学的动态观点去观察静态的形态结构，为做好分类学研究，揭示生物界的系统发育规律，奠定了坚实的理论基础。

归国奉献 中华人民共和国成立之初，赵修复凭借对祖国的真诚热爱，怀着报效祖国的赤子之心，毅然谢绝师友的挽留，放弃在美的永久居留权，于 1951 年辗转回到祖国，到福建农学院（现福建农林大学）任教。历任教授、植保系主任、生物防治研究所所长；先后当选为中国昆虫学会（ESC）理事、福建省科协副主席、省植保学会理事长、昆虫学会理事长、国际蜻蜓学会会员；担任《武夷科学》主编，《动物志》《昆虫学报》《动物分类学报》《昆虫分类学报》《中国生物防治》、*Oriental Insects*（美国）等学术期刊的编委；他还积极参与社会活动，先后当选民盟中央委员会委员、民盟中央参议会委员，民盟福建省委员会委员、常委、副主委

赵修复生活照（林乃铨提供）

① 1980年5月于沙县，时年63岁；② 1985年，赵修复（中）与博士研究生在一起；③ 1986年4月1日，比利时国立让布鲁农学院师生访问

和主委，福建省政协常委和副主席，福建留学生同学会会长等职。

情系昆虫学 50多年来，赵修复情系中国的昆虫学事业，兢兢业业地耕耘在植物保护教学和科研战线上，致力于寄生蜂的分类与应用研究，积极倡导害虫生物防治和保护生态环境。"文化大革命"期间，他依然醉心于学术研究，暗地里坚持调查采集寄生蜂。"趋稻厚唇姬蜂"就是他在接受"劳动改造"时的意外收获。他注意把科研成果转化为生产力，利用下放农村的机会，经常深入田间调查作物病虫发生情况，热心向农民宣传、普及科学知识，指导农民科学用药，巧借天敌控制害虫，为确保水稻丰收做出贡献。

1979年，赵修复作为农业部组织的中国生物防治考察团专家赴美考察，在与美国专家交流学术的同时，极力邀请美国专家来华帮助培养寄生蜂分类人才。他面对中国基础科学落后的局面，把压力变为动力，更加积极培养自己的寄生蜂和生物防治研究人才。他在努力调查中国寄生蜂资源的同时，还积极编译和介绍国外有关寄生蜂和生物防治研究的最新成果。先后培养了许多从事寄生蜂分类和生物防治研究的硕士、博士研究生，编译出版了《中国姬蜂分类纲要》《寄生蜂末龄幼虫分类》《膜翅目导论及分科检索表》《寄生蜂分类纲要》《北美洲茧蜂科分属鉴定手册》《害虫综合治理导论》以及《害虫生物防治》等专著，为中国的寄生蜂和害虫生物防治研究奠定了基础。

组建学科机构 实践出真知，渊博的理论知识和丰富的实践经验相结合，使赵修复对于自然界生物种群之间的对立统一关系有了更深的认识；他根据害虫与其天敌之间相互依存、相互制约的内在联系，还提出了正确理解害虫发生规律、建立以保护利用天敌为基础的害虫综合治理新观点。以此理论为指导，他创建了福建农学院作物病虫生物防治研究所，并于1992年建成福建省属高校中首个省级重点公共实验室——福建昆虫生态实验室。

为保护生态环境和生物资源、造福子孙后代，赵修复积极倡议建立武夷山自然保护区。1979年，这一功在当代、利及千秋的建议得到国务院的批准，数十年的夙愿得酬，使他欣喜万分。他不顾自己年事已高，经常亲自率领昆虫界同仁深入武夷山保护区调查考察，采集了大量的昆虫标本。由他主持的"武夷山自然保护区昆虫资源考察"项目，1991年获得福建省科学考察集体一等奖，他本人也同时荣获先进个人的荣誉。

在武夷山自然保护区综合科学考察的热潮之中，为了配合科学考察的需要、及时向国际报道科考成果，1981年他创办了《武夷科学》并亲任主编，竭尽全力义务为广大生物工作者服务。《武夷科学》不仅为科学家提供了发表学术论文的园地，更重要的是开辟了一个了解世界、联系世界，也让世界了解中国的窗口。经过赵修复的不懈努力，《武夷科学》已在国际上建立一定的学术地位。国外科技情报机构，如美国的生物学情报所（BIOSIS）、英国的《动物学记录》（ZR）和国际应用生物科学中心（CAB）等单位，纷纷来函联系索取。至1996年底已经出版了12卷及一增刊，刊登论文428篇，计已发表生物新种379种、24个新属和2个新科。现在，凡在《武夷科学》上发表的论文摘要，已收录在《生物学文摘》（*Biolobial Abstracts*）、《动物学记录》（*Zoological Record*，ZR）等期刊上，向全世界广泛传播。《武夷科学》也与数十个国家和地区的120多种科技期刊建立了长期交换关系，为拓展国际学术交流创造了条件。

赵修复治学严谨，重视理论联系实际。对学生循循善诱，诲人不倦，深受同行和学生的尊敬和爱戴。他不但自己锲而不舍、潜心科学研究，还以渊博的学识和严谨的学风影响教育后辈，在60余载的教学、科研生涯中，他呕心沥血，言传身教，培养了一大批昆虫工作者，桃李满天下。

主要著作 《中国姬蜂分类纲要》《福建省昆虫名录》《中国春蜓分类》；译著有《寄生蜂末龄幼虫分类》《膜翅目导论及分科检索表》《寄生蜂分类纲要》《北美洲茧蜂科分属鉴定手册》《害虫综合治理导论》等，主编了全国高等农业院校植物保护专业的《害虫生物防治》教材等。发表重要学术论文200余篇，研究范围涉及褶翅目、蚤目、蜻蜓目（春蜓科、山豆娘科、综蟌科），膜翅目（姬蜂科、茧蜂科、潜水蜂科、冠蜂科和窄腹细蜂科）等类群。1991年开始他享受国务院授予的政府特殊津贴，至1996年底，他先后荣获省部级科技成果奖10多项、国家自然科学进步三等奖1项。

参考文献

杨乃铨, 1997. 赵修复教授传略 [J]. 武夷科学 (13): 1-4.

赵修复文选编委会, 1997. 赵修复文选 [M]. 福州: 福建科学技术出版社.

（撰稿：林乃铨；审稿：马忠华）

《真菌传播的植物病毒》 *The Fungal Transmitted Plant Viruses*

（燕飞提供）

是中国第一本介绍真菌传播的植物病毒专著，对真菌传病毒的生物学、流行学、分子生物学以及可传播植物病毒的两个真菌目的介体特征、培养和操作方法进行了细致描述。可供从事植物病毒学、植物病理学、真菌学、生物学、分子生物学、植物检疫和电子显微镜的科研教学工作者、高等院校师生和农业生产技术人员参考（见图）。

该书由植物病毒学家陈剑平院士主编，2005年由科学出版社出版发行。全书系统介绍了陈剑平院士团队在大麦黄花叶病毒属、真菌传杆状病毒属、禾谷多黏菌超微结构及与其传播的植物病毒内在关系等方面取得的研究成果，还全面介绍了由真菌传播的花生丛簇病毒属、马铃薯帚顶病毒属、甜菜坏死黄脉病毒属、巨脉病毒属、蛇形病毒属和番茄丛矮病毒科有关科、属植物病毒，并对它们的生物学、血清学、分子生物学和病害防治等做了详细描述；同时，还对已知可传播植物病毒的两个真菌目：壶菌目（Chytridiales）中的油壶菌属（*Olpidium*）和根肿菌目（Plasmodiophorales）中的多黏菌属（*Polymyxa*）及粉痂菌属（*Spongospora*）的介体特征、培养和操作方法、传播病毒特性以及传播病毒分子基础进行了描述。书后还附了172版制作精美、特征明显的病害症状彩色照片和病毒粒子、真菌介体超微结构、电子显微镜照片，有助于加深对各类真菌介体及其传播的病毒病害的理解。

该书反映了当代真菌传播的植物病毒研究历史和全貌，也显示了中国学者在该研究领域的贡献和实力，对中国植物病毒学和植物病理学的发展起到了推动作用。

（撰稿：燕飞；审稿：陶小荣）

《真菌多样性》 *Fungal Diversity*

由中国科学院昆明植物研究所主办，是真菌学领域的专业国际期刊，现已成为国内外真菌多样性研究发表论文的重要学术性期刊之一，斯普林格（Springer）出版集团收录的双月期刊，在全球菌物学领域期刊排名第二。截至2018年主编是杨祝良。该期刊纸质版ISSN：1560-2745，电子版ISSN：1878-9129（见图）。

该刊所发表的论文在Science Citation Index Expanded（SciSearch）、期刊引证报告（科学版）、Scopus索引、谷歌学术、英国《剑桥科学文摘》（CSA）、美国农业文献索引（AGRICOLA）、ASFA、BIOSIS、英国CAB文摘数据库、Current Contents（Agriculture，Biology & Environmental Sciences）、EBSCO Discovery Service、Global Health、OCLC、SCI mago等收录和摘报，2017年影响因子为13.465。

该刊发表的论文包括研究论文和综述论文（均需经过同行评议），主要内容包括真菌学研究的各个方面，提供全方位的研究视角，覆盖生物多样性、系统以及分子发育学等学科领域。

（刘永锋提供）

（撰稿：刘永锋；审稿：刘文德）

真菌杀虫剂产业化及森林害虫持续控制技术 industrialization of fungal inselticides and sustainable control technology of forest pests

获奖年份及奖项 2009年获国家科技进步奖二等奖

完成人 李增智、王成树、陈洪章、潘宏阳、樊美珍

完成单位 安徽农业大学、国家林业局（现国家林业与草原局）森林病虫害防治总站

项目简介 该项目集20多个国家及省部级项目的研究成果，在25年内系统地研究了中国丰富的虫生真菌资源及利用这些资源进行真菌杀虫剂产业化和持续控制森林害虫的有关科学和技术问题，取得以下创新成果：

基本查明中国的虫生真菌资源，建成位居世界前列的菌种库。①足迹遍及全国，共采虫尸标本7102号，土壤标本788份，建立了全国最大的虫生真菌标本库；记录中国虫生真菌资源共331个种，占世界已知种的40%以上。发现并发表27个新种。②解决了一些虫生真菌分类难题，尤其是世界上已争论50余年的关于球孢白僵菌和金龟子绿僵菌这两种最重要虫生真菌的有性型问题。③分离并以四套系统保藏4073株虫生真菌，建成位居世界前列的虫生真菌菌种库，为害虫生物防治保育了大量宝贵的种质资源。④为害虫生物防治筛选提供大量优良菌种。

球孢白僵菌菌种防退技术和转基因技术取得突破性进展。①定量评估了菌种退化所造成的损失，掌握了开发出森林害虫持续控制新技术，查明了白僵菌的线粒体DNA全基因组序列以及各种核外变异的准确位点，推出菌种防退技术；②通过基因工程成功地将蝎毒基因转入金龟子绿僵菌和球孢白僵菌，金龟子绿僵菌工程菌株提高毒力9～22倍，球孢白僵菌工程菌株提高毒力15倍。

攻克固态发酵生产技术难关，建成全球最大的真菌杀虫剂产业化生产基地。①提出固态发酵新理论并据此设计出适合产业化真菌杀虫剂的新型固态发酵罐。② 推出固态发酵生产真菌杀虫剂的新技术，实现了封闭式发酵，提高效率1倍以上，并具有节能降耗、保护环境的中国特色，解决了长期以来中国依靠开放式发酵的作坊式低技术生产真菌杀虫剂的容易污染杂菌、质量不稳和效率低下的问题。③ 在江西吉安建成年产千吨的全球最大的真菌杀虫剂生产基地，实现了真菌杀虫剂的产业化。5年来生产出3000多吨产品供害虫生物防治使用，3年创利税16 232.36万元。

开发出一批新产品，在国内率先实现真菌杀虫剂产品的登记注册。自主开发出3种新剂型，制定出6个产品的企业生产标准，在国内首次登记5个具自主知识产权的真菌杀虫剂产品，改变了中国30多年来产品单一和无证生产的落后局面。

开发出森林害虫持续控制新技术。① 研究出利用真菌经济、有效地持续控制森林害虫的新技术，证明了使用真菌防治害虫的环境安全性。② 通过接种式放菌的新技术持续控制了马尾松毛虫，减少白僵菌用量62.5%～75%。③ 通过白僵菌无纺布菌条与化学引诱剂相结合的新技术为防治松材线虫病的传媒——天牛提供了方便易行、经济有效的途径。④ 在南方七省（区）大面积推广应用这些新技术达161.6万 hm^2，挽回经济损失达14.3亿元，并具有巨大的社会效益。

先后获省级科技一等奖3项，二等奖3项，发明专利授权11项，实用新型专利授权2项。发表相关学术论著235篇（部）；其中被SCI收录32篇，52篇（部）被SCI他引241次；161篇中文论著被《中国引文数据库》他引714次。在国际学术会议上报告23人。

（撰稿：李增智；审稿：周雪平）

《真菌学概论》（第3版） *Introductory Mycology (Third Edition)*

由Constantine J. Alexopoulos和Charles W. Mims（美国）共同编著，由约翰·威利父子（John Wiley & Sons）出版公司于1979年出版。中文版由余永年、宋大康等翻译，由裘维蕃院士进行总校，于1983年由农业出版社出版（见图）。

（李云锋提供）

该书针对大学生和研究生课程真菌学概论，重点对《真菌学概论》（第2版）中的真菌分类等内容进行了修订。在以形态学和分类学为主要内容的基础上，该书主要增加了生理学、生物化学、遗传学和生态学等在真菌研究中的新进展，并去除了真菌系统发育（plyogeny）的内容；同时，将原来陈旧的真菌分类系统按照现代分类学进行了调整和更新，以建立比较全面而新颖的概念。该书的目的在于引导初学者入门。

全书内容共分5部28章。第一部绪论：真菌界—真菌概论和主要分类纲要（霉菌、霜霉、酵母、蘑菇、马勃）。第二部裸菌门：①集胞裸菌亚门（集胞菌纲）。②原质体裸菌亚门（Ⅰ原柄菌纲）。③原质体裸菌亚门（Ⅱ黏菌纲）。第三部鞭毛菌门：①单鞭毛菌亚门（Ⅰ壶菌纲）。②单鞭毛菌亚门（Ⅱ丝壶菌纲）。③单鞭毛菌亚门（Ⅲ根肿菌纲）。④双鞭毛菌亚门（卵菌纲）。第四部无鞭毛菌门：①接合菌亚门（Ⅰ接合菌纲）。②接合菌亚门（Ⅱ毛菌纲）。③子囊菌亚门（子囊菌纲）。④子囊菌纲（半子囊菌亚纲）。⑤子囊菌纲（不整子囊菌亚纲）。⑥子囊菌纲（Ⅰ层囊菌亚纲、核菌、球针壳的中心体型）。⑦子囊菌纲（Ⅱ层囊菌亚纲、核菌、炭角属的中心体型）。⑧子囊菌纲（Ⅲ层囊菌亚纲、间座壳属中心体型和丛赤壳属中心体型）。⑨子囊菌纲（Ⅳ层囊菌亚纲、盘菌）。⑩子囊菌纲（虫囊菌亚纲）。⑪子囊菌纲（腔囊菌亚纲）。⑫担子菌亚门（担子菌纲）。⑬担子菌纲（Ⅰ无隔担子菌亚纲、层担子菌、非褶菌目）。⑭担子菌纲（Ⅱ无隔担子菌亚纲、层担子菌、伞菌目）。⑮担子菌纲（Ⅲ无隔担子菌亚纲、层担子菌、外担菌目、花耳目、胶膜菌目、座担菌目）。⑯担子菌纲（Ⅳ无隔担子菌亚纲、腹菌）。⑰担子菌纲（隔担子菌亚纲、银耳目、木耳目、隔担菌目）。⑱担子菌纲（冬孢菌亚纲）。⑲半知菌亚门（半知菌形式纲）。第五部地衣门：地衣。真菌学术语。

该书适用于生物学、植物学、微生物学、植物病理学和农学等专业的师生和科研人员。

（撰稿：李云锋；审稿：刘文德）

《真菌遗传学与生物学》 *Fungal Genetics and Biology*

创办于1996年，原名《实验真菌学》（*Experimental Mycology*），出版地位于美国加州奥兰多，由爱思唯尔（Elsevier）出版集团出版。月刊，纸质版ISSN：1087-1845，电子版ISSN：1096-0937。被Science Citation Index（SCI）收录，2021年影响因子为3.46，2015—2020年影响因子为3.831；CiteScore值为2.86；Source Normalized Impact per Paper（SNIP）：0.945；SCImago Journal Rank（SJR）：1.393。该期刊主要发表真菌生物学、细胞生物学、生物化学、遗传学和细胞生物学等领域的基础研究进展。

（撰稿：刘永锋；审稿：刘文德）

郑儒永 Zheng Ruyong

郑儒永（1931—），著名真菌学家，中国科学院院士。中国科学院微生物研究所研究员、博士生导师（见图）。

（叶健提供）

个人简介 1931年1月10日生于香港，祖籍广东潮阳（今广东汕头）。1949年考入广州岭南大学植物病理系，成为该系的第一个学生和该学年的唯一一个学生。1952年全国高等院校调整，岭南大学农学院植物病理系与中山大学农学院昆虫学系合并成立华南农学院（今华南农业大学）植物保护系。因此，其最后一年大学在华南农学院度过并于1953年毕业，同年分配到中国科学院在北京新成立的真菌植物病理研究室，并被指定到中国真菌学和植物病理学界的奠基人戴芳澜先生领导下的研究组工作。

1956年，在中国科学院真菌植病研究室的基础上成立了中国科学院应用真菌学研究所，在其后的近两年时间里，她主要以标本室的工作为主，清理和鉴定标本室大量积压下来的小煤炱目（Meliolales）标本。1958年底，应用真菌研究所与北京微生物研究室合并成立中国科学院微生物研究所。此后，她开始了独立进行毛霉目(Mucorales)的研究工作。

1973年戴先生去世后，郑儒永与戴先生的其他学生一起参加了研究所组织成立的“戴芳澜同志遗著整理小组”，完成了戴先生逝世前正在写的两本书，即《中国真菌总汇》和《真菌的形态和分类》。接着，为了完成戴先生生前倡议进行的《中国孢子植物志》的编研工作，1976—1984年开展了重要植物病原菌白粉菌的系统分类学研究，并于1987完成并出版了《中国孢子植物志》的第一卷《中国白粉菌志》。该书为《中国孢子植物志》后续各个卷册的编研树立了典范。完成白粉菌研究后，她于1985年回到了毛霉目的研究工作。

成果贡献 她参与创办了中华人民共和国成立后建立的各种重要的与真菌学有关的学术组织和研究机构，包括中国真菌学会理事会、全国自然科学名词审定委员会、中国科学院微生物研究所学术委员会、中国科学院微生物所真菌地衣系统学研究开放实验室学术委员会、中国科学院微生物所微生物资源前期开发国家重点实验室学术委员会等。参与了学术期刊和学术著作出版编辑工作，如《中国大百科全书》生物学编委会微生物分支编写组、《中国孢子植物志》编委会、《真菌学报》编委会、*Mycosystema*编委会等。参加了各种与真菌学研究有关的工具书、学术专著和教材的编写工作，包括《中国真菌总汇》《中国经济植物病原目录》《常见与常用真菌》《真菌名词与名称》《孢子植物名词及名称》《真菌的形态与分类》《真菌讲义》《全国医学真菌讲习班暨医学真菌进展讨论会讲义》等。参加了《中国大百科全书》第1版中与真菌有关的条目设计、分工写作、审稿等工作。

在促进国际合作与交流方面，1983—1991年当选为国际真菌协会亚洲国家发展真菌学委员会委员，并于1988年起兼任副主席，1987—1990年当选为国际植物分类协会真菌地衣委员会委员。此外，她与20几个国家的近200位真菌学工作者有过通信往来切磋问题，多次为日本、美国、韩国、瑞典、新西兰、联合国等的同行或有关机构审改稿件，联系并促成中国与国际真菌学研究和教学机构间的真菌学术期刊和真菌菌种及标本的交换等。

在真菌学研究人才的教育方面，她通过讲授有关课程、审改文章、解答问题、提供资料等帮助研究所内外的青年同行，并推荐了多名研究生赴国外深造。她培养的多位硕士、博士、博士后研究生均以优异成绩取得学位并在科研中发挥重要作用。

对小煤炱目（Meliolales）、白粉菌目（Erysiphales）和毛霉目（Mucorales）等真菌类群进行了系统深入的研究，致力于其分类系统的合理化与完善。小煤炱目广泛分布于热带和亚热带，是多种植物的兼性寄生菌，特别是观赏植物叶表上的常见病原菌。在参加工作的早期阶段（1956—1957），其对研究所大量积压的这一类标本进行了清理，共鉴定出3属、47种和2变种，作为标本名录在戴芳澜先生的《中国真菌总汇》中引用。白粉菌目（Erysiphales）是一类分布广、寄主范围大的经济植物重要病原菌，在《中国白粉菌志》的编研过程中，其对世界范围内白粉菌目的所有属和中国白粉菌目有关属种的全型进行了详尽研究，澄清和订正了许多国际上有争议的分类学问题。1985年发表了较为合理和接近自然的白粉菌属级分类系统，受到国际公认。与其他人合作在白粉菌的种和种下级分类中纠正了过去长期存在的大种倾向和寄主范围过大的不合理现象，并于1987年出版了中国第一部真菌志《中国白粉菌志》，包括19个属，253种和变种，其中3个新属，90新种和新变种。她提出的系统，对许多属、种和变种所作的分类上的处理以及各项订正，均为国际同行所接受，对全世界的白粉菌研究产生了重大影响。

毛霉目是一类分布广泛并与国计民生密切相关的经济真菌，但也包括重要的人体条件致病菌。在分类难度很大的毛霉目研究中，她注意将形态特征和生理生化及分子生物学特征结合，将无性型特征和有性型特征结合，并取得了一系列重大创新。在国际上首次发现了高等植物中的内生毛霉，首次报道了中国特有的人体病原毛霉新种和新变种。已在中国发现9科、27属、约115种和变种，其中新科1个、新属2个、新种和新变种约20多个。在分离国内菌种的同时，收集全世界的模式菌种进行对比研究，遇到分类问题复杂、争议大的属则直接做世界专著性研究，所制定的分类系统受到了国际同行的广泛接受和好评。

共著书10部（主作4部），发表学术论文103篇（主作72篇）。

所获奖誉 以第一获奖人身份因中国白粉菌属的分类学研究、白粉菌科的属级分类学研究和《中国白粉菌志》的研究与编写，分别获得1984年中国科学院科技成果二等奖、1987年中国科学院科技进步二等奖和1989年中国科学院自然科学二等奖。另在1987年以参加者身份获得中国科学院科技进步特等奖（集体项目）。1999年当选中国科学院院士。

参考文献

郑儒永，2005. 平凡的人生 [M]// 路甬祥 . 科学的道路 . 上海：上海教育出版社 .

（撰稿：叶健；审稿：纪海丽、喻亚静）

植保资源与病虫害治理教育部重点实验室 Key Laboratory of Plant Protection Resources and Pest Management, Ministry of Education

从事植保资源与病虫害治理研究的教育部重点实验室。隶属于西北农林科技大学，2000年8月由教育部批准成立。实验室以教育部、农业农村部重点开放实验室，陕西省重点实验室、生物工程中心以及农业农村部批准植物病理研究所、昆虫研究所、昆虫博物馆和农药研究所等为基地，以中国西北地区唯一的植物保护一级学科为依托，涵盖农业昆虫与防治、植物病理学和农药学博士点，并建有博士后流动站，其中，植物病理学是国家重点学科，昆虫学和农药学是农业农村部和陕西省重点学科。本实验室有国家投资建设的国内最早、最大的专业昆虫博物馆，有国际学术期刊《昆虫分类学报》，主办有陕西省植物保护学会、昆虫学会、植物病理学会和中国昆虫学会（ESC）蝴蝶分会4个国家级学会分会（见图）。

实验室以国际昆虫学家、圣马力诺国际科学院院士周尧，中国工程院院士、植物病理学家李振岐教授为学科带头人，现有教授26人（博士生导师16人），副教授27人，博士学位获得者21人，其中博士后2人。实验室主要研究方向和研究内容包括：植保主要农作物病虫综合治理；农业有害生物系统学与多样性；蚜虫及蚜传病毒病研究；植物抗病虫抗性基因的分子标记、克隆与转基因工程研究；有益生物资源的持续利用；植物源农药研究与开发等。

围绕上述方向，实验室承担了一批国家重大项目，取得了一批重要成果。成立以来实验室共承担各类项目204项，其中，国家、省部级重大科研项目93项，总经费2706万元。发表核心期刊论文365篇，出版专著31部，获科技成果奖27项，获国家专利18项。

实验室建有昆虫博物馆、养虫楼、无公害农药研究中心等大型基础设施，下设昆虫系统学、昆虫生态与综合治理、昆虫生理生化与毒理、植物源农药研制、植物病毒、植物免疫、真菌系统学、植物生态学和植保分子生物学共9个实验室。实验室有较好的科研条件，拥有876台（件）先进仪器设备，3万多册专业藏书（其中外文2万多册）以及逾100万号昆虫和真菌标本。

实验室坚持“开放、流动、联合”的运行机制，利用现有科研设施和学术环境，面向国内开放。通过“派出去，请进来”的方式，加强国内外的合作研究与学术交流。实验室坚持执行高级访问学者制度，利用实验室主任基金大力支持访问学者计划的顺利完成，提高实验室对外开放水平。现已接待教育部重点实验访问学者项目高级访问学者4人、重点实验室主任基金高等学校访问学者12、博士后2人、博士、硕士研究生42人及国外专家等80多人开展研究工作。

实验室先后与美国、德国、英国、法国、澳大利亚等10多所大学和科研院所签订了合作协议，派出国外进修、短期访问或进行合作研究共22人，35人。邀请50多位国外专家来实验室讲学和学术交流，其中，引进国外文教专家22人，聘请客座教授11人，主办全国性学术会议5次，派出30多人参加在国外或国内举办的国际专业学术会议。同时，承担中德、中美、中欧、中瑞国际科技合作项目6项，获国外科研经费支持逾400万元。

（吕林提供）

（撰稿：张杰；审稿：张礼生）

《植病流行学》 *Plant Disease Epidemiology*

植病流行学是关于植物群体发病的科学，是植物病理学的分支中一门体系相对完整、发展十分迅速的理论与实践相结合的学科。它紧密联系生产实际，对农业生产具有重要的指导作用。该学科系统介绍植物病害流行的主导因素，病原与寄主互作关系，病原、寄主、环境、人为活动四者相互作用与病害发生流行以及如何控制植物病害流行的一门理论性和实践性很强的专业主干课程，是植物保护专业的专业必修课，也是农业院校植物生产类相关专业本科生的主要选修课程（见图）。

1986年由曾士迈、杨演编著的《植物病害流行学》由农业出版社出版，标志着植物病害流行学在中国的诞生和传播，为中国植物病害流行学的发展奠定了坚实基础，该书一经出版，便成为流行学研究工作者的主要工具书。为便于初学者入门，1998年，肖悦岩等在上述《植物病害流行学》的基础上又编著《植物病害流行与预测》，由中国农业大学出版社出版，该书简明扼要，成为许多农业院校植物病理学专业本科生选修该门课程的必读教材。

随着科学技术的日新月异，许多新概念、新理论、新技术、新方法不断充实到流行学中来，为适应新的形势，中国农业大学马占鸿组织相关院校专家、学者，主编了《植病流行学》，由科学出版社于2010年出版发行，作为全国植物保护专业或相关专业教材。该教材在吸取以上两本教材精华的基础上，充实和完善了如分子生物学、信息技术和计算机技术等在流行学的应用研究，并力求用浅显易懂的笔调为学习植物病害流行学的学生提供流行学系统而专门的知识。为便于学生深入理解和很好掌握课堂知识，还编写了配套的流

（马占鸿提供）

行学实验，用于提高学生的动手能力和实际应用植病流行学的能力。此外，为让学习者了解国际前沿，王海光、马占鸿组织国内流行学同仁翻译了由爱尔兰 B. M. 库克、英国 D. 加雷思・琼斯及爱尔兰 B. 凯编著的《植物病害流行学》，并于 2008 年由科学出版社出版。

该书系统介绍了植物病害流行学的基础理论、基本知识和基本技能，其中包括植物病害流行的基本概念、历史上的病害流行事件、病害流行的主导因素、病害流行的时间动态、空间动态以及病害监测、预测、损失估计、风险分析和病害流行的遗传学、统计学基础、分子生物学及信息技术在病害流行学中的应用等，也从植物病害流行学的原理介绍了防治病害流行的策略即 X0 策略——控制初始病情、r 策略——降低流行速率和 t 策略——缩短病害流行时间。使学习者能理论联系实际，将流行学知识应用到实践中去指导病害防治。

该书是国家普通高等教育"十一五"规划教材，可作为高等农业院校植物病理学专业或植保专业高年级本科生学习植物病害流行学的教材，也可作为植物生产类专业学生的参考教材，亦可作为植物病害流行学研究和管理人员的参考用书。

（撰稿：马占鸿；审稿：高利）

《植病研究法》 *Methods in Plant Pathology*

南京农业大学董汉松等借鉴国内外有关教材与专著，特别是借鉴植物病理学家方中达编著并先后两次修订的《植病研究方法》，2012 年由中国农业出版社出版（见图）。

植物病理学涌现出新理论、新概念、新方法和新技术，研究手段日益复杂多样，除了本学科核心技术，还涉及农学、植物学、微生物学、生物化学、分子生物学等领域的各种研究技术与试验方法。该书共 10 章内容，包括植物病理学通用技术、生物显微与组织化学技术、植物病原真菌和真菌病害常用研究方法、植物病原细菌和细菌病害常用研究方法、植物病毒和病毒病害常用研究方法、植物线虫和线虫病害常用研究方法、植物抗病性研究方法、植物病害流行研究方法、作物病害控制方法。该书侧重植物病理学普遍使用的常规研究方法，适当介绍了植物病理学研究中常使用的生物化学和分子生物学等交叉学科的新技术，以便适应学科发展要求。每章标题之后首先总结本章涉及的重要概念或主要内容，便于学生抓住要点，全面理解。此外，本教材多处涉及如何有效利用有关信息资源，如生物信息学数据库、生物与基因资源的各种信息数据库及其与植物病理学关系。技术原理和方法介绍内容适度、简洁准确，注重对多种方法进行简要评述，以便学生比较鉴别，培养严谨的科学态度和务实的工作作风，训练科学思维、技术综合运用的能力以及分析和解决科研与生产实际问题的能力。

（张正光提供）

适用于高等农林院校植物病理专业、植物保护专业及农学相关专业本科生实验教学，对从事相关科研工作的研究生和教师也有参考价值。

（撰稿：张正光、钟凯丽；审稿：高利）

《植病研究方法》 *Methods in Plant Pathology*

方中达执笔，最早于 1957 年由高等教育出版社出版，后分别于 1979 年、1998 年由中国农业出版社修订再版。该书是植物病理学研究的重要组成部分，相应课程是培养和提高学生对植物病理学实验技能和学习兴趣的重要课程。对中国植物病理的研究、教学及应用意义重大，是植物病理学及相关专业的极具价值的参考书。该书内容第 1 版内容可分为三部分，即 ① 植物病害资料的收集。② 试验研究方法。③ 研究结果的整理与报告。第 2 版及第 3 版分别是在这三部分的基础上根据形势发展分别进行了增删。这 3 版的内容和方式上基本保持一致，即在先阐明基本理论的基础上，尽量以中国主要病害为对象，着重介绍国内外一般设备下可采用的研究方法，并列举了一些具有代表性的操作方法，读者可根据具体研究的条件和对象，在实践中选择和创造适当的方法（见图）。

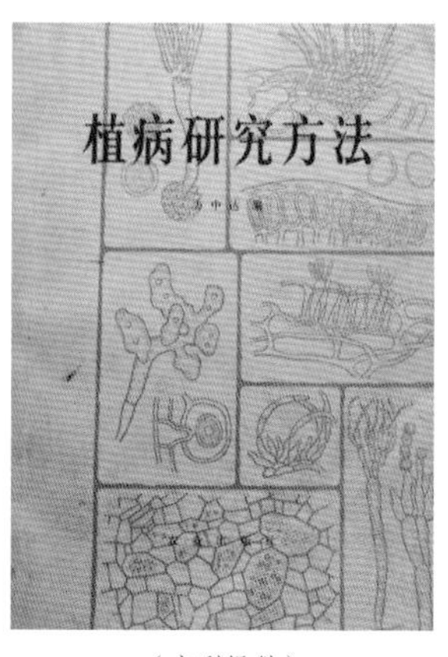

（高利提供）

《植病研究方法》涉及内容广泛，第 3 版中分别介绍了植物病害的调查、植物病害和菌类标本的采集和制作、实验室的一般操作、显微镜、培养条件和其他环境因素的控制、培养基、灭菌、植物真菌病害（真菌病害和真菌标本的检查、真菌的分离和培养、真菌孢子的产生萌发以及计数、病原真菌的接种）、植物细菌病害（细菌病害标本的检查、病原细菌的分离和培养、致病性测定、细菌的形态、培养性状、生理和生物化学性状、血清学反应、细菌的噬菌体）、放线菌（分离和培养、拮抗作用的测定）、植物病毒病（概念、症状及接种、寄主范围和鉴别寄主、病毒的分离和提纯）、植物线虫病（采集、标本制作以及计数和线虫病的调查）、切片机切片（石蜡和木材切片）和染色方法、病害的流行预测和防治、资料的收集和整理以及抗病性和致病性分化测定等内容。此版比原版做了较多的修订，着重充实了植物真菌病害、植物细菌病害和植物病毒病的内容，增加了显微镜的使用，放线菌、植物线虫病以及抗病性和致病性分化的测定，并着重介绍了小麦锈病、黑粉病、白粉病等 15 种典型病害的抗性测定及接种测定等内容。

该书对中国植物病理的研究、教学及应用意义重大。植病研究方法的牵涉面很广，植物病理学的研究中经常采用很多新技术，各种病害又有它特殊的研究方法，很难写成一本完全的“工作手册”，该书作为普及型的参考书，适用于教学工作者及一般科研工作者使用，也适用于本科生、研究生以及农学家、园艺学家、植物学家、园艺工人和林业人员等广泛使用。

（撰稿：高利；审稿：彭德良）

《植物保护》 *Plant Protection*

（高利提供）

中国中文核心期刊、中国科技核心期刊、“中国期刊方阵”双百期刊。创刊于1963年，由中国科学技术协会主管，中国植物保护学会（CSPP）和中国农业科学院植物保护研究所主办，中国科学院第一任院长郭沫若先生亲笔题写刊名。双月刊，ISSN：0529-1542。截至2012年主编为陈万权（见图）。

该刊主要刊登有关植物病理，农林业昆虫、杂草及鼠害等农作物有害生物，植物检疫，农药等植物保护学科各领域原始研究性论文和具有创新性、实用性技术成果文章，优先发表创新性突出的文章。办刊宗旨是促进中国植物保护科技发展和加强国内外学术交流；坚持面向生产，理论与实践相结合；提高各级植物保护科技人员基础理论和业务水平。

该刊用于传播植物保护学科的研究进展、技术应用等，设有固定栏目：研究报告、调查研究、研究简报、技术与应用；不定期栏目：专论与综述、实验方法与技术、基础知识、有害生物动态、专家视角、争鸣、图说植保；另外还有科技信息、学会活动、书讯、会讯小栏目。刊登内容对于促进中国植物保护学科发展、提高植物保护研究成果应用和推广，以及国民经济的发展起到了积极的促进作用。

该刊已被英国CAB文摘数据库、Agrindex（FAO）、美国《化学文摘》（CA）、《中国科学引文数据库》《中文科技期刊数据库》《生物学文摘》（BA）、《中国农业文摘数据库》《中国科技论文与引文数据库》《中国期刊全文数据库》《中国核心期刊（遴选）数据库》《中国科技期刊数据库》等国内外多家重要的数据库和科技文摘期刊库收录。已纳入中国知识资源总库、中国科技期刊500名精品数据库。该刊曾多次荣获全国优秀科技期刊、中国科学技术协会优秀学术期刊奖，2003年荣获国家期刊奖提名奖。

（撰稿：高利；审稿：赵廷昌）

《植物保护科学》 *Plant Protection Science*

在捷克共和国农业部资助下，由捷克农业科学院出版的国际性英文期刊，受国际编委会管理，创刊于1921年，1997年之前期刊名为*Ochrana Rostlin*（《植物保护》）。主编是Aleš Lebeda，季刊，纸质版ISSN：1212-2580，电子版ISSN：1805-9341，2021年期刊SCI影响因子1.449。

该期刊被美国科技信息研究所网络数据库（ISI Web of knowledgesm）、科学引文索引数据库（Web of Science）、Phytomed数据库、美国《生物学文献》数据库（BIOSIS Previews）、《剑桥科学摘要》（Cambridge Scientific Abstracts）、期刊快讯数据库（农业）、Current Contents（Agriculture, Biology & Environmental Sciences）、捷克农业和食品学参考书目（Czech Agricultural and Food Bibliography）、DOAJ（开放存取期刊目录）、Elsevier Biobase、虫害索引数据库、农业昆虫学评论、国际植物病理学综述（Review of Plant Pathology of CAB International Information Services）、Scopus索引、谷歌学术，中国期刊全文数据库（CNKI）收录。

该期刊主要发表与植物病害、虫害、草害和植物保护相关内容的原创性文章、简报、评论、书评和个人新闻等。

（撰稿：刘永锋；审稿：刘文德）

《植物保护学报》 *Journal of Plant Protection*

（高利提供）

中国科学引文数据库（CSCD）核心期刊，北大核心期刊，属学术性期刊。创刊于1962年，是中国科学技术协会主管、中国植物保护学会（CSPP）主办的综合性学术期刊，1986年挂靠在中国农业大学。双月刊，ISSN：0577-7518，截至2021年主编为彩万志（见图）。

该刊已被美国《化学文摘》（CA）、英国《国际农业与生物技术文摘》（CABI）、美国农业文献索引（AGRICOLA）、国际农业文献索引（AGRIS）、英国《动物学记录》（ZR）、日本科学技术振兴机构中国文献数据库等国际主流数据库收录，并被国内多家权威检索系统《中国核心期刊要目总览》《中国生物学文摘》《中国学术期刊文摘》、中国学术期刊综合评价数据库、中国科学引文数据库、中国期刊全文数据库（CNKI）、万方数据库等收录。该期刊曾获中国科学技术协会优秀期刊奖。被CSI引证文章100多篇。2020年影响因子1.16。

主要刊登中国植物保护学科各方面（病害、虫害、草害、鼠害、农药）偏重应用的或与应用联系较紧密的未曾发表过的研究论文、文献综述及研究简报等。办刊宗旨是：百花齐放、百家争鸣，开展学术交流，为实现农业现代化服务。

该刊以传播植物保护学科的科技信息为主，对促进中国植物保护学科和国民经济的发展起到了积极的作用。

（撰稿：高利；审稿：赵廷昌）

植物保护学通论 general theory of plant protection

植物是人类直接或间接赖以生存的重要生物资源，为了充分利用植物资源，人类发展了植物资源相关的培育和加工技术，从而形成了农业、林业和各种植物产品的加工、储藏和运输产业。然而，植物的生长发育及其相关产品在加工储运过程中常受多种因素的伤害，这些因素可称之为植物害源。植物害源种类多种多样，依据其性质可分成两类：一是生物性害源，包括植物病原微生物、害虫、害螨、害鼠、杂草等；二是非生物性害源，包括极端低温、极端高温、盐碱、微量元素失调和工业“三废”毒害等。这些因子对植物及其相关产品的致害方式各不相同，有的能单独致害，如虫害、极端温度等；有的是协同致害，如多数真菌性病害需要适宜的温湿度才能发生、发展和致病；而且，各类因子对植物及其相关产品造成的伤害表征也各不相同。人类在长期的农业实践中，针对危害植物的各种因子创造和发展了多种减灾途径及技术。植物保护学（plant protection）是以保护植物免受有害生物危害为目标，综合利用多学科知识，研究和探索经济有效治理技术和科学实施途径，提高植物相关产业的经济效益，维护生态环境，确保社会经济可持续发展的综合性科学。它包括了对植物有害生物实施监测、预报、预防、治理、控制和检验检疫等一系列活动过程的各项工作。早期的植物保护仅是服务于农作物生产，以减少病虫危害引起当季作物损失的一项技术措施；后期人员来往和经济贸易等活动的增加，一些局部有害生物种类随之扩散蔓延，导致严重危害事件的增加，植物检疫因此成为植物保护的一项重要任务，从而使植物保护上升为与国家政策相关的一项工作；随着可持续发展概念的提出，植物保护的目标也从减少当季作物损失发展到对植物害源的持续控制，涉及的领域也从传统的农业生产发展到环境和资源保护的社会公益事业。因此，植物保护的目标不断提高，植物保护的内容不断增加，植物保护服务领域不断拓宽，植物保护学已发展成为一门具有较强综合性的科学。

植物保护的学科领域广阔，研究对象包括植物、动物和微生物等不同生物类群，其理论研究包括有害生物的生物学、生态学特性，种群演化及成灾规律，致害的分子机理，植物对有害生物的防御机制，植物—有害生物—天敌多营养层互作规律等研究方向，形成了不同植物有害生物的基础生物学研究领域；其应用研究不仅具有植物病虫害预测预报和植物检疫、农业生态调控（见图）、抗性作物育种、生物防治、物理防治、化学防治等专业技术领域，还与数学、物理学和化学化工等基础学科交叉，形成了植物有害生物信息自动化采集与大数据灾变预警，农药和药械以及其他防控器械的研发与制造等特色领域，为农林业行业和企业发展提供机遇和动力。

植物保护的保护对象通常包括大田作物、蔬菜、林木等与人类生产活动相关的目标植物及其相关产品。随着社会的进步和人类保护环境意识的加强，人类逐步意识到保护森林、草原植被以及人居环境的园林植物的重要性，森林、植被、园林植物也成了重要的保护对象，其中就单以保护森林为主要内容，已形成了分支学科，即森林保护学。可见，植物保护有着广义和狭义的保护对象，前者是指在特定时间和地域范围内人类认定有价值的目标植物及其产品，而后者则是指人类栽培的作物。农业上所指的植物保护一般是指狭义的栽培作物保护。

植物保护的控制对象是那些危害人类的目标植物及其相关产品的生物，即植物有害生物，英文统称为pests。主要包括植物病原微生物、寄生性植物、植物病原性线虫、植食性软体动物、植食性昆虫与螨类、杂草、鼠类、鸟类等。植物，尤其是绿色植物，作为能源物质的初级生产者，处于生物圈食物链的基层。以植物为寄主和食物的生物，数量大、种类多，它们都可能给植物体造成伤害，并在条件适宜时大量繁殖，使伤害蔓延加重，对人类目标植物的生产造成经济上的损失。因此，它们都是潜在的植物有害生物。虽然环境中存在着数量众多的潜在的植物有害生物，但绝大部分对目标植物的伤害都达不到经济危害水平，只有其中极少部分可以较好地适应农业生态环境，造成目标植物或森林植被等明显的经济损失，甚至暴发性发生并给人类造成巨大的经济损失。这时潜在的植物有害生物才会上升成为真正的植物有害生物，其造成的灾害称之为生物灾害。由于农业生态环境的时间变化，在不同的地块中，通常总会出现不同的有害生物。一般来说，在同一地区的相同作物上，有些有害生物仅是偶尔造成经济危害，被称为偶发性有害生物；而有些则是经常造成经济危害，被称为常发性有害生物；还有一些虽然偶发性的，但一旦发生，就暴发成灾，这一类又被称为间歇暴发性有害生物。后两者是植物保护的重点控制对象。

农业生态调控（郑建秋提供）

①生态调控预防病毒病；②生态调控管理

植物保护的依靠对象是指在自然界中对各种植物有害生物种群消长具有生态调控作用的天敌（natural enemies）。因此，为了充分发挥天敌的自然控害作用，就必须系统研究天敌与植物有害生物间的相互关系及其自然控害的作用机理。对自然控制作用强，且容易人工繁育的天敌种类，还可对其进行人工繁育与释放等，使其得到充分利用，以有效控制植物有害生物的种群数量。由此可见，天敌也是植物保护学的重要研究对象之一。

据植物保护学针对的具体研究对象，可知其工作重点是研究特定生态系统中植物、目标有害生物及其天敌间的多维互作关系，并探索及发挥依靠对象的自然控害作用，以把控制对象的种群数量控制在一定水平以下，以确保其不会给保护对象带来经济损失。自然界中，尽管植物受害也会涉及缺素、冻害和日灼等非生物影响因子，但植物保护学研究内容仍主要集中在控制植物的生物灾害因子。

词源 中国早在公元前241年的《吕氏春秋》中就已经提到适时播种减轻虫灾；在304年的晋代，广东等地橘农就利用黄猄蚁防治柑橘害虫，开创了世界上最早记载的生物防治先河；713年的唐代，唐玄宗主政时期的宰相姚崇，亦有指导民众集体开展治理蝗虫，这些均标志着植物保护的历史与中国古老的农耕文明同源，具有悠久的发展历史。而植物保护学的基本形成，则与近现代高等教育的建立密切相关。

但是，国内外的植物保护学科设置系统不同。植物保护是以解决作物病虫害问题为目的，驱使植物病理学、农业昆虫学和农药学聚合在一起形成的一级学科。国外除东欧国家和一些大型跨国化学公司外，很少设置植物保护一级学科，它们没有强调作物病虫害防控这一核心社会服务功能，而是按照科学的自然归类设置学科。因此，国外高校中的植物保护学科大都以植物病理学、昆虫学、农药学或农业化学等独立二级学科的形式存在于不同的学院或一级学科中。就中国植物保护学科的发展历史而言，1952年前，中国高等院校并没有设立植物保护学科和植物保护专业。中国植物保护学科设立，是在原有植物病虫害学科的基础上，参照苏联的教育模式进行整合而形成产生的。1952年，随着全国性的高等学校院系调整，昆虫学系与植物病理学系合并形成植物保护系，中国现代植物保护学科应运而生。1960年前后，随着农药学专业逐步形成，亦将其合并至植物保护系。至此，中国现代植物保护学学科框架基本形成。中国和东欧国家设置植物保护一级学科，有利于二级学科的合作交流，便于集中力量重点解决特定作物生产系统的植物病虫害问题，强化了学科的社会服务功能。

学科或分支学科的起源、发展和现状 植物保护学是一门具有悠久历史，多学科交叉的综合性应用学科。古代植物保护是服务于作物栽培的一项技术措施，人类在有害生物的形态观察、种类鉴别、发生和危害规律的揭示，以及农业防治、生物防治、物理防治和化学防治等技术的归纳总结方面积累了大量的经验和资料。古代植物保护学主要是以简单农业措施依托季节性来抑制植物有害生物危害。主要采用的简单农业措施包括：轮作、秋季烧毁田间残余物、清洁田园和调节种植时间等。长期的农业生产实践积累了大量的植物保护经验，其中轮作早在《尹都尉书》《齐民要术》《吕氏春秋》等著作中已被记载，也已被世界各国普遍采用，至今仍是有效的有害生物防控方法，在世界农业发展史中具有重要的历史地位。在化学防治上主要限于燃烧产生烟雾、撒天然药物粉末等植物材料的直接利用。随着人类日益频繁的干预行为，农业生态、农业耕作制度逐渐变化，有害生物发生和流行的态势也随着变化，原来的防控模式已很难适应现实需要。

随着人类社会的发展，植物生产的重要性逐步凸显，植物有害生物造成的灾难也越来越严重，迫使政府发布相关政令、成立相应的农业减灾机构，指导和研究农业有害生物的防治，形成了植物保护学发展的社会基础。而真正意义上的植物保护学科则起源于近代高等学府设置的植物病虫害学系，由此不仅成立了专业人才队伍，同时建立了人才培养体系和科学研究平台，确定了引进多学科知识研究植物有害生物，开发相应防控技术的学科研究体系。第一次“绿色革命”前后，化学农药开始广泛使用，植物有害生物的防控开始向以化学防治为主的模式进行跨越。从1885年波尔多液问世开始，化学农药研究、生产与应用突飞猛进，农药的使用开始进入无机农药时代。而20世纪40年代，以滴滴涕（DDT）和六六六为代表的化学农药问世和大量应用，又催生了农药学学科，并同时给植物有害生物防治带来了历史性变革并产生了巨大影响。化学农药的诞生，为粮食生产作出了突出贡献，但这个历史阶段，人类仅以粮食高产为单一目标。大面积化学农药的滥用，造成并产生了严重的环境污染、农残超标、生态平衡被破坏等一系列问题。这些问题的出现，成为制约农业可持续发展的重要阻碍。综上原因，以及人类对农业有害生物发生发展规律认识的深入，植物有害生物防控策略上，迫切急需一次质变，进而逐步形成了以生态学为基础的植物保护理论与策略。

1966年联合国粮农组织组织各国科学家在罗马召开了农业有害生物防治策略研讨会，提出了有害生物综合治理的理论与策略。在此理论的指导下，植物保护学科的发展步入了一个新的阶段。中国于1975年正式确立了“预防为主，综合防治”的植物保护工作方针，这对有害生物防控进程有着巨大的推动作用。在有害生物综合治理指导方针的指引下，现阶段世界范围内，化学农药的消耗量已基本位于较低水平。但与此同时，植物有害生物综合治理的推广亦存在不少问题，最重要的是其主导的防治方法并未发生根本性变化，仍以化学防治为主题，生态环境问题仍得不到较好解决。

植物有害生物绿色生态防控理念诞生。该种防控策略主要是针对综合治理过程中产生的环境与生态问题而提出的。主要目的是恢复失衡的生态系统，进而维护人类在生态及环境上的长远利益。植物有害生物的绿色生态防控可分为宏观及微观两个层次，其出发点是保护植物，通过协调人类行为、植物、有害生物、传播媒介及生态环境间的相互关系，引入生物学、生态学普遍规律，以恢复和维持植物所在生态系统内的物种多样性，使不同物种、种群或各营养层级间友好协同共生，建立有利于植物生长但不利于灾害发生的生态环境，将有害生物的危害程度控制在科学阈值之内。该种防控策略必将成为现代植物保护学发展及农业可持续发展的必然选择。

现代植物保护学引进系统科学、信息科学、分子生物学和基因组学等新兴学科的理论与技术，不断与相关学科交叉渗透，衍生出系列理论研究和应用学科分支，形成了完备的理论体系、技术体系、人才培养体系和社会行业支撑体系，植物保护科学研究正朝着宏观和微观两个方面拓展，形成了基础研究与应用研究相互促进、高新技术与传统技术相互协调的科技创新体系，不仅可以通过理论创新、技术创新和器材创新控制植物有害生物，确保农业的高产、优质、高效，还可以避免农药残留和有害生物毒素污染等植物保护相关的环境副作用，是保障农业生产安全、农产品质量安全，控制环境污染，维护公众健康，促进农业可持续发展和人类社会生态文明建设的重要支撑学科。

奠基人、主要代表人物 中国近现代植物保护学的奠基人及主要代表人物包括（所有人物排名不分先后）：

农业昆虫与害虫防治方向 邹树文、张巨伯、胡经甫、秉志、杨惟义、邹钟琳、吴福桢、祝汝佐、陆保麟、刘崇乐、蔡邦华、萧采瑜、陆近仁、陈世骧、周明牂、赵善欢、尹文英、忻介六、朱弘复、邱式邦、周尧、蒲蛰龙、张宗炳、曾省、马世骏、钦俊德、赵修复、杨平澜、杨集昆、张广学、庞雄飞、印象初、李光博、向仲怀、郭予元、吴孔明、康乐等。

植物病理学方向 戴芳澜、邹秉文、俞大绂、邓叔群、朱凤美、沈其益、林传光、涂治、魏景超、陈鸿逵、曾士迈、周宗璜、王鸣岐、裘维蕃、方中达、吴友三、林孔湘、郑儒永、庄文颖、魏江春、田波、谢联辉、李振岐、方荣祥、李玉、南志标、朱有勇、陈剑平、康振生等。

农药学方向 黄瑞纶、李正名、陈子元、蔡道基、沈寅初、陈宗懋、钱旭红、宋宝安、庞国芳等。

学科或分支学科（行业、产业）的基本内容 植物保护学的基本内容包括基础理论、应用技术、植保器材和推广技术等，主要研究不同植物有害生物的生物学特性，与环境的互作关系，发生与成灾规律，建立准确的预测预报技术，以及科学、高效、安全合理的防治措施与防治策略，并将其顺利实施。涉及的研究与应用内容主要概括如下。

第一，有害生物及其天敌的形态学与分类学：主要研究各类有害生物和天敌的形态结构和功能，根据生物分类学的原理和方法，将有害生物和天敌的各种类群进行系统分类并命名。因为自然界生物类群数量巨大，形态各异，若不加分类，不立系统，便无从认识，难以研究利用。因此，形态学和分类学的研究是正确诊断或鉴别有害生物，以及保护利用天敌的基础。

第二，有害生物及其天敌的生物学与生态学：主要研究各类有害生物与天敌的生活史、生活周期或侵染循环、生活习性、繁殖方式、生长发育与行为特性、抗逆性及其机理等等，揭示有害生物成灾机制，找出其发生发展过程中的薄弱环节，为研发安全、高效、高选择性防治技术提供必要的依据和思路。同时，研究病原菌或害虫与寄主植物之间，以及病原菌与拮抗菌或害虫与天敌之间的互作关系，充分发挥寄主植物、天敌或拮抗菌的自然控制作用，或者为开发利用寄主植物本身、天敌或拮抗菌控制有害生物的防治方法提供理论依据。

第三，有害生物及其天敌的生理学和分子生物学：主要研究各类有害生物与天敌的生理学特性、遗传变异、重要基因结构与功能等等，揭示重要有害生物致害性、变异性及寄主抗性的生理生化与分子机理，及天敌控制作用的生理生化与分子机理等，研究挖掘天敌有益基因资源。同时，利用基因工程技术等，研究开发天敌利用的新途径与新技术等。

第四，有害生物与灾害预测预报：主要研究各类有害生物的发生发展或流行规律、危害规律，以及各种环境因子（包括气候因子、寄主及天敌等生物因子，以及土壤、肥料等其他非生物因子）对其的影响。同时，开展有害生物的诊断或鉴别、监测与预测预报关键技术，以及有害生物调查的取样方法等研究，以及时准确预测有害生物的发生期、发生量及危害损失程度，从而确保经济、合理、有效的防治措施得以及时实施。

第五，有害生物的检验监测技术：主要根据有害生物形态学、生态学、生理学与分子生物学特征等，重点研究危险性有害生物的形态鉴别、生物学检测、免疫学检测方法、性信息素引诱检测、生物化学检测与分子检测等精确、快速的检验监测方法与技术，为防止危险性有害生物的入侵与蔓延提供技术保障技术体系。随着信息技术与生物技术的不断发展，将人工智能与机器深度学习、图像识别与处理、多媒体技术、分子生物学与基因组学技术与有害生物的鉴别紧密结合，研发有害生物图文信息与鉴定系统，以及有害生物高通量分子检测技术平台等，提高检验监测的正确性与时效性，实现快速、实时检验监测。通过与化学生态学技术的结合，研发以信息素为载体的有害生物的高效诱集技术，以监测有害生物的数量信息。此外，还要研究有害生物抗药性的发生发展趋势，研究并建立抗性检验监测的生物学方法和分子检测技术体系，为防止抗性危险性有害生物的入侵与蔓延，或及时控制本土抗性有害生物种群增长提供技术保障。

第六，有害生物防治技术：主要研究各类有害生物的防治策略和关键技术。研究重要有害生物控制的理论和方法，如开展病虫害无公害控制的基础生物学的研究、抗性和抗性相关基因的鉴定和抗病虫种质与品种的创制，转基因抗性植物的培育与安全性的评价、新型抗病抗虫药物及提高寄主抗性的药剂的研制、抗逆性天敌的培育等。针对不同保护对象及防治对象所需要采取的策略和防治技术，开展针对性的研究，建立经济、有效、与环境和谐的防治对策与措施。同时，研发高效适用的植物保护的器械也十分重要，以提高有害生物防治措施的实施效能。

有害生物防治技术的推广是植物保护系统工程的重要组成部分。不同区域因农作物种植结构、栽培模式和气候条件等不同，其有害生物的种类以及发生发展规律等是不同的。因此，探索适合于特定区域特点的有害生物防治技术的推广体系和模式是极为必要的，只有这样才能使有害生物防治技术得到真正的实施。在推广上，不仅要将科学研究的技术成果推广应用，更要结合实际，通过研究与示范，将有关技术进一步实用化，使第一线生产者更容易掌握与实际操作。

此外，植物保护技术措施内容主要体现在两方面，即对植物有害生物的防和治。防是阻止有害生物与植物的接触和侵害。根据控制技术的性质，可将有关技术分为农业防治、物理防治、生物防治、化学防治和植物检疫等五类。如利用防虫网（见图）、害虫驱避剂、保护性杀菌剂、抗性植物品种与植物检疫等防治措施均属于此类。而治则是指有害生物发生或流行达到经济危害水平时，采取措施阻止有害生物的危害或减轻危害造成的损失。如利用化学农药、释放天敌，以及轮作、清理田园等绝大多数植物保护措施均属于此类。但控制有害生物仅是植物保护的手段，而其最终目的是获得

防虫网覆盖（郑建秋提供）

最大的经济、生态和社会效益。应该指出，植物保护并非保护植物不受任何损害，而是将损害控制在一定程度，以不致影响人类的物质利益和环境利益。这是因为自然界存在大量的潜在有害生物，在任何情况下其都会对植物造成一定程度的损伤或危害。此外，植物自身具备一定的抗性和自我补偿能力，轻微的损伤并不影响植物的生长发育，对于非收获部位来说，轻微的损伤也不会导致产量和品质的明显下降。因此，完全阻止有害生物对植物的损害不仅相当困难，如果投入的成本大于所获得的效益，那么该植物保护措施就无法接受。

依托植物保护学的基本内容及其主要的技术措施，中国已基本建成植物保护相关六大体系。

第一，病虫预测预报体系：主要任务是预测病虫害的发生期、发生量、危害程度及扩散分布趋势，为开展病虫害防治提供情报信息和咨询服务。通过逐步发展，现已形成了从中央、省（自治区、直辖市）、地（市）、县到乡级较为完善的病虫测报体系。

第二，植物检疫体系：主要任务是依据国家法规，对危害植物及植物产品并能随其传播蔓延的危险性的病原微生物、害虫和杂草进行检疫和处理，以防止人为传播蔓延。构建守卫中国各陆海空口岸的中国出入境植物检疫体系、以及肩负对内检疫任务的国内农业植物检疫体系和森林植物检疫体系。

第三，抗药性监测体系：主要任务是监测农作物病虫抗药性发生发展趋势。截至1998年，已建设有完善的省级监测站、地（市）级站及县级站为主体的监测体系，主要对棉花、水稻、蔬菜等18种重要作物的病虫抗药性开展系统监测，初步建成全国农作物害虫抗药性监测体系。

第四，植物保护社会化服务体系：主要任务是为农民提供技术咨询和统一防治等服务。各级植保部门联合有关企业，以服务为宗旨，采用“横向联，纵向统”的形式，通过设立植保医院、植保公司和专业服务队等模式，逐步组建植物保护新技术推广网、信息服务网，加快了植物保护新技术、新产品的推广速度，提高了植物保护防灾减灾能力。

第五，农药研究开发体系：主要任务是研发新农药，开展农药登记、生物测定、残留检测和质量监督。截至2021年已设立了南、北两个新农药创制中心，创制了一批新农药；农药剂型加工与研究，以及农药残留研究得到了迅速发展，如研制了取代可湿性粉剂的水分散性粒剂、高效农药助剂，建立了拟除虫菊酯杀虫剂在农产品中的多残留分析系统、茶叶农药残留检测技术和农药残留微生物降解技术等。在全国设有由省级农业部门成立的农药检定所，承担生物测定及残留检测相关工作与任务。全国大多市、县农业行政和植保部门成立有农药管理机构或配备专职执法人员。

第六，植物保护教学科研体系：主要任务是培养植物保护专门人才，开展植物保护新理论、新技术及其应用等研究。各省（自治区、直辖市）都有农业大学或相关学院，大都设有植物保护专业或方向。研究机构大多隶属农业科学院、研究所和高等院校，以及中国科学院部分所（室）。

与邻近学科或分支学科（行业、产业）的相互关系 植物保护学是农学门类中的一级学科，下属二级学科主要有3个，即植物病理学、农业昆虫与害虫防治、农药学。此外，不同高校还依据植物有害生物的特色防控技术和分类体系，结合自身优势增设了入侵生物与植物检疫、植物病虫害生物防治、杂草学、害鼠学等二级学科。此外，也有依据农业行业，在植物保护一级学科下设置了粮食作物、经济作物和园艺作物病虫害综合治理，以及依据研究层次设置植物病虫害预测预报、植物病虫害基础生物学和植物病虫害综合治理或交叉学科方向植保经济等二级学科的。下面就其3个主要二级学科进行简要介绍。

植物病理学　主要研究植物病害及其发生发展和流行规律、病原物及其与植物的互作和致病机理，以及植物病害控制的理论和技术。随着研究技术的进步及相关学科的交叉渗透，现代植物病理学已衍生植物病原学（包括植物真菌学、植物细菌学、植物病毒学、植物线虫学、寄生植物与杂草学等）、植物病害流行学、植物病理生理学、分子植物病理学，以及植物病害防治学等新的分支学科。现代植物病理学的重点研究领域包括植物病原物生物大分子的结构与功能解析、农作物重要病原物致病性及其变异的分子基础、农作物抗病机制及抗病遗传育种基础、寄主与病原物互作的遗传学机制、植物病害暴发流行的机制，以及基于生物多样性的植物病害生态调控机理与技术等。

农业昆虫与害虫防治　主要研究昆虫的遗传进化、形态识别、基础生物学、行为学、生理学和生态学，重点是农业害虫的种群动态、迁飞扩散和成灾规律与机理、抗药性发生机制、灾变预警及防控策略和技术。随着研究技术的进步和科学研究的深入，昆虫学与现代新兴学科交叉渗透，还形成了昆虫系统学、毒理学、生物化学、分子生物学和基因组学等基础昆虫学分支学科，以及农业昆虫学（包括农螨学和农业有害软体动物学）、天敌昆虫学、经济昆虫学、环境昆虫学、城镇昆虫学、储物昆虫学、卫生昆虫学等应用昆虫学分支学科。现代昆虫学的重点研究领域包括昆虫生物大分子的结构和功能解析、昆虫生物多样性的保育和利用、重大入侵害虫的入侵机制与防控、昆虫迁飞扩散和种群数量的自动化监控技术、害虫的生物和遗传防控技术，以及害虫的区域性综合治理和全种群治理技术等。

农药学　主要研究农药活性成分的化学组成、结构、性质、构效关系，对作物病虫害的作用机理，在生物体内的代谢、降解规律，有害生物的抗药性机理与治理策略，农药研发及应用技术。随着农药市场的扩大、农药应用遇到的问题，以及人类对农产品质量和环境质量要求的提高，农药学不断引进新知识和新理念，与相关学科交叉渗透，形成了农药化学、农药生产工艺学、农药毒理学、农药制剂学、农药质量与残留分析、农药使用技术与器械、农药环境毒理学与生态毒理学等分支学科。利用现代化学化工和生物信息学的理论和技术，研发对人畜安全、环境友好的高效、低毒、低残留的绿色农药、生物农药、核酸农药，以及植物有害生物驱避剂和诱杀剂，是当今农药创制的发展方向，也是农药学研究的核心内容。

植物保护学是一门多学科相互渗透、融合的科学。不仅包括农业植物病理学、农螨学、农业昆虫学、杂草学、农业鼠害学、植物检疫学、农药学等分支学科，而且与植物学、植物生理学、遗传学、生物化学、分子生物学、基因组学、转录组学、蛋白质组学、生物信息学、生态学、生物统计学、计算机科学、信息科学、人工智能与机器学习、环境科学、化工科学、气象学、作物栽培学、作物育种学、土壤学、作物营养学、经济学等学科有着极为密切的关系。因此，在学习、研究与实践应用中要始终关注相关学科的发展趋势，及时将新理论与新技术应用于植物保护学的研究与实践中，使其不断完善发展，并不断在现代农业可持续发展与环境保护中发挥更大作用。

重要学术机构和期刊 与植物保护学相关的国内外重要学术机构主要包括：

国际植物保护科学协会（The International Association for the Plant Protection Sciences，IAPPS） 该组织于1999年国际植物保护大会期间在以色列正式成立，使命为在全球推广植物保护的综合性和可持续性方法，涉及范围从研究到实际应用。该组织还负责筹备每4年召开一次的国际植物保护大会。中国植物保护学会承办的第十五届国际植物保护大会于2004年5月在北京召开。

国际植物病理学会（International Society for Plant Pathology，ISPP） 该组织是国际性植物病理学学术研究的联合组织。该组织成立于1968年，目的是促进植物病理学的全球发展，以及有关植物疫病和植物卫生管理知识的传播。该组织还负责筹备国际植物病理学大会，该国际性大会每5年召开一次。 除会员国代表外，非会员国的植物病理学者也可申请参加。首届大会于1968年在英国伦敦举行。中国植物病理学会自1983年第4次大会起成为会员。

国际昆虫学大会理事会（Council for the International Congress of Entomology，CICE） 1910年成立于比利时，前身为国际昆虫学会常务理事会（Permanent Committee for the Entomology），是世界各地的昆虫学家组成的国际学术组织，致力于昆虫遗传学、生理学、基因组学、神经生物学及分类学等方面的研究，是昆虫学研究最高水平的国际学术交流平台之一。该理事会负责国际昆虫学大会的筹备工作，并负责“国际昆虫学杰出成就奖”的评选工作，国际昆虫学大会每4年召开一次。中国昆虫学会（ESC）承办的第十九届国际昆虫学大会于1992年6月在北京召开。

中国植物保护学会（CSPP） 是中国植物保护科学技术工作者的学术性群众团体，中国科学技术协会成员，于1962年6月成立，挂靠单位为中国农业科学院植物保护研究所。据2019年1月中国植物保护学会官方数据显示，学会有个人会员2万余名和单位会员158个；下设20个分支机构，并与全国31个省（自治区、直辖市）植物保护学会建立了业务联系和指导关系；学会主办《植物保护学报》和《植物保护》，协办《中国生物防治学报》《植物检疫》和《生物安全学报》。中国植物保护学会于1979年成为国际植物保护科学协会（IAPPS）成员，先后有沈其益、黄可训、李丽英、周大荣、成卓敏、吴孔明、周雪平被大会推选为IPPC的常务委员会委员。

中国植物病理学会（CSPP） 是中国植物病理学工作者的学术性群众团体，中国科学技术协会成员，于1929年在南京成立，挂靠单位为中国农业大学。中国植物病理学会现有会员6336人，下设5个工作委员会，14个专业委员会，主办《植物病理学报》和*Phytopathology Research*。中国植物病理学会于1983年加入国际植物病理学会（ISPP），学会现有国际植物病理学会理事7人。

中国昆虫学会（ESC） 是中国昆虫学工作者的学术性群众团体，中国科学技术协会成员，于1944年10月12日在重庆成立，挂靠单位为中国科学院动物研究所。其个人会员数量为13 443名，团体会员单位为6个。该学会已加入国际组织，有国际昆虫学会理事会和亚太昆虫学大会。学会共设有5个工作委员会和22个专业委员会。学会共主办有7种国内外重要学术期刊。

与植物保护学相关的国内外重要学术期刊主要包括：*Journal of Pest Science*、*Pest Management Science*、*Crop Protection*、*Biological Control*、《植物保护学报》《植物保护》《中国生物防治学报》、*Annual Review of Phytopathology*、*Molecular Plant Pathology*、*Molecular Plant-Microbe Interactions*、*Phytopathology*、*Plant Disease*、*Phytopathology Research*、《植物病理学报》、*Annual Review of Entomology*、*Insect Science*、*Insect Biochemistry and Molecular Biology*、*Insect Molecular Biology*、*Journal of Insect Physiology*、*Entomologia Generalis*、《昆虫学报》、*Pesticide Biochemistry and Physiology*、*Journal of Pesticide Science*、*Pesticide Science*、《农药学报》、*Weed Science*、《杂草学报》等。

学科或分支学科（行业、产业）与社会政治经济的关系 “民以食为天，食以安为先”，决定了粮食安全的重要战略地位，同时也表明了农业生产的最终目标是为了确保国家社会稳定和安全，而不能只单纯考虑经济利益，特别是主粮作物生产。历史证明，一旦粮食得不到安全保障，其后果将不堪设想。确保粮食安全，有着“质”和“量”双重属性，离不开农业生产要素的积极投入，也离不开有效的生产管理，植物保护就是其中十分重要的一个环节。植物有害生物的发生和流行会严重削弱植物产量和品质，威胁农民收入和农业相关产业发展，阻碍农业可持续生产，制约粮食安全与稳定，影响人民健康，甚至还可能造成严重灾难。“保”为农业八字宪法之一，体现了植物保护学的重要性，它在确保农业增产、农民增收，冲破国际贸易“绿色壁垒”，保障食品安全上，起到了极其重要的积极作用。新时期的植物保护学不仅要确保粮食生产安全，还要确保其食用安全，更要从社会层面出发提升消费者对粮食生产与食用安全的信心。这就需要通过产学研三者有机结合，从生态绿色角度出发，由植物保护学引领和辐射带动其他生产环节，一起实现农业生产的绿色可持续发展。

有害生物在农业生产过程中不仅造成产量损失乃至绝收，而且还可直接导致农产品品质下降，出现腐烂、霉变等，营养和口感也变差，甚至产生有毒或有害物质影响人畜的健康与安全。植物保护技术的先进性、可靠性及推广实施的有效性对确保农业生产的可持续发展是极为重要的。现代农业受到全球气候的变化、农业产业结构调整、农田耕作制度的变更以及害虫适应性变异等因素的影响，主要有害生物猖獗危害发生面积不断扩大、危害频率增加、灾害程度加重。在这种背景下，植物保护工作的重要性愈发突出。植物保护工作已成为现代农业生产必不可少的技术支撑。现代农业是可持续发展的，是一种环境不退化、技术上应用适当、经济上能维持下去及社会可接受的农业生产方式；是一种生态健全、技术先进、经济合理、社会公正的理想农业发展模式。这种农业生产体系，要求做到保护生物的多样性；要求在农业发展过程中，保持人、环境、自然与经济的和谐统一，即注意对环境保护、资源的节约利用，把农业发展建立在自然环境良性循环的基础之上；要求生产无污染、无公害的各类农产品。针对这些要求，现代植物保护又注入了“可持续发展”新理念。其将过去仅针对危害作物生产的有害生物防治的传统植物保护，扩展到保护农业生产系统的可持续植物保护。现代植物保护是农业持续发展的重要技术保障体系。

新时期的发展要求以生态为先、绿色发展，“绿水青山就是金山银山”。在人类面临诸多问题中，如何保护生态环境是最根本的问题。为了保护人类赖以生存和发展的生态环境，现代植物保护学对减少环境污染保护环境负有特殊且重要的责任与使命。植物保护学是综合利用多学科知识，以科学和经济的方法，保护人类的目标植物免受有害生物危害，提高植物生产的投入回报比，维护人类的物质和环境利益的应用性学科。半个多世纪以来，植物保护策略已发生了多次重大变革和跨越式发展，其主要是针对滥用农用化合物所致的环境污染及其后续效应问题。21世纪，植物保护将面临更加变幻莫测的新形势，如外来生物入侵频率和强度不断升级；在市场经济规律作用下，出于资本和人力等生产要素的逐利性、对规模化和集约化耕作制度的偏好性，进而导致种植结构（品种）单一化趋势日益严重；新型农业生物技术的大力研发与推广应用，有可能导致传统优质种质资源不断丧失或趋同化，遗传多样性基础越来越弱，整个生态系统自我抵御病虫害发生和流行的能力亦日趋脆弱；品种抗性易丧失，农药残留严重，生态环境污染，人畜健康和其他生物安全受到威胁等问题日趋突出。植物保护学将不得不面对生态安全这一首要责任。新时期植物保护学必须重视生态效益，把握和利用生态功能，瞄准植物绿色及可持续生产，不断创新和健全植物有害生物生态绿色防控的理论和模式。

植物保护不仅保护大田农作物，而且还保护森林、草原植被和园林植物，还可通过植物检疫控制危险性有害生物的入侵、传播与扩散。不仅控制已知的有害生物，还包括引入的生物种群在新环境下演变成的有害生物。植物保护在控制有害生物，维护人类利益的同时，由于认识的局限，某些技术措施也会对自然界产生一定的负面影响。为了确保农业高产稳产，减少植物保护对生态环境的负面影响，人们逐步形成了利用多种有效技术措施进行有害生物综合治理的共识，以减少化学防治的负效应。此外，由于生物多样性是人类社会赖以生存的物质基础，因此保护之，才能使生物资源得以持续利用。这始终是人类社会确保持续发展的全球性战略任务。通过保护生态环境和防止外来生物入侵与蔓延等途径对生物多样性的保护也有很重要的作用。植物有害生物暴发成灾，往往导致生物赖以生存的天然或人工植被受害，甚至毁灭，其后果使各种生物失去了生存的环境。植物保护通过采取控制生物灾害的有效措施，既能保障植被得以保护或恢复，同时也降低外来入侵生物将对本土生物多样性带来的负面影响。植物保护的重要措施植物检疫，是防止外来入侵生物入侵与蔓延中的重要保障。另外，植物保护工作与人类的健康直接相关。随着无公害农业、绿色农业和有机农业的发展，植物保护更加强调使用绿色防控为主体的有害生物综合治理策略与技术，以尽量减少使用化学农药使用。即使使用化学农药，也仅使用高效、低毒、低残留、高选择性农药。还需注重药剂施用技术，尽量减少农药对操作人员的毒害及对环境的污染。外来入侵生物不仅破坏生态环境、威胁动植物安全，甚至有些还会直接引起人类严重的过敏反应而导致休克或死亡，植物保护可通过有效的植物检疫或防治措施，以消除或减少其对人类健康和环境的威胁。

众所周知，农业增产未必一定能让农民增收。农民是中国人口最大的组成群体，如何确保他们的收益，是全体人民共同富裕的重中之重。在市场调节机制下，由于供需关系平衡打破，导致量增价降，农民总体收入有可能不升反降。此外，农业生产所需成本也是重要原因，如果生产管理成本加大，利润将无法提高。植物保护的机会成本，同样包含对农业生产要素等显性成本的核算，也包含对外部等隐性成本的核算，植物保护高昂的生态、社会成本不容忽视。就宏观层面而言，植物保护等农业生产管理的生态、社会效益远重于其有限的经济效益。但若从微观个体角度出发，植物保护的经济效益则会显得更加突出。但这两个层面并不相互矛盾，植物保护也是利益驱动行为，离开经济效益，植物保护的可持续性将不复存在，那么其生态及社会效益也无从谈起。只有加入经济元素，通过“保”来有效提高农业生产的经济附加值。则必须力促产学研相结合，积极鼓励创新，才能在提高经济收益基础上更好地带动生态和社会效益的提升，进而促进植物保护良性循环，维持其可持续性，以实现其最佳效果。

植物保护可通过植物检疫控制经国际农产品贸易途径入侵的外来有害生物或潜在有害生物，以及控制国内区域性检疫对象通过贸易流通扩散至其他区域。随着农产品贸易全球化和流通渠道多元化，外来有害生物入侵也在加重。面对外来有害生物随贸易和对外交流渠道进入中国的风险，植物检疫工作肩负重要的责任。在国际贸易中，有害生物入侵风险也可能被利用为贸易的技术壁垒之一。因此，为保护国家利益，在打破发达国家利用危险生物入侵问题所设置的贸易壁垒或所采取的歧视政策的同时，也必须通过植物检疫构筑自己的技术壁垒，以阻止有害生物入侵。新型植物保护技术也是确保中国农产品突破国际贸易中的“绿色壁垒”的保障，是确保中国农产品攻克国际贸易中的“绿色壁垒”的重要支撑。新型植物保护技术可采取有效措施，从源头上禁止、限制和控制农用化合物使用，实施“从农田到餐桌”全面质量控制，以减少农产品中的化学残留，突破国际“绿色壁垒”对中国农产品出口的制约。

主要学术争议，有待解决的重要课题以及发展趋向 尽管植物保护学相关领域工作已经取得了显著进展，但在思想理念、防治技术、体制和机制等方面仍面临一些新情况、新问题：一是以农民为主的植物保护实施个体思想与国家整体战略间存在偏差；二是受异常气候和农业生态环境变化影响，植物有害生物发生复杂性增加，发生面积扩大，防治任务加重；三是化学农药频繁施用，造成害虫抗药性加剧，环境中化学农药污染严重超标；四是部分害虫防治难度加大，不当防治方法对环境与生态系统保护、生物多样性保护及人类健康等所造成的负面影响日趋彰显；五是一些地区过分依赖单纯的化学防治，造成综合防治发展不平衡；六是植物保护技术和手段比较落后，影响监测防控工作的科学性、时效性和准确性；七是外来有害生物入侵加剧，部分入侵物种已完成本地化定殖，这给中国有害生物防治带来新局面，增加新难度；八是植物保护法律法规和标准仍不完善，植物保护工作中的部分方面仍无法可依；九是植物保护体系仍不健全，一些地方在机构改革中出现了职能分化与弱化现象，使植保工作的社会管理和公共服务职能未能完全凸显；十是植物保护从业人员年龄结构有待优化，植保专业化、社会化服务程度仍较低，多元化专业防治组织还未完全建立与全面发展。这些问题若得不到解决，则难以实现新时代植物保护的既定目标，即降低植物有害生物引起经济损失的风险，降低植保技术对生物多样性的负面影响，降低农业化学投入品对环境质量的负面影响，降低植保技术对食品安全性的负面影响，提高农民持续控制植物有害生物危害的能力和提高农田生态系统绿色发展的可持续性。

针对植物保护学发展过程中存在的新情况、新问题，首先要更新新时期植保理念并转变目标，推行可持续绿色植物保护，实现单一到系统、静止到动态的转变，强调生态控制与良性循环，确保环境友好与农业生产可持续。以科学指导植物保护工作，使植保工作发展更为优质与有力，使其不仅要为人类粮食安全服务，还要为人类生存安全服务。牢固树立“公共植保”和“绿色植保”的新理念。所谓“公共植保”就是把植保工作作为农业和农村公共事业的重要组成部分，突出其社会管理和公共服务职能。而“绿色植保”就是把植保工作作为人与自然和谐系统的重要组成部分，突出其对高产、优质、高效、生态、安全农业的保障和支撑作用。植保工作就是植物卫生事业，要采取生态治理、绿色防控等综合防治措施，以确保“绿色农产品”生产，确保农业可持续发展。进一步防范外来有害生物入侵和传播，以确保人类健康、环境安全和生态安全。

同时，应在构建新型植物保护体系和强化设施建设基础上，通过吸收新兴学科的新理论和新技术，积极研发、推广与应用对有害生物高效、对环境友好的新型绿色可持续植物保护技术，切实提高有害生物监测与防控能力。如将植物保护技术与信息技术、计算机技术、人工智能与机器学习技术深度交叉融合，以研发新型高精度、智能化、自动化的有害生物监测预警技术，提高有害生物测报的准确性与时效性。将植保技术与现代生命科学深度交叉融合，利用多组学（基因组学、转录组学、蛋白组学等）联用、生物信息学、现代分子生物学理论与技术，揭示重大有害生物灾变规律与灾变机制，为研究有害生物控制新理论、新方法和新途径提供理论依据与技术支撑。同时，还可利用组织培养脱毒技术、基因工程技术、转基因、基因沉默及基因编辑等技术，培养无毒植物种苗，开发新型生物工程药剂和转基因或基因编辑植物新品种等，为植物有害生物有效控制提供新手段和新载体。在植物检疫工作中，可利用现代分子检测技术、免疫学技术以及多组学联用技术等，实施对检疫性有害生物的准确与快速监测。此外还可将植保技术与整合生物学、合成生物学、现代化学、计算生物学、材料科学和机械科学深度交叉融合，以开发新型高效、低毒、低残留的环境相容性农药新品种，开发智能化、自动化程度高且便于操作使用的植物保护智能装备与器材。

总之，随着植物保护学“以植物—生态为本”新理念的推动与落实，加之以稳产优质高效为导向的多学科多技术的交叉融合不断深入，以及新型植物保护技术与方法的不断涌现，中国植物保护事业在全面施行《农作物病虫害防治条例》的过程中必将得到又好又快的发展，并将在国家粮食安全、食品安全、生态安全、公共安全、国家安全和人民健康的保障中发挥更大作用。

参考文献

陈生斗，胡伯海，2003. 中国植物保护五十年 [M]. 北京：中国农业出版社.

刘同先，陈剑平，谢联辉，2019. 植物医学学科：历史、重大需求与发展思路 [J]. 青岛农业大学学报（自然科学版），36(1): 1-6.

叶恭银，2006. 植物保护学 [M]. 杭州：浙江大学出版社.

张文彬，何敦春，2018. 可持续植物保护的历史演变及新时期发展方向 [J]. 福建农业科技，49 (9): 64-68.

中国科学技术协会，2014. 植物保护学学科发展报告 [M]. 北京：中国科学技术出版社.

（撰稿：叶恭银、方琦；审稿：周雪平）

《植物保护学通论》 *Principles of Plant Protection*

植物保护（plant protection）是综合利用多学科知识，以经济、科学的方法，保护人类目标植物，避免有害生物危害成灾，提高植物生产回报，维护人类的物质利益和环境利益的实用科学。而《植物保护学通论》是系统介绍植物保护基本知识和基本技能的简化教材，主要内容包括植物保护学的基本概念，植物有害生物，植物保护的对策、技术环节和关键技术（见图）。

该教材由南京农业大学韩召军主编，高等教育出版社出版。该书系统介绍了植物保护学的基本概念，植物保护涉及的各类有害生物及其发生危害规律、预测方法、防治技术与策略，以及主要农作物有害生物的综合治理和植物保护技术的推广应用等方面的基本理论和基本知识，力图帮助读者全面系统地认识、了解和掌握植物保护的基本原理和技能。

（陈巨莲提供）

该教材2001年8月第1版出版，为教育部“高等教育面向21世纪教学内容和课程体系改革计划”的研究成果，作为“面向21世纪课程教材”。随着中国植物保护学科的发展壮大，植物保护学的研究内容和深度增加、植物有害生物基础生物学和防治技术成果不断丰富；主要农作物稻、麦、棉、果树、蔬菜和设施农作物的病虫害不断增多和发生特点的变化，综合治理技术也随之更新。韩召军又主编《植物保护学通论》（第2版），于2012年8月出版，被列选为教育部普通高等教育“十一五”国家级规划教材。

《植物保护学通论》（第2版）共分9章。第1章绪论重点介绍植物保护的一般概念、社会责任和义务，以及植物保护学的研究内容。第2～5章介绍不同类型植物有害生物的基础生物学，包括①植物病害：植物病害基本概念、植物病原物及其侵染过程和病害循环、植物病害的诊断。②植物虫害：昆虫的形态结构、生物学特性、植食昆虫及其危害、农业害螨及其危害、软体动物及其危害。③农田草害：杂草的概念及其生物学特性、生态学、杂草的分类及主要杂草介绍。④农业鼠害：鼠类的概念及形态特征、生物学习性、主要的农林牧害鼠、鼠害及其防治。第6章介绍植物有害生物的发生规律和预测技术。第7章介绍植物保护策略以及防治有害生物使用的各种技术。第8章重点介绍了稻、麦、棉、果树、蔬菜和设施农作物的病虫害及其发生特点与综合治理技术。第9章介绍植物保护技术推广的方式、体系以及植保器材的营销和管理。

该教材适用于涉农专业在校生了解植物保护学，拓展知识面，以及成人教育的相关专业培训。是非植保专业农科学生了解植物保护的推荐教材，也可作为作物育种和栽培以及基层植保工作者和农业生产管理者的参考书。

（撰稿：陈巨莲；审稿：高利）

植物病虫害生物学国家重点实验室 State Key Laboratory for Biology of Plant Diseases and Insect Pests

从事植物病虫害生物学研究的国家重点实验室。1988年12月由国家计划委员会批准建设，1992年1月通过国家验收并投入正式运行，对国内外全面开放。依托单位为中国农业科学院植物保护研究所。1996年、2001年、2006年和2011年分别通过了由国家计划委员会和科技部等委托国家自然科学基金委员会组织的4次评估，成绩良好。

实验室现任主任周雪平，学术委员会主任方荣祥院士。实验室共有固定人员126名，其中研究员54名、副研究员39名。实验室主要从事原生性植物重大病虫害、危险性外来入侵生物和重要农业转基因生物环境安全性研究，重点研究和解决农业有害生物的灾害形成机理，包括群体动力学、生态抵御机制以及分子遗传基础等，发展农业生物灾害监测预警与综合治理的新理论、新技术和新方法，实现农业有害生物的可持续控制。

植物病虫害是影响农林业生产安全、生物安全和生态安全的严重生物灾害，是国际社会面临的共同挑战。植物病虫害生物学国家重点实验室针对国家农业生产和科学技术发展的重大需求，重点围绕植物病虫害基础生物学、暴发成灾机理以及防控基础问题，开展前沿性、创造性和前瞻性研究，培养造就植物保护高层次人才，开展国际国内学术交流。通过“开放、流动、联合、竞争”的运行机制，努力建成中国植物保护科学的自主创新中心、国际交流中心、优秀科学家聚集地和高级人才培养基地，为中国农林业可持续发展、粮食安全、生态环境安全和经济安全服务，并在国际相关科学技术研究领域占据重要地位。

“十一五”以来，实验室共主持承担省部级以上及国际合作项目（课题）300余项。其中主要包括：“973”计划项目4项、课题15项，“863”计划项目11项，转基因专项重大课题2项、重点课题14项，国家科技支撑计划课题14项，主持国家自然科学基金面上项目和青年项目57项、杰出青年基金项目1项、重点项目2项，国际合作项目33项，公益性行业科研项目9项等；担任现代农业产业技术体系岗位专家9人，其中植物保护研究室主任4人。

“十一五”以来截至2021年，共获得各类科技成果奖励53项，其中，以第一完成单位获得国家科技进步一等奖1项、二等奖5项、省部级科技进步二等奖2项和三等奖2项、其他科技成果奖励12项；以参加单位获得国家科技二等奖5项、省部级科技进步一等奖4项、二等奖3项和三等奖4项，其他科技成果奖励3项。“十一五”以来，发表学术论文2641篇，其中SCI源期刊论文1349篇，以第一作者和第一单位在*Nature*、*Science*期刊发表研究论文3篇，在*Nature Biotechnology*期刊发表特约评述性论文1篇。

2006年以来，实验室与美国、德国、比利时、墨西哥、英国、法国、荷兰、瑞士、意大利、俄罗斯、匈牙利、韩国、日本、蒙古等国家有关科研教学单位，国际原子能组织（IAEA）、世界银行、国际农业和生物科学中心（CABI）等国际组织，孟山都、杜邦、先正达等大型跨国公司等近30个国家和国际组织的40个农业科研机构和大学建立了合作伙伴关系。每年接待国外来访专家60～80人；实验室人员有30～50人以参加国际会议、合作研究和考察培训等多种形式出访交流；主办或承办国际大会、地区性和双边国际学术交流会议3～5次，多人受邀在国内、国际学术会议做特邀或大会报告。

实验室投入使用的大型仪器设备总计 26 台件。大型仪器涵盖了用于昆虫行为学研究的厘米波垂直昆虫雷达、毫米波扫描昆虫雷达、高空气象探测系统、超速分析仪、气质联用系统和高效液相色谱仪等；用于基因组学研究的实时荧光定量 PCR 仪、高分辨率熔点分析系统、毛细管电泳仪、核酸蛋白扫描检测系统和多功能扫描仪等；用于蛋白质组学研究的快速蛋白液相系统、多功能酶标仪、生物分子互作检测系统、液相芯片检测系统和生物反应器等，以及超速离心机、激光共聚焦显微镜、冷冻干燥机、倒置荧光显微镜等通用大型仪器设备。基于此，整合形成了 6 个科研平台：农业昆虫学研究公共平台、植物病害研究公共平台、重大迁飞性害虫的监测预警研究公共平台、转基因生物安全研究公共平台、生物入侵机制与防控研究公共平台和功能基因组学研究公共平台。

（撰稿：张杰；审稿：张礼生）

《植物病毒分类图谱》 *Atlas of Plant Virus Classification*

（洪健提供）

中国第一部植物病毒的电子显微镜图谱。由浙江大学洪健、李德葆、周雪平主编，科学出版社 2001 年出版发行。该图谱以国际病毒分类委员会（The International Committee on Taxonomy of Viruses，ICTV）2000 年 9 月发布的病毒分类第 7 次报告为依据，在充分收集国内外大量植物病毒数据资料的基础上，结合作者多年的观察研究成果整理编著而成。全书内容共分 20 章，总论部分介绍了植物病毒的形态结构和组成、植物病毒的分类系统、植物病毒的诊断和鉴定；各论部分以简练的文字描述了植物病毒 15 个科、72 个属以及植物病毒卫星和类病毒的形态特征、基因组特征、抗原特性、细胞病理学、生物学特性和分类地位等。136 个特征明显的电子显微镜照片向读者展示了植物病毒各科、属代表性病毒以及植物病毒卫星和类病毒的形态结构。附录中的植物病毒分属检索表和世界植物病毒中英文名录可供读者备查（见图）。

作为一本信息量大、内容丰富的电子显微镜图谱和工具资料专著，该图谱可供从事病毒学、植物病理学、生物学、植物检疫的科研教学工作者、院校师生和农业科技人员参考，也可作为生物电子显微镜实验室的标准参考图谱使用。

（撰稿：洪健；审稿：陶小荣）

《植物病毒学》 *Plant Virology*

植物病毒学是研究植物病毒的生物学与复制、侵染循环，植物病毒病的发生与传播机制、暴发与流行规律以及预防与控制方法的一门学科。该学科权威性的专著《植物病毒学》主要有以下 3 部：

中国第 1 部《植物病毒学》教材由植物病理学家裘维蕃院士（1912—2000）撰写，1964 年由农业出版社出版。在整合植物病毒研究的新进展后，于 1984 年出版了该书的第 2 版（见图）。

1985 年，裘维蕃任主编的第 2 部《植物病毒学》由科学出版社出版发行。该书综合了当时病毒学各个领域研究的进展，是重要的教学与研究参考书。全书共包括 15 章，分别由 10 位国内专家撰写完成。各位作者的分工如下：裘维蕃，第 1 章植物病毒学发展史、第 9 章活体内的抗病毒物质及治疗剂、第 10 章植物病毒的遗传及变异、第 14 章植物病毒的起源、分类与命名和第 15 章植物病毒的生态学及控制原理。田波，第 2 章植物病毒的侵染及免疫和第 12 章类似病毒病的病原体。范怀忠，第 3 章植物病毒的传染及其机制。梁训生，第 4 章植物病毒的症状诊断及生物测定和第 14 章植物病毒的起源、分类与命名。裴美云，第 5 章病毒提纯及组分分离。钱力，第 6 章电子显微镜技术。曹天钦，第 7 章植物病毒的化学组成及结构。莽克强，第 8 章病毒的侵入和复制。李德葆，第 11 章血清学原理及其在植物病毒学中的应用。梁平彦，第 13 章真菌病毒。

随着植物病毒学新理论和新技术的发展，北京农业大学（现中国农业大学）梁训生与福建农林大学谢联辉院士组织编写了第 3 部《植物病毒学》（第 1 版），由中国农业出版社于 1994 年出版发行。2004 年谢联辉院士与林奇英组织编写，由中国农业出版社出版了《植物病毒学》第 2 版；2011 年出版了第 3 版，并被列选为教育部“普通高等教育‘十一五’国家级规划教材”。《植物病毒学》第 3 版共分为 14 章，主要内容如下：① 绪论。② 植物病毒的基本特性。③ 植物病毒的分离与提纯。④ 植物病毒的复制。⑤ 植物病毒的变异与进化。⑥ 病毒与寄主的互作。⑦ 植物病毒的分类与命名。⑧ 亚病毒。

（范在丰提供）

⑨ 植物病毒的致病特征。⑩ 植物病毒病的经验诊断法。⑪ 植物病毒病的实验诊断法。⑫ 植物病毒的鉴定。⑬ 病害的发生与流行。⑭ 植物病毒病害的防控。

第 3 部《植物病毒学》是一本系统介绍植物病毒研究的历史、病毒和寄主植物之间的互相关系、病毒—植物—传播介体三者相互作用与病毒病害的发生与流行的关系以及如何控制植物病毒病害的专业教材，也可作为植物保护和植物检疫工作者的参考书。

（撰稿：范在丰；审稿：陶小荣）

《植物病毒学》(第3版) *Plant Virology (Third Edition)*

植物病毒学是植物保护、植物病理及植物检疫专业本科生的基础课程。由中国农业出版社出版的《植物病毒学》作为这门课程的优秀基本教材，结合了植物病毒学科的研究发展历程，系统地介绍植物病毒基础知识、植物病毒诊断鉴定方法和植物病毒病害流行和控制等基础知识。该书不仅广泛地应用于农学类本科生专业教育，同时它也适合作为有关院校生物系和微生物学教学、科研以及植物检验检疫人员的参考用书（见图）。

1994 年在全国高等农业院校教材指导委员会主持下，该书由梁训生和谢联辉编写第 1 版。秉持与时俱进，及时总结植物病毒研究进展的理念，至今已经修订 3 版。该书第 2 版于 2004 年由植物病理学家谢联辉和林奇英主编完成。第 3 版被列选为教育部“普通高等教育‘十一五’国家级规划教材”，原主编于 2011 年在第 2 版的基础上，结合本学科的最新进展进行了第 3 版的修订。

自植物病毒发现伊始，关于植物病毒的研究一直是生命科学中最为活跃的研究领域之一。该领域的研究不仅有助于理解生命起源和进化，而且还为粮食生产提供保障，与人类的生存和生活水平的提高息息相关。植物病毒学是一门基础理论和生产应用紧密结合的学科。在传统的植物病毒学的基础上，融合近几年迅猛发展的分子病毒学和分子遗传学，各个学科相互渗透，如今的植物病毒学不仅仅局限于对植物病毒分类和症状的描述和总结，更注重利用各种检测和研究手段来深层认识病毒的“生命过程”，从分子角度详尽地阐明病毒与植物和介体互作机制，从实际生产需要更有针对性地预防和控治植物病毒病害。该领域的研究涉及范围广泛，发展迅速，知识点繁多，知识网络错综复杂。“文不按古，匠心独具”，《植物病毒学》构架的科学知识系统可以帮助读者理清思路，更快地了解植物病毒研究领域。第一篇基础知识，结合研究热点、深入浅出地介绍了病毒学的基础知识点，第二篇诊断鉴定，图文并茂，从病毒的症状、侵染和传播的角度，阐述了植物病毒的研究方法。第三篇病害的流行和控制，联系生产实际，并通过中国植物病毒病害实例综合分析，大量介绍了国内生产防治上的科研成果和先进经验。

（张晓峰提供）

该书为高等农业院校专业教材，也可供科研和从事生物、微生物、植物保护等工作人员参考学习。

（撰稿：张晓峰；审稿：魏太云）

植物病毒致病性测定技术 plant virus inoculation

通过人工接毒的方式对病毒侵染植物并致病的能力进行测定的技术。植物病毒病多为系统性侵染，没有病症，易与非侵染性病害相混淆，往往需要通过致病性测定证实其传染性。

作用原理　接种实验是检测植物病毒致病性最重要的工作，通过对侵染现象的观察记录和分析，来判定植物病毒的致病性。

适用范围　植物病毒致病性测定技术适用范围很广。由于植物病毒病害的种类很多，其传染方式也各不相同，所以在进行实验以前，要对需要测定的病毒在自然条件下的传染方式和侵染途径有所了解，并采用相应的接种方法。

主要内容　植物病毒病的接种方式：接触（机械、电内渗、嫁接和菟丝子）接种、农杆菌注射接种、介体（包括昆虫、线虫、真菌和螨类）接种、种子和花粉接种、土壤接种等。由于病毒是专性寄生物，它的侵染来源都与活体（活的动、植物体或介体）有关，接种要使病毒接触活体。例如汁液摩擦接种，要用新鲜的病毒汁液，摩擦的目的是造成寄主植物体表面的微伤，使病毒有可能进入活的细胞，过重的损伤造成组织坏死并不利于病毒的传染。蚜虫、飞虱等刺吸式口器昆虫取食植物汁液的方式更容易满足植物病毒传播的要求。

接触接种　① 机械接种。指病毒从植物表面的机械损伤侵入，引起植物的发病，机械传染病毒的接种方法。一般采用的接种方法有摩擦接种、喷枪接种、组织接种法、注射接种、浸根接种等。所有病毒都可用机械方法接种，但不一定能够成功侵染。② 电内渗接种。借助电内渗把含有病毒的液体引入植物，达到接种目的。此方法对难以机械接种和尚未找到接种方法的病毒值得一试。③ 嫁接接种。在双子叶植物、裸子植物、草本单子叶植物和低等植物中，嫁接接种都被广泛应用。但嫁接只能应用于系统性感染的病毒，对局部感染的病毒效率不高。④ 菟丝子接种。首先将无毒的菟丝子在病株上寄生，建立起传病的桥梁，然后让菟丝子爬到健株上去。这种方法适用那些不能机械传染，也未发现昆虫介体的病毒接种特别有效。

介体接种　① 昆虫接种。昆虫是植物病毒在自然界传播的主要介体，也是实验性传染的重要手段，主要有蚜虫、叶蝉、飞虱、蓟马等昆虫。不同昆虫的接种方法略有差异。蚜虫接种：将无毒蚜虫转移到培养皿中，饲毒后小心地把蚜虫转移到接种幼苗上去，所需蚜虫数因病毒而异。叶蝉和飞虱接种：叶蝉和飞虱传染的病毒多为持久性，潜育期长达1～50天，传病实验须用三、四龄若虫，老的成虫不但传毒能力低，还可能在未完成潜育期之前死亡。叶蝉和飞虱放到病株上不一定立即取食。为了统一取食时间，可先将昆虫饥饿处理。粉虱接种：把获毒的粉虱接种到实验植物的幼苗上可得到较高的发病率。在一般情况下，幼苗的真叶比子叶适用于接种。② 线虫接种。首先用毒源植物给线虫饲毒，使之获得传染性,然后将获毒线虫接种到寄主植物的根部,2～6周后观察地上部病状，或将根研磨后接种鉴别寄主。③ 真菌接种。真菌传染病毒的方式有两种，一为病毒附着在游动孢子表面，其附着具有专化性，受共同抗原性所决定。游动孢子变为孢囊时，鞭毛收缩，将病毒带入孢囊内。原生质侵入细胞时，把病毒带入寄主。二为菌体内带毒，所形成的游动孢子和交配后产生的休眠孢子都带有病毒。接种时首先制备传病用的孢子悬浮液，然后将要接种的幼苗的根浸入游动孢子悬浮液中，或将接种物倒在幼苗的根部周围。④ 螨类接种。把病株上的螨转移到同种植物的健康幼苗上。需要注意的是，有些病毒螨传病的效率很高，每株只需接种一个或几个螨；有的病毒螨传病的效率很低，需要接种大量的螨。由于螨产生的毒素可引起类似病毒病的症状，因此必须区别毒害和病害的作用。

种子和花粉接种　① 种子传染。采收自然感染或人工接种病毒的植株种子，播种在防虫温室的经消毒的土壤中，并以同样数目的健康种子为对照。出苗后，定期观察症状表现，最后统计出种子传染率。寄主和病毒的基因型、环境条件、侵染时间等都会影响种子带毒的效果。② 花粉传染接种。在防止病毒传染的温室或生长室中，进行病健株花粉的杂交实验，以获得种子。当用感染病毒植株的花粉授到无毒植株的柱头上时，无毒植株的花要预先进行去雄，以防自花授粉。

土壤接种　① 土壤接种法。将病菌在播种前或播种时拌在土壤中，注意尽可能不要将有机质带入土壤。土壤接种问题最为复杂，主要的原因就是病菌受到土壤物理、化学及生物学性质的影响，微生物之间的相互关系更加复杂。② 蘸根接种法。将幼苗的根部稍加损伤，在含有病毒的液体中浸过以后移植。此方法可以使病菌与根部直接接触，受土壤微生物的影响比较小，根部病菌也容易侵入有损伤的根，效果比一般土壤接种法好。③ 根部切伤接种法：将移植铲或其他器具在植株的附近插入土壤中使植株的根部受到损伤，然后将含有病毒的液体灌注在根部附近的土壤中，最好从移植铲插入的空隙中灌入。

农杆菌注射接种　传统的病毒接种方式使用的初始毒源组成较复杂，作为初步的鉴定病毒致病性可以，但是局限性较多。例如介体昆虫传毒鉴定法，受到昆虫介体的影响很大很复杂（如昆虫接种虫量、带毒率、取食特性等），很难提供稳定一致的接种压力，同时还会受其他非介体昆虫的干扰，从而导致其鉴定结果准确性差。而且进一步细致的病毒致病性研究，需要能对病毒的遗传学操作以后（例如获得侵染性克隆），重组病毒后，转化农杆菌，利用农杆菌注射接种法获得重组病毒可以很好地克服这些问题。利用构建好的侵染性克隆，通过叶片、茎秆注射接种、直接高压喷雾、菌液灌根等等方法定量接种特定病毒，鉴定植物材料对病毒的抗性，该方法操作简单、效率高、重复性好、可控性好，能提供相对一致的接种压力，结果准确，是一种简便有效而且实用的接种鉴定方法。

病毒检测　接种完成后一段时间观察并记录潜育期和发病期的侵染现象。常用的方法：生物学检测、血清学检测和分子生物学检测等方法。

生物学检测检测植物病毒的传统方法，主要是依据田间植物的发病症状和实验室模式植物发病症状来鉴别病毒。常用的方法：观察病斑大小；植物显微化学测定如淀粉的碘液测定、纤维素的测定、碘液和硫酸测定法、黏胶类物质的测定；木检质细胞壁的染色；植物发病后，用荧光染料处理切片，检查组织发生的变化等。

血清学检测方法比传统的生物学检测方法特异性强、灵敏度高，现已成为病毒诊断和检测的一种常规手段。常用的方法有双抗体夹心法和三抗体夹心法。

分子生物学检测是最常用的检测病毒的方法，具有检测速度快、灵敏度高、重复性好等优点。常用的方法有PCR、Southern 等。

参考文献

孙书娥, 2013. 番茄斑萎病毒的分离鉴定及表达 dsRNA 的转基因烟草的抗病性研究 [D]. 长沙 : 湖南农业大学 .

JIA H G, PANG Y Q, FANG R X. 2003. Agroinoculation as a simple way to deliver a Tobacco Mosaic Viru-based Expression vector [J]. Acta botanica sinica, 45(7): 770-773.

KITAJIMA E W, CHAGAS C M, CRESTANI O A. 1986. Virus and mycoplasma-associated diseases of passion fruit in Brazil [J]. Fitopatol bras, 11: 409-432.

（撰稿：叶健；审稿：谭新球）

《植物病毒种类分子鉴定》 *Molecular Characterization of Plant Viruses*

以作者多年来在植物病毒研究领域取得的成果为主要内容，系统描述了作者鉴定的9个属47种植物病毒的结构、基因组学和分子系统进化特点（见图）。

（燕飞提供）

该书由陈炯和陈剑平合著，2003年由科学出版社出版发行。植物病毒种类鉴定是研究植物病毒病理学的基础，也是研究植物病毒分子生物学和制定防治新策略的基础。该书描述了作者及其团队鉴定的9个属47种植物病毒（其中6种可能为植物病毒新种）的细胞病理学和病毒基因组序列特征，并对它们的起源、变异、分化及相关病毒的系统进化关系做了详细分析；还设计了马铃薯Y病毒科，香石竹潜隐病毒属和葱X病毒属等8个重要植物病毒科、属特异性简并引物，建立了这些科、属成员的RT-PCR检测方法；同时改进了RACE技术，建立了马铃薯Y病毒属成员的基因组全序列扩增体系。这些成果为这些科、属成员的检测和基因组学研究提供了有效的方法。此专著还提供了作者测定的一些植物病毒基因组序列，多为国际首次测定，已被美国国家生物技术信息中心（NCBI）确定为有关病毒标准序列。书后还附了有关病毒基因组序列，和68个特征明显的病害症状彩色照片，以及病毒粒子内含体电子显微镜照片，有助于对各类病毒病害的识别，加深对各类病毒的理解。

此书反映了中国植物病毒种类鉴定和结构基因组学研究的重要进展，对于全面系统地认识中国植物病毒种类、植物病毒学及其相关学科的发展，提升中国植物病毒研究在国际学术地位，有重要的促进作用。该书可供从事植物病毒学、植物病理学、分子生物学、植物检疫和生物技术的科研教学工作者、高等院校师生和农业生产技术指导人员参考。

（撰稿：燕飞；审稿：陶小荣）

《植物病害》 *Plant Disease*

由美国植物病理学会出版发行的国际领先的应用植物病理学国际期刊，创刊于1980年，现为月刊，ISSN：0191-2917。该刊是美国农业部出版的《植物病害通报》（*The Plant Disease Bulletin*）（1917—1922）和《植物病害报告》（*The Plant Disease Reporter*）（1923—1979）的延续。该刊快速报道新病害、突发病害以及形成为害的植物病害，其领域涵盖基础研究和应用研究，应用研究更倾向于病害诊断、病害形成和病害管理的实用性。JCR影响因子为3.45（见图）。

该刊论文来源于为植物病害病原学、流行学，或病害管理提供新认识的原创性研究工作，这些工作提出了新的生物学观点以增强对植物病害的理解或管理。

（耿丽丽提供）

该刊发表包括研究性论文、专题报道、特稿和病害简报等，其中研究性论文是主体论文，专题报道是与期刊主旨相关的重要交流，并不适合其他部分（如技术或特殊设备，作物或商品的损失评估，日常调查、教学或扩展程序，计算机模拟和专家系统），其他方面专题报道和研究论文是一样的。特稿是对植物病理学重要主题进行的约稿综述，以供对相应主题不太熟悉的人士阅读。病害简报是短的研究性论文，以鼓励对病害的大爆发或地理定位的重要改变，新寄主或新的病原物生理小种的研究。

该刊适用于植物学、植物病理学、园艺学、农艺学、昆虫学、生理学、线虫学、细菌学、生物化学、生物细菌学、细胞生物学、经济学、微生物学、分子生物学、真菌学、种子病理学和病毒学研究人员以及广大基层植物病理相关科技人员。

（撰稿：陈华民；审稿：彭德良）

植物病害标本采集技术 plant disease samples collection technology

采集植物病害标本与采集植物标本有很多相似之处，针对采集病害标本而言，对样本的采集就有更高的要求，要求其病害标本具有代表性、单一性和完整性。对于病害病情本身来说，要求症状明显，病征明显。

主要内容

采集病害标本前的准备工作　①准备标签。标签内容包括采集时间、地点（经度、纬度、海拔）、植物名称、植物病害名称、采集部位、采集人姓名以及当地的气象、土壤条件等。②采集工具。采集工具内容包括数码摄像机、木质标本夹、吸水性较好的纸张、密封的封口袋、采集盒（自制带有隔断的纸箱）、铅笔、记号笔、刀、树剪、多功能工具（含有锹、镐、锯等）、胶带。

病害标本的采集　如果一种病害在多个部位发生的，尽量都采集到。在采集病害标本之前，在条件允许的情况下，最好能从植物的全部，再到局部，以及背面都进行摄影和摄像。一种病害标本采集数量均应保证在5份以上。

注意事项

不同部位采集时的注意事项：

根部病害标本采集　尤其是一些比较细小的须根，要尽量保证发病部位的完整，取下的根部放入纱网内进行清洗，控干后放在标本夹内时尽量按照根的序列方式摆放。

茎、枝干部病害采集　尤其注意细、嫩的，容易折断的，在放入标本夹时最好用胶带固定。

叶、花部位病害标本采集　尽量采集叶片完整，不要采集有破损和太老的叶片。对于特别容易干燥的叶片，在放入标本夹内时，最好先用胶带固定好位置。

果实病害标本采集　尤其要注意那些肉质的果实类病害标本，应尽量避免果实间的碰撞和挤压，放入有隔断的采集箱内。

种子病害标本采集　只要注意单一性就可以。

对于全株性的病害标本的采集　要注意保证病害的主要特征外，也要保证其他部位不要脱落。对于过长、过大的植物必要时要采取折或者断开的方法来解决。

病害标本采集后，放入标本夹的，要放在通风、干燥的地方进行干燥处理，对于含水量大的标本要勤换纸，以防变色、腐烂。

（撰稿：秦志林；审稿：谭新球）

《植物病害防治技术》 *Plant Disease Prevention and Control Technology*

（孙漫红提供）

该书是一部面向农业类中等职业学校学生的教材，由徐州生物工程高等职业学校植物保护专业专家赵虎主持编写，2011年8月由中国农业出版社出版（见图）。

书中主要介绍了中国各地，尤其是长江中下游地区主要作物病害的特征特性与发生发展规律，介绍了植物病害诊断的基本知识和病害防治的技术方法。从专业知识到实践技能两个方面介绍了植物病害防治的原理和技术，强调基础理论在生产实践中的应用。帮助读者能够正确识别、诊断作物主要病害，掌握植物病害田间调查统计方法，并根据当地农业生产具体问题提出安全、可行的用药技术和病害综合防治措施。

全书共设16个项目，下设若干项任务，对各部分内容提出了具体的要求。为了配合基础知识的学习，同时设置了实训内容。书中首先从植物病害的基本概念与危害、常见病害的种类与症状，以及主要病原物，包括植物病原真菌、细菌、病毒、线虫和寄生性植物的分类介绍入手，引导学生认知和识别植物病害，了解病原生物的形态、主要类群和特点、所致病害症状特征及识别方法，了解植物侵染性病害的症状特点和发生规律。随后，作者介绍了植物病害的诊断技术、病害的田间调查与测报，以及植物病害的综合防治技术，使学生掌握田间主要病害的正确取样和调查方法，进行数据整理和统计，并根据不同病害的发生特点制定综合防治措施。最后，作者分10个项目分别介绍了水稻、麦类、棉麻、杂粮、油料作物、薯类作物、烟草糖料作物、蔬菜、果树、茶树和桑树等中国重要粮食和经济作物主要病害的特征特性、发生发展规律、防治策略及措施。

该书可供中等职业学校植物保护专业及农学、园艺等种植类专业以及农艺技术等职业院校的教师和学生使用，亦可供农业推广技术人员使用。

（撰稿：孙漫红；审稿：高利）

《植物病害和保护杂志》 *Journal of Plant Diseases and Protection*

德国于2006年创办的国际性半月刊，主编为Stephan Winter。纸质版ISSN：1861-3829，电子版ISSN：1861-3837。2016年期刊影响因子0.477。

主要出版原始研究的文章，评论，短通信，应用科学方面的立场和观点的论文。主要包括植物病理学、植物健康、植物保护和发现新出现的疾病和害虫。主要出版领域几乎包括植物病害的所有领域，病毒、细菌、植原体、卵菌、真菌和食草动物（包括线虫、螨、昆虫、蜗牛和啮齿动物）的生物和分子生物学，此外还包括寄主和病原物间的互作。除此之外，该期刊还致力于植物保护的其他方面，包括农药的作用方式、有效性和抗性，预测预报和应用技术等均可。

（撰稿：刘永锋、齐中强；审稿：刘文德）

《植物病害：经济学、病理学与分子生物学》 *Plant Diseases: Economics, Pathology and Molecular Biology*

“农业科学技术理论研究”丛书之一，2009年由科学出版社出版，作者是谢联辉、林奇英、徐学荣。该书汇集了福建农林大学植物病毒研究所有关植物病害研究的系列原创性论文，其中包括水稻、甘薯、甘蔗、猕猴桃、龙眼等植物的主要病害及其病理学、分子生物学、经济学、生态学与绿色植保的科研成果。

福建农林大学植物病毒研究所前身为福建农学院植物病毒研究室，在谢联辉院士等人的率领下，主要从事以水稻为主的植物病毒和病毒病害研究，建所30年时（1979—2009）共发表学术论文440篇，为了及时总结、便于查阅，特将论文汇成三集出版，《植物病害：经济学、病理学与分子生物学》是其中的一集，共收录论文49篇。全书内容共分8个部分，第一部分为总论，主要是有关植物病害经济学、病理学与分子生物学方面的一些综述性论文，包括研究现状、进展和存在问题，讨论了植物病害与持续农业、植物病害经济与病害管理、植物病害真菌群体遗传研究、植物病原植原体研究、植物抗病基因研究、植物抗病性研究及若干方法学的应用等。第二部分为水稻病害，着重分析水稻稻瘟病菌的群体遗传学分子遗传学、育性、交配型和生理小种以及水稻细菌性条斑病菌胞外产物性状等。第三部分为甘薯病害，报道了甘薯丛枝病的病原体为类菌原体，认为使用一定浓度的土霉素或磺胺噻唑浸苗有较好的防控效果。第四部分为甘蔗病害，包括甘蔗病害的种类、病原、发生和防治，着重介绍了甘蔗凤梨病、眼斑病、黄斑病、鞭黑穗病、赤腐病、甘蔗花叶病和宿根矮化病。另外，对甘蔗白叶病的发生和地理分布及其病原植原体也有所研究。第五部分为猕猴桃病害，中国猕猴桃细菌性花腐病的病原因产地不同分属于两个类型：产自福建、湖北的为第一类型（新西兰猕猴桃桃花腐病菌和萨氏假单胞菌）；产自湖南的为第二类型（绿黄假单胞菌）。从福建产区的调查研究，查明其病害的发生、流行与花期的温湿度及花的生态位有关。第六部分为龙眼病害，报道了龙眼焦腐病菌的形态特征、为害症状和生物学特征以及龙眼果实的潜伏性病原真菌。第七部分为绿色植保，汇集了与绿色植物保护有关的12篇论文，着重论述绿色植保、和谐植保、持续植保、公共植保，在植保理念、植保经济、植保模式、植保管理、植保技术、植保文化等方面做了一些有益的探索。第八部分为农药问题，涵盖与农药有关的5篇论文，侧重分析农药的积极贡献和消极影响及其应对对策，并就农药企业的社会责任与农业面源污染问题及其控制进行了探讨。

该书不仅适用于植物保护领域的学生、教师、科研人员以及行政管理人员，同时也适用于希望更多了解和加强植物病理和植物保护、环境管理，农药学和农学等方面知识的读者。

（撰稿：窦道龙；审稿：彭德良）

《植物病害流行学》（第2版） *The Epidemiology of Plant Diseases* (*Second Edition*)

（王海光提供）

植物病害流行学是系统介绍植物病害流行学基础理论、植物群体发病规律、病害预测方法和防治理论的一门理论性和应用性均较强的专业课程，是植物保护专业本科生和植物病理学专业研究生教学中的一门重要课程（见图）。

《植物病害流行学》（第2版）由B. M. 库克、D. 加雷思·琼斯和B. 凯主编，来自爱尔兰、英国、美国、德国、法国、巴西、乌干达和阿曼共8个国家35位相关领域科学家共同编写完成，英文版由荷兰斯普林格（Springer）出版集团于2006年正式出版，中译本（王海光、马占鸿主译）由科学出版社于2009年出版。

该书的第1版在1998年由威科学术（Kluwer Academic）出版社出版。随着科学技术的迅速发展，植物病害流行学的各个领域都得到了快速发展，尤其是分子生物学技术和信息技术等更是推动和促进了植物病害流行学的发展。该书在第1版基础上进行了修订和补充，改动较大，不仅包括了传统植物病害流行学的有关内容，而且介绍了植物病害流行学最新理论、方法和技术，如大气科学、分子检测技术和信息技术等在病害流行学研究中的应用，并且包含了编者的新观点，内容较为新颖。同时，该书不仅注重针对相关最新研究进展进行概述和分析，而且对病害评估、病原传播等方面也进行了详细阐述，解释流行学问题和机制时辅以研究实例进行说明，并对一些病害流行学实例进行了深入剖析。虽然植物病害流行学是研究植物群体发病的科学，但是该书没有充斥大量数学公式，这样增加了该书的可读性。全书内容分为两部分，共20章。第一部分为原理与方法，包括12章内容，分别介绍了①植物病害诊断。②病害评估和产量损失。③毒性和杀菌剂抗性变异的调查及其在病害防治中的应用。④植物病原真菌侵染策略。⑤植物病害抗性的流行学重要性。⑥植物叶部病原物的传播——机制、梯度和空间格局。⑦病原物群体动态。⑧病害流行时间动态的模拟与分析。⑨病害预测。⑩多样化策略。⑪可持续系统中的病害流行学。⑫植物病害流行学中的信息技术。第二部分为各论，共8章，分别介绍了①种传病害。②土传病原菌造成的病害。③气传病害。④环境生物物理学与真菌孢子的雨水飞溅传播。⑤马铃薯晚疫病。⑥苹果黑星病——环境在病原菌发育和病害流行中的作用。⑦洋葱病害。⑧乌干达木薯花叶病毒病流行情况。此外，该书各章均提供了大量的参考文献，全书最后还有专业术语和拉丁学名索引，便于读者阅读和查找。

该书不仅适用于作为植物病理学专业研究生学习植物病害流行学的教材，也可作为植物保护专业本科生学习植物病害流行学的参考教材，亦可作为从事植物保护领域研究和管理工作人员的参考用书，特别适用于对植物病害流行学研究和发展感兴趣的人。

（撰稿：王海光；审稿：高利）

《植物病害生物防治学》 *Biological Control of Plant Diseases*

按照中国已故植物病害生防研究先驱，北京农业大学（现中国农业大学）教授陈延熙（1914—1990）的定义，植物病害生物防治是指“在农业生态系中调节植物的微生物环境，使其利于寄主而不利于病原物，或使其对寄主与病原物的相互作用发生利于寄主而不利于病原物的影响，从而达到病害防治的目的”。由于该定义能客观全面地反映植病生物防治领域的科研和生产实践，因而为大家所普遍接受。依据该定义，植病生防研究应是一门以植物病理学为基础，以生态学原理为指导，以田间病害防治为目标的集植物病理学、微生物学、生态学、分子生物学、生物化学和微生物发酵工程学等多学科为一体的理论和应用研究相结合，但以后者为主的边缘性应用学科，是农学研究的一个重要分支。

1993年，为适应形势需要和为植物病害生物防治学科发展培养后备人才，北京农业大学鲁素芸参考国外同类著作，结合国内的科研成果和生产实践，在多年本科生和研究生教学的基础上，编写出版了中国第一部《植物病害生物防治学》教材。该教材以生态植物病理学原理为指导，系统介绍了20世纪后半叶国内外植物病害生物防治领域的最新研究成果及应用实践。全书内容翔实、行文流畅、各部分比例协调，不但是植物病害生物防治学的入门教材，也为该领域的科研人员所必备。

随着中国农业现代化进程中病害问题的日渐突出，生物防治研究和应用得到进一步加强，一些新的理论、技术和应用事例不断涌现，原有的教材已不能全面反映本学科的现状和适应教学工作的需要。为此，在教育部的支持下，由四川农业大学黄云组织国内21所大学和科研单位的数十位专家，在广泛收集整理国内外相关成果和文献的基础上，编成该书于2010年由科学出版社出版。全书由上、中、下三篇12章组成。上篇为基础理论，共5章，着重介绍了病害生防的基础理论，包括植病生防的基本概念、生防机制、生防因子、生防途径和措施；分析了植病生防与植物病害系统、生物多样性、植物微生态系和植物、病原物互作体系的关系。中篇为实践应用，共5章，以病原物的形态分类为单元，介绍了各类病原物所致主要病害的生防历史、现状和成就。下篇为研究开发，共2章，介绍了病害生防研究开发的基本方法和技术。附录实验作为全书的配套内容，供学生开展相关实验参考。每章后附有小结和复习思考题以便学生掌握要点和思考。列出的参考文献，可供读者查阅原文，进一步了解、拓宽和深化学习内容。该书重视继承与发展、理论与实践、研究与开发的有机结合，注重科学性、系统性、基础性、前沿性和实用性，不仅可作为高等院校相关专业本科和研究生的教学用书，同时也可作为广大植病生防工作者的参考用书。

（撰稿：李世东；审稿：高利）

《植物病害诊断》(第2版) *Plant Disease Diagnosis (Second Edition)*

（高利提供）

由南京农业大学陆家云主编，1997年由中国农业出版社出版发行。植物病害诊断是判断植物发病的原因、确定病害种类和病原类型（见图）。

该书分为两篇，第一篇着重介绍植物病原生物的鉴定，涉及各类病原生物的一般性状、形态特征、分类地位及其所致病害的症状，主要内容包括以下几个方面：植物病害的类型；植物真菌病害（真菌、鞭毛菌、接合菌、子囊菌、担子菌、半知菌）；植物细菌病害（病原细菌的形状、侵染与传播、分类与鉴定、主要类群、诊断）；植物菌原体病害；植物病毒病害（病毒概述、性状、症状、传播与传染、鉴定、防治）；植物线虫病害（形态结构、寄生性与致病性、生活史、主要类型、鉴定、防治）以及寄生植物（寄生性、繁殖与传播、主要类群、病害识别）。第二篇具体以作物为主，列举了常见作物的病害识别及诊断方法，主要植物包括水稻、玉米、小麦、大麦、燕麦、高粱、谷子、其他禾本科植物病害、马铃薯、甘薯、荞麦及棉花等。

该书可帮助读者快速了解植物病害、植物病原菌方面的知识，另外，针对常见植物的病害进行了系统总结和归纳，便于读者尽快了解常见植物病害的症状，进而采取正确有效的防治方法，对从事植物保护、植物病理学等相关科技人员有重要借鉴意义，亦可作为相关专业在校学生的教材，还可作为对植物栽培和管理感兴趣读者的科普书。

（撰稿：高利；审稿：彭德良）

《植物病害组织制片技术》 *Pathogens Histological Section Technique of Plant Disease*

（胡东维提供）

由山西农业大学贺冰编著的专门介绍植物病理学研究中病害样本组织切片与染色方法的技术图书。2014年4月由中国农业出版社出版（见图）。

组织和细胞切片的观察是植物病理学研究的基本技术手段之一。该书系统地介绍了组织和细胞切片所涉及的基本仪器设备、常规试剂和染料，以及各种不同植物病害组织及病原物制片的基本原理和制片方法。具体包括4个章节：①植物病害组织制片的准备工作。本章包含了该技术涉及的主要仪器设备、常用器皿耗材、常用试剂和染料等。②植物病害组织制片的一般原理。本章包含了病害样品前处理的基本原理和过程，例如样品取样、固定液选择与使用、脱水剂选择与使用、石蜡包埋、切片封片技术、特殊材料的软化和漂白处理等的基本原理与方法。③植物病害组织切片染色。本章包含了染色的基本原理、常用染料的种类与染色特性、染色的基本程序等。④植物病害组织制片技术。本章具体介绍了各种不同病理样本的制片方法，包括徒手切片、石蜡切片、整体封固切片、冷冻切片、超薄切片等完整的技术步骤。此外，该书的附录部分还对器皿洗涤、试剂配制以及产生石蜡切片质量问题的原因和对策进行了分析。该书还配有制片过程与切片染色后的彩色显微照片。

该书内容从基本原理到具体技术方法、步骤均非常详尽，图文并茂，可操作性极强，是植物病理和植物植检工作者的基本工具书，也可作为高等农林院校相关专业师生的重要参考书，同时亦可作为生物类专业师生的参考用书。

（撰稿：胡东维；审稿：高利）

《植物病理的分子方法》 *Molecular Methods in Plant Pathology*

由Rudra P. Singh和Uma S. Singh两位印度籍学者编著，1995年于泰勒—弗朗西斯（Taylor & Francis）出版集团出版，没有中文版。该书全面介绍了在分子水平研究植物病理的生物物理、生物化学和分子生物学的方法及生物技术（见图）。

该书涵盖的大部分技术已在生物学领域广泛应用，因此对技术的基本原理仅做简要介绍，重点关注各技术在植物病

（张莉莉提供）

理学中的实际和潜在应用，并讨论其在解决植物病理问题时的优势和局限性。全书分为4章共34节，每章均包含参考文献和进一步阅读的建议列表。其中第1章为生物物理方法，涉及光学显微镜、电子显微镜和电泳技术；第2章为生物化学方法，包括生化标记和同工酶分析方法；第3章为分子生物学方法，介绍多种分子生物学技术在解决植物病理问题中的应用；第4章为生物技术，包括单克隆抗体、植物组织培养和抗病育种等。

该书可为植物病理学家、植物学家、园艺学家以及农、林、牧等领域相关的科研、教学与技术人员提供有价值的参考资料。

（撰稿：张莉莉；审稿：高利）

《植物病理学》 *Plant Pathology*

（康振生提供）

是由河北农业大学董金皋、西北农林科技大学康振生和浙江大学周雪平主编的普通高等教育"十二五"规划教材。该教材由来自全国高等院校的62位相关领域专家学者共同完成，由科学出版社于2016年1月出版（见图）。

植物病理学是研究植物病害发生原因、发生与流行规律、病原物与植物及环境间相互作用机理以及病害综合控制的一门应用基础学科，涉及的学科范围较为广泛，与生物科学的其他学科存在着密切的联系。其研究目的在于提高人们对植物病害的预警和防控能力，减少或杜绝病害造成的作物损失，以满足人类自身发展的需要。全书内容共分10章，第1章绪论。第2章植物病原物。第3章寄主与病原物互作。第4章侵染性植物病害的发生与流行和预测。第5章植物病害的诊断和防控。第6章谷类作物病害。第7章薯类作物病害。第8章经济作物病害。第9章蔬菜病害。第10章果树病害。该教材适合于高等院校农学、园艺学、生物科学类、林学、草业科学等专业本科生教材使用，也可供相关专业研究生和科技工作者参考使用。

（撰稿：康振生；审稿：李世访）

《植物病理学》 *Plant Pathology*

由英国植物病理学会主办，联合约翰·威利父子（John Wiley & Sons）出版公司出版发行的国际性植物病理学专业期刊，在国际农业领域排名前列。该刊首发于1952年，现在每年9期，ISSN：1598-2254。在2015年的期刊引用报告中排名农业类15/83，植物科学类排名53/209。2012—2016年JCR影响因子2.74（见图）。

（耿丽丽提供）

该刊涵盖了植物病理学的所有领域，并在全球80多个国家都有订阅发行。该刊发表来自全球的高质量原创性论文和重要的综述性论文，主要涉及：真菌、细菌、病毒、植原体和线虫引起的温带和热带植物病害；植物病理学相关的生理、生物化学、分子、生态、遗传和经济各个方面；病害的流行和模型，病害评价和作物损失评估，以及植物病害控制和病害相关的作物管理。

该刊适合于植物病理学、生防控制、植物学、作物学、真菌学、细菌学、病毒学、遗传学、病理学、植物病害、植物害虫等方面相关研究人员阅读。

（撰稿：陈华民；审稿：彭德良）

《植物病理学》（第5版） *Plant Pathology (Fifth Edition)*

George N. Agrios博士出生于希腊，曾任教于美国佛罗里达大学，由他所著的《植物病理学》教材从1969年第1版到2005年的第5版，历时36年，被世界大多数英语国家的植物病理学教学采用，先后被译成西班牙语、阿拉伯语、韩语和中文等多种语言，已经成为世界公认的植物病理学经典教材。为便于中国学生、教师和科研人员使用本教材，中国农业大学沈崇尧在全国范围内组织教学科研一线的专家学者对该书进行了译校，并于2009年由中国农业大学出版社出版（见图）。

（郭维提供）

该书分为两大部分，第一部分总论分为9章，系统阐述了植物病理学的不同概念；第二部分各论分为7章，详细介绍了许多由病原物和非生物因子引起的重要病害。各章之间独立成文但又有机衔接，前后两部分完整诠释了植物病理学的基本原理。

第1章系统介绍了植物病理学的发展历史和研究植物病理的重要意义；第2章介绍了病原物的寄生性和致病性之间的关系以及病害发展的过程；第3章围绕病原物对寄主光合作用、水分和养分转运、呼吸作用、细胞膜渗透性、转录和翻译以及生长和繁殖等方面介绍了病原物对植物生理功能的影响；第4章介绍了植物病害的分子遗传学，阐述了基因与病害之间的关系，病原物的变异性及其变异机制，寄主植物的抗性遗传学，植物的抗病类型和抗病品种的培育等；第5章介绍了病原物侵染植物的物理和化学武器（机械压力、酶、毒素和生长调节因子等）；第6章主要通过介绍植物与病原物之间互作机制的研究进展来说明植物是如何防御病原物的侵染；第7章介绍了植物病害发展的环境影响因子；第8章介绍了植物病害流行学的概念和相关的预测分析工具和模型；第9章则从物理、化学和生物防控的角度讨论植物病害的防控措施。

该教材的第二部分通过7章的内容分别详细介绍了环境因素（第10章），真菌（第11章），原核生物（第12章），寄生性植物（第13章），病毒（第14章），线虫（第15章）和原生动物（第16章）等引起植物病害的症状特征和侵染循环等。

与第4版相比，第5版《植物病理学》突出了分子遗传学及其技术在增强植物抗病性方面的应用进展和作用机制；更新超过了500幅图片和表格；修订了变更后分类系统和术语；补充了由原核生物和病毒引起病害的最新研究成果。

（撰稿：郭维；审稿：高利）

《植物病理学》 *Phytopathology*

由美国植物病理学会出版发行的国际性的植物病理学专业性期刊之一，在领域内期刊排名前列。该刊创刊于1911年，迄今已逾100年的历史，被认为是最早的国际性期刊，出版语言英语，现为月刊，ISSN：0031-949X。该刊主要发表关于植物病害特性的深层次理解，包括引起植物病害的原因，植物病害的传播，病害造成的损失和植物病害防治策略等方面的基础研究。2012—2016年JCR影响因子为3.20（见图）。

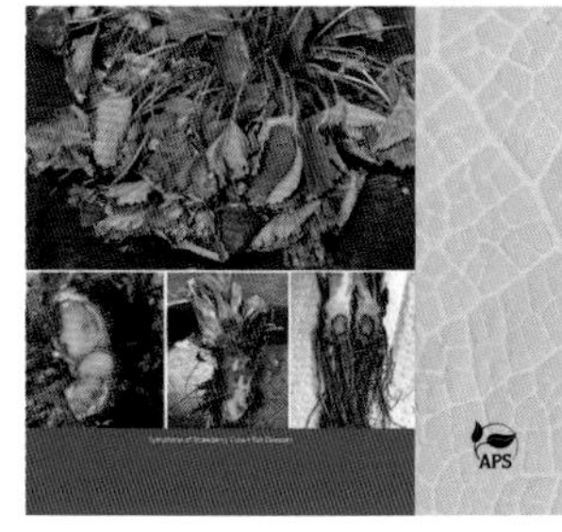

（耿丽丽提供）

该刊论文范围涵盖植物病害的整个领域，包括细菌学、寄主—寄生物的生物化学和细胞生物学、生物防治、病害控制和害虫管理、新病原物的分类描述、生态和群体生物学、流行病学、病害病因学、寄主遗传学和抗性、真菌学、线虫学、植物胁迫和非生物紊乱、采后病理和真菌毒素、病毒学等。要求具有新颖性、创新性、文字简练，基于假说验证的研究是判断该刊论文的准则。此外，稿件处理迅速，接收后快速出版，以及来自全球的读者群体也是该刊广受欢迎的重要原因。该刊鼓励基因组学和功能基因组学相关的论文，也可以接受分类学和病原物群体生物学的研究，但都必须明确研究内容与植物病理学的相关性，能够解释一个生物学问题。

该刊发表包括研究性论文、致编辑信，综述，此外，美国植物病理学会年会的论文集也都会发表于该刊（增刊），年会组委会主席负责在会议召开前先联系该刊主编。方法技术类论文必须对技术具有显著的优越性或促进其应用，或者该技术的应用可以有助于对植物病理学基础概念的理解。

该刊适用于植物学、植物病理学、园艺学、农艺学、昆虫学、生理学、线虫学、细菌学、生物化学、生物细菌学、细胞生物学、经济学、微生物学、分子生物学、真菌学、种子病理学和病毒学研究人员以及广大基层植物病理相关科技人员。

（撰稿：陈华民；审稿：彭德良）

《植物病理学报》 *Acta Phytopathologica Sinica*

由中国植物病理学会（CSPP）主办，中国科学技术协会主管，依托单位中国农业大学。本期刊为中国科技核心期刊，是中国植物病理学领域的全国性学术期刊，领域内排名第一。该刊创刊于1955年，现为双月刊，ISSN：0412-0914。出版语言中文，英文摘要。现任主编郭泽建（见图）。

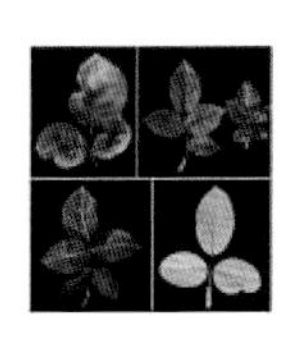

（陈华民提供）

该刊现已被英国《农业与生物技术文摘》（CAB）、联合国粮农组织AGRIS等收录。据《中国科技期刊引证报告》（2014）统计结果，《植物病理学报》的影响因子达0.998。2003年荣获首届《中国学术期刊检索与评价数据规范》（CAJCD）执行优秀期刊奖。

主要刊登植物病理学各分支未经发表的专题评述、研究论文和研究简报等，以反映中国植物病理学的研究水平和发展方向，推动学术交流，促进研究成果的推广和应用。

该刊适用于中国植物病理学、植物学、作物学、真菌学、细菌学、病毒学、遗传学、病理学、流行学、植物病害、生物防治等方面相关研究人员阅读。

（撰稿：陈华民；审稿：彭德良）

《植物病理学导论》 *Introduction to Plant Pathology*

植物病理学是一门理论科学更是实用科学。它分为普通植物病理学和农业植物病理学。普通植物病理学是植物保护专业的基础课程，农业植物病理学则是专业课。作为植物保护专业的学生分别学习普通植物病理学和农业植物病理学这两门课程。但对于植物保护相关专业的学生，则需要在很短的时间内学习掌握普通植物病理学和农业植物病理学的知识，为满足既需要理论课又需要专业课知识的需求，《植物病理学导论》应运而生（见图）。

（杨文香提供）

该书由河北农业大学刘大群和董金皋担任编著，由康振生、周雪平、温浮江、侯明生、陈捷、谭万忠、马占鸿、高必达、段玉玺、蒋继志10位教授担任副主编，2007年8月由科学出版社出版，为普通高等教育“十一五”规划教材。

编写基于“厚基础、宽专业”的人才培养模式要求，组织了全国19所大学的50余名作者进行编写，内容包括普通植物病理学和农业植物病理学相关知识的。全书共分15章，分别介绍了植物病理学的基本概念、植物病原生物（病原真菌、植物病原原核生物、植物病原分子生物、植物病原线虫和原生动物、寄生性植物）、植物侵染性病害侵染循环、寄主与病原物互作、植物病害的诊断、植物病害的流行与预测、植物病害防治原理与方法、植物病害及其综合治理等。不仅包括了完整的基础理论知识，而且还涵盖了中国南北方、不同栽培条件下的病害和防治方法，充分体现出内容的完整性、系统性、启发性、实用性和新颖性等特点。

该教材适用于高等院校植物保护学、作物学、生物技术、生物科学、园艺学、园林、中草药和草业科学等专业本科生；同时，也可供相关专业的研究生和科技工作者参考使用。

（撰稿：杨文香；审稿：彭德良）

《植物病理学年评》 *Annual Review of Pyhtopathology*

从属于Annual Reviews系列期刊之一，创刊于1963年，非盈利性，全年1期，原版刊号：588B0009，ISSN：0066-4286，每期约25篇综述性文章，由美国Annual Reviews出版公司.出版发行。该刊在植物病理学专业期刊中名列前茅，由国际植物病理学专家针对当年植物病理学及其相关领域取得的重大科研进展进行详尽的、及时的综述评论，以指导相关科研工作者把握科研动态。2012—2016年JCR影响因子为26.33。

该刊主要介绍植物病理学领域当年最重要的进展，涉及内容包括植物病害诊断，病原物，寄主—病原物互作，病害流行和生态学，植物抗病育种和植物病害管理等。为了便于初次接触相关知识的读者阅读理解，每篇文章都针对涉及的相关概念或特定术语进行了简单的诠释。该刊论文不仅在文末对整篇文章或相关专题进行了简单归纳总结，而且对该主题今后的研究方向和发展重心进行了推断和预判，非常有助于读者去跟踪和了解相关主题的发展方向和热点。

该刊非常适用于从事植物病理学、植物学、分子生物学、园艺学、遗传学等相关研究人员和学生研读或了解，尤其有助于广大植物病理学相关专业学生了解和掌握研究热点。

（撰稿：陈华民；审稿：彭德良）

《植物病理学原理》 *Principles of Plant Pathology*

由宗兆锋、康振生主编的“教育部普通高等教育“十一五”国家级规划教材”系列丛书之一。该书由来自西北农林科技大学、西南农业大学、华中农业大学等国内12所农业大学多名相关领域学者共同编写完成，由中国农业出版社于2001年首次出版；根据植物病理学教学的特点和要求于2010年出版了第2版，以确保该教材的先进性、实用性和系统性（见图）。

（高增贵提供）

《植物病理学原理》第2版在全面系统介绍植物病理学基础知识的同时，汇集了植物病理学各研究领域的新进展、新概念、新思路。该书采用生物八界分类系统，系统介绍了植物病理学的基础理论，各类病原物的一般性状，主要的植物病原类群及重要属、种的鉴别特征和致病特点，植物病害的发生、发展过程及流行规律，植物病原物与寄主植物的相互作用，植物病害诊断和控制的原理及方法，并针对病原学部分的教学特点，提供了大量植物病害症状的照片及病原物形态特征的显微照片。该书既有较强的理论性，又能密切联系实际，以利于读者全面系统地掌握植物病理学的基本概念、基本理论和基本技能。全书内容共分14章，分别介绍了①植物病害的概念和植物病理学简史。②物理因素、化学因素等所致的非侵染性病害。③植物病原真菌和真菌分类地位的演变。④植物病原根肿菌和卵菌。⑤植物病原原核生物及形状和分类。⑥植物病毒侵染、传播和主要植物病毒及病害。⑦植物寄生线虫及原生动物。⑧寄生性植物。⑨病害循环与病原物的侵染过程。⑩植物病原物的致病作用。⑪寄主植物病原物的致病作用。⑫植物病害的流行和预测。⑬植物病害诊断。⑭植物病害控制。

该书适合于植物保护、植物病理、农药等专业的本科教学使用，也可供植保、农学、园艺、林学等学科的教学、科研人员参考。

（撰稿：高增贵；审稿：高利）

《植物病理学杂志》 *Journal of Plant Pathology*

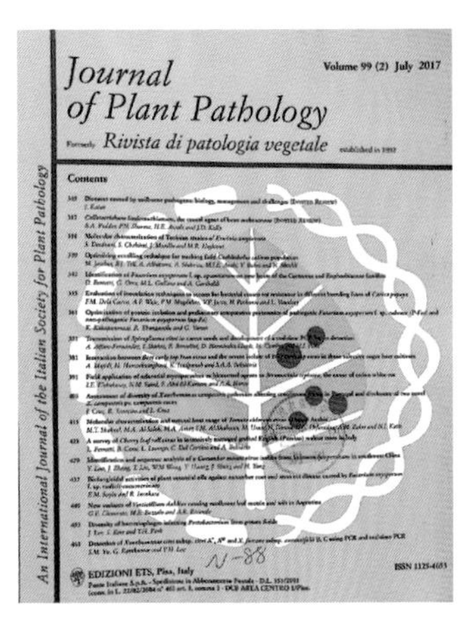

（陈华民提供）

由意大利植物病理学会主办，由意大利Edizioni ETS出版发行的国际专业性期刊。该刊创刊于1892年，原刊名为*Rivista di Patologia vegetale*，出版语言英语，现为季刊。ISSN：1598-2254。2012—2016年JCR影响因子1.26（见图）。

该刊所有稿件都将在国际编委会的监督下进行同行评议，内容涵盖植物病理学的基础研究和应用研究方面，包括真菌学、细菌学、病毒学、植物生理病理学，植物—寄生物互作，采后病害、非侵染病害和植物保护。通常不接受杀菌剂和病原菌抗性筛选的文章，关于病害和病原物调查的文章只能发表为短的交流类论文。该刊论文类型包括全长研究论文，短的交流，病害笔记和综述等。全长研究性论文通常不超过6000字（不包括参考文献和表格部分），不多于10个图表。短的交流论文倾向于简单地报道完整的工作而不仅仅是初步的结果，通常不超过2500字，不多于6个图表。病害笔记倾向于用抽象的表格来报道新的或不寻常的病害记录，通常带有1或2个参考文献，长度不超过250字。综述通常是就某一主题进行约稿，非约稿综述也可以接受，但必须提前与主编进行沟通。

该刊论文都均开放获取，该刊不收版面费（彩色版除外）。

该刊适合于植物病理学、生防控制、植物学、作物学、真菌感染、真菌杀虫剂、遗传、遗传学、病理学、植物病害、植物害虫等方面相关研究人员阅读。

（撰稿：陈华民；审稿：彭德良）

《植物病理学杂志》 *The Plant Pathology Journal*

由韩国植物病理学会出版的国际性英文期刊，季刊（每年3月1日、6月1日、9月1日、12月1日各出版1期）。该期刊原名为*The Korean Journal of Plant Pathology*，自1999年第15卷开始变更为现期刊名。该期刊纸质版ISSN：1598-2254，电子版ISSN：2093-9280。该期刊被Science Citation Index Expanded（SCIE）收录，2015年影响因子为0.920。

该期刊出版植物病理学相关的基础及应用研究内容，发表原创性研究全文、短综述和通讯论文等。

（撰稿：刘永锋；审稿：刘文德）

《植物病理学杂志》 *Journal of Phytopathology*

由意大利植物病理学会主办，约翰·威利父子（John Wiley & Sons）出版公司出版的国际性英文季刊，ISSN：1439-0434。该期刊被Science Citation Index（SCI）和Science Citation Index Expanded（SCIE）收录，2021年影响因子为1.771（见图）。

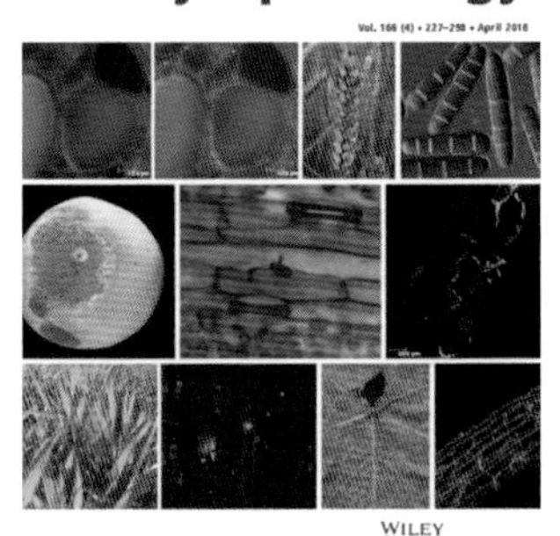

（刘永锋提供）

该期刊收录原创学术类短文、短通讯和综述论文，内容涵盖植物病理学相关所有内容，如生物群体、微生物、生理学、生物化学和分子遗传学等，其研究对象包括引起植物病害的微生物、病毒和线虫。JCR期刊分区：植物科学分类下的4区期刊。中国科学院期刊分区：所属大类别农林科学4区，所属小分类植物科学4区。

（撰稿：刘永锋，于俊杰；审稿：刘文德）

《植物病原病毒学》 *Plant Pathogen Virology*

植物病原病毒学是植物病原学的一个重要分支学科，也是植物病理学的一个重要组成部分。该书由植物病理学家谢联辉院士主编，林奇英、周雪平和吴祖建为副主编，并邀请国内及美国和加拿大多名病毒学研究者共同撰写，于2008年由中国农业出版社出版发行，是“十一五”国家重点图书。该书着重介绍植物病原病毒的本质及其相关理论和方法，不仅比较全面地反映了病毒的分子生物学、植物病毒与寄主植物的互作、植物病毒的起源与进化等方面取得的最新成就，而且理论密切联系实际，还详细地介绍了病毒的诊断鉴定、寄主反应与寄主范围等内容，并就病毒的传播、流行与病害管理作了重点介绍（见图）。

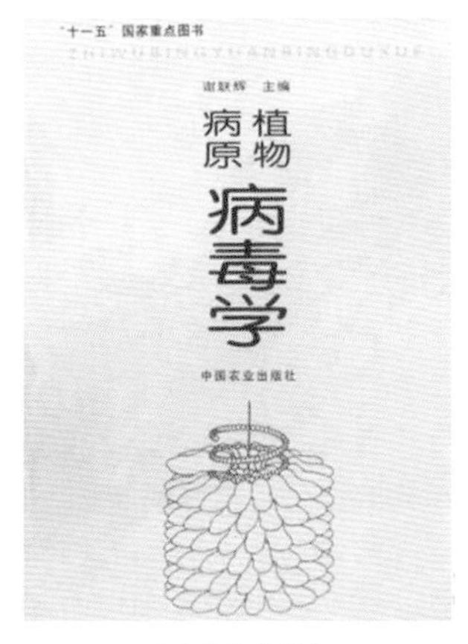

（张晓峰提供）

植物病原病毒从发现伊始就处于病毒学的前沿，也是植物病原学、植物病理学乃至整个生命科学中最为活跃的研究领域之一。随着分子生物学和生物化学等领域的快速发展，时至今日，植物病原病毒学不仅是病毒学的一个重要组成部分，也是生命科学的前沿学科。该书力求能够反映植物病原病毒学的最新进展，每个章节都对该领域研究的热点进行总结论述。病原病毒和病原真菌、细菌、线虫，并列为植物病害的四大病原生物，其危害性仅次于病原真菌，它能侵染几乎所有的植物种群，也几乎没有一个国家或地区能幸免于难，常常给植物造成毁灭性的损失。因此关于植物病原病毒学的应用研究是关系国计民生的重大课题。而“理论结合应用”恰恰是该书知识体系的亮点，这该书不仅系统地介绍了植物病毒的基础知识，而且结合生产实践介绍了植物病毒流行的方式和防控的措施，使每个知识点紧密联系生产实际。因此这该书不但可以作为教材使用，也可以作为农业生产研究工作者的参考书。全书内容共分 15 章分别介绍了①绪论。②植物病毒的特征。③DNA 病毒的分子生物学。④RNA 病毒的分子生物学。⑤植物病毒的变异、进化和起源。⑥植物病毒的分类与命名。⑦植物病毒的分离与提纯。⑧植物病毒的侵染与增殖。⑨植物病毒与寄主植物的互作。⑩类病毒、卫星病毒及卫星核酸。⑪植物病毒的诊断与检测。⑫植物病毒的寄主反应与寄主范围。⑬植物病毒的传播。⑭植物病毒的生态学与流行学。⑮植物病毒病害的管理。

该书可供从事植物病原学、微生物学、植物病理学和生命科学研究的科技工作者，有关专业的高等院校师生以及植物检疫、农业技术推广人员阅读参考。

（撰稿：张晓峰；审稿：魏太云）

《植物病原菌抗药性分子生物学》（第2版） *Molecular Biology of Fungicide Resistance in Phytopathogen (Second Edition)*

由哈尔滨工业大学杨谦主编，科学出版社于 2003 年 9 月出版，2012 年 1 月修订发行第 2 版。该书主编杨谦，多年来一直从事植物病理学以及微生物基因工程领域的相关研究，积累了较为丰富的理论和实践经验。同时在该书的准备和撰写过程中，也得到了叶钟音、于久才、周明国荷兰的 M. A. de Waard、英国的 R. T. V. Fox、日本的 H. Ishii 等国内外相关领域学者的关注和支持（见图）。

（刘西莉提供）

植物病原菌的抗药性是植物病害化学防治中面临的重要问题之一。由于抗药性的产生，导致药剂的防治效果下降甚至完全失效，给农业生产造成严重的经济损失，并使果树、蔬菜、农作物和经济作物等多种植物上的病害防治面临着新的挑战。因此，如何有效地解决植物病原菌的抗药性问题，提高植物病害化学防治的效果，一直是世界各国植物病理学和农药学领域普遍关注的问题。该书根据植物病原菌抗药性分子生物学方面的研究进展，从植物病原菌对杀菌剂抗药性的基本概念、抗药性形成发展的分子生物学、抗药性机制的分子生物学、抗药性治理的分子生物学原理、抗药性利用分子生物学、抗药性的研究方法等方面进行了比较全面和系统的论述。其中，针对植物病原菌抗药性形成发展分子生物学领域存在的不同学术观点，作者提出了冲破传统理论的新论点；同时，针对抗药性的研究和治理工作，作者又从微生物基因工程的角度，进行了抗药性机制原理分子生物学、抗药性治理的基因工程、抗药性研究的分子生物学等方面的探讨。

该书理论性较强，涉及植物病理学、农药学和微生物学等多个交叉学科的相关研究领域，同时又有较强的实践指导意义。该书可供从事植物病原菌抗药性领域研究的大学生、研究生以及教学科研人员阅读，也可以为生产实践中有效进行病原菌抗药性科学治理提供重要的参考。

（撰稿：刘西莉；审稿：陈华民）

植物病原菌荧光标记技术 plant pathogen fluorescent labeling technology

通过现代分子生物学手段，利用荧光蛋白标记靶标微生物，对标记微生物进行体内、原位和实时活体检测。是研究植物—病原菌互作的重要手段之一。通过植物病原菌荧光标记技术，可以跟踪病原菌在植物体内以及根际的动态变化、空间分布，观察其侵染过程、侵染部位以及定殖情况；可定位病原菌蛋白（例如效应蛋白等）；可研究基因水平漂移。

主要内容 实验室常用的荧光标记蛋白有绿色荧光蛋白 GFP、eGFP，黄色荧光蛋白 YFP，青色荧光蛋白 CFP 和红色荧光蛋白 dsRED、mCherry、RFP 等。这些荧光蛋白易表达、稳定性好，对宿主细胞或组织均无毒害作用。

在实验室，可以通过质粒转化、基因重组、基因整合、侵染性克隆、喂食等方法将编码荧光蛋白的基因或外源荧光蛋白导入不同病原菌体内，获得带有荧光标记的病原菌菌株。若将特异性的病原菌蛋白与荧光蛋白融合，还可观察这些蛋白的亚细胞分布、流动以及和其他蛋白的互作。

已有多种方法可以用来检测被荧光标记的病原菌，如平板计数法、流式细胞分析仪、荧光显微镜或共聚焦显微镜等。

参考文献

CHEN X L, SHI T, YANG J, et al, 2014. N-glycosylation of effector proteins by an α-1,3-mannosyltransferase is required for the riceblast fungus to evade host innate immunity [J]. Plant cell, 26(3): 1360–1376.

SORNKOM W, MIKI S, TAKEUCHI S, et al, 2017. Fluorescent reporter analysis revealed the timing and localizationof AVR-Pia expression, an avirulence effector of Magnaportheoryzae [J]. Molecular plant pathology, 18(8): 1138-1149.

WU L, WANG X M, et al, 2011. Root infection and systematic colonization of DsRed-labelled Fusariumverticillioides in maize [J]. Acta agronomica sinica, 37(5): 793-802.

（撰稿：陈旭君；审稿：谭新球）

植物病原细菌分离技术 isolation of plant pathogenic bacteria

选取新鲜、典型症状的发病组织，在无菌操作条件下，首先根据发病部位不同进行相应的表面消毒；然后用灭菌器械切取病健交界处的组织，在光学显微镜下观察有无典型的喷菌现象；接着采用常规的平板划线法或稀释涂布平板法或直接组织培养进行细菌的分离，并对培养获得的细菌分离物进行致病性验证的技术。为保证获得的植物病原细菌为纯培养，还有必要进行适当的纯化，直到培养平板上长出大小均匀且质地和颜色都相同的单菌落。

病部组织的处理　根据发病部位采取不同的分离前处理。对叶部和穗部组织，剪取 0.2～0.3cm 宽，2～3cm 长的病健交界处组织小段标样，先用 0.1% 升汞或 70% 酒精进行表面消毒 3 分钟左右，然后用灭菌的双蒸水冲洗 2～3 次，再用灭菌剪刀剪取 5～10mm^2 中部小段，用玻棒研碎在有几滴灭菌水的灭菌培养皿内备用。对肉质多汁组织，用灭菌的双蒸水洗净组织，70% 酒精对组织表面进行灭菌处理，接着用火焰灭菌的解剖刀削去腐烂部分，用刀尖在露出的病健组织交界处来回刮动，使其形成溶浆备用。对于枝条和茎干组织，用灭菌的剪刀剪取 1～2cm 长的病斑，用 70% 酒精表面消毒 30 秒左右，之后灭菌水漂洗 3～4 次，捣碎于少量无菌水中，或者用解剖刀刮取病健交界处的组织，将刮下的组织放入有几滴灭菌水的灭菌培养皿内轻轻捣碎，放置几分钟后备用。

病原细菌的分离　病部组织处理后形成的组织液可用于平板划线或稀释涂板分离。平板划线分离采用火焰灭菌的接种环蘸取少许待分离的组织液，在固体培养基平板表面进行平行划线、扇形划线或其他形式的连续划线，细菌逐渐减少，划到最后，常可形成单个孤立的菌落。稀释涂板分离采用高温湿热灭菌的涂布棒蘸取少量待分离的组织液或一定稀释度的组织液，在固体培养基平板上均匀涂抹。此外，对于叶部和穗部组织以及枝条和茎干组织，经表面消毒后，也可直接用灭菌的不锈钢镊子将病组织小块夹至固体培养基平板上培养，每个病组织小块滴一滴灭菌水，以防止材料干燥影响细菌溢出。每个小块设 3 个以上重复。

细菌的培养与纯化　将划线或涂布接种组织液或直接接种病组织的固体培养基置于 30℃或 37℃恒温箱中培养，待长出细菌菌落后，用火焰灭菌的接种环挑取单个菌落，运用上述的平板划线法进行 2～3 次分离纯化，直到获得大小、形状、边缘、光泽、质地、颜色和透明程度等形态特征都一致的菌落。

选择性培养基分离　根据培养基中营养物质和化学试剂的特性以及 pH 等生长环境，配制适合某种植物病原细菌生长，而限制其他微生物生长的各种选择性培养基，以达到分离特定植物病原细菌的目的。

病原细菌的验证　对纯化的细菌分离物还需进行柯赫氏法则验证，即将纯化的细菌分离物再次接种到相同品种的健康植物上，若出现症状相同的病害，且从该发病植株上再分离到的病原物性状与接种物相同，则该细菌分离物即为植物病原细菌。此外，是否出现烟草过敏反应也常被作为鉴别植物病原细菌的依据之一。

参考文献

方中达，1979. 植病研究方法 [M]. 北京：农业出版社：163-171.

（撰稿：邱文、李斌；审稿：谭新球）

《植物病原细菌鉴定实验指导》（第3版） *Laboratory Guide for Identification of Plant Pathogenic Bacteria (Third Edition)*

译自美国植物病理学会出版 Norman W. Schaad 编写的 *Laboratory Guide for Identification of Plant Pathogenic Bacteria* (*Third Edition*)。由中国农业科学院植物保护研究所赵廷昌翻译，2011 年 10 月由中国农业科学技术出版社出版（见图）。

（关巍提供）

该书详细介绍了 12 个属的革兰氏阴性细菌和 4 个属的革兰氏阳性细菌以及韧皮部难养细菌和无细胞壁细菌的鉴定方法，是植物细菌病害研究人员必备的工具书。书本内容包括植物细菌鉴定所用的化学试剂和来源，并在第 2 版的基础上，增加了 PCR 引物的列表，提供了分子检测手段的参考，第 3 版新增加的彩色照片也有助于阐明鉴定结果。根据最新的分类，第 3 版的许多病原菌的归属发生了变化，一些种已经重新分到新的属中。原来的假单胞属变化最显著，一部分成员分进了其他的 3 个属：噬酸菌属、伯克氏菌属和劳尔氏菌属。还有一些新属的病原菌也被收录进来，如泛菌属、根单胞菌属、嗜木杆菌属和韧皮部杆菌属等。这些病原菌归属的调整使得很多植物病原细菌只需测定几个简单的表型便可鉴定。第 3 版在多数章节中增加了分子生物学技术、血清学技术和自动商用技术，以便进行快速预鉴定，特别提到对于难培养微生物或不能培养微生物的鉴定中，以血清学和 PCR 为基础的技术特别有效。此外，第 3 版同时还介绍了在与鉴定中非常实用的选择性培养基，便于植物病原细菌的快速鉴定。

该书有助于科研工作者和学生对最普通的植物病原细菌进行准确鉴定。依照该书，可以鉴定大多数常见微生物。

（撰稿：关巍；审稿：陈华民）

《植物病原细菌学》 *Plant Pathogenic Bacteriology*

该书由南京农业大学王金生主编，由中国农业出版社于2000年出版发行。

全书内容共分12章，分别介绍了①植物病原细菌学的基本内容、简史、学科现状和展望。②植物病原细菌分类原理、分类系统的发展和演变以及重要属的特征。③细菌细胞结构和功能的关系，并着重联系植物病原细菌的特点，分析它们与致病性有关的特征。④植物病原细菌的生态学，从土传、叶围生态和种传以及昆虫、线虫的关系分别阐述它们的存活机制以及与病害流行的关系。⑤⑥则分别从生理学、生物化学和分子遗传学方面介绍植物病原细菌的致病机理。⑦植物病原细菌噬菌体和细菌素，阐明它们在植物病原细菌和植物细菌病害研究中的意义。⑧从识别、信号传导两个方面介绍寄主植物和病原细菌之间的相互作用。⑨代表性植物细菌病害的研究进展。⑩植物对细菌病害的抗病性，主要针对植物细菌病害，阐述其抗病类型、抗病基因和防卫反应基因三方面的问题。⑪植物抗细菌病害基因工程的研究进展。⑫植物细菌病害防治方面的一些问题。

该书是高等农业院校学习植物病理学、微生物学、生物技术的师生和广大农业科技工作者必备的参考书。

（撰稿：胡白石；审稿：陈华民）

《植物病原细菌研究技术》 *Plant Pathogenic Bacteria Research Technique*

由仲恺农业工程学院游春平和南京农业大学刘凤权主编，中国农业出版社于2011年2月出版。该书的主编多年来一直从事植物病原细菌性病害的鉴定、防治以及致病机制的研究与教学工作。从2008年开始，主编等查阅大量植物病原细菌研究资料，并结合自己多年的研究技术，历经4年完成此书的编写工作，并得到植物病原细菌学家王金生和董汉松的修订和补充（见图）。

全书共分6章，分别介绍了：①细菌的初步鉴定。②11个常见属的革兰氏阴性细菌生理性状及鉴定方法。③5个属的革兰氏阳性细菌生理性状及鉴定方法。④限于韧皮部难养细菌的鉴定方法。⑤无细胞壁细菌的鉴定方法。⑥细菌基因的克隆技术。此外，附录收集了植物病原细菌的分子鉴定技术、血清学技术和商业化自动鉴定技术。该书从实用性角度出发，详细介绍了植物病原细菌在分离鉴定过程中所需的各种半选择性培养基、诊断性培养基的配方与特点，以及细菌生理生化测定、免疫学与分子检测的技术，便于从属、种和变种水平快速、准确地对植物病原细菌进行鉴定。该书共列出了植物病原细菌35个属的分类地位，由于出现了新的分类体系，该书对过去的一些命名也进行了改动。变化最大的是假单胞属，这个属中的成员已经分别归于4个属：假单胞属、噬酸菌属（非荧光、氧化酶阳性的许多菌）、布尔氏菌属、劳尔氏菌属（非荧光细菌）；其他的新属：泛菌属、根单胞菌属、果胶杆菌属、嗜木质部菌属和韧皮杆菌属（限于韧皮部难养细菌）。

（游春平提供）

该书旨在帮助研究工作者、学生和病害诊断人员对大多数植物病原细菌进行准确诊断。

（撰写：游春平；审稿：刘凤权）

植物病原细菌致病性测定技术 virulence assay for phytopathogenic bacteria

通过人工接菌或自然发病的方式对病原细菌侵染植物的能力进行测定的技术。主要用于植物病原细菌的鉴定、验证与致病力的检测。植物病原细菌根据其侵染部位分为几大类：叶部病原细菌、根部病原细菌、叶鞘病原细菌、穗部病原细菌、果肉病原细菌等。

待测细菌的准备　用消毒或灭菌后的接种针或牙签挑取纯化分离的细菌菌落，接种到葡萄糖、蔗糖等为碳源的微生物液体培养基中，在28～37℃的恒温摇床上进行震荡培养（根据细菌的最适生长温度选取不同的培养温度），细菌生长至对数生长期或平台期时（通常需要过夜培养），收集菌体，进行洗涤后，在适当的缓冲液或低浓度$MgCl_2$溶液中稀释成合适的细菌浓度。根据不同细菌选取最适合的方法进行接菌。

采取最适方法进行接种　最常用的病原细菌接菌方法：喷雾、注射、针刺、剪叶、浸泡、真空压力和灌根等方法。针对不同病原细菌，具体接菌方法将根据其侵染部位与侵染方式来确定。叶部病害通常使用喷雾、注射、针刺、剪叶、浸泡、压力法（真空或无针头注射器）等。对于侵染叶肉细胞的病原菌通常使用喷雾或浸泡，病原菌通过气孔等自然孔口进入植物细胞间隙进行侵染；或者通过注射、针刺或压力法将病原菌直接接种于细胞间隙。对于叶部维管束病害，会采取剪叶法，病原菌通过伤口侵入维管束而发病；或通过诱导露珠后喷雾，病原细菌通过叶片边缘打开的水孔进入植物维管束而发病。对于根部病害，通常采取灌根法，并辅以伤根，病原菌通过伤口侵入。对于叶鞘病原细菌，可以通过针刺或注射直接将细菌注入叶鞘。对于果肉病害，同样可以通过注射将病原菌直接注入果肉。对于穗部病原细菌，会采取喷雾模拟自然发病的方式或在孕穗期直接向稻穗中注射细菌悬浮液接种。接菌后的植物通常在保温保湿、有利于病害发病的条件下生长。

接菌病样的收集与处理　根据不同病原菌，在接菌后不同的时间点，收集接菌后的植物材料，设置至少3个重复。

病样在合适的缓冲液中充分研磨，使植物细胞破碎，病原细菌释放出来。

病原细菌的计数 研磨后的样品进行梯度稀释，吸取适量的样品置于血小板计数器上，直接在显微镜下观察计数。更常用的方法是，吸取适量的样品在合适的固体培养基平板上进行涂布（针对不同病原菌，培养基中可以适量添加不同种类抗生素），放置在 28℃或 37℃恒温培养箱中培养，待细菌菌落长出，选取菌落数在 20～200 之间的平板进行计数，需要至少 3 个重复。根据单位重量或单位体积中病原细菌的数量来判断植物病原细菌的致病力。

参考文献

董汉松，2012. 植病研究法 [M]. 北京：中国农业出版社 .

（撰稿：孙文献；审稿：谭新球）

《植物病原真菌超微形态》 *Morphology of Plant Pathogenic Fungi Under Scanning Electron Microscope*

（胡东维提供）

专门针对植物病原真菌微形态结构的重要参考书。由西北农业大学（现西北农林科技大学）康振生、黄丽丽以及北京农业大学（现中国农业大学）李金玉合著，1997 年 2 月由农业出版社出版（见图）。

扫描电子显微镜技术的发展在很大程度上提高了对微生物形态和表面特征的认识水平。针对植物真菌病害微形态结构普遍缺乏的现状，该书采集了各大病原真菌类群的 120 属 200 多个种，针对其孢子和菌丝形态、产孢结构、侵染结构特征等精选了 800 多幅扫描电镜照片。图片质量精美，信息量大。并对不同类群的形态特征进行了归纳说明。为了便于读者查询，所有种属的排列按照 Ainsworth 等 1973 年的分类大纲进行了编排，所有图片均标注了放大比例，文末给出了寄主和真菌的检索表。

该书包含了主要植物病原真菌的主要种类，图文并茂，非常直观。该书是植物病理和植物植检工作者的基本参考书，也可作为高等农林院校相关专业师生的重要参考书，同时对于植物与病原菌互作超微结构的研究具有重要参考价值。

（撰稿：胡东维；审稿：刘文德）

《植物病原真菌学》 *Fungal Plant Pathogens*

植物病原真菌学是研究生命起源与进化的重要学科，随着分子生物学和信息科学技术的广泛应用，在真菌分类、真菌遗传发育、系统进化、生理生化及致病机制等方面都取得长足进展。《植物病原真菌学》是由真菌分类学家陆家云担任主编，于 2001 年由中国农业出版社出版。

该书全书分两篇。第 1～5 章为总论，介绍真菌学的研究历史、真菌在生物中的界级地位、真菌分类系、植物病原真菌鉴定等基础知识。第 6～17 章为各论，分别介绍鞭毛菌亚门、子囊菌亚门、担子菌亚门、半知菌亚门的形态特征、分类体系，重点描述了与农业植物病害关系密切的“属”和“种”及其分类检索。

《植物病原真菌学》是学习和认识真菌的遗传变异、生殖和发育、次生代谢、致病机制和植物—病原真菌互作的遗传学和分子生物学基础。该书可供植物病理学工作者、植物保护专业师生以及植物保护科技工作者阅读与参考，也是广大植物保护和植物检疫工作者提高和更新专业知识的教材。

（撰稿：王晓杰；审稿：刘文德）

植物病原真菌遗传转化技术 genetic transformation of plant fungal pathogens

外源 DNA 分子被转入到真菌细胞内并整合到其基因组 DNA 上的技术。常用的真菌遗传转化方法有 PEG/$CaCl_2$ 介导的遗传转化法、农杆菌介导的遗传转化法、电击介导的遗传转化法和转座子介导的遗传转化法等。

主要内容

常用的遗传转化方法 PEG/$CaCl_2$ 介导的遗传转化法是以真菌原生质体为感受态细胞，在一定浓度的 PEG、$CaCl_2$ 和 pH 条件下，将外源 DNA 分子转入到真菌细胞内的一种遗传转化方法。PEG 的分子量与浓度、$CaCl_2$ 的浓度、转化体系的 pH 及待转化的真菌类型等因素均能影响该方法的转化效率。PEG/$CaCl_2$ 介导的遗传转化法可批量转化外源 DNA 分子，是一种较为通用的遗传转化方法。

农杆菌介导的遗传转化法是通过构建 T-DNA 载体，将目的基因整合导入农杆菌，再通过农杆菌侵染受体真菌细胞，将含有目的基因的 T-DNA 整合到真菌基因组 DNA 上的一种遗传转化方法。该方法有农杆菌可以转化完整的、不同类型的真菌细胞，转化效率高，外源 DNA 分子单拷贝插入比例高等优点。农杆菌介导的遗传转化法使用最为广泛。

电击介导的遗传转化法是利用脉冲电场对受体真菌细胞的质膜进行可恢复性电击穿孔，将外源 DNA 分子导入到真菌细胞内，并与其基因组 DNA 发生重组的一种遗传转化方法。电击介导的遗传转化法具有简单、快速的特点，但关于该转化方法在不同植物病原真菌中应用的报道较少。

转座子介导的遗传转化法是利用转座子具有插入到真菌基因组不同位点的能力，并导致基因组 DNA 引发突变的一种遗传转化方法。由于不是所有的真菌中都发现了转座子，且已发现的转座子在稳定性和随机插入方面不能完全满足基因分析的要求，使得该转化方法具有一定的局限性。

常用的筛选方法　营养缺陷型标记通过转入与受体真菌细胞突变基因互补的标记基因，使受体细胞表现出野生表型。常用的营养缺陷型标记有尿嘧啶合成基因、色氨酸合成酶基因、NADP特异的谷氨酸脱氢酶基因等。

抗药性标记转入抗药性基因可使受体真菌细胞表现出药物抗性，从而达到筛选转化子的目的。常用的抗药性标记有潮霉素B抗性基因、新霉素抗性基因、草丁膦抗性基因等。

以稻瘟菌为例，就主要使用的PEG/$CaCl_2$介导的遗传转化法和农杆菌介导的遗传转化法的实验步骤进行简要的介绍。

PEG/$CaCl_2$介导的遗传转化法　原生质体制备在200ml CM液体培养基（0.6%酵母提取物，0.3%酶水解干酪素，0.3%酶水解干酪素，1%蔗糖）接入待转化的菌株，于28℃，150rpm摇培48小时。过滤收集菌丝，用0.7mol/L氯化钠溶液冲洗菌丝至团状后，转至灭菌的离心管中。加入崩溃酶溶液，于28℃，150rpm酶解4小时。酶解物经灭菌纸过滤，用0.7mol/L氯化钠溶液反复冲洗，收集滤液，于4℃，4000rpm离心15分钟。沉淀用5ml STC溶液（1.2mol/L山梨醇，10mmol/L Tris-HCl，pH 7.5，50mmol/L氯化钙）重悬，4℃，4000rpm离心15分钟。用STC溶液将得到的原生质体浓度调至为1×10^8个/ml。

原生质体转化将150μl原生质体溶液分装至50ml离心管中，加入线性化的载体质粒DNA，补足STC溶液至每管300μl，冰上静置20分钟。加入2ml PTC溶液（60%聚己二醇3350，10mmol/L Tris-HCl，pH7.5，50mmol/L氯化钙），冰上静置20分钟。每管加入20ml预冷的STC，混匀，4000rpm，4℃离心15分钟。沉淀物用3ml LR溶液（0.1%酵母提取物，0.1%酶水解干酪素，1mol/L蔗糖）重悬，于28℃培养12小时。将培养物倒入培养皿中，加入约12ml SR（LR中加入0.7%琼脂），混匀。待其凝固后，再铺约12ml的1.0%琼脂（含筛选用的抗生素，如潮霉素或新霉素等）。

转化子筛选转化板于28℃培养3～6天，挑取长出的转化子至含抗生素的CM平板上进行抗性筛选。将能扩展的转化子挑至燕麦西红柿平板（4%燕麦汁，15%西红柿汁，2%琼脂）上保存。

农杆菌介导的遗传转化法　分生孢子准备。将菌株接种到燕麦西红柿平板上，于28℃恒温光照培养7天。灭菌水洗下孢子，将其浓度调至106个/ml。

农杆菌与分生孢子共培养。将待用的农杆菌在LB平板（1% Tryptone，0.5% Yeast extract，0.5% NaCl；含有50μg/ml卡那霉素和170μg/ml利福平）上划线，28℃培养两天后，用接菌环刮取适量菌体置于10ml液体最小培养基[1L最小培养基含有10ml K-phosphate buffer（pH 7.0）（200g/L K_2HPO_4，145g/L KH_2PO_4），20ml M-N solution（30g/L $MgSO_4$ $7H_2O$，15g/L NaCl），1ml 1% $CaCl_2$ $2H_2O$（w/v），10ml 20% glucose，10ml 0.01% $FeSO_4$，5ml Spore Elements（100mg/L $ZnSO_4$ $7H_2O$，100mg/L $CuSO_4$ $5H_2O$，100mg/L H_3BO_3，100mg/L $MnSO_4H_2O$，100mg/L $Na_2MoO_4 2H_2O$），2.5ml 20% NH_4NO_3（w/v）；含50μg/ml卡那霉素和170μg/ml利福平]中，于28℃，220rpm摇培。当OD600达到1.2时，将摇培的农杆菌转至50ml离心管，5000rpm离心1分钟。去上清，加入液体诱导培养基[1L诱导培养基含有0.8ml 1.25mol/L K-buffer（pH 4.9）：184g/L K_2HPO_4，20ml M-N solution（同上），1ml 1% $CaCl_2$ $2H_2O$，10ml 0.01% $FeSO_4$，5ml Spore Elements（同上），2.5ml 20% NH_4NO_3，10ml 50% glycerol，40ml 1mol/L MES（2-（N-morpholino）ethanesulfonic acid，pH5.5），10ml 20% glucose；含50μg/ml卡那霉素和200μg/ml乙酰丁香酮]，调OD600至0.18。取15ml调好OD值的农杆菌悬浮液置于50ml三角瓶中，220rpm，28℃摇培6小时。取200μl农杆菌与200μl稻瘟菌分生孢子混匀，均匀涂抹在预先铺好灭菌滤纸条的共培养基平板上，于23℃培养。

转化子筛选共培养3天之后，将滤纸条撕下，正面朝下置于CM培养基上（含有200μg/ml潮霉素和200μg/ml头孢霉素）。将贴好滤纸条的CM平板置于28℃光照培养2天，撕掉滤纸条，继续培养2天可见转化子长出。将转化子挑出置于含有200μg/ml的CM培养基上进行二次筛选，然后在燕麦西红柿平板上保存。

（撰稿：杨俊；审稿：谭新球）

植物病原真菌致病性测定技术　pathogenicity testing of plant fungal pathogens

通过人工接菌或自然发病的方式对病原真菌侵染植物的能力进行测定的技术。主要用于植物病原真菌的鉴定、验证和致病力的检测。根据植物病原真菌生活方式的不同，可将其分为4种不同的类型：活体营养型（如白粉菌）、半活体营养型（如稻瘟菌）、兼性寄生型（如软腐菌）和兼性腐生型（如镰刀菌）。

主要内容

育苗　种子预处理：称取适量的待接种植物种子，在1%（w/v）的次氯酸钠溶液中浸泡3～5分钟，清水冲洗8～10次。浸种：将预处理过的植物种子浸于清水中约30小时，每4～6小时更换清水。催芽：在较宽大的平底容器底部铺两层湿纱布，将浸种后的种子均匀地平铺在纱布上，然后再铺两层湿纱布保湿，于室温或培养箱中催芽1～3天。种苗：将催芽后的种子点播于塑料花盆中，播种密度以10～15粒/盆为宜。植株生长期根据植物种类和待接种真菌而定。

接种体准备　用灭菌的接种针或牙签挑取经单孢分离、组织分离或稀释分离等方法分离得到的真菌菌落，接种到有利于接种体（如分生孢子）产生的培养基中，置于适宜培养接种体的条件下生长。利用离心法或过滤法收集接种体，制备合适浓度的接种体悬浮液（含一定浓度表面活性剂，如0.025%吐温水）。一般来说，接种体制备好后需要尽快接种。

接种　常用的接种方法有点接法、喷雾法、浸根法和注射法等，针对不同的植物病原真菌，具体接菌方法根据其侵染部位和侵染方式来确定。对于侵染叶肉细胞的植物病原真菌常使用喷雾法或浸泡法，病原真菌通过气孔等自然孔口进入植物细胞间隙进行侵染，或者通过注射、针刺或压力法将病原菌直接接种于细胞间隙中；对于叶鞘类植物病原真菌，可通过针刺或注射法直接将接种体注入叶鞘；对于果肉类病害，可通过注射等方式将接种体直接注入果肉中；对于穗部类植物病原真菌，采取喷雾法模拟自然发病的方式或在孕穗期直接向稻穗中注射接种体；对于土传类植物病原真菌，可采用接种体浸根法进行接种。接菌后的植株需保温、保湿，并在有利于病害发生的条件下生长。接种材料的发育状态及接种体浓度等因素都会影响最终的测定效果，因此这些因素需要反复试验，以便确立最佳方案。接种试验一般需设置至少3个重复，并进行至少3次独立的重复实验。在每个重复实验中，一般是需以无菌水接种作为阴性对照，以已知致病能力的同类菌株作为阳性对照。

致病性测定　待接菌的植株出现典型病害症状后，对其发病情况进行观测，包括病情指数（发病植株的比例和病株的严重度）的统计、病斑面积的测定等。参照阴性对照和阳性对照的实验结果，选取能代表本次实验整体发病情况的3～10棵植株，做好标记，在合适的背景下拍照整株或发病部位。最终依据病情指数来确定植物病原真菌的致病力。

参考文献

方中达，1998. 植病研究方法[M]. 2版. 北京：中国农业出版社.

（撰稿：杨俊；审稿：谭新球）

《植物对除草剂的抗性》 *Herbicide Resistance in Plants*

由杂草学家Stephen B. Powles和Joseph A. M. Holtum主编，1994年由美国的泰勒—弗朗西斯（Taylor & Francis）出版集团出版。自世界上第一个化学除草剂2,4-D商品化以来，化学除草剂在防除杂草，保障粮食安全方面发挥了重要作用。但是随着世界主要工业国家化学除草剂的大量使用，杂草抗药性问题也成为全球性问题。Stephen B. Powles和Joseph A. M. Holtum详细总结了植物对除草剂抗性研究的最新成果，尤其是从分子生物学和生物化学角度分析植物对除草剂产生抗性的机理（见图）。

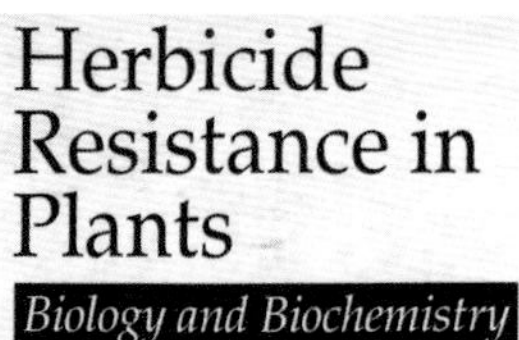

（崔海兰提供）

该书共有12章，包括除草剂抗性的概述；植物对光合作用系统Ⅱ抑制剂类除草剂的抗性；植物对光合作用系统Ⅰ抑制剂类除草剂的抗性；植物对乙酰乳酸合成酶抑制剂类除草剂的抗性；植物对乙酰辅酶A羧化酶抑制剂类除草剂的抗性；植物对合成激素类除草剂的抗性；植物对二硝基苯胺类除草剂的抗性；植物对草甘膦的抗性；交互抗性和多抗性机理；杂草和作物对除草剂抗性的遗传基础；抗药性植物的生长和繁殖率及除草剂抗性种群的管理。

该书是介绍植物对除草剂抗性的发生、发展、机理、遗传特性、生态适合度、治理等内容的专业书籍。是杂草抗药性研究方面的比较权威的参考书籍。

（撰稿：崔海兰；审稿：魏守辉）

《植物化学保护》 *Plant Chemical Protection*

于1978年开始组织编写，1980年春在广州定稿。第1版由韩熹莱、李进、林孔勋、尚稚珍及潘道一详细审阅并定稿，于1983年出版。此后4年一直作为全国高等农业院校的教材或作为教学、科研、农业、工业 、商业等领域一线从事与农药有关的研究人员重要参考资料，发挥了积极作用。1986年春，按照农牧渔业部教育司的部署与要求，开始对第1版进行修订，并于1990年第2次修订出版。随着植物化学保护在理论与实践上的发展，根据“少而精”的修订原则，1999年开始了对该教材的第3次修订，并于2000年6月由中国农业出版社出版。

该书系统介绍了植物化学保护的基础理论、基本知识和基本技能，包括植物化学保护基本概念、农药剂型和使用方法、杀虫剂、杀菌剂、除草剂、杀鼠剂、植物生长调节剂、农业有害生物抗性及综合治理、农药环境毒理、生物源天然产物农药和新农药的研究与开发等内容。该书主要内容阐明农药的理化性质、作用机理、剂型特点和施用方法，揭示如何充分发挥农药防治有害生物的有效性，降低对非靶标生物的风险，从而保护农产品安全和环境健康。

植物化学保护是一门实验性、实践性很强的综合性学科，属农学、化学和生物学相结合的交叉学科，是植物保护专业的专业基础课和必修课。本教材多年作为农林种植业和生物学科教学的主要教材，也是广大植物保护和植物检疫工作者掌握专业知识的参考用书。

（撰稿：张志勇；审稿：董丰收）

《植物寄生线虫生物防治》 *Biological Control of Plant Parasitic Nematodes*

系统论述线虫生物防治的概念、机制、目标线虫的特点、生防因子及生物防治技术的专著。该书由中国科学院微生物研究所刘杏忠、云南大学张克勤、云南烟草科学研究院李云飞主编，组织邀请国内不同研究领域的专家和学者完成，由中国科学技术出版社于2004年出版发行。

全书分为5个部分25章节，第一部分简要论述了生防防治的概念、机制和目标线虫与生物防治有关的形态、结构特征。第二部分以较大的篇幅系统论述了植物寄生线虫的生物防治因子，包括生物类的细菌、病毒、真菌、捕食线虫等和非活体生物类的微生物及植物代谢产物、线虫激素及土壤添加物。第三部分从生态学、菌株改良、生产、加工、综合防治等以及重要线虫类群的治理系统讨论了植物寄生线虫的生防技术。第四部分对部分动物寄生线虫的生物防治进行了简要论述，最后以附录的形式列出了学名索引和中文索引。

该书为促进中国植物寄生线虫生物防治的发展提供基本的资料。非常适合作为植物保护专业高年级本科生、植物病理学专业研究生的参考教材，同时也是植物病理学研究工作者的参考书。

（撰稿：孔令安；审稿：彭德良）

植物检疫 plant quarantine

依据国家法规，对植物及其产品进行检验和处理，防止检疫性有害生物通过人为传播进、出境并进一步扩散蔓延的一种植物保护措施。检疫性有害生物是指国家或地区政府正在积极控制的、在本国或本地区尚未发生或虽有发生但仅局部分布、只通过人为途径传播且有潜在重大经济重要性的有害生物，包括病原生物、害虫和杂草等。植物检疫是植物保护工作的重要组成部分，但它是通过法律、行政和技术等手段来保障本国或本地区农、林、牧业安全生产的，具有强制性、预防性和科学性等基本属性，因而不同于一般的植物保护措施。《植物检疫条例》是中国开展植物检疫工作的主要法律依据，该条例的实施细则由国务院农业主管部门、林业主管部门制定。各省、自治区、直辖市可根据本条例及其实施细则，结合当地具体情况，制定实施办法。

基本程序 报验。省、自治区、直辖市间调运植物检疫，由调入单位事先征得所在地的省、自治区、直辖市植物检疫机构同意，并向调出单位提出检疫要求；调出单位必须根据该检疫要求向所在地的省、自治区、直辖市植物检疫机构申请检疫。国外引种检疫由引进单位或个人向检验检疫部门填报《引进种子、苗木检疫审批单》，由所在地的省、自治区、直辖市植物检疫机构审批后，再按照审批单位的检疫要求和审批意见办理国外引种手续。引进种子、苗木等抵达口岸时，由引进单位或个人向入境口岸检疫机关申请检疫，报验《引进种子、苗木检疫审批单》，并填写“报验单”。

检验。有关植物检疫机构根据报验的受检材料抽样检验。除产地植物检疫采用田间调查，其余各项植物的检疫在抽样后主要采用直接检验、过筛检验、比重检验、染色检验、X光透视检验、诱器检疫、洗涤检验、保湿萌芽检验、分离培养检验、噬菌体检验等各种检验方法进行室内检验（图1）。

处理。在检疫过程中，发现有检疫对象（图2）的，应分别不同情况进行处理。① 经熏蒸消毒处理、热处理、机械汰除等合格后，签发检疫证书。② 在指定地点隔离试种观察，在隔离期满未发现危险性病虫害的，签发检疫证书。③ 有检疫对象的种苗经检疫处理后，可根据具体情况指定使用范围、控制使用地点、限制使用时间或改变用途。④ 无法采用上述方法消毒处理或控制使用的，可作退回或销毁处理。

签证。从无植物检疫对象发生地区调运种子、苗木等繁殖材料，经核实后签发检疫证书。从植物检疫对象零星发生的地区调运种子、苗木等繁殖材料，凭产地检疫合格证签发检疫证。对产地检疫对象发生情况不清楚的种子、苗木等繁殖材料，按《植物检疫操作规程》的规定进行抽样室内检查，证明不带植物检疫对象的，可签发检疫证书。经消毒处理合格的，可签发检疫证书。调运植物检疫的检疫证书由当地植保植检站或其授权检疫机构签发。口岸植物检疫由口岸植物检疫机关根据检疫结果评定和签发“检疫放行通知单”或“检疫处理通知单”。

主要措施 禁止进境。针对危险性极大的有害生物，严格禁止可传带该有害生物的植物活体、种子、无性繁殖材料和植物产品进境。土壤可传带多种危险性病原物，也被禁止进境。

限制进境。提出允许进境的条件，要求出具检疫证书，说明进境植物和植物产品不带有规定的有害生物，其生产、检疫检验和除害处理状况符合进境条件。此外，还常常限制进境时间、地点，进境植物种类和数量或改变其用途等。

调运检疫。对于在国家间和国内不同地区间调运的应检疫的植物、植物产品、包装材料和运载工具等应检物，在指定的地点和场所（包括码头、车站、机场、公路、市场、仓库等）由检疫人员进行检疫检验和处理。凡检疫合格的签发检疫证书，准予调运，不合格的必须进行除害处理或退货。

产地检疫。种子、无性繁殖材料在其原产地，农产品在其产地或加工地实施检疫和处理。这是国际和国内检疫中最重要和最有效的措施之一。

国外引种检疫。引进种子、苗木或其他繁殖材料，事先需经审批同意，检疫机构提出具体检疫要求，限制引进数量。引进时除施行常规检疫外，还必须在特定的隔离苗圃中试种。

旅客携带物、邮寄和托运物检疫国际旅客进境时携带的植物和植物产品需按规定进行检疫。国际和国内通过邮政、民航、铁路和交通运输部门邮寄、托运的种子、苗木等植物繁殖材料以及应施检疫的植物和植物产品等需按规定进行检疫。

紧急防治。对新入侵和定植的病原物与其他有害生物，必须利用一切有效的防治手段，尽快扑灭。中国国内植物检疫规定已发生检疫对象的局部地区，可由行政部门按法定程

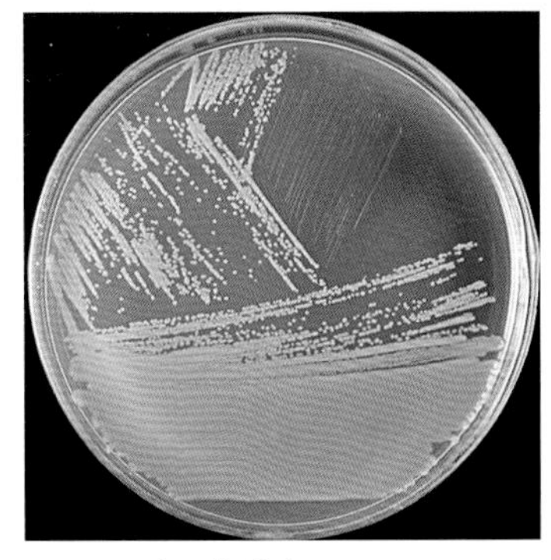

图1 病原物分离（李朝辉提供）

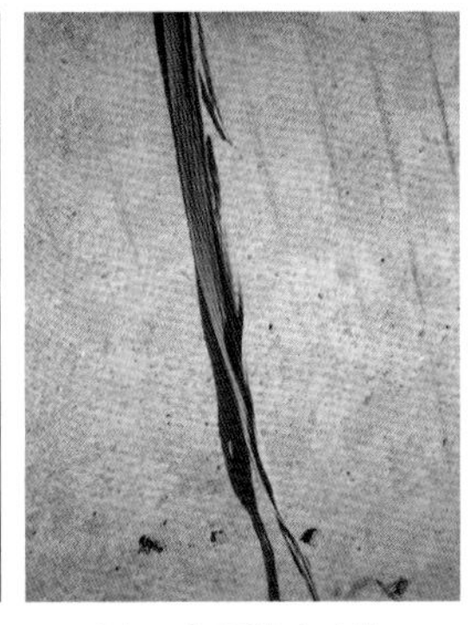

图2 水稻发病叶片（李朝辉提供）

序划为疫区，采取封锁、扑灭措施。还可将未发生检疫对象的地区依法划为保护区或无疫害生产地等，采取严格保护措施，防止检疫对象传入。

参考文献

陈利锋，徐敬友，2001. 农业植物病理学 [M]. 北京：中国农业出版社．

许志刚，2008. 植物检疫学 [M]. 3 版．北京：高等教育出版社．

中国农业百科全书总编辑委员会植物病理学卷编辑委员会，中国农业百科全书编辑部，1996. 中国农业百科全书：植物病理学卷 [M]. 北京：中国农业出版社．

（撰稿：李朝辉；审稿：刘凤权）

《植物检疫条例实施细则（林业部分）》 *Rule of Plant Quarantine Regulations of China (Forestry Part)*

中国对森林植物及其产品、竹类、花卉、中药材、果品和盆景检疫的实施法规。1984 年 9 月 17 日，林业部发布《植物检疫条例实施细则（林业部分）》，之后共进行 2 次修订，1994 年 7 月 26 日进行第 1 次修改，由林业部令第 4 号发布新《细则》，2011 年 1 月 25 日根据《国家林业局关于废止和修改部分部门规章的决定》修正进行第 2 次修改，由国家林业局（现国家林业与草原局）令第 26 号发布施行。

主要内容　① 国家林业局主管全国森林植物检疫（简称森检）工作。县级以上地方林业部门主管本地区的森检工作。② 规定了严格管制植物及其产品的进出口和地区之间调运，森检机构应当根据当地疫情普查资料严格进行现场检疫检验和室内检疫检验，核发产地检疫合格证；国家林业和草原局负责发布和更新国家级森检对象和其他危险性森林病、虫名单；各省及地方可根据情况制定当地的森检对象和其他危险性森林病、虫名单，并报上级主管部门和国家林业和草原局备案。③ 在发生疫情的地区，森检机构可以派人参加当地的道路联合检查站或者木材检查站检疫；发生特大疫情时，经省、自治区、直辖市人民政府批准可以设立森林植物检疫检查站，开展森林植物检疫工作。④ 生产、经营应施检疫的森林植物及其产品的单位和个人，应当在生产期间或者调运之前向当地森检机构申请产地检疫。对检疫合格的，由森检员或者兼职森查员发给《产地检疫合格证》；省际调运应施检疫的森林植物及其产品，调入单位必须事先征得所在地的省、自治区、直辖市森检机构同意并向调出单位提出检疫要求；调出单位必须经过当地的林业主管部门现场检疫，并获得《产地检疫合格证》后方可调出。对进口的应施检疫的森林植物及产品再次调运出省、自治区、直辖市时，存放时间在一个月以内的，可以凭原检疫单证发给《植物检疫证书》。⑤ 从国外引进林木种子、苗木和其他繁殖材料，引进单位个人应当向所在地的省、自治区、直辖市森检机构提出申请，填写《引进林木种子、苗木和其他繁殖材料检疫审批单》，办理引种检疫审批手续，并按照审批机关确认的地点和措施进行种植。对可能潜伏有危险性森林病害虫害的，一年生植物必须隔离试种一个生长周期，多年生植物至少隔离试种 2 年以上。引进后需要分散到省、自治区、直辖市种植的，应当在申请办理引种检疫审批手续前征得分散种植地所在省、自治区、直辖市森检机构的同意，证明确实不带危险性森林病、虫的，方可分散种植。⑥ 各级林业主管部门应当根据森检工作的需要，建设检疫检验室、除害处理设施、检疫隔离试种苗圃等。对森检对象的研究，不得在该森检对象的非疫情发生区进行。因教学、科研需要在非疫情发生区进行时，属于国家规定的森检对象须经国家林业和原局批准，属于省、自治区、直辖市规定的森检对象须经省、自治区、直辖市林业主管部门批准，并应采取严密措施防止扩散。⑦ 明确了林业主管部门和森检人员的职权和责任，公布了应实施检疫的森林植物及产品，规范了检疫单证格式，规定了植物检疫证明、调运材料的检验、引种材料隔离试种等关键的技术要求、森检对象的科学研究注意事项，疫情控制费用的安排以及检验费用的用途，纠纷的解决及森检工作中的奖励和惩罚等。

（撰稿：张永安；审稿：周雪平）

《植物检疫条例实施细则（农业部分）》 *Rules for the Implementation of Regulation on Plant Quarantine (Agriculture Part)*

对中国农业领域实施《植物检疫条例》进行规范的部门规章。由中国农业农村部根据《植物检疫条例》第 23 条的规定制定，1995 年 2 月 25 日发布，1997 年 12 月 25 日农业部令第 39 号、2004 年 7 月 1 日农业部令第 38 号、2007 年 11 月 8 日农业部令第 6 号修订。共 8 章 30 条。规定了农业农村部所属植物检疫机构、省级植物检疫机构和地、市级植物检疫机构的职责范围，要求各级植物检疫机构必须配备一定数量的专职植物检疫人员，并对专职植物检疫员的资质要求、资格审批、着装规范及签发植物检疫证书的程序等作出了规定。

主要内容　① 农业植物检疫范围包括粮、棉、油、麻、桑、茶、糖、菜、烟、果（干果除外）、药材、花卉、牧草、绿肥、热带作物等植物、植物的各部分，以及来源于上述植物、未经加工或者虽经加工但仍有可能传播疫情的植物产品。农业农村部和各省、自治区、直辖市农业主管部门负责制定全国的和补充的植物检疫对象与应施检疫的植物、植物产品名单。② 在无植物检疫对象发生地区调运植物、植物产品，经核实后签发植物检疫证书；在零星发生植物检疫对象的地区调运种子、苗木等繁殖材料时，应凭产地检疫合格证签发植物检疫证书；对产地植物检疫对象发生情况不清楚的植物、植物产品，必须按照《调运检疫操作规程》进行检疫，证明不带植物检疫对象后签发植物检疫证书。③ 种苗繁育单位或个人必须有计划地在无植物检疫对象分布的地区建立种苗繁育基地。④ 从国外引种检疫实行农业农村部和省级农业主管部门两级审批制度，引种单位应当按照检疫机构的管理权限，在对外签订贸易合同、协议 30 日前向农业农村部或省、自治区、直辖市植物检疫机构提出申请，办理国外引种检疫审批手续。引进前，引进单位应当安排好试种计划，并在对外贸易合同或者协议中指明中国法定的检疫要求；引进后，必须在指定的地点按规定的时间集中进行隔离试种，证明确实不带检疫对象的方可分散种植。

（撰稿：吴立峰；审稿：周雪平）

《植物免疫和植物疫苗：研究与实践》*Plant Immunity and Plant Vaccines-Research and Practice*

（邱德文提供）

从植物与激发子物质或微生物互作角度系统介绍植物疫苗在植物免疫诱导中的作用机理和应用实践的专著。由中国农业科学院植物保护研究所邱德文主编，科学出版社于2008年出版（见图）。

该书共分15章，分别介绍：① 植物免疫诱导抗性的现状与发展趋势。② 在植物免疫诱导抗性理论和实践的基础上，拓展了植物疫苗的概念。③ 总结了植物病毒病疫苗的研究成果与理论。④ 介绍了激活蛋白的最新研究进展，分析了微生物蛋白激发子作为植物病害疫苗调节植物新陈代谢，激活植物的免疫系统和生长系统的实践与应用前景。⑤ 介绍了壳寡糖诱导植物产生抗病性相关酶系，提高植物抗病能力，抑制根腐病菌、黑星病菌等病原菌的作用机理及分析技术。⑥ 探讨了木霉菌及其功能蛋白诱导免疫的作用机理和研究技术。⑦ 介绍了脱落酸诱导植物免疫抗性机理和脱落酸研究现状与应用实践且存在的问题，并指出了今后的发展方向。⑧ 介绍了有关弱毒株系诱导植物免疫抗性的原理与实践技术。⑨ 青枯雷尔氏菌无致病力菌株免疫抗病机理的研究与应用。⑩ 推出和分析了一种新的聚γ-谷氨酸疫苗的生物功能与实践应用。⑪ 对激发子的发现、概念发展以及激发子的分类等进行了阐述。⑫ 对激发子诱导植物的抗性机理、植物—病原物互作分子免疫的理论基础、植物对激发子的识别和激发子的应用前景进行了全面的分析。⑬ 从分子生物学方面分析了病原菌效应子对植物免疫抗性激活及抑制的分子机理。⑭ 分析指出了植物疫苗在中国实践的可行性与前景展望。⑮ 最后介绍了上述研究形成的初试产品所进行的田间示范应用，以及部分已经获得农药临时登记的植物疫苗制剂。随着植物免疫诱导抗病机理和植物疫苗研究的不断深入，将会开发出更多、效果更好的植物疫苗为现代农业生产服务。

该书适合从事植物诱导免疫、生物制药、分子植物病理学、分子生物学、化学生物学等领域研究和教学工作的教师、研究生及科研人员参考。

（撰稿：邱德文；审稿：彭德良）

《植物免疫学》*Plant Immunology*

（康振生提供）

植物免疫学是植物病理学的一个分支，主要研究植物抗病性及其应用的理论和方法。也是一门理论性较强的课程。该教材最早由植物病理学家、北京农业大学（现中国农业大学）林传光（1910—1980）主编，1961年由农业出版社出版发行，作为高等农业院校试用教材。1991年，根据全国高等农业院校教材指导委员会的安排，西北农业大学（现西北农林科技大学）李振岐院士（1922—2007）新主编了《植物免疫学》，由中国农业出版社于1995出版发行，并作为全国植物保护专业、植物病理专业的正式统编教材。而西北农业大学商鸿生同时主编的《植物免疫学实验》与该教材配套，构成一套完整的教材。李振岐院士逝世后，西北农林科技大学商鸿生根据植物免疫学的国内外新进展，主编《植物免疫学》（第2版），2009年由中国农业出版社出版发行，作为高等农林院校“十一五”规划教材（见图）。

《植物免疫学》全面系统地介绍了植物免疫学的基础知识、基本原理和实际应用。在基础理论方面，侧重阐述了植物抗病性与病原物致病性的概念、类别、机制与遗传，病原物毒性变异途径与群体毒性变化、植物与病原物的识别及两者相关基因和信号传递、农作物品种抗病性丧失与抗病性保持等。在实际应用方面，全面讲述了植物抗病性鉴定、植物抗病种质资源、植物抗病育种、植物抗病基因工程、病原物毒性监测以及植物抗病性的合理利用与病害的持续有效控制等。该教材是植物保护专业、植物病理专业本科或研究生的基本教材，也是高等院校农学、园艺、林学、植物学、植物育种学、生物技术等专业的参考书，也可供有关学科的科研人员、教学人员和技术工作者阅读参考。

（撰稿：康振生；审稿：李世访）

《植物线虫分类学》*Taxonomy of Plant Nematodes*

植物线虫分类学是研究植物线虫种类之间的异同和亲缘关系，对其进行鉴别、命名、描述和确定所属分类阶元，进而研究阐明其系统发育关系的一门基础学科。

植物线虫分类学运用比较、分析和归纳等方法，依据植物线虫系统发育关系，对植物线虫进行鉴定、命名和排序，制定可反映植物线虫进化过程或阐明各类群内在关系的分类系统，进而揭示植物线虫的起源及各类群之间的亲缘关系，同时不断探索新的分类方法和理论，是植物线虫学的一个分支学科，也是植物线虫学其他分支学科研究的基础。

该书第1版由华南农业大学谢辉编著（见图），2000年由安徽科学技术出版社出版发行；2005年谢辉对其进行了修订，由高等教育出版社出版发行了第2版，并被教育部学位管理与研究生教育司推荐为研究生教学用书。该书共8章，介绍了植物线虫的分类地位，分类进展与现状，分类的概念、内容和原理，各大分类学派的主要观点，生物分类阶元的序级、动物命名法规的基本原则和主要内容，以及植物线虫的进化、分类系统和各类群的鉴定。重点讲述了植物线虫的形态分类特征，分类研究的基本技术和方法，植物线虫的起源与进化，线虫高级阶元的分类和植物线虫的分类系统，植物线虫与其他土壤线虫的鉴别，以及经济上重要的植物线虫目、科、属、种的形态分类鉴定特征，其中包括了中国的检疫性植物线虫。书中的植物线虫目、总科、科、亚科和属的分类鉴定检索表，基本反映了世界上已知的植物线虫目、总科、科、亚科和属。另外，书中还给出了穿孔属、短体属等33个重要或常见植物线虫属的种类鉴定检索表，并有插图99幅。

（谢辉提供）

该书可作为高等农业院校植保学科和综合性大专院校生物或动物学科的研究生、本科生的教材或教学参考书，也可作为科研、生产和动植物检疫部门工作人员研究植物线虫的参考用书和鉴定植物线虫的工具书。

（撰稿：谢辉；审稿：周雪平）

《植物线虫相互作用的基因组学与分子遗传学》 *Genomics and Molecular Genetics of Plant-nematode Interractions*

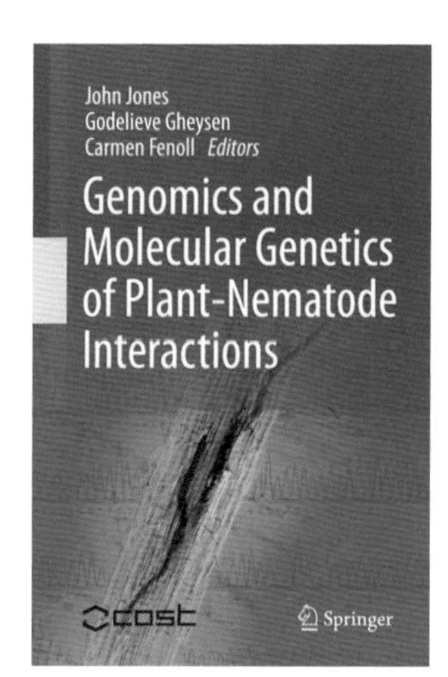

（刘世名提供）

John Jones，Godelieve Gheysen 和 Carmen Fenoll 共同编辑，于2011年由斯普林格（Springer）出版集团出版。该书分4部分，24章（见图）。

第一部分是总体介绍，包括：植物寄生线虫介绍与寄生模型；线虫对世界农业的危害；线虫的系统发育与进化；根结线虫与巨型细胞。

第二部分是植物—线虫相互作用的功能分析，包括：植物寄生线虫的基因组分析；植物寄生线虫的转录组分析；拟南芥用于研究植物和线虫的相互作用；植物受线虫侵染后的转录组和蛋白质组分析；果蝇用于研究植物寄生线虫；植物性与动物性寄生线虫的相似之处。

第三部分是植物线虫相互作用的分子遗传学与细胞生物学，包括：线虫对细胞壁的降解；线虫对植物防御的抑制作用；其他线虫效应子与进化约束；非亲和性相互作用中的抗病基因与防御反应；植物激素在线虫取食细胞形成过程中的作用；线虫诱导的植物取食位点细胞周期；线虫诱导的植物取食位点细胞骨架的重建；线虫诱导的植物细胞壁变化；线虫取食位点的水分和养分运输。

第四部分是分子植物线虫学的应用：基因组学利用，包括：分子诊断工具；利用基因组学进行线虫抗性育种；植物寄生线虫的生物防治；通过分子机制了解田间变异；发达与发展中国家中的抗线虫转基因改良作物。

该书适用于从事植物线虫、植物线虫抗性及生物防治等方面研究的科研人员参考。

（撰稿：刘世名；审稿：彭德良）

《植物线虫学》 *Plant Nematology*

系统介绍植物线虫分类、鉴定、寄生致病机制以及综合防控等的专著。由英国洛桑试验站的R. N. 佩里和比利时根特大学的莫里斯·孟斯（Roland N. Perry，Maurice Moens）主编，2006年由国际农业和生物科学中心（CABI）出版社出版。该书作为植物线虫学的经典教材，被中国引进全书翻译，由中国农业大学简恒主持并精心组织国内多位线虫学专家翻译完成，翻译版于2011年由中国农业大学出版，对中国植物线虫学科发展起到有力的促进作用。《植物线虫学》（第1版）面世以来，植物线虫学研究发生了巨大的变化，尤其是植物—线虫的分子互作已成为热门的研究领域，为使广大读者更快地了解植物线虫学领域的最新进展，R. N. 佩里、莫里斯·孟斯等于2013年重新编撰了《植物线虫学》（第2版）。

《植物线虫学》（第2版）系统介绍了植物线虫的分类、检测鉴定、致病机理、与寄主植物的互作以及综合防治等，重点介绍线虫的结构和形态学分类，线虫的分子分类学，根结线虫和孢囊线虫的结构、检测鉴定、致病机理以及与其他病原物的关系，迁移性内寄生、外寄生线虫形态特性、分类鉴定以及作为传播植物病毒的介体，线虫的生殖、生理和生化、行为和感知，植物—线虫互作的分子基础，抗性基因工程，植物生长与线虫种群动态，线虫分布型和取样，植物线虫病害的生物和栽培防治，抗性品种防治植物线虫病害以及线虫的化学防控等内容。

全面、系统介绍了植物线虫学领域的最新进展，特别突出了植物线虫效应因子等寄生致病基因的分离鉴定和功能分析方面的进展，同时保留了第1版信息量大、可读性强、图文并茂、深入浅出等特点，非常适合作为刚进入本领域的本科生和研究生的教材，同时也是植物线虫学研究工作者的参考书。

（撰稿：孔令安；审稿：彭德良）

《植物线虫志》 *The Plant Nematode Species Recorded in China*

第一部全面系统地介绍中国境内发生的植物线虫种类的专著。由植物线虫学家刘维志主编，2004年由中国农业出版社出版发行。

该书图文精美，内容丰富，全书666页，98.8万字，大32开精装。该书内容包括两部分：第一部分为线虫学基础知识，包括绪论、线虫的形态结构、植物线虫的分类系统、植物线虫的生物学特性、植物线虫的病害的防治方法、农业可持续发展与植物线虫病害的可持续治理。第二部分为植物寄生线虫的种类描述，对中国已正式报道的植物线虫种进行了描述及有关生物学特性的介绍，每种植物寄生线虫都附有形态图和测量数据，包含了在中国境内发生并被正式报道描述的垫刃线虫科、粒线虫科、矮化线虫科、纽带线虫科、异皮线虫科、环总科、滑刃目、矛线目等分类单元的植物寄生线虫共360种。书后附有植物寄生线虫的英汉对照表。

该书介绍的植物寄生线虫知识和描述的线虫种类可供植物线虫学、植物病理学、植物保护、植物检疫工作者及有关的生物学和农林科技工作者，相关专业的大学生和研究生使用和参考。

（撰稿：陈立杰；审稿：段玉玺）

植物诱导抗性 plant induce resistance

植物在病原物侵染、生物因子或者非生物因子作用下产生的对病原物的抗性。生物因子包括微生物活体，生物源的多肽、多糖等物质；非生物因子有紫外线、伤口、高温、低温和重金属盐等；而激发子（elicitor）则是对具有诱导活性物质的总称。

基本原理 早期，科学家和自然主义学者发现病原物侵染后活下来的植物表现出更抗后续病原的侵染，并作为与动物免疫应答相似的现象进行研究。Ross（1961）利用烟草花叶病毒和烟草系统地研究了上述现象，发现系统叶片不仅对烟草花叶病毒还对烟草坏死病毒和病原细菌更具抗性，并用系统获得抗性（systemic acquired resistance, SAR）表示诱导型系统抗性、用局部获得抗性（localized acquired resistance）来描述接种叶上产生的抗性。进一步研究证实从初侵染源有信号物质通过韧皮部转运到系统叶片，直接或者间接诱导病程相关蛋白、植保素等的积累，从而表现出对病毒、细菌和真菌等的广谱抗性。分离出的SAR信号物质有壬二酸、3-磷酸甘油和哌啶酸等。尽管水杨酸被认为不是长距离转运的信号物质，但它是系统获得抗性的重要信号分子。

主要内容 在许多情况下，促生根际微生物能提高植物的抗性，称为诱导系统抗性（induced systemic resistance, ISR）。有益微生物诱导的抗性并不伴随着很多抗病相关基因的表达变化，认为ISR的信号传递主要依赖茉莉酸和乙烯的通路而非像SAR途径依赖水杨酸信号。实际上根际微生物诱导的抗性通常是使植物处于警戒（priming）状态，即病原菌侵染时，根际微生物处理过的植物会更快、更强地产生抗病反应，表现出抗病能力的提高。低浓度的SAR信号物质处理可以激活一些植物处于警戒状态。此外，植物应对病原物的这种系统应答反应也存在于植物应对非生物胁迫、如：高温、冷、紫外线、伤口、高盐、脱水等的系统反应中，称为系统获得适应（systemic acquired acclimation）

利用植物的诱导抗性，已经开发出一些能够提高植物抗病性的生物制剂和合成的产品。生物制剂的活性成分主要是微生物分泌的具有激发子活性的蛋白质和化合物、或者是几丁质片段、寡聚糖等，而合成的产品在诱导抗性方面具有类似水杨酸的生物学功能。

参考文献

MITTLER R, BLUMWALD E, 2015. The roles of ROS and ABA in systemic acquired acclimation [J]. Plant cell, 27: 64-70.

ROSS A F, 1961. Systemic acquired resistance induced by localized virus infections in plants [J]. Virology, 14: 340-358.

（撰稿：郭泽建；审稿：周雪平）

滞育调控技术 diapause regulation techniques

滞育是对于不利条件的环境变化刺激的一种生理反应，是一种低代谢活动的生理动态，伴有行为改变、代谢下降、抗逆性提高等特征，昆虫继续发育时即被诱导，它是昆虫长期适应不利环境条件而形成的种的遗传特性。一经进入滞育，必须在一定的物理或化学刺激下，才能打破滞育，否则即使恢复到适宜环境条件也不能恢复生长发育。它是昆虫在长期进化过程中形成的一种对不利环境条件的适应性，能帮助昆虫躲避各种不利条件的侵袭，以维持个体生存和种群延续，在昆虫的生长繁育中具有重要意义。

基本原理 昆虫的滞育调控涉及不同水平，包括环境调控、神经内分泌调控、激素调控以及分子调控等。从昆虫的生产应用方面来说，基于昆虫滞育诱导、维持和解除的生理生态机制，利用光周期、温度、湿度等外界环境因子变化、物理或化学方法、分子生物学技术手段等实现人为调控昆虫滞育的诱导、维持和解除的技术，即为滞育调控技术。通过改变环境因子实现昆虫的滞育调控是最普遍常用的滞育调控技术。

主要内容 调控昆虫滞育的方法主要是通过改变光周期、温度、湿度、食料、种群密度、亲代等环境因子，实现其滞育诱导、维持和解除。在诱导昆虫滞育的因子中，光周期因其季节性变化最精确也最有规律，是昆虫预测环境变化最可靠的信息，因而成为大多数昆虫滞育诱导的主要因子。当日照时长低于或高于临界光周期时，滞育就被诱导。昆虫也可对变化日照时长或相对日照时长做出反应。温度是仅次于光周期影响昆虫滞育的重要因素，对滞育诱导的影响主要表现在作为滞育诱导的主要刺激因子和调节因子这两个方面。一般来说，低温常能够促进短光照的滞育诱导，特别是夜间低温的作用非常明显；而高温则促进长光照的滞育诱导。在一些昆虫中食料是滞育诱导的主要因子，在大多数昆虫中食料是作为光周期和温度反应的调节因子影响到昆虫滞育的诱导。食物的质和量对滞育也能产生影响。昆虫取食不适宜的食物，或食物不足，营养条件不能满足正常生长发育的要求也是促进滞育的因素之一。对大多数昆虫而言，亲代会根据自身经历的条件决定其子代是否进入滞育，当亲代感受到的环境条件利于子代发育时会产下非滞育子代，而当亲代经历不利于其子代生长繁殖的环境条件时，则会适时产下滞育子代，从而避开了不利环境条件的侵袭，保证子代个体的生存。

昆虫进入滞育维持期后，可持续几周、数月甚至一年以上。在这个时期，昆虫依然存在着营养消耗和需求，有许多基因依然在工作，调控滞育维持的状态。摸索并掌握天敌昆虫滞育持续期规律，提供合适的存储环境和营养，可保障并提高昆虫的生命力，提高其存活率。对滞育昆虫，主要采取低温储存的方法。多数昆虫在 0～10℃下可维持较长时间的滞育状态，低温储藏的生命力较高。

参考文献

徐卫华 , 1999. 昆虫滞育的研究进展 [J]. 昆虫学报 , 42(1): 100-107.

张礼生 , 曾凡荣 , 2009. 滞育和休眠在昆虫饲养中的应用 [M]. 北京 : 中国农业科学技术出版社 : 54-89.

DENLINGER D L, 2002. Regulation of diapause [J]. Annual review of entomology, 47: 93-122.

DENLINGER D L, 1985. Hormonal control of diapause [M]. Oxford: Pergamon: 353-412.

DENLINGER D L, 2008. Why study diapause [J]. Entomological research, 38: 1-9.

KOŠTÁL V, 2006. Eco-physiological phases of insect diapause [J]. Journal of physiology, 52(2): 113-127.

TAUBER M J, TAUBER C A, Masaki S, 1986. Seasonal adaptations of insect [M]. Oxford: Oxford University Press: 414.

（撰稿：张礼生；审稿：许永玉）

中澳外来入侵物种预防与控制联合中心 China-Australia Joint Center for the Prevention and Management of Exotic Invasive Species

中国农业科学院与澳大利亚默多克大学（Murdoch University， Australia）共建的院级实验室。依托中国农业科学院植物保护研究所建设，于 2015 年 6 月成立并挂牌。联合中心以中澳双方在外来物种预防和控制领域关注的相关重大问题为重点合作领域，包括生物安全、作物保护技术、入侵物种、杂草、昆虫、病害、风险分析、预警、监管等相关内容。其宗旨是推动和促进领域内的研究、合作、教育和信息交流。

联合中心成立管理委员会和咨询委员会。管理委员会由主席和中心成员组成，负责联合中心总体战略方向和目标，开展与中心工作、研究等相关的讨论，同时负责中心的宣传与推广。管理委员会可以设立一个或多个咨询委员会。联合中心拟共同申报国内、国际科研项目，同时，在出版物、知识产权的方面双方签署了共同的声明和协议，保障联合中心稳定运行。

中国农业科学院与澳大利亚默多克大学双方就外来生物入侵预防与控制领域开展项目合作、学术人员交换、实验室设施使用、博士研究生交换，联合指导硕士研究生与博士研究生，创办领先的国际电子期刊，就共同关心的课题举办研讨会、座谈会和双边讨论会，联合争取国内和国际项目资金，包括通过学术出版物的方式交流项目产生的信息。

2015 年 9 月 9～12 日，中澳外来入侵物种预防与控制联合中心与中国农业科学院植物保护研究所等单位联合承办新时期植物保护国际合作与发展学术研讨会——“一带一路”植保国际联盟（筹建）及重大国际合作项目发展研讨会（中国长春）。来自中国、俄罗斯、蒙古、巴基斯坦、马来西亚、匈牙利、以色列、意大利、土耳其、越南、印度、瑞士、澳大利亚 13 个国家的 143 名代表出席了此次会议。本次会议以“一带一路绿色可持续农业、粮食安全、生物和生态安全”为主题，开展“一带一路”植保国际联盟筹建和“一带一路”全链式绿色植保技术重大国际合作项目发展计划的研讨，从农业的角度加强“一带一路”沿线国家的科学技术和文化交流，保障沿线国家农产品的绿色安全贸易，促进农业经济繁荣。2017 年 11 月 19～23 日，由中国农业科学院等单位主办，中国农业科学院植物保护研究所、中澳外来入侵物种预防与控制联合中心等单位联合承办第三届国际入侵生物学大会（The Third International Congress on Biological Invasions）（中国杭州）。来自 22 个国家（包括美国、法国、英国、德国、澳大利亚、泰国、缅甸、肯尼亚等）和 1 个国际组织（国际农业和生物科学中心，CABI）的与外来生物入侵预防与管理方面相关的国际知名专家、学者与管理人员共 400 余人（其中外方专家近 100 人）参加会议。

（撰稿：刘万学；审稿：张杰）

《中国东亚飞蝗蝗区的研究》 *Study on the Migratory Locust Region of East Asia in China*

由生态学家、环境学家、中国科学院院士马世俊先生主编，科学出版社 1965 年出版。

该书包括前言、正文等部分。前言简述了中国蝗区研究历史；概括了中国蝗区研究动态和蝗区分布特点；列举了蝗区研究工作的成果和不足；介绍了书籍主要内容和编写方式等。“正文”共分 10 章，第 1 章阐述了中国蝗区自然地理的一般特征、蝗虫种类及分布、不同蝗区蝗情演变规律；中间章节结合中国四类蝗区的飞蝗发生特点，全面地分析了气候、土壤、植被等多项生态因素对蝗区的影响；后面几章概括说明了改造蝗区的理论依据及其实施的途径与经验。该书从生态地理学的视角，从局部到整体，将调查研究与生产实践相结合，深入系统地介绍了飞蝗地理分布、蝗区演变规律、蝗区改造理论，是一部研究飞蝗蝗区的总结性著作。

《中国东亚飞蝗蝗区的研究》凝聚了多位从事农学及生态学研究工作者的辛劳和智慧，同时也得到了国内外许多同行的大力协助，许多野外工作站专家提供了珍贵资料和宝贵意见。该书是中国第一部全面、系统阐述东亚飞蝗蝗区的著作，也是迄今为止国内最权威的蝗虫研究著作之一。该书可供从事昆虫学、生态学、动物学和植物保护学的科研、教学及农业技术推广人员使用。

（撰稿：王宪辉；审稿：王桂荣）

中国检验检疫科学研究院 Chinese Academy of Inspection and Quarantine

国家设立的公益性检验检疫科技中央研究院，2004 年建院，其前身是成立于 1954 年的农业部植物检疫实验所和成立于 1979 年的中国进出口商品检验技术研究所。其主要任务是以检验检疫应用研究为主，同时开展相关基础、高新技术和软科学研究，着重解决检验检疫工作中带有全局性、综合性、关键性、突发性和基础性的科学技术问题，为国家检验检疫决策提供技术支持，并承担国家质量监督检验检疫总局交办的相关执法的技术辅助工作。同时，国家食品安全危害分析与关键控制点应用研究中心与国家质量监督检验检疫总局纳米材料与产品检测研究中心也设在该院。

中国检验检疫科学研究院下设食品安全研究所（国家食品安全信息中心）、动植物检疫研究所、卫生检疫研究所、工业品检验研究所、检测技术与装备研究所、检验检疫技术情报研究所（检验检疫标本馆）6 个院直属研究所，另有北京中德联合化妆品研究所、中美检科微技术研究所、综合检测中心、北京陆桥质检认证中心（BQC）。院部由办公室、科技管理部、人力资源部、财务管理部、党委办公室 5 个职能部门组成。

中国检验检疫科学研究院的主要任务是以检验检疫应用研究为主，同时开展相关基础、高新技术和软科学研究，着重解决检验检疫工作中带有全局性、综合性、关键性、突发性和基础性的科学技术问题，并为国家检验检疫决策提供技术支持。另外，中国检科院还承担着国家质量监督检验检疫总局的部分技术执法辅助工作，承担了国家质量监督检验检疫总局食品安全研究室、国家质量监督检验检疫总局进出口化妆品标签审核办公室、中国动植物检疫风险分析委员会秘书处和全国植物检疫标准化委员会秘书处的工作。

中国检验检疫科学研究院现有建筑面积逾 2 万 m^2，各类检测仪器设备600余台(套)，总价值约11 800万元人民币。在食品安全、动物检疫、植物检疫、化学品、化妆品、机电产品、消费品安全、食品安全、分子生物、卫生检疫、口岸流行病、分析测试等学科具有扎实的科研和技术能力，设有 11 个国家级重点实验室及基准、二噁英、纳米材料与产品检测研究等多个具有权威性检测能力的实验室。

（撰稿：张杰；审稿：张礼生）

《中国经济昆虫志》 *Economic Insect Fauna of China*

一套记载和总结中国经济昆虫及螨类的大型志书。由中国科学院动物志编辑委员会等主编，由中国科学院动物研究所等单位组织国内昆虫学专家执笔撰写，于 1959—1997 年由科学出版社出版，共 54 册（见图）。

（刘星月提供）

按分类系统分册编排，内容包括概述、形态特征、分类等。各级分类单元均编有检索表，每个种有特征描述、地理分布，有的还记载有生活习性和防治方法。为便于鉴定，绘制有特征图和彩色图。

这套书是中国学者对于中国经济昆虫与螨类系统分类研究的里程碑式的总结性著作，对于从事昆虫及螨类分类、植物保护、森林保护等领域的专业及管理人员具有重要的参考价值。

（撰稿：刘星月；审稿：周忠实）

《中国菌物学100年》 *100 Years of Advances for Chinese Mycology*

全面介绍中国菌物学研究简史、中国菌物人物志、菌物多样性与分类系统和菌物应用研究与菌物产业的图书。由余永年、卯晓岚主编，联合中国数十位菌物学研究各分支学科领域专家撰写，于 2015 年由科学出版社出版。

菌物学研究范畴涵盖了真菌学、卵菌学或黏菌学。中国真菌种类众多，药用菌资源丰富，食用菌产量居全球之首。被誉为中国“真菌之父”的菌物学家和植物病理学家戴芳澜先生是中国菌物学的创始人，自 1919 年归国后开创了中国菌物学和植物病理学研究。100 年来，中国菌物学研究经历了开创、繁荣、低谷和发展阶段。中国在真菌分类和生态学、医学真菌研究方面都取得了长足的发展。

全书共 5 编 34 章，内容不仅涵盖了真菌、卵菌和黏菌的分类与系统发育、生理与遗传、生态等科学内容，还梳理了中国菌物学研究 100 年来的历史与重要发现、中国菌物学研究现状及未来发展方向、中国各时期菌物学优秀研究人员生平介绍及主要论著目录。第1篇菌物学概论，详述了中国菌物学简史、中国菌物人物志、多样性与分类及菌物产业与国民经济等。第2篇形态与分类，主要分类介绍了不同类型的菌物。第3篇生理与遗传，介绍了真菌的次级代谢产物、侵染线虫的分子机制和真菌遗传与分子生物学。第4篇生态与区系，描述了中国菌物的生态与地理分布。第5篇应用菌物学，介绍了中国药用、工业和医学真菌的研究和产业现状与展望。

该书篇幅超过100万字，是一部包含菌物学基础理论和应用研究的著作，适合于从事菌物学、植物病理学、林业科学及环境保护科学方向科研和教学的工作人员和学生查阅参考。

（撰稿：张杰；审稿：刘文德）

中国菌物学会 Mycological Society of China, MSC

中国从事菌物学科研、教学及生产的科技工作者自愿组成的全国学术性团体组织。于1993年5月成立，学会驻地在北京朝阳区，其前身为1980年成立的中国植物学会真菌学会，2000年10月被批准加入中国科学技术协会。学会理事会每届4年，第七届理事会任期为2017—2021年，中国科学院微生物研究所郭良栋担任理事长。

学会的业务范围包括：开展与菌物学科相关的学术活动；编辑学术期刊；组织科学考察；接受政府委托承办或根据学科发展需要举办与菌物学科相关的展览及各种培训班、讲习班等，普及菌物学科学技术知识和先进技术，提高各层次会员的学术水平和国民知识水平；加强与生产部门的联系，向社会提供技术咨询和技术服务；向有关部门反映菌物学科技工作者的意见和合理要求；对有关企业生产的菌物制品进行监督；加强与全国有关学会的联系，积极开展学科间的学术交流；积极开展国际学术交流活动和合作研究、联合培养人才等。

学会包括菌物多样性及系统学专业委员会、植物病原真菌专业委员会、虫生真菌专业委员会、医学真菌专业委员会、食用真菌专业委员会、药用真菌专业委员会、裸菌专业委员会、工业与食品真菌专业委员会、地衣专业委员会、菌根及内生真菌专业委员会、菌物化学专业委员会、菌物遗传及分子生物学专业委员会、真菌毒素专业委员会、野生菌保护专业委员会、菌物组学专业委员会以及菌物产业分会等16个专业委员会。

中国菌物学会重要的学术活动是学术年会，各专业委员会也不定期举办各种学术活动。中国菌物学会出版的学术期刊有《真菌学》《菌物学报》与《菌物研究》。

（撰稿：束长龙；审稿：张杰）

中国昆虫学会 The Entomological Society of China, ESC

由全国的昆虫学工作者及相关单位自愿组成的全国性、学术性、非营利性的社会团体。该学会主管单位为中国科学技术协会，挂靠单位为中国科学院动物研究所。

中国昆虫学会于1944年10月12日在重庆成立，吴福桢任理事长；1950年4月通过通信选举刘崇乐为理事长；1951年5月8日，中央人民政府内务部向中国昆虫学会颁发了社会团体登记证书。该学会第一至第九届理事会先后由冯兰洲（第一届）、陈世骧（第二届）、朱弘复（第三、四届）、钦俊德（第五届）、张广学（第六届）、黄大卫（第七、八届）、康乐（第九届）等人担任理事长。于2017年10月12日会员代表大会选举中国昆虫学会第十届理事会理事长为康乐，秘书长为戈峰。

学会设有科学普及、科技咨询、国际学术交流、组织和青年工作委员会5个工作委员会；昆虫分类区系、昆虫生理生化与分子生物学、昆虫生态、药剂毒理、农业昆虫、林业昆虫、医学昆虫、生物防治、资源昆虫、城市昆虫、蜱螨、蝴蝶、外来物种及检疫、古昆虫、昆虫基因组学、甲虫、昆虫发育与遗传、化学生态学、传粉昆虫、昆虫产业化、昆虫微生物组和昆虫比较免疫与互作专业委员会22个专业委员会，拥有个人会员13 443名，团体会员单位6个。

其主办期刊包括《昆虫学报》《应用昆虫学报》、*Insect Science*、《动物分类学报》《寄生虫与医学昆虫学报》《昆虫分类学报》和《环境昆虫学报》。

学会宗旨是团结广大昆虫学工作者，遵守宪法、法律、法规和国家政策，遵守社会道德风尚。认真执行党和国家的方针、政策，贯彻“百花齐放，百家争鸣”的方针，坚持民主办会原则，充分发扬学术民主，提倡辩证唯物主义和历史唯物主义，坚持实事求是的科学态度和优良学风；促进学科发展与繁荣，倡导“科教兴国”，促进昆虫学科学技术的普及与推广，促进昆虫学科技人才的成长与提高，促进昆虫学科学技术与经济的结合，弘扬“尊重知识，尊重人才”的风尚，积极倡导“献身”“创新”“求实”“协作”的精神，反对伪科学；高举爱国主义旗帜，维护民族团结，促进祖国统一，为社会主义物质文明和精神文明建设服务，为加速实现中国社会主义现代化做出贡献。

学会先后荣获中国科学技术协会先进学会、全国科普先进集体、中国科学技术协会年会分会场优秀组织奖、国内学术交流先进奖、第六届中国科学技术协会期刊优秀学术论文、全国学会统计年报三等奖、全国科普工作优秀单位、2011年度科普工作优秀学会、国科协系统2012年度统计工作二等奖等荣誉。2015年，中华人民共和国民政部授予中国昆虫学会4A级社会组织；中国科学技术协会科学普及部授予中国昆虫学会2015年度全国科普工作优秀单位；中国狮子联会北京会员管理委员会清听服务队向中国昆虫学会颁发荣誉证书；中国科学技术协会信息中心授予中国昆虫学会2015卷《中国科学技术协会年鉴》优秀组织单位。2016年，中国科学技术协会科学普及部授予中国昆虫学会2016年度全国科普工作优秀单位；中国科学技术协会授予中国昆虫学会2016卷《中国科学技术协会年鉴》优秀组织单位，孟晓星获得优秀撰稿人；2017年，中国科学技术协会授予中国昆虫学会2017卷《中国科学技术协会年鉴》优秀组织单位，孟晓星获得优秀撰稿人；2018年，中国昆虫学会获得中国科学技术协会2018年度科普先进单位。

（撰稿：刘扬；审稿：张杰）

中国林业科学研究院森林生态环境与保护研究所 Research Institute of Forest Ecology, Environment and Protection, Chinese Academy of Forestry

于1998年5月4日根据《中国林业科学研究院改革与发展总体方案》由森林生态环境研究所和森林保护研究所合并成立。1999年根据国家林业局林人发【1999】68号文件定级为副司局级单位。2005年根据中央机构编制委员会办公室批复，中央编办复字【2005】143号文件，研究所正式成为独立法人单位。研究所自成立以来以建设和保护中国森林生态系统、应对全球气候变化、促进国家生态安全和可持续发展为总目标，以森林生态系统为主要对象，不同时空尺度和多学科联合，重点开展森林生态系统结构与功能规律、森林生物多样性保护、生态修复和森林健康维护的基础研究、应用基础研究和技术开发及科研技成果推广。经过几代科学家的努力，在着重解决中国林业发展和生态建设中带有全局性、综合性、关键性和基础性的重大科技问题等方面取得巨大成绩，起到了重要的科技支撑作用。同时，研究所在学科建设、人才培养、条件建设、国际合作等方面也取得良好进展。

研究所现任所长江泽平。研究所设有生态学、森林保护学、野生动植物保护与利用等博士、硕士学位授予点和植物学、环境科学、生物化学与分子生物学硕士学位授予点。每年在所学习的博士和硕士研究生100～120人。随着国家需求和学科的发展，该所在职人员、流动科研人员以及来所学习的研究生保持稳步增长态势。

研究所拥有以森林生态学、昆虫生态学、动物生态学、森林保护学、野生动植物保护与利用、环境科学、生物化学与分子生物学7个二级学科为主体的学科群。包括植物病原与病害管理、森林病理、昆虫生态与害虫管理、天敌昆虫与生物防治、昆虫病原微生物、森林防火、生态系统长期观测与网络管理、功能生态与野生植物保育、植被与恢复生态、森林生态、森林水文及水土资源管理、环境与污染生态、植物检疫与外来有害生物、气候变化与生态系统管理、鸟类及湿地、自然保护区与生物多样性共16个学科组。建立有植物标本、动物标本、森林昆虫标本和森林病害及线虫标本的标本馆。拥有森林生态环境和森林保护学2个国家林业和草原局重点开放性实验室；6个森林生态定位研究站；以及国家林业和草原局生物防治工程技术研究中心、国家林业和草原局虎保护研究中心、国家林业和草原局有害生物检验鉴定中心、国家林业和草原局生态环境监测总站、全国鸟类环志中心、国家林业和草原局碳汇计量与研究中心、国家林业和草原局全国野生动植物研究与发展中心、中国林业微生物保藏管理中心、国家林业和草原局森林防火研究中心、环境影响评价中心等10个国家级研发和管理中心。

多年来，该所在国际合作与交流方面一直比较活跃。与17个国家、地区和国际组织的林业机构建立了合作关系，平均每年接待来所访问、考察和项目合作的国外专家达50人左右，出访达30人左右。

“十二五”期间，该所共主持承担395项科研项目，每年新增项目平均保持80项，内容广泛涉及森林生态和森林保护两大研究领域的各个方面，协作机构达20多个省份60多家科研单位。5年来，共鉴定验收科研项目76项；制定行业标准9个；获得国家科技进步二等奖1项，省级科技进步一等奖1项，梁希林业科学技术奖一等奖2项、二等奖7项；授权发明专利20项；出版学术著作20余部；发表论文800余篇，其中，SCI论文180多篇；在国际会议上作小组报告42个。

（撰稿：张杰；审稿：张礼生）

《中国媒介生物学及控制杂志》 *Chinese Journal of Vector Biology and Control*

是由中国家卫生和计划生育委员会主管、中国疾病预防控制中心主办的国家级专业期刊。1985年创刊，双月刊，ISSN：1003-8280，国内外公开发行。截至2021年主编为刘起勇。该刊于2005年被《中文核心期刊要目总览》收录，为预防医学、卫生学类核心期刊（第4版），2009年该刊被中国科技核心期刊(国家科技部中国科技论文统计源期刊)及RCCSE中国核心学术期刊收录；已被美国《化学文摘》（CA）、俄罗斯《文摘杂志》（AJ，VINITI）、波兰哥白尼索引（IC）数据库、中国科学引文数据库（CSCD）、中国学术期刊综合评价数据库（CAJCEC）、中国期刊全文数据库、中国核心期刊（遴选）数据库等国内外10多家数据库收录。2021年影响因子1.03。

《中国媒介生物学及控制杂志》刊发内容包括：媒介生物（鼠类、蚊类、蝇类等媒介生物）的分类学、生物学、生态学等；媒介生物的监测与控制技术，媒介生物的控制药剂与器械；媒介生物传染病的媒介效能、病原检测技术及预防控制技术等；卫生杀虫的新技术、新方法、新成果、新产品、新信息等。设有述评、专家论坛、论著、调查研究、综述、经验交流、PCO专栏等栏目。读者对象为疾病控制、爱国卫生、植保、林保、草原保护、交通部门、灭鼠和卫生杀虫药械生产厂家及科研单位、大专院校、临床医院等各个层次的专业人员。

（撰稿：刘起勇；审稿：刘晓辉）

中国农药发展与应用协会 China Association of Pesticide Development and Application, CAPDA

由从事和有志于中国农药科学发展与应用的管理机构、事企业单位、社会团体及农村专业合作经济组织等单位或个人自愿组成、依法成立的具有法人资格的全国性的非营利性社会团体。由农业部主管，挂靠单位为农业农村部农药检定所。

协会于2006年9月24日在北京成立，全国人大常委会副委员长顾秀莲应邀担任名誉会长，国务院扶贫办主任、原农业部副部长刘坚担任会长。现任第二届理事会会长仍由刘坚参事担任，查显才、顾宝根、栗铁申、钟天润等20名专家担任副会长。

协会以服务政府和行业为宗旨，充分发挥在政府沟通和行业联系方面的优势，维护和保障会员合法权益，推动会员间团结协作，联合社会各界力量，形成整体优势，促进中国农药事业科学、全面、健康发展。

协会的工作任务：开展调查研究，提出制、修订有关法律、法规、政策、标准的意见和建议；协助农药主管部门研究农药发展趋势，参与制订发展规划；协助农药主管部门宣传、贯彻落实农药法律、法规、政策及管理措施；向农药主管及相关管理部门及时反映会员的意见和建议，维护会员的合法权益；协助农药主管部门与政府相关部门及农药有关环节的联系与沟通；普及农药科技知识，推广农药新品种、新技术，引导科学合理使用农药；促进农药科技成果的转化、推广及农药学科发展；开展与各国农药主管部门及相关组织的联系、交流与合作；研究国内外农药信息，开拓农药国际市场，为会员提供服务；倡导行业自律，规范会员行为，采取多种形式，引导和促进行业科学、全面、健康发展；为会员提供相关法律法规的咨询及诉讼、非诉讼法律业务方面的援助；组织有关人员培训工作；主办或联合主办农药期刊、信息网站；承担政府有关部门交办的其他任务。

（撰稿：耿丽丽；审稿：张杰）

中国农药工业协会　China Crop Protection Industry Association, CCPIA

由中国农药生产、加工、科研等相关企事业单位，依照国家有关法律和市场化原则，自愿结成的全国性、行业性、非营利性的社会组织。接受社团登记管理机关中华人民共和国民政部和业务主管单位国务院国有资产监督管理委员会的业务指导和监督管理。

成立于1982年4月，是中国化工行业最早成立的行业协会之一。历届理事长包括崔子英、王志廉、王律先、罗海章，历届秘书长包括李荣、沈克敏、林岩、孙叔宝。2012年10月，中国农药工业协会召开第九届一次会员代表大会，成立了以孙叔宝为会长、李钟华为秘书长的第九届理事会。理事会全面把握“稳中求进”这一工作总基调，突出结构调整、科技创新、节能减排三项重点工作，抓好“调结构、转方式”典型经验总结，进一步加强自身建设，推动中国农药工业协会工作上水平、出成绩。

成立几十年来，在全体会员的共同努力下，协会队伍不断壮大，已经从初创时的45个会员单位发展到截至2021年的645个会员单位，其中包括以农药原药与制剂加工、中间体、助剂、包装材料、包装机械和施药机械为主的生产、科研、设计和大专院校等企事业单位以及各地农药（工业）协会。企业性质包括国营、股份制和民营企业以及台资、中外合资和外商独资企业，会员单位的产值、产量与销售额占全行业的85%以上。

分支机构包括标准化委员会、药肥专业委员会、安全科学使用农药委员会、国际贸易委员会、农药助剂专业委员会、农药包装专业委员会、农药设备专业委员会、中国农药工业协会（CCPIA）农药工程技术中心及14个产品协作组。

出版专业期刊《中国农药》和《中国农药工业年鉴》，建立专业网站（www.ccpia.org.cn），开展咨询服务。

重点工作包括，落实政府宏观调控政策，加大产业结构调整力度；加强经济运行监测和热点问题研究，积极反映行业诉求；促进行业科技进步和技术创新，提高行业核心竞争；担当实施行业自律职责，引导推动行业企业履行社会责任；大力开展大宗产品协作组工作，保持大宗产品持续发展；切实履行服务宗旨，搭建信息交流平台；加强对外交流与合作，不断扩大协会的国际影响；加强协会自身建设，增强服务能力和水平等方面。

（撰稿：耿丽丽；审稿：张杰）

中国农业科学院植物保护研究所　Institute of Plant Protection, Chinese Academy of Agricultural Sciences

专业从事农作物有害生物研究与防治的社会公益性国家级科学研究机构。创建于1957年8月，是以华北农业科学研究所植物病虫害系和农药系为基础，首批成立的中国农业科学院5个直属专业研究所之一。2006年，农业环境与可持续发展研究所原植物保护和生物防治学科划转至该所，截至2021年周雪平任所长（见图）。

研究所设有植物病害、农业昆虫、农药、生物防治、植保生物技术、生物入侵、杂草鼠害与草地植物保护8个研究室，全面涵盖了当今植物保护学科的内容，形成了植物病害、植物虫害、农药、杂草鼠害、作物生物安全等7个院级重点学科领域。

研究所构建了较为完善的植物保护科技平台体系。建成了由国家农业生物安全科学中心、植物病虫害生物学国家重点实验室、农业农村部作物有害生物综合治理重点实验室

（陈东莉提供）

（学科群）、农业农村部外来入侵生物预防与控制研究中心、中美生物防治合作实验室、MOA-CABI 作物生物安全联合实验室等组成的植物保护科技创新平台体系；以依托该所建立的农业农村部转基因植物环境安全监督检验测试中心（北京）、农业农村部植物抗病虫性及农药质量监督检验测试中心（北京）为主体构成了科技服务平台。研究所建立在河北廊坊、内蒙古锡林郭勒、河南新乡、甘肃天水、广西桂林、吉林公主岭、山东长岛和新疆库尔勒 8 个野外科学观测试验站（基地）的植物保护科技支撑平台体系已初具规模。

研究所广泛、深入地开展国际合作与交流，2012 年被科学技术部授予"国家国际联合研究中心"命名。"十一五"以来，先后与美国、加拿大、英国、俄罗斯、荷兰、比利时、德国、意大利、法国、澳大利亚、韩国、日本、国际小麦和玉米改良中心（Centro International Centre for the Improvement of Maize and Wheat，CIMMYT）、国际马铃薯研究中心（The International Potato Center，CIP）、欧盟、国际农业和生物科学中心（Compendia Interactive Encyclopedias，CABI）等近 30 个国家和国际组织的农业科研机构和大学建立了合作伙伴关系并开展了科技合作；主持国际合作项目 80 余项，项目经费 8000 余万元。通过项目实施，引进了一大批先进技术和设备，150 多种次天敌昆虫资源和一大批生防菌株及小麦、玉米、棉花等作物抗病虫种质资源等；向朝鲜、老挝、缅甸、蒙古和阿富汗等国家进行技术输出和技术培训。先后主办或承办国际会议 36 次，国际培训班 7 次；接待来访外宾 1000 余人，派出专家 600 余人参加国际会议、合作研究、考察。该所吴孔明院士等专家在国际植物保护科学协会、国际植物病理学会、国际转基因生物安全学会、无脊椎动物病理学会细菌专业委员会等国际组织和学术期刊任职 20 人。美国科学院院士、杜克大学的 Xinnian Dong 等 8 名国际知名专家被聘为客座教授，其中，CABI 瑞士中心主任 Ulrich Kuhlmann 获得"2012 年中国政府友谊奖"、比利时列日大学 Frederic Francis 获得"2015 年度中国政府友谊奖"。

"十二五"以来，获得各种科技成果奖励 44 项，其中，国家科技进步奖 3 项，省部级奖 25 项，中国农业科学院科技成果奖 6 项，中国植物保护学会（CSPP）科技进步奖 10 项。"中国小麦条锈病菌源基地综合治理技术体系的构建与应用"荣获 2012 年度国家科技进步一等奖，"主要农业入侵生物的预警与监控技术"荣获 2013 年度国家科技进步二等奖，"青藏高原青稞与牧草害虫绿色防控技术研发及应用"荣获 2014 年度国家科技进步二等奖。获国家发明专利 133 项，实用新型专利 9 项。审定农作物新品种和获新品种保护 4 个，获得农药登记证 11 个，制定国家和行业标准 99 项。

通过科技下乡、科技兴农等方式，开展技术服务、技术转移，大力示范推广科研成果。2009 年以来，研究所针对农业生产的实际需求，研发主要农作物重大有害生物防治的新技术、新产品和新品种等 176 项，其中 93 项得到广泛应用，有效地控制了农作物有害生物的发生和危害，实现新增社会经济效益 23 亿元左右，对农作物有害生物的持续有效治理发挥了重要作用。

研究所以廊坊农药中试厂为龙头，中保绿农公司为载体，组建了中保兴农种业公司、中保科农生物公司、中保益农物业管理公司和中保御京香餐饮公司等子公司，促进农药厂向集团化方向发展，全年销售额已达到 1.35 亿元，取得了明显的经济效益和良好的社会效益。

研究所主办《中国生物防治学报》和《植物保护》期刊，与中国植物保护学会（CSPP）合办《植物保护学报》《生物安全学报》和《植物检疫》等期刊。

（撰稿：张杰；审稿：张礼生）

《中国农业植物病害》 *Plant Disease of Agriculture in China*

由植物病理学家方中达主编，由中国农业出版社于 1996 年出版发行。方中达专长于植物病原细菌学，曾先后发现水稻细菌性条斑病等 6 种植物病原细菌新种。尤其在水稻白叶枯病的研究上，首次证实该病传播媒介、侵染途径、水稻品种抗病性机理及菌系分化等重大成果，为生产防治该病提供了科学依据，并在国际上享有很高声誉，是中国植物病理学开拓者及植物病原细菌学的奠基人。

全书涵盖了农作物、经济作物、蔬菜、食用菌、花卉、药用植物等各种真菌、细菌、病毒、线虫、寄生性植物引起的病害，合计收录植物病害 1751 种。对收录的病害分别从 5 个方面进行了详细的介绍：① 病原物特征、分类。② 危害症状、植物发病过程以及传播进行再侵染的途径。③ 发病条件包括可发病期、发病盛期，以及适宜发病的环境因素。④ 可侵染的寄主植物。⑤ 病害在全国的分布情况。

该书是一本工具性书籍，有利于基层植物保护科技人员对植物病害的鉴定和识别，也是高等农业院校植物保护学师生和广大农业科技工作者必备的参考书。

（撰稿：胡白石；审稿：陈华民）

《中国农作物病虫害》 *Crop Disease and Insect Pests in China*

第 1 版、第 2 版及第 3 版分别于 1979 年、1995 年和 2014 年由中国农业出版社出版。已被广大植物保护及相关专业工作者视为一部必备的工具书。该书的第 1 版介绍了 1359 种有害生物的分类地位、生物学特性、发生为害规律和综合防治等内容。第 2 版对部分单元进行了调整，增加了 290 种病、虫、草、鼠害，增补了"六五""七五""八五"国家科技攻关计划主要农作物病虫害防治技术研究取得的研究进展，以及水稻、棉花、小麦三大作物主要病虫害防治策略及综合防治技术体系，内容着重介绍了形态、生物学特性、发生规律及综合防治方法。第 3 版集成了 21 世纪以来中国植物保护科技发展成果，反映了当今中国植物保护科技事业蓬勃发展的概貌，展示了中国植物保护科技的发展策略与方向，突出了在现代生物技术飞速发展背景下，植物保护研究领域在基础理论研究、高新技术研发和关键防治技术开发方面取得的重大突破和重要成果，尤其是在重大病虫害成灾机理与可持续控制技术、病菌致病性和作物抗性变异机制与遗传规律、植物有害生物与寄主植物互作机理等方面的研究成果，使其内容更加全面、系统与丰富。第3版全书分上、中、下3册，共计24个单元，包含农业病、虫、草、鼠害对象共1665种，其中病害775种、害虫739种、杂草109种、鼠害42种，每种病、虫、草、鼠害的描述，仍沿用第2版的体例，内容着重介绍病害的分布与危害、症状、病原、病害循环、流行规律及防治技术；害虫的分布与危害、形态特征、生活习性、发生规律、防治技术；农田杂草的形态特征、生物学特性、发生规律、防除技术；农牧区鼠害的形态特征、分布与危害、生活习性、防治技术，以及重要粮食和经济作物的病虫害综合防治技术，并附重要病虫害调查及测报技术规范、彩色图片及有害生物的学名索引。

《中国农作物病虫害》是一部兼具科学性、先进性、专业性与实用性的植物保护领域百科巨著，已成为广大农业科技人员、高等院校师生、植物保护企事业单位的研究与管理人员、基层植保人员参考的重要文献，并受到国际同行专家、学者的高度认可。该书可供各级植保工作者，农业大专院校师生在进一步研究有害生物的发生规律和指导防治时参考使用。

（撰稿：王振营；审稿：高利）

中国热带农业科学院环境与植物保护研究所 Environment and Plant Protection Institute, Chinese Academy of Tropical Agricultural Sciences

国家级非营利性科研机构，前身为1954年成立的华南特种林业研究所植物保护研究室，1978年更名为植物保护研究所，2002年10月更名为环境与植物保护研究所。研究所坐落于海口，“十一五”期间，被评为全国农业科研“百强”研究所。

现任所长易克贤。该所主要从事针对天然橡胶、木薯、油棕、甘蔗、香蕉、杧果、荔枝、龙眼、椰子、槟榔、瓜菜等主要热带作物病虫害监测与控制，农业环境保护与污染治理，生态循环农业，环境影响评价与风险分析等基础与应用基础及应用技术研究。科研组织机构分海口科技创新中心与儋州所部科技中心两部分，分别设有6大研究室，下设20个课题组（团队）。挂靠科技平台有农业农村部热带作物有害生物综合治理重点实验室、农业农村部儋州农业环境科学观测实验站、海南省热带农业有害生物监测与控制重点实验室、海南省热带作物病虫害生物防治工程技术研究中心、中国热带农业科学院热带生态农业研究中心和环境影响评价与风险分析研究中心等。拥有仪器设备近1588台（套），总值约4157.19万元；建有儋州成果转化与科技服务基地、文昌科研试验与成果展示基地、海南省植物流动医院和洋浦热作两院生态农业开发中心等成果转化与科技服务平台。

建所以来截至2021年，该所先后主持或参与国家重点研发计划项目、国家科技支撑计划项目、国家“863”“973”计划、国家自然科学基金项目、公益性行业（农业）科研专项项目等769项。取得科技成果113项，其中获得国家科技进步奖2项，省部级科技奖励73项。发表论文1809篇，出版专著58余部，获授权专利143项，制定农业行业标准36个。

研究所在橡胶白粉病、椰心叶甲、螺旋粉虱等热带农林重大病虫害和重要外来入侵生物的监测预警和控制技术、热区植保生防资源的创新利用等领域研究处于国际先进水平；在香蕉枯萎病等病原物致病性功能基因组学研究与应用、热带农业废弃物资源化利用等领域研究处于国内先进水平，为中国热带农业绿色发展和生态安全作出了重要贡献。

研究所紧紧围绕国家生态文明建设、乡村振兴战略、“一带一路”倡议、国家热带农业科学研究中心等重大战略需求，按照农业农村部农业绿色发展、“一控两减三基本”的要求，遵循“卓越激情坚持创新”的所训，以“建设世界一流的热带生态农业科技创新中心”为发展目标，砥砺前行，努力奋斗。

（撰稿：张杰；审稿：张礼生）

《中国生物入侵研究》 *Research on Biological Invations in China*

由中国农业科学院植物保护研究所万方浩主编，科学出版社2009年出版，是生物入侵系列丛书之一。

该书围绕中国外来有害生物入侵的现状、中国主要入侵生物的发生与发展趋势、新入侵种的安全性评估，外来有害物种成功入侵的因素分析，生物入侵的经济、生态与社会影响，中国生物入侵研究的体系，应对生物入侵的挑战——预防与控制技术的发展战略，应对生物入侵的挑战——基础理论的研究与发展，应对生物入侵的挑战——防控技术的研究与发展，创新需求等十个方面全面而详细地展开。从3个层面对应对生物入侵的挑战进行阐述。第一，对中国外来入侵生物的发生危害状况、发展趋势进行系统的概述；第二，从新入侵物种的安全性评估、成功入侵的因素及对经济、生态和社会所造成的影响等方面阐述了入侵生物的入侵特征及影响，形成中国生物入侵的理论体系；第三，面对生物入侵的挑战从预防与控制技术的发展战略、基础理论的研究与发展及防控技术的研究与发展回答如何应对生物入侵的挑战。

该书是入侵生物系列专著中的综合性专著，为从事外来入侵生物研究的科研人员提供参考与指导。

（撰稿：周忠实；审稿：郭建英）

《中国生物入侵研究与治理》 *Biological Invasions and Its Management in China*

中国生物入侵研究领域的首部外文专著，2016年由德

（蒋明星提供）

国斯普林格（Springer）出版集团出版。由中国农业科学院植物保护研究所万方浩、浙江大学农业与生物技术学院蒋明星、中国科学院生态环境研究中心战爱斌主编，国内24所、国外3所大学、科研和管理机构的80多位人员共同编著。全书共34章，分上下两册（见图）。

上册分17章。第1章为绪论，主要介绍中国外来物种的发生和危害情况、中国科学家在此领域的研究概况等。第2～6章分别介绍中国不同生态系统即农田、森林、水体、沙漠绿洲和草原、自然保护区中的生物入侵情况。第7章介绍中国政府职能部门在外来物种阻截和治理中所起的作用。第8～17章分别介绍中国10种重要入侵性昆虫的分布、危害、入侵机理及治理情况，包括烟粉虱、稻水象甲、马铃薯甲虫、红脂大小蠹、椰心叶甲、红棕象甲、水椰八角铁甲、橘小实蝇、苹果蠹蛾和红火蚁。

下册分17章。第18～33章分别介绍中国16种重要外来种的分布、危害、入侵机理及治理情况，包括2种线虫（松材线虫和香蕉穿孔线虫），1种软体动物（福寿螺），1种龟（红耳龟），2种鱼（尼罗罗非鱼和革胡子鲶），8种植物（豚草、紫茎泽兰、薇甘菊、加拿大一枝黄花、黄顶菊、喜旱莲子草、凤眼莲和互花米草），2种植物病原微生物（大豆疫霉和香蕉枯萎病尖孢镰刀菌）。第34章为展望。

本专著全面体现了中国在生物入侵领域的研究进展，尤其是有关入侵机理方面的研究成果，以及重要入侵种的预警、检测与监测、阻截与扑灭、可持续控制技术等。

（撰稿：蒋明星；审稿：周忠实）

《中国外来入侵生物》 *China's Invasive Alien Species*

系统、全面介绍中国外来入侵物种编目信息的百科全书式的著作。由环境保护部南京环境科学研究所徐海根和南京农业大学强胜主编，全书136万字，来自全国的28位外来入侵物种相关研究领域专家共同编写完成，由科学出版社于2011年9月出版（见图）。

为全面、及时地掌握全国外来入侵生物的种类、分布、扩散和危害等情况，特别是分析外来入侵生物发生的动态，来自环境保护、农业、林业、海洋研究等领域从事入侵生物学研究的20多名专家开展了全国外来入侵生物调查，该书是多年调查的主要成果。该书分总论和各论两部分。总论介绍了中国外来入侵生物的种类、国内首次发现的时间和地点、引入路径、起源、区域分布以及中华人民共和国成立以后的基本入侵态势，旨在使读者了解全国外来入侵生物的概况。各论详细介绍了488种外来入侵生物的编目信息，大部分配有识别图片。生物分类采用七界分类系统，包括病毒界、原核生物界、原生生物界、菌物界、植物界、动物界。按照系统发育的顺序，对各界的外来入侵生物进行排序。外来入侵动物从低等到高等排列，每个类群采用国际上最新的分类方法。外来入侵植物的科以上分类单位按分类地位排序，同一科内的属和种按拉丁文字母排序。

（马方舟提供）

该书适用于植物保护、环境管理、动植物检验检疫、生态与资源保护、水产养殖、森林保护等领域的高等院校、科研院所专业人员、政府和企业的决策者与管理人员，是一部外来入侵物种调查、研究和管理方面的参考书。

（撰稿：马方舟；审稿：周忠实）

中国小麦条锈病菌源基地综合治理技术体系的构建与应用 establishment and application of integrated management system for wheat stripe rust in the inoculum sources of China

获奖年份及奖项　2012年获国家科技进步奖一等奖

完成人　陈万权、康振生、马占鸿、徐世昌、金社林、姜玉英、蒲崇建、沈丽、宋建荣、王保通、张忠军、赵中华、彭云良、张跃进、刘太国

完成单位　中国农业科学院植物保护研究所、西北农林科技大学、中国农业大学、全国农业技术推广服务中心、甘肃省农业科学院植物保护研究所、四川省农业科学院植物保护研究所、天水市农业科学研究所、甘肃省植保植检站、四川省农业厅植物保护站、甘肃省农业科学院小麦研究所

项目简介　小麦条锈病是一种高空远距离传播的毁灭性病害，严重影响小麦生产和粮食安全。病害大流行可造成小麦减产40%以上，甚至绝产，其有效防控是长期的国际难题。中国是世界上最大的小麦条锈病流行区，病害连年流行成灾的根本原因是对菌源基地缺乏有效治理。该项目在国家重点科技攻关（科技支撑）计划、国家重点基础研究发展计划（“973”计划）、国家高技术研究发展计划（“863”计划）等项目资助下，组织全国大协作，对中国小麦条锈病菌源基地综合治理技术体系进行了近20年的科技攻关，取得重大创新与突破。

查明了中国小麦条锈病菌源基地的精确范围与关键作用，构建了病害大区流行早期预警技术体系。通过长期勘查和DNA“指纹”分析，发现中国小麦条锈病存在秋季菌源

和春季菌源两大菌源基地，查清了菌源基地的精确范围、菌源数量、提供菌源时间及其对全国小麦条锈病流行的关键作用，研发出病害早期定量分子诊断和大区流行异地测报技术，预报回检符合率近100%。

揭示了菌源基地病菌毒性和品种抗病性变异规律与成因，提出应对策略与措施。证实小麦条锈病菌源基地是品种抗锈性"丧失"的易变区和病菌新小种产生的策源地。发现基因突变、异核作用和遗传重组是条锈菌毒性变异的主要途径；病菌毒性小种的产生和发展是导致品种抗锈性"丧失"的关键，寄主抗病基因选择是前提，生态环境胁迫是诱因。创建了病菌毒性变异监测和品种抗病性鉴定评价的标准化技术体系，鉴定了21 585份小麦条锈菌标样，明确了高致病性小种类型、消长动态及其致病性特点；评价了10 549份小麦品种资源的抗锈性，筛选出优抗品种材料3066份，查明224个小麦品种的抗病基因状况与遗传特点，研制出18个抗条锈病基因的分子标记；提出利用"基因集团效应"来应对病菌毒性变异和品种抗病性"丧失"的策略，创制出携带不同抗病基因类型的32个小麦新品种和85份抗源材料，在小麦抗病育种和条锈病菌源基地基因布局中应用（图1、图2）。

制定了中国小麦条锈病区域治理策略，创建了菌源基地综合治理技术体系。提出"重点治理越夏易变区、持续控制冬季繁殖区和全面预防春季流行区"的病害分区治理策略；研发出基因布局、退麦改种（图3）、适期晚种、品种混种、作物间作套种和自生麦苗清除等生态防病关键技术，并与药剂拌种、带药侦查（图4）、打点保面等科学用药技术进行集成和组装，创建了以生物多样性利用为核心，以生态抗灾、生物控害、化学减灾为目标的小麦条锈病菌源基地综合治理技术体系，大面积应用的平均防病效果达90%以上。

该成果包括出版著作8部，发表论文328篇，其中SCI论文54篇、核心期刊论文222篇；制定行业标准3项，获得国家授权专利3项、公开专利2项和其他知识产权9项；培养博士研究生30名、硕士研究生121名，获全国百篇优秀博士学位论文1名。

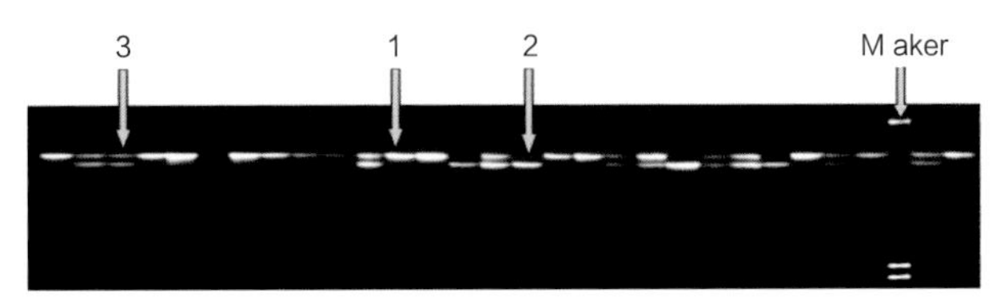

图1 病菌遗传重组（陈万权提供）

2009—2011年该成果累计推广应用23 067.2万亩，增收节支93.32亿元。同时，促进了植物病害分子流行学和植物生态病理学形成和发展，作为"公共植保、绿色植保"的典型范例，可供国际上研究其他气传病害借鉴和参考。经济、社会和生态效益巨大，总体处于国际领先地位。

（撰稿：陈万权；审稿：康振生）

《中国杂草原色图鉴》 *Chinese Colored Weed Illustrated Booka*

系统介绍中国旱田、水田、园林及荒地杂草种类的书籍。由中国农业农村部农药检定所与日本植物调节剂研究协会共同组织编纂，2000年由日本国股份公司全国农村教育协会出版。

全书收集了101个科800余种杂草，采用中文、日文、英文三种语言对每种杂草生物学特性、分布、用途及生活型等进行了详细描述。该书是在当时条件下，杂草识别特征最为清晰的彩色图谱。对杂草科学知识的普及和中国杂草防除技术的提高具有重要意义，是从事杂草科学研究工作者的参考用书。

1990—1998年，中日两国从事农药化学除草专家就水稻和旱田作物杂草以及藻类等的防治技术进行了8次交流，并就中日双方的除草剂开发工作进行了研讨。为了把这一具有纪念意义的活动取得的成果保留下来，总结中日双方9年合作的经验和成就，提高中日双方农田杂草防除技术水平，指导两国农田杂草防除工作，两国达成了合作编纂该书的协议。该书主要编写工作由中方负责。为确保编写工作的顺利进行并保证编写质量，中方委托中国植物保护学会（CSPP）杂草学分会张泽溥理事长组织中方多位从事杂草科学研究的专家进行资料收集、整理、图像拍摄及图书编写工作。

该书是中日两国从事杂草科学研究工作者辛勤劳动的结果，是杂草科学国际间合作的典范，是一部学术水平很高的具有实际指导作用的书籍。

（撰稿：于惠林；审稿：李香菊）

图2 抗病品种对比感病品种（陈万权提供）

图3 退麦改种（陈万权提供）

图4 带药侦查、打点保面（陈万权提供）

《中国杂草志》 *Weed Fauna of China*

由植物学家李扬汉主编，中国农业出版社 1998 年出版发行，全书 2277 千字。该书是李扬汉历时十几年，在全国各大杂草区系深入调查、研究、样本采集、分类鉴定的基础上编纂而成，被列为农业领域当代科技重要著作。

该书包括序、前言、绪论、正文等部分。“前言”和“绪论”列举了调查对象、范围和主要调查内容；中国自然条件和杂草区系分布；调查研究工作的起点、进程和草害调查方法；书籍的编写经过等。“正文”包括孢子植物中的藻类杂草、苔藓杂草和蕨类杂草 15 个科和种子植物中的裸子植物杂草和被子植物杂草 91 个科；主要恶性杂草及检疫性杂草的分布；杂草防除概况；杂草综合防治理论的探索；中国田园主要杂草化除技术指南；杂草综合防除。全书所列杂草总数 1454 种，隶属 106 科、591 属、1380 种、11 亚种、60 变种、3 变形。各科、属、种、变种的描述包括种的形态特征；子实及大部分杂草的幼苗；生物学特性、生境、危害及分布；用途。该书配有墨线图及部分彩色插图，书中编有植物界大类群杂草分类检索表以及各科、分属及分种检索表。

该书是多个从事杂草科学研究工作者辛勤劳动的结晶。在书籍编写过程中，得到了包括台湾在内的中国各地杂草防除及植物分类学家的帮助。该书具有科学性、准确性、实用性的特点，对中国杂草科学研究、教学、推广产生了重要作用。

《中国杂草志》是系统介绍中国田园杂草种类、危害、分布与利用的书籍，不仅是杂草科学研究工作者必备的专业书籍，而且是从事植物保护、植物检疫和植物利用工作者的参考用书。

（撰稿：李香菊；审稿：张朝贤）

《中国早期昆虫学研究史》 *A History of Chinese Entomology*

为昆虫学家周尧于 1957 年撰写的中国第一部昆虫学史的研究著作，由科学出版社出版。该书为中国昆虫学史这一新学科的创立奠定了坚实的基础。1980 年又对该书进行了补充和修订，由昆虫分类学报社以《中国昆虫学史》之名出版。

该书考证了中国古代几千年历史中劳动人民在益虫利用、害虫防治和昆虫学基础研究等方面取得的辉煌成就。内容通俗易懂，简单明了。全书一共包括序言、正文、结论、参考文献、附表、附图等几部分。正文分为益虫的利用、害虫的防除以及昆虫的科学研究共三大章节。在益虫的利用这一章中主要总结了中国古代在养蚕、养蜂和利用药用昆虫、食用昆虫和其他用途昆虫等益虫方面的发展历史并对其生活习性、养殖技术及技术改造等作了介绍，重点介绍了蚕、蜜蜂、白蜡虫、五倍子、斑蝥、芫菁、葛上亭长、地胆、蝉蜕、白僵蚕、螳螂、桑螵蛸、蜣螂等昆虫的功效及应用。在害虫的防除这一章主要讲述了蝗虫、螟虫、黏虫等各种主要害虫大发生的历史、生活史、习性及防治方法等。在昆虫的科学研究这一章节中主要介绍了昆虫物候历、昆虫形态学、分类学、生物学、生态学等各方面的综合理论研究成果。此外，书后所附中国昆虫学研究年表和历代主要害虫灾害统计表等可供读者借鉴和参考。

该书对中国古代在益虫利用、害虫防除和昆虫学基础理论研究方面的成果进行了初步的研究和总结，可供昆虫学研究工作者、植物保护工作者、生物系及农学院师生等参考使用。

（撰稿：刘杨；审稿：李虎）

中国植物保护学会 China Society of Plant Protection, CSPP

由中国植物保护领域的科技工作者和单位自愿结成，依法登记成立的全国性、学术性、非营利性的社会组织。由中国科学技术协会主管。挂靠单位为中国农业科学院植物保护研究所。

中国植物保护学会于 1962 年 6 月经国家科学技术委员会批准成立。同年 7 月 23 日至 8 月 1 日，在哈尔滨举行成立大会。第一届理事会俞大绂为理事长，沈其益为常务副理事长，朱凤美、蔡邦华、赵善欢为副理事长，裘维蕃为秘书长，齐兆生为副秘书长，戴芳澜为名誉理事长。至 2016 年，学会历经十一届理事会，第一至第十届理事会先后由俞大绂（第一、二届）、沈其益（第三、四届）、黄可训（第五届）、周大荣（第六、七届）、成卓敏（第八届、第九届）、吴孔明（第十届）等植物保护科学家担任理事长。2014—2017 年为第十一届理事会，黄可训、成卓敏和吴孔明为名誉理事长，陈万权为理事长，王振营为秘书长。

中国植物保护学会于 1979 年成为国际植物保护科学协会（International Association for the Plant Protection Sciences, IAPPS）成员，先后有沈其益、黄可训、李丽英、周大荣、成卓敏、吴孔明、周雪平被大会推选为 IPPC 的常务委员会委员。

分支机构包括病虫测报专业委员会、植保系统工程专业委员会、植物抗病虫专业委员会、生物防治专业委员会、鼠害防治专业委员会、园艺病虫害防治专业委员会、农药学分会、杂草学分会、植物检疫学分会、植保信息技术专业委员会、生物安全专业委员会、植保机械与施药技术专业委员会、植物化感作用专业委员会、科学普及工作委员会、青年工作委员会、植保产品推广工作委员会、生物入侵分会、葡萄病虫害防治专业委员会、热带作物病虫害防治专业委员会等 19 个。

主办学术期刊《植物保护学报》（双月刊）和《植物保护》（双月刊）。协办学术期刊《中国生物防治学报》《植物检疫》和《生物安全学报》。

学会主要任务：组织开展植物保护领域的学术交流、科技合作和科技考察等活动，促进学科发展，推动自主创新；对国家有关植物保护方面的重大科学技术政策法规和技术措施，重要研究计划以及在植物保护科研、教学和技术推广中存在的问题等，积极提出合理化建议，发挥技术咨询作用；经政府有关部门批准，开展植物保护科技成果鉴定。按照规定经国家科技奖励工作办公室、国家科技部批准设立中国植物保护学会科学技术奖，评选、表彰优秀植物保护科技成果；接受委托承担项目评估、成果评价、专业技术资格评审、标准制定等工作；开展植物保护科学知识的宣传普及，积极传播先进植物保护科学技术；组织出版植物保护学术期刊、科学技术书刊、科普读物和声像制品；积极开展国际间植物保护科技学术交流活动，加强同国外有关学术团体和科学技术工作者的友好交往；开展植物保护科技继续教育和培训工作；依照有关规定推荐人才，开展表彰奖励活动向政府及有关部门反映植物保护科技工作者的意见和要求，依法维护会员与植物保护科技工作者的合法权益。承担中国科学技术协会交办的工作任务。

学会先后荣获中国科学技术协会全国先进学会、国际学术交流先进奖、学术交流先进奖、病虫害防治学术活动优秀组织奖、中国科学技术协会第三届优秀建议一等奖、中国科学技术协会优秀调研报告特等奖、会员活动日优秀组织奖、《中国科学技术协会年鉴》优秀组织单位、中国科学技术协会新春联谊会节目组织奖、科普工作优秀学会、中国科学技术协会科普工作优秀单位等荣誉。

日常办事机构为中国植物保护学会办公室，负责学会各项活动的组织实施和事务管理。

（撰稿：耿丽丽；审稿：张杰）

中国植物保护学科发展史　the history and development of plant protection in China

中国古代历史上有关植物保护技术的记载　中国农业是世界上发展最快的国家之一。由于中国农业发展特别早，广大劳动人民积累的经验十分丰富。在中国的农业生产实践中，很早便注意和记载了对农作物的保护。贾思勰所著《齐民要术》(533—544)记载了小麦条锈病的发生，称之为“黄疸病”，并已经明确“春多雨，易生黄疸病”。虽然对病虫害的认知还未上升为理论，但是已经有了利用抗病虫品种、轮作、间作、土壤消毒（图1）、种子处理（图2）、栽培措施、物理方法、化学方法等多种措施防控病虫害的经验和意识。《齐民要术》载：“谷种中有竹叶青、胡谷、小黑谷……此十种晚谷耐虫灾。”说明中国早在1500年前就开始利用植物的抗性。关于轮作防病的记载最早出现在公元前30余年的《尹都尉书》的种瓜法中：“良田小豆底佳，黍底次之，刈讫即耕，须频转之。”《齐民要术》一书中还有更多关于轮作的记述，例如“稻无所缘，唯岁易为良”“麻欲得良田，不用故墟”等。古书中也记载了许多间作的规律，如《贾氏书》中记述到“慎勿于大豆地中杂种麻子（扇地两损而收并薄）”。关于土壤消毒的理念，最早出现在《齐民要术》中，“二月冰解地干，烧而耕之”。后来王桢在所编的《王桢农书》（1313）中记述道“蓏宜区种，畦地长丈余，广三尺，先种数日劚起宿土，杂以蒿草灰，燎之以绝虫类，并得为粪”。中国劳动人民通过处理种子来防控病虫害的做法在世界上也是最先进的。公元前《氾胜之书》和《尹都尉书》、北魏时代的《齐民要术》、元代的《农桑辑要》、明代的《天工开物》和《农政全书》及清代的《棉花图》均有利用温汤、中药、草木灰、砒霜等物质对种子进行处理的记载。此外，古书中关于利用栽培措施来保护作物的方法也是最丰富的，在《氾胜之书》《尹都尉书》《吕氏春秋》《齐民要术》等古籍中均有记载，主要体现在适时播种、避免伤口、合理密植等措施对病虫害防控方面的作用。宋代韩彦直撰写的《橘录》（1178）中专门谈到了通过物理方法防控柑橘病虫害，其原文为“木之病有二，藓与蠹是也。树稍久，则枝干之上苔藓生焉，一不去则蔓衍日滋。木之膏液荫藓而不及木，故枝干老而枯。善圃者用铁器时刮去之，删其繁枝之不能华实者，以通风日，以长新枝。木间时有蛀屑流出，则有虫蠹之。相视其穴，以物钩索之，到虫无所容，乃以真杉作钉窒其处。不然则木心受病，日以枝叶自凋，异时作实，瓣间亦有虫食。柑橘每先时而黄者，皆其受病于中，治之以早乃可。”元明时期，已经有药剂防控病虫害的记录。《王祯农书》中记载了树木嫁接后杀虫的方法：“又去蠹之法（注：凡桑果不无虫蠹，宜务去之……法用硫磺烟熏之即死，或用油桐纸燃塞亦然）。”《农政全书》中也曾引述俞贞木《种树书》中的种茄子法：“种茄子时初见根处劈开，掐硫磺一星，以泥培之，益子倍多。”后来，《马首农谚》（1836）搜集并记载了大量病虫害发生与防控等多方面的农业技术，系统论述了一个地区农业生产方面相关问题，对现代的农业生产和农业史研究都有着重要的借鉴价值。关于作物病虫害防治的早期记载还有很多，在此不再一一列举，但它们都是通过总结历代劳动人民的经验后写成的。

中国近代植物保护学科的孕育与形成　鸦片战争以后，尤其是甲午战争失败、洋务运动破产后，中国丝、茶等农产品在国际市场上受到激烈的竞争和冲击，朝野许多人士痛感改革和振兴农业的必要性，纷纷介绍和引进西方的农业科学技术和工具设施，逐步建立起了中国的近代农学，植物保护学科也随之逐步孕育形成。

昆虫学方面起步较早。1865年清政府创办新式军用企业——江南机器制造总局，在其刊印的《格致汇编》上，登载介绍西方昆虫学知识的《说虫》《虫学略论》等文章。1897年，浙江蚕学馆创办，开设了害虫论、蚕体解剖等课程，中国的昆虫学科和教育也从此孕育而生。1903年清政府制定各级学堂教育章程，规定高等农业学堂设昆虫学、养蚕学课程，中等及初等农业学堂设虫害课，近代昆虫学就此纳入了各级学堂的教学内容。1906年清政府工商部在三贝子花园（今北京动物园）成立农事试验场，由国人采集、制作昆虫标本。1911年北京中央农业试验厂设立病虫害科。1912年在美国期刊上发表的《某些鳞翅目幼虫的被毛的同源性》是中国昆虫学家撰写的早期研究论文之一。20年代初，张巨伯等中国最早一批留学的昆虫学者归国任教，成立和开拓中国近代昆虫学和近代农业昆虫学的先河。1922年江苏省设置了中国第一个昆虫局——江苏省昆虫局，并带动浙江、江西、湖南、广东、河北诸省成立昆虫局或昆虫研究所。1923年北京农业专门学校改为国立北京农业大学，植物病虫害系为该校的7个系之一。1924年中国第一个昆虫学社团——六足学会（后称中国昆虫学会）在张巨伯先生倡

图1 土壤消毒（郑建秋提供）

①太阳能蒸汽补热土壤消毒；②土壤消毒；③热水土壤消毒；④热水土壤消毒

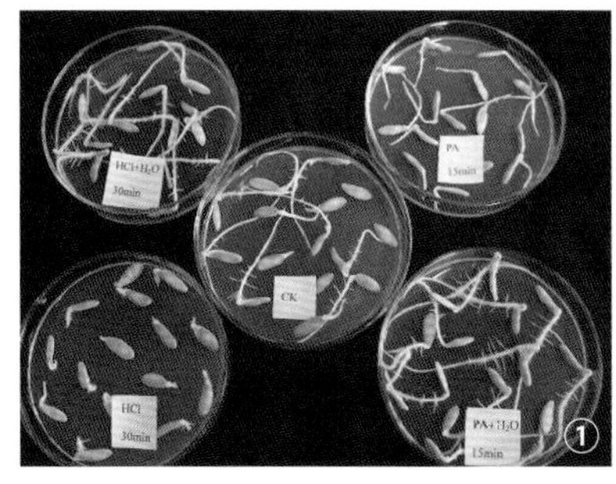

图2 种子处理（郑建秋提供）

①种子酸处理；②种子处理；③浸种箱；④干热消毒机

导下成立。30年代初，《昆虫与植病》与《趣味的昆虫》创刊，《中国昆虫学名录》及第一本昆虫学教材《虫学大纲》的出版，为普及害虫防治知识及学科发展起到了积极作用。1937—1945年，重点开展了农林植物害虫的发生情况调查、杀虫药剂的研究与制造等工作。陕甘宁边区光华农场和农业学校曾就当地重要害虫粟灰螟进行比较细致的研究，并选育抗螟品种'狼尾谷'加以推广。1945年重庆政府选派多人赴美专门学习昆虫学知识，之前的留学生也纷纷回国。1948年在南京召开了全国病虫防治讨论会。北京大学、清华大学农学院始设昆虫学系。这标志着昆虫学科的教学、科研及生产服务工作恢复正常。

中国植物病理学科起步相对较晚，早期书刊中所提到的一些植物病害，大多来自国外文献。直到20世纪初，植物病理学的教育和科研工作开始在中国起步。1905年京师大学堂设立的农科大学即列有植物病理学课程，并聘请日本人三宅市郎授课。同时，开始派遣学生赴海外学习和引进当时国外先进技术。邹秉文等一批爱国人士学成归国并一生致力于中国植物病理学研究和教育，是中国植物病理学教育的先驱。1913年北京农商部中央农业试验场成立植物病虫害科，标志着植物病理学研究工作的初步创立。1916年章祖纯先生发表的《北京附近发生最盛之植物病害调查表》为中国作物病害的第一篇调查报告。1918年南京东南大学农科开设植物病理学课程。1924年金陵大学建立植物病理学组。1931年中央农业试验所（原江苏省昆虫局）建立病虫害系，1933年增设植物病理研究室，负责全国植物病害的研究与防治工作。此后，国内各大学几乎都设置了植物病理学课或研究室，从事教学研究与推广工作。1933年，《昆虫与植病》创刊，内容包括植物病理学在内的研究论文、综合报道等。1939年中央研究院动植物研究所邓叔群出版了中国真菌分类领域首部专著——《中国高等真菌》。1945年，中央农业试验所迁回南京，并在北平和吉林公主岭分别建立了北平农业试验场和东北农事试验场，都设有病虫害系病害研究室，大部分省级农业改进所、农事试验场也都恢复。

1949年以前，中国的农药、杂草以及鼠害领域研究与国际相关领域水平存在较大差距。中国最早出现的农药是农家现配现用的石硫合剂与波尔多液。1930年，中国最早的农药研究机构——浙江植物病虫防治所药剂研究室的建立标志着中国现代合成农药研究的开始。到1935年，中国开始使用农药防治棉花、蔬菜蚜虫，主要是植物性农药，如烟碱（3%烟碱）、鱼藤酮（鱼藤根）等。1943年在重庆建立了中国首家农药厂，主要生产含砷无机物——硫化砷和植物性农药。鼠害防治学是植物保护领域的新兴分支学科。1949年以前，农业害鼠及其防控基本依靠自然生态调控，自生自灭。20世纪20年代，中国才有了一些鼠类方面的研究工作，30年代出现了一些早期有关啮齿动物分类学和生态学研究的论文，但因长期的战争而不能为继。20世纪40年代末，纪树立等一批学者先后从预防医学的角度对害鼠研究开展了一系列工作。1949年以前，中国农田除草主要还是依靠人工除草。

中国现代植物保护学科的发展 中华人民共和国成立初期，全国高等院校进行院系调整，农学院均从综合性大学分出，成为独立的农业院校。各大行政区农学院的植物病虫害系改为植物保护系，各省（自治区、直辖市）也先后建立农学院，设植物保护系或专业。同时，随着农业生产的恢复和发展，当时大批赴苏联和东欧社会主义国家学习的留学生先后归国，全国农业研究机构和研究人员大大增加，研究工作得到全面开展。1962年以后植物保护学会及各省（自治区、直辖市）的相应分会也相继成立。特别是80年代初，农业部先后恢复了植物保护局、植物检疫实验所、农药检定所，增设病虫测报站，各地也相应建立健全了植物保护组织机构，1982年改建的全国植物保护总站（含全国病虫测报总站）掌管全国植物病虫害防治工作。大批学生和访问学者赴欧洲、美国、日本、新西兰、澳大利亚等地学习和工作，或参加各种国际学术会议，学术方面的交流日趋展开。随着和西方植物保护科学的融合以及对外交流的增多，研究水平由总结推广传统经验提高至科学研究，成为推动农业生产的强大生产力。

1949年以后，昆虫学教育发展迅速。华南农学院等高等院校相继设置农业昆虫学专业，昆虫学基础理论开始受到重视。1950年，中华昆虫学会改为中国昆虫学会（ESC），开展了一系列学术活动。此后，学会先后创办了《昆虫学报》《应用昆虫学报》《中国昆虫学通讯》《昆虫知识》等多个专业期刊，为学术交流提供了较好的平台。1952年，粮食部购销储运局技术室开始从事全国储粮害虫区系及防治研究。1953年，成立了中国科学院昆虫研究所，以从事昆虫学基础理论及应用基础研究为主。此后，上海昆虫研究所、广州昆虫研究所等多个地方研究所相继成立。同时，各省级农业科学院相继成立，下设有植物保护研究所农业害虫研究室，针对本地重大害虫的防治技术开展研究。1977年以后，北京农业大学、南京农学院等多个高校先后恢复或成立农业昆虫学专业。1979年华南热带作物科学研究院植物保护研究所设立昆虫研究室，1980年中国农业科学院生物防治研究室成立，下设天敌昆虫专题研究组。1986年《中国动物志:昆虫纲》出版，1992年第十九届国际昆虫学大会在北京召开。此外，《昆虫天敌》《生物防治通报》《昆虫分类学报》等专业期刊先后创刊。1949年以后，昆虫工作者重点对东亚飞蝗、小麦吸浆虫等7大害虫的防治及紫胶虫、白蜡虫等资源昆虫的利用进行了系统研究并取得了重大成果。这为21世纪昆虫学的腾飞奠定了基础。

1949年由北京大学农学院、清华大学农学院和晋冀鲁豫边区的华北大学农学院合并，成立了北京农业大学，设植物病理学系。随后，各高等院校也相继设立了植物病理学系，专业教育步入正轨。同年，中国植物病理学会（CSPP）恢复活动，中国微生物学会以及各地方学术团体和专业组织纷纷建立，《植物病理学报》《微生物学报》《真菌学报》等十余种专业期刊也相继创办。1957年，中国农业科学院植物保护研究所成立，设立了细菌病毒研究室、小麦病害研究室等多个植物病理学研究室。此后，农业系统所属的植病研究机构、各类作物专业研究所、省（自治区、直辖市）植物病理学研究机构、中国科学院及高等院校所属的植物病理学研究机构相继成立，围绕植物病原基础生物学、农作物与病原互作的关系、病害流行学、防治方法等开展系统研究。80年代以后，植物病理学的发展进入了又一个新阶段，加强了实践教学环节，由原来既统一又单一的培养模式改为教学、科研、生产相结合的新模式。1980年中国农业科学院生物防治研究室成立，重点对植物真菌病害防治技术开展研究工作。1993年，菌物学会成立并出版《真菌学报》（季刊）。国际合作与交流更加频繁，参加了联合国计划开发署（The United Nations Development Programme，UNDP）出资建立的亚太地区柑橘黄龙病防治项目及联合国粮食及农业组织（Food and Agriculture Organization of the United Nations，FAO）主持的南亚及东南亚水稻病虫综合防治项目等。1993年完成《中国植物细菌病害志》，列举中国细菌病害百余种，其中有些是中国发现和报道的新种。1994年完成了逾20卷的《中国真菌志》，反映出中国真菌学的研究水平。随着农业生产的恢复和发展，中国对主要作物病害的研究和防治。取得了不少成果和经验,最突出的是抗病育种工作受到重视，植物病理工作者与育种工作者的密切配合取得显著成绩，诸如小麦条锈病抗性和生理小种的检测，水稻抗白叶枯病、稻瘟病和轮纹病品种的育成和推广，棉花抗枯萎和耐黄萎品种的育成，都处于世界领先地位。

中国早期的农药学相关工作者多毕业于化学系、化工系或者有关的生物学系。1949年以后，中国农药教育、研究以及工业才真正得以发展。1952年，随着全国高等教育院系调整，北京农业大学率先将原农业化学系改为农用药剂学专业，开中国农药教育之始。70年代，化学工业部在浙江省化工学院化学工程系设农药化工专业，商业部委托吉林农业大学设置农药与化肥专业。此外，各农业院校的植物保护专业也培养了许多农药应用方面的人才。中国早期农药学研究是在大学或有关生物学的研究机构中进行的。50年代后期，沈阳化工研究院、上海市农药研究所、江苏省农药研究所等十余个农药专业研究机构建立，农业系统、中国科学院、高等院校的研究机构相继成立，逐步形成了中国农药机构的研究体系。1951年中国首次使用飞机喷洒滴滴涕灭蚊、喷洒六六六治蝗，标志着中国现代农药工业发展的序幕就此拉开。1957年中国成立了第一家有机磷杀虫剂生产厂——天津农药厂，开始了有机磷农药的生产。1966年，研制的久效磷、螟蛉畏等3种有机磷农药以及除草剂“燕麦敌”，杀菌剂“叶枯净”，植物生长调节剂“矮壮素”等新农药，先后投入生产，有的还成为中国农药的主要品种。70年代后，中国农药产量已经能够初步满足国内市场需要，年年成灾的蝗虫、黏虫、螟虫等害虫得以有效控制。80年代以后，中国开展了粉剂、可湿性粉剂、油剂、乳油和复配剂以及相应加工助剂的研究工作，对农业贡献巨大的甲六粉（即3%γ-六六六+1.5%甲基对硫磷）是复配制剂中最成功的一个典范，在农业上发挥了巨大作用。此外，中国农药学会及中国农药工业学会相继成立，对促进中国农药科学、农药工业的发展和国内外技术交流起了良好作用。

20世纪50年代中后期，中国步入农田化学除草阶段。60年代初成立了“全国化学除草领导小组”，在当时对推动农田化学除草的发展起到了一定的作用，使用的除草剂品种主要是五氯酚钠、除草醚、2,4-滴丁酯、2甲4氯等少数几个品种。该时期，国内部分科研单位或院校对杂草生物防治也进行过一些探索，但总体没有形成一种学科优势。期间最为突出的成就是山东农业科学院研制的防治大豆菟丝子的微生物杀菌剂“鲁保一号”。1981年，中国杂草研究会成立，重点研究、交流和普及农田杂草防除新技术。1996年，东北农业大学设立农药与杂草学科。与此同时，一些化学除草的基础性研究，诸如杂草普查、杂草生物学研究等已初步完成。到20世纪末，一些作物上已经形成比较成熟的化学除草配套技术，且一种作物上可以根据草情需要选择使用数种甚至十几种除草剂品种，更有许多针对不同农田杂草的除草剂混配配方。同时，80年代中期到20世纪末期，杂草生物防治学科形成并迅速发展。1985年，中国农业科学院生物防治研究所在江苏扬州组织召开了第一次全国杂草生物防治学术会议，标志着杂草生物防治在中国开始形成一门新的学科。中国农业科学院、中国科学院昆明生态所、湖南省农业科学院植物保护所、沈阳农业大学植物教研室等单位进行了大量的研究工作，尤其是对紫茎泽兰、豚草和水花生的研究工作，采用了世界上通用的杂草生防工作程序，研究具有科学性、系统性和实用性。

鼠害防治学是植物保护领域的新兴分支学科。20世纪50年代后期至60年代中期，中国针对鼠害危害情况，开展鼠害防治的群众运动方式，而对鼠类发生机制及鼠害的治理对策极少专门研究。70年代末期至80年代中期，中国农区鼠害大发生，造成巨大的经济损失且成为社会不安定的因素。这期间鼠害防治被正式列入植物保护学科领域。中国科学院及许多高等院校开始把鼠害防治作为研究对象，其突出的特点是研究集中于鼠类区系、区划、形态、群落以及鼠类种群生态学方面。80年代后期至20世纪末期，国家大力推广应用“杀鼠灵”等第一、二代抗凝血杀鼠剂（慢性杀鼠剂），并开展以生物防治为主的综合防治（IPM）措施，逐渐以“鼠害防治”取代“灭鼠”概念，中央财政也开始拨出专项补助经费支持农区的鼠害治理。1991年，科技部成立农业虫害鼠害综合治理研究国家重点实验室，为实现中国农业虫害鼠害的可持续控制提供理论、技术和人才支撑。

21世纪中国植物保护学科的飞跃 进入21世纪以来，昆虫工作者利用分子生物学技术研究了多种昆虫的变态、生殖、滞育、极端环境胁迫及抗药性产生机理等生理生化与行为反应，揭示了害虫遗传变异的内在机制及其生态适应策略和机制，为无公害防治提供了理论基础。同时，在农业害虫成灾机理及防控技术研发方面开展了系统深入的研究。如在棉铃虫方面，分别从生理、生态、行为和种群多态性等多方面取得了一系列研究成就。先后明确了中国棉铃虫的地理型组成，找到了引起棉铃虫远距离迁飞转移的主要原因，揭示了棉铃虫对Bt棉花产生抗性的分子机制，提出了利用小农模式对玉米、小麦、大豆和花生等棉铃虫寄主作物所提供的天然庇护所治理棉铃虫对Bt棉花抗性的策略，建立了国家棉铃虫区域性灾变预警系统及棉铃虫抗性早期预警与监测技术体系，为中国棉铃虫防控提供了理论和技术支撑。同时，在稻飞虱暴发机制及可持续防控技术方面，探明了长江中下游褐飞虱后期突发、灰飞虱区域性暴发关键机制，揭示了稻飞虱抗药性机理，创立了高抗性早期检测与治理技术，创新了监测防控技术，显著提升了田间天敌控害作用和稻飞虱防控技术水平，保障了中国水稻安全生产。植物—害虫—天敌三级营养互作关系研究是进化生态学和化学生态学研究领域的前沿课题，也是寻找害虫可持续控制途径的重要基础。如通过分析新疆棉花成灾历史，利用生态学和生物多样性原理找到了棉花大发展造成的生态平衡被打破的补救措施并进行恢复的新技术，实现了新疆棉蚜长期可持续控制，通过建立以生境管理、天敌保护和利用、迷向防控等技术为主的蔬菜十字花科害虫持续控制系统，使产品达到了绿色食品质量标准和出口质量标准。此外，加大了对外来入侵害虫的研究力度，特别是对烟粉虱以及蔬菜花斑虫的基础与综合防控技术研究，对保护中国农业安全生产发挥了重要作用。

随着分子生物学和生物化学技术飞速发展及其在植物病理学中的广泛应用，大大促进了植物抗病机制、植物与病菌互作的分子机理以及植物病原菌的致病机理等基础理论研究，特别是生物信息学技术及组学技术的飞速发展和应用，标志着植物病理学进入了新时代。如小麦条锈菌有性生殖与毒性变异机理、小麦赤霉菌的侵染致病机理及病菌毒素合成的调控机制、稻瘟病菌及疫霉病菌无毒基因与寄主抗病基因的定位与克隆、病菌致病分子机理及寄主抗病分子机理等方面取得了突破性研究进展，为创制广谱持久抗病材料提供了理论基础和病害防控新思路。同时，在农业重大病害致灾规律及防控研究领域也取得了喜人的成绩。特别是在小麦条锈病治理方面，发现了中国小麦条锈病存在秋季菌源和春季菌源两大菌源基地并明确了精确范围和关键作用，揭示了小麦品种抗锈性丧失的根本原因是新菌系产生和发展，建立了品种抗锈性鉴定评价与病菌毒性变异监测技术平台，并明确了条锈病越夏区、冬繁区、流行区分区治理策略及菌源地综合治理技术体系，为国家小麦生产持续增长作出了重大贡献。同时，大麦黄花叶病毒病、番茄曲叶病毒、花生病毒病、玉米病毒病、水稻病毒病等作物病毒病的研究也处于国际先进水平。以水稻条纹叶枯病与黑条矮缩病两大重要病毒病为例，探明了两种病害在稻麦轮作区的流行规律和暴发成因，揭示了病毒致害分子机制，提出了病害防控策略并成功构建了绿色防控技术体系，有效控制了病害流行。尤其是将生物多样性原理与植物病害防治理论相结合，通过利用生物多样性时空优化配置来控制病害，实现了病害综合治理研究的重大创新，对解决现代农业生产中作物病害流行及农药过量使用等问题作出了重要贡献。在果树病害方面，深入系统揭示了苹果树腐烂病的致灾规律和成因，建立了预防为主、高效防控病害的技术体系并取得前所未有的防控效果。在柑橘黄龙病病因、病菌监测、病害防治技术等方面也有重要突破。此外，在重要粮食和经济作物病原菌抗药性机制及监测与治理等研究也取得了很多重要成果。

在农药领域，研究和开发符合现代社会发展需要、具有自主知识产权和高效低毒的绿色农药成为研究的热点。贵州大学宋宝安院士团队创制出了中国第一个自主知识产权的高效抗植物病毒新农药品种“毒氟磷”，在国际上首次发现其激活植物免疫系统的作用机制，提出了针对植物抗病激活发现绿色抗病毒剂的新思路，建立基于植物抗病激活发现抗植物病毒剂的筛选方法，成功创制了多个具有抗病免疫激活功能的新型抗病毒剂，实现了药剂登记、发明专利转让与产业化和田间应用。同时，上海农药研究所等科研单位以及中国农业大学等高校也相继在无公害农药及农药无公害化事业的研究和发展中作出了贡献，在农药分子设计、农药分子作用靶标、高活性物质筛选与研发直至产品产业化等新农药创制的各个阶段开展了系统深入的研究，研制出了一批中国拥有自主知识产权和高效低毒的绿色农药新品种。值得一提的是，全球生物农药的市场份额已从2000年占农药市场总份额的0.2%，增长到2009年的3.7%。中国在生物农药剂型研发、产业化示范、标准制定等方面的研发步伐逐年加快，实现了生物农药的创新跨越式发展，特别是化学、物理学理论和结构生物学、计算机和信息科学等基础学科与药物研究的交叉和渗透，使生物农药发展跨入了“生物信息技术”时代，实现了以发现新先导化合物和验证新型药物靶标为重要目标的新药物创制的蓬勃发展。同时，在生物农药菌种、资源筛选评价、新产品开发、生产工艺等方面形成了自己的研究特色。

虽然中国杂草与农业鼠害研究起步较晚，但21世纪以来也取得了显著成绩。除原有的国家、省部级科研院所、高等院校，还成立了中国农业科学院杂草鼠害生物学与治理重点实验室，一并围绕杂草生物学与生态学、杂草治理策略与技术、杂草抗药性分子机制、植物化感作用在杂草防除的应用、抗除草剂转基因作物环境安全评价、除草剂新品种和新剂型研发、鼠类生物学与生态学、害鼠成灾规律、害鼠抗药机理、害鼠综合治理等方向开展研究工作，并取得较大进展。除除草剂新品种和新剂型的不断开发以外，还在微生物除草剂研发领域取得了突破性进展。如成功分离到两个对稗草具有强致病性的菌株并对其除稗效果、寄主范围、流行学、发酵工艺与化学农药的互作等进行了系统的研究。另外，生态控草技术大大促进了农田除草的发展。如通过开展水稻化感品种选育及化感水稻品种在不同化学除草剂使用量对稻田杂草的防除作用的研究，建立了以水稻化感品种和活性外源物质为核心，辅以必要的栽培管理和生态调控措施，开辟了稻田杂草治理新途径，实现了农田杂草的生态安全调控。在农田鼠害研究领域，系统研究了害鼠成灾规律、种群预测预报方案、害鼠种群数量恢复及群落演替规律，研究了新型杀鼠剂及其配套使用技术，提出了农田鼠害综合防治对策，在鼠害预测预报、新型杀鼠剂研制及大规模鼠害综合防治工程研究方面居国际领先水平。

病虫害预测预报学是农作物病虫害实现早期预警和治理的有效途径，是植物保护工作的首要任务。但过去由于技术的限制，预测手段一直以人力调查为主。2000年以来，随着信息技术的发展和绿色植保的需求，中国病虫害测报方面取得了重要进展，病虫监测准确性和时效性大幅提高。如利用遥感技术、地理信息系统和全球定位系统（“3S”技术）、图像识别分析技术、网络技术结合传统技术方法对蝗虫、草地螟、棉铃虫、玉米螟等的迁飞和活动行为进行了观测和监测预警研究，为生物灾害的动态监测、预测和决策提供了新的技术手段。同时，利用地面高光谱仪研究了不同程度小麦锈病、白粉病、稻瘟病等危害后的光谱变化规律，建立了病害与高光谱反射率的监测模型，并结合低空高光谱遥感和卫星遥感技术，建立了病害危害程度与遥感图像变化间的关系模型。此外，基于网络视频技术、信息传输技术以及人工智能识别诊断技术等病虫害自动化远程监控系统，开发了病虫害预测预报相关软件系统，实现了病虫害发生危害数据网络共享，提高了农作物生物灾害预警信息化水平。

参考文献

中国科学技术协会，2008. 植物保护学学科发展报告 [M]. 北京：中国科学技术出版社.

中国农业百科全书总编辑委员会昆虫卷编辑委员会，中国农业百科全书编辑部，1990. 中国农业百科全书：昆虫卷 [M]. 北京：农业出版社.

中国农业百科全书总编辑委员会农药卷编辑委员会，中国农业百科全书编辑部，1993. 中国农业百科全书：农药卷 [M]. 北京：中国农业出版社.

中国农业百科全书总编辑委员会植物病理卷编辑委员会，中国农业百科全书编辑部，1996. 中国农业百科全书：植物病理学卷 [M]. 北京：中国农业出版社.

周尧，王思明，夏如冰，2004. 二十世纪中国的昆虫学 [M]. 北京：世界图书出版公司.

曾士迈，2006. 植物病理学研究 [M]. 北京：中国农业出版社.

（撰稿：冯浩、黄丽丽；审稿：周雪平）

中国植物病理学会 Chinese Society of Plant Pathology, CSPP

中国植物病理学工作者自愿组成的依法登记的具有学术性、公益性、科普性的法人社会团体，是发展植物病理学事业的重要社会力量。中国植物病理学会挂靠中国农业大学，接受业务主管单位中国科学技术协会和登记机关国家民政部的业务指导和监督管理。

中国植物病理学会在邹秉文和戴芳澜的积极支持和赞助下，于1929年在南京成立。抗日战争及国共内战战争期间受战乱影响，活动陷于停顿。1949年中国植物病理学会在北京召开第一次复会会议，推选戴芳澜为临时理事长，筹备召开新的第一届全国代表大会。1953年2月在北京中国科学院召开了第一届全国代表大会，戴芳澜当选为理事长。至2014年，学会历经九届理事会，理事会先后由俞大绂（第二届）、裘维蕃（第三、四届）、刘仪（第五届）、曾士迈（第六届）、彭友良（第七届、第八届）、郭泽建（第九届）等植物病理科学家担任理事长。现为第十届理事会（2014—2018），彭友良为理事长，韩成贵为副理事长兼秘书长。

中国植物病理学会于1983年加入国际植物病理学会（International Society for Plant Pathology），在2008年第九届国际植物病理学大会上，彭友良当选为国际植物病理学会的副主席，现有国际植物病理学会理事7人。中国植物病理学会于2000年8月在北京主办了第一届亚洲植物病理学大会，在这次大会上亚洲植物病理协会（Asian Association of Societies for Plant Pathology）正式宣告成立，中国植物病理学会为主要创始人和正式会员，曾士迈理事长被推选为亚洲植物病理协会的第一任主席，唐文华为执行秘书。2007年彭友良当选为亚洲植物病理协会代表委员会委员，韩成贵当选亚洲植物病理协会秘书长（2007—2011）。

中国植物病理学会现有会员6336人，下设5个工作委员会，14个专业委员会，主办学术期刊《植物病理学报》。

中国植物病理学会的宗旨是团结广大植物病理学工作者，以经济建设为中心，坚持科学技术是第一生产力的思想，坚持民主办会的原则，认真贯彻“百花齐放，百家争鸣”的方针，坚持实事求是的科学态度和优良作风，倡导献身、创新、求实、协作的精神，更好地服务于现代化事业，为促进科学技术的繁荣和发展，促进科学技术的普及与推广，促进科技人才的成长，促进科学技术与经济的结合作出贡献。其任务是积极开展各项学术交流和有关业务活动，提高会员学术和业务水平；加强与国内、国际有关学会的联系，开展学术交流和合作；加强与生产部门的联系，开展各项业务合作和交流；积极普及植物病理学知识，进行技术咨询服务和技术培训活动；认真编辑、出版《植物病理学报》及有关植物病害的书刊；对科技发展战略、政策进行科技咨询，接受委托进行科技项目论证，科技成果鉴定，技术职称评定；开展继续教育，发现并推荐人才，表彰奖励优秀会员，维护科技人员的合法权益；举办为会员服务的业务活动。

（撰稿：耿丽丽；审稿：张杰）

《中华人民共和国进出境动植物检疫法》 *Law of the People's Republic of China on the Entry and Exit Animal and Plant Quarantine*

规范进出中国国境的动植物检疫管理法律。为防止动物传染病、寄生虫病和植物危险性病、虫、杂草以及其他有害生物传入、传出国境，保护农、林、牧、渔业生产和人体健康，促进对外经济贸易的发展而制定，由第七届全国人民代表大会常务委员会第二十二次会议于 1991 年 10 月 30 日通过并公布，自 1992 年 4 月 1 日起施行。2009 年第十一届全国人民代表大会常务委员会第十次会议进行修订。

该检疫法分为总则、进境检疫、出境检疫、过境检疫、携带邮寄物检疫、运输工具检疫、法律责任和附则共8章50条。

主要内容 ① 凡进出境的动植物、动植物产品和其他检疫物，装载动植物、动植物产品和其他检疫物的装载容器、包装物，以及来自动植物疫区的运输工具，均须实施检疫。中国的进出境动植物检疫由国务院设立的动植物检疫机关统一管理。国家动植物检疫机关在对外开放的口岸和进出境动植物检疫业务集中的地点设立口岸动植物检疫机关，实施进出境动植物检疫。② 进境检疫主要针对输入中国的动物、动物产品、植物种子、种苗及其他繁殖材料，须事先提出申请，办理检疫审批手续。经检疫合格的准予进境，经检疫不合格的作退回、扑杀并销毁或到其他指定地点隔离观察等处理。③ 出境检疫是针对输出动植物、动植物产品和其他检疫物，检疫合格或者经除害处理合格的准予出境，中国海关凭口岸动植物检疫机关签发的检疫证书或者在报关单上加盖的印章验放。④ 过境检疫须事先商得中国国家动植物检疫机关同意，并按照指定的口岸和路线过境，装载过境动物的运输工具、装载容器、饲料和铺垫材料，必须符合中国动植物检疫的规定，在进境时向口岸动植物检疫机关报检，出境口岸不再检疫。⑤ 携带物及邮寄物检疫主要针对植物种子、种苗及其他繁殖材料、动植物、动植物产品和其他检疫物，在进境时向中国海关申报并接受口岸动植物检疫机关检疫，合格后可放行，经检疫不合格又无有效方法作除害处理的，作退回或者销毁处理。⑥ 运输工具检疫是指对来自动植物疫区的船舶、飞机、火车抵达中国口岸时，由口岸动植物检疫机关实施检疫。⑦ 规定了违反本法规应承担的法律责任。

（撰稿：周雪平；审稿：杨秀玲）

《中华人民共和国进出境动植物检疫法实施条例》 *Regulation for the Implementation of the Law of the People's Republic of China on the Entry and Exit Animal and Plant Quarantine*

对实施《中华人民共和国进出境动植物检疫法》进行规范的部门规章。1996 年 12 月 2 日发布，自 1997 年 1 月 1 日起施行。目的是防止动物传染病、寄生虫病和植物危险性病、虫、杂草以及其他有害生物传入、传出国境，保护农、林、牧、渔业生产和人体健康，促进对外经济贸易的发展，保障中国国民健康、农林产业安全、生态环境安全。共10章68条，包括总则、检疫审批、进境检疫、出境检疫、过境检疫、携带邮寄物检疫、运输工具检疫、检疫监督、法律责任、附则。

主要内容 ① 凡进境、出境、过境的动植物、动植物产品和其他检疫物，装载动植物、动植物产品和其他检疫物的装载容器、包装物、铺垫材料，来自动植物疫区的运输工具，进境拆解的废旧船舶，有关法律、行政法规、国际条约规定或者贸易合同约定应当实施进出境动植物检疫的其他货物、物品均须实施检疫。全国进出境动植物检疫工作由国家动植物检疫局主管。② 规定了检疫审批申请的条件、检疫审批的手续、审批机关等。③ 规定了进境检疫、出境检疫和过境检疫的要求和实施方法，进境、过境和出境的动物、动物产品、植物、种子、种苗和其他繁殖材料，须事先提出申请，办理检疫审批手续。④ 规定了携带、邮寄物检疫的实施细则，携带、邮寄的植物种子、种苗及其他繁殖材料、动植物、动植物产品和其他检疫物，在进境时须向海关申报并接受口岸动植物检疫机关检疫，合格后可放行，检疫不合格又无有效方法作除害处理的，作退回或者销毁处理。⑤ 规定了对运输工具检疫的要求和具体方法，来自动植物疫区的船舶、飞机、火车抵达口岸时，由口岸动植物检疫机关实施检疫。⑥ 国家动植物检疫局和口岸动植物检疫机关对进出境动植物、动植物产品的生产、加工、存放过程实行检疫监督制度，具体办法由国务院农业行政主管部门制定。⑦ 对于没有按照相关规定对进境或过境动植物、动植物产品等进行检疫的，视违法情节轻重，处以一定金额罚款处理或依法追究刑事责任。

（撰稿：张礼生；审稿：周雪平）

《中华人民共和国进境植物检疫禁止进境物名录》 *The Catalogues of Entry Quarantine Objects Prohibited from Entering into the People's Republic of China*

进境植物检疫管理的部门规范性文件，国家植物检疫禁令。由中国国务院农业行政主管部门根据《中华人民共和国进出境动植物检疫法》第五条和《中华人民共和国进出境动植物检疫法实施条例》第四条和第七条的规定，会同有关部门制定，旨在防止严重威胁国家粮食安全、农林业生产安全和农产品贸易安全的危险性病虫及其他有害生物传入中国流行危害。于 1997 年 7 月 29 日发布执行。国务院农业行政主管部门根据国内外疫情情况，实行动态修订、增补。

主要内容　① 禁止进境物包括植物疫情流行的国家和地区的有关植物、植物产品和其他检疫物，植物病原体（包括菌种、毒种）、害虫、有害生物体及其他转基因生物材料，土壤。② 禁止进境物的来源包括玉米细菌性枯萎病菌、大豆疫病菌、马铃薯黄矮病毒、马铃薯帚顶病毒、马铃薯金线虫、马铃薯白线虫、马铃薯癌肿病菌 、榆枯萎病菌、松材线虫、松突圆蚧、橡胶南美叶疫病、烟叶烟霜霉病菌、小麦矮腥黑穗病菌、小麦印度腥黑穗病菌和地中海实蝇等 15 种重大植物疫情流行的国家和地区，并以表格形式列明。第二类和第三类禁止进境物，禁止范围为所有国家或地区。③ 口岸动植物检疫机关发现有法律规定的禁止进境物，作退回或者销毁处理。因科学研究等特殊需要引进"植物病原体（包括菌种、毒种等）、害虫及其他有害生物"的禁止进境物时，必须事先提出申请，经国家动植物检疫机关批准。国外发生重大植物疫情并可能传入中国时，国务院应当采取紧急预防措施，必要时可以下令禁止来自植物疫区的运输工具进境或者封锁有关口岸；受动植物疫情威胁地区的地方人民政府和有关口岸动植物检疫机关,应当立即采取紧急措施，同时向上级人民政府和国家动植物检疫机关报告。邮电、运输部门对重大动植物疫情报告和送检材料应当优先传送。

该名录发布后，紧急增补 6 项植物检疫禁令，禁止从椰心甲虫、香蕉穿孔线虫、刺桐姬小蜂、油菜茎基溃疡病菌、白蜡鞘孢菌 5 种重大植物疫情发生的国家引进种苗、种子及栽培介质等。

（撰稿：常雪艳；审稿：周雪平）

《中华人民共和国进境植物检疫性有害生物名录》 *The Catalogues of Quarantine Pest for Import Plants to the People's Republic of China*

确定中国进境植物检疫性有害生物物种的部门规范性文件。由中国农业农村部与国家质量监督检验检疫总局根据《中华人民共和国进出境动植物检疫法》的规定制定。2007 年 5 月 29 日由农业部发布执行，1992 年 7 月 25 日农业部发布的《中华人民共和国进境植物检疫危险性病、虫、杂草名录》同时废止。该名录的制定旨在明确进出境植物检疫对象范围，依法执行检疫任务，防止植物危险性病、虫、杂草以及其他有害生物传入国境，保护农、林、牧、渔业生产和人体健康。

主要内容　包括昆虫 146 种（属）、软体动物 6 种、真菌 125 种（属）、原核生物 58 种、线虫 20 种（属）、病毒及类病毒 39 种、杂草 41 种（属）。具有以下特点：一是检疫性有害生物种类由原来的 84 种（属）扩大到 435 种（属），不再分一、二类，有利于检验检疫工作中更好操作与掌握，符合国际相关标准。二是保护面扩大，既考虑到粮油、水果等重点作物，又兼顾并增加了花卉、牧草、原木、木质包装、棉麻等作物上有害生物的种类。三是增大了有害生物的防范力度，提高了进境植物检疫门槛，有利于防控植物检疫性有害生物跨境传播。

根据国内植物疫情普查和国外植物疫情发生情况，该名录实施动态调整、适时增减。该名录发布后，农业农村部会同国家质量监督检验检疫总局先后紧急将扶桑绵粉蚧、向日葵黑茎病、木薯绵粉蚧、异株苋亚属、地中海白蜗牛、白蜡鞘孢菌 6 种（属）有害生物增补入该名录管理。其中，2009 年 2 月增补 1 种，2010 年 10 月增补 1 种，2011 年 6 月增补 2 种（属），2012 年 9 月增补 1 种，2013 年 3 月增补 1 种，合计 441 种（属）。2014 年，全国各口岸截获的检疫性有害生物达 349 种、74 133 批次，比 2010 年分别增加 61%、147%。针对截获的检疫性有害生物，口岸检验检疫机构依法采取检疫除害处理、退运、销毁等措施，大量外来有害生物被挡在国门之外。

（撰稿：常雪艳；审稿：周雪平）

《中华人民共和国农药管理条例》 *Pesticide Management Regulations of the People's Republic of China*

中国为了加强对农药生产、经营和使用的监督管理，保证农药质量，保护农业、林业生产和生态环境，维护人畜安全而制定的管理条例，由国务院负责发布，是中国在农业管理中的最高法规。新修订的《中华人民共和国农药管理条例》（2017 版）共 8 章 66 条，由总则、农药登记、农药生产、农药经营、监督管理、法律责任、附则等 9 部分组成。

该条例界定了农药的定义，即是指用于预防、控制危害农业、林业的病、虫、草、鼠和其他有害生物以及有目的地调节植物、昆虫生长的化学合成或者来源于生物、其他天然物质的一种物质或者几种物质的混合物及其制剂。明确了国务院农业主管部门所属的负责农药检定工作的机构负责农药登记具体工作。农药作为特殊商品，采取国家农药登记管理制度、生产许可制度和农药经营许可制度，同时对农药生产的过程和包装、标签作出了相应的规定。

1997 年 5 月 8 日中华人民共和国国务院令第 216 号首次发布《农药管理条例》，根据 2001 年 11 月 29 日《国务院关于修改〈农药管理条例〉的决定》修订，2017 年 2 月 8 日国务院第 164 次常务会议修订通过。条例的修订，对于加强农药管理，保证农药质量，保障农产品质量安全和人畜安全，保护农业、林业生产和生态环境具有重要意义。新修订的内容主要有以下的一些变化：取消临时登记；设立经营许可；实施召回制度；规定处罚低限。明确减免了登记资料的情形。完善了农药使用管理制度，要求农业主管部门加强农药使用指导、服务工作，并加强对农民科学合理用药的培训；鼓励和扶持专业化病虫害防治，制定并组织实施农药减量计划，逐步减少农药使用量；要求使用者不得超范围、超剂量用药，禁止将剧毒高毒农药用于食用农产品。加大了对农药违法行为的处罚力度。

世界上绝大多数国家对农药的生产、销售、使用实行管理制度，制定和颁布多种农药管理法律法规，对农药全面管理。最早制订农药管理法的国家是法国（1905），其次是美国（1910）、加拿大（1927）、联邦德国（1937）、日本（1948）、英国（1952）、瑞士（1955），大部分国家制订工作起始于20世纪60年代以后。

从联合国粮食及农业组织（FAO）1985年通过的《农药供销与使用国际行为准则》，各国的农药法规呈现几个特点：① 明确了农药的生产、销售与应用推广以及主管监督等部门的职责范围。② 设立专家委员会，对农药的评审和重大法规的制订提出建议。③ 建立农药登记制度。④ 制订了农药最大残留限量（MRL）。⑤ 明确标签的重要性和法律性。⑥ 开展登记后监督实施活动。

农药管理事关农业生产安全、农产品质量安全，关乎农民利益和社会稳定。世界各国均逐步建立起科学完善的农药管理的法律法规，且根据农药实际生产销售及使用，结合各自国情，对相应的法规条例进行修订，为农业生产发展提供了有力保障，切实维护农民利益和消费者权益。

参考文献

顾宝根，刘亚萍，林艳，等，2004. 欧盟农药管理概况 [J]. 农药科学与管理，25(12): 27-30.

宋俊华，顾宝根，2019. 国际农药管理的现状及趋势：上 [J]. 农药科学与管理，40(12): 9-14.

宋俊华，顾宝根，2020. 国际农药管理的现状及趋势：下 [J]. 农药科学与管理，41(1): 8-13.

吴小毅，2012. 美国农药法规概述 [J]. 农药科学与管理，33(10): 14-19.

（撰稿：董丰收；审稿：谭新球）

《中华人民共和国森林病虫害防治条例》 *Forest Diseases and Pests Control Regulation of the People's Republic of China*

中国第一部森林病虫害防治法规。根据《中华人民共和国森林法》有关规定制定，国务院于1989年11月17日第五十次常务会议通过，1989年12月18日国务院令第46号发布施行。该条例的制定为有效防治森林病虫害，保护森林资源，促进林业发展，维护自然生态平衡提供了法律保障。共5章30条，包括总则、森林病虫害的预防、森林病虫害的除治、奖励和惩罚、附则。

主要内容 ① 介绍了制定该条例的依据、目的意义、涉及对象、执行原则和方针、各级政府和森林所有者的责任等。② 国务院林业主管部门主管全国森林病虫害防治工作，地方各部门各司其职。森林病虫害防治强调实行“预防为主，综合治理”的方针和“谁经营、谁防治”的责任制度。③ 规定了各级政府、森林经营单位和个人在预防森林病虫害过程中的职责和工作内容，包括禁止使用带有危险性病虫害的林木种苗进行育苗或者造林，有计划地组织建立无检疫对象的林木种苗基地，依法对林木种苗和木材、竹材进行产地和调运检疫，加强进境林木种苗和木材、竹材的检疫工作，防止境外森林病虫害传入等。④ 规定了发生严重森林病虫害和大面积暴发性或者危险性森林病虫害时，各级人民政府、林业主管部门、森林经营单位和个人的职责，除治用药原则和方法等。⑤ 规定了执行森林病虫害除治功过奖惩办法，行政处罚由县级以上人民政府林业主管部门或者授权的单位决定，当事人对行政处罚决定不服的可向人民法院起诉。

（撰稿：张永安；审稿：周雪平）

《中华人民共和国植物检疫条例》 *Regulation on Plant Quarantine of the People's Republic of China*

规范中国农林业植物检疫管理的法律。为了防止危害植物的危险性病、虫、杂草传播蔓延，保护农业、林业生产安全，由国务院于1983年1月3日发布，1992年5月13日修订发布。《植物检疫条例》共24条，对管理机构、调运检疫、产地检疫、国外引种检疫等做了全面规定。

主要内容 ① 国务院农林业主管部门主管全国的植物检疫工作，各省、自治区、直辖市农业主管部门主管本地区植物检疫工作，县级以上地方各级农业主管部门、林业主管部门所属的植物检疫机构负责执行植物检疫任务。② 由国务院农林业主管部门制定农林业植物检疫对象和应施检疫的植物、植物产品及病、虫、杂草名单。各省、自治区、直辖市农林业主管部门可根据需要制定本行政区内的补充名单。加强疫区和保护区的严格区划。③ 在调运检疫方面，加强植物、植物产品、种子、苗木和其他繁殖材料在调运前的检疫。交通运输部门和邮政部门一律凭植物检疫证书承运或收寄。对调入的植物和植物产品，调入地植物检疫机构应当查验检疫证书，必要时可以复检。④ 产地检疫，植物检疫机构应实施产地检疫，规定种子、苗木和其他繁殖材料的繁育单位，建立无植物检疫对象的种苗繁育基地、母树林基地，确保试验、推广的种子、苗木和其他繁殖材料不得带有植物检疫对象。⑤ 从国外引种检疫方面，规定从国外引进种子、苗木，引进单位应当向省、自治区、直辖市植物检疫机构或国务院农林业主管部门所属的植物检疫机构提出申请，办理检疫审批手续。开展隔离试种，安全分散种植。

（撰稿：吴立峰；审稿：周雪平）

种子包衣技术 seed coating method

以种子为载体，利用黏着剂或成膜剂，将杀菌剂、杀虫剂、微肥、植物生长调节剂、着色剂或填充剂等非种子材料，包裹在种子外面，形成一层光滑、牢固的药膜的处理技术（见图）。以达到使种子成球形或基本保持原有形状，提高抗逆性、抗病性，加快发芽，促进成苗，增加产量，提高质量的

种子药剂包衣（郑建秋提供）

一项种子新技术。它具有应用方便、成本低廉、防止病虫害、提高种子田间成苗率、促进幼苗生长等优点。

基本原理 种子包衣技术是将含有一定成膜化物质的、可专用于良种包衣技术处理的一种有效处理剂即种衣剂包裹在种子表面，并立即固化成膜的技术。种衣剂由非活性成分和活性成分组成，其中活性成分包括杀虫剂、杀菌剂、微量元素、复合肥及植物生长调节剂等。种衣剂的作用包括3个方面：第一是种子消毒，并起到防止土传病害和地下害虫的保护屏障作用；第二是内吸传导作用，种衣剂中的有效成分大部分具有内吸传导作用，有少部分无内吸性的药剂和肥料也可以借助被动扩散和植物地上部分的蒸腾作用形成拉力，从种表进入种内，再传导和分布于地上部未施药的部位，继续起防病治虫的作用；第三是种衣剂中有成膜物质，能控制药肥缓慢释放，具有延长药肥持效期的作用。由此来实现针对苗期病虫害进行有效防治、提高发芽率促进幼苗生长、提高作物产量、降低生产成本、减少环境污染、促使良种标准化和商品化发展。

适用范围 种衣剂于20世纪60年代在美国研制成功；70年代，美国、意大利、日本、德国等国家根据本国实际研制出不同的种衣剂并大力推广良种包衣技术。中国在80年代初开始进行种衣剂的研究，并于90年代初开始正式推广。随着种子处理技术迅速发展以及环境保护意识的增强，农用化学药剂的施用方式由叶面施用转移到种子处理上来的趋势强烈，因此，种衣剂的功能将会有逐步拓展的可能。除现有的保健、防病、治虫功能外，将向多功能方向发展，同时也会有新型的种子处理剂出现。例如促进幼苗生长发育的种衣剂，含有选择添加除草剂的种衣剂，打破种子休眠和化学生物复合型种衣剂，逸氧、抗旱、抗倒伏功能特异种衣剂等。为了便于储藏和运输，降低生产包衣成本，干粉种衣剂发展迅速，生物型种衣剂在中国将有较大发展前景。

主要技术 农作物种子包衣一般是指利用高分子化合物作为载体，将保护农作物种子在田间发芽成苗的农药、营养元素以及有益微生物通过机械的方式包在种子表面的一种种子处理技术。种子包衣技术主要有种子包膜技术和种子丸化两种。种子包膜技术是将种子与特制的种衣药剂（即种衣剂）按一定比例混合均匀，在种子表面涂上一层均匀的药膜，形成包衣种子。随着大量新型种衣剂的涌现，种子包膜技术也从传统的将包衣剂均匀地包裹在种子表面的"均一型"包衣方法，发展为分层包衣、缓释包衣等不同包衣方法，使种衣剂发挥出最佳效果，从而提高种子抗逆性、抗病性，加快发芽，促进成苗，增加产量，提高质量。种子丸化是在种子包衣技术基础上发展起来的一项适应精细播种需要的农业高新技术，是用特制的丸化材料通过机械加工，制成表面光滑、大小均匀、颗粒增大的丸（粒）化种子。与包膜技术相比，种子丸化技术对包衣药剂的成膜性、黏度要求相对较低，药剂的物理形态和理化性质也没有太多限制，为合理采用多种药剂，以及包衣技术在更多的种子上使用提供了可能。

种子包衣作为一项促进农业增产丰收的高新技术，具有综合防治、低毒高效、省种省药、保护环境、投入产出比高等特点。合理运用种子包衣在有效防治苗期病虫害、提高发芽率、促进幼苗生长、提高作物产量、省种省药、降低生产成本、减少环境污染促进生态平衡、促使良种标准化和商品化发展等方面都具有重要意义。种子包衣技术起源于欧美等发达国家，这些国家现代种子包衣技术的发展迅速，包衣剂已大批量生产并商业化，约90%以上的蔬菜种子均经过包衣处理。包衣剂作为一种用于作物或其他植物种子处理的、具有成膜特性的农药制剂，通常由农药原药杀虫剂、杀菌剂、激素和种肥等以及成膜剂、润湿剂、分散剂、渗透剂和其他助剂加工制成的。生产中常常根据使用目的的不同在种衣剂中加入不同的活性成分，根据活性成分的不同，种衣剂可以分为单一农药型种衣剂、复合型种衣剂、生物型种衣剂和特异型种衣剂。第一代包衣剂主要是由最基本的杀菌剂、复合肥、缓释剂、成膜剂和表面活性剂组成，缺点是成膜效果差，容易脱落，并且没有使用增亮剂，包衣后效果较差；第二代包衣剂在第一代的基础上，对成膜剂和染色剂的品种、用量进行了调整，在外观成膜方面有了提升；现在使用的第三代种衣剂是参照国家标准和外企产品，相比前两代种衣剂增加了微量元素、增效剂、缓释剂、成膜剂和表面活性剂，其在活性成分、外观效果、固化成膜等方面都达到较高水平。经第三代包衣剂处理的种子，外观整齐一致，达到国家种子质量标准，而且具备了药剂和微肥缓慢释放的特性，能够促进幼苗生长，提高壮苗率，同时对于苗期土传病虫害均有一定的预防作用。种子包衣明显优于普通药剂拌种，主要表现在综合防治病虫害、药效期长、药膜不易脱落、不产生药害。

注意事项及影响因素 种包衣技术的推广在不同作物上差别很大。由于作物的差异和病虫害的变化、新农药的开发、农业持续发展的需要等因素，决定了必须不断进行种衣剂新产品的研制和推广，朝着最优性能价格比、广谱、高效、低毒和逐步降低农药公害方向发展。

各地区的良种包衣技术推广发展不平衡，一些地区科技意识不强，配套种子加工包衣设备不完善，宣传重视力度不够，包衣技术推广较慢。需要政府部门和企业加强对这项技术的知识普及，使更多人能够了解、受益。

南方水、旱育秧水稻上推广存在难度，主要受种衣剂中成膜剂技术和药剂溶解淋溶问题的制约。这对种子包衣技术提出更高的要求，因此在原有技术的基础上提高种子包衣的稳定性也将是未来的发展方向。

参考文献

葛继涛，甘德芳，孟淑春，2016. 种子包衣的研究现状及实施良好农业规范的必要性 [J]. 种子，35(2): 45-49.

（撰稿：王相晶；审稿：向文胜）

《重大农林入侵物种生物学及其控制》 *Biology and Management of Invasive Alien Species in Agriculture and Forestry*

由中国农业科学院植物保护研究所万方浩、南京农业大学郑小波和中国农业科学院植物保护研究所郭建英主编，科学出版社 2005 年出版。该书系统介绍了中国重要农林外来入侵物种的生物学与控制。分为总论和各论两大部分。总论部分系统综述了生物入侵的有关概念、国内外生物入侵的发生、预防与控制研究现状以及入侵机制的研究发展趋势。各论部分详细介绍中国 35 种最重要的农林外来入侵生物的分布与起源、识别特征与早期诊断、传入途径与入侵成因、危害现状与生态经济影响评估、生物学特性、风险分析与监测、预防控制措施。书末附有农林外来入侵物种名录及其信息分析。

该书是其担任第一期“973”计划项目期间，组织相关国内从事生物入侵研究的专家学者共同编写而成，可给生物安全领域有关的科研人员、大专院校师生、从事动植物检疫和农业、林业的科研人员、行政官员及管理人员提供参考。

（撰写：周忠实；审稿：郭建英）

重大外来入侵害虫烟粉虱的研究与综合防治 the study and integrated management of an alien invasive pest bemisia tabaci

获奖年份及奖项 2008 年获国家科技进步奖二等奖

完成人 张友军、罗晨、万方浩、张帆、吴青君、王素琴、朱国仁、徐宝云、于毅、褚栋

完成单位 中国农业科学院蔬菜花卉研究所，北京市农林科学院植物保护环境保护研究所，中国农业科学院植物保护研究所

项目简介 烟粉虱是一种由 30 多种生物型组成、能传播 70 多种病毒、可对 420 多种植物形成危害的世界性“超级害虫”，可使蔬菜等作物减产 50%～60%，严重时甚至导致绝收，给农业生产造成巨大损失。该项目在国家重点基础研究发展计划（“973”计划）、国家科技攻关重点项目、科技部农业科技成果转化资金项目、国家自然科学基金、北京市自然科学基金重大项目等资助下，经过 9 年研究，对入侵中国的烟粉虱开展了系统研究，为与烟粉虱类似的越冬栖息地制约型外来入侵生物（依靠在设施中越冬）的控制提供了一套成熟的管理模式。主要创新成果如下：

首先发现了重大危险外来入侵生物 B 型和 Q 型烟粉虱入侵中国，并率先开发了能快速检测这两种外来入侵生物型的分子检测方法。率先揭示了 B 型和 Q 型烟粉虱在中国的入侵分布现状。发现 B 型烟粉虱已扩散到中国广大地区，而 Q 型主要分布在南方地区，甚至有取代 B 型成为当地优势危害种群的趋势。

首次阐明了入侵中国的烟粉虱的入侵来源、扩散路径和入侵特点。发现 B 型烟粉虱有多个入侵来源，其首先分别传入沿海地区后，逐步向内陆地区扩散；入侵的 Q 型烟粉虱主要来源于地中海地区，其入侵与 1998 年在云南召开的世界园艺博览会密切相关；B 型和 Q 型烟粉虱在入侵过程中没有明显的“瓶颈”效应，不同种群之间存在显著的基因交流。

发现入侵中国各地的烟粉虱种群间存在着显著的遗传分化，并首次阐明了这种遗传分化与寄主植物、温湿度环境和杀虫药剂使用密切相关。发现 B 型烟粉虱扩散、暴发与其个体发育时间短、种群扩繁速度快、生殖竞争能力强等独特的生物学特性，以及对高温和变温更强的适应能力和更强的寄主适应性有关。

首次阐明了入侵烟粉虱在中国北方地区的发生、危害规律及其生物生态学特性；开发出了具有自主知识产权、对烟粉虱有优良诱杀效果的物理防治产品；建立了粉虱天敌—丽蚜小蜂的质量标准、生产技术规程和规模化生产线；筛选出了噻嗪酮等 10 余种对天敌安全、对环境友好的高效低毒药剂。创造性地提出了与中国设施栽培条件相适应，以“隔离、净苗、诱捕、生防和调控”为核心技术的烟粉虱可持续控制技术体系，该技术体系可减少杀虫剂使用量 70% 以上。

烟粉虱的可持续控制技术体系在北京、天津、山东、河北、辽宁和吉林等地进行大面积的示范推广。累计推广面积约 610.91 万亩，累计直接经济效益达到约 56.48 亿元，同时还取得了明显的生态和社会效益。

项目总体处于国际先进水平，部分技术处于国际领先水平。

（撰稿：吴青君；审稿：张友军）

重要植物病原物分子检测技术、种类鉴定及其在口岸检疫中应用 molecular techniques for plant pathogen detection and their application in specie identification and quarantine service

获奖年份及奖项 2014 年获国家科技进步奖二等奖

完成人 陈剑平、陈炯、陈先锋、顾建锋、段维军、郑红英、闻伟刚、程晔、崔俊霞、张慧丽

完成单位 浙江省农业科学院、宁波检验检疫科学技术研究院、宁波大学

项目简介 由于缺乏先进的植物病原检测鉴定技术，中国植物病原种类尚未被系统研究。外来植物病原入侵对中国农业生产造成巨大威胁，其检测和防控是世界性难题。因此，建立先进的植物病原检测和鉴定方法，对于认识植物病原种

图 1 检测并鉴定的部分病原物（陈剑平提供）

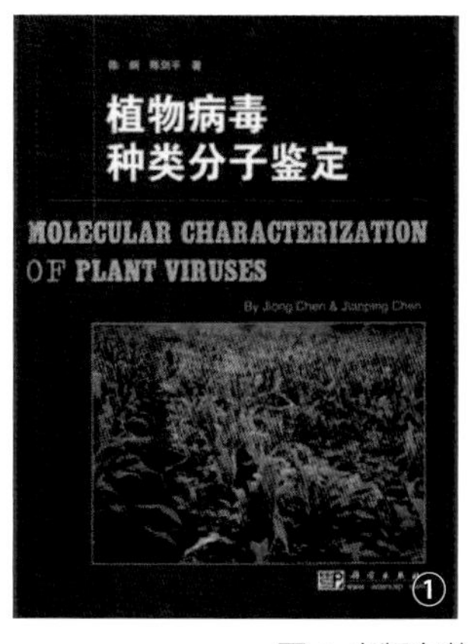

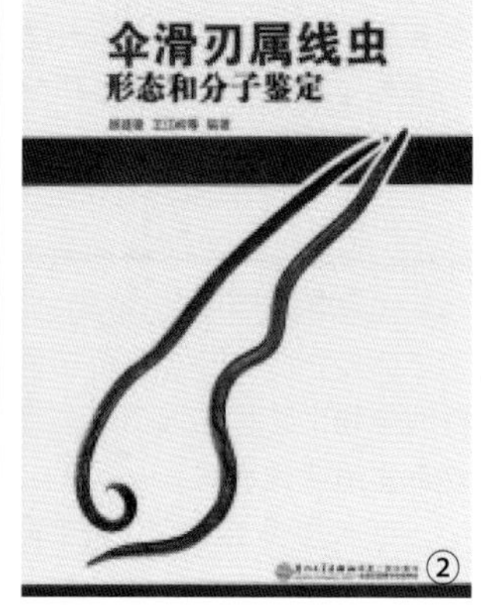

图 2 出版专著（陈剑平提供）

①《植物病毒种类分子鉴定》；②《伞滑刃属线虫》

类和分布，防止外来植物病原入侵，维护国家生物安全和促进现代农业健康持续发展具有重要意义。针对上述背景，项目组开展了重要植物病原分子检测技术、种类鉴定和口岸检疫处理技术研究，取得下列创新成果。

创建了重要植物病原分子检测和鉴定方法，提升了中国植物病原检测和鉴定能力。创建了基于科属特异性简并引物的马铃薯 Y 病毒科、马铃薯 X 病毒属、麝香石竹潜隐病毒属和葱 X 病毒属成员 RT-PCR 检测和基因组全序列扩增技术；建立了 16 种检疫性病毒和 8 种检疫性真菌的 PCR 检测方法；完善了伞滑刃属线虫 ITS-RFLP 鉴定方法，建立了伞滑刃属线虫分组鉴定体系、单条线虫 DNA 提取以及松材线虫 R 和 M 型区分新方法。建立了安全、高效、成本低廉的检疫性线虫处理技术，实现了对检疫性线虫的立体化防控。

鉴定、命名了一批重要植物病原新种，解决了植物病原鉴定中的疑难问题（图 1）。首次研究了葱 X 病毒属和分类标准，完善了上述 4 个属基因组结构、多聚蛋白裂解位点和保守性活性位点等序列特征。从全国 18 个省（自治区、直辖市）44 种作物中鉴定了上述 4 个属病毒 45 种，其中新种 9 种（占国际病毒分类委员会同期鉴定的同属新种 14%），中国新纪录种 11 种，更正命名 6 种。测定了 26 种病毒基因组全序列，其中 19 种为首次测定，20 种美国国家生物技术信息中心（NCBI）认定为相关病毒的参考序列，占同期认定的同属病毒参考序列总数 23%。从口岸截获鉴定线虫新种 25 种，更正命名 2 种。其中伞滑刃属线虫新种 16 种，占全球鉴定的该属新种的一半以上。

检测并鉴定的部分病原物。截获了一大批重要检疫性植物病原，保障了国家生物安全。从口岸首次截获检疫性病毒 1 种、线虫 7 种、真菌 5 种；截获检疫性病毒 151 种次，线虫 82 种次，真菌 94 种次。国家质检总局根据检疫结果发布警示通报 7 次，执行境外谈判和预检 7 次。先后承担全国检验检疫系统培训 12 次，累计 1226 人。建立的技术在全国广泛应用，3 年 63 个应用单位共截获检疫性植物病原 53 种 1466 批次，节约取样费、试剂费、货柜和船舶滞港费累计 2.38 亿元。

发表论文 107 篇，其中 SCI 收录 48 篇，出版专著两部（图 2），授权国家发明专利 10 项，制订国家标准 8 项、行业标准 9 项，研究成果得到国际组织和同行高度评价，总体处于国际领先水平。

（撰稿：陈剑平；审稿：杨秀玲）

重要作物病原菌抗药性机制及监测与治理关键技术 the key technology for mechanism, monitoring and treatment of pathogenic bacteria in important crops

获奖年份及奖项 2012 获国家科技进步奖二等奖

完成人 周明国、倪珏萍、邵振润、陈长军、陈怀谷、于淦军、王凤云、张洁夫、梁帝允、王建新

完成单位 南京农业大学、江苏省农药研究所股份有限公司、全国农业技术推广服务中心、江苏省农业科学院、江苏省植物保护站

项目简介 20 世纪 60 年代末发明的多菌灵等苯并咪唑类杀菌剂，符合了对农药的高效、低毒、广谱、安全要求而在全球广泛应用。但是，病原微生物繁殖和变异快的特性，使这些基于单作用位点的选择性杀菌剂应用 2～3 年后，在许多国家便出现了抗药性病害突发性再猖獗，造成重大生产损失。随之提高用药量不仅未能治理抗药性，反而造成环境污染和农药残留超标。因此，抗药性成为全球持续有效防控重大疫病流行和保障食品和环境生态安全所面临的重大问题。该项目针对中国农药创制能力较低，长期依赖多菌灵防治粮油作物重要病害和面临抗药性病害突发而束手无策的状况，从研究抗药性病害流行规律和发生机制入手，研发了原创性抗药性病害流行早期预警和高效治理技术，并得到大面积应用，推动了中国植物病害防控和农药创制的科技进步。

自 1986 年以来，连续监测了水稻恶苗病菌、小麦赤霉病菌和油菜菌核病菌对多菌灵的抗药性，探明抗药性群体发展规律和地域分布，提出利于病害发生的高产优质栽培技术和药剂选择是加速抗药性发展和防效下降的关键因子。揭示了国际上历经 40 年未能探明的赤霉病菌对多菌灵的抗药性机制，发现并命名该病菌与多菌灵抗性有关的 2- 微管蛋白基因，及该基因发生抗药性点突变和使用多菌灵会成倍增加镰刀菌毒素对食品的污染。首先报道 2- 微管蛋白基因点突变是菌核病菌和恶苗病菌的抗药性机制及抗药基因型多样性。发明了 4 种多菌灵抗性快速诊断和 2 种高通量分子检测技术，为抗药性病害流行的早期预警提供了技术支撑。研发

Z

并推广应用了系列抗药性治理技术：① 针对抗药性恶苗病和赤霉病治理需求，分别从工业消毒剂和原创性合成化合物中筛选、发明了杀菌剂史上用量最少（0.1g/亩）的特高效（防效95%以上）、超广谱、无残留、最安全的种子处理剂二硫氰基甲烷制剂，和对其他生物和环境特别安全、并可减少毒素污染90%的氰烯菌酯。前者成为种传病害重发区的必用药剂，累计应用4亿多亩次。后者成为防治赤霉病效果最好的全国推广新产品，示范应用逾2000万亩。② 旨在降低病害和优化药剂选择压，研发的福菌核和福菌脲已在江苏和安徽取代多菌灵防治油菜菌核病1亿多亩次，培育的抗菌核病‘宁杂11’获得国家植物新品种权证书，研发、组装的稻种催芽至露白播种和病害综合防控关键技术被普遍采用，延缓了抗药性发展。

该成果新增效益逾200亿元，为中国栽培新技术推广和为15年没有发生重要抗药性病害再猖獗及发展原创性农药作出了巨大贡献。先后获省部级科技进步二等奖2项、技术发明二等奖1项、成果转化三等奖1项，国家登记新产品和新品种8个，发明专利11项，地方标准1项。发表论文87篇（SCI论文22篇），被引用832次。出版农业病虫抗药性专辑和学术会议论文集5卷。连续18年举办全国病虫抗药性监测技术培训和1次国际培训，举办7次全国性学术研讨会，培训3万多人。多次被国际植保、植病、农药学术组织邀请在国际学术大会上学术报告。该成果系统建成了中国杀菌剂抗性研究领域，并处于国际前沿水平。

（撰稿：周明国；审稿：周雪平）

周明牂 Zhou Mingzang

（杨奇华提供）

周明牂（1907—2005），字盛继。农业昆虫学家，农业教育家。中国近代农业昆虫学先驱。中国农业大学植物保护学院一级教授，博士生导师（见图）。

生平介绍 1907年9月9日出生于江苏泰县（今属泰州）。1924年考入南京金陵大学农学院，1929年2月毕业，获农学学士学位。1930年8月，赴美国康奈尔大学深造，主攻昆虫学，先后于1931年和1933年获得科学硕士学位和哲学博士学位，并被选为美国Sigma Xi荣誉学会会员，获“金钥匙”奖。1933年回国后，历任国立浙江大学农学院教授兼植物病虫害系主任、广西农业管理处一级技正、国立广西大学农学院教授兼院长、桂林科学实验馆研究员、福建农学院教授兼病虫害系主任、福建省研究院动植物研究所研究员等职。1946年10月，被聘为国立北京大学农学院教授兼昆虫学系主任。1949年秋，出任北京农业大学教授兼昆虫学系主任；1952—1983年任植物保护系教授兼系主任（1952年院系调整为植物保护系）；1981年成为首批博士研究生导师。

周明牂1952年加入中国民主同盟，1956年加入中国共产党。曾当选为中国人民政治协商会议第四、五、六届全国委员会委员；还曾历任北京农业大学学术委员会副主任，中国农业科学院学术委员会委员兼植物保护研究所副所长，中国昆虫学会（ESC）副理事长，中国植物保护学会（CSPP）副理事长，全国自然科学名词审定委员会（后更名为“全国科学技术名词审定委员会”）委员，《应用昆虫学报》总编辑，《昆虫学报》副总编辑，《植物保护学报》副主编、主编，《中国大百科全书：农业卷》编辑委员会委员兼《中国大百科全书：农业卷》植保组主编。

成果贡献 周明牂致力于中国农业昆虫学研究几十年，是建立和发展中国农业昆虫学的先驱者。他一向认为，摸清中国农业害虫的种类是开展防治工作的基础。为此，他凭借多年的实践工作经验，于1953年主编了《华北农业害虫记录》一书。70年代，周明牂又对已发表的著作进一步修订、补充，编写了《中国主要害虫名录》。20世纪70年代以前，国外的农业昆虫学专著，一般均仅按作物列举重要害虫分别阐述，缺乏系统概括的理论探讨。周明牂认为，农业昆虫学虽属一门应用科学，但有其本身的系统理论基础。1961年，在他主编的第一本高等农业院校试用教材《农业昆虫学》中，对该学科的原理和方法做了概括阐述，使农业昆虫学科从内容到体系更臻于完善。特别是在区分“害虫”与“虫害”的概念，分析虫害产生的条件及控制虫害的基本途径和比较分析各类防治法特点的基础上，他制订出害虫防治的要求、策略、途径和方法，从而纠正了过去长期存在的防治“以消灭害虫的种为目标”和依赖单一防治措施的偏向。他这一学术思想，孕育了20世纪80年代被国际植物保护科技工作者广泛接受的有害生物综合治理的基本原理。

周明牂从大量实践中深刻认识到：害虫防治研究不能局限于研究害虫本身，而应联系有关害虫生存发展的多方面生态环境因素的作用，从而明确提出了“害虫防治应采用以农业防治为基础，结合必要的化学防治的综合防治措施”的建议。1962年周明牂在中国植物保护学会成立大会上，作了《中国害虫农业防治研究现状和展望》的学术报告，1963年在《人民日报》上发表《结合耕作防治害虫》一文。1964年在北京科学会堂举行的国际科学讨论会上，宣读了《中国水稻三化螟研究的进展》论文，引起与会学者重视。1975年河南新乡召开的全国植物保护工作会议提出的“预防为主，综合防治”的植物保护工作方针就吸收了周明牂的观点。

1983年，周明牂参与“六五”国家科技重点课题“棉花病虫害综合防治技术研究”。他在冀南（河北南部）主产棉区设立综合防治基点深入研究，提出了农业防治、生物防治、化学防治等关键技术的协调组配方案及重视三代棉铃虫的防治策略新见解，用于生产后取得了明显的经济效益和生态效益。“七五”期间，他又进一步完善综合防治技术体系，为提高中国综合防治技术水平，推动农业防治与其他防治技术协调应用的发展作出了突出贡献。

20世纪50年代以来，植物抗虫性的研究和利用在国际上发展很快，且已形成了自身的科学体系。50年代末，周明牂在内蒙古进行防治春小麦麦秆蝇的研究，发现麦秆蝇的发生过程与品种关系密切。因此，他决定在中国开创和发展植物抗虫性学科的工作。他指导和带领青年教师以小麦、谷子、棉花等作物的主要害虫为对象，从基础的品种抗性筛选工作做起，逐步深入到鉴定技术方法、抗性机制以及品种抗虫性的本质因素分析和品种资源的抗性评定、利用等主要内容开展研究，取得了丰硕成果。他是国内乃至国际较早的"多抗育种、一举多得"的思想者和工作者，育成了'6410''6407'等多抗性丰产良种。

1978年在山西太原召开的中国植物保护学会的大会上，他作了"国外抗虫性研究的进展"的学术报告，以期促进国内该领域研究的开展。1979年，他在安徽黄山主持召开首届全国抗虫性学术讨论会，组织交流了中国植物抗虫性工作的情况，并作了"我国植物抗虫性研究的现状和发展"的学术报告，强调开展该领域研究的重要意义和紧迫性。1982年又在陕西武功主持召开了第二次学术讨论会。1981年秋，他率领中国代表团赴美考察有害生物综合治理工作，尤其对植物抗虫性的研究和利用作了重点考察。回国后提出了该领域在中国发展的建议。1985年，在中国植物保护学会于长沙举办的"2000年中国植物保护科学技术发展预测及对策"的会议上，他又作了"植物抗虫性研究利用的动向和展望"的学术报告。1982年他在中国首次开设了"植物抗虫性原理"的研究生课，1992年他主编了《作物抗虫性原理和应用》一书。

所获奖誉 周明牂在近70年的工作生涯中，本着理论联系实际、实事求是的原则，将教学、科研、生产三者有机地结合起来，不懈奋斗，在害虫防治理论与实践、植物抗虫性等方面作出了奠基性与开拓性贡献。他的学术思想孕育了"有害生物综合治理"的基本原理。他先后在国内外发表学术论文100余篇，出版了《华北农业害虫记录》《中国主要害虫名录》《农业昆虫学》《植物抗虫性原理与应用》等专著和教材10余部。周明牂先后于1980年、1986年和1988年分别荣获农业部技术改进一等奖、科技进步二等奖和国家科技进步二等奖。1993年，原北京农业大学为表彰他为学校的建设与发展做出的卓越贡献，特授予他"荣誉农大人奖"。

周明牂热爱祖国，热爱教育和科学事业。他学风严谨，兢兢业业，言传身教，为祖国培养了大批优秀人才，其中硕士研究生20余名、博士研究生16名。1985年他被评为农牧渔业部属高等院校优秀教师。他既重视开拓进取，又坚持脚踏实地，持之以恒，为中青年科技工作者树立了学习榜样，为中国植物保护和昆虫学教育事业作出了杰出贡献。

（撰稿：杨奇华、张青文；审稿：马忠华）

Z

周尧 Zhou Yao

周尧（1912—2008），昆虫学家。西北农林科技大学植物保护学院教授、博士生导师。圣马力诺共和国国际科学院院士（见图）。

（王应伦提供）

生平介绍 1912年6月出生于浙江宁波。1932年9月考入江苏南通大学农学院，主攻昆虫分类。1936年，因成绩优异，获时任南通大学校长、清末状元张謇的资助，赴意大利那波利大学学习，师从世界昆虫分类学权威西尔维斯特利（F. Silvestri），学习昆虫分类学并获博士学位。1939年5月，作为昆虫专家应邀参加中英庚款会川康科学考察团，在四川西部进行科学调查并采集昆虫标本。

1939年11月受聘为西北农学院教授，先后担任总务长、植物保护系主任、昆虫研究所所长、昆虫博物馆馆长；先后兼任北京自然博物馆研究员、陕西省动物研究所所长、西北五省野生动物保护委员会主任顾问、中国昆虫学会（ESC）理事、中国昆虫学会蝴蝶分会理事长、陕西省昆虫学会名誉会长、第19届国际昆虫学大会组委会委员、中国科学技术学会理事、西安世界语学会名誉会长、九三学社中央参议委员会委员、第六届和第七届全国政协委员，《昆虫分类学报》主编，《昆虫学报》《动物分类学报》《昆虫知识》等期刊编委。

1939—1979年40年间，主要从事植物保护专业的"普通昆虫学"教学。他重视教学实践环节，根据昆虫分类实践性强的特点，尽力把讲课和实验结合起来，采用使学生"听、看、做、议"相结合的教学方法，常带领学生到田间观察昆虫习性和采集标本，建立感性认识，加强理论联系实际，在实践中提高同学们发现问题、分析问题和解决问题的能力。

"文化大革命"期间，他仍坚持从事昆虫学和动物学研究。1978年，他的教学和科研工作基本恢复正常。

成果贡献 1979年以后，他的教学重点转到培养研究生，先后指导了32名博士、硕士研究生和2名博士后，他们大多已成为本学科及相关领域的知名学者和学术带头人。他坚持学以致用，言传身教，把"科学道德"贯穿整个培养过程，特别是《谈谈"科学道德"问题》一文发表后在社会各界引起强烈反响，深受学生爱戴，被誉为"一代师表"。先后编写（译）出版了《普通昆虫学》《农业昆虫学总论》《昆虫分类学》《农业昆虫学原理》《农业昆虫学研究技术》、《农业昆虫学》（上、下册）、《昆虫学通论》（上、下册）以及《农业昆虫学》（上册，俄文译本）等10多部教材，还编写出版了中国第一本《中国昆虫学图说》《中国早期昆虫学研究史》，第一套《农作物害虫挂图》，第一本《检疫害虫图论》等教学参考书和工具书，为中国农业教育、尤其是昆虫学教育事业作出了卓越贡献。

早在上大学期间，他就创立了学术团体"昆虫趣味会"和《趣味的昆虫》期刊。抗战胜利后，创立了天则昆虫研究所，并主编《昆虫与艺术》《中国昆虫学杂志》及《中国之昆虫》（英文版）等期刊。1979 年受全国昆虫学家委托创办国际性学术期刊《昆虫分类学报》，该期刊是中国唯一专门刊登昆虫分类研究的学术期刊，在国际上有重要影响力。1980 年创办昆虫研究所。1987 年 6 月在西北农学院创建了中国第一家昆虫博物馆，馆内所收藏的逾 120 万号昆虫标本，绝大多数是他和学生亲手采集和制作的，为进行昆虫分类及害虫防治以及生物进化研究留下了珍贵的材料。1996 年创立了中国昆虫学会（ESC）蝴蝶分会，为团结中国多数蝴蝶爱好者和研究者，开展学术交流，提高蝴蝶研究水平，对中国蝴蝶资源的保护和利用起到了重要作用。为促进中国昆虫分类学事业的发展，1996 年捐资 50 万元设立了“周尧昆虫分类学奖励基金”，已奖励优秀中青年昆虫分类学者 20 届共 120 多人。

他是中国昆虫分类学的重要奠基人。他经常跋山涉水采集标本、绘制图谱、收集文献，在过去交通十分不便的情况下，中国除台湾、西藏以外的每个省（自治区、直辖市）均有他的足迹。通过 70 载的不懈努力，经他之手采集收藏的标本仅蝴蝶就有 900 多种。先后独自、合作或指导研究生进行过原尾目、弹尾目、双翅目、襀翅目、食毛目、虱目，蝗总科、蜡蝉总科、角蝉总科、沫蝉总科、叶蝉总科、粉虱科、木虱科、盾蚧总科、猎蝽科、长翅目、金翅夜蛾亚科、木蠹蛾科、钩翅蛾科、蝶亚目、蝇科、蚜茧蜂科、小蜂总科等 25 个昆虫类群的分类研究。发表论文 220 多篇、著作 30 多部。在 20 世纪 60 年代，第一次在中国提出“时空统一”的进化分类与歧序分类理论，并对昆虫纲总科以上分类阶元进行了重新划分，建立了 23 新亚目、45 个新总科、2 个新科、29 新属，发现 420 个新种。

1989 年完成《中国盾蚧志》，该书荣获“中国优秀科技图书一等奖”。1994 年主编出版《中国蝶类志》，详细记述了中国蝴蝶 12 科 369 属 1222 种，1851 亚种，命名了 85 个新种与新亚科，该书 1995 年获全国优秀科技图书二等奖及第九届中国图书奖。1997 年完成了《中国蝴蝶分类研究》，为全世界研究蝴蝶属征与翅脉最全的一部专著，使中国的蝴蝶研究更加完善。该书 2000 年获第十二届中国图书奖。结合科学研究和教学工作，创作了题材广泛的 3000 多幅昆虫绘图，汇总出版了《周尧昆虫图集》。

他建立了农业昆虫学、昆虫形态学及昆虫学史等学科研究体系。他历时 20 载，查阅大量文献史料，仅线装书达 7000 余册，著成《中国早期昆虫学研究史》（初稿），考证出中国在益虫饲养、害虫防治、昆虫生物学与形态学研究、天敌与化学药剂利用等昆虫学诸多领域，较欧美国家早了几个世纪，被国外专家誉为不朽的著作；之后又修整补充著成《中国昆虫学史》，现有中、英、世界语、意大利语及德文等 5 种版本；随后又进行了“中国近代昆虫学史”研究，出版了《中国近代昆虫学史》，成为中国昆虫学史学科的奠基者。

他注重科学研究与生产实践相结合，不断探索解决中国农业生产中的重大现实问题。早在 20 世纪 50 年代，就组织和领导开展小麦吸浆虫研究，对控制这一毁灭性害虫、保护农业生产作出了重大贡献。

他把自己半个多世纪积累的 10 000 多册昆虫学专业书籍无偿捐献给昆虫博物馆，并在此基础上建立了昆虫学专业图书馆。

所获奖誉　1978 年获全国科学大会奖、优秀科技成果奖，被评为科技先进工作者；1979 年被授予“全国劳动模范”称号；1980 年获那波里大学荣誉奖状；1985 年当选圣马力诺共和国国际科学院院士；1988 年被国际科技世界语大会授予“绿色宇宙大奖”；1995 年获亚洲农业发展基金会“亚洲农业杰出人士”称号及金奖；2001 年获得何梁何利基金会科技进步奖。

他在国际昆虫学界享有盛誉，被誉为“亚洲之光”“虫坛怪杰”“蝶神”。昆虫学者以周尧姓氏命名的昆虫新分类单元达 56 个。他的家乡宁波市鄞州区建立了以他命名的“周尧昆虫博物馆”并予奖金奖励，并在周尧的故居展示他的生平和业绩。2015 年，为大力弘扬周尧先生为代表的老一辈科学家崇尚科学、爱国敬业的崇高精神，西北农林科技大学根据其传记文学《雕虫沧桑》编创了同名话剧《雕虫沧桑》。该剧公演后引起了强烈反响，并作为陕西省唯一入选话剧被推荐参加了 2016 年 11 月上海“中国第五届校园戏剧节”，荣获戏剧节最高奖项“优秀展演剧目”。

性情爱好　周尧除了在事业上的颇多建树外，在文学、书法、绘画、集邮、篆刻、摄影诸方面也有很深的造诣，甚至武术、打猎也颇为在行。年轻时还学过中医、法律、木工等，后来自己办印刷厂，又学会了排版、印刷、编辑。他精通意大利语、世界语、英语等多门外语。他曾深有感触地说：很难设想，如果没有这些业余爱好，自己能不能在昆虫研究王国里驰骋，能否取得那么多的成就。

参考文献

彩万志，2012. 周尧教授相对论 [M]// 周尧教授百年诞辰纪念编委会 . 师表：周尧教授百年诞辰纪念 . 杨凌：西北农林科技大学出版社：425-428.

楚戈，刘庚军，2002. 在昆虫世界里飞翔：记昆虫学泰斗周尧教授 [J]. 今日科苑 (7): 4-7.

丁岩钦，1989. 周尧先生的治学与诲人精神永远是我学习的榜样 [M]// 苍松编委会 . 苍松：周尧教授执教五十周年暨七十七岁寿辰纪念 . 西安：天则出版社：28.

郝树亮，1991. 一腔碧血走天涯：周尧教授留学记 [J]. 国际人才交流 (9): 20-22.

呼东方，2016. 周尧昆虫与蝴蝶的传说 [J]. 新西部，上旬刊 (5): 66-70.

李金劳，袁锋，傅维斌，1990. 追逐事业的人：记著名昆虫学家周尧教授 [J]. 高等农业教育 (5): 8-10.

刘铭汤，1989. 天则出版社诞生的前前后后 [M]// 苍松编委会，苍松：周尧教授执教五十周年暨七十七岁寿辰纪念 . 西安：天则出版社：28.

毛锜，1990. 昆虫学家传奇 [M]. 西安：天则出版社 .

牛宏泰，2003. 周尧教育与学术思想研究 [J]. 沈阳农业大学学报，社会科学版 (4): 327-332.

申宏磊，2009. 与青铜雕像一样不朽的人：中国昆虫学界泰斗周尧 [J]. 人物 (3): 48-54.

王思明，2012. 雕虫成大业，懿德励后学 [M]// 周尧教授百年诞辰纪念编委会，师表：周尧教授百年诞辰纪念 . 杨凌：西北农林科技

大学出版社 : 439-445.

魏军 , 1998. 虫苑大师 [M]. 西安 : 陕西人民教育出版社 : 1-134.

徐象平 , 1995. 昆虫学专家周尧教授 [J]. 西北大学学报自然科学版 (1): 95.

杨忠岐 , 2009. 中国昆虫学界的丰碑 [M]// 周尧 . 雕虫沧桑 : 周尧回忆录 . 杨凌 : 西北农林科技大学出版社 : 418-421.

杨宗武 , 1997. 周尧昆虫分类奖励基金设立 [J]. 昆虫知识 (2): 124

袁锋 , 2009. 学习周尧教授的治学创业精神 [M]// 周尧 , 雕虫沧桑 : 周尧回忆录 . 杨凌 : 西北农林科技大学出版社 : 1-14.

袁锋 , 张雅林 , 2012. 弘扬周尧教授的治学创业精神 [M]// 周尧教授百年诞辰纪念编委会 , 师表 : 周尧教授百年诞辰纪念 . 杨凌 : 西北农林科技大学出版社 : 340-353.

张雅林 , 2009. 一代师表 [M]// 周尧 , 雕虫沧桑 : 周尧回忆录 . 杨凌 : 西北农林科技大学出版社 : 453-461.

周尧 , 2009. 雕虫沧桑 : 周尧回忆录 [M]. 杨凌 : 西北农林科技大学出版社 : 1-461.

（撰稿：王应伦；审稿：张雅林）

朱凤美 Zhu Fengmei

朱凤美（1895—1970），植物病理学家，中国植物病理学主要奠基人之一。

生平介绍 朱凤美 1895 年 11 月 29 日出生于江苏宜兴。少年时爱好植物，常搜集野草标本以自学。青年就学南京第一农业学校后，更是勤奋好学，探根求源，常于寝室熄灯后，借走廊灯光读书思考，深为师辈和同学所赞佩。1918 年和 1927 年两次东渡日本，就读于日本鹿儿岛高等农业学校和东京帝国大学农学部，他自强不息，对学业精益求精，以优异成绩学成回国。先后执教于南京第一农业学校，安徽省立第二农业学校、河北大学农学部、国立武昌高等师范学校、国立北平农学院、国立浙江大学农学院，主持过浙江植物病虫害防治所植病研究室。他潜心治学，博闻强记，学生辈出，中华人民共和国成立后各省主持植病科研工作者颇多是出于朱凤美先生的门下。朱凤美先生深知教学与实践相联系的重要性，30 年代，他教学之余，采集植物标本逾 3000 份，并进行分类研究。经长年累月刻苦探索和广博积累，为开拓中国植物病理学研究和作物病害防治打下了坚实基础。这一时期发表的主要论文有《中国的植物寄生菌》《中国的菌核病类及其防治》等。

1932 年朱凤美先生执教于国立浙江大学农学院。后受聘于实业部中央农业实验所，专攻麦类病害防治研究。他从此由大学教授转向植物保护科学研究。

朱凤美先生曾任中央农业实验所技正，兼病虫害系主任。中华人民共和国成立后，先后担任华东农业科学研究所、中国农业科学院江苏分院一级研究员，植物保护系主任。朱凤美先生拥护中国共产党的领导，热爱社会主义祖国。他曾在日记中写道："共产党是真正为人民造福的党，共产党的言语、政令，都使我无条件地佩服、喜悦、信赖、感激。"他为党为人民忘我地劳动。在之后的 20 多年，他根据农业生产中出现的重大作物病害问题，通过建立研究课题，开拓研究领域，培养专业研究人才。他为了植物保护系的建设，潜心研究，顶层设计；高瞻远瞩，引领方向；呕心沥血，博采众长；为中国农业科学院江苏分院植物保护系和中国的植物保护事业作出了巨大的贡献。

成果贡献 朱凤美先生早期从事麦类病害防治研究。在花蕊传染的小麦黑穗病种子消毒方法取得突破以后，随着研究工作的延伸，水稻种子传染多种病害的方法也迎刃而解。现在全国各地沿用的石灰水种子处理的方法就是朱凤美先生当年的研究成果。在 20 世纪 40 年代，日本军国主义侵占中国的艰难岁月，农村经济极度贫困，推行温汤浸种防治黑穗病缺乏必需的温度计，他便潜心进行研究，利用不同熔点的蜡质物，设计制造简易温度计组合，以克服困难。中国西北地区高原多采用烧酒作为防治麦类秆黑粉病、坚黑穗病等种子消毒药物，他为了节约粮食，研究出用硫黄、红砒等代替烧酒处理麦种，取得显著成果，由此每年可节约谷子逾 300 万斤*。后来在总结前人水浸无气消毒种子方法的基础上，加用 0.5%～1% 生石灰，生成碳酸钙膜层，隔绝空气，起到消毒种子的作用。此法简便易行，成本低廉，从而促进了麦类黑穗病种子处理在农村普遍推广。在石灰水浸种消毒方法推行之后，由于各地的气温不同，浸种天数成为推广应用的争论焦点，朱凤美先生以虚心的态度，继续试验，反复论证，明确了气温与浸种天数的关系，使石灰水浸种消毒方法的操作规程日臻完善，麦种消毒处理技术也获得广泛应用。

20 世纪 40 年代，朱凤美先生在贵州工作，当地的小麦线虫病发生严重。为了解决大量麦种需要除去瘿粒的难题，他会同机械专家奋斗一周，食不甘味，夜不成眠，终于制造出中国第一台线虫除汰器。中华人民共和国成立后，他曾继续改进，提高成功率，除淘汰线虫病瘿粒之外，同时用于选取大粒麦种，发挥了小麦品种的生产潜力，受到国内外重视，其结果发表于《美国植物病理学报》。

20 世纪 50 年代初，朱凤美深入山东农村考察麦病发生情况，发现小麦腥黑穗病与粪土使用有密切的关系，从农民采用粪种隔离与使用油粕取得小麦腥黑穗病控制的启示中，进而进行研究试验，探明小麦腥黑穗病菌可以通过牛马胃肠而继续存活，种子、土壤、肥料同是小麦腥黑穗病的传染途径，纠正了国外学者认为小麦腥黑穗病菌通过牛马肠胃不可能继续存活的错误结论，同时修正和完善了中国小麦腥黑穗病的防治方法。他还针对利用油粕为肥料能够防治小麦腥黑穗病这一事实进行了一系列试验，探明油粕防治小麦腥黑穗病的作用机理是由于微生物间的拮抗关系，油粕能够促进抗生菌大量繁殖，因而抑制了小麦腥黑穗病菌的侵染。这一发现为利用抗生菌防治土壤病害展示了发展前景。

朱凤美先生在 50 年代开展麦病防治研究的同时，着手开展水稻病害的研究。首先以稻瘟病为对象，其后逐步向水稻白叶枯病、纹枯病发展，按水稻三大病害的发生特点，设计制定不同的解决途径。当时朱凤美先生受命主持全国稻瘟

*：1 斤＝500 克（g）

病的科研协作，决定以品种和栽培技术作为主攻方向，运用水稻高产肥水管理技术，协调多肥足水与稻瘟病发生和水稻高产之间的矛盾，研究控制稻瘟病发生的措施，为开辟稻瘟病防治新局面，作出了重要贡献。

水稻白叶枯病在当时是不治之症，传病规律不清楚，病害发生时缺乏有效药剂。朱凤美先生在总结种子带病研究取得进展的基础上，组织全省植病力量，协作攻关。经过数年集体努力，终于探明病区稻草是稻白叶枯病的主要菌源，水是侵染的媒介，秧田期是除此侵染的关键期，由此提出以“杜绝菌源为中心，秧田期防治为重点”的综合防治方案，并在常发病区进行大面积防治试验，反复验证，确证这一方案可以有效地控制稻白叶枯病的发生和发展。这项科研成果获1978年全国科学大会奖。

水稻纹枯病是随着水稻早栽、多肥、密植丰产栽培措施而发生的高产危害，面广量大。朱凤美先生认为应该以化学保护为主。他先后测定了80多种化学杀菌剂，明确了甲基硫化砷、甲基砷酸钙等有机砷剂是防治稻纹枯病的特效药剂，制定有机砷剂在水稻上安全施药期和有效剂量，在试点肯定安全有效后，推动化工部门设厂生产，进行大面积推广。为70年代中期以后普遍推行药剂防治稻纹枯病奠定了试验基础和科学依据。

所获奖誉 他曾先后当选为江苏省第二届人大代表，第三届全国人大代表，列席第二届全国人民代表大会和第三届全国政治协商会议。1956年党和国家授予他“全国农业劳动模范”的光荣称号，荣获农业部丰产奖状和奖金。朱凤美先生总是以谦虚谨慎的态度，把一切荣誉化作继续前进的动力。他常说：“三十年来获得的成绩，值得记录的都是和同志们共同努力的业绩，绝不是个人独立所能完成。”1963年，朱凤美先生在出席全国农业科学技术会议时，受到了毛主席接见，并亲切握手。在他珍藏的照片上写下誓言：“从现在起，我得认真改造自己，把我的一切献给人民事业。”又在全体代表受到毛主席接见的摄影照片上，在他的座位下方写了“人民给我的位置”七个工整的楷体。他在荣誉面前，更加严格地要求自己，曾在他的日记中留下：“自己的一切都是属于人民的，决心把自己的一切，都献给党，献给共产主义事业。”朱凤美先生的一生，是为国家、为人民、为科学，忘我辛勤耕耘，鞠躬尽瘁，努力研究和实践作物病害与防治的一生，他用行动实践了他自己的诺言。

朱凤美先生是中国植物病理学科的主要创始人之一，深受植物病理界的推崇和爱戴，曾被推选为中国植物病理学会（CSPP）副理事长，中国植物保护学会（CSPP）副理事长，江苏省植物病理学会理事长，对中国植物病理和植物保护科学的发展作出了卓越的贡献。

性情爱好 朱凤美先生的一生，治学不倦，数十年如一日，以全部精力贯注于植物病理学和作物病害防治学的研究，常年读书至深夜一二点。在因公外出途中，也手不释卷。他善于向其他学科的专家学习，讨论问题常常通宵达旦。1969年初，他伤足致残，步履艰难，当时处境虽然十分困难，但仍以惊人的毅力，勤奋读书，书籍堆满了病榻周围。他逝世前的最后30分钟，书桌上还展开着尚未读完的一页，钢笔尖留着书写未尽的墨滴。朱凤美先生进入古稀之年尚雄心勃勃，作诗自勉：“当年学稼志凌霄，万里扬鞭岂云遥？七十韶华虚度过！长春树种在今朝。”

朱凤美先生从事科学研究工作，治学严谨，思维周密，一丝不苟，精益求精。每当开始一项科学研究，他总是亲自先摸索经验，然后进行试验设计，指导共同工作者开展试验。当取得结果以后，更是严加考核，反复验证。对于共同从事研究工作的中、青年同志要求十分严格，注重从实践中不断提高和培养共同工作者的研究能力和科学态度，他经常不厌其烦地亲自辅导学习外文，帮助查阅文献资料，熟悉试验技术。1950年开始，他先后兼任华东农林水利部农林干部学校植保训练班主任，植物检疫训练班主任，并亲自主讲植物病理学基础，常备课到深夜。一日由于通宵未眠，体力不支，伏案假寐，不慎跌倒在地，但仍坚持讲课4小时。他对植物保护科研工作的热爱和锲而不舍的学术精神，永远是我们植物保护后辈学习的楷模。

参考文献

陈善铭，1985. 深切怀念朱凤美先生 [M]// 中国植物病理学会华东分会，江苏省植物病理学会．江苏农业科学院植物保护所：朱凤美先生论文集，4-5.

王鸣岐，1985. 在揭示三十六年中我所认识的朱凤美教授 [M]// 中国植物病理学会华东分会，江苏省植物病理学会．江苏农业科学院植物保护所：朱凤美先生论文集，1-3.

杨演，1985. 缅怀中国应用植物病理学的主要创始人朱凤美教授 [M]// 中国植物病理学会华东分会，江苏省植物病理学会．江苏农业科学院植物保护所：朱凤美先生论文集，6-7.

（撰稿：陈志谊；审稿：马忠华）

朱弘复 Zhu Hongfu

朱弘复（1910—2002），生物学家、昆虫学家。中国科学院动物研究所动物进化与系统学研究中心（原昆虫区系分类室）教授、博士生导师（见图）。

生平介绍 1910年1月出生于江苏南通。1935年毕业于清华大学生物系并留校任教。1941年赴美国，在伊利诺伊大学理学院昆虫系知名昆虫学家W. P. Hayes教授及生态学家V. E. Shelford教授指导下，攻读昆虫学并以幼虫学为主修科目、生态学为副科。1942年获得科学硕士，1945年获得哲学博士学位。1945—1946年在美国伊利诺伊州自然博物研究所跟从H. H. Ross教授专攻叶蜂分类学。1946—

（韩红香提供）

1947年在美国威斯灵大学任动物学客籍教授。1947年偕眷回国。

归国后，在北平研究院动物研究所任研究员，曾先后兼任中法大学生物系和辅仁大学生物系昆虫学教授，讲授昆虫学。朱弘复历任中国科学院昆虫研究所、动物研究所副所长、所长，第五届、六届全国政协委员，第三届全国人民代表大会代表，国家科委农业组组长，中国农业科学院学术委员会委员，中国科普协会常务委员，九三学社中央委员会常委、参议委员会中央常委，中国昆虫学会（ESC）理事长，第十九届国际昆虫学大会主席，北京市青少年昆虫爱好协会名誉理事长，《中国动物志》编辑委员会副主任、主任，《昆虫学报》《昆虫知识》《动物学集刊》《动物分类学报》、*Discovery and Innovation*和*Annals of Entomology*主编或编委。

朱弘复长期担任中国科学院昆虫研究所、动物研究所和中国昆虫学会领导职务，为研究所的创建与发展、为中国昆虫学事业的不断壮大，建昆虫分类之丰功，创中国昆虫学之伟业。

成果贡献 朱弘复涉足昆虫学多个领域，包括幼虫生物学、昆虫形态学、害虫测报及防治、昆虫分类学研究。一生发表151篇论著，其中专著20余部。在昆虫分类学和幼虫学方面的研究范围涉及6个目（鳞翅目、同翅目、膜翅目、双翅目、鞘翅目和直翅目）。系统地开展了中国蛾类区系分类的研究，共涉及11个科。

朱弘复在昆虫学领域具有卓越贡献，研究成就众多，是不少门类的创始人和学术带头人，在国内外昆虫学界享有盛誉。作为大会主席，以朱弘复为首的代表团和组委会成功争取、筹备和召开了第十九届国际昆虫学大会，成为中国昆虫学史中的一大盛事。1949年他在美国出版的*How to Know the Immature Insects*，迄今仍列为美国大学昆虫学教学参考用书，1992年第2版问世。朱弘复对近代生物系统演化方面的新理论和新方法极为重视，在国内率先引入数值分类学和支序分类学的理论和方法，早在1975年就发表了《蚜虫的数值分类》的文章；翻译了《支序分类学的原理和方法——支序分类学工作手册》一书；著有《动物分类学理论基础》专著，对中国分类学理论研究产生了重大影响。

朱弘复回国工作前期，应国家需求，主要从事重要农业害虫（以棉虫为主）的研究，包括鉴定、预测预报和治理。他在1957年出版了《蚜虫概论》，1959年出版了《中国棉花害虫》。准确鉴定了重要害虫如：麦叶蜂和小麦吸浆虫。他在中国四大棉区蹲点十余年，对金刚钻、棉蚜、棉盲蝽、棉铃虫和油葫芦等重大害虫的研究均取得了显著的成绩，棉虫预测预报方法和综合防治的首次提出，为中国棉花生产和棉虫防治作出了重要贡献。他还根据不同时期农业生产的实际需要，对小麦吸浆虫、麦叶蜂、梨实蜂、梨茎蜂、青叶蝉、小麦叶蜂、烟潜叶蛾、豆芫菁、小麦蚜虫、吸果蛾、菜叶蜂等逐一进行了深入研究，发表了18篇论文。朱弘复1961年提出了"害虫自然发轫地"概念，1962年发表了《我国若干害虫的发生类型和种群数量变动》论文，并进一步阐述了"害虫自然发轫地"的内容。1963年发表了《害虫综合治理的理论和实践》，1978年发表了《治理有害动物的战略与策略——主要以中国棉虫为讨论材料》等。

朱弘复是中国蚜虫学和蛾类分类学的奠基人和学术带头人。组织编写了《中国蛾类图鉴》Ⅰ~Ⅳ，这在中国蛾类分类史上是个里程碑。此外，著有《中国经济昆虫志》夜蛾科（3册）和天蛾科分册、《中国动物志：蚕蛾科、大蚕蛾科、网蛾科》《中国动物志：圆钩蛾科、钩蛾科》《中国动物志：天蛾科》《中国动物志：蝙蝠蛾科、蛱蛾科》等专著，《蛾类图册》与《蛾类幼虫图册》2册。共描述了7个新属，159个新种，21个新亚种。这些新的分类单元中，除重要农业害虫小麦吸浆虫（*Dolerus tritici*）外，其他都属于鳞翅目，包括大蚕蛾科、蝙蝠蛾科、蚕蛾科等11个科。

朱弘复为中国昆虫学事业的发展，积极主持、参加和组织校译国外的重要昆虫学工具书、法规和理论著作，如《英汉昆虫学词典》《昆虫学名词词典》《国际动物命名法规》、赫胥黎著《进化论与伦理学》、达尔文著《物种起源》等。

《中国动物志》的编研是为摸清中国动物资源家底进行的一项系统工程，是反映中国动物分类区系研究工作成果的系列专著。朱弘复长期担任《中国动物志》编辑委员会的副主任、主任。他在1990—1998年担任《中国动物志》编辑委员会主任期间，共出版《中国动物志》27卷，《中国经济昆虫志》17卷，成为该系列专著出版最为丰富的阶段之一。在领导、组织《中国动物志》《中国经济昆虫志》编研和出版的工作中，倾注了大量心血，他经常亲自与作者以及科学出版社的编辑交流，讨论学术问题和编辑出版事宜，并亲自审阅大部分书稿，保证了志书的出版质量。

所获奖誉 由于朱弘复在反细菌战中出色地完成了各项工作，1954年获得中央卫生部授予的奖章、奖状；1957年"棉虫研究"获中国科学院科技成果奖；1964年获文化部、国家科委和农业部颁发的科教电影为农业服务奖；1978年"棉虫发生规律和综合防治"获全国科学大会重大科技成果奖；1994年获美国Biographical Institute荣誉证书，列入全世界生物学界具有突出成绩的五百人之一。朱弘复在蛾类分类学、《中国动物志》编研和领导《中国经济昆虫志》编研等方面的成果和贡献多次获得国家和中国科学院的奖励，其中，《中国动物志》（圆钩蛾科、钩蛾科）于1993年获中国科学院自然科学奖一等奖，《中国经济昆虫志》获2001年度国家自然科学奖二等奖。

性情爱好 朱弘复在繁忙的科研工作之余，还寄情书画。他能做正草隶篆，也能治石，并见长蝇头小楷和行草。他不仅画花鸟，更愿意动手栽培花卉。曾有诗句："闲来无事可从容，养鸟种花阳台中，白兰飘香幽且远，画眉歌喉啭而宏。"

参考文献

梁爱萍, 1997. 昆虫学家：朱弘复, 朱光亚 [M]// 中国科学技术协会. 中国科学技术专家传略：理学编 生物学卷1. 石家庄：河北教育出版社：464-476.

薛大勇, 韩红香, 朱弘复, 2013. 钱伟长 [M]// 钱伟长, 20世纪中国知名科学家学术成就概览：生物学卷 第二分册. 北京：科学出版社：190-197.

XUE D Y, HAN H X, 2002. The entomological contributions of Prof: Hong-Fu Zhu (1910-2002)[J]. Fauna of China (4): 5-36.

（撰稿：韩红香；审稿：薛大勇）

朱有勇 Zhu Youyong

（朱书生提供）

朱有勇（1955—），植物病理学家，中国工程院院士。云南农业大学植物保护学院教授、博士生导师，时代楷模（见图）。

个人简介 朱有勇，1974年2月参加工作，1977年考入云南农业大学植物保护专业，1982年毕业获学士学位，同年加入中国共产党。1987年云南农业大学植物病理硕士毕业；1996年澳大利亚悉尼大学留学回国，任云南省重点实验室主任，教授；2000年获中国农业大学博士学位；2002年任教育部重点实验室主任；2003年任国家农业生物多样性工程中心主任，博士生导师，并兼任英国Wolverhampton大学和荷兰Wageningen大学博士生导师；2004—2013年任云南农业大学校长；2006年任国家“973”计划项目首席科学家；2011年当选中国工程院院士；2014年任云南农业大学名誉校长；2013年任云南省科学技术协会主席。

朱有勇长期从事生物多样性控制植物病害的基础、应用基础和应用推广研究，开创性地从栽培角度探索了利用作物多样性种植持续控制病害的新途径。在国际上创建了“水稻遗传多样性控制稻瘟病理论和技术”和“生物多样性控制植物病害理论和技术”，经过国内外数千万亩的示范推广，获得了显著的经济、社会和生态效益。标志该成果的学术论文 *Genetic Diversity and Disease Control in Rice* 2000年在英国的 *Nature* 期刊全文发表，得到了国内和国际科学界的高度评价和普遍认可。

成果贡献 1982年朱有勇开始从事生物多样性控制病害的科学研究。通过多年的研究，发现了生物多样性是控制病害的重要因素之一，基本明确了作物品种搭配和时空配置控制病害的原理和机制，发明了农业生物多样性控制病害专利技术30余项，建立了应用推广的技术标准和技术规程，形成了一系列促进粮食安全和农民增收的实用技术。2000年，水稻品种多样性控制稻瘟病的研究结果在国际权威学术期刊 *Nature* 上作为封面文章发表，探明了品种多样性控制病害的基本效应、作用和规律，解析了遗传异质、稀释效应、物理阻隔、化感效应、协同进化和微生态气象条件变化等因素控制病害的机理。2001年该技术获国家发明专利技术；2002年发明了麦类与蚕豆、油菜与蚕豆多样性优化种植技术；2003年发明了玉米与马铃薯时空多样性优化种植技术；2004年发明了玉米与魔芋时空优化控制病害技术；2005年发明了玉米与辣椒优化种植技术；2006年研发了烤烟与玉米时空优化配置技术；2007年研发了甘蔗与玉米、甘蔗与马铃薯时空优化栽培技术；2008年，朱有勇发明的一系列作物多样性时空优化技术被云南省政府作为保障粮食安全的重要措施在全省大力推广，3年内普及到适宜推广面积的90%。

2010年以来，朱有勇带领团队深入开展生境多样性与作物病虫害控制的研究与应用。在干冷河谷区、干热河谷区、冬作区开展特色作物葡萄、柑橘、冬季马铃薯及三七、重楼等中药材生态种植关键技术研究及产业布局，为构建云南边境地区生态安全屏障及发展高原特色农业产业作出了重要贡献。

至今，朱有勇首席主持“973”计划项目2项，主持完成“863”、国家攻关、国家自然科学基金、联合国粮农组织、亚洲发展银行及省部级项目20余项，发表学术论文100余篇，专著5部；获国家专利5项，国内外科技奖12项。研发技术累计推广面积逾1亿亩，为利用生物多样性促进粮食安全及高原特色农业的发展提供了成功范例。

所获奖誉 2001年获得何梁何利科技进步奖；2004年获得联合国粮农组织国际稻米年科学研究一等奖；2005年获得国家技术发明二等奖；2005年度全国十佳三农人物；2010年获得国际农业磋商组织（CGIAR）优秀成果奖；2012年获云南省科技进步特等奖；2014年获云南省科学技术杰出贡献奖；2017年获国家科技进步二等奖；还获云南省自然科学研究 / 科学技术进步一等奖3项，二等奖2项，三等奖4项。曾被授予全国优秀共产党员、全国杰出专业技术人才、全国高校名师奖、全国模范教师、全国农业科技先进工作者、全国农业推广标兵、全国优秀留学回国人员、兴滇人才奖等荣誉。

性情爱好 朱有勇工作之余还喜欢摄影、跑步等。

参考文献

朱有勇，2007. 遗传多样性与作物病害持续控制 [M]. 北京：科学出版社.

朱有勇，2012. 农业生物多样性控制作物病虫害的效应原理与方法 [M]. 北京：中国农业大学出版社.

ZHU Y, CHEN H, FAN J, et al, 2000. Genetic diversity and disease control in rice [J]. Nature (406): 718-722.

（撰稿：朱书生；审稿：何月秋）

主要农业入侵生物的预警与监控技术 early warning and monitoring techniques for important agricultural invasive organisms

获奖年份及奖项 2014年获国家科学技术进步二等奖

完成人 万方浩、张润志、王福祥、徐海根、郭琼霞、李志红、赵健、冯洁、张绍红、周卫川

完成单位 中国农业科学院植物保护研究所、中国科学院动物研究所、全国农业技术推广服务中心、环境保护部南京环境科学研究所、福建出入境检验检疫局检验检疫技术中心、中国农业大学、福建省农业科学院

项目简介 外来有害生物入侵对中国农业经济发展、生态环境安全与人畜健康造成了严重威胁与巨大损失，入侵生物的科学预警、实时监测与有效防控成为国家面临的重大科技需求。本成果经10余年系统研究，研发了系列关键预警、监控与阻截技术，主要创新成果如下：

确证了中国主要入侵生物及其危险等级，创新了入侵生

物定量风险分析技术，极大提升了生物入侵早期预警的水平与能力。首次发现并鉴定了11种新入侵生物，确证了527种入侵生物及其分布危害区域，系统完成了中国入侵物种编目和安全性分析；构建了以路径仿真模拟、生态位模型比较、时空动态格局分析为主的风险评估技术，率先对99种重要入侵生物进行了传入、适生、扩散与危害的定量风险分析，制定了63种高风险入侵生物的控制技术方案；根据风险分析所建议的扶桑绵粉蚧等9种入侵生物被列为全国农业检疫性有害生物；实现了生物入侵全过程的定量风险评估。

发展了重要入侵生物的检测监测新技术，显著提高了对入侵生物的野外跟踪监控能力。创新了69种入侵生物（12种植物病害、40种昆虫及17种杂草）的特异性快速分子检测技术，研发了检测试剂盒13套；首次建立了实蝇和蓟马2类入侵昆虫（共195种）DNA条形码鉴定技术；攻克了入侵植物病菌难以鉴定到种以下水平、入侵昆虫幼体和残体无法准确鉴定的技术障碍，极大提高了检测效率与准确性；创制了入侵生物野外数据采集仪与自动监测仪，研发了入侵昆虫诱芯新载体及诱捕技术，构建了入侵生物野外实时数据采集、远程传输和跟踪监控的技术体系；对82种重要入侵生物（实蝇、蓟马、苹果蠹蛾、扶桑绵粉蚧等）进行了系统监测，解决了重大入侵生物疫情难以及早发现的难题；创建了集物种数据信息、安全性评价、DNA条形码识别与诊断、远程监控等系统为一体的入侵生物早期预警与监控技术平台，提升了应对生物入侵的全方位预警与监控的快速反应能力。

集成创新了入侵生物的阻截防控技术，实现了对重大入侵生物的区域联防联控。创新了入侵昆虫诱集、优势天敌防控等技术，集成建立了有效阻截与扑灭的技术体系，制定了12种重大农业入侵生物的区域治理技术方案；在21省、市、自治区（直辖市）实施大范围的阻截扑灭与联防联控，年均实施逾1500万亩次，有效抑制了重大入侵生物的扩散与暴发，实现了整体防控。

成果出版专著20部、发表学术论文295篇（SCI 36篇），制定国际、国家、行业标准34项，获授权专利10项，软件著作权10项；中国植物保护学会（CSPP）科技奖一等奖1项、省级二等奖1项、部级二等奖1项；国家采纳建议14项。本成果在21省区应用，2010—2012年累计应用面积4545.5万亩次，增收节支减少损失104亿元，为农业经济持续增长、农业食品安全及农产品出口贸易作出了直接贡献；构筑的生物入侵三道技术防线（预警、监控、阻截），为延缓疫区扩张、保护未发生区提供了强有力的科技支撑，将持续产生巨大的经济效益、社会效益与生态效益。

（撰稿：周忠实；审稿：万方浩）

主要作物种子健康保护及良种包衣增产关键技术研究与应用　research and application of the key technology for seed health protection and seed coating treatment for yield increase in main crops

获奖年份及奖项　2010年获国家科技进步二等奖

完成人　刘西莉、李健强、张世和、刘鹏飞、马志强、罗来鑫、张善祥、曹永松、房双龙、李小林

完成单位　中国农业大学、全国农业技术推广服务中心、北农（海利）涿州种衣剂有限公司、河南中州种子科技发展有限公司、中种集团农业化学有限公司、新沂市永诚化工有限公司、云南省农业科学院粮食作物研究所

项目简介　种子对作物生产和国家粮食安全具有极为特殊的地位和不可替代的作用。种传、土传病害造成高达10%～30%产量损失，并可随种子调运而传播蔓延，加剧危害和灾变损失。产前对种子进行健康检测、早期预警和药物消毒处理是防控种苗期病虫害最有效和简便经济的重要途径。该项目在国家十五重大科技攻关计划，“十一五”支撑计划，国家自然科学基金和国家星火计划项目等的资助下，以“种子预防保健、作物安全生产”现代理念为指导，建立了种子健康检测和预警技术体系，明确中国主要作物种传病害种类，研发了种传病原物快速诊断技术，创新设计种衣剂系列新配方，攻克了制约作物良种包衣的主要助剂、新剂型和生产新工艺等关键技术，开发成功系列新产品并产业化，获得大面积推广应用。主要创新成果如下：

① 成功研发种传病原物检测与快速诊断技术，明确中国主要作物种传病害种类。检测了包括玉米、水稻、小麦等主要大田作物的2152份样本和茄科、葫芦科、十字花科等主要蔬菜作物870份样本的种子携带的主要病原真菌和细菌，探明病原种类、分离比例、致病性与田间病害发生危害的关系（图1），在国内率先建立了种子健康状况评价技术体系；首次研制出水稻恶苗病、玉米茎腐病和十字花科蔬菜黑斑病的早期分子快速诊断技术，可将该病害的诊断时间由7天缩短为2小时；针对重要细菌病害，在国际上首次建立

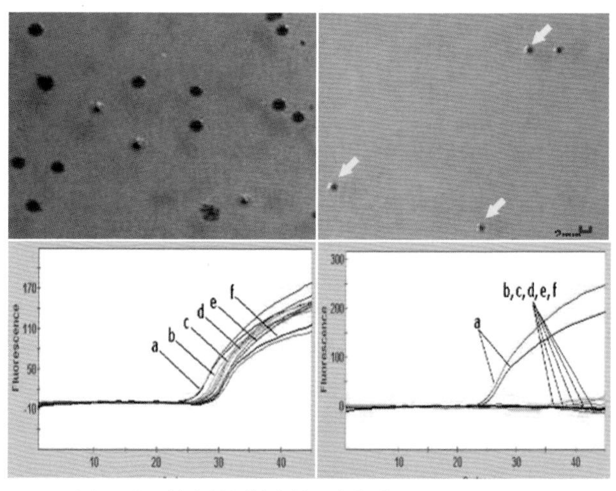

图1 种子健康检测技术的研究与应用（刘西莉提供）

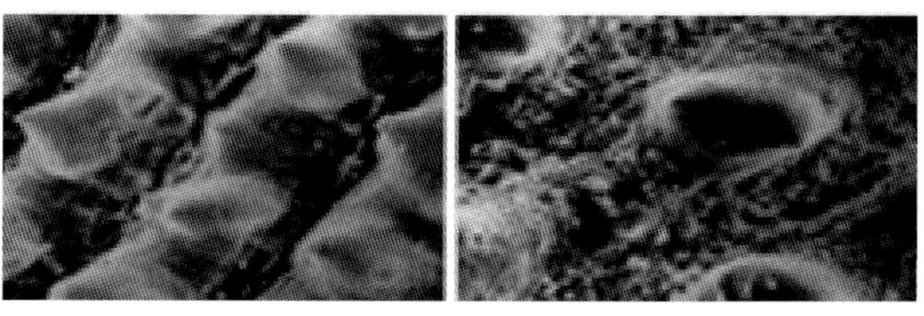
图2 水稻种子包衣浸种后种子表面药剂分布情况（刘西莉提供）

图 3 玉米种子包衣显著提高出苗率有效防控种传、土传病害（刘西莉提供）

图 4 玉米、棉花和大豆良种包衣（刘西莉提供）

图 5 良种包衣增产关键技术的示范和应用（刘西莉提供）

DNA 染料 EMA 结合 PCR 的新方法，创造性地用于检测和区分植物病原细菌死、活细胞；开发了灵敏度为 1-2CFU/ml 的新型半选择性培养基 EBBA 结合 real time-PCR 检测瓜类果斑病菌的新方法；创建了番茄溃疡病的特异性引物和 Nested PCR 检测方法，与常规 PCR 法相比检出灵敏度提高了 10 000 倍；为国内外种子企业完成 650 个种子批、1600 多项次种子健康检测，从源头上为作物健康生产提供了重要的技术支撑。

② 创新原药的合成和活性筛选技术，发明关键助剂，构建种衣剂系列新配方（图 2）。针对性地研发和筛选出防控重要种传和土传病害的高效、低毒、安全药剂，结合害虫防治和调控作物生长的需要，创新设计和科学配伍，研制成功种衣剂系列新配方；发明双丙酮丙烯酰胺—甲基丙烯酸—己二酰肼共聚物成膜剂等关键助剂，其抗药剂脱落和溶解淋失能力较常规成膜剂提高 88% 以上，成膜时间缩短 3 倍，解决了长期困扰水稻和蔬菜采用种子包衣技术后浸种催芽中的技术难题（图 3）。

③ 创新生产工艺，研制成功种衣剂系列新剂型和新产品。发明了全自动密闭湿法水悬浮种衣剂生产工艺，生产效率提高 300%，降低能耗 70%；开发成功干粉种衣剂、水分散粒剂和农药纳米功能化种衣剂新工艺和新剂型，解决了悬浮型种衣剂的稳定性问题；开发出抗旱防病型生物种衣剂和生物化学复合型种衣剂产品，可提高出苗率 9%～16%（图 4、图 5）。

该项技术成果实现产业化和大面积推广应用，获得重大经济效益。获准农药登记并产业化的种衣剂新产品 25 个；集成创新的作物良种包衣技术在 2007—2009 年期间累计推广面积 10.75 亿亩次，防治苗期病虫害效果达 80% 以上，具有省种省工省药综合效能，增产幅度 5%～27%，经济效益达 447 亿元，产生了重大的经济和社会效益。项目获授权发明专利 5 项，实用新型专利 3 项；制定技术规程 15 项，国标 1 项和企业标准 25 项，发表论文 88 篇；培训技术人员和农民 26 万人。构筑了中国种子健康和良种包衣关键技术及推广应用的重要基础，具有广泛的应用前景和产业导向作用，对提高中国种子预防保护和作物安全生产具有重要意义。整体技术成果处于国内领先、国际先进水平。

（撰稿：刘西莉；审稿：刘鹏飞）

祝汝佐　Zhu Ruzuo

祝汝佐（1900—1981），昆虫分类学家、桑虫专家、生物防治学家。

（陈学新提供）

生平介绍　1900 年 11 月 18 日出生于江苏靖江。1922 年毕业于江阴南菁中学，同年 9 月考入东南大学农科病虫害学系。在校学习期间，在美驻华土蚕寄生蜂研究所兼技术员。1926 年 3 月毕业后，长期从事桑树害虫的防治研究、寄生蜂分类与生物防治研究工作。

1926 年 3 月到江苏省昆虫局工作，从事桑树害虫研究。

1932—1937年任浙江省昆虫局技师，兼浙江省治虫人员养成所教员，继续从事桑树害虫及寄生蜂研究。1938年赴四川，研究桑木虱的生物学特性和防治方法。1938—1942年任四川省植物病虫害防治所、四川省农业改进所技正，兼四川大学农学院特约教授。1942年3～7月任四川省蚕丝试验场、南充生丝研究所研究员。

1942年8月至1952年9月，任浙江大学农学院植物病虫害学系副教授、教授，1952年10月后任浙江农学院、浙江农业大学植物保护系教授。1960年2月后，历任浙江农业大学植物保护系副主任、主任，蚕桑系主任，浙江省农业科学院植物保护研究所副所长、蚕桑研究所所长等职。曾担任浙江省昆虫植病学会副理事长、中国植物保护学会（CSPP）理事、中国昆虫学会（ESC）理事，《昆虫学报》和《植物保护学报》编委。1954年加入中国民主同盟，1957年加入中国共产党。曾当选为浙江省政协第一、二、三、四届委员。1981年2月28日在杭州逝世。

成果贡献 祝汝佐是中国桑树害虫防治研究的奠基人。发表桑树害虫论文30余篇，奠定了中国桑树害虫研究的基础，尤其在桑毛虫、桑蟥、桑木虱的防治研究上做出卓著贡献。

早年在江苏省昆虫局工作期间，详尽研究了桑毛虫的生活史和各期生活习性，提出了简便有效的防治方法。从1929年开始，详细研究桑蟥的分布、危害、形态、生活史、各期习性及天敌，提出了有效的防治方法，研制出当时防治桑蟥最为有效的药物巴豆乳剂。1930—1937年，对桑树害虫进行了更为广泛的研究，发表文章达19篇之多，包括《桑毛虫之生活史及防除方法》《桑尺蠖生活史之考察》《桑虱之生活、天敌及防治法之考查》《野蚕生活之考查》《中国桑树害虫名录》（英文）、《桑蛀虫之生活史及防治法》等。这些是中国有关桑树害虫的第一批研究文献，具有很高的学术价值。

1938年来到四川后，对川北桑木虱的形态、分布与为害情况、生物学特性及防治方法做了深入研究，探明了成虫有迁移及密集于柏树林附近桑株的习性。并在川北组织了桑木虱的防治工作，提出网捕成虫、摘除卵叶及剪伐枝条等有效的防治措施，为有效控制该地区桑木虱的危害作出了重大贡献。

1948年，参与组织了江苏、浙江两省防治桑虫总队，并任副总队长，在浙江崇德等地大规模发动群众刮除桑蟥卵块，进行实地防治工作，取得了显著效果。

1952年，编著出版了《中国的桑虫》。该书总结了他数十年调查研究的成果。此后在《中国桑树栽培学》、他主编的《农业昆虫学》等专著中都含有他撰写的桑树害虫的章节。

祝汝佐是中国寄生蜂分类与生物防治研究的先驱者。在大学时期祝汝佐就开始了土蚕寄生蜂的研究，之后无论在江苏、浙江，还是在四川工作，他始终关注害虫天敌，特别是寄生蜂的调查研究。1932年他来到浙江省昆虫局，时任局长张巨伯委派他为寄生昆虫研究室主任，这是中国有关害虫天敌方面最早的研究机构。1933—1937年间祝汝佐先后发表了有关寄生蜂的论文12篇。他率先开展了中国寄生蜂的分类研究和寄生蜂资源调查。《中国已发现之*Tiphia*属寄生蜂二十六种》介绍了中国金龟子幼虫（蛴螬）寄生蜂——钩土蜂属（*Tiphia*）的已知种类26种，其中有14种是1930年发表的新种，模式标本采于江苏、浙江、福建、四川和江西等地。《中国甲腹小茧蜂亚科及一新种之记述》（英文）记述中国甲腹小茧蜂亚科3属6种，包括1个新种、1个中国新记录种，寄生二化螟、棉红铃虫、棉鼎点金刚钻、马尾松毛虫等。《浙江省昆虫局之江浙小蜂及卵蜂名录》（英文）记录当时浙江省昆虫局保存的小蜂总科11科35种、细蜂总科2科11种。《江浙姬蜂志》（英文）记述了1929—1933年间从一些重要害虫，如二化螟、稻苞虫、稻螟蛉、棉红铃虫、棉小造桥虫、棉卷叶螟、斜纹夜蛾、桑蟥、桑螟、野桑蚕、茶毛虫、菜粉蝶、马尾松毛虫等饲养出来的姬蜂科28种1型和茧蜂科29种，其中31种在中国为首次记录。《中国松毛虫寄生蜂志》记述了江苏、浙江、山东等地的马尾松毛虫寄生蜂24种，包括2个新种、6个中国新记录种，其中卵寄生蜂3种、幼虫寄生蜂14种、蛹寄生蜂7种。《粟螟之已知寄生蜂名录》（英文）列出了寄生欧洲玉米螟的寄生蜂77种，其中姬蜂科44种、茧蜂科24种、小蜂科2种、姬小蜂科3种、赤眼蜂科4种，有中国分布的15种。同时，祝汝佐也开创了中国寄生蜂生物学研究的先例。1934年发表的《桑螟守子蜂生活之考查纪要》一文详细研究了该蜂的生物学，包括命名、分布及寄主、饲养方法、形态特征、越冬、世代数、交尾、生殖、寿命、羽化、性比等等。同年发表的《白蚕（桑蟥）卵寄生蜂之考查及其在杭州之放饲试验》不仅详细考查了桑蟥卵寄生蜂的种类、分布、生物学特性等情况，而且进行了放蜂试验。1932年和1933年每年5月各放蜂1万余头，并在放蜂后考查了非越冬卵和越冬卵的寄生率，这是我国首次释放寄生蜂控制害虫的试验。《桑蟥卵寄生蜂放蜂试验》一文则记述了1947年他与李学骝合作，进行了更大规模的实验，在浙江崇德4个自然村放蜂9次，总数达245万余头，这是当时规模最大的一次实验，结果显示非放蜂区卵寄生率为16.9%～20.1%，而放蜂区达41.3%，寄生率提高了1倍以上，桑蟥为害损失率在放蜂区降低50%左右。1946年发表的《赤眼蜂生活之研究》则是中国赤眼蜂研究的第一篇论文，内容涉及分类地位及分布、生物学特性、生活史、繁殖、性比、寿命、寄主及其对赤眼蜂繁殖的影响、冷藏试验等。1955年发表的《松毛虫卵寄生蜂的生物学考查及其利用》则详细研究了中国松毛虫3种卵寄生蜂的生物学及其利用，极大地推动了中国松毛虫生物防治的开展。

祝汝佐把毕生的精力都奉献给了中国的寄生蜂及害虫生物防治事业。在他晚年（1973—1978），他还和他的学生何俊华连续发表了6篇有关水稻螟虫寄生蜂方面的文章，为中国水稻螟虫的生物防治奠定了基础。1978年他与廖定熹、何俊华、庞雄飞、赵建铭、张广学、杨集昆、赵修复等合编出版了《天敌昆虫图册》，这是中国第一本天敌昆虫专著，对推动中国生物防治工作起到极其重要作用。

祝汝佐一生学农爱农，勤勤恳恳献身人民教育事业，踏踏实实从事昆虫学研究。教学认真负责，备课充分，讲解清楚，深入浅出。为编好教材，收集资料，殚精竭虑，斟字酌句，呕心沥血，常挑灯夜战。他教书又教人，身教重于言教。对晚辈由衷关怀，无私帮助，循循善诱，诲人不倦，视弟子如家人，爱护备至。经常鼓励后学莫错过黄金时代，要珍惜光阴，勤学习、多贡献，要"青出于蓝而胜于蓝"。他不但治学严谨，平易近人，而且为人正派，品德高尚。他的学术成就及其高尚的思想品德，赢得了同事与学生们发自内心的尊敬和爱戴。五十多年中，他为国家培养和造就了不少农业技术人才，遍布全国各地，许多已成为知名的昆虫学家、植保专家和教育战线上的骨干。

所获奖誉 1956年、1960年全国先进工作者。

参考文献

胡萃，2016. 我国寄生蜂分类及害虫生物防治的先驱者：祝汝佐先生(1900-1981)[M]// 邹先定. 我心中的华家池. 杭州：浙江大学出版社：129-134.

中国农业百科全书总编辑委员会昆虫卷编辑委员会，中国农业百科全书编辑部，1990. 中国农业百科全书：昆虫卷[M]. 北京：农业出版社：499.

（撰稿：祝增荣、陈学新；审稿：马忠华、彩万志）

追踪溯源技术 traceability technology

检验检疫执法过程中，需要采用一系列精准测试分析技术来追踪确定产品种类、生物型、品质、产地、生产加工过程等关键质量特性，或者追溯重大疫病、生物恐怖因子等来源、传入扩散规律、发生时间等安全关键因子，确保质量安全监管或执法科学可靠。

基本原理 通过物理学、化学和分子生物学方法，分析产品或者灾害因子的有机组成、挥发性成分、同位素含量与比率、DNA图谱等特征成分或指标，建立起能精准区分该产品或灾害因子等的独有鉴定特征或指纹图谱，通过与之比较分析，能可靠确定产品真伪、安全事件真相或责任等。

适用范围 已广泛地应用于名贵珍稀水果、茶叶、菌类、食油、酒、药材、畜禽等农产品及加工食品的原产地确认、真伪鉴定、以次充好鉴别，欧盟等国进口家具使用木材原产地确认，突发新发外来重大疫情和恐怖事件灾害因子的来源、入侵途径、传播运载媒介工具、发生起始时间等灾害真相还原和责任认定等。

主要内容

追踪溯源技术的种类 追踪溯源主要采用质谱、光谱和分子生物学等技术，每种技术方法都有其优点与局限性，需要根据追溯目标任务要求来选用。

质谱追溯技术 主要有稳定同位素比率质谱（isotope ratio mass spectrometry，IRMS）和电感耦合等离子质谱（inductively coupled plasma mass spectrometry，ICP-MS）等两种质谱技术。IRMS是根据同位素丰度的差异将不同来源的物质区分开。由于生物体内同位素组成受气候、地形、土壤及生物代谢类型等因素的影响而发生自然分馏效应，从而使不同来源的物质中同位素自然丰度存在差异。因此，生物体内同位素丰度的差异能为农产品地理来源提供有用的信息。如今IRMS已广泛应用于肉制品、酒类、咖啡、果汁等众多农产品的产地鉴别。ICP-MS在痕量和超痕量水平上，对农产品中的金属或非金属元素进行定量检测，由于各产地的环境，如地质、气候、栽培方式等的不同，使用化学计量学方法获得农产品独特的元素指纹图谱，从而达到农产品溯源的目的。

光谱追溯技术 主要有荧光光谱技术（fluorescence spectroscopy）、红外光谱技术（infrared spectroscopy，IR）、原子光谱（atomic spectroscopy）、核磁共振（nuclear magnetic resonance spectroscopy，NMR）等四种光谱技术。这四种光谱技术最终都需要得了追溯目标物不同特征光谱来进行分析，主要应用在认地和真伪鉴定上。

分子生物学追溯技术 主要有包括基因组、蛋白组、代谢组等组学特征分析技术和形态学、精准基因标记位点（SNP）、抗药性等特有生物学、特有代谢产物等特征系列测试分析技术，分析测试精准度要达到个体、家族或者生物型精确识别水平，主要用于灾害真相还原和责任认定。

注意事项 产品真伪鉴定和责任认定都具有可能涉及民事或刑事责任，从事人员和实验室都需要有相关资质，并遵守相关法律法规和标准规程。

参考文献

刘海洪，杨瑞馥，2004. 微生物法医学及其在反生物恐怖中的作用[J]. 军事医学，28(6): 578-581.

张晓焱，苏学素，焦必宁，等，2010. 农产品产地溯源技术研究进展[J]. 食品科学，31(3): 271-278.

赵书民，李成涛，2012. 微生物法医学的研究现状与进展[J]. 微生物与感染，7(3): 170-173.

（撰稿：段维军；审稿：朱水芳）

综合防治 integrated control

从农业生产的全局出发，根据病虫与农林植物、耕作制度、有益生物和环境等因素之间的辩证关系，因地制宜，合理应用必要的农业、生物、物理、化学等综合技术措施，来经济、安全、有效地消灭或控制病虫危害，以达到增产增收的目的。

基本原则 归为7方面：①涉及对象不单是有害生物，要求建立和保持最优农田生态系统，不破坏环境资源，综合分析各种环境因素，找出控制有害生物最佳方案。②由彻底消灭有害生物的策略发展为科学管理，但不排除消灭技术的应用。③全面考虑自然控制因素，保持并增强其作用。④并非各种防治方法的简单累加，而是协调运用，不排除一定条件下单项措施的作用。⑤考虑有害生物与作物、天敌、环境间关系，使防治措施对农田生态系统内外副作用减至最小。⑥加强有害生物种群数量变动监测体系，进行预测预报。⑦科学使用化学农药，尽可能少用或不用。

主要措施 ①农业防治措施，如清园、培育抗性品种。②物理防治措施，如利用害虫的趋光性、趋化性、害虫的性信息素等来控制害虫，通过温汤浸种等防治病虫害。③生物防治措施，如增加农田植被多样性培育保护天敌，种植蜜源植物诱集天敌，人工繁殖和释放天敌，引进天敌等。④结合病虫害的防治指标，适量合理施用化学农药来防治病虫害。

参考文献

何盛明，1990. 财经大辞典 [M]. 北京：中国财政经济出版社.

许志刚，2008. 植物检疫学 [M]. 3 版. 北京：高等教育出版社.

（撰稿：汤宝；审稿：刘凤权）

《综合分子昆虫科学》 *Comprehensive Molecular Insect Science*

（杨斌提供）

由 Kostas Iatrou 和 Sargeet S. Gill 主编，1985 年开始在培格曼（Pergamon）出版公司出版。该书收录了包括昆虫生理学、生物化学、药理学、行为学和昆虫控制方面具有参考价值的文章，囊括了从 1950—1985 年所有的材料和文献。由国外杰出的供稿团队编写，排版格式遵从简明、容易阅读、易于查找和前后交叉参考等原则，所有重要的话题和文章完全按照日期来编排。该书共有 6 个章节，包括：繁殖与发展、发展进程、内分泌学、生物化学与分子生物学、药理学和生态控制（见图）。

从 2005 年开始《综合分子昆虫科学》通过 Science direct 提供网络版，可以根据文章作者、文章文字、字母表顺序、引用作者和昆虫科目来进行阅读和查找，所有文章接受以 HTML 文件格式，并可以以 PDF 格式阅读、下载或打印。

（撰稿：杨斌；审稿：王桂荣）

邹秉文　Zou Bingwen

邹秉文（1893—1985），字应崧，农学家、植物病理学家、农业教育和社会活动家。中国近代农业科学教育事业的先行者，享誉国内外的农业问题专家（见图）。

生平介绍　1893 年 12 月 3 日生于广州，江苏吴县人，当时其父邹嘉立正在广东办理盐务。幼年由家庭教师启蒙，稍后入随宦学校就读。1910 年，到美国纽约柯克中学读书，后转入威里斯顿中学。1912 年以优异的成绩毕业，补取为留美官费生，考入康奈尔大学，先学机械工程，后改学农科，专修植物病理学。1915 年毕业，获农学学士学位后又继续在该校研究院深造一年。1916 年，应金陵大学农林科主任美国学者芮思娄的聘请，归国担任金陵大学教授，主讲植物病理学和植物学课程。1917—1927 年，历任南京高等师范学校农业专修科（首任）主任，国立东南大学农科主任，南京中央大学农学院院长。1927 年秋，被任命为河南公立农业专门学校校长。1928 年，任上海商品检验局局长。1929 年发起建立中国植物病理学会（CSPP）。1931—1947 年，担任上海商业银行副总经理。1942—1948 年担任中华农学会理事长。1943 年起兼任联合国粮食及农业组织（FAO）筹备委员会副主席、联合国粮食与农业组织首任中方执行委员、南京政府农林部高等顾问兼驻美国代表、中美农业合作团中方团长（未就任，由沈宗翰代理）。1946 年密歇根大学授予其农学荣誉博士。1947 年辞去国民党政府本兼各职。1948 年，改任美国纽约和昌公司（华侨经营）董事长，经营中美间的化肥、种子和农产品贸易。中华人民共和国成立后，邹秉文由于参与帮助中华人民共和国的农业事业，受到了美国移民当局的传讯。1956 年 8 月，在周恩来总理的直接关怀下，他返回祖国，并以一级教授身份受聘为农业部和高等教育部的顾问，直至 1985 年 6 月因病逝世。

（叶文武提供）

成果贡献　邹秉文是中国高等农业教育的主要奠基人，一生致力于中国农业教育发展。在主持南京高等师范学校至东南大学农科的 10 年中，确立了农业大学的教学、科研和推广三者相辅相成的体系，先后发表《中国农业教育问题》等多篇论文或专著，对全国农业教育提出过许多重要建议。在校期间培养出了金善宝、冯泽芳、邹钟琳等多位中国第一代现代农学家。

邹秉文是中美农业教育、科技交流的杰出组织者。20 世纪 40 年代，他在美国编辑《中国农业》月刊，四处奔波，先后获得美国农业大学奖学金名额 200 余个，选派了中国各大学的农学院毕业生和青年教师赴美进修农业、林业、农业机械工程、畜牧、气象等专业。这批农科留学生学成回国后都成为中华人民共和国各农业大学和农业科研机构的重要骨干，影响深远。

邹秉文还是中国近代植棉业和农产品检验事业的重要推动者。他率先在东南大学农科成立棉作改良推广委员会，筹设了上海商品检验局，并以大量银行资金支持全国农业改进机构。1949 年接受政府委托，购运大批优良棉种，对农业（包括蚕桑业）和农畜产品检验事业作出了重大贡献。

邹秉文还主持开展了很多有关农业改进的社会活动。他聘请美国作物遗传育种专家 H. H. 洛夫（H. H. Love）博士来华讲学 3 年，对中国开展稻麦等作物育种起到了很好的效果。洛夫为美国康奈尔大学的育种学教授，20 世纪 20 年代曾由纽约洛氏基金资助，来华指导小麦、高粱的作物改良工作，也是中国国际农业技术合作的开端。1932 年邹秉文请洛夫三度来华，为期 3 年，主讲作物育种及田间试验技术。洛夫不仅对中国水稻品种改良发挥了重要作用，还征集了 31 个美棉品种，在江苏、浙江、湖北、陕西、山东、河南、河北等地进行区域试验。1935 年洛夫回国后，棉花试验由冯泽芳继续主持，从中选出‘斯字棉’为黄河流域的推广品种，‘德字棉’为长江流域的推广品种。棉产量大增，致使长期依赖进口原棉的中国纺织工业至1936年接近自给。邹秉文为此事先后向金陵大学，农矿部，江苏、浙江两省建设厅等反复“游说”，得到各方支持，提供经费。

邹秉文以其在行政与实业界的关系，利用机会，推动了中央农业实验所的建立。1930年，上海丝业公司创议发行公债600万元，工商部派他去监督协办。借此机会，他积极宣传改进蚕桑与农业科学研究的关系，建议丝商从中提出200万元作为筹建农业试验研究机构的基金。取得丝商同意后，他又向孔祥熙等上层做工作，几经周折，终被批准，并任命他为筹委会首席委员，于1931年10月正式成立中央农业实验所，地点位于南京孝陵卫。

邹秉文担任上海银行副总经理长达16年之久。除了掌管该行的农业贷款、支持和资助金陵大学设立农业信用与运销合作讲座、推动农业合作事业外，更主要的还是运用金融手段，支持农业改进事业，特别是棉产改进事业，这是他一生中贯彻始终的一件大事。

早在1920年，邹秉文便在东南大学农科开办暑期植棉讲习会，培训各地选送来的270名学员，成效十分显著。华商纱厂联合会因而决定把该会所办的江苏、河南、河北、湖北4个棉场都移交给东南大学农科，每年还补助经费2万元。在此个基础上，成立了归学校主持的棉作改良推广委员会，由农科师生负责引种、选育、栽培、繁殖与推广，并先后开办了植棉专修科、植棉讲习班。邹秉文多方筹划，由上海、交通、金城、中农等银行组成农村贷款银团，贷款额达500多万元，并由中央、金陵两所大学合办植棉训练班，还选派了胡竟良、王桂五、李国桢等9位植棉专家赴美深造。抗战胜利后，邹秉文又得到当时行政院的同意，恢复全国棉产改进处及所属机构的活动，由老友孙恩麟、学生冯泽芳和胡竟良等主持工作。中华人民共和国成立后，由人民政府接管，对中国植棉事业的迅速恢复和发展，作出了突出的贡献。

邹秉文是中国科学社、中国农学会的创始人。早在1915年留美期间，与留美学者任鸿隽、过探先、杨杏佛、茅以升、胡明复等发起组织中国科学社，编印《科学》月刊，这是中国最早的自然科学的学术团体和有影响的学术期刊。他又是1917年成立的中国农学会的创建人之一，1942—1948年出任该会理事长，在出版农学会会刊、培养人才、交流农业科学成果等方面发挥了重要的组织作用。

主要论著 《植物病理学概要》《改进吾国农业教育之办法》《今后的农业教育》《吾国新学制与此后之农业教育》《高等植物学》《中国农业教育问题》《中国农业教育最近情况》《论我国之农业教育》《中国农业建设方案》等。

参考文献

南京农业大学发展史编委会, 2012. 南京农业大学发展史：人物卷 [M]. 北京：中国农业出版社.

许衍琛, 2014. 邹秉文高等农业教育思想研究 [J]. 高等理科教育 (4): 121-125.

章楷, 1993. 邹秉文和我国近代农业改进 [J]. 中国农史 (4): 59-64.

周邦任, 1993. 邹秉文在中国近代农业科技史上的杰出作用：纪念邹秉文先生诞辰一百周年 [J]. 中国农史 (4): 71-74.

（撰稿：叶文武；审稿：张正光）

邹树文 Zou Shuwen

邹树文（1884—1980），昆虫学家，中国近代昆虫学的奠基人与开拓者之一。

生平介绍 生于1884年9月22日，江苏吴县（今属江苏苏州）人。邹树文于1907年毕业于京师大学堂师范馆。1908年赴美国康奈尔大学农学院求学，攻读经济昆虫学，获农学学士学位。1911年参加全美科学联合会，并宣读研究论文，是近代中国学生在美国宣读昆虫学论文的第一人。因此，他被选为美国科学荣誉会会员，并获Sigma Xi“金钥匙”奖。1912年，他在美国伊利诺伊大学获科学硕士学位。1913年在美国芝加哥大学研究院从事研究工作。

1915年回国后，邹树文历任南京金陵大学教授、国立北京农业专门学校教授兼农场主任（场长）。1922年任东南大学农科教授兼江苏省昆虫局技师，后代理该局局长。1928年转任浙江省昆虫局局长。1930年，邹树文调任江苏省农业银行设计部主任。1932—1941年，被聘为国立中央大学农学院院长。此后，他曾历任国民政府教育部农业教育委员会常务委员、国民政府农林部专门委员、国民政府贸易委员会蚕丝研究所所长、国立西北农学院院长等职。邹树文重视科学普及工作，民国初年，正是“西学东渐”的时期，他与出国回来的科学家任鸿隽、竺可桢等，筹办中国首个科普组织——中国科学社，他为普及昆虫知识撰写文章，还参与气象与地质方面的工作。1922年在张巨伯的倡导下，东南大学成立了六足学会，1927年应邹树文的倡议，学会正式改名为中国昆虫学会。这是中国昆虫界第一个全国性学术团体。邹树文对昆虫学会的工作，一直十分关心，1964年春，华东六省一市昆虫学术讨论会在上海召开，当年邹树文已经80岁了，他带了论文《论螟蝗两个虫名在古文献中的纠纷》，兴致勃勃地亲自参加会议。

中华人民共和国成立后，他曾历任中山陵园管理委员会委员、江苏省文史研究馆馆员、中国农业遗产研究室顾问等职。晚年，邹树文从事祖国农业遗产的研究工作，曾校勘明代科学家徐光启的农学巨著《农政全书》，撰写农史论文多篇。

成果贡献 邹树文在江苏省昆虫局工作期间，组织建立作物虫害防治体系，把昆虫局的工作任务和解决生产中主要害虫问题紧密结合起来。该局是最早应用现代科学知识进行作物害虫防治研究的机构。1928年，他转任浙江省昆虫局局长。该局在他的主持下，工作范围有了较大的扩大——局内设昆虫生活史、昆虫分类、蚊蝇、寄生虫等研究室，并在其他地区成立稻虫研究所、桑虫研究所、棉虫研究所和果虫研究所。从此，浙江省昆虫局的体制建立，规模初具，为日后的发展奠定了基础。

邹树文主要著述有《中国昆虫学史》《昆虫》《浙江省稻作栽培概况》等。其中《中国昆虫学史》一书对中国浩瀚的典籍进行了艰苦的工作，从中发掘出大量有关昆虫的史料；探讨了古代动物分类的方法；辨析了一些古今异称的虫名；考证了古代劳动人民对昆虫资源的利用及害虫的防治历史。书中插有重要的附表，记载了两千多年来涉及虫灾的史籍；对《尔雅》分类与各种五行分类法进行了比较。该书不仅总结了中国古代昆虫学的成就，并指出了当时科学停滞不前的原因。书中详尽论述了古人对昆虫认识的文献，介绍了多种治蝗类农书，并列有"昆虫学史事提要"一表，对历史时期在昆虫认识上每一个重大变化进行了归纳，将古代昆虫学划分为西周、春秋、战国；秦汉；魏晋、南北朝；隋唐；元宋和明清 6 个时期。它是邹树文毕生的心血研究，到定稿时已经 96 岁高龄，仍然不遗余力，一丝不苟。特别是有关晚清时期的史实，许多是他亲身经历或体验，难能可贵，为后世留下一笔丰硕的有关中国古代昆虫学史实珍贵的遗产。

参考文献

南京农业大学发展史编委会，2012. 南京农业大学发展史：人物卷 [M]. 北京：中国农业出版社 .

中国科学技术协会，1992. 中国科学技术专家传略：农学编 植物保护卷 1[M]. 北京：中国科学技术出版社 .

（撰稿：王备新；审稿：马忠平）

邹钟琳 Zou Zhonglin

邹钟琳（1897—1983），昆虫学家，农业教育家，南京农业大学教授。

生平介绍 1897 年 12 月出生于江苏无锡。1917 年考入南京高等师范学校农业专修科，1920 年毕业，留校任助教。1921 年，南京高等师范学校改为东南大学，农业专修科改为本科。邹钟琳一边担任助教工作，一边补学本科的课程，通过考试获得学士学位。

1922 年，设在东南大学农学院内的江苏省昆虫局成立，邹钟琳到昆虫局转而从事水稻螟虫防治的研究工作。1929 年秋，邹钟琳得到江苏省昆虫局的补助，前往美国深造。他先进明尼苏达大学，师从生态学家查普曼（Chapman）学习昆虫学和昆虫生态学，1931 年获硕士学位。继而入康奈尔大学攻读博士学位。不料 1932 年因美国经济波动，邹钟琳终因学费拮据，不得不提前回国。回国后，在中央大学农学院任副教授，兼江苏省昆虫局技术部主任，继续从事水稻害虫防治的研究工作。1933 年升为教授，筹建了昆虫研究室。

1937 年抗日战争爆发，邹钟琳主持中央大学农学院搬迁重庆的工作。1945 年春，邹钟琳曾只身去西北农学院短期代理院长，暑假后回到重庆。1946 年夏，中央大学迁回南京，邹钟琳兼任二部主任（包括农学院、医学院和新生院）。1948 年，邹钟琳兼任农学院院长。中华人民共和国成立后，1952 年全国高等学校院系调整，邹钟琳任南京农学院植物保护系教授兼昆虫教研组主任，南京农学院教务处处长、学术委员会副主任。1956 年被高等教育部评为一级教授。

邹钟琳曾当选为江苏省第一、第二、第三届人大代表，全国政协第四届特邀代表，全国政协第五届委员。曾担任农牧渔业部科学技术委员会委员、中国农业科学院学术委员会委员、中国农学会副理事长、中国植物保护学会（CSPP）理事、江苏省农学会顾问、江苏省昆虫学会理事长等。

成果贡献 邹钟琳是中国水稻螟虫防治研究的先驱。1922 年在江苏省昆虫局任职时，邹钟琳就开始从事水稻螟虫的防治研究工作。他深入农村，采集标本，亲自观察，掌握第一手资料，虚心向农民请教防治螟虫的传统经验，并结合现代科学，总结出一套行之有效的科学防治方法。经过几年的努力，邹钟琳查明了江苏省螟虫发生的代数，并总结了各种防治方法的效果；发表了《三化螟之研究》等数篇研究报告和论文，为水稻螟虫防治做了开拓性的工作。

1932 年，邹钟琳从国外归来，继续对水稻螟虫的发生规律、防治方法进行深入研究，发现不同生育期的水稻品种受三化螟危害轻重有很大差别，于 1936 年发表了《江苏省数种水稻生长期与三化螟为害之关系》的论文。抗日战争期间，邹钟琳在重庆继续水稻螟虫研究达 6 年之久，查明三化螟第三代幼虫侵害水稻的时间，从而在中国首先提出合理安排栽种时间、避开螟虫危害高峰的理论。这种采用栽培措施防治螟害的办法，在生产中反复实践，收到了良好效果。1956 年 3 月，在南京农学院第一次科学讨论会上，他作了《太湖流域水稻三化螟防治上的理论基础和实施方法》的报告，总结了 1918 年以来太湖流域水稻三化螟发生概况及水稻改制在螟虫防治工作上的成绩，受到与会专家的一致好评。

邹钟琳在昆虫生态学的研究和应用上造诣颇深。1932 年回国后，他坚持用昆虫生态学的理论解决生产中的问题。他在江苏省昆虫局兼任技术部主任期间，深入江苏、华北蝗区调查，对中国飞蝗分布与气候地理的关系、东亚飞蝗变型现象以及飞蝗发生状况与防治效果等进行了深入的研究，发现东亚飞蝗因种群密度不同而发生变型现象，其种群密度与蝗区的生态特点有密切的关系，并根据这些规律提出了蝗害的预防方法，为当时国内消灭蝗害作出了重要贡献。其中，《中国迁移蝗之变型现象及其在国内之分布区域》获得 1941—1942 年度高等教育学术三等奖。

20 世纪 50 年代，邹钟琳主持全国重点课题"小地老虎的研究"。他从生物学、生态学的观点出发，对小地老虎生物学特性及其发生规律进行了深入的研究，取得了显著的成果，并汇集成《小地蚕论文集》出版。其中，许多成果在生产上发挥积极的作用，有的还拍成科教片，在全国进行宣传。

邹钟琳编写的《普通昆虫学》和《经济昆虫学》两本专著，分别由中华书局和国立编译馆于 1940 年和 1947 年先后出版。50 年代李实蜂在南京发生严重，邹钟琳于 1951 年着手进行李实蜂调查和防治试验，提出在李花开放前数天和盛花期喷洒杀虫剂进行防治，取得了明显效果。邹钟琳结合多年教学实践和研究成果，编著了《中国果树虫害》一书，于 1958 年出版，并于 1982 年再版。1980 年，邹钟琳主编的中国第一本《昆虫生态学》出版。

所获奖誉 1941—1942 年度获高等教育学术三等奖。

参考文献

南京农业大学发展史编委会，2012. 南京农业大学发展史：人物卷 [M]. 北京：中国农业出版社 .

中国科学技术协会，1992. 中国科学技术专家传略：农学编 植物保护卷 1[M]. 北京：中国科学技术出版社 .

中央大学南京校友会，中央大学校友文选编纂委员会，2004. 南雍骊珠：中央大学名师传略 [M]. 南京：南京大学出版社 .

（撰稿：王备新；审稿：马忠华）

《作物保护》 *Crop Protection*

该刊是国际植物保护协会（International Association for the Plant Protection）的官方期刊。1995 年创刊，为农学领域的学术性期刊。《作物保护》由世界领先的科技及医学出版公司爱思唯尔（Elsevier）出版集团负责收录和出版工作，月刊，ISSN：0261-2194。已被美国国会图书馆收录，还被美国《生物学文摘》（*Biological Abstracts*）、美国《生物学文献》数据库（BIOSIS Previews）、Current Contents（Agriculture，Biology & Environmental Sciences）、Science Citation Index（SCI）、Science Citation Index Expanded（SCIE）、科学文献索引（SCI&SCIE）等期刊收录。国内被多家权威检索系统中国学术期刊综合评价数据库、中国科学引文数据库、中国期刊全文数据库（CNKI）、万方数据库等收录。2021 年影响因子为 2.545，2015—2020 年平均影响因子为 3.110（见图）。

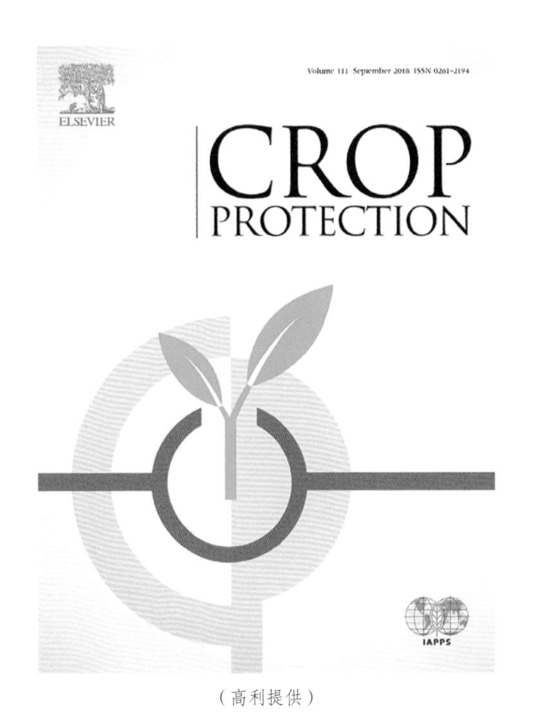

（高利提供）

《作物保护》主要刊登使用跨学科的方法展示可集成应用到实际中的病虫害防治策略的研究内容和成果，包括各种高投入和低投入的全球农业生态系统，尤其强调田间农作物的实用性保护以及有可能将来更有效的保护措施。学科属性主要是农业科学、生命科学的研究领域。该期刊的主题分类主要由三部分组成，分别是农业科学——概论与其他，农业科学——园艺与植物文化（包括栽培技术）和生命科学——昆虫学。主要发表以下相关内容：病虫草的检测、监测及有效防治，非生物灾害，农艺控制，植物生长调节因子，农药的环境效应，综合防控等内容。现任主要编辑有 B. S. Chauhan，J. Correll，J. V. Cross，L Korsten，F. P. F. Reay-Jones，S. N. Wegulo。

（撰稿：高利；审稿：赵廷昌）

其他

《Hayes'农药毒理学手册》(第3版) *Hayes' Handbook of Pesticide Toxicology* (Thire Edition)

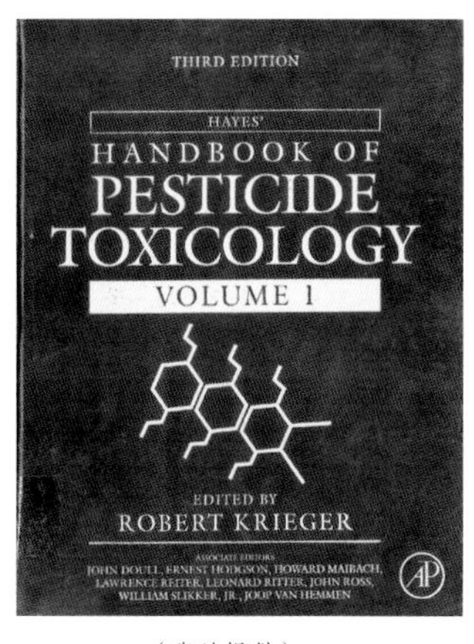

（张兰提供）

第3版（2010）是在前两版（1991、2001）基础上，由Robert Krieger组织来自世界各地在科研机构、政府机关和私人组织等不同性质部门任职的200名相关领域杰出的科研人员及管理人员共同编写。该版为了纪念农药科学先驱Wayland J. Hayes，由爱思唯尔（Elsevier）出版集团旗下美国学术（Academic）出版社出版发行（见图）。

农药在施药过程中，仅有1%作用于靶标生物，其余的或飘入大气，或残留于土壤，或通过地表径流、淋溶、干湿沉降的方式进入水体，从而对人类健康和生态环境及生物产生影响。随着人们生活质量的不断提高和人类对美好生存环境的追求，农药危害人类健康以及污染生态环境的问题已经引起人们的强烈关注。大量的生态毒理学研究证明农药包括生物源农药，能引起人类及其他生物繁殖率下降、发育迟缓，造成生物种群减少，危害生态健康。因此建立与完善农药对人类及生态环境毒性效应评价及风险评估技术与体系势在必行。

该书综合全面阐述了农药在农业、家庭和公共卫生病、虫害防治中的毒性效应评价原理、政策和方案方法等。包括各种类型农药的性质和作用；不同暴露途径评价；风险评估讨论；农药管理政策法规；以及未来关注的热点问题和具有特殊意义的话题。该书分为上下两卷，包括15部分108章。第1部分，农药应用；第2部分，农药毒理和安全评价；第3部分，农药安全评价的方法；第4部分；农药皮肤毒性；第5部分，农药神经毒性；第6部分，农药行为；第7部分，农药暴露测量与迁移；第8部分，区域和全球农药环境暴露评估；第9部分，公共卫生政策与流行病学；第10部分，有机磷类和氨基甲酸酯类杀虫剂；第11部分，除虫菊素和除虫菊酯类杀虫剂；第12部分，除草剂；第13部分，杀菌剂；第14部分，其他农药；第15部分，熏蒸剂。

该书不仅适用于科研机构及大专院校中的学生、教师和科研人员，同时该书也可供农药管理人员、医务人员、法律专家以及农药的制造、加工和使用人员学习。

（撰稿：张兰；审稿：刘新刚）

QuEChERS技术 QuEChERS method

在基质固相分散萃取技术的基础上，整合了提取、固相萃取等步骤，建立的集快速（quick）、简单（easy）、便宜（cheap）、有效（effective）、可靠（rugged）、安全（safe）为一体的样品提取净化技术。

基本原理 技术核心是在农作物（水果、蔬菜等）的提取液中直接加入除水剂和杂质吸附剂，提取液经离心之后直接进行色质联用分析。由于不需经过传统前处理的提取液浓缩干燥、过固相萃取柱净化等步骤，所以这是一种省时、经济和适用面广的新技术。

适用范围 QuEChERS技术最初是作为高含水量样品（含水量＞75%，如水果和蔬菜等）中多农药残留的提取净化方法。随后在低含水量（含水量＜25%，如谷物）和油脂类样品（如肉、蛋和植物油等）的多农药残留分析中也得到了应用。随着人们对QuEChERS技术中提取液、盐析剂以及净化剂等相关内容研究的深入，适用于其他食品安全危害因子（如食品添加剂、兽药、真菌毒素以及多环芳烃等）的相关方法也不断被开发。

主要技术 QuEChERS技术分为提取、盐析和净化3个步骤。首先以有机溶剂（如乙腈、丙酮和乙酸乙酯等）与水按照一定比例混合后萃取待测物，再经过盐析剂（如无水$MgSO_4$、Na_2SO_4和NaCl等）盐析分层，最后将目标提取液移至装有净化剂（如乙二胺-N-丙基硅烷、佛罗里硅土、石墨化炭黑和C18键合硅胶等）的聚四氟乙烯离心管中净化，经振摇离心后，取上清液进行仪器分析。

影响因素 QuEChERS技术的提取效率与缓冲剂以及除杂吸附剂的选择密切相关。

缓冲溶液 2007年，Payá等在黄瓜、柠檬、柑橘样品中，运用改良的QuEChERS方法，在第一步提取时，加入柠檬酸钠和柠檬酸二钠作为缓冲保护剂，利用柠檬酸盐建立缓冲体系，研究结果表明该缓冲体系对某些酸碱敏感的农药的分离有良好的作用。

除杂吸附剂 单纯的吸附剂PSA也陆续与其他的吸附

剂相配合，以适合更多成分复杂的样品，达到更好的除杂效果。

国外采用色质联用分析检测农药残留时，更注重对色谱、质谱条件的改进，而对 QuEChERS 的改良多体现在缓冲溶液的使用上，对吸附剂选择上改良并不多，而中国在新型吸附剂的选择方面研究较多。董静等在改良型的 QuEChERS 方法研究上作出了很多成就，在用 0.1% 冰醋酸 - 乙腈溶液提取后，净化时除了加入 PSA 外，还额外加入 ODS-C18 粉、石墨化炭黑（GCB）、氨丙基粉等吸附剂，PSA 去除脂肪酸效果较好，去除色素、维生素的效果一般，而 ODS-C18 粉、GCB 除色素、维生素的能力较好，这种混合型的分散固相萃取可以明显改善净化效果。用改良型的方法用于果蔬中包括有机磷、有机氯、拟除虫菊酯类、氨基甲酸酯类在内的 54 种农药的检测，检出限在 3～25μg/kg 之间，在添加含量 0.05～1.0mg/kg 范围内回收率在 60%～120% 之间，标准偏差在 4%～14%，达到了农残检测的要求。

QuEChERS 技术的应用与优势　在食品中农药残留检测的应用与优势 QuEChERS 技术在食品中农药残留检测的应用主要包括：① 粮谷农药残留检测。② 动物食品兽药残留检测。③ 牛奶、蜂蜜兽药残留检测。④ 其他类型食品残留检测。QuEChERS 技术在食品中农药残留检测的优势主要包括：① 回收率高，对大量极性及挥发性的农药品种的回收率大于 85%。② 精确度和准确度高，可用内标法进行校正。③ 可分析的农药范围广，包括极性、非极性的农药种类均能利用此技术得到较好的回收率。④ 分析速度快，能在 30 分钟内完成 6 个样品的处理。⑤ 溶剂使用量少，污染小，价格低廉且不使用含氯化物溶剂。⑥ 操作简便，无需良好训练和较高技能便可很好地完成。⑦ 乙腈加到容器后立即密封，使其与工作人员的接触机会减少。⑧ 样品制备过程中使用很少的玻璃器皿，装置简单。

在农产品中真菌毒素检测的应用与优势　已报道利用 QuEChERS 技术检测的真菌毒素包括：15- 乙酰脱氧雪腐镰刀菌烯醇、脱氧雪腐镰刀菌烯醇、雪腐镰刀菌烯醇、T-2 毒素、HT-2 毒素、黄曲霉毒素、赭曲霉毒素 A 、橘霉素、伏马菌素、麦角克碱、玉米赤霉烯酮、棒曲霉毒素以及环匹阿尼酸等。QuEChERS 技术在农产品中真菌毒素检测的优势：① 实验设备简单，整个 QuEChERS 处理仅需要离心管、振荡器、离心机即可完成。② 试剂使用量少，在全部提取净化步骤中，有机试剂使用量大约在 5～25ml 之间，废弃液在 15ml 以内，对环境污染小。③ 前处理步骤少，整个提取净化操作是在重复振荡—离心—再振荡中完成，操作技术难度低，适宜推广。④ 处理时间短，全部提取净化步骤可在 30 分钟内完成，适合批量分析。⑤ 实现多组分提取净化，通过设计提取液配方，选择适宜盐析剂和净化剂，可实现多真菌毒素的联合提取，提高分析效率。⑥ 操作人员暴露风险低，QuEChERS 技术的操作过程简单，处理时间短，溶剂使用量少，可控性强。

参考文献

陈建彪，董丽娜，刘娇，等，2014. QuEChERS 在食品中真菌毒素检测的研究进展 [J]. 食品科学，35(11): 286-291.

董静，潘玉香，朱莉萍，等，2008. 果蔬中 54 种农药残留的 QuEChERS/GCMS 快速分析 [J]. 分析测试学报，27(1): 66-69.

刘亚伟，董一威，孙宝利，等，2009. QuEChERS 在食品中农药多残留检测的应用研究进展 [J]. 食品科学，30(9): 285-289.

PAYÁ P, ANASTASSIADES M, MACK D, et al, 2007. Analysis of pesticide residues using the quick easy cheap effective rugged and safe (QuEChERS) pesticide multiresidue method in combination with gas and liquid chromatography and tandem mass spectrometric detection [J]. Analytical and bioanalytical chemistry, 389(6): 1697-1714.

（撰稿：张继；审稿：刘新钢）

大事记

中国近代植物保护大事记　Chinese modern plant protection events

1907年，清政府利用北京西直门外三贝子花园开办的农事试验场，设立了病虫害科。

1910年，京师大学堂农科聘日本人三宅市郎（M. Miyake）讲授植物病理学。

1913年，北京农商部中央农业试验场成立植物病虫害科，由章祖纯主事。

1915年，邹秉文与留美同学任鸿隽、过探先、杨杏佛、茅以升等发起组织中国科学社，编印《科学》月刊。这是中国最早的自然科学学术团体和有影响的学术期刊。

1916年，邹秉文从美国康奈尔大学学习植物病理学回国，被聘为金陵大学农科植物病理学教授。

1916年，邹秉文编写的《植物病理学概要》发表在《科学》期刊第2卷第5期上，这是中国最早有关植物检疫论述的一篇宝贵的文献，作者提出的植病预防思想对中国植物检疫事业有重大影响。

1916年，章祖纯发表的《北京附近发生最盛之植物病害调查表》，为中国作物病害的第1篇调查报告。

1918年，东南大学农科开设植物病理学课程。

1919年，邹秉文在南京近郊指导农民用温汤浸种防治麦类黑穗病。

1922年，蔡邦华在《中华农学会报》上发表《改良农业当设植物检查所之管见》，论述建立国家植物检疫机构的必要性。

1922年，江苏省昆虫局成立，后并入1931年成立的中央农业实验所。1933年该所建立病虫害系，负责全国植物病虫害的研究与防治工作，植物病害部分由朱凤美主持。

1923年，东南大学成立植物病虫害系，下设昆虫学与植物病理学课。

1924年，金陵大学农科聘R. H. 博德（R. H. Porter）来华在植物系中建立植物病理学组。1931年后，国内各大学如浙江大学、岭南大学等以及各农事试验场几乎都有植物病理学课或研究室，从事教学研究与推广工作。

1925—1929年，金陵大学推广系在河南、河北、山东、江苏、安徽推广碳酸铜拌种防治大麦、高粱及粟的黑穗病，防治面积达39 400多亩，深受农民欢迎。

1927年，朱凤美在《中华农学会丛刊》上分3期连载《植物之检疫》，系统地介绍植物检疫的理论与方法。

1928年，江苏省昆虫局在上海采用熏蒸剂处理从美国进口的棉花种子2500包（约100吨），开中国昆虫部门执行植物检疫的先河。

1929年，中国植物病理学会（CSPP）于南京成立。

1929年，1月上海商品检验局成立，3月9日农矿部公布《农产物检查条例施行细则》，6月18日农矿部公布《检查农产物处罚规则》。

1929—1933年，俞大绂等发表研究大麦条纹病、坚黑穗病研究成果，报道用有机汞粉剂和碳酸铜粉处理种子。

1930年，浙江植物病虫防治所建立了药剂研究室，这是最早的农药研究机构。

1932—1939年，戴芳澜发表了9篇《中国真菌杂录》。

1933年，中央研究院增设动植物研究所，设有植物病理研究室，由邓叔群主持。

1933年，昆虫学家张巨伯创办《昆虫与植病》（1933—1937），并担任主编，由浙江省昆虫局编辑出版。内容包括植物病理学在内的研究论文、综合报道、病虫防治情报、通讯和书刊介绍等。后因战乱，于1937年发行至4卷6期后被迫停刊。

1933年12月19日，实业部公布《农业病虫害取缔规则》，张景欧撰写了《各国对于中国植物进口之检查手续及禁止种类》，分4次刊登在《上海国际贸易导报》（即1933年68期及1934年14期）。

1933年，中央农业实验所建立病虫害系，负责全国植物病虫害的研究与防治工作，病害部分由朱凤美主持。

1933—1935年，中央农业实验所吴昌济检查了全国23省麦种1022件，先后两次发表国内麦类黑穗病分布调查，明确麦类7种黑穗病及其分布。

1934年10月5日，实业部公布《实业部商品检验局植物病虫害检验施行细则》。

1935年春，上海商检局举办植物病虫害检验训练班，招收10名学员，学习4个月，这是中国最早举办的有关植物检疫专业培训。4月，上海商验局成立植物病虫害检验处，分设积谷害虫、园艺害虫、植物病理、熏蒸消毒4个实验室。

1935—1937年，何畏冷3次发表《广东果树病害汇志》，记载各种果病83种。

1936年，1月上海商检局开始进口邮包植物检疫，10月上海商检局江湾熏蒸室和养虫室建成使用。

1936年，俞大绂发表的蚕豆茎腐病是中国首次系统报道细菌病害。

1936年，沈其益编写的《中国棉作病害》由中央棉产改进所印刷出版。

1939年，中央研究院动植物研究所出版邓叔群的《中国高等真菌志》，记载1391种真菌，其中3个新属，116个新变种；1940年又出版该著作补志，26属46个种。

1939年，俞大绂发表的《蚕豆温性花叶病》是中国最早研究报道的植物病毒病。

1940—1945年，朱凤美发表多年来系统研究小麦线虫病结果，并推广碳酸铜粉防治黑穗病和应用线虫汰除器防治小麦粒线虫病。

1943年，在四川重庆江北建立了中国首家农药厂，主要生产含砷无机物——硫化砷和植物性农药。

1944年10月12日，中国昆虫学会（ESC）在重庆成立，吴福桢任理事长。

1945年8月抗日战争胜利后，中央农业实验所迁回南京，并在北平和吉林公主岭分别建立了北平农业试验场和东北农事试验场，都设有病虫害系病害研究室；大部分省级农业改进所、农事试验场也都恢复。

1946年6月，周尧创办天则昆虫研究所，主编出版《中国昆虫学杂志》。

1948年，吴友三编写的《植物病害防治》由福建农业出版社出版。

1949年，农业部设立病虫害防治司，主管病虫害的防治组织工作。

1949年，由北京大学农学院、清华大学农学院和晋冀鲁豫边区的华北大学农学院合并，成立了北京农业大学，设植物病理学系。

1949年，以北平农业试验场为基础，成立了华北农业科学研究所；原中央农业实验所改为华东农业科学研究所，以后又改建为江苏省农业科学院；原东北农事试验场则改建为吉林省农业科学院，各地也相继成立农业科学研究院，大多数成立植物保护研究所，从事病、虫、草和药剂的研究工作。

1950年，农业部成立植物病虫害防治司(1954年改为植物保护司)。

1950年，《昆虫学报》创刊，由中国昆虫学会（ESC）、中国科学院动物研究所主办，科学出版社出版。

1950年，中国能够生产六六六，并于1951年首次使用飞机喷洒滴滴涕灭蚊，喷洒六六六治蝗。

1950年11月25日，时任北京大学农学院昆虫学系讲师的齐兆生在 *Nature* 发表了题为 *Protection Against Aphids by Seed Treatment* 的论文，阐明了内吸杀虫药剂的作用机理，开创了内吸剂防治害虫的新途径，这是中国植物保护领域首次在国际顶刊发表研究论文。

1951年8月，贸易部公布《输出入植物病虫害检验暂行办法》《输出入植物病虫害检验标准》及附录《各国禁止或限制中国植物输入种类表》和《世界危险植物病虫害表》。

1951年9月1日，在辅仁大学召开第一次全国会员代表大会，选举冯兰洲为中国昆虫学会第一届理事会理事长，朱弘复为秘书长。

1952年和1953年，中央农业部参加第六、七两届社会主义国家植物检疫和植物保护会议。

1952年，北京农业大学成立应用化学系，赵善欢、范怀忠和方中达等人编写相关书籍，开启中国农药学科建设。

1953年1月，前中央研究院与北平研究院的真菌部合并，成立中国科学院植物所真菌植物病理研究室。

1954年，中国植物病理学会创办《植物病理学译报》，刊载世界各国有关植物病理学方面中译稿件。初为半年刊，后改为季刊，出版至第5卷，1958年停刊。

1955年，秉志、蔡邦华、陈世骧、戴芳澜、邓叔群、胡经甫、刘崇乐、杨惟义和俞大绂当选为中国科学院学部委员（院士）。

1955年，《植物病理学报》创刊，为半年刊，1981年改为季刊，2003年改为双月刊。

1955年，农业部植物病虫害防治司开始专设植物检疫处，1964年，原由外贸部主管的对外植物检疫，交由农业部统一管理。

1956年，第八届社会主义国家国际植物检疫及植物保护会议在北京举行。

1956年12月3日，中国科学院应用真菌研究所成立。

1957年，冯兰洲当选为中国科学院学部委员（院士）。

1957年，方中达主编的《植病研究方法》由北京高等教育出版社出版。

1957年，中国植物病理学会编辑出版的中级专业期刊《植病知识》（1957—1966）在北京创刊，科学出版社出版，开始为季刊，1959年改为月刊，1966年出至第4卷后停刊。

1957年，中国成立了第一家有机磷杀虫剂生产厂——天津农药厂，开始了有机磷农药的生产。

1957年，周尧编写《中国早期昆虫学研究》。

1957年8月，以华北农业科学研究所植物病虫害系和农药系为基础，中国农业科学院设立中国农业科学院植物保护研究所。

1957年12月4日，《国内植物检疫试行办法》公布。

1958年，戴芳澜编写的《中国经济植物病原目录》出版。

1958年，由沈阳化工研究院主办的全国性综合农药技术期刊《农药》创刊。

1958年8月6日，毛泽东主席视察中国农业科学院植物保护研究所新乡试验基地七里营棉田。

1958年9月28日，广东省昆虫研究所成立，2015年11月更名为广东省生物资源应用研究所。

1958年12月3日，中国科学院应用真菌研究室与北京微生物研究室合并，成立中国科学院微生物研究所。

1958年和1960年，中国派员分别参加第九届和第十届社会主义国家国际植检植保会议。

1959年，中国台湾的植物保护学会出版了《植物保护学会会刊》，为季刊。

1959年，范怀忠编写的《蔬菜病害》由高等教育出版社出版。

1959年1月，全国植物保护科学研究工作会议首次召开，讨论制订全国植保科研规划和协作计划。

1960年，方中达主编的《普通植物病理学》由江苏人民出版社出版，并于1964年修订第2版。

1960年，方中达编写的《链霉菌的噬菌体》由科学出版社出版。

1960年，《植物病理学文摘》（1960—1987）创刊，该期刊主要发表植物病理学方面的二次文献。创刊初期以中译国外有关文摘为主，后逐渐增加国内作者的文摘与题录的比重。自1962年第5期起纳入中国国外科技文献编译委员会的文摘系统，刊名改为《农业文摘》第4分册（《植物病理学》），由中国科学技术情报研究所重庆分所主办。自

1966年第9期后中断出刊，直至1974年恢复《植物病理学文摘》（季刊，由中国科学技术情报研究所重庆分所编译，科学技术文献出版社重庆分社出版）。1979年起改为双月刊，直至1987年出至第21卷（总共140期）停刊。

1961年，方中达主编的《植物病理学》由江苏人民出版社和上海科学技术出版社出版。

1961年，林传光和曾士迈合编的《植物免疫学》由农业出版社出版。

1961年9月，由中国农业科学院植物保护研究所主编的《中国植物保护科学》出版，作为向建国十周年献礼的科学理论著作之一。

1962年，方中达编写的《水稻白叶枯病》由江苏人民出版社出版。

1962年，《植物保护学报》由植物保护学会出版。

1962年7月，中国植物保护学会（CSPP）成立大会在哈尔滨召开，选举出第一届理事会。

1963年，《植物保护》由植物保护学会主办。

1963年，裘维藩专著《植物病毒学》正式出版。

1963年，邓叔群主编的《中国的真菌》由科学出版社出版。

1965年，吴友三编写的《种子带病和种子检疫》由科学出版社出版。

陈延熙完成美国科学院编著的《植物病害的发生与防治》一书的翻译并出版。

1966年，戚佩坤、白金铠、朱桂香编写的《吉林省栽培植物真菌病害志》由科学出版社出版。

1975年，农林部在全国植保工作会议上明确了“预防为主，综合防治”的植保工作方针。

1978年，农林部先后恢复了植物保护局、植物检疫实验所、农药检定所，并增设病虫测报站。

1978年，程遐年和耿济国等人在南京农学院开始病虫害测报培训，开启了全国农作物病虫测报培训班。

1978年3月，中国农业科学院植物保护研究所完成的“小麦条锈病防治研究”“蝗虫综合防治研究（北部蝗区）”和“农药六六六制造研究”等12项科技成果荣获全国科学大会奖。

1979年，戴芳澜编写的《中国真菌汇总》由科学出版社出版。

1979年，陈延熙组织编译了《土传病原物生态学研究法》《丝核菌的生物学与防治》《微生物生态》等书。

1979年，《昆虫天敌》创刊，为季刊，由中国著名昆虫学家蒲蛰龙院士创办。2008年，《昆虫天敌》更名为《环境昆虫学报》。2013年，《环境昆虫学报》由季刊改为双月刊。

1979年，《植物检疫》创刊，1979年初创时为内部交流期刊，1994年开始公开发行。现由国家质检总局主管，中国检验检疫科学研究院和中国植物保护学会共同主办。

1979年，陈延熙主持成立了中国第一个植物病害生物防治研究室，主编内部期刊《植病生防》。

1979年，《世界农药》创刊，为双月刊，由上海医药（集团）公司主管、上海市农药研究所主办。

1979年，中国农业科学院植物保护研究所组织编写的《中国农作物病虫害》由农业出版社出版，内容分上下两册，包括农作物重大病、虫、草、鼠害等共1358种，计126万字。

1980年，方中达编写的《普通植物病理学：上》由农业出版社出版。

1980年，李振岐和商鸿生编著的《小麦锈病及其防治》由上海科学技术出版社出版。

1980年，《病虫测报》创刊，1980年初创时为内部参考资料，1990年开始公开发行，1993年改名为《植保技术与推广》。

1980年，中国真菌学会成立，出版《真菌学报》。

1980年，《中国植保导刊》创刊。

1980年，陆宝麟、马世骏、蒲蛰龙、邱式邦、裘维蕃和赵善欢当选为中国科学院院士。

1981年，《生态学报》创刊，为半月刊，是由中国科学技术协会主管、中国生态学学会中国科学院生态环境研究中心主办的中国生态学及生态学各分支学科研究领域的综合性学术期刊。

1981年，中国动植物检疫总所成立，增设了海运和内河等口岸动植物检疫所15处。

1982年，吴友三编写的《农业植物病理学》由农业出版社出版。

1982年，《真菌学报》创刊，1997年更名为《菌物系统》，2004年更名为《菌物学报》。

1982年，农业部植物保护局改建为全国植物保护总站（含全国病虫测报总站）。

1982年4月，中国农药工业协会（CCPIA）成立，是中国化工行业最早成立的行业协会之一，是跨地区、跨部门、跨行业的具有独立法人资格的全国非营利性社团组织。

1983年，《杂草科学》创刊，由江苏省杂草研究会主办。

1984年，方中达编写的《普通植物病理学：下》由农业出版社出版。

1984年9月20日，《中华人民共和国森林法》颁布。

1985年，由南京农业大学程遐年等人完成的“我国褐飞虱迁飞规律的阐明及其在预测预报中的应用”获得国家科技进步一等奖，中国农业科学院植物保护研究所马存等人完成的“棉花抗枯萎病高产新品种86-1”获得国家发明二等奖。

1985年，范怀忠和王焕如主编的《植物病理学》（第2版）由农业出版社出版。

1985年，周尧当选为圣马力诺共和国国际科学院院士。

1985年，《病毒学报》由中国微生物学会主办创刊。

1985年，《生物防治通报》创刊，1995年更名为《中国生物防治》，2010年更名为《中国生物防治学报》。

1985年8月12日，“中国科学院真菌地衣系统学开放研究实验室”成立，并成为“中国科学院真菌地衣系统学重点实验室”。

1986年，曾士迈和杨演编写的《植物病害流行学》由农业出版社出版。

1986年，《植物医生》创刊，为双月刊，是由国家教育部主管、西南大学主办的全国公开发行的植保实用技术型期刊。

1987年，中国第一个昆虫博物馆在西北农学院建成。

1987年，中国农业科学院植物保护研究所陈善铭等人完成的“中国小麦条锈病流行体系”获国家自然科学二等奖。

1987年5～6月，由联合国粮农组织资助，中国植物病理学会和农业部全国植物保护总站在北京共同举办了《植物病害防治和抗病育种》培训班，邀请北美和欧洲的六名植物病理学家来华讲授植物病害流行学、抗病育种和病害综合治理的课程，中国植物病理学专家参加授课和学术交流。

1988年，齐兆生等人完成的“控制棉花主要病虫综合防治对策及关键技术”获国家科技进步二等奖。

1988年2月，北京农业大学和南京农业大学的植物病理学、华中农业大学的农业微生物学以及华南农业大学的昆虫学分别入选首批全国重点学科。

1988年12月，植物病虫害生物学国家重点实验室由国家计划委员会批准依托中国农业科学院植物保护研究所建设，并于1992年1月通过验收正式成为国家重点实验室。

1989年，中国开始参加联合国粮食及农业组织（FAO）主持的南亚及东南亚水稻病虫综合防治项目，中国有9个省（自治区、直辖市）的部分县参加了这个项目，促进了中国水稻病虫害综合防治工作。

1989年，李振岐和商鸿生编著的《小麦锈病及其防治》由上海科学技术出版社出版。

1989年，《湖北植保》创刊，是面向全国发行的农业类学术期刊。

1989年3月1日，《中华人民共和国野生动物保护法》施行。

1989年9月至1991年12月，由联合国计划开发署（UNDP）出资建立的亚太地区柑橘黄龙病防治项目，有中国、泰国、菲律宾、马来西亚、印度尼西亚五国参加，开展了柑橘黄龙病病原、监测技术和综合治理试验研究。

1989年12月，联合国粮农组织亚太地区植保委员会吸收中国为正式成员国，并于1991年派员出席第17届会议。

1991年，农业虫害鼠害综合治理研究国家重点实验室依托中国科学院动物研究所建立，并于1995年10月通过验收正式成为国家重点实验室。

1991年，钦俊德、田波、谢联辉、尹文英和张广学当选为中国科学院院士。

1991年10月30日，《中华人民共和国进出境动植物检疫法》通过。

1992年，《华东昆虫学报》创刊。2005年，该刊刊期由半年刊更改为季刊。2010年，该刊更名为《生物安全学报》。

1992年，第十九届国际昆虫学大会在北京召开。

1992年，广东省昆虫研究所李丽英担任国际昆虫学会理事会副理事长。

1992年4月1日，《中华人民共和国进出境动植物检疫法》施行。

1992年5月13日，《植物检疫条例》发布施行。

1993年，方中达和任欣正完成《中国植物细菌病害志》，列举中国细菌病害百余种，其中有些是中国发现和报道的新种。

1993年11月10日，《国外引种检疫审批管理办法》发布实施。

1994年，《现代农药》创刊，经中华人民共和国新闻出版总署批准，由江苏省经济和信息化委员会主管，江苏省农药协会、江苏省农药研究所股份有限公司、江苏省农药科技信息站主办。

1994年，李振岐和商鸿生主编的《小麦病害防治》由金盾出版社出版。

1994年，周尧主编出版《中国蝶类志》。

1994年，梁训生和谢联辉主编的《植物病毒学》由中国农业出版社出版。

1994年，曾士迈主编的《植保系统工程导论》由北京农业大学出版社出版。

1994年12月1日，《中华人民共和国自然保护区条例》实施。

1995年，荆玉祥、匡廷云和李德葆主编的《植物分子生物学》由科学出版社出版。

1995年，中国农业科学院植物保护研究所主编的《中国农作物病虫害》（上、下册）由中国农业出版社出版，全书逾400多万字，描述农业病虫草鼠害1648种，其中病害724种，害虫838种，杂草64种，害鼠22种。

1995年，李振岐主编的《植物免疫学》由中国农业出版社出版。

1995年2月25日，《植物检疫条例实施细则（农业部分）》发布施行。

1995年，全国农业技术推广服务中心成立，是农业部直属事业单位，承担全国农业植物检疫管理。

1995年，浙江省农业科学院陈剑平等人完成的“大麦和性花叶病毒在禾谷多黏菌介体内发现和增殖的证明”获国家科技进步一等奖。

1995年，印象初当选为中国科学院院士，曾士迈、李光博和李正名当选为中国工程院院士。

1996年，谢联辉主编的《水稻病害》由中国农业出版社出版。

1996年1月1日，《农业植物调运检疫规程》实施。

1996年5月，中国农业科学院植物保护研究所成卓敏主持的“应用基因工程技术创造抗黄矮病毒转基因小麦新种质”研究被国家科委评为1995年全国十大科技成就。

1997年，李振岐主编的《麦类病害》由中国农业出版社出版。

1997年，陆家云主编的《植物病害诊断》由中国农业出版社。

1997年，李振岐主编的《小麦病害防治》由金盾出版社出版。

1997年，植物保护（中国）协会成立，为植物保护（国际）协会成员。

1997年，庞雄飞当选为中国科学院院士，李振岐和沈寅初当选为中国工程院院士。

1997年1月1日，《中华人民共和国野生植物保护条例》施行。

1997年3月20日，《中华人民共和国植物新品种保护条例》公布。

1997年5月8日，《中华人民共和国农药管理条例》

发布并实施。

1998 年，中国农业大学裘维蕃当选为国际植物病理学会（ISPP）会长。

1998 年，郭三堆等人的转基因抗虫棉核心技术“编码杀虫蛋白质融合基因和表达载体及其应用”获得国家发明专利，使中国成为继美国之后第二个拥有自主知识产权、独立研制成功转基因抗虫棉的国家。

1998 年，曾士迈编写的《植物抗病育种的流行学研究》由科学出版社出版。

1998 年，方中达主编的《植病研究方法》由中国农业出版社出版。

1998 年 3 月，根据国务院机构改革方案，由原国家进出口商品检验局、原农业部动植物检疫局和原卫生部卫生检疫局合并组建国家出入境检验检疫局。

1999 年，曹支敏和李振岐编写的《秦岭锈菌》由中国林业出版社出版。

1999 年，《农药学学报》创刊，为双月刊。

1999 年，郑儒永当选为中国科学院院士。

1999 年 9 月 9 日，《国家重点保护野生植物名录》（第一批）施行。

2000 年，南京农业大学和山东农业大学等多所大学将植物保护系更名为植物保护学院。

2000 年，许志刚主编的《普通植物病理学》（第 2 版）由中国农业出版社出版。

2000 年，中国农业科学院作物所章琦等人完成的“我国抗稻白叶枯病粳稻近等基因系的培育及应用”获国家技术发明二等奖，广东省农业科学院植物保护研究所伍尚忠等人完成的“广东水稻品种对白叶枯病和稻瘟病的抗性研究及其在抗病育种上的应用”、河北省农林科学院谷子研究所董志平等人完成的“谷子锈菌优势小种监测及谷子品种抗性基因研究”、东北林业大学刘景全等人完成的“杨树介壳虫等干部害虫综合防治技术研究”和湖南化工研究院石峰等人完成的“杀虫剂残杀威原药技术开发”获国家科学技术进步二等奖。

2000 年 8 月 17 日，云南农业大学朱有勇院士在 *Nature* 发表题为 *Genetic Diversity and Disease Control in Rice* 论文，这是中国植物病理学科的首篇国际顶刊论文，研究确证了从栽培角度利用作物多样性时间和空间优化配置控制病害的新途径，为水稻病害的控制提供了一种生态学的方法。

2001 年，陆家云主编的《植物病原真菌学》由中国农业出版社出版。

2001 年，陈利锋和徐敬友主编的《农业植物病理学》（南方本，第 1 版面向 21 世纪课程教材）由中国农业出版社出版。

2001 年，蔡道基和郭予元当选为中国工程院院士。

2001 年，由南京农业大学郑小波等人完成的“宽基础高素质植物保护本科人才培养的研究与实践”获得高等教育国家级教学成果一等奖。

2001 年，中国科学院动物研究所朱弘复等人完成的《中国经济昆虫志》获国家自然科学二等奖，浙江省农业科学院陈剑平等人完成的“我国大麦黄花叶病毒株系鉴定、抗源筛选、抗病品种应用及其分子生物学研究”和中国农业科学院油料作物研究所许泽永等人完成的“主要花生病毒株系、病害发生规律和防治”获国家科学进步二等奖。

2002 年，中国农业科学院生物技术研究所郭三堆等人完成的“棉花抗虫基因的研制”和沈阳化工研究院刘长令等人完成的“创制新农药高效杀菌剂氟吗啉”获国家科学技术发明二等奖，中国科学院动物研究所张知彬等人完成的“农田重大害鼠成灾规律及综合防治技术研究”、中国林业科学研究院王涛等人完成的“绿色植物生长调节剂（GGR）的研究、开发与应用”和北京林业大学骆有庆等人完成的“防护林杨树天牛灾害持续控制技术研究”获国家科学技术进步二等奖。

2002 年，李振岐和曾士迈主编的《中国小麦锈病》由中国农业出版社出版。

2003 年，莱阳农学院孟昭礼等人完成的《“银果”和“银泰”农用杀菌活性的发现与应用研究》获国家科学技术进步二等奖。

2003 年，方荣祥当选为中国科学院院士，陈宗懋当选为中国工程院院士。

2003 年 4 月 11 日，《农药生产管理办法》施行。

2003 年 12 月，第七届 APEC 农业生物技术与生物安全国际研讨会在北京召开。

2003 年 12 月，依托华中农业大学，经科技部批准立项，建设农业微生物学国家重点实验室。

2004 年，浙江省农业科学院陈剑平等人完成的“我国水稻黑条矮缩病和玉米粗缩病病原、发生规律及其持续控制技术”和云南大学张克勤等人完成的“根结线虫生防真菌资源的研究与应用”获国家科学技术进步二等奖。

2004 年，第十五届国际植物保护大会在北京召开。

2005 年，云南农业大学朱有勇等人完成的“水稻遗传多样性控制稻瘟病的原理与技术”、中国科学院彭辉银等人完成的“卵寄生蜂传递病毒防治害虫新技术”获国家技术发明二等奖，浙江省农业科学院陈剑平等人完成的“禾谷多黏菌及其传播的小麦病毒种类、发生规律和综合防治技术应用”、南京农业大学李顺鹏等人完成的“残留微生物降解技术的研究与应用”、中国科学院动物研究所张润志等人完成的“入侵害虫蔬菜花斑虫的封锁与控制技术”和浙江工业大学徐振元等人完成的“年产 3000 吨高质量毒死蜱技术开发与应用”获国家科学技术进步二等奖。

2005 年，中山大学昆虫学研究所经科技部批准更名为有害生物控制与资源利用国家重点实验室。

2005 年，李振岐和商鸿生主编的《中国农作物抗病性及其利用》由中国农业出版社出版。

2005 年，林晓民、李振岐和侯军编写的《中国大型真菌的多样性》由中国农业出版社出版。

2006 年，沈阳化工研究院程春生等人完成的“创制高效杀菌剂啶菌噁唑及其产业化”获国家技术发明二等奖，山东棉花研究中心李汝忠等人完成的“高产稳产广适高效转基因抗虫杂交棉鲁棉 15 号选育与产业化开发”、西北农林科技大学吴文君等人完成的“杀虫活性物质苦皮藤素的发现与应用研究”、中国农业科学院农业环境与可持续发展研究所朱昌雄等人完成的“微生物农药发酵新技术新工艺及重要产品规模应用”、南京农业大学陈佩度等人完成的“小麦抗病生物技术育种研究及其应用”、河北农业大学刘孟军等人完成的“枣疯病控制理论与技术”、中国林业科学研究院森林生态环境与保护研究所杨忠岐等人完成的“重大外来侵入性害虫——美国白蛾生物防治技术研究”和湘潭大学罗和安等人完成的“环境友好生产乙酰甲胺磷新工艺”获国家科学技术进步二等奖。

2006年9月1日，《中华人民共和国濒危野生动植物进出口管理条例》施行。

2006年11月1日，《中华人民共和国农产品质量安全法》施行。

2007年，南开大学李正名等人完成的“对环境友好的超高效除草剂的创制和开发研究”和浙江工业大学郑裕国等人完成的“高纯度井冈霉素生物催化生产井冈霉醇胺的产业化技术开发”获国家技术发明二等奖，中国农业科学院植物保护研究所吴孔明等人完成的“棉铃虫区域性迁飞规律和监测预警技术的研究与应用”、贵州大学宋宝安等人完成的“防治农作物土传病害系列药剂的研究与应用”和中国科学院动物研究所张润志等人完成的“新疆棉蚜生态治理技术”获国家科学技术进步二等奖。

2007年，中国农业大学、浙江大学和南京农业大学的植物保护学以及南京林业大学的森林保护学被批准为国家一级重点学科。

2007年，第一届国际昆虫生理生化与分子生物学大会在济南召开。

2007年12月14日，浙江大学刘树生团队在*Science*上发表题为*Asymmetric Mating Interactions Drive Widespread Invasion and Displacement in a Whitefly*的研究论文，揭示了B型烟粉虱的入侵机制，为解释该害虫的广泛入侵并取代土著烟粉虱的现象和规律，以及对其进一步入侵和地域扩张的预警提供了重要的理论基础。

2008年，中国农业科学院植物保护研究所冯平章等人完成的“防治重大抗性害虫多分子靶标杀虫剂的研究开发与应用”、中国农业科学院蔬菜花卉研究所张友军等人完成的“重大外来入侵害虫烟粉虱的研究与综合防治”、福建省农业科学院植物保护研究所张艳璇等人完成的“天敌捕食螨产品及农林害螨生物防治配套技术的研究与应用”、南京林业大学叶建仁等人完成的“松材线虫分子检测鉴定及媒介昆虫防治关键技术”和中华人民共和国秦皇岛出入境检验检疫局庞国芳等人完成的“世界常用1000多种农药兽药残留检测技术与37项国际国家标准研究”荣获国家科技进步二等奖。

2008年，中国农业大学唐文华当选为国际植物病理学会（ISPP）会士。

2008年1月8日，《农药管理条例实施办法》实行。

2008年1月8日，《农药登记资料规定》施行。

2008年2月26日，《中国植物保护战略》正式对外公布。

2008年9月，吴孔明等人在*Science*上发表题为*Suppression of Botton Bollworm in Multiple Crops in China in Areas with Bt Toxin-Containing Cotton*的研究论文，研究成果入选“2008年中国十大科技进展新闻”。

2008年9月，中华人民共和国农业部国际农业和生物科学中心（CABI）生物安全联合实验室在北京成立。

2009年，沈崇尧翻译George N. Agrios著的《植物病理学》（第5版）由中国农业大学出版社出版。

2009年，李玉当选为中国工程院院士。

2009年，黑龙江中医药大学王喜军等人完成的“人工种植龙胆等药用植物斑枯病的无公害防治技术”获国家技术发明二等奖，安徽农业大学李增智等人完成的“真菌杀虫剂产业化及森林害虫持续控制技术”获得国家科学技术进步二等奖。

2010年，商鸿升主编的《植物免疫学》（第2版）由中国农业出版社出版。

2010年，彭友良担任*Annual Review of Phytopathology*编委，任期5年（2011—2015）。

2010年，南京农业大学万建民等人完成的“抗条纹叶枯病高产优质粳稻新品种选育及应用”获得国家科技进步一等奖，中国农业科学院植物保护研究所吴孔明等人完成的“棉铃虫对Bt棉花抗性风险评估及预防性治理技术的研究与应用”、福建农林大学关雄等人完成的“细菌农药新资源及产业化新技术新工艺研究”、中国农业大学刘西莉等人完成的“主要作物种子健康保护及良种包衣增产关键技术研究与应用”、中国农业大学王琦等人完成的“芽孢杆菌生物杀菌剂的研制与应用”、西北农林科技大学康振生等人完成的“小麦赤霉病致病机理与防控关键技术”、华南农业大学徐汉虹等人完成的“鱼藤酮生物农药产业体系的构建及关键技术集成”和河南农业大学范国强等人完成的“泡桐丛枝病发生机理及防治研究”获得国家科学技术进步二等奖。

2010年5月，吴孔明等人在*Science*期刊上发表题为*Mirid Bug Outbreaks in Multiple Crops Correlated with Wide-Scale Adoption of Bt Cotton in China*的研究论文。

2011年，康乐当选为中国科学院院士，陈剑平、吴孔明、朱有勇和钱旭红当选为中国工程院院士。

2011年，福建农林大学尤民生等人完成的“十字花科蔬菜主要害虫灾变机理及其持续控制关键技术”获得国家科学技术进步二等奖。

2011年，依托广西大学和华南农业大学的亚热带农业生物资源保护与利用国家重点实验室获准立项建设。

2011年8月，中国农业科学院植物保护研究所郭予元获国际植物保护科学协会颁发的“国际植物保护杰出贡献奖”。

2011年10月，真菌学国家重点实验室依托中国科学院微生物研究所获批建设。

2011年10月14日，原中国科学院真菌地衣系统学重点实验室申报的真菌学国家重点实验室获批准建设。

2011年12月，中国农业科学院植物保护研究所牵头的农业部作物有害生物综合治理学科群建设工作在北京启动。

2012年，中国农业科学院植物保护研究所陈万权等人完成的“中国小麦条锈病菌源基地综合治理技术体系的构建与应用”获得国家科学技术进步一等奖，河南省农业科学院房卫平等人完成的“高产抗病优质杂交棉品种GS豫杂35、豫杂37的选育及其应用”、西南大学周常勇等人完成的“柑橘良种无病毒三级繁育体系构建与应用”、南京农业大学周明国等人完成的“重要作物病原菌抗药性机制及监测与治理关键技术”、湖南农业大学柏连阳等人完成的“水田杂草安全高效防控技术研究与应用”和浙江省植物保护检疫局郑永利等人完成的“农作物重要病虫鉴别与治理原创科普系列彩版图书”获得国家科学技术进步二等奖。

2012年，第十二届国际卵菌分子遗传学年会在南京召开。

2012年，中国农业科学院植物保护研究所陈万权等人完成的“中国小麦条锈病菌源基地综合治理技术体系的构建与应用”获得国家科学技术进步一等奖。

2012年4月15日，中国科学院遗传与发育生物学研究所周俭民和海南大学何朝族合作在*Nature*发表了题为*A Xanthomonas Uridine 5'-Monophosphate Transferase Inhibits Plant Immune Kinases*的研究论文，揭示了AvrAC独特的生化功能和分子机制。

2012年7月，中国农业科学院植物保护研究所吴孔明等人在*Nature*杂志发表*Widespread Adoption of Bt Cotton and Insecticide Decrease Promotes Biocontrol Services*研究论文。

2012年10月，中国农业科学院植物保护研究所被科技部命名为“农业生物安全国际联合研究中心”。

2013年，华中农业大学王石平等人完成的“水稻质量抗性和数量抗性的基因基础和调控机理”获得国家科学自然科学二等奖，中国科学院植物研究所田世平等人完成的“果实采后绿色防病保鲜关键技术的创制及应用”获得国家技术发明二等奖，中国农业科学院植物保护研究所万方浩等人完成的“主要农业入侵生物的预警与监控技术”获得国家科学技术进步二等奖。

2013年，第二届植物—生物互作国际会议在昆明召开。

2013年，第十届植物病理国际会议在北京召开。

2013年，依托中国农业科学院的国家农业生物安全中心大楼投入使用。

2013年，由吴孔明领衔的“棉花—害虫—天敌的互作机制”创新团队获国家自然科学基金委创新研究群体项目资助。

2013年5月17日，科技部批准组建省部共建华南应用微生物国家重点实验室，依托单位为广东省微生物研究所。

2013年11月，第七届国际双生病毒论坛暨第五届国际单链DNA比较病毒学专题研讨会在杭州召开。

2013年11月，周雪平主持的国家自然科学基金重大项目“作物双生病毒致病的分子机理”获得国家自然科学基金委员会的资助。

2014年，浙江大学周雪平等人完成的“双生病毒种类鉴定、分子变异及致病机理研究”获得国家自然科学二等奖，贵州大学宋宝安等人完成的“防治农作物病毒病及媒介昆虫新农药研制与应用”、湖北省农业科学院喻大昭等人完成的“新型天然蒽醌化合物农用杀菌剂的创制及其应用”、浙江省农业科学院陈剑平等人完成的“重要植物病原物分子检测技术、种类鉴定及其在口岸检疫中应用”和西藏自治区农牧科学院王保海等人完成的“青藏高原青稞与牧草害虫绿色防控技术研发及应用”获得国家科学技术进步二等奖。

2014年，西北农林科技大学刘同先当选为美国昆虫学会（ESA）会士。

2015年，宋宝安当选为中国工程院院士。

2015年，康乐获选美国昆虫学会（ESA）会士并获第八届谈家桢生命科学成就奖。

2015年，第二届昆虫基因组学大会在重庆召开。

2015年，周雪平担任*Annual Review of Phytopathology*编委，任期5年（2016—2020）。

2015年，中国农业科学院油料作物研究所李培武等人完成的“农产品黄曲霉毒素靶向抗体创制与高灵敏检测技术”和东北农业大学向文胜等人完成的“农用抗生素高效发现新技术及系列新产品产业化”获得国家技术发明二等奖，中国农业大学高希武等人完成的“生物靶标导向的农药高效减量使用关键技术与应用”和江苏省农业科学院方继朝等人完成的“长江中下游稻飞虱暴发机制及可持续防控技术”获得国家科学技术进步二等奖。

2015年1月1日，《中华人民共和国环境保护法》施行。

2015年2月，农业部制定《到2020年农药使用量零增长行动方案》，并于2017年宣布农药零增长提前3年实现。

2015年7月，中国农业科学院植物保护研究所组织编写的《中国农作物病虫害》（第3版）由中国农业出版社出版，全书分上、中、下3册，逾1090万字，描述农业病虫草鼠害1665种，其中病害775种，害虫739种，杂草109种，害鼠42种。

2015年12月，云南生物资源保护与利用国家重点实验室（省部共建国家重点实验室）通过专家验收并正式运行。

2016年，中国农业科学院植物保护研究所郑永权等人完成的“农药高效低风险技术体系创建与应用”、中国科学院微生物研究所张立新等人完成的“阿维菌素的微生物高效合成及其生物制造”和江苏省农业科学院周益军等人完成的“水稻条纹叶枯病和黑条矮缩病灾变规律与绿色防控技术”获得国家科技进步二等奖。

2016年8月，闽台作物有害生物生态防控国家重点实验室正式获得科技部和福建省政府批准，依托福建农林大学，并协同福建省农业科学院、台湾中兴大学等单位共同建设。

2016年10月30日，《农药生产许可证实施细则》施行。

2016年12月23日，南京农业大学胡高在*Science*上发表题为*Mass Seasonal Bioflows of High-Flying Insect Migrants*的研究论文，揭示昆虫迁飞机制。

2017年，康振生当选为中国工程院院士。

2017年，中国科学院动物研究所康乐等人完成的“飞蝗两型转变的分子调控机制研究”获得国家自然科学二等奖，云南农业大学朱有勇等人完成的“作物多样性控制病虫害技术体系构建及应用”、和南京林业大学叶建仁等人完成的“中国松材线虫病流行规律与防控新技术”获得国家科技进步二等奖。

2017年，南京农业大学、浙江大学和中国农业科学院的植物保护学科在全国重点学科评估中获评A+。

2017年，中国农业大学、浙江大学和贵州大学的植物保护学入选教育部“双一流”建设学科。

2017年1月13日，南京农业大学王源超团队在*Science*发表题为*A Paralogous Decoy Protects Phytophthora Sojae Apoplastic Effector PsXEG1 From a Host Inhibitor*的研究论文，揭示病原菌攻击宿主的全新致病机制“诱饵模式”（DECOY）。

2017年2月2日，中国科学院上海植物生理生态研究所何祖华团队在*Science*发表题为*Epigenetic regulation of antagonistic receptors confers rice blast resistance with yield balance*的研究论文，该研究成功克隆了持久广谱抗稻瘟病基因*Pigm*，并揭示了水稻广谱抗病与产量平衡的表观调控新机制。

2017年6月8日，中国科学院分子植物科学卓越创新中心王二涛团队在*Nature*发表了题为*Plants Transfer Lipids to Sustain Colonization by Mutualistic Mycorrhizal and Parasitic Fungi*的研究论文，首次揭示了在丛枝菌根真菌与植物的共生过程中，脂肪酸是植物传递给菌根真菌的主要碳源形式，并发现脂肪酸作为碳源营养在植物—白粉病互作中起重要作用。

2017年6月29日，四川农业大学陈学伟在*Cell*发表题为*A Natural Allele of a Transcription Factor in Rice Confers Broad-Spectrum Blast Resistance*的研究论文，挖掘了对稻瘟病的新型广谱高抗的水稻遗传资源，阐明了新型广谱持久抗病的分子机理，为水稻稻瘟病广谱抗病育种提供了重大理论和应用基础。

2017年8月1日，《农药生产许可管理办法》施行。

2017年9月，中共中央办公厅、国务院办公厅印发《关于创新体制机制推进农业绿色发展的意见》。

2018年，北京林业大学骆有庆等人完成的“灌木林虫灾发生机制与生态调控技术”、西北农林科技大学黄丽丽等人完成的“苹果树腐烂病致灾机理及其防控关键技术研发与应用”、山东农业大学张修国等人完成的“主要蔬菜卵菌病害关键防控技术研究与应用”、南京农业大学周明国等人完成的“杀菌剂氰烯菌酯新靶标的发现及其产业化应用”和南京林业大学周宏平等人完成的“林业病虫害防治高效施药关键技术与装备创制及产业化”获得国家科技进步二等奖。

2018年，*Phytopathology Research*创刊，这是中国植物病理学科获批的第一个英文期刊，由中国科学技术协会主管，中国植物病理学会、中国农业大学共同主办，出版单位为中国农业大学出版社有限公司。

2018年，第十九届国际卵菌分子遗传学年会在泰安召开。

2018年，IPPC国际植物检疫处理标准会议在深圳召开。

2018年，中国农业大学彭友良当选为国际植物病理学会（ISPP）会士，中国农业大学彭友良和中国农业科学院植物保护研究所周雪平当选为美国植物病理学会（APS）会士。

2018年3月，根据第十三届全国人民代表大会第一次会议批准的国务院机构改革方案，设立中华人民共和国农业农村部。

2018年6月，第一届国际生物防治大会在北京召开。

2018年7月6日，农业农村部印发《农业绿色发展技术导则》（2018—2030）。

2018年9月7日，四川农业大学陈学伟团队、中国科学院遗传与发育生物学研究所李家洋团队和加州大学戴维斯分校Pamela Ronald团队联合在*Cell*发表题为*A Single Tranion Factor Promotes both Yield and Immunity in Rice*的研究论文，揭示水稻转录因子IPA1促进高产并提高免疫的机制。

2019年，贵州大学宋宝安等人完成的“防治农作物主要病虫害绿色新农药新制剂的研制及应用”、中国农业科学院蔬菜花卉研究所张友军等人完成的“重大蔬菜害虫韭蛆绿色防控关键技术创新与应用”和中国农业科学院茶叶研究所陈宗懋等人完成的“茶叶中农药残留和污染物管控技术体系创建及应用”获得国家科学技术进步二等奖。

2019年，浙江大学刘树生当选为美国昆虫学会（ESA）会士。

2019年，国际植物免疫学研讨会在南京召开。

2019年4月5日，清华大学柴继杰团队、中国科学院遗传与发育生物学研究所周俭民团队和清华大学王宏伟团队联合发现植物抗病小体，在*Science*发表题为*Ligand-Triggered Allosteric ADP Release Primes a Plant NLR Complex*和*Reconstitution and Structure of a Plant NLR Resistosome Conferring Immunity*两篇论文。

2020年，武汉大学何光存等人完成的“水稻抗褐飞虱基因的发掘与利用”获得国家技术发明二等奖；湖南省农业科学院柏连阳等完成的“粮食作物主要杂草抗药性治理关键技术与应用”和浙江大学陈学新等完成的“优势天敌昆虫控制蔬菜重大害虫的关键技术及应用”获得国家科学技术进步二等奖。

2020年4月8日，中国科学院分子植物科学卓越创新中心辛秀芳团队在*Nature*发表了题为*A Plant Genetic Network for Preventing Dysbiosisin the Phyllosphere*的研究论文，发现了一条植物通过PTI信号通路和MIN7囊泡转运过程调控叶际微生物生态平衡来维持自身健康的机制。

2020年4月9日，山东农业大学孔令让团队在*Science*发表题为*Horizontal Gene Transfer of Fhb7 from Fungus Underlies Fusarium Head Blight Resistance in Wheat*的研究论文，该研究成功克隆了来源于长穗偃麦草的抗赤霉病主效基因*Fhb7*。

2020年5月1日，《农作物病虫害防治条例》施行。

2020年6月8日，上海科技大学免疫化学研究所饶子和及Luke Guddat团队在*Nature*发表了题为*Structures of Fungal and Plant Acetohydroxyacid Synthases*的研究论文，该项工作在国际上首次成功解析了植物和真菌的乙酰羟基酸合成酶的完整三维结构。

2020年8月12日，中国科学院动物研究所康乐和王宪辉团队在*Nature*合作发表题为*4-Vinylanisole is an Aggregation Pheromone in Locusts*的研究论文，揭示蝗虫聚群成灾的奥秘。

2020年8月24日，中国科学院分子植物科学卓越创新中心上海植物逆境生物学研究中心Rosa Lozano-duran团队在*Cell*发表题为*A Defence Pathway Linking Plasma Membrane and Chloroplasts and Co-Opted by Pathogens*的研究论文，揭示植物中存在一条连接细胞膜和叶绿体的重要抗病信号途径，感知病原体威胁，从而诱导植物免疫防御开启。

2020年10月9日，中国科学技术大学赵忠团队在*Science*发表题为*WUSCHEL Triggers Innate Antiviral Immunity in Plant Stem Cells*的研究论文，揭示了植物茎顶端分生组织存在广谱抗病毒免疫的分子机制。

2020年10月12日，中国科学院分子植物科学卓越创新中心王二涛团队在*Cell*发表了题为*A Phosphate Starvation Response-Centered Network Regulates Mycorrhizal Symbiosis*的研究论文，首次绘制了水稻—丛枝菌根共生的转录调控网络。

2020年12月4日，清华大学生命学院柴继杰团队在*Science*发表了题为*Direct Pathogen-Induced Assembly of an NLR Immune Receptor Complex to Form a Holoenzyme*的研究论文，首次报道了植物TNL类抗病蛋白RPP1直接识别并结合效应蛋白ATR1、形成抗病小体并作为全酶催化NAD+水解的分子机制。

2020年12月10日，中国科学院分子植物科学卓越创新中心王二涛团队在*Nature*发表了题为*An SHR-SCR Module Specifies Legume Cortical Cell Fate to Enable Nodulation*的研究论文，研究揭示豆科植物皮层细胞获得SHR-SCR干细胞分子模块，使其有别于非豆科植物。

2021年，柏连阳当选为中国工程院院士。

2021年，依托宁波大学的省部共建农产品质量安全危害因子与风险防控国家重点实验室获批建设。

2021年1月22日，中国科学院分子植物科学卓越创新中心王四宝团队在*Science*发表了题为*Clock Genes and Environmental Cues Coordinate Anopheles Pheromone Synthesis, Swarming and Mating*的研究论文，揭示了按蚊集群婚飞的分子机制和雌雄求偶的化学通讯奥秘。

2021年3月1日，中国科学院分子植物科学卓越创新中心辛秀芳团队在*Nature*发表了题为*Pattern-Recognition Receptors are Required for NLR-Mediated Plant Immunity*的研究论文，揭示了植物两大类免疫系统在功能上交互作用的机制。

2021年3月25日，中国农业科学院蔬菜花卉研究所张友军团队在*Cell*上发表了题为*Whitefly Hijacks a Plant Detoxification Gene that Neutralizes Plant Toxins*的研究论文，揭示烟粉虱广泛寄主适应性机制。

2021年4月15日，《中华人民共和国生物安全法》施行。

2021年5月12日，中国科学院遗传与发育生物学研究所周俭民、陈宇航、何康敏和清华大学柴继杰合作在*Cell*发表了题为*The ZAR1 Resistosome is a Calcium-Permeable Channel Triggering Plant Immune Signaling*的研究论文，通过植物免疫学、膜生物学、单分子成像和结构生物学等多学科交叉合作，解析了ZAR1抗病小体激活免疫反应的分子机制。

2021年9月30日，中国科学院分子植物科学卓越创新中心何祖华团队在*Cell*发表了题为Ca^{2+} *Sensor-Mediated ROS Scavenging Suppresses Rice Immunity and is Exploited by a Fungal Effector*的研究论文，揭示植物免疫抑制与广谱抗病机理。

2022年6月，《中国植物保护百科全书》由中国林业出版社出版。

（撰稿：窦道龙、沈丹宇等；审稿：周雪平、方荣祥）

附录一：植物保护相关机构

（按拼音排序）

大学相关机构 related institutions of university		
安徽科技学院农学院	黑龙江八一农垦大学植物科技学院	上海交通大学农业与生物学院
安徽农业大学植物保护学院	黑龙江大学农学院	沈阳农业大学植物保护学院
北京大学现代农学院	红河学院生命科学与农学院	石河子大学农学院
北京农学院生物与资源环境学院	湖南农业大学植物保护学院	四川农业大学农学院
北京农业职业学院园艺系	华南农业大学农学院	塔里木大学植物科学学院
长江大学农学院	华中农业大学植物科学技术学院	天津农学院园艺园林学院
重庆三峡职业学院农林科技学院	吉林大学植物科学学院	西北农林科技大学植物保护学院
东北农业大学农学院	吉林农业大学植物保护学院	西南大学植物保护学院
福建农林大学植物保护学院	吉林农业科技学院农学院	西藏农牧学院植物科学学院
甘肃农业大学植物保护学院	江西农业大学农学院	新疆农业大学农学院
广东海洋大学农学院	聊城大学农学院	信阳农林学院农学院
广西大学农学院	南京农业大学植物保护学院	扬州大学园艺与植物保护学院
贵州大学农学院	南开大学化学学院	伊犁职业技术学院农业工程学院
海南大学植物保护学院	内蒙古民族大学农学院	云南农业大学植物保护学院
河北工程大学园林与生态工程学院	内蒙古农业大学农学院	浙江大学农业与生物技术学院
河北农业大学植物保护学院	宁夏大学农学院	浙江农林大学农业与食品科学学院
河南科技大学农学院	青岛农业大学植物医学院	中国农业大学植物保护学院
河南科技学院资源与环境学院	青海大学农牧学院	中山大学农学院
河南农业大学植物保护学院	山东农业大学植物保护学院	仲恺农业工程学院农业与生物学院
河南农业职业学院农业工程学院	山西农业大学农学院	
		（撰稿：张杰；审稿：张礼生）

国内农业技术推广系统相关机构 agricultural technology extension system related agencies		
安徽省农业技术推广总站	河北省植保技术推广总站	内蒙古自治区农业技术推广站
北京市农业技术推广站	河南省农业技术推广总站	宁夏回族自治区农业技术推广总站
重庆市农业技术推广总站	黑龙江农业农村厅科技教育处	青海省农业技术推广总站
福建省农业农村厅科技教育处	湖北省农业技术推广总站	全国农业技术推广服务中心
甘肃省农业技术推广总站	湖南省农业技术推广总站	山东省农业技术推广总站
广东省农业技术推广总站	吉林省农业技术推广总站	山西省农业技术推广站
广西壮族自治区农业技术推广总站	江苏省农业技术推广总站	陕西省农业技术推广总站
贵州省农业农村厅科技教育处	江西省农业技术推广总站	上海市农业技术推广服务中心
海南省农业植检服务中心	辽宁省农业农村厅科技教育处	四川省农业技术推广总站

天津市农业农村委员会科技教育处	新疆维吾尔自治区农业技术推广总站	浙江省农业技术推广中心
西藏自治区农牧厅农业技术推广服务中心	云南省农业技术推广总站	

（撰稿：张杰；审稿：张礼生）

国内省级农业科学院相关机构 provincial academy of agricultural sciences

安徽省农业科学院	黑龙江省农业科学院	陕西省农林科学院
北京市农林科学院	湖北省农业科学院	上海市农业科学院
重庆市农业科学院	湖南省农业科学院	四川省农业科学院
福建省农业科学院	吉林省农业科学院	天津农业科学院
甘肃省农业科学院	江苏省农业科学院	西藏自治区农牧科学院
广东省农业科学院	江西省农业科学院	新疆农垦科学院
广西壮族自治区农业科学院	辽宁省农业科学院	新疆维吾尔自治区农业科学院
贵州省农业科学院	内蒙古自治区农牧业科学院	云南省农业科学院
海南省农业科学院	宁夏回族自治区农林科学院	浙江省农业科学院
河北省农业科学院	青海省农业科学院	中国农业科学院
河南省农业科学院	山东省农业科学院	中国热带农业科学院
黑龙江省农垦科学院	山西省农业科学院	

（撰稿：张杰；审稿：张礼生）

国外综合类学会协会 association of comprehensive societies

阿拉伯植物保护学会	Arab Society for Plant Protection
埃塞俄比亚植物保护协会	Plant Protection Society of Ethiopia
巴西昆虫学会	Brazilian Entomological Society
德国植物医学会	German Phytomedical Society
国际线虫学会联合会	International Federation of Nematology Societies
荷兰皇家植物病理学会	Royal Netherlands Society of Plant Pathology
加拿大植物病理学会	Canadian Phytopathological Society
马来西亚植物保护协会	Malaysian Plant Protection Society
美国植物病理学会	American Phytopathological Society
摩洛哥植物保护协会	Moroccan Association of Plante Protection
南非植物病理学会	South African Society for Plant Pathology
尼泊尔植物保护协会	Plante Protection Society Nepal
尼日利亚植物保护学会	Nigerian Society for Plant Protection
尼日利亚植物病理学会	Phytopathological Society of Nigeria
欧洲植物病理学基金会	European Foundation for Plant Pathology
日本植物病理学会	Phytopathological Society of Japan
无脊椎动物病理学会	Society for Invertebrate Pathology

希腊植物学学会	Hellenic Society of Phytiatry
亚太杂草科学学会	Asian Pacific Weed Science Society
印度植物病理学会	Indian Phytopathological Society
英国植物病理学会	British Society for Plant Pathology
	（撰稿：张杰；审稿：张礼生）

科学院相关机构 related institutions of the academy of sciences		
中国科学院北京基因组研究所	中国科学院昆明植物研究所	中国科学院武汉植物园
中国科学院动物研究所	中国科学院沈阳应用生态研究所	中国科学院西双版纳热带植物园
中国科学院分子植物科学卓越创新中心	中国科学院微生物研究所	中国科学院遗传与发育生物学研究所
中国科学院华南植物园	中国科学院武汉病毒研究所	中国科学院植物研究所
		（撰稿：张杰；审稿：张礼生）

其他 other relevant bodies		
安徽省农业农村厅	黑龙江省农业农村厅	山西省农业农村厅
北京农业农村局	湖北省农业农村厅	陕西省农业农村厅
重庆市农业农村委员会	湖南省农业农村厅	上海市农业农村委员会
福建省农业农村厅	吉林省农业农村厅	四川省农业农村厅
甘肃省农业农村厅	江苏省农业农村厅	天津市农业农村委员会
广东省农业农村厅	江西省农业农村厅	西藏自治区农业农村厅
广西壮族自治区农业农村厅	辽宁省农业农村厅	新疆生产建设兵团农业农村局
贵州省农业农村厅	内蒙古自治区农牧厅	新疆维吾尔自治区农业农村厅
海南省农业农村厅	宁夏回族自治区农业农村厅	云南省农业农村厅
河北省农业农村厅	青海省农业农村厅	浙江省农业农村厅
河南省农业农村厅	山东省农业农村厅	
		（撰稿：张杰；审稿：张礼生）

附录二：综合类、交叉类期刊 comprehensive, cross-type publications

（按拼音排序）

病毒学	*Virology*
病毒学报	*Virologie*
病毒学报	*Chinese Journal of Virology*
病毒学年评	*Annual Review of Virology*
病毒学期刊	*Joural of Virology*
病毒学文献	*Archives of Virology*
病毒学杂志	*Virology Journal*
病毒研究学报	*Virus Research*
蛋白质组学	*Proteomics*
蛋白质组学研究	*Journal of Proteome Research*
蛋白质组学杂志	*Journal of Proteomics*
发育学报	*Development*
分子与细胞蛋白质组学报	*Molecular and Cellular Proteomics*
公共科学图书馆病原菌期刊	*PLos Pathogens*
公共科学图书馆期刊	*PLos ONE*
国际蜱螨学报	*International Journal of Acarology*
国际微生物生态学会刊	*ISME Journal*
害虫管理科学	*Pest Management Science*
环境昆虫学报	*Journal of Environmental Entomology*
加拿大昆虫学报	*Canadian Entomologist*
节肢动物结构与发育学报	*Arthropod Structure & Development*
节肢动物学	*Journal of Arachnology*
经济昆虫学杂志	*Journal of Economic Entomology*
科学	*Science*
科学报告	*Scientific Reports*
昆虫行为学报	*Journal of Insect Behavior*
昆虫社会学报	*Insectes Sociaux*
昆虫学通论	*Entomologia Generalis*
昆虫学研究通报	*Bulletin of Entomological Research*
美国蜜蜂杂志	*American Bee Journal*
农业和城市昆虫学杂志	*Journal of Agricultural and Urban Entomology*
农业和林业气象学报	*Agricultural and Forest Meteorology*
农业生物技术学报	*Chinese Journal of Agricultural Biotechnology*
普通病毒学杂志	*Journal of General Virology*

生态学报	*Chinese Journal of Applied Ecology*
生物学导刊	*Biology Direct*
世界微生物学和生物技术杂志	*World Journal of Microbiology and Biotechnology*
微生物学报	*Folia Microbiologia*
微生物学杂志	*Journal of Microbiology*
微生物学年评	*Annual Review of Microbiology*
细胞	*Cell*
细菌学期刊	*Journal of Bacteriology*
现代生物学报	*Current Biology*
新植物学家	*New Phytologist*
应用环境微生物学报	*Applied Enviromental Microbiology*
应用昆虫学实验进展	*Entomologia Experimentalis et Applicata*
应用生态学报	*Chinese Journal of Applied Ecology*
应用微生物学	*Journal of Applied Microbiology*
园艺学报	*Horticulturai Transactions*
植物检疫	*Plant Quarantine*
植物生理学报	*Plant Physiology*
植物生理学年评	*Annual Review of Plant Physiology*
植物生态学报	*Chinese Journal of Plant Ecology*
植物生物学年评	*Annual Review of Plant Biology*
植物细胞	*Plant Cell*
植物杂志	*Plant Journal*
中国农业科学	*Journal of Integrative Agriculture*
中国植保导刊	*China Plant Protection*
自然	*Nature*
自然通讯	*Nature Communications*
BMC 生物学报	*BMC Biology*
	（撰稿：高利；审稿：赵廷昌）

条目标题汉字笔画索引

说 明

1. 本索引供读者按条目标题的汉字笔画查检条目。
2. 条目标题按第一字的笔画由少到多的顺序排列。笔画数相同的，按起笔笔形横（一）、竖（丨）、撇（丿）、点（、）、折（乛，包括亅、乚、𠃋等）的顺序排列。第一字相同的，依次按后面各字的笔画数和起笔笔形顺序排列。
3. 以外文字母、罗马数字和阿拉伯数字开头的条目标题，依次排在汉字条目标题的后面。

二画

三画

四画

五画

六画

七画

八画

九画

十画

十一画

十二画

十三画

十四画

十五画

十七画

二十画

其他

条目标题外文索引

说 明

1. 本索引按照条目标题外文的逐词排列法顺序排列。无论是单词条目，还是多词条目，均以单词为单位，按字母顺序、按单词在条目标题外文中所处的先后位置，顺序排列。如果第一个单词相同，再依次按第二个、第三个，余类推。
2. 条目标题外文中英文以外的字母，按与其对应形式的英文字母排序排列。
3. 条目标题外文中如有括号，括号内部分一般不纳入字母排列顺序；条目标题外文相同时，没有括号的排在前；括号外的条目标题外文相同时，括号内的部分按字母顺序排列。
4. 条目标题外文中有罗马数字和阿拉伯数字的，排列时分为两种情况：

   ①数字前有拉丁字母，先按字母顺序排再按数字顺序排列；英文字母相同时，含有罗马数字的排在阿拉伯数字前。

   ②以数字开头的条目标题外文，排在条目标题外文索引的最后。

A

B

C

D

E

F

G

H

I

J

K

L

M

N

O

P

Q

R

S

T

U

V

W

X

Y

Z

其他

后　记

《中国植物保护百科全书》（以下称《全书》）是国家重点图书出版规划项目、国家辞书编纂出版规划项目，并获得了国家出版基金的重点资助。《全书》共分为《综合卷》《植物病理卷》《昆虫卷》《农药卷》《杂草卷》《鼠害卷》《生物防治卷》《生物安全卷》8卷，是一部全面梳理我国农林植物保护领域知识的重要工具书。《全书》的出版填补了我国植物保护领域百科全书的空白，事关国家粮食安全、生态安全、生物安全战略的工作成果，对促进我国农业、林业生产具有重要意义。

《全书》由时任农业部副部长、中国农业科学院院长李家洋和中国林业科学研究院院长张守攻担任总主编，副总主编为吴孔明、方精云、方荣祥、朱有勇、康乐、钱旭红、陈剑平、张知彬等8位知名专家。8个分卷设分卷编委会，作者队伍由中国科学院、中国农业科学院、中国林业科学研究院等科研院所及相关高校、政府、企事业单位的专家组成。

《全书》历时近10年，篇幅宏大，作者众多，审改稿件标准要求高。3000余名相关领域专家撰稿、审稿，保证了本领域知识的专业性、权威性。中国林业出版社编辑团队怀着对出版事业的责任心和职业情怀，坚守精品出版追求，攻坚克难，力求铸就高质量的传世精品。

在《中国植物保护百科全书》面世之际，要感谢所有为《全书》出版做出贡献的人。

感谢李家洋、张守攻两位总主编，他们总揽全面，确定了《全书》的大厦根基和分卷谋划。8位副总主编对《全书》内容精心设计以及对分卷各分支卓有成效的组织，特别是吴孔明副总主编为推动编纂工作顺利进展付出的智慧和汗水令人钦佩。感谢各分卷主编对编纂工作的责任担当，感谢各分卷副主编、分支负责人、编委会秘书的辛勤努力。感谢所有撰稿人、审稿人克服各种困难，保证了各自承担任务高质量完成。

最后，感谢国家出版基金对此书出版的资助。

《中国植物保护百科全书》项目工作组

2022年5月

《中国植物保护百科全书》
项目工作组

项目总负责人、组长：邵权熙

副 组 长：何增明　贾麦娥

成　　员：（按姓氏拼音排序）

李美芬　李　娜　邵晓娟　盛春玲　孙　瑶
王　全　王思明　王　远　印　芳　于界芬
袁　理　张　东　张　华　郑　蓉　邹　爱

项目组秘书：

袁　理　孙　瑶　王　远　张　华　盛春玲
苏亚辉

审稿人员：（按姓氏拼音排序）

杜建玲　杜　娟　高红岩　何增明　贾麦娥
康红梅　李　敏　李　伟　刘家玲　刘香瑞
沈登峰　盛春玲　孙　瑶　田　苗　王　全
温　晋　肖　静　杨长峰　印　芳　于界芬
袁　理　张　华　张　锴　邹　爱

责任校对：许艳艳　梁翔云　曹　慧

策划编辑：何增明

特约编审：陈英君

书名篆刻：王利明

装帧设计：北京王红卫设计有限公司

设计排版：北京美光设计制版有限公司
中林科印文化发展（北京）有限公司
北京八度印象图文设计有限公司